U0237696

算法面试 上册

李春葆 李筱驰 ◎ 编著

清华大学出版社

北京

内 容 简 介

本书旨在帮助读者更好地应对算法面试,提高算法和编程能力。书中按专题精选了 LeetCode 平台上一系列的热门算法题,并详细讲解其求解思路和过程。全书分为三部分,第一部分(第 1~14 章)为数据结构及其应用,以常用数据结构为主题,深入讲解各种数据结构的应用方法和技巧;第二部分(第 15~22 章)为算法设计策略及其应用,以基本算法设计方法和算法设计策略为主题,深入讲解各种算法设计策略的应用方法和技巧;第三部分(第 23~25 章)为经典问题及其求解,以实际面试中的一些问题为主题,深入讲解这些问题的多种求解方法。

本书适合于需要进行算法面试的读者,通过阅读本书可以掌握算法面试中求解问题的方法和技巧,提升自己的算法技能和思维方式,从而在面试中脱颖而出。同时,本书可以作为"数据结构"和"算法设计与分析"课程的辅导书,也可以供各种程序设计竞赛和计算机编程爱好者研习。

版权所有,侵权必究。举报:010-62782989,beiqinquan@tup.tsinghua.edu.cn。

图书在版编目(CIP)数据

算法面试 / 李春葆,李筱驰编著. -- 北京:清华大学出版社,2024.10. -- ISBN 978-7-302-67398-9

Ⅰ. TP301.6

中国国家版本馆 CIP 数据核字第 2024E81E78 号

策划编辑:魏江江
责任编辑:王冰飞
封面设计:刘　键
责任校对:李建庄
责任印制:丛怀宇

出版发行:清华大学出版社
　　　网　　　址:https://www.tup.com.cn,https://www.wqxuetang.com
　　　地　　　址:北京清华大学学研大厦 A 座　　　邮　　编:100084
　　　社 总 机:010-83470000　　　邮　　购:010-62786544
　　　投稿与读者服务:010-62776969,c-service@tup.tsinghua.edu.cn
　　　质量反馈:010-62772015,zhiliang@tup.tsinghua.edu.cn
　　　课件下载:https://www.tup.com.cn,010-83470236
印 装 者:涿州汇美亿浓印刷有限公司
经　　销:全国新华书店
开　　本:185mm×260mm　　印　张:49　　　　字　　数:1192 千字
版　　次:2024 年 10 月第 1 版　　　　　　印　　次:2024 年 10 月第 1 次印刷
印　　数:1~3000
定　　价:198.00 元(全两册)

产品编号:105526-01

前言

党的二十大报告指出：教育、科技、人才是全面建设社会主义现代化国家的基础性、战略性支撑。必须坚持科技是第一生产力、人才是第一资源、创新是第一动力，深入实施科教兴国战略、人才强国战略、创新驱动发展战略，开辟发展新领域新赛道，不断塑造发展新动能新优势。高等教育与经济社会发展紧密相连，对促进就业创业、助力经济社会发展、增进人民福祉具有重要意义。

在现代社会中，算法已经广泛应用于计算机科学的各个领域，如人工智能、数据挖掘、网络安全和生物信息学等。许多成功的案例都证明了算法的重要性和实用性，如搜索引擎的优化、社交网络的推荐系统、医疗诊断的辅助决策等。算法知识和技能对于程序员来说至关重要。算法面试是许多科技公司招聘过程中必不可少的一环，它考查的是候选人的编程能力、思维逻辑、问题解决能力以及算法设计技巧。通过算法面试，候选人可以展示自己的技能和知识，提升自己在求职市场上的竞争力。

LeetCode 是一个在线刷题平台，提供了大量的算法题目供用户练习，帮助用户加深对数据结构与算法的理解和掌握。LeetCode 于 2011 年诞生于美国硅谷，2018 年 2 月由上海领扣网络引入中国并正式命名为力扣，其中文网站于同月测试上线，2018 年 10 月力扣全新改版，更加注重于学习体验。许多北美大厂（如谷歌、微软和亚马逊等）在面试中都涉及算法及其相关知识，甚至直接从 LeetCode 出题（许多北美程序员从实习到全职，再到跳槽，一路上都在刷 LeetCode）。国内大厂近几年也越来越重视对算法的考查，如腾讯、百度、华为和字节跳动等都是较看重算法面试的公司。

本书提供一系列编者精心挑选的 LeetCode 问题，覆盖不同难度级别和 C++/Python 编程语言，旨在帮助读者提高编程技能和更深入地理解数据结构与算法的原理，以应对算法面试中的挑战。

本书内容

本书共 25 章，分为三部分。

第一部分（第 1～14 章）为数据结构及其应用，以常用数据结构为主题，深入讲解各种数据结构的应用方法和技巧，包含数组、链表、栈、队列和双端队列、哈希表、二叉树、二叉搜索树、平衡二叉树、优先队列、并查集、前缀和与差分、线段树、树状数组、字典树和后缀数组等。

第二部分（第 15～22 章）为算法设计策略及其应用，以基本算法设计方法和算法设计策略为主题，深入讲解各种算法设计策略的应用方法和技巧，包含穷举法、递归、分治法、DFS、BFS 和拓扑排序、回溯法、分支限界法、A* 算法、动态规划和贪心法等。

第三部分（第 23～25 章）为经典问题及其求解，以实际面试中的一些问题为主题，深入讲解这些问题的多种求解方法，对比分析不同方法的差异，包含跳跃问题、迷宫问题和设计问题等专题。

本书特色

(1) 全面覆盖：本书对算法面试中可能涉及的各种主题进行了较为全面的覆盖，包括各种基础数据结构和常用的算法设计策略。

(2) 实战导向：书中精选的许多 LeetCode 题目都是国内外互联网大厂的热门算法面试题，具有很强的实战性。

(3) 知识的结构化：本书以数据结构和算法策略为主线，划分为若干知识点，通过实例和问题求解将相关的知识点串起来构成知识网络，不仅可以加深读者对算法原理的理解，而且可以拓宽读者对算法应用的视野。

(4) 求解方法的多维性：同一个问题采用多种算法策略实现，如迷宫问题采用回溯法、分支限界法、A^* 算法和贪心法求解等。通过对不同算法策略的比较，使读者更容易体会每种算法策略的设计特点和优缺点，以提高算法设计的效率。

(5) 代码的规范化：书中代码采用 C++ 和 Python 语言编写，不仅在 LeetCode 平台上提交通过，而且进行了精心的代码组织和规范化，包括变量名称和算法策略的统一与标准化等，尽可能提高代码的可读性。

注：书中以 LeetCode 开头＋序号的题目均来自 LeetCode 平台。

配套资源获取方式

扫描封底的文泉云盘防盗码，再扫描目录上方的二维码获取。

如何刷题和使用本书

在互联网上和力扣平台上有许多关于 LeetCode 刷题经验的分享，读者可以酌情参考。编者建议读者在具备一定的数据结构和算法基础后按本书中的专题分类刷题，先刷数据结构部分后刷算法部分，先刷简单题目后刷困难题目（书中题目按难度分为 3 个级别，即★、★★和★★★，分别对应简单、中等和困难），在刷题时要注重算法思路和算法实现细节，每个环节都要清清楚楚，并能够做到举一反三，同时将自己在线提交的结果与书中的时间和空间进行对比分析（值得注意的是书中列出的时间和空间是编者提交的结果，后面因环境的变化可能有所不同）。另外，经常进行归纳总结和撰写解题报告是提高编程能力的有效手段。在没有对一道题目进行深入思考和分析之前就阅读书中的代码部分甚至是复制、粘贴代码，这种做法不可取。总之，使用良好的刷题方法并且持之以恒，一定会收获理想的效果。

致谢

本书以 LeetCode 为平台，书中所有 LeetCode 题目及其相关内容都得到领扣网络（上海）有限公司的授权。本书的编写得到清华大学出版社魏江江分社长的大力支持，王冰飞老师给予精心编辑。本书在编写过程中参考了众多博客和 LeetCode 题解评论栏目的博文，编者在此一并表示衷心的感谢。

作　者

2024 年 8 月

目录

扫一扫

配套资源

第一部分　数据结构及其应用

第1章　数组 2

1.1 数组概述 3
   1.1.1 数组的定义 3
   1.1.2 数组的知识点 3
1.2 数组的基本算法设计 13
   1.2.1 LeetCode27——移除元素★ 13
   1.2.2 LeetCode283——移动0★ 16
   1.2.3 LeetCode2460——对数组执行操作★ 16
   1.2.4 LeetCode75——颜色的分类★★ 17
   1.2.5 LeetCode189——轮转数组★★ 19
1.3 有序数组的算法设计 21
   1.3.1 LeetCode26——删除有序数组中的重复项★ 21
   1.3.2 LeetCode80——删除有序数组中的重复项Ⅱ★★ 23
   1.3.3 LeetCode1287——有序数组中出现次数超过元素总数25％的
       元素★ 24
   1.3.4 LeetCode1200——最小绝对差★ 25
   1.3.5 LeetCode88——合并两个有序数组★ 26
   1.3.6 LeetCode349——两个数组的交集★ 27
   1.3.7 LeetCode977——有序数组的平方★ 27
   1.3.8 LeetCode1470——重新排列数组★ 29
   1.3.9 LeetCode1213——3个有序数组的交集★ 30

1.3.10　LeetCode264——丑数Ⅱ★★ ……………………………………………… 32

1.3.11　LeetCode373——查找和最小的 k 对数字★★ …………………………… 33

推荐练习题 ………………………………………………………………………………… 35

第2章　链表 ………………………………………………………………………… 36

2.1　链表概述 ………………………………………………………………………… 37

2.1.1　链表的定义 ………………………………………………………………… 37

2.1.2　链表的知识点 ……………………………………………………………… 37

2.2　链表基本操作的算法设计 ……………………………………………………… 42

2.2.1　LeetCode203——移除链表元素★ ……………………………………… 42

2.2.2　LeetCode206——反转链表★ …………………………………………… 43

2.2.3　LeetCode328——奇偶链表★★ ………………………………………… 44

2.2.4　LeetCode61——旋转链表★★ …………………………………………… 45

2.2.5　LeetCode141——环形链表★ …………………………………………… 47

2.2.6　LeetCode138——复制带随机指针的链表★★ ………………………… 48

2.2.7　LeetCode707——设计链表★★ ………………………………………… 51

2.3　链表的分组算法设计 …………………………………………………………… 52

2.3.1　LeetCode92——反转链表Ⅱ★★ ……………………………………… 52

2.3.2　LeetCode24——两两交换链表中的结点★★ ………………………… 54

2.3.3　LeetCode25—— k 个一组翻转链表★★★ …………………………… 55

2.4　有序链表的算法设计 …………………………………………………………… 57

2.4.1　LeetCode83——删除排序链表中的重复元素★ ……………………… 57

2.4.2　LeetCode82——删除排序链表中的重复元素Ⅱ★★ ………………… 57

2.4.3　LeetCode21——合并两个有序链表★ ………………………………… 60

2.4.4　LeetCode23——合并 k 个有序链表★★★ …………………………… 61

2.4.5　LeetCode1634——求两个多项式链表的和★★ ……………………… 64

推荐练习题 ………………………………………………………………………………… 65

第3章　栈 ……………………………………………………………………………… 66

3.1　栈概述 …………………………………………………………………………… 67

3.1.1　栈的定义 …………………………………………………………………… 67

3.1.2　栈的知识点 ………………………………………………………………… 67

3.2　扩展栈的算法设计 ……………………………………………………………… 69

3.2.1　LeetCode1381——设计一个支持增量操作的栈★★ ………………… 69

3.2.2　LeetCode155——最小栈★ ……………………………………………… 71

3.2.3　LeetCode716——最大栈★★★ ………………………………………… 74

3.3　栈应用的算法设计 ……………………………………………………………… 76

3.3.1　LeetCode1544——整理字符串★★ …………………………………… 76

3.3.2　LeetCode71——简化路径★★ ………………………………………… 78

3.3.3 LeetCode1441——用栈操作构建数组★ ‥‥‥‥‥‥‥‥ 79

3.3.4 LeetCode946——验证栈序列★★ ‥‥‥‥‥‥ 80

3.3.5 LeetCode20——有效的括号★ ‥‥‥‥‥‥ 81

3.3.6 LeetCode1249——删除无效的括号★★ ‥‥‥‥‥‥ 82

3.3.7 LeetCode32——最长的有效括号子串的长度★★★ ‥‥‥‥‥ 83

3.4 单调栈应用的算法设计 ‥‥‥‥‥‥‥‥‥‥‥‥‥ 85

3.4.1 LeetCode503——下一个更大元素Ⅱ★★ ‥‥‥‥‥ 85

3.4.2 LeetCode496——下一个更大元素Ⅰ★ ‥‥‥‥‥‥ 87

3.4.3 LeetCode739——每日温度★★ ‥‥‥‥‥‥ 88

3.4.4 LeetCode316——去除重复字母★★ ‥‥‥‥‥‥ 89

3.4.5 LeetCode84——柱状图中最大的矩形★★★ ‥‥‥‥‥ 90

3.4.6 LeetCode42——接雨水★★★ ‥‥‥‥‥‥ 93

推荐练习题 ‥‥‥‥‥‥‥‥‥‥‥‥‥‥‥‥‥‥ 96

第4章 队列和双端队列 ‥‥‥‥‥‥‥‥‥‥‥‥‥ 98

4.1 队列和双端队列概述 ‥‥‥‥‥‥‥‥‥‥‥‥‥ 99

4.1.1 队列和双端队列的定义 ‥‥‥‥‥‥‥‥‥‥ 99

4.1.2 队列和双端队列的知识点 ‥‥‥‥‥‥‥‥‥ 99

4.2 扩展队列的设计 ‥‥‥‥‥‥‥‥‥‥‥‥‥‥ 101

4.2.1 LeetCode622——设计循环队列★★ ‥‥‥‥‥‥ 101

4.2.2 LeetCode641——设计循环双端队列★★ ‥‥‥‥‥ 102

4.2.3 LeetCode1670——设计前中后队列★★ ‥‥‥‥‥ 103

4.2.4 LeetCode232——用栈实现队列★ ‥‥‥‥‥‥ 107

4.3 队列的应用 ‥‥‥‥‥‥‥‥‥‥‥‥‥‥‥ 110

4.3.1 LeetCode1700——无法吃午餐的学生的数量★ ‥‥‥‥‥ 110

4.3.2 LeetCode933——最近的请求次数★ ‥‥‥‥‥‥ 112

4.3.3 LeetCode225——用队列实现栈★ ‥‥‥‥‥‥ 113

4.3.4 LeetCode281——锯齿迭代器★★ ‥‥‥‥‥‥ 115

4.3.5 LeetCode1047——删除字符串中所有的相邻重复项★ ‥‥‥‥ 116

4.4 单调队列 ‥‥‥‥‥‥‥‥‥‥‥‥‥‥‥ 117

4.4.1 LeetCode239——滑动窗口的最大值★★★ ‥‥‥‥‥ 117

4.4.2 LeetCode1438——绝对差不超过限制的最长连续子数组★★ ‥‥‥ 118

4.4.3 LCR184——设计自助结算系统★★ ‥‥‥‥‥‥ 119

推荐练习题 ‥‥‥‥‥‥‥‥‥‥‥‥‥‥‥‥‥‥ 120

第5章 哈希表 ‥‥‥‥‥‥‥‥‥‥‥‥‥‥‥ 121

5.1 哈希表概述 ‥‥‥‥‥‥‥‥‥‥‥‥‥‥ 122

5.1.1 哈希表的定义 ‥‥‥‥‥‥‥‥‥‥‥‥ 122

5.1.2 哈希表的知识点 ‥‥‥‥‥‥‥‥‥‥‥ 125

5.2 哈希表的实现 ………………………………………………………… 129
　5.2.1 LeetCode705——设计哈希集合★ …………………………… 129
　5.2.2 LeetCode706——设计哈希映射★ …………………………… 130
5.3 哈希集合应用的算法设计 ……………………………………………… 131
　5.3.1 LeetCode349——两个数组的交集★ ………………………… 131
　5.3.2 LeetCode202——快乐数★ …………………………………… 132
　5.3.3 LeetCode217——存在重复元素★ …………………………… 132
　5.3.4 LeetCode379——电话目录管理系统★★ …………………… 132
　5.3.5 LeetCode128——最长连续序列★★ ………………………… 133
　5.3.6 LeetCode41——缺失的第一个正数★★★ ………………… 134
　5.3.7 LeetCode1436——旅行终点站★ …………………………… 136
5.4 哈希映射应用的算法设计 ……………………………………………… 137
　5.4.1 LeetCode350——两个数组的交集Ⅱ★ ……………………… 137
　5.4.2 LeetCode1460——通过翻转子数组使两个数组相等★ …… 138
　5.4.3 LeetCode383——赎金信★ …………………………………… 139
　5.4.4 LeetCode347——前 k 个高频元素★★ ……………………… 140
　5.4.5 LeetCode242——有效的字母异位词★ ……………………… 140
　5.4.6 LeetCode205——同构字符串★ ……………………………… 141
　5.4.7 LeetCode1——两数之和★ …………………………………… 142
　5.4.8 LeetCode219——存在重复元素Ⅰ★ ………………………… 143
　5.4.9 LeetCode49——字母异位词的分组★★ …………………… 144
　5.4.10 LeetCode249——移位字符串的分组★★ ………………… 145
推荐练习题 …………………………………………………………………… 146

第6章　二叉树 …………………………………………………………… 147

6.1 二叉树概述 …………………………………………………………… 148
　6.1.1 二叉树的定义 ……………………………………………………… 148
　6.1.2 二叉树的知识点 …………………………………………………… 149
6.2 二叉树先序、中序和后序遍历应用的算法设计 …………………… 155
　6.2.1 LeetCode144——二叉树的先序遍历★ ……………………… 155
　6.2.2 LeetCode94——二叉树的中序遍历★ ……………………… 158
　6.2.3 LeetCode145——二叉树的后序遍历★ ……………………… 160
　6.2.4 LeetCode965——单值二叉树★ ……………………………… 161
　6.2.5 LeetCode100——相同的树★ ………………………………… 161
　6.2.6 LeetCode572——另一棵树的子树★ ………………………… 162
　6.2.7 LeetCode543——二叉树的直径★ …………………………… 162
　6.2.8 LeetCode563——二叉树的坡度★ …………………………… 163
　6.2.9 LeetCode2331——计算二叉树的布尔运算值★ …………… 163
　6.2.10 LeetCode199——二叉树的右视图★★ …………………… 165

　　　　6.2.11　LeetCode662——二叉树的最大宽度★★ ……………………… 166
　　6.3　二叉树层次遍历应用的算法设计 ……………………………………… 167
　　　　6.3.1　LeetCode102——二叉树的层次遍历★★ ……………………… 167
　　　　6.3.2　LeetCode199——二叉树的右视图★★ ………………………… 172
　　　　6.3.3　LeetCode637——二叉树的层平均值★ ………………………… 172
　　　　6.3.4　LeetCode2471——逐层排序二叉树所需的最少操作数目★★ …… 173
　　　　6.3.5　LeetCode2415——反转二叉树的奇数层★★ …………………… 175
　　　　6.3.6　LeetCode1602——找二叉树中最近的右侧结点★★ ………… 175
　　6.4　构造二叉树的算法设计 ………………………………………………… 176
　　　　6.4.1　LeetCode105——由先序与中序遍历序列构造二叉树★★ …… 176
　　　　6.4.2　LeetCode106——由中序与后序遍历序列构造二叉树★★ …… 177
　　　　6.4.3　LeetCode2196——根据描述创建二叉树★★ ………………… 177
　　6.5　二叉树序列化的算法设计 ……………………………………………… 179
　　　　6.5.1　LeetCode297——二叉树的序列化与反序列化★★★ ……… 179
　　　　6.5.2　LeetCode100——相同的树★ ………………………………… 183
　　　　6.5.3　LeetCode572——另一棵树的子树★ ………………………… 183
　　推荐练习题 …………………………………………………………………… 184

第7章　二叉搜索树　185

　　7.1　二叉搜索树概述 ………………………………………………………… 186
　　　　7.1.1　二叉搜索树的定义 ……………………………………………… 186
　　　　7.1.2　二叉搜索树的知识点 …………………………………………… 186
　　7.2　二叉搜索树基本操作的算法设计 ……………………………………… 190
　　　　7.2.1　LeetCode1008——先序遍历构造二叉搜索树★★ …………… 190
　　　　7.2.2　LeetCode700——二叉搜索树中的搜索★ …………………… 191
　　　　7.2.3　LeetCode701——二叉搜索树中的插入操作★★ …………… 191
　　　　7.2.4　LeetCode450——删除二叉搜索树中的结点★★ …………… 192
　　7.3　二叉搜索树特性的算法设计 …………………………………………… 194
　　　　7.3.1　LeetCode270——最接近的二叉搜索树值★ ………………… 194
　　　　7.3.2　LeetCode235——二叉搜索树的最近公共祖先★★ ………… 195
　　　　7.3.3　LeetCode938——二叉搜索树的范围和★ …………………… 196
　　　　7.3.4　LeetCode669——修剪二叉搜索树★★ ……………………… 197
　　　　7.3.5　LeetCode776——拆分二叉搜索树★★ ……………………… 198
　　　　7.3.6　LeetCode285——二叉搜索树中的中序后继★★ …………… 199
　　　　7.3.7　LeetCode255——验证先序遍历序列二叉搜索树★★ ……… 201
　　7.4　二叉搜索树基于中序遍历的算法设计 ………………………………… 203
　　　　7.4.1　LeetCode783——二叉搜索树结点的最小距离★ …………… 203
　　　　7.4.2　LeetCode230——二叉搜索树中第 k 小的元素★★ ………… 204
　　　　7.4.3　LeetCode98——验证二叉搜索树★★ ………………………… 204

7.4.4　LeetCode538——把二叉搜索树转换为累加树★★ ·········· 204

7.4.5　LeetCode99——恢复二叉搜索树★★ ·········· 206

7.4.6　LeetCode173——二叉搜索树迭代器★★ ·········· 206

7.4.7　LeetCode272——最接近的二叉搜索树值Ⅱ★★★ ·········· 210

推荐练习题 ·········· 212

第8章　平衡二叉树 ·········· **213**

8.1　平衡二叉树概述 ·········· 214

8.1.1　平衡二叉树的定义 ·········· 214

8.1.2　平衡二叉树的知识点 ·········· 214

8.2　构造平衡二叉树的算法设计 ·········· 216

8.2.1　LeetCode108——将有序数组转换为平衡二叉树★ ·········· 216

8.2.2　LeetCode109——将有序链表转换为平衡二叉树★★ ·········· 217

8.2.3　LeetCode1382——将二叉搜索树转换为平衡二叉树★★ ·········· 218

8.3　平衡树集合应用的算法设计 ·········· 218

8.3.1　LeetCode506——相对名次★ ·········· 218

8.3.2　LeetCode414——第三大的数★ ·········· 220

8.3.3　LeetCode855——考场就座★★ ·········· 221

8.3.4　LeetCode2353——设计食物评分系统★★ ·········· 223

8.4　平衡树映射应用的算法设计 ·········· 225

8.4.1　LeetCode846——一手顺子★★ ·········· 225

8.4.2　LeetCode981——基于时间的键值存储★★ ·········· 226

8.4.3　LeetCode1912——设计电影租借系统★★★ ·········· 228

推荐练习题 ·········· 231

第9章　优先队列 ·········· **232**

9.1　优先队列概述 ·········· 233

9.1.1　优先队列的定义 ·········· 233

9.1.2　优先队列的知识点 ·········· 233

9.2　优先队列的实现 ·········· 237

9.2.1　LeetCode912——排序数组★★ ·········· 237

9.2.2　LeetCode215——数组中第 k 个最大的元素★★ ·········· 242

9.2.3　LeetCode506——相对名次★ ·········· 243

9.3　优先队列应用的算法设计 ·········· 244

9.3.1　LeetCode703——数据流中第 k 大的元素★ ·········· 244

9.3.2　LeetCode373——查找和最小的 k 对数字★★ ·········· 246

9.3.3　LeetCode23——合并 k 个有序链表★★★ ·········· 246

9.3.4　LeetCode239——滑动窗口的最大值★★★ ·········· 247

9.3.5　LeetCode1383——最大的团队表现值★★★ ·········· 248

　　　9.3.6　LeetCode2462——雇佣 k 位工人的总代价★★ ……………………… 251
　　推荐练习题 …………………………………………………………………………… 252

第 10 章　并查集 ……………………………………………………………… 253

　10.1　并查集概述 ……………………………………………………………………… 254
　　　10.1.1　并查集的定义 ……………………………………………………………… 254
　　　10.1.2　并查集的实现 ……………………………………………………………… 254
　　　10.1.3　带权并查集 ………………………………………………………………… 257
　10.2　一维并查集应用的算法设计 …………………………………………………… 260
　　　10.2.1　LeetCode261——以图判树★★ ………………………………………… 260
　　　10.2.2　LeetCode323——无向图中连通分量的数目★★ …………………… 263
　　　10.2.3　LeetCode684——冗余连接★★ ………………………………………… 264
　　　10.2.4　LeetCode785——判断二分图★★ ……………………………………… 265
　　　10.2.5　LeetCode990——等式方程的可满足性★★ ………………………… 266
　　　10.2.6　LeetCode1061——按字典序排列最小的等价字符串★★ ………… 266
　　　10.2.7　LeetCode947——移除最多的同行或同列石头★★ ……………… 267
　10.3　二维并查集 ……………………………………………………………………… 270
　　　10.3.1　LeetCode200——岛屿的数量★★ …………………………………… 270
　　　10.3.2　LeetCode1559——在二维网格图中探测环★★ …………………… 273
　10.4　带权并查集 ……………………………………………………………………… 274
　　　10.4.1　LeetCode695——最大岛屿的面积★★ ……………………………… 274
　　　10.4.2　LeetCode128——最长连续序列★★ ………………………………… 277
　　　10.4.3　LeetCode1254——统计封闭岛屿的数目★★ ……………………… 277
　　　10.4.4　LeetCode399——除法求值★★ ………………………………………… 278
　　推荐练习题 …………………………………………………………………………… 282

第 11 章　前缀和与差分 …………………………………………………… 283

　11.1　前缀和与差分概述 ……………………………………………………………… 284
　　　11.1.1　前缀和 ……………………………………………………………………… 284
　　　11.1.2　差分 ………………………………………………………………………… 286
　11.2　一维前缀和应用的算法设计 …………………………………………………… 287
　　　11.2.1　LeetCode724——寻找数组的中心下标★ …………………………… 287
　　　11.2.2　LeetCode238——除自身以外数组的乘积★★ ……………………… 289
　　　11.2.3　LeetCode1749——任意子数组和的绝对值的最大值★★ ………… 291
　　　11.2.4　LeetCode1524——和为奇数的子数组的数目★★ ………………… 292
　　　11.2.5　LeetCode560——和为 k 的子数组★★ ……………………………… 293
　　　11.2.6　LeetCode325——和等于 k 的最长子数组的长度★★ …………… 295
　　　11.2.7　LeetCode523——连续子数组和★★ ………………………………… 297
　　　11.2.8　LeetCode53——最大子数组和★★ …………………………………… 297

11.3 二维前缀和应用的算法设计 …………………………………………………… 298

11.3.1 LeetCode304——二维区域和检索(矩阵不可变)★★ ………… 298

11.3.2 LeetCode1074——元素和为目标值的子矩阵的数量★★★ ………… 299

11.3.3 面试题 17.24——最大子矩阵★★★ ……………………………… 302

11.4 差分数组应用的算法设计 ……………………………………………………… 303

11.4.1 LeetCode370——区间加法★★ ………………………………… 303

11.4.2 LeetCode1109——航班预订统计★★ ………………………… 304

11.4.3 LeetCode2536——子矩阵元素加 1★★ ……………………… 304

推荐练习题 …………………………………………………………………………… 307

第 12 章　线段树　308

12.1 线段树概述 …………………………………………………………………… 309

12.1.1 线段树的定义 ………………………………………………… 309

12.1.2 简单线段树的实现 …………………………………………… 309

12.1.3 复杂线段树的实现 …………………………………………… 314

12.1.4 线段树的动态开点实现 ……………………………………… 318

12.1.5 离散化 ………………………………………………………… 320

12.2 简单线段树应用的算法设计 …………………………………………………… 322

12.2.1 LeetCode303——区域和检索(数组不可变)★ …………… 322

12.2.2 LeetCode308——二维区域和检索(可改)★★★ ……………… 323

12.2.3 LeetCode327——区间和的个数★★★ ………………………… 326

12.3 复杂线段树应用的算法设计 …………………………………………………… 328

12.3.1 LeetCode715——Range 模块★★★ …………………………… 328

12.3.2 LeetCode1622——奇妙序列★★★ …………………………… 331

12.4 离散化在线段树中的应用 ……………………………………………………… 334

12.4.1 LeetCode327——区间和的个数★★★ ………………………… 334

12.4.2 LeetCode315——计算右侧小于当前元素的个数★★★ ………… 336

推荐练习题 …………………………………………………………………………… 339

第 13 章　树状数组　340

13.1 树状数组概述 ………………………………………………………………… 341

13.1.1 树状数组的定义 ……………………………………………… 341

13.1.2 树状数组的实现 ……………………………………………… 343

13.2 树状数组应用的算法设计 ……………………………………………………… 347

13.2.1 LeetCode1649——通过指令创建有序数组★★★ …………… 347

13.2.2 LeetCode1409——查询带键的排列★★ ……………………… 349

13.2.3 LeetCode683——k 个关闭的灯泡★★★ ………………… 351

13.2.4 LeetCode308——二维区域和检索(可改)★★★ ……………… 352

13.3 离散化在树状数组中的应用 …………………………………………………… 354

13.3.1　LeetCode327——区间和的个数★★★ ………… 354

13.3.2　LeetCode315——计算右侧小于当前元素的个数★★★ ……… 355

推荐练习题 …………………………………………………………… 356

第 14 章　字典树和后缀数组 …………………………………………… 357

14.1　字典树和后缀数组概述 ………………………………………… 358

14.1.1　字典树 ………………………………………………… 358

14.1.2　后缀数组 ……………………………………………… 360

14.2　字典树应用的算法设计 ………………………………………… 364

14.2.1　LeetCode208——实现 Trie(前缀树)★★ …………… 364

14.2.2　LeetCode14——最长公共前缀★ ……………………… 366

14.2.3　LeetCode648——单词替换★★ ……………………… 368

14.2.4　LeetCode677——键值映射★★ ……………………… 371

14.2.5　LeetCode792——匹配子序列的单词数★★ ………… 373

14.3　后缀数组应用的算法设计 ……………………………………… 373

14.3.1　LeetCode1698——字符串的不同子串的个数★★ …… 373

14.3.2　LeetCode1044——最长重复子串★★★ …………… 374

推荐练习题 …………………………………………………………… 375

第一部分

数据结构及其应用

第 1 章　数　组

 知识图谱

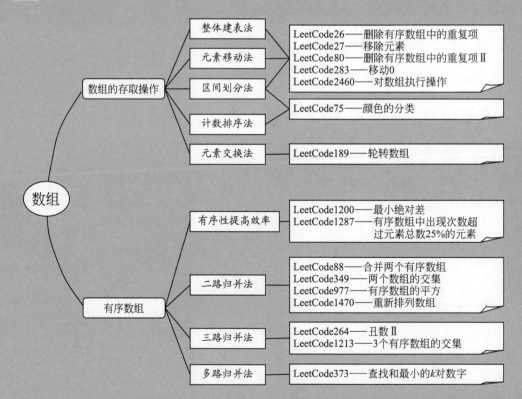

数组的存取操作
- 整体建表法
- 元素移动法
- 区间划分法
- 计数排序法
- 元素交换法

数组

有序数组
- 有序性提高效率
- 二路归并法
- 三路归并法
- 多路归并法

整体建表法 / 元素移动法 / 区间划分法：
- LeetCode26——删除有序数组中的重复项
- LeetCode27——移除元素
- LeetCode80——删除有序数组中的重复项 II
- LeetCode283——移动0
- LeetCode2460——对数组执行操作

计数排序法：
- LeetCode75——颜色的分类

元素交换法：
- LeetCode189——轮转数组

有序性提高效率：
- LeetCode1200——最小绝对差
- LeetCode1287——有序数组中出现次数超过元素总数25%的元素

二路归并法：
- LeetCode88——合并两个有序数组
- LeetCode349——两个数组的交集
- LeetCode977——有序数组的平方
- LeetCode1470——重新排列数组

三路归并法：
- LeetCode264——丑数 II
- LeetCode1213——3个有序数组的交集

多路归并法：
- LeetCode373——查找和最小的k对数字

1.1　数　组　概　述

1.1.1　数组的定义

数组常用于存放序列数据。序列数据(或者线性表)可以表示为 $a = [a_0, a_1, \cdots, a_{n-1}]$,其中有 n 个元素,元素序号(或索引)依次为 $0 \sim n-1$,a_0 为首元素,a_{n-1} 为尾元素,a_0 没有前驱元素,a_{n-1} 没有后继元素,其他每个元素有且仅有一个前驱元素和一个后继元素。

从维的角度来看,数组分为一维数组和二维数组等,如图 1.1 所示,其中二维数组可以看成元素为一维数组的一维数组,以此类推。从实现的角度来看,数组分为固定长度的数组(静态数组)和动态数组,如图 1.2 所示,固定长度的数组定义简单,但应用不方便,在实际应用中主要使用动态数组。数组的基本操作有存元素(如 $a_i = x$)和取元素($x = a_i$)。

$$[1, 5, 8, 3, 2] \qquad \begin{bmatrix} 1 & 8 & 2 \\ 3 & 6 & 8 \\ 7 & 4 & 5 \end{bmatrix}$$

(a) 一个一维数组　　　　　　(b) 一个二维数组

图 1.1　一维数组和二维数组示例

a 中最多存放 10 个整数　　　　a 中理论上可以存放任意多个整数
↓　　　　　　　　　　　　　　↓
int a[10];　　　　　　　　　　vector<int> a;

(a) 定义一个固定长度的数组　　　(b) 定义一个动态数组

图 1.2　静态数组和动态数组示例

1.1.2　数组的知识点

1. C++中的数组

C++ STL 提供了 vector 类模板,其对象就是动态数组(或者向量)。如果在插入元素时超过了空间大小会自动分配更大的空间(通常按 2 倍大小扩容),不会出现上溢出,这就是动态数组的主要优点。定义 vector 对象的几种常用方式如下。

▦ C++:

```
vector<int> v1;                          //定义元素为 int 类型的向量 v1
vector<int> v2(10);                       //指定向量 v2 的初始大小为 10 个 int 元素
vector<double> v3(10,1.25);               //指定 v3 的 10 个初始元素的初值为 1.25
vector<vector<int>> v4;                   //定义一个元素类型为向量的向量 v4
vector<vector<int>> v5(3,vector<int>(5,0)); //定义一个初始化为 3 行 5 列且元素为 0 的二
                                          //维向量
```

vector 向量可以从末尾快速地插入和删除元素,快速地随机访问元素,但在中间插入和删除元素较慢,因为需要移动插入或删除位置后面的所有元素。其主要的成员函数如下。

* capacity():返回向量容器所能容纳的元素的个数。
* resize(n):调整向量的容器,使其恰好容纳 n 个元素,增加部分用默认值填充。

- empty()：判断向量容器是否为空。
- size()：返回向量的长度。
- [i]：返回向量中下标为 i 的元素。
- front()：返回向量的首元素。
- back()：返回向量的尾元素。
- push_back()：在向量的尾部添加一个元素。
- insert(pos,e)：在向量的 pos 位置插入元素 e。
- erase()：删除向量中某个迭代器或者迭代器区间指定的元素。
- clear()：删除向量中的所有元素。
- begin()/end()：用于正向遍历，返回向量中首元素的位置/尾元素的后一个位置。
- rbegin()/rend()：用于反向遍历，返回向量中尾元素的位置/首元素的前一个位置。

其中，容量指一个向量中最多能够存放的元素的个数（capacity() 的返回值），长度表示一个向量中实际存放的元素的个数（size() 的返回值）。例如：

C++：

```
1  vector < int > a;                        //定义一个向量(初始为空),即 a＝[]
2  a.resize(3);                             //a＝[0,0,0],容量为3,长度为3
3  a[1]＝2;                                 //a＝[0,2,0],容量为3,长度为3
4  a.push_back(3);                          //a＝[0,2,0,3],容量变为6,长度为4
5  a.insert(a.begin(),1);                   //a＝[1,0,2,0,3],容量为6,长度为5
6  a.push_back(4);                          //a＝[1,0,2,0,3,4],容量为6,长度为6
7  for(auto it＝a.begin();it!＝a.end();it++)
8      printf("%d ", * it);                 //输出:1 0 2 0 3 4
```

2. C++中的 sort() 排序算法

在算法设计中经常需要排序，C++ STL 提供了通用排序算法 sort()，它适用于数组或 vector 向量等数据的排序。

1）内置数据类型的排序

对于内置数据类型的数据，sort() 默认以 less < T >（即小于关系函数）作为关系比较函数实现递增排序，为了实现递减排序，需要调用大于关系函数 greater < T >。例如：

C++：

```
1  vector < int > v={2,1,5,4,3};           //v={2,1,5,4,3}
2  sort(v.begin(),v.end(),less < int >());  //指定递增排序
3  sort(v.begin(),v.end());                //不指定 less < int >时默认递增排序
4  sort(v.begin(),v.end(),greater < int >());//指定递减排序
```

2）自定义数据类型的排序

对于自定义数据类型（如结构体或者类），同样默认以 less < T >（即小于关系函数）作为关系比较函数，但需要重载该函数，用户也可以自定义关系函数。在这些重载函数或者关系函数中指定数据的排序顺序（按哪些结构体成员排序，是递增还是递减）。归纳起来，实现排序主要有以下两种方式。

方式 1：在声明结构体类型或者类中重载＜运算符，以实现按指定成员的递增或者递减排序。例如：

C++:

```cpp
1    struct Stud {
2        int no;                              //学号
3        string name;                         //姓名
4        Stud(int n,string na):no(n),name(na) {}   //构造函数
5        bool operator <(const Stud& s) const{     //重载比较函数
6            return no < s.no;                     //用于按 no 递增排序
7        }
8    };

9    int main() {
10       Stud a[]={Stud(3,"Mary"),Stud(1,"Smith"),Stud(2,"John")};
11       int n=sizeof(a)/sizeof(a[0]);
12       vector < Stud > v(a,a+n);
13       sort(v.begin(),v.end());             //默认使用<运算符，按 no 递增排序
14       for(auto it=v.begin();it!=v.end();it++)
15           cout << "[" << it-> no << "," << it-> name << "] ";
16       return 0;
17   }
```

运行结果：

[1,Smith] [2,John] [3,Mary]

说明：学习中可以这样记忆，sort()默认使用<运算符实现递增排序，如果重载函数 operator<中是用当前对象的成员 no(放在比较运算符的前面)与参数对象 s 的成员 no(放在比较运算符的后面)进行比较，若比较运算符是<(与 operator<一致)，则实现按 no 递增排序；若比较运算符是>，则实现按 no 递减排序。

方式 2：在结构体或类中重载函数调用运算符()，以实现按指定成员递增或者递减排序。例如：

C++:

```cpp
1    struct Stud {
2        int no;                              //学号
3        string name;                         //姓名
4        Stud(int n,string na):no(n),name(na) {}   //构造函数
5    };
6    struct Cmp {                             //方式 2:定义关系函数
7        bool operator()(const Stud &s,const Stud &t) const {
8            return s.name > t.name;          //用于按 name 递减排序
9        }
10   };

11   int main() {
12       Stud a[]={Stud(3,"Mary"),Stud(1,"Smith"),Stud(2,"John")};
13       int n=sizeof(a)/sizeof(a[0]);
14       vector < Stud > v(a,a+n);
15       sort(v.begin(),v.end(),Cmp());    //使用 Cmp 中的()运算符，按 name 递减排序
16       for(auto it=v.begin();it!=v.end();it++)
17           cout << "[" << it-> no << "," << it-> name << "] ";
18       return 0;
19   }
```

运行结果：

[1,Smith] [3,Mary] [2,John]

说明：在 C++ 11 及以上版本中可以使用 Lambda 表达式更方便地指定排序中的比较方式。

3. Python 中的数组

Python 中的万能列表可以看成动态数组,其基本形式是在一个方括号内以逗号分隔若干元素。每个元素都有一个位置或索引,索引分为正索引和负索引。例如 $a=[1,2,3,4,5,6,7,8,9,10]$,其元素个数 $n=10$,对应的索引如图 1.3 所示,首元素的值为 1,其正索引是 0,负索引是 -10,以此类推。

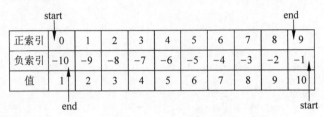

图 1.3 列表 a 的索引

列表切片是从原始列表中提取列表的一部分,其基本格式如下:

列表[start : end : step]

其中,start 为起始索引,默认从 0 开始,-1 为负索引,表示尾元素;end 为结束索引(不含);step 为步长,当步长为正时从左向右取值,当步长为负时反向取值。例如:

```
print(a[-1])          #输出:10
print(a[1:3])         #输出:[2,3]
print(a[-1:0:-1])     #输出:[10,9,8,7,6,5,4,3,2]
```

列表包含的主要方法如下,这些方法是通过列表名称(如列表 a)调用的。
- a. clear():清空列表 a。
- a. append(e):在列表 a 的末尾添加元素 e。
- a. count(e):统计元素 e 在列表 a 中出现的次数。
- a. index(e):从列表 a 中找出第一个与 e 匹配的元素的索引。
- a. insert(i, e):将元素 e 插入列表 a 中索引为 i 的位置。
- a. pop([i=-1]):移除列表 a 中索引为 i 的元素(默认为尾元素),并返回该元素。
- a. remove(e):移除列表 a 中第一个与 e 匹配的元素。
- a. reverse():逆置列表 a 中的元素。

支持列表的主要函数如下,这些函数并不是列表的成员,可以直接调用,但需要在函数参数中指定列表名称(如列表 a)。
- len(a):返回列表 a 中元素的个数。
- sum(a[,start]):返回列表 a 中从 start 位置开始向右的所有元素的和,start 默认为 0。
- max(a):返回列表 a 中元素的最大值。
- min(a):返回列表 a 中元素的最小值。
- list(seq):将可迭代对象 seq 转换为列表。

4. Python 中列表的排序

Python 提供了两种排序方式,即用列表的 list. sort()方法进行排序和用 sorted(list)函数进行排序,两者的区别是 sorted(list)返回一个对象,可以用作表达式,但原来的 list 不变,而是生成一个新的排好序的 list 对象;list. sort()不会返回对象,直接改变原有的 list。

list.sort()的使用格式如下：

```
list.sort(func=None, key=None, reverse=False)
```

其中,key 指出用来进行比较的元素；reverse 指出排序规则,reverse=True 为递减排序,reverse=False 为递增排序(默认)。例如：

Python：

```
1    a=[2,5,8,9,3]
2    a.sort()                                    #递增排序
3    print(a)                                    #输出:[2, 3, 5, 8, 9]
4    a.sort(reverse=True)                        #递减排序
5    print(a)                                    #输出:[9, 8, 5, 3, 2]
```

对于多关键字排序,key 可以使用 operator 模块提供的 itemgetter 函数获取对象的哪些维的数据,参数为一些序号,这里的 operator.itemgetter 函数获取的不是值,而是定义了一个函数,通过该函数作用到对象上才能获取值。另外,也可以使用 lambda 函数,在需要反序排列的数值关键字前加"-"号。例如：

Python：

```
1    from operator import itemgetter, attrgetter
2    a=[('b',3),('a',1),('c',3),('a',4)]
3    a.sort(key=itemgetter(1),reverse=True)      #对第二个关键字递减排序
4    print(a)                                    #输出:[('a', 4), ('b', 3), ('c', 3), ('a', 1)]
5    a.sort(key=itemgetter(0,1),reverse=True)    #对第一个和第二个关键字递减排序
6    print(a)                                    #输出:[('c', 3), ('b', 3), ('a', 4), ('a', 1)]
7    a.sort(key=lambda x:x[0])                    #对第一个关键字递增排序
8    print(a)                                    #输出:[('a', 4), ('a', 1), ('b', 3), ('c', 3)]
9    a.sort(key=lambda x:(x[0],-x[1]))  #对第一个关键字递增排序,对第二个关键字递减排序
10   print(a)                                    #输出:[('a', 4), ('a', 1), ('b', 3), ('c', 3)]
```

5. 整体建表法

所谓整体建表,就是一次性建立一个数组中的全部元素,由于元素是一个一个插入的,如果每次将新元素插入前端或者中间,插入一个元素的时间为 $O(n)$,这样性能低下,通常是将新元素插入末尾,插入一个元素的时间为 $O(1)$。如图 1.4 所示为整体建立 ans 的示意图。

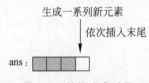

图 1.4 整体建表过程

例如,给定一个整数数组 a,以下算法返回包含 a 中所有奇数元素的数组。

C++：

```
1    vector<int> getodd(vector<int> &a) {
2        vector<int> ans;                        //存放答案
3        for(int i=0;i<a.size();i++)
4            if(a[i]%2==1) ans.push_back(a[i]);
5        return ans;
6    }
```

Python：

```
1    def getodd(a):
2        ans=[]                                  #存放答案
3        for i in range(0,len(a)):
4            if a[i]%2==1:ans.append(a[i])
5        return ans
```

由于 push_back() 和 append() 的执行时间为 $O(1)$，所以上述算法的时间复杂度为 $O(n)$。在实际应用中可以根据问题要求确定将哪些元素插入结果数组中。

6. 基本二路归并法

给定两个递增有序数组 a 和 b，将所有元素归并到数组 c 中，并且要求 c 中的元素也是递增有序的。该问题有多种解法，最高效的解法是使用基本二路归并法，其过程如下。

（1）分别用 i、j 遍历数组 a 和 b（均从 0 开始），当 i 和 j 都没有超界时循环：比较 $a[i]$ 和 $b[j]$，若 $a[i]<b[j]$，则将 $a[i]$ 添加到 c 中（即归并较小元素 $a[i]$），置 $i++$；否则，将 $b[j]$ 添加到 c 中（即归并较小元素 $b[j]$），置 $j++$。

（2）当 i 和 j 中有一个超界时，假设 i 超界，说明 b 中剩余的元素都是较大的元素，将这些元素一一归并到 c 中。

例如，$a=[1,5,7,9]$，$b=[2,3,4,10,12,20]$，基本二路归并过程如图 1.5 所示。首先 $i=0,j=0,a[0]<b[0]\Rightarrow$ 归并 $a[0]$，$c=[1]$，$i=1$；$a[1]>b[0]\Rightarrow$ 归并 $b[0]$，$c=[1,2]$，$j=1$，以此类推，当 $i=3,j=3$ 时，$a[3]<b[3]\Rightarrow$ 归并 $a[3]$，$c=[1,2,3,4,5,7,9]$，$i=4$，此时 i 超界，将 b 中剩余的元素归并到 c 中，$c=[1,2,3,4,5,7,9,10,12,20]$。

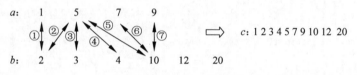

图 1.5　基本二路归并过程

使用基本二路归并过程生成归并的元素，并且使用整体建表产生结果数组 c，对应的算法如下。

::: C++：

```cpp
1   vector<int> merge2(vector<int> &a, vector<int> &b) {
2       int m=a.size(), n=b.size();
3       vector<int> c;
4       int i=0, j=0;
5       while(i<m && j<n) {
6           if(a[i]<b[j]) {
7               c.push_back(a[i]);          //归并 a[i]
8               i++;
9           }
10          else {
11              c.push_back(b[j]);          //归并 b[j]
12              j++;
13          }
14      }
15      while(i<m) {
16          c.push_back(a[i]);              //归并 a[i]
17          i++;
18      }
19      while(j<n) {
20          c.push_back(b[j]);              //归并 b[j]
21          j++;
22      }
23      return c;
24  }
```

Python：

```
 1    def merge2(a,b):
 2        m,n=len(a),len(b)
 3        c=[]
 4        i,j=0,0
 5        while i < m and j < n:
 6            if a[i] < b[j]:
 7                c.append(a[i])          #归并 a[i]
 8                i+=1
 9            else:
10                c.append(b[j])          #归并 b[j]
11                j+=1
12        while i < m:
13            c.append(a[i])              #归并 a[i]
14            i+=1
15        while j < n:
16            c.append(b[j])              #归并 b[j]
17            j+=1
18        return c
```

上述算法的时间复杂度为 $O(m+n)$。

7. 二路归并法的扩展应用

这里介绍二路归并法的几种扩展应用方式。

1) 求交集

给定两个递增有序数组 a 和 b 表示两个集合,每个集合中的元素不重复,求 a 和 b 的交集,用递增有序数组 c 表示,同时要求数组 c 中的元素不重复。例如,$a=[1,2,5,8]$,$b=[1,3,4,5,8,10]$,则 $c=[1,5,8]$。

使用基本二路归并过程,当 a 和 b 均没有归并完并且比较的两个元素相同时将其添加到结果数组 c 中。这样使用基本二路归并过程生成交集的元素,同时使用整体建表产生结果数组 c,对应的算法如下。

C++：

```
 1    vector < int > intersect(vector < int > &a,vector < int > &b) {
 2        int m=a.size(),n=b.size();
 3        vector < int > c;
 4        int i=0,j=0;
 5        while(i < m && j < n) {
 6            if(a[i] < b[j]) i++;                //跳过较小的元素 a[i]
 7            else if(a[i] > b[j]) j++;           //跳过较小的元素 b[j]
 8            else {                              //a[i]=b[j]即为交集元素
 9                c.push_back(a[i]);
10                i++; j++;
11            }
12        }
13        return c;
14    }
```

Python：

```
 1    def intersect(a,b):
 2        m,n=len(a),len(b)
 3        c=[]
 4        i,j=0,0
```

```
5        while i < m and j < n:
6            if a[i] < b[j]:              ♯跳过较小的元素 a[i]
7                i+=1
8            elif a[i] > b[j]:            ♯跳过较小的元素 b[j]
9                j+=1
10           else:                        ♯a[i]=b[j]即为交集元素
11               c.append(a[i])
12               i,j=i+1,j+1
13       return c
```

上述算法的时间复杂度为 $O(m+n)$。

2）求差集

给定两个递增有序数组 a 和 b 表示两个集合，每个集合中的元素不重复，求 $a-b$ 的结果（差集），用递增有序数组 c 表示，同时要求数组 c 中的元素不重复。例如，$a=[1,2,5,8]$，$b=[1,3,4,5,8,10]$，则 $c=[2]$。

差集 $a-b$ 的结果包含所有属于 a 但不属于 b 的元素，使用基本二路归并过程，当 a 和 b 均没有归并完并且 $a[i]<b[j]$ 时将 $a[i]$ 添加到结果数组 c 中，当 b 归并完如果 a 没有归并完，则将 a 中剩余的元素添加到 c 中。这样使用基本二路归并过程生成差集的元素，同时使用整体建表产生结果数组 c，对应的算法如下。

C++：

```
1    vector < int > difference(vector < int > &a, vector < int > &b) {
2        int m=a.size(), n=b.size();
3        vector < int > c;
4        int i=0, j=0;
5        while(i < m && j < n) {
6            if(a[i] < b[j]) {            //较小的 a[i] 是差集的元素
7                c.push_back(a[i]);
8                i++;
9            }
10           else if(a[i] > b[j])
11               j++;
12           else {                       //a[i]=b[j]
13               i++; j++;
14           }
15       }
16       while(i < m) {                   //a 中剩余的元素都是差集的元素
17           c.push_back(a[i]);
18           i++;
19       }
20       return c;
21   }
```

Python：

```
1    def difference(a, b):
2        m,n=len(a), len(b)
3        c,i,j=[],0,0
4        while i < m and j < n:
5            if a[i] < b[j]:              ♯较小的 a[i] 是差集的元素
6                c.append(a[i])
7                i+=1
8            elif a[i] > b[j]:
9                j+=1
10           else:                        ♯a[i]=b[j]
11               i,j=i+1,j+1
```

```
12      while i < m:              #a 中剩余的元素都是差集的元素
13          c.append(a[i])
14          i+=1
15      return c
```

3) 归并结果除重

给定两个递增有序数组 a 和 b,每个数组中可能存在重复的元素,求 a 和 b 合并的结果,用递增有序数组 c 表示,同时要求数组 c 中的元素不重复。例如,$a=[1,2,5,5,8]$,$b=[2,2,4,5,8,10]$,则 $c=[1,2,4,5,8,10]$。

使用基本二路归并过程,当生成归并元素 x 时需要与结果数组 c 的末尾元素比较,只有在不相等时将其添加到 c 中,对应的算法如下。

▦ **C++**:

```
1    vector < int > uniquemerge(vector < int > & a, vector < int > & b) {
2        int m=a.size(), n=b.size();
3        vector < int > c;
4        int i=0, j=0;
5        while(i < m && j < n) {
6            if(a[i] < b[j]) {
7                if(c.empty() || a[i]!=c.back()) c.push_back(a[i]);
8                i++;
9            }
10           else {
11               if(c.empty() || b[j]!=c.back()) c.push_back(a[i]);
12               j++;
13           }
14       }
15       while(i < m) {
16           if(c.empty() || a[i]!=c.back()) c.push_back(a[i]);
17           i++;
18       }
19       while(j < n) {
20           if(c.empty() || b[j]!=c.back()) c.push_back(b[j]);
21           j++;
22       }
23       return c;
24   }
```

▦ **Python**:

```
1    def uniquemerge(a, b):
2        m, n=len(a), len(b)
3        c=[]
4        i, j=0, 0
5        while i < m and j < n:
6            if a[i] < b[j]:          #跳过较小的元素 a[i]
7                if not c or a[i]!=c[-1]: c.append(a[i])
8                i+=1
9            else:
10               if not c or b[j]!=c[-1]: c.append(b[j])
11               j+=1
12       while i < m:
13           if not c or a[i]!=c[-1]: c.append(a[i])
14           i+=1
15       while j < n:
16           if not c or b[j]!=c[-1]: c.append(b[j])
17           j+=1
18       return c
```

8. 多路归并法

给定 $k(k\geqslant3)$ 个非空递增有序数组 $a[0..k-1]$,其中 $a[i](0\leqslant i<k)$ 表示段号为 i 的递增有序数组(归并段 i),要求将全部元素合并到递增有序数组 c 中。例如,$a=\{\{1,3,5,6\},\{1,2,5\},\{2,6,8\}\},k=3$,则 $c=[1,1,2,2,3,5,5,6,6,8]$。

设计长度为 k 的数组 p 和 x,$p[i]$ 用于遍历归并段 i(初始为 0),$x[i]$ 表示归并段 i 中当前由 $p[i]$ 指向的元素。先将 a 中 $p[i]=0(0\leqslant i<k)$ 指向的元素存放到 $x[i]$ 中:

(1)求出 x 中最小元素的段号 mini(下标)。

(2)当 x 中的全部元素均为 ∞ 时置 mini$=-1$,这种情况说明 a 中的全部元素归并完毕,算法结束。

(3)否则说明当前最小元素所属的段号为 mini,最小元素在该归并段中的序号为 $p[\text{mini}]$,将该最小元素添加到结果数组 c 中,执行 $p[\text{mini}]++$ 将其后移一个位置。若 $p[\text{mini}]$ 超界,则置 $x[i]$ 为 ∞,表示归并段 i 的全部元素归并完毕;否则置 $x[\text{mini}]$ 为 $a[\text{mini}][p[\text{mini}]]$,即取归并段 mini 中的下一个元素参与归并。

重复上述过程,直到算法结束。对应的 k 路归并算法如下。

C++:

```
1   const int INF=0x3f3f3f3f;                        //表示∞
2   int mink(vector<int>&x) {                         //返回 x 中最小元素的段号
3       int mini=0;
4       for(int i=1;i<x.size();i++) {                 //通过比求最小元素的序号
5           if(x[i]<x[mini]) mini=i;
6       }
7       if(x[mini]==INF) return -1;                   //x 中的元素均为∞时返回-1
8       else return mini;
9   }

10  vector<int> mergek(vector<vector<int>>&a) {       //k 路归并算法
11      int k=a.size();
12      vector<int> p(k),x(k);
13      for(int i=0;i<k;i++) {                         //初始化 p[i]和 x[i]
14          p[i]=0;
15          x[i]=a[i][p[i]];    //将归并段 i 中 p[i]指向的元素存放到 x[i]中
16      }
17      vector<int> c;
18      while(true) {
19          int mini=mink(x);
20          if(mini==-1) break;                        //mini 为-1 时归并结束
21          c.push_back(a[mini][p[mini]]);
22          p[mini]++;                                  //归并段 i 中 p[mini]后移一个位置
23          if(p[mini]>=a[mini].size())                 //p[mini]超界
24              x[mini]=INF;
25          else
26              x[mini]=a[mini][p[mini]];
27      }
28      return c;
29  }
```

Python:

```
1   INF=0x3f3f3f3f                                     #表示∞
2   def mink(x):                                       #返回 x 中最小元素的段号
3       mini=0
```

```
4        for i in range(1,len(x)):        #通过比较求最小元素的序号
5            if x[i]<x[mini]:mini=i
6        if x[mini]==INF:return −1        #x 中的元素均为∞时返回−1
7        else: return mini

8    def mergek(a):                       #k 路归并算法
9        k=len(a)
10       p,x=[0]*k,[0]*k
11       for i in range(0,k):             #初始化 p[i]和 x[i]
12           p[i]=0
13           x[i]=a[i][p[i]]              #将归并段 i 中 p[i]指向的元素存放到 x[i]中
14       c=[]
15       while True:
16           mini=mink(x)
17           if mini==−1:break            #mini 为−1 时结束
18           c.append(a[mini][p[mini]])
19           p[mini]+=1                   #归并段 i 中 p[mini]后移一个位置
20           if p[mini]>=len(a[mini]):    #p[mini]超界
21               x[mini]=INF
22           else:
23               x[mini]=a[mini][p[mini]]
24       return c
```

上述算法的时间复杂度为 $O(nk)$，其中 n 为 k 个段中全部元素个数之和。

> **提示**　在 k 路归并中最频繁的运算是 mink()，其功能是在 k 个元素中找最小元素，上述算法使用简单选择方法(也就是简单选择排序中每趟使用的方法)，该算法的时间复杂度为 $O(k)$，若使用第 5 章的优先队列实现相同功能，可以将时间复杂度降低为 $O(\log_2 k)$。

1.2　数组的基本算法设计

1.2.1　LeetCode27——移除元素★

【问题描述】　给定一个数组 nums 和一个值 val，请原地移除所有数值等于 val 的元素，并返回移除后数组的新长度。注意，不要使用额外的数组空间，仅使用 $O(1)$ 额外空间并原地修改输入数组；元素的顺序可以改变；不需要考虑数组中超出新长度后面的元素。

例如，nums=[3,2,2,3]，val=3，返回的新长度为 2，并且 nums 中的前两个元素均为 2。

【限制】　$0 \leqslant$ nums.length $\leqslant 100,0 \leqslant$ nums$[i] \leqslant 50,0 \leqslant$ val $\leqslant 100$。

【解法 1】　整体建表法。为了描述简单，用 a 表示 nums 数组。在 a 中删除所有值为 val 的元素得到结果数组 b，返回数组 b 即可。由于题目要求空间复杂度为 $O(1)$，所以只能将 b 和 a 共享。其思路是先将结果数组 a 看成空表(初始时将表示其中元素个数的 k 置为 0)，用 i 从 0 开始遍历 a：

(1) 若 $a_i \neq$ val，说明 a_i 是要保留的元素，将其插入 a 的末尾，即置 $a_k = a_i$，$k++$，如图 1.6 所示。

(2) 若 $a_i =$ val，说明 a_i 是要删除的元素，不需要将 a_i 重新插入，即直接跳过。

最后返回结果数组长度 k 即可。对应的算法如下。

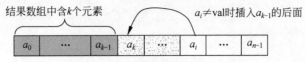

图 1.6 将保留的元素插入 a 中

C++：

```cpp
1   class Solution {
2   public:
3       int removeElement(vector<int>& nums, int val) {
4           int k=0;
5           for(int i=0;i<nums.size();i++) {
6               if(nums[i]!=val)          //将保留的元素重新插入
7                   nums[k++]=nums[i];
8           }
9           return k;
10      }
11  };
```

提交运行：

结果：通过；时间：4ms；空间：8.6MB

Python：

```python
1   class Solution:
2       def removeElement(self, nums: List[int], val: int) -> int:
3           k=0
4           for i in range(0,len(nums)):
5               if nums[i]!=val:          #将保留的元素重新插入
6                   nums[k]=nums[i]
7                   k+=1
8           return k
```

提交运行：

结果：通过；时间：32ms；空间：14.9MB

【解法 2】 元素移动法。用 i 从 0 开始遍历 a，用 $k(k \geqslant 0)$ 累计到当前为止要删除的元素的个数（初始值为 0）：

（1）若 $a_i \neq val$，说明 a_i 是要保留的元素，将 a_i 前移 k 个位置重新插入 a 中，如图 1.7 所示（$k=0$ 时原地移动一次）。

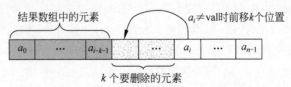

图 1.7 将保留的元素前移 k 个位置

（2）若 $a_i = val$，说明 a_i 是要删除的元素，不移动 a_i 并且执行 $k++$。

最后返回结果数组长度 $n-k$ 即可。对应的算法如下。

C++：

```cpp
1   class Solution {
2   public:
```

```
3       int removeElement(vector < int > & nums, int val) {
4           int k=0;
5           for (int i=0;i<nums.size();i++) {
6               if(nums[i]==val) k++;        //nums[i]为要删除的元素
7               else nums[i-k]=nums[i];      //nums[i]为要保留的元素
8           }
9           return nums.size()-k;
10      }
11  };
```

提交运行：

结果：通过；时间：0ms；空间：8.7MB

⊞ **Python**：

```
1   class Solution:
2       def removeElement(self, nums: List[int], val: int) -> int:
3           k=0
4           for i in range(0,len(nums)):
5               if nums[i]==val:k+=1         #nums[i]为要删除的元素
6               else: nums[i-k]=nums[i]       #nums[i]为要保留的元素
7           return len(nums)-k
```

提交运行：

结果：通过；时间：32ms；空间：15.1MB

【解法3】　区间划分法。用 $a[0..j]$ 区间存放保留的元素（称为"保留元素区间"），初始时该区间为空，即 $j=-1$。用 i 从 0 开始遍历 a，保留元素区间之后的 $a[j+1..i-1]$ 区间存放删除的元素（称为"删除元素区间"），初始时该区间也为空（因为 $i=0$）。i 从 0 开始遍历 a：

（1）若 $a_i \neq val$，说明 a_i 是要保留的元素，将其移动到保留元素区间的末尾，其操作是执行 $j++$，将 a_i 和 a_j 交换，如图 1.8 所示。此时 a_i 位置的元素变成了删除元素，即将删除元素区间后移一个位置，同时保留元素区间增加了一个元素。

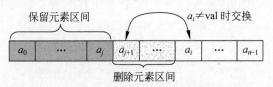

图 1.8　$a[0..i]$ 的元素划分为两个区间

（2）若 $a_i = val$，说明 a_i 是要删除的元素，不做任何操作直接将 a_i 放置在删除元素区间的末尾。

最后返回保留元素区间的长度 $j+1$ 即可。对应的算法如下。

▦ **C++**：

```
1   class Solution {
2   public:
3       int removeElement(vector < int > & nums, int val) {
4           int j=-1;
5           for(int i=0;i<nums.size();i++) {
6               if(nums[i]!=val) {                    //nums[i]为保留的元素
7                   j++;                              //扩大保留元素区间
8                   if(j!=i) swap(nums[i],nums[j]);   //索引为 i 和 j 的两个元素交换
9               }
```

```
10              }
11              return j+1;                    //新数组长度为j+1
12          }
13  };
```

提交运行：

结果：通过；时间：4ms；空间：8.5MB

Python：

```
1   class Solution:
2       def removeElement(self, nums: List[int], val: int) -> int:
3           j=-1
4           for i in range(0,len(nums)):
5               if nums[i]!=val:                  # nums[i]为保留的元素
6                   j+=1                          # 扩大保留元素区间
7                   if j!=i: nums[i],nums[j]=nums[j],nums[i]
                                                  # 索引为i和j的两个元素交换
8           return j+1                            # 新数组长度为j+1
```

提交运行：

结果：通过；时间：36ms；空间：15MB

1.2.2 LeetCode283——移动0★

【问题描述】 给定一个数组 nums，编写一个函数将所有 0 移动到数组的末尾，同时保持非 0 元素的相对顺序。注意，必须在不复制数组的情况下对数组原地进行操作。

例如，nums＝[0,1,0,3,12]，答案为[1,3,12,0,0]。

【限制】 $1 \leqslant nums.length \leqslant 10^4$，$-2^{31} \leqslant nums[i] \leqslant 2^{31}-1$。

【解法1】 整体建表法。采用 1.2.1 节中解法 1 的思路，将 val 看成 0，删除 nums 中所有为 0 的元素，删除完毕后 $nums[0..k-1]$ 中就是所有不为 0 的元素，即保留的元素，再将其余部分（即 $nums[k..n-1]$）全部置为 0 即可。

【解法2】 元素移动法。采用 1.2.1 节中解法 2 的思路，同样将 val 看成 0，将所有不等于 0 的元素移动到最前面（共有 k 个等于 0 的元素），这样 $nums[0..n-k-1]$ 中就是所有不为 0 的元素，即保留的元素，再将其余部分 $nums[n-k..n-1]$ 全部置为 0 即可。

【解法3】 区间划分法。采用 1.2.1 节中解法 3 的思路，同样将 val 看成 0，将所有不等于 0 的元素移动到最前面，即 $nums[0..j]$ 区间中，它们是保留的元素，再将后面的区间（即 $nums[j+1..n-1]$）全部置为 0 即可。

1.2.3 LeetCode2460——对数组执行操作★

【问题描述】 给定一个下标从 0 开始的数组 nums，数组的大小为 n，且由非负整数组成，对数组执行 $n-1$ 步操作，其中第 i 步操作（从 0 开始计数）要求对 nums 中的第 i 个元素执行下述指令：

(1) 如果 $nums[i] = nums[i+1]$，将 $nums[i]$ 的值变成原来的 2 倍，$nums[i+1]$ 的值变成 0。

(2) 否则跳过这步操作。

扫一扫

源程序

扫一扫

源程序

扫一扫

源程序

在执行完全部操作后将所有的0移动到数组的末尾,返回结果数组。注意,操作应当依次有序执行,而不是一次性全部执行。

例如,nums=[1,2,2,1,1,0],执行如下。

(1) $i=0$:nums[0]≠nums[1],跳过这步操作。

(2) $i=1$:nums[1]=nums[2],将 nums[1]的值变成原来的 2 倍,nums[2]的值变成0,数组变成[1,4,0,1,1,0]。

(3) $i=2$:nums[2]≠nums[3],跳过这步操作。

(4) $i=3$:nums[3]=nums[4],将 nums[3]的值变成原来的 2 倍,nums[4]的值变成0,数组变成[1,4,0,2,0,0]。

(5) $i=4$:nums[4]=nums[5],将 nums[4]的值变成原来的 2 倍,nums[5]的值变成0,数组变成[1,4,0,2,0,0]。

在执行完所有操作后,将0全部移动到数组的末尾,得到结果数组为[1,4,2,0,0,0]。

【限制】 $2 \leqslant$ nums.length$\leqslant 2000,0 \leqslant$ nums[i]$\leqslant 1000$。

扫一扫

源程序

【解法1】 整体建表法。先用 i 遍历一次 nums 数组,当 $i < n-1$ 且 nums[i]=nums[$i+1$]时做修改操作,即置 nums[$i+1$]=0,nums[i]=2nums[i],然后采用1.2.2节中的思路将所有非0元素移动到最前面。实际上,这两步可以合并为一次遍历。本解法采用1.2.2节中解法1的思路将所有非0元素移动到最前面,最后将后面的元素用0填充。

扫一扫

源程序

【解法2】 元素移动法。与解法1一样,用 i 遍历一次 nums 数组,当 $i < n-1$ 且 nums[i]=nums[$i+1$]时做修改操作,即置 nums[$i+1$]=0,nums[i]=2nums[i]。本解法采用1.2.2节中解法2的思路将所有非0元素移动到最前面,最后将后面的元素用0填充。

扫一扫

源程序

【解法3】 区间划分法。与解法1一样,用 i 遍历一次 nums 数组,当 $i < n-1$ 且 nums[i]=nums[$i+1$]时做修改操作,即置 nums[$i+1$]=0,nums[i]=2nums[i]。本解法采用1.2.2节中解法3的思路将所有非0元素移动到最前面,最后将后面的元素用0填充。

1.2.4 LeetCode75——颜色的分类★★

【问题描述】 给定一个包含红色、白色和蓝色共 n 个元素的数组 nums,对它们原地进行排序,使得相同颜色的元素相邻,并按照红色、白色、蓝色的顺序排列。这里使用整数0、1和2分别表示红色、白色和蓝色。另外,要求在不使用库内置的 sort 函数的情况下解决这个问题。

例如,nums=[2,0,2,1,1,0],答案为[0,0,1,1,2,2]。

【限制】 $n=$nums.length,$1 \leqslant n \leqslant 300$,nums[$i$]为0、1或2。

【解法1】 区间划分法。为了方便描述,将 nums 用 a 表示,用 i 从0开始遍历 a,将 $a[0..n-1]$划分为3个区间,如图1.9所示。其中,$a[0..j]$为0区间(初始为空,即 $j=-1$),$a[j+1..i-1]$为1区间(初始为空,即 $i=0$),$a[k..n-1]$为2区间(初始为空,即 $k=n$)。

(1) 若 $a_i=0$,将其移动到0区间的末尾,即执行 $j++$,将 a_i 和 a_j 交换(新的 a_i 变为1,这样扩大0区间,1区间后移一个位置),再执行 $i++$继续遍历 a。

(2) 若 $a_i=2$,将其移动到2区间的开头,即执行 $k--$,将 a_i 和 a_k 交换,这样扩大2区

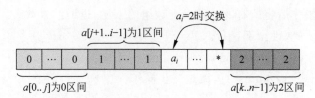

图 1.9 划分为 3 个区间

间,但新的 a_i 可能是 1,也可能是 0 或者 2,所以下一步需要继续处理 a_i,因此不执行 $i{+}{+}$。

（3）若 $a_i{=}1$,不做任何操作,直接将 a_i 放置在 1 区间的末尾,再执行 $i{+}{+}$ 继续遍历 a。

对应的算法如下。

C++：

```
 1  class Solution {
 2  public:
 3      void sortColors(vector < int > & nums) {
 4          int n=nums.size();
 5          int i=0,j=-1,k=n;
 6          while (i < k) {
 7              if (nums[i]==0) {
 8                  j++;
 9                  if(i!=j) swap(nums[i],nums[j]);
10                  i++;
11              }
12              else if (nums[i]==2) {
13                  k--;
14                  if(i!=k) swap(nums[i],nums[k]);
15              }
16              else i++;                    //nums[i]=1 的情况
17          }
18      }
19  };
```

提交运行：

结果：通过；时间：4ms；空间：8MB

Python：

```
 1  class Solution:
 2      def sortColors(self, nums: List[int]) -> None:
 3          n=len(nums)
 4          i,j,k=0,-1,n
 5          while i < k:
 6              if nums[i]==0:
 7                  j+=1
 8                  if i!=j: nums[i],nums[j]=nums[j],nums[i]
 9                  i+=1
10              elif nums[i]==2:
11                  k-=1
12                  if i!=k: nums[i],nums[k]=nums[k],nums[i]
13              else: i+=1                #nums[i]=1 的情况
```

提交运行：

结果：通过；时间：28ms；空间：15MB

【解法 2】 计数排序法。设置长度为 3 的数组 x,其中 $x[i]$ 用于记录 nums 中值为 $i(0{\leqslant}$

$i \leqslant 2$)的元素的个数,遍历 nums 求出 x,再将 nums 中的前 $x[0]$ 个元素置为 0,中间 $x[1]$ 个元素置为 1,最后的 $x[2]$ 个元素置为 2。对应的算法如下。

C++:

```
1  class Solution {
2  public:
3      void sortColors(vector < int > & nums) {
4          int n=nums.size();
5          vector < int > x(3,0);
6          for(int i=0;i<n;i++) x[nums[i]]++;
7          int k=0;
8          for(int i=0;i<3;i++) {
9              for(int j=0;j<x[i];j++) nums[k++]=i;
10         }
11     }
12 };
```

提交运行:

结果:通过;时间:0ms;空间:7.9MB

Python:

```
1  class Solution:
2      def sortColors(self, nums: List[int]) -> None:
3          n=len(nums)
4          x=[0]*3
5          for i in range(0,n): x[nums[i]]+=1
6          k=0
7          for i in range(0,3):
8              for j in range(0,x[i]):
9                  nums[k]=i;k+=1
```

提交运行:

结果:通过;时间:48ms;空间:15.1MB

1.2.5 LeetCode189——轮转数组★★

【问题描述】 给定一个数组 nums,将数组中的元素向右轮转 k 个位置,其中 k 是非负数,要求不返回任何值,在 nums 中就地轮转。

例如,nums=$[1,2,3,4,5,6,7]$,$k=3$,答案为 $[5,6,7,1,2,3,4]$。

【限制】 $1 \leqslant$ nums.length $\leqslant 10^5$,$-2^{31} \leqslant$ nums$[i] \leqslant 2^{31}-1$,$0 \leqslant k \leqslant 10^5$。

【解题思路】 元素交换法。对于给定的 k,a 中后面 k 个元素为 $a[n-k..n-1]$,前面 $n-k$ 个元素为 $a[0..n-k-1]$,通过归纳发现以下规律:

(1) $k>n$ 时等同于向右轮转 $k\%n$ 个位置。

(2) 当 $k<n$ 时以 k 为分割点将 $a[0..n-1]$ 表示为 $a[0..n-k-1]a[n-k..n-1]$,其轮转结果为 $a[n-k..n-1]a[0..n-k-1]$,不妨将 $a[0..n-k-1]$ 和 $a[n-k..n-1]$ 分别用 x 和 y 表示,用 x' 表示 x 的逆置,而逆置是通过元素交换实现的。实际上,题目就是给定 xy,求 yx,显然有 $(x'y')'=(y')'(x')'=yx$,因此将 x 和 y 分别逆置后再整个逆置就得到了轮转结果。

例如,对于题目中的样例,$n=7$,$x=$nums$[0..3]=[1,2,3,4]$,$y=$nums$[4..6]=[5,$

$6,7$],$x'=[4,3,2,1]$,$y'=[7,6,5]$,$x'y'=[4,3,2,1,7,6,5]$,答案为$(x'y')'=[5,6,7,1,2,3,4]$,如图 1.10 所示。

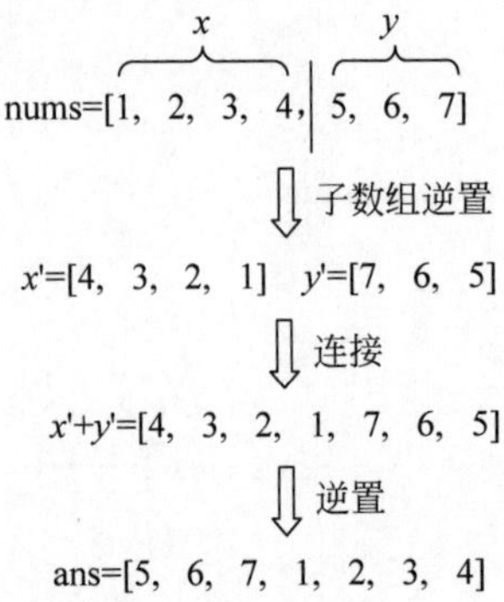

$$\overbrace{}^{x}\ \overbrace{}^{y}$$

nums=[1, 2, 3, 4, | 5, 6, 7]

⇩ 子数组逆置

x'=[4, 3, 2, 1] y'=[7, 6, 5]

⇩ 连接

$x'+y'$=[4, 3, 2, 1, 7, 6, 5]

⇩ 逆置

ans=[5, 6, 7, 1, 2, 3, 4]

图 1.10 $k=3$ 的轮转过程

对应的算法如下。

C++：

```cpp
1   class Solution {
2   public:
3       void rotate(vector < int > & nums, int k) {
4           int n＝nums.size();
5           if(n＝＝1) return;
6           k＝k％n;
7           reverse(nums,0,n－k－1);
8           reverse(nums,n－k,n－1);
9           reverse(nums,0,n－1);
10      }

11      void reverse(vector < int > &nums, int s, int t) {        //逆置 nums[s..t]
12          int i＝s,j＝t;
13          while(i < j) {
14              swap(nums[i],nums[j]);
15              i＋＋; j－－;
16          }
17      }
18  };
```

提交运行：

结果:通过;时间:28ms;空间:24.3MB

Python：

```python
1   class Solution:
2       def rotate(self, nums, k: int) -> None:
3           n＝len(nums)
4           if n＝＝1: return
5           k＝k％n
6           self.reverse(nums,0,n－k－1)
7           self.reverse(nums,n－k,n－1)
8           self.reverse(nums,0,n－1)

9       def reverse(self,nums,s,t):                    #逆置 nums[s..t]
10          i,j＝s,t
11          while i < j:
12              nums[i],nums[j]＝nums[j],nums[i]
13              i＋＝1; j－＝1
```

提交运行：

结果:通过;时间:56ms;空间:21.3 MB

或者

Python：

```
1   class Solution:
2       def rotate(self, nums, k: int):
3           n = len(nums)
4           if n == 1: return
5           k = k % n
6           tmp = nums[n-k-1::-1] + nums[n-1:n-k-1:-1]    #逆置前、后两个部分
7           tmp.reverse()                                  #再整个逆置
8           nums[:] = tmp[:]                               #将 tmp 复制到 nums 中
```

提交运行：

结果:通过;时间:44ms;空间:21.1MB

1.3　有序数组的算法设计

1.3.1　LeetCode26——删除有序数组中的重复项★

【问题描述】　给定一个升序排列的数组 nums,请原地删除重复出现的元素,使每个元素只出现一次,返回删除后数组的新长度,元素的相对顺序应该保持一致。由于在某些语言中不能改变数组的长度,所以必须将结果放在数组 nums 的第一部分。更规范地说,如果在删除重复项之后有 k 个元素,那么 nums 的前 k 个元素应该保存最终结果。注意,不要使用额外的空间,即算法的空间复杂度应该为 $O(1)$。

例如,nums=[0,0,1,1,1,2,2,3,3,4],答案是返回 5,nums=[0,1,2,3,4],即函数返回新的长度 5,并且原数组 nums 的前 5 个元素被修改为 0、1、2、3、4,不需要考虑数组中超出新长度后面的元素。

【限制】　$1 \leqslant$ nums.length $\leqslant 3 \times 10^4$,$-10^4 \leqslant$ nums$[i] \leqslant 10^4$,nums 已按升序排列。

【解法 1】　整体建表法。由于 nums 是有序的,其中重复的元素一定是相邻的。用 nums 存放结果,首先保留 nums[0],i 从 1 到 $n-1$ 循环,若 nums$[i] \neq$ nums$[i-1]$,则保留 nums$[i]$,否则删除 nums$[i]$,所以采用 1.2.1 节中解法 1 的思路删除所有满足条件 nums$[i]=$ nums$[i-1]$ 的元素。对应的算法如下。

C++：

```
1   class Solution {
2   public:
3       int removeDuplicates(vector<int>& nums) {
4           int k=1;                           //首先保留 nums[0]
5           for(int i=1;i<nums.size();i++) {
6               if(nums[i]!=nums[i-1]) {       //将保留的元素重新插入
7                   nums[k]=nums[i];
8                   k++;
9               }
10          }
```

```
11        return k;
12        }
13    };
```

提交运行：

结果：通过；时间：12ms；空间：17.9MB

Python：

```
1    class Solution:
2        def removeDuplicates(self, nums: List[int]) -> int:
3            k=1                                    #首先保留 nums[0]
4            for i in range(1,len(nums)):
5                if nums[i]!=nums[i-1]:             #将保留的元素重新插入
6                    nums[k]=nums[i]
7                    k+=1
8            return k
```

提交运行：

结果：通过；时间：40ms；空间：16.1MB

【解法 2】 元素移动法。采用 1.2.1 节中解法 2 的思路，这里是删除所有满足条件 $nums[i]=nums[i-1]$ $(1 \leqslant i \leqslant n-1)$ 的元素。对应的算法如下。

C++：

```
1    class Solution {
2    public:
3        int removeDuplicates(vector<int>& nums) {
4            int k=0;
5            for(int i=1;i<nums.size();i++) {        //首先保留 nums[0]
6                if(nums[i]==nums[i-1]) k++;          //nums[i]为要删除的元素
7                else nums[i-k]=nums[i];              //nums[i]为要保留的元素
8            }
9            return nums.size()-k;
10       }
11   };
```

提交运行：

结果：通过；时间：8ms；空间：17.8MB

Python：

```
1    class Solution:
2        def removeDuplicates(self, nums: List[int]) -> int:
3            k=0
4            for i in range(1,len(nums)):             #首先保留 nums[0]
5                if nums[i]==nums[i-1]:k+=1            #nums[i]为要删除的元素
6                else: nums[i-k]=nums[i]              #nums[i]为要保留的元素
7            return len(nums)-k
```

提交运行：

结果：通过；时间：44ms；空间：16.2MB

【解法 3】 区间划分法。采用 1.2.1 节中解法 3 的思路，需要做以下几点修改：

(1) 一定要保留 $nums[0]$，初始保留区间必须含该元素，所以初始化 $j=0$ 而不是 -1。

(2) 该方法中 $nums[i]$ 前面的元素 $nums[i-1]$ 可能发生更新，所以不能认为满足条件 $nums[i]=nums[i-1]$ 就判断 $nums[i]$ 为重复元素，而是使用结果数组的判重方式，如果

nums[i]=保留区间末尾的元素,即 nums[i]=nums[j],则 nums[i]才是重复元素。

对应的算法如下。

C++:

```
 1  class Solution {
 2  public:
 3      int removeDuplicates(vector<int>& nums) {
 4          int j=0;                                    //首先保留 nums[0]
 5          for(int i=1;i<nums.size();i++) {
 6              if(nums[i]!=nums[j]) {                  //nums[i]为保留的元素
 7                  j++;                                //扩大保留元素区间
 8                  if(j!=i) swap(nums[i],nums[j]);     //索引为 i 和 j 的两个元素交换
 9              }
10          }
11          return j+1;
12      }
13  };
```

提交运行:

结果:通过;时间:12ms;空间:17.9MB

Python:

```
 1  class Solution:
 2      def removeDuplicates(self, nums: List[int]) -> int:
 3          j=0                                         #首先保留 nums[0]
 4          for i in range(1,len(nums)):
 5              if nums[i]!=nums[j]:                    #nums[i]为保留的元素
 6                  j+=1                                #扩大保留元素区间
 7                  if j!=i:nums[i],nums[j]=nums[j],nums[i]
 8          return j+1
```

提交运行:

结果:通过;时间:44ms;空间:16.2MB

1.3.2　LeetCode80——删除有序数组中的重复项Ⅱ★★

【问题描述】　给定一个有序数组 nums,请原地删除重复出现的元素,使得出现次数超过两次的元素只出现两次,返回删除后数组的新长度。如果在删除重复项之后有 k 个元素,那么 nums 的前 k 个元素应该保存最终结果。注意,不要使用额外的空间,即算法的空间复杂度应该为 $O(1)$。

例如,nums=[1,1,1,2,2,3],答案是返回5,并且原数组的前5个元素被修改为1、1、2、2、3,不需要考虑数组中超出新长度后面的元素。

【限制】　$1 \leqslant$ nums.length $\leqslant 3 \times 10^4$,$-10^4 \leqslant$ nums[i] $\leqslant 10^4$,nums 已按升序排列。

【解法1】　整体建表法。采用 1.2.1 节中解法 1 的思路,由于 nums[i]前面的元素nums[$i-1$]和 nums[$i-2$]可能发生更新,所以不能认为满足条件 nums[i]=nums[$i-1$]且 nums[i]=nums[$i-2$]就判断 nums[i]为重复元素,而是使用结果数组的判重方式,若当前保留区间为 nums[0.. $k-1$](k 为保留的元素的个数),如果 nums[i]满足条件 nums[$k-2$]=nums[$k-1$]且 nums[i]=nums[$k-1$],则说明 nums[i]是重复元素,删除之。由于nums 中开头的两个元素一定是保留元素,所以初始化 $k=2$,i 从 2 开始遍历 nums。

扫一扫

源程序

扫一扫

源程序

扫一扫

源程序

【解法2】 元素移动法。采用1.2.1节中解法2的思路删除所有重复元素,重复元素的判定参考解法1,k记录当前删除的元素的个数,对于当前遍历的元素$nums[i]$,保留区间的元素个数$=i-k$($nums[i]$前面有i个元素,删除了k个元素,遍历$i-k$个元素),保留区间末尾的两个元素为$nums[i-k-1]$和$nums[i-k-2]$,若$nums[i-k-2]=nums[i-k-1]$且$nums[i]=nums[i-k-1]$,说明$nums[i]$是重复元素,删除之。由于$nums$中开头的两个元素一定是保留元素,所以i从2开始遍历$nums$。

【解法3】 区间划分法。采用1.2.1节中解法3的思路,需要做以下几点修改:

(1)一定要保留$nums[0]$和$nums[1]$,初始保留区间$nums[0..j]$必须含该元素,所以初始化$j=1$而不是-1。i从2开始遍历$nums$。

(2)对于当前遍历的元素$nums[i]$,如果保留区间$nums[0..j]$中末尾的两个元素相同,并且它们与$nums[i]$也相同,则说明$nums[i]$是重复元素,也就是说满足条件!($nums[j-1]=nums[j]$且$nums[i]=nums[j]$)的元素$nums[i]$才是保留的元素。

1.3.3 LeetCode1287——有序数组中出现次数超过元素总数 25%的元素★

【问题描述】 给定一个非递减的有序整数数组,已知这个数组中恰好有一个整数,它出现的次数超过数组元素总数的25%,请找到并返回这个整数。

例如,$arr=[1,2,2,6,6,6,6,7,10]$,其中$n=9$,整数6出现了4次,答案为6。

【限制】 $1\leqslant arr.length\leqslant 10^4$,$0\leqslant arr[i]\leqslant 10^5$。

【解题思路】 通过有序性提高效率。由于arr递增排序,这样所有相同的元素相邻排列。用c表示当前出现次数为cnt的字符(初始时置$c=arr[0]$,$cnt=1$),用i从1开始遍历arr:

(1)若$arr[i]=c$,说明等于c的元素增加了一个,执行$cnt++$。若$cnt/(25\%)=4*cnt>n$,则说明找到了满足要求的元素c,返回c即可。

(2)否则说明前面的c不可能是满足要求的元素,则从当前元素开始继续查找,即执行$c=arr[i]$,$cnt=1$。

上述过程经过一次遍历就可以找到答案,所以算法的时间复杂度为$O(n)$。对应的算法如下。

C++:

```cpp
1   class Solution {
2   public:
3       int findSpecialInteger(vector < int > & arr) {
4           int n=arr.size();
5           int c=arr[0], cnt=0;
6           for(int i=0;i<n;i++) {
7               if(arr[i]==c) {
8                   cnt++;
9                   if(cnt * 4 > n) return c;
10              }
11              else {
12                  c=arr[i];
13                  cnt=1;
14              }
```

```
15          }
16          return −1;
17      }
18  };
```

提交运行：

结果：通过；时间：8ms；空间：12.1MB

Python：

```
1   class Solution:
2       def findSpecialInteger(self, arr: List[int]) -> int:
3           n＝len(arr)
4           c,cnt＝arr[0],0
5           for i in range(0,n):
6               if arr[i]＝＝c:
7                   cnt＋＝1
8                   if cnt * 4＞n: return c
9               else:
10                  c,cnt＝arr[i],1
```

提交运行：

结果：通过；时间：48ms；空间：16.2MB

1.3.4　LeetCode1200——最小绝对差★

【问题描述】　给定一个整数数组 arr,其中每个元素都不相同,请找到所有具有最小绝对差的元素对,并且按升序的顺序返回。每个元素对[a,b]如下：a 和 b 均为数组 arr 中的元素,$a＜b$ 时 $b-a$ 等于 arr 中任意两个元素的最小绝对差。

例如,arr＝[4,2,1,3],答案是[[1,2],[2,3],[3,4]]。

【限制】　$2≤arr.length≤10^5,-10^6≤arr[i]≤10^6$。

【解题思路】　排序＋通过有序性提高效率。用 ans 存放结果,先将 arr 递增排序,置最小绝对差 mind 为 arr[$n-1$]−arr[0]。用 i 从 1 到 $n-1$ 遍历 arr：

(1) 若 arr[i]−arr[$i-1$]＜mind,说明找到一个新的最小绝对差,置 ans 为空,将该元素对{arr[$i-1$],arr[i]}添加到 ans 中。

(2) 若 arr[i]−arr[$i-1$]＝mind,说明找到具有最小绝对差的另外一个元素对,将该元素对{arr[$i-1$],arr[i]}添加到 ans 中。

(3) 若为其他情况,说明{arr[$i-1$],arr[i]}不是具有最小绝对差的元素对,跳过。

最后返回 ans 即可。

例如,arr＝[1,5,3,6,7],排序后 arr＝[1,3,5,6,7],置 mind＝7−1＝6,ans＝[]：

(1) $i＝1$,arr[1]−arr[0]＝2＜mind,置 mind＝2,ans＝[],向 ans 中添加[1,3],ans＝[[1,3]]。

(2) $i＝2$,arr[2]−arr[1]＝2＝mind,向 ans 中添加[5,3],ans＝[[1,3],[3,5]]。

(3) $i＝3$,arr[3]−arr[2]＝1＜mind,置 mind＝1,ans＝[],向 ans 中添加[6,5],ans＝[[6,5]]。

(4) $i＝4$,arr[4]−arr[3]＝1＝mind,向 ans 中添加[7,6],ans＝[[6,5],[7,6]]。

对应的算法如下。

C++:

```cpp
1   class Solution {
2   public:
3       vector<vector<int>> minimumAbsDifference(vector<int>& arr) {
4           vector<vector<int>> ans;
5           int n=arr.size();
6           sort(arr.begin(),arr.end());
7           int mind=arr[n-1]-arr[0];
8           for(int i=1;i<n;i++) {
9               if(arr[i]-arr[i-1]<mind) {
10                  mind=arr[i]-arr[i-1];
11                  ans.clear();
12                  ans.push_back({arr[i-1],arr[i]});
13              }
14              else if(arr[i]-arr[i-1]==mind)
15                  ans.push_back({arr[i-1],arr[i]});
16          }
17          return ans;
18      }
19  };
```

提交运行：

结果：通过；时间：56ms；空间：31.4MB

Python:

```python
1   class Solution:
2       def minimumAbsDifference(self, arr: List[int]) -> List[List[int]]:
3           ans,n=[],len(arr)
4           arr.sort()
5           mind=arr[n-1]-arr[0]
6           for i in range(1,n):
7               if arr[i]-arr[i-1]<mind:
8                   mind=arr[i]-arr[i-1]
9                   ans=[]
10                  ans.append([arr[i-1],arr[i]])
11              elif arr[i]-arr[i-1]==mind:
12                  ans.append([arr[i-1],arr[i]])
13          return ans
```

提交运行：

结果：通过；时间：108ms；空间：25.8MB

1.3.5　LeetCode88——合并两个有序数组★

【问题描述】　给定两个按非递减顺序排列的整数数组 nums1 和 nums2，另外有两个整数 m 和 n，分别表示 nums1 和 nums2 中元素的数目，请合并 nums2 到 nums1 中，并使合并后的数组同样按非递减顺序排列。注意，最终合并后的数组不应该由函数返回，而是存储在数组 nums1 中。为了应对这种情况，nums1 的初始长度为 $m+n$，其中前 m 个元素表示应该合并的元素，后 n 个元素为 0，应该忽略；nums2 的长度为 n。

例如，nums1=[1,2,3,0,0,0]，$m=3$，nums2=[2,5,6]，$n=3$，答案是 nums1=[1,2,2,3,5,6]。

【限制】　nums1.length=$m+n$，nums2.length=n，$0 \leqslant m,n \leqslant 200$，$1 \leqslant m+n \leqslant 200$，

$-10^9 \leqslant nums1[i], nums2[j] \leqslant 10^9$。

进阶：设计一个时间复杂度为 $O(m+n)$ 的算法解决此问题。

【解题思路】 二路归并法。为了描述简单，分别用 a 和 b 表示 nums1 和 nums2 数组。由于题目需要将全部归并的元素存放到 a 中，所以必须从后面开始放置元素，为此使用二路归并过程，用 i 和 j 分别从前向后遍历 a 和 b，看成两个递减序列的二路归并，每次归并较大的元素并且存放在 a_k 处，k 表示归并元素的位置（从 $m+n-1$ 开始），如图 1.11 所示。

扫一扫

源程序

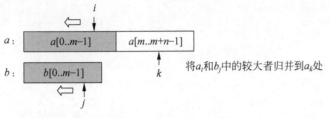

图 1.11　二路归并过程

1.3.6　LeetCode349——两个数组的交集★

【问题描述】 给定两个数组 nums1 和 nums2，返回它们的交集。输出结果中的每个元素一定是唯一的，可以不考虑输出结果的顺序。

例如，nums1＝[1,2,2,1]，nums2＝[2,2]，答案为[2]。

【限制】 $1 \leqslant nums1.length, nums2.length \leqslant 1000, 0 \leqslant nums1[i], nums2[i] \leqslant 1000$。

【解题思路】 排序＋二路归并法。先将两个数组递增排序，再使用二路归并求交集。这里要求结果中的每个元素是唯一的，为此在生成结果数组 ans 时考虑除重，即仅将不等于 ans 末尾元素的当前归并元素添加到 ans 中，最后返回 ans 即可。

扫一扫

源程序

1.3.7　LeetCode977——有序数组的平方★

【问题描述】 给定一个按非递减顺序排序的整数数组 nums，返回由每个数字的平方组成的新数组，要求也按非递减顺序排序。

例如，nums＝[-4,-1,0,3,10]，所有元素平方后数组变为[16,1,0,9,100]，排序后数组变为[0,1,9,16,100]。

【限制】 $1 \leqslant nums.length \leqslant 10^4, -10^4 \leqslant nums[i] \leqslant 10^4$，nums 已按非递减顺序排序。

进阶：设计一个时间复杂度为 $O(n)$ 的算法解决本问题。

【解题思路】 二路归并法。用 ans 存放答案，首先对 nums 中的所有元素做平方运算，找到其中的最小元素 nums[mini]＝mind，然后将 mind 添加到 ans 中，显然 mind 元素对应的原整数(mind 做平方运算之前的整数)一定是绝对值最小者，根据平方运算的特点和有序性可知，从 nums[mini] 向左、右两边扩展一定是递增的，即 nums[0..mini-1] 是递减的（反向遍历时看成递增序列），nums[mini+1..n-1] 是递增的，可以将两个有序序列使用二路归并得到递增序列 ans，最后返回 ans。

例如，nums＝[-4,-1,0,3,10]，求解过程如图 1.12 所示。

nums=[-4, -1, 0, 3, 10]

⇓平方

nums=[16, 1, 0, 9, 100]

↑最小元素

⇓看成两个递增序列

ans=[0]

a=[1, 16]，b=[9, 100]

⇓二路归并

ans=[0, 1, 9, 16, 100]

图 1.12　求有序数组平方的过程

对应的算法如下。

■ C++：

```cpp
1   class Solution {
2   public:
3       vector<int> sortedSquares(vector<int>& nums) {
4           int n=nums.size();
5           for(int i=0;i<n;i++)
6               nums[i]=nums[i] * nums[i];
7           int mind=nums[0],mini=0;
8           for(int i=1;i<n;i++) {              //找最小元素 nums[mini]
9               if(nums[i]<mind){
10                  mind=nums[i];
11                  mini=i;
12              }
13          }
14          vector<int> ans(n,0);               //存放答案
15          int k=0;                            //累计归并的元素的个数
16          ans[k++]=mind;
17          int i=mini-1,j=mini+1;
18          while(i>=0 && j<n) {
19              if(nums[i]<=nums[j]){
20                  ans[k]=nums[i];
21                  i--; k++;
22              }
23              else{
24                  ans[k]=nums[j];
25                  j++; k++;
26              }
27          }
28          while(i>=0){                        //左边序列没有归并完时
29              ans[k]=nums[i];
30              i--;k++;
31          }
32          while(j<n){                         //右边序列没有归并完时
33              ans[k]=nums[j];
34              j++;k++;
35          }
36          return ans;
37      }
38  };
```

提交运行：

结果:通过;时间:24ms;空间:25.2MB

■ Python：

```python
1   class Solution:
2       def sortedSquares(self, nums: List[int]) -> List[int]:
3           n=len(nums)
4           nums=list(map(lambda x:x * x,nums))
5           mind=min(nums)
6           mini=nums.index(mind)
7           ans=[]
8           ans.append(nums[mini])
9           i,j=mini-1,mini+1
10          while i>=0 and j<n:
11              if nums[i]<=nums[j]:
12                  ans.append(nums[i])
13                  i-=1
```

```
14              else:
15                  ans.append(nums[j])
16                  j+=1
17          while i>=0:
18              ans.append(nums[i])
19              i-=1
20          while j<n:
21              ans.append(nums[j])
22              j+=1
23          return ans
```

提交运行：

结果：通过；时间：64ms；空间：16.8MB

1.3.8　LeetCode1470——重新排列数组★

【问题描述】　给定一个数组 nums，数组中有 $2n$ 个元素，按$[x_1, x_2, \cdots, x_n, y_1, y_2, \cdots, y_n]$格式排列，请将数组按$[x_1, y_1, x_2, y_2, \cdots, x_n, y_n]$格式重新排列，返回重新排列后的数组。

例如，nums=$[2,5,1,3,4,7]$，$n=3$，答案为$[2,3,5,4,1,7]$。

【限制】　$1 \leqslant n \leqslant 500$，nums. length=$2n$，$1 \leqslant$ nums$[i] \leqslant 1000$。

【解题思路】　二路归并＋整体建表法。将奇数序号的元素看成一个序列，将偶数序号的元素看成另一个序列，这里两个序列中元素的个数均为 n，使用与二路归并类似的过程交替归并两个序列中的元素产生 ans，最后返回 ans。对应的算法如下。

C++：

```
1   class Solution {
2   public:
3       vector<int> shuffle(vector<int> & nums, int n) {
4           vector<int> ans;
5           int i=0, j=n;
6           while(i<n) {
7               ans.push_back(nums[i]);
8               ans.push_back(nums[j]);
9               i++; j++;
10          }
11          return ans;
12      }
13  };
```

提交运行：

结果：通过；时间：8ms；空间：9.5MB

Python：

```
1   class Solution:
2       def shuffle(self, nums: List[int], n: int) -> List[int]:
3           ans=[]
4           i,j=0,n
5           while i<n:
6               ans.append(nums[i])
7               ans.append(nums[j])
8               i+=1; j+=1
9           return ans
```

提交运行:

结果:通过;时间:44ms;空间:15.1MB

1.3.9 LeetCode1213——3个有序数组的交集★

【问题描述】 给定3个均为严格递增排列的整数数组 arr1、arr2 和 arr3,返回一个由仅在这3个数组中同时出现的整数所构成的有序数组。

例如,arr1=[1,2,3,4,5],arr2=[1,2,5,7,9],arr3=[1,3,4,5,8],答案为[1,5]。

【限制】 $1 \leqslant$ arr1.length,arr2.length,arr3.length $\leqslant 1000, 1 \leqslant$ arr1[i],arr2[i],arr3[i] $\leqslant 2000$。

【解题思路】 三路归并法。用 ans 数组存放最后的结果(初始为空),用 i、j 和 k(遍历指针)分别遍历3个数组 arr1、arr2 和 arr3,约定这3个数组的段号依次为0~2,设置长度为3的数组 x,$x[i]$($0 \leqslant i \leqslant 2$)存放第 i 段的当前元素。

先置 x={arr1[0],arr2[0],arr3[0]},设置3个段的遍历指针 $i=j=k=0$。在3个段都没有遍历完时循环:

(1) 若 x 中的3个元素均相同,则将该元素插入 ans 的末尾(除重),执行 $i++,j++$,$k++$,在指针有效时将所指元素置入 x 中相应的位置。

(2) 否则求出 x 中最小元素的段号 mini,将对应的指针后移一个位置,在指针有效时将所指元素置入 x 中相应的位置。

最后返回 ans。对应的算法如下。

C++:

```
1   class Solution {
2   public:
3       vector < int > arraysIntersection(vector < int > & arr1, vector < int > & arr2, vector < int > & arr3) {
4           vector < int > ans;
5           vector < int > x(3,0);
6           x[0]=arr1[0];x[1]=arr2[0];x[2]=arr3[0];
7           int i=0,j=0,k=0;
8           while(i < arr1.size() && j < arr2.size() && k < arr3.size()) {
9               if(x[0]==x[1] && x[1]==x[2]) {                          //3个元素均相等
10                  if(ans.empty() || x[0]!=ans.back())
11                      ans.push_back(x[0]);
12                  i++; j++; k++;
13                  if(i < arr1.size()) x[0]=arr1[i];
14                  if(j < arr2.size()) x[1]=arr2[j];
15                  if(k < arr3.size()) x[2]=arr3[k];
16              }
17              else {
18                  int mini=minx(x);
19                  switch(mini) {
20                      case 0: i++;
21                          if(i < arr1.size()) x[0]=arr1[i];
22                          break;
23                      case 1: j++;
24                          if(j < arr2.size()) x[1]=arr2[j];
25                          break;
26                      case 2: k++;
27                          if(k < arr3.size()) x[2]=arr3[k];
28                          break;
```

```
29                    }
30                }
31            }
32            return ans;
33        }

34        int minx(vector<int>&x) {                    //求 x 中最小元素的段号
35            int mini=0;
36            for(int i=1;i<3;i++) {
37                if(x[i]<x[mini]) mini=i;
38            }
39            return mini;
40        }
41    };
```

提交运行：

结果：通过；时间：12ms；空间：11.5MB

Python：

```
1    class Solution:
2        def arraysIntersection(self,arr1:List[int],arr2:List[int],arr3:List[int]) -> List[int]:
3            ans=[]
4            x=[arr1[0],arr2[0],arr3[0]]
5            i,j,k=0,0,0
6            while i<len(arr1) and j<len(arr2) and k<len(arr3):
7                if x[0]==x[1] and x[1]==x[2]:                #3个元素均相等
8                    if not ans or x[0]!=ans[-1]:
9                        ans.append(x[0])
10                   i,j,k=i+1,j+1,k+1
11                   if i<len(arr1):x[0]=arr1[i]
12                   if j<len(arr2):x[1]=arr2[j]
13                   if k<len(arr3):x[2]=arr3[k]
14               else:
15                   mini=self.minx(x)
16                   if mini==0:
17                       i+=1
18                       if i<len(arr1):x[0]=arr1[i]
19                   elif mini==1:
20                       j+=1
21                       if j<len(arr2):x[1]=arr2[j]
22                   else:
23                       k+=1
24                       if k<len(arr3):x[2]=arr3[k]
25           return ans

26       def minx(self,x):                        #求最小元素的段号
27           mini=0
28           for i in range(0,3):
29               if x[i]<x[mini]:mini=i
30           return mini
```

提交运行：

结果：通过；时间：60ms；空间：15.2MB

另外，可以将 3 个数组转换为集合，使用集合求交集运算求出 3 个集合的交集，最后将结果排序后返回。对应的算法如下：

Python:

```
1  class Solution:
2      def arraysIntersection(self, arr1: List[int], arr2: List[int], arr3: List[int]) -> List[int]:
3          return sorted(set(arr1).intersection(set(arr2)).intersection(set(arr3)))
```

提交运行：

结果：通过；时间：40ms；空间：15.2MB

1.3.10 LeetCode264——丑数Ⅱ★★

【问题描述】 给定一个整数n，请找出并返回第n个丑数。丑数就是只包含质因数2、3 或 5 的正整数。

例如，$n=10$，[1,2,3,4,5,6,8,9,10,12]是由前 10 个丑数组成的序列，答案为 12。

【限制】 $1 \leqslant n \leqslant 1690$。

【解题思路】 三路归并法。根据丑数的定义，若 m 是一个丑数，则 $2m$、$3m$ 和 $5m$ 一定是丑数。对于给定的 n，用 ans[1..n]存放前 n 个丑数（下标 0 不用）。

首先置 ans[1]=1，即 1 是第一个丑数，则 2 倍的丑数序列=[2,4,6,8,…]，3 倍的丑数序列=[3,6,9,12,…]，5 倍的丑数序列=[5,10,15,20,…]。然后使用三路归并求前 n 个丑数即可，如图 1.13 所示为求前 10 个丑数的过程。

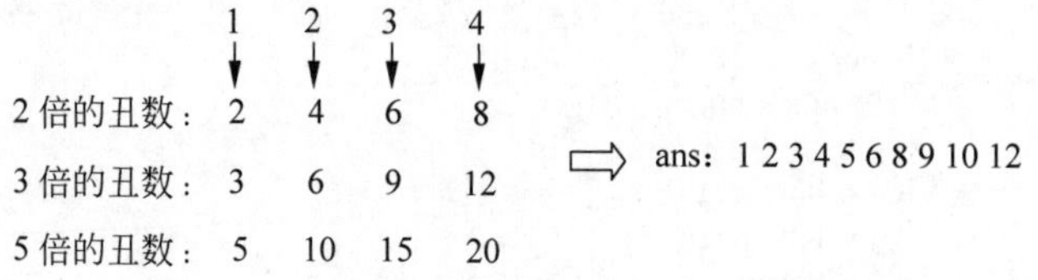

图 1.13　使用三路归并求前 10 个丑数的过程

用 p2、p3 和 p5 遍历 2、3 和 5 倍的丑数序列（均从 1 开始），求出归并的最小值 mind，并将相应的指针后移。实际上没有必要单独存放 2、3 和 5 倍的丑数序列，ans 包含全部丑数，所以只需要 ans 即可。除了初始置 ans[1]=1 外再归并 $n-1$ 次，最后返回 ans[n]。对应的算法如下。

C++:

```
1  class Solution {
2  public:
3      int nthUglyNumber(int n) {
4          vector<int> ans(n+1);
5          ans[1]=1;
6          int p2=1, p3=1, p5=1;
7          for(int i=2;i<=n;i++) {
8              int a=ans[p2] * 2;
9              int b=ans[p3] * 3;
10             int c=ans[p5] * 5;
11             int mind=min(a, min(b,c));   //求 a、b、c 中的最小整数 mind
12             if(mind==a) p2++;
13             if(mind==b) p3++;
14             if(mind==c) p5++;
15             ans[i]=mind;
16         }
17         return ans[n];
18     }
19 };
```

提交运行:

结果:通过;时间:0ms;空间:7.5MB

> **Q**：可以将算法中的12～14行改为如下代码吗?
>
> ```
> if(mind==a) p2++;
> else if(mind==b) p3++;
> else p5++;
> ```
>
> **A**：不能,因为要求的前 n 个丑数是不能重复的,这样修改后当 p2、p3 和 p5 中的两个或者 3 个指针指向相同的丑数时,这些相同的丑数会都出现在最终的丑数序列中,导致结果错误。

Python:

```
1   class Solution:
2       def nthUglyNumber(self, n: int) -> int:
3           ans=[0] * (n+1)
4           ans[1]=1
5           p2,p3,p5=1,1,1
6           for i in range(2,n+1):
7               a=ans[p2] * 2
8               b=ans[p3] * 3
9               c=ans[p5] * 5
10              mind=min(a,min(b,c))    #求 a、b、c 中的最小整数 mind
11              if mind==a: p2+=1
12              if mind==b: p3+=1
13              if mind==c: p5+=1
14              ans[i]=mind
15          return ans[n]
```

提交运行:

结果:通过;时间:128ms;空间:15MB

1.3.11 LeetCode373——查找和最小的 k 对数字★★

【问题描述】 给定两个升序排列的整数数组 nums1 和 nums2,以及一个整数 k,定义一对值 (u,v),其中第一个元素来自 nums1,第二个元素来自 nums2,请找到和最小的 k 个数对 (u_1,v_1)、(u_2,v_2)、……、(u_k,v_k)。

例如,nums1=[1,7,11],nums2=[2,4,6],k=3,全部数对为[1,2]、[1,4]、[1,6]、[7,2]、[7,4]、[11,2]、[7,6]、[11,4]、[11,6],和最小的前 3 个数对是[1,2]、[1,4]、[1,6]。

【限制】 $1 \leqslant$ nums1.length,nums2.length$\leqslant 10^5$,$-10^9 \leqslant$ nums1$[i]$,nums2$[i] \leqslant 10^9$,nums1 和 nums2 均为升序排列,$1 \leqslant k \leqslant 1000$。

【解题思路】 多路归并＋整体建表法。为了描述简单,将两个数组 nums1 和 nums2 分别用 a 和 b 表示。假设 a 和 b 中元素的个数分别为 m 和 n,图 1.14 列出了全部的 a_i+b_j $(0 \leqslant i \leqslant m-1, 0 \leqslant j \leqslant n-1)$,由于 a 和 b 是递增的,则每一行也是递增的,将每一行看成一个递增有序序列,这样共有 m 个有序序列,使用 m 路归并(参见 1.1.2 节的多路归并法)求前面和最小的 k 个数对 ans,最后返回 ans 即可。

对应的算法如下。

$$
\begin{array}{llllll}
a_0+b_0 & a_0+b_1 & a_0+b_2 & \cdots & a_0+b_{n-1} & \text{递增}\\[4pt]
a_1+b_0 & a_1+b_1 & a_1+b_2 & \cdots & a_1+b_{n-1} & \text{递增}\\[4pt]
\vdots & \vdots & \vdots & \vdots & \vdots & \vdots\\[4pt]
a_{m-1}+b_0 & a_{m-1}+b_1 & a_{m-1}+b_2 & \cdots & a_{m-1}+b_{n-1} & \text{递增}
\end{array}
$$

图 1.14　全部数对

C++：

```
1   struct QNode {
2       int i;                              //表示 nums1[i]的序号
3       int j;                              //表示 nums2[j]的序号
4       int sum;                            //表示 nums1[i]＋nums2[j]
5       QNode() {}
6       QNode(int i,int j,int s):i(i),j(j),sum(s) {}
7   };

8   class Solution {
9       const int INF＝0x3f3f3f3f;          //表示∞
10  public:
11      vector < vector < int >> kSmallestPairs(vector < int > & nums1,vector < int > & nums2,int k) {
12          int m＝nums1.size();
13          int n＝nums2.size();
14          vector < vector < int >> ans;
15          vector < QNode > x(m);
16          for(int i=0;i < m;i++)           //x[i]取归并段 i 的当前元素
17              x[i]＝QNode(i,0,nums1[i]＋nums2[0]);
18          while(k－－) {                    //循环 k 次
19              int mini＝mink(nums1,nums2,x);
20              if(mini＝＝－1) break;        //全部元素归并完时结束
21              ans.push_back({nums1[x[mini].i],nums2[x[mini].j]});
22              if(x[mini].j+1 < n) {        //归并段 mini 尚未归并完
23                  int i=x[mini].i,j=x[mini].j+1; //移动指针指向归并段 mini 的下一个元素
24                  x[mini]＝QNode(i,j,nums1[i]＋nums2[j]);
25              }
26              else                         //归并段 mini 归并完时置 x[mini]为∞
27                  x[mini]＝QNode(－1,－1,INF);
28          }
29          return ans;
30      }

31      int mink(vector < int > &a,vector < int > &b,vector < QNode > &x) {   //从 m 个元素中
                                                                              //找最小元素
32          int mini＝0;
33          for(int k＝1;k < x.size();k++) {
34              if(x[k].sum < x[mini].sum)   mini＝k;
35          }
36          if(x[mini].sum＝＝INF)   return －1;
37          else return mini;
38      }
39  };
```

提交运行：

结果：超时(27 / 35 个通过测试用例)

Python：

```
1   class Solution:
2       def __init__(self):                 ＃构造函数
3           self.INF＝0x3f3f3f3f             ＃表示∞
```

```
 4        def kSmallestPairs(self, nums1:List[int], nums2:List[int], k:int) -> List[List[int]]:
 5            m, n = len(nums1), len(nums2)
 6            ans = []
 7            x = [None] * m
 8            for i in range(0, m):
 9                x[i] = [i, 0, nums1[i] + nums2[0]]
10            while k > 0:
11                mini = self.mink(nums1, nums2, x)
12                if mini == -1:break;
13                i, j = nums1[x[mini][0]], nums2[x[mini][1]]
14                ans.append([i, j])
15                if x[mini][1] + 1 < n:
16                    i, j = x[mini][0], x[mini][1] + 1
17                    x[mini] = [i, j, nums1[i] + nums2[j]]
18                else:
19                    x[mini] = [-1, -1, self.INF]
20                k -= 1
21            return ans

22        def mink(self, a, b, x):            # 从 m 个元素中找到最小元素
23            mini = 0
24            for k in range(1, len(x)):
25                if x[k][2] < x[mini][2]: mini = k
26            if x[mini][2] == self.INF: return -1
27            else: return mini
```

提交运行:

结果:超时(35 个测试用例通过了 25 个)

说明:考虑最坏情况,当 k 取最大值 mn 时,参与归并的元素的个数为 mn,mink()算法在 m 个元素中通过简单比较找和最小的元素,算法的复杂度为 $O(m)$,所以整个算法的时间复杂度为 $O(m^2n)$,因此出现超时。

推荐练习题

1. LeetCode66——加 1★

2. LeetCode280——摆动排序★★

3. LeetCode360——有序转化数组★★

4. LeetCode905——按奇偶排序数组★

5. LeetCode986——区间列表的交集★★

6. LeetCode1243——数组的变换★

7. LeetCode1439——有序矩阵中的第 k 个最小数组和★★★

8. LeetCode1920——基于排列构建数组★

9. LeetCode1929——数组的串联★

10. LeetCode2089——找出数组排序后的目标下标★

第 **2** 章 链 表

📖 知识图谱

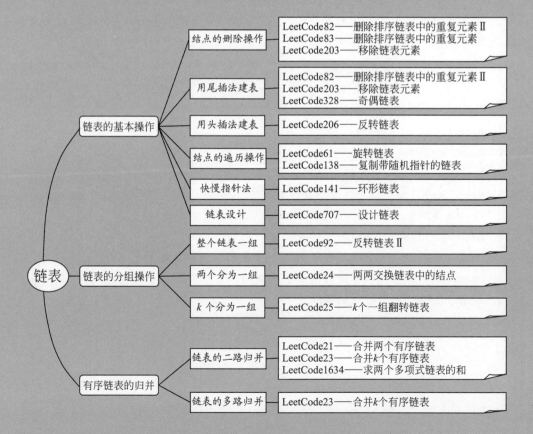

结点的删除操作 —— LeetCode82——删除排序链表中的重复元素Ⅱ
LeetCode83——删除排序链表中的重复元素
LeetCode203——移除链表元素

用尾插法建表 —— LeetCode82——删除排序链表中的重复元素Ⅱ
LeetCode203——移除链表元素
LeetCode328——奇偶链表

用头插法建表 —— LeetCode206——反转链表

结点的遍历操作 —— LeetCode61——旋转链表
LeetCode138——复制带随机指针的链表

快慢指针法 —— LeetCode141——环形链表

链表设计 —— LeetCode707——设计链表

整个链表一组 —— LeetCode92——反转链表Ⅱ

两个分为一组 —— LeetCode24——两两交换链表中的结点

k 个分为一组 —— LeetCode25——k个一组翻转链表

链表的二路归并 —— LeetCode21——合并两个有序链表
LeetCode23——合并k个有序链表
LeetCode1634——求两个多项式链表的和

链表的多路归并 —— LeetCode23——合并k个有序链表

链表的基本操作

链表的分组操作

有序链表的归并

链表

2.1   链 表 概 述

2.1.1   链表的定义

和数组一样,链表也主要用于存储序列数据$[a_0,a_1,\cdots,a_{n-1}]$。通常一个链表由若干结点构成,每个结点存储一个序列元素,这些结点的地址既可以是连续的也可以是不连续的,每个结点通过指针域表示元素之间的序列关系。链表分为单链表、双链表和循环链表等,除了特别说明外,默认指针指的是单链表。其结点类型声明如下。

C++:

```
1   struct ListNode {
2       int val;
3       ListNode * next;
4       ListNode(int x) : val(x), next(NULL) {}
5   };
```

Python:

```
1   class ListNode:
2       def __init__(self, val=0, next=None):
3           self.val = val
4           self.next = next
```

单链表分为不带头结点和带头结点两种形式,在 LeetCode 中给定的单链表一般是不带头结点的。例如,head＝[1,3,2,4],其不带头结点的单链表如图 2.1 所示,head 为首结点的地址,结点的序号依次为 0～3。

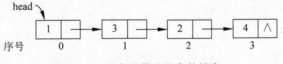

图 2.1   一个不带头结点的链表

带头结点的单链表通过头结点地址标识,其中头结点不存储序列元素,头结点的 next 域指向首结点,这样保证了每个序列结点都有一个前驱结点,从而简化了算法设计。例如,head＝[1,3,2],其带头结点的单链表如图 2.2 所示,head 为头结点的地址。

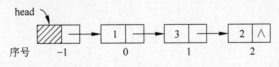

图 2.2   一个带头结点的单链表

2.1.2   链表的知识点

本小节的单链表 h 均为带头结点的单链表,n 个数据结点的序号依次为 0～$n-1$,头结点的序号看成－1,如图 2.2 所示。

1. 查找序号为 i 的结点

在查找操作中序号 i 的有效范围是 $-1 \sim n-1$，当 $i=-1$ 时返回头结点；当 $0 \leqslant i \leqslant n-1$ 时返回序号为 i 的结点的地址。查找过程是先置 $j=0$，p 指向首结点（j 和 p 配合使用表示结点 p 的序号为 j，初始时表示首结点的序号为 0），在 $j < i$ 时循环执行 $j++$ 和 $p=p\text{->}$ next 语句，直到 $j=i$ 为止，此时 p 恰好指向序号为 i 的结点，如图 2.3 所示，找到后返回 p 即可。当 i 无效时返回 NULL（即 $i \geqslant n$ 时超界）。

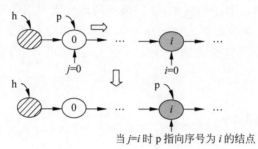

当 $j=i$ 时 p 指向序号为 i 的结点

图 2.3　查找序号为 i 的结点

查找算法如下。

C++：

```
1    ListNode * geti(ListNode * h,int i) {
2        if(i<-1) return NULL;              //i错误时返回 NULL
3        if(i==-1) return h;                //i=-1时返回头结点
4        ListNode * p=h-> next;             //首先 p 指向首结点
5        int j=0;                           //j 置为 0
6        while(j<i) {                       //指针 p 移动 i-1 个结点
7            j++;
8            p=p-> next;
9        }
10       return p;                          //返回 p
11   }
```

Python：

```
1    def geti(h,i):
2        if i<-1: return None              #i错误时返回 None
3        if i==-1: return h                #i=-1时返回头结点
4        p=h. next                         #首先 p 指向首结点
5        j=0                               #j 置为 0
6        while(j<i):                       #指针 p 移动 i-1 个结点
7            j=j+1
8            p=p.next
9        return p                          #返回 p
```

2. 插入值为 x 的结点作为序号为 i 的结点

在插入操作中序号 i 的有效范围是 $0 \sim n$。当 i 有效时，先调用 $geti(i-1)$ 找到序号为 $i-1$ 的结点 p（即插入结点的前驱结点），新建存放 x 的结点 s，并在结点 p 之后插入结点 s，如图 2.4 所示。当 i 无效时不改变单链表。

插入算法如下。

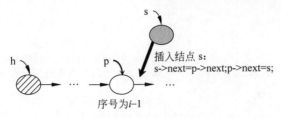

图 2.4　在结点 p 之后插入结点 s

C++：

```
1   void inserti(ListNode * &h,int i,int x) {
2       ListNode * p=geti(h,i-1);              //查找序号为 i-1 的结点 p
3       if(p!=NULL) {                          //存在结点 p(含头结点)时
4           ListNode * s=new ListNode(x);
5           s-> next=p-> next;
6           p-> next=s;
7       }
8   }
```

Python：

```
1   def inserti(h,i,x):
2       p=geti(h,i-1)                          #查找序号为 i-1 的结点 p
3       if(p!=None):                           #存在结点 p(含头结点)时
4           s=ListNode(x)
5           s.next=p.next
6           p.next=s
```

3. 删除序号为 i 的结点

在删除操作中序号 i 的有效范围是 $0 \sim n-1$。先调用 geti$(i-1)$ 找到序号为 $i-1$ 的结点 p(即删除结点的前驱结点),当 p 不为空时(说明此时 i 是有效的),通过结点 p 删除其后继结点 s,如图 2.5 所示。当 i 无效时不改变单链表。

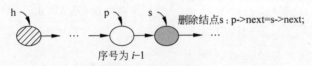

图 2.5　删除结点 s

删除算法如下。

C++：

```
1   void deletei(ListNode * &h,int i) {
2       ListNode * p=geti(h,i-1);              //查找序号为 i-1 的结点 p
3       if(p!=NULL) {                          //存在结点 p(含头结点)时
4           ListNode * s=p-> next;
5           p-> next=s-> next;
6           delete s;
7       }
8   }
```

Python：

```
1   def deletei(h,i):
2       p=geti(h,i-1)                          #查找序号为 i-1 的结点 p
```

```
3        if(p!=None):              #存在结点 p(含头结点)时
4            s=p.next
5            p.next=s.next
```

说明：在单链表中插入或者删除一个结点时需要先找到前驱结点,通过修改前驱结点的 next 指针实现结点的插入或者删除。

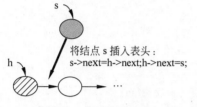

将结点 s 插入表头：
s->next=h->next;h->next=s;

图 2.6　用头插法建表

4. 用头插法建表

用头插法建表就是先创建头结点 h,并将其 next 指针设置为空(相当于建立一个空链表),每次创建一个新结点 s,并将结点 s 插入表头,如图 2.6 所示。所以用头插法创建的单链表的结点值顺序与数据序列的顺序相反。

由 $a[0..n-1]$ 用头插法建表的算法如下。

C++:

```
1  ListNode  * CreateListF(int a[],int n) {
2      ListNode  * h=new ListNode(-1);        //创建头结点
3      for(int i=0;i<n;i++) {
4          ListNode  * s=new ListNode(a[i]);  //创建新结点 s
5          s-> next=h-> next;                 //将结点 s 插入表头
6          h-> next=s;
7      }
8      return h;
9  }
```

Python：

```
1  def CreateListF(a,n):
2      h=ListNode(-1)                 #创建头结点
3      for i in range(0,n):
4          s=ListNode(a[i])           #创建新结点 s
5          s.next=h.next              #将结点 s 插入表头
6          h.next=s
7      return h
```

5. 用尾插法建表

用尾插法建表就是先创建头结点 h,并设置尾指针 r(初始时指向头结点 h),每次创建一个新结点 s,并将结点 s 插入表尾,如图 2.7 所示,最后将尾结点的 next 域置为空。所以用尾插法创建的单链表的结点值顺序与数据序列的顺序相同。

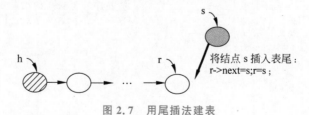

将结点 s 插入表尾：
r->next=s;r=s ;

图 2.7　用尾插法建表

由 $a[0..n-1]$ 用尾插法建表的算法如下。

C++：

```
1   ListNode * CreateListR(int a[], int n) {
2       ListNode * h=new ListNode(-1);           //创建头结点
3       ListNode * r=h;                          //r 始终指向尾结点,开始时指向头结点
4       for(int i=0;i<n;i++) {
5           ListNode * s=new ListNode(a[i]);     //创建新结点 s
6           r-> next=s; r=s;                     //将结点 s 插入 r 结点之后
7       }
8       r-> next=NULL;                           //将尾结点的 next 域置为空
9       return h;
10  }
```

Python：

```
1   def CreateListR(a, n):
2       h=ListNode(-1)                           #创建头结点
3       r=h                                      #r 始终指向尾结点,开始时指向头结点
4       for i in range(0, n):
5           s=ListNode(a[i])                     #创建新结点 s
6           r.next=s; r=s;                       #将结点 s 插入 r 结点之后
7       r.next=None                              #将尾结点的 next 域置为空
8       return h;
```

6. 两个有序链表的合并

给定两个递增有序单链表 h1 和 h2,将所有结点合并为一个递增有序单链表 h,要求不破坏单链表 h1 和 h2 的结点。

使用二路归并+尾插法建表的过程如下。

（1）新建空链表 h,用 p 和 q 分别遍历 h1 和 h2。

（2）当 p 和 q 均未遍历完时循环：若结点 p 的值较小,则归并结点 p,即由结点 p 复制产生新结点 s,将结点 s 链接到链表 h 的末尾,向后移动指针 p;若结点 q 的值较小,则归并结点 q,即由结点 q 复制产生新结点 s,将结点 s 链接到链表 h 的末尾,向后移动指针 q。

（3）将 p 或者 q 中未遍历完的结点归并到链表 h 的末尾。

（4）将尾结点 r 的 next 域置为空,返回合并后的结果单链表 h。

对应的算法如下。

C++：

```
1   ListNode * merge(ListNode * &h1, ListNode * &h2) {
2       ListNode * p=h1-> next;
3       ListNode * q=h2-> next;
4       ListNode * h=new ListNode(-1), * r=h;    //创建头结点 h
5       while(p!=NULL && q!=NULL) {
6           if(p-> val<q-> val) {                //结点 p 的值较小,归并结点 p
7               ListNode * s=new ListNode(p-> val);
8               r-> next=s; r=s;
9               p=p-> next;
10          }
11          else {                               //结点 q 的值较小,归并结点 q
12              ListNode * s=new ListNode(q-> val);
13              r-> next=s; r=s;
14              q=q-> next;
15          }
16      }
```

```
17        if(q!=NULL) p=q;
18        while(p!=NULL) {                        //归并剩余的结点
19            ListNode * s=new ListNode(p->val);
20            r->next=s; r=s;
21            p=p->next;
22        }
23        r->next=NULL;                           //将尾结点的next域置为空
24        return h;
25    }
```

Python：

```python
1   def merge(h1,h2):
2       p,q=h1.next,h2.next
3       h=ListNode(-1)                          #创建头结点 h
4       r=h
5       while p!=None and q!=None:
6           if(p.val<q.val):                    #结点 p 的值较小,归并结点 p
7               s=ListNode(p.val)
8               r.next=s; r=s
9               p=p.next
10          else:                               #结点 q 的值较小,归并结点 q
11              s=ListNode(q.val)
12              r.next=s; r=s
13              q=q.next
14      if q!=None:p=q
15      while(p!=None):                         #归并剩余的结点
16          s=ListNode(p.val)
17          r.next=s; r=s
18          p=p.next
19      r.next=None                             #将尾结点的next域置为空
20      return h
```

2.2　链表基本操作的算法设计

链表的基本操作包括结点的遍历、插入和删除等,本节的求解算法主要基于这些基本操作实现。

2.2.1　LeetCode203——移除链表元素★

【问题描述】　给定一个链表 head 和一个整数 val,删除链表中所有满足值为 val 的结点,并返回新链表的首结点。

例如,head=[1,2,3,1,2,5],val=2,删除后 head=[1,3,1,5],如图 2.8 所示(带阴影的结点为被删结点)。

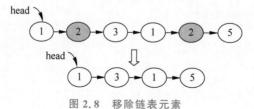

图 2.8　移除链表元素

【限制】　链表的结点数目在 $[0,10^4]$ 范围内，$1 \leqslant$ Node. val $\leqslant 50$，$0 \leqslant$ val $\leqslant 50$。

【解法 1】　直接删除法。先在单链表 head 中从头到尾找到第一个不等于 val 的结点 p。若 p=NULL，说明所有结点的值均为 val，则返回 NULL。

在 p≠NULL 时循环：用同步指针(pre,p)遍历剩余的结点，若 p 结点的值等于 val，则通过 pre 结点删除结点 p，此时保持 pre 不变，让 p 指向结点 pre 的后继结点后继续循环，否则 pre 和 p 同步后移一个结点后继续循环。循环完毕返回 head。

【解法 2】　用尾插法建表。创建一个带头结点的空单链表 h，r 作为尾结点指针，用 p 遍历 head，将要保留的结点 p(结点值不为 val 的结点)链接到 h 的末尾，遍历完毕将结点 r 的 next 域置为空，最后返回 h-> next。注意这里没有释放被删除结点的空间，在 Python 中可以不必这样做，因为系统会自动回收这些空间。而在 C++中需要专门编写相应的代码完成回收工作，否则尽管程序运行正确但可能会造成内存泄漏。

2.2.2　LeetCode206——反转链表★

【问题描述】　给定一个单链表 head，请反转该链表并返回反转后的链表。

例如，head＝[1,2,3,4,5]，反转后 head＝[5,4,3,2,1]，如图 2.9 所示。

【限制】　链表的结点数目在 [0,5000] 范围内，$-5000 \leqslant$ Node. val $\leqslant 5000$。

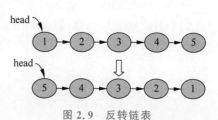

图 2.9　反转链表

【解题思路】　用头插法建表。先创建一个带头结点的空单链表 h 作为结果单链表，用 p 遍历 head，将结点 p 插入 h 的表头，最后返回 h-> next 即可。对应的算法如下。

■ C++：

```
1   class Solution {
2   public:
3       ListNode *  reverseList(ListNode *  head) {
4           if(head==NULL || head-> next==NULL)
5               return head;
6           ListNode * h=new ListNode(-1);              //创建头结点 h
7           ListNode * p=head, * tmp;
8           while(p!=NULL) {                            //用 p 遍历剩余的结点
9               tmp=p-> next;
10              p-> next=h-> next;                       //将结点 p 插入表头
11              h-> next=p;
12              p=tmp;
13          }
14          return h-> next;
15      }
16  };
```

提交运行：

结果:通过;时间:4ms;空间:8MB

■ Python：

```
1   class Solution:
2       def reverseList(self, head: Optional[ListNode])-> Optional[ListNode]:
```

```
3          if head===None or head.next===None:
4              return head
5          h=ListNode(-1)                      #创建头结点 h
6          p=head
7          while p!=None:                       #用 p 遍历剩余的结点
8              tmp=p.next
9              p.next=h.next                     #将结点 p 插入表头
10             h.next=p
11             p=tmp
12         return h.next
```

提交运行:

结果:通过;时间:44ms;空间:16.2MB

2.2.3 LeetCode328——奇偶链表★★

【问题描述】 给定一个单链表 head,将所有索引为奇数的结点和所有索引为偶数的结点分别组合在一起,然后返回重新排序的列表。第一个结点的索引被认为是奇数,第二个结点的索引被认为是偶数,以此类推。注意偶数组和奇数组内部的相对顺序应该与输入时保持一致。另外,必须在 $O(1)$ 的额外空间复杂度和 $O(n)$ 的时间复杂度下解决这个问题。

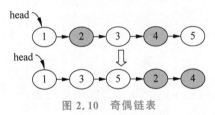

图 2.10 奇偶链表

例如,head=[1,2,3,4,5],按奇、偶序号重排后的链表为 head=[1,3,5,2,4],如图 2.10 所示。

【限制】 链表的结点数目在 [0,10^4] 范围内,$-10^6 \leqslant Node.val \leqslant 10^6$。

【解题思路】 用尾插法建表。这里以 head=[1,2,3,4,5]为例说明按奇、偶序号重排链表的过程:

(1) 创建奇序号链表的头结点 h1 和尾结点指针 r1,创建偶序号链表的头结点 h2 和尾结点指针 r2。

(2) 遍历 head,将奇序号的结点 p 链接到 h1 的末尾,将偶序号的结点 p 链接到 h2 的末尾。遍历完毕 h1=[1,3,5],h2=[2,4]。

(3) 将 h1 的尾部与 h2 的首部相链接,即 r1-> next=h2-> next。

(4) 将尾结点 r2 的 next 域置为空,得到 h1=[1,3,5,2,4],返回 h1-> next 即可。

对应的算法如下。

▦ C++:

```
1   class Solution {
2   public:
3       ListNode * oddEvenList(ListNode * head) {
4           ListNode * h1=new ListNode(-1), * r1=h1;
5           ListNode * h2=new ListNode(-1), * r2=h2;
6           ListNode * p=head;
7           while(p!=NULL) {
8               r1-> next=p; r1=p;                //将奇序号的结点 p 链接到 h1 的末尾
9               p=p-> next;
10              if(p!=NULL) {
11                  r2-> next=p; r2=p;            //将偶序号的结点 p 链接到 h2 的末尾
12                  p=p-> next;
13              }
```

```
14                  }
15                  r1-> next＝h2-> next;            //将两个链表链接起来
16                  r2-> next＝NULL;                  //将尾结点的 next 域置为空
17                  return h1-> next;
18              }
19      };
```

提交运行：

结果：通过；时间：12ms；空间：10.2MB

Python：

```
1       class Solution:
2           def oddEvenList(self,head：Optional[ListNode])-> Optional[ListNode]：
3               h1＝ListNode(－1);r1＝h1
4               h2＝ListNode(－1);r2＝h2
5               p＝head;
6               while p!＝None:
7                   r1.next＝p; r1＝p;            ♯将奇序号的结点 p 链接到 h1 的末尾
8                   p＝p.next
9                   if p!＝None:
10                      r2.next＝p; r2＝p;        ♯将偶序号的结点 p 链接到 h2 的末尾
11                      p＝p.next
12              r1.next＝h2.next                  ♯将两个链表链接起来
13              r2.next＝None                      ♯将尾结点的 next 域置为空
14              return h1.next
```

提交运行：

结果：通过；时间：44ms；空间：17MB

2.2.4　LeetCode61——旋转链表★★

【**问题描述**】　给定一个链表 head，将该链表中的每个结点向右移动 k 个位置。

例如，head＝[1,2,3,4,5]，k＝3，旋转结果为 head＝[3,4,5,1,2]，旋转过程如图 2.11 所示。

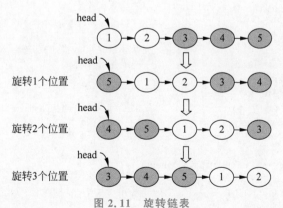

图 2.11　旋转链表

【**限制**】　链表中结点的数目在[0,500]范围内，$-100 \leqslant$ Node. val $\leqslant 100, 0 \leqslant k \leqslant 2 \times 10^9$。

【**解题思路**】　简单遍历法。假设 head 中包含 n 个结点，将后面 k 个结点循环移动到表头，显然移动后新的表首结点是序号为 $n-k$ 的结点，先将整个单链表变为循环单链表，找到原序号为 $n-k-1$ 的结点 p，将 head 指向结点 p 的后继结点，在结点 p 和结点 head 之间断开(将结点 p 作为尾结点),返回 head 即可。这里以 head=[1,2,3,4,5],k=3 为例说明旋转过程:

(1)遍历 head,直到 p 指向尾结点为止,同时求出单链表的结点个数 n=5。执行 p->next=head 将其构成一个循环单链表,如图 2.12(a)所示。

(2)当 k<n 时,直接向右移动 k 个位置。当 k≥n 时,向右移动 k 个位置等同于向右移动 k ％n 个位置,不妨置 k=k％n=3。求出 m=n-k=2,此时向右移动 k 个位置等同于 p 从 head 开始后移 m-1 步,如图 2.12(b)所示。

(3)在结点 p 和结点 head 之间断开,即置 p->next=NULL,如图 2.12(c)所示,此时的 head 为旋转后的结果单链表。

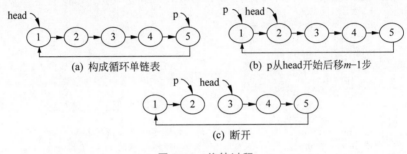

图 2.12　旋转过程

对应的算法如下。

C++:

```
1   class Solution {
2   public:
3       ListNode * rotateRight(ListNode * head, int k) {
4           if(k==0 || head==NULL || head->next==NULL)
5               return head;                //特殊情况
6           int n=1;
7           ListNode * p=head;
8           while(p->next!=NULL) {           //求结点的个数 n
9               p=p->next;
10              n++;
11          }                                //循环结束后 p 指向尾结点
12          p->next=head;                    //构成循环单链表
13          k=k％n;
14          int m=n-k;
15          p=head;                          //设置(p,head)同步指针
16          head=p->next;
17          while(m>1) {                     //p 后移 m-1 步
18              m--;
19              p=p->next;head=p->next;
20          }
21          p->next=NULL;                    //断开
22          return head;
23      }
24  };
```

提交运行:

结果:通过;时间:8ms;空间:11.4MB

Python：

```
1    class Solution:
2        def rotateRight(self, head: Optional[ListNode], k: int) -> Optional[ListNode]:
3            if k==0 or head==None or head.next==None:
4                return head              #特殊情况
5            p, n=head, 1
6            while p.next!=None:          #求结点的个数 n
7                p, n=p.next, n+1
8            p.next=head                  #构成循环单链表
9            k=k%n
10           m=n-k
11           p=head                       #设置(p,head)同步指针
12           head=p.next;
13           while m>1:                    #p后移 m-1 步
14               m=m-1
15               p=p.next; head=p.next
16           p.next=None                   #断开
17           return head
```

提交运行：

结果：通过；时间：40ms；空间：15MB

2.2.5　LeetCode141——环形链表 ★

【问题描述】　给定一个链表 head，判断该链表中是否有环。如果链表中有某个结点，可以通过连续跟踪 next 指针再次到达，则链表中存在环。为了表示给定链表中的环，评测系统内部使用整数 pos 来表示链表尾链接到链表中的位置（索引从 0 开始）。注意，pos 不作为参数进行传递，仅是为了标识链表的实际情况。如果链表中存在环，则返回 true，否则返回 false。

例如，head=[3,2,0,−4]，pos=1，该链表如图 2.13 所示，其中有一个环，其尾部连接到序号为 1 的结点，返回 true。

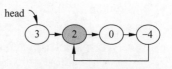

图 2.13　有环的链表

【限制】　链表中结点数目 n 的范围是 $[0, 10^4]$，$-10^5 \leqslant$ Node.val $\leqslant 10^5$，pos 为 -1（表示没有环）或者为链表中的一个有效索引（$0 \sim n-1$）。

【解题思路】　快慢指针遍历法。设置快指针 fast 和慢指针 slow，初始时均指向首结点 head。当 fast 不空且 fast->next 不空时，慢指针 slow 后移一个结点，快指针 fast 后移两个结点，若初始 fast 和 slow 指向同一个结点，则说明链表中有环，返回 true。循环结束，即 fast 为空或者 fast->next 为空，说明链表中无环，返回 false。

其基本原理相当于 A 和 B 两个人在一个环形跑道上从相同的起点出发跑步，A 的速度正好是 B 的速度的两倍，则这两个人一定会再次相遇（相遇的位置与跑道的长度和跑步的速度有关），如图 2.14 所示。如果跑道是直线，不是环形，则速度快的人 A 一定会先冲出跑道（此时 B 正好在中间），如图 2.15 所示。

对应的算法如下。

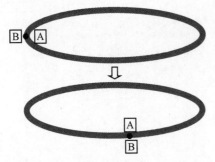

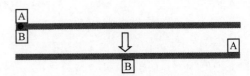

图 2.14　两个人在环形跑道上相遇的情况　　　　图 2.15　两个人在直线跑道上跑步的情况

C++:

```
1   class Solution {
2   public:
3       bool hasCycle(ListNode * head) {
4           if(head==NULL || head->next==NULL) return false;
5           ListNode * slow=head;
6           ListNode * fast=head;
7           while(fast!=NULL && fast->next!=NULL) {
8               slow=slow->next;
9               fast=fast->next->next;
10              if(fast==slow) return true;
11          }
12          return false;
13      }
14  };
```

提交运行：

结果：通过；时间：8ms；空间：7.8MB

Python：

```
1   class Solution:
2       def hasCycle(self, head: Optional[ListNode])-> bool:
3           if head==None or head.next==None:
4               return False
5           slow,fast=head,head
6           while fast!=None and fast.next!=None:
7               slow=slow.next
8               fast=fast.next.next
9               if fast==slow: return True
10          return False
```

提交运行：

结果：通过；时间：60ms；空间：18.7MB

2.2.6　LeetCode138——复制带随机指针的链表★★

【问题描述】　给定一个长度为 n 的链表 head，每个结点包含一个额外增加的随机指针 random，该指针可以指向链表中的任何结点或空结点，其结点类型 Node 如下，构造这个链表的深拷贝。

C++：

```
1  class Node {
2  public:
3      int val;
4      Node * next;
5      Node * random;        //随机指针
6      Node(int _val) {
7          val=_val; next=NULL; random=NULL;
8      }
9  };
```

Python：

```
1  def __init__(self, x: int, next: 'Node' = None, random: 'Node' = None):
2      self.val=int(x)
3      self.next=next
4      self.random=random
```

深拷贝应该正好由 n 个全新结点组成,其中每个新结点的值都设置为其对应原结点的值。新结点的 next 指针和 random 指针也都应该指向复制链表中的新结点,并使原链表和复制链表中的这些指针能够表示相同的链表状态。复制链表中的指针都不应该指向原链表中的结点。若原链表中有 X 和 Y 两个结点,其中 X. random→Y,那么在复制链表中对应的两个结点 x 和 y 同样有 x. random→y。返回复制链表的首结点。

例如,head 为如图 2.16 所示的带随机指针的链表,4 个结点的地址分别为 a、b、c、d,复制后返回的链表为[[1,b,d],[2,c,a],[3,d,NULL],[4,NULL,c]]。

【限制】 $0 \leqslant n \leqslant 1000, -10^4 \leqslant$ Node. val $\leqslant 10^4$, Node. random 为 NULL 或指向链表中的结点。

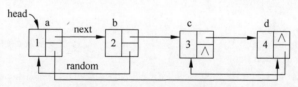

图 2.16 一个带随机指针的链表

【解题思路】 **两次遍历法。** 以题目中的单链表 head=[[1,b,d],[2,c,a],[3,d,NULL],[4,NULL,c]]为例说明求解过程。

(1) 为单链表 head 添加一个头结点 h。

(2) 遍历 h,对于每个结点 p(实际结点),复制一个 val 相同的结点 q(复制结点),并且将结点 q 插在结点 p 之后,如图 2.17(a)所示。

(3) 再次遍历 h,每个实际结点 p 对应的复制结点为 p-> next,前者 random 指向的结点为 p-> random,后者 random 指向的结点应该为 p-> random-> next,为此执行 p-> next-> random=p-> random-> next 为复制结点设置正确的 random 值,如图 2.17(b)所示。

(4) 遍历 h,删除所有复制结点,并且将它们依次链接起来构成复制单链表 ans,如图 2.17(c)所示。最后返回 ans-> next 即可。

对应的算法如下。

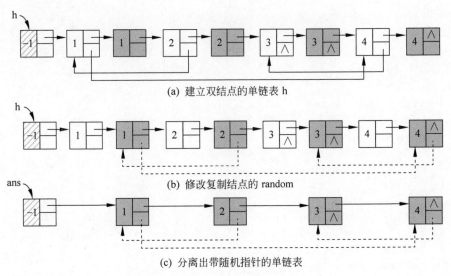

(a) 建立双结点的单链表 h

(b) 修改复制结点的 random

(c) 分离出带随机指针的单链表

图 2.17　复制带随机指针的链表的过程

C++:

```
1   class Solution {
2   public:
3       Node * copyRandomList(Node * head) {
4           if(head==NULL) return NULL;
5           Node * h=new Node(-1);
6           h-> next=head;                              //为了方便,添加一个头结点
7           Node * p=h-> next;
8           while(p!=NULL) {                            //建立双结点的单链表 h
9               Node * q=new Node(p-> val);            //建立结点 p 的复制结点 q
10              q-> next=p-> next; p-> next=q;          //将结点 q 插在结点 p 之后
11              p=q-> next;
12          }
13          p=h-> next;
14          while(p!=NULL) {                            //修改复制结点的 random
15              if(p-> random!=NULL)
16                  p-> next-> random=p-> random-> next;
17              p=p-> next-> next;
18          }
19          Node * r=h;                                 //h 为复制单链表的头结点
20          p=h-> next;
21          while(p!=NULL) {
22              Node * q=p-> next;                      //q 指向复制结点
23              p-> next=q-> next;                      //删除结点 q
24              r-> next=q; r=q;
25              p=p-> next;
26          }
27          r-> next=NULL;                              //将尾结点的 next 域置为空
28          return h-> next;
29      }
30  };
```

提交运行：

结果:通过;时间:4ms;空间:11MB

▦ **Python**：

```python
1   class Solution:
2       def copyRandomList(self, head: 'Optional[Node]') -> 'Optional[Node]':
3           if head==None: return None
4           h=Node(-1)
5           h.next=head                         #为了方便,添加一个头结点
6           p=h.next
7           while p!=None:                      #建立双结点的单链表 h
8               q=Node(p.val)                   #建立结点 p 的复制结点 q
9               q.next=p.next; p.next=q         #将结点 q 插在结点 p 之后
10              p=q.next
11          p=h.next
12          while p!=None:                      #修改复制结点的 random
13              if p.random!=None:
14                  p.next.random=p.random.next
15              p=p.next.next
16          r=h                                 #h 为复制单链表的头结点
17          p=h.next
18          while p!=None:
19              q=p.next                        #q 指向复制结点
20              p.next=q.next                   #删除结点 q
21              r.next=q; r=q;
22              p=p.next;
23          r.next=None                         #将尾结点的 next 域置为空
24          return h.next
```

提交运行：

结果：通过；时间：48ms；空间：15.9MB

2.2.7 LeetCode707——设计链表★★

【问题描述】 实现一个链表，每个结点存放一个整数 val，整个链表存放整数序列(a_0，a_1，…，a_{n-1})，注意序号或者索引 i 从 0 开始，并且包含以下功能。

(1) geti(i)：获取链表中第 i 个结点的值。如果索引无效，则返回-1。

(2) addAtHead(val)：在链表的第一个元素之前添加一个值为 val 的结点，此时新结点将成为链表的第一个结点。

(3) addAtTail(val)：将值为 val 的结点添加到链表的最后一个结点之后。

(4) addAtIndex(i,val)：在链表中的第 i 个结点之前添加值为 val 的结点。如果 i 等于链表的长度，则该结点将添加到链表的末尾；如果 i 大于链表的长度，则不插入结点；如果 i 小于 0，则在头部插入结点。

(5) deleteAtIndex(i)：如果索引 i 有效，则删除链表中的第 i 个结点。

【解法1】 用带头结点和长度成员的单链表实现链表。题目没有规定必须用哪种形式的链表，从理论上讲，用单链表、双链表或者循环链表均可，链表可以带头结点，也可以不带头结点。解法 1 用带头结点的单链表 head 作为链表，链表的结点类型为 Node，为了方便，在链表对象中增加数据成员 length 表示链表中结点的个数。例如，单链表(1,2,3)的示意图如图 2.18 所示。

设计私有成员函数 geti(i)，其功能是返回序号为 i 的结点的地址，与 2.1.2 节中 geti() 算法的功能相同，在设计查找、插入和删除算法中均调用该算法。

扫一扫

源程序

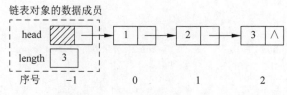

图 2.18　一个带头结点的单链表

扫一扫

源程序

【解法 2】　用带尾结点和长度成员的循环单链表实现链表。在解法 1 中,在链表尾插入 val 的算法(即 addAtTail(int val))的时间复杂度为 $O(n)$,如果改为用带尾结点指针 rear 的循环单链表作为链表,则该算法的时间复杂度降为 $O(1)$,其他不变。例如,单链表(1,2,3)的示意图如图 2.19 所示。

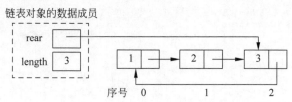

图 2.19　一个带尾结点指针的循环单链表

同样设计私有成员函数 geti(i),其功能是当满足 $0 \leqslant i \leqslant n-1$ 时返回序号为 i 的结点的地址,在其他情况下返回空。

2.3　链表的分组算法设计

2.3.1　LeetCode92——反转链表Ⅱ★★

【问题描述】　给定单链表 head 以及两个整数 left 和 right,其中 left≤right,反转从位置 left 到位置 right 的链表结点,返回反转后的链表。

例如,head＝[1,2,3,4,5],left＝2,right＝4,反转后 head＝[1,4,3,2,5],如图 2.20 所示。

【限制】　链表中结点的数目为 n,$1 \leqslant n \leqslant 500$,$-500 \leqslant Node.val \leqslant 500$,$1 \leqslant left \leqslant right \leqslant n$。

【解题思路】　整个链表作为一组＋用头插法建表。先为单链表 head 添加一个头结点 h,通过遍历找到 left 位置的结点 p,pre 指向其前驱结点,用 q 遍历位置 left＋1～right 的结点,通过结点 p 删除结点 q,并将结点 q 链接到 pre 之后,如图 2.21 所示。

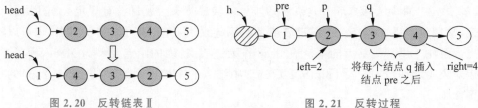

图 2.20　反转链表Ⅱ　　　　　　　图 2.21　反转过程

对应的算法如下。

■ C++:

```
1    class Solution {
2    public:
3        ListNode * reverseBetween(ListNode * head, int left, int right) {
4            if(head==NULL || head->next==NULL)
5                return head;
6            if(left==right) return head;
7            ListNode * h=new ListNode();
8            h->next=head;                        //为了方便,添加一个头结点
9            ListNode * pre=h, * p=pre->next, * q;
10           int j=0;
11           while(j<left-1 && p!=NULL) {        //查找 left 的结点 p 及其前驱结点 pre
12               j++;
13               pre=p;
14               p=p->next;
15           }
16           while(j<right-1 && p!=NULL) {       //将 left+1~right 的结点插入 pre 之后
17               q=p->next;
18               p->next=q->next;                //删除结点 q
19               q->next=pre->next;              //将结点 q 插入结点 pre 之后
20               pre->next=q;
21               j++;
22           }
23           return h->next;
24       }
25   };
```

提交运行:

结果:通过;时间:4ms;空间:7.2MB

⊞ Python:

```
1    class Solution:
2    def reverseBetween(self, head: Optional[ListNode], left:int, right:int)-> Optional[ListNode]:
3        if head==None or head.next==None:
4            return head
5        if left==right: return head
6        h=ListNode()
7        h.next=head                          #为了方便,添加一个头结点
8        pre=h; p=pre.next
9        j=0
10       while j<left-1 and p!=None:          #查找 left 的结点 p 及其前驱结点 pre
11           j=j+1
12           pre=p; p=p.next
13       while j<right-1 and p!=None:         #将 left+1~right 的结点插入 pre 之后
14           q=p.next
15           p.next=q.next                    #删除结点 q
16           q.next=pre.next                  #将结点 q 插入结点 pre 之后
17           pre.next=q
18           j=j+1
19       return h.next
```

提交运行:

结果:通过;时间:40ms;空间:15MB

2.3.2 LeetCode24——两两交换链表中的结点 ★★

【问题描述】 给定一个链表 head,两两交换其中相邻的结点,并返回交换后链表的首结点。要求在不修改结点内部的值的情况下完成本题,即只能进行结点的交换。

例如,head=[1,2,3,4,5],两两交换后的链表 head=[2,1,4,3,5],如图 2.22 所示。

【限制】 链表中结点的数目在[0,100]范围内,0≤Node.val≤100。

【解题思路】 两个相邻结点作为一组+用尾插法建表。先创建一个空结果单链表 h,用 p 和 p-> next 遍历两个相邻的结点,若存在这样的两个结点,置 a=p,b=p-> next,p=b-> next,然后依次将 b 和 a 结点链接到链表 h 的末尾,如图 2.23 所示,再对 p 和 p-> next 做同样的处理。当只剩余结点 p 时将结点 p 链接到链表 h 的末尾。最后将尾结点 r 的 next 域置为空,返回 h-> next 即可。

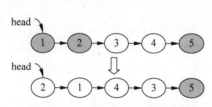

图 2.22 两两交换链表中的结点

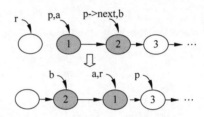

图 2.23 交换 a 和 b 两个结点

对应的算法如下。

▥ C++:

```
1    class Solution {
2    public:
3        ListNode * swapPairs(ListNode * head) {
4            if(head==NULL || head-> next==NULL)
5                return head;
6            ListNode * h=new ListNode(), * r=h;      //创建头结点 h 和尾指针 r
7            ListNode * p=head;                        //用 p 遍历单链表
8            while(p!=NULL && p-> next!=NULL) {        //至少剩余两个结点的情况
9                ListNode * a=p, * b=p-> next;
10               p=b-> next;
11               r-> next=b; b-> next=a; r=a;
12           }
13           if(p!=NULL) {                             //剩余一个结点的情况
14               r-> next=p; r=p;
15           }
16           r-> next=NULL;                            //将尾结点的 next 域置为空
17           return h-> next;
18       }
19   };
```

提交运行:

结果:通过;时间:4ms;空间:7.2MB

▥ Python:

```
1    class Solution:
2        def swapPairs(self, head: Optional[ListNode])-> Optional[ListNode]:
3            if head==None or head.next==None:
```

```
4           return head
5           h=ListNode(-1); r=h               #创建头结点 h 和尾指针 r
6           p=head                            #用 p 遍历单链表
7           while p!=None and p.next!=None:   #至少剩余两个结点的情况
8               a,b=p,p.next
9               p=b.next
10              r.next=b; b.next=a; r=a;
11          if p!=None:                       #剩余一个结点的情况
12              r.next=p; r=p
13          r.next=None                       #将尾结点的 next 域置为空
14          return h.next
```

提交运行：

结果：通过；时间：44ms；空间：15.1MB

2.3.3 LeetCode25——k 个一组翻转链表★★★

【问题描述】 给定一个单链表 head，将每 k 个结点作为一组进行翻转，返回修改后的链表。其中 k 是一个正整数，它的值小于或等于链表的长度。如果结点的总数不是 k 的整数倍，请将最后剩余的结点保持原有顺序。要求不能只是单纯地改变结点内部的值，而是需要实际进行结点的交换。

例如，head=[1,2,3,4,5]，$k=3$，共分为两组，即
[1,2,3] 和 [4,5]，前一组翻转为 [3,2,1]，后一组结点的总数不是 k，保持不变，这样翻转后 head=[3,2,1,4,5]，如图 2.24 所示。

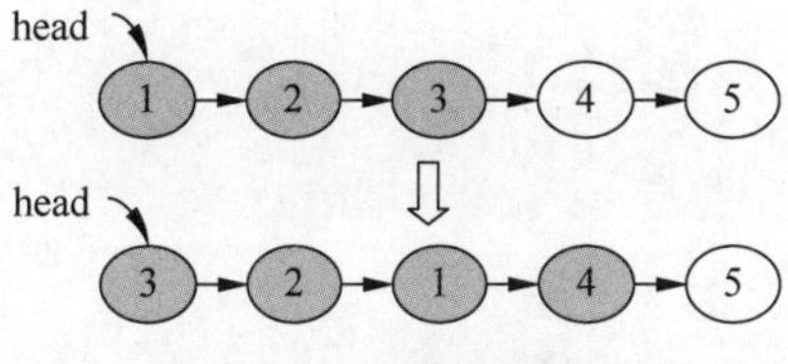

【限制】 链表中结点的数目为 n，$1 \leqslant k \leqslant n \leqslant 5000$，$0 \leqslant$ Node.val $\leqslant 1000$。

进阶：设计一个只用 $O(1)$ 额外内存空间的算法解决此问题。

图 2.24 翻转链表

【解题思路】 k 个相邻结点作为一组＋用头插法建表。为了方便，给单链表添加一个头结点 h，用 (pre,tail) 表示一个翻转组，pre 表示该翻转组首结点的前驱结点，tail 表示该翻转组的尾结点，n 累计访问的结点的个数。初始时置 pre 为头结点，tail 指向首结点，$n=0$。

当 tail 不为空时循环，如果 ++n ％ k ==0 成立，表示找到一个翻转组 (pre,tail)，此时将 p 设置为 pre-> next，即指向该翻转组的首结点，循环 $k-1$ 次，每次删除结点 p 之后的一个结点 q，并且将结点 q 插入结点 pre 之后，例如 $k=3$ 时的翻转过程如图 2.25 所示。这样翻转一个翻转组后，结点 p 成为尾结点，同时结点作为下一个翻转组的 pre 继续进行类似的操作。最后返回 h-> next。

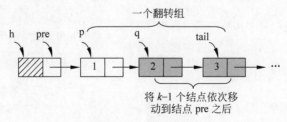

将 $k-1$ 个结点依次移
动到结点 pre 之后

图 2.25 翻转过程

对应的算法如下。

▦ C++：

```
 1  class Solution {
 2  public:
 3      ListNode * reverseKGroup(ListNode * head, int k) {
 4          ListNode * h = new ListNode(-1);
 5          h-> next = head;                    //为了方便,添加一个头结点
 6          int n = 0;
 7          ListNode * pre = h;
 8          ListNode * tail = pre-> next;
 9          while(tail! = NULL) {
10              if(++n % k == 0) {              //找到一个翻转组(pre, tail)
11                  ListNode * p = pre-> next;  //p 指向该翻转组的首结点
12                  for(int i = 1; i < k; i++){ //将 k-1 个结点插入 pre 结点之后
13                      ListNode *  q = p-> next; //q 指向结点 p 的后继结点
14                      p-> next = q-> next;    //删除结点 q
15                      q-> next = pre-> next;  //将结点 q 插入 pre 结点之后
16                      pre-> next = q;
17                  }
18                  pre = p;                    //前翻转组的尾结点作为后翻转组的首结点
19                  tail = pre-> next;
20              }
21              else                            //一个翻转组没有找完
22                  tail = tail-> next;         //tail 指针后移
23          }
24          return h-> next;
25      }
26  };
```

提交运行：

结果：通过；时间：16ms；空间：11.1MB

▦ Python：

```
 1  class Solution:
 2      def reverseKGroup(self, head: Optional[ListNode], k: int)-> Optional[ListNode]:
 3          h = ListNode()
 4          h. next = head                      #为了方便,添加一个头结点
 5          n = 0
 6          pre = h;
 7          tail = pre. next
 8          while tail! = None:
 9              if(n+1) % k == 0:               #找到一个翻转组(pre, tail)
10                  p = pre. next               #p 指向该翻转组的首结点
11                  for i in range(1, k):       #将 k-1 个结点插入 pre 结点之后
12                      q = p. next             #q 指向结点 p 的后继结点
13                      p. next = q. next       #删除结点 q
14                      q. next = pre. next     #将结点 q 插入 pre 结点之后
15                      pre. next = q
16                  pre = p                     #前翻转组的尾结点作为后翻转组的首结点
17                  tail = pre. next
18              else:                           #一个翻转组没有找完
19                  tail = tail. next           #tail 指针后移
20              n = n+1                         #处理的结点的个数加 1
21          return h. next
```

提交运行：

结果：通过；时间：48ms；空间：16MB

2.4　有序链表的算法设计

2.4.1　LeetCode83——删除排序链表中的重复元素★

【问题描述】　给定一个已排序的链表 head,删除其中所有重复的元素,使每个元素只出现一次,返回已排序的链表。

例如,head=[1,1,2,3,3,3],删除所有重复的元素后 head=[1,2,3],如图 2.26 所示。

图 2.26　删除重复元素

【限制】　链表中结点的数目在[0,300]范围内,−100≤Node.val≤100,题目数据保证链表已经按升序排列。

【解法 1】　直接删除法。由于 head 是递增有序的,所以值相同的结点是相邻排列的。用同步指针(pre,p)从头开始遍历 head,当 p!=NULL 时循环:若 p->val=pre->val,则通过结点 pre 删除结点 p,保持 pre 不动,让 p 指向结点 pre 的后继结点后继续循环,否则让 pre、p 同步后移一个结点后继续循环。最后返回 head。

源程序

【解法 2】　尾插法。先创建只含首结点的结果单链表 head,r 为尾结点指针,用 p 遍历 head 的剩余结点,当 p->val≠p->val 时说明结点 p 是非重复结点,将其链接到 head 的末尾,然后 p 后移一个结点,否则直接让 p 后移一个结点。最后将尾结点的 next 域置为空,并返回 head。

源程序

2.4.2　LeetCode82——删除排序链表中的重复元素Ⅱ★★

【问题描述】　给定一个已排序的链表 head,删除原始链表中所有重复的元素,只留下不同的元素,返回已排序的链表。

例如,head=[1,2,3,3,4,4,5],其中 3 和 4 是重复的元素,删除后 head=[1,2,5],如图 2.27 所示。

【限制】　链表中结点的数目在[0,300]范围内,−100≤Node.val≤100,题目数据保证链表已经按升序排列。

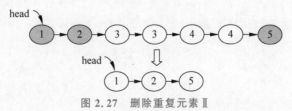

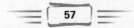

图 2.27　删除重复元素Ⅱ

【解法 1】　用尾插法建表。设置一个计数器数组 cnt,用 cnt[100+p->val]记录结点 p

值出现的次数(加上 100 的目的是保证数组下标为非负整数),创建一个带头结点的空单链表 h,用 p 遍历 head,若 cnt[100+p-> val]=1,说明结点 p 是非重复结点,将其链接到链表 h 的末尾,否则 p 后移一个结点。最后将尾结点 r 的 next 域置为空,并返回 h-> next。对应的算法如下。

C++：

```
1  class Solution {
2  public:
3      ListNode * deleteDuplicates(ListNode * head) {
4          if(head==NULL || head-> next==NULL)
5              return head;
6          int cnt[205];
7          memset(cnt,0,sizeof(cnt));
8          ListNode * p=head;
9          while(p!=NULL) {
10             cnt[100+p-> val]++;
11             p=p-> next;
12         }
13         ListNode * h=new ListNode(-1), * r=h;
14         p=head;
15         while(p!=NULL) {
16             if(cnt[100+p-> val]==1) {   //结点 p 是非重复的
17                 r-> next=p; r=p;
18             }
19             p=p-> next;
20         }
21         r-> next=NULL;                  //将尾结点的 next 域置为空
22         return h-> next;
23     }
24 };
```

提交运行：

结果:通过;时间:8ms;空间:10.7MB

Python：

```
1  class Solution:
2      def deleteDuplicates(self, head: Optional[ListNode]) -> Optional[ListNode]:
3          if head==None or head.next==None:
4              return head
5          cnt=[0] * 205
6          p=head
7          while p!=None:
8              cnt[100+p.val]=cnt[100+p.val]+1
9              p=p.next
10         h=ListNode(-1);
11         r=h
12         p=head
13         while p!=None:
14             if cnt[100+p.val]==1:       #结点 p 是非重复的
15                 r.next=p; r=p
16             p=p.next
17         r.next=None                     #将尾结点的 next 域置为空
18         return h.next
```

提交运行：

结果:通过;时间:44ms;空间:15MB

【解法2】　直接删除法。为链表 head 增加一个头结点 h,首先 pre 指向头结点,p 指向其后继结点,在 p 不为空时循环：置 q＝p-> next。

（1）若 q 不为空并且 q-> val＝p-> val,说明结点 p 是重复结点,让 q 继续后移到第一个不等于 p-> val 的结点,通过 pre 结点将结点 p 和结点 q 之间的全部重复结点删除,删除后 pre 不变,p 指向其后继结点 q,如图 2.28 所示。

（2）否则说明结点 p 是非重复结点,保留该结点,让 pre 和 p 同步后移一个结点。

最后返回 h-> next。

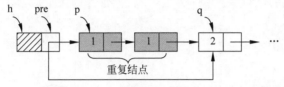

删除结点 p（含）和结点 q（不含）之间的全部重复结点

图 2.28　删除重复结点的过程

对应的算法如下。

■ **C++** :

```
1   class Solution {
2   public:
3       ListNode * deleteDuplicates(ListNode * head) {
4           if(head＝＝NULL || head-> next＝＝NULL)
5               return head;
6           ListNode * h＝new ListNode(－1);
7           h-> next＝head;
8           ListNode * pre＝h, * p＝h-> next;
9           while(p!＝NULL) {
10              ListNode * q＝p-> next;    //q指向结点 p 的后继结点
11              if(q!＝NULL && q-> val＝＝p-> val) {    //结点 p 是重复结点
12                  while(q!＝NULL && q-> val＝＝p-> val)
13                      q＝q-> next;        //找到后面第一个非重复结点 q
14                  while(p!＝q) {
15                      pre-> next＝p-> next;
16                      delete p;
17                      p＝pre-> next; ;
18                  }
19              }
20              else {                    //结点 p 为非重复结点
21                  pre＝pre-> next;        //pre、p 同步后移
22                  p＝pre-> next;
23              }
24          }
25          return h-> next;
26      }
27  };
```

提交运行：

结果:通过;时间:4ms;空间:10.8MB

▦ **Python** :

```
1   class Solution:
2       def deleteDuplicates(self, head: Optional[ListNode]) -> Optional[ListNode]:
3           if head＝＝None or head.next＝＝None:
4               return head
```

```
5        h＝ListNode(－1)
6        h. next＝head
7        pre＝h; p＝h. next
8        while p!＝None:
9            q＝p. next                          ＃q指向结点p的后继结点
10           if q!＝None and q. val＝＝p. val: ＃结点p是重复结点
11               while q!＝None and q. val＝＝p. val:
12                   q＝q. next
13               while p!＝q:                    ＃删除所有重复结点
14                   pre. next＝p. next; p＝pre. next
15           else:                              ＃结点p为非重复结点
16               pre＝pre. next                  ＃pre、p同步后移
17               p＝pre. next
18       return h. next
```

提交运行：

结果：通过；时间：48ms；空间：15.2MB

2.4.3　LeetCode21——合并两个有序链表★

【问题描述】　将两个升序链表合并为一个新的升序链表并返回，新链表是通过拼接给定的两个链表的所有结点组成的。

例如，list1＝[1,2,4]，list2＝[1,3,4]，合并的链表 list＝[1,1,2,3,4,4]。

【限制】　两个链表的结点数目的范围是[0,50]，－100≤Node. val≤100，list1 和 list2 均按非递减顺序排列。

【解题思路】　二路归并法。使用 2.1.2 节中两个有序链表合并的方法，这里要求新链表是通过拼接给定的两个链表的所有结点组成的，所以不能使用结点复制的方法，而是直接将归并的结点链接起来构成结构链表。将两个长度分别为 m 和 n 的有序链表合并为一个有序链表的时间复杂度为 $O(m+n)$。对应的算法如下。

C++：

```cpp
1   class Solution {
2   public:
3       ListNode * mergeTwoLists(ListNode * list1, ListNode * list2) {
4           if(list1＝＝NULL) return list2;
5           if(list2＝＝NULL) return list1;
6           ListNode * h＝new ListNode(－1), * r＝h;
7           ListNode * p＝list1, * q＝list2;
8           while(p!＝NULL && q!＝NULL) {
9               if(p-> val < q-> val) {
10                  r-> next＝p; r＝p;
11                  p＝p-> next;
12              }
13              else {
14                  r-> next＝q; r＝q;
15                  q＝q-> next;
16              }
17          }
18          if(p!＝NULL) r-> next＝p;
19          else r-> next＝q;
20          return h-> next;
21      }
22  };
```

提交运行：

结果:通过;时间:12ms;空间:14.3MB

Python:

```
1    class Solution：
2        def mergeTwoLists(self, list1, list2)-> Optional[ListNode]：
3            if list1==None: return list2
4            if list2==None: return list1
5            h=ListNode(-1); r=h
6            p=list1; q=list2
7            while p!=None and q!=None:
8                if p.val < q.val:
9                    r.next=p; r=p
10                   p=p.next
11               else:
12                   r.next=q; r=q
13                   q=q.next
14           if p!=None: r.next=p
15           else: r.next=q
16           return h.next
```

提交运行:

结果:通过;时间:40ms;空间:15MB

2.4.4　LeetCode23——合并 k 个有序链表★★★

【问题描述】　给定一个链表数组,每个链表都已经按升序排列,请将所有链表合并到一个升序链表中,返回合并后的链表。

例如,lists=[[1,4,5],[1,3,4],[2,6]],合并后的链表为[1,1,2,3,4,4,5,6]。

【限制】　$k=$ lists.length,$0 \leqslant k \leqslant 10^4$,$0 \leqslant$ lists[i].length$\leqslant 500$,$-10^4 \leqslant$ lists[i][j]$\leqslant 10^4$,lists[i]按升序排列,lists[i].length 的总和不超过 10^4。

【解法1】　二路归并法+用尾插法建表。先置结果链表 h 为 lists[0],然后依次将 h 与 lists[i]做二路归并,归并的结果仍然存放在 h 中,其中二路归并算法同 2.4.3节,最后返回 h 即可。

设 k 个有序链表的编号为 $0 \sim k-1$,链表 i 的长度(结点的个数)为 $n_i (0 \leqslant i \leqslant k-1)$,$n=n_0+n_1+\cdots+n_{k-1}$,本解法的执行时间为 $T(n)=(n_0+n_1)+(n_0+n_1+n_2)+\cdots+(n_0+n_1+\cdots+n_{k-1})=kn_0+(k-1)n_1+\cdots+n_{k-1}$。当 n_i 均相同(即 $n_i=n/k$)时,可以推出 $T(n)=O(kn)$。

对应的算法如下。

C++:

```
1    class Solution {
2    public:
3        ListNode * mergeKLists(vector < ListNode * > & lists) {
4            int k=lists.size();
5            if(k==0) return NULL;
6            ListNode * h=lists[0];
7            for(int i=1;i<k;i++) {
8                h=merge(h, lists[i]);
9            }
```

```
10          return h;
11      }
12
13      ListNode * merge(ListNode * list1, ListNode * list2) {        //二路归并
14          if(list1==NULL) return list2;
15          if(list2==NULL) return list1;
16          ListNode * h=new ListNode(-1), * r=h;
17          ListNode * p=list1, * q=list2;
18          while(p!=NULL && q!=NULL) {
19              if(p-> val < q-> val) {
20                  r-> next=p; r=p;
21                  p=p-> next;
22              }
23              else {
24                  r-> next=q; r=q;
25                  q=q-> next;
26              }
27          }
28          if(p!=NULL) r-> next=p;
29          else r-> next=q;
30          return h-> next;
31      }
32  };
```

提交运行：

结果：通过；时间：136ms；空间：12.9MB

🔲 **Python**：

```
1   class Solution:
2       def mergeKLists(self, lists: List[Optional[ListNode]])-> Optional[ListNode]:
3           k=len(lists)
4           if k==0:return None
5           h=lists[0]
6           for i in range(1, k):
7               h=self.merge(h, lists[i])
8           return h
9
10      def merge(self, list1, list2):                              #二路归并
11          if list1==None: return list2
12          if list2==None: return list1
13          h=ListNode(-1); r=h
14          p=list1; q=list2
15          while p!=None and q!=None:
16              if p.val < q.val:
17                  r.next=p; r=p
18                  p=p.next
19              else:
20                  r.next=q; r=q
21                  q=q.next
22          if p!=None: r.next=p
23          else: r.next=q
24          return h.next
```

提交运行：

结果：通过；时间：3076ms；空间：18MB

【解法 2】 k 路归并法＋用尾插法建表。先创建一个空的结果单链表 h(r 为其尾结点指针)。设置一个长度为 k 的数组 x，用 lists[i]($0 \leqslant i \leqslant k-1$)遍历链表 i 的结点，$x[i]$ 取

lists[i]指向的结点的值(当 lists[i]为空时置 $x[i]$ 为∞),每次通过简单选择方法在 x 中找出最小元素 $x[mini]$(表示最小结点是链表 mini 的结点),若 $x[mini]=∞$,说明全部结点归并完毕,返回 h-> next,否则将 lists[mini]结点链接到 h 的末尾,后移 lists[mini]指针,同时 $x[mini]$ 取 lists[mini]指向的结点的值(当 lists[mini]为空时置 $x[mini]$ 为∞)。

设 k 个有序链表的编号为 0~$k-1$,链表 i 的长度(结点的个数)为 $n_i(0{\leqslant}i{\leqslant}k-1)$, $n=n_0+n_1+\cdots+n_{k-1}$,通过简单选择方法在 x 中找出最小元素的时间为 $O(k)$,本解法的执行时间为 $T(n)=(n_0+n_1+\cdots+n_{k-1})O(k)=O(kn)$。

对应的算法如下。

🔲 C++:

```
1   class Solution {
2       const int INF=10010;
3   public:
4       ListNode * mergeKLists(vector < ListNode * > & lists) {
5           int k=lists.size();
6           if(k==0) return NULL;
7           ListNode * h=new ListNode(-1), * r=h;
8           int x[k];
9           for(int i=0;i<k;i++) {
10              if(lists[i]!=NULL) x[i]=lists[i]-> val;
11              else x[i]=INF;
12          }
13          while(true) {
14              int mini=mink(x,k);
15              if(mini==-1) break;
16              r-> next=lists[mini]; r=lists[mini];
17              lists[mini]=lists[mini]-> next;
18              if(lists[mini]!=NULL)
19                  x[mini]=lists[mini]-> val;
20              else
21                  x[mini]=INF;
22          }
23          return h-> next;
24      }
25
26      int mink(int x[],int k) {          //求最小值的段号
27          int mini=0;
28          for(int i=1;i<k;i++) {
29              if(x[i]< x[mini]) mini=i;
30          }
31          if(x[mini]==INF) return -1;
32          else return mini;
33      }
34  };
```

提交运行:

结果:通过;时间:276ms;空间:12.7MB

说明:解法 2 的运行时间超过解法 1 的运行时间,在解法 2 中可以通过小根堆找 x 中的最小元素,以大幅度提高时间性能,参见 9.3.3 节。

🔲 Python:

```
1   INF=10010
2   class Solution:
3       def mergeKLists(self,lists:List[Optional[ListNode]])-> Optional[ListNode]:
4           k=len(lists)
```

```
 5          if k==0: return None
 6          h=ListNode(-1); r=h
 7          x=[0] * k
 8          for i in range(0,k):
 9              if lists[i]!=None: x[i]=lists[i].val
10              else: x[i]=INF
11          while True:
12              mini=self.mink(x,k)
13              if mini==-1: break
14              r.next=lists[mini]; r=lists[mini]
15              lists[mini]=lists[mini].next
16              if lists[mini]!=None:
17                  x[mini]=lists[mini].val
18              else:
19                  x[mini]=INF
20          return h.next
21
22      def mink(self,x,k):                    #求最小值的段号
23          mini=0
24          for i in range(1,k):
25              if x[i]<x[mini]: mini=i
26          if x[mini]==INF: return -1
27          else: return mini
```

提交运行：

结果：通过；时间：4428ms；空间：18MB

2.4.5 LeetCode1634——求两个多项式链表的和★★

【问题描述】 多项式链表是一种特殊形式的链表，每个结点表示多项式的一项。每个结点有 3 个属性：coefficient 为该项的系数，如项 $9x^4$ 的系数是 9；power 为该项的指数，如项 $9x^4$ 的指数是 4；next 为指向下一个结点的指针（引用），如果当前结点为链表的最后一个结点，则为空。例如，多项式 $5x^3+4x-7$ 可以表示成如图 2.29 所示的多项式链表。

图 2.29 一个多项式链表

多项式链表必须是标准形式的，即多项式必须严格按指数 power 的递减顺序排列（即降幂排列）。另外，系数 coefficient 为 0 的项需要省略。给定两个多项式链表的首结点 poly1 和 poly2，以多项式链表形式返回它们的和。

PolyNode 格式：输入/输出格式表示为 n 个结点的列表，其中每个结点表示为 [coefficient,power]，如多项式 $5x^3+4x-7$ 表示为 [[5,3],[4,1],[-7,0]]。

例如，两个多项式 poly1=[[2,2],[4,1],[3,0]]，poly2=[[3,2],[-4,1],[-1,0]]，poly1=$2x^2+4x+3$，poly2=$3x^2-4x-1$，poly1 和 poly2 的和为 $5x^2+2$，所以答案为 [[5, 2],[2,0]]。

PolyNode 的类型如下。

C++:

```
1  struct PolyNode{
2      int coefficient, power;
3      PolyNode * next;
```

```
4        PolyNode(): coefficient(0), power(0), next(nullptr) {};
5        PolyNode(int x, int y): coefficient(x), power(y), next(nullptr) {};
6        PolyNode(int x, int y, PolyNode * next): coefficient(x), power(y), next(next) {};
7    };
```

Python：

```
1   class PolyNode:
2       def __init__(self, x=0, y=0, next=None):
3           self.coefficient=x
4           self.power=y
5           self.next=next
```

【限制】 $0 \leqslant n \leqslant 10^4$，$-10^9 \leqslant$ PolyNode. coefficient $\leqslant 10^9$，PolyNode. coefficient $\neq 0$，$0 \leqslant$ PolyNode. power $\leqslant 10^9$，PolyNode. power＞PolyNode. next. power。

扫一扫

【解题思路】 二路归并法＋用尾插法建表。先创建一个空的结果单链表 h(r 为其尾结点指针)。用 p 和 q 分别遍历 poly1 和 poly2，当 p 和 q 均不为空时循环：

（1）若 p-> power＞q-> power，归并结点 p，由结点 p 复制产生结点 s，将结点 s 链接到 h 的末尾，后移结点指针 p。

（2）若 p-> power＜q-> power，归并结点 q，由结点 q 复制产生结点 s，将结点 s 链接到 h 的末尾，后移结点指针 q。

源程序

（3）若 p-> power＝q-> power，求出结点 p 与结点 q 的系数和 c，如果 $c \neq 0$，由 c 和结点 p 的指数复制产生结点 s，将结点 s 链接到 h 的末尾，后移结点指针 p 和 q。

循环结束后将剩余的所有结点复制后链接到 h 的末尾。最后返回 h-> next。

推荐练习题

1. LeetCode19——删除链表的倒数第 n 个结点 ★★
2. LeetCode86——划分链表 ★★
3. LeetCode141——环形链表 ★
4. LeetCode142——环形链表 Ⅱ ★★
5. LeetCode143——重排链表 ★★
6. LeetCode147——对链表进行插入排序 ★★
7. LeetCode160——相交链表 ★
8. LeetCode234——回文链表 ★
9. LeetCode237——删除链表中的结点 ★★
10. LeetCode725——分隔链表 ★★
11. LeetCode876——链表的中间结点 ★
12. LeetCode1474——删除链表中 m 个结点之后的 n 个结点 ★
13. LeetCode1669——合并两个链表 ★★
14. LeetCode1721——交换链表中的结点 ★★
15. LeetCode1836——从未排序的链表中移除重复元素 ★★
16. LeetCode2046——给按照绝对值排序的链表排序 ★★
17. LeetCode2095——删除链表的中间结点 ★★
18. LeetCode2296——设计一个文本编辑器 ★★★

第3章 栈

📖 知识图谱

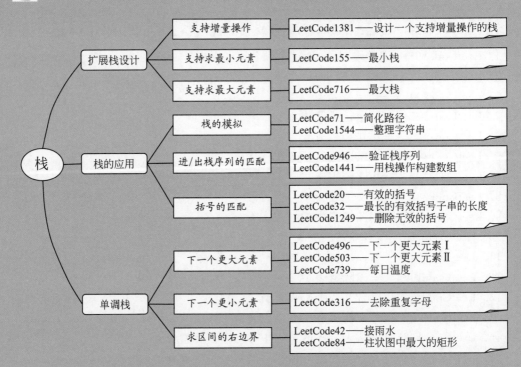

- 栈
  - 扩展栈设计
    - 支持增量操作 —— LeetCode1381——设计一个支持增量操作的栈
    - 支持求最小元素 —— LeetCode155——最小栈
    - 支持求最大元素 —— LeetCode716——最大栈
  - 栈的应用
    - 栈的模拟 —— LeetCode71——简化路径 / LeetCode1544——整理字符串
    - 进/出栈序列的匹配 —— LeetCode946——验证栈序列 / LeetCode1441——用栈操作构建数组
    - 括号的匹配 —— LeetCode20——有效的括号 / LeetCode32——最长的有效括号子串的长度 / LeetCode1249——删除无效的括号
  - 单调栈
    - 下一个更大元素 —— LeetCode496——下一个更大元素Ⅰ / LeetCode503——下一个更大元素Ⅱ / LeetCode739——每日温度
    - 下一个更小元素 —— LeetCode316——去除重复字母
    - 求区间的右边界 —— LeetCode42——接雨水 / LeetCode84——柱状图中最大的矩形

3.1 栈 概 述

3.1.1 栈的定义

栈的示意图如图 3.1 所示,栈中保存一个数据序列$[a_0, a_1, \cdots, a_{n-1}]$,共有两个端点,栈底的一端($a_0$端)不动,栈顶的一端($a_{n-1}$端)是动态的,可以插入(进栈)和删除(出栈)元素。栈元素遵循"先进后出"的原则,即最先进栈的元素最后出栈。注意,不能直接对栈中的元素进行顺序遍历。

在算法设计中,栈通常用于存储临时数据。在一般情况下,若先存储的元素后处理,则使用栈数据结构存储这些元素。

n 个不同的元素经过一个栈产生不同出栈序列的个数为 $\dfrac{1}{n+1}C_{2n}^{n}$,这称为第 n 个 Catalan(卡特兰)数。

栈可以使用数组和链表存储结构实现,使用数组实现的栈称为顺序栈,使用链表实现的栈称为链栈。

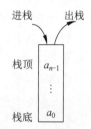

图 3.1 栈的示意图

3.1.2 栈的知识点

1. C++中的栈

在 C++ STL 中提供了 stack 类模板,实现了栈的基本运算,而且在使用时不必考虑栈满上溢出的情况,但不能顺序遍历栈中的元素。其主要的成员函数如下。

- empty():判断栈是否为空,当栈中没有元素时返回 true,否则返回 false。
- size():返回栈中当前元素的个数。
- top():返回栈顶的元素。
- push(x):将元素 x 进栈。
- pop():出栈元素,只是删除栈顶元素,并不返回该元素。

例如,以下代码定义一个整数栈 st,依次进栈 1、2、3,再依次出栈所有元素,出栈结果是 3,2,1。

 C++:

```
1  stack < int > st;                    //定义一个整数栈
2  st.push(1);                          //进栈 1
3  st.push(2);                          //进栈 2
4  st.push(3);                          //进栈 3
5  while(!st.empty()) {                 //栈不空时循环
6      printf("%d ",st.top());          //输出栈顶元素
7      st.pop();                        //出栈栈顶元素
8  }
```

另外,由于 C++ STL 中的 vector 容器提供了 empty()、push_back()、pop_back()和 back()等成员函数,也可以将 vector 容器用作栈。

2. Python 中的栈

在 Python 中没有直接提供栈,可以将列表作为栈。当定义一个作为栈的 st 列表后,其主要的栈操作如下。

- st,len(st)==0:判断栈是否为空,当栈中没有元素时返回 True,否则返回 False。
- len(st):返回栈中当前元素的个数。
- st[-1]:返回栈顶的元素。
- st.append(x):将元素 x 进栈。
- st.pop():出栈元素,只是删除栈顶元素,并不返回该元素。

说明:在 Python 中提供了双端队列 deque,可以通过限制 deque 在同一端插入和删除将其作为栈使用。

例如,以下代码用列表 st 作为一个整数栈,依次进栈 1、2、3,再依次出栈所有元素,出栈结果是 3,2,1。

Python:

```
1    st=[]                            #将列表作为栈
2    st.append(1)                     #进栈 1
3    st.append(2)                     #进栈 2
4    st.append(3)                     #进栈 3
5    while st:                        #栈不空时循环,或者改为 while len(st)>0:
6        print(st[-1],end=' ')        #输出栈顶元素
7        st.pop()                     #出栈栈顶元素
```

3. 单调栈

将一个从栈底元素到栈顶元素有序的栈称为单调栈,如果从栈底元素到栈顶元素是递增的(栈顶元素最大),称该栈为单调递增栈或者大顶栈,例如[1,2,3](栈底为 1,栈顶为 3)就是一个单调递增;如果从栈底元素到栈顶元素是递减的(栈顶元素最小),称该栈为单调递减栈或者小顶栈,例如[3,2,1]就是一个单调递减栈。

维护单调栈的操作是在向栈中插入元素时可能需要出栈元素,以保持栈中元素的单调性。这里以单调递增栈(大顶栈)为例,假设要插入的元素是 x:

(1) 如果栈顶元素小于(或者等于)x,说明插入 x 后仍然保持单调性。直接进栈 x 即可。

(2) 如果栈顶元素大于 x,说明插入 x 后不再满足单调性,需要出栈栈顶元素,直到栈为空或者满足(1)的条件,再将 x 进栈。

例如,以下代码中定义的单调栈 st 是一个单调递增栈,执行后 st 从栈底到栈顶的元素为[1,2,3]。

C++:

```
1    vector<int> a={1,5,2,4,3};
2    stack<int> st;
3    for(int i=0;i<a.size();i++){              //遍历 a
4        while(!st.empty() && st.top()>a[i])
5            st.pop();                         //将大于 a[i]的栈顶元素出栈
6        st.push(a[i]);
7    }
```

单调栈的主要用途是寻找下/上一个更大/更小元素,例如给定一个整数数组 a,求每个元素的下一个更大元素,可以使用单调递减栈实现。由于在单调栈应用中通常每个元素仅进栈和出栈一次,所以时间复杂度为 $O(n)$。

3.2 扩展栈的算法设计

3.2.1 LeetCode1381——设计一个支持增量操作的栈★★

【问题描述】 请设计一个支持以下操作的栈。

(1) CustomStack(int maxSize):用 maxSize 初始化对象,其中 maxSize 是栈中最多能容纳的元素的数量,栈在增长到 maxSize 之后将不支持 push 操作。

(2) void push(int x):如果栈还未增长到 maxSize,将 x 添加到栈顶。

(3) int pop():弹出栈顶元素,并返回栈顶的值,或栈为空时返回 -1。

(4) void increment(int k, int val):栈底的 k 个元素的值都增加 val。如果栈中元素的总数小于 k,则栈中的所有元素都增加 val。

示例:

```
CustomStack customStack＝new CustomStack(3);   //栈的容量为3,初始为空栈[]
customStack.push(1);                            //栈变为[1]
customStack.push(2);                            //栈变为[1, 2]
customStack.pop();                              //返回栈顶值2,栈变为[1]
customStack.push(2);                            //栈变为[1, 2]
customStack.push(3);                            //栈变为[1, 2, 3]
customStack.push(4);        //栈是[1, 2, 3],不能添加其他元素使栈的大小变为4
customStack.increment(5, 100);                  //栈变为[101, 102, 103]
customStack.increment(2, 100);                  //栈变为[201, 202, 103]
customStack.pop();                              //返回栈顶值103,栈变为[201, 202]
customStack.pop();                              //返回栈顶值202,栈变为[201]
customStack.pop();                              //返回栈顶值201,栈变为[]
customStack.pop();                              //栈为空,返回-1
```

【限制】 $1 \leqslant maxSize \leqslant 1000, 1 \leqslant x \leqslant 1000, 1 \leqslant k \leqslant 1000, 0 \leqslant val \leqslant 100$。increment、push、pop 操作均最多被调用 1000 次。

【解题思路】 使用顺序栈实现支持增量操作的栈。按题目要求,顺序栈中存放栈元素的 data 数组使用动态数组,栈顶指针为 top(初始为 -1),另外设置一个表示容量的 capacity 域(其值为 maxSize),如图 3.2 所示。

(1) push 和 pop 运算算法与基本顺序栈的进/出栈元素算法相同,算法的时间复杂度为 $O(1)$。

(2) increment(k,val)用于将 data 数组中下标为 $0 \sim \min(top+1,k)-1$ 的所有元素增加 val,算法的时间复杂度为 $O(k)$。

对应的支持增量操作的类如下。

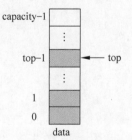

图 3.2 顺序栈结构

C++:

```
1   class CustomStack {
2       int * data;                        //存放栈元素的动态数组
```

```
3        int capacity;                              //data 数组的容量
4        int top;                                   //栈顶指针
5    public:
6        CustomStack(int maxSize) {                 //构造函数
7            data=new int[maxSize];
8            capacity=maxSize;
9            top=-1;
10       }
11       void push(int x) {                         //进栈 x
12           if(top+1<capacity) {                   //没有出现上溢出时
13               top++;data[top]=x;
14           }
15       }
16       int pop() {                                //出栈
17           if(top==-1)
18               return -1;
19           else {
20               int e=data[top]; top--;
21               return e;
22           }
23       }
24       void increment(int k,int val) {            //增量操作
25           int m=(top+1<=k?top+1:k);
26           for(int i=0;i<m;i++)
27               data[i]+=val;
28       }
29   };
```

提交运行：

结果:通过;时间:28ms;空间:20.5MB

Python：

```
1    class CustomStack:
2        def __init__(self, maxSize: int):
3            self.data=[None] * maxSize            #存放栈元素的动态数组
4            self.capacity=maxSize                 #data 数组的容量
5            self.top=-1                           #栈顶指针
6        def push(self, x: int) -> None:           #进栈 x
7            if self.top+1<self.capacity:          #没有出现上溢出时
8                self.top=self.top+1
9                self.data[self.top]=x
10       def pop(self) -> int:                     #出栈
11           if self.top==-1:
12               return -1
13           else:
14               e=self.data[self.top]
15               self.top=self.top-1
16               return e
17       def increment(self, k: int, val: int) -> None:   #增量操作
18           m=k
19           if self.top+1<=k:m=self.top+1
20           for i in range(0,m):
21               self.data[i]+=val
```

提交运行：

结果:通过;时间:104ms;空间:16MB

3.2.2 LeetCode155——最小栈 ★

【问题描述】 设计一个支持 push、pop、top 操作,并且能在常数时间内检索到最小元素的栈,各函数的功能如下。

(1) push(x):将元素 x 推入栈中。

(2) pop():删除栈顶元素。

(3) top():获取栈顶元素。

(4) getMin():检索栈中的最小元素。

示例:

```
MinStack minStack＝new MinStack();
minStack.push(−2);
minStack.push(0);
minStack.push(−3);
minStack.getMin();          //返回−3
minStack.pop();
minStack.top();             //返回 0
minStack.getMin();          //返回−2
```

【限制】 $-2^{31} \leqslant val \leqslant 2^{31} - 1$,pop、top 和 getMin 操作总是在非空栈上调用,push、pop、top 和 getMin 操作最多被调用 3×10^4 次。

扫一扫

源程序

【解法1】 使用链栈实现最小栈。使用带头结点 h 的单链表作为最小栈,其中每个结点除了存放栈元素(val 域)外,还存放当前最小的元素(minval 域)。例如,若当前栈中从栈底到栈顶的元素为 $a_0, a_1, \cdots, a_i (i \geqslant 1)$,则 val 序列为 $a_0, a_1, \cdots, a_i$,minval 序列为 $b_0, b_1, \cdots, b_i$,其中 b_i 恰好为 $a_0, a_1, \cdots, a_i$ 中的最小元素。若栈非空,在进栈元素 a_i 时求 b_i 的过程如图 3.3 所示。

(1) push(val):创建用 val 域存放 val 的结点 p,若链表 h 为空或者 val 小于或等于首结点的 minval,则置 p-> minval＝val,否则置 p-> minval 为首结点的 minval。最后将结点 p 插入表头作为新的首结点。

(2) pop():删除链表 h 的首结点。

(3) top():返回链表 h 的首结点的 val 值。

(4) getMin():返回链表 h 的首结点的 minval。

可以看出上述 4 个基本算法的时间复杂度均为 $O(1)$。

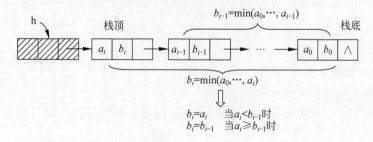

图 3.3 非空栈进栈元素 a_i 时求 b_i 的过程

【解法2】 使用顺序栈实现最小栈。用两个 vector＜int＞容器 valst 和 minst 实现最小栈,valst 作为 val 栈(主栈),minst 作为 min 栈(辅助栈),后者作为存放当前最小元素的辅

扫一扫

源程序

助栈,如图 3.4 所示,min 栈的栈顶元素 y 表示 val 栈中从栈顶 x 到栈底的最小元素,相同的最小元素也要进入 min 栈。例如,依次进栈 3、5、3、1、3、1 后的状态如图 3.5 所示,从中看出,min 栈中元素的个数总是少于或等于 val 栈中元素的个数。

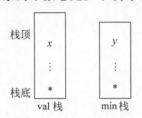

图 3.4 最小栈的结构   图 3.5 依次进栈 3、5、3、1、3、1 后的状态

(1) push(val):将 val 进入 val 栈,若 min 栈为空或者 val 小于或等于 min 栈的栈顶元素,则同时将 val 进入 min 栈。

(2) pop():从 val 栈出栈元素 e,若 min 栈的栈顶元素等于 e,则同时从 min 栈出栈元素 e。

(3) top():返回 val 栈的栈顶元素。

(4) getMin():返回 min 栈的栈顶元素。

同样,上述 4 个基本算法的时间复杂度均为 $O(1)$。

【解法3】 实现辅助空间为 $O(1)$ 的最小栈。前面两种解法的辅助空间均为 $2n$(在解法 1 中每个结点存放两个整数,共 $2n$ 个结点,而解法 2 中使用两个栈,每个栈的空间为 n),本解法只使用一个栈 st(初始为空),另外设计一个存放当前最小值的变量 minval(初始为 -1),栈 st 中仅存放进栈元素与 minval 的差,这样的辅助空间为 n。

(1) push(val):栈 st 为空时进栈 0,置 minval=val;否则求出 val 与 minval 的差值 d,将 d 进栈,若 $d<0$,说明 val 更小,置 minval=val(或者说 st 栈的栈顶元素为 d,若 $d<0$,说明实际栈顶元素就是 minval,否则实际栈顶元素是 $d+$minval)。

(2) pop():出栈栈顶元素 d,若 $d<0$,说明栈顶元素最小,需要更新 minval,即置 minval$-=d$,否则 minval 不变。

(3) top():设栈顶元素为 d,若 $d<0$,返回 minval,否则返回 $d+$minval。

(4) getMin():栈为空时返回 -1,否则返回 minval。

例如,st=[],minval=-1,一个操作示例如下。

(1) push(-2):将 -2 进栈,st=[0],minval=-2。

(2) push(1):将 1 进栈,st=[0,3],minval=-2。

(3) push(-4):将 -4 进栈,st=[0,3,-2],minval=-4。

(4) push(2):将 2 进栈,st=[0,3,-2,6],minval=-4。

(5) top():栈顶为 $6 \geq 0$,则实际栈顶元素为 $6+$minval=2。

(6) getMin():直接返回 minval=-4。

(7) pop():从 st 栈中出栈 $d=6$,st=[0,3,-2],由于 $d>0$,说明最小栈元素不变,minval=-4。

(8) top():栈顶为 $-2<0$,说明实际栈顶元素就是 minval=-4。

由于测试数据中进栈的元素出现 2147483646 和 -2147483648 的情况,在做加减运算时超过 int 的范围,所以将 int 改为 long long 类型。对应的算法如下。

C++：

```
 1   typedef long long LL;
 2   class MinStack {
 3       stack<LL> st;
 4       LL minval=-1;
 5   public:
 6       MinStack() {   }

 7       void push(LL val) {
 8           if(!st.empty()) {                //st 非空
 9               LL d=val-minval;
10               st.push(d);
11               if(d<0) minval=val;
12           }
13           else {                           //st 为空
14               st.push(0);
15               minval=val;
16           }
17       }

18       void pop() {
19           LL d=st.top(); st.pop();
20           if(d<0) minval-=d;
21       }

22       int top() {
23           if(st.top()<0) return minval;
24           else return st.top()+minval;
25       }

26       int getMin() {
27           if(st.empty()) return -1;
28           else return minval;
29       }
30   };
```

提交运行：

结果：通过；时间：12ms；空间：15.8MB

Python：

```
 1   class MinStack:
 2       def __init__(self):
 3           self.st=[]
 4           self.minval=-1

 5       def push(self, val: int) -> None:
 6           if len(self.st)>0:               #st 非空
 7               d=val-self.minval
 8               self.st.append(d)
 9               if d<0: self.minval=val
10           else:                            #st 为空
11               self.st.append(0)
12               self.minval=val

13       def pop(self) -> None:
14           d=self.st.pop()
15           if d<0: self.minval=self.minval-d

16       def top(self) -> int:
17           if self.st[-1]<0:return self.minval
18           else:return self.st[-1]+self.minval
```

```
19        def getMin(self) -> int:
20            if len(self.st) == 0: return −1
21            else: return self.minval
```

提交运行：

结果：通过；时间：60ms；空间：18.4MB

3.2.3 LeetCode716——最大栈★★★

【问题描述】 设计一个最大栈数据结构，其既支持栈操作，又支持查找栈中的最大元素。

(1) MaxStack()：初始化栈对象。

(2) void push(int x)：将元素 x 压入栈中。

(3) int pop()：移除栈顶元素并返回该元素。

(4) int top()：返回栈顶元素，无须移除。

(5) int peekMax()：检索并返回栈中的最大元素，无须移除。

(6) int popMax()：检索并返回栈中的最大元素，并将其移除。如果有多个最大元素，只要移除最靠近栈顶的那一个。

示例：

```
MaxStack stk = new MaxStack();
stk.push(5);          //[5],5 既是栈顶元素,也是最大元素
stk.push(1);          //[5, 1],栈顶元素是 1,最大元素是 5
stk.push(5);          //[5, 1, 5],5 既是栈顶元素,也是最大元素
stk.top();            //返回 5,[5, 1, 5],栈没有改变
stk.popMax();         //返回 5,[5, 1],栈发生改变,栈顶元素不再是最大元素
stk.top();            //返回 1,[5, 1],栈没有改变
stk.peekMax();        //返回 5,[5, 1],栈没有改变
stk.pop();            //返回 1,[5],此操作后 5 既是栈顶元素,也是最大元素
stk.top();            //返回 5,[5],栈没有改变
```

【限制】 $-10^7 \leqslant x \leqslant 10^7$，最多调用 10^4 次 push、pop、top、peekMax 和 popMax，在调用 pop、top、peekMax 或 popMax 时栈中至少存在一个元素。

进阶：试着设计这样的解决方案，调用 top 方法的时间复杂度为 $O(1)$，调用其他方法的时间复杂度为 $O(\log_2 n)$。

扫一扫

源程序

【解法1】 使用两个 vector 向量实现最大栈。设计两个 vector < int >向量 valst 和 maxst，其中 valst 作为 val 栈（主栈），maxst 作为 max 栈（辅助栈），后者作为存放当前最大元素的辅助栈，两个栈中元素的个数始终相同，若 val 栈从栈底到栈顶的元素为 $a_0, a_1, \cdots, a_i$，max 栈从栈底到栈顶的元素为 $b_0, b_1, \cdots, b_i$，则 b_i 始终为 a_0 到 a_i 中的最大元素，如图 3.6 所示。

例如，依次进栈元素 2、1、5、3、9，则 valst=[2,1,5,3,9]，而 maxst=[2,2,5,5,9]（栈底到栈顶的顺序）。

(1) push(x)：将 x 进入 val 栈，若 max 栈为空，则将 x 进入 max 栈；若 max 栈不为空，则将 x 和 min 栈的栈顶元素的最大值进入 max 栈。

(2) pop()：从 val 栈出栈元素 e，同时从 max 栈出栈栈顶元素，返回 e。

(3) top()：返回 val 栈的栈顶元素。

(4) peekMax()：返回 max 栈的栈顶元素。

(5) popMax()：取 max 栈的栈顶元素 e，从 val 栈出栈元素直到 e，将出栈的元素进入

临时栈 tmp,同时 max 栈做同步出栈操作。当 val 栈遇到元素 e 时,val 栈出栈元素 e,max 栈做一次出栈操作,再出栈 tmp 中的所有元素并且调用 push 将其进栈。最后返回 e。

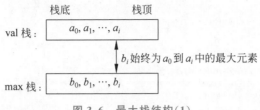

图 3.6   最大栈结构(1)

本解法的程序在提交时超时。

【解法 2】   使用一个 list 链表和一个 map 映射实现最大栈。设计一个 list < int >链表容器作为 val 栈(每个结点对应一个地址,将其尾部作为栈顶),另外设计一个 map < int,vector < list < int >∷iterator >>映射容器 mp 作为辅助结构,其关键字为进栈的元素值 e,值为 e 对应的结点的地址(按进栈的先后顺序排列)。由于 mp 使用红黑树结构,默认按关键字递增排列,如图 3.7 所示。

(1) push(x):将 x 进入 val 栈,将该结点的地址添加到 mp[x]的末尾。

(2) pop():从 val 栈出栈元素 e,同时从 mp[e]中删除尾元素,最后返回 e。

(3) top():返回 val 栈的栈顶元素。

(4) peekMax():返回 mp 中的最大关键字。

(5) popMax():获取最大 mp 中的最大关键字 e 及其地址 it,同时从 mp[e]中删除尾元素,再从 valst 中删除地址为 it 的结点,最后返回 e。

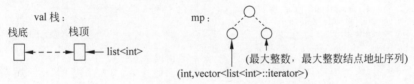

图 3.7   最大栈结构(2)

对应的 MaxStack 类如下。

C++:

```
 1  class MaxStack {
 2  public:
 3      list < int > valst;                        //用链表作为 val 栈
 4      map < int, vector < list < int >> ∷iterator >> mp;   //映射
 5      MaxStack() {}                             //构造函数

 6      void push(int x) {                         //进栈 x
 7          valst.push_back(x);
 8          mp[x].push_back(——valst.end());
 9      }

10      int pop() {                                //出栈
11          int e=valst.back();
12          mp[e].pop_back();
13          if(mp[e].empty()) mp.erase(e);        //当 mp[e]为空时删除该元素
14          valst.pop_back();
15          return e;
16      }

17      int top() {                                //取栈顶元素
```

```
18              return valst.back();
19          }

20          int peekMax() {                      //取栈中的最大元素
21              return mp.rbegin()->first;
22          }

23          int popMax() {                       //出栈最大元素
24              int e=mp.rbegin()->first;
25              auto it=mp[e].back();
26              mp[e].pop_back();
27              if(mp[e].empty()) mp.erase(e);    //当 mp[e]为空时删除该元素
28              valst.erase(it);
29              return e;
30          }
31      };
```

提交运行：

结果：通过；时间：368ms；空间：145.8MB

说明：在上述结构中 popMax()算法的时间复杂度为 $O(\log_2 n)$，因此没有超时。

Python：

```
1    from sortedcontainers import SortedList
2    class MaxStack:
3        def __init__(self):
4            self.idx=0                         #栈中元素的个数
5            self.valst=dict()                  #作为 val 栈，元素为(序号,值)
6            self.sl=SortedList()               #有序序列,元素为(值,序号),按值递增排列

7        def push(self, x: int) -> None:        #进栈 x
8            self.valst[self.idx]=x
9            self.sl.add((x, self.idx))
10           self.idx+=1

11       def pop(self) -> int:                  #出栈
12           i, x = self.valst.popitem()
13           self.sl.remove((x, i))
14           return x

15       def top(self) -> int:                  #取栈顶元素
16           return next(reversed(self.valst.values()))

17       def peekMax(self) -> int:              #取栈中的最大元素
18           return self.sl[-1][0]

19       def popMax(self) -> int:               #出栈最大元素
20           x, i = self.sl.pop()
21           self.valst.pop(i)
22           return x
```

提交运行：

结果：通过；时间：572ms；空间：57.7MB

3.3 栈应用的算法设计

3.3.1 LeetCode1544——整理字符串★★

【问题描述】　给定一个由大/小写英文字母组成的字符串 s,整理该字符串。一个整理

好的字符串中的两个相邻字符 $s[i]$ 和 $s[i+1]$($0 \leqslant i \leqslant s.\text{length}-2$)要满足以下条件:

(1) 若 $s[i]$ 是小写字母,则 $s[i+1]$ 不可以是相同的大写字母。

(2) 若 $s[i]$ 是大写字母,则 $s[i+1]$ 不可以是相同的小写字母。

每次都可以从字符串中选出满足上述条件的两个相邻字符并删除,直到将字符串整理好为止。返回整理好的字符串,题目保证在给出的约束条件下测试样例对应的答案是唯一的。注意,空字符串也属于整理好的字符串,尽管其中没有任何字符。

例如,$s=$ "abBAcC",一种整理过程是 "abBAcC"→"aAcC"→"cC"→"",答案为 ""。

【限制】 $1 \leqslant s.\text{length} \leqslant 100$,$s$ 只包含小写英文字母和大写英文字母。

【解题思路】 使用栈模拟求解。设计一个字符栈 st,用 i 遍历 s,若栈不为空,当 $s[i]$ 与栈顶字符满足题目中给定的任意一个条件时出栈栈顶字符(相当于删除 $s[i]$ 和栈顶一对字符),否则将 $s[i]$ 进栈。s 遍历完毕,将栈中的所有字符按从栈顶到栈底的顺序合并起来得到答案。对应的算法如下。

C++:

```
1   class Solution {
2   public:
3       string makeGood(string s) {
4           int n=s.size();
5           stack<char> st;
6           for(int i=0;i<n;i++) {
7               if(!st.empty() && tolower(st.top())==tolower(s[i]) && st.top()!=s[i])
8                   st.pop();
9               else
10                  st.push(s[i]);
11          }
12          string ans="";
13          while(!st.empty()) {
14              ans=st.top()+ans;
15              st.pop();
16          }
17          return ans;
18      }
19  };
```

提交运行:

结果:通过;时间:4ms;空间:6.9MB

另外,也可以直接用字符串 ans 模拟栈操作,这样在 s 遍历完毕,ans 中剩下的字符串就是答案。对应的算法如下。

C++:

```
1   class Solution {
2   public:
3       string makeGood(string s) {
4           int n=s.size();
5           string ans="";
6           for(int i=0;i<n;i++) {
7               if(!ans.empty() && tolower(ans.back())==tolower(s[i]) && ans.back()!=s[i])
8                   ans.pop_back();
9               else
10                  ans.push_back(s[i]);
11          }
```

```
12            return ans;
13        }
14   };
```

提交运行：

结果：通过；时间：0ms；空间：6MB

采用后一种方法对应的 Python 算法如下。

Python：

```python
1   class Solution:
2       def makeGood(self, s: str) -> str:
3           ans=[]
4           for i in range(0,len(s)):
5               if len(ans)>0 and ans[-1].lower()==s[i].lower() and ans[-1]!=s[i]:
6                   ans.pop()
7               else:
8                   ans.append(s[i])
9           return ''.join(ans)
```

提交运行：

结果：通过；时间：40ms；空间：15.1MB

3.3.2 LeetCode71——简化路径★★

【问题描述】 给定一个字符串 path，表示指向某一文件或目录的 UNIX 风格绝对路径（以 '/' 开头），请将其转换为更加简洁的规范路径并返回得到的规范路径。在 UNIX 风格的文件系统中，一个点(.)表示当前目录本身；两个点(..)表示将目录切换到上一级（指向父目录）；两者都可以是复杂相对路径的组成部分。任意多个连续的斜线（即'//'）都被视为单个斜线 '/'。对于此问题，任何其他格式的点（例如，'...'）均被视为文件/目录名称。注意，返回的规范路径必须遵循以下格式：

（1）始终以斜线'/'开头。

（2）两个目录名之间只有一个斜线'/'。

（3）最后一个目录名（如果存在）不能以 '/' 结尾。

（4）路径仅包含从根目录到目标文件或目录的路径上的目录（即不含 '.' 或 '..'）。

例如，path="/../"，答案为"/"，从根目录向上一级是不可行的，因为根目录是可以到达的最高级。path="/a/./b/../../c/"，答案为"/c"。

【限制】 1≤path.length≤3000，path 由英文字母、数字、'.'、'/'或'_'组成，并且是一个有效的 UNIX 风格绝对路径。

【解题思路】 用栈模拟进入下一级目录（前进）和上一级目录（回退）操作。先将 path 按'/'分隔符提取出对应的字符串序列，例如，path="/a/./b/../../c/"时对应的字符串序列为""，"a"，"."，"b"，".."，".."，"c"。然后定义一个字符串栈 st，用 word 遍历所有字符串，若 word="."，则跳过；若 word=".."，则回退，即出栈一次；若 word 为其他非空字符串，则将其进栈。遍历前面字符串序列的结果如图3.8所示。

遍历完毕将栈中的所有字符串按从栈底到栈顶的顺序加上"\"并连接起来构成 ans，这里 ans="/c"，最后返回 ans。

扫一扫

源程序

(a) "a"进栈　　(b) "b"进栈　　(c) 出栈　　(d) 出栈　　(e) "c"进栈

图 3.8　遍历字符串序列的结果

3.3.3　LeetCode1441——用栈操作构建数组 ★

【问题描述】　给定一个目标数组 target 和一个整数 n，每次迭代，需要从 list＝{1,2, 3,…,n} 中依次读取一个数字，请使用下述操作构建目标数组 target。

（1）Push：从 list 中读取一个新元素，并将其推入数组中。

（2）Pop：删除数组中的最后一个元素。

如果目标数组构建完成，停止读取更多元素。题目数据保证目标数组严格递增，并且只包含 $1\sim n$ 的数字。请返回构建目标数组所用的操作序列。题目数据保证答案是唯一的。

例如，输入 target＝[1,3]，$n＝3$，输出为 ["Push","Push","Pop","Push"]。读取 1 并自动推入数组->[1]，读取 2 并自动推入数组，然后删除它->[1]，读取 3 并自动推入数组->[1,3]。

【限制】　$1\leqslant$ target. length $\leqslant 100$，$1\leqslant$ target$[i]\leqslant 100$，$1\leqslant n\leqslant 100$。target 是严格递增的。

【解题思路】　使用栈实现两个序列的简单匹配。用 j 从 0 开始遍历 target，用 i 从 1 到 n 循环：先将 i 进栈（每个 i 总是要进栈的，这里并没有真正设计一个栈，栈操作是通过 "Push" 和 "Pop" 表示的，存放在结果数组 ans 中），若当前进栈的元素 i 不等于 target$[j]$，则将 i 出栈，否则 j 加 1 继续比较，如图 3.9 所示。若 target 中的所有元素处理完毕，退出循环。最后返回 ans。

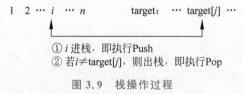

①i 进栈，即执行 Push
②若 $i\neq$ target$[j]$，则出栈，即执行 Pop

图 3.9　栈操作过程

对应的算法如下。

C++:

```cpp
1   class Solution {
2   public:
3       vector < string > buildArray(vector < int > & target, int n) {
4           vector < string > ans;
5           int j=0;                    //遍历 target 数组
6           for(int i=1;i<=n;i++) {
7               ans.push_back("Push");    //i 进栈
8               if(i!=target[j])          //target 数组的当前元素不等于 i
9                   ans.push_back("Pop"); //出栈 i
10              else                      //target 数组的当前元素等于 i
11                  j++;
12              if(j==target.size())      //target 数组遍历完后退出循环
13                  break;
```

```
14              }
15          return ans;
16      }
17 };
```

提交运行：

结果：通过；时间：4ms；空间：7.6MB

▦ **Python**：

```python
 1 class Solution:
 2     def buildArray(self, target: List[int], n: int) -> List[str]:
 3         ans=[]
 4         j=0                              #遍历 target 数组
 5         for i in range(1,n+1):
 6             ans.append("Push")          #i 进栈
 7             if i!=target[j]:            #target 数组的当前元素不等于 i
 8                 ans.append("Pop")       #出栈 i
 9             else:                       #target 数组的当前元素等于 i
10                 j=j+1
11             if j==len(target):          #target 数组遍历完后退出循环
12                 break;
13         return ans
```

提交运行：

结果：通过；时间：36ms；空间：14.9MB

3.3.4　LeetCode946——验证栈序列★★

【问题描述】　给定 pushed 和 popped 两个序列，每个序列中的值都不重复，只有当它们可能是在最初空栈上进行的推入 push 和弹出 pop 操作序列的结果时返回 true，否则返回 false。

例如，pushed=[1,2,3,4,5]，popped=[4,5,3,2,1]，输出为 true；pushed=[1,2,3,4,5]，popped=[4,3,5,1,2]，输出为 false。

【限制】　$0 \leqslant$ pushed. length=popped. length$\leqslant 1000$，$0 \leqslant$ pushed$[i]$，popped$[i] < 1000$，并且 pushed 是 popped 的一个排列。

【解题思路】　使用栈实现两个序列的简单匹配。先考虑这样的情况，假设 a 和 b 序列中均含 $n(n \geqslant 1)$ 个整数，都是 $1 \sim n$ 的某个排列，现在要判断 b 是否为以 a 作为输入序列的一个合法的出栈序列，即 a 序列经过一个栈是否得到了 b 的出栈序列。求解思路是先建立一个 st，用 j 遍历 b 序列(初始为 0)，i 从 0 开始遍历 a 序列：

(1) 将 $a[i]$ 进栈。

(2) 栈不为空并且栈顶元素与 $b[j]$ 相同时循环：出栈一个元素同时执行 $j++$。

在上述过程结束后，如果栈为空，返回 true 表示 b 序列是 a 序列的出栈序列，否则返回 false 表示 b 序列不是 a 序列的出栈序列。

例如 $a=\{1,2,3,4,5\}$，$b=\{3,2,4,5,1\}$，由 a 产生 b 的过程如图 3.10 所示，所以返回 true。对应的算法如下。

C++:

```
1   class Solution {
2   public:
3       bool validateStackSequences(vector < int > & pushed, vector < int > & popped) {
4           stack < int > st;
5           int j=0;
6           for(int i=0;i< pushed.size();i++) {        //输入序列没有遍历完
7               st.push(pushed[i]);                    //元素 pushed[i]进栈
8               while(!st.empty() && st.top()==popped[j]) {
9                   st.pop();                          //popped[j]与栈顶匹配时出栈
10                  j++;
11              }
12          }
13          return st.empty();                         //栈为空返回 True,否则返回 False
14      }
15  };
```

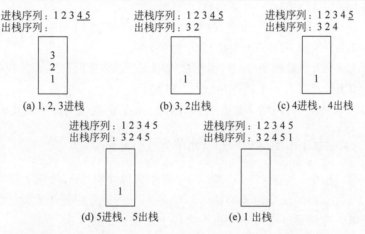

图 3.10 由 $a=\{1,2,3,4,5\}$ 产生 $b=\{3,2,4,5,1\}$ 的过程

提交运行:

结果:通过;时间:4ms;空间:14.9MB

Python:

```
1   class Solution:
2       def validateStackSequences(self, pushed: List[int], popped: List[int]) -> bool:
3           st=[]
4           j=0
5           for i in range(0,len(pushed)):            #输入序列没有遍历完
6               st.append(pushed[i])                  #pushed[i]进栈
7               while len(st)>0 and st[-1]==popped[j]:
8                   st.pop()                          #popped[j]与栈顶匹配时出栈
9                   j=j+1
10          return len(st)==0                         #栈为空返回 True,否则返回 False
```

提交运行:

结果:通过;时间:28ms;空间:15.1MB

3.3.5 LeetCode20——有效的括号★

【问题描述】 给定一个只包含 '('、')'、'{'、'}'、'['、']' 的字符串 s,判断字符串是否有效。

有效字符串需满足：左括号必须用相同类型的右括号闭合，左括号必须以正确的顺序闭合，每个右括号都有一个对应的相同类型的左括号。

例如，s＝"()[]{}"时答案为 true，s＝"(]"时答案为 false。

【限制】 $1 \leqslant s.length \leqslant 10^4$，s 仅由'('、')'、'['、']'、'{'、'}'组成。

扫一扫

源程序

图 3.11 括号的匹配

【解题思路】 使用栈实现括号的最近匹配。字符串 s 中各种括号的匹配如图 3.11 所示，也就是说每个右括号总是与前面最接近的尚未匹配的左括号进行匹配，即满足最近匹配原则，所以用一个栈求解。

先建立仅存放左括号的栈 st，i 从 0 开始遍历 s：

（1）s[i]为任一左括号时将其进栈。

（2）若 s[i]＝')'，如果栈 st 为空，说明该')'无法匹配，返回 false；若栈顶不是'('，同样说明该')'无法匹配，返回 false；否则出栈'('继续判断。

（3）若 s[i]＝']'，如果栈 st 为空，说明该']'无法匹配，返回 false；若栈顶不是'['，同样说明该']'无法匹配，返回 false；否则出栈'['继续判断。

（4）若 s[i]＝'}'，如果栈 st 为空，说明该'}'无法匹配，返回 false；若栈顶不是'{'，同样说明该'}'无法匹配，返回 false；否则出栈'{'继续判断。

s 遍历完毕，若栈为空，说明 s 是有效的，返回 true；否则说明 s 是无效的，返回 false。

3.3.6 LeetCode1249——删除无效的括号 ★★

【问题描述】 给定一个由'('、')'和小写字母组成的字符串 s，从该字符串中删除最少数目的'('或者')'（可以删除任意位置的括号），使得剩下的括号字符串有效，请返回任意一个有效括号字符串。有效括号字符串应当符合以下任意一条要求：

（1）空字符串或者只包含小写字母的字符串。

（2）可以被写成 AB(A 连接 B)的字符串，其中 A 和 B 都是有效括号字符串。

（3）可以被写成(A)的字符串，其中 A 是一个有效括号字符串。

例如，s＝"lee(t(c)o)de)"，答案为"lee(t(c)o)de"、"lee(t(co)de"或者"lee(t(c)ode"；s＝"))(("，答案为""。

【限制】 $1 \leqslant s.length \leqslant 10^5$，s[i]可能是'('、')'或者英文小写字母。

【解题思路】 使用栈实现括号的最近匹配。定义一个栈 st(保存所有无效的括号)，循环处理 s 中的每个字符 ch＝s[i]：如果 ch 为'('，将其序号 i 进栈；如果 ch 为右括号')'，且栈顶为'('，出栈栈顶元素(说明这一对括号是匹配的)；否则将其序号 i 进栈，其他字符直接跳过。最后从栈顶到栈底处理栈中的所有序号，依次删除其相应的无效括号。例如，s＝"lee(t(c)o)de)"，通过栈 st 找到两对匹配的括号，遍历完毕栈中只含有最后一个右括号的下标，即 st＝[12]，删除该无效括号后 s＝"lee(t(c)o)de"，如图 3.12 所示。

对应的算法如下。

C++：

```
1  class Solution {
2  public:
3      string minRemoveToMakeValid(string s) {
4          stack<int> st;
```

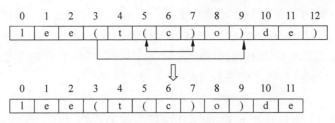

图 3.12　删除无效的括号

```
5          for(int i=0;i<s.size();i++) {
6              char ch=s[i];
7              if(ch=='(') st.push(i);
8              else if(ch==')') {
9                  if(!st.empty() && s[st.top()]=='(') st.pop();
10                 else st.push(i);              //将未匹配的')'的位置进栈
11             }
12         }
13         while(!st.empty()) {
14             int i=st.top(); st.pop();
15             s.erase(s.begin()+i);
16         }
17         return s;
18     }
19 };
```

提交运行:

结果:通过;时间:32ms;空间:10.6MB

Python:

```
1  class Solution:
2      def minRemoveToMakeValid(self, s: str) -> str:
3          st=[]
4          for i in range(0,len(s)):
5              ch=s[i]
6              if ch=='(':st.append(i)
7              elif ch==')':
8                  if len(st)>0 and s[st[-1]]=='(': st.pop()
9                  else: st.append(i)
10         ns=list(s)
11         while len(st)>0:
12             i=st[-1]; st.pop()
13             ns.pop(i)
14         return ''.join(ns)
```

提交运行:

结果:通过;时间:260ms;空间:16.6MB

3.3.7　LeetCode32——最长的有效括号子串的长度★★★

【问题描述】　给定一个只包含'('和')'的字符串 s,找出最长有效(格式正确且连续)括号子串的长度。

例如,s=")()())",答案为 4,其中最长有效括号子串是"()()"; s=""时答案为 0。

【限制】　$0 \leqslant s.length \leqslant 3 \times 10^4$, $s[i]$ 为'('或者')'。

【解题思路】 使用栈实现括号的最近匹配。使用一个栈在遍历字符串 s 的过程中判断到目前为止扫描的子串的有效性,同时得到最长有效括号子串的长度。具体做法是始终保持栈底元素为当前最后一个没有被匹配的右括号的下标,这样主要是考虑了边界条件的处理,栈中的其他元素维护左括号的下标,用 i 从 0 开始遍历字符串 s:

(1) 若 s[i]='(',将下标 i 进栈。

(2) 若 s[i]=')',出栈栈顶元素,表示匹配了当前的右括号。如果栈为空,说明当前的右括号为没有被匹配的右括号,将其下标进栈,以更新最后一个没有被匹配的右括号的下标;如果栈不为空,当前右括号的下标减去栈顶元素即为以该右括号为结尾的最长有效括号子串的长度,在所有这样的长度中求最大值 ans,最后返回 ans 即可。需要注意的是,如果一开始栈为空,当第一个字符为 '(' 时会将其下标进栈,这样栈底就不满足是最后一个没有被匹配的右括号的下标,为了保持统一,初始时往栈中进栈一个值 -1。

例如,s=")()())",ans=0,st=[-1],遍历 s 如下:

(1) s[0]=')',出栈 -1,栈为空,说明该 ')' 没有被匹配,将其下标 0 进栈,st=[0]。

(2) s[1]='(',将其下标 1 进栈,st=[0,1]。

(3) s[2]=')',出栈 1,此时栈 st=[0],栈不为空,说明找到匹配的子串"()",其长度为 2-st.top()=2-0=2,ans=max(ans,2)=2。

(4) s[3]='(',将其下标 3 进栈,st=[0,3]。

(5) s[4]=')',出栈 3,此时栈 st=[0],栈不为空,说明找到匹配的子串"()()",其长度为 4-st.top()=4-0=4,ans=max(ans,4)=4。

(6) s[5]=')',出栈 0,栈为空,说明该 ')' 没有被匹配,将其下标 5 进栈,st=[5]。

s 遍历完毕,最后答案为 ans=4。对应的算法如下。

C++:

```cpp
class Solution {
public:
    int longestValidParentheses(string s) {
        int n=s.size();
        if(n==0) return 0;
        int ans=0;
        stack<int> st;
        st.push(-1);
        for(int i=0;i<n;i++) {
            if(s[i]=='(') st.push(i);
            else {
                st.pop();
                if(st.empty()) st.push(i);        //更新栈底为最后未匹配的右括号的下标
                else ans=max(ans,i-st.top());      //找到有效括号子串,长度=i-st.top()
            }
        }
        return ans;
    }
};
```

提交运行:

结果:通过;时间:0ms;空间:7.2MB

Python：

```
1   class Solution:
2       def longestValidParentheses(self, s: str) -> int:
3           n＝len(s)
4           if n＝＝0:return 0
5           ans＝0
6           st＝[]
7           st.append(－1)
8           for i in range(0,n):
9               if s[i]＝＝'(': st.append(i)
10              else:
11                  st.pop()
12                  if len(st)＝＝0:st.append(i)
13                  else: ans＝max(ans,i－st[－1])
14          return ans
```

提交运行：

结果:通过;时间:44ms;空间:15.7MB

3.4 单调栈应用的算法设计

3.4.1 LeetCode503——下一个更大元素Ⅱ ★★

【问题描述】 给定一个循环数组 nums(nums[nums.length－1]的下一个元素是 nums[0])，返回 nums 中每个元素的下一个更大元素。数字 x 的下一个更大元素是按数组遍历顺序，这个数字之后的第一个比它更大的数，这意味着应该循环地搜索它的下一个更大的数。如果不存在下一个更大元素，则输出－1。

例如，nums＝[1,2,3,4,3]，对应的答案为 ans＝[2,3,4,－1,4]，即 nums[0]＝1 的下一个循环更大的数是 2，nums[1]＝2 的下一个循环更大的数是 3，以此类推。

【限制】 $1 \leqslant nums.length \leqslant 10^4$，$-10^9 \leqslant nums[i] \leqslant 10^9$。

【解题思路】 使用单调栈求下一个更大元素。先不考虑循环，对于 nums[i]，仅求 nums[i+1..n-1]中的下一个更大元素。使用单调递减栈保存进栈元素的下标，设计 ans 数组存放答案，即 ans[i]表示 nums[i]的下一个循环更大的数。用 i 从 0 开始遍历 nums 数组，按下标对应的数组元素进行比较，若栈顶为 j 并且 nums[j]<nums[i]，则 nums[j] 的下一个更大元素即为 nums[i]（因为如果有更靠前的更大元素，那么这些下标将被提前出栈），其操作如图 3.13 所示。

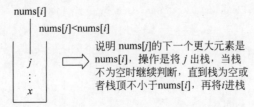

图 3.13 找 nums[j]的下一个更大元素的操作

例如,nums=[1,2,3,4,3],小顶单调栈 st=[],求解过程如下:

(1) nums[0]=1,栈为空,直接将序号 0 进栈,st=[0]。

(2) nums[1]=2,栈顶元素 nums[0]=1<2,说明当前元素 2 是栈顶元素的下一个循环更大的数,则出栈栈顶元素 0,置 ans[0]=nums[1]=2,再将序号 1 进栈,st=[1]。

(3) nums[2]=3,栈顶元素 nums[1]=2<3,说明当前元素 3 是栈顶元素的下一个循环更大的数,则出栈栈顶元素 1,置 ans[1]=nums[2]=3,再将序号 2 进栈,st=[2]。

(4) nums[3]=4,栈顶元素 nums[2]=3<4,说明当前元素 4 是栈顶元素的下一个循环更大的数,则出栈栈顶元素 2,置 ans[2]=nums[3]=4,再将序号 2 进栈,st=[3]。

(5) nums[4]=3,栈顶元素 nums[3]=4<3 不成立,将 nums[3]进栈,st=[3,4]。

此时遍历完毕,栈中的元素都没有下一个更大元素,即 ans[3]=ans[4]=−1,最后得到 ans=[2,3,4,−1,−1]。

本题求下一个循环更大的数,所以按上述过程遍历 nums 一次是不够的,还需要回过来考虑前面的元素,一种朴素的思路是把这个循环数组拉直,即复制该数组的前 $n-1$ 个元素拼接在原数组的后面,这样就可以将这个新数组当作普通数组来处理。在本题中实际上不需要显性地将该循环数组拉直,只需要在处理时对下标取模即可。对应的算法如下。

C++:

```cpp
class Solution {
public:
    vector<int> nextGreaterElements(vector<int>& nums) {
        int n=nums.size();
        vector<int> ans(n,-1);
        stack<int> st;                        //单调递减栈
        for(int i=0;i<2*n-1;i++) {
            while(!st.empty() && nums[st.top()]<nums[i%n]) {
                ans[st.top()]=nums[i%n];     //栈顶元素的下一个更大元素为nums[i%n]
                st.pop();
            }
            st.push(i%n);
        }
        return ans;
    }
};
```

提交运行:

结果:通过;时间:36ms;空间:23.2MB

Python:

```python
class Solution:
    def nextGreaterElements(self, nums: List[int]) -> List[int]:
        n=len(nums)
        ans,st=[-1] * n,[]
        for i in range(0,2 * n-1):
            while len(st) and nums[st[-1]]<nums[i%n]:
                ans[st[-1]]=nums[i % n]
                st.pop()
            st.append(i % n);
        return ans
```

提交运行:

结果:通过;时间:104ms;空间:16.5MB

3.4.2　LeetCode496——下一个更大元素Ⅰ ★

【问题描述】　nums1 中数字 x 的下一个更大元素是指 x 在 nums2 中对应位置右侧的第一个比 x 大的元素。给定两个没有重复元素的数组 nums1 和 nums2,下标从 0 开始计数,其中 nums1 是 nums2 的子集。对于每个 $0\leqslant i<$nums1.length,找出满足 nums1$[i]=$nums2$[j]$ 的下标 j,并且在 nums2 中确定 nums2$[j]$ 的下一个更大元素,如果不存在下一个更大元素,那么本次查询的答案是 -1。返回一个长度为 nums1.length 的数组 ans 作为答案,满足 ans$[i]$ 是如上所述的下一个更大元素。

例如,nums1$=[4,1,2]$,nums2$=[1,3,4,2]$。求 nums1 中每个值的下一个更大元素的过程如下:

(1) nums1$[0]=4$,对于 nums2$[2]=4$,无法在 nums2 中找到下一个更大元素,答案是 -1。

(2) nums1$[1]=1$,对于 nums2$[0]=1$,在 nums2 中找到下一个更大元素为 3,答案是 3。

(3) nums1$[2]=2$,对于 nums2$[3]=2$,无法在 nums2 中找到下一个更大元素,答案是 -1。

最后答案为 ans$=[-1,3,-1]$。

【限制】　$1\leqslant$nums1.length$\leqslant$nums2.length$\leqslant1000,0\leqslant$nums1$[i]$,nums2$[i]\leqslant10^4$,nums1 和 nums2 中的所有整数互不相同,nums1 中的所有整数同样出现在 nums2 中。

【解题思路】　使用单调栈求下一个更大元素。由于 nums2 中的所有元素都不相同,为此设置一个哈希表 hmap,hmap$[x]$ 表示 nums2 中元素 x 的下一个更大元素。采用 3.4.1 节的思路,使用单调递减栈(小顶栈)求出 hmap,再遍历 nums1 数组(nums1 是 nums2 的子集)。对于 nums1$[i]$,若 hmap 中存在 nums1$[i]$ 为关键字的元素,说明 nums1$[i]$ 在 nums2 中的下一个更大元素为 hmap$[$nums1$[i]]$,置 ans$[i]=$hmap$[$nums1$[i]]$;否则说明 nums1$[i]$ 在 nums2 中没有下一个更大元素,置 ans$[i]=-1$。最后返回 ans 即可。对应的算法如下。

C++:

```cpp
class Solution {
public:
    vector<int> nextGreaterElement(vector<int>& nums1, vector<int>& nums2) {
        unordered_map<int,int> hmap;                //哈希表
        int m=nums1.size(),n=nums2.size();
        stack<int> st;                              //小顶栈
        for(int i=0;i<n;i++) {
            while(!st.empty() && st.top()<nums2[i]) {
                hmap[st.top()]=nums2[i]; st.pop();   //小于nums[i]的元素出栈
            }
            st.push(nums2[i]);
        }
        vector<int> ans(m,-1);                       //初始化所有元素为-1
        for(int i=0;i<m;i++) {
            if(hmap.find(nums1[i])==hmap.end()) continue;
            ans[i]=hmap[nums1[i]];
```

```
17            }
18          return ans;
19       }
20    };
```

提交运行：

结果:通过;时间:4ms;空间:8.5MB

Python:

```
1    class Solution:
2        def nextGreaterElement(self, nums1: List[int], nums2: List[int]) -> List[int]:
3            dict={}
4            m,n=len(nums1),len(nums2)
5            st=[]                              #小顶栈
6            for i in range(0,n):
7                while len(st)>0 and st[-1]<nums2[i]:
8                    dict[st[-1]]=nums2[i]
9                    st.pop()                   #将小于nums[i]的元素出栈
10               st.append(nums2[i])
11           ans=[-1] * m
12           for i in range(0,m):
13               if dict.get(nums1[i])==None: continue;
14               ans[i]=dict.get(nums1[i])
15           return ans
```

提交运行：

结果:通过;时间:36ms;空间:15.1MB

3.4.3 LeetCode739——每日温度★★

【问题描述】 给定一个整数数组 a,表示每天的温度,返回一个数组 ans,其中 ans[i]指对于第 i 天下一个更高温度出现在几天后。如果气温在这之后都不会升高,请在该位置用 0 来代替。

例如,$a=[73,74,75,71,69,72,76,73]$,对应的答案为 ans$=[1,1,4,2,1,1,0,0]$。

【限制】 $1 \leqslant a.length \leqslant 10^5, 30 \leqslant a[i] \leqslant 100$。

【解题思路】 使用单调栈求下一个更大元素。本题与3.4.2节类似,仅将求当前元素的下一个更大元素改为求当前元素与其下一个更大元素之间的距离。同样使用单调递减栈(小顶栈)求解,对应的算法如下。

C++:

```
1    class Solution {
2    public:
3        vector<int> dailyA(vector<int>& a) {
4            int n=a.size();
5            vector<int> ans(n,0);
6            stack<int> st;                      //小顶栈
7            for(int i=0;i<n;i++) {
8                while(!st.empty() && a[st.top()]<a[i]) {
9                    int prei=st.top();
10                   ans[prei]=i-prei;
11                   st.pop();
12               }
```

```
13                    st.push(i);
14                }
15            return ans;
16        }
17    };
```

提交运行：

结果：通过；时间：144ms；空间：100.5MB

Python：

```
1    class Solution:
2        def dailyA(self, a: List[int]) -> List[int]:
3            n=len(a)
4            ans=[0] * n
5            st=[]
6            for i in range(0,n):
7                while st and a[st[-1]]<a[i]:
8                    prei=st[-1]
9                    ans[prei]=i-prei
10                   st.pop()
11               st.append(i)
12           return ans
```

提交运行：

结果：通过；时间：216ms；空间：23.1MB

3.4.4　LeetCode316——去除重复字母★★

【问题描述】　给定一个字符串 s，请去除字符串中重复的字母，使得每个字母只出现一次，并且保证返回结果的字典序最小（要求不能打乱其他字符的相对位置）。

例如，s="cbacdcbc"，答案为"acdb"。

【限制】　$1 \leqslant$ s. length $\leqslant 10^4$，s 由小写英文字母组成。

【解题思路】　使用单调栈求下一个更小元素。所谓字典序最小，就是去除重复字母，并且使字典序小的字母尽可能往前，字典序大的字母尽可能往后，简单地说就是尽可能保证结果字符串中全部或者局部子串是按字典序递增的。使用单调递增栈（大顶栈）求解，先遍历字符串 s，用 cnt 数组记录每个字母出现的次数。再从前往后遍历，对于当前字母 c：

（1）如果 c 在栈中，说明 c 已经找到了最佳位置，只需要将其计数减 1。

（2）否则将栈顶所有字典序更大（st. top()>c，递减）且后面还有的字母（cnt[st. top()]≥1）的栈顶字母出栈（对于字典序更大但后面不出现的字母则不必弹出）。再将 c 进栈，同时将其计数减 1。

为了快速判断一个字母是否在栈中，设计一个 visited 数组，若 visited[c]=1，表示字母 c 在栈中；若 visited[c]=0，表示字母 c 不在栈中。

例如，s="cbacdcbc"，求出每个字母出现的次数为 cnt['a']=1,cnt['b']=2,cnt['c']=4,cnt['d']=1，栈 st=[]，用 c 遍历 s：

（1）c='c'，栈为空，'c'进栈（visited['c']=1），st=['c']，其计数减 1，即 cnt['c']=3。

（2）c='b'，'b'不在栈中且栈顶字母满足'c'>'b'（递减），出栈'c'（visited['c']=0），st=[]，'b'进栈（visited['b']=1），st=['b']，其计数减 1，即 cnt['b']=1。

扫一扫

源程序

（3）c='a','a'不在栈中且栈顶字母满足'b'＞'a'（递减），出栈'b'（visited['b']=0），st=[]，'a'进栈（visited['a']=1），st=['a']，其计数减1，即cnt['a']=0。

（4）c='c','c'不在栈中且栈顶字母'a'＜'c'（递增），将'c'进栈（visited['c']=1），st=['a','c']，其计数减1，即cnt['c']=2。

（5）c='d','d'不在栈中且栈顶字母'c'＜'d'（递增），将'd'进栈（visited['d']=1），st=['a','c','d']，其计数减1，即cnt['d']=0。

（6）c='c','c'在栈中，其计数减1，即cnt['c']=1。

（7）c='b','b'不在栈中，尽管栈顶字母'd'＞'b'（递减），但cnt['d']=0，所以'd'不出栈，将'b'进栈（visited['b']=1），st=['a','c','d','b']，其计数减1，即cnt['b']=0。

（8）c='c','c'在栈中，其计数减1，即cnt['c']=0。

遍历完毕，最后将st栈中从栈底到栈顶的所有字母连接起来得到答案，这里为ans="acdb"。

3.4.5 LeetCode84——柱状图中最大的矩形★★★

【问题描述】 给定 n 个非负整数的数组 a，表示柱状图中各个柱子的高度，每个柱子彼此相邻，且宽度为1，求在该柱状图中能够勾勒出来的矩形的最大面积。

例如，对于如图 3.14 所示的柱状图，每个柱子的宽度为1，6个柱子的高度为[2,1,5,6,2,3]，其中最大矩形面积为 10 个单位。

【解题思路】 用单调递增栈找多个元素的共同右边界。先用穷举法求解，用 k 遍历 a，对于以 $a[k]$ 为高度作为矩形的高度，向左找到第一个小于 $a[k]$ 的高度 $a[i]$，称柱子 i 为左边界，向右找到第一个小于 $a[k]$ 的高度 $a[j]$，称柱子 j 为右边界，$a[k]$ 对应的最大矩形为 $a[i+1..j-1]$（不含柱子 i 和柱子 j），共包含 $j-i-1$ 个柱子，宽度 length=$j-i-1$，其面积为 $a[k]\times(j-i-1)$，通过比较将最大面积存放到 ans 中，a 遍历完毕返回 ans 即可。

例如，$a=[1,4,3,6,4,2,5]$，$k=2$ 时对应的矩形及其面积如图 3.15 所示。

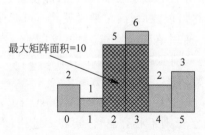

图 3.14 一个柱状图及其最大矩形

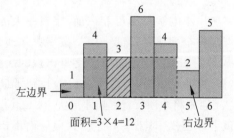

图 3.15 以 $a[2]$ 为高度的矩形

对应的穷举算法如下。

C++:

```
1  class Solution {
2  public:
3      int largestRectangleArea(vector<int>&a) {
4          int n=a.size();
5          int ans=0;
6          for(int k=0;k<n;k++) {
```

```
7              int length=1;
8              int i=k;
9              while(--i>=0 && a[i]>=a[k]) length++;
10             int j=k;
11             while(++j<n && a[j]>=a[k]) length++;
12             int area=length*a[k];
13             ans=max(ans,area);
14         }
15         return ans;
16     }
17 };
```

提交运行:

结果:超时(98个测试用例中通过了86个)

上述算法的时间复杂度为 $O(n^2)$, 出现超时的情况。可以使用单调递增栈(大顶栈)提高性能, 为了设置高度数组 a 的左、右边界, 在 a 中前后添加一个 0(0 表示最小柱高度)。用 j 从 0 开始遍历 a, 用栈 st 维护一个柱子高度递增序列:

(1) 若栈为空, 则直接将 j 进栈。

(2) 若栈不为空且栈顶柱子 k 的高度 $a[k]$ 小于或等于 $a[j]$, 则直接将 j 进栈。

(3) 若栈不为空且栈顶柱子 k 的高度 $a[k]$ 大于 $a[j]$, 则柱子 k 找到了右边第一个小于其高度的柱子 j(这里大顶单调栈是为了找栈顶柱子的下一个高度更小的柱子), 也就是说柱子 k 的右边界是柱子 j。将柱子 k 出栈, 新栈顶柱子 st.top() 的高度肯定小于柱子 k 的高度, 所以将柱子 st.top() 作为柱子 k 的左边界, 对应矩形的宽度 length $=j-$ st.top()-1, 其面积 $=a[k]\times$length。然后对新栈顶柱子做同样的运算, 直到不满足条件为止。再将 j 进栈。

例如, $a=[1,2,3,4,2]$, 前后添加 0 后 $a=[0,1,2,3,4,2,0]$, 如图 3.16 所示, 用 "$x[y]$" 表示 $a[x]=y$, 即柱子 x 的高度为 y。ans $=0$, 求面积的部分过程如下。

依次将 0[0]、1[1]、2[2]、3[3] 和 4[4] 进栈, st$=\{0[0]$, 1[1]、2[2]、3[3]、4[4]\}。当遍历到 $a[5]=2$ 时($j=5$):

(1) 栈顶 4[4] 的高度大于 $a[5]$, 柱子 5 作为柱子 4 的右边界, 出栈 4[4], 即 $k=4$, st$=\{0[0],1[1],2[2],3[3]\}$, 新栈顶为 3[3], 将柱子 3 作为柱子 4 的左边界, 求出 area$=$ $a[k]\times(j-$ st.top()$-1)=4\times1=4\Rightarrow$ans$=4$。

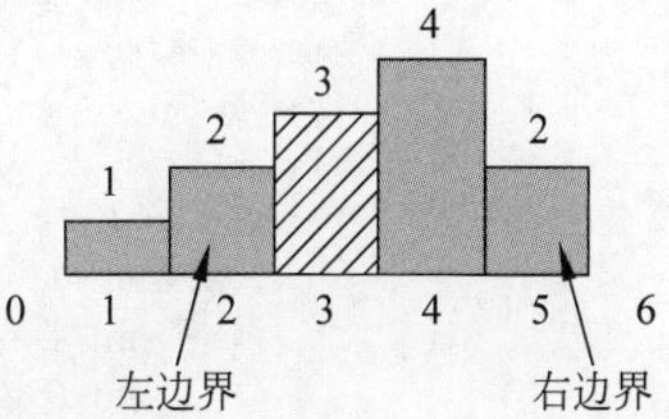

图 3.16 $a=[0,1,2,3,4,2,0]$

(2) 新栈顶 3[3] 的高度大于 $a[5]$, 柱子 5 作为柱子 3 的右边界(其中柱子 4 的高度一定大于柱子 3 的高度, 见图 3.15), 出栈 3[3], 即 $k=3$, st$=$ $\{0[0],1[1],2[2]\}$, 新栈顶为 2[2], 将柱子 2 作为柱子 3 的左边界, 求出 area$=a[k]\times(j-$ st.top()$-1)=3\times2=6\Rightarrow$ans$=6$。

(3) 新栈顶 2[2] 的高度大于 $a[5]$ 不成立, 将 $j=5$ 进栈。

从中看出通过单调栈可以一次求出多个柱子的右边界, 同时又可以快速求出这些柱子的左边界。尽管在算法中使用了两重循环, 实际上每个柱子最多进栈、出栈一次, 所以算法的时间复杂度为 $O(n)$。对应的算法如下。

C++:

```
1   class Solution {
2   public:
3       int largestRectangleArea(vector<int>& a) {
4           a.insert(a.begin(),0);
5           a.push_back(0);
6           int n=a.size();
7           stack<int> st;                                    //大顶栈
8           int ans=0;                                        //存放最大矩形面积,初始为0
9           for(int j=0;j<n;j++) {                            //遍历a
10              while(!st.empty() && a[st.top()]>a[j]) {
11                  int k=st.top(); st.pop();                //退栈k
12                  int length=j-st.top()-1;
13                  int area=a[k] * length;
14                  ans=max(ans,area);
15              }
16              st.push(j);                                   //j进栈
17          }
18          return ans;
19      }
20  };
```

提交运行:

结果:通过;时间:136ms;空间:75.4MB

由于在 a 的前面插入 0 的时间为 $O(n)$,可以改为仅在 a 的后面插入 0,当遍历到 $a[j]$ 时,如果栈不为空且栈顶柱子 k 的高度 $a[k]$ 大于 $a[j]$,将柱子 k 出栈;如果栈为空,则置 length=j。对应的算法如下。

C++:

```
1   class Solution {
2   public:
3       int largestRectangleArea(vector<int>& a) {
4           a.push_back(0);
5           int n=a.size();
6           stack<int> st;                                    //大顶栈
7           int ans=0;                                        //存放最大矩形面积,初始为0
8           for(int j=0;j<n;j++) {                            //遍历a
9               while(!st.empty() && a[st.top()]>a[j]) {
10                  int k=st.top(); st.pop();                //退栈k
11                  int length;
12                  if(st.empty()) length=j;                 //栈为空时置length为j
13                  else length=j-st.top()-1;                //栈不为空
14                  int area=a[k] * length;                  //求a[st.top()+1..j-1]的矩形面积
15                  ans=max(ans,area);                       //维护ans为最大矩形面积
16              }
17              st.push(j);                                   //j进栈
18          }
19          return ans;
20      }
21  };
```

提交运行:

结果:通过;时间:120ms;空间:75.4MB

Python：

```
1    class Solution:
2        def largestRectangleArea(self, a: List[int]) -> int:
3            a.append(0)
4            n, ans = len(a), 0
5            st = []
6            for j in range(0, n):
7                while st and a[st[-1]] > a[j]:
8                    k = st[-1]; st.pop()        #退栈 tmp
9                    length = j - st[-1] - 1 if st else j
10                   area = a[k] * length
11                   ans = max(ans, area)
12               st.append(j)
13           return ans
```

提交运行：

结果：通过；时间：296ms；空间：25.8MB

3.4.6 LeetCode42——接雨水 ★★★

【问题描述】 给定 n 个非负整数的数组 a，表示每个宽度为 1 的柱子的高度图，计算按此排列的柱子下雨之后能接多少雨水。

例如，$a = [0,1,0,2,1,0,1,3,2,1,2,1]$，如图 3.17 所示，可以接 6 个单位的雨水，答案为 6。

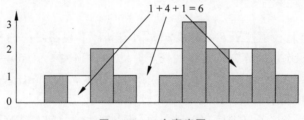

图 3.17 一个高度图

【限制】 $n =$ height. length，$1 \leqslant n \leqslant 2 \times 10^4$，$0 \leqslant$ height$[i] \leqslant 10^5$。

【解题思路】 用单调递减栈找多个元素的共同右边界。先用穷举法求解，用 ans 存放答案（初始为 0），用 k 从 1 到 $n-1$ 遍历 a（前后两个柱子不用考虑），找到其左边最大高度 max_left 和右边最大高度 max_right，求出 max_left 和 max_right 中的最小值 minh，对于柱子 k 而言，上面接的雨水量为 minh$-a[k]$（$a[k] <$ mink），对于每个柱子 k 累计这个值到 ans 中，最后返回 ans 即可。对应的算法如下。

C++：

```
1    class Solution {
2    public:
3        int trap(vector < int > & a) {
4            int n = a.size();
5            int ans = 0;
6            for(int k = 1; k < n-1; k++) {
7                int max_left = 0;          //求左边最大高度
8                for(int i = k-1; i >= 0; i--) {
9                    if(a[i] > max_left) max_left = a[i];
```

```
10                      }
11              int max_right=0;                    //求右边最大高度
12              for(int j=k+1;j<n;j++) {
13                  if(a[j]>max_right) max_right=a[j];
14              }
15              int minh=min(max_left,max_right);
16              if(minh>a[k]) ans+=(minh−a[k]);
17          }
18          return ans;
19      }
20  };
```

提交运行：

结果：超时(322个测试用例中通过了321个)

上述过程是按列求接雨水量，算法的时间复杂度为 $O(n^2)$。另外也可以按层求接雨水量，例如，将图3.17中高度0～1看成第1层，高度1～2看成第2层，高度2～3看成第3层，求出第1层的接雨水量为 $1+1=2$，第2层的接雨水量为 $3+1=4$，第3层的接雨水量为0，总的接雨水量为 $2+4+0=6$。这种按层求解的穷举算法的时间复杂度为 $O(m \times n)$，其中 m 为最大高度值。

可以进一步用单调栈提高性能，设置单调递减栈(小顶栈)st，ans表示答案(初始为0)，用 i 从0开始遍历 a：

(1) 若栈为空，则直接将 i 进栈。

(2) 若栈不为空且栈顶柱子 k 的高度 $a[k]$ 大于或等于 $a[i]$，说明柱子 i 会有积水，则直接将 i 进栈。

(3) 若栈不为空且栈顶柱子 k 的高度 $a[k]$ 小于 $a[i]$，说明之前的积水到这里停下，可以计算一下有多少积水。计算方式是出栈柱子 k，以新栈顶柱子 st.top() 为左边界 l，柱子 i 为右边界 r，求出接雨水矩形(不含柱子 l 和柱子 r)的高度 h 为 $\min(a[r],a[l])-a[k]$，宽度为 $r-l-1$，则将接雨水量 $(r-l-1) \times h$ 累计到 ans 中。

在上述过程中每个柱子仅进栈和出栈一次，所以算法的时间复杂度为 $O(n)$。

例如，$a=[4,2,1,0,1,2,4]$，其高度图如图3.18所示，求其接雨水量的过程如下。

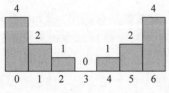

图3.18 $a=[4,2,1,0,1,2,4]$

(1) 遍历到 $a[0]$，栈为空，将 $a[0]$ 进栈；遍历到 $a[1]$，$a[0] \geq a[1]$，将 $a[1]$ 进栈；遍历到 $a[2]$，$a[1] \geq a[2]$，将 $a[2]$ 进栈；遍历到 $a[3]$，$a[2] \geq a[3]$，将 $a[3]$ 进栈，如图3.19(a)所示，st=[0[4],1[2],2[1],3[0]]。

(2) 遍历到 $a[4]$，栈顶 $a[3] < a[4]$，出栈 $a[3]$，st=[0[4],1[2],2[1]]，求出以新栈顶 $a[2]$ 为左边界、以 $a[4]$ 作为右边界的接雨水量=1。新栈顶 $a[2] < a[4]$ 不成立，结束，再将 $a[4]$ 进栈，st=[0[4],1[2],2[1],4[1]]，如图3.19(b)所示。

(3) 遍历到 $a[5]$，栈顶 $a[4] < a[5]$，出栈 $a[4]$，st=[0[4],1[2],2[1]]，新栈顶为左边界 $l=2$，右边界 $r=5$，高度 h 为 $\min(a[r],a[l])-a[4]=0$，对应的接雨水量=0。新栈顶 $a[2] < a[5]$，出栈 $a[2]$，st=[0[4],1[2]]，新栈顶为左边界 $l=1$，右边界 $r=5$，高度 h 为 $\min(a[r],a[l])-a[2]=1$，对应的接雨水量为 $(r-l-1) \times h = 3 \times 1 = 3$。再将 $a[5]$ 进栈，st=[0[4],1[2],5[2]]，如图3.19(c)所示。

(4) 遍历到 $a[6]$，栈顶 $a[5]<a[6]$，出栈 $a[5]$，st=$[0[4],1[2]]$，新栈顶为左边界 $l=$ 1，右边界 $r=6$，高度 h 为 $\min(a[r],a[l])-a[5]=0$，对应的接雨水量=0。新栈顶 $a[1]<$ $a[6]$，出栈 $a[1]$，st=$[0[4]]$，新栈顶为左边界 $l=0$，右边界 $r=6$，高度 h 为 $\min(a[r],$ $a[l])-a[1]=2$，对应的接雨水量为 $(r-l-1)\times h=5\times2=10$。再将 $a[6]$ 进栈，st=$[0[4],$ $6[4]]$，如图 3.19(d)所示。

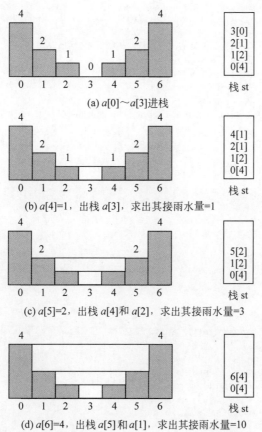

(a) $a[0]\sim a[3]$进栈

(b) $a[4]=1$，出栈 $a[3]$，求出其接雨水量=1

(c) $a[5]=2$，出栈 $a[4]$ 和 $a[2]$，求出其接雨水量=3

(d) $a[6]=4$，出栈 $a[5]$ 和 $a[1]$，求出其接雨水量=10

图 3.19　求 $a=[4,2,1,0,1,2,4]$接雨水量的过程

总的接雨水量 ans 为 $1+3+10=14$。

又如，$a=[1,0,2,1,0,1,3,2,1,2]$，求接雨水量的过程如图 3.20 所示。

(1) $a[2]=2$ 出现递增，触发计算出 $a[1]$ 的接雨水量=1。

(2) $a[5]=1$ 出现递增，触发计算出 $a[4]$ 的接雨水量=1。

(3) $a[6]=3$ 出现递增，触发计算出 $a[3..5]$ 的接雨水量=3。

(4) $a[9]=2$ 出现递增，触发计算出 $a[8]$ 的接雨水量=1。

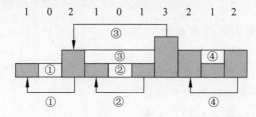

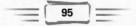

图 3.20　求 $a=[1,0,2,1,0,1,3,2,1,2]$接雨水量的过程

总的接雨水量为 $1+1+3+1=6$。对应的算法如下。

C++：

```cpp
class Solution {
public:
    int trap(vector<int>& a) {
        int n=a.size();
        int ans=0;
        stack<int> st;          //小顶栈
        for(int i=0;i<n;i++) {
            while(!st.empty() && a[st.top()]<a[i]) {
                int k=st.top(); st.pop();
                if(!st.empty()) {
                    int l=st.top();
                    int r=i;
                    int h=min(a[r],a[l])-a[k];
                    ans+=(r-l-1) * h;
                }
            }
            st.push(i);
        }
        return ans;
    }
};
```

提交运行：

结果：通过；时间：16ms；空间：19.9MB

Python：

```python
class Solution:
    def trap(self, a: List[int]) -> int:
        ans=0
        st=[]
        for i in range(0,len(a)):
            while st and a[st[-1]]<a[i]:
                k=st[-1]; st.pop()
                if len(st)>0:
                    l,r=st[-1],i
                    h=min(a[r],a[l])-a[k]
                    ans+=(r-l-1) * h
            st.append(i)
        return ans
```

提交运行：

结果：通过；时间：56 ms；空间：16.5MB

推荐练习题

1. LeetCode85——最大矩形★★★

2. LeetCode150——逆波兰表达式求值★★

3. LeetCode224——基本计算器★★★

4. LeetCode227——基本计算器Ⅱ★★

5. LeetCode402——移掉 k 位数字★★

6. LeetCode456——132 模式★★

7. LeetCode678——有效的括号字符串★★

8. LeetCode735——行星碰撞★★

9. LeetCode856——括号的分数★★

10. LeetCode921——使括号有效的最少添加★★

11. LeetCode1019——链表中的下一个更大结点★★

12. LeetCode1172——餐盘栈★★★

13. LeetCode1190——反转每对括号间的子串★★

14. LeetCode1209——删除字符串中所有的相邻重复项Ⅱ★★

15. LeetCode1472——设计浏览器历史记录★★

16. LeetCode1504——统计全 1 子矩形★★

17. LeetCode1598——文件夹操作日志搜集器★

18. LeetCode1653——使字符串平衡的最少删除次数★★

19. LeetCode1717——删除子字符串的最大得分★★

20. LeetCode2296——设计一个文本编辑器★★★

21. LeetCode2390——从字符串中移除星号★★

22. LeetCode2434——使用机器人打印字典序最小的字符串★★

23. LeetCode2345——寻找可见山的数量★★

第 **4** 章　队列和双端队列

📖 知识图谱

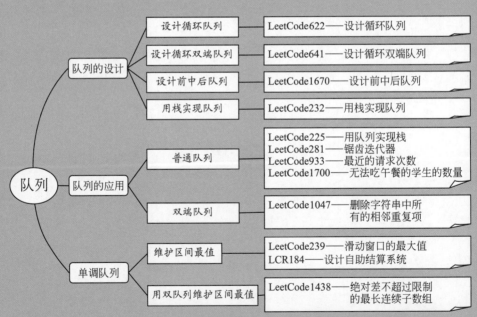

队列

队列的设计
- 设计循环队列 —— LeetCode622——设计循环队列
- 设计循环双端队列 —— LeetCode641——设计循环双端队列
- 设计前中后队列 —— LeetCode1670——设计前中后队列
- 用栈实现队列 —— LeetCode232——用栈实现队列

队列的应用
- 普通队列
  - LeetCode225——用队列实现栈
  - LeetCode281——锯齿迭代器
  - LeetCode933——最近的请求次数
  - LeetCode1700——无法吃午餐的学生的数量
- 双端队列
  - LeetCode1047——删除字符串中所有的相邻重复项

单调队列
- 维护区间最值
  - LeetCode239——滑动窗口的最大值
  - LCR184——设计自助结算系统
- 用双队列维护区间最值
  - LeetCode1438——绝对差不超过限制的最长连续子数组

4.1 队列和双端队列概述

4.1.1 队列和双端队列的定义

队列的示意图如图 4.1 所示,队列中保存一个数据序列$[a_0, a_1, \cdots, a_{n-1}]$,共有两个端点,队头的一端($a_0$端)用于删除(出队)元素,队尾的一端($a_{n-1}$端)用于插入(进队)元素。队列元素遵循"先进先出"的原则,即最先进队的元素最先出队。注意,不能直接对队列中的元素进行顺序遍历。

在算法设计中,队列通常用于存储临时数据。在一般情况下,若先存储的元素先处理,则使用队列数据结构存储这些元素。n 个不同的元素经过一个队列产生的出队序列只有一个,与进队的顺序相同。

双端队列与队列类似,两个端点分别称为前端和后端,不同之处是两端都可以做进队和出队操作,如图 4.2 所示。双端队列具有队列和栈的特性,因此使用更加灵活。

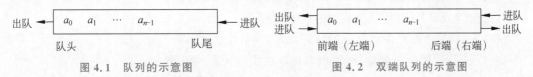

图 4.1 队列的示意图　　　　图 4.2 双端队列的示意图

队列和双端队列都可以使用数组和链表存储结构实现。

4.1.2 队列和双端队列的知识点

1. C++中的队列和双端队列

在 C++ STL 中提供了 queue 类模板,实现了队列的基本运算,而且在使用时不必考虑队满上溢出的情况,但不能顺序遍历队列中的元素。queue 的主要成员函数如下。

- empty():判断队列是否为空,当队列中没有元素时返回 true,否则返回 false。
- size():返回队列中当前元素的个数。
- front():返回队头元素。
- back():返回队尾元素。
- push(e):将元素 e 进队。
- pop():元素出队,只是删除队头元素,并不返回该元素。

例如,以下代码定义一个整数队列 qu,依次进队 1、2、3,再依次出队所有元素,出队结果是 1,2,3。

■ C++:

```
1   queue < int > qu;              //定义一个整数队列
2   qu. push(1);                   //进队 1
3   qu. push(2);                   //进队 2
4   qu. push(3);                   //进队 3
```

```
5      while(!qu.empty()) {                    //队不空时循环
6         printf("%d ",qu.front());            //输出队头元素
7         qu.pop();                            //出队队头元素
8      }
```

在 C++ STL 中还提供了 deque 类模板,实现了双端队列的基本运算。deque 使用双向开口的连续线性空间,由若干缓冲区块构成,每个块中元素的地址是连续的,块之间的地址是不连续的,系统提供了一个维护其整体的机制。deque 两端均能以常数时间插入和删除,支持随机元素访问和顺序遍历,其容量大小可以自动伸缩。deque 的主要成员函数如下。

- empty():判断双端队列是否为空,当队列中没有元素时返回 true,否则返回 false。
- size():返回双端队列中当前元素的个数。
- front():返回双端队列中前端的元素。
- back():返回双端队列中后端的元素。
- push_front(e):在双端队列中的前端插入元素 e。
- push_back(e):在双端队列中的后端插入元素 e。
- pop_front():删除双端队列的前端元素。
- pop_back():删除双端队列的后端元素。
- clear():删除双端队列中的所有元素。
- begin():用于正向遍历,返回双端队列中首元素的位置。
- end():用于正向遍历,返回双端队列中尾元素的后一个位置。
- rbegin():用于反向遍历,返回双端队列中尾元素的位置。
- rend():用于反向遍历,返回双端队列中首元素的前一个位置。

说明:通过限制 deque 在一端插入元素、在另一端删除元素,则 deque 变为队列。通过限制 deque 在同一端插入和删除元素,则 deque 变为栈。由于 deque 可以顺序遍历元素,而 stack 和 queue 不能顺序遍历元素,所以在需要时用 deque 作为栈或者队列更方便进行算法设计。

2. Python 中的队列和双端队列

在 Python 中没有直接提供队列,但提供了双端队列 deque,可以使用 deque 作为队列或者栈。deque 的主要操作如下。

- dq,len(dq)==0:判断双端队列是否为空。
- len(dq):返回双端队列中当前元素的个数。
- dq[0]:返回双端队列中左端(前端)的元素。
- dq[−1]:返回双端队列中右端(后端)的元素。
- dq.clear():清除双端队列中的所有元素。
- dq.appendleft(x):从双端队列的左端(前端)进队元素 x。
- dq.append(x):从双端队列的右端(后端)进队元素 x。
- dq.popleft():从双端队列的左端(前端)出队元素。
- dq.pop():从双端队列的右端(后端)出队元素。

3. 单调队列

将一个从队头到队尾(或者前端到后端)的元素有序的队列称为单调队列,如果从队头到队尾的元素是递减的(队头元素最大),称之为单调递减队或者大头队,例如[5,2,1]是一个单调递减队;如果从队头到队尾的元素是递增的(队头元素最小),称之为单调递增队或者小头队,例如[1,3,4,5](1 是队头,5 是队尾)是一个单调递增队。

单调队列的主要功能是寻找某个查找区间的最值(一个区间中的最大或者最小值),需要在两端出队元素,以维护其单调性,所以单调队列通常用双端队列实现。

这里以单调递增队(小头队)为例,其基本操作如下。

(1) 获取最值:队头就是区间的最小值。

(2) 元素 x 进队:将 x 和队尾元素比较,如果队尾元素大于 x,则将队尾元素从队尾出队,重复此操作,直到队为空或者队尾元素小于 x 为止,再将 x 从队尾进队。

(3) 过期处理:若队头超过当前窗口范围,即过期,则从队头出队该元素。

单调队列和单调栈类似,不同之处是单调队列从队尾进队,把违反单调性的元素从队尾出队,将过期元素从队头出队;而单调栈是从栈顶进栈,把违反单调性的元素从栈顶出栈,不会过滤过期元素。

4.2　　扩展队列的设计

4.2.1　LeetCode622——设计循环队列★★

【问题描述】　循环队列是一种线性数据结构,其操作表现基于 FIFO(先进先出)原则,并且队尾被连接在队首之后以形成一个循环,它也被称为"环形缓冲器"。循环队列的一个优点是可以使用这个队列之前用过的空间。在一个普通队列中,一旦一个队列满了就不能插入下一个元素,即使在队列的前面仍有空间,但是在循环队列中能使用这些空间去存储新的值。该实现应该支持以下操作。

(1) MyCircularQueue(k):构造器,设置队列的长度为 k。

(2) Front():从队首获取元素,如果队列为空,返回-1。

(3) Rear():获取队尾元素,如果队列为空,返回-1。

(4) enQueue(value):向循环队列插入一个元素,如果成功插入,则返回 true。

(5) deQueue():从循环队列中删除一个元素,如果成功删除,则返回 true。

(6) isEmpty():检查循环队列是否为空。

(7) isFull():检查循环队列是否已满。

示例:

```
MyCircularQueue circularQueue=new MyCircularQueue(3);     //设置长度为 3
circularQueue.enQueue(1);                                 //返回 true
circularQueue.enQueue(2);                                 //返回 true
circularQueue.enQueue(3);                                 //返回 true
circularQueue.enQueue(4);                                 //返回 false,队列已满
```

circularQueue.Rear();	//返回 3
circularQueue.isFull();	//返回 true
circularQueue.deQueue();	//返回 true
circularQueue.enQueue(4);	//返回 true
circularQueue.Rear();	//返回 4

【限制】 所有的值都在 0～1000 范围内,操作数将在 1～1000 范围内,请不要使用内置的队列库。

扫一扫
源程序

【解题思路】 使用数组实现循环队列。除了存放队中元素的 data 数组、队头指针 front 和队尾指针 rear 外,增加容量 capacity 和长度 length 数据成员,让 front 指向队头元素的前一个位置,rear 指向队尾元素的位置。初始时 front=rear=0。

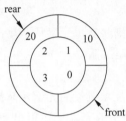

图 4.3 一个循环队列

(1) 队空条件:length=0。

(2) 队满条件:length=capacity(k)。

(3) 元素 x 进队:rear=(rear+1)%capacity;data[rear]=x。

(4) 出队元素 x:front=(front+1)%capacity;x=data[front]。

例如,如图 4.3 所示的循环队列是将元素 10 和 20 进队后的结果,容量 capacity=4,长度 length=2,front=0,rear=2。

4.2.2 LeetCode641——设计循环双端队列★★

【问题描述】 实现 MyCircularDeque 类。

(1) MyCircularDeque(int k):构造函数,双端队列的容量为 k。

(2) boolean insertFront():将一个元素添加到双端队列的头部,如果操作成功,返回 true,否则返回 false。

(3) boolean insertLast():将一个元素添加到双端队列的尾部,如果操作成功,返回 true,否则返回 false。

(4) boolean deleteFront():从双端队列的头部删除一个元素,如果操作成功,返回 true,否则返回 false。

(5) boolean deleteLast():从双端队列的尾部删除一个元素,如果操作成功,返回 true,否则返回 false。

(6) int getFront():从双端队列的头部获得一个元素,如果双端队列为空,返回 -1。

(7) int getRear():获得双端队列的最后一个元素,如果双端队列为空,返回 -1。

(8) boolean isEmpty():若双端队列为空,返回 true,否则返回 false。

(9) boolean isFull():若双端队列满了,返回 true,否则返回 false。

示例:

MyCircularDeque circularDeque=new MycircularDeque(3);	//设置容量大小为 3
circularDeque.insertLast(1);	//返回 true
circularDeque.insertLast(2);	//返回 true
circularDeque.insertFront(3);	//返回 true
circularDeque.insertFront(4);	//已经满了,返回 false
circularDeque.getRear();	//返回 2
circularDeque.isFull();	//返回 true
circularDeque.deleteLast();	//返回 true

```
circularDeque.insertFront(4);                    //返回 true
circularDeque.getFront();                        //返回 4
```

【限　制】　$1 \leqslant k \leqslant 1000$，$0 \leqslant value \leqslant 1000$，insertFront、insertLast、deleteFront、deleteLast、getFront、getRear、isEmpty 和 isFull 的调用次数不超过 2000 次。

【解题思路】　使用数组实现循环双端队列。除了存放队中元素的 data 数组、队头指针 front 和队尾指针 rear 外，增加容量 capacity 和长度 length 数据成员，同样让 front 指向队头元素的前一个位置，rear 指向队尾元素的位置。其进队和出队操作的过程如下。

扫一扫

源程序

（1）元素 x 从前端进队时，在 front 处放置 x，将 front 循环减 1，长度 length 加 1。

（2）元素 x 从后端进队时，将 rear 循环加 1，在 rear 处放置 x，长度 length 加 1。

（3）从前端出队时，将 front 循环加 1，长度 length 减 1。

（4）从后端出队时，将 rear 循环减 1，长度 length 减 1。

例如，如图 4.4 所示的双端队列是进队元素 a 和 b 的结果，容量 capacity＝4，长度 length＝2，front＝0，rear＝2。

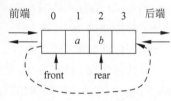

图 4.4　一个双端队列

4.2.3　LeetCode1670——设计前中后队列★★

【问题描述】　请设计一个队列 FrontMiddleBack，支持在前、中和后 3 个位置的 push 和 pop 操作。

（1）FrontMiddleBack()：初始化队列。

（2）void pushFront(int val)：将 val 添加到队列的最前面。

（3）void pushMiddle(int val)：将 val 添加到队列的正中间。

（4）void pushBack(int val)：将 val 添加到队列的最后面。

（5）int popFront()：将最前面的元素从队列中删除并返回值，如果删除之前队列为空，那么返回—1。

（6）int popMiddle()：将正中间的元素从队列中删除并返回值，如果删除之前队列为空，那么返回—1。

（7）int popBack()：将最后面的元素从队列中删除并返回值，如果删除之前队列为空，那么返回—1。

注意，当有两个中间位置的时候，选择靠前面的位置进行操作。例如，将 6 添加到[1,2,3,4,5]的中间位置，结果数组为[1,2,6,3,4,5]；从[1,2,3,4,5,6]的中间位置删除元素，则数组变为[1,2,4,5,6]。

示例：

```
FrontMiddleBackQueue q＝new FrontMiddleBackQueue();
q.pushFront(1);          //[1]
q.pushBack(2);           //[1, 2]
q.pushMiddle(3);         //[1, 3, 2]
q.pushMiddle(4);         //[1, 4, 3, 2]
q.popFront();            //返回 1 -> [4, 3, 2]
q.popMiddle();           //返回 3 -> [4, 2]
q.popMiddle();           //返回 4 -> [2]
```

```
q.popBack();                                    //返回2 -> []
q.popFront();                                   //返回-1 -> [](队列为空)
```

【限制】 $1 \leqslant val \leqslant 10^9$,最多调用 1000 次 pushFront、pushMiddle、pushBack、popFront、popMiddle 和 popBack。

【解法1】 使用双端队列作为前中后队列。设计双端队列 dq,初始为空队,dq 的两个端点分别称为前端和后端。

(1) FrontMiddleBack():初始化队列的操作。

(2) void pushFront(int val):直接将 val 插入 dq 的前端。

(3) void pushMiddle(int val):其操作如下。

① 若原队列为空,则置 front、mid 和 rear 均指向结点 s,length 为 1。

② 若原队列非空,直接在 dq 的前端插入 val。

③ 其他情况,求出 dq 中元素的个数 n,i 从 1 到 n 循环:当 $i = n/2 + 1$ 时在 dq 的后端插入 val,否则从 dq 的前端出队元素 tmp 并且将其从后端插入。

(4) void pushBack(int val):直接将 val 插入 dq 的后端。

(5) int popFront():若原队列为空,返回 -1,否则从 dq 的前端出队 x 并且返回 x。

(6) int popMiddle():其操作如下。

① 若原队列为空,返回 -1。

② 否则求出 dq 中元素的个数 n,i 从 1 到 n 循环:当 $i = (n+1)/2$ 时从前端出队 x,否则从 dq 的前端出队元素 tmp 并且将其从后端插入,最后返回 x。

(7) int popBack():若原队列为空,返回 -1,否则从 dq 的后端出队 x 并且返回 x。

在上述算法中,pushMiddle(int val) 和 popMiddle() 的时间复杂度均为 $O(n)$,其他算法的时间复杂度均为 $O(1)$。对应的 FrontMiddleBackQueue 类如下。

C++:

```cpp
1  class FrontMiddleBackQueue {
2      deque<int> dq;
3  public:
4      FrontMiddleBackQueue() { }              //构造函数
5      void pushFront(int val) {               //添加到队列的最前面
6          dq.push_front(val);
7      }
8      void pushMiddle(int val) {              //添加到队列的正中间
9          int n=dq.size();
10         if(n==0) {
11             dq.push_front(val);
12             return;
13         }
14         int k=n/2;
15         for(int i=1;i<=n;i++) {
16             if(i==k+1) dq.push_back(val);
17             int tmp=dq.front(); dq.pop_front();
18             dq.push_back(tmp);
19         }
20     }
21     void pushBack(int val) {                //添加到队列的最后面
22         dq.push_back(val);
23     }
24     int popFront() {                        //删除最前面的元素
```

```
25          if(dq.empty()) return -1;
26          int x=dq.front(); dq.pop_front();
27          return x;
28      }
29      int popMiddle() {                    //删除中间的元素
30          if(dq.empty()) return -1;
31          int n=dq.size();
32          int k=(n+1)/2;
33          int x;
34          for(int i=1;i<=n;i++) {
35              if(i==k) {
36                  x=dq.front(); dq.pop_front();
37              }
38              else {
39                  int tmp=dq.front(); dq.pop_front();
40                  dq.push_back(tmp);
41              }
42          }
43          return x;
44      }
45      int popBack() {                      //删除最后面的元素
46          if(dq.empty()) return -1;
47          int x=dq.back(); dq.pop_back();
48          return x;
49      }
50  };
```

提交运行：

结果：通过；时间：96ms；空间：33.7MB

⊞ Python：

```
1   from collections import deque
2   class FrontMiddleBackQueue:
3       def __init__(self):                          # 构造函数
4           self.dq=deque()
5       def pushFront(self, val: int) -> None:       # 添加到队列的最前面
6           self.dq.appendleft(val);
7       def pushMiddle(self, val: int) -> None:      # 添加到队列的正中间
8           n=len(self.dq)
9           if n==0:
10              self.dq.appendleft(val)
11          else:
12              k=n//2
13              for i in range(1,n+1):
14                  if i==k+1:self.dq.append(val)
15                  tmp=self.dq.popleft()
16                  self.dq.append(tmp)
17      def pushBack(self, val: int) -> None:        # 添加到队列的最后面
18          self.dq.append(val)

19      def popFront(self) -> int:                   # 删除最前面的元素
20          if not self.dq: return -1
21          x=self.dq.popleft()
22          return x
23      def popMiddle(self) -> int:                  # 删除中间的元素
24          if not self.dq: return -1
25          n=len(self.dq)
26          k=(n+1)//2
27          x=0
```

```
28              for i in range(1,n+1):
29                  if i==k:x=self.dq.popleft()
30                  else:
31                      tmp=self.dq.popleft()
32                      self.dq.append(tmp)
33              return x;
34      def popBack(self) -> int:    #删除最后面的元素
35          if not self.dq: return -1
36          x=self.dq.pop()
37          return x
```

提交运行:

结果:通过;时间:316ms;空间:15.8MB

【解法2】 使用带前中后指针的双链表作为队列。设计一个双链表,每个结点存放一个队列元素,同时设计前、中、后3个指针成员(分别为 front、mid、rear),为了方便,增加表示结点个数的 length 成员。例如,依次从队后(或者队尾)进队1、2、3和4后的队列如图4.5所示。

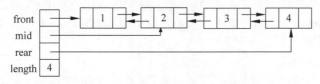

图4.5 依次从队后进队1、2、3和4后的队列

(1) FrontMiddleBack():初始化队列的操作是置 front、mid 和 rear 为空,length 为0。

(2) void pushFront(int val):该运算的操作是先创建存放 val 的结点 s。

① 若原队列为空,则置 front、mid 和 rear 均指向结点 s,length 为1。

② 若原队列非空,将结点 s 插入结点 front 的前面,置 front=s,当原结点的个数为奇数时前移 mid,例如队列为[1,2,3],mid=2,执行 pushFront(4)变为[4,1,2,3],新 mid=1;当原结点的个数为偶数时 mid 不变,例如队列为[1,2],mid=1,执行 pushFront(4)变为[4,1,2],仍然有 mid=1。最后 length 增1。

(3) void pushMiddle(int val):该运算的操作是先创建存放 val 的结点 s。

① 若原队列为空,则置 front、mid 和 rear 均指向结点 s,length 为1。

② 若原队列只有一个结点,将结点 s 插入 rear 结点的前面,置 front 和 mid 指向结点 s,最后 length 增1。

③ 其他情况,当原结点的个数为奇数时在结点 mid 之前插入 s,结点 s 为新 mid 结点,例如队列为[1,2,3],mid=2,执行 pushMiddle(4)变为[1,4,2,3],新 mid=4;当原结点的个数为偶数时在结点 mid 之后插入 s,结点 s 为新 mid 结点,例如队列为[1,2],mid=1,执行 pushMiddle(4)变为[1,4,2],新 mid=4。最后 length 增1。

(4) void pushBack(int val):该运算的操作是先创建存放 val 的结点 s。

① 若原队列为空,则置 front、mid 和 rear 均指向结点 s,length 为1。

② 若原队列非空,将结点 s 插入结点 front 的后面,置 rear=s,当原结点的个数为偶数时后移 mid,例如队列为[1,2],mid=1,执行 pushBack(3)变为[1,2,3],新 mid=2;当原结点的个数为奇数时 mid 不变,例如队列为[1,2,3],mid=2,执行 pushBack(4)变为[1,2,3,4],仍然有 mid=2。最后 length 增1。

（5）int popFront()：该运算的操作如下。

① 若原队列为空，返回 −1。

② 若原队列只有一个结点，置 x 为 front 结点值，删除 front 结点，置 front、rear 和 mid 均为空，length 为 0，返回 x。

③ 其他情况，置 x 为 front 结点值，当原结点的个数为偶数时 mid 后移，例如队列为 [1,2]，mid=1，执行 popFront() 变为 [2]，新 mid=2；当原结点的个数为奇数时 mid 不变，例如队列为 [1,2,3]，mid=2，执行 popFront() 变为 [2,3]，仍然有 mid=2。再删除 front 结点，length 减 1，返回 x。

（6）int popMiddle()：该运算的操作如下。

① 若原队列为空，返回 −1。

② 若原队列只有一个结点，置 x 为 mid 结点值，删除 mid 结点，置 front、rear 和 mid 均为空，length 为 0，返回 x。

③ 若原队列只有两个结点，置 x 为 mid 结点值，删除 mid 结点，置 front 和 rear 均为 rear，length 为 1，返回 x。

④ 其他情况，置 x 为 mid 结点值，当原结点的个数为偶数时 mid 后移，例如队列为 [1,2]，mid=1，执行 popMiddle() 变为 [2]，新 mid=2；当原结点的个数为奇数时 mid 前移，例如队列为 [1,2,3]，mid=2，执行 popMiddle() 变为 [1,3]，新 mid=1。再删除原 mid 结点，length 减 1，返回 x。

从队列中删除并返回值，如果删除之前队列为空，那么返回 −1。

（7）int popBack()：该运算的操作如下。

① 若原队列为空，返回 −1。

② 若原队列只有一个结点，置 x 为 rear 结点值，删除 rear 结点，置 front、rear 和 mid 均为空，length 为 0，返回 x。

③ 其他情况，置 x 为 rear 结点值，当原结点的个数为偶数时 mid 不变，例如队列为 [1,2]，mid=1，执行 popBack() 变为 [1]，仍然有 mid=1；当原结点的个数为奇数时 mid 前移，例如队列为 [1,2,3]，mid=2，执行 popBack() 变为 [1,2]，新 mid=1。再删除 rear 结点，length 减 1，返回 x。

上述所有算法的时间复杂度均为 $O(1)$，比解法 1 的设计更加高效。

扫一扫

源程序

4.2.4　LeetCode232——用栈实现队列★

【问题描述】　请使用两个栈实现先入先出队列。该队列应该支持一般队列支持的所有操作（push、pop、peek、empty），实现 MyQueue 类。

（1）void push(int x)：将元素 x 推到队列的末尾。

（2）int pop()：从队列的开头移除并返回元素。

（3）int peek()：返回队列开头的元素。

（4）bool empty()：如果队列为空，返回 true，否则返回 false。

示例：

```
MyQueue myQueue=new MyQueue();
myQueue.push(1);        //队列=[1]
```

```
myQueue.push(2);        //队列=[1, 2](从队头到队尾的顺序)
myQueue.peek();         //返回 1
myQueue.pop();          //返回 1,队列=[2]
myQueue.empty();        //返回 false
```

【限制】 $1\leqslant x\leqslant 9$,最多调用 100 次 push、pop、peek 和 empty。假设所有操作都是有效的(例如,一个空的队列不会调用 pop 或者 peek 操作)。

进阶:实现每个操作的均摊时间复杂度为 $O(1)$ 的队列,就是执行 n 个操作的总时间复杂度为 $O(n)$,即使其中一个操作可能花费较长时间。

【解题思路】 用两个 stack 栈实现一个队列。设计一个主栈 st 和一个辅助栈 tmpst,st 栈如图 4.6(a)所示,以栈底作为队头,栈顶作为队尾,进队和进栈一致,执行 push(x)的结果如图 4.6(b)所示,即直接将 x 进入 st 栈。

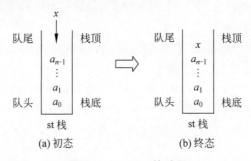

图 4.6 push(x)的过程

若 st 栈如图 4.6(a)所示,a_0 为队头元素,执行 pop()的操作如下:

① 将 st 栈的所有元素依次出栈并进入 tmpst 栈,如图 4.7(a)所示。

② 此时 a_0 是 tmpst 栈的栈顶元素,出栈 a_0。

③ 将 tmpst 栈的剩余元素依次出栈并进入 st 栈,如图 4.7(b)所示。最后返回 a_0。

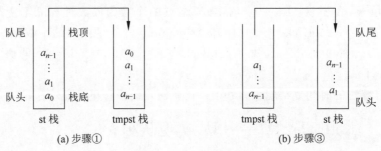

(a) 步骤①   (b) 步骤③

图 4.7 pop()的过程

top()的操作与 pop()类似。从中看出,tmpst 栈仅用于求队头元素,在一般情况下是空栈。对应的 MyQueue 类如下。

▦ C++:

```
1   class MyQueue {
2       stack<int> st;
3       stack<int> tmpst;
4   public:
5       MyQueue() {}        //构造函数
6
```

```
 7      void push(int x) {
 8          st.push(x);
 9      }
10      int pop() {
11          while(!st.empty()) {              //将 st 栈的所有元素出栈并进入 tmpst 栈
12              tmpst.push(st.top());
13              st.pop();
14          }
15          int x=tmpst.top(); tmpst.pop();
16          while(!tmpst.empty()) {           //将 tmpst 栈的剩余元素出栈并进入 st 栈
17              st.push(tmpst.top());
18              tmpst.pop();
19          }
20          return x;
21      }
```

```
              pty()) {                         //将 st 栈的所有元素出栈并进入 tmpst 栈
              ush(st.top());
              ;

              .top();
              .empty()) {                      //将 tmpst 栈的剩余元素出栈并进入 st 栈
              (tmpst.top());
              op();




              pty();
```

間:6.7MB

p()算法的时间复杂度均为 $O(n)$。在执行一次步骤①后,st 栈变
果此时执行 push(x),仅将 x 进入 st 栈,此时出队的元素正好是
执行 pop()当 tmpst 非空时不必执行步骤③,只有当 tmpst 栈为
改进后每个操作的均摊时间复杂度为 $O(1)$。对应的 MyQueue

```
              pst;



              ) {
              );

              empty()) {
13            (!st.empty()) {                   //将 st 栈的所有元素出栈并进入 tmpst 栈
14                tmpst.push(st.top());
15                st.pop();
                  }
```

```
16              }
17              int x=tmpst.top(); tmpst.pop();
18              return x;
19          }
20      int peek() {
21          if(tmpst.empty()) {
22              while(!st.empty()) {              //将 st 栈的所有元素出栈并进入 tmpst 栈
23                  tmpst.push(st.top());
24                  st.pop();
25              }
26          }
27          return tmpst.top();
28      }
29      bool empty() {
30          return st.empty() && tmpst.empty();
31      }
32  };
```

提交运行：

结果:通过;时间:0ms;空间:6.8MB

采用改进的方法对应 Python 语言的 MyQueue 类如下。

⊞ **Python**：

```
1   from collections import deque
2   class MyQueue:
3       def __init__(self):
4           self.st=deque()
5           self.tmpst=deque()
6
7       def push(self, x:int) -> None:
8           self.st.append(x)
9
10      def pop(self) -> int:
11          if len(self.tmpst)==0:
12              while len(self.st)>0:              #将 st 栈的所有元素出栈并进入 tmpst 栈
13                  self.tmpst.append(self.st.pop())
14          return self.tmpst.pop()
15
16      def peek(self) -> int:
17          if len(self.tmpst)==0:
18              while len(self.st)>0:              #将 st 栈的所有元素出栈并进入 tmpst 栈
19                  self.tmpst.append(self.st.pop())
20          return self.tmpst[-1]
21
22      def empty(self) -> bool:
23          return not self.st and not self.tmpst
```

提交运行：

结果:通过;时间:28ms;空间:15.3MB

4.3　队列的应用

4.3.1　LeetCode1700——无法吃午餐的学生的数量★

【问题描述】 学校的自助午餐提供圆形和方形的三明治,分别用数字 0 和 1 表示。所有学生站在一个队列中,每个学生要么喜欢圆形的三明治要么喜欢方形的三明治。餐厅里三明治的数量与学生的数量相同。所有三明治都放在一个栈中,每一轮:

(1) 如果队列最前面的学生喜欢栈顶的三明治,那么会拿走它并离开队列。

(2) 否则这名学生会放弃这个三明治并回到队列的尾部。

这个过程会一直持续到队列中的所有学生都不喜欢栈顶的三明治为止。

给定两个整数数组 students 和 sandwiches,其中 sandwiches[i] 是栈中第 i 个三明治的类型($i=0$ 是栈的顶部),students[j] 是初始队列中第 j 名学生对三明治的喜好($j=0$ 是队列的最开始位置)。请返回无法吃午餐的学生的数量。

例如,students=[1,1,1,0,0,1],sandwiches=[1,0,0,0,1,1],答案为 3,即有 3 个学生无法吃午餐。

【限制】 $1 \leqslant$ students.length,sandwiches.length$\leqslant 100$,students.length=sandwiches.length,sandwiches[i] 和 students[i] 要么是 0 要么是 1。

【解题思路】   用队列模拟学生选择三明治的循环过程。先将 students 依次存入一个队列 qu 中,用 i 从 0 开始遍历 sandwiches,然后开始一轮一轮操作,每一轮对应一个学生找到喜欢的三明治,其中用 cnt 累计比较的次数。当队头的学生 stud(从队头出队)喜欢当前的三明治 sandwiches[i] 时,执行 $i++$,表示移到下一个三明治,同时 cnt 清零,表示进入下一轮,否则将 stud 插入队尾,同时 cnt 增 1。队列 qu 中剩余的学生都尚未吃午餐,若 cnt 等于 qu 中元素的个数,说明剩余学生中每个学生都比较过一次,此时结束,返回 cnt 或者 qu.size() 即可。对应的算法如下。

C++:

```
1    class Solution {
2    public:
3        int countStudents(vector<int>& students, vector<int>& sandwiches) {
4            queue<int> qu;
5            for(int stud:students)
6                qu.push(stud);
7            int i=0;                    //遍历三明治
8            int cnt=0;                  //在一轮中累计比较的次数
9            while(!qu.empty()) {
10               if(cnt==qu.size())      //学生队中每个学生都比较一次,则结束
11                   return qu.size();
12               int stud=qu.front(); qu.pop();
13               if(stud==sandwiches[i]) { //比较成功
14                   i++;                //移到下一个三明治
15                   cnt=0;              //开始下一轮
16               }
17               else {                  //比较不超过
18                   qu.push(stud);      //学生进入队尾
19                   cnt++;              //本轮比较次数增1
20               }
21           }
22           return 0;
23       }
24   };
```

提交运行:

结果:通过;时间:4ms;空间:8.4MB

Python:

```
1   from collections import deque
2   class Solution:
3       def countStudents(self, students: List[int], sandwiches: List[int]) -> int:
4           qu = deque()                          #定义一个队列
5           for stud in students:
6               qu.append(stud)
7           i = 0                                 #遍历三明治
8           cnt = 0                               #在一轮中累计比较的次数
9           while len(qu) > 0:
10              if cnt == len(qu):                #学生队中每个学生都比较一次,则结束
11                  return len(qu)
12              stud = qu.popleft()
13              if stud == sandwiches[i]:         #比较成功
14                  i += 1                        #移到下一个三明治
15                  cnt = 0                       #开始下一轮
16              else:                             #比较不超过
17                  qu.append(stud)               #学生进入队尾
18                  cnt += 1                      #本轮比较次数增1
19          return 0
```

提交运行:

结果:通过;时间:36ms;空间:15.1MB

4.3.2 LeetCode933——最近的请求次数★

【问题描述】 设计一个 RecentCounter 类来计算特定时间范围内最近的请求。

(1) RecentCounter():初始化计数器,请求数为 0。

(2) int ping(int t):在时间 t 添加一个新请求,其中 t 表示以毫秒为单位的某个时间,并返回过去 3000 毫秒内发生的所有请求数(包括新请求),确切地说,返回在 $[t-3000,t]$ 范围内发生的请求数。

保证每次对 ping 的调用都使用比之前更大的 t 值。

示例:

```
RecentCounter recentCounter = new RecentCounter();
recentCounter.ping(1);        //requests=[1],范围是[-2999,1],返回 1
recentCounter.ping(100);      //requests=[1, 100],范围是[-2900,100],返回 2
recentCounter.ping(3001);     //requests=[1, 100, 3001],范围是[1,3001],返回 3
recentCounter.ping(3002);     //requests=[1, 100, 3001, 3002],范围是[2,3002],返回 3
```

【限制】 $1 \leqslant t \leqslant 10^9$,保证每次对 ping 的调用所使用的 t 值都严格递增,最多调用 ping 方法 10^4 次。

【解题思路】 用队列模拟请求操作。由于多次调用 ping(t)时的 t 总是递增的,用一个队列 qu 存放请求的时间(每个时间对应一次请求)。执行 ping(t)的操作是先将 t 进队,将所有小于 $t-3000$ 的请求出队,返回队列 qu 中元素的个数,即 $[t-3000,t]$ 范围内的请求数。

对应的 RecentCounter 类如下。

C++:

```
1   class RecentCounter {
2       queue<int> qu;
```

```
3   public:
4       RecentCounter() { }
5       int ping(int t) {
6           qu.push(t);
7           while(qu.front()<t-3000) qu.pop();
8           return qu.size();
9       }
10  };
```

提交运行：

结果：通过；时间：124ms；空间：55.9MB

🔲 **Python**：

```
1   from collections import deque
2   class RecentCounter:
3       def __init__(self):
4           self.qu=deque()
5       def ping(self, t: int) -> int:
6           self.qu.append(t)
7           while self.qu[0]<t-3000: self.qu.popleft()
8           return len(self.qu)
```

提交运行：

结果：通过；时间：204ms；空间：19.8MB

4.3.3 LeetCode225——用队列实现栈★

【问题描述】 请使用两个队列实现一个后入先出(LIFO)的栈,并支持普通栈的 4 种操作(push、top、pop 和 empty),实现 MyStack 类。

(1) void push(int x)：将元素 x 压入栈顶。

(2) int pop()：移除并返回栈顶元素。

(3) int top()：返回栈顶元素。

(4) bool empty()：如果栈为空,返回 true,否则返回 false。

注意：只能使用队列的基本操作实现这些操作。

示例：

```
MyStack myStack = new MyStack();
myStack.push(1);
myStack.push(2);
myStack.top();              //返回 2
myStack.pop();             //返回 2
myStack.empty();           //返回 false
```

【限制】 $1 \leqslant x \leqslant 9$,最多调用 100 次 push、pop、top 和 empty,每次调用 pop 和 top 都保证栈不为空。

【解题思路】 用两个 queue 模拟一个栈。设置两个队列,qu 为主队列,模拟栈操作,将队头作为栈顶,如图 4.8 所示;tmpqu 为辅助队列。

(1) push(int x)：假设队列 qu 中从队头到队尾为 $[a_0, a_1, \cdots, a_{n-1}]$,执行该运算后 qu 变为 $[x,$

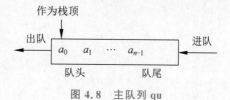

图 4.8 主队列 qu

$a_0, a_1, \cdots, a_{n-1}$。为此先将 qu 中的所有元素出队并进入 tmpqu 中,这样 qu=[],tmpqu= $[a_0, a_1, \cdots, a_{n-1}]$,将 x 进 qu 队,qu=[x],再将 tmpqu 中的所有元素出队并进入 qu 中,这样 qu=[$x, a_0, a_1, \cdots, a_{n-1}$],tmpqu=[]。

(2) pop():若 qu=[$x, a_0, a_1, \cdots, a_{n-1}$],该运算返回 x,并且 qu 变为[$a_0, a_1, \cdots, a_{n-1}$],从队列 qu 的角度看就是出队队头元素 x。

(3) top():若 qu=[$x, a_0, a_1, \cdots, a_{n-1}$],该运算返回 x,并且 qu 不变,从队列 qu 的角度看就是取队头元素 x。

(4) empty():栈中的所有元素均存放在 qu 中,所以返回 qu 是否为空。

在上述 4 个算法中只有 push(x)算法的时间复杂度为 $O(n)$,其他算法的时间复杂度均为 $O(1)$。对应的 MyStack 类如下。

C++:

```cpp
1   class MyStack {
2       queue < int > qu;              //主队列
3       queue < int > tmpqu;           //辅助队列
4   public:
5       MyStack() {}
6       void push(int x) {
7           while(!qu.empty()) {
8               tmpqu.push(qu.front());
9               qu.pop();
10          }
11          qu.push(x);
12          while(!tmpqu.empty()) {
13              qu.push(tmpqu.front());
14              tmpqu.pop();
15          }
16      }
17      int pop() {
18          int x=qu.front(); qu.pop();
19          return x;
20      }
21      int top() {
22          return qu.front();
23      }
24      bool empty() {
25          return qu.empty();
26      }
27  };
```

提交运行:

结果:通过;时间:0ms;空间:6.8MB

Python:

```python
1   from collections import deque
2   class MyStack:
3       def __init__(self):
4           self.qu=deque()              #主队列
5           self.tmpqu=deque()           #辅助队列
6       def push(self, x: int) -> None:
7           while self.qu:
8               self.tmpqu.append(self.qu.popleft())
9           self.qu.append(x)
10          while self.tmpqu:
```

```
11              self.qu.append(self.tmpqu.popleft())
12       def pop(self) -> int:
13           return self.qu.popleft()
14       def top(self) -> int:
15           return self.qu[0]
16       def empty(self) -> bool:
17           return len(self.qu)==0
```

提交运行：

结果：通过；时间：32ms；空间：15.3MB

4.3.4　LeetCode281——锯齿迭代器★★

【问题描述】　给定两个一维的向量,请实现一个迭代器类 ZigzagIterator,用于交替返回它们中间的元素。

例如,v1=[1,2],v2=[3,4,5,6],答案是[1,3,2,4,5,6],需要通过连续调用 next()函数直到 hasNext()函数返回 false,next()函数的返回值应该为[1,3,2,4,5,6]。

【解题思路】　用队列作为数据容器＋二路归并。next()函数不带参数,可以连续调用,对于题目中的示例,第一次调用 next()返回1,第 2 次调用 next()返回3,第 3 次调用 next()返回 2,以此类推。为此设计一个队列 qu 存放两个向量交替的元素序列,执行一次 next()相当于从队列中出队一次。对应的 ZigzagIterator 类如下。

C++:

```
1    class ZigzagIterator {
2        queue<int> qu;
3    public:
4        ZigzagIterator(vector<int>& v1, vector<int>& v2) {   //构造函数产生 qu
5            int m=v1.size();
6            int n=v2.size();
7            int i=0,j=0;
8            while(i<m && j<n){                     //将 v1、v2 中的元素交替进队
9                qu.push(v1[i]); i++;
10               qu.push(v2[j]); j++;
11           }
12           while(i<m) {
13               qu.push(v1[i]); i++;
14           }
15           while(j<n) {
16               qu.push(v2[j]); j++;
17           }
18       }
19
20       int next() {
21           int t=qu.front();qu.pop();
22           return t;
23       }
24       bool hasNext() {
25           return !qu.empty();
26       }
27   };
```

提交运行：

结果：通过；时间：8ms；空间：8.1MB

Python：

```
1   from collections import deque
2   class ZigzagIterator：
3       def __init__(self, v1: List[int], v2: List[int]):
4           self.qu=deque()
5           m,n=len(v1),len(v2)
6           i,j=0,0
7           while i<m and j<n:
8               self.qu.append(v1[i]); i+=1
9               self.qu.append(v2[j]); j+=1
10          while i<m:
11              self.qu.append(v1[i]); i+=1
12          while j<n:
13              self.qu.append(v2[j]); j+=1

14      def next(self) -> int:
15          return self.qu.popleft()
16      def hasNext(self) -> bool:
17          return self.qu
```

提交运行：

结果：通过；时间：52ms；空间：15.4MB

4.3.5 LeetCode1047——删除字符串中所有的相邻重复项★

【问题描述】 给定由小写字母组成的字符串 s，在 s 上反复执行重复项删除操作（重复项删除操作指选择两个相邻且相同的字母，并删除它们），直到无法继续删除，在完成所有重复项删除操作后返回最终的字符串。答案要保证唯一。

例如，"abbaca"，可以删除"bb"（由于两个字母相邻且相同，这是此时唯一可以执行删除操作的重复项），得到字符串"aaca"，其中又有"aa"可以执行重复项删除操作，所以最后的字符串为"ca"，答案为"ca"。

【限制】 $1 \leqslant s.length \leqslant 2 \times 10^4$，s 仅由小写英文字母组成。

【解题思路】 用双端队列后端判定相邻字符是否重复。设置一个双端队列 dq，用 i 从 0 开始遍历 s。

（1）若 dq 不为空且队尾元素等于 $s[i]$，说明当前判定 $s[i]$ 是重复字符，则从后端（队尾）出队元素。

（2）若 dq 为空或者 dq 不为空且队尾元素不等于 $s[i]$，说明当前判定 $s[i]$ 是非重复字符，则将 $s[i]$ 从后端进队。

遍历完毕 dq 中都是非相邻重复字符，则从队头到队尾将所有字符连接起来得到答案 ans，返回 ans 即可。

例如，s="abbaca"，dq=[]。

（1）s[0]='a'，dq 为空，将 s[0]从后端进队，dq=['a']。

（2）s[1]='b'，dq 队尾≠'b'，将 s[1]从后端进队，dq=['a','b']（按从前端到后端的顺序排列）。

（3）s[2]='b'，dq 队尾='b'，从后端出队，dq=['a']。

（4）s[3]='a'，dq 队尾='a'，从后端出队，dq=[]。

扫一扫

源程序

（5）s[4]='c',dq 为空,将 s[4]从后端进队,dq=['c']。

（6）s[5]='a',dq 队尾≠'a',将 s[5]从后端进队,dq=['c','a']。

求出 ans="ca"。

4.4　单调队列

4.4.1　LeetCode239——滑动窗口的最大值★★★

【问题描述】　给定一个整数数组 nums,有一个大小为 k 的滑动窗口从数组的最左侧移动到数组的最右侧。用户只可以看到滑动窗口内的 k 个数字。滑动窗口每次只向右移动一位。请返回滑动窗口中的最大值。

例如,nums=[1,3,-1,-3,5,3,6,7],k=3 时的答案为[3,3,5,5,6,7]。

【限制】　$1 \leqslant nums.length \leqslant 10^5, -10^4 \leqslant nums[i] \leqslant 10^4, 1 \leqslant k \leqslant nums.length$。

【解题思路】　用单调递减队保存滑动窗口中的最大元素。定义一个双端队列 dq(大头队),用 ans 记录该滑动窗口内元素的最大值。用 i 从 0 开始遍历 nums:

（1）若队列 dq 为空,将 i 从队尾进队。

（2）若队列 dq 不为空,将小于 nums[i]的队尾元素从队尾出队,直到队列为空或者队尾不小于 nums[i]为止,再将 i 从队尾进队。

对于当前滑动窗口,如果队列的队头元素的位置"过期",也就是队头下标小于该滑动窗口最左端的位置($i-k+1$),将队头元素从队头出队。当 $i \geqslant k-1$ 时形成一个滑动窗口,将队头元素作为滑动窗口的最大值添加到 ans 中。最后返回 ans。对应的算法如下。

▦ C++:

```
1   class Solution {
2   public:
3       vector<int> maxSlidingWindow(vector<int>& nums, int k) {
4           int n=nums.size();
5           deque<int> dq;
6           vector<int> ans;
7           for(int i=0;i<n;i++) {              //遍历 nums
8               if(dq.empty())                  //队列为空时将下标 i 进队尾
9                   dq.push_back(i);
10              else {                          //队列不为空时
11                  while(!dq.empty() && nums[dq.back()]<nums[i])
12                      dq.pop_back();          //将队尾小于 nums[i]的元素从队尾出队
13                  dq.push_back(i);            //将元素下标 i 进队尾
14              }
15              if(dq.front()<i-k+1)            //将队头过期的元素从队头出队
16                  dq.pop_front();
17              if(i>=k-1)
18                  ans.push_back(nums[dq.front()]); //新队头元素添加到 ans 中
19          }
20          return ans;
21      }
22  };
```

提交运行:

结果:通过;时间:200ms;空间:131.6MB

⊞ **Python**:

```
1    from collections import deque
2    class Solution:
3        def maxSlidingWindow(self, nums: List[int], k: int) -> List[int]:
4            dq = deque()
5            ans = []
6            for i in range(0, len(nums)):
7                if len(dq) == 0:                    # 队列为空时将下标i进队尾
8                    dq.append(i);
9                else:                                # 队列不为空时
10                   while len(dq) > 0 and nums[dq[-1]] < nums[i]:
11                       dq.pop()                     # 将队尾小于nums[i]的元素从队尾出队
12                   dq.append(i)                     # 将元素下标i进队尾
13               if dq[0] < i - k + 1:                # 将队头过期的元素从队头出队
14                   dq.popleft()
15               if i >= k - 1:
16                   ans.append(nums[dq[0]])          # 新队头元素添加到ans中
17           return ans
```

提交运行:

结果:通过;时间:444ms;空间:27.4MB

4.4.2 LeetCode1438——绝对差不超过限制的最长连续子数组★★

【**问题描述**】 给定一个整数数组 nums 和一个表示限制的整数 limit,请返回最长连续子数组的长度,该子数组中任意两个元素之间的绝对差必须小于或者等于 limit。如果不存在满足条件的子数组,则返回 0。

例如,nums=[8,2,4,7],limit=4,子数组[2,4]的最大绝对差|2-4|=2≤4,答案为 2。

【**限制**】 $1 \leqslant$ nums. length $\leqslant 10^5$,$1 \leqslant$ nums[i] $\leqslant 10^9$,$0 \leqslant$ limit $\leqslant 10^9$。

【**解题思路**】 用两个单调队列保存区间中的最大元素和最小元素。用[low,high]作为滑动窗口(初始为[0,0]),ans 表示答案(初始为 0),设置大头队 maxdq 和小头队 mindq。在遍历 nums 的一个窗口时始终维护 maxdq 中的队头元素为该窗口中的最大元素,mindq 中的队头元素为该窗口中的最小元素。当 maxdq 的队头元素减去 mindq 的队头元素大于 limit 时,该窗口不再是有效窗口,应该将窗口的左边框向后移动一个位置,在移动之前若该窗口的最大元素为 nums[low],则将其从 maxdq 的队头出队,若该窗口的最小元素为 nums[low],则将其从 mindq 的队头出队,然后继续判断,直到当前窗口为有效窗口为止。

对于每个有效窗口[low,high],其长度为 high-low+1,将最大长度存放在 ans 中,然后递增 high 继续,直到 high=n 为止。

例如,nums=[8,2,4,7],limit=4,ans=0,high=0,maxdq=[],mindq=[],求解过程如下。

(1) high=0,将 nums[0]=8 分别进 maxdq 和 mindq 队列,maxdq=[8],mindq=[8]。[0,0]是有效区间,其长度为 1,得到 ans=1。

(2) high=1,maxdq 的操作:nums[1]=2 不大于队头元素 8,所以 8 不出队,将 nums[1]进队,maxdq=[8,2]。mindq 的操作:nums[1]=2 小于队头元素 8,将 8 从队头出队,再将 nums[1]进队,mindq=[2]。此时 maxdq 和 mindq 的队头元素差超过 limit,且 maxdq 队头元素等于 nums[0],则将 8 从 maxdq 队头出队,maxdq=[2],mindq 不变,low 增 1,得到

扫一扫

源程序

118

low＝1。[1,1]是有效区间,其长度为1,得到ans＝1。

（3）high＝2,maxdq 和 mindq 操作后,maxdq＝[4],mindq＝[2,4]。[1,2]是有效区间,其长度为2,得到ans＝2。

（4）high＝3,maxdq 和 mindq 操作后,maxdq＝[7],mindq＝[2,4,7],修改为 low＝2。[2,3]是有效区间,其长度为2,得到ans＝2。

答案为2。

4.4.3　LCR184——设计自助结算系统★★

【问题描述】　请设计一个自助结账系统,该系统需要通过一个队列来模拟顾客通过购物车的结算过程,需要实现的功能有:

（1）get_max():获取结算商品中的最高价格,如果队列为空,则返回－1。

（2）add(val):将价格为 val 的商品加入待结算商品队列的尾部。

（3）remove():移除第一个待结算的商品价格,如果队列为空,则返回－1。

注意,为保证该系统运转高效性,以上函数的均摊时间复杂度均为 $O(1)$。

例如,输入["Checkout","add","add","get_max","remove","get_max"] [[],[4],[7],[],[],[]],输出的结果为[null,null,null,7,4,7]。

提示:1≤get_max,add,remove 的总操作数≤10 000,1≤val≤10^5。

【解题思路】　用单调递减队保存整个队列中的最大元素。设置一个普通队列 qu 和维护队列最大值的单调队列 dq,后者采用双端队列 deque 实现。

（1）get_max():若 qu 空时返回－1,否则直接返回 dq 的队头元素(即为队列中的最大值)。

（2）add(val):先将 val 进入 qu 队,若 dq 中队尾元素小于 val,将 dq 队尾元素出队,直到 dq 为空或者队尾元素不小于 val 为止,再将 val 从队尾进入 dq。

（3）remove():若 qu 空时返回－1,否则取 qu 的队头元素 x,若 dq 的队头元素(当前队列中的最大值)等于 x,则同时将 x 从 dq 的队头出队,最后返回 x。

对应 Checkout 类如下。

C++:

```
1   class Checkout {
2       queue＜int＞ qu;                    //普通队列
3       deque＜int＞ dq;                    //单调队列
4   public:
5       Checkout() {}
6       int get_max() {
7           if(qu.empty()) return －1;
8           return (dq.front());
9       }
10      void add(int val) {
11          qu.push(val);
12          while(!dq.empty() && (dq.back())＜val)
13              dq.pop_back();
14          dq.push_back(val);
15      }
16      int remove() {
17          if(qu.empty()) return －1;
18          int x＝qu.front();
19          if(dq.front()＝＝x)
20              dq.pop_front();
```

```
21          qu.pop();
22          return x;
23      }
24  };
```

提交运行：

结果：通过；时间：132ms；空间：53.41MB

Python：

```
1   from collections import deque
2   class Checkout :
3       def __init__(self) :
4           self.qu = deque()              # 普通队列
5           self.dq = deque()              # 单调队列
6       def get_max(self) -> int:
7           if len(self.qu) == 0:return -1
8           return self.dq[0]

9       def add(self,val:int) -> None:
10          self.qu.append(val)
11          while len(self.dq) > 0 and self.dq[-1] < val:
12              self.dq.pop()
13          self.dq.append(val)

14      def remove(self) -> int:
15          if len(self.qu) == 0:return -1
16          x = self.qu[0]
17          if self.dq[0] == x:
18              self.dq.popleft()
19          self.qu.popleft()
20          return x
```

提交运行：

结果：通过；时间：172ms；空间：19.91MB

推荐练习题

1. LeetCode121——买卖股票的最佳时机★
2. LeetCode362——敲击计数器★★
3. LeetCode346——数据流中的移动平均值★
4. LeetCode950——按递增顺序显示卡牌★★
5. LeetCode918——环形子数组的最大和★★
6. LeetCode995——k 连续位的最小翻转次数★★★
7. LeetCode1425——带限制的子序列和★★★
8. LeetCode1499——满足不等式的最大值★★★
9. LeetCode1687——从仓库到码头运输箱子★★★
10. LeetCode1823——找出游戏的获胜者★★
11. LeetCode2327——知道秘密的人数★★
12. LeetCode2534——通过门的时间★★★

第5章 哈希表

📖 知识图谱

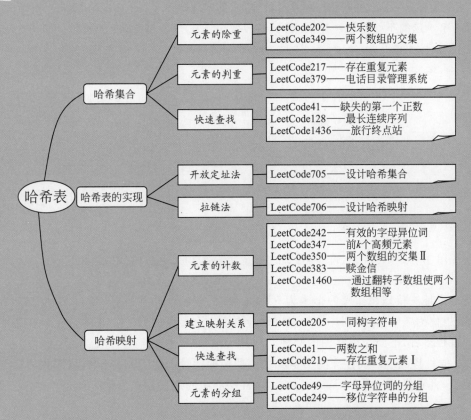

哈希表

哈希集合
- 元素的除重
  - LeetCode202——快乐数
  - LeetCode349——两个数组的交集
- 元素的判重
  - LeetCode217——存在重复元素
  - LeetCode379——电话目录管理系统
- 快速查找
  - LeetCode41——缺失的第一个正数
  - LeetCode128——最长连续序列
  - LeetCode1436——旅行终点站

哈希表的实现
- 开放定址法
  - LeetCode705——设计哈希集合
- 拉链法
  - LeetCode706——设计哈希映射

哈希映射
- 元素的计数
  - LeetCode242——有效的字母异位词
  - LeetCode347——前k个高频元素
  - LeetCode350——两个数组的交集 II
  - LeetCode383——赎金信
  - LeetCode1460——通过翻转子数组使两个数组相等
- 建立映射关系
  - LeetCode205——同构字符串
- 快速查找
  - LeetCode1——两数之和
  - LeetCode219——存在重复元素 I
- 元素的分组
  - LeetCode49——字母异位词的分组
  - LeetCode249——移位字符串的分组

5.1 哈希表概述

5.1.1 哈希表的定义

1. 哈希表和哈希函数

哈希表也称为散列表,是一种根据键直接进行访问的数据结构,也就是通过把键映射到表中的一个位置来访问元素,以加快查找的速度。这个映射函数称为哈希函数,存放元素的数组称为哈希表。

假设哈希表为 ht$[0..\text{MAXH}-1]$(长度为 MAXH),哈希函数为 h。给定一个元素集合,每个元素的键是唯一的,以每个元素的键 k 为自变量,通过一个哈希函数 h 把 k 映射为内存单元的地址(或相对地址)$h(k)$,并把该元素存储在这个内存单元中。

这样,对于两个不同的键 k_i 和 $k_j(i \neq j)$ 可能出现 $h(k_i)=h(k_j)$,这种现象称为哈希冲突,将具有不同键但哈希函数值相同的元素称为"同义词",这种冲突也称为同义词冲突。

若对于元素集合中的任意一个元素,经哈希函数映射到哈希地址集合中任何一个地址的概率是相等的,则称该哈希函数为均匀哈希函数,这就是使键经过哈希函数得到一个"随机的地址",从而减少哈希冲突。

设计哈希函数的常用方法之一是除留余数法,该方法取键被某个不大于哈希表长度 MAXH 的整数 p 除后所得的余数为哈希地址,即 $h(k)=k \% p(p \leqslant \text{MAXH})$,对 p 的选择很重要,若 p 选的不好容易产生同义词,一般取小于或等于 MAXH 的素数。如图 5.1 所示为一个哈希表示意图。

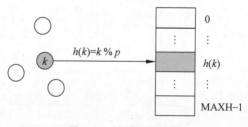

图 5.1　哈希表示意图

2. 解决哈希冲突的方法

解决哈希冲突的方法有许多,可分为开放定址法和拉链法两大类。

1)开放定址法

开放定址法就是在插入一个键为 k 的元素时,若发生哈希冲突,通过某种哈希冲突解决函数(也称为再哈希)得到一个新空闲地址再插入该元素的方法。这样的哈希冲突解决函数设计有很多种,下面介绍常用的两种。

(1)线性探测法。线性探测法是从发生冲突的地址(设为 d_0)开始,依次探测 d_0 的下一个地址,直到找到一个空闲单元为止。线性探测法的迭代公式为:

$$d_0 = h(k)$$

$$d_i = (d_{i-1} + 1) \% \text{MAXH} \quad (1 \leqslant i \leqslant \text{MAXH} - 1)$$

其中,模 MAXH 是为了保证试探 0～MAXH−1 的有效地址,当到达地址为 MAXH−1 的哈希表的表尾时,下一个探测的地址是表首地址 0。

(2) 平方探测法。设发生冲突的地址为 d_0,平方探测法的探测序列为 $d_0 + 1^2, d_0 - 1^2, d_0 + 2^2, d_0 - 2^2, \cdots$。平方探测法的数学描述公式为:

$$d_0 = h(k)$$

$$d_i = (d_0 \pm i^2) \% \text{MAXH} \quad (1 \leqslant i \leqslant \text{MAXH} - 1)$$

线性探测法是沿着一个方向循环试探下一个地址,平方探测法是前后试探下一个地址。此外,开放定址法的探测方法还有伪随机序列法、双哈希函数法等。

例如,某个哈希表 ht 的长度 MAXH = 8,哈希函数为 $h(k) = k \% 7$,空位置用键 NULLKEY(−1)表示,删除位置用键 DELKEY(−2)表示,使用线性探测法解决冲突,求依次插入 2、9、16、15 和 1,删除 9,再插入 8 和 16 的结果,并求最终哈希表的成功查找和不成功查找的平均查找长度。创建哈希表的过程如下。

(1) 初始哈希表如图 5.2(a)所示。

(2) 插入 2,$h(2) = 2 \% 7 = 2$,$d_0 = 2$,插入 ht[2]中(探测一次);插入 9,$h(9) = 9 \% 7 = 2$,$d_0 = 2$,冲突(ht[2]已经被 2 占用),使用线性探测法,求出 $d_1 = (d_0 + 1) \% 8 = 3$,插入 ht[3]中(探测两次);插入 16,$h(16) = 16 \% 7 = 2$,$d_0 = 2$,冲突,使用线性探测法,求出 $d_1 = (d_0 + 1) \% 8 = 3$,仍冲突,求出 $d_2 = (d_1 + 1) \% 8 = 4$,插入 ht[4]中(探测 3 次),如图 5.2(b)所示。

(3) 插入 15,$h(15) = 15 \% 7 = 1$,$d_0 = 1$,插入 ht[1]中(探测一次);插入 1,$h(1) = 1 \% 7 = 1$,$d_0 = 1$,冲突,使用线性探测法,求出 $d_1 = (d_0 + 1) \% 8 = 2$,仍冲突,一直到 $d_4 = 5$,插入 ht[5]中(探测 5 次),如图 5.2(c)所示。

(4) 删除 9,找到 ht[3] = 9,将该位置的键改为 DELKEY,探测次数置为 0,如图 5.2(d)所示。

(5) 插入 8,$h(8) = 8 \% 7 = 1$,$d_0 = 1$,冲突,使用线性探测法,求出 $d_1 = (d_0 + 1) \% 8 = 2$,仍冲突,$d_2 = (d_1 + 1) \% 8 = 3$,ht[3]的键为 DELKEY,将 8 插入 ht[3]中(探测 3 次),插入 16,在 ht 中找到 ht[4] = 16,说明键重复,不能插入,如图 5.2(e)所示。

此时哈希表中包含 $n = 5$ 个键,其查找成功的平均查找长度(ASL$_{成功}$)为 5 个键的平均探测次数,即:

$$\text{ASL}_{成功} = \frac{1 + 1 + 3 + 3 + 5}{5} = 2.6$$

现在求查找不成功的平均查找长度(ASL$_{不成功}$),假设给定键 x,它不在哈希表中,也需要按照查找过程找到空位置为止。分析哈希函数可知 $h(x)$ 可能的取值为 0～6。

(1) 若 $h(x) = 0$,探测一次确定查找失败。

(2) 若 $h(x) = 1$,探测 6 次(依次与 ht[1..6]比较)确定查找失败。

(3) 若 $h(x) = 2$,探测 5 次确定查找失败。

(4) 若 $h(x) = 3$,探测 4 次确定查找失败。

(5) 若 $h(x) = 4$,探测 3 次确定查找失败。

(6) 若 $h(x) = 5$,探测两次确定查找失败。

（7）若 $h(x)=5$，探测一次确定查找失败。

查找不成功的平均查找长度就是所有可能查找失败的平均探测次数，即：

$$\text{ASL}_{\text{不成功}} = \frac{1+6+5+4+3+2+1}{7} = 3.14$$

地址	0	1	2	3	4	5	6	7
关键字	-1	-1	-1	-1	-1	-1	-1	-1
探测次数	0	0	0	0	0	0	0	0

(a) 初始哈希表

地址	0	1	2	3	4	5	6	7
关键字	-1	-1	2	9	16	-1	-1	-1
探测次数	0	0	1	2	3	0	0	0

(b) 插入2、9、16的结果

地址	0	1	2	3	4	5	6	7
关键字	-1	15	2	9	16	1	-1	-1
探测次数	0	1	1	2	3	5	0	0

(c) 插入15和1的结果

地址	0	1	2	3	4	5	6	7
关键字	-1	15	2	-2	16	1	-1	-1
探测次数	0	1	1	0	3	5	0	0

(d) 删除9的结果

地址	0	1	2	3	4	5	6	7
关键字	-1	15	2	8	16	1	-1	-1
探测次数	0	1	1	3	3	5	0	0

(e) 插入8和16的结果

图 5.2　哈希表的操作过程（1）

2）拉链法

拉链法是把所有的同义词用单链表链接起来的方法（每个这样的单链表称为一个桶）。如图 5.2 所示，哈希函数为 $h(k)=k \ \% \ \text{MAXH}$，所有哈希地址为 i 的元素对应的结点构成一个单链表，称为单链表 i。哈希表的地址空间为 $0 \sim \text{MAXH}-1$，在地址 i 的单元中存放对应单链表的首结点地址。

例如，某个哈希表 ht 的长度 $\text{MAXH}=5$，哈希函数为 $h(k)=k\%5$，使用拉链法解决冲突，求依次插入 2、9、16、15、1、6，删除 1 和 9，再插入 8 和 7 的结果，并求最终哈希表的成功查找和不成功查找的平均查找长度。创建哈希表的过程如下。

（1）初始哈希表如图 5.3(a) 所示。

（2）插入 2、9、16、15、1、6，求出各键的哈希函数值，$h(2)=2$，$h(9)=4$，$h(16)=1$，$h(15)=0$，$h(1)=1$，$h(6)=1$。对于 $h(k)=i$ 的元素创建一个存放结点 p，使用头插法插入单链表 i 中，按上述顺序插入得到的哈希表如图 5.3(b) 所示。

（3）删除 1，$h(1)=1$，在单链表 1 中找到键为 1 的结点，删除之；删除 9，$h(9)=4$，在单链表 4 中找到键为 9 的结点，删除之，删除后的哈希表如图 5.3(c) 所示。

（4）插入 8，$h(8)=3$，将其插入单链表 3 中；插入 7，$h(7)=2$，将其插入单链表 2 的头部，如图 5.3(d) 所示。

此时哈希表中包含 $n=6$ 个结点，查找 15、6、7、8 均需要比较一次，查找 16 和 2 均需要比较两次，其查找成功的平均查找长度为：

$$\text{ASL}_{\text{成功}} = \frac{1 \times 4 + 2 \times 2}{6} = 1.3$$

现在求查找不成功的平均查找长度（$\text{ASL}_{\text{不成功}}$），假设给定键 x，它不在哈希表中，也需要按

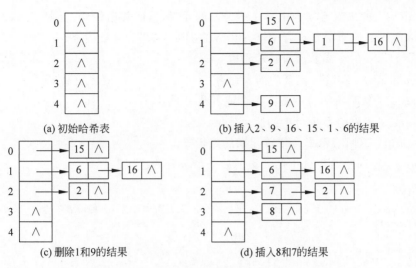

(a) 初始哈希表   (b) 插入2、9、16、15、1、6的结果

(c) 删除1和9的结果   (d) 插入8和7的结果

图 5.3 哈希表的操作过程(2)

照查找过程找到空位置为止。分析哈希函数可知 $h(x)$ 可能的取值为 $0 \sim 4$。

(1) 若 $h(x)=0$,单链表 0 的长度为 1,探测一次确定查找失败。

(2) 若 $h(x)=1$,单链表 1 的长度为 2,探测两次确定查找失败。

(3) 若 $h(x)=2$,单链表 2 的长度为 2,探测两次确定查找失败。

(4) 若 $h(x)=3$,单链表 3 的长度为 1,探测一次确定查找失败。

(5) 若 $h(x)=4$,单链表 4 的长度为 0,探测 0 次确定查找失败。

对应的查找不成功的平均查找长度为:

$$\mathrm{ASL}_{不成功} = \frac{1+2+2+1+0}{5} = 1.2$$

一般来说,使用拉链法解决冲突的哈希表的查找性能更好,但占用的空间较多。目前,C++和 Python 等语言中提供的哈希表均用拉链法或者改进方法实现,查找时间可以接近 $O(1)$。

5.1.2 哈希表的知识点

在实现哈希表时其中元素的类型通常分为两种,一种是每个元素含单个键 key,这样的哈希表称为哈希集合;另一种是每个元素为键值对(key,value),这样的哈希表称为哈希映射。通常,哈希集合用于除重、判重和快速查找,哈希映射用于计数、判重、分组数据存储和快速查找等。

1. C++中的哈希集合

C++ STL 提供的哈希集合为 unordered_set 类模板,每个元素为一个键,所有键是唯一的。unordered_set 用哈希表实现,使用拉链法解决冲突,所有元素是无序排列的,按键查找的时间复杂度接近 $O(1)$。unordered_set 的主要成员函数如下。

- empty():判断哈希集合是否为空。
- size():返回哈希集合的长度。
- [k]:返回哈希集合中键为 k 的元素。

- find(k)：如果哈希集合中存在键为 k 的元素，返回其迭代器，否则返回 end()。
- count(k)：返回哈希集合中键 k 出现的次数，结果为 0 或者 1。
- insert(e)：在哈希集合中插入元素 e。
- emplace(e)：在哈希集合中插入元素 e，比 insert(e)的效率更高。
- erase()：从哈希集合中删除一个或者几个元素。
- clear()：删除哈希集合中的所有元素。
- begin()：返回哈希集合中首元素的迭代器。
- end()：返回哈希集合中尾元素的后一个位置的迭代器。

▓ **C++**：

```
1  unordered_set<int> hset;              //定义元素类型为 int 的哈希集合
2  hset.insert(3);                       //插入 3
3  hset.insert(1);                       //插入 2
4  hset.insert(2);                       //插入 2
5  printf("%d\n",hset.count(1));         //输出:1
6  hset.erase(1);                        //删除 1
7  for(auto x:hset)                      //输出:2 3
8      printf("%d ",x);
9  printf("\n");
```

2. C++中的哈希映射

C++ STL 提供的哈希映射为 unordered_map 类模板，每个元素为 pair 类型，pair 结构类型的声明如下：

```
1  struct pair {
2      T1 first;                         //关键字成员
3      T2 second;                        //值成员
4  };
```

其中，first 对应 key，要求所有元素的键是唯一的，second 对应值 value。同时，pair 对 ==、!=、<、>、<=、>= 共 6 个运算符进行重载，提供了按照字典序对元素对进行大小比较的比较运算符模板函数。

unordered_map 用哈希表实现，使用拉链法解决冲突，所有元素是无序排列的，按键查找的时间复杂度接近 $O(1)$。unordered_map 的主要成员函数如下。

- empty()：判断哈希映射是否为空。
- size()：返回哈希映射中实际的元素个数。
- map[k]：返回键为 k 的元素，当其不存在时以 k 作为键插入一个元素。
- at[k]：同 map[k]。
- find(k)：在哈希映射中查找键为 k 的元素。
- count(k)：返回哈希映射中键为 k 的元素的个数，结果为 1 或者 0。
- insert(e)：在哈希映射中插入一个元素 e 并返回该元素的位置。
- emplace(e)：在哈希映射中插入元素 e，比 insert(e)的效率更高。
- erase()：删除哈希映射中的一个或者几个元素。
- clear()：删除哈希映射中的所有元素。
- begin()：返回哈希映射中首元素的迭代器。

- end()：返回哈希映射中尾元素的后一个位置的迭代器。

▦ C++：

```
1   unordered_map < string, int > hmap;                    //定义键为 string、值为 int 的哈希映射
2   hmap. insert(pair < string, int >("Mary", 3));         //插入("Mary", 3)
3   hmap["Smith"] = 1;                                     //插入("Smith", 1)
4   hmap. insert(make_pair < string, int >("John", 2));    //插入("John", 2)
5   printf("%d\n", hmap. count("Smith"));                  //输出：1
6   hmap. erase("Mary");                                   //删除 Mary 的元素
7   for(auto x : hmap)                                     //输出：[John, 2] [Smith, 1]
8       cout << "[" << x. first << ", " << x. second << "] ";
9   cout << endl;
```

3. Python 中的哈希集合

在 Python 中提供了集合类型，用哈希表实现，在集合中存放不可变类型数据，如字符串、数字或者元组。集合是一个无序的不重复元素序列，其基本功能包括关系测试和消除重复元素。两个集合 a 和 b 之间可以做—、|、& 和^运算，其中 a—b 返回 a 中包含但 b 中不包含的元素的集合，a｜b 返回 a 或 b 中包含的所有元素的集合，a & b 返回 a 和 b 中都包含的元素的集合，a^b 返回不同时包含于 a 和 b 的元素的集合。

使用大括号｛｝或者 set() 函数创建集合，但创建一个空集合必须用 set() 而不是用｛｝，因为｛｝用来创建一个空字典。集合 s 的基本操作如下。

- len(s)：返回集合 s 中元素的个数。
- x in s：若元素 x 在集合 s 中，返回 True，否则返回 False。
- x not in s：若元素 x 不在集合 s 中，返回 True，否则返回 False。
- s. add(x)：向集合 s 中添加元素 x。
- s. clear()：移除集合 s 中的所有元素。
- s. isdisjoint(t)：判断两个集合 s 和 t 是否不存在交集，若不存在返回 True，否则返回 False。
- s. issubs(t)：判断集合 s 是否为集合 t 的子集。
- s. remove(x)：移除集合 s 中的元素 x，如果元素 x 不存在，则会发生错误。
- s. discard(x)：移除集合 s 中的元素 x，如果元素 x 不存在，不会发生错误。
- s. update(x)：将 x 添加到集合 s 中，且参数可以是列表、元组或者字典等。
- s. difference(t)：返回两个集合 s 和 t 的差集，即 s—t。
- s. intersection(t)：返回两个集合 s 和 t 的交集，即 s & t。
- s. union(t)：返回两个集合 s 和 t 的并集，即 s｜t。
- s. symmetric_difference(t)：返回除集合 s 和集合 t 共有的元素以外的元素，即 s^t。

▦ Python：

```
1   hset = set()           #定义元素类型为 int 的哈希集合
2   hset. add(3)           #插入 3
3   hset. add(1)           #插入 2
4   hset. add(2)           #插入 2
5   print(1 in hset)       #输出：True
6   hset. remove(1)        #删除 1
7   for x in hset:         #输出：2 3
8       print(x, end = ' ')
9   print()
```

4. Python 中的哈希映射

Python 中提供的字典类型相当于哈希映射,也是用哈希表实现。字典可以存储任意类型的对象,每个元素由 key:value 构成,其中 key 是键,value 是对应的值,中间用逗号分隔,整个字典包含在大括号(｛ ｝)中,键必须是唯一的,但值不必唯一。值可以取任何数据类型,但键必须是不可变的数据类型,如字符串、数字或者元组。

使用大括号｛｝或者 dict() 函数创建字典。字典 dict 的基本操作如下。

- len(dict):返回字典 dict 中元素的个数。
- dict[key]:返回字典 dict 中键 key 的值。
- dict.clear():移除字典 dict 中的所有元素。
- key in dict:如果键 key 在字典 dict 中,返回 True,否则返回 False。
- keynot in dict:如果键 key 不在字典 dict 中,返回 True,否则返回 False。
- dict.has_key(key):如果键 key 在字典 dict 中,返回 True,否则返回 False。
- dict.items():以列表形式返回字典 dict 中可遍历的(键,值)元组数组。
- dict.keys():以列表形式返回字典 dict 中的所有键。
- dict.values():以列表形式返回字典 dict 中的所有值。
- dict.get(key, default＝None):返回字典 dict 中指定键的值,如果值不在字典中,则返回 default 值。
- dict.setdefault(key, default＝None):和 get() 类似,但如果键不在字典中,将会添加键,并将值设置为 default。
- pop(key[,default]):删除字典 dict 中键 key 对应的值,返回值为被删除的值。key 值必须给出,否则将返回 default 值。
- popitem():随机返回并删除字典 dict 中的最后一对键值。

📋 Python:

```
1  hmap＝dict()                          ＃定义一个哈希字典
2  hmap["Mary"]＝3                       ＃插入("Mary",3)
3  hmap["Smith"]＝1                      ＃插入("Smith",1)
4  hmap["John"]＝2                       ＃插入("John",2)
5  print("Smith" in hmap)               ＃输出:True
6  del hmap["Mary"]                     ＃删除 Mary 的元素
7  for name,v in hmap.items():          ＃输出:[Smith,1] [John,2]
8      print("[%s, %d]"%(name,v),end=' ')
9  print()
```

另外,Python 提供了字典 dict 的一个子类 defaultdict,用 defaultdict 函数创建该子类的对象。以下语句定义一个 defaultdict 类对象 dict1:

```
dict1＝defaultdict(factory_function)
```

其中,factory_function 可以是 list、set、str 等,作用是当 key 不存在时返回工厂函数的默认值,如 list 对应[ ]、str 对应空字符串、set 对应 set()、int 对应 0,也就是说 dict1 会为一个不存在的键提供默认值,从而避免 KeyError 异常。dict1 的其他功能与 dict 相同。

5.2 哈希表的实现

5.2.1 LeetCode705——设计哈希集合★

【问题描述】 不使用任何内建的哈希表库设计一个哈希集合,实现 MyHashSet 类。

(1) void add(key): 向哈希集合中插入值 key。

(2) bool contains(key): 返回哈希集合中是否存在这个值 key。

(3) void remove(key): 将给定值 key 从哈希集合中删除,如果其中没有这个值,什么也不做。

示例:

```
MyHashSet myHashSet = new MyHashSet();
myHashSet.add(1);                      //set=[1]
myHashSet.add(2);                      //set=[1, 2]
myHashSet.contains(1);                 //返回 true
myHashSet.contains(3);                 //返回 false(未找到)
myHashSet.add(2);                      //set=[1, 2]
myHashSet.contains(2);                 //返回 true
myHashSet.remove(2);                   //set=[1]
myHashSet.contains(2);                 //返回 false(已移除)
```

【限制】 $0 \leqslant key \leqslant 10^6$,最多调用 10^4 次 add、remove 和 contains。

【解题思路】 开放定址法(线性探测法)。相关原理参见 5.1.1 节,这里最多调用 10^4 次 add、remove 和 contains,所以设置哈希集合的长度为 MAXH=10 000,设置哈希函数为 $h(k)=k\%P$,P=9997,用 NULLKEY=−1 表示空位置键,DELKEY=−2 表示已删除位置的键。

(1) add(key):求出 d=key%P,若 ht[d]=d 或者 ht[d]为空位置,或者 ht[d]为已删除位置,在 ht[d]插入 key(ht[d]=d 时插入 key 保证哈希表中的键唯一),否则说明有冲突,使用线性探测法,即置 d=(d+1)%MAXH,再进行试探。

◫ C++:

```
1   void add(int key) {                       //插入 key
2       int d=key%P;                           //求 d0
3       while(ht[d]!=key && ht[d]!=NULLKEY && ht[d]!=DELKEY) {
4           d=(d+1)%MAXH;                       //找到 NULLKEY、DELKEY 的位置 d
5       }
6       ht[d]=key;
7   }
```

(2) contains(key):求出 d=key%P,若 ht[d]=d(查找成功)或者 ht[d]为空位置(查找失败),结束查找,否则使用线性探测法,即置 d=(d+1)%MAXH,再进行试探。对于找到的 d,若该位置为 NULLKEY,说明查找失败,即哈希表中不包含 key,返回 false;若该位置不为 NULLKEY(因为 key≥0,该位置不可能为 DELKEY),说明哈希表中包含 key,返回 true。

◫ C++:

```
1   bool contains(int key) {                   //是否包含 key
2       return ht[hash(key)]!=NULLKEY;
3   }
```

(3) remove(key)：按照 contains(key)的查找过程找到 key 的位置 d,若该位置不是 NULLKEY,则置为 DELKEY,否则不修改。

▦ C++：

```
1   void remove(int key) {                    //删除 key
2       int d=hash(key);
3       if(ht[d]!=NULLKEY)
4           ht[d]=DELKEY;
5   }
```

扫一扫

源程序

Q：上述题目中约定 $0 \leqslant key \leqslant 10^6$,初学者 Chen 直接用一个长度为 10^6+1 的布尔数组 ht 作为哈希表,先初始化所有元素为 false,当插入 key 时置 ht[key]=true,请问 Chen 的实现和上述实现相比有什么优缺点?

A：Chen 的实现算法简单,不需要解决冲突,所以速度更快,查找、插入和删除算法的时间复杂度均为 $O(1)$,但占用的空间较多,并不能体现哈希表的本质。哈希表是将一个大数据范围映射为一个较小的数据范围,必须解决冲突问题。

5.2.2 LeetCode706——设计哈希映射 ★

【问题描述】 不使用任何内建的哈希表库设计一个哈希映射,实现 MyHashMap 类。

(1) MyHashMap()：用空映射初始化对象。

(2) void put(int key,int value)：求出 d=key%MAXH,向 HashMap 插入一个键值对 (key,value),如果 key 已经存在于映射中,则更新其对应的值 value。

(3) int get(int key)：返回特定的 key 所映射的 value,如果映射中不包含 key 的映射, 返回-1。

(4) void remove(int key)：如果映射中存在 key 的映射,则移除 key 和它所对应的 value。

示例：

```
MyHashMap myHashMap=new MyHashMap();
myHashMap.put(1, 1);              //myHashMap 现在为[[1,1]]
myHashMap.put(2, 2);              //myHashMap 现在为[[1,1], [2,2]]
myHashMap.get(1);                 //返回 1,myHashMap 现在为[[1,1], [2,2]]
myHashMap.get(3);                 //返回-1(未找到),myHashMap 现在为[[1,1], [2,2]]
myHashMap.put(2, 1);              //myHashMap 现在为[[1,1], [2,1]](更新已有的值)
myHashMap.get(2);                 //返回 1,myHashMap 现在为[[1,1], [2,1]]
myHashMap.remove(2);             //删除键为 2 的数据,myHashMap 现在为[[1,1]]
myHashMap.get(2);                 //返回-1(未找到),myHashMap 现在为[[1,1]]
```

【限制】 $0 \leqslant key \leqslant 10^6$,最多调用 10^4 次 put、get 和 remove。

【解题思路】 拉链法。相关原理参见 5.1.1 节,设计哈希函数为 $h(k)=k$%MAXH, 置 MAXH=997。在哈希表的结点类型 SNode 中包含关键字 key、值 val 和指向下一个结点的指针 next。哈希表数组为 ht[0..MAXH-1],其中 ht[i]存放指向单链表 i 的首结点 (单链表 i 由哈希地址为 i 的结点组成)。

(1) MyHashMap()：将 ht 的所有元素初始化为 NULL。

(2) put(key,value)：求出 d=key%P,在单链表 d 中查找 key 的结点,若找到了这样的

130

结点 p,置结点 p 的值为 value,否则新建结点 q 存放＜key,value＞,将其插入单链表 d 的头部。

（3）get(key)：求出 d＝key％P,在单链表 d 中查找 key 的结点,若找到了这样的结点 p,返回结点 p 的值,否则返回－1。

扫一扫

源程序

（4）remove(key)：求出 d＝key％P,在单链表 d 中查找 key 的结点,若找到了这样的结点 p,通过前驱结点 pre 删除结点 p,否则不修改。

说明：5.2.1 节的 LeetCode705 使用开放定址法实现,也可以使用拉链法实现。同样,5.2.2 节的 LeetCode706 使用拉链法实现,也可以使用开放定址法实现。

5.3 哈希集合应用的算法设计

5.3.1 LeetCode349——两个数组的交集★

问题描述参见第 1 章中的 1.3.6 节。

【解题思路】 用哈希集合实现除重。由于输出结果中的每个元素一定是唯一的,所以先用 hset1 对 nums1 除重,用 hset2 对 nums2 除重,再对 hset1 和 hset2 求交集 ans。对应的算法如下。

⊞ **C++**：

```
1   class Solution {
2   public:
3       vector＜int＞ intersection(vector＜int＞& nums1, vector＜int＞& nums2) {
4           unordered_set＜int＞ hset1, hset2;
5           for(int x:nums1) hset1.insert(x);
6           for(int y:nums2) hset2.insert(y);
7           return intersection(hset1, hset2);
8       }
9       vector＜int＞ intersection(unordered_set＜int＞& hset1, unordered_set＜int＞& hset2) {
10          if(hset1.size()＞hset2.size()) {
11              return intersection(hset2, hset1);
12          }
13          vector＜int＞ ans;
14          for(int x:hset1) {            //求交集 ans
15              if(hset2.count(x)) ans.push_back(x);
16          }
17          return ans;
18      }
19  };
```

提交运行：

结果:通过;时间:12ms;空间:10.5MB

⊞ **Python**：

```
1   class Solution:
2       def intersection(self, nums1: List[int], nums2: List[int]) -> List[int]:
3           hset1＝set(nums1)
4           hset2＝set(nums2)
5           return list(hset1 & hset2)
```

提交运行:

结果:通过;时间:24ms;空间:15.1MB

5.3.2 LeetCode202——快乐数★

【问题描述】 编写一个算法来判断一个数 n 是否为快乐数。对于一个正整数,每一次将该数替换为其每个位置上的数字的平方和,然后重复这个过程,直到这个数变为1,也可能是无限循环,但始终变不到1。如果这个过程的结果为1,那么这个数就是快乐数。如果 n 是快乐数,则返回 true,否则返回 false。

扫一扫

源程序

例如,$n=19,1^2+9^2=82,8^2+2^2=68,6^2+8^2=100,1^2+0^2+0^2=1$,返回 true。

【限制】 $1 \leqslant n \leqslant 2^{31}-1$。

【解题思路】 用哈希集合实现除重。对于 n,按题目要求产生一个整数序列,当遇到1时表示 n 为快乐数。但是这个序列中可能出现相同的整数,如果这样,一定会陷入死循环,例如 $n=1,1^2=1$ 就是如此,所以需要除重,这里用哈希集合 hset 实现除重,也就是当 hset 中不包含 n 时才将 n 插入 hset 中。

5.3.3 LeetCode217——存在重复元素★

【问题描述】 给定一个整数数组 nums,如果任一数值在数组中至少出现两次,返回 true;如果数组中的每个元素互不相同,返回 false。

扫一扫

源程序

例如,nums$=[1,2,3,1]$,答案为 true;nums$=[1,2,3,4]$,答案为 false。

【限制】 $1 \leqslant$ nums.length $\leqslant 10^5$,$-10^9 \leqslant$ nums$[i] \leqslant 10^9$。

【解题思路】 用哈希集合实现判重。题目就是判断 nums 中是否存在重复的元素,若存在,返回 true,否则返回 false。这里用哈希集合 hset 实现判重,也就是用 x 遍历 nums,若 x 在 hset 中,返回 true,否则将 x 插入 hset 中。最后返回 false。

5.3.4 LeetCode379——电话目录管理系统★★

【问题描述】 设计一个电话目录管理系统,让它支持以下功能。

(1) PhoneDirectory(n):初始化 $0 \sim n-1$ 的 n 个电话号码。

(2) get():给用户分配一个未被使用的电话号码,若获取失败返回-1。

(3) check(number):检查电话号码 number 是否被使用。

(4) release(number):释放电话号码 number,使其能够重新被分配。

示例:

```
PhoneDirectory directory=new PhoneDirectory(3);
//初始化电话目录,它包括 3 个电话号码,即 0、1 和 2
directory.get();
//可以返回任意未被分配的号码,这里假设返回 0
directory.get();
//假设函数返回 1
directory.check(2);
//号码 2 未被分配,所以返回 true
directory.get();
//返回 2,分配后只剩下一个号码未被分配
```

```
directory.check(2);
//此时号码 2 已经被分配,所以返回 false
directory.release(2);
//释放号码 2,将该号码变回未被分配状态
directory.check(2);
//号码 2 现在是未被分配状态,所以返回 true
```

【限制】 $1 \leqslant maxNumbers \leqslant 10^4$，$0 \leqslant number < maxNumbers$，调用方法的总数在 $[0, 20000]$ 范围内。

【解题思路】 用哈希集合实现判重。用一个队列 qu 存放所有未被分配的电话号码,用哈希集合 hset 存放已被分配的电话号码。

扫一扫

源程序

（1）PhoneDirectory(n)：将 $0 \sim n-1$ 的 n 个电话号码进队。

（2）get()：若队列不为空,出队一个电话号码 x,并将其插入 hset 中,返回 x；否则说明没有未被分配的电话号码,返回 -1。

（3）check(number)：判断 number 是否在 hmap 中。

（4）release(number)：从 hset 中删除 number,将其进队。

5.3.5 LeetCode128——最长连续序列★★

【问题描述】 给定一个未排序的整数数组 nums,找出数字连续的最长序列(不要求序列的元素在原数组中连续)的长度,设计并实现时间复杂度为 $O(n)$ 的算法解决此问题。

例如,nums＝[100,4,200,1,3,2],其中数字连续的最长序列是[1,2,3,4],它的长度为 4,答案为 4。

【限制】 $0 \leqslant nums.length \leqslant 10^5$，$-10^9 \leqslant nums[i] \leqslant 10^9$。

【解题思路】 用哈希集合实现快速查找。用 ans 存放答案(初始为 0)。对于 nums 中的整数 x,将 $x-1$ 称为 x 的连续前驱,$x+1$ 称为 x 的连续后继,如果在 nums 中每个整数向后查找最大连续后继的个数,将最大值存放在 ans 中,最后返回 ans,这样的穷举算法的时间复杂度为 $O(n^2)$。

如果 x 存在最大连续整数序列 $x,x+1,\cdots,y$,则其连续序列的长度为 $y-x+1$,实际上从 $x+1$ 到 y 求出的连续序列的长度一定小于 $y-x+1$,所以仅求 x(即不存在连续前驱)的连续序列的长度即可。另外,要去掉重复的整数,并且需要快速判断其中是否存在某个整数,为此用哈希集合 hset 实现。先置 ans＝0,求解过程如下:

（1）将 nums 数组中的全部整数存放到哈希集合 hset 中。

（2）用 x 遍历 hset,若 x 没有连续前驱,则求出其最长的连续后继,对应的连续序列的长度为 $y-x+1$,将最大值存放到 ans 中。

最后返回 ans。

例如,nums＝[100,4,200,1,3,2,1,3,4],将全部整数插入 hset 中,除重后 hset＝[3, 2,200,4,1,100],ans＝0,用 x 遍历 hset。

（1）$x=3$,存在 2,即 x 存在连续前驱,跳过。

（2）$x=2$,hset 中存在 1,即 x 存在连续前驱,跳过。

（3）$x=200$,hset 中不存在 199,置 $y=200$,在 hset 中查找 y 的最多连续后继,最终结果 $y=200$,ans＝$\max(0,y-x+1)=1$。

（4）$x=4$，hset 中存在 3，即 x 存在连续前驱，跳过。

（5）$x=1$，hset 中不存在 0，置 $y=1$，在 hset 中查找 y 的最多连续后继，依次为 $y=2$，$y=3$，$y=4$，最终结果 $y=4$，ans$=\max(0,y-x+1)=4$。

（6）$x=100$，hset 中不存在 99，置 $y=100$，在 hset 中查找 y 的最多连续后继，最终结果 $y=100$，ans$=\max(4,y-x+1)=4$。

hset 遍历后的答案为 ans$=4$。对应的算法如下。

■ C++：

```
1   class Solution {
2   public:
3       int longestConsecutive(vector<int>& nums) {
4           unordered_set<int> hset;
5           for(int x:nums) hset.insert(x);          //将全部整数存放到 hset 中
6           int ans=0;                               //存放答案
7           for(int x:hset) {
8               if(hset.find(x-1)==hset.end()) {     //若 x 不存在连续前驱
9                   int y=x;                         //以 x 为起点向后枚举
10                  while(hset.find(y+1)!=hset.end()) y++;
11                  ans=max(ans,y-x+1);              //求最大长度
12              }
13          }
14          return ans;
15      }
16  };
```

提交运行：

结果：通过；时间：96ms；空间：48.5MB

上述算法尽管包含两重循环，但时间复杂度并不是 $O(n^2)$，实际上，第 7 行～第 13 行循环的执行次数最多为 $2n$（例如，nums$=[1,2,\cdots,n]$，遇到 $x=1$ 时第 10 行的 while 循环执行 n 次，而 x 为其他时仅执行一次，结果 ans$=n$），所以算法的时间复杂度为 $O(n)$。

▦ Python：

```
1   class Solution:
2       def longestConsecutive(self, nums: List[int]) -> int:
3           hset=set(nums)                    #将全部整数存放到 hset 中
4           ans=0                             #存放答案
5           for x in hset:
6               if x-1 not in hset:           #若 x 不存在连续前驱
7                   y=x                       #以 x 为起点向后枚举
8                   while y+1 in hset: y+=1
9                   ans=max(ans,y-x+1)        #求最大长度
10          return ans
```

提交运行：

结果：通过；时间：72ms；空间：30.5MB

5.3.6 LeetCode41——缺失的第一个正数★★★

【问题描述】 给定一个未排序的整数数组 nums，找出其中没有出现的最小的正整数，请实现时间复杂度为 $O(n)$ 并且只使用常数级别额外空间的解决方案。

例如，nums$=[3,4,-1,1]$，答案为 2；nums$=[7,8,9,11,12]$，答案为 1。

【限制】 $1 \leqslant$ nums. length $\leqslant 5 \times 10^5$, $-2^{31} \leqslant$ nums$[i] \leqslant 2^{31}-1$ 。

【解法1】 用哈希集合实现快速查找。将 nums 中的所有整数插入哈希集合 hset 中，ans 从 1 到 $n+1$ 查找，因为缺失的正数从 1 开始，并且最大为 $n+1$ (此时 nums 中不包含 $1 \sim n$ 的任何数)，如果 ans 包含在 hset 中，递增 ans 继续查找，否则说明 ans 就是缺失的第一个正数，返回 ans 即可。对应的算法如下。

::: C++：

```
1    class Solution {
2    public:
3        int firstMissingPositive(vector < int > & nums) {
4            unordered_set < int > hset;
5            for(int x:nums) hset.insert(x);
6            int ans=1;
7            while(ans <=nums.size()+1) {
8                if(hset.find(ans)==hset.end()) break;
9                ans++;
10           }
11           return ans;
12       }
13   };
```

提交运行：

结果：通过；时间：64ms；空间：45.4MB

⊞ Python：

```
1    class Solution:
2        def firstMissingPositive(self, nums: List[int]) -> int:
3            hset=set()
4            for x in nums: hset.add(x)
5            ans=1
6            while ans <=len(nums)+1:
7                if ans not in hset: break;
8                ans+=1
9            return ans
```

提交运行：

结果：通过；时间：80ms；空间：28.5MB

【解法2】 元素归位法。解法1的思路虽然简单，但是不符合空间复杂度为 $O(1)$ 的要求，改进算法的步骤如下：

(1) 若 nums$[i]=i+1(0 \leqslant i \leqslant n-1)$ ，则 nums$[i]$ 称为归位元素，归位元素的取值范围是 $1 \sim n$ 。将所有能够归位且尚未归位的元素 nums$[i]$ $(1 \leqslant$ nums$[i] \leqslant n$ 且 nums$[i] \neq$ nums$[$nums$[i]-1])$ 通过交换操作(交换 nums$[i]$ 和 nums$[$nums$[i]-1])$ 变为归位元素 (nums$[i]$ 放在 nums$[$nums$[i]-1]$ 中)，忽略其他元素。

(2) 从 $i=0$ 开始查找没有归位元素的位置，即满足 nums$[i] \neq i+1$ ，则 $i+1$ 就是缺失的第一个正数，若没有找到这样的 i ，则缺失的第一个正数为 $n+1$ 。

例如，nums$=[3,4,-1,1]$ ，$n=4$ ，归位元素的取值范围是 $1 \sim 4$ ，求解过程如下。

(1) nums$[0]=3$ ，3 是归位元素(其归位位置应该是 nums$[3-1=2]$)且尚未归位，交换 nums$[0]$ 和 nums$[2]$ ，nums$=[-1,4,3,1]$ ，此时 nums$[0]=-1$ ，不是归位元素。

(2) nums$[1]=4$ ，4 是归位元素且尚未归位，交换 nums$[1]$ 和 nums$[4-1=3]$ ，nums$=$

[−1,1,3,4]。nums[1]=1,1 是归位元素且尚未归位,交换 nums[1]和 nums[1−1=0],nums=[1,−1,3,4]。此时 nums[1]=−1,不是归位元素。

(3) nums[2]=3,3 是已归位元素。

(4) nums[3]=4,4 是已归位元素。

最后的归位结果如图 5.4 所示,nums[0]是归位元素,nums[1]是没有归位的元素,则答案为 2。

```
序号  0  1  2  3      0  1  2  3
元素  3  4 −1  1  ⇒   1 −1  3  4
```

图 5.4 nums 的归位结果

对应的算法如下。

C++:

```cpp
1   class Solution {
2   public:
3       int firstMissingPositive(vector < int > & nums) {
4           int n = nums.size();
5           for(int i=0;i<n;i++) {
6               while(nums[i]>=1 && nums[i]<=n && nums[nums[i]−1]!=nums[i]) {
7                   swap(nums[i],nums[nums[i]−1]);
8               }
9           }
10          for(int i=0;i<n;i++) {
11              if(nums[i]!=i+1) return i+1;
12          }
13          return n+1;
14      }
15  };
```

提交运行:

结果:通过;时间:40ms;空间:30.5MB

Python:

```python
1   class Solution:
2       def firstMissingPositive(self, nums: List[int]) -> int:
3           n = len(nums)
4           for i in range(0,n):
5               while nums[i]>=1 and nums[i]<=n and nums[nums[i]−1]!=nums[i]:
6                   self.swap(nums,i,nums[i]−1)
7           for i in range(0,n):
8               if nums[i]!=i+1: return i+1
9           return n+1

10      def swap(self,nums,i,j):     #交换 nums[i]和 nums[j]
11          nums[i],nums[j] = nums[j],nums[i]
```

提交运行:

结果:通过;时间:104ms;空间:24.3MB

5.3.7 LeetCode1436——旅行终点站★

【问题描述】 给定一份旅游路线图,该路线图中的旅行路线用数组 paths 表示,其中

paths[i]＝[cityAi,cityBi]，表示该路线将会从 cityAi 直接前往 cityBi。请找出这次旅行的终点站，即没有任何可以通往其他城市的路线的城市。题目数据保证路线图会形成一条不存在循环的路线，因此恰有一个旅行终点站。

例如，paths＝[["London","New York"],["New York","Lima"],["Lima","Sao Paulo"]]，从"London"出发，最后抵达终点站"Sao Paulo"，本次旅行的路线是"London"→"New York"→"Lima"→"Sao Paulo"，答案为"Sao Paulo"。

【限制】　1≤paths.length≤100，paths[i].length＝2，1≤cityAi.length，cityBi.length≤10，cityAi≠cityBi，所有字符串均由大小写英文字母和空格字符组成。

【解题思路】　用哈希集合实现快速查找。将所有的路线[a,b]看成二元组，由 a 构成全部前驱城市集合，旅行终点站一定为某个 b 并且它没有前驱，为此 A 用哈希集合 hset 表示。对应的算法如下。

C++：

```
1    class Solution {
2    public:
3        string destCity(vector < vector < string >> &paths) {
4            unordered_set < string > hset;
5            for(auto x:paths) hset.insert(x[0]);
6            for(auto x:paths) {
7                if(hset.count(x[1])==0) return x[1];
8            }
9            return "";
10       }
11   };
```

提交运行：

结果：通过；时间：12ms；空间：11.2MB

Python：

```
1    class Solution:
2        def destCity(self, paths: List[List[str]]) -> str:
3            hset=set()
4            for x in paths:
5                hset.add(x[0])
6            for x in paths:
7                if x[1] not in hset: return x[1]
```

提交运行：

结果：通过；时间：44ms；空间：15.1MB

5.4　哈希映射应用的算法设计

5.4.1　LeetCode350——两个数组的交集Ⅱ★

【问题描述】　给定两个整数数组 nums1 和 nums2，请以数组形式返回两个数组的交集，返回结果中每个元素出现的次数应该与元素在两个数组中都出现的次数一致（如果出现的次数不一致，则考虑取较小值），可以不考虑输出结果的顺序。

扫一扫

源程序

例如,nums1＝[1,2,2,1],nums2＝[2,2],答案为[2,2]。

【限制】 $1 \leqslant$ nums1.length,nums2.length$\leqslant 1000, 0 \leqslant$ nums1$[i]$,nums2$[i] \leqslant 1000$。

【解题思路】 用哈希映射实现计数。题目的关键是每个数组中可能有重复的元素,这样交集中也可能存在重复的元素。用 ans 存放答案(初始为空),保证 nums1 的长度较小,设计一个哈希表 hmap 累计 nums1 中每个元素出现的次数。用 y 遍历 nums2,当 hmap$[y] > 0$ 时说明 y 是交集元素,将其添加到 ans 中,同时递减 hmap$[y]$;否则说明 y 不是交集元素。最后返回 ans 即可。

5.4.2 LeetCode1460——通过翻转子数组使两个数组相等★

【问题描述】 给定两个长度相同的整数数组 target 和 arr,通过翻转子数组使两个数组相等。在每一步中可以选择 arr 的任意非空子数组并且将它翻转,能够执行此过程任意次。如果能让 arr 变得与 target 相同,返回 true,否则返回 false。

例如,target＝[1,2,3,4],arr＝[2,4,1,3],可以按照以下步骤使 arr 变成 target:

(1) 翻转子数组[2,4,1],arr 变成[1,4,2,3]。

(2) 翻转子数组[4,2],arr 变成[1,2,4,3]。

(3) 翻转子数组[4,3],arr 变成[1,2,3,4]。

答案为 true。上述方法并不是唯一的,还存在多种将 arr 变成 target 的方法。

【限制】 target.length＝arr.length,$1 \leqslant$ target.length$\leqslant 1000, 1 \leqslant$ target$[i] \leqslant 1000, 1 \leqslant$ arr$[i] \leqslant 1000$。

【解题思路】 用哈希映射实现计数。依题意,只要 target 和 arr 两个数组的所有不同的整数序列相同并且每个整数出现的次数相同,则一定能通过翻转子数组使两个数组相等,否则不能达到目的。对应的算法如下。

C++:

```cpp
1   class Solution {
2   public:
3       bool canBeEqual(vector<int>& target, vector<int>& arr) {
4           unordered_map<int,int> hmap;
5           for(int x:target) hmap[x]++;
6           for(int y:arr) {
7               if(--hmap[y]<0) return false;
8           }
9           return true;
10      }
11  };
```

提交运行:

结果:通过;时间:8ms;空间:15.4MB

Python:

```python
1   class Solution:
2       def canBeEqual(self, target: List[int], arr: List[int]) -> bool:
3           hmap=dict()
4           for x in target:                                    #计数
5               if x in hmap:hmap[x]+=1
6               else: hmap[x]=1
7           for y in arr:
8               if y in hmap:
```

```
9              if hmap[y]−1 < 0 : return False
10             else : hmap[y]−=1
11         else : return False
12     return True
```

提交运行：

结果：通过；时间：40ms；空间：15.1MB

5.4.3　LeetCode383——赎金信★

【问题描述】　给定两个字符串 s 和 t，判断 s 能否由 t 中的字符组成，如果能，返回 true，否则返回 false。t 中的每个字符只能在 s 中使用一次。

例如，s＝"aa"，t＝"ab"，答案为 false；s＝"aa"，t＝"aab"，答案为 true。

【限制】　$1 \leqslant$ s. length，t. length $\leqslant 10^{5}$，s 和 t 由小写英文字母组成。

【解题思路】　用哈希映射实现计数。设计一个哈希映射 hmap，先遍历 t 累计每种字母出现的次数，再遍历 s 递减相同字母的次数。若 hmap 出现值小于 0 的元素，则返回 false，否则返回 true。对应的算法如下。

C++：

```
1    class Solution {
2    public:
3        bool canConstruct(string s, string t) {
4            if(s. size() > t. size()) return false;
5            unordered_map < char, int > hmap;
6            for(char x : t) hmap[x]++;
7            for(char y : s) hmap[y]−−;
8            for(auto z : hmap) {
9                if(z. second < 0) return false;
10           }
11           return true;
12       }
13   };
```

提交运行：

结果：通过；时间：16 ms；空间：8.6MB

Python：

```
1    class Solution:
2        def canConstruct(self, s: str, t: str) -> bool:
3            if len(s) > len(t): return False
4            hmap＝{}
5            for x in t:
6                if x in hmap: hmap[x]+=1
7                else: hmap[x]=1
8            for y in s:
9                if y in hmap : hmap[y]−=1
10               else : return False        #s 中的字符 y 在 t 中没有出现,返回 False
11           for z in hmap. keys():
12               if hmap[z] < 0 : return False
13           return True
```

提交运行：

结果：通过；时间：64ms；空间：15.2MB

5.4.4　LeetCode347——前 k 个高频元素★★

【问题描述】　给定一个整数数组 nums 和一个整数 k,请返回其中出现频率前 k 高的元素,可以按任意顺序返回答案。

扫一扫

源程序

例如,nums＝[1,1,1,2,2,3],$k=2$,答案为[1,2]。

【限制】　$1\leqslant$nums.length$\leqslant 10^5$,k 的取值范围是[1,数组中不相同的元素的个数],题目数据保证答案唯一,换句话说,数组中前 k 个高频元素的集合是唯一的。

【解题思路】　用哈希映射实现计数。设计一个哈希映射计数器 hmap,遍历 nums 求出每个整数出现的次数。再设计一个按出现次数越小越优先的小根堆 minpq,遍历 hmap 将前 k 个元素进堆,对于剩余的元素 x,若 x 出现的次数大于堆顶元素出现的次数,则出堆一次,同时将 x 进堆。最后堆中的 k 个元素就是出现频率前 k 高的元素。

5.4.5　LeetCode242——有效的字母异位词★

【问题描述】　给定两个字符串 s 和 t,编写一个函数来判断 t 是否为 s 的字母异位词。若 s 和 t 中每个字符出现的次数都相同,则称 s 和 t 互为字母异位词。

例如,s＝"anagram",t＝"nagaram",答案为 true;s＝"rat",t＝"car",答案为 false。

【限制】　$1\leqslant$s.length,t.length$\leqslant 5\times 10^4$。s 和 t 仅包含小写字母。

【解法1】　用哈希映射实现计数。设计一个哈希映射 hmap,先遍历 s 累计每种字母出现的次数,再遍历 t 递减相同字母的次数。若 hmap 中的全部元素为 0,返回 true,否则返回 false。对应的算法如下。

C++:

```cpp
1   class Solution {
2   public:
3       bool isAnagram(string s, string t) {
4           if(s.size()!＝t.size()) return false;
5           unordered_map<char,int> hmap;
6           for(char x:s) hmap[x]＋＋;
7           for(char y:t) hmap[y]－－;
8           for(auto z:hmap) {
9               if(z.second!＝0) return false;
10          }
11          return true;
12      }
13  };
```

提交运行:

结果:通过;时间:4ms;空间:7.2MB

Python:

```python
1   class Solution:
2       def isAnagram(self, s: str, t: str) -> bool:
3           if len(s)!＝len(t): return False
4           hmap＝{}
5           for x in s:
6               if x in hmap: hmap[x]＋＝1
```

```
7              else: hmap[x]=1
8          for y in t:
9              if y in hmap:hmap[y]-=1
10         for z in hmap.keys():
11             if hmap[z]!=0:return False
12         return True
```

提交运行：

结果:通过;时间:52ms;空间:15.3MB

【解法 2】 排序判断法。若 s 和 t 互为字母异位词,则它们排序的结果一定是相同的。对应的算法如下。

C++：

```
1  class Solution {
2  public:
3      bool isAnagram(string s, string t) {
4          if(s.size()!=t.size())
5              return false;
6          sort(s.begin(),s.end());
7          sort(t.begin(),t.end());
8          return s==t;
9      }
10 };
```

提交运行：

结果:通过;时间:12ms;空间:7.2MB

Python：

```
1  class Solution:
2      def isAnagram(self, s: str, t: str) -> bool:
3          if len(s)!=len(t): return False
4          s,t=list(s),list(t)
5          s.sort()
6          t.sort()
7          return s==t
```

提交运行：

结果:通过;时间:80ms;空间:16.2MB

5.4.6 LeetCode205——同构字符串★

【问题描述】 给定两个字符串 s 和 t,判断它们是否为同构字符串。如果 s 中的字符可以按某种映射关系替换得到 t,那么这两个字符串是同构字符串。每个出现的字符都应当映射到另一个字符,并且不改变字符的顺序。不同字符不能映射到同一个字符上,相同字符只能映射到同一个字符上,字符可以映射到自己本身。

例如,s="egg",t="add",答案为 true;s="foo",t="bar",答案为 false。

【限制】 $1 \leqslant s.length \leqslant 5 \times 10^4$,t.length = s.length,s 和 t 由任意有效的 ASCII 字符组成。

【解题思路】 用哈希映射实现字符映射关系。设计两个哈希映射 hmap1 和 hmap2,hmap1[x]=y 表示 s 中的 x 字符映射到 t 中的 y 字符,hmap1[y]=x 表示 t 中的 y 字符映射到 s 中的 x 字符。用 i 从 0 开始遍历,置 $x=s[i]$,$y=t[i]$,若 x 和 y 均没有建立映射关系,则置 $hmap1[x]=y$ 和 $hmap2[y]=x$,建立 x 和 y 之间的双向元素关系。若 x 或者 y 已经建立映射关系但映射关系错误,返回 false,否则说明映射关系正确,继续遍历。遍历位置返回 true。对应的算法如下。

C++:

```
1  class Solution {
2  public:
3      bool isIsomorphic(string s, string t) {
4          if(s.size()!=t.size()) return false;
5          unordered_map<char,int> hmap1;
6          unordered_map<char,int> hmap2;
7          for(int i=0;i<s.size();i++) {
8              char x=s[i],y=t[i];
9              if(hmap1.count(x)==0 && hmap2.count(y)==0) {
10                 hmap1[x]=y;
11                 hmap2[y]=x;
12             }
13             else if(hmap1.count(x)==1 && hmap1[x]!=y || hmap2.count(y)==1
14             && hmap2[y]!=x)
15                 return false;                    //不匹配返回 false
16             }
17         return true;
18     }
19 };
```

提交运行:

结果:通过;时间:8ms;空间:7MB

Python:

```
1  class Solution:
2      def isIsomorphic(self, s: str, t: str) -> bool:
3          if len(s)!=len(t): return False
4          hmap1,hmap2={},{}
5          for i in range(0,len(s)):
6              x,y=s[i],t[i]
7              if x not in hmap1 and y not in hmap2:
8                  hmap1[x],hmap2[y]=y,x
9              elif(x in hmap1 and hmap1[x]!=y) or (y in hmap2 and hmap2[y]!=x):
10                 return False                    # 不匹配返回 False
11         return True
```

提交运行:

结果:通过;时间:36ms;空间:15.2MB

5.4.7 LeetCode1——两数之和★

【问题描述】 给定一个整数数组 nums 和一个整数目标值 target,请在该数组中找出和为目标值 target 的两个整数,并返回它们的数组下标。可以假设每种输入只会对应一个答案,但是数组中的同一个元素在答案中不能重复出现。可以按任意顺序返回答案。

例如,nums=[2,7,11,15],target=9,答案为[0,1];nums=[3,2,4],target=6,答案为[1,2]。

扫一扫

源程序

【限制】　$2 \leqslant nums.\,length \leqslant 10^4$，$-10^9 \leqslant nums[i] \leqslant 10^9$，$-10^9 \leqslant target \leqslant 10^9$，只会存在一个有效答案。

【解题思路】　用哈希映射实现快速查找。设计一个哈希映射 hmap，其中元素 $hmap[d]=i$ 表示 nums 数组中整数 d 的序号为 i。用 i 从 0 开始遍历 nums，若 $target-nums[i]$ 在 hmap 中，则两个元素 $target-nums[i]$（其序号为 $hmap[target-nums[i]]$）和 $nums[i]$ 的和为目标值 target，返回 $\{hmap[target-nums[i]],i\}$ 即可，否则置 $hmap[nums[i]]=i$。

5.4.8　LeetCode219——存在重复元素 I ★

【问题描述】　给定一个整数数组 nums 和一个整数 k，判断数组中是否存在两个不同的索引 i 和 j 满足 $nums[i]=nums[j]$ 且 $|i-j| \leqslant k$，如果存在，返回 true，否则返回 false。

例如，$nums=[1,2,3,1]$，$k=3$，由于 $nums1[0]=nums[3]$，答案为 true；$nums=[1,2,3,1,2,3]$，$k=2$，答案为 false。

【限制】　$1 \leqslant nums.\,length \leqslant 10^5$，$-10^9 \leqslant nums[i] \leqslant 10^9$，$0 \leqslant k \leqslant 10^5$。

【解题思路】　用哈希映射实现快速查找。设计一个哈希映射 hmap，其中元素 $hmap[d]=i$ 表示 nums 数组中整数 d 的序号为 i。用 i 从 0 开始遍历 nums，置 $d=nums[i]$，若 d 在 hmap 中并且满足条件 $i-hmap[d] \leqslant k$，返回 true，否则置 $hmap[d]=i$。遍历完毕返回 false。对应的算法如下。

C++：

```cpp
1  class Solution {
2  public:
3      bool containsNearbyDuplicate(vector<int>& nums, int k) {
4          unordered_map<int,int> hmap;
5          int n=nums.size();
6          for(int i=0;i<n;i++) {
7              int d=nums[i];
8              if(hmap.count(d)==1 && i-hmap[d]<=k) return true;
9              else hmap[d]=i;
10         }
11         return false;
12     }
13 };
```

提交运行：

结果：通过；时间：128ms；空间：75.4 MB

Python：

```python
1  class Solution:
2      def containsNearbyDuplicate(self, nums: List[int], k: int) -> bool:
3          hmap={}                              #定义一个字典
4          for i,d in enumerate(nums):
5              if d in hmap and i-hmap[d]<=k:    #找到后返回结果
6                  return True
7              else:
8                  hmap[d]=i                    #添加到 hmap 中
9          return False
```

提交运行：

结果：通过；时间：68ms；空间：26.1MB

5.4.9　LeetCode49——字母异位词的分组★★

【问题描述】　给定一个字符串数组 strs,请将字母异位词组合在一起,可以按任意顺序返回结果列表。字母异位词是通过重新排列源单词的字母得到的一个新单词,所有源单词中的字母通常恰好只用一次。

例如,strs=["eat","tea","tan","ate","nat","bat"],答案为[["bat"],["nat","tan"],["ate","eat","tea"]]。

【限制】　1≤strs. length≤10^4,0≤strs[i]. length≤100,strs[i]仅包含小写字母。

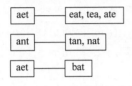

图 5.5　hmap 中存储的数据

【解题思路】　用哈希映射实现分组。从字符串角度看,显然所有字母异位词的排序结果是相同的,为此设计 unordered_map < string,vector < string >>类型的哈希映射 hmap,参考 5.4.5 节中的解法 2,以排序结果为键,以字母异位词为值,通过遍历 strs 产生 hmap,例如样例对应的 hmap 如图 5.5 所示,再遍历 hmap 将所有值存放到 ans 中,最后返回 ans 即可。

对应的算法如下。

C++:

```
1   class Solution {
2   public:
3       vector < vector < string >> groupAnagrams(vector < string > & strs) {
4           unordered_map < string,vector < string >> hmap;
5           for(string x:strs) {
6               string key=x;
7               sort(key.begin(),key.end());
8               hmap[key].push_back(x);
9           }
10          vector < vector < string >> ans;        //存放答案
11          for(auto x:hmap) {
12              ans.push_back(x.second);
13          }
14          return ans;
15      }
16  };
```

提交运行:

结果:通过;时间:36ms;空间:20.1MB

Python:

```
1   class Solution:
2       def groupAnagrams(self, strs: List[str]) -> List[List[str]]:
3           hmap=dict()
4           for x in strs:
5               key="".join((lambda x:(x.sort(),x)[1])(list(x)))
6               if key in hmap: hmap[key].append(x)
7               else: hmap[key]=[x]
8           ans=[]                              #存放答案
9           for v in hmap.values():
10              ans.append(v)
11          return ans
```

提交运行:

结果:通过;时间:56ms;空间:18.1MB

5.4.10　LeetCode249——移位字符串的分组★★

【问题描述】　给定一个字符串,对该字符串可以进行"移位"操作,也就是将字符串中的每个字母都变为其在字母表中后续的字母,如"abc"→"bcd",这样可以持续进行移位操作,从而生成移位序列"abc"→"bcd"→…→"xyz"。给定一个仅包含小写字母的字符串的列表strings,将该列表中所有满足移位操作规律的组合进行分组并返回。

例如,strings=["abc","bcd","acef","xyz","az","ba","a","z"],答案为[["abc","bcd","xyz"],["az","ba"],["acef"],["a","z"]]。可以认为字母表首尾相接,所以'z'的后续为'a',因此["az","ba"]也满足移位操作规律。

【解题思路】　用哈希映射实现分组。哈希映射hmap的设计与5.4.9节类似,其中键值为字符串的各字符转换为与第一个字符在字母表中的相对距离,将相同键值的字符串存放到对应的向量中。最后遍历hmap取出所有向量值即可。对应的算法如下。

C++:

```
1   class Solution {
2   public:
3       vector < vector < string >> groupStrings(vector < string > & strings) {
4           string key;
5           unordered_map < string, vector < string >> hmap;
6           for(string x:strings) {
7               key="";
8               for(int i=1;i<x.size();i++)
9                   key+=(x[i]-x[0]+26)%26;     //当前字符与首字符的距离
10              hmap[key].push_back(x);
11          }
12          vector < vector < string >> ans;          //存放答案
13          for(auto x:hmap)
14              ans.push_back(x.second);
15          return ans;
16      }
17  };
```

提交运行:

结果:通过;时间:4ms;空间:7.9MB

Python:

```
1   class Solution:
2       def groupStrings(self, strings: List[str]) -> List[List[str]]:
3           hmap=dict()
4           for x in strings:
5               key=""
6               for i in range(1,len(x)):
7                   key+=chr((ord(x[i])-ord(x[0])+26)%26)
8                                                       #当前字符与首字符的距离
9               if key in hmap: hmap[key].append(x)
10              else: hmap[key]=[x]
11          ans=[]                                      #存放答案
12          for v in hmap.values():
13              ans.append(v)
14          return ans
```

提交运行：

结果：通过；时间：44ms；空间：15.1MB

推荐练习题

1. LeetCode3——无重复字符的最长子串★★

2. LeetCode136——只出现一次的数字★

3. LeetCode137——只出现一次的数字Ⅱ★★

4. LeetCode142——环形链表Ⅱ★★

5. LeetCode160——相交链表★

6. LeetCode268——丢失的数字★

7. LeetCode287——寻找重复数★★

8. LeetCode290——单词的规律★

9. LeetCode291——单词的规律Ⅱ★★

10. LeetCode451——根据字符出现的频率排序★★

11. LeetCode454——四数相加Ⅱ★★

12. LeetCode599——两个列表的最小索引总和★

13. LeetCode771——宝石与石头★

14. LeetCode804——唯一摩尔斯密码词★

15. LeetCode895——最大频率栈★★★

16. LeetCode1429——第一个唯一数字★★

17. LeetCode1399——统计最大组的数目★

18. LeetCode2347——最好的扑克手牌★

第6章 二叉树

📖 知识图谱

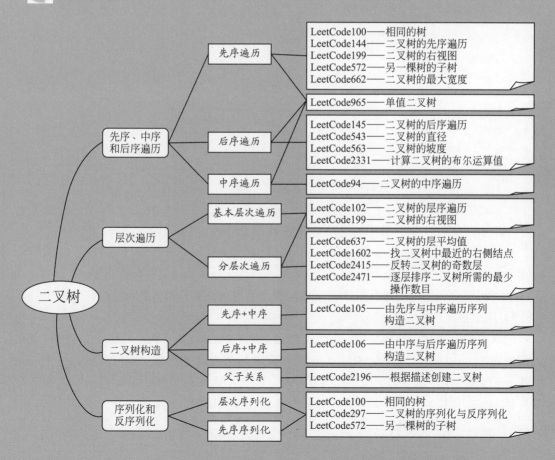

二叉树

- 先序、中序和后序遍历
  - 先序遍历
    - LeetCode100——相同的树
    - LeetCode144——二叉树的先序遍历
    - LeetCode199——二叉树的右视图
    - LeetCode572——另一棵树的子树
    - LeetCode662——二叉树的最大宽度
    - LeetCode965——单值二叉树
  - 后序遍历
    - LeetCode145——二叉树的后序遍历
    - LeetCode543——二叉树的直径
    - LeetCode563——二叉树的坡度
    - LeetCode2331——计算二叉树的布尔运算值
  - 中序遍历
    - LeetCode94——二叉树的中序遍历
- 层次遍历
  - 基本层次遍历
    - LeetCode102——二叉树的层序遍历
    - LeetCode199——二叉树的右视图
  - 分层次遍历
    - LeetCode637——二叉树的层平均值
    - LeetCode1602——找二叉树中最近的右侧结点
    - LeetCode2415——反转二叉树的奇数层
    - LeetCode2471——逐层排序二叉树所需的最少操作数目
- 二叉树构造
  - 先序+中序
    - LeetCode105——由先序与中序遍历序列构造二叉树
  - 后序+中序
    - LeetCode106——由中序与后序遍历序列构造二叉树
  - 父子关系
    - LeetCode2196——根据描述创建二叉树
- 序列化和反序列化
  - 层次序列化
  - 先序序列化
    - LeetCode100——相同的树
    - LeetCode297——二叉树的序列化与反序列化
    - LeetCode572——另一棵树的子树

6.1.1 二叉树的定义

1. 什么是二叉树

二叉树是有限个结点的集合,这个集合或者为空,或者由一个根结点和两棵互不相交的称为左子树和右子树的二叉树组成。如图 6.1 所示为一棵整数二叉树。

图 6.1 一棵整数二叉树

满二叉树是一种特殊的二叉树,其中只有双分支结点(度为 2 的结点)和叶子结点,并且所有的叶子结点在同一层。用户可以对满二叉树的结点进行层序编号,假设根结点编号为 0,再按照层数从小到大、同一层从左到右的次序进行编号。图 6.2(a) 是一棵高度为 3 的满二叉树,每个结点旁的数字为该结点的层序编号。

完全二叉树也是一种特殊的二叉树,其中最多只有下面两层的结点的度可以小于 2,并且最下面一层的叶子结点都依次排列在该层最左边的位置上。图 6.2(b) 是一棵完全二叉树。实际上,完全二叉树与同高度的满二叉树相比,仅缺少最下面一层中最右边的若干连续个叶子结点。

用户可以对完全二叉树中的结点用类似满二叉树的方式进行层序编号,结点层序编号之间的关系如图 6.3 所示。

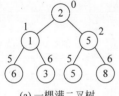

(a) 一棵满二叉树　　　　　(b) 一棵完全二叉树

图 6.2 一棵满二叉树和一棵完全二叉树

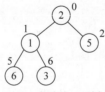

图 6.3 结点层序编号之间的关系

(1) 若层序编号为 i 的结点存在父结点,则父结点的层序编号为 $(i-1)/2$。

(2) 若层序编号为 i 的结点存在左孩子,则左孩子的层序编号为 $2i+1$;若层序编号为 i 的结点存在右孩子,则右孩子的层序编号为 $2i+2$。

2. 二叉树的存储结构

二叉树的存储结构主要有顺序存储结构和二叉链存储结构两种。

1) 顺序存储结构

二叉树的顺序存储结构是将一棵二叉树通过增加虚结点补齐为一棵完全二叉树,虚结点用特殊值 null(如'#')表示,对结点进行层序编号,将全部结点按结点值存放到一个一维数组 a 中,即将层序编号为 i 的结点值存放在 $a[i]$ 中,这样得到的数组 a 就是二叉树的顺序存储结构。如图 6.4 所示为一棵二叉树及其顺序存储结构。

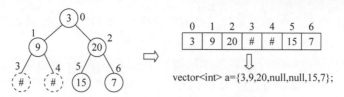

图6.4 一棵二叉树及其顺序存储结构

二叉树顺序存储结构的优点是通过元素索引(与层序编号相同)表示父子关系,查找一个结点的父结点和孩子结点十分方便;缺点是虚结点也占用空间,特别是虚结点较多时会浪费较多的空间。

2)二叉链存储结构

二叉树的二叉链存储结构是指用一个链表来存储一棵二叉树,二叉树中的每个结点用链表中的一个链结点来存储,通过指针表示父子关系,由于二叉树中的每个结点最多只有两个孩子,并且严格区分左、右孩子,所以二叉链存储结构中每个结点的类型声明如下。

C++：

```
1  struct TreeNode {
2      int val;
3      TreeNode * left;
4      TreeNode * right;
5      TreeNode() : val(0), left(nullptr), right(nullptr) {}
6      TreeNode(int x) : val(x), left(nullptr), right(nullptr) {}
7      TreeNode(int x, TreeNode * left, TreeNode * right) : val(x), left(left), right(right) {}
8  };
```

Python：

```
1  class TreeNode:
2      def __init__(self, val=0, left=None, right=None):
3          self.val=val
4          self.left=left
5          self.right=right
```

如图6.5所示为一棵二叉树及其二叉链存储结构,通过根结点root标识一棵二叉树。二叉链存储结构的优点是不必增加虚结点,查找一个结点的孩子结点十分方便;缺点是不便查找一个结点的父结点。

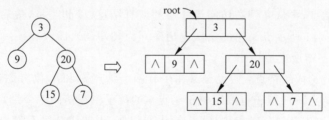

图6.5 一棵二叉树及其二叉链存储结构

6.1.2 二叉树的知识点

1. 二叉树的先序、中序和后序遍历

二叉树遍历指按照一定的次序访问二叉树中的所有结点,并且每个结点仅被访问一次

的过程。通过遍历得到二叉树中某种结点的线性序列,即将非线性结构线性化,这里"访问"的含义可以很多,如输出结点值或对结点值实施某种操作等。

图 6.6　二叉树的基本结构

二叉树的基本结构如图 6.6 所示,N 为根结点,L、R 分别为左、右子树,这样的 3 个部分有 3! = 6 种遍历顺序,即 NLR、LNR、LRN、NRL、RNL 和 RLN,若子树一律先左后右遍历,可得到 3 种遍历顺序,即 NLR、LNR 和 LRN。

1) 先(前)序遍历

先序遍历二叉树的过程(NLR)是先访问根结点,然后先序遍历左子树,最后先序遍历右子树。

例如,图 6.1 所示二叉树的先序序列为 [3,9,20,15,7]。在一棵二叉树的先序序列中,第一个元素即为根结点对应的结点值。

二叉树的先序遍历可以用递归算法和非递归算法实现,详细设计原理参见 6.2.1 节。

2) 中序遍历

中序遍历二叉树的过程(LNR)是先中序遍历左子树,然后访问根结点,最后中序遍历右子树。

例如,图 6.1 所示二叉树的中序序列为 [9,3,15,20,7]。在一棵二叉树的中序序列中,根结点将其序列分为前、后两部分,前部分为左子树的中序序列,后部分为右子树的中序序列。

二叉树的中序遍历可以用递归算法和非递归算法实现,详细设计原理参见 6.2.2 节。

3) 后序遍历

后序遍历二叉树的过程(LRN)是先后序遍历左子树,然后后序遍历右子树,最后访问根结点。

例如,图 6.1 所示二叉树的后序序列为 [9,15,7,20,3]。在一棵二叉树的后序序列中,最后一个元素即为根结点对应的结点值。

二叉树的后序遍历可以用递归算法和非递归算法实现,详细设计原理参见 6.2.3 节。

2. 二叉树的层次遍历

若二叉树非空(假设其高度为 h),则层次遍历的过程是先访问根结点,然后从左到右访问第 2 层的所有结点,再从左到右访问第 3 层的所有结点,以此类推,最后访问第 h 层的所有结点。例如,图 6.1 所示二叉树的层次遍历序列为 [3,9,20,15,7]。

1) 二叉树的基本层次遍历

层次遍历具有这样的特点:假设二叉树中有两个结点 a 和 b,仅考虑访问顺序,若结点 a 先于结点 b,则结点 a 的孩子也一定先于结点 b 的孩子。在访问一个结点的同时生成其所有孩子并存储,所以先存储的结点先访问,与队列相似,因此用队列存储结点。二叉树的基本层次遍历就是不考虑结点的分层,直接按层次遍历顺序访问全部结点(在访问一个结点时不知道该结点的层次)。对应的算法如下。

C++:

```
1   void levelOrder(TreeNode * root) {
2       queue< TreeNode * > qu;
3       qu.push(root);                        //根结点进队
```

```
4        while(!qu.empty()) {                          //队不空时循环
5            TreeNode * p=qu.front(); qu.pop();         //出队一个结点 p
6            cout << p-> val << " ";                    //访问结点 p
7            if(p-> left!=NULL) qu.push(p-> left);      //有左孩子时将其进队
8            if(p-> right!=NULL) qu.push(p-> right);    //有右孩子时将其进队
9        }
10       cout << endl;
11   }
```

Python：

```
1    def levelOrder(root):
2        qu=deque()
3        qu.append(root)                               ♯根结点进队
4        while qu:                                      ♯队不空时循环
5            p=qu.popleft()                            ♯出队一个结点 p
6            print(p.val,end=' ')                      ♯访问结点 p
7            if p.left!=None: qu.append(p.left)        ♯有左孩子时将其进队
8            if p.right!=None: qu.append(p.right)      ♯有右孩子时将其进队
```

2) 分层次的层次遍历

在前面的基本层次遍历算法中,全部结点的访问都包含在 while 循环中,也就是说该循环的次数等于二叉树结点的个数。所谓分层次的层次遍历,就是将 while 循环的次数改为二叉树的层次数,每次循环访问一层的结点,这是因为层次遍历是一层一层地访问结点,在一层的全部结点刚访问完毕时,队列中存储的恰好是下一层的全部结点(在访问一个结点时知道该结点的层次)。对应的算法如下。

C++：

```
1    void levelOrder(TreeNode * root) {
2        queue< TreeNode * > qu;
3        qu.push(root);                                //根结点进队
4        while(!qu.empty()) {                          //队不空时循环
5            int n=qu.size();                          //求出队列中元素的个数 n
6            for(int i=0;i< n;i++) {                   //访问一层的 n 个结点
7                TreeNode * p=qu.front(); qu.pop();     //出队一个结点 p
8                cout << p-> val << " ";                //访问结点 p
9                if(p-> left!=NULL) qu.push(p-> left);  //有左孩子时将其进队
10               if(p-> right!=NULL) qu.push(p-> right);//有右孩子时将其进队
11           }
12       }
13   }
```

Python：

```
1    def levelOrder(root):
2        qu=deque()
3        qu.append(root)                               ♯根结点进队
4        while qu:                                      ♯队不空时循环
5            n=len(qu)
6            for i in range(0,n):
7                p=qu.popleft()                        ♯出队一个结点 p
8                print(p.val,end=' ')                  ♯访问结点 p
9                if p.left!=None: qu.append(p.left)    ♯有左孩子时将其进队
10               if p.right!=None: qu.append(p.right)  ♯有右孩子时将其进队
```

3. 二叉树的构造

假设二叉树中所有的结点值不重复,则有以下构造定理:

（1）由二叉树的先序遍历序列和中序遍历序列可以唯一地构造该二叉树。

构造过程：由先序遍历序列的首元素构造根结点，在中序遍历序列中找到根结点，得到左、右子树的中序遍历序列，从而确定左、右子树的结点的个数，再回过来由先序遍历序列得到左、右子树的先序遍历序列。左、右子树的构造过程类似。其详细设计原理参见6.4.1节。

（2）由二叉树的中序遍历序列和后序遍历序列可以唯一地构造该二叉树。

构造过程：由后序遍历序列的尾元素构造根结点，在中序遍历序列中找到根结点，得到左、右子树的中序遍历序列，从而确定左、右子树的结点的个数，再回过来由后序遍历序列得到左、右子树的后序遍历序列。左、右子树的构造过程类似。其详细设计原理参见6.4.2节。

（3）由二叉树的层次遍历序列和中序遍历序列可以唯一地构造该二叉树。

构造过程：由层次遍历序列的首元素构造根结点，在中序遍历序列中找到根结点，得到左、右子树的中序遍历序列，再回过来由层次遍历序列得到左、右子树的层次遍历序列（在层次遍历序列中由左子树结点构成的子序列一定是左子树的层次遍历序列，同样，在层次遍历序列中由右子树结点构成的子序列一定是右子树的层次遍历序列），实际上不必找到左、右子树的层次遍历序列，仅找到左、右孩子即可。左、右子树的构造过程类似。

例如，给定一棵二叉树的层次遍历序列 level＝[3,9,20,15,7]，中序遍历序列 in＝[9,3,15,20,7]，构造二叉树的过程如下。

（1）由 level 的尾元素可知根结点值为3，创建该结点 A。

（2）在 in 中找到根结点 3，分为前、后两部分，得到左子树中序遍历序列 in_1＝[9]，右子树中序遍历序列 in_2＝[15,20,7]。由于左子树中只有一个结点值为 9 的结点，创建该结点 B，并将结点 B 作为结点 A 的左孩子。根结点 A 的左子树创建完毕。

（3）右子树中有 3 个结点，即 15、20 和 7，在 level 中找到这 3 个结点值中出现在最前面的结点值 20，说明 20 是右孩子结点值，创建该结点 C，并将结点 C 作为结点 A 的右孩子。

（4）以右孩子 20 作为根结点，在 in_2 中找到 20，其左、右都只有一个结点，依次创建相应的结点作为 20 的左、右孩子。根结点 A 的右子树创建完毕。

最后构造的二叉树如图 6.1 所示。

4. 二叉树的序列化和反序列化

一棵非空二叉树加上外部结点（假设外部结点值均为特殊值 null），再进行某种遍历得到的结果称为序列化序列，该过程称为**序列化**。在序列化序列中，由于特殊标记值的存在，从而可以明确地知道每棵子树的开始和结束位置。这样由一种序列化序列能够唯一地构造出该二叉树，该过程称为**反序列化**。

与前面介绍的二叉树构造方法相比，前者必须给定两种遍历序列并且在所有结点值唯一的情况下才能构造二叉树，而用序列化和反序列化方法只涉及一种遍历方式并且结点值不必唯一，所以应用更加广泛。在 LeetCode 系统测试环境中构造二叉树使用的是层次遍历序列化和反序列化方法，这里主要讨论该方法。

例如，如图 6.7(a)所示的一棵二叉树，加上外部结点如图 6.7(b)所示，其层次序列化序列为[5,4,8,11,null,13,4]（这里省略后面若干个连续的 null）。

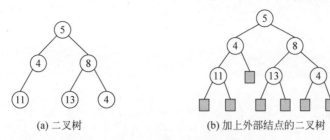

(a) 二叉树　　　　　　　　　(b) 加上外部结点的二叉树

图 6.7　一棵二叉树和加上外部结点的二叉树

由一棵二叉树产生其层次遍历序列化序列的过程十分简单,只需要在基本层次遍历的基础上考虑空孩子结点,即将当前访问结点的空孩子进队,在空结点出队时向层次遍历序列化序列中添加外部结点值 null 即可。这里层次遍历序列化序列用数组 s 存储,对应的算法如下。

C++:

```cpp
1  vector < int > levelseq(TreeNode *  root) {        //二叉树 root 的层次序列化
2      vector < int > s;                              //存放序列化序列
3      queue < TreeNode * > qu;                        //定义一个队列 qu
4      qu.push(root);                                  //根结点进队
5      while(!qu.empty()) {                            //队不空时循环
6          TreeNode *  p=qu.front(); qu.pop();         //出队结点 p
7          if(p!=NULL) {                               //结点 p 非空
8              s.push_back(p->val);
9              qu.push(p->left);                       //左孩子进队(含空的左孩子)
10             qu.push(p->right);                      //右孩子进队(含空的右孩子)
11         }
12         else s.push_back(null);                     //结点 p 为空,添加外部结点值
13     }
14     return s;
15 }
```

Python:

```python
1  def levelseq(root):                 #二叉树 root 的层次序列化
2      s=[]                            #存放序列化序列
3      qu=deque()                      #定义一个队列 qu
4      qu.append(root)                 #根结点进队
5      while qu:                       #队不空时循环
6          p=qu.popleft()              #出队结点 p
7          if p!=None:                 #结点 p 非空
8              s.append(p.val)
9              qu.append(p.left)       #左孩子进队(含空的左孩子)
10             qu.append(p.right)      #右孩子进队(含空的右孩子)
11         else: s.append(null)        #结点 p 为空,添加外部结点值
12     return s
```

二叉树的层次遍历反序列化就是由层次遍历序列化序列 s 建立二叉链 root。同样基于基本层次遍历过程,用 i 遍历 s,当出队并访问一个结点 p 时(结点 p 在进队之前已经创建),$s[i]$ 和 $s[i+1]$ 一定是该结点的左、右孩子结点值,此时便创建结点 p 的左、右孩子结点(若结点值为 null(即外部结点),创建一个空结点,否则创建一个非空结点并进队)。对应的算法如下。

C++:

```cpp
1  TreeNode *  createbtree(vector < int > s) {  //由层次序列化序列 s 创建二叉链:反序列化
2      int n=s.size();
```

```
3          if(n==0) return NULL;
4          TreeNode * root, * p;
5          int i=0;                               //用 i 遍历 s
6          queue < TreeNode * > qu;               //定义一个队列 qu
7          root=new TreeNode(s[i++]);             //创建根结点
8          qu.push(root);                         //根结点进队
9          while(!qu.empty()) {                   //队不空时循环:每次循环访问一层结点
10             p=qu.front(); qu.pop();            //出队结点 p
11             if(i<n && s[i]!=null) {            //结点 p 存在左孩子
12                 p-> left=new TreeNode(s[i++]);   //创建结点 p 的左孩子
13                 qu.push(p-> left);             //左孩子进队
14             }
15             else {
16                 p-> left=NULL;                 //否则置结点 p 的左孩子为空
17                 i++;                           //跳过一个 null
18             }
19             if(i<n && s[i]!=null) {            //结点 p 存在右孩子
20                 p-> right=new TreeNode(s[i++]);  //创建结点 p 的右孩子
21                 qu.push(p-> right);            //右孩子进队
22             }
23             else {                             //否则置结点 p 的右孩子为空
24                 p-> right=NULL;
25                 i++;                           //跳过一个 null
26             }
27         }
28         return root;
29     }
```

Python:

```
1    def createbtree(s):                         #由层次序列化序列 s 创建二叉链:反序列化
2        n=len(s)
3        if n==0: return None
4        i=0                                     #用 i 遍历 s
5        qu=deque()                              #定义一个队列 qu
6        root=TreeNode(s[i])                     #创建根结点
7        i+=1
8        qu.append(root)                         #根结点进队
9        while qu:                               #队不空时循环:每次循环访问一层结点
10           p=qu.popleft()                      #出队结点 p
11           if i<n and s[i]!=null:              #结点 p 存在左孩子
12               p.left=TreeNode(s[i]);i+=1      #创建结点 p 的左孩子
13               qu.append(p.left)               #左孩子进队
14           else:
15               p.left=None                     #否则置结点 p 的左孩子为空
16               i+=1
17           if i<n and s[i]!=null:              #结点 p 存在右孩子
18               p.right=TreeNode(s[i]);i+=1     #创建结点 p 的右孩子
19               qu.append(p.right)              #右孩子进队
20           else:                               #否则置结点 p 的右孩子为空
21               p.right=None
22               i+=1
23       return root
```

二叉树的先序遍历序列化和反序列化的过程与层次遍历序列化和反序列化的过程类似,详细算法设计参见 6.5.1 节。

6.2　二叉树先序、中序和后序遍历应用的算法设计 ✳

6.2.1　LeetCode144——二叉树的先序遍历 ★

【问题描述】　给定二叉树的根结点 root,返回其结点值的先序遍历。

例如,如图 6.1 所示的二叉树的先序遍历是[3,9,20,15,7]。

【限制】　树中结点的数目在[0,100]范围内,−100≤Node.val≤100。

【解法 1】　递归先序遍历。用 ans 存放二叉树 root 的先序遍历序列(初始为空),另外设计一个递归先序遍历函数 preorder 求出二叉树 root 的 ans,最后返回 ans 即可。

【解法 2】　非递归先序遍历 1。用 ans 存放二叉树 root 的先序遍历序列。按照先序遍历过程是先访问根结点 N,然后先序遍历左子树 L,最后先序遍历右子树 R,当访问根结点 N 后必须保存左、右子树的地址,用一个栈实现,由于栈具有后进先出的特性,应该先将右子树进栈再将左子树进栈。对应的算法如下。

扫一扫

源程序

▦ **C++**:

```
1   class Solution {
2   public:
3       vector < int > preorderTraversal(TreeNode * root) {
4           vector < int > ans;
5           if(root==NULL) return ans;
6           stack < TreeNode * > st;
7           st.push(root);
8           while(!st.empty()) {
9               TreeNode * p=st.top(); st.pop();
10              ans.push_back(p-> val);
11              if(p-> right!=NULL) st.push(p-> right);   //结点 p 存在右孩子时将其进栈
12              if(p-> left!=NULL) st.push(p-> left);     //结点 p 存在左孩子时将其进栈
13          }
14          return ans;
15      }
16  };
```

提交运行:

结果:通过;时间:0ms;空间:8.1MB

▦ **Python**:

```
1   class Solution:
2       def preorderTraversal(self, root: Optional[TreeNode]) -> List[int]:
3           ans=[]
4           if root==None:return ans
5           st=[]                                    #用列表 st 作为栈
6           st.append(root)
7           while st:
8               p=st.pop()
9               ans.append(p.val)
10              if p.right!=None:st.append(p.right)   #结点 p 存在右孩子时将其进栈
11              if p.left!=None:st.append(p.left)     #结点 p 存在左孩子时将其进栈
12          return ans
```

提交运行：

结果：通过；时间：32ms；空间：15MB

【解法3】 非递归先序遍历2。用 ans 存放二叉树 root 的先序遍历序列。设计一个结点栈 st，让 p 指向根结点，当 st 不空（栈中存放的是尚未访问的结点）或者 p 不空（p 指向尚未遍历的树/子树的根结点）时循环：若结点 p 不空，访问结点 p 将其进栈并转向左孩子，直到 p 为空（阶段1），若栈不空（栈顶结点的左子树为空或者已经遍历完毕），出栈该结点 p，并置 p＝p-> right 转向右子树（阶段2），开始遍历该右子树，遍历右子树的过程与上述过程类似。

例如，对于如图 6.8(a) 所示的二叉树，p 指向根结点 1，其循环过程如下。

(1) p＝1 沿着左分支走下去，边走边访问并进栈，直到 p 为空，这样访问 1、2、3，从栈底到栈顶为 st＝[1,2,3]，如图 6.8(b) 所示。出栈 p＝3，转向其右子树 p＝4。

(2) p＝4 沿着左分支走下去直到 p 为空，这样访问 4，st＝[1,2,4]，出栈 p＝4，转向其右子树 p＝NULL，如图 6.8(c) 所示。

(3) p 为空，此时 st＝[1,2]，出栈 p＝2，转向其右子树 p＝5。

(4) p＝5 沿着左分支走下去直到 p 为空，这样访问 5，st＝[1,5]，出栈 p＝5，转向其右子树 p＝NULL，如图 6.8(d) 所示。

(5) p 为空，此时 st＝[1]，出栈 p＝1，转向其右子树 p＝6。

(6) p＝6 沿着左分支走下去直到 p 为空，这样访问 6，st＝[6]，出栈 p＝6，转向其右子树 p＝NULL，如图 6.8(e) 所示，此时栈空且 p 为空，遍历结束。

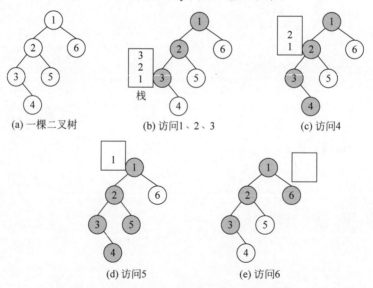

(a) 一棵二叉树　　　(b) 访问1、2、3　　　(c) 访问4

(d) 访问5　　　(e) 访问6

图 6.8　一棵二叉树及其非递归先序遍历过程

对应的算法如下。

C++：

```
1   class Solution {
2   public:
3       vector < int > preorderTraversal(TreeNode * root) {
4           vector < int > ans;
5           if(root == NULL) return ans;
```

```
 6            stack < TreeNode * > st;
 7            TreeNode * p=root;
 8            while(!st.empty() || p!=NULL) {
 9                while(p!=NULL) {
10                    ans.push_back(p->val);              //访问 p
11                    st.push(p);
12                    p=p->left;
13                }
14                if(!st.empty()) {
15                    p=st.top(); st.pop();
16                    p=p->right;
17                }
18            }
19            return ans;
20        }
21    };
```

提交运行：

结果：通过；时间：0ms；空间：8.2MB

另外，也可以设计 pushleft(st,p)函数用于对结点 p 及其左下分支边访问边进栈直到 p 为空，首先调用 pushleft(st,root)，这样可以改为在栈不空时循环。对应的算法如下。

C++：

```
 1    class Solution {
 2        vector < int > ans;                           //存放中序遍历序列
 3    public:
 4        vector < int > preorderTraversal(TreeNode * root) {
 5            if(root==NULL) return ans;
 6            stack < TreeNode * > st;
 7            pushleft(st, root);
 8            while(!st.empty()) {
 9                TreeNode * p=st.top(); st.pop();
10                pushleft(st, p->right);
11            }
12            return ans;
13        }

14        void pushleft(stack < TreeNode * > &st, TreeNode * p) {
15            while(p!=NULL) {
16                ans.push_back(p->val);
17                st.push(p);
18                p=p->left;
19            }
20        }
21    };
```

提交运行：

结果：通过；时间：4ms；空间：8.3MB

采用前一种方法的 Python 算法如下。

Python：

```
 1    class Solution:
 2        def preorderTraversal(self, root: Optional[TreeNode]) -> List[int]:
 3            ans=[]
 4            if root==None:return ans
 5            st=[]                                      #用列表 st 作为栈
 6            p=root
 7            while st or p!=None:
```

```
 8              while p!=None:
 9                  ans.append(p.val)
10                  st.append(p)
11                  p=p.left
12              if st:
13                  p=st.pop()
14                  p=p.right
15         return ans
```

提交运行：

结果：通过；时间：32ms；空间：15.1MB

6.2.2　LeetCode94——二叉树的中序遍历★

【问题描述】　给定二叉树的根结点 root,返回其结点值的中序遍历。

例如,如图 6.1 所示的二叉树的中序遍历是[9,3,15,20,7]。

扫一扫

源程序

【限制】　树中结点的数目在[0,100]范围内,−100≤Node.val≤100。

【解法1】　递归中序遍历。用 ans 存放二叉树 root 的中序遍历序列(初始为空),另外设计一个递归中序遍历函数 inorder 求出二叉树 root 的 ans,最后返回 ans 即可。

【解法2】　非递归中序遍历。用 ans 存放二叉树 root 的中序遍历序列。设计一个结点栈 st,让 p 指向根结点,当 st 不空(栈中存放的是尚未访问的结点)或者 p 不空(p 指向尚未遍历的树/子树的根结点)时循环:若结点 p 不空将其进栈并转向左孩子,直到 p 为空(阶段1),若栈不空(栈顶结点的左子树为空或者已经遍历完毕),出栈该结点 q,访问之,并置 p=q->right 转向结点 q 的右子树(阶段2),开始遍历该右子树。遍历右子树的过程与上述过程类似。

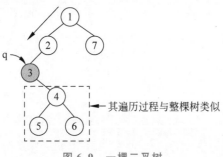

图 6.9　一棵二叉树

例如,对于如图 6.9 所示的二叉树,首先让 p 指向根结点,其循环过程如下。

(1)指针 p 向左子树方向移动,依次将结点 1、2 和 3 进栈,此时 p 指向结点 3 的左孩子,即 p=NULL,出栈结点 3,访问之,p 置为其右孩子,即结点 4。

(2)对结点 4 的子树做相同的操作,即依次访问结点 5、4 和 6,此时 p 指向结点 6 的右孩子,即 p=NULL,说明结点 3 的子树遍历完毕,出栈结点 2,访问之,p 置为其右孩子,即 p=NULL。

(3)出栈结点 1,访问之,p 置为其右孩子,即结点 7。结点 7 进栈,p 置为结点 7 的左孩子,此时 p=NULL,出栈结点 7(栈空),访问之,p 置为其右孩子,即 p=NULL。此时栈空并且 p 为空,过程结束。

对应的算法如下。

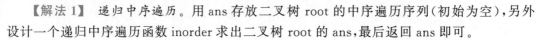 C++:

```
1  class Solution {
2  public:
3      vector<int> inorderTraversal(TreeNode* root) {
```

```
4          vector < int > ans;
5          stack < TreeNode * > st;
6          TreeNode * p = root;
7          while(!st.empty() || p!=NULL) {
8              while(p!=NULL) {                    //p 不空时循环
9                  st.push(p);
10                 p=p->left;
11             }
12             if(!st.empty()) {                    //栈不空时
13                 TreeNode * q=st.top(); st.pop();
14                 ans.push_back(q->val);
15                 p=q->right;
16             }
17         }
18         return ans;
19     }
20  };
```

提交运行：

结果：通过；时间：4ms；空间：8.3MB

另外，也可以设计 pushleft(st,p)函数用于将结点 p 及其左下分支进栈直到 p 为空,首先调用 pushleft(st,root),这样可以改为在栈不空时循环。对应的算法如下。

■ C++：

```
1   class Solution {
2   public:
3       vector < int > inorderTraversal(TreeNode *  root) {
4           vector < int > ans;
5           if(root==NULL) return ans;
6           stack < TreeNode * > st;
7           pushleft(st,root);
8           while(!st.empty()) {
9               TreeNode * p=st.top(); st.pop();
10              ans.push_back(p->val);
11              pushleft(st,p->right);
12          }
13          return ans;
14      }

15      void pushleft(stack < TreeNode * > &st,TreeNode * p) {
16          while(p!=NULL) {
17              st.push(p);
18              p=p->left;
19          }
20      }
21  };
```

提交运行：

结果：通过；时间：0ms；空间：8.2MB

采用前一种方法对应的 Python 算法如下。

■ Python：

```
1   class Solution:
2       def inorderTraversal(self, root: Optional[TreeNode]) -> List[int]:
3           ans=[]
4           if root==None:return ans
5           st=[]                              #用列表 st 作为栈
6           p=root
```

```
7            while st or p!=None:
8                while p!=None:                 #p不空时循环
9                    st.append(p)
10                   p=p.left
11               if st:                          #栈不空时
12                   q=st.pop()
13                   ans.append(q.val)
14                   p=q.right
15       return ans
```

提交运行：

结果：通过；时间：40ms；空间：15MB

6.2.3 LeetCode145——二叉树的后序遍历★

【问题描述】 给定二叉树的根结点 root，返回其结点值的后序遍历。

例如，如图 6.1 所示的二叉树的中序遍历是[9,3,15,20,7]。

扫一扫

源程序

【限制】 树中结点的数目在[0,100]范围内，$-100 \leqslant$ Node. val$\leqslant 100$。

【解法 1】 递归后序遍历。用 ans 存放二叉树 root 的后序遍历序列（初始为空），另外设计一个递归后序遍历函数 postorder 求出二叉树 root 的 ans，最后返回 ans 即可。

【解法 2】 非递归后序遍历。后序遍历序列为 LRN（N、L 和 R 分别表示根结点、左子树的后序遍历序列和右子树的后序遍历序列），采用非递归先序遍历的思路，但改为在访问根结点 N 后先将左子树进栈再将右子树进栈，这样得到的遍历序列为 NRL，然后将其逆置就得到后序遍历序列 LRN。对应的算法如下。

C++：

```
1  class Solution {
2  public:
3      vector<int> postorderTraversal(TreeNode* root) {
4          vector<int> ans;
5          if(root==NULL) return ans;
6          stack<TreeNode*> st;
7          st.push(root);
8          while(!st.empty()) {
9              TreeNode* p=st.top(); st.pop();
10             ans.push_back(p->val);
11             if(p->left!=NULL) st.push(p->left);     //结点 p 存在左孩子时将其进栈
12             if(p->right!=NULL) st.push(p->right);    //结点 p 存在右孩子时将其进栈
13         }
14         reverse(ans.begin(),ans.end());
15         return ans;
16     }
17 };
```

提交运行：

结果：通过；时间：0ms；空间：8.1MB

Python：

```
1  class Solution:
2      def postorderTraversal(self, root: Optional[TreeNode]) -> List[int]:
3          ans=[]
```

```
4          if root==None:return ans
5          st=[]                                    #用列表 st 作为栈
6          st.append(root)
7          while st:
8              p=st.pop()
9              ans.append(p.val)
10             if p.left!=None: st.append(p.left)    #结点 p 存在左孩子时将其进栈
11             if p.right!=None: st.append(p.right)   #结点 p 存在右孩子时将其进栈
12         ans.reverse()
13         return ans
```

提交运行：

结果：通过；时间：40ms；空间：15MB

6.2.4   LeetCode965——单值二叉树★

【问题描述】 如果二叉树中的每个结点都具有相同的值,那么该二叉树就是单值二叉树。给定一棵二叉树,如果它是单值二叉树,返回 true,否则返回 false。

扫一扫

【限制】 给定树的结点数的范围是[1,100],每个结点的值都是整数,范围为[0,99]。

【解题思路】 任何遍历方法。空树返回 true,否则取根结点值 d,用任何遍历方法访问结点,只有在访问到不等于 d 的结点时返回 false,否则继续遍历。当全部结点访问完毕返回 true。

源程序

6.2.5   LeetCode100——相同的树★

【问题描述】 给定两棵二叉树的根结点 p 和 q,编写一个函数检验这两棵树是否相同。如果两棵树的结构相同,并且结点具有相同的值,则认为它们是相同的。

【限制】 两棵树上结点的数目都在[0,100]范围内,$-10^4 \leqslant$ Node.val$\leqslant 10^4$。

【解题思路】 递归先序遍历方法。二叉树由根结点 N、左子树 L 和右子树 R 组成,若 3 个部分均相同,返回 true,否则返回 false,使用先序顺序进行判断,对应的算法如下。

▦ C++：

```
1    class Solution {
2    public:
3        bool isSameTree(TreeNode * p, TreeNode * q) {    //递归先序遍历算法
4            if(p==NULL && q==NULL) return true;
5            else if(p==NULL || q==NULL) return false;
6            else if(p->val!=q->val) return false;
7            else return isSameTree(p->left,q->left) && isSameTree(p->right,q->right);
8        }
9    };
```

提交运行：

结果：通过；时间：0ms；空间：9.6MB

▦ Python：

```
1    class Solution:
2        def isSameTree(self, p: Optional[TreeNode], q: Optional[TreeNode]) -> bool:
3            if p==None and q==None: return True
4            elif p==None or q==None: return False
```

```
5          elif p. val! = q. val : return False
6          else : return self. isSameTree(p. left, q. left) and self. isSameTree(p. right, q. right)
```

提交运行:

结果:通过;时间:40ms;空间:15.2MB

6.2.6 LeetCode572——另一棵树的子树★

【问题描述】 给定两棵二叉树 root 和 subRoot,检验 root 中是否存在和 subRoot 具有相同结构与结点值的子树,如果存在,返回 true,否则返回 false。二叉树 tree 的一棵子树包括 tree 的某个结点和这个结点的所有后代结点,tree 也可以看成它自身的一棵子树。

例如,在如图 6.10 所示的 3 棵二叉树中,树 B 是树 A 的子树,树 C 不是树 A 的子树。

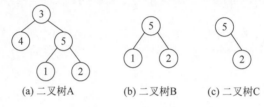

(a) 二叉树A   (b) 二叉树B   (c) 二叉树C

图 6.10 3 棵二叉树

扫一扫

源程序

【解题思路】 递归先序遍历方法。设计算法 same(r1,r2),使用递归先序遍历方法判断以 r1 和 r2 为根结点的两棵二叉树是否拥有相同的结构和结点值。遍历二叉树 root 的每一个结点,看调用 same(root,subRoot)的结果是否为 true,只要有一个返回 true,则返回true(说明 subRoot 与 root 的一棵子树拥有相同的结构和结点值),如果所有结点均返回false,最后返回 false。

6.2.7 LeetCode543——二叉树的直径★

【问题描述】 给定一棵二叉树,计算它的直径长度。一棵二叉树的直径长度是任意两个结点的路径长度中的最大值,这条路径可能穿过也可能不穿过根结点。两个结点之间的路径长度以它们之间边的数目表示。

例如,如图 6.1 所示的二叉树的直径为 3,对应的路径为[9,3,20,15]或者 [9,3,20,7]。

【解题思路】 递归后序遍历方法。二叉树的一条候选直径中深度最小的结点称为分割结点,该候选直径的长度等于左、右孩子的深度之和。例如,对于如图 6.1 所示的二叉树,[9,3,20,15]是一条候选直径,其分割结点为 3,求出结点 3 的左孩子的深度为 1,右孩子的深度为 2,该候选直径的长度为 1+2=3。每个结点只能作为长度唯一的候选直径的分割结点,为此可以枚举二叉树中每个结点为分割结点,求出对应候选直径的长度,通过比较找到最大值即为答案。

用 ans 存放答案,最容易理解的方法是用后序遍历求出每个结点的深度,再用任何遍历方法(如后序遍历方法)遍历一次求出每个结点为分割结点的候选直径长度,通过比较求最大值即可。实际上可以将两次后序遍历合起来,例如对于二叉树中的某个结点 p,当求出左、右孩子结点的深度 leftd 和 rightd 后,就可以求出结点 p 的候选直径长度为 leftd+rightd,再置 ans=max(ans,leftd+rightd)。对应的算法如下。

C++：

```
1  class Solution {
2      int ans;                    //存放答案
3  public:
4      int diameterOfBinaryTree(TreeNode * root) {
5          ans=0;
6          depth(root);
7          return ans;
8      }
9
10     int depth(TreeNode * root) {
11         if(root==NULL) return 0;
12         int leftd=depth(root->left);
13         int rightd=depth(root->right);
14         ans=max(ans,leftd+rightd);    //每条候选直径等于左子树的深度+右子树的深度
15         return max(leftd,rightd)+1;    //返回结点 r 的深度
16     }
17 };
```

提交运行：

结果：通过；时间：12ms；空间：19.7MB

Python：

```
1  class Solution:
2      def diameterOfBinaryTree(self, root: TreeNode) -> int:
3          self.ans=0
4          self.depth(root)
5          return self.ans
6
7      def depth(self,root):
8          if root==None: return 0
9          leftdepth=self.depth(root.left)
10         rightdepth=self.depth(root.right)
11         self.ans=max(self.ans,leftdepth+rightdepth)
12         return max(leftdepth,rightdepth)+1
```

提交运行：

结果：通过；时间：52ms；空间：17.3MB

6.2.8　LeetCode563——二叉树的坡度★

【问题描述】　给定一棵二叉树的根结点 root，计算并返回整棵树的坡度。一棵树的结点的坡度定义为该结点的左子树结点之和与右子树结点之和的差的绝对值。如果没有左子树，左子树的结点之和为 0，如果没有右子树，右子树的结点之和为 0。空结点的坡度是 0。整棵树的坡度就是其所有结点的坡度之和。

【限制】　树中结点数目的范围在 $[0,10^4]$ 内，$-1000 \leqslant$ Node. val $\leqslant 1000$。

【解题思路】　递归后序遍历方法。求出以每个结点为子树的结点之和，用 ans 表示答案（初始为 0），对于结点 p，求出左、右子树的结点之和分别为 leftsum 和 rightsum，然后置 ans$+=|$leftsum$-$rightsum$|$。遍历完毕返回 ans 即可。

扫一扫

源程序

6.2.9　LeetCode2331——计算二叉树的布尔运算值★

【问题描述】　给定一棵完整二叉树的根，返回根结点 root 的布尔运算值。完整二叉树

是每个结点有 0 个或者两个孩子的二叉树。这棵树有以下特征：

（1）叶子结点的值要么为 0 要么为 1，其中 0 表示 False，1 表示 True。

（2）非叶子结点的值要么为 2 要么为 3，其中 2 表示逻辑或 OR，3 表示逻辑与 AND。

计算一个结点的值的方式如下：

（1）如果结点是一个叶子结点，那么结点的值为它本身，即 True 或者 False。

（2）否则计算两个孩子的结点值，然后用该结点的运算符对两个孩子的结点值进行运算。

例如，root＝[2,1,3,null,null,0,1]，计算该二叉树的布尔运算值的过程如图 6.11 所示，答案为 True。

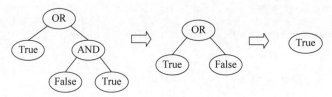

图 6.11　计算二叉树的布尔运算值的过程

【限制】　树中结点的数目在 [1,1000] 范围内，$0 \leqslant Node.val \leqslant 3$，每个结点的孩子数为 0 或 2，叶子结点的值为 0 或 1，非叶子结点的值为 2 或 3。

【解题思路】　递归后序遍历方法。在后序遍历中访问到结点 p 时，若结点 p 是叶子结点，返回其表示的布尔值，否则求出左、右子树的值 leftans 和 rightans，根据结点 p 的值做相应的逻辑运算，并且返回其结果。

对应的算法如下。

C++：

```
 1  class Solution {
 2  public:
 3      bool evaluateTree(TreeNode * root) {
 4          if(root-> left==NULL && root-> right==NULL)     //叶子结点
 5              return root-> val==1?true:false;
 6          bool leftans=evaluateTree(root-> left);
 7          bool rightans=evaluateTree(root-> right);
 8          if(root-> val==2) return leftans | rightans;     //非叶子结点
 9          else return leftans & rightans;
10      }
11  };
```

提交运行：

结果：通过；时间：12ms；空间：14.6MB

Python：

```
 1  class Solution:
 2      def evaluateTree(self, root: Optional[TreeNode]) -> bool:
 3          if root. left==None and root. right==None:      #叶子结点
 4              return True if root. val==1 else False
 5          leftans=self. evaluateTree(root. left)
 6          rightans=self. evaluateTree(root. right)
 7          if root. val==2: return leftans or rightans      #非叶子结点
 8          else: return leftans and rightans
```

提交运行：

结果：通过；时间：64ms；空间：15.7MB

6.2.10　LeetCode199——二叉树的右视图★★

【问题描述】　给定一棵二叉树的根结点 root，想象自己站在它的右侧，按照从顶部到底部的顺序，返回从右侧所能看到的结点值。

例如，root＝[1,2,3,null,5,null,4]，对应的二叉树如图6.12所示，答案为[1,3,4]。

【限制】　二叉树的结点个数的范围是[0,100]，−100≤Node
.val≤100。

【解题思路】　递归先序遍历方法。用 vector＜int＞容器 ans 存放结果（初始为空），即 ans[h] 存放第 h 层的最大值，这里约定根结点为第 0 层，以此类推。在遍历中假设当前访问的是第 h 层的结点 root，若 ans 中的元素等于 h，说明该结点是第一次遇到的第 h 层的

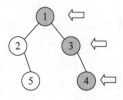

图 6.12　一棵二叉树

结点，将其添加到 ans 中，即执行 ans.append(root-> val)，否则说明 root 是第 h 层的其他结点，用 root-> val 覆盖之，这样最后的 ans[h] 就是第 h 层最右的结点。对应的算法如下。

■ **C++**：

```
1   class Solution {
2       vector＜int＞ ans;                        //存放求解结果
3   public:
4       vector＜int＞ rightSideView(TreeNode * root) {
5           if(root==NULL) return ans;
6           preorder(root,0);
7           return ans;
8       }
9
9       void preorder(TreeNode * root, int h)        {
10          if(root==NULL) return;
11          if(h==ans.size()) ans.push_back(root-> val);   //保证第 h 层只向 ans 中添加第一
                                                           //个访问结点
12          else ans[h]=root-> val;              //第 h 层的其他结点覆盖之前的结点
13          preorder(root-> left,h+1);
14          preorder(root-> right,h+1);
15      }
16  };
```

提交运行：

结果：通过；时间：4ms；空间：11.6MB

⊞ **Python**：

```
1   class Solution:
2       def rightSideView(self, root: Optional[TreeNode]) -> List[int]:
3           self.ans=[]                            ＃存放求解结果
4           if root==None: return self.ans
5           self.preorder(root,0)
6           return self.ans
7
7       def preorder(self,root,h):
8           if root==None: return
9           if h==len(self.ans): self.ans.append(root.val)   ＃保证第 h 层只向 ans 中添加第
                                                            ＃一个访问结点
```

```
10        else: self.ans[h] = root.val        #第 h 层的其他结点覆盖之前的结点
11        self.preorder(root.left, h+1)
12        self.preorder(root.right, h+1)
```

提交运行：

结果：通过；时间：32ms；空间：15MB

6.2.11 LeetCode662——二叉树的最大宽度 ★★

【问题描述】 给定一棵二叉树，求其宽度，树的宽度是所有层中的最大宽度。每一层的宽度被定义为两个端点（该层最左和最右的非空结点，两端点之间的空结点也计入长度）之间的长度。

例如，如图 6.13(a)所示的二叉树 A，第 3 层具有最大宽度，树的宽度为 4(5,3,null,9)；如图 6.13(b)所示的二叉树 B，第 3 层具有最大宽度，树的宽度为 2(5,3)；如图 6.13(c)所示的二叉树 C，第 2 层具有最大宽度，树的宽度为 2(3,2)；如图 6.13(d)所示的二叉树 D，第 4 层具有最大宽度，树的宽度为 8(6,null,null,null,null,null,null,7)。

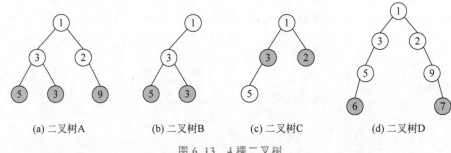

(a) 二叉树A   (b) 二叉树B   (c) 二叉树C   (d) 二叉树D

图 6.13 4 棵二叉树

【解题思路】 递归先序遍历方法。设计两个 vector<int>向量容器（即 first 和 last），规定 first[h]和 last[h]（0≤h<二叉树的高度）分别存放第 h 层最左结点的层序编号和最右结点的层序编号（有关层序编号参见 6.1.1 节中二叉树的顺序存储结构），由于向量的下标从 0 开始，所以假设根结点的层次是 0，层序编号为 0。使用先序遍历求出这两个数组，最后求每一层的最大宽度，其中的最大值就是树的宽度。对应的算法如下。

C++:

```
1   typedef unsigned long long ULL;
2   class Solution {
3       vector<ULL> first, last;
4   public:
5       int widthOfBinaryTree(TreeNode * root) {
6           preorder(root, 0, 0);                    //根结点的编号从 0 开始
7           ULL ans = 0;
8           for(int i = 0; i < first.size(); i++) {
9               ULL curw = last[i] - first[i] + 1;   //求每一层的宽度
10              ans = max(ans, curw);                //求树的宽度
11          }
12          return (int)ans;
13      }

14      void preorder(TreeNode * root, int h, ULL no) {  //用先序遍历求 first 和 last
15          if(root == NULL) return;
16          if(first.size() == h)                        //首次访问第 h 层的结点
```

```
17              first. push_back(no);        //将最左结点的编号添加到 first 中
18          if(last. size() == h)            //最后一次访问第 h 层的结点
19              last. push_back(no);         //将最右结点的编号添加到 last 中
20          else                             //访问第 h 层的其他结点
21              last[h] = no;                //后者覆盖前者,最后存放第 h 层最右结点编号
22          preorder(root-> left, h+1, 2 * no+1);
23          preorder(root-> right, h+1, 2 * no+2);
24      }
25  };
```

提交运行:

结果:通过;时间:0ms;空间:17.8MB

 Python:

```
1  class Solution:
2      def widthOfBinaryTree(self, root: Optional[TreeNode]) -> int:
3          self. first, self. last = [], []
4          self. preorder(root, 0, 0)         #根结点的编号从 0 开始
5          ans = 0
6          for i in range(0, len(self. first)):
7              curw = self. last[i] - self. first[i] + 1   #求每一层的宽度
8              ans = max(ans, curw)            #求树的宽度
9          return ans

10      def preorder(self, root, h, no):       #用先序遍历求 first 和 last
11          if root == None: return;
12          if len(self. first) == h:          #首次访问第 h 层的结点
13              self. first. append(no)        #将最左结点的编号添加到 first 中
14          if len(self. last) == h:           #最后一次访问第 h 层的结点
15              self. last. append(no)         #将最右结点的编号添加到 last 中
16          else:                              #访问第 h 层的其他结点
17              self. last[h] = no             #后者覆盖前者,最后存放第 h 层最右结点的编号
18          self. preorder(root. left, h+1, 2 * no+1)
19          self. preorder(root. right, h+1, 2 * no+2)
```

提交运行:

结果:通过;时间:44ms;空间:19.4MB

6.3 二叉树层次遍历应用的算法设计

6.3.1 LeetCode102——二叉树的层次遍历★★

【**问题描述**】 给定二叉树的根结点 root,返回其结点值的层次遍历(即逐层地从左到右访问所有结点)。

例如,如图 6.14 所示的二叉树的中序遍历是[[3],[9,20],[15,7]]。

【**限制**】 树中结点的数目在[0,2000]范围内,−1000≤Node. val≤1000。

【**解法 1**】 基本层次遍历。用 ans 存放最后的答案,修改队列中元素的类型为[p,lev],p 为二叉树结点的地址,lev 为结点 p 的层次(根结点的层次为 1)。先将根结点[root,1]进队,当前层次 curl 置为 1,该层次的结点值序列 curp=[],在队不空时循环:出队结点 e=[p,lev](当前出队的是结点 p),若结点 p 有左孩子,将[p-> left,lev+1]进队;若结点 p 有右

孩子,将[p-> right,lev+1]进队。按以下方式处理结点 p。

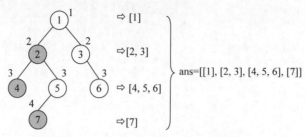

图 6.14　求一棵二叉树的全部层的层次遍历

(1) 若 lev＝curl,说明结点 p 属于 curl 层次的结点,将其结点值添加到 curp 中。

(2) 否则(只可能 lev＞curl)说明当前层的结点遍历完毕,结点 p 是下一层的第一个结点,将当前层的结点值序列 curp 添加到 ans 中,将 curp 清空,结点 p 添加到 curp 中,同时置 curl＋＋。

当循环结束(队列为空)后,将最后一层的结点值序列 curp 添加到 ans 中,返回 ans 即可。可以理解为通过基本层次遍历求出每个结点的层次,然后按层次递增顺序将具有相同层次的结点值构成一个序列,即将 curp 添加到 ans 中。例如,如图 6.14 所示为求一棵二叉树的全部层的层次遍历的示例,图中结点旁的数字表示结点的层次,层次的分割点是每一层的首结点(图中带阴影的结点是分割点)。对应的算法如下。

C++:

```
1   struct QNode {                                    //队列元素的类型
2       TreeNode * p;                                 //结点 p
3       int lev;                                      //结点 p 的层次
4       QNode(TreeNode * p,int l):p(p),lev(l) {}      //构造函数
5   };
6   class Solution {
7   public:
8       vector < vector < int >> levelOrder(TreeNode *  root) {
9           vector < vector < int >> ans;
10          if(root==NULL) return ans;
11          queue < QNode > qu;                       //定义一个队列 qu
12          qu.push(QNode(root,1));                    //根结点(层次为1)进队
13          vector < int > curp;
14          int curl=1;
15          while(!qu.empty()) {                       //队不空时循环
16              QNode e=qu.front(); qu.pop();          //出队一个结点
17              TreeNode * p=e.p;
18              int lev=e.lev;
19              if(p-> left!=NULL)                     //有左孩子时将其进队
20                  qu.push(QNode(p-> left,lev+1));
21              if(p-> right!=NULL)                    //有右孩子时将其进队
22                  qu.push(QNode(p-> right,lev+1));
23              if(lev==curl)                          //出队结点的层次等于 curl
24                  curp.push_back(p-> val);
25              else {                                 //分割点:首次遇到层次大于 curl 的出队结点
26                  ans.push_back(curp);               //将上一层的结点值序列添加到 ans 中
27                  curp.clear();
28                  curp.push_back(p-> val);
29                  curl++;
30              }
31          }
```

```
32              ans.push_back(curp);       //将最下一层的结点值序列添加到 ans 中
33              return ans;
34          }
35    };
```

提交运行：

结果:通过;时间:0ms;空间:12.1MB

Python：

```
1    from collections import deque
2    class Solution:
3        def levelOrder(self, root: Optional[TreeNode]) -> List[List[int]]:
4            ans=[]
5            if root==None:return ans
6            qu=deque()                       #定义一个队列 qu
7            qu.append([root,1])              #根结点(层次为 1)进队
8            curp=[]                          #一层的结点值序列
9            curl=1                           #当前层次为 1
10           while qu:                        #队不空时循环
11               e=qu.popleft()               #出队一个结点
12               p=e[0]; lev=e[1]
13               if p.left!=None:             #有左孩子时将其进队
14                   qu.append([p.left,lev+1])
15               if p.right!=None:            #有右孩子时将其进队
16                   qu.append([p.right,lev+1])
17               if lev==curl:                #出队结点的层次等于 curl
18                   curp.append(p.val)
19               else:                        #分割点:首次遇到层次大于 curl 的出队结点
20                   ans.append(curp)         #将上一层的结点值序列添加到 ans 中
21                   curp=[]
22                   curp.append(p.val)
23                   curl+=1
24           ans.append(curp)                 #将最下一层的结点值序列添加到 ans 中
25           return ans
```

提交运行：

结果:通过;时间:36ms;空间:15.3MB

【解法 2】 基本层次遍历。定义一个队列 qu,仅将结点的地址进队。另外设置 last 变量指向当前层的最右结点。用 curp 存放一层的遍历结果。设置第 1 层(即根结点层)的 last 为根结点 root。将根结点进队,在队不空时循环:出队结点 p,将结点 p 的非空左、右孩子结点进队(注意总是用变量 q 指向孩子结点),再访问结点 p,即将 p-> val 添加到 curp 中,若 p=last,表示结点 p 是当前层的最右结点,说明当前层处理完毕,如图 6.15 所示,此时需要进入下一层处理,将 curp 添加到 ans 中,清空 curp 并重置 last=q(结点 q 为当前层的最后一个孩子,也就是下一层的最右结点)。最后返回 ans。从中看出解法 2 不同于解法 1,这里的层次分割点是每一层的最右结点(图中带阴影的结点是分割点)。

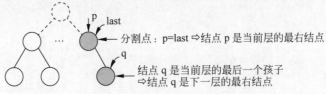

图 6.15 求每一层的最右结点

对应的算法如下。

C++：

```cpp
1   class Solution {
2   public:
3       vector < vector < int >> levelOrder(TreeNode * root) {
4           vector < vector < int >> ans;
5           if(root==NULL) return ans;
6           queue < TreeNode * > qu;
7           qu.push(root);                  //根结点进队
8           TreeNode * last=root;           //第1层的最右结点
9           vector < int > curp;
10          while(!qu.empty()) {            //队不空时循环
11              TreeNode * p=qu.front(); qu.pop();   //出队一个结点 p
12              TreeNode * q;               //记录一层中最后的孩子
13              if(p-> left!=NULL) {        //有左孩子时将其进队
14                  q=p-> left;
15                  qu.push(q);
16              }
17              if(p-> right!=NULL) {       //有右孩子时将其进队
18                  q=p-> right;
19                  qu.push(q);
20              }
21              curp.push_back(p-> val);    //将当前层的结点值添加到 curp
22              if(p==last) {               //分割点:当前层的所有结点处理完毕
23                  ans.push_back(curp);    //将当前层的结点值序列添加到 ans 中
24                  curp.clear();           //清空 curp
25                  last=q;                 //让 last 指向下一层的最右结点
26              }
27          }
28          return ans;
29      }
30  };
```

提交运行：

结果:通过;时间:0ms;空间:12MB

Python：

```python
1   from collections import deque
2   class Solution:
3       def levelOrder(self, root: Optional[TreeNode]) -> List[List[int]]:
4           ans=[]
5           if root==None:return ans
6           qu=deque()                  #定义一个队列 qu
7           qu.append(root)             #根结点(层次为1)进队
8           last=root
9           curl=1                      #当前层次
10          curp=[]                     #一层的结点值序列
11          q=None
12          while qu:                   #队不空时循环
13              p=qu.popleft()          #出队一个结点
14              if p.left!=None:        #有左孩子时将其进队
15                  q=p.left
16                  qu.append(q)
17              if p.right!=None:       #有右孩子时将其进队
18                  q=p.right
19                  qu.append(q)
20              curp.append(p.val)      #将当前层的结点值添加到 curp
21              if p==last:             #当前层的所有结点处理完毕
```

22	ans.append(curp)	#将当前层的结点值序列添加到 ans 中
23	last=q	#让 last 指向下一层的最右结点
24	curp=[]	#清空 curp
25	curl+=1	#进入下一层
26	return ans	

提交运行：

结果：通过；时间：36ms；空间：15.4MB

【**解法3**】 **分层次的层次遍历**。层次遍历的过程是从根结点层开始，访问一层的全部结点，然后访问下一层的结点。为此定义一个队列 qu，用 curp 存放一层的遍历结果，先将根结点进队，在队不空时循环：求队列中元素的个数 n，它恰好为当前层的全部结点个数，循环 n 次，每次出队一个结点 p，访问结点 p，即将 p-> val 添加到 curp 中，同时将其非空孩子结点进队，当该层的 n 个结点处理完毕后，将 curp 添加到 ans 中，再进入下一层。最后返回 ans。

例如，如图 6.16 所示为求一棵二叉树的全部层的层次遍历的示例，每一层左边的 qu 表示遍历该层之前队列中包含的结点（qu[1]表示队列中包含结点 1 的地址），一层遍历完毕得到下一层的队列元素，最后一层遍历完毕队列 qu=[]。

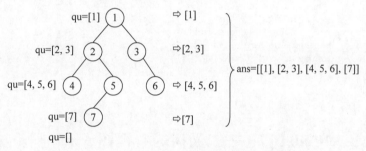

图 6.16 求一棵二叉树的全部层的层次遍历

对应的算法如下。

C++：

```
1   class Solution {
2   public:
3       vector < vector < int >> levelOrder(TreeNode * root) {
4           vector < vector < int >> ans;
5           if(root==NULL) return ans;
6           queue < TreeNode * > qu;
7           qu.push(root);                      //根结点进队
8           while(!qu.empty()) {                //队不空时循环
9               int n=qu.size();
10              vector < int > curp;            //保存一层的结点值序列
11              for(int i=0;i<n;i++) {
12                  TreeNode * p=qu.front(); qu.pop();       //出队一个结点 p
13                  curp.push_back(p-> val);
14                  if(p-> left!=NULL)          //有左孩子时将其进队
15                      qu.push(p-> left);
16                  if(p-> right!=NULL)         //有右孩子时将其进队
17                      qu.push(p-> right);
18              }
19              ans.push_back(curp);
20          }
```

```
21            return ans;
22        }
23    };
```

提交运行:

结果:通过;时间:0ms;空间:12.2MB

Python:

```python
1    from collections import deque
2    class Solution:
3        def levelOrder(self, root: Optional[TreeNode]) -> List[List[int]]:
4            ans=[]
5            if root==None: return ans
6            qu=deque()                       #定义一个队列qu
7            qu.append(root)                  #根结点(层次为1)进队
8            while qu:                         #队不空时循环
9                n=len(qu)
10               curp=[]                      #保存一层的结点值序列
11               for i in range(0,n):
12                   p=qu.popleft()           #出队一个结点
13                   curp.append(p.val)       #当前层的结点值添加到curp
14                   if p.left!=None:         #有左孩子时将其进队
15                       qu.append(p.left)
16                   if p.right!=None:        #有右孩子时将其进队
17                       qu.append(p.right)
18               ans.append(curp)
19           return ans
```

提交运行:

结果:通过;时间:36ms;空间:15.3MB

6.3.2 LeetCode199——二叉树的右视图★★

问题描述见6.2.10节。

扫一扫

源程序

扫一扫

源程序

扫一扫

源程序

【解法1】 基本层次遍历。求解思路参见6.3.1节的解法1,用ans存放答案,从第二层开始每一层的分割点是该层的首结点,该分割点前面访问的结点正好是上一层的最右结点,为此用p表示当前访问的结点,pre表示其前面访问的结点,一旦确定结点p是分割点,就将pre结点值添加到ans中。注意,由于最下一层不再存在下一层,该层最后访问的结点p就是其最右结点,所以当层次遍历结束后还需要将结点p的值添加到ans中,最后返回ans即可。

【解法2】 基本层次遍历。求解思路参见6.3.1节的解法2,用ans存放答案,由于这里的层次分割点是每一层的最右结点,所以改为一旦找到分割点,将last结点值添加到ans中,层次遍历完毕返回ans即可。

【解法3】 分层次的层次遍历。求解思路参见6.3.1节的解法3,用ans存放答案,在进行开始一层的遍历时,求出队列中元素的个数n,用i从0到n-1循环出队并访问每一个结点,若i=n-1,说明当前出队的结点p就是该层的最右结点,将其结点值添加到ans中,层次遍历完毕返回ans即可。

6.3.3 LeetCode637——二叉树的层平均值★

【问题描述】 给定一个非空二叉树的根结点root,以数组的形式返回每一层结点的平均值。与实际答案相差 10^{-5} 以内的答案可以被接受。

例如,某二叉树的答案为$[3.00000,14.50000,11.00000]$。

【限制】 树中结点的数目在$[1,10000]$范围内,$-2^{31}{\leqslant}Node.val{\leqslant}2^{31}-1$。

【解题思路】 分层次的层次遍历。用分层次的层次遍历方法(参见 6.3.1 节的解法 3)求出当前层的结点个数 n,循环 n 次累计该层的全部结点值之和 cursum,一层遍历完毕将平均值 cursum/n 添加到 ans 中,最后返回 ans 即可。

扫一扫

源程序

6.3.4　LeetCode2471——逐层排序二叉树所需的最少操作数目★★

【问题描述】 给定一个值互不相同的二叉树的根结点 root,要求返回每一层按严格递增顺序排序所需的最少操作数目,在每一步操作中可以选择同一层上的任意两个结点交换它们的值。

例如,root=$[1,3,2,7,6,5,4]$,对应的二叉树如图 6.17 所示,第 1 步交换 3 和 2,第 2层变为$[2,3]$;第 2 步交换 7 和 4,第 3 层变为$[4,6,5,7]$;第 3 步交换 6 和 5,第 3 层变为$[4,5,6,7]$。共计用了 3 步操作,所以返回 3。

【限制】 树中结点的数目在$[1,10^5]$范围内,$1{\leqslant}Node.val{\leqslant}10^5$,树中的所有值互不相同。

【解题思路】 分层次的层次遍历。本题仅求二叉树 root 中的全部层按严格递增顺序排序所需的最少操作数目,并不要求实际排序,为此用分层次的层次遍历方法(参见 6.3.1 节的解法 3)求出二叉树 root 的每一层的层次序列 curp,调用 minswaps(curp)求出该层按严格递增顺序排序所需的最少操作数目,将其累计到 ans 中,最后返回 ans 即可。

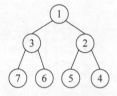

图 6.17　一棵二叉树

执行 minswaps(a)的过程是先复制 a 到 b 中,将 b 递增排序,用哈希表 hmap 存放 b 中每个元素的序号($hmap[b[i]]=i$ 表示 a 中每个元素排序位置的序号)。用 i 从 0 开始遍历 a,若 $a[i]{\neq}b[i]$,说明 $a[i]$ 不在排序位置上,将其与排序位置的元素 $a[hmap[a[i]]]$ 进行交换,重复这个过程,直到 $a[i]=b[i]$ 的位置。例如,求 $a=\{3,1,2\}$ 变为有序的最少交换次数如图 6.18 所示,答案为 2。

$$a:\begin{array}{ccc} 0 & 1 & 2 \\ 3 & 1 & 2 \end{array} \Rightarrow b:\begin{array}{ccc} 0 & 1 & 2 \\ 1 & 2 & 3 \end{array} \Rightarrow hmap:[1,0]\,[2,1]\,[3,3]$$

$$\Downarrow a[0]{\neq}b[0],\ hmap[a[0]]=3,\ swap(a[0],a[3])$$

$$a:\begin{array}{ccc} 0 & 1 & 2 \\ 2 & 1 & 3 \end{array} \qquad b:\begin{array}{ccc} 0 & 1 & 2 \\ 1 & 2 & 3 \end{array}$$

$$\Downarrow a[0]{\neq}b[0],\ hmap[a[0]]=1,\ swap(a[0],a[1])$$

$$a:\begin{array}{ccc} 0 & 1 & 2 \\ 1 & 2 & 3 \end{array}$$

图 6.18　求 $a=\{3,1,2\}$ 变为有序的最少交换次数为 2

对应的算法如下。

■ C++：

```cpp
1   class Solution {
2   public:
3       int minimumOperations(TreeNode * root) {
4           int ans＝0;
5           queue＜TreeNode *＞qu;
6           qu.push(root);                          //根结点进队
7           while(!qu.empty()) {                    //队不空时循环
8               int n＝qu.size();
9               vector＜int＞curp;
10              for(int i＝0;i＜n;i＋＋) {
11                  TreeNode * p＝qu.front(); qu.pop();        //出队一个结点 p
12                  curp.push_back(p-＞val);
13                  if(p-＞left!＝NULL) qu.push(p-＞left);        //有左孩子时将其进队
14                  if(p-＞right!＝NULL) qu.push(p-＞right);      //有右孩子时将其进队
15              }
16              ans＋＝minswaps(curp);
17          }
18          return ans;
19      }
20
21      int minswaps(vector＜int＞&a) {              //求 a 变为有序的最少交换次数
22          vector＜int＞b = a;
23          sort(b.begin(), b.end());
24          unordered_map＜int, int＞hmap;          //记录排好序的元素位置
25          for(int i＝0;i＜b.size();i＋＋) hmap[b[i]]＝i;
26          int cnt＝0;
27          for(int i＝0;i＜a.size();i＋＋) {
28              while(a[i]!＝b[i]) {                //注意这里可能需要进行多次交换
29                  swap(a[i], a[hmap[a[i]]]);
30                  cnt＋＋;
31              }
32          }
33          return cnt;
34      }
35  };
```

提交运行：

结果：通过；时间：332ms；空间：160.3MB

⊞ Python：

```python
1   from collections import deque
2   class Solution:
3       def minimumOperations(self, root):
4           ans＝0
5           if root＝＝None: return ans
6           qu＝deque()                          #定义一个队列 qu
7           qu.append(root)                     #根结点(层次为1)进队
8           while qu:                            #队不空时循环
9               n＝len(qu)
10              curp＝[]
11              for i in range(0,n):
12                  p＝qu.popleft()              #出队一个结点
13                  curp.append(p.val)          #当前层的结点值添加到 curp
14                  if p.left!＝None: qu.append(p.left)    #有左孩子时将其进队
15                  if p.right!＝None: qu.append(p.right)  #有右孩子时将其进队
16              ans＋＝self.minswaps(curp)
```

```
17              return ans
18      def minswaps(self,a):              #求a变为有序的最少交换次数
19          b=a.copy()                     #由a复制得到另外一个列表b
20          b.sort()
21          hmap={}                        #记录排好序的元素位置
22          for i in range(0,len(b)):hmap[b[i]]=i
23          cnt=0
24          for i in range(0,len(a)):
25              while a[i]!=b[i]:          #可能需要进行多次交换
26                  tmp=a[hmap[a[i]]]      #注意应该使用传统交换方式
27                  a[hmap[a[i]]]=a[i]
28                  a[i]=tmp
29                  cnt+=1
30          return cnt
```

提交运行：

结果：通过；时间：696ms；空间：54.9MB

6.3.5 LeetCode2415——反转二叉树的奇数层★★

【问题描述】 给定一棵完美二叉树的根结点 root，请反转这棵树中每个奇数层的结点值，返回反转后树的根结点。完美二叉树需要满足所有父结点都有两个子结点，且所有叶子结点都在同一层。

例如，root＝[2,3,5,8,13,21,34]，反转结果如图 6.19 所示。

扫一扫

源程序

【限制】 树中结点的数目在 $[1,2^{14}]$ 范围内，$0\leqslant Node.val\leqslant10^5$，root 是一棵完美二叉树。

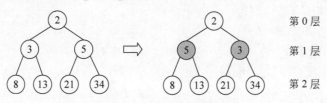

图 6.19 反转一棵二叉树

【解题思路】 分层次的层次遍历。用 6.3.1 节中解法 3 的思路求出第 curl 层（根结点为第 0 层）的全部结点 curp（按从左到右存储结点的地址），若 curl 为奇数，则将 curp 中的结点逆置。

6.3.6 LeetCode1602——找二叉树中最近的右侧结点★★

【问题描述】 给定一棵二叉树的根结点 root 和树中的一个结点 u，返回与 u 所在层中距离最近的右侧结点，当 u 是所在层中最右侧的结点时返回空。

例如，root＝[1,2,3,null,4,5,6]，u＝4，对应的二叉树如图 6.20 所示，结点 4 所在层中最近的右侧结点是结点 5，答案为结点 5 的地址。

【限制】 树中结点个数的范围是 $[1,10^5]$，$1\leqslant Node.val\leqslant10^5$，树中所有结点的值是唯一的。u 是以 root 为根的二叉树的一个结点。

【解题思路】 分层次的层次遍历。用 6.3.1 节中解法 3 的思路，在分层遍历时求出队列中结点的个数 n，用 i 从 0 到 n－1 循环，出队结

图 6.20 一棵二叉树

扫一扫

源程序

点 p。

（1）若 p=u，如果 $i=n-1$，说明结点 u 是该层的最右结点，它没有右侧结点，返回空；否则当前队列中的队头结点就是其右侧结点，返回队头结点。

（2）否则继续层次遍历，即结点 p 有左孩子将左孩子进队，结点 p 有右孩子将右孩子进队。

6.4　　构造二叉树的算法设计

6.4.1　LeetCode105——由先序与中序遍历序列构造二叉树★★

【问题描述】　给定两个整数数组 pre 和 in，其中 pre 是二叉树的先序遍历序列，in 是同一棵树的中序遍历序列，请构造二叉树并返回其根结点。

例如，pre=[3,9,20,15,7]，in=[9,3,15,20,7]，创建的二叉树如图 6.1 所示。

【限制】　$1 \leqslant pre.length \leqslant 3000$，$in.length = pre.length$，$-3000 \leqslant pre[i]，in[i] \leqslant 3000$，pre 和 in 均无重复元素，in 均出现在 pre，pre 保证为二叉树的先序遍历序列，in 保证为二叉树的中序遍历序列。

【解题思路】　由先序遍历序列和中序遍历序列构造二叉树。设计 createbt(pre,i,in,j,n)，由先序序列 $pre[i..n+i-1]$ 和中序序列 $in[j..n+j-1]$ 构造二叉树（共 n 个结点），如图 6.21 所示，其执行过程如下。

（1）$pre[i]$ 为根结点值，创建对应的根结点 root。在 $in[j..n+j-1]$ 中找到与根结点值相同的元素 $in[p]$，置 $k=p-j$。

（2）可以推出左子树含 k 个结点，左子树的先序序列为 $pre[i+1..i+k]$、中序序列为 $in[j..j+k-1]$。执行 root-> left=createbt(pre,i+1,in,j,k) 递归构造根结点 root 的左子树。

扫一扫

源程序

（3）可以推出右子树含 $n-k-1$ 个结点，右子树的先序序列为 $pre[i+k-1..n+i-1]$、中序序列为 $in[p+1..n+j-1]$。执行 root-> right=createbt(pre,i+k+1,in,p+1,n-k-1) 递归构造根结点 root 的右子树。

最后返回 root。

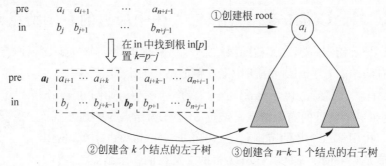

图 6.21　构造二叉树的过程（1）

6.4.2 LeetCode106——由中序与后序遍历序列构造二叉树★★

【问题描述】 给定两个整数数组 post 和 in,其中 post 是二叉树的后序遍历序列,in 是同一棵树的中序遍历序列,请构造二叉树并返回其根结点。

例如,post=[9,15,7,20,3],in=[9,3,15,20,7],创建的二叉树如图 6.1 所示。

【限制】 $1 \leqslant$ post. length$\leqslant 3000$,in. length=pre. length,$-3000 \leqslant$ post$[i]$,in$[i] \leqslant$ 3000,post 和 in 均无重复元素,in 均出现在 post,post 保证为二叉树的后序遍历序列,in 保证为二叉树的中序遍历序列。

扫一扫

源程序

【解题思路】 由中序遍历序列和后序遍历序列构造二叉树。设计 createbt(post,i,in,j,n),由后序序列 post$[i..n+i-1]$ 和中序序列 in$[j..n+j-1]$ 构造二叉树(共 n 个结点),如图 6.22 所示。

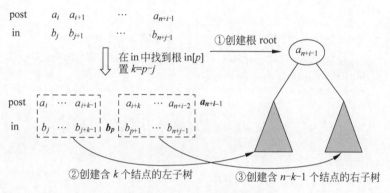

图 6.22 构造二叉树的过程(2)

其执行过程如下。

(1) post$[n+i-1]$为根结点值,创建对应的根结点 root。在 in$[j..n+j-1]$中找到与根结点值相同的元素 in$[p]$,置 $k=p-j$。

(2) 可以推出左子树含 k 个结点,左子树的后序序列为 post$[i..i+k-1]$、中序序列为 in$[j..j+k-1]$。执行 root-> left=createbt(post,i,in,j,k)递归构造根结点 root 的左子树。

(3) 可以推出右子树含 $n-k-1$ 个结点,右子树的后序序列为 post$[i+k..n+i-2]$、中序序列为 in$[p+1..n+j-1]$。执行 root-> right=createbt(post,i+k,in,p+1,n-k-1)递归构造根结点 root 的右子树。

当根结点 root 及其左、右子树创建完毕返回 root。

6.4.3 LeetCode2196——根据描述创建二叉树★★

【问题描述】 给定一个二维整数数组 descriptions,其中某个元素 descriptions$[i]=$ [parenti,childi,isLefti]表示 parenti 是 childi 在二叉树中的父结点,二叉树中各结点的值互不相同。如果 isLefti=1,那么 childi 就是 parenti 的左子结点;如果 isLefti=0,那么 childi 就是 parenti 的右子结点。请根据 descriptions 的描述来构造二叉树并返回其根结点。测试用例会保证可以构造出有效的二叉树。

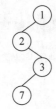

图 6.23 一棵二叉树

例如，descriptions＝[[1,2,1],[2,3,0],[3,4,1]]，构造的二叉树如图 6.23 所示。

【限制】 $1 \leqslant$ descriptions. length $\leqslant 10^4$，descriptions $[i]$. length ＝ $3, 1 \leqslant$ parenti，childi $\leqslant 10^5, 0 \leqslant$ isLefti $\leqslant 1$，descriptions 所描述的二叉树是一棵有效二叉树。

【解题思路】 由父子关系创建二叉树。每个 descriptions $[i]$ 元素给出二叉树中的一个父子关系，即一条分支线，由于每个子结点只能是一个父结点的孩子，所以 childi 中的每个子结点仅出现一次，先遍历 descriptions 一次创建所有的子结点，再遍历 descriptions 一次创建所谓的根结点(一棵有效二叉树恰好只有一个根结点)，同时建立分支关系，最后返回根结点。对应的算法如下。

C++：

```cpp
class Solution {
public:
    TreeNode * createBinaryTree(vector < vector < int >> & descriptions) {
        unordered_map < int, TreeNode * > hmap;
        TreeNode * root = NULL;
        for(vector < int > & v:descriptions)
            hmap[v[1]] = new TreeNode(v[1]);                //创建所有的子结点
        for(vector < int > & v:descriptions) {
            if(hmap. count(v[0]) == 0) {                    //找根结点
                hmap[v[0]] = new TreeNode(v[0]);            //创建根结点
                root = hmap[v[0]];
            }
            if(v[2] == 1)                                   //建立父子关系
                hmap[v[0]]-> left = hmap[v[1]];
            else
                hmap[v[0]]-> right = hmap[v[1]];
        }
        return root;
    }
};
```

提交运行：

结果：通过；时间：716ms；空间：251.7MB

Python：

```python
class Solution:
    def createBinaryTree(self, descriptions: List[List[int]]) -> Optional[TreeNode]:
        dict = {}
        root = None
        for v in descriptions:
            dict[v[1]] = TreeNode(v[1])                     #创建所有的子结点
        for v in descriptions:
            if not v[0] in dict:                            #找根结点
                dict[v[0]] = TreeNode(v[0])                 #创建根结点
                root = dict[v[0]]
            if v[2] == 1:                                   #建立父子关系
                dict[v[0]]. left = dict[v[1]]
            else:
                dict[v[0]]. right = dict[v[1]]
        return root
```

提交运行：

结果:通过;时间:500ms;空间:22.1MB

6.5 二叉树序列化的算法设计 ✳

6.5.1 LeetCode297——二叉树的序列化与反序列化★★★

【问题描述】 序列化是将一个数据结构或者对象转换为连续的比特位的操作,进而可以将转换后的数据存储在一个文件或者内存中,同时也可以通过网络传输到另一个计算机环境,采取相反的方式重构得到原数据。请设计一个算法来实现二叉树的序列化与反序列化。这里不限定序列/反序列化算法的执行逻辑,只需要保证一棵二叉树可以被序列化为一个字符串,并且将这个字符串反序列化为原始的树结构。

例如,root=[−3,12,2,null,−5,null,36],对应的二叉树如图6.24(a)所示,将其序列化为确定的字符串 data,再反序列化为同样的二叉树。

【限制】 树中结点的数目在$[0,10^4]$范围内,$-1000 \leqslant \text{Node.val} \leqslant 1000$。

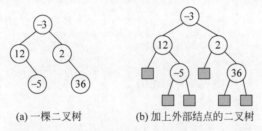

(a) 一棵二叉树　　　　(b) 加上外部结点的二叉树

图 6.24 一棵二叉树和加上外部结点的二叉树

【解法1】 层次遍历序列化和反序列化。使用层次遍历方式序列化,基本原理参见6.1.2节的二叉树的序列化和反序列化部分。这里要求使用字符串存放序列化序列,为了方便,外部结点值用'♯'表示,整数结点值转换为数字串并在末尾添加一个','作为结尾符。例如,对于如图6.24(b)所示的加上外部结点的二叉树,其层次遍历序列化序列为"−3,12,♯−5♯ ♯2,♯36, ♯ ♯"。对应的算法如下。

▦ C++:

```
1   class Codec {
2       const char null='♯';                           //外部结点值
3       int i;                                          //用于遍历 data
4   public:
5       string serialize(TreeNode * root) {             //序列化
6           string s="";
7           if(root==NULL) return s;
8           queue < TreeNode * > qu;                     //定义一个队列 qu
9           qu.push(root);                               //根结点进队
10          while(!qu.empty()) {                         //队不空时循环
11              TreeNode * p=qu.front(); qu.pop();       //出队结点 p
12              if(p!=NULL) {
13                  s+=to_string(p->val)+",";            //在数字串的后面添加一个','
14                  qu.push(p->left);                    //左孩子进队(含空的左孩子)
15                  qu.push(p->right);                   //右孩子进队(含空的右孩子)
16              }
```

```
17              else s+=null;                        //结点 p 为空,添加外部结点值
18          }
19          return s;
20      }

21      TreeNode * deserialize(string data) {        //反序列化
22          int n=data.size();
23          if(n==0) return NULL;
24          TreeNode * root, * p;
25          i=0;                                     //用类数据成员 i 遍历 data
26          queue<TreeNode * > qu;                   //定义一个队列 qu
27          root=new TreeNode(getval(data));         //创建根结点
28          qu.push(root);                           //根结点进队
29          while(!qu.empty()) {                     //队不空时循环:每次循环访问一层结点
30              int m=qu.size();                     //求队中元素的个数 m
31              for(int j=0;j<m;j++) {               //出队该层的 m 个结点
32                  p=qu.front(); qu.pop();          //出队结点 p
33                  if(i<n && data[i]!=null) {       //结点 p 存在左孩子
34                      p->left=new TreeNode(getval(data));   //创建结点 p 的左孩子
35                      qu.push(p->left);            //左孩子进队
36                  }
37                  else {                           //data[i]=null
38                      p->left=NULL;                //否则置结点 p 的左孩子为空
39                      i++;
40                  }
41                  if(i<n && data[i]!=null) {       //结点 p 存在右孩子
42                      p->right=new TreeNode(getval(data));   //创建结点 p 的右孩子
43                      qu.push(p->right);           //右孩子进队
44                  }
45                  else {                           //data[i]=null
46                      p->right=NULL;               //否则置结点 p 的右孩子为空
47                      i++;
48                  }
49              }
50          }
51          return root;
52      }

53      int getval(string& s) {                      //数字串转换为整数
54          int d=0,flag=1;
55          while(i<s.size() && s[i]!=',') {
56              if(s[i]=='-') {
57                  flag=-1; i++;
58              }
59              else {
60                  d=d*10+(s[i]-'0'); i++;
61              }
62          }
63          i++;                                     //跳过数字串结尾的','
64          return flag * d;
65      }
66  };
```

提交运行:

结果:通过;时间:36ms;空间:28MB

Python:

```
1   from collections import deque
2   class Codec:
3       def serialize(self, root):              #序列化
4           s=""
```

```
 5              if root==None:return s
 6              qu=deque()                               #定义一个队列 qu
 7              qu.append(root)                          #根结点进队
 8              while qu:                                #队不空时循环
 9                  p=qu.popleft()                       #出队一个结点
10                  if p!=None:
11                      s+=str(p.val)+","               #在数字串的后面添加一个','
12                      qu.append(p.left)                #左孩子进队(含空的左孩子)
13                      qu.append(p.right)               #右孩子进队(含空的右孩子)
14                  else: s+="#"                         #结点 p 为空,添加外部结点值
15              return s

16          def deserialize(self, data):                 #反序列化
17              n=len(data)
18              if n==0:return None;
19              self.i=0                                 #用属性 i 遍历 s
20              qu=deque()                               #定义一个队列 qu
21              root=TreeNode(self.getval(data));        #创建根结点
22              qu.append(root)                          #根结点进队
23              while qu:                                #队不空时循环:每次循环访问一层结点
24                  m=len(qu)                            #求队中元素的个数 m
25                  for j in range(0,m):                 #出队该层的 m 个结点
26                      p=qu.popleft()                   #出队一个结点
27                      if self.i<n and data[self.i]!='#':        #结点 p 存在左孩子
28                          p.left=TreeNode(self.getval(data))    #创建结点 p 的左孩子
29                          qu.append(p.left)            #左孩子进队
30                      else:                            #data[i]=null
31                          p.left=None                  #否则置结点 p 的左孩子为空
32                          self.i+=1
33                      if self.i<n and data[self.i]!='#':        #结点 p 存在右孩子
34                          p.right=TreeNode(self.getval(data))   #创建结点 p 的右孩子
35                          qu.append(p.right)           #右孩子进队
36                      else:                            #data[i]=null
37                          p.right=None                 #否则置结点 p 的右孩子为空
38                          self.i+=1
39              return root

40          def getval(self,s):                          #数字串转换为整数
41              d,flag=0,1
42              while self.i<len(s) and s[self.i]!=',':
43                  if s[self.i]=='-':
44                      flag,self.i=-1,self.i+1
45                  else:
46                      d=d*10+int(s[self.i])
47                      self.i+=1
48              self.i+=1                                 #跳过数字串结尾的','
49              return flag*d
```

提交运行:

结果:通过;时间:112ms;空间:20.7MB

【解法 2】 先序遍历序列化和反序列化。与层次遍历序列化类似,将二叉树中的每个空指针看成一个外部结点,结点值看成'#',遇到其他数字结点将值转换为字符串并在末尾添加','作为结尾符。对含外部结点的二叉树进行先序遍历得到先序遍历序列化序列 data。

这里的反序列化就是使用先序遍历序列化序列 data 构建对应的二叉树,其过程是用 i 从头到尾遍历 data 字符串,使用先序遍历方法:

(1)当 i 超界时返回 NULL。

(2)当遇到'#'字符时执行 $i++$,然后返回 NULL。

（3）当遇到其他字符时表示是一个数字串，将其转换为整数 d，由 d 创建根结点 root，接下来 data 中一定是根结点 root 的左、右孩子结点值，只需要递归构造 root 的左、右子树即可。

对应的算法如下。

C++：

```
1    class Codec {
2        const char null='#';                              //外部结点值
3        int i;                                             //用于遍历 data
4    public:
5        string serialize(TreeNode * root) {                //序列化
6            return preorder(root);
7        }
8        string preorder(TreeNode * root) {
9            string pres="";
10           if(root==NULL)
11               pres=null;
12           else {
13               pres+=to_string(root->val)+",";            //在数字串的后面添加一个','
14               pres+=preorder(root->left);                //产生左子树的序列化序列
15               pres+=preorder(root->right);               //产生右子树的序列化序列
16           }
17           return pres;
18       }

19       TreeNode * deserialize(string data) {              //反序列化
20           i=0;
21           return createbt(data);
22       }

23       TreeNode * createbt(string&data) {
24           if(i>=data.size()) return NULL;
25           if(data[i]=='#'){
26               i++;
27               return NULL;
28           }
29           TreeNode * root=new TreeNode(getval(data));
30           root->left=createbt(data);
31           root->right=createbt(data);
32           return root;
33       }
34       int getval(string&s) { ... }                       //该成员函数同解法 1
35   };
```

提交运行：

结果：通过；时间：36ms；空间：30MB

Python：

```
1    class Codec:
2        def serialize(self, root):                         #序列化
3            return self.preorder(root)
4        def preorder(self,root):
5            pres=""
6            if root==None:
7                pres="#"
8            else:
9                pres+=str(root.val)+","                     #在数字串的后面添加一个','
10               pres+=self.preorder(root.left)              #产生左子树的序列化序列
11               pres+=self.preorder(root.right)             #产生右子树的序列化序列
```

```
12              return pres

13          def deserialize(self, data):                #反序列化
14              self.i=0                                 #用于遍历 data
15              return self.createbt(data)
16          def createbt(self,data):
17              if self.i>=len(data): return None
18              if data[self.i]=='#':
19                  self.i+=1
20                  return None
21              root=TreeNode(self.getval(data))
22              root.left=self.createbt(data)
23              root.right=self.createbt(data)
24              return root
25          def getval(self,s):                          #该方法同解法1
```

提交运行：

结果:通过;时间:112ms;空间:20.6MB

6.5.2 LeetCode100——相同的树★

问题描述见 6.2.5 节。

【解题思路】 先序(或者层次)遍历序列化。将 p 和 q 两棵二叉树进行序列化分别得到
唯一的序列化序列 prep 和 preq,若 prep=preq,说明它们是相同的树,返回 true,否则返回
false。

扫一扫

源程序

6.5.3 LeetCode572——另一棵树的子树★

问题描述见 6.2.6 节。

【解题思路】 先序(或者层次)遍历序列化。将 root 和 subRoot 两棵二叉树进行序列
化得到序列化序列 preroot 和 presubroot,求出 presubroot 在 preroot 中的首位置 i,如果满
足以下两个条件则返回 true:

(1) $i \neq -1$,说明 presubroot 是 preroot 的子串。

(2) 要么 $i=0$,要么 preroot[i]的前一个字符 preroot[$i-1$]一定是数字串结尾符或者
'#'(保证从 root 中一个数字串结点值开始匹配而不是从中间开始匹配)。

例如,root=[12],subroot=[2],求出 preroot="12,##",presubroot="2,##",显
然 presubroot 是 preroot 的子串,但 subroot 不是 root 的子树,因为这里的子串不是从"12"
开始匹配而是从"2"开始匹配,如图 6.25 所示。

扫一扫

源程序

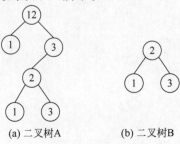

(a) 二叉树A   (b) 二叉树B

图 6.25 两棵二叉树

其他情况返回 false。

推荐练习题

1. LeetCode101——对称二叉树★
2. LeetCode103——二叉树的锯齿形层序遍历★★
3. LeetCode104——二叉树的最大深度★
4. LeetCode107——二叉树的层序遍历Ⅱ★★
5. LeetCode111——二叉树的最小深度★
6. LeetCode116——填充每个结点的下一个右侧结点指针★★
7. LeetCode236——二叉树的最近公共祖先★★
8. LeetCode250——统计同值子树★★
9. LeetCode515——在每个树行中找最大值★★
10. LeetCode617——合并二叉树★
11. LeetCode652——寻找重复的子树★★
12. LeetCode687——最长同值路径★★
13. LeetCode872——叶子相似的树★
14. LeetCode889——根据先序和后序遍历序列构造二叉树★★
15. LeetCode919——完全二叉树插入器★★
16. LeetCode958——二叉树的完全性检验★★
17. LeetCode993——二叉树的堂兄弟结点★
18. LeetCode1302——层数最深的叶子结点的和★★
19. LeetCode1448——统计二叉树中好结点的数目★★
20. LeetCode1485——复制含随机指针的二叉树★★
21. LeetCode1609——奇偶树★★

第 **7** 章

二叉搜索树

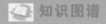 知识图谱

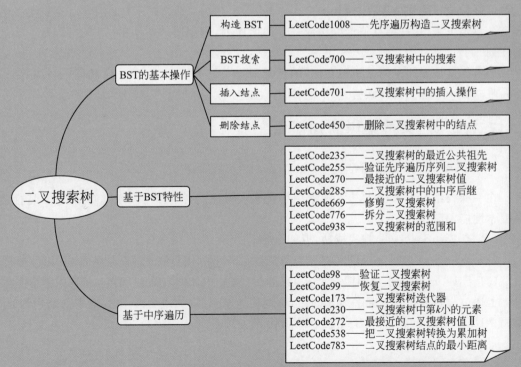

二叉搜索树

BST的基本操作
- 构造 BST —— LeetCode1008——先序遍历构造二叉搜索树
- BST搜索 —— LeetCode700——二叉搜索树中的搜索
- 插入结点 —— LeetCode701——二叉搜索树中的插入操作
- 删除结点 —— LeetCode450——删除二叉搜索树中的结点

基于BST特性
- LeetCode235——二叉搜索树的最近公共祖先
- LeetCode255——验证先序遍历序列二叉搜索树
- LeetCode270——最接近的二叉搜索树值
- LeetCode285——二叉搜索树中的中序后继
- LeetCode669——修剪二叉搜索树
- LeetCode776——拆分二叉搜索树
- LeetCode938——二叉搜索树的范围和

基于中序遍历
- LeetCode98——验证二叉搜索树
- LeetCode99——恢复二叉搜索树
- LeetCode173——二叉搜索树迭代器
- LeetCode230——二叉搜索树中第k小的元素
- LeetCode272——最接近的二叉搜索树值Ⅱ
- LeetCode538——把二叉搜索树转换为累加树
- LeetCode783——二叉搜索树结点的最小距离

7.1 二叉搜索树概述

7.1.1 二叉搜索树的定义

二叉搜索树(简称 BST)又称二叉排序树,每个结点有一个关键字,二叉排序树或者是空树,或者是满足以下性质的二叉树:

(1) 若它的左子树非空,则左子树上所有结点的关键字均小于根结点关键字。

(2) 若它的右子树非空,则右子树上所有结点的关键字均大于根结点关键字。

(3) 左、右子树本身又各是一棵二叉排序树。

上述结点值之间的关系称为 BST 特性,从中看出二叉搜索树就是满足 BST 特性的二叉树。例如,如图 7.1 所示就是一棵二叉搜索树,其中每个结点都具有 BST 特性。

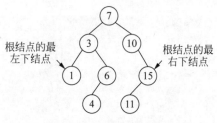

图 7.1 一棵二叉搜索树

由 BST 特性可以得到以下推论:

(1) 一棵非空二叉搜索树的中序序列是一个递增有序序列。例如,如图 7.1 所示二叉搜索树的中序序列为[1,3,4,6,7,10,11,15]。

(2) 整棵树中的最小关键字结点是根结点的最左下结点,最大关键字结点是根结点的最右下结点。

(3) 沿着一个结点的左分支一直走下去,这些结点值恰好构成一个递减序列,例如图 7.1 中的[7,3,1]是一个递减序列;沿着一个结点的右分支一直走下去,这些结点值恰好构成一个递增序列,例如图 7.1 中的[7,10,15]是一个递增序列。

通常二叉搜索树采用二叉链存储,结点类型与 6.1.1 节中 TreeNode 相同,通过根结点 root 唯一标识一棵二叉搜索树。

7.1.2 二叉搜索树的知识点

1. 二叉搜索树的搜索操作

在一棵根结点为 root 的二叉搜索树中搜索关键字为 k 的结点,可以使用 BST 特性提高搜索性能,其过程如下:

(1) 若 k=root-> val,查找成功,返回 root。

(2) 若 k<root-> val,说明搜索的结点只能在左子树中,用类似的过程在左子树中继续搜索。

(3) 若 k>root-> val,说明搜索的结点只能在右子树中,用类似的过程在右子树中继续搜索。

上述过程要么找到关键字为 k 的结点,返回该结点(查找成功);要么搜索到空树为止,返回 NULL(查找不成功)。BST 搜索的迭代算法如下。

▦ C++:

```
1  TreeNode * search(TreeNode * root, int val) {      //迭代算法
2      while(root! = NULL) {
3          if(val = = root-> val) return root;
```

```
4            else if(val < root-> val) root=root-> left;
5            else root=root-> right;
6        }
7        return NULL;
8    }
```

BST 搜索的递归算法如下。

C++:

```
1    TreeNode * search(TreeNode * root, int val) {          //递归算法
2        if(root==NULL) return NULL;
3        if(root-> val==val) return root;
4        else if(val < root-> val) return search(root-> left, val);
5        else return search(root-> right, val);
6    }
```

2. 二叉搜索树的插入操作

在一棵根结点为 root 的二叉搜索树中插入关键字为 k 的结点,创建一个存放关键字 k 的结点 s,首先 p 从 root 开始按照 BST 搜索过程直到 p=NULL 为止,从而找到插入结点 s 的父结点 f,若 $k<$f-> val,则将结点 s 作为结点 f 的左孩子,否则将结点 s 作为结点 f 的右孩子。对应的迭代算法如下。

C++:

```
1    TreeNode * insert(TreeNode * root, int k) {          //迭代算法
2        TreeNode * s=new TreeNode(k);
3        TreeNode * p=root, * f=NULL;                    //f 为父结点
4        while(p!=NULL) {
5            f=p;
6            if(k < p-> val) p=p-> left;
7            else p=p-> right;
8        }
9        if(f==NULL)
10           return s;
11       else {
12           if(k < f-> val) f-> left=s;
13           else f-> right=s;
14           return root;
15       }
16   }
```

插入结点的递归算法与迭代过程类似,设 $f(\text{root}, k)$ 的功能是在 root 中插入关键字为 k 的结点并返回插入后的根结点。创建一个存放关键字 k 的结点 s。

(1) 若 root=NULL,则新的二叉搜索树仅包含结点 s,返回 s。

(2) 若 $k<$root-> val,将结点 s 插入左子树中,并置 root-> left 为左子树中插入 s 后新子树的根结点。

(3) 若 $k>$root-> val,将结点 s 插入右子树中,并置 root-> right 为右子树中插入 s 后新子树的根结点。

对应的插入递归算法如下。

C++:

```
1    TreeNode * insertIntoBST(TreeNode * root, int k) {     //递归算法
2        TreeNode * s=new TreeNode(k);
3        if(root==NULL) return s;
```

```
4    if(k < root-> val) root-> left=insertIntoBST(root-> left,k);
5    else root-> right=insertIntoBST(root-> right,k);
6    return root;
7  }
```

3．二叉搜索树的删除操作

在一棵根结点为 root 的二叉搜索树中删除关键字为 k 的结点,首先按照搜索过程查找关键字为 k 的结点 p 及其父结点 f。删除结点 p 的过程如下。

（1）若结点 p 是叶子结点。

① 如果结点 p 为根结点(p=root 或者 f=NULL),说明原二叉搜索树只有一个结点,删除之返回空树。

② 否则通过父结点 f 直接删除结点 p,若结点 p 是结点 f 的左孩子,置 f-> left=NULL;若结点 p 是结点 f 的右孩子,置 f-> right=NULL。

C++：

```
1    if(p==root)                        //结点 p 是根结点
2        root=NULL;
3    else {                             //结点 p 不是根结点
4        if(f-> left==p) f-> left=NULL;
5        else f-> right=NULL;
6    }
```

（2）若结点 p 只有右子树(左子树为空)。

① 如果结点 p 为根结点,直接置 root=root-> right,如图 7.2(a)所示,再删除结点 p。

② 否则若结点 p 是结点 f 的左孩子,置 f-> left=p-> right,如图 7.2(b)所示;若结点 p 是结点 f 的右孩子,置 f-> right=p-> right,如图 7.2(c)所示,也就是用结点 p 的右孩子代替结点 p,再删除结点 p。

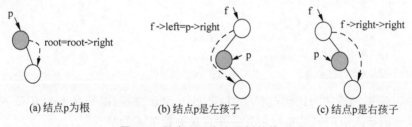

(a)结点p为根　　　　　　　(b)结点p是左孩子　　　　　　　(c)结点p是右孩子

图 7.2　结点 p 只有左子树的情况

C++：

```
1    if(f==NULL)                        //结点 p 是根结点
2        root=root-> right;
3    else {                             //结点 p 不是根结点
4        if(f-> left==p) f-> left=p-> right;
5        else f-> right=p-> right;
6    }
```

（3）若结点 p 只有左子树(右子树为空)。

① 如果结点 p 为根结点,直接置 root=root-> left,如图 7.3(a)所示,再删除结点 p。

② 否则若结点 p 是结点 f 的左孩子,置 f-> left=p-> left,如图 7.3(b)所示;若结点 p

是结点 f 的右孩子,置 f-> right＝p-> left,如图 7.3(c)所示,也就是用结点 p 的左孩子代替结点 p 再删除结点 p。

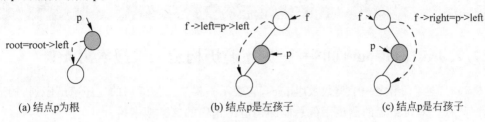

(a)结点p为根　　　　　　(b)结点p是左孩子　　　　　　(c)结点p是右孩子

图 7.3　结点 p 只有右子树的情况

▦ **C++**：

```
1    if(f==NULL)                    //结点 p 是根结点
2        root＝root-> left;
3    else {                         //结点 p 不是根结点
4        if(f-> left==p) f-> left=p-> left;
5        else f-> right=p-> left;
6    }
```

（4）当结点 p 有左、右子树时,可以用结点 p 的左子树中最大结点 q 的值代替它再删除结点 q,也可以用结点 p 的右子树中最小结点 q 的值代替它再删除结点 q,这里使用前者方式。先让 q 指向结点 p 的左孩子,找到其最右下结点,仍然用 q 指向该最右下结点,f 表示结点 q 的父结点,显然结点 q 没有右子树,结点 p 的值用结点 q 的值替换,使用(3)的步骤删除结点 q。两种子情况如图 7.4 所示。

▦ **C++**：

```
1    TreeNode *  q＝p-> left;        //q 指向结点 p 的左孩子结点
2    f=p;                           //f 指向结点 q 的父结点
3    while(q-> right!＝NULL) {        //找到结点 p 的左孩子的最右下结点
4        f=q;q=q-> right;
5    }
6    p-> val=q-> val;                //将结点 p 的值用结点 q 的值替换
7    if(q==f-> left) f-> left=q-> left;   //删除结点 q
8    else f-> right=q-> left;
```

上述二叉搜索树的搜索、插入和删除算法的时间复杂度均为 $O(h)$,其中 h 为二叉搜索树的高度。通常,结点个数为 n 的二叉搜索树的高度为 $O(\log_2 n) \sim O(n)$。

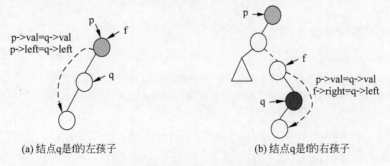

(a)结点q是f的左孩子　　　　　　(b)结点q是f的右孩子

图 7.4　结点 p 有左、右子树的情况

7.2 二叉搜索树基本操作的算法设计

7.2.1 LeetCode1008——先序遍历构造二叉搜索树★★

【问题描述】 给定一个整数数组 pres,它表示一棵二叉搜索树的先序遍历序列,构造树并返回其根。对于给定的测试用例总能够构造出正确的二叉搜索树。

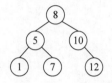

例如,pres=[8,5,1,7,10,12],构造的二叉搜索树如图 7.5 所示。

【限制】 $1 \leqslant$ preorder. length $\leqslant 100, 1 \leqslant$ preorder$[i] \leqslant 10^8$, preorder 中的值互不相同。

图 7.5 一棵二叉搜索树

【解题思路】 由先序遍历序列和中序遍历序列构造二叉树。二叉搜索树的中序遍历序列是一个递增有序序列,给定先序遍历序列 pres,将其递增排序得到中序遍历序列 ins,再使用 6.4.1 节由先序与中序遍历序列构造二叉树的方法构造二叉搜索树即可。对应的算法如下。

C++:

```cpp
1   class Solution {
2   public:
3       TreeNode * bstFromPreorder(vector<int>& pres) {
4           vector<int> ins=pres;
5           sort(ins.begin(),ins.end());
6           return createbt(pres,0,ins,0,pres.size());
7       }

8       TreeNode * createbt(vector<int>& pres,int i,vector<int>& ins,int j,int n) {
9           if(n<=0) return NULL;
10          TreeNode * root=new TreeNode(pres[i]);   //创建根结点 root
11          int p=j;
12          while(ins[p]!=pres[i]) p++;   //在中序序列中找等于 pres[i]的位置 p
13          int k=p-j;                    //确定左子树的结点个数为 k
14          root->left=createbt(pres,i+1,ins,j,k);   //递归构造左子树
15          root->right=createbt(pres,i+k+1,ins,p+1,n-k-1);   //递归构造右子树
16          return root;
17      }
18  };
```

提交运行:

结果:通过;时间:0ms;空间:13.5MB

Python:

```python
1   class Solution:
2       def bstFromPreorder(self, pres: List[int]) -> Optional[TreeNode]:
3           ins=copy.deepcopy(pres)
4           ins.sort()
5           return self.createbt(pres,0,ins,0,len(pres))

6       def createbt(self,pres,i,ins,j,n):
7           if n<=0: return None
8           root=TreeNode(pres[i])                # 创建根结点 root
```

```
9              p=j
10             while ins[p]！=pres[i]: p+=1            #在中序序列中找等于pres[i]的位置p
11             k=p-j                                  #确定左子树的结点个数为k
12             root.left=self.createbt(pres,i+1,ins,j,k)   #递归构造左子树
13             root.right=self.createbt(pres,i+k+1,ins,p+1,n-k-1)   #递归构造右子树
14             return root
```

提交运行：

结果：通过；时间：44ms；空间：15MB

7.2.2　LeetCode700——二叉搜索树中的搜索★

【问题描述】　给定一棵二叉搜索树的根结点 root 和一个整数 val,在二叉搜索树中找到结点值等于 val 的结点,返回以该结点为根的子树。如果对应的结点不存在,则返回空。

例如,对于如图 7.6 所示的二叉搜索树,val=2,返回结点值为 2 的结点地址。

【限制】　二叉搜索树中的结点数在[1,5000]范围内,1≤Node .val≤10^7,1≤val≤10^7。

【解题思路】　二叉搜索树的搜索操作。在二叉搜索树中搜索 val 值的结点的过程参见 7.1.2 节,可以用迭代和递归实现,对应的递归算法如下。

图 7.6　一棵二叉搜索树

■ C++：

```
1   class Solution {
2   public:
3       TreeNode * searchBST(TreeNode * root, int val){
4           if(root==NULL) return NULL;
5           if(root->val==val) return root;
6           else if(val < root->val) return searchBST(root->left,val);
7           else return searchBST(root->right,val);
8       }
9   };
```

提交运行：

结果：通过；时间：36ms；空间：33.9MB

⊞ Python：

```
1   class Solution:
2       def searchBST(self, root: Optional[TreeNode], val: int) -> Optional[TreeNode]:
3           if root==None: return None
4           if root.val==val: return root
5           elif val < root.val: return self.searchBST(root.left,val)
6           else: return self.searchBST(root.right,val)
```

提交运行：

结果：通过；时间：80ms；空间：17.2MB

7.2.3　LeetCode701——二叉搜索树中的插入操作★★

【问题描述】　给定一棵二叉搜索树的根结点 root 和要插入树中的值 val,返回插入后二叉搜索树的根结点。输入的数据保证新值和原二叉搜索树中的任意结点值都不同。注

意,可能存在多种有效的插入方式,只要树在插入后仍为二叉搜索树即可。可以返回任意有效的结果。

例如,如图 7.7 所示为在一棵二叉搜索树中插入 9。

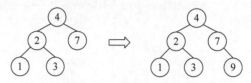

图 7.7　在一棵二叉搜索树中插入 9

【限制】　树中的结点数在 $[0,10^4]$ 范围内,$-10^8 \leqslant$ Node.val $\leqslant 10^8$,所有结点值 Node.val 是独一无二的,$-10^8 \leqslant$ val $\leqslant 10^8$,保证 val 在原二叉搜索树中不存在。

【解题思路】　二叉搜索树的插入操作。在二叉搜索树中插入 val 值的结点的过程参见 7.1.2 节。对应的递归算法如下。

▦ C++：

```
1  class Solution {
2  public:
3      TreeNode * insertIntoBST(TreeNode * root, int val) {
4          TreeNode * s=new TreeNode(val);
5          if(root==NULL) return s;
6          if(val < root-> val) root-> left=insertIntoBST(root-> left,val);
7          else root-> right=insertIntoBST(root-> right,val);
8          return root;
9      }
10 };
```

提交运行：

结果:通过;时间:84ms;空间:55.5MB

◨ Python：

```
1  class Solution:
2      def insertIntoBST(self, root: Optional[TreeNode], val: int) -> Optional[TreeNode]:
3          s=TreeNode(val)
4          if root==None: return s
5          if val < root.val: root.left=self.insertIntoBST(root.left,val)
6          else: root.right=self.insertIntoBST(root.right,val)
7          return root
```

提交运行：

结果:通过;时间:96ms;空间:17.2MB

7.2.4　LeetCode450——删除二叉搜索树中的结点 ★★

【问题描述】　给定一棵二叉搜索树的根结点 root 和一个值 key,删除其中的 key 对应的结点,并保证二叉搜索树的性质不变,返回二叉搜索树(有可能被更新)的根结点的引用。

例如,如图 7.8(a)所示的二叉搜索树删除 3 后的结果如图 7.8(b)或者图 7.8(c)所示。

【限制】　结点数的范围为 $[0,10^4]$,$-10^5 \leqslant$ Node.val $\leqslant 10^5$,结点值唯一,$-10^5 \leqslant$ key $\leqslant 10^5$。

【解题思路】　二叉搜索树的删除操作。从二叉搜索树中删除 key 值的结点的原理参见 7.1.2 节。对应的算法如下。

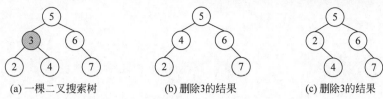

(a) 一棵二叉搜索树　　　　(b) 删除3的结果　　　　(c) 删除3的结果

图 7.8　从一棵二叉搜索树中删除 3 的结果

C++:

```
 1    class Solution {
 2    public:
 3        TreeNode * deleteNode(TreeNode * root, int key) {
 4            if(root==NULL) return root;
 5            TreeNode * p=root, * f=NULL;//f 指向被删除结点 p 的父结点
 6            while(p!=NULL) {                    //查找被删除结点 p
 7                if(p-> val==key) break;        //找到被删除结点 p 时退出循环
 8                f=p;
 9                if(key < p-> val) p=p-> left;
10                else p=p-> right;
11            }
12            if(p==NULL) return root;           //没有找到被删除结点 p,返回 root
13            if(p-> left==NULL && p-> right==NULL) {    //结点 p 是叶子结点
14                if(p==root)                    //结点 p 是根结点
15                    root=NULL;
16                else {                         //结点 p 不是根结点
17                    if(f-> left==p) f-> left=NULL;
18                    else f-> right=NULL;
19                }
20                delete p;
21            }
22            else if(p-> left==NULL) {          //结点 p 的左子树为空
23                if(f==NULL)                    //结点 p 是根结点
24                    root=root-> right;
25                else {                         //结点 p 不是根结点
26                    if(f-> left==p) f-> left=p-> right;
27                    else f-> right=p-> right;
28                }
29                delete p;
30            }
31            else if(p-> right==NULL) {         //结点 p 的右子树为空
32                if(f==NULL)                    //结点 p 是根结点
33                    root=root-> left;
34                else {                         //结点 p 不是根结点
35                    if(f-> left==p) f-> left=p-> left;
36                    else f-> right=p-> left;
37                }
38                delete p;
39            }
40            else {                             //结点 p 有左、右孩子的情况
41                TreeNode * q=p-> left;         //q 指向结点 p 的左孩子结点
42                f=p;                           //f 指向结点 q 的父结点
43                while(q-> right!=NULL) {       //找到结点 p 的左孩子的最右下结点
44                    f=q;
45                    q=q-> right;
46                }
47                p-> val=q-> val;              //将结点 p 的值用结点 q 的值替换
48                if(q==f-> left) f-> left=q-> left;  //删除结点 q
49                else f-> right=q-> left;
50                delete q;
```

```
51              }
52          return root;
53      }
54  };
```

提交运行：

结果：通过；时间：24ms；空间：32MB

Python：

```
1   class Solution:
2       def deleteNode(self, root: Optional[TreeNode], key: int)-> Optional[TreeNode]:
3           if root==None: return root
4           p, f=root, None                         #f 指向被删除结点 p 的父结点
5           while p!=None:                          #查找被删除结点 p
6               if p.val==key: break;               #找到被删除结点 p 时退出循环
7               f=p
8               if key<p.val: p=p.left
9               else: p=p.right
10
11          if p==None: return root                 #没有找到被删除结点 p,返回 root
12          if p.left==None and p.right==None:      #结点 p 是叶子结点
13              if p==root:                         #结点 p 是根结点
14                  root=None
15              else:                               #结点 p 不是根结点
16                  if f.left==p: f.left=None
17                  else: f.right=None
18          elif p.left==None:                      #结点 p 的左子树为空
19              if f==None:                         #结点 p 是根结点
20                  root=root.right
21              else:                               #结点 p 不是根结点
22                  if f.left==p: f.left=p.right
23                  else: f.right=p.right
24          elif p.right==None:                     #结点 p 的右子树为空
25              if f==None:                         #结点 p 是根结点
26                  root=root.left
27              else:                               #结点 p 不是根结点
28                  if f.left==p: f.left=p.left
29                  else: f.right=p.left
30          else:                                   #结点 p 有左、右孩子的情况
31              q=p.left                            #q 指向结点 p 的左孩子结点
32              f=p                                 #f 指向结点 q 的父结点
33              while q.right!=None:                #找到结点 p 的左孩子的最右下结点
34                  f, q=q, q.right
35              p.val=q.val                         #将结点 p 的值用结点 q 的值替换
36              if q==f.left: f.left=q.left         #删除结点 q
37              else: f.right=q.left
38          return root
```

提交运行：

结果：通过；时间：64ms；空间：19.5MB

7.3 二叉搜索树特性的算法设计

7.3.1 LeetCode270——最接近的二叉搜索树值★

【问题描述】 给定一棵非空二叉搜索树的根结点 root 和一个目标值 target,请找到最

接近 target 的数值。注意给定的目标值 target 是一个浮点数,题目保证在该二叉搜索树中只会存在一个最接近目标值的数。

例如,对于如图 7.9 所示的二叉搜索树,目标值 target = 3.714286,答案为 4。

【解题思路】 基于二叉搜索树特性求解。在 root 中查找最接近 target 的结点,用 ans 表示答案,首先置 ans=root-> val。

图 7.9 一棵二叉搜索树

(1) 考虑根结点 root,若|root-> val−target|<|ans−target|,说明 root 更接近 target,置 ans=root-> val。

(2) 若 target<root-> val,对于 root 右子树的任意结点 p,则有 target<root-> val<p-> val,所以最接近的结点只能在左子树中(root 已经比较过了)。

(3) 若 target>root-> val,对于 root 左子树的任意结点 p,则有 target>root-> val>p-> val,所以最接近的结点只能在右子树中(root 已经比较过了)。

对应的迭代算法如下。

C++:

```
1   class Solution {
2   public:
3       int closestValue(TreeNode * root, double target) {
4           int ans=root-> val;
5           while(root!=NULL) {
6               if(abs(root-> val−target)< abs(ans−target)) ans=root-> val;
7               if(target < root-> val) root=root-> left;
8               else root=root-> right;
9           }
10          return ans;
11      }
12  };
```

提交运行:

结果:通过;时间:8ms;空间:20.4MB

Python:

```
1   class Solution:
2       def closestValue(self, root: Optional[TreeNode], target: float) -> int:
3           ans=root. val
4           while root:
5               if abs(root.val−target)< abs(ans−target): ans=root.val
6               if target < root.val: root=root. left
7               else: root=root.right
8           return ans
```

提交运行:

结果:通过;时间:40ms;空间:17.2MB

7.3.2 LeetCode235——二叉搜索树的最近公共祖先★★

【问题描述】 给定一棵二叉搜索树的根结点 root,找到该树中两个指定结点的最近公共祖先。在百度百科中最近公共祖先的定义为"对于有根树 T 的两个结点 p、q,最近公共祖先表示为一个结点 x,满足 x 是 p、q 的祖先且 x 的深度尽可能大(一个结点也可以是它自

己的祖先）。"

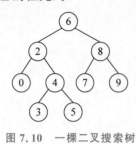

图 7.10　一棵二叉搜索树

例如，给定如图 7.10 所示的二叉搜索树，p＝2，q＝8，答案为 6；p＝0，q＝3，答案为 2。

【限制】　所有结点的值都是唯一的。p、q 为不同结点，且均存在于给定的二叉搜索树中。

【解题思路】　基于二叉搜索树特性求解。设 f(root，p，q)返回 root 中 p 和 q 两个结点的最近公共祖先。将结点 p 和 q 与根结点 root 进行比较：

（1）若 p 和 q 的结点值都小于根结点 root 的值，说明 p 和 q 均在左子树中，返回 f(root->left，p，q)的结果。

（2）若 p 和 q 的结点值都大于根结点 root 的值，说明 p 和 q 均在右子树中，返回 f(root->right，p，q)的结果。

（3）否则说明 p 和 q 中一个结点在左子树中，一个结点在右子树中，此时 root 就是答案。

对应的迭代算法如下。

■ C++：

```
1   class Solution {
2   public:
3       TreeNode * lowestCommonAncestor(TreeNode * root, TreeNode * p, TreeNode * q) {
4           if(root==NULL) return NULL;
5           while(root!=NULL) {
6               if(p-> val < root-> val && q-> val < root-> val) root=root-> left;
7               else if(p-> val > root-> val && q-> val > root-> val) root=root-> right;
8               else return root;
9           }
10          return NULL;              //为了满足语法
11      }
12  };
```

提交运行：

结果：通过；时间：28ms；空间：22.6MB

■ Python：

```
1   class Solution:
2       def lowestCommonAncestor(self, root: 'TreeNode', p: 'TreeNode', q: 'TreeNode')->'TreeNode':
3           if root==None: return None
4           while root!=None:
5               if p.val < root.val and q.val < root.val: root=root.left
6               elif p.val > root.val and q.val > root.val: root=root.right
7               else: return root
```

提交运行：

结果：通过；时间：76ms；空间：19.2MB

7.3.3　LeetCode938——二叉搜索树的范围和★

【问题描述】　给定一棵二叉搜索树的根结点 root，返回值位于[low，high]范围内的所有结点的值的和。

例如,对于如图 7.11 所示的二叉搜索树,low＝7、high＝15 时的答案为 32。

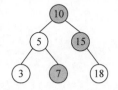

图 7.11　一棵二叉搜索树

【限制】　树中结点的数目在 $[1,2\times10^4]$ 范围内,$1\leqslant$ Node. val $\leqslant$ 10^5,$1\leqslant$ low $\leqslant$ high $\leqslant10^5$,所有 Node. val 互不相同。

【解题思路】　基于二叉搜索树特性求解。设 f(root,low,high)返回 root 中值位于范围 $[low,high]$ 之间的所有结点的值的和。采用二叉搜索树的查找过程,若当前结点为 root:

(1) 若 root＝NULL,则返回 0。

(2) 若 root 结点值＜low,可以推出 root 结点及其左子树中所有结点值均小于 low,那么满足条件的结点都在右子树中,返回 f(root-> right,low,high)的结果。

(3) 若 root 结点值＞high,可以推出 root 结点及其右子树中所有结点值均大于 high,那么满足条件的结点都在左子树中,返回 f(root-> left,low,high)的结果。

(4) 否则,root 结点是满足条件的一个结点,同时需要在其左右子树中查找,即返回 root-> val＋f(root-> left,low,high)＋f(root-> right,low,high)的结果。

扫一扫

源程序

7.3.4　LeetCode669——修剪二叉搜索树★★

【问题描述】　给定一棵二叉搜索树的根结点 root,同时给定最小边界 low 和最大边界 high,通过修剪使得所有结点的值在 $[low,high]$ 中。修剪树不应该改变保留在树中的元素的相对结构,即如果没有被移除,则保留原有的父子关系。可以证明存在唯一的答案,返回修剪好的二叉搜索树的根结点。注意,根结点可能会根据给定的边界发生改变。

例如,low＝1,high＝3,一棵二叉搜索树及其修剪结果如图 7.12 所示。

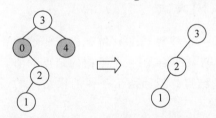

图 7.12　一棵二叉搜索树及其修剪结果

【限制】　树中结点的数目在 $[1,10^4]$ 范围内,$0\leqslant$ Node. val $\leqslant10^4$,树中每个结点的值都是唯一的,$0\leqslant$ low $\leqslant$ high $\leqslant10^4$。

【解题思路】　基于二叉搜索树特性求解。设 f(root,low,high)为修剪 root 得到新的二叉搜索树的根结点。

(1) 若 root＝NULL,则直接返回 NULL。

(2) 若 root 结点值小于 low,则 root 和左子树中的全部结点值均小于 low,它们均被剪去,仅返回右子树的修剪结果。

(3) 若 root 结点值大于 high,则 root 和右子树中的全部结点值均大于 high,它们均被剪去,仅返回左子树的修剪结果。

(4) 其他情况,需要保留 root 和左、右子树的修剪结果。

对应的递归算法如下。

C++:

```
1   class Solution {
2   public:
3       TreeNode * trimBST(TreeNode * root, int low, int high) {
4           if(root==NULL) return NULL;
5           if(root-> val < low)
```

```
6          return trimBST(root-> right,low,high);
7      else if(root-> val > high)
8          return trimBST(root-> left,low,high);
9      else {
10         root-> left=trimBST(root-> left,low,high);
11         root-> right=trimBST(root-> right,low,high);
12         return root;
13     }
14    }
15  };
```

提交运行：

结果：通过；时间：20ms；空间：23.3MB

⊞ Python：

```
1   class Solution:
2       def trimBST(self, root: Optional[TreeNode],low:int,high:int)-> Optional[TreeNode]:
3           if root==None: return None
4           if root.val < low:
5               return self.trimBST(root.right,low,high)
6           elif root.val > high:
7               return self.trimBST(root.left,low,high)
8           else:
9               root.left=self.trimBST(root.left,low,high)
10              root.right=self.trimBST(root.right,low,high)
11              return root
```

提交运行：

结果：通过；时间：52ms；空间：19.2MB

7.3.5 LeetCode776——拆分二叉搜索树★★

【问题描述】 给定一棵二叉搜索树的根结点 root 和一个整数 target，将该树按要求拆分为两个子树，其中一个子树的结点的值都必须小于或等于 target，另一个子树的结点的值都必须大于 target。树中并非一定要存在值为 target 的结点。返回两个子树的根结点的数组。

例如，target=2 时一棵二叉搜索树及其拆分结果如图 7.13 所示。

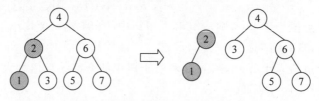

图 7.13 一棵二叉搜索树及其拆分结果

【限制】 二叉搜索树的结点个数在[1,50]范围内，0≤Node.val,target≤1000。

【解题思路】 基于二叉搜索树特性求解。设 $f(root,target)$ 将 root 拆分为[p,q]，p 为小于或等于 target 的子树，q 为大于 target 的子树。

（1）若 root=NULL，则直接返回[NULL,NULL]。

（2）若 root 结点值小于或等于 target，则 root 和左子树中的全部结点值均小于或等于

target,将右子树拆分为{p1,q1},p1 为小于或等于 target 的子树,q1 为大于 target 的子树,则 root 和左子树再合并 p1 得到 root 中小于或等于 target 的子树,q1 为 root 中大于 target 的子树,返回[root,q1]即可,如图 7.14 所示。

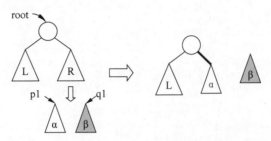

图 7.14   root 结点值小于或等于 target 的拆分结果

（3）若 root 结点值大于 target,则 root 和右子树中的全部结点值均大于 target,将左子树拆分为{p1,q1},p1 为小于或等于 target 的子树,q1 为大于 target 的子树,则 p1 为 root 中小于或等于 target 的子树,root 和右子树再合并 q1 得到 root 中大于 target 的子树,返回[p1,root]即可,如图 7.15 所示。

扫一扫

源程序

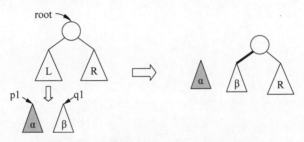

图 7.15   root 结点值大于 target 的拆分结果

7.3.6   LeetCode285——二叉搜索树中的中序后继★★

【问题描述】   给定一棵二叉搜索树的根结点 root 和其中的一个结点 p,找到该结点在树中的中序后继。如果结点没有中序后继,请返回 NULL。结点 p 的后继是值比结点值大的结点中键值最小的结点。

例如,对于如图 7.16 所示的二叉搜索树,p=9 的后继结点为 15,p=5 的后继结点为 7,p=8 的后继结点为 9。

【限制】   树中结点的数目在[1,10^4]范围内,$-10^5 \leqslant$ Node. val $\leqslant$ 10^5,树中各结点的值均保证唯一。

【解题思路】   基于二叉搜索树特性求解。求 root 中结点 p 的后继结点的过程如下:

（1）若结点 p 有右子树,其后继结点是右子树中的最小结点,即结点 p 的右孩子的最左下结点。在图 7.16 中,p=9 时,其右孩子为 15,其最左下结点也是 15,也就是说结点 9 的后继结点为结点 15。

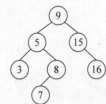

图 7.16   一棵二叉搜索树

（2）若结点 p 没有右子树,则其后继结点是结点 p 的祖先结点中结点值大于结点 p 并且最接近结点 p 的结点。

对应的算法如下。

C++:

```cpp
 1  class Solution {
 2  public:
 3      TreeNode * inorderSuccessor(TreeNode * root, TreeNode * p) {
 4          TreeNode * ans=NULL;
 5          if(p->right!=NULL) {
 6              ans=p->right;
 7              while(ans->left!=NULL) ans=ans->left;
 8              return ans;
 9          }
10          else {
11              ans=NULL;
12              while(root!=NULL) {
13                  if(root->val > p->val) {          //仅考虑大于结点 p 的结点
14                      if(ans==NULL) ans=root;        //第一个大于结点 p 的结点
15                      else if(root->val-p->val < ans->val-p->val) ans=root;
16                                                    //大于结点 p 且更接近的结点
17                  }
18                  if(p->val < root->val) root=root->left;
19                  else root=root->right;
20              }
21              return ans;
22          }
23      }
24  };
```

提交运行:

结果:通过;时间:20ms;空间:22.1MB

可以证明结点 p 的祖先结点中结点值大于结点 p 并且最接近结点 p 的结点就是从根结点到结点 p 的路径中最后一个左拐的结点。对应的算法如下。

C++:

```cpp
 1  class Solution {
 2  public:
 3      TreeNode * inorderSuccessor(TreeNode * root, TreeNode * p) {
 4          TreeNode * ans=NULL;
 5          if(p->right!=NULL) {                       //结点 p 存在右子树
 6              ans=p->right;
 7              while(ans->left!=NULL) ans=ans->left;
 8              return ans;
 9          }
10          else {                                     //结点 p 不存在右子树
11              while(root!=NULL) {
12                  if(p->val < root->val) {
13                      root=root->left;               //左拐
14                      ans=root;                      //记录最后一个左拐处的结点
15                  }
16                  else root=root->right;
17              }
18              return ans;
19          }
20      }
21  };
```

提交运行:

结果:通过;时间:24ms;空间:22.3MB

采用后一种方法对应的 Python 算法如下。

Python：

```
1   class Solution:
2       def inorderSuccessor(self, root: TreeNode, p: TreeNode) -> Optional[TreeNode]:
3           ans=None
4           if p.right!=None:
5               ans=p.right
6               while ans.left!=None: ans=ans.left
7               return ans
8           else:
9               while root!=None:
10                  if p.val < root.val:
11                      ans=root
12                      root=root.left
13                  else: root=root.right
14              return ans
```

提交运行：

结果：通过；时间：68ms；空间：19MB

7.3.7 LeetCode255——验证先序遍历序列二叉搜索树★★

【问题描述】 给定一个无重复元素的整数数组 pres，如果它是以二叉搜索树的先序遍历排列，则返回 true。

【限制】 $1 \leqslant$ pres.length $\leqslant 10^4$，$1 \leqslant$ pres$[i] \leqslant 10^4$，pres 中无重复元素。

【解题思路】 基于二叉搜索树特性求解。假设先序遍历序列为 pres$[0..n-1]$，pres$[0]$ 一定是根结点，左子树中所有的结点值小于 pres$[0]$，右子树中所有的结点值大于 pres$[0]$，在 pres$[1..n-1]$ 中从前向后找到第一个大于 pres$[0]$ 的值 pres$[i]$，如果是二叉搜索树，则 pres$[1..i-1]$ 一定为左子树的先序遍历序列，pres$[i..n-1]$ 一定为右子树的先序遍历序列，如果在 pres$[i..n-1]$ 中找到小于 pres$[0]$ 的结点值，则一定不是二叉搜索树。按照上述思路设计的判定算法如下。

C++：

```
1   class Solution {
2   public:
3       bool verifyPreorder(vector<int> & pres) {
4           int n=pres.size();
5           return judge(pres,0,n-1);
6       }
7       bool judge(vector<int> & pres,int low,int high) {
8           if(low > high) return true;
9           int i=low+1;
10          for(;i<=high;i++) {
11              if(pres[i] > pres[low]) break;
12          }
13          for(int j=i;j<=high;j++) {
14              if(pres[j] < pres[low]) return false;
15          }
16          return judge(pres,low+1,i-1) && judge(pres,i,high);
17      }
18  };
```

提交运行：

结果：超时（61 个测试用例通过了 60 个）

使用单调栈（小顶栈）优化上述算法，结合 6.2.1 节中解法 3 的思路，对于二叉排序树，

结点值递减

图 7.17　在先序遍历中
访问结点 p

当沿着结点 root 的左分支走下去时结点值一定是递减的，将这些结点值（包含 root 结点值）依次进栈，假设当前访问结点 p，若出现逆序（结点 p 值大于栈顶结点值），说明结点 p 是结点 root 的右子树中的结点，如图 7.17 所示，则出栈所有小于结点 p 值的结点，最后出栈的结点就是 root 结点，用 rootd 记录该结点值，然后进入右子树遍历，如果出现访问的结点值小于 rootd，则表示右子树中的结点值小于根结点值，确定不是二叉搜索树，返回 false。

对应的算法如下。

C++：

```
1    class Solution {
2    public:
3        bool verifyPreorder(vector<int>& pres) {
4            int n=pres.size();
5            stack<int> st;                    //单调递减栈（小顶栈）
6            int rootd=-1;                      //初始化为最小元素值
7            for(int i=0;i<n;i++) {
8                if(pres[i]<rootd) return false;
9                while(!st.empty() && pres[i]>st.top()) {
10                   rootd=st.top();            //记录子树的根结点值
11                   st.pop();                  //将小于 pres[i] 的栈顶元素出栈
12               }
13               st.push(pres[i]);              //pres[i] 进栈
14           }
15           return true;
16       }
17   };
```

提交运行：

结果：通过；时间：32ms；空间：21.9MB

Python：

```
1    class Solution:
2        def verifyPreorder(self, pres: List[int]) -> bool:
3            n=len(pres)
4            st=[]                             #单调递减栈（小顶栈）
5            rootd=-1                          #初始化为最小元素值
6            for i in range(0,n):
7                if pres[i]<rootd: return False
8                while st and pres[i]>st[-1]:
9                    rootd=st.pop()            #将小于 pres[i] 的栈顶元素出栈
10               st.append(pres[i])           #pres[i] 进栈
11           return True
```

提交运行：

结果：通过；时间：60ms；空间：15.8MB

7.4 二叉搜索树基于中序遍历的算法设计 ✳

7.4.1 LeetCode783——二叉搜索树结点的最小距离 ★

【问题描述】 给定一棵二叉搜索树的根结点 root,返回树中任意两个不同结点值之间的最小差值。差值是一个正数,其数值等于两值之差的绝对值。

例如,对于如图 7.18 所示的二叉搜索树,答案为 1。

【限制】 树中结点数目的范围是 $[2,100]$,$0 \leqslant$ Node. val $\leqslant 10^5$。

图 7.18 一棵二叉搜索树

【解题思路】 中序遍历。二叉搜索树的中序遍历序列是全部结点值的递增有序序列,依次求出相邻访问结点值之差的绝对值,通过比较求最小值 ans。最后返回 ans 即可。对应的算法如下。

▦ C++:

```
 1   class Solution {
 2       int ans;
 3       TreeNode * pre;
 4   public:
 5       int minDiffInBST(TreeNode * root) {
 6           ans=100005;
 7           pre=NULL;
 8           inorder(root);
 9           return ans;
10       }

11       void inorder(TreeNode * root) {
12           if(root!=NULL) {
13               inorder(root-> left);
14               if(pre!=NULL) ans=min(ans,abs(root-> val-pre-> val));
15               pre=root;
16               inorder(root-> right);
17           }
18       }
19   };
```

提交运行:

结果:通过;时间:0ms;空间:9.4MB

▦ Python:

```
 1   class Solution:
 2       def minDiffInBST(self, root: Optional[TreeNode]) -> int:
 3           self.ans=100005
 4           self.pre=None
 5           self.inorder(root)
 6           return self.ans

 7       def inorder(self, root):
 8           if root:
 9               self.inorder(root.left)
10               if self.pre!=None:self.ans=min(self.ans,abs(root.val-self.pre.val))
11               self.pre=root
12               self.inorder(root.right)
```

提交运行：

结果：通过；时间：32ms；空间：14.9MB

7.4.2　LeetCode230——二叉搜索树中第 k 小的元素★★

【问题描述】　给定一棵二叉搜索树的根结点 root 和一个整数 k，请设计一个算法查找其中第 k 个最小元素（从 1 开始计数）。

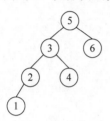

例如，对于如图 7.19 所示的二叉搜索树，$k=3$ 时答案为 3，$k=2$ 时答案为 2。

【限制】　树中的结点数为 n，$1 \leqslant k \leqslant n \leqslant 10^4$，$0 \leqslant$ Node. val $\leqslant 10^4$。

【解题思路】　中序遍历。使用中序遍历，用 cnt 对访问的结点进行计数（访问第一个结点时 cnt$=1$），当 cnt$=k$ 时用 ans 记录当前访问的结点值，最后返回 ans 即可。

图 7.19　一棵二叉搜索树

扫一扫

源程序

> **Q：**如果二叉搜索树经常被修改（插入/删除操作）并且需要频繁地查找第 k 小的值，将如何优化算法？
>
> **A：**可以在二叉搜索树的结点中增加一个成员 size，p->size 表示以结点 p 为根的子树中结点的个数，在插入或者删除操作中维护 size 值。当查找第 k 小的值时可以使用二叉搜索树的搜索方法比较结点的个数，以提高效率。

7.4.3　LeetCode98——验证二叉搜索树★★

【问题描述】　给定一棵二叉树的根结点 root，判断其是否为一个有效的二叉搜索树。有效的二叉搜索树的定义如下：

（1）结点的左子树只包含小于当前结点的数。

（2）结点的右子树只包含大于当前结点的数。

（3）所有左子树和右子树自身必须也是二叉搜索树。

【限制】　树中结点的数目在 $[1,10^4]$ 范围内，$-2^{31} \leqslant$ Node. val $\leqslant 2^{31}-1$。

扫一扫

源程序

【解题思路】　中序遍历。二叉搜索树的中序遍历序列是一个递增有序序列。可以产生二叉树的中序遍历序列 a，判断 a 是否为递增序列以确定该二叉树是否为一棵二叉搜索树，算法的空间复杂度为 $O(n)$。其实不必使用数组 a，可以一边中序遍历一边进行判断。需要注意以下两点：

（1）中序遍历首结点没有前驱结点，作为特殊情况处理。

（2）只有中序遍历序列严格递增才能判断二叉树为一棵二叉搜索树。

7.4.4　LeetCode538——把二叉搜索树转换为累加树★★

【问题描述】　给定一棵二叉搜索树的根结点 root，该树的结点值各不相同，请将其转换为累加树，使每个结点 node 的新值等于原树中大于或等于 node. val 的值之和。

例如，如图 7.20 所示为一棵二叉搜索树及其累加树。

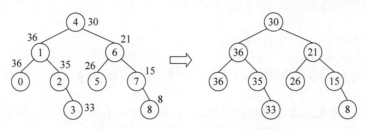

图 7.20 一棵二叉搜索树及其累加树

【限制】 树中的结点数介于 0 和 10^4 之间,每个结点的值介于 -10^4 和 10^4 之间,树中的所有值互不相同。

【解题思路】 中序遍历的逆序遍历。二叉搜索树的中序遍历序列是一个递增有序序列,可以产生中序遍历序列 $a[0..n-1]$(按结点值递增有序),将 $a[i]$ 结点值置为后缀和,即 $a[i..n-1]$ 结点值之和。若改为使用中序遍历的逆序遍历产生 a(按结点值递减有序),则将 $a[i]$ 结点值置为前缀和,即 $a[0..i]$ 结点值之和。实际上不必生成 a,用 sum 表示前缀和即可。对应的算法如下。

C++:

```cpp
1   class Solution {
2       int sum;
3   public:
4       TreeNode * convertBST(TreeNode * root) {
5           sum=0;
6           revinorder(root);
7           return root;
8       }
9
9       void revinorder(TreeNode * root) {
10          if(root!=NULL) {
11              revinorder(root->right);
12              sum+=root->val;
13              root->val=sum;
14              revinorder(root->left);
15          }
16      }
17  };
```

提交运行:

结果:通过;时间:36ms;空间:32.6MB

Python:

```python
1   class Solution:
2       def convertBST(self, root: Optional[TreeNode]) -> Optional[TreeNode]:
3           self.sum=0
4           self.revinorder(root)
5           return root
6
6       def revinorder(self,root):
7           if root!=None:
8               self.revinorder(root.right)
9               self.sum+=root.val
10              root.val=self.sum
11              self.revinorder(root.left)
```

提交运行：

结果：通过；时间：68ms；空间：17.5MB

7.4.5 LeetCode99——恢复二叉搜索树★★

【问题描述】 给定二叉搜索树的根结点 root，该树中恰好有两个结点的值被错误地交换，请在不改变其结构的情况下恢复这棵树。

例如，如图 7.21 所示说明了一棵错误的二叉搜索树的恢复。

(a) 错误的二叉搜索树　　(b) 恢复的二叉搜索树

图 7.21　恢复一棵错误的二叉搜索树

【限制】 树上结点的数目在 [2,1000] 范围内，$-2^{31} \leqslant$ Node. val $\leqslant 2^{31}-1$。

进阶：使用 $O(n)$ 空间复杂度的解法很容易实现，请想出一个只使用 $O(1)$ 空间的解决方案。

【解题思路】 中序遍历。二叉搜索树的中序遍历序列是一个递增有序序列，对于错误的二叉搜索树，产生其中序遍历序列 a，找到其中的两个逆序结点 p 和 q，将它们的结点值交换即可，该算法的空间复杂度为 $O(n)$。其实不必使用数组 a，在中序遍历中直接找到出错结点 p 和 q，进行结点值的交换即可。找结点 p 和 q 的过程如下：

扫一扫

源程序

（1）p 和 q 分别表示中序遍历序列中出错的第一个结点和第二个结点，初始化 p 和 q 均为 NULL，设置当前访问的结点 root 的前驱结点为 pre，初始时 pre 置为 NULL。

（2）若结点 p 尚未找到（p=NULL），并且当前访问的结点 root 小于前驱结点 pre，则说明结点 pre 是第一个出错的结点，置 p=pre。例如，图 7.21(a) 所示二叉搜索树的中序遍历序列为 [1,3,2,4]，找到 pre=3，root=2 时，置 p=3。

（3）若结点 p 已经找到（p≠NULL），并且当前访问的结点 root 小于前驱结点 pre，则说明结点 root 是第二个出错的结点，置 p=root。例如，图 7.21(a) 所示二叉搜索树的中序遍历序列为 [1,3,2,4]，p=3，找到 pre=3，root=2 时，置 q=2。

最后交换结点 p 和 q 的值。

7.4.6 LeetCode173——二叉搜索树迭代器★★

【问题描述】 实现一个二叉搜索树迭代器类 BSTIterator，表示一个按中序遍历二叉搜索树（BST）的迭代器。

（1）BSTIterator(TreeNode root)：初始化 BSTIterator 类的一个对象，将给定的二叉搜索树的根结点 root 作为构造函数的参数。指针应初始化为一个不存在于二叉搜索树中的数字，且该数字小于二叉搜索树中的任何元素。

（2）boolean hasNext()：如果向指针右侧遍历存在数字，返回 true，否则返回 false。

（3）int next()：将指针向右移动，然后返回指针处的数字。

注意，指针初始化为一个不存在于二叉搜索树中的数字，所以对 next() 的首次调用将返回二叉搜索树中的最小元素。

可以假设 next() 调用总是有效的,也就是说,当调用 next() 时二叉搜索树的中序遍历中至少存在一个下一个数字。

示例:

```
BSTIterator bSTIterator＝new BSTIterator([7, 3, 15, null, null, 9, 20]);   //二叉搜索树如
                                                                          //图 7.22 所示
bSTIterator.next();          //返回 3
bSTIterator.next();          //返回 7
bSTIterator.hasNext();       //返回 true
bSTIterator.next();          //返回 9
bSTIterator.hasNext();       //返回 true
bSTIterator.next();          //返回 15
bSTIterator.hasNext();       //返回 true
bSTIterator.next();          //返回 20
bSTIterator.hasNext();       //返回 false
```

【限制】 树中结点的数目在 $[1, 10^5]$ 范围内,$0 \leqslant$ Node. val $\leqslant 10^6$,最多调用 10^5 次 hasNext 和 next 操作。

进阶:设计一个解决方案,满足 next() 和 hasNext() 操作的均摊时间复杂度为 $O(1)$,并使用 $O(h)$ 内存,其中 h 是树的高度。

【解法1】 递归中序遍历。二叉搜索树迭代器类 BSTIterator 的成员函数设计如下。

(1) BSTIterator(TreeNode root):使用中序遍历产生递增有序序列 nums$[0..n-1]$,curp 为当前数字的指针,初始化为 -1。该算法的空间复杂度为 $O(n)$。

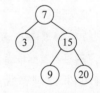

图 7.22　一棵二叉搜索树

(2) boolean hasNext():若 curp$\neq n-1$,表示 curp 不是指向尾元素,返回 true,否则返回 false。

(3) int next():将 curp 增 1,返回 nums[curp]。

BSTIterator 类如下。

C++:

```
 1   class BSTIterator {
 2   private:
 3       int curp＝－1;
 4       vector＜int＞nums;
 5       void inOrder(TreeNode * root) {
 6           if(root!＝NULL) {
 7               inOrder(root-> left);
 8               nums. push_back(root-> val);
 9               inOrder(root-> right);
10           }
11       }
12   public:
13       BSTIterator(TreeNode * root) {
14           inOrder(root);
15       }
16       int next() {
17           return nums[++curp];
18       }
19       bool hasNext() {
20           return curp!＝nums.size()－1;
```

```
21        }
22    };
```

提交运行：

结果：通过；时间：16ms；空间：23.7MB

■ **Python**：

```
1   class BSTIterator:
2       def __init__(self, root: Optional[TreeNode]):
3           self.curp = -1
4           self.nums = []
5           self.inorder(root)
6
7       def inorder(self, root):
8           if root != None:
9               self.inorder(root.left)
10              self.nums.append(root.val)
11              self.inorder(root.right)
12      def next(self) -> int:
13          self.curp += 1
14          x = self.nums[self.curp]
15          return x
16      def hasNext(self) -> bool:
17          return self.curp != len(self.nums) - 1
```

提交运行：

结果：通过；时间：88ms；空间：21.2MB

【**解法 2**】 非递归中序遍历。解法 1 的空间复杂度为 $O(n)$。可以改为使用非递归中序遍历,其原理参见第 6 章中 6.2.2 节的解法 2,设置一个栈 st,二叉搜索树迭代器类 BSTIterator 的成员函数设计如下。

(1) BSTIterator(TreeNode root)：初始化 st 为空栈,curp 是当前访问的结点指针,初始化为 root。

(2) boolean hasNext()：若非递归中序遍历尚未完毕,即栈不空或者 curp 不空时返回 true,否则返回 false。

(3) int next()：按照非递归中序遍历过程访问一个结点 curp,置 curpval = curp-> val,让 curp 指向其右孩子,返回 curpval。该算法的空间复杂度为 $O(h)$,因为 st 栈中最多元素的个数为树的高度。

BSTIterator 类如下。

■ **C++**：

```
1   class BSTIterator {
2   private:
3       TreeNode * curp;
4       stack < TreeNode * > st;
5   public:
6       BSTIterator(TreeNode * root) {
7           curp = root;
8       }
9
10      int next() {
11          while(curp != NULL) {
12              st.push(curp);
13              curp = curp-> left;
14          }
```

```
14            curp=st.top();st.pop();
15            int curpval=curp-> val;      //访问结点 curp
16            curp=curp-> right;
17            return curpval;
18        }
19        bool hasNext() {
20            return curp!=NULL || !st.empty();
21        }
22    };
```

提交运行：

结果：通过；时间：28ms；空间：23.3MB

另外，也可以只设置一个栈 st，栈顶结点作为当前访问的结点，设计 pushleft(p) 函数用于将结点 p 的左下分支进栈直到 p 为空。在构造函数中调用 pushleft(root)，在 next() 函数中出栈栈顶结点 p，再调用 pushleft(p-> right)，返回 p 的结点值。hasNext() 函数在栈不空时返回 true。对应的 BSTIterator 类如下。

C++：

```
1  class BSTIterator {
2      stack < TreeNode * > st;
3  public:
4      BSTIterator(TreeNode * root) {
5          pushleft(root);
6      }

7      int next() {
8          TreeNode * p=st.top(); st.pop();
9          pushleft(p-> right);
10         return p-> val;
11     }
12     bool hasNext() {
13         return !st.empty();
14     }
15     void pushleft(TreeNode * p) {
16         while(p!=NULL) {
17             st.push(p);
18             p=p-> left;
19         }
20     }
21 };
```

提交运行：

结果：通过；时间：24ms；空间：23.3MB

采用前一种方法设计的 Python 类如下。

Python：

```
1  class BSTIterator:
2      def __init__(self, root: Optional[TreeNode]):
3          self.curp=root
4          self.st=[]                        #作为一个栈

5      def next(self) -> int:
6          while self.curp!=None:
7              self.st.append(self.curp)
8              self.curp=self.curp.left
9          self.curp=self.st.pop()
10         curpval=self.curp.val              #访问结点 curp
```

```
11              self. curp = self. curp. right
12              return curpval
13          def hasNext(self) -> bool:
14              return self. curp! = None or len(self. st) > 0
```

提交运行：

结果：通过；时间：76ms；空间：22MB

7.4.7 LeetCode272——最接近的二叉搜索树值Ⅱ ★★★

【问题描述】 给定一棵非空二叉搜索树的根结点 root、一个目标值 target 和一个整数 k，返回该二叉搜索树中最接近目标的 k 个值，可以按任意顺序返回答案。题目保证二叉搜索树中只会存在一种 k 个值的集合最接近 target。

例如，对于如图 7.22 所示的二叉搜索树，目标值 target = 3.714286，k = 2，答案为 [4,3] 或者 [3,4]（任意顺序）。

【限制】 二叉树的结点总数为 n，$1 \leqslant k \leqslant n \leqslant 10^4$，$0 \leqslant$ Node. val $\leqslant 10^9$，$-10^9 \leqslant$ target $\leqslant 10^9$。

进阶：假设该二叉搜索树是平衡的，请在小于 $O(n)$ 的时间复杂度内解决该问题。

【解法 1】 中序遍历。由中序遍历得到结点值序列 a，a 为递增有序整数序列，使用二分查找算法在其中找到第一个大于或等于 target 的序号 high（C++ 使用 STL 通用算法 lower_bound()，Python 使用 bisect_left() 函数），置 low = high-1，从 a[high] 两端进行元素的比较找到 k 个最接近 target 的元素，存放在 ans 中，最后返回 ans 即可。对应的算法如下。

C++：

```
1   class Solution {
2       vector < int > a;                      //存放中序序列
3   public:
4       vector < int > closestKValues(TreeNode *  root, double target, int k) {
5           vector < int > ans;
6           inorder(root);
7           int high = lower_bound(a. begin(), a. end(), target) - a. begin();
8           int low = high - 1;
9           for(int i = 0; i < k; i++) {
10              if(low >= 0 && high < a. size()) {
11                  if(abs(a[low] - target) <= abs(a[high] - target)) {
12                      ans. push_back(a[low]);
13                      low--;
14                  }
15                  else {
16                      ans. push_back(a[high]);
17                      high++;
18                  }
19              }
20              else if(low >= 0) {
21                  ans. push_back(a[low]);
22                  low--;
23              }
24              else {
25                  ans. push_back(a[high]);
26                  high++;
27              }
28          }
```

```
29          return ans;
30      }
31      void inorder(TreeNode * root) {        //由中序遍历得到a
32          if(root! = NULL) {
33              inorder(root-> left);
34              a. push_back(root-> val);
35              inorder(root-> right);
36          }
37      }
38  };
```

提交运行：

结果：通过；时间：12ms；空间：21MB

Python：

```
1   class Solution:
2       def closestKValues(self, root: Optional[TreeNode], target: float, k: int)-> List[int]:
3           ans, self.a = [], []                    #self.a 存放中序序列
4           self. inorder(root)
5           high = bisect_left(self. a, target)
6           low = high - 1
7           for i in range(k):
8               if low >= 0 and high < len(self. a):
9                   if abs(self. a[low] - target) <= abs(self. a[high] - target):
10                      ans. append(self. a[low])
11                      low - = 1
12                  else:
13                      ans. append(self. a[high])
14                      high += 1
15              elif low >= 0:
16                  ans. append(self. a[low])
17                  low - = 1
18              else:
19                  ans. append(self. a[high])
20                  high += 1
21          return ans

22      def inorder(self, root):                    #由中序遍历得到a
23          if root:
24              self. inorder(root. left)
25              self. a. append(root. val)
26              self. inorder(root. right)
```

提交运行：

结果：通过；时间：48ms；空间：17.4MB

【解法2】　改进的中序遍历。用前面的方法产生中序遍历序列a，算法的时间复杂度为$O(n)$，实际上不必产生a，设计一个队列 qu 存放答案，使用中序遍历，若访问到的元素个数小于或等于k，将访问的元素进队。若队列中已有k个元素，在访问 root 结点时：

（1）若 root 结点比队头更接近 target，则出队队头元素，再将 root 结点值进队。

（2）若 root 结点不比队头更接近 target，则出队队头元素，后面访问的结点都不可能比队中的元素更接近 target，终止中序遍历过程。

将 qu 中的k个元素转换为数组并返回。由于中序遍历可能中途结束，所以其时间复杂度小于$O(n)$。

扫一扫

源程序

推荐练习题

1. LeetCode333——最大的二叉搜索树子树★★
2. LeetCode501——二叉搜索树中的众数★
3. LeetCode510——二叉搜索树中的中序后继Ⅱ★★
4. LeetCode530——二叉搜索树的最小绝对差★
5. LeetCode653——两数之和Ⅳ：输入二叉搜索树★
6. LeetCode1214——查找两棵二叉搜索树之和★★
7. LeetCode1305——两棵二叉搜索树中的所有元素★★
8. LeetCode1373——二叉搜索树子树的最大键值和★★★

第 8 章 平衡二叉树

知识图谱

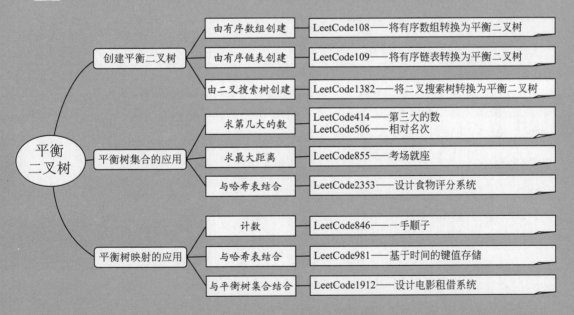

8.1 平衡二叉树概述

8.1.1 平衡二叉树的定义

从广义上讲，一棵含 n 个结点、高度为 $O(\log_2 n)$ 的二叉搜索树称为平衡二叉树，在平衡二叉树中查找算法的时间复杂度为 $O(\log_2 n)$。平衡二叉树根据插入和删除结点时维护平衡性的方式不同分为 AVL 树、红黑树、Treap 树（堆树）、Splay 树（伸展树）和 SBT 树（大小平衡树）等。

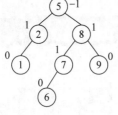

图 8.1　一棵 AVL 树

AVL 树保持每个结点的左、右两个子树的高度差的绝对值不超过 1，是严格的平衡二叉树，例如如图 8.1 所示的二叉树是一棵 AVL 树（图中每个结点旁的数字为该结点的平衡因子，即左子树的高度－右子树的高度，AVL 树中所有结点的平衡因子的绝对值小于或等于 1），其他称为弱平衡二叉树。表 8.1 给出了几种平衡树的各种特性的对比。

表 8.1　几种平衡树的各种特性的对比

平衡树	附加域	平衡性	运行效率	编程难度	实用性	特性
AVL 树	子树的高度	好	快	难	较差	高度平衡
红黑树	结点的颜色	好	快	难	较差	效率极佳
Treap 树	修正值	较好	较快	易	好	随机平衡
Splay 树	无	较好	中	中	较好	时空均衡
SBT 树	子树的大小	好	快	中	好	短小精悍

AVL 树主要通过旋转操作维护树的平衡性，基本旋转有左、右旋转，如图 8.2 所示。也就是说，使用类似二叉搜索树方式插入或者删除结点，并且检测树的平衡性，一旦失去平衡，通过相关旋转使得树重新平衡。

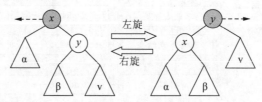

图 8.2　左、右旋转的过程

其左、右旋转操作的 rot 算法与 Treap 树的 rot 算法相同。

8.1.2 平衡二叉树的知识点

与哈希表类似，在实现平衡树时其中元素的类型通常分为两种，一种是每个元素含单个键 key，称为平衡树集合，另一种是每个元素为键值对（key,value），称为平衡树映射。平衡树的主要功能是除重、判重、计数和快速查找等，一般情况下，当数据无须按键有序时使用哈希表性能更好,如果数据需要按键有序应该使用平衡树。

1. C++中的平衡树集合

C++ STL 提供的平衡树集合为 set 类模板,使用红黑树实现,每个元素为一个键,所有键是唯一的。其提供的成员函数及其使用方法与第 5 章中 5.1.2 节的 unordered_set 类似。

C++:

```
1   struct Stud {
2       int no;                              //学号
3       int score;                           //成绩
4       Stud(int n, int s):no(n), score(s) {}   //构造函数
5       bool operator<(const Stud& s) const {   //重载<比较函数
6           if(no!=s.no) return no<s.no;        //用于按 no 递增、score 递减排列
7           else return score>s.score;
8       }
9   };
10  int main() {
11      set<Stud> tset;
12      tset.insert(Stud(2,5));
13      tset.insert(Stud(1,2));
14      tset.insert(Stud(2,1));
15      tset.insert(Stud(1,3));
16      for(auto x:tset)
17          printf("[%d,%d] ", x.no, x.score);
18      printf("\n");
19  }
```

上述程序的输出为[1,3] [1,2] [2,5] [2,1]。

除了 set 外,在 STL 中还提供了 multiset 平衡树集合,它允许键重复出现,这样不能通过[k]访问元素,同时成员函数 count(k)返回其中键为 k 的元素的个数,其他与 set 相同。

2. C++中的平衡树映射

C++ STL 提供的平衡树映射为 map 类模板,使用红黑树实现,每个元素为 pair 类型。其提供的成员函数及其使用方法与 5.1.2 节的 unordered_map 类似。

C++:

```
1   struct Cmp {
2       bool operator()(const int& s, const int& t) const {
3           return s>t;                      //按键递减排列
4       }
5   };
6   int main() {
7       map<int,int,Cmp> tmap;
8       tmap[2]=10;
9       tmap[3]=20;
10      tmap[1]=30;
11      for(auto x:tmap)
12          printf("[%d,%d] ", x.first, x.second);
13      printf("\n");
14  }
```

上述程序的输出为[3,20] [2,10] [1,30]。

除了 map 外,在 STL 中还提供了 multimap 平衡树映射,它允许键重复出现,这样不能

通过[k]访问元素,同时成员函数 count(k)返回其中键为 k 的元素的个数,其他与 map 相同。

3. Python 中的有序集合

目前 Python 中没有提供类似于 C++ 中 set 和 map 的数据结构,但有一个第三方扩展库 sortedcontainers,它是用 Pure-Python 实现的,内有 SortedList(有序列表)、SortedDict(有序字典)和 SortedSet(有序集合)等,可以直接在 LeetCode(力扣)在线编程中使用。

说明: sortedcontainers 相关文档的网址为"https://grantjenks.com/docs/sortedcontainers/"。

SortedList 用于存储一个含重复元素的有序序列,使用平衡树实现,查找性能较好。其使用方式和列表类似。例如,定义一个有序列表 tset 如下:

```
tset=SortedList()
```

tset 的相关成员函数如下。

- tset.add(value):添加新元素并排序。
- tset.update(iterable):对添加的可迭代的所有元素排序。
- tset.clear():移除所有元素。
- tset.discard(value):移除一个值元素,如果元素不存在不会报错,其时间复杂度为 $O(\log_2 n)$。
- tset.remove(value):移除一个值元素,如果元素不存在会报错,其时间复杂度为 $O(\log_2 n)$。
- tset.pop(index=−1):移除一个指定下标的元素,如果有序序列为空或者下标超限会报错,其时间复杂度为 $O(\log_2 n)$。
- tset.bisect_left(value):查找第一个大于或等于 value 的索引,其时间复杂度为 $O(\log_2 n)$。
- tset.bisect_right(value):查找第一个大于 value 的索引,其时间复杂度为 $O(\log_2 n)$。
- count(value):返回有序列表中值 value 出现的次数。
- tset.index(value,start=None,Stop=None):查找索引范围[start,stop)内第一次出现 value 的索引,如果 value 不存在会报错,其时间复杂度为 $O(\log_2 n)$。
- tset.copy():返回有序列表的深复制。

另外,SortedDict 和 SortedSet 分别与 Python 中的字典和集合类似,但它们都是有序的,查找的时间复杂度为 $O(\log_2 n)$,不能按照索引进行元素的迭代,相关成员方法参见第 5 章中的 5.1.2 节。

8.2 构造平衡二叉树的算法设计

8.2.1 LeetCode108——将有序数组转换为平衡二叉树★

【问题描述】 给定一个整数数组 nums,其中的元素已经按升序排列,请将其转换为一棵平衡二叉树。平衡二叉树是一棵满足"每个结点的左、右两个子树的高度差的绝对值不超过1"的二叉树。

例如,nums＝[−9,−3,0,5,8],构造的平衡二叉树如图8.3所示。

【限制】 1≤nums.length≤10^4,−10^4≤nums[i]≤10^4,nums按严格递增顺序排列。

图8.3 一棵平衡二叉树

【解题思路】 由先序遍历序列和中序遍历序列构造二叉树。二叉搜索树的中序遍历序列是一个递增有序序列,给定先序遍历序列pres,将其递增排序得到中序遍历序列ins,使用第6章中6.4.1节的方法构造出二叉树即可。

8.2.2 LeetCode109——将有序链表转换为平衡二叉树★★

【问题描述】 给定一个单链表的首结点head,其中的元素按升序排序,将其转换为平衡二叉树,平衡二叉树中每个结点的左、右两个子树的高度差的绝对值不超过1。

例如,如图8.4所示为一个有序链表转换成平衡二叉树。

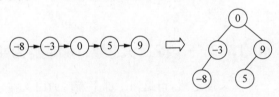

图8.4 一个有序链表转换成平衡二叉树

【限制】 树中结点的数目在[0,2×10^4]范围内,−10^5≤Node.val≤10^5。

【解题思路】 由中序遍历序列构造平衡二叉树。首先通过遍历单链表生成递增有序序列ins,然后按照8.2.1节的思路构造出一棵平衡二叉树即可。对应的算法如下。

C++:

```
1   class Solution {
2   public:
3       TreeNode * sortedListToBST(ListNode * head) {
4           vector < int > ins;
5           ListNode * p＝head;
6           while(p!＝NULL) {
7               ins.push_back(p-> val);
8               p＝p-> next;
9           }
10          return preorder(ins,0,ins.size()−1);
11      }
12      TreeNode * preorder(vector < int > & ins,int low,int high) {
13          if(low > high) return NULL;
14          int mid＝(low+high)/2;
15          TreeNode * root＝new TreeNode(ins[mid]);
16          root-> left＝preorder(ins,low,mid−1);
17          root-> right＝preorder(ins,mid+1,high);
18          return root;
19      }
20  };
```

提交运行：

结果:通过;时间:20ms;空间:27.8MB

⊞ **Python**:

```python
1   class Solution:
2       def sortedListToBST(self, head: Optional[ListNode]) -> Optional[TreeNode]:
3           ins=[]
4           p=head
5           while(p!=None):
6               ins. append(p. val)
7               p=p. next
8           return self. preorder(ins,0,len(ins)-1)

9       def preorder(self,ins,low,high):
10          if low>high: return None
11          mid=(low+high)//2
12          root=TreeNode(ins[mid])
13          root. left=self. preorder(ins,low,mid-1)
14          root. right=self. preorder(ins,mid+1,high)
15          return root
```

提交运行：

结果:通过;时间:64ms;空间:20.9MB

8.2.3　LeetCode1382——将二叉搜索树转换为平衡二叉树★★

【问题描述】　给定一棵二叉搜索树,请返回一棵平衡后的二叉搜索树,新生成的树应该与原来的树有着相同的结点值。如果有多种构造方法,请使用任意一种。如果一棵二叉搜索树中每个结点的两棵子树的高度差不超过1,则称这棵二叉搜索树是平衡的。

例如,如图8.5所示给出了一棵二叉搜索树转换成的两棵平衡二叉树。

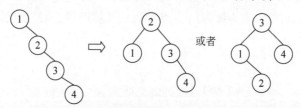

图8.5　一棵二叉搜索树转换成的两棵平衡二叉树

扫一扫

源程序

【限制】　树中结点的数目在$[1,10^4]$范围内,$1\leqslant$Node. val$\leqslant 10^5$。

【解题思路】　由中序遍历序列构造平衡二叉树。首先通过中序遍历生成root的递增有序序列,然后按照8.2.1节的思路构造出一棵平衡二叉树。

8.3　平衡树集合应用的算法设计

8.3.1　LeetCode506——相对名次★

【问题描述】　给定一个长度为n的整数数组score,其中score$[i]$是第i位运动员在比赛中的得分,所有得分互不相同。运动员将根据得分决定名次,其中名次第 1 的运动员得分最高,名次第 2 的运动员得分第 2 高,以此类推。运动员的名次决定了他们的获奖情况:

(1) 名次第 1 的运动员获金牌"Gold Medal"。

(2) 名次第 2 的运动员获银牌"Silver Medal"。

(3) 名次第 3 的运动员获铜牌"Bronze Medal"。

(4) 名次第 4 到第 n 的运动员只能获得他们的名次编号(即名次第 x 的运动员获得编号"x")。

使用长度为 n 的数组 answer 返回获的奖,其中 answer$[i]$ 是第 i 位运动员的获奖情况。

例如,score＝$[10,3,8,9,4]$,答案为$["Gold Medal","5","Bronze Medal","Silver Medal","4"]$。

【限制】　$n＝$score. length,$1\leqslant n\leqslant10^4$,$0\leqslant$score$[i]\leqslant10^6$,score 中的所有值互不相同。

【解题思路】　使用平衡树集合求解。设计 Player 类型,包含每个运动员的编号和成绩,定义一个 set$<$Player$>$对象 tset,通过重载$<$运算符实现 tset 中的元素按成绩递减排列,遍历 score 生成 tset,再遍历 tset 产生答案 ans。对应的算法如下。

C++:

```cpp
1   struct Player {
2       int i;                          //运动员的编号
3       int mark;                       //运动员的成绩
4       Player(int i, int m):i(i), mark(m) {}
5       bool operator <(const Player& a) const {
6           return mark > a.mark;       //指定按 mark 递减排列
7       }
8   };

9   class Solution {
10  public:
11      vector < string > findRelativeRanks(vector < int > & score) {
12          int n = score.size();
13          set < Player > tset;
14          for(int i = 0; i < n; i++)
15              tset.insert(Player(i, score[i]));
16          vector < string > ans(n);
17          int i = 1;
18          for(auto c: tset) {
19              if(i == 1) ans[c.i] = "Gold Medal";
20              else if(i == 2) ans[c.i] = "Silver Medal";
21              else if(i == 3) ans[c.i] = "Bronze Medal";
22              else ans[c.i] = to_string(i);
23              i++;
24          }
25          return ans;
26      }
27  };
```

提交运行:

结果:通过;时间:12ms;空间:10.8MB

Python:

```python
1   from sortedcontainers import SortedList
2   class Player:
3       def __init__(self, i, m):
4           self.i = i                  # 运动员的编号
```

```
5              self.mark＝m                          ♯运动员的成绩
6          def __lt__(self,other):
7              if self.mark＞other.mark: return True    ♯指定按mark越大越优先
8              else: return False

9   class Solution:
10      def findRelativeRanks(self, score: List[int]) -> List[str]:
11          n＝len(score)
12          tset＝SortedList()
13          for i in range(0,n):
14              tset.add(Player(i,score[i]))
15          ans＝[None] * n
16          i＝1
17          for c in tset:
18              if i==1:ans[c.i]="Gold Medal"
19              elif i==2:ans[c.i]="Silver Medal"
20              elif i==3:ans[c.i]="Bronze Medal"
21              else: ans[c.i]=str(i)
22              i+=1
23          return ans
```

提交运行：

结果：通过；时间：76ms；空间：17.4MB

8.3.2 LeetCode414——第三大的数★

【问题描述】 给定一个非空数组nums，返回此数组中第三大的数。如果该数不存在，则返回数组中最大的数。这里第三大的数是指在所有不同数字中排第三的数。

例如，nums＝[1,1,2]，第三大的数不存在，所以返回最大的数2；nums＝[2,2,3,1]，答案为1。

【限制】 $1 \leqslant nums.length \leqslant 10^4$，$-2^{31} \leqslant nums[i] \leqslant 2^{31}-1$。

【解题思路】 使用平衡树集合求解。设计一个集合容器tset，其中关键字为整数，并且按关键字递减排列。先将nums中的所有整数插入tset中（自动除重），然后用it迭代器指向tset开头的整数，即最大整数，若tset中至少有3个整数，则让it前进两步，最后返回it指向的整数即可。对应的算法如下。

C++：

```
1   struct Cmp {
2       bool operator()(const int& a, const int& b) const {
3           return a＞b;        //指定按元素值递减排列
4       }
5   };

6   class Solution {
7   public:
8       int thirdMax(vector＜int＞& nums) {
9           set＜int,Cmp＞ tset;
10          for(int x:nums)
11              tset.insert(x);
12          auto it＝tset.begin();
13          if(tset.size()>=3) {
14              it++; it++;
15          }
16          return * it;
17      }
18  };
```

提交运行：

结果：通过；时间：8ms；空间：10.4MB

▦ Python：

```
1   from sortedcontainers import SortedSet
2   class Solution:
3       def thirdMax(self, nums: List[int]) -> int:
4           tset=SortedSet()                #默认递增排列
5           for x in nums:
6               tset.add(x)
7           if len(tset)<3: return tset[-1]
8           else: return tset[-3]
```

提交运行：

结果：通过；时间：56ms；空间：16.8MB

Q：你能设计一个时间复杂度为 $O(n)$ 的解决方案吗？

A：类似于一次遍历求出 nums 中的最大和次大元素，可以一次遍历求出 nums 中前 3 大的不同数（初始为 $-\infty$），再进行判断处理。由于仅遍历一次，所以时间复杂度为 $O(n)$。

8.3.3 LeetCode855——考场就座 ★★

【问题描述】 某考场只有一排，共 n 个座位，座位的编号为 $0 \sim n-1$。当学生进入考场后，必须坐在能够使他与离他最近的人之间的距离达到最大化的座位上。如果有多个这样的座位，他会坐在编号最小的座位上。另外，如果考场里没有人，那么学生就坐在 0 号座位上。

设计 ExamRoom(int n) 类，它有两个公共函数，其中 ExamRoom. seat() 函数会返回一个整数，表示学生坐的位置；ExamRoom. leave(int p) 函数表示坐在座位 p 上的学生现在离开了考场，每次调用该函数时要保证有学生坐在座位 p 上。

示例：

```
ExamRoom room=new ExamRoom(10);      //n=10
room.seat();                         //返回0,没有人在考场里,那么学生坐在0号座位上
room.seat();                         //返回9,学生最后坐在9号座位上
room.seat();                         //返回4,学生最后坐在4号座位上
room.seat();                         //返回2,学生最后坐在2号座位上
room.leave(4);                       //座位4上的学生离开考场
room.seat();                         //返回5,学生最后坐在5号座位上
```

【限制】 $1 \leqslant n \leqslant 10^9$，在所有测试样例中 ExamRoom. seat() 和 ExamRoom. leave() 最多被调用 10^4 次，保证在调用 ExamRoom. leave(p) 时有学生坐在座位 p 上。

【解题思路】 使用平衡树集合求解。用 set<int>集合 tset 表示已经坐有学生的座位编号，座位编号为 start(0)~end($n-1$)。

(1) seat()：求学生的合适的座位编号 ans，设该学生与他最近的人之间的最大距离为 maxdist，如果 tset 为空，ans=start，maxdist=end；否则由于 tset 是递增有序的，若当前学生在 tset 中第一个学生的左边找座位，则距离 dist= * tset. begin()-start，用 e 遍历 tset，pre 表示 e 的前一个学生座位，若当前学生坐在 pre 和 e 的中间，则距离为 (e-pre)/2，如图 8.6 所示，若当前学生坐在 tset 中最后一个学生位置 pre 的后面一个座位，则距离为 end

—pre。在所有试探的距离中通过比较求最大值 maxdist，对应的位置为 ans。将 ans 添加到 tset 中，并返回 ans。

（2）leave(int p)：直接从 tset 中删除 p。

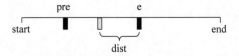

图 8.6　考虑坐在 prev 和 e 之间

ExamRoom 类如下。

C++：

```
1   class ExamRoom {
2       set < int > tset;
3       int start, end;
4   public:
5       ExamRoom(int n) {
6           start＝0;
7           end＝n－1;
8       }

9       int seat() {
10          int ans＝start, pre＝start;
11          int maxdist＝(tset.empty()?end: * tset.begin())－start;
12          for(int e : tset) {
13              if(maxdist ＜(e－pre)/2) {
14                  maxdist＝(e－pre)/2;
15                  ans＝pre＋maxdist;
16              }
17              pre＝e;
18          }
19          if(maxdist ＜ end－pre) ans＝end;
20          tset.insert(ans);
21          return ans;
22      }

23      void leave(int p) {
24          tset.erase(p);
25      }
26  };
```

提交运行：

结果：通过；时间：380ms；空间：19.9MB

Python：

```
1   from sortedcontainers import SortedList
2   class ExamRoom:
3       def __init__(self, n: int):
4           self.start, self.end＝0, n－1
5           self.tset＝SortedList()

6       def seat(self) -> int:
7           if len(self.tset)＝＝0:
8               self.tset.add(0)
9               return 0
10          ans, pre＝self.start, self.start
11          maxdist＝self.tset[0]－self.start
12          for e in self.tset:
```

```
13              if maxdist＜(e－pre)//2:
14                  maxdist＝(e－pre)//2
15                  ans＝pre＋maxdist
16              pre＝e
17          if maxdist < self.end－pre:ans＝self.end
18          self.tset.add(ans)
19          return ans

20      def leave(self, p: int) -> None:
21          self.tset.remove(p)
```

提交运行：

结果：通过；时间：2804ms；空间：18.6MB

8.3.4 LeetCode2353——设计食物评分系统★★

【问题描述】　设计一个支持下列操作的食物评分系统,修改系统中列出的某种食物的评分,返回系统中某一类烹饪方式下评分最高的食物。

(1) FoodRatings(String[] foods,String[] cuisines,int[] ratings)：初始化系统。食物由 foods、cuisines 和 ratings 描述,长度均为 n。其中 foods[i]是第 i 种食物的名字,cuisines[i]是第 i 种食物的烹饪方式,ratings[i]是第 i 种食物的最初评分。

(2) void changeRating(String food,int newRating)：修改名字为 food 的食物的评分。

(3) String highestRated(String cuisine)：返回指定烹饪方式 cuisine 下评分最高的食物的名字。如果名字存在并列,返回字典序较小的名字。

注意,字符串 x 的字典序比字符串 y 更小的前提是 x 在字典中出现的位置在 y 之前,也就是说要么 x 是 y 的前缀,或者在满足 $x[i]\neq y[i]$ 的第一个位置 i 处,$x[i]$ 在字母表中出现的位置在 $y[i]$ 之前。

示例：

```
FoodRatings foodRatings = new FoodRatings(["kimchi","miso","sushi","moussaka","ramen",
"bulgogi"],["korean","japanese","japanese","greek","japanese","korean"],[9,12,8,15,14,7]);
foodRatings.highestRated("korean");        //返回"kimchi"(9 分),"kimchi"是分数最高的韩式料理
foodRatings.highestRated("japanese");      //返回"ramen"(14 分),"ramen"是分数最高的日式料理
foodRatings.changeRating("sushi", 16);     //"sushi"现在的评分变更为16
foodRatings.highestRated("japanese");      //返回"sushi"(16 分),"sushi"是分数最高的日式料理
foodRatings.changeRating("ramen", 16);     // "ramen"现在的评分变更为16
foodRatings.highestRated("japanese");      //返回"ramen"、"sushi"和"ramen"均 16,"ramen"<"sushi"
```

【限制】　$1\leqslant n\leqslant 2\times 10^4$,$n=$foods.length＝cuisines.length＝ratings.length,$1\leqslant$foods[i].length,cuisines[i].length$\leqslant 10$,foods[i]和 cuisines[i]由小写英文字母组成,$1\leqslant$ratings[i]$\leqslant 10^8$,foods 中的所有字符串互不相同。在对 changeRating 的所有调用中 food 是系统中食物的名字。在对 highestRated 的所有调用中 cuisine 是系统中至少一种食物的烹饪方式。调用 changeRating 和 highestRated 总计最多 2×10^4 次。

【解题思路】　使用哈希映射＋平衡树集合求解。highestRated(cuisine)用于返回烹饪方式 cuisine 下评分最高的食物的名字,为此设计以烹饪方式为键、以<评分,食物>有序集合为值的哈希映射 cuishmap。changeRating(food,newRating)用于修改食物 food 的评分,为此设计以食物为键的哈希映射 foodhmap,尽管食物可以作为唯一标识,但为了在 cuishmap 中方便地查找某个烹饪方式下的<评分,食物>,将 foodhmap 中的值设置为<评分,烹饪方式>。

对应的算法如下。

▦ C++：

```
1   struct FOOD {
2       int rat;                                    //评分
3       string cuis;                                //烹饪方式
4   };
5   struct CUISINES {
6       int rat;                                    //评分
7       string food;                                //食物
8       bool operator <(const CUISINES& s) const {  //按评分递减、食物递增顺序
9           if(rat!=s.rat) return rat > s.rat;
10          else return food < s.food;
11      }
12  };

13  class FoodRatings {
14  public:
15      unordered_map < string, FOOD > foodhmap;    //以食物为键
16      unordered_map < string, set < CUISINES >> cuishmap;   //以烹饪方式为键
17      FoodRatings(vector < string > & foods, vector < string > & cuisines, vector < int > &ratings) {
18          for(int i=0;i < foods.size();i++) {     //遍历食物的数据
19              foodhmap[foods[i]]={ratings[i], cuisines[i]};
20              cuishmap[cuisines[i]].insert({ratings[i], foods[i]});
21          }
22      }

23      void changeRating(string food, int newRating) {
24          auto &p=foodhmap[food];
25          cuishmap[p.cuis].erase({p.rat, food});       //删除 cuishmap[p.cuis]的原评分
26          p.rat=newRating;                             //修改 foodhmap[food]的评分
27          cuishmap[p.cuis].insert({newRating, food});  //插入 cuishmap[p.cuis]的新评分
28      }

29      string highestRated(string cuisine) {
30          auto i=cuishmap[cuisine].begin();       //返回 cuishmap[cuisine]首元素的 food
31          return i-> food;
32      }
33  };
```

提交运行：

结果：通过；时间：368ms；空间：151.6MB

▦ Python：

```
1   from sortedcontainers import SortedSet
2   class FoodRatings:
3       def __init__(self, foods: List[str], cuisines: List[str], ratings: List[int]):
4           self.foodhmap={}
5           self.cuishmap=defaultdict(SortedSet)
6           for f, c, r in zip(foods, cuisines, ratings):
7               self.foodhmap[f]=[r, c]
8               self.cuishmap[c].add((-r, f))

9       def changeRating(self, food: str, newRating:int) -> None:
10          r, c=self.foodhmap[food]
11          s=self.cuishmap[c]
12          s.remove((-r, food))
13          s.add((-newRating, food))
14          self.foodhmap[food][0]=newRating
15      def highestRated(self, cuisine: str) -> str:
16          return self.cuishmap[cuisine][0][1]
```

提交运行：

结果：通过；时间：636ms；空间：47.9MB

8.4 平衡树映射应用的算法设计

8.4.1 LeetCode846——一手顺子★★

【问题描述】 Alice 手中有一把牌，她想要重新排列这些牌，将牌分成若干组，使每一组的牌数都是 k，并且由 k 张连续的牌组成。给定一个整数数组 hand 和一个整数 k，其中 hand[i] 表示第 i 张牌的数字，如果 Alice 可以重新排列这些牌，返回 true，否则返回 false。

例如，hand＝[1,2,3,6,2,3,4,7,8]，k＝3，牌可以被重新排列为[1,2,3]，[2,3,4]，[6,7,8]，答案为 true；hand＝[1,2,3,4,5]，k＝4，答案为 false。

【限制】 $1 \leqslant$ hand.length $\leqslant 10^4$，$0 \leqslant$ hand[i] $\leqslant 10^9$，$1 \leqslant k \leqslant$ hand.length。

【解题思路】 使用平衡树映射实现有序计数。在 hand 中有 n 个数字，问按数字连续递增分组，每组恰好 k 个数字是否可行，显然 n 必须整除 k，否则返回 false。当 n 能够整除 k 时设计<int,int>类型的 tmap 作为有序计数器，遍历 hand 产生 tmap。由于每个数字必须在一个组内，可以每次从最小数字开始分组，即每次选剩下的数字中的最小数字 x，并将 $x, x+1, x+2, \cdots, x+k-1$ 分为一组，如果不能生成这样的组，则说明 hand 不能实现题目要求的重排，返回 false，如果能够生成这样的组，则继续直到全部数字分组完毕，返回 true。对应的算法如下。

说明：由于这里要按有序顺序选择数字，所以不能用 unordered_map 代替 map。

C++：

```cpp
1   class Solution {
2   public:
3       bool isNStraightHand(vector<int>& hand, int k) {
4           int n=hand.size();
5           if(n%k!=0) return false;
6           map<int,int> tmap;
7           for(int i=0;i<n;i++) tmap[hand[i]]++;
8           while(!tmap.empty()) {
9               auto it=tmap.begin();              //遍历 tmap
10              int x=it->first;
11              for(int i=0;i<k;i++) {             //找连续的 k 个数字
12                  if(it->first!=x+i) return false;  //若没有找到返回 false
13                  it->second--;                  //将 it 指向的数字个数减 1
14                  if(it->second==0) tmap.erase(it);
15                                                 //当数字个数为 0 时从 tmap 中删除该元素
16                  it++;
17              }
18          }
19          return true;
20      }
21  };
```

提交运行：

结果：通过；时间：60ms；空间：27.5MB

Python：

```
1   from sortedcontainers import SortedDict
2   class Solution:
3       def isNStraightHand(self, hand: List[int], k: int) -> bool:
4           n = len(hand)
5           if n % k != 0: return False
6           tmap = SortedDict()                    #默认递增排列
7           for x in hand:                         #计数
8               if x not in tmap: tmap[x] = 1
9               else: tmap[x] += 1
10          while len(tmap) > 0:
11              keys = tmap.keys()
12              i, x = 0, 0
13              for y in keys:
14                  if i == k: break
15                  if i == 0: x = y
16                  if y != x + i: return False     #若没有找到返回 False
17                  tmap[y] -= 1                     #y 长度减 1
18                  i += 1
19              if i < k: return False              #若 tmap 中的整数个数小于 k 返回 False
20              tmap = self.removezero(tmap)        #从 tmap 中删除计数为 0 的元素
21          return True

22      def removezero(self, a):                    #仅保留 tmap 中值不为 0 的元素
23          return {key: value for key, value in a.items() if value != 0}
```

提交运行：

结果：通过；时间：1708ms；空间：17.2MB

说明：上述在 Python 算法中可以通过计数器类 Counter 和排序代替 SortedDict 提高算法的性能。

8.4.2 LeetCode981——基于时间的键值存储★★

【问题描述】 设计一个基于时间的键值数据结构，该结构可以在不同的时间戳存储对应同一个键的多个值，并针对特定时间戳检索键对应的值。

（1）TimeMap()：初始化数据结构对象。

（2）void set(String key,String value,int timestamp)：存储键 key 和值 value，以及给定的时间戳 timestamp。

（3）String get(String key,int timestamp)：返回先前调用 set(key,value,timestamp_prev)所存储的值，其中 timestamp_prev≤timestamp。如果有多个这样的值，则返回对应最大的 timestamp_prev 的值。如果没有值，则返回空字符串("")。

示例：

```
TimeMap timeMap = new TimeMap();
timeMap.set("foo", "bar", 1);          //存储键"foo"和值"bar"，时间戳 timestamp=1
timeMap.get("foo",1);                  //返回"bar"
timeMap.get("foo",3);                  //返回"bar"，因为在时间戳 3 小于时间戳 1
timeMap.set("foo", "bar2", 4);         //存储键"foo"和值"bar2"，时间戳 timestamp=4
timeMap.get("foo", 4);                 //返回"bar2"
timeMap.get("foo", 5);                 //返回"bar2"
```

【限制】 1≤key. length,value. length≤100,key 和 value 由小写英文字母和数字组

成,$1 \leqslant timestamp \leqslant 10^7$,set 操作中的时间戳 timestamp 都是严格递增的,最多调用 set 和 get 操作 2×10^5 次。

【解题思路】 使用哈希映射＋平衡树映射组织数据。本题的数据结构由键值元素构成,并且按键查询,但一个键可能有多个值,并且每个值应该按时间戳有序。按键查询不必有序,因此设计数据结构为 unordered_map < string,map < int,string >>。

例如,执行以下操作后的数据存储方式如图 8.7 所示。

```
set("abc","abcv1",1)
set("abc","abcv2",2)
set("xyz","xyzv1",3)
set("abc","abcv3",5)
set("xyz","xyzv2",6)
```

当执行 get(key,timestamp)时,通过 key 找到对应的值 tmap,由于 tmap 按时间戳递增有序,可以使用 upper_bound()在其中找到第一个大于 timestamp 的元素,其前一个元素就是答案。

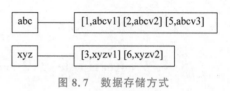

图 8.7   数据存储方式

对应的算法如下。

C++:

```cpp
1   class TimeMap {
2       unordered_map < string,map < int,string >> hmap;   //数据结构
3   public:
4       TimeMap() {}
5       void set(string key, string value, int timestamp) {
6           hmap[key][timestamp]＝value;
7       }
8       string get(string key,int timestamp) {
9           if(hmap[key].empty()) return "";          //不存在该 key 的元素时
10          auto it＝hmap[key].begin();               //指向 hmap[key]的首元素
11          if(timestamp < it-> first)                //所有元素的时间均大于 timestamp
12              return "";
13          it＝hmap[key].upper_bound(timestamp);//找到第一个更大时间戳的元素
14          it－－;
15          return it-> second;
16      }
17  };
```

提交运行:

结果:通过;时间:256ms;空间:128MB

在 Python 中该数据结构用字典(哈希映射)hmap 表示,由于 set 操作中的时间戳 timestamp 都是严格递增的,所以 hmap[key]使用列表表示(每次从尾部添加,以保证按时间戳递增排列)。为了快速查找,hmap[key]包含两部分,前者为时间戳列表(有序),后者为时间戳到值的映射字典。由于有序性,可以在 hmap[key][0]中使用二分查找提高性能。

Python:

```python
1   class TimeMap:
2       def __init__(self):
3           self.hmap＝{}
```

```
4        def set(self, key: str, value: str, timestamp: int) -> None:
5            if key not in self.hmap:
6                self.hmap[key] = ([timestamp], {timestamp: value})
7            else:
8                self.hmap[key][0].append(timestamp)
9                self.hmap[key][1][timestamp] = value

10       def get(self, key: str, timestamp: int) -> str:
11           if key not in self.hmap: return ""
12           e = self.hmap.get(key)
13           i = bisect.bisect(e[0], timestamp)
14           if i == 0: return ""
15           return e[1][e[0][i-1]]
```

提交运行：

结果：通过；时间：372ms；空间：68.9MB

8.4.3 LeetCode1912——设计电影租借系统★★★

【问题描述】 某人有一个电影租借公司和 n 个电影商店，现在想要实现一个电影租借系统，它支持查询、预订和返还电影的操作，同时还能生成一份当前被借出电影的报告。所有电影用二维整数数组 entries 表示，其中 entries[i] = [shopi, moviei, pricei] 表示商店 shopi 有一份电影 moviei 的副本，租借价格为 pricei。每个商店最多有一份编号为 moviei 的电影副本。该系统需要支持以下操作。

（1）search：找到拥有指定电影且未借出的商店中最便宜的 5 个商店。商店需要按照价格升序排序，如果价格相同，则 shopi 较小的商店排在前面。如果查询结果少于 5 个商店，则将它们全部返回。如果查询结果没有任何商店，则返回空列表。

（2）rent：从指定商店借出指定电影，题目保证指定电影在指定商店未借出。

（3）drop：在指定商店返还之前已借出的指定电影。

（4）report：返回最便宜的 5 已借出电影（可能有重复的电影 ID），将结果用二维列表 ans 返回，其中 ans[j] = [shopj, moviej] 表示第 j 便宜的已借出电影是从商店 shopj 借出的电影 moviej。ans 中的电影需要按价格升序排序，如果价格相同，则 shopj 较小的排在前面；如果仍然相同，则 moviej 较小的排在前面。如果当前借出的电影少于 5 部，则将它们全部返回。如果当前没有借出电影，则返回一个空列表。

请实现 MovieRentingSystem 类。

（1）MovieRentingSystem(int n, int[][] entries)：将 MovieRentingSystem 对象用 n 个商店和 entries 表示的电影列表初始化。

（2）List < Integer > search(int movie)：如上所述，返回未借出指定 movie 的商店列表。

（3）void rent(int shop, int movie)：从指定商店 shop 借出指定电影 movie。

（4）void drop(int shop, int movie)：在指定商店 shop 返还之前借出的电影 movie。

（5）List < List < Integer >> report()：如上所述，返回最便宜的已借出电影列表。

注意，测试数据保证 rent 操作中指定商店拥有未借出的指定电影，且 drop 操作指定的商店之前已借出指定电影。

示例：

```
MovieRentingSystem movieRentingSystem＝new MovieRentingSystem(3,
        [[0,1,5],[0,2,6],[0,3,7],[1,1,4],[1,2,7],[2,1,5]]);
movieRentingSystem.search(1);
    //返回[1,0,2],商店1、0和2未借出的ID为1的电影.商店1最便宜,商店0和2价格相同
movieRentingSystem.rent(0, 1); //从商店0借出电影1.现在商店0未借出的电影的编号为[2,3]
movieRentingSystem.rent(1, 2); //从商店1借出电影2.现在商店1未借出的电影的编号为[1]
movieRentingSystem.report();
    //返回[[0,1],[1,2]],商店0借出的电影1最便宜,然后是商店1借出的电影2
movieRentingSystem.drop(1, 2);//在商店1返还电影2.现在商店1未借出的电影的编号为[1,2]
movieRentingSystem.search(2);
    //返回[0, 1],商店0和1有未借出的ID为2的电影.商店0最便宜,然后是商店1
```

【限制】 $1 \leqslant n \leqslant 3 \times 10^5$，$1 \leqslant$ entries. length $\leqslant 10^5$，$0 \leqslant shopi < n$，$1 \leqslant moviei$，$pricei \leqslant 10^4$，每个商店最多有一份电影 moviei 的副本。search、rent、drop 和 report 的调用总共不超过 10^5 次。

【解题思路】 使用平衡树集合＋平衡树映射求解。题目中基本记录为[shopi,moviei,pricei]，商店 shopi、电影 moviei 和价格 pricei 都不能作为唯一的关键字。search(movie)用于查找 movie 电影未借出的商店中最便宜的 5 个商店，为此设计 mvset 按电影编号组织所有未借出的电影数据，这里电影(实际上是指电影的副本)的编号为 1～10000，mvset[movie]按价格递减顺序存放编号为 movie 的电影(相当于以 movie 为键的哈希表)。rent(shop,movie)用于从商店 shop 借出电影 movie，drop(shop,movie)用于返还之前借出的电影，都需要找电影价格，为此设计 prcmap 映射保存每个<商店,电影>的价格，rentset 按价格存放所有借出的<商店,电影>(需要找最便宜的 5 部已借出电影)。对应的数据结构如下：

```
set < pair < int,int >> mvset[10010];      //按电影编号存放<商店,价格>(未借出)
set < pair < int,pair < int,int >>> rentset; //按价格存放所有借出的<商店,电影>
map < pair < int,int >,int > prcmap;        //存放<商店,电影>的价格
```

prcmap 在初始化后不再改变，而 mvset 和 rentset 在电影借出和返还时做相应的改变。对应的算法如下。

C++：

```
1   class MovieRentingSystem {
2   public:
3       set < pair < int,int >> mvset[10010];           //按电影编号存放<商店,价格>(未借出)
4       set < pair < int,pair < int,int >>> rentset;    //按价格递增存放所有借出的<商店,电影>
5       map < pair < int,int >,int > prcmap;            //存放<商店,电影>的价格
6       MovieRentingSystem(int n,vector < vector < int >> & entries) {
7           for(int i＝0;i < entries.size();i＋＋) { //遍历 entries 进行初始化
8               int x＝entries[i][0], y＝entries[i][1], z＝entries[i][2];
9               prcmap[make_pair(x,y)]＝z;
10              mvset[y].insert(make_pair(z,x));//此时所有电影均没有借出
11          }
12      }
13
14      vector < int > search(int movie) {
15          auto it＝mvset[movie].begin();
16          vector < int > ans;
17          for(int i＝0;i < 5 && it!＝mvset[movie].end();i＋＋,it＋＋)
18              ans.push_back(it-> second);    //在 mvset[movie]中从后向前找最多5部电影
19          return ans;
20      }
21
22      void rent(int shop, int movie) {
23          int price＝prcmap[make_pair(shop, movie)];    //找到对应的价格
```

```
22          mvset[movie].erase(make_pair(price, shop));    //从未借库中删除
23          rentset.insert(make_pair(price, make_pair(shop, movie)));  //添加到借出库
24        }

25        void drop(int shop, int movie) {
26          int price＝prcmap[make_pair(shop, movie)];    //找到对应的价格
27          rentset.erase(make_pair(price, make_pair(shop, movie)));    //从借出库中删除
28          mvset[movie].insert(make_pair(price, shop));    //将其添加到未借库中
29        }

30        vector < vector < int >> report() {
31          auto it＝rentset.begin();
32          vector < vector < int >> ans;
33          for(int i＝0;i < 5 && it!＝rentset.end();i++,it++)    //在借出库中顺序查找
34              ans.push_back({(it-> second).first, (it-> second).second});
35          return ans;
36        }
37      };
```

提交运行：

结果:通过;时间:928ms;空间:396.3MB

🔲 **Python**：

```python
1    from sortedcontainers import SortedList
2    class MovieRentingSystem:
3        def __init__(self, n:int, entries:List[List[int]]):
4            self.n＝n
5            self.mvset＝defaultdict(SortedList)
6            self.shopset＝defaultdict(dict)
7            self.rentset＝SortedList([])
8            for shop, movie, price in entries:
9                self.mvset[movie].add((price,shop))
10               self.shopset[shop][movie]＝price

11       def search(self, movie: int) -> List[int]:
12           return [me[1] for me in list(self.mvset[movie].islice(stop＝5))]

13       def rent(self, shop: int, movie: int) -> None:
14           price＝self.shopset[shop][movie]
15           self.mvset[movie].discard((price,shop))
16           self.rentset.add((price,shop,movie))

17       def drop(self, shop: int, movie: int) -> None:
18           price＝self.shopset[shop][movie]
19           self.mvset[movie].add((price,shop))
20           self.rentset.discard((price,shop,movie))

21       def report(self) -> List[List[int]]:
22           return [[x,y] for _,x,y in self.rentset.islice(stop＝5)]
```

提交运行：

结果:通过;时间:1264ms;空间:113.2MB

推荐练习题

1. LeetCode110——平衡二叉树★
2. LeetCode635——设计日志存储系统★★
3. LeetCode1086——前 5 科的均分★
4. LeetCode1348——推文计数★★
5. LeetCode1756——设计最近使用(MRU)队列★★
6. LeetCode1797——设计一个验证系统★★
7. LeetCode2034——股票价格波动★★
8. LeetCode2349——设计数字容器系统★★

第 9 章 优先队列

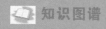 知识图谱

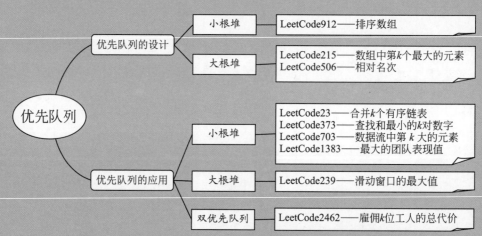

	小根堆	LeetCode912——排序数组
优先队列的设计	大根堆	LeetCode215——数组中第k个最大的元素 LeetCode506——相对名次
优先队列	小根堆	LeetCode23——合并k个有序链表 LeetCode373——查找和最小的k对数字 LeetCode703——数据流中第 k 大的元素 LeetCode1383——最大的团队表现值
优先队列的应用	大根堆	LeetCode239——滑动窗口的最大值
	双优先队列	LeetCode2462——雇佣k位工人的总代价

9.1 优先队列概述

9.1.1 优先队列的定义

所谓优先队列就是这样的一种队列,队列中的每个元素有一个优先级,按优先级越大越优先出队。优先级与元素值的大小不是一回事,需要专门指定,如果指定元素值越大优先级越高,即元素值越大越优先出队,称这样的优先队列为大根堆。反之,指定元素值越小优先级越高,即元素值越小越优先出队,称这样的优先队列为小根堆。实际上,普通队列就是以元素进队的先后时间作为优先级,越先进队的元素越优先出队。

优先队列通常用完全二叉树的顺序存储结构存储。优先队列的主要用途是求一个序列或者一个区间的最值(最大值或者最小值)或者连续最值。

9.1.2 优先队列的知识点

1. C++中的优先队列

C++ STL 中的优先队列是 priority_queue 类模板,它和 stack/queue 一样,也是一种适配器容器,其底层容器必须是用数组实现的,可以是 vector(默认)或者 deque,不能是 list。priority_queue 对象的一般定义格式如下:

```
priority_queue < type, container, functional >
```

其中,type 参数指出数据类型,container 参数指出底层容器,functional 参数指出比较函数。在默认情况下(不加后面两个参数)是以 vector 为底层容器,以 less < T >为比较函数(即<运算符对应的仿函数)。所以,在定义优先队列时只使用第一个参数,该优先队列默认元素值越大越优先出队(大根堆)。priority_queue 的主要成员函数如下。

- empty():判断优先队列容器是否为空。
- size():返回优先队列容器中实际的元素个数。
- push(e):元素 e 进队。
- top():获取队头元素。
- pop():元素出队。

1) type 为内置数据类型

对于 C/C++内置数据类型,默认的 functional 是 less < T >(小于比较函数),即建立的是大根堆(元素值越大越优先出队),可以改为用 greater < T >(大于比较函数),这样元素越小优先级越高(称为小根堆)。

例如,建立大根堆:

```
priority_queue < int > maxpq1;                              //默认方式
priority_queue < int, vector < int >, less < int >> maxpq2;    //使用 less < T >比较函数
```

建立小根堆:

```
priority_queue < int, vector < int >, greater < int >> minpq;  //使用 greater < T >比较函数
```

2) type 为自定义类型

对于自定义数据类型,如类或者结构体,在建立优先队列(堆)时需要比较两个元素的大小,即设置元素的比较方式,在元素的比较方式中指出按哪个成员值做比较以及大小关系(越大越优先还是越小越优先)。

同样默认的比较函数是 less<T>(即小于比较函数),但需要重载该函数。另外,还可以用重载函数调用运算符()。通过这些重载函数来设置元素的比较方式。

归纳起来,假设 Stud 类包含学号 no 和姓名 name 数据成员,设计各种优先队列的主要方式如下。

方式 1:在定义类或者结构体中重载<运算符(operator<),以指定元素的比较方式。例如:

📇 **C++**:

```cpp
1  struct Stud {
2      int no;                                    //学号
3      string name;                               //姓名
4      Stud(int n, string na):no(n), name(na) {}  //构造函数
5      bool operator <(const Stud& s) const{      //重载<比较函数
6          return no < s.no;                      //按 no 越大越优先出队
7      }
8  };

9  int main() {
10     priority_queue <Stud> maxpq;               //默认使用 operator <
11     maxpq.push(Stud(3, "Mary"));
12     maxpq.push(Stud(1, "Smith"));
13     maxpq.push(Stud(2, "John"));
14     while (!maxpq.empty()) {
15         cout << "[" << maxpq.top().no << "," << maxpq.top().name << "]    ";
16         maxpq.pop();
17     }
18     cout << endl;
19     return 0;
20 }
```

运行结果:

[3, Mary]   [2, John]   [1, Smith]

说明:学习时可以这样记忆,priority_queue 默认使用<运算符实现大根堆,如果重载函数 operator<中使用当前对象的成员 no(放在比较运算符的前面)与参数对象 s 的成员 no(放在比较运算符的后面)进行比较,若比较运算符是<(与 operator<一致),则实现按 no 越大越优先出队(即 no 成员大根堆);若比较运算符是>,则实现按 no 越小越优先出队(即 no 成员小根堆)。

方式 2:在定义类或者结构体中重载>运算符(operator>),以指定元素的比较方式,此时需要指定优先队列的底层容器(这里为 vector,也可以是 deque)。例如:

📇 **C++**:

```cpp
1  struct Stud {
2      int no;                                    //学号
3      string name;                               //姓名
4      Stud(int n, string na):no(n), name(na) {}  //构造函数
5      bool operator >(const Stud& s) const{      //重载>比较函数
6          return no > s.no;                      //按 no 越小越优先出队
```

234

```
 7        }
 8    };

 9    int main() {
10        priority_queue < Stud, deque < Stud >, greater < Stud >> minpq;
11        minpq.push(Stud(3, "Mary"));
12        minpq.push(Stud(1, "Smith"));
13        minpq.push(Stud(2, "John"));
14        while(!minpq.empty()) {
15            cout << "[" << minpq.top().no << "," << minpq.top().name << "]     ";
16            minpq.pop();
17        }
18        cout << endl;
19        return 0;
20    }
```

运行结果:

[1, Smith]   [2, John]   [3, Mary]

方式 3: 在单独定义的类或者结构体中重载函数调用运算符()(operator()),以指定元素的比较方式,此时也需要指定优先队列的底层容器(可以是 vector 或者 deque)。例如:

▦ **C++**:

```
 1    struct Stud {
 2        int no;                                    //学号
 3        string name;                               //姓名
 4        Stud(int n, string na):no(n), name(na) {}  //构造函数
 5    };
 6    struct Cmp {                                   //含重载()成员函数的类
 7        bool operator()(const Stud& s, const Stud& t) const{
 8            return s.name < t.name;                //按 name 越大越优先出队
 9        }
10    };

11    int main() {
12        priority_queue < Stud, vector < Stud >, Cmp > maxpq;
13        maxpq.push(Stud(3, "Mary"));
14        maxpq.push(Stud(1, "Smith"));
15        maxpq.push(Stud(2, "John"));
16        while(!maxpq.empty()) {
17            cout << "[" << maxpq.top().no << "," << maxpq.top().name << "]     ";
18            maxpq.pop();
19        }
20        cout << endl;
21        return 0;
22    }
```

运行结果:

[1, Smith]   [3, Mary]   [2, John]

2. Python 中的优先队列

在 Python 中提供了 heapq 模块,其中包含优先队列的基本操作方法,默认创建小根堆。其主要方法如下。

- heapq.heapify(pq): 把列表 pq 调整为堆。
- len(pq): 返回 pq 中元素的个数。

- pq[0]：取堆顶的元素。
- heapq.heappush(pq,e)：将元素 e 插入优先队列 pq 中,该方法会维护堆的性质。
- heapq.heappop(pq)：从优先队列 pq 中删除堆顶元素并且返回该元素。
- heapq.heapreplace(pq,e)：从优先队列 pq 中删除堆顶元素并且返回该元素,同时将 e 插入并且维护堆的性质。
- heapq.heappushpop(pq,e)：将元素 e 插入优先队列 pq 中,然后从 pq 中删除堆顶元素并且返回该元素的值。

使用 heapq 模块创建优先队列 pq 有以下两种方式。

（1）从一个空列表（即 pq=[]）开始,然后使用 heapq.heappush(pq,e)进队元素 e,使用 heapq.heappop(pq)出队元素。例如：

Python：

```
1  import heapq
2  pq=[]                          #定义一个优先队列 pq
3  heapq.heappush(pq,2)           #进队元素 2
4  heapq.heappush(pq,3)           #进队元素 3
5  heapq.heappush(pq,1)           #进队元素 1
6  while len(pq)>0:
7      print(heapq.heappop(pq),end=' ')
8  print()
```

运行结果：

```
1 2 3
```

（2）使用列表方法向 pq 中插入元素,在元素插入后使用 heapq.heapify(pq)方法一次性地将 pq 列表调整为堆结构。例如：

Python：

```
1  import heapq
2  pq=[3,1,2]                     #定义一个列表 pq
3  heapq.heapify(pq)              #将 pq 列表调整为堆
4  while len(pq)>0:
5      print(heapq.heappop(pq),end=' ')
6  print()
```

运行结果：

```
1 2 3
```

使用 heapq 模块创建优先队列 pq 的说明如下。

（1）当 pq 中的元素为整数等内置数据类型时默认创建小根堆,即按元素值越小越优先出队。当 pq 中的元素为列表（如[x,y]）时,默认按 x 元素值越小越优先出队。

（2）由于 heapq 默认为小根堆,那么如何创建大根堆呢？对于数值类型,一个最大数的相反数就是最小数,可以对数值取反,然后仍然使用创建小根堆的方式来创建大根堆。例如：

Python：

```
1  import heapq
2  stud=[[3,"Mary"],[1,"Smith"],[2,"John"]]    #学生列表
3  pq=[]                                         #定义一个列表 pq
4  for i in range(0,len(stud)):
5      heapq.heappush(pq,[-stud[i][0],stud[i][1]])
6  while pq:
7      s=heapq.heappop(pq)
```

```
8            print("[%d,%s]"%(−s[0],s[1]),end=' ')
9    print()
```

运行结果：

[3,Mary] [2,John] [1,Smith]

（3）在 Python 中可以像 C++ STL 那样通过重载 lt（小于运算符）指定元素的优先级。例如,在以下程序中定义了一个小根堆 minpq,其元素形如[x,y],并且指定按 y 越小越优先出队。

🔲 **Python**：

```
1    import heapq
2    class QNode:
3        def __init__(self,x,y):
4            self.x=x
5            self.y=y
6        def __lt__(self,other):          #指定按 y 越小越优先出队
7            if self.y<other.y:
8                return True
9            else:
10               return False
11
12   minpq=[]
13   heapq.heappush(minpq,QNode(3,"Mary"))
14   heapq.heappush(minpq,QNode(1,"Smith"))
15   heapq.heappush(minpq,QNode(2,"John"))
16   while len(minpq)>0:
17       s=heapq.heappop(minpq)
18       print("[%d,%s]"%(s.x,s.y),end=' ')
19   print()
```

运行结果：

[2,John] [3,Mary] [1,Smith]

9.2　优先队列的实现

9.2.1　LeetCode912——排序数组 ★★

【问题描述】　给定一个整数数组 nums,请将该数组升序排列。

例如,nums=[5,1,1,2,0,0],排序后为[0,0,1,1,2,5]。

【限制】　$1 \leqslant$ nums. length $\leqslant 5 \times 10^4$, $-5 \times 10^4 \leqslant$ nums$[i] \leqslant 5 \times 10^4$。

【解题思路】　使用小根堆实现堆排序。为了说明优先队列的原理,这里设计小根堆类模板 Heap<T>。

含 n 个元素的小根堆的定义是将其作为一棵含 n 个结点的完全二叉树,且树中的每个结点值不大于其孩子结点值(如果每个结点值不小于其孩子结点值,则称为大根堆)。前者称为堆的结构性,后者称为堆的有序性。

为此用 $R[0..n-1]$ 存放堆中的 n 个元素,将 $R[0..n-1]$ 看成一棵完全二叉树,元素 $R[i]$ 对应的结点层序编号为 i,结点层序编号之间的关系如图 9.1 所示。根据完全二叉树的性质,层序编号为 $0 \sim n/2-1$ 的结点为分支结点,层序编号为 $n/2 \sim n-1$ 的结点为叶子

结点,并且满足 $R[i] \leqslant R[2i+1]$, $R[i] \leqslant R[2i+2]$($0 \leqslant i \leqslant n/2-1$)。例如,如图9.2所示的完全二叉树是一个小根堆,6个结点的层序编号分别为0～5,层序编号为0～2的结点是分支结点,层序编号为3～5的结点是叶子结点。

图9.1　结点层序编号之间的关系　　　　图9.2　一个小根堆

维护小根堆性质的主要操作是向下筛选和向上筛选。

1. 向下筛选算法

向下筛选是假设一棵完全二叉树中除了根结点不满足有序性外,其左、右子树均满足小根堆的定义,现在将其调整为小根堆。调整过程是置 i 为根结点,从结点 i 开始找到其最小的孩子结点 j,若结点 i 的值不小于最小孩子结点 j 的值,将两者的结点值交换,再从结点 j 开始继续向下筛选,直到叶子结点或者超过筛选范围为止。若结点 i 的值小于最小孩子结点 j 的值,则结束调整过程。

例如,如图9.3(a)所示为满足向下筛选条件的一棵完全二叉树,根结点为5,其最小孩子结点为1,5>1,两者交换如图9.3(b)所示。再考虑以5为根的子树,其最小孩子结点为2,5>2,两者交换如图9.3(c)所示,结点5已经是叶子结点,则结束。

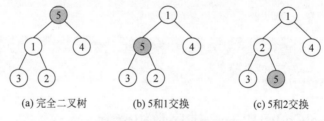

(a) 完全二叉树　　　　　(b) 5和1交换　　　　　(c) 5和2交换

图9.3　向下筛选示例

可以这样理解:根结点为5,找到其最小孩子为1,再找到1的最小孩子为2,构成一个序列[5,1,2],只要将该序列变为递增有序的,则整棵完全二叉树就是小根堆了。使用比结点交换更优的方法:对于[5,1,2],置 tmp=5,将1和 tmp 比较,tmp>1(反序),将1前移变为[1,*,2],再将2和 tmp 比较,tmp>2(反序),将2前移变为[1,2,*],最后在其中 * 位置插入 tmp,变为[1,2,5]。考虑调整 $R[low..high]$ 区间的子树,对应的向下筛选算法如下。

C++:

```
1   void siftDown(int low, int high) {        //R[low..high]的自顶向下筛选
2       int i=low;
3       int j=2*i+1;                           //R[j]是 R[i]的左孩子
4       T tmp=R[i];                            //tmp 临时保存根结点
5       while(j<=high) {                       //只对 R[low..high]的元素进行筛选
6           if(j<high && cmp(R[j],R[j+1]))
```

```
7            j++;                      //j指向右孩子
8            if (cmp(tmp,R[j])) {      //若反序,调整到双亲位置上
9                R[i]=R[j];            //将R[j]调整到双亲位置上
10               i=j; j=2*i+1;         //修改i和j值,以便继续向下筛选
11           }
12           else break;              //若正序,则结束
13        }
14        R[i]=tmp;                    //将原根结点放入最终位置
15     }
```

其中,cmp(a,b)表示 a>b 的结果,若改为 a<b,则创建的堆为大根堆。

2. 向上筛选算法

向上筛选是在一个小根堆的末尾插入一个结点后不满足有序性,现在将其调整为小根堆。调整过程是置 j 为新插入的结点,从结点 j 开始找到其父结点 i,若结点 j 的值不小于父结点 i 的值,将两者的结点值交换,再从结点 i 开始继续向上筛选,直到根结点为止。若结点 j 的值小于父结点 i 的值,则结束调整过程。

例如,如图 9.4(a)所示为一个小根堆,在其末尾插入结点 6,如图 9.4(b)所示。新插入的结点为 6,其父结点为 $7,6<7$,两者交换如图 9.4(c)所示。结点 6 的父结点为 $5,6<5$ 不成立,调整结束,如图 9.4(d)所示。

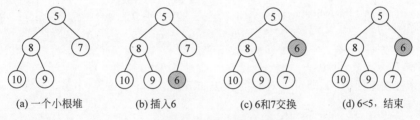

(a) 一个小根堆　　　(b) 插入6　　　(c) 6和7交换　　　(d) 6<5,结束

图 9.4　向上筛选示例

可以这样理解:对于图 9.4(b),新插入的结点为 6,找到其父结点为 7,再找到 7 的双亲为 5,构成一个序列[6,7,5],只要将该序列变为递减有序的,则整棵完全二叉树就是小根堆了。同样使用比结点交换更优的方法:对于序列[6,7,5],置 tmp=6,将 7 和 tmp 比较,tmp<7(反序),将 7 前移变为[7,*,5],再将 5 和 tmp 比较,tmp>5(正序),结束,最后在 * 位置插入 tmp,变为[7,6,5]。考虑调整 R[low..high]区间的子树,对应的向上筛选算法如下。

C++:

```
1    void siftUp(int j) {             //自底向上筛选:从叶子结点j向上筛选
2        int i=(j-1)/2;               //i指向R[j]的双亲结点
3        T tmp=R[j];
4        while(j!=0) {
5            if(cmp(R[i],tmp)) {      //若反序,则交换
6                R[j]=R[i];
7                j=i; i=(j-1)/2;
8            }
9            else break;             //到达根结点时结束
10       }
11       R[j]=tmp;
12    }
```

在上述两个算法的基础上设计小根堆的基本运算算法。

1）进堆元素 e 运算：push(e)

该运算将元素 e 添加到 R 的末尾，n 增 1，再调用 siftUp(n−1)通过向上筛选调整为一个小根堆。对应的算法如下。

C++：

```
1   void push(T e) {                    //插入元素 e
2       R.push_back(e);                 //将 e 添加到末尾
3       n++;                            //堆中元素的个数增 1
4       if(n==1) return;                //e 作为根结点的情况
5       int j=n−1;
6       siftUp(j);                      //从叶子结点 R[j]向上筛选
7   }
```

2）出堆元素运算：pop()

该运算置 e=R[0]，将堆顶元素 R[0]与末尾元素 R[n−1]交换，n 减 1，再调用 siftDown(0,n−1)通过向下筛选调整为一个小根堆，最后返回 e。对应的算法如下。

C++：

```
1   T pop() {                           //删除堆顶元素
2       T e=R[0];                       //取出堆顶元素
3       R[0]=R[n−1];                    //用尾元素覆盖 R[0]
4       R.pop_back();
5       n−−;                            //元素的个数减 1
6       if(n>1) siftDown(0,n−1);        //n=0 或者 1 时不需要筛选
7       return e;
8   }
```

3）取堆元素运算：top()

该运算直接返回 R[0]即可。对应的算法如下。

C++：

```
1   T top() {                           //取堆顶元素
2       return R[0];
3   }
```

4）判断堆是否为空运算：empty()

该运算返回 n 是否为 0 的结果。对应的算法如下。

C++：

```
1   bool empty() {                      //判断堆是否为空
2       return n==0;
3   }
```

回到本题，基本思路是创建 Heap 类的小根堆对象 minpq，将 nums 中的所有元素进堆，再依次出堆并存放在 nums 中，最后返回 nums 即可。对应的算法如下。

C++：

```
1   template < typename T >
2   bool cmp(T a, T b) {                //用于创建小根堆
3       return a > b;
4   }
5   template < typename T >
6   class Heap {                        //堆数据结构的实现
7       int n;                          //堆中元素的个数
8       vector < T > R;                 //用 R[0..n−1]存放堆中的元素
```

```
 9          //包含上述 siftDown()和 siftUp()私有成员函数
10   public:
11          Heap():n(0) {}                                    //构造函数
12          //包含上述 push()、pop()、top()和 empty()成员函数
13   };

14   class Solution {
15   public:
16          vector<int> sortArray(vector<int>& nums) {    //求解算法
17                 Heap<int> pq;
18                 for(int x:nums) pq.push(x);
19                 for(int i=0;i<nums.size();i++) {
20                        nums[i]=pq.top();
21                        pq.pop();
22                 }
23                 return nums;
24          }
25   };
```

提交运行：

结果：通过；时间：164ms；空间：60.1MB

Python：

```
 1   class Heap:                                            #堆数据结构的实现
 2       def __init__(self):
 3           self.n=0                                       #堆中元素的个数
 4           self.R=[]                                      #用 R[0..n-1]存放堆中的元素
 5       def cmp(self,a,b):                                 #用于创建小根堆
 6           return a>b
 7       def siftDown(self,low,high):                       #R[low..high]的自顶向下筛选
 8           i=low
 9           j=2*i+1
10           tmp=self.R[i]                                  #tmp 临时保存根结点
11           while j<=high:                                 #只对 R[low..high]的元素进行筛选
12               if j<high and self.cmp(self.R[j],self.R[j+1]):
13                   j+=1                                   #j 指向右孩子
14               if self.cmp(tmp,self.R[j]):                #若反序
15                   self.R[i]=self.R[j]                    #将 R[j]调整到双亲位置上
16                   i,j=j,2*i+1                            #修改 i 和 j 值,以便继续向下筛选
17               else: break                                #若正序,则结束
18           self.R[i]=tmp                                  #将原根结点放入最终位置

19       def siftUp(self,j):                                #自底向上筛选:从叶子结点 j 向上筛选
20           i=(j-1)//2                                     #i 指向 R[j]的双亲
21           tmp=self.R[j]
22           while j!=0:
23               if self.cmp(self.R[i],tmp):                #若反序,则交换
24                   self.R[j]=self.R[i]
25                   j,i=i,(j-1)//2
26               else: break                                #到达根结点时结束
27           self.R[j]=tmp

28       def push(self,e):                                  #插入元素 e
29           self.R.append(e)                               #将 e 添加到末尾
30           self.n+=1                                      #堆中元素的个数增1
31           if self.n==1:return                            #e 作为根结点的情况
32           self.siftUp(self.n-1)                          #从叶子结点 R[n-1]向上筛选

33       def pop(self):                                     #删除堆顶元素
34           e=self.R[0]                                    #取出堆顶元素
35           self.R[0]=self.R[self.n-1]                     #用尾元素覆盖 R[0]
36           self.R.pop()
```

```
37              self.n-=1                              #元素的个数减1
38          if self.n>1:
39              self.siftDown(0,self.n-1)              #筛选为一个堆
40          return e

41      def top(self):                                 #取堆顶元素
42          return self.R[0]

43      def empty(self):                               #判断堆是否为空
44          if self.n==0:return True
45          else: return False

46  class Solution:
47      def sortArray(self, nums):                     #求解算法
48          pq=Heap()
49          for i in range(0,len(nums)):
50              pq.push(nums[i])
51          for i in range(0,len(nums)):
52              nums[i]=pq.top()
53              pq.pop()
54          return nums
```

提交运行：

结果:通过;时间:3744ms;空间:21.6MB

9.2.2 LeetCode215——数组中第 k 个最大的元素★★

【问题描述】 给定一个整数数组 nums 和整数 k,请返回数组中第 k 个最大的元素。注意需要找的是数组排序后第 k 个最大的元素,而不是第 k 个不同的元素。设计并实现时间复杂度为 $O(n)$ 的算法解决此问题。

例如,nums=[3,2,1,5,6,4],$k=2$,递减排序后的结果为[6,5,4,3,2,1],第 2 个最大元素为 2。

【限制】 $1\leqslant k\leqslant nums.length\leqslant 10^5, -10^4\leqslant nums[i]\leqslant 10^4$。

【解题思路】 使用大根堆求解。用 9.2.1 节的 Heap<T>创建一个大根堆 pq,先将nums 数组中的所有元素进堆,出堆 $k-1$ 次,此时返回堆顶元素即可。对应的算法如下。

   ▦ C++:

```
1   template<typename T>
2   bool cmp(T a, T b) {                               //用于创建大根堆
3       return a<b;
4   }
5   template<typename T>
6   class Heap { … };                                  //堆数据结构的实现同9.2.1节
7
8   class Solution {
9   public:
10      int findKthLargest(vector<int>& nums, int k) {
11          Heap<int> pq;
12          for(int i=0;i<nums.size();i++)
13              pq.push(nums[i]);
14          for(int i=0;i<k-1;i++) {
15              pq.pop();
16          }
17          return pq.top();
18      }
19  };
```

提交运行：

结果：通过；时间：116ms；空间：48.6MB

⊞ **Python**：

```
1    class Heap:                                  # 堆数据结构的实现
2        def __init__(self):...
3        def cmp(self, a, b):                     # 用于创建大根堆
4            return a < b
5        # 其他代码同 9.2.1 节
6
7    class Solution:
8        def findKthLargest(self, nums: List[int], k: int) -> int:
9            pq = Heap()
10           for i in range(0, len(nums)):
11               pq.push(nums[i]);
12           for i in range(0, k-1):
13               pq.pop()
14           return pq.top()
```

提交运行：

结果：通过；时间：2412ms；空间：24.8MB

9.2.3 LeetCode506——相对名次★

问题描述见第 8 章中的 8.3.1 节。

【解题思路】 使用大根堆求解。同样用 9.2.1 节的 Heap<T>创建一个大根堆 pq，先将 nums 数组中的所有元素进堆，出堆 $k-1$ 次，此时返回堆顶元素即可。对应的算法如下。

⊞ C++：

```
1    template < typename T >
2    bool cmp(T a, T b) {                          // 用于创建大根堆
3        return a < b;
4    }
5    template < typename T >
6    class Heap {...};                             // 堆数据结构的实现同 9.2.1 节
7
8    class Solution {
9    public:
10       vector < string > findRelativeRanks(vector < int > & score) {
11           int n = score.size();
12           vector < string > ans(score.size());
13           Heap < QNode > pq;                    // 大根堆
14           for(int i = 0; i < n; i++) {
15               pq.push(QNode(score[i], i));
16           }
17           int i = 1;
18           while(!pq.empty()){
19               QNode e = pq.top(); pq.pop();
20               if(i == 1) ans[e.i] = "Gold Medal";
21               else if(i == 2) ans[e.i] = "Silver Medal";
22               else if(i == 3) ans[e.i] = "Bronze Medal";
23               else ans[e.i] = to_string(i);
24               i++;
25           }
26           return ans;
```

```
27          }
28  };
```

提交运行：

结果：通过；时间：8ms；空间：10MB

Python：

```
1   class Heap:                       #堆数据结构的实现
2       def __init__(self):...
3       def cmp(self, a, b):          #用于创建大根堆
4           return a < b
5       #其他代码同9.2.1节
6
7   class Solution:
8       def findRelativeRanks(self, score: List[int]) -> List[str]:
9           n = len(score)
10          pq = Heap()               #大根堆
11          for i in range(0, n):
12              pq.push([score[i], i])
13          ans = [None] * n
14          i = 1
15          while not pq.empty():
16              s = pq.pop()
17              if i == 1: ans[s[1]] = "Gold Medal"
18              elif i == 2: ans[s[1]] = "Silver Medal"
19              elif i == 3: ans[s[1]] = "Bronze Medal"
20              else: ans[s[1]] = str(i)
21              i += 1
22          return ans
```

提交运行：

结果：通过；时间：208ms；空间：16.3MB

9.3 优先队列应用的算法设计

9.3.1 LeetCode703——数据流中第 k 大的元素★

【问题描述】 设计一个找到数据流中第 k 大的元素的类，注意是排序后的第 k 大的元素，而不是第 k 个不同的元素，请实现 KthLargest 类。

（1）KthLargest(int k, int[] nums)：使用整数 k 和整数流 nums 初始化对象。

（2）int add(int val)：将 val 插入数据流 nums 后返回当前数据流中第 k 大的元素。

示例：

```
KthLargest kthLargest = new KthLargest(3, [4, 5, 8, 2]);
kthLargest.add(3);              //返回4
kthLargest.add(5);              //返回5
kthLargest.add(10);             //返回5
kthLargest.add(9);              //返回8
kthLargest.add(4);              //返回8
```

【限制】 $1 \leqslant k \leqslant 10^4$，$0 \leqslant nums.length \leqslant 10^4$，$-10^4 \leqslant nums[i] \leqslant 10^4$，$-10^4 \leqslant val \leqslant 10^4$，

最多调用 add 方法 10^4 次。题目数据保证在查找第 k 大的元素时数组中至少有 k 个元素。

【解题思路】　用小根堆求第 k 大的元素。KthLargest 类用于数据流操作,主要函数 add(val)是插入 val 并且返回当前第 k 大的元素。设计一个小根堆,并始终保证在当前操作后小根堆中保存当前数据流中前 k 个最大的元素,这样堆顶就是第 k 大的元素。

对应的 KthLargest 类如下。

▓ C++:

```cpp
1  class KthLargest {
2      priority_queue<int, vector<int>, greater<int>> minpq;
3      int K;
4  public:
5      KthLargest(int k, vector<int>& nums) {    //初始化
6          int n=nums.size();
7          K=k;
8          if(n<k) {
9              for(int i=0;i<n;i++)    //n<k时全部元素进堆(依题意,n至少为k-1)
10                 minpq.push(nums[i]);
11         }
12         else {                              //n≥k时将最大的k个元素进堆
13             for(int i=0;i<k;i++)
14                 minpq.push(nums[i]);
15             for(int i=k;i<n;i++) {
16                 if(minpq.top()<nums[i]) {
17                     minpq.pop();
18                     minpq.push(nums[i]);
19                 }
20             }
21         }
22     }
23
24     int add(int val) {                      //添加一个元素 val
25         if(minpq.size()==K-1)               //有 K-1 个元素时(插入 val 前至少有 K-1 个元素)
26             minpq.push(val);
27         else {                              //有 K 个元素(由小根堆的维护操作实现)
28             if(minpq.top()<val) {           //有 K 个元素时
29                 minpq.pop();
30                 minpq.push(val);
31             }
32         }
33         return minpq.top();
34     }
35 };
```

提交运行:

结果:通过;时间:28ms;空间:19.3MB

▦ Python:

```python
1  import heapq
2  class KthLargest:
3      def __init__(self, k: int, nums: List[int]):
4          self.minpq=[]                              #小根堆
5          self.K=k
6          n=len(nums)
7          if n<k:
8              for i in range(0,n):
9                  heapq.heappush(self.minpq,nums[i])
```

```
10              else:
11                  for i in range(0, self.K):
12                      heapq.heappush(self.minpq, nums[i])
13                  for i in range(self.K, n):
14                      if self.minpq[0] < nums[i]:
15                          heapq.heappop(self.minpq)
16                          heapq.heappush(self.minpq, nums[i])

17          def add(self, val: int) -> int:
18              if len(self.minpq) == self.K-1:
19                  heapq.heappush(self.minpq, val)
20              else:
21                  if self.minpq[0] < val:
22                      heapq.heappop(self.minpq)
23                      heapq.heappush(self.minpq, val)
24              return self.minpq[0]
```

提交运行：

结果：通过；时间：76ms；空间：19MB

9.3.2 LeetCode373——查找和最小的 k 对数字★★

扫一扫

源程序

问题描述参见 1.3.11 节。

【解题思路】 用小根堆求最小的 k 个元素。解题思路参见 1.3.11 节，用优先队列（小根堆）代替用简单选择方法找最小和的数对，假设 nums1 和 nums2 中元素的个数分别为 m 和 n，则最坏情况下整个算法的时间复杂度由 $O(m^2 n)$ 降低为 $O(mn\log_2 m)$，所以改进后的算法在提交时没有出现超时。

9.3.3 LeetCode23——合并 k 个有序链表★★★

问题描述参见 2.4.4 节。

【解题思路】 用小根堆求 k 个元素中的最小元素。使用 k 路归并方法，其中最频繁的操作是从 k 个整数中寻找最小元素，2.4.4 节中的解法 2 使用简单选择方法（从 k 个元素中求最小元素的比较次数为 $k-1$），对应的时间复杂度为 $O(k)$。这里改为通过优先队列（小根堆）实现，将时间复杂度从 $O(k)$ 降低为 $O(\log_2 k)$。对应的算法如下。

C++：

```
1   struct QNode {                              //优先队列中元素的类型
2       int val;                                //当前元素
3       int i;                                  //当前元素所在链表的序号
4       bool operator <(const QNode& s) const {
5           return val > s.val;                 //按 val 越小越优先出队
6       }
7   };

8   class Solution {
9   public:
10      ListNode * mergeKLists(vector < ListNode * > & lists) {
11          int k = lists.size();
12          if(k == 0) return NULL;
13          ListNode * h = new ListNode(-1), * r = h;
14          QNode e, e1;
15          priority_queue < QNode > pq;
16          for(int i = 0; i < k; i++) {
```

```
17              if(lists[i]!=NULL) {
18                  e.val=lists[i]->val;
19                  e.i=i;
20                  pq.push(e);
21              }
22          }
23          while(!pq.empty()) {
24              e=pq.top(); pq.pop();
25              int mini=e.i;
26              r->next=lists[mini]; r=lists[mini];
27              lists[mini]=lists[mini]->next;
28              if(lists[mini]!=NULL) {
29                  e1.val=lists[mini]->val;
30                  e1.i=mini;
31                  pq.push(e1);
32              }
33          }
34          return h->next;
35      }
36  };
```

提交运行：

结果：通过；时间：16ms；空间：13MB

Python：

```
1   import heapq
2   class Solution:
3       def mergeKLists(self, lists: List[Optional[ListNode]]) -> Optional[ListNode]:
4           k=len(lists)
5           if k==0: return None
6           h=ListNode(-1); r=h
7           pq=[]
8           for i in range(0,k):
9               if lists[i]!=None:
10                  pq.append([lists[i].val,i])
11          heapq.heapify(pq)
12          while len(pq)>0:
13              e=heapq.heappop(pq)
14              mini=e[1]
15              r.next=lists[mini]; r=lists[mini]
16              lists[mini]=lists[mini].next
17              if lists[mini]!=None:
18                  heapq.heappush(pq, [lists[mini].val,mini])
19          return h.next
```

提交运行：

结果：通过；时间：68ms；空间：18.3MB

9.3.4　LeetCode239——滑动窗口的最大值★★★

问题描述参见 4.4.1 节。

【解题思路】　用大根堆求区间中最大的元素。这里使用优先队列求解，优先队列中的元素类型为 QNode 类（含进队元素的序号 i 和元素值 val 两个成员），定义一个按 val 越大越优先出队的大根堆 maxpq。用 i 遍历 nums，如果堆不空，将所有过期的堆顶元素出队（即将堆顶满足 $i-maxpq.top().i \geq k$ 的元素出队，这些元素不再属于当前长度为 k 的窗口），再将当前元素 nums[i]进队。当 $i \geqslant k-1$ 时将堆顶元素作为滑动窗口的最大值添加到 ans 中（因为 $i < k-1$ 时当前窗口中的元素个数少于 k）。最后返回 ans。对应的算法如下。

C++：

```cpp
1   struct QNode {                                    //优先队列中的元素类型
2       int i;                                        //元素的序号
3       int val;                                      //元素的值
4       QNode() {}
5       QNode(int i, int v):i(i), val(v) {}
6       bool operator <(const QNode& s) const {
7           return val < s.val;                       //按 val 越大越优先出队
8       }
9   };

10  class Solution {
11  public:
12      vector < int > maxSlidingWindow(vector < int > & nums, int k) {
13          int n = nums.size();
14          priority_queue < QNode > maxpq;           //大根堆
15          vector < int > ans;
16          for(int i = 0; i < n; i++) {
17              while(!maxpq.empty() && i - maxpq.top().i >= k)
18                  maxpq.pop();                      //将所有过期的堆顶元素出队
19              maxpq.push(QNode(i, nums[i]));
20              if(i >= k-1)
21                  ans.push_back(maxpq.top().val);
22          }
23          return ans;
24      }
25  };
```

提交运行：

结果：通过；时间：256ms；空间：145.3MB

由于在 Python 中 heapq 默认为小根堆，所以设置堆元素为[$-$val,i]，它表示 nums[i]$=$$-$val，在出队时取$-$maxpq[0][0]恢复堆顶元素值。

Python：

```python
1   import heapq
2   class Solution:
3       def maxSlidingWindow(self, nums: List[int], k: int) -> List[int]:
4           n = len(nums)
5           maxpq = []                                #大根堆
6           ans = []
7           for i in range(0, n):
8               while len(maxpq) > 0 and i - maxpq[0][1] >= k:
9                   heapq.heappop(maxpq)             #将所有过期的堆顶元素出队
10              heapq.heappush(maxpq, [-nums[i], i])
11              if i >= k-1:
12                  ans.append(-maxpq[0][0])
13          return ans
```

提交运行：

结果：通过；时间：808ms；空间：39.8MB

9.3.5 LeetCode1383——最大的团队表现值★★★

【问题描述】 某公司有编号为 1 到 n 的 n 个工程师，给定两个数组 speed 和 efficiency，

其中 speed[i] 和 efficiency[i] 分别代表第 i 位工程师的速度和效率,请返回由最多 k 个工程师组成的最大团队表现值,由于答案可能很大,请返回对 10^9+7 取余后的结果。团队表现值的定义为一个团队中所有工程师速度的和乘以他们效率值中的最小值。

例如,$n=6$,speed=[2,10,3,1,5,8],efficiency=[5,4,3,9,7,2],$k=2$。选择工程师 2(speed = 10,efficiency = 4)和工程师 5(speed = 5,efficiency = 7),该团队的表现值 performance 为 $(10+5)\times\min(4,7)=60$。

【限制】　$1\leqslant n\leqslant10^5$,speed. length $=n$,efficiency. length $=n$,$1\leqslant$ speed[i] $\leqslant10^5$,$1\leqslant$ efficiency[i] $\leqslant10^8$,$1\leqslant k\leqslant n$。

【解题思路】　用小根堆维护区间的最大元素和。题目是求如下值 ans:

$$ans= \max_{1\leqslant j\leqslant k}\{j \text{ 个工程师的速度和}\times\text{这 } j \text{ 个工程师效率的最小值}\}$$

将全部工程师按效率递减排序,依次枚举每个工程师 i,取该工程师及其前面 $k-1$ 个工程师(合起来共 k 个工程师,构成当前枚举区间),显然工程师 i 的效率是当前区间中效率最小的,同时维护当前区间的速度和最大,计算相乘结果,用 ans 存放其最大值,最后返回 ans 即可。为了维护当前区间的速度和最大,用小根堆 minpq 实现。

用 enger 数组存放全部工程师,每个工程师形如 [e,s],其中 e 和 s 分别表示工程师的效率和速度。先将 enger 按 e 递减排序,用 i 从 0 开始遍历,sum 表示合法区间(人数小于或等于 k)的速度和,eff 表示该区间中的最小效率。

当 $0\leqslant i<k$ 时,遍历到 enger[i] 执行以下操作(考虑以 enger[i] 为最小效率且工程师人数 $j<k$ 的情况):

(1) 将 enger[i] 进入 minpq 堆,将 sum 加上 enger[i] 的速度,以 enger[i] 的效率作为当前的最小效率(因为 enger 按效率递减排序),即置 eff=enger[i]. e。

(2) 计算 sum$\times$eff,将最大值存放到 ans 中。

当 $k\leqslant i<n$ 时,遍历到 enger[i] 执行以下操作(考虑以 enger[i] 为最小效率且工程师人数 $j=k$ 的情况):

(1) 从 minpq 出队堆顶元素,即出队当前区间中最小速度的工程师(让当前区间中的速度和尽可能大),从 sum 减去该工程师的速度。

(2) 将 enger[i] 进入 minpq 堆,将 sum 加上 enger[i] 的速度,以 enger[i] 的效率作为当前的最小效率,即置 eff=enger[i]. e。

(3) 计算 sum$\times$eff,将最大值存放到 ans 中。

例如,对于题目中的样例,以 [e,s] 表示工程师的效率和速度,按 e 递减排序后为 [9,1],[7,5],[5,2],[4,10],[3,3],[2,8],设置一个按 s 越小越优先出队的小根堆 minpq,用 ans 表示最大团队表现值(初始为 0),用 i 遍历该序列。

(1) $i=0$,enger[i]=[9,1]:eff=9(当前的效率),sum=1(速度和),计算 sum$\times$eff=1$\times$9=9,ans=9,将 [9,1] 进堆,minpq=[[9,1]]。

(2) $i=1$,enger[i]=[7,5]:eff=7,sum=1+5=6,计算 sum$\times$eff=6$\times$7=42,ans=42。将 [7,5] 进堆,minpq=[[9,1],[7,5]](其中 [9,1] 为堆顶)。

(3) $i=2$,enger[i]=[5,2]:堆中元素的个数>$k-1$,出堆 [9,1],minpq=[[7,5]],sum=sum$-$1=5。eff=5,sum=5+2=7,计算 sum$\times$eff=7$\times$5=35,ans=42。将 [5,2] 进堆,minpq=[[5,2],[7,5]]。

（4）$i=3$，enger$[i]=[4,10]$：堆中元素的个数$>k-1$，出堆$[5,2]$，minpq$=[[7,5]]$，sum$=$sum$-2=5$。eff$=4$，sum$=$sum$+10=15$，计算 sum$\times$eff$=15\times4=60$，ans$=60$。将$[4,10]$进堆，minpq$=[[7,5],[4,10]]$。

（5）$i=4$，enger$[i]=[3,3]$：堆中元素的个数$>k-1$，出堆$[7,5]$，minpq$=[[4,10]]$，sum$=$sum$-5=10$。eff$=3$，sum$=10+3=13$，计算 sum$\times$eff$=13\times3=39$，ans$=60$。将$[3,3]$进堆，minpq$=[[3,3],[4,10]]$。

（6）$i=5$，enger$[i]=[2,8]$：堆中元素的个数$>k-1$，出堆$[3,3]$，minpq$=[[4,10]]$，sum$=$sum$-3=10$。eff$=2$，sum$=$sum$+8=18$，计算 sum$\times$eff$=18\times2=36$，ans$=60$。将$[2,8]$进堆，minpq$=[[2,8],[4,10]]$。

最后求出 ans$=60$。对应的算法如下。

▓ C++：

```cpp
 1  typedef long long LL;
 2  struct QNode {
 3      int e;                              //效率
 4      int s;                              //速度
 5      QNode() {}
 6      QNode(int e,int s):e(e),s(s) {}
 7      bool operator < (const QNode& a) const {
 8          return s > a.s;                 //按 s 越小越优先出队
 9      }
10  };
11  struct Cmp {
12      bool operator()(const QNode& a, const QNode&b) {
13          return a.e > b.e;               //按 e 递减排序
14      }
15  };

16  class Solution {
17      const int MOD=1000000007;
18  public:
19      int maxPerformance(int n,vector<int>& speed,vector<int>& efficiency,int k) {
20          vector<QNode> enger;
21          for(int i=0;i<n;i++)
22              enger.push_back(QNode(efficiency[i],speed[i]));
23          sort(enger.begin(),enger.end(),Cmp());
24          LL ans=0,sum=0,eff;
25          priority_queue<QNode> minpq;
26          for(int i=0;i<n;i++) {              //求以 enger[i] 为最小效率的相乘结果
27              if(minpq.size()>k-1) {         //当前区间中有 k 个工程师时
28                  sum-=minpq.top().s;        //出队速度最小的工程师,递减 sum
29                  minpq.pop();               //再加上 enger[i]恰好构成 k 个工程师的区间
30              }
31              sum+=enger[i].s;               //当前区间必须包含 enger[i]
32              eff=enger[i].e;
33              ans=max(ans, sum * eff);
34              minpq.push(enger[i]);
35          }
36          return ans % MOD;
37      }
38  };
```

说明：上述算法中 minpq 可以改为仅存放工程师的速度,在后面的 Python 算法中就是如此。

提交运行：

结果：通过；时间：60ms；空间：37MB

🔲 **Python：**

```
1    import heapq
2    class Solution:
3        def maxPerformance(self, n:int, speed:List[int], efficiency:List[int], k:int)-> int:
4            enger=[]
5            for i in range(0,n):
6                enger.append([efficiency[i], speed[i]])
7            enger.sort(key=lambda x:x[0], reverse=True)    #按 e 递减排序
8            minpq=[]                                        #按 s 越小越优先出队
9            ans=0; sum=0
10           for i in range(0,n):
11               if len(minpq)> k-1:
12                   sum-=minpq[0]                           #递减 sum
13                   heapq.heappop(minpq)                    #当前区间中最小的 s 出队
14               sum+=enger[i][1]                            #当前区间中必须包含 enger[i]
15               eff=enger[i][0]
16               ans=max(ans, sum * eff)
17               heapq.heappush(minpq, enger[i][1])
18           return ans % 1000000007
```

提交运行：

结果：通过；时间：164ms；空间：32.7MB

9.3.6　LeetCode2462——雇佣 k 位工人的总代价 ★★

【问题描述】　给定一个下标从 0 开始的整数数组 costs，其中 costs[i] 是雇佣第 i 位工人的代价，同时给定两个整数 k 和 candidates。根据以下规则恰好雇佣 k 位工人：

(1) 总共进行 k 轮雇佣，且每一轮恰好雇佣一位工人。

(2) 在每一轮雇佣中，从最前面 candidates 和最后面 candidates 人中选出代价最小的一位工人，如果有多位代价相同且最小的工人，选择下标更小的一位工人。

比方说，costs=[3,2,7,7,1,2] 且 candidates=2，在第一轮雇佣中选择下标为 4 的工人，因为他的代价最小，选择后为 [3,2,7,7,2]。

在第二轮雇佣中选择下标为 1 的工人，因为其代价与下标为 4 的工人都是最小代价，而且下标更小，选择后为 [3,7,7,2]。注意，每一轮雇佣后剩余工人的下标可能会发生变化。

如果剩余工人数目不足 candidates 人，那么下一轮雇佣他们中代价最小的一人，如果有多位代价相同且最小的工人，选择下标更小的一位工人。一位工人只能被选择一次。返回恰好雇佣 k 位工人的总代价。

例如，costs=[17,12,10,2,7,2,11,20,8]，k=3，candidates=4，求总代价的过程如下：

(1) 第一轮雇佣，选择的最小代价是 2（下标为 3 的工人），ans=2，cost=[17,12,10,7,2,11,20,8]。

(2) 第二轮雇佣，选择的最小代价是 2（下标为 4 的工人），ans=4，cost=[17,12,10,7,11,20,8]。

(3) 第三轮雇佣，选择的最小代价是 7（下标为 3 的工人），ans=11，cost=[17,12,10,11,20,8]。

答案为 11。

扫一扫

源程序

【限制】 $1 \leqslant costs.length \leqslant 10^5$，$1 \leqslant costs[i] \leqslant 10^5$，$1 \leqslant k$，candidates$\leqslant costs.length$。

【解题思路】 用两个堆模拟题目中要求的操作。直接模拟 k 轮的雇佣过程，使用两个小根堆 frontpq 和 backpq 分别维护前后的候选工人（最多 candidates 个工人代价），每轮从前、后两个小根堆中取出最小代价 frontc 和 backc，选择其中的最小代价累计到 ans 中，并将其从相应堆中删除，维护新的候选代价。

推荐练习题

1. LeetCode264——丑数Ⅱ★★
2. LeetCode373——查找和最小的 k 对数字★★
3. LeetCode378——有序矩阵中第 k 小的元素★★
4. LeetCode407——接雨水Ⅱ★★★
5. LeetCode658——找到 k 个最接近的元素★★
6. LeetCode786——第 k 个最小的素数分数★★
7. LeetCode870——优势洗牌★★
8. LeetCode1046——最后一块石头的重量★
9. LeetCode1792——最大平均通过率★★
10. LeetCode1801——积压订单中的订单总数★★
11. LeetCode1845——座位预约管理系统★★
12. LeetCode1942——最小未被占据椅子的编号★★
13. LeetCode1985——找出数组中第 k 大的整数★★

第10章 并查集

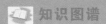
知识图谱

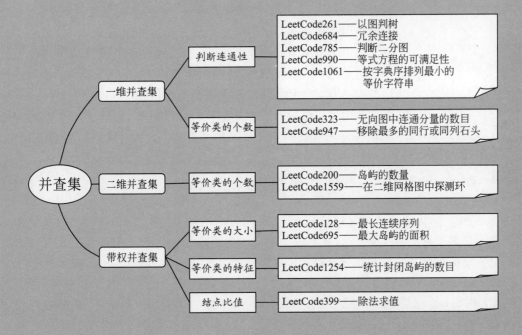

并查集
- 一维并查集
  - 判断连通性
    - LeetCode261——以图判树
    - LeetCode684——冗余连接
    - LeetCode785——判断二分图
    - LeetCode990——等式方程的可满足性
    - LeetCode1061——按字典序排列最小的等价字符串
  - 等价类的个数
    - LeetCode323——无向图中连通分量的数目
    - LeetCode947——移除最多的同行或同列石头
- 二维并查集
  - 等价类的个数
    - LeetCode200——岛屿的数量
    - LeetCode1559——在二维网格图中探测环
- 带权并查集
  - 等价类的大小
    - LeetCode128——最长连续序列
    - LeetCode695——最大岛屿的面积
  - 等价类的特征
    - LeetCode1254——统计封闭岛屿的数目
  - 结点比值
    - LeetCode399——除法求值

10.1.1 并查集的定义

并查集是一种支持快速查找和合并两种操作的数据结构,用于处理一些不相交集合(disjoint set)的合并及查询问题。并查集最常见的场景是给定 n 个结点的集合,再给定一个等价关系,由等价关系产生所有结点的一个划分,每个结点属于一个等价类,所有等价类是不相交的,需要求一个结点所属的等价类,以及合并两个等价类。通常等价关系使用 (x,y) 表示,并且是动态添加的,这一类问题称为动态连通性问题。求解该问题的基本运算如下。

(1) Init(n):初始化并查集。

(2) Find(x):查找 x 结点所属的等价类。

(3) Union(x,y):将 x 和 y 所属的两个等价类合并。

从中看出并查集主要用于回答两个结点是否在一个等价类中,并不回答路径问题。在一般情况下,如果一个动态关系具有传递性,可以考虑用并查集求解。

10.1.2 并查集的实现

1. 一维并查集

并查集的实现方式有多种,最常见是使用树结构来实现,将并查集看成一个森林,每个

图 10.1 一棵以 A 为根的子集树

等价类用一棵树表示,其中包含该等价类的所有结点,称之为子集树。每个子集树通过一个代表来识别,该代表可以是该子集树中的任何结点,通常选择根结点作为代表。如图 10.1 所示的子集树的根结点为 A 结点,称之为以 A 为根的子集树。

使用类似树的双亲存储结构存储并查集,假设 n 个结点的编号为 $0 \sim n-1$(保证每个结点的编号是唯一的),对应的存储结构如下。

C++:

```cpp
vector<int> parent;        //并查集存储结构
vector<int> rnk;           //子集树的秩(与高度成正比)
```

其中,parent[i] 表示结点 i 的父结点编号,rnk[i] 表示结点 i 的秩(rank),一个结点的秩与该结点为根的子树的高度成正比,或者说是对应子树的高度的上界,设计秩的目的是在合并运算中实现按秩合并(union by rank)。

1) Init(n)

初始时将每个结点看成一棵子集树,结点 $i(0 \leqslant i < n)$ 本身就是一个根结点,用 parent[i]=i 表示,其秩设置为 0。对应的初始化算法如下。

C++:

```cpp
1   void Init(int n) {           //并查集的初始化
2       parent = vector<int>(n);
3       rnk = vector<int>(n);
```

```
4        for (int i=0;i<n;i++) {
5            parent[i]=i;
6            rnk[i]=0;
7        }
8  }
```

2）Find(x)

该运算查找结点 x 所属子集树的根结点的编号。其过程是在对应的子集树中沿着父结点一层一层向上找到根结点 rx（根结点满足 parent[rx]=rx），并且返回 rx。显然子集树的高度越低查找性能越好，为此在查找中使用路径压缩技术。

路径压缩是一种针对树的高度的优化方法，在查询一个结点 x 的根结点 rx 的同时把结点 x 到根结点的沿途所有结点的父结点都改为根结点 rx，如图 10.2 所示，也就是使查找路径上的每个结点都直接指向根结点，路径压缩并不改变结点的秩。如果每个结点都这样查找一次，那么除根结点以外所有结点的父结点都变成根结点，从而子集树的高度改为 2，其中每个结点最多经过两次比较找到根结点，因此查找性能最好。

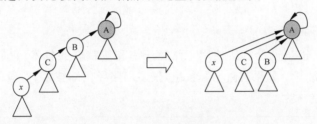

图 10.2　查找中的路径压缩

在查找中使用路径压缩技术的递归和非递归算法如下。

　C++：

```
1  int Find(int x) {                    //递归算法:查找 x 所属子集树的根结点
2      if(x!=parent[x])
3          parent[x]=Find(parent[x]);   //路径压缩
4      return parent[x];
5  }
6
7  int Find(int x) {                    //非递归算法:查找 x 所属子集树的根结点
8      int rx=x;
9      while(parent[rx]!=rx)
10         rx=parent[rx];
11     while(x!=rx) {
12         int px=parent[x];
13         parent[x]=rx;
14         x=px;
15     }
16     return rx;
17 }
```

3）Union(x,y)

该运算合并两个结点 x 和 y 所属的子集树。其过程是先找到结点 x 和 y 所属子集树的根结点 rx 和 ry，若 rx=ry，说明结点 x 和 y 本来就在同一棵子集树中，不必合并，直接返回；若 rx≠ry，则需要将 rx 和 ry 代表的两棵子集树合并为一棵子集树。

如何使合并后子集树的高度尽可能小呢？一种启发式方法是按秩合并。

（1）若 rx 和 ry 结点的秩不相同，则将秩较小者作为秩较大者的孩子，即秩较大的结点

作为合并子集树的根结点,合并后结点的秩不变。

(2)若 rx 和 ry 结点的秩相同,可以将其中任意一个结点作为另一个结点的孩子,即可以将任意一个结点作为合并子集树的根结点,此时新子集树的根结点的秩增 1。

使用按秩合并的合并算法如下。

■ C++:

```cpp
 1  void Union(int x, int y) {              //合并 x 和 y 所属的子集树
 2      int rx = Find(x);
 3      int ry = Find(y);
 4      if(rx == ry)                        //x 和 y 属于同一棵子集树的情况
 5          return;
 6      else {
 7          if(rnk[rx] < rnk[ry])
 8              parent[rx] = ry;            //rx 结点作为 ry 的孩子
 9          else {
10              if(rnk[rx] == rnk[ry]) rnk[rx]++;  //秩相同,合并后 rx 的秩增 1
11              parent[ry] = rx;            //ry 结点作为 rx 的孩子
12          }
13      }
14  }
```

上述 Find 和 Union 两个算法使用了路径压缩和按秩合并技术,它们的平均时间接近 $O(1)$,所以性能非常高。如果省略 rnk 数组,仅使用路径压缩技术,对应的并查集称为简化并查集,其性能稍差一些。

> **例 10-1** $n=5$,给出执行以下并查集运算的结果。
>
> (1) Init(5)
> (2) Union(0,1)
> (3) Union(2,3)
> (4) Union(1,3)
> (5) Find(3)
> (6) Union(1,4)

解:(1) Init(5)运算实现并查集的初始化,其结果如图 10.3(a)所示,所有结点的 rnk 均为 0。

(2)执行 Union(0,1),将结点 0 和结点 1 合并,它们的 rnk 相同,两个结点均可以作为合并后子集树的根,这里以结点 0 为根(其 rnk 更新为 1),其结果如图 10.3(b)所示。

(3)执行 Union(2,3),将结点 2 和结点 3 合并,它们的 rnk 相同,两个结点均可以作为合并后子集树的根,这里以结点 2 为根(其 rnk 更新为 1),其结果如图 10.3(c)所示。

(4)执行 Union(1,3),找到结点 1 和结点 3 所在子集树的根分别为结点 0 和结点 2,它们的 rnk 相同,结点 0 和结点 2 均可以作为合并后子集树的根,这里以结点 0 为根(其 rnk 更新为 2),其结果如图 10.3(d)所示。

(5)执行 Find(3),找到结点 3 所在子集树的根为结点 0,进行路径压缩,返回 0,其结果如图 10.3(e)所示。

(6)执行 Union(1,4),找到结点 1 和结点 4 所在子集树的根分别为结点 0 和结点 4,它

们的 rnk 不相同,将结点 4 作为结点 0 的孩子(结点 0 的 rnk 值不变),其结果如图 10.3(f) 所示。

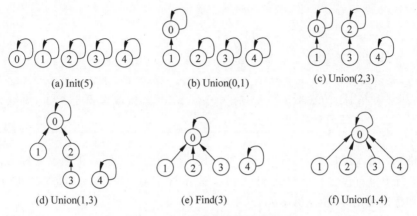

图 10.3　并查集元素的结果

如果结点的编号不像 0~$n-1$ 那样紧凑,特别是在以结点值作为结点标识,并且结点值松散、范围较大时可以使用哈希映射实现。例如,使用哈希映射设计的并查集如下。

C++:

```
unordered_map < int,int > parent;        //并查集存储结构
unordered_map < int,int > rnk;           //子集树的秩(与高度成正比)
```

2. 二维并查集

从前面并查集的实现看出并查集的底层是用一维数组存储的,每个结点用一个整数标识,恰好对应 parent 数组的一个索引,parent[i]也是一个整数,用它表示结点 i 的父结点的编号,所以称为一维并查集。如果给定的是二维网格空间,每个位置为(i,j),或者说每个结点通过一个二维位置标识,对应的并查集称为二维并查集。如果将 parent 改为二维数组,处理起来十分麻烦,最简单的方法是把二维位置映射为一维位置,然后用一维并查集的方法处理。

假设二维网格的大小为 $m×n$,把二维位置(i,j)转换为一维位置 k 的算法为 pno(),这样以 k 作为索引按一维并查集运算即可。

C++:

```
1  int pno(int i,int j) {                 //二维转换为一维
2      return i * n+j;
3  }
```

10.1.3　带权并查集

不同于普通并查集,带权并查集是在并查集的基础上为每个结点增加若干权值(通常只增加一个权值),并且在并查集的查找和合并运算中始终维护权值的正确性。

简单地说,普通并查集仅记录元素之间的等价关系,这个等价关系无非是同属一个等价类(用一棵子集树表示)或者不属于一个等价类,而带权并查集不仅记录元素之间的等价关系,还记录同属一个等价类中的两个元素之间的关系(即通过并查集表示两种关系),后者通

过权值表示。下面通过一个示例说明带权并查集的基本原理。

 例 10-2

（HDU3038，有多少答案是错误的，时间限制：1000ms，空间限制：32 768KB）给出的区间为 1～n，其中一些位置上有正整数，给定 m 个区间和，每个区间和形如 x y v(0<x≤y≤n)，表示区间 x～y 的元素和为 v。每输入一组数据，求其中有多少个区间和是错误的。比如前面有 1 5 100（表示 1～5 的区间和为 100），然后给出 1 2 200，则该区间和是错误的，即与前面的区间和冲突。

输入格式：输入包含多个测试用例，每个测试用例的第 1 行是正整数 n 和 m，在第 2 行到第 m+1 行中每行包含 3 个整数 x、y 和 v，表示从 x 到 y 的区间和是 v。可以假设任何子序列的和都适合用 32 位整数表示。

输出格式：对于每个测试用例，在一行中输出一个整数表示错误的区间和个数。

输入样例：

```
10 5        //n=10,m=5
1 10 100    //sum[1..10]=100
7 10 28     //sum[7..10]=28
1 3 32      //sum[1..3]=32
4 6 41      //sum[4..6]=41
6 6 1       //sum[6..6]=1
```

输出样例：

```
1
```

解：先解读样例，“1 10 100”表示 1～10 的区间和为 100，“7 10 28”表示 7～10 的区间和为 28，“1 3 32”表示 1～3 的区间和为 32，“4 6 41”表示 4～6 的区间和为 41，此时有 28+32+41=101>100，说明“4 6 41”有冲突，而“6 6 1”是正确的，所以共有一个存在冲突的区间和，输出 1。

假设总区间为 1～n，每个位置对应一个结点，每个结点 $i(1≤i≤n)$ 除了父结点 parent[i] 外还增加一个 sum[i]（权值），sum[i] 表示结点 i 到根结点的元素和，题目中区间都是闭区间，闭区间会加上端点的值，这样不方便进行区间和的加运算。例如，[1..4] 区间和并不是 [1..2] 区间和加上 [2..4] 区间和，因为位置 2 重复计算了，为此将区间改为左开右闭，这样 (1..4) 区间和等于 (1..2) 区间和加上 (2..4) 区间和。

1）初始化

对于每一个位置 i，置 parent[i]=i，sum[i]=0（左开右闭区间 (i..i) 为空，所以元素和为 0）。

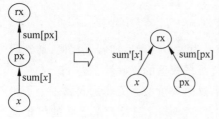

图 10.4　查找中的路径压缩

2）查找 x

假设 x 的父结点为 px，而 px 的父结点就是该子集树的根结点 rx，对应的路径压缩如图 10.4 所示，显然有 sum'[x]=sum[x]+sum[px]，而 sum[px] 不变。

若 px 的父结点不是根结点 rx，则沿着 px 向上继续查找 rx,当找到 rx 后将 px 的父结点改为 rx,同时像上面 $sum[x]$ 修改为 $sum'[x]$ 的方式将 $sum[px]$ 修改为 $sum'[px]$。

3) 合并 x 和 y

当遇到"x y v"时做合并操作,找到 x 的根结点 rx,找到 y 的根结点 ry,在查找中使用路径压缩,注意这里总是将位置较大的 ry 作为根结点(不必设置 rnk 值),如图 10.5 所示,仅需要修改 $sum'[rx]$,其他 sum 值不变。显然从 x 到新根结点 ry 有两条路径,它们的 sum 值一定相同,即 $sum[x]+sum'[rx]=v+sum[y]$,也就是说 $sum'[rx]=-sum[x]+sum[y]+v$。

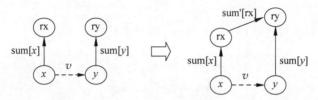

图 10.5　合并运算

对应的求解程序如下。

C++:

```
1   #include<iostream>
2   #include<vector>
3   using namespace std;
4   vector<int> parent;              //存放父结点
5   vector<int> sum;                 //存放当前结点(不含)到根结点(含)的元素和
6   int ans;                         //存放答案
7   void Init(int n) {               //初始化
8       parent=vector<int>(n+1);
9       sum=vector<int>(n+1);
10      for(int i=1;i<=n;i++) {
11          parent[i]=i;
12          sum[i]=0;
13      }
14  }
15  int Find(int x) {                //查找
16      if(x!=parent[x]) {
17          int px=parent[x];
18          parent[x]=Find(parent[x]);
19          sum[x]+=sum[px];
20      }
21      return parent[x];
22  }
23  void Union(int x,int y,int v) {   //合并
24      x--;                          //将区间[x,y]转换为(x,y)
25      int rx=Find(x);
26      int ry=Find(y);
27      if(rx==ry) {
28          if(sum[x]-sum[y]!=v) ans++;
29      }
30      else {
31          parent[rx]=ry;
32          sum[rx]=-sum[x]+sum[y]+v;
33      }
34  }

35  int main() {
```

```
36        int n,m;
37        while(scanf("%d%d",&n,&m)!=EOF) {
38            ans=0;
39            Init(n);
40            while(m--) {
41                int x,y,v;
42                scanf("%d%d%d",&x,&y,&v);
43                Union(x,y,v);
44            }
45            printf("%d\n",ans);
46        }
47        return 0;
48  }
```

上述程序提交时通过,执行时间为 62ms,内存消耗为 3720KB。

10.2　一维并查集应用的算法设计

10.2.1　LeetCode261——以图判树★★

【问题描述】 给定编号从 0 到 $n-1$ 的 n 个结点,再给定一个整数 n 和一个 edges 列表,其中 edges$[i]=[a_i,b_i]$ 表示图中结点 a_i 和 b_i 之间存在一条无向边。如果这些边能够形成一个合法有效的树结构,则返回 true,否则返回 false。

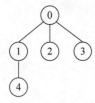

例如,$n=5$,edges$=[[0,1],[0,2],[0,3],[1,4]]$,构造的图如图 10.6 所示,是一棵树,返回 true。

【限制】 $1{\leqslant}n{\leqslant}2000,0{\leqslant}$edges.length${\leqslant}5000$,edges$[i]$.length$=2,0{\leqslant}a_i,b_i{<}n,a_i{\neq}b_i$,不存在自循环或重复的边。

【解题思路】 使用一维并查集求解。设计一个并查集,先调用 Init(n)

图 10.6　一棵树　初始化并查集,遍历 edges 列表,对于无向边 (a,b),合并过程是求出 a 和 b 所在子集树的根 ra 和 rb,若 ra=rb,说明 a 和 b 本来就在一棵子集树中,再加上该边时会出现回路,不再是一棵树,返回 false,否则继续。当 edges 列表遍历完毕,求出并查集中子集树的数目 cnt,若 cnt=1,返回 true,否则返回 false。

用简化并查集(即不按秩合并但包含路径压缩)的对应算法如下。

C++:

```
1   class Solution {
2       vector<int> parent;                //简化并查集存储结构(不含 rnk)
3   public:
4       bool validTree(int n, vector<vector<int>>& edges) {
5           Init(n);
6           for(int i=0;i<edges.size();i++) {
7               int a=edges[i][0];
8               int b=edges[i][1];
9               if(!Union(a,b)) return false;
10          }
11          int cnt=0;
12          for(int i=0;i<n;i++) {    //求子集树的数目 cnt
13              if(parent[i]==i) cnt++;
14          }
```

```
15              return cnt==1;
16          }

17          void Init(int n) {                    //并查集的初始化
18              parent=vector<int>(n);
19              for(int i=0;i<n;i++) parent[i]=i;
20          }
21          int Find(int x) {                     //递归算法:查找 x 所属子集树的根结点
22              if(x!=parent[x])
23                  parent[x]=Find(parent[x]);    //路径压缩
24              return parent[x];
25          }
26          bool Union(int x,int y) {             //合并 x 和 y 所属的子集树
27              int rx=Find(x);
28              int ry=Find(y);
29              if(rx==ry) return false;          //x 和 y 属于同一棵子集树的情况
30              else {
31                  parent[ry]=rx;                //ry 结点作为 rx 的孩子
32                  return true;
33              }
34          }
35      };
```

提交运行:

结果:通过;时间:16ms;空间:11.7MB

用完整并查集(即按秩合并+路径压缩)的对应算法如下。

▦ C++:

```
1   class Solution {
2       vector<int> parent;                       //并查集存储结构
3       vector<int> rnk;                          //子集树的秩(与高度成正比)
4   public:
5       bool validTree(int n,vector<vector<int>>& edges) {
6           Init(n);
7           for(int i=0;i<edges.size();i++) {
8               int a=edges[i][0];
9               int b=edges[i][1];
10              if(!Union(a,b)) return false;
11          }
12          int cnt=0;                            //求子集树的数目
13          for(int i=0;i<n;i++) {
14              if(parent[i]==i) cnt++;
15          }
16          return cnt==1;
17      }

18      void Init(int n) {                        //并查集的初始化
19          parent=vector<int>(n);
20          rnk=vector<int>(n);
21          for(int i=0;i<n;i++) {
22              parent[i]=i;
23              rnk[i]=0;
24          }
25      }
26      int Find(int x) {                         //递归算法:查找 x 所属子集树的根结点
27          if(x!=parent[x])
28              parent[x]=Find(parent[x]);        //路径压缩
29          return parent[x];
30      }
31      bool Union(int x,int y) {                 //合并 x 和 y 所属的子集树
```

```
32        int rx＝Find(x);
33        int ry＝Find(y);
34        if(rx＝＝ry)                    //x 和 y 属于同一棵子集树的情况
35            return false;
36        else {
37            if(rnk[rx]＜rnk[ry])
38                parent[rx]＝ry;        //rx 结点作为 ry 的孩子
39            else {
40                if(rnk[rx]＝＝rnk[ry])   //秩相同,合并后 rx 的秩增 1
41                    rnk[rx]＋＋;
42                parent[ry]＝rx;        //ry 结点作为 rx 的孩子
43            }
44            return true;
45        }
46    }
47 };
```

提交运行:

结果:通过;时间:12ms;空间:11.7MB

Python:

```python
1  class Solution:
2      def validTree(self, n: int, edges: List[List[int]]) -> bool:
3          self.Init(n)
4          for i in range(0,len(edges)):
5              a＝edges[i][0]
6              b＝edges[i][1]
7              if not self.Union(a,b):return False
8          cnt＝0                          #求子集树的数目
9          for i in range(0,n):
10             if self.parent[i]＝＝i: cnt＋＝1
11         return cnt＝＝1

12     def Init(self,n):                  #并查集的初始化
13         self.parent＝[0] * n            #并查集存储结构
14         self.rnk＝[0] * n               #子集树的秩(与高度成正比)
15         for i in range(0,n):
16             self.parent[i]＝i
17             self.rnk[i]＝0

18     def Find(self,x):                  //递归算法:查找 x 所属子集树的根结点
19         if x!＝self.parent[x]:
20             self.parent[x]＝self.Find(self.parent[x])   #路径压缩
21         return self.parent[x]

22     def Union(self,x,y):               #合并 x 和 y 所属的子集树
23         rx＝self.Find(x)
24         ry＝self.Find(y)
25         if rx＝＝ry:                     #x 和 y 属于同一棵子集树的情况
26             return False
27         else:
28             if self.rnk[rx]＜self.rnk[ry]:
29                 self.parent[rx]＝ry      #rx 结点作为 ry 的孩子
30             else:
31                 if self.rnk[rx]＝＝self.rnk[ry]:  #秩相同,合并后 rx 的秩增 1
32                     self.rnk[rx]＋＝1
33                 self.parent[ry]＝rx      #ry 结点作为 rx 的孩子
34             return True
```

提交运行：

结果：通过；时间：37ms；空间：17.48MB

10.2.2 LeetCode323——无向图中连通分量的数目★★

【问题描述】 给定一个包含 n 个结点的图，再给定一个整数 n 和一个数组 edges，其中 edges$[i]$＝$[a_i, b_i]$ 表示图中 a_i 和 b_i 之间有一条边，返回图中连通分量的数目。

【限制】 $1 \leqslant n \leqslant 2000, 0 \leqslant$ edges. length $\leqslant 5000$, edges$[i]$. length＝$2, 0 \leqslant a_i, b_i < n$, $a_i \neq b_i$, edges 中不会出现重复的边。

【解题思路】 使用一维并查集求解。设计一个并查集，先调用 Init(n) 初始化并查集，遍历 edges 数组，对于无向边 (a, b)，将 a 和 b 所属的子集树合并。当 edges 遍历完毕，求并查集中子集树的数目 cnt 并且返回 cnt 即可。对应的算法如下。

扫一扫

源程序

C++:

```cpp
1   class Solution {
2       vector < int > parent;              //并查集存储结构
3       vector < int > rnk;                 //子集树的秩(与高度成正比)
4   public:
5       int countComponents(int n, vector < vector < int >> & edges) {
6           Init(n);
7           for(int i＝0;i < edges.size();i++) {
8               int a＝edges[i][0];
9               int b＝edges[i][1];
10              Union(a, b);
11          }
12          int cnt＝0;                      //求子集树的数目
13          for(int i＝0;i < n;i++) {
14              if(parent[i]＝＝i) cnt++;
15          }
16          return cnt;
17      }
18      void Init(int n) {                  //并查集的初始化
19          parent＝vector < int >(n);
20          rnk＝vector < int >(n);
21          for(int i＝0;i < n;i++) {
22              parent[i]＝i;
23              rnk[i]＝0;
24          }
25      }
26      int Find(int x) {                   //递归算法:查找 x 所属子集树的根结点
27          if(x! ＝parent[x])
28              parent[x]＝Find(parent[x]);   //路径压缩
29          return parent[x];
30      }
31      void Union(int x, int y) {          //合并 x 和 y 所属的子集树
32          int rx＝Find(x);
33          int ry＝Find(y);
34          if(rx＝＝ry) return;              //x 和 y 属于同一棵子集树的情况
35          if(rnk[rx] < rnk[ry])
36              parent[rx]＝ry;             //rx 结点作为 ry 的孩子
37          else {
38              if(rnk[rx]＝＝rnk[ry]) rnk[rx]++;   //秩相同,合并后 rx 的秩增 1
39              parent[ry]＝rx;             //ry 结点作为 rx 的孩子
40          }
41      }
42  };
```

提交运行：

结果：通过；时间：12ms；空间：11.7MB

另一种解题方式是用 ans 表示答案，初始时设置为 n（初始时每个结点对应一个连通分量，共有 n 个连通分量），在每次合并时如果是两棵子集树合并，则将 ans 减 1，最后返回 ans。

10.2.3 LeetCode684——冗余连接★★

【问题描述】 树可以看成一个连通且无环的无向图。给定往一棵 n 个结点（结点值为 $1 \sim n$）的树中添加一条边后的图。添加的边的两个顶点包含在 1 到 n 之间，且这条附加的边不属于树中已存在的边。图的信息记录于长度为 n 的二维数组 edges，edges$[i]$＝$[a_i, b_i]$表示图中在 a_i 和 b_i 之间存在一条边。请找出一条可以删除的边，删除后可以使剩余部分是一个有着 n 个结点的树。如果有多个答案，则返回数组 edges 中最后出现的边。

例如，edges＝[[1,2],[2,3],[3,4],[1,4],[1,5]]，对应的无向图如图 10.7 所示，答案为[1,4]。

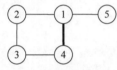

图 10.7 一个无向图

【限制】 n＝edges. length，$3 \leqslant n \leqslant 1000$，edges$[i]$. length＝2，$1 \leqslant a_i < b_i \leqslant$ edges. length，$a_i \neq b_i$，edges 中无重复元素，给定的图是连通的。

【解题思路】 用一维并查集求解。设计一个并查集，先调用 Init(n) 初始化并查集，遍历 edges 数组，取一条无向边(a,b)，若添加该边之前 a 和 b 已经在同一棵子集树中，则添加该边后会出现环，那么这条边就是冗余边，返回之；否则将 a 和 b 所在的子集树合并。对应的算法如下。

▦ C++：

```cpp
1  class Solution {
2      vector < int > parent;              //并查集存储结构
3      vector < int > rnk;                 //子集树的秩(与高度成正比)
4  public:
5      vector < int > findRedundantConnection(vector < vector < int >> &edges) {
6          int n = edges. size();          //n 为顶点的个数
7          Init(n);                        //并查集的初始化
8          for(int i = 0;i < n;i++) {
9              vector < int > tmp = edges[i];   //取一条边 tmp
10             int x = tmp[0],y = tmp[1];   //取 tmp 边的头、尾顶点
11             int rx = Find(x);
12             int ry = Find(y);            //分别得到两个顶点所属子集树的根
13             if(rx! = ry)                 //两个顶点属于不同的子集树
14                 parent[rx] = ry;         //两棵子集树合并,新根为 ry
15             else                         //说明有环
16                 return tmp;              //返回冗余边 tmp
17         }
18         return {};
19     }
20     void Init(int n) {                   //并查集的初始化
21         parent = vector < int >(n+1);
22         rnk = vector < int >(n+1);
23         for(int i = 1;i < = n;i++) {
24             parent[i] = i;
25             rnk[i] = 0;
26         }
```

```
27          }
28      int Find(int x) {                        //递归算法:查找 x 所属子集树的根结点
29          if(x!=parent[x])
30              parent[x]=Find(parent[x]);       //路径压缩
31          return parent[x];
32      }
33  };
```

提交运行:

结果:通过;时间:12ms;空间:8.7MB

Python:

```
1   class Solution:
2       def findRedundantConnection(self, edges: List[List[int]]) -> List[int]:
3           n=len(edges)                          #n 为顶点的个数
4           self.Init(n)                          #并查集的初始化
5           for i in range(0,n):
6               tmp=edges[i]                      #取一条边 tmp
7               x,y=tmp[0],tmp[1]                 #取 tmp 边的头、尾顶点
8               rx=self.Find(x)
9               ry=self.Find(y)                   #分别得到两个顶点所属子集树的根
10              if rx!=ry:self.parent[rx]=ry      #两棵子集树合并,新根为 ry
11              else: return tmp                  #说明有环,返回冗余边 tmp
12          return []

13      def Init(self,n):                         #并查集的初始化
14          self.parent=[0]*(n+1)
15          self.rnk=[0]*(n+1)
16          for i in range(1,n+1):
17              self.parent[i]=i
18              self.rnk[i]=0
19      def Find(self,x):                         #递归算法:查找 x 所属子集树的根结点
20          if x!=self.parent[x]:
21              self.parent[x]=self.Find(self.parent[x])   #路径压缩
22          return self.parent[x]
```

提交运行:

结果:通过;时间:40ms;空间:15.3MB

10.2.4 LeetCode785——判断二分图★★

【问题描述】 存在一个无向图,图中有 n 个顶点,其中每个顶点都有一个 $0\sim n-1$ 的唯一编号。给定一个二维数组 graph,其中 graph[u]是一个顶点数组,由顶点 u 的邻接顶点组成。在形式上,对于 graph[u]中的每个 v,都存在一条位于顶点 u 和顶点 v 之间的无向边,该无向图同时具有以下属性:不存在自环(graph[u]不包含 u),不存在平行边(graph[u]不包含重复值),如果 v 在 graph[u]内,那么 u 也应该在 graph[v]内(该图是无向图),这个图可能不是连通图,也就是说两个顶点 u 和 v 之间可能不存在一条连通彼此的路径。

如果能将一个图的顶点集合分割成两个独立的子集 A 和 B,并使图中每一条边的两个顶点一个来自 A 集合,另一个来自 B 集合,则将这个图称为二分图。

如果图是二分图,返回 true,否则返回 false。

例如,graph=[[1,2,3],[0,2],[0,1,3],[0,2]],如图 10.8(a)所示,它不是二分图;

graph=[[1,3],[0,2],[1,3],[0,2]],如图 10.8(b)所示,它是二分图。

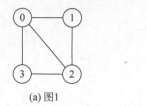

(a) 图1　　　　　　(b) 图2

图 10.8　两个无向图

扫一扫

源程序

【限制】　graph. length=n,$1 \leqslant n \leqslant 100$,$0 \leqslant$graph[$u$]. length$<n$,$0 \leqslant$graph[$u$][$i$]$\leqslant$ $n-1$,graph[u]不会包含 u,graph[u]的所有值互不相同,如果 graph[u]包含 v,那么 graph[v] 也会包含 u。

【解题思路】　用一维并查集求解。根据二分图的定义,一个二分图中每个顶点 i 的所有邻接顶点都应该属于同一顶点集合,且不与顶点 i 处于同一顶点集合中,显然两个顶点属于同一个顶点集合的关系是一种等价关系。设计一个并查集,顶点集合用子集树表示,判断二分图分为两个步骤,第一个步骤是通过遍历 graph 将每个顶点 i 的所有邻接顶点合并起来。第二个步骤是 i 从 0 到 $n-1$ 循环,若顶点 i 与其某个邻接顶点在同一棵子集树中,说明不是二分图,返回 false。最后返回 true。

10.2.5　LeetCode990——等式方程的可满足性★★

【问题描述】　给定一个由表示变量之间关系的字符串方程组成的数组 equations,每个字符串方程 equations[i]的长度为 4,并用"a==b" 或 "a!=b"形式,在这里 a 和 b 是小写字母(不一定不同),表示单字母变量名。只有当可以将整数分配给变量名,以便满足所有给定的方程时才返回 true,否则返回 false。

例如,equations=["a==b","b!=a"],答案为 false;equations=["a==b","b==c","a==c"],答案为 true。

扫一扫

源程序

【限制】　$1 \leqslant$equations. length$\leqslant 500$,equations[i]. length$= 4$,equations[i][0] 和 equations[i][3]是小写字母,equations[i][1]要么是 '=',要么是 '!',equations[i][2]总是 '='。

【解题思路】　用一维并查集求解。equations 由若干等式和不等式构成,每个等式和不等式包含两个变量,变量由单个小写字母表示,将每个小写字母的 ASCII 码减去 'a'得到的整数作为其编号,这样每个小写字母会有唯一的编号。由于等式关系是一种等价关系,所以可以用一维并查集处理,先遍历 equations,对于形如“x==y”的等式,将所有 x 和 y 变量通过其编号合并起来。然后再遍历 equations,对于形如“x!=y”的不等式,若 x 和 y 属于同一棵子集树,说明产生矛盾的结果,返回 false。在遍历 equations 完毕后返回 true。

10.2.6　LeetCode1061——按字典序排列最小的等价字符串★★

【问题描述】　给出长度相同的两个字符串 s1 和 s2,以及一个字符串 baseStr,其中 s1[i] 和 s2[i]是一组等价字符串。举个例子,如果 s1="abc"且 s2="cde",那么就有 'a'=='c', 'b'=='d','c'=='e'。等价字符串遵循任何等价关系的一般规则。

(1) 自反性:'a'=='a'。

（2）对称性：'a'=='b'，则必定有'b'=='a'。

（3）传递性：'a'=='b'且'b'=='c'，表明'a'=='c'。

如果 s1="abc"和 s2="cde"的等价信息和之前的例子一样，那么 baseStr="eed"、"acd"或"aab"，这 3 个字符串都是等价的，而"aab"是 baseStr 的按字典序最小的等价字符串。使用 s1 和 s2 的等价信息，找出并返回 baseStr 的按字典序排列最小的等价字符串。

例如，s1="parker"，s2="morris"，baseStr="parser"，根据 s1 和 s2 中的等价信息可以将这些字符分为[m,p]、[a,o]、[k,r,s]、[e,i]，共 4 组，每组中的字符都是等价的，并按字典序排列，所以答案是"makkek"。

扫一扫

源程序

【限制】　$1 \leqslant$ s1.length，s2.length，baseStr$\leqslant 1000$，s1.length$=$s2.length，字符串 s1、s2 和 baseStr 仅由从'a'到'z'的小写字母组成。

【解题思路】　用一维并查集求解。所有字母为从'a'到'z'的小写字母，将每个小写字母的 ASCII 码减去'a'得到的整数作为其编号，这样每个小写字母会有唯一的编号。使用并查集，用 i 从 0 开始遍历 s1 和 s2，将 s1[i]和 s2[i]合并，由于目标是构造 baseStr 的按字典序最小的等价字符串，所以保证并查集中每棵树的根结点是 ASCII 最小的结点，因此并查集仅用 parent 表示不包含 rnk（简化的并查集），在合并 rx 和 ry 时总是将其中的较小者作为合并子集树的根结点。

在构造好并查集后，先置答案 ans=""，用 i 从 0 开始遍历 baseStr，求出 baseStr[i]对应的根结点 rx，将其添加到 ans 中，最后返回 ans 即可。

10.2.7　LeetCode947——移除最多的同行或同列石头★★

【问题描述】　给定 n 块石头，放置在二维平面中的一些整数坐标点上，每个坐标点上最多只能有一块石头。如果一块石头的同行或者同列上有其他石头存在，那么就可以移除这块石头。给定一个长度为 n 的数组 stones，其中 stones[i]$=$[x_i, y_i]表示第 i 块石头的位置，返回可以移除的石头的最大数量。

例如，stones=[[0,0],[0,2],[1,1],[2,0],[2,2]]，如图 10.9(a)所示。一种移除 3 块石头的方法如下：

（1）移除石头[2,2]，因为它和[2,0]同行，如图 10.9(b)所示。

（2）移除石头[2,0]，因为它和[0,0]同列，如图 10.9(c)所示。

（3）移除石头[0,2]，因为它和[0,0]同行，如图 10.9(d)所示。

石头[0,0]和[1,1]不能移除，因为它们没有和另一块石头同行或同列。答案为 3。

【限制】　$1 \leqslant$ stones.length$\leqslant 1000$，$0 \leqslant x_i, y_i \leqslant 10^4$，不会有两块石头放在同一个坐标点上。

(a) 初始状态　　　(b) 移除石头[2,2]　　　(c) 移除石头[2,0]　　　(d) 移除石头[0,2]

图 10.9　移除 3 块石头的方法

【解题思路】　用一维并查集求解。n 块石头的编号为 $0 \sim n-1$，每块石头对应并查集中的一个结点，只要两块石头同行或者同列，就将其看成一个等价类，用一棵子集树表示，求

出等价类的个数 ans，每个等价类保留一块石头，即最后保留 ans 块石头，所以可以移除的石头的最大数量为 $n-$ans。

例如，对于图 10.9(a)，$n=5$，5 块石头的编号为 0～4，其中 $[0,0]$，$[0,2]$，$[2,0]$，$[2,2]$ 是一个等价类，$[1,1]$ 是另一个等价类，也就是说最后得到两个等价类为 $\{0,1,3,4\}$ 和 $\{2\}$，这样 ans$=2$，所以可以移除的石头的最大数量为 $n-$ans$=3$。对应的算法如下。

▓ C++:

```cpp
1   class Solution {
2       vector < int > parent;              //并查集存储结构
3       vector < int > rnk;                 //子集树的秩(与高度成正比)
4       int ans;                            //同行或者同列的石头的数目
5   public:
6       int removeStones(vector < vector < int >> & stones) {
7           int n = stones.size();
8           ans = n;
9           Init(n);
10          for(int i=0;i<n;i++) {
11              for(int j=i+1;j<n;j++) {
12                  if(stones[i][0] == stones[j][0] || stones[i][1] == stones[j][1])
13                      Union(i,j);
14              }
15          }
16          return n - ans;
17      }

18      void Init(int n) {                  //并查集的初始化
19          parent = vector < int >(n,0);
20          rnk = vector < int >(n,0);
21          for(int i=0;i<n;i++) {
22              parent[i] = i;
23              rnk[i] = 0;
24          }
25      }
26      int Find(int x) {                   //递归算法:查找 x 所属子集树的根结点
27          if(x! = parent[x])
28              parent[x] = Find(parent[x]);   //路径压缩
29          return parent[x];
30      }
31      void Union(int x, int y) {          //合并 x 和 y 所属的子集树
32          int rx = Find(x);
33          int ry = Find(y);
34          if(rx == ry) return;            //x 和 y 属于同一棵子集树的情况
35          if(rnk[rx] < rnk[ry])
36              parent[rx] = ry;            //rx 结点作为 ry 的孩子
37          else {
38              if(rnk[rx] == rnk[ry]) rnk[rx]++;   //秩相同,合并后 rx 的秩增 1
39              parent[ry] = rx;            //ry 结点作为 rx 的孩子
40          }
41          ans--;
42      }
43  };
```

提交运行：

结果：通过；时间：180ms；空间：14MB

上述解法的时间性能较差，改进的方法是将横坐标和纵坐标分开，每个横坐标和纵坐标对应并查集中的一个结点。由于题目中 x 和 y 的取值范围都是 0～10000，设 MAXN $=$

10001,用 0~MAXN-1 表示横坐标,用 MAXN~2MAXN-1 表示纵坐标,即将纵坐标 y 看成 MAXN+y(保证横坐标和纵坐标不同),若[x,y]位置有一块石头,则将 x 和 MAXN+y 合并。同样求出等价类的个数 ans,每个等价类保留一块石头,即最后保留 ans 块石头,可以移除的石头的最大数量为 n-ans。

例如,stones=[[0,0],[0,2],[1,1],[2,0],[2,2]],为了简单,这里置 MAXN=3,将所有列号 y 改为 MAXN+y,则 stones=[[0,3],[0,5],[1,4],[2,3],[2,5]],遍历 stones 合并[x,y]后得到两个等价类,一个等价类为{0,1,3,5},根为 0,另一个等价类为{1,4},根为 1,求出 ans=2,所以可以移除的石头的最大数量为 n-ans=3。对应的算法如下。

▦ C++:

```cpp
class Solution {
    const int MAXN=10001;
    vector<int> parent;              //并查集存储结构
    vector<int> rnk;                 //子集树的秩(与高度成正比)
public:
    int removeStones(vector<vector<int>>& stones) {
        int n=stones.size();
        Init(2*MAXN);
        for(int i=0;i<n;i++)
            Union(stones[i][0],MAXN+stones[i][1]);
        unordered_set<int> hset;      //行号除重
        for(int i=0;i<n;i++)
            hset.insert(stones[i][0]);
        int ans=0;
        for(int i:hset) {
            if(Find(i)==i) ans++;
        }
        return n-ans;
    }

    void Init(int n) {                //并查集的初始化
        parent=vector<int>(n,0);
        rnk=vector<int>(n,0);
        for(int i=0;i<n;i++) {
            parent[i]=i;
            rnk[i]=0;
        }
    }
    int Find(int x) {                 //递归算法:查找 x 所属子集树的根结点
        if(x!=parent[x])
            parent[x]=Find(parent[x]);      //路径压缩
        return parent[x];
    }
    void Union(int x,int y) {         //合并 x 和 y 所属的子集树
        int rx=Find(x);
        int ry=Find(y);
        if(rx==ry) return;            //x 和 y 属于同一棵子集树的情况
        if(rnk[rx]<rnk[ry])
            parent[rx]=ry;            //rx 结点作为 ry 的孩子
        else
            if(rnk[rx]==rnk[ry]) rnk[rx]++;   //秩相同,合并后 rx 的秩增 1
            parent[ry]=rx;            //ry 结点作为 rx 的孩子
        }
    }
};
```

提交运行:

结果:通过;时间:32ms;空间:27.8MB

采用改进方法对应的 Python 算法如下。

Python：

```
1   class Solution:
2       def removeStones(self, stones: List[List[int]]) -> int:
3           MAXN=10001
4           n=len(stones)
5           self.Init(2 * MAXN)
6           for i in range(0,n):
7               self.Union(self.pno(stones[i][0], MAXN+stones[i][1])
8           hset=set()                      #行号除重
9           for i in range(0,n):
10              hset.add(stones[i][0])
11          ans=0
12          for i in hset:
13              if self.Find(i)==i: ans+=1
14          return n-ans

15      def Init(self,n):                   #并查集的初始化
16          self.parent=[0] * n
17          self.rnk=[0] * n
18          for i in range(0,n):
19              self.parent[i]=i
20              self.rnk[i]=0
21      def Find(self,x):                   #递归算法:查找 x 所属子集树的根结点
22          if x! = self.parent[x]:
23              self.parent[x]=self.Find(self.parent[x])    #路径压缩
24          return self.parent[x]
25      def Union(self,x,y):                #合并 x 和 y 所属的子集树
26          rx=self.Find(x)
27          ry=self.Find(y)
28          if rx==ry:return;               #x 和 y 属于同一棵子集树的情况
29          if self.rnk[rx]<self.rnk[ry]:
30              self.parent[rx]=ry          #rx 结点作为 ry 的孩子
31          else:
32              if self.rnk[rx]==self.rnk[ry]:
33                  self.rnk[rx]+=1         #秩相同,合并后 rx 的秩增 1
34              self.parent[ry]=rx          #ry 结点作为 rx 的孩子
```

提交运行：

结果:通过;时间:168ms;空间:16.2MB

10.3　二维并查集

10.3.1　LeetCode200——岛屿的数量★★

【问题描述】　给定一个由 '1'(陆地)和 '0'(水)组成的二维网格 grid,请计算网格中岛屿的数量。岛屿总是被水包围,并且每座岛屿只能由水平方向或竖直方向上相邻的陆地连接形成。此外,可以假设该网格的 4 条边均被水包围。

例如,grid=[["1","1","0","0","0"],["1","1","0","0","0"],["0","0","1","0","0"],["0","0","0","1","1"]],如图 10.10 所示,共有 3 个岛屿,答案为 3。

1	1	0	0	0
1	1	0	0	0
0	0	1	0	0
0	0	0	1	1

图 10.10　一个 grid

【限制】　$m=$ grid.length, $n=$ grid[i].length, $1 \leqslant m, n \leqslant 300$, grid[$i$][$j$]的值为 '0' 或 '1'。

【解题思路】 用二维并查集求解。设计一个并查集,将每个二维位置看成一个结点,通过 pno()函数将二维位置(i,j)转换为一维位置 k,从而将二维并查集转换为一维并查集。用 ans 表示岛屿的数量(初始化为 0),在并查集初始化算法 Init()中,将每个'1'位置(即仅考虑陆地位置)的 parent[k]置为 k,rnk[k]置为 0,将其看成一个岛屿,所以执行 ans++。

按照从上到下、从左到右的顺序遍历 grid,对于每个 grid[i][j]='1'的陆地,将其与右边的陆地合并,将其与下面的陆地合并(由于上、下、左、右四周陆地的连接构成无向图,仅检测右边和下面两个相邻位置即可)。在该并查集中每棵子集树对应一个岛屿,所以每次合并将两个岛屿合并为一个岛屿,岛屿的个数减少一个,因此在合并时执行 ans--。当 grid 遍历完毕得到的 ans 就是最终答案,返回 ans 即可。对应的算法如下。

C++:

```cpp
class Solution {
    int m,n;
    vector < vector < char >> grid;
    int ans;                                     //存放岛屿的数量
    vector < int > parent;                       //并查集存储结构
    vector < int > rnk;                          //子集树的秩(与高度成正比)
public:
    int numIslands(vector < vector < char >> & grid) {
        m=grid.size(); n=grid[0].size();
        this-> grid=grid;
        ans=0;
        Init();
        for(int i=0;i<m;i++) {
            for(int j=0;j<n;j++) {
                if(grid[i][j]=='1') {            //陆地
                    if(j<n-1 && grid[i][j+1]=='1')   //grid[i][j+1]为1
                        Union(pno(i,j),pno(i,j+1));  //(i,j)和(i,j+1)合并
                    if(i<m-1 && grid[i+1][j]=='1')   //grid[i+1][j]为1
                        Union(pno(i,j),pno(i+1,j));  //(i+1,j)和(i,j)合并
                }
            }
        }
        return ans;
    }

    int pno(int i,int j) {                        //二维转换为一维
        return i * n+j;
    }
    void Init() {                                 //并查集的初始化
        parent=vector < int >(m * n,0);
        rnk=vector < int >(m * n,0);
        for(int i=0;i<m;i++) {
            for(int j=0;j<n;j++) {
                if(grid[i][j]=='1') {             //陆地
                    int k=pno(i,j);
                    parent[k]=k;
                    rnk[k]=0;
                    ans++;
                }
            }
```

```
40            }
41        }
42        int Find(int x) {                      //递归算法:查找 x 所属子集树的根结点
43            if(x!=parent[x])
44                parent[x]=Find(parent[x]);     //路径压缩
45            return parent[x];
46        }
47        void Union(int x,int y) {               //合并 x 和 y 所属的子集树
48            int rx=Find(x);
49            int ry=Find(y);
50            if(rx==ry) return;                  //x 和 y 属于同一棵子集树的情况
51            if(rnk[rx]<rnk[ry])
52                parent[rx]=ry;                  //rx 结点作为 ry 的孩子
53            else {
54                if(rnk[rx]==rnk[ry]) rnk[rx]++;  //秩相同,合并后 rx 的秩增 1
55                parent[ry]=rx;                  //ry 结点作为 rx 的孩子
56            }
57            ans--;
58        }
59    };
```

提交运行:

结果:通过;时间:32ms;空间:13.7MB

Python:

```
1    class Solution:
2        def numIslands(self, grid: List[List[str]]) -> int:
3            self.m,self.n=len(grid),len(grid[0])
4            self.grid=grid
5            self.ans=0                           #存放岛屿的数量
6            self.Init()
7            for i in range(0,self.m):
8                for j in range(0,self.n):
9                    if self.grid[i][j]=='1':
10                       if j<self.n-1 and self.grid[i][j+1]=='1':
11                           self.Union(self.pno(i,j),self.pno(i,j+1))
12                       if i<self.m-1 and self.grid[i+1][j]=='1':
13                           self.Union(self.pno(i,j),self.pno(i+1,j))
14            return self.ans

15        def pno(self,i,j):                       #二维转换为一维
16            return i*self.n+j
17        def Init(self):                          #并查集的初始化
18            self.parent=[0]*self.m*self.n
19            self.rnk=[0]*self.m*self.n
20            for i in range(0,self.m):
21                for j in range(0,self.n):
22                    if self.grid[i][j]=='1':
23                        k=self.pno(i,j)
24                        self.parent[k]=k
25                        self.rnk[k]=0
26                        self.ans+=1
27        def Find(self,x):                        #递归算法:查找 x 所属子集树的根结点
28            if x!=self.parent[x]:
29                self.parent[x]=self.Find(self.parent[x])    #路径压缩
30            return self.parent[x]
31        def Union(self,x,y):                     #合并 x 和 y 所属的子集树
32            rx=self.Find(x)
33            ry=self.Find(y)
```

34	if rx==ry:return;	♯x和y属于同一棵子集树的情况
35	if self.rnk[rx]<self.rnk[ry]:	
36	self.parent[rx]=ry	♯rx结点作为ry的孩子
37	else:	
38	if self.rnk[rx]==self.rnk[ry]:	
39	self.rnk[rx]+=1	♯秩相同,合并后rx的秩增1
40	self.parent[ry]=rx	♯ry结点作为rx的孩子
41	self.ans-=1	

提交运行:

结果:通过;时间:220ms;空间:26.9MB

10.3.2 LeetCode1559——在二维网格图中探测环★★

【问题描述】 给定一个二维字符网格数组 grid,大小为 $m \times n$,请检查 grid 中是否存在相同值形成的环。一个环是一条开始和结束于同一个格子的长度大于或等于 4 的路径。对于一个给定的格子,可以移动到它上、下、左、右 4 个方向相邻的格子之一,可以移动的前提是这两个格子有相同的值。注意,不能回到上一次移动时所在的格子,比如环$(1,1) \rightarrow (1,2) \rightarrow$ $(1,1)$是不合法的,因为从$(1,2)$移动到$(1,1)$回到了上一次移动时的格子。如果 grid 中有相同值形成的环,请返回 true,否则返回 false。

例如,grid=[["c","c","c","a"],["c","d","c","c"],["c","c","e","c"],["f","c","c","c"]],如图 10.11 所示,所有阴影格子构成一个相同值的环(长度为 12),答案为 true。

	0	1	2	3
0	c	c	c	a
1	c	d	c	c
2	c	c	e	c
3	f	c	c	c

【限制】 $m=$ grid. length,$n=$ grid$[i]$. length,$1 \leqslant m,n \leqslant 500$,grid 只包含小写英文字母。

图 10.11 一个 grid

【解题思路】 用二维并查集求解。将每个二维位置看成一个结点,通过 pno()函数将二维位置(i,j)转换为一维位置 k,从而将二维并查集转换为一维并查集。按照从上到下、从左到右的顺序遍历 grid,对于每个 grid$[i][j]$,若右边 grid$[i][j+1]$与其同值,则两位置合并;若下面 grid$[i+1][j]$与其同值,则两位置合并(在合并 x 和 y 时,如果它们属于同一棵子集树,则返回 true,否则将分别所属的子集树合并为一棵子集树并返回 false),如果合并时返回 true,说明构成一个同值环,由遍历过程可知该环的长度至少为 4,此时返回 true。当 grid 遍历完毕返回 false。

例如,对于图 10.11,求解过程如下。

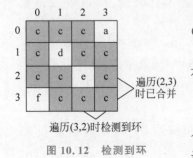

图 10.12 检测到环

(1) 从$(0,0)$位置开始遍历并做相应合并,当遍历到$(2,3)$位置时,将$(2,3)$与$(3,3)$位置合并。

(2) 遍历到$(3,0)$位置,右边为'c'(不等于'f'),下面没有字符,所以没有变化。

(3) 遍历到$(3,1)$位置,将$(3,1)$和$(3,2)$位置合并。

(4) 遍历到$(3,2)$位置,将$(3,2)$和$(3,3)$位置合并,在合并时发现它们已经属于同一棵子集树,如图 10.12 所示,说明存在一个同值环,返回 true。

扫一扫

源程序

10.4 带权并查集

10.4.1 LeetCode695——最大岛屿的面积★★

【问题描述】 给定一个大小为 $m \times n$ 的二进制矩阵 grid。岛屿是由一些相邻的 1(代表土地)构成的组合,这里的相邻要求两个 1 必须在水平或者竖直的 4 个方向上相邻。可以假设 grid 的 4 个边缘都被 0(代表水)包围。岛屿的面积是岛上值为 1 的单元格的数目。计算并返回 grid 中最大岛屿的面积,如果没有岛屿,则返回面积为 0。

例如,grid=[[0,0,1,0,0,0,0,1,0,0,0,0,0],[0,0,0,0,0,0,0,1,1,1,0,0,0],[0,1,1,0,1,0,0,0,0,0,0,0,0],[0,1,0,0,1,1,0,0,1,0,1,0,0],[0,1,0,0,1,1,0,0,1,1,1,0,0],[0,0,0,0,0,0,0,0,0,0,1,0,0],[0,0,0,0,0,0,0,1,1,1,0,0,0],[0,0,0,0,0,0,0,1,1,0,0,0,0]],如图 10.13 所示,答案为 6。

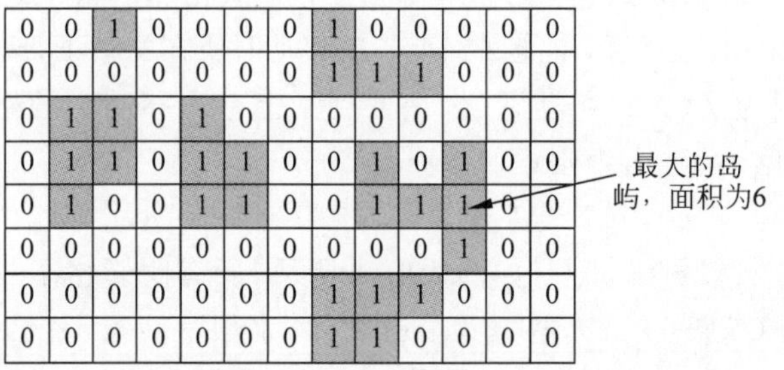

0	0	1	0	0	0	0	1	0	0	0	0	0
0	0	0	0	0	0	0	1	1	1	0	0	0
0	1	1	0	1	0	0	0	0	0	0	0	0
0	1	1	0	1	1	0	0	1	0	1	0	0
0	1	0	0	1	1	0	0	1	1	1	0	0
0	0	0	0	0	0	0	0	0	0	1	0	0
0	0	0	0	0	0	0	1	1	1	0	0	0
0	0	0	0	0	0	0	1	1	0	0	0	0

最大的岛屿,面积为6

图 10.13 一个 grid

【限制】 $m=$ grid.length,$n=$ grid[i].length,$1 \leqslant m,n \leqslant 50$,grid[i][j]为 0 或 1。

【解题思路】 用带权二维并查集求解。将每个二维位置看成一个结点,通过 pno()函数将二维位置 (i,j) 转换为一维位置 k,从而将二维并查集转换为一维并查集。在并查集中每个结点除了 parent 和 rnk 外,增加一个权值 cnt,cnt[i]表示结点 i 的子集树中的土地数,即岛屿的面积。并查集的基本运算如下:

(1) 在 Init()算法中,对于 grid[i][j]=1 的位置 (i,j),执行 $k=$pno(i,j),置 parent[k]=k,rnk[k]=0,cnt[k]=1。

cnt[ry]+=cnt[rx]

cnt[rx]

图 10.14 rx 作为 ry 的孩子

(2) 在 Find(x)算法中,路径压缩是将结点 x 及其祖先改为根结点 rx 的孩子,但所有子集树的结点个数不会改变,所以查找不影响 cnt 值。

(3) 在 Union(x,y)算法中,求出 x 和 y 所属子集树的根结点 rx 和 ry,若两者不同,如果合并方式是 rx 作为 ry 的孩子,则执行 cnt[ry]+=cnt[rx],如图 10.14 所示,否则执行 cnt[rx]+=cnt[ry]。每次合并通过比较将最大 cnt 存放在 ans 中。

按照从上到下、从左到右的顺序遍历 grid,对于每个为 1 的 grid[i][j],若右边 grid[i][j+1]与其同值,则两位置合并;若下面 grid[i+1][j]与其同值,则两位置合并。最后返回 ans 即可。对应的算法如下。

▦ C++：

```
1   class Solution {
2       int m,n;
3       vector < vector < int >> grid;
4       int ans;
5       vector < int > parent;              //并查集存储结构
6       vector < int > rnk;                 //子集树的秩(与高度成正比)
7       vector < int > cnt;                 //子集树中的土地数
8   public:
9       int maxAreaOfIsland(vector < vector < int >> & grid) {
10          m=grid.size(); n=grid[0].size();
11          this-> grid=grid;
12          ans=0;
13          Init();
14          for(int i=0;i<m;i++) {
15              for(int j=0;j<n;j++) {
16                  if(grid[i][j]==1) {
17                      if(j<n-1 && grid[i][j+1]==1)    //grid[i][j+1]为1
18                          Union(pno(i,j),pno(i,j+1));  //(i,j)和(i,j+1)合并
19                      if(i<m-1 && grid[i+1][j]==1)    //grid[i+1][j]为1
20                          Union(pno(i,j),pno(i+1,j));  //(i+1,j)和(i,j)合并
21                  }
22              }
23          }
24          return ans;
25      }

26      int pno(int i,int j) {                          //二维转换为一维
27          return i * n+j;
28      }
29      void Init() {                                   //并查集的初始化
30          parent=vector < int >(m * n,0);
31          rnk=vector < int >(m * n,0);
32          cnt=vector < int >(m * n,0);
33          for(int i=0;i<m;i++) {
34              for(int j=0;j<n;j++) {
35                  if(grid[i][j]==1) {
36                      int k=pno(i,j);
37                      parent[k]=k;
38                      rnk[k]=0;
39                      cnt[k]=1;
40                      ans=1;                          //只要有土地,ans至少为1
41                  }
42              }
43          }
44      }
45      int Find(int x) {                               //递归算法:查找 x 所属子集树的根结点
46          if(x!=parent[x])
47              parent[x]=Find(parent[x]);              //路径压缩
48          return parent[x];
49      }
50      void Union(int x,int y) {                        //合并 x 和 y 所属的子集树
51          int rx=Find(x);
52          int ry=Find(y);
53          if(rx==ry) return;                          //x 和 y 属于同一棵子集树的情况
54          if(rnk[rx]<rnk[ry]) {
```

```
55              parent[rx]=ry;                      //rx 结点作为 ry 的孩子
56              cnt[ry]+=cnt[rx];
57              ans=max(ans,cnt[ry]);
58          }
59          else {
60              if(rnk[rx]==rnk[ry]) rnk[rx]++;      //秩相同,合并后 rx 的秩增 1
61              parent[ry]=rx;                       //ry 结点作为 rx 的孩子
62              cnt[rx]+=cnt[ry];
63              ans=max(ans,cnt[rx]);
64          }
65      }
66  };
```

提交运行:

结果:通过;时间:12ms;空间:24MB

Python:

```
1   class Solution:
2       def maxAreaOfIsland(self, grid: List[List[int]]) -> int:
3           self.m, self.n=len(grid),len(grid[0])
4           self.grid=grid
5           self.ans=0
6           self.Init()
7           for i in range(0,self.m):
8               for j in range(0,self.n):
9                   if self.grid[i][j]==1:
10                      if j<self.n-1 and self.grid[i][j+1]==1:
11                          self.Union(self.pno(i,j),self.pno(i,j+1))
12                      if i<self.m-1 and self.grid[i+1][j]==1:
13                          self.Union(self.pno(i,j),self.pno(i+1,j))
14          return self.ans

15      def pno(self,i,j):                          #二维转换为一维
16          return i * self.n+j
17      def Init(self):                             #并查集的初始化
18          self.parent=[0] * self.m * self.n
19          self.rnk=[0] * self.m * self.n
20          self.cnt=[0] * self.m * self.n
21          for i in range(0,self.m):
22              for j in range(0,self.n):
23                  if self.grid[i][j]==1:
24                      k=self.pno(i,j)
25                      self.parent[k]=k
26                      self.rnk[k]=0
27                      self.cnt[k]=1
28                      self.ans=1                  #只要有土地,ans 至少为 1
29      def Find(self,x):                           #递归算法:查找 x 所属子集树的根结点
30          if x!=self.parent[x]:
31              self.parent[x]=self.Find(self.parent[x])     #路径压缩
32          return self.parent[x]
33      def Union(self,x,y):                        #合并 x 和 y 所属的子集树
34          rx=self.Find(x)
35          ry=self.Find(y)
36          if rx==ry:return;                       #x 和 y 属于同一棵子集树的情况
37          if self.rnk[rx]<self.rnk[ry]:
38              self.parent[rx]=ry                  #rx 结点作为 ry 的孩子
39              self.cnt[ry]+=self.cnt[rx]
40              self.ans=max(self.ans,self.cnt[ry])
41          else:
```

```
42          if self.rnk[rx] == self.rnk[ry]:
43              self.rnk[rx]+=1        #秩相同,合并后 rx 的秩增1
44          self.parent[ry]=rx          #ry 结点作为 rx 的孩子
45          self.cnt[rx]+=self.cnt[ry]
46          self.ans=max(self.ans,self.cnt[rx])
```

提交运行:

结果:通过;时间:92ms;空间:15.2MB

10.4.2 LeetCode128——最长连续序列★★

问题描述参见 5.3.5 节,这里用并查集求解。

【解题思路】 用带权哈希映射的并查集求解。设计一个简化的并查集(不含 rnk 数组),用哈希映射表示,parent[i]表示整数 i 的父结点(整数),权值 cnt[i]表示以整数 i 为根的子树中结点的个数,在并查集中一棵子集树表示一个连续序列。先调用 Init()初始化并查集。用 i 从 0 开始遍历 nums 数组,若 nums 数组中包含 nums[i]+1,则将 nums[i]和 nums[i]+1 合并。

扫一扫

源程序

在查找的路径压缩中每一棵子树的结点个数没有变化,所以在查找中不必修改 cnt 权值。在 x 和 y 的合并中,先找到它们的根结点 rx 和 ry,假设合并后子集树的根结点为 ry,这样结点 ry 的树中的结点个数增加 cnt[rx],所以需要执行 cnt[ry]+=cnt[rx],其他结点个数不变。

当 nums 遍历完毕再求出每棵子集树根结点的最大 cnt 值,将其存放在 ans 中,最后返回 ans 即可。

10.4.3 LeetCode1254——统计封闭岛屿的数目★★

【问题描述】 给定一个二维矩阵 grid,由 0（土地）和 1（水）组成。岛屿是由最大的 4 个方向连通的 0 组成的群,封闭岛屿是一个完全由 1 包围(左、上、右、下)的岛屿。请返回封闭岛屿的数目。

例如,grid=[[1,1,1,1,1,1,1,0],[1,0,0,0,0,1,1,0],[1,0,1,0,1,1,1,0],[1,0,0,0,0,1,0,1],[1,1,1,1,1,1,1,0]],如图 10.15 所示,带阴影区域是封闭岛屿,因为这座岛屿完全被水域包围(即被 1 区域包围),答案为 2。

【限 制】 $1 \leqslant$ grid.length,grid[0].length$\leqslant100$,$0 \leqslant$ grid[i][j]$\leqslant1$。

【解题思路】 用带权二维并查集求解。题目中对封闭岛屿的定义是岛屿边界完全被水包围,也就是说一个岛屿只要有一块土地是矩阵的边界,那就是非封闭的,因此在并查集中增加一个变量 onedge(权值)来标识岛屿是否有土地边界。

1	1	1	1	1	1	1	0
1	0	0	0	0	1	1	0
1	0	1	0	1	1	1	0
1	0	0	0	0	1	0	1
1	1	1	1	1	1	1	0

图 10.15 一个 grid

设计一个并查集,将 grid 中每个土地的二维位置看成一个结点,通过 pno()函数将其二维位置(i,j)转换为一维位置 k,从而将二维并查集转换为一维并查集。用 ans 表示答案(初始时置为土地单元个数),权值 onedge[k]=true 表示位置 k 所属岛屿有土地边界(该非封闭岛屿),onedge[k]=false 表示位置 k 所属岛屿尚不确定是否封闭。

并查集的基本运算如下：

(1) 在 Init()算法中,对于 grid[i][j]=0(土地)的位置(i,j),执行 k=pno(i,j),置 parent[k]=k,rnk[k]=0,onedge[k]=false(不确定边缘是否为土地)。再遍历 grid 的最外围(即边界),将每个土地位置的 onedge 修改为 true(表示为边界土地),执行 parent[k]=0(由于(0,0)位置对应 k=0,该位置无论是土地还是水都不可能属于封闭岛屿,故将 0 作为所有非封闭岛屿子集树的根结点),同时置 ans——。

扫一扫

源程序

(2) 在 Find(x)算法中,路径压缩不影响 onedge 值。

(3) 在 Union(x,y)算法中,求出 x 和 y 所属子集树的根结点 rx 和 ry,若两者不同,如果合并方式是 ry 作为合并子集树的根结点,则执行 onedge[ry]=onedge[ry] | onedge[rx],如果合并方式是 rx 作为合并子集树的根结点,则执行 onedge[rx]=onedge[rx] | onedge[ry],因为只要有一个子集树对应的岛屿有土地边界,则合并后的岛屿一定有土地边界,同时执行 ans——,表示封闭岛屿的个数减少一个。

按照从上到下、从左到右的顺序遍历 grid,对于每个 grid[i][j]=0 的土地,将其与右边的土地合并,将其与下面的土地合并(由于上、下、左、右四周土地的连接构成无向图,仅考虑这两个方向即可)。当 grid 遍历完毕得到的 ans 就是最终答案,返回 ans 即可。

10.4.4 LeetCode399——除法求值★★

【问题描述】 给定一个变量对数组 equations 和一个实数值数组 values 作为已知条件,其中 equations[i]=[A_i,B_i]和 values[i]共同表示等式 A_i/B_i=values[i]。每个 A_i 或 B_i 是一个表示单个变量的字符串。另外有一些以数组 queries 表示的问题,其中 queries[j]=[C_j,D_j]表示第 j 个问题,请根据已知条件找出 C_j/D_j=? 的结果作为答案。返回所有问题的答案,如果存在某个无法确定的答案,则用-1.0 代替这个答案。如果问题中出现了给定的已知条件中没有出现的字符串,也需要用-1.0 代替这个答案。输入总是有效的,可以假设除法运算中不会出现除数为 0 的情况,且不存在任何矛盾的结果。

例如,equations=[["a","b"],["b","c"],["bc","cd"]],values=[1.5,2.5,5.0], queries=[["a","c"],["c","b"],["bc","cd"],["cd","bc"]]。由 equations 可知 a/b= 1.5,b/c=2.5,bc/cd=5.0,则 a/c=(a/b)*(b/c)=3.75,c/b=1/(b/c)=0.4,bc/cd= 5.0,cd/bc=1/(bc/cd)=0.2,所以答案为[3.750 00,0.400 00,5.000 00,0.200 00]。

【限制】 1≤equations.length≤20,equations[i].length=2,1≤A_i.length,B_i.length≤5, values.length=equations.length,0.0<values[i]≤20.0,1≤queries.length≤20,queries[i] .length=2,1≤C_j.length,D_j.length≤5,A_i、B_i、C_j 和 D_j 由小写英文字母与数字组成。

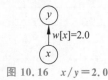

图 10.16 x/y=2.0 的
表示形式

【解题思路】 用带权并查集求解。用 x、y 等小写字母表示单个变量的字符串,v[x]表示结点 x 的取值,p[x]表示结点 x 的父结点,则等式"x/y=2.0"在并查集中表示为如图 10.16 所示,其中 w[x]表示结点 x 的取值与父结点 y 的取值之间的比值(为了简单,这里直接用 x 表示结点 x 的取值),即

$$w[x]=\frac{x}{y} \text{ 或者 } y=\frac{x}{w[x]}$$

并查集的基本运算的设计如下。

1) 初始化

对于任何 x 有"$x/x=1$"，所以在初始化时置 $p[x]=x$，$w[x]=1.0$。

2) 查找 x

假设 x 的父结点为 $p[x]$，而 $p[x]$ 的父结点就是该子集树的根结点 rx，对应的路径压缩如图 10.17 所示，其中 $w[p[x]]$ 不变，$w[x]$ 修改为 $w'[x]$，$w'[x]$ 的计算结果如下。

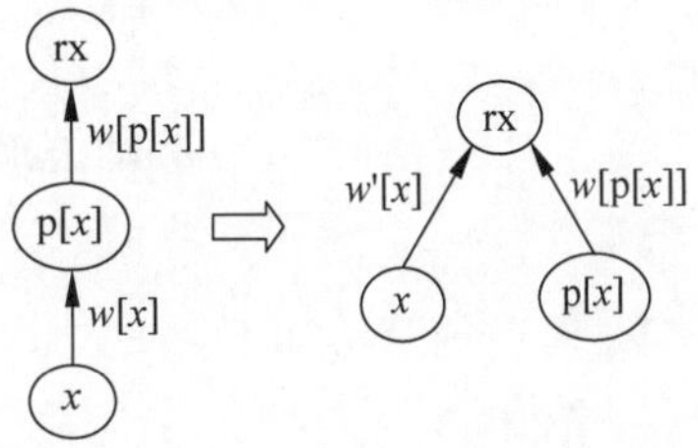

图 10.17　查找 x 中的路径压缩

$$w'[x]=\frac{x}{rx}=\frac{x}{p[x]}\times\frac{p[x]}{rx}=w[x]\times w[p[x]]$$

若 $p[x]$ 的父结点不是根结点 rx，则沿着 $p[x]$ 向上继续查找 rx，当找到 rx 后将 $p[x]$ 的父结点改为 rx，同时像上述 $w[x]$ 修改为 $w'[x]$ 的方式将 $w[p[x]]$ 修改为 $w'[p[x]]$。

3) 合并 x 和 y

当遇到"$x/y=val$"时做合并操作，找到 x 的根结点 rx，找到 y 的根结点 ry，在查找中使用路径压缩，假设合并后新的根结点为 ry，如图 10.18 所示，仅需要修改 $w'[rx]$，其他 w 值不变。$w'[rx]$ 的计算结果如下。

$$w'[rx]=\frac{rx}{ry}=\frac{x/w[x]}{y/w[y]}=\frac{x}{y}\times\frac{w[y]}{w[x]}=val\times\frac{w[y]}{w[x]}$$

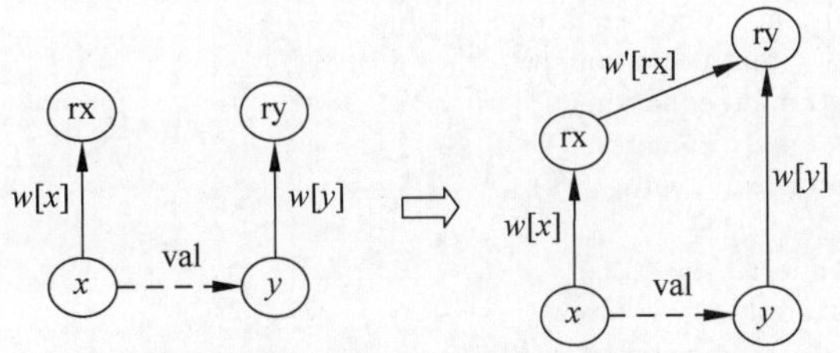

图 10.18　合并后新的根结点为 ry

例如，假设 $a/b=2.0$，$b/c=2.5$，求 a/c、c/a 和 b/d 的结果。其求解过程如下。

(1) 遇到 $a/b=2.0$，构造的子集树如图 10.19(a)所示。

(2) 遇到 $b/c=2.5$，构造的子集树如图 10.19(b)所示。

(3) 求 a/c，找到 a 的根结点 c，路径压缩后的结果如图 10.19(c)所示，找到 c 的根结点 c，两者根结点相同，其结果为 $w[a]/w[c]=5.0/1.0=5.0$。

(4) 求 c/a，找到 a 的根结点 c，找到 c 的根结点 c，两者根结点相同，其结果为 $w[c]/w[a]=1.0/5.0=0.2$。

(5) 求 b/d，找到 b 的根结点 c，没有找到 d，其结果为 -1.0。

在算法实现中要注意以下几点：

(1) 由于这里是符号运算，不必真正保存每个结点的取值。

(2) 在并查集中每个结点对应一个变量名字符串，需要用哈希映射将变量名字符串映射到 $0\sim id-1$ 的整数编号。

(3) 为了统一，用 parent 数组表示 p，weight 数组表示 w。

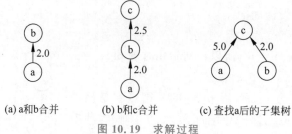

| (a) a和b合并 | (b) b和c合并 | (c) 查找a后的子集树 |

图 10.19　求解过程

对应的算法如下。

C++：

```
1   class Solution {
2       vector < int > parent;
3       vector < double > weight;
4   public:
5       vector < double > calcEquation(vector < vector < string >> & equations,
        vector < double > & values,
6           vector < vector < string >> & queries) {
7           int n＝equations.size();
8           Init(2 * n);
9           int id＝0;                              //对不同变量从 0 开始编号
10          unordered_map < string,int > hmap;   //将变量名映射为编号
11          int x,y;
12          for(int i＝0;i < n;i＋＋) {
13              if(hmap.count(equations[i][0])＝＝0)
14                  hmap[equations[i][0]]＝id＋＋;
15              if(hmap.count(equations[i][1])＝＝0)
16                  hmap[equations[i][1]]＝id＋＋;
17              x＝hmap[equations[i][0]];
18              y＝hmap[equations[i][1]];
19              Union(x,y,values[i]);
20          }
21          int m＝queries.size();
22          vector < double > ans(m);                //存放答案
23          for(int i＝0;i < m;i＋＋) {
24              if(hmap.count(queries[i][0])＝＝0 || hmap.count(queries[i][1])＝＝0) {
25                  ans[i]＝－1.0;                    //变量名未出现在 equations 中
26                  continue;
27              }
28              x＝hmap[queries[i][0]];
29              y＝hmap[queries[i][1]];
30              int rx＝Find(x);
31              int ry＝Find(y);
32              if(rx＝＝ry) ans[i]＝weight[x]/weight[y];
33              else ans[i]＝－1.0;
34          }
35          return ans;
36      }
37
38      void Init(int n) {
39          parent＝vector < int >(n);
40          weight＝vector < double >(n);
41          for(int i＝0;i < n;i＋＋) {
42              parent[i]＝i;
43              weight[i]＝1.0;
44          }
45      }
```

```
45          int Find(int x) {
46              if(x!=parent[x]) {
47                  int px=parent[x];
48                  parent[x]=Find(parent[x]);
49                  weight[x] *=weight[px];
50              }
51              return parent[x];
52          }
53          void Union(int x,int y,double val){
54              int rx=Find(x);
55              int ry=Find(y);
56              if(rx==ry) return;
57              parent[rx]=ry;
58              weight[rx]=val * weight[y]/weight[x];
59          }
60  };
```

提交运行：

结果:通过;时间:0ms;空间:7.8MB

⊞ **Python**：

```
1   class Solution:
2       def calcEquation(self, equations, values, queries)-> List[float]:
3           m, n=len(queries), len(equations)
4           self.Init(2 * n)
5           id=0                            #对不同变量从 0 开始编号
6           hmap={}
7           for i in range(0, n):
8               if equations[i][0] not in hmap:
9                   hmap[equations[i][0]]=id; id+=1
10              if equations[i][1] not in hmap:
11                  hmap[equations[i][1]]=id; id+=1
12              x=hmap[equations[i][0]]
13              y=hmap[equations[i][1]]
14              self.Union(x, y, values[i])
15          ans=[None] * m;                 #存放答案
16          for i in range(0, m):
17              if queries[i][0] not in hmap or queries[i][1] not in hmap:
18                  ans[i]=-1.0
19                  continue
20              x=hmap[queries[i][0]]
21              y=hmap[queries[i][1]]
22              rx=self.Find(x)
23              ry=self.Find(y)
24              if rx==ry: ans[i]=self.weight[x]/self.weight[y]
25              else: ans[i]=-1.0
26          return ans
27
27      def Init(self, n):
28          self.parent=[None] * n;
29          self.weight=[None] * n;
30          for i in range(0, n):
31              self.parent[i]=i
32              self.weight[i]=1.0
33      def Find(self, x):
34          if x!=self.parent[x]:
35              px=self.parent[x]
36              self.parent[x]=self.Find(self.parent[x])
```

```
37              self.weight[x] *= self.weight[px]
38          return self.parent[x]
39      def Union(self, x, y, val):
40          rx = self.Find(x)
41          ry = self.Find(y)
42          if rx == ry: return
43          self.parent[rx] = ry
44          self.weight[rx] = val * self.weight[y] / self.weight[x]
```

提交运行：

结果：通过；时间：36ms；空间：15MB

推荐练习题

1. LeetCode261——以图判树★★

2. LeetCode547——省份的数量★★

3. LeetCode721——账户的合并★★

4. LeetCode765——情侣牵手★★★

5. LeetCode827——最大人工岛★★★

6. LeetCode1020——飞地的数量★★

7. LeetCode1319——连通网络的操作次数★★

8. LeetCode1361——验证二叉树★★

9. LeetCode1971——寻找图中是否存在路径★

第 **11** 章

前缀和与差分

📖 **知识图谱**

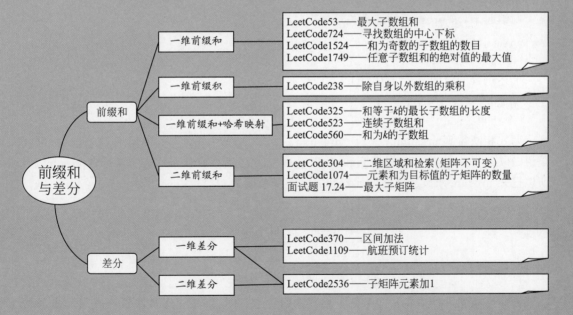

前缀和与差分
- 前缀和
  - 一维前缀和
    - LeetCode53——最大子数组和
    - LeetCode724——寻找数组的中心下标
    - LeetCode1524——和为奇数的子数组的数目
    - LeetCode1749——任意子数组和的绝对值的最大值
  - 一维前缀积
    - LeetCode238——除自身以外数组的乘积
  - 一维前缀和+哈希映射
    - LeetCode325——和等于k的最长子数组的长度
    - LeetCode523——连续子数组和
    - LeetCode560——和为k的子数组
  - 二维前缀和
    - LeetCode304——二维区域和检索（矩阵不可变）
    - LeetCode1074——元素和为目标值的子矩阵的数量
    - 面试题 17.24——最大子矩阵
- 差分
  - 一维差分
    - LeetCode370——区间加法
    - LeetCode1109——航班预订统计
  - 二维差分
    - LeetCode2536——子矩阵元素加1

11.1 前缀和与差分概述

11.1.1 前缀和

前缀和(Prefix Sum)指一个数组的某下标之前的所有数组元素的和(包含其自身)。前缀和分为一维前缀和以及二维前缀和等。前缀和是一种重要的预处理工具,能够降低区间查询算法的时间复杂度。

1. 一维前缀和

设有含 n 个整数的数组 a,下标从 0 到 $n-1$,其一维前缀和的实现有以下两种常见方式。

1) 方式 1

设计 a 的前缀和数组为 presum(长度为 $n+1$),其中 presum$[i]$ 表示数组 a 中以 $a[i-1]$ 结尾的前 $i(0 \leqslant i \leqslant n)$ 个元素之和,即 presum$[i]=a[0]+a[1]+\cdots+a[i-1]$,则:

```
presum[0]=0
presum[1]=a[0]=presum[0]+a[0]
presum[2]=a[0]+a[1]=presum[1]+a[1]
...
presum[n-1]=a[0]+a[1]+…+a[n-2]=presum[n-2]+a[n-2]
presum[n]=a[0]+a[1]+…+a[n-2]+a[n-1]=presum[n-1]+a[n-1]
```

归纳起来,求 presum 的递推关系如下:

```
presum[0]=0
presum[i]=presum[i-1]+a[i-1]        当 1≤i≤n 时
```

上述过程的时间复杂度为 $O(n)$。假设有 $1 \leqslant i \leqslant j \leqslant n$,则:

```
presum[i]=a[0]+a[1]+…+a[i-1]
presum[j+1]=a[0]+a[1]+…+a[i-1]+a[i]+…+a[j]
```

两式相减得到 presum$[j+1]-$presum$[i]=a[i]+\cdots+a[j]$,如图 11.1 所示。也就是说,$a[i..j](0 \leqslant i \leqslant j < n)$ 的元素和(共含 $j-i+1$ 个元素)等于 presum$[j+1]-$presum$[i]$,所以已知 presum 求某个区间的元素和的时间复杂度为 $O(1)$。

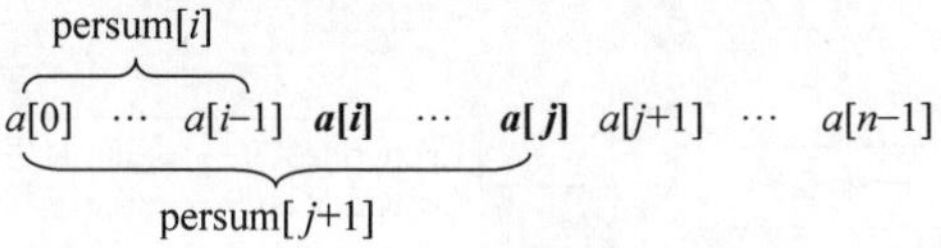

图 11.1　presum$[j+1]-$presum$[i]$ 的含义

因此当需要 k 次查询 a 中某个下标范围的元素和时,如果使用每次累计区间元素和的方法,对应算法的时间复杂度为 $O(kn)$,而使用前缀和数组的方法,对应算法的时间复杂度为 $O(k+n)$。

2) 方式 2

设计 a 的前缀和数组为 presum(长度为 n),其中 presum$[i]$ 表示数组 a 中以 $a[i]$ 结尾

的前 $i+1(0 \leqslant i < n)$ 个元素之和,即 $presum[i] = a[0] + a[1] + \cdots + a[i-1] + a[i]$,则:

$$
\begin{aligned}
&presum[0] = a[0] \\
&presum[1] = a[0] + a[1] = presum[0] + a[1] \\
&presum[2] = a[0] + a[1] + a[2] = presum[1] + a[2] \\
&\vdots \\
&presum[n-2] = a[0] + a[1] + \cdots + a[n-2] = presum[n-3] + a[n-2] \\
&presum[n-1] = a[0] + a[1] + \cdots + a[n-2] + a[n-1] = presum[n-2] + a[n-1]
\end{aligned}
$$

归纳起来,求 presum 的递推关系如下:

$$
\begin{aligned}
&presum[0] = nums[0] \\
&presum[i] = presum[i-1] + a[i] \qquad \text{当 } 1 \leqslant i < n \text{ 时}
\end{aligned}
$$

另外,假设有 $0 \leqslant i \leqslant j < n$,则:

$$
\begin{aligned}
&presum[i-1] = a[0] + a[1] + \cdots + a[i-1] \\
&presum[j] = a[0] + a[1] + \cdots + a[i-1] + a[i] + \cdots + a[j]
\end{aligned}
$$

两式相减得到 $presum[j] - presum[i-1] = a[i] + \cdots + a[j]$。也就是说,$a[i..j]$($0 \leqslant i \leqslant j < n$)的元素和(共含 $j - i + 1$ 个元素)等于 $presum[j] - presum[i-1]$。

上述两种方式的原理相同,在方式 2 中需要考虑 $i = 0$ 的特殊情况,因此方式 1 更为常见。

2. 二维前缀和

二维前缀和数组与一维前缀和数组类似,主要应用是求一个矩阵中子矩阵的元素和。假设给定一个 m 行 n 列的矩阵 a,用"(i_1, j_1)—(i_2, j_2)"表示其中左上角为 (i_1, j_1)、右下角为 (i_2, j_2) 的子矩阵,现在需要求 k 个这样的子矩阵的元素和。如果用枚举方式,求一个子矩阵的元素和的时间为 $O(mn)$,求 k 个子矩阵的元素和的时间为 $O(kmn)$。

用二维前缀和数组求解,设计二维前缀和数组 $presum[m][n]$,其中 $presum[i][j]$ 表示左上角为 $(0,0)$、高度为 i、宽度为 j(即 $(0,0)$—$(i-1, j-1)$)的子矩阵的元素和,如图 11.2 所示。

(1) 显然有 $presum[0][0] = 0$,$presum[0][1] = 0$,$presum[1][0] = 0$。

(2) 若 $presum[i][j-1]$、$presum[i-1][j]$ 和 $presum[i-1][j-1]$ 已经求出,则 $presum[i][j] = presum[i][j-1] + presum[i-1][j] - presum[i-1][j-1] + a[i-1][j-1]$。

用 i 从 1 到 m、j 从 1 到 n 循环求出 presum 数组,其计算时间为 $O(mn)$。

求 (i_1, j_1)—(i_2, j_2) 子矩阵的元素和如图 11.3 所示,该子矩阵用阴影表示(行号为 $i_1 \sim i_2$,列号为 $j_1 \sim j_2$,子矩阵的高度为 $i_2 - i_1 + 1$、宽度为 $j_2 - j_1 + 1$),其元素和等于 $(0,0)$—(i_2, j_2) 子矩阵(高度为 $i_2 + 1$、宽度为 $j_2 + 1$)的元素和 — $(0,0)$—$(i_1 - 1, j_2)$ 子矩阵

图 11.2 求 $presum[i][j]$

(高度为 i_1、宽度为 $j_2 + 1$)的元素和 — $(0,0)$—$(i_2, j_1 - 1)$ 子矩阵(高度为 $i_2 + 1$、宽度为 j_1)的元素和 + $(0,0)$—$(i_1 - 1, j_1 - 1)$ 子矩阵(高度为 i_1、宽度为 j_1)的元素和,即为 $presum[i_2 + 1][j_2 + 1] - presum[i_1][j_2 + 1] - presum[i_2 + 1][j_1] + presum[i_1][j_1]$。

在求出 presum 数组后再求每个子矩阵的元素和的时间为 $O(1)$,所以求 k 个子矩阵的元素和的时间为 $O(k + mn)$,通常 $k < mn$,从而降低 $O(mn)$。

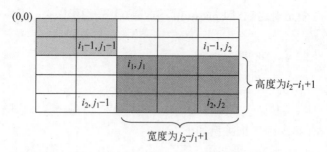

图 11.3 求 (i_1,j_1)—(i_2,j_2) 子矩阵的元素和

11.1.2 差分

1. 一维差分

从数学上讲,一个数列的差分指将后项减去前项所得的数列。设有含 n 个整数的数组 a,下标从 0 到 $n-1$,设计其差分数组为 diff(含 n 个整数),求 diff 的过程如下。

$$\text{diff}[0]=a[0]$$
$$\text{diff}[1]=a[1]-a[0]$$
$$\text{diff}[2]=a[2]-a[1]$$
$$\vdots$$
$$\text{diff}[i]=a[i]-a[i-1] \qquad \text{当 } 1\leqslant i<n \text{ 时}$$

使用差分数组的主要优点是优化对原始数组 a 的多次更新操作,例如对 a 做 k 次区间更新,每次把 $a[\text{low}..\text{high}](0\leqslant\text{low}\leqslant\text{high}<n)$ 区间中的所有元素加 c(用 $a[\text{low}..\text{high}]+=c$ 表示),求最后的结果数组。其求解过程如下。

(1) 遍历 a 求出其差分数组为 diff。

(2) 对于每个更新,即 $a[\text{low}..\text{high}]+=c$,只需要对 diff 做以下操作:

① 把 diff[low] 加 c,即 diff[low]$+=c$。

② 从 diff[high+1] 减去 c,即 diff[high+1]$-=c$。

(3) 设结果数组为 b(也可以直接用数组 a 存放结果),b 恰好是 diff 的前缀和数组。所以差分是前缀和的逆运算。

$$b[0]=\text{diff}[0]$$
$$b[i]=\text{diff}[0]+\cdots+\text{diff}[i-1]+\text{diff}[i] \qquad \text{当 } 0<i<n \text{ 时}$$

下面证明仅执行一次更新时结果的正确性。

当 $i=0$ 时显然成立。i 取其他值的各种情况如下。

(1) 当 $0<i<\text{low}$ 时,$b[i]=\text{diff}[0]+\text{diff}[1]+\cdots+\text{diff}[i-1]+\text{diff}[i]=a[0]+(a[1]-a[0])+\cdots+(a[i-1]-a[i-2])+(a[i]-a[i-1])=a[i]$。结果正确。

(2) 当 $\text{low}\leqslant i\leqslant\text{high}$ 时,$b[i]=\text{diff}[0]+\cdots+\text{diff}[\text{low}]+\cdots+\text{diff}[i-1]+\text{diff}[i]=a[0]+\cdots+(a[\text{low}]-a[\text{low}-1]+c)+\cdots+(a[i-1]-a[i-2])+(a[i]-a[i-1])=a[i]+c$。结果正确。

(3) 当 $i>\text{high}$ 时,$b[i]=\text{diff}[0]+\cdots+\text{diff}[\text{low}]+\cdots+\text{diff}[\text{high}+1]+\cdots+\text{diff}[i-1]+\text{diff}[i]=a[0]+\cdots+(a[\text{low}]-a[\text{low}-1]+c)+\cdots+(a[\text{high}+1]-a[\text{high}]-c)+\cdots+(a[i-1]-a[i-2])+(a[i]-a[i-1])=a[i]$。结果正确。

容易证明上述过程对于执行多次更新也是正确的。例如,$a=[1,2,2,1,2,1]$,求出其差分数组 diff$=[1,1,0,-1,1,-1]$。

(1) 执行 $a[0..2]+=1$:仅置 diff$[0]+=1$,diff$[3]-=1$,diff$=[2,1,0,-2,1,-1]$。

(2) 执行 $a[2..4]+=1$:仅置 diff$[2]+=1$,diff$[5]-=1$,diff$=[2,1,1,-2,1,-2]$。

(3) 执行 $a[0..5]+=1$:仅置 diff$[0]+=1$,diff$[6]-=1$(diff$[6]$不存在,忽略该修改),diff$=[3,1,1,-2,1,-2]$。

求 diff$=[3,1,1,-2,1,-2]$的前缀和得到 $b=[3,4,5,3,4,2]$,它就是原始数组 a 执行 3 次更新后的结果。

从中看出,如果每次更新直接在数组 a 上实现,执行时间为 $O(n)$,k 次更新的时间为 $O(kn)$,而用差分数组实现的时间为 $O(n+k)$。

2. 二维差分

一维差分是一维前缀和的逆运算,同样二维差分是二维前缀和的逆运算。设 $m \times n$ 的二维数组 a 的二维差分数组为 diff($m+1$ 行、$n+1$ 列),在图 11.3 中,求$(i_1,j_1)-(i_2,j_2)$子矩阵的元素和为 presum$[i_2+1][j_2+1]-$presum$[i_1][j_2+1]-$presum$[i_2+1][j_1]+$presum$[i_1][j_1]$,所以在执行 $a[i_1..i_2,j_1..j_2]$子矩阵的元素均加上 c 的更新时,只需要修改对应的 diff 为 diff$[i_1][j_1]+=c$,diff$[i_2+1][j_2+1]+=c$,diff$[i_1][j_2+1]-=c$,diff$[i_2+1][j_1]-=c$。再求 diff 的二维前缀和得到多次更新后的结果二维数组。

11.2 一维前缀和应用的算法设计

11.2.1 LeetCode724——寻找数组的中心下标★

【问题描述】 给定一个整数数组 nums,请计算数组的中心下标。数组的中心下标是数组的一个下标,其左侧所有元素相加的和等于右侧所有元素相加的和。如果中心下标位于数组的最左端,那么将左侧数之和视为 0,因为在下标的左侧不存在元素,这一点对于中心下标位于数组最右端同样适用。如果数组有多个中心下标,则返回最靠近左边的那一个;如果数组不存在中心下标,则返回-1。

例如,nums$=[1,7,3,6,5,6]$,nums$[0]+$nums$[1]+$nums$[2]=$nums$[4]+$nums$[5]=11$,答案为 3;nums$=[1,2,3]$,答案为-1。

【限制】 $1 \leqslant$nums. length$\leqslant 10^4$,$-1000 \leqslant$nums$[i] \leqslant 1000$。

【解题思路】 用前缀和数组求区间和。设置前缀和数组 presum,使用 11.1.1 节中的方式 1,其中 presum$[i]$表示 nums 中前 i 个元素的和,则 nums$[i..j]$元素的和$=$presum$[j+1]-$presum$[i]$。对于元素 nums$[i]$,其左侧所有元素 nums$[0..i-1]$之和为 presum$[i]$,其右侧所有元素 nums$[i+1..n-1]$之和为 presum$[n]-$presum$[i+1]$,若两者相等,则 i 为中心下标。从左向右枚举 i 求中心下标 ans,最后返回 ans 即可。对应的算法如下。

C++:

```
1  class Solution {
2  public:
```

```
3      int pivotIndex(vector<int>& nums) {
4          int n=nums.size();
5          vector<int> presum(n+1,0);
6          presum[0]=0;
7          for(int i=1;i<=n;i++)
8              presum[i]=presum[i-1]+nums[i-1];
9          int ans=n;
10         for(int i=0;i<n;i++) {
11             if(presum[i]==presum[n]-presum[i+1]) {
12                 ans=i;
13                 break;
14             }
15         }
16         if(ans==n) return -1;
17         else return ans;
18     }
19 };
```

提交运行：

结果：通过；时间：16ms；空间：30.9MB

如果前缀和数组使用 11.1.1 节中的方式 2，设计前缀和数组 presum，其中 presum[i] 表示 nums 中前 i 个元素的和，则 nums[$i..j$]元素的和=presum[$j+1$]-presum[i]。对于元素 nums[i]，其左侧所有元素 nums[$0..i-1$]之和为 presum[i]，其右侧所有元素 nums[$i+1..n-1$]之和为 presum[n]-presum[$i+1$]，若两者相等，则 i 为中心下标。从左向右枚举 i 求中心下标 ans，最后返回 ans 即可。对应的算法如下。

C++：

```
1  class Solution {
2  public:
3      int pivotIndex(vector<int>& nums) {
4          int n=nums.size();
5          vector<int> presum(n);
6          presum[0]=nums[0];
7          for(int i=1;i<n;i++)
8              presum[i]=presum[i-1]+nums[i];
9          int ans=n;
10         for(int i=0;i<n;i++) {
11             if(i==0) {
12                 if(presum[n-1]-presum[0]==0){
13                     ans=0;
14                     break;
15                 }
16             }
17             else {
18                 if(presum[i-1]==presum[n-1]-presum[i]) {
19                     ans=i;
20                     break;
21                 }
22             }
23         }
24         if(ans==n) return -1;
25         else return ans;
26     }
27 };
```

提交运行：

结果:通过;时间:16ms;空间:30.8MB

采用方式1的前缀和数组求解的Python算法如下。

Python:

```python
class Solution:
    def pivotIndex(self, nums: List[int]) -> int:
        n=len(nums)
        presum=[0] * (n+1)
        presum[0]=0
        for i in range(1,n+1):
            presum[i]=presum[i-1]+nums[i-1]
        ans=n
        for i in range(0,n):
            if presum[i]==presum[n]-presum[i+1]:
                ans=i
                break
        if ans==n:return -1
        else: return ans
```

提交运行:

结果:通过;时间:64ms;空间:16MB

11.2.2 LeetCode238——除自身以外数组的乘积★★

【问题描述】 给定一个整数数组 nums,返回数组 ans,其中 ans[i] 等于 nums 中除 nums[i] 之外其余各元素的乘积。题目数据保证数组 nums 中任意元素的全部前缀元素和后缀元素的乘积都在 32 位整数范围内。请不要使用除法,且在 $O(n)$ 时间复杂度内完成此题。

例如,nums=[1,2,3,4],答案为[24,12,8,6]。

【限制】 $2 \leqslant$ nums.length $\leqslant 10^5$,$-30 \leqslant$ nums[i] $\leqslant 30$。保证数组 nums 中任意元素的全部前缀元素和后缀元素的乘积都在 32 位整数范围内。

进阶:在 $O(1)$ 的额外空间复杂度内完成这个题目。注意,出于对空间复杂度分析的目的,输出数组不被视为额外空间。

【解法1】 用前缀积和后缀积求解。如果先求出 nums 中全部元素的乘积 p,然后遍历 nums,置 ans[i]=p/nums[i],这样做有两个问题,一是 nums[i] 为 0 时出错,例如 nums=[-1,1,0,-3,3] 时 p=0,正确答案为 ans=[0,0,9,0,0];二是题目要求不能使用除法。这里使用前缀和的变形——前缀积和后缀积求解,设计前缀积数组 pred,其中 pred[i] 表示 nums 中前 i 个元素的积,即 pred[i]=nums[0] * nums[1] * … * nums[i],求 pred 的递推关系如下:

pred[0]=nums[0]
pred[i]=pred[i-1] * nums[i]　　　　当 $1 \leqslant i < n$ 时

同样设计后缀积数组 postd,其中 postd[i] 为 nums[i] * nums[i+1] * … * nums[n-1],求 postd 的递推关系如下:

postd[n-1]=nums[n-1]
postd[i]=nums[i] * postd[i+1]　　　　当 $0 \leqslant i < n-1$ 时

这样 ans[i] 等于 nums 中除 nums[i] 之外其余各元素的乘积：

ans[0]＝nums[1] * nums[2] * … * nums[n−1]＝postd[1]
ans[n−1]＝nums[0] * nums[1] * … * nums[n−2]＝pred[n−2]
ans[k]＝pred[k−1] * postd[k+1]　　　　当 1≤k＜n−1 时

按上述过程求出 ans，最后返回 ans 即可。对应的算法如下。

C++：

```
1    class Solution {
2    public:
3        vector < int > productExceptSelf(vector < int > & nums) {
4            int n＝nums.size();
5            vector < int > pred(n),postd(n);
6            pred[0]＝nums[0];                //求前缀积
7            for(int i＝1;i＜n;i++)
8                pred[i]＝pred[i−1] * nums[i];
9            postd[n−1]＝nums[n−1];           //求后缀积
10           for(int i＝n−2;i＞＝0;i−−)
11               postd[i]＝postd[i+1] * nums[i];
12           vector < int > ans(n);
13           ans[0]＝postd[1];
14           ans[n−1]＝pred[n−2];
15           for(int k＝1;k＜n−1;k++)
16               ans[k]＝pred[k−1] * postd[k+1];
17           return ans;
18       }
19   };
```

提交运行：

结果：通过；时间：24ms；空间：24.5MB

Python：

```
1    class Solution:
2        def productExceptSelf(self, nums: List[int]) -> List[int]:
3            n＝len(nums)
4            pred, postd＝[0] * n, [0] * n
5            pred[0]＝nums[0]                #求前缀积
6            for i in range(1,n):
7                pred[i]＝pred[i−1] * nums[i]
8            postd[n−1]＝nums[n−1]           #求后缀积
9            for i in range(n−2,−1,−1):
10               postd[i]＝postd[i+1] * nums[i]
11           ans＝[0] * n
12           ans[0]＝postd[1]
13           ans[n−1]＝pred[n−2]
14           for k in range(1,n−1):
15               ans[k]＝pred[k−1] * postd[k+1]
16           return ans
```

提交运行：

结果：通过；时间：68ms；空间：23.5MB

扫一扫

源程序

【解法 2】 优化空间。在上述算法中用了 pred、postd 和 ans 共 3 个数组，可以优化为仅使用 ans 一个数组，首先将 ans 作为前缀积数组，使用解法 1 的方式求出 nums 的前缀积，然后求答案 ans。显然 ans[n−1]＝ans[n−2]，置后缀积 postd 为 nums[n−1]，k 从 n−2 到 1 递减循环（从右向左遍历 nums）：此时 ans[k−1] 为 nums[k] 前面元素的积，postd 为 nums[k] 右边元素的积，修改 ans[k] 为 ans[k−1] * postd（注意此时并没有修改 ans[k] 左边的元素),为了维护 postd 的后缀积,置 postd=postd * nums[k]。循环结束后置 ans[0] 为 postd,这样求出了 ans 的 n 个元素,最后返回 ans 即可。

11.2.3 LeetCode1749——任意子数组和的绝对值的最大值★★

【问题描述】 给定一个整数数组 nums,其中一个子数组 nums[$i..j$]和的绝对值表示为 $|nums[i]+nums[i+1]+\cdots+nums[j]|$。请找出 nums 中和的绝对值最大的任意子数组(可能为空),并返回该最大值。

例如,nums=[2,−5,1,−4,3,−2],其中子数组[−5,1,−4]的和的绝对值最大,为 $|-5+1-4|=|-8|=8$,答案为 8。

【限制】 $1\leqslant nums.\,length\leqslant 10^5$,$-10^4\leqslant nums[i]\leqslant 10^4$。

【解题思路】 用前缀和数组求解。设计前缀和数组 presum,其中 presum[i]表示以 nums[i]结尾的前缀和(注意 nums[$i..j$]的元素和等于 presum[j]−presum[$i-1$])。遍历 nums 求出 presum,同时求出最大前缀和 maxpre 和最小前缀和 minpre。

(1) 如果 maxpre 和 minpre 都是正数(或 0),那么答案就是 maxpre。

(2) 如果 maxpre 和 minpre 都是负数(或 0),那么答案就是$|$minpre$|$。

(3) 如果 maxpre 为正数,minpre 为负数,若 presum[$i-1$]为负数 minpre,presum[j] ($i<j$)为正数 maxpre,则 nums[$i..j$]=presum[j]−presum[$i-1$]=maxpre−minpre 为正数,此时答案为 maxpre−minpre;若 presum[$i-1$]为正数 maxpre,presum[j]($i<j$)为负数 minpre,则 nums[$i..j$]=minpre−maxpre 为负数,答案为$|$minpre−maxpre$|$= maxpre−minpre。

对应的算法如下。

C++:

```cpp
1   class Solution {
2   public:
3       int maxAbsoluteSum(vector<int>& nums) {
4           int n=nums.size();
5           int presum[n];                          //前缀和数组
6           presum[0]=nums[0];
7           int maxpre=presum[0],minpre=presum[0];
8           for(int i=1;i<n;i++) {
9               presum[i]=presum[i-1]+nums[i];
10              maxpre=max(maxpre,presum[i]);
11              minpre=min(minpre,presum[i]);
12          }
13          if(minpre>=0) return maxpre;            //maxpre 和 minpre 均为正数
14          if(maxpre<=0) return abs(minpre);       //maxpre 和 minpre 均为负数
15          return maxpre-minpre;
16      }
17  };
```

提交运行:

结果:通过;时间:48ms;空间:40.8MB

Python:

```python
1   class Solution:
2       def maxAbsoluteSum(self, nums: List[int]) -> int:
```

```
3          n=len(nums)
4          presum=[0] * n
5          presum[0]=nums[0]
6          maxpre,minpre=presum[0],presum[0]
7          for i in range(1,n):
8              presum[i]=presum[i-1]+nums[i]
9              maxpre=max(maxpre,presum[i])
10             minpre=min(minpre,presum[i])
11         if minpre>=0:
12             return maxpre
13         if maxpre<=0:
14             return abs(minpre)
15         return maxpre-minpre
```

提交运行：

结果：通过；时间：144ms；空间：25.5MB

11.2.4　LeetCode1524——和为奇数的子数组的数目★★

【问题描述】　给定一个整数数组 arr，请返回和为奇数的子数组的数目。由于答案可能会很大，请将结果对 10^9+7 取余后返回。

例如，arr=[1,3,5]，全部子数组为[[1],[1,3],[1,3,5],[3],[3,5],[5]]，对应的子数组和为[1,4,9,3,8,5]，其中共有 4 个为奇数，则答案为 4。

【限制】　$1\leqslant arr. length\leqslant10^5$，$1\leqslant arr[i]\leqslant100$。

【解题思路】　用前缀和数组求解。设计前缀和数组为 presum，其中 $presum[i]=a[0]+a[1]+\cdots+a[i-1]$，这样有 $presum[j+1]-presum[i]=a[i]+\cdots+a[j]$，或者说 $a[i..j](0\leqslant i\leqslant j<n)$ 的元素和等于 $presum[j+1]-presum[i]$。用 ans 表示答案（初始值为 0），用 i 和 j 枚举全部区间 $a[i..j]$，若其元素和为奇数，则执行 ans++。最后返回 ans。对应的算法如下。

C++：

```cpp
1   class Solution {
2       const int MOD=1000000007;
3   public:
4       int numOfSubarrays(vector<int>&arr) {
5           int n=arr.size();
6           vector<int> presum(n+1);
7           presum[0]=0;
8           for(int i=1;i<=n;i++)
9               presum[i]=presum[i-1]+arr[i-1];
10          int ans=0;
11          for(int i=0;i<n;i++) {
12              for(int j=i;j<n;j++) {
13                  if((presum[j+1]-presum[i])%2==1)
14                      ans=(ans+1)%MOD;
15              }
16          }
17          return ans;
18      }
19  };
```

提交运行：

结果：超时(151 个测试用例通过了 126 个)

上述算法的时间复杂度为 $O(n^2)$，可以使用这样的特点优化时间：以 arr[j] 结尾的所有和为奇数的子数组的数目与前面前缀和元素中奇数和偶数数目的相关性。用 ans 表示答案(初始值为 0)，用 j 从 0 开始遍历 arr，odd 表示当前前缀和为奇数的数目，even 表示当前前缀和为偶数的数目，将 presum[j] 改为表示以 arr[j] 结尾的前缀和(注意 a[$i..j$] 的元素和等于 presum[j]−presum[$i-1$])。

(1) arr[0] 的前面没有元素(空区间)，所以置 odd=0，even=1(将空区间看成一个和为 0(即偶数)的子数组)。

(2) 当遍历到 arr[j] 时，修改前缀和 presum[j]=presum[$j-1$]+arr[j]。

① 当 presum[j] 为偶数时，如果存在下标 $i-1$ 满足 $i-1 \leqslant j$ 且下标 $i-1$ 位置的前缀和 presum[$i-1$] 是奇数(或者说如果存在下标 i 满足 $i < j$ 且下标 i 位置的前缀和是奇数，则从下标 $i+1$ 到下标 j 的子数组的和是奇数)，这样一定有 presum[j]−presum[$i-1$] 为奇数(因为一个偶数减去一个奇数的结果为奇数)，说明存在一个以 arr[j] 结尾的和为奇数的子数组，如图 11.4 所示。也就是说 j 位置前面有 odd 个前缀和为奇数，则以 arr[j] 结尾的和为奇数的子数组的数目 ans 等于 ans+odd。同时 even 增 1。

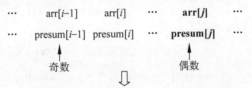

扫一扫

源程序

图 11.4　arr[$i..j$] 元素和为奇数的一种情况

② 当 presum[j] 为奇数时，若存在下标 $i-1$ 满足 $i-1 \leqslant j$ 且下标 $i-1$ 位置的前缀和 presum[$i-1$] 是偶数，这样一定有 presum[j]−presum[$i-1$] 为奇数，同样说明存在一个以 arr[j] 结尾的和为奇数的子数组。也就是说 j 位置前面有 even 个前缀和为偶数，则以 arr[j] 结尾的和为奇数的子数组的数目 ans 等于 ans+even。同时 odd 增 1。

从中看出可以将前缀和数组 presum 改为单个变量，在 arr 遍历完毕后返回 ans 即可。这样改进后的算法通过了全部测试用例。

11.2.5　LeetCode560——和为 k 的子数组★★

【问题描述】　给定一个整数数组 nums 和一个整数 k，请统计并返回该数组中和为 k 的连续子数组的个数。

例如，nums=[1,2,3]，k=3，和为 3 的连续子数组有[1,2]和[3]，答案为 2。

【限制】　$1 \leqslant$ nums. length $\leqslant 2 \times 10^4$，$-1000 \leqslant$ nums[i] $\leqslant 1000$，$-10^7 \leqslant k \leqslant 10^7$。

【解题思路】　用前缀和数组+哈希映射求解。设计前缀和数组为 presum，其中 presum[i]=$a[0]+a[1]+\cdots+a[i-1]$，这样有 presum[$j+1$]−presum[i]=$a[i]+\cdots+a[j]$。用 ans 表示答案(初始值为 0)，用 i 和 j 枚举全部区间 a[$i..j$]，若 presum[$j+1$]−presum[i]=k，则执行 ans++。最后返回 ans。对应的算法如下。

C++:

```
1  class Solution {
2  public:
```

```
3       int subarraySum(vector<int>& nums,int k) {
4           int n=nums.size();
5           vector<int> presum(n+1,0);
6           presum[0]=0;
7           for(int i=1;i<=n;i++)
8               presum[i]=presum[i-1]+nums[i-1];
9           int ans=0;
10          for(int i=0;i<n;i++) {
11              for(int j=i;j<n;j++)
12                  if(presum[j+1]-presum[i]==k) ans++;
13          }
14          return ans;
15      }
16  };
```

提交运行：

结果：超时（93个测试用例通过了83个）

上述算法的时间复杂度为 $O(n^2)$，可以使用哈希映射进行优化。用 ans 表示答案（初始值为 0），将 presum$[j]$ 改为表示以 arr$[j]$ 结尾的前缀和（注意，这里 arr$[i..j]$ 的元素和等于 presum$[j]$−presum$[i-1]$）。对于 arr$[j]$，求出 presum$[j]$ 和 rest＝presum$[j]$−k，如果存在下标 $i-1$ 满足 $i-1 \leqslant j$ 且 presum$[i-1]$＝rest，说明 arr$[i..j]$ 是一个满足要求的子数组，如图 11.5 所示，执行 ans++。

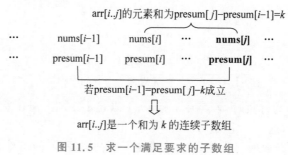

图 11.5　求一个满足要求的子数组

设计一个哈希映射 hmap，用 hmap$[k]$ 记录前缀和为 k 的连续子数组的数目。用 j 从 0 开始遍历 nums，对于 nums$[j]$，每遇到一个 presum$[i-1]$ 使得 presum$[i-1]$＝presum$[j]$−k 成立，则 ans 增 1，也就是说 ans 应该增加 hmap$[$presum$[j]$−$k]$。

从中看出可以将前缀和数组 presum 改为单个变量，在 arr 遍历完毕后返回 ans 即可。对应的算法如下。

C++：

```
1   class Solution {
2   public:
3       int subarraySum(vector<int>& nums,int k) {
4           unordered_map<int,int> hmap;
5           hmap[0]=1;
6           int presum=0,ans=0;
7           for(int j=0;j<nums.size();j++){
8               presum+=nums[j];
9               int rest=presum-k;
10              if(hmap.count(rest)>0)
11                  ans+=hmap[rest];
12              hmap[presum]++;
```

```
13          }
14          return ans;
15      }
16 };
```

提交运行：

结果：通过；时间：72ms；空间：40.5MB

Python：

```
1  class Solution:
2      def subarraySum(self, nums: List[int], k: int) -> int:
3          hmap={}
4          hmap[0]=1
5          presum,ans=0,0
6          for j in range(0,len(nums)):
7              presum+=nums[j]
8              rest=presum-k;
9              if rest in hmap:
10                 ans+=hmap[rest]
11             if presum in hmap:hmap[presum]+=1
12             else: hmap[presum]=1
13         return ans
```

提交运行：

结果：通过；时间：76ms；空间：17.4MB

11.2.6 LeetCode325——和等于 k 的最长子数组的长度★★

【问题描述】 给定一个整数数组 nums 和一个目标值 k，求和等于 k 的最长连续子数组的长度。如果不存在一个符合要求的子数组，则返回 0。

例如，nums=$[1,-1,5,-2,3]$，$k=3$，其中子数组 $[1,-1,5,-2]$ 的和等于 3，且长度最长，答案为 4；nums=$[-2,-1,2,1]$，$k=1$，其中子数组$[-1,2]$的和等于 1，且长度最长，答案为 2。

【限制】 $1\leqslant$ nums. length$\leqslant 2\times 10^5$，$-10^4\leqslant$nums$[i]\leqslant 10^4$，$-10^9\leqslant k\leqslant 10^9$。

【解题思路】 用前缀和数组＋哈希映射求解。设计原理与 11.2.5 节类似，用 ans 表示答案(初始为 0)，设计前缀和数组 presum，其中 presum$[j]$表示以 nums$[j]$结尾的前缀和(注意这里有 nums$[i..j]$的元素和等于 presum$[j]-$presum$[i-1]$)。另外设计哈希映射hmap，hmap$[k]$记录前缀和为 k 的下标。

用 j 从 0 开始遍历 nums，求出 presum$[j]$和 rest＝presum$[j]-k$，如果存在下标 $i-1$满足 $i-1\leqslant j$ 且 presum$[i-1]=$rest，说明 arr$[i..j]$是一个满足要求的子数组，如图 11.6所示，其长度为 $j-i+1$，在所有这样的长度中通过比较求出最大值 ans，最后返回 ans即可。

注意以下几点：

(1) hmap$[0]=-1$，可以理解为 nums$[0]$前面的空区间的前缀和为 0，对应的下标为-1。

(2) 当存在多个前缀和为 k 时，仅记录最小的下标，这样才能求出和等于 k 的最长连续子数组的长度。

（3）由于测试整数的绝对值较大，将整数由 int 改为 long 数据类型。

从中看出可以将前缀和数组 presum 改为单个变量，在 nums 遍历完毕后返回 ans 即可。

$$\text{arr}[i..j]\text{的元素和为presum}[j]-\text{presum}[i-1]=k$$

$$\cdots \quad \text{nums}[i-1] \quad \text{nums}[i] \quad \cdots \quad \textbf{nums}[\textbf{\textit{j}}] \quad \cdots$$

$$\cdots \quad \text{hmap[presum}[i-1]] \quad \text{presum}[i] \quad \cdots \quad \textbf{presum}[\textbf{\textit{j}}] \quad \cdots$$

若 $\text{presum}[i-1]=\text{presum}[j]-k$ 成立

⇓

$i=\text{hmap[presum}[j]-k]+1$

⇓

子数组的长度为 $j-i+1=j-\text{hmap[presum}[j]-k]$

图 11.6　求一个满足要求的子数组的长度

对应的算法如下。

C++：

```cpp
1   class Solution {
2   public:
3       int maxSubArrayLen(vector<int>& nums, int k) {
4           unordered_map<long, long> hmap;
5           hmap[0] = -1;
6           long presum = 0, ans = 0;
7           for(int j = 0; j < nums.size(); j++){
8               presum += nums[j];
9               long rest = presum - k;
10              if(hmap.count(rest) > 0)
11                  ans = max(ans, j - hmap[rest]);
12              if(hmap.count(presum) == 0)
13                  hmap[presum] = j;
14          }
15          return ans;
16      }
17  };
```

提交运行：

结果：通过；时间：204ms；空间：89.6MB

Python：

```python
1   class Solution:
2       def maxSubArrayLen(self, nums: List[int], k: int) -> int:
3           hmap = {}
4           hmap[0] = -1
5           presum, ans = 0, 0
6           for j in range(0, len(nums)):
7               presum += nums[j]
8               rest = presum - k
9               if rest in hmap: ans = max(ans, j - hmap[rest])
10              if presum not in hmap: hmap[presum] = j
11          return ans
```

提交运行：

结果：通过；时间：164ms；空间：56.2MB

11.2.7　LeetCode523——连续子数组和★★

【问题描述】　给定一个整数数组 nums 和一个整数 k，判断是否存在这样的连续子数组，子数组的长度至少为 2 且子数组的元素和为 k 的倍数。如果存在这样的连续子数组，返回 true，否则返回 false。

如果存在一个整数 n，令整数 x 符合 $x=n*k$，则称 x 是 k 的一个倍数。0 始终被视为 k 的一个倍数。

例如，nums=[23,2,4,6,7]，$k=6$，其中[2,4]是一个长度为 2 的子数组，并且和为 6，答案为 true；nums=[23,2,6,4,7]，$k=13$，答案为 false。

【限制】　$1\leqslant$ nums.length $\leqslant10^5$，$0\leqslant$ nums$[i]\leqslant10^9$，$0\leqslant$ sum(nums$[i]$)$\leqslant2^{31}-1$，$1\leqslant k\leqslant2^{31}-1$。

【解题思路】　用前缀和数组＋哈希映射求解。题目判断是否存在这样的子数组，其长度至少为 2 且其元素的总和为 k 的倍数，用前缀和数组的方法求满足条件的区间，设计原理与 11.2.5 节类似，设计前缀和数组 presum，其中 presum$[j]$表示以 nums$[j]$结尾的前缀和（注意这里有 nums$[i..j]$的元素和等于 presum$[j]-$presum$[i-1]$）。另外设计哈希映射 hmap，hmap$[ps]$记录前缀和为 ps 的下标。

子数组 nums$[i..j]$的元素和等于 presum$[j]-$presum$[i-1]$，其长度为 $j-i$，当 presum$[j]-$presum$[i-1]$为 k 的倍数时，presum$[j]$和 presum$[i-1]$除以 k 的余数相同。因此将 presum$[j]$改为对应位置 j 的前缀和除以 k 的余数，同时 hmap$[ps]$记录余数为 ps 的第一次出现的下标，初始时置 hmap$[0]=-1$（理解为 nums$[0]$前面空区间的前缀和余数为 0，对应的下标为-1）。

扫一扫

源程序

11.2.8　LeetCode53——最大子数组和★★

【问题描述】　给定一个整数数组 nums，请找出一个具有最大和的连续子数组（子数组中最少包含一个元素），返回其最大和。子数组是数组中的一个连续部分。

例如，nums=[$-2,1,-3,4,-1,2,1,-5,4$]，其中连续子数组[4,-1,2,1]的和最大，其和为 6，答案为 6。

【限制】　$1\leqslant$ nums.length $\leqslant10^5$，$-10^4\leqslant$ nums$[i]\leqslant10^4$。

【解题思路】　用前缀和数组求解。设计前缀和数组 presum，其中 presum$[j]=$nums$[0]+$nums$[1]+\cdots+$nums$[j-1]$（nums 中前 j 个元素的和），另外设计最小前缀和数组 minsum，其中 minsum$[j]$表示 persum$[1..j]$中的最小前缀和。在求出 persum 以后，有 nums$[i..j]$的元素和$=$presum$[j]-$presum$[i-1]$成立，对于某个 j，若 presum$[i-1]$最小，则 nums$[i..j]$的元素和最大，也就是说其最大值为 presum$[j]-$minsum$[j-1]$。用 j 从 1 到 n 循环，在这样的最大值中通过比较再求最大值 ans，最后返回 ans 即可。

扫一扫

源程序

11.3 二维前缀和应用的算法设计 ❋

11.3.1 LeetCode304——二维区域和检索(矩阵不可变)★★

【问题描述】 给定一个二维矩阵 matrix,计算其子矩阵范围内元素的总和,该子矩阵的左上角为(row1,col1)、右下角为(row2,col2)。

实现 NumMatrix 类。

(1) NumMatrix(int[][] matrix):将给定整数矩阵 matrix 进行初始化。

(2) int sumRegion(int row1,int col1,int row2,int col2):返回左上角(row1,col1)、右下角(row2,col2)所描述的子矩阵的元素的总和。

示例:

```
NumMatrix numMatrix = new NumMatrix([[3,0,1,4,2],[5,6,3,2,1],[1,2,0,1,5],[4,1,0,1,
                                     7],[1,0,3,0,5]]);
numMatrix.sumRegion(2, 1, 4, 3);          //返回8
numMatrix.sumRegion(1, 1, 2, 2);          //返回11
numMatrix.sumRegion(1, 2, 2, 4);          //返回12
```

【限制】 $m=$matrix.length,$n=$matrix$[i]$.length,$1\leqslant m,n\leqslant 200$,$-10^5\leqslant$matrix$[i][j]\leqslant 10^5$,$0\leqslant$row1$\leqslant$row2$<m$,$0\leqslant$col1$\leqslant$col2$<n$,最多调用 10^4 次 sumRegion 方法。

【解题思路】 用二维前缀和数组求解。二维前缀和数组的原理参见 11.1.1 节,将前缀和数组 presum 设置为类数据成员,在 NumMatrix(matrix)构造函数中用 $O(mn)$ 的时间从 matrix 构造出 presum,由于矩阵是不可变的,在后面 presum 也不会改变。在 sumRegion (row1,col1,row2,col2)中直接使用 persum 求出对应子矩阵的元素和并返回,其时间为 $O(1)$。NumMatrix 类如下。

▦ C++:

```cpp
1   class NumMatrix {
2   private:
3       vector < vector < int >> presum;
4   public:
5       NumMatrix(vector < vector < int >> & matrix) {
6           int m = matrix.size();
7           int n = matrix[0].size();
8           presum.resize(m+1, vector < int >(n+1, 0));
9           for(int i=1;i<=m;i++) {
10              for(int j=1;j<=n;j++)
11                  presum[i][j] = presum[i][j-1] + presum[i-1][j]
12                      - presum[i-1][j-1] + matrix[i-1][j-1];
13          }
14      }
15
16      int sumRegion(int row1, int col1, int row2, int col2) {
17          return presum[row2+1][col2+1] - presum[row1][col2+1]
18              - presum[row2+1][col1] + presum[row1][col117];
19      }
20  };
```

提交运行:

结果:通过;时间:324ms;空间:139MB

📖 **Python**:

```
1   class NumMatrix:
2       def __init__(self, matrix: List[List[int]]):
3           m,n=len(matrix),len(matrix[0])
4           self.presum=[[0] * (n+1) for i in range(m+1)]
5           for i in range(1,m+1):
6               for j in range(1,n+1):
7                   self.presum[i][j]=self.presum[i][j-1]+self.presum[i-1][j]
8                       -self.presum[i-1][j-1]+matrix[i-1][j-1]
9
10      def sumRegion(self, row1: int, col1: int, row2: int, col2: int) -> int:
11          return self.presum[row2+1][col2+1]-self.presum[row1][col2+1]
12              -self.presum[row2+1][col1]+self.presum[row1][col1]
```

提交运行:

结果:通过;时间:548ms;空间:26.3MB

11.3.2 LeetCode1074——元素和为目标值的子矩阵的数量 ★★★

【问题描述】 给定一个二维矩阵 matrix 和目标值 target,返回元素总和等于目标值的非空子矩阵的数量。子矩阵(x_1,y_1,x_2,y_2)是满足 $x_1 \leqslant x \leqslant x_2$ 且 $y_1 \leqslant y \leqslant y_2$ 的所有单元 matrix$[x][y]$的集合。如果(x_1,y_1,x_2,y_2)和(x_1',y_1',x_2',y_2')两个子矩阵中部分坐标不同(如 $x_1 \neq x_1'$),那么这两个子矩阵也不同。

例如,matrix=[[0,1,0],[1,1,1],[0,1,0]],target=0,其中有 4 个只含 0 的 1×1 子矩阵,答案为 4。

【限制】 $1 \leqslant$ matrix.length $\leqslant 100, 1 \leqslant$ matrix[0].length $\leqslant 100, -1000 \leqslant$ matrix$[i] \leqslant 1000, -10^8 \leqslant$ target $\leqslant 10^8$。

【解题思路】 用二维前缀和数组求解。思路同 11.3.1 节,在求出二维前缀和数组 presum 以后,使用 4 重循环求出每个(i_1,j_1)—(i_2,j_2)子矩阵的元素和,累计其中元素和等于 target 的子矩阵的个数 ans,最后返回 ans 即可。对应的算法如下。

📖 **C++**:

```
1   class Solution {
2       vector < vector < int >> presum;
3   public:
4       int numSubmatrixSumTarget(vector < vector < int >> & matrix, int target) {
5           int m=matrix.size();
6           int n=matrix[0].size();
7           presum.resize(m+1,vector < int >(n+1,0));
8           for(int i=1;i<=m;i++) {
9               for(int j=1;j<=n;j++)
10                  presum[i][j]=presum[i][j-1]+presum[i-1][j]-
11                      presum[i-1][j-1]+matrix[i-1][j-1];
12          }
13          int ans=0;
14          for(int i1=0;i1 < m;i1++) {
15              for(int j1=0;j1 < n;j1++) {
16                  for(int i2=i1;i2 < m;i2++) {
17                      for(int j2=j1;j2 < n;j2++) {
18                          if(sumRegion(i1,j1,i2,j2)==target) ans++;
```

```
19                        }
20                    }
21                }
22            }
23            return ans;
24        }

25        int sumRegion(int row1,int col1,int row2,int col2) {
26            return presum[row2+1][col2+1]−presum[row1][col2+1]
27                −presum[row2+1][col1]+presum[row1][col1];
28        }
29    };
```

提交运行：

结果:超时(40 个测试用例通过了 39 个)

上述算法的时间复杂度为 $O(m^2n^2)$，所以出现超时现象。可以用前缀和数组的思路进行降维，二维前缀和数组的原理参见 11.1.1 节，先由 matrix 矩阵求出二维前缀和数组 presum，如图 11.7 所示，用两个行变量 i_1 和 i_2 枚举子矩阵的行的上、下界，用 j 作为子矩阵的列的下界(注意，这里 i_1、i_2 和 j 都是从 1 开始循环，它们减 1 后才是 matrix 矩阵中对应的行号和列号)，求出 cursum＝presum$[i_2][j]$−presum$[i_1−1][j]$，这里的 cursum 表示以 i_1 和 i_2 为行的上、下界，以 0 和 j 为列的上、下界的子矩阵的元素和，将这样的值存放到哈希表 hmap 中，并且记录其执行的次数。

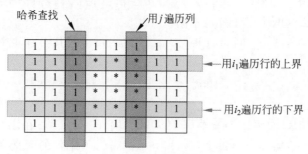

图 11.7　枚举子矩阵

(1) 若 cursum＝target，说明 cursum 对应的子矩阵就是一个元素和等于 target 的子矩阵，将 ans 增 1。

(2) 若 cursum−target 出现在 hmap 中，与一维前缀和数组的原理类似，假设前面某个列 j_1 对应的 cursum1 满足 cursum1＝cursum−target 条件，则 cursum−cursum1＝target，而 cursum−cursum1 正好是 (i_1,j_1+1)—(i_2,j) 子矩阵的元素和，说明找到一个元素和等于 target 的子矩阵，将 ans 增 hmap[cursum−target]。

最后返回 ans 即可。对应的算法如下。

🔲 C++：

```
1    class Solution {
2    public:
3        int numSubmatrixSumTarget(vector < vector < int >> & matrix, int target) {
4            int m＝matrix.size();
5            int n＝matrix[0].size();
6            vector < vector < int >> presum(m+1,vector < int >(n+1));
7            for(int i＝1;i <＝m;i++) {
```

```
 8              for(int j=1;j<=n;j++) {
 9                  presum[i][j]=presum[i-1][j]+presum[i][j-1]-
10                      presum[i-1][j-1]+matrix[i-1][j-1];
11              }
12          }
13          int ans=0;
14          for(int i1=1;i1<=m;i1++) {
15              for(int i2=i1;i2<=m;i2++) {
16                  unordered_map<int,int> hmap;
17                  for(int j=1;j<=n;j++) {
18                      int cursum=presum[i2][j]-presum[i1-1][j];
19                      if(cursum==target) ans++;
20                      if(hmap.count(cursum-target))
21                          ans+=hmap[cursum-target];
22                      hmap[cursum]++;
23                  }
24              }
25          }
26          return ans;
27      }
28  };
```

提交运行：

结果：通过；时间：576ms；空间：157.3MB

另一种求解方式是不先求出 matrix 的二维前缀和 presum，而是合并起来处理，用 i_1 和 i_2 枚举子矩阵的行的上、下界，设置 colsum 数组，其中 colsum[j] 表示该行的上、下界中第 j 列的元素和，将其看成求一维前缀和中初始数组 a 的一个元素，cursum 表示这样的数组 a 的一维前缀和，其他思路同解法 1。对应的算法如下。

C++：

```
 1  class Solution {
 2  public:
 3      int numSubmatrixSumTarget(vector<vector<int>>& matrix, int target) {
 4          int m=matrix.size();
 5          int n=matrix[0].size();
 6          unordered_map<int,int> hmap;
 7          int ans=0;
 8          for(int i1=0;i1<m;i1++) {
 9              vector<int> colsum(n,0);
10              for(int i2=i1;i2<m;i2++) {
11                  hmap[0]=1;                          //一维前缀和数组(11.1.1 节中的方式 2)
12                  int cursum=0;
13                  for(int j=0;j<n;j++) {
14                      colsum[j]+=matrix[i2][j];
15                      cursum+=colsum[j];
16                      ans+=hmap[cursum-target];
17                      hmap[cursum]++;
18                  }
19                  hmap.clear();
20              }
21          }
22          return ans;
23      }
24  };
```

提交运行：

结果:通过;时间:720ms;空间:162.4MB

采用第二种方式的 Python 算法如下。

Python:

```python
1   class Solution:
2       def numSubmatrixSumTarget(self, matrix: List[List[int]], target: int) -> int:
3           m, n = len(matrix), len(matrix[0])
4           hmap = {}
5           ans = 0
6           for i1 in range(0, m):
7               colsum = [0] * n
8               for i2 in range(i1, m):
9                   hmap[0] = 1
10                  cursum = 0
11                  for j in range(0, n):
12                      colsum[j] += matrix[i2][j]
13                      cursum += colsum[j]
14                      if cursum - target in hmap:
15                          ans += hmap[cursum - target]
16                      if cursum in hmap: hmap[cursum] += 1
17                      else: hmap[cursum] = 1
18                  hmap.clear()
19          return ans
```

提交运行:

结果:通过;时间:484ms;空间:15.6MB

11.3.3 面试题 17.24——最大子矩阵★★★

【问题描述】 给定一个由正整数、负整数和 0 组成的 $m \times n$ 的矩阵,编写程序找出元素总和最大的子矩阵,返回一个数组[r1,c1,r2,c2],其中 r1 和 c1 分别代表子矩阵左上角的行号和列号,r2 和 c2 分别代表子矩阵右下角的行号和列号。若有多个满足条件的子矩阵,返回任意一个即可。

例如,matrix=[[−1,0],[0,−1]],答案为[0,1,0,1]或者[1,0,1,0]。

【限制】 $1 \leqslant$ matrix.length,matrix[0].length$\leqslant 200$。

扫一扫

源程序

【解题思路】 用前缀和数组求区间和。设置二维前缀和数组 presum,首先,通过遍历矩阵,计算出每个位置(i,j)的前缀和 presum$[i][j]$,presum$[i][j]$的含义见图 11.2。

用(i_1, j_1)−(i_2, j_2)枚举所有可能的子矩阵(类似图 11.7),算法通过三重循环遍历所有可能的子矩阵。外两层循环分别用于确定子矩阵的上下边界(i_1 和 i_2),内层循环用于确定子矩阵的右边界(j_2)。在这个过程中,通过前缀和数组快速计算出当前子矩阵的和 cursum(cursum = presum$[i_2+1][j_2+1]$ + presum$[i_1][j_1]$ − presum$[i_2+1][j_1]$ − presum$[i_1][j_2+1]$),同时通过比较记录下当前最大子矩阵的和 maxsum(maxsum = cursum)和最大子矩阵的位置 ans(ans = $\{i_1, j_1, i_2, j_2\}$)。

采用的优化方法是减少了 j_1 的循环,首先 j_1 从 0 开始,对于确定的上下边界 i_1 和 i_2,j_2 从 0 到 $n-1$ 循环时,如果求出的当前子矩阵和 cursum 大于或等于 0,j_2 增 1 继续查找子矩阵(j_1 不变,子矩阵和越来越大);如果 cursum 小于 0,说明从当前 j_1 不可能找到比 ans 更大的子矩阵,为此让 j_1 从 j_2+1 开始继续查找子矩阵。最后返回 ans。

11.4　差分数组应用的算法设计

11.4.1　LeetCode370——区间加法★★

【问题描述】　假设有一个长度为 n 的数组 A,初始时所有的数字均为 0,给出 k 个更新的操作,每个操作为一个三元组[startIndex,endIndex,inc],表示将子数组 A[startIndex..endIndex](包括 startIndex 和 endIndex)增加 inc,请返回 k 次操作后的数组。

例如,$n=5$,updates$=[[1,3,2],[2,4,3],[0,2,-2]]$,执行操作如下。

初始状态:$[0,0,0,0,0]$

执行操作$[1,3,2]$后的状态:$[0,2,2,2,0]$

执行操作$[2,4,3]$后的状态:$[0,2,5,5,3]$

执行操作$[0,2,-2]$后的状态:$[-2,0,3,5,3]$

结果为$[-2,0,3,5,3]$

【解题思路】　用一维差分数组求解。设置数组 A 的差分数组为 diff,其中 diff$[i]=$A$[i]-$A$[i-1]$(diff$[0]=$A$[0]$)。由于初始时 A 的所有数字均为 0,则初始时 diff 的所有数字也均为 0。对于给定的[low,high,c],在 diff 上执行更新操作,最后求 diff 的前缀和数组 ans 便得到更新后的结果数组,返回 ans 即可。对应的算法如下。

C++:

```
 1    class Solution {
 2    public:
 3        vector < int > getModifiedArray(int n, vector < vector < int >> &updates) {
 4            vector < int > diff(n,0);
 5            int low, high, c;
 6            for(int i=0;i < updates. size();i++) {
 7                low=updates[i][0];
 8                high=updates[i][1];
 9                c=updates[i][2];
10                Update(diff,low,high,c);
11            }
12            return geta(diff);
13        }

14        void Update(vector < int > &diff,int low,int high,int c) {
15                                    //通过 diff 将 A[low..high]增加 c
16            diff[low]+=c;
17            if(high+1 < diff. size())
18                diff[high+1]-=c;
19        }
20        vector < int > geta(vector < int > &diff) {    //由差分数组 diff 构造 ans
21            int n=diff. size();
22            vector < int > ans(n);
23            ans[0]=diff[0];
24            for(int i=1;i < n;i++)
25                ans[i]=ans[i-1]+diff[i];
26            return ans;
27        }
28    };
```

提交运行：

结果：通过；时间：16ms；空间：16.4MB

▦ **Python**：

```python
1   class Solution：
2       def getModifiedArray(self,n:int,updates:List[List[int]]) -> List[int]：
3           diff=[0] * n
4           for i in range(0,len(updates))：
5               low=updates[i][0]；
6               high=updates[i][1]；
7               c=updates[i][2]；
8               diff[low]+=c
9               if high+1<n:diff[high+1]-=c
10          ans=[0] * n
11          ans[0]=diff[0]
12          for i in range(1,n)：
13              ans[i]=ans[i-1]+diff[i]
14          return ans
```

提交运行：

结果：通过；时间：56ms；空间：20.1MB

11.4.2　LeetCode1109——航班预订统计★★

【问题描述】　这里有 n 个航班，它们分别从 1 到 n 进行编号。有一份航班预订表 bookings，表中第 i 条预订记录 bookings[i]=[firsti,lasti,seatsi]表示从 firsti 到 lasti（包含 firsti 和 lasti）的每个航班上预订了 seatsi 个座位。请返回一个长度为 n 的数组 ans，里面的元素是每个航班预订的座位总数。

例如，bookings=[[1,2,10],[2,3,20],[2,5,25]]，$n=5$。更新过程如图 11.8 所示，答案为[10,55,45,25,25]。

扫一扫

源程序

航班编号	1	2	3	4	5
预订记录1：	10	10			
预订记录2：		20	20		
预订记录3：		25	25	25	25
座位总数：	10	55	45	25	25

图 11.8　更新过程

【限制】　$1 \leqslant n \leqslant 2 \times 10^4$，$1 \leqslant$ bookings. length $\leqslant 2 \times 10^4$，bookings[i]. length=3，$1 \leqslant$ firsti $\leqslant$ lasti $\leqslant n$，$1 \leqslant$ seatsi $\leqslant 10^4$。

【解题思路】　用一维差分数组求解。与 11.4.1 节的过程类似，仅需要将航班的编号从 1 到 n 通过减 1 改为从 0 到 $n-1$。

11.4.3　LeetCode2536——子矩阵元素加 1★★

【问题描述】　给定一个正整数 n，表示最初有一个 $n \times n$、下标从 0 开始的整数矩阵 mat，矩阵中填满了 0。另外给定一个二维整数数组 query。针对每个查询 query[i]=[row1i,col1i,row2i,col2i]，请执行下述操作：找出左上角为（row1i,col1i）且右下角为（row2i,col2i）的子矩阵，将子矩阵中的每个元素加 1，也就是给所有满足 row1i $\leqslant x \leqslant$ row2i 和 col1i $\leqslant y \leqslant$ col2i 的 mat[x][y]加 1。返回执行完所有操作后得到的矩阵 mat。

例如，$n=3$，queries=[[1,1,2,2],[0,0,1,1]]。初始为一个所有元素为 0 的 3×3 的矩阵，更新过程如下。

(1) 执行第一个操作：将左上角为(1,1)且右下角为(2,2)的子矩阵中的每个元素加1。

(2) 执行第二个操作：将左上角为(0,0)且右下角为(1,1)的子矩阵中的每个元素加1。

如图11.9所示，答案为[[1,1,0],[1,2,1],[0,1,1]]。

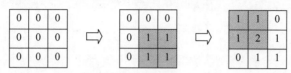

图11.9 更新过程

【限制】 $1 \leqslant n \leqslant 500, 1 \leqslant queries.length \leqslant 10^4, 0 \leqslant row1i \leqslant row2i < n, 0 \leqslant col1i \leqslant col2i < n$。

【解法1】 用一维差分数组求解。原矩阵为 n 行 n 列，将其看成 n 个元素，每行为一个元素，即一维数组，为第 $i(0 \leqslant i < n)$ 行设计一个一维差分数组 $diff[i]$。对于查询[r1,c1,r2,c2]，则 i 从 r1 到 r2 循环，置 $diff[i][c1] += 1, diff[i][c2+1] -= 1$。最后由 diff 数组求前缀和得到最终结果数组 ans，返回 ans 即可。对应的算法如下。

C++：

```
1   class Solution {
2   public:
3       vector < vector < int >> rangeAddQueries(int n, vector < vector < int >> &queries) {
4           vector < vector < int >> diff(n, vector < int >(n, 0));
5           for(int p=0;p < queries.size();p++) {
6               int r1=queries[p][0],c1=queries[p][1];
7               int r2=queries[p][2],c2=queries[p][3];
8               for(int i=r1;i <=r2;i++) {
9                   diff[i][c1]+=1;
10                  if(c2+1 < n) diff[i][c2+1]-=1;
11              }
12          }
13          vector < vector < int >> ans(n, vector < int >(n, 0));
14          for(int i=0;i < n;i++)
15              ans[i][0]=diff[i][0];
16          for(int i=0;i < n;i++) {
17              for(int j=1;j < n;j++) ans[i][j]=ans[i][j-1]+diff[i][j];
18          }
19          return ans;
20      }
21  };
```

提交运行：

结果：通过；时间：280ms；空间：86.7MB

Python：

```
1   class Solution:
2       def rangeAddQueries(self, n: int, queries: List[List[int]]) -> List[List[int]]:
3           diff=[[0] * n for i in range(n)]
4           for p in range(0, len(queries)):
5               r1,c1=queries[p][0],queries[p][1]
6               r2,c2=queries[p][2],queries[p][3]
7               for i in range(r1,r2+1):
8                   diff[i][c1]+=1
9                   if c2+1 < n:diff[i][c2+1]-=1
```

```
10        ans＝[[0] * n for i in range(n)]
11        for i in range(0,n): ans[i][0]＝diff[i][0]
12        for i in range(0,n):
13            for j in range(1,n): ans[i][j]＝ans[i][j－1]＋diff[i][j]
14        return ans
```

提交运行：

结果:通过;时间:1428ms;空间:36.9MB

【解法 2】 用二维差分数组求解。直接使用二维差分数组求解,二维差分数组的原理参见 11.1.2 节。对应的算法如下。

C++：

```
1  class Solution {
2  public:
3      vector < vector < int >> rangeAddQueries(int n, vector < vector < int >> & queries) {
4          vector < vector < int >> diff(n+1, vector < int >(n+1));
5          for(int i=0;i < queries.size();i++) {
6              int r1＝queries[i][0],c1＝queries[i][1];
7              int r2＝queries[i][2],c2＝queries[i][3];
8              diff[r1][c1]++; diff[r2+1][c2+1]++;
9              diff[r1][c2+1]--; diff[r2+1][c1]--;
10         }
11         vector < vector < int >> ans(n, vector < int >(n));
12         ans[0][0]＝diff[0][0];        //求 diff 的前缀和数组 ans
13         for(int i=1;i < n;i++) {
14             diff[i][0] += diff[i-1][0];
15             ans[i][0]＝diff[i][0];
16         }
17         for(int j=1;j < n;j++) {
18             diff[0][j] += diff[0][j-1];
19             ans[0][j]＝diff[0][j];
20         }
21         for(int i=1;i < n;i++) {
22             for(int j=1;j < n;j++) {
23                 diff[i][j] += diff[i-1][j]＋diff[i][j-1]－diff[i-1][j-1];
24                 ans[i][j]＝diff[i][j];
25             }
26         }
27         return ans;
28     }
29  };
```

提交运行：

结果:通过;时间:208ms;空间:86.9MB

Python：

```
1  class Solution:
2      def rangeAddQueries(self, n: int, queries: List[List[int]]) -> List[List[int]]:
3          diff＝[[0] * (n+1) for i in range(n+1)]
4          for i in range(0,len(queries)):
5              r1,c1＝queries[i][0],queries[i][1]
6              r2,c2＝queries[i][2],queries[i][3]
7              diff[r1][c1]+=1; diff[r2+1][c2+1]+=1
8              diff[r1][c2+1]-=1; diff[r2+1][c1]-=1
9          ans＝[[0] * n for i in range(n)]
10         ans[0][0]＝diff[0][0]
```

```
11      for i in range(1,n):
12          diff[i][0]+=diff[i-1][0]
13          ans[i][0]=diff[i][0]
14      for j in range(1,n):
15          diff[0][j]+=diff[0][j-1]
16          ans[0][j]=diff[0][j]
17      for i in range(1,n):
18          for j in range(1,n):
19              diff[i][j]+=diff[i-1][j]+diff[i][j-1]-diff[i-1][j-1]
20              ans[i][j]=diff[i][j]
21      return ans
```

提交运行：

结果：通过；时间：448ms；空间：36MB

推荐练习题

1. LeetCode363——矩形区域不超过 k 的最大数值和★★★

2. LeetCode525——连续数组★★

3. LeetCode731——日程安排表Ⅱ★★

4. LeetCode732——日程安排表Ⅲ★★★

5. LeetCode798——得分最高的最小轮调★★★

6. LeetCode930——和相同的二元子数组★★

7. LeetCode1094——拼车★★

8. LeetCode1248——统计优美子数组★★

9. LeetCode1314——矩阵区域和★★

10. LeetCode1480——一维数组的动态和★

11. LeetCode1508——子数组和排序后的区间和★★

第12章 线段树

知识图谱

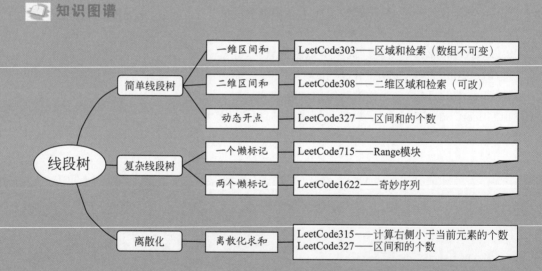

线段树
- 简单线段树
  - 一维区间和 —— LeetCode303——区域和检索（数组不可变）
  - 二维区间和 —— LeetCode308——二维区域和检索（可改）
  - 动态开点 —— LeetCode327——区间和的个数
- 复杂线段树
  - 一个懒标记 —— LeetCode715——Range模块
  - 两个懒标记 —— LeetCode1622——奇妙序列
- 离散化
  - 离散化求和 —— LeetCode315——计算右侧小于当前元素的个数
    LeetCode327——区间和的个数

12.1　线段树概述

12.1.1　线段树的定义

线段树(Segment Tree,ST)是一种高级数据结构,相当于数据的区间索引,可以高效地实现区间的查询和修改,其主要的应用场景如下。

(1)查询区间中的元素和或者区间最值(最大值或者最小值),例如对于一个包含 n 个元素的数据序列,可以使用线段树高效地查询指定区间中的元素和、最小值或最大值等。

(2)区间修改操作,例如可以使用线段树高效地将某一区间内的所有元素增加一个固定的值、替换为一个新的值等。

线段树是分治法和二叉树的结合,它是一棵二叉树,树中的每个结点对应一个区间(看成线段),结点值为该区间的元素和、最值或其他根据问题灵活定义的值。一个区间每次折半向下分为两个子区间,类似折半查找判定树,因此具有平衡二叉树的特性,从而使得基本运算的时间复杂度为 $O(\log_2 n)$。再结合分治法的思想可知,线段树适合解决的问题的特征是大区间的解可以由小区间的解合并起来。

例如,$a[0..7]=\{2,5,1,4,9,7,6,10\}$,这里 $n=8$,需要求任意指定区间[L,R]($0 \leqslant L \leqslant R \leqslant n-1$)中的最小元素,称其为 RMQ(Range Minimun Query,即区间最值查询)问题。创建对应的线段树如图 12.1 所示,其中结点"[L,R]:data"表示区间[L,R]中的最小值为 data,结点旁的数字为该结点的层序编号(即结点地址),根结点的地址为 root=0。若 L=R,则 data=a[L],该结点为叶子结点,也称为**单点**,否则该结点为双分支结点,置 mid=(L+R)/2(整除),其左孩子为"[L,mid]:ldata",右孩子为"[mid+1,R]:rdata",并且 data=min(ldata,rdata),即合并操作是求最小值。

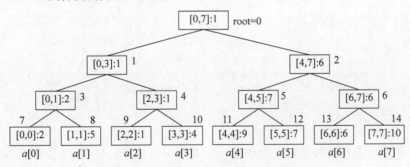

图 12.1　求[0..7]的最小元素的线段树

12.1.2　简单线段树的实现

简单线段树指仅包含创建、单点和区间查询以及单点修改运算的线段树,不包含区间修改运算。

1. 线段树的创建

线段树是一棵二叉树,用二叉树顺序存储结构(参见 6.1.1 节)进行存储,用数组 ST 表

示,根结点的层序编号为 root＝0,即以 ST[0]为根结点。这里以前面的 RMQ 问题为例,创建图 12.1 所示的线段树的过程如下。

(1) 总区间为[0,7],创建根结点 ST[0],root＝0,对应总区间。

(2) 求 mid 为(0＋7)/2＝3,创建 root 的左孩子结点,其层序编号为 2 * root＋1＝1,即左孩子结点为 ST[1],对应区间为[0,3]。创建 root 的右孩子结点,其层序编号为 2 * root＋2＝2,即右孩子结点为 ST[2],对应区间为[4,7]。

(3) 对于上述左、右孩子结点,再用与创建 root 类似的方式创建它们的孩子结点,直到对应区间的长度为 1。假设创建的某结点的长度为 1,对应的区间为[i,i],其层序编号为 k,则置 ST[k]＝a[i],将其作为叶子结点。

当整个线段树的结点创建完毕,叶子结点值已经求出,再向上求非叶子结点值。对于某个非叶子结点 ST[k],其左、右孩子分别为 ST[2k＋1]和 ST[2k＋2],则置 ST[k]＝min(ST[2k＋1],ST[2k＋2]),如此操作,直到求出根结点 ST[0]的值。

假设数据序列为 a[0..n−1],总区间为[0,n−1],对应线段树的 ST 数组的大小是多少呢? 根据线段树的创建过程可知其中只有双分支结点和叶子结点两种类型的结点,并且恰好有 n 个叶子结点。假设线段树的高度为 h,则第 1 层到第 h−1 层是一棵满二叉树,第 h−1 层的结点个数≤n,所以该满二叉树的结点个数≤2n,假设最多有 2n 个结点,它们的层序编号为 0～2n−1,则第 h 层的最大层序编号为 2(2n−1)＋2＝4n。因此 ST 数组的大小最多为 4n,不妨设 n 的最大值为 MAXN,设计简单线段树如下:

```
int ST[4 * MAXN];                          //线段树的存储结构,下标从 0 开始
```

创建一棵线段树是与查询操作相关的,前面 RMQ 问题的查询操作是 min(求区间的最小元素值)。使用递归方法创建线段树 ST 的算法如下。

C++:

```
1    void Create(int root, int a[], int L, int R) {    //创建线段树
2        if(L==R)                                      //单点
3            ST[root]=a[L];                            //置叶子结点的值
4        else {                                        //非单点
5            int mid=(L+R)/2;
6            Create(2 * root+1,a,L,mid);               //递归构造左子树
7            Create(2 * root+2,a,mid+1,R);             //递归构造右子树
8            ST[root]=min(ST[2 * root+1],ST[2 * root+2]);
                                                       //向上更新分支结点的值
9        }
10   }
```

说明:在上述实现的线段树中每个结点没有存储对应的区间和左、右孩子指针,并且规定根结点的层序编号为 0,根结点 ST[0]对应的区间为[0,n−1],则其中层序编号为 i 的左、右孩子的层序编号分别为 2i＋1 和 2i＋2。若规定根结点的层序编号为 1,根结点 ST[1]对应的区间为[1,n],则其中层序编号为 i 的左、右孩子的层序编号分别为 2i 和 2i＋1。

2. 线段树的查询

线段树的查询分为单点查询和区间查询两种形式。所谓单点查询就是查询[i,i]区间的值,即 a[i](对应线段树中的某个叶子结点)。这里仍然以前面的 RMQ 问题为例,从根结点 root 开始使用二分查找实现,对应的递归算法如下。

C++:

```
 1   int QueryOne(int root, int L, int R, int i) {          //单点查询
 2       if(L==R)                                            //单点
 3           return ST[root];
 4       else {                                              //非单点
 5           int mid=(L+R)/2;
 6           if(i<=mid)                                      //若[i,j]与左孩子区间有交集
 7               return QueryOne(2 * root+1, L, mid, i);
 8           else                                            //若[i..j]与右孩子区间有交集
 9               return QueryOne(2 * root+2, mid+1, R, i);
10       }
11   }
```

所谓区间查询就是给定一个有效的查询区间$[i,j]$($0 \leqslant i < j \leqslant n-1$),查找该区间中的某种值。对于前面的 RMQ 问题,从根结点 root 开始查找,假设当前结点对应的区间为$[L,R]$。

(1) 若$[L,R]$完全包含在查询区间$[i,j]$内,即$[L,R] \subseteq [i,j]$,如图 12.2(a)所示,则当前结点值是查询结果的一部分或者全部,直接返回当前结点值。

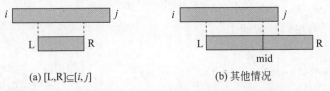

(a) $[L,R] \subseteq [i,j]$ (b) 其他情况

图 12.2 当前结点区间$[L,R]$和查询区间$[i,j]$的两种关系

(2) 其他情况如图 12.2(b)所示,置 mid=(L+R)/2,$[L,R]$被划分为左、右两个子区间$[L,mid]$和$[mid+1,R]$。

① 若$i \leqslant mid$,表示子区间$[L,mid]$与查询区间$[i,j]$有交集,在左子树中求出结果 lmin。

② 若$j > mid$,表示子区间$[mid+1,R]$与查询区间$[i,j]$有交集,在右子树中求出结果 rmin。

最后返回左、右子树解的合并结果,即返回 min(lmin,rmin)。

对应的递归算法如下。

C++:

```
 1   int QueryRange(int root, int L, int R, int i, int j) {   //查询区间[i,j]
 2       if(L>=i && R<=j)                                      //当前结点[L,R]包含在[i,j]中
 3           return ST[root];
 4       else {
 5           int mid=(L+R)/2;                                  //其他情况
 6           int lmin, rmin;
 7           if(i<=mid)                                        //若[i,j]与左孩子区间有交集
 8               lmin=QueryRange(2 * root+1, L, mid, i, j);
 9           if(j > mid)                                       //若[i,j]与右孩子区间有交集
10               rmin=QueryRange(2 * root+2, mid+1, R, i, j);
11           return min(lmin, rmin);                           //向上传递操作
12       }
13   }
```

3. 线段树的单点修改

同样,线段树的修改分为单点修改和区间修改两种形式,这里仅讨论前者。所谓单点修

改就是修改某个叶子结点值,例如将该叶子结点值加上 x(即执行 $a[i]+=x$)。在进行单点修改时不仅需要更新对应的单点结点,同时还需要更新该单点结点到根结点路径上的相关结点。例如对图 12.1 所示的线段树执行 $a[2]+=8$,先从根结点找到对应的单点结点 ST[9],将 ST[9] 由 1 更新为 9,ST[4] 由 1 更新为 4,ST[1] 由 1 更新为 2,ST[0] 由 1 更新为 2,结果如图 12.3 所示。

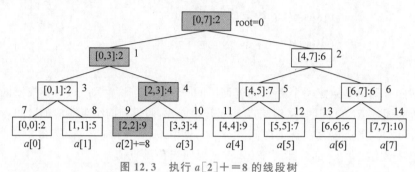

图 12.3 执行 $a[2]+=8$ 的线段树

单点修改对应的递归算法如下。

 C++:

```
1    void UpdateOne(int root,int L,int R,int i,int x) {      //单点修改:a[i]+=x
2        if(L==R)                                            //单点
3            ST[root]+=x;                                    //直接修改
4        else {                                             //非单点
5            int mid=(L+R)/2;
6            if(i<=mid)                                      //在左子树中修改
7                UpdateOne(2 * root+1,L,mid,i,x);
8            else                                           //在右子树中修改
9                UpdateOne(2 * root+2,mid+1,R,i,x);
10           ST[root]=min(ST[2 * root+1],ST[2 * root+2]);   //向上更新分支结点值
11       }
12   }
```

下面通过一个示例说明简单线段树的应用。

例 12-1

(HDU1754—I Hate It,时间限制:300ms,空间限制:32 768KB)很多学校有比较学生成绩的习惯,老师们很喜欢查询从某某到某某当中的最高成绩,请根据要求编写一个程序模拟老师的查询。老师有时候需要更新某位学生的成绩。

输入格式:本题目包含多组测试,请处理到文件的结束。在每个测试的第一行有两个正整数 n 和 $m(0<n\leqslant200\,000,0<m<5000)$,分别代表学生的数目和操作的数目。学生的 ID 编号为从 1 到 n。第二行包含 n 个整数,代表这 n 个学生的初始成绩,其中第 i 个数代表 ID 为 i 的学生的成绩。接下来有 m 行,每一行有一个字符 C(只取'Q'或'U')以及两个正整数 A 和 B,当 C 为'Q'的时候表示这是一条查询操作,它查询 ID 从 A 到 B(包括 A 和 B)的学生当中的最高成绩;当 C 为'U'的时候表示这是一条更新操作,要求把 ID 为 A 的学生的成绩更新为 B。

输出格式:对于每一次查询操作,分别在一行中输出最高成绩。

输入样例:

```
5 6
1 2 3 4 5
Q 1 5
U 3 6
Q 3 4
Q 4 5
U 2 9
Q 1 5
```

输出样例:

```
5
6
5
9
```

解：由于题目中不包含区间修改，适合用简单线段树求解。学生的 ID 编号从 1 到 n，为了方便，直接用 $a[1..n]$ 存放学生的成绩，为此线段树对应的区间为 $[1,n]$，即根结点的层序编号为 root=1。这里的合并操作是求最大值，U 操作对应单点修改，Q 操作对应区间查询，相关算法的设计原理同上。另外不必设计 a 数组，在创建线段树 ST 时将单点赋值语句改为直接输入单点值即可，也就是将 $ST[root]=a[L]$ 语句改为 scanf("%d",&ST[root]) 语句。对应的程序如下。

▦ C++:

```cpp
1   #include <iostream>
2   #include <algorithm>
3   using namespace std;
4   #define MAXN 200005              //最大的 n 值
5   int ST[4 * MAXN];                //线段树存储结构
6   void Create(int root, int L, int R) {   //创建线段树
7       if(L==R)                     //叶子结点
8           scanf("%d",&ST[root]);
9       else {
10          int mid=(L+R)/2;
11          Create(2 * root, L, mid);        //递归构造左子树
12          Create(2 * root+1, mid+1, R);    //递归构造右子树
13          ST[root]=max(ST[2 * root], ST[2 * root+1]);
14      }
15  }

16  int QueryRange(int root, int L, int R, int i, int j) {   //查询线段树的区间[i,j]
17      if(L>=i && R<=j)             //当前结点区间[L,R]包含在[i,j]中
18          return ST[root];
19      else {
20          int mid=(L+R)/2;         //其他情况
21          int lmax=0, rmax=0;
22          if(i<=mid)              //若[i,j]与左孩子区间有交集
23              lmax=QueryRange(2 * root, L, mid, i, j);
24          if(mid<j)              //若[i,j]与右孩子区间有交集
25              rmax=QueryRange(2 * root+1, mid+1, R, i, j);
26          return max(lmax, rmax);
27      }
28  }

29  void UpdateOne(int root, int L, int R, int idx, int x) { //单点修改:a[idx]=x
30      if(L==R) {                   //找到单点
31          if(L==idx) ST[root]=x;   //单点修改
```

```
32              }
33          else {
34              int mid=(L+R)/2;
35              if(idx<=mid)                    //在左子树中修改
36                  UpdateOne(2 * root,L,mid,idx,x);
37              else                            //在右子树中修改
38                  UpdateOne(2 * root+1,mid+1,R,idx,x);
39              ST[root]=max(ST[2 * root],ST[2 * root+1]); //向上更新分支结点的值
40          }
41      }

42  int main() {
43      int n,m;
44      while(~scanf("%d%d",&n,&m)){
45          Create(1,1,n);                      //根结点的层序编号为1,对应区间为[1,n]
46          while(m--) {
47              char op[2];
48              int a,b;
49              scanf("%s%d%d",op,&a,&b);
50              if(op[0]=='Q')                  //Q 操作
51                  printf("%d\n",QueryRange(1,1,n,a,b));
52              else                            //U 操作
53                  UpdateOne(1,1,n,a,b);
54          }
55      }
56      return 0;
57  }
```

上述程序提交时通过,执行时间为 998ms,内存消耗为 3792KB。

12.1.3 复杂线段树的实现

复杂线段树指除了包含简单线段树的基本运算外,还包含区间修改运算的线段树。所谓区间修改就是修改一段连续区间的值,假设给定修改区间为 $[i,j]$,将其中的每个元素都加 x(即执行 $a[i..j]+=x$)。区间修改远比单点修改复杂,因为涉及的叶子结点不止一个,而叶子结点值的修改会影响其祖先结点值的修改,同时非叶子结点的修改也会影响其子结点的修改。在区间修改中,若使用对每个叶子结点进行单点修改的方式,显然是可行的。例如,对图 12.1 所示的线段树执行 $a[1..3]+=-4$,使用单点修改的方式如下:

(1) 将叶子结点"[1,1]: 5"的值修改为 $5-4=1$,回溯所有祖先结点并做相应修改。

(2) 将叶子结点"[2,2]: 1"的值修改为 $1-4=-3$,回溯所有祖先结点并做相应修改。

(3) 将叶子结点"[3,3]: 4"的值修改为 $4-4=0$,回溯所有祖先结点并做相应修改。

这样做显然是低效的。那么在遍历时是否能仅修改完全包含在 $[i,j]$ 区间中的结点,其子结点暂时不做修改呢?这是可行的,但需要在线段树中引入懒标记或者延迟标记(lazy tag)概念。所谓懒标记就是每个结点新增加一个标记 flag,用于表示这个结点是否进行了某种修改(这种修改操作会影响其子结点),初始值均为 0 表示尚未修改。懒标记方法是在区间修改时只对这个区间进行整体上的修改,其内部每个结点的内容先不做修改,只有当这个区间的一致性被破坏时才把变化值传递给下一层的结点。

例如,对于图 12.1 所示的线段树执行 $a[1..3]+=-4$,用懒标记方法实现,首先将线段树中所有结点的懒标记 flag 置为 0(图中结点的圆括号中的数字表示懒标记),对应的过程如下:

（1）在从根结点遍历到"[1,1]：5(0)"叶子结点时，它完全包含在[1,3]修改区间中，修改其值为5+(−4)=1，修改其懒标记flag为−4（表示该结点尚未向子结点传递，尽管叶子结点不需要向下传递），即将"[1,1]：5(0)"改为"[1,1]：1(−4)"。

（2）在遍历到"[2,3]：1(0)"非叶子结点时，它完全包含在[1,3]修改区间中，修改其值为1+(−4)=−3，修改flag为−4（表示该结点尚未向子结点传递），即将"[2,3]：1(0)"改为"[2,3]：−3(−4)"。

其他不做修改，上述修改后的线段树如图12.4所示，这样保证区间修改算法的时间复杂度也是$O(\log_2 n)$，这便是在线段树中用懒标记的优点所在。

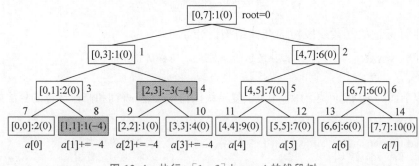

图12.4 执行$a[1..3]+=-4$的线段树

在带懒标记的线段树中执行查询和修改运算时涉及向下传递操作，例如在图12.4所示的线段树中执行$i=3$的单点查询，其过程是从根结点root=0开始查找，当遍历到结点"[2,3]：−3(−4)"时会执行向下传递操作（因为其flag≠0，说明修改操作尚未传递到它的子孙）。

（1）其左孩子为"[2,2]：1(0)"，修改左孩子结点值为原左孩子结点值+父结点flag值=1+(−4)=−3，修改左孩子结点flag值为原左孩子结点flag值+父结点flag值=0+(−4)=−4，这样左孩子修改为"[2,2]：−3(−4)"。

（2）其右孩子为"[3,3]：4(0)"，修改右孩子结点值为原右孩子结点值+父结点flag值=4+(−4)=0，修改右孩子结点flag值为原右孩子结点flag值+父结点flag值=0+(−4)=−4，这样右孩子修改为"[3,3]：0(−4)"。

在修改左、右孩子后，原结点"[2,3]：−3(−4)"的flag值恢复为0，即修改为"[2,3]：−3(0)"，表示其修改已经向下传递了。所以执行$i=3$单点查询后的线段树如图12.5所示。由于完全匹配的是单点为"[3,3]：0(−4)"，所以该查询的结果为0。

由上述原理可知，对于结点ST[root]，若其flag≠0，向下传递修改操作（仅传递到它的孩子）的算法如下。

C++：

```
1   void PushDown(int root) {            //向下传递算法
2       if(flag[root]!=0) {
3           flag[2*root+1]+=flag[root];
4           flag[2*root+2]+=flag[root];
5           ST[2*root+1]+=flag[root];
6           ST[2*root+2]+=flag[root];
7           flag[root]=0;
8       }
9   }
```

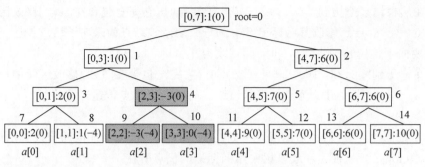

图 12.5　执行 $i=3$ 单点查询后的线段树

为此带懒标记的复杂线段树的存储结构设计如下：

```
int ST[4 * MAXN];           //线段树的存储结构,下标从 0 开始
int flag[4 * MAXN];         //结点的懒标记,下标从 0 开始
```

仍然以前面的 RMQ 问题为例,相关的复杂线段树的创建、查询和修改运算的算法如下。

C++：

```
1   void Create(int root,int a[],int L,int R) {      //创建线段树
2       flag[root]=0;                                 //将懒标记置为 0
3       if(L==R)                                      //单点
4           ST[root]=a[L];
5       else {                                        //非单点
6           int mid=(L+R)/2;
7           Create(2 * root+1,a,L,mid);              //递归构造左子树
8           Create(2 * root+2,a,mid+1,R);            //递归构造右子树
9           ST[root]=min(ST[2 * root+1],ST[2 * root+2]);   //向上传递操作
10      }
11  }

12  int QueryOne(int root,int L,int R,int i) {       //带懒标记的单点查询
13      if(L==R)                                      //单点
14          return ST[root];
15      else {                                        //非单点
16          PushDown(root);                           //修改操作向下传递
17          int mid=(L+R)/2;
18          if(i<=mid)                               //若[i,j]与左孩子区间有交集
19              return QueryOne(2 * root+1,L,mid,i);
20          else                                     //若[i,j]与右孩子区间有交集
21              return QueryOne(2 * root+2,mid+1,R,i);
22      }
23  }

24  int QueryRange(int root,int L,int R,int i,int j) {   //带懒标记的区间查询
25      if(L>=i && R<=j)                              //当前结点区间包含在[i,j]中
26          return ST[root];
27      else {
28          PushDown(root);                           //修改操作向下传递
29          int mid=(L+R)/2;
30          int lmin=INF,rmin=INF;
31          if(i<=mid)                               //若[i,j]与左孩子区间有交集
32              lmin=QueryRange(2 * root+1,L,mid,i,j);
33          if(mid<j)                                //若[i,j]与右孩子区间有交集
34              rmin=QueryRange(2 * root+2,mid+1,R,i,j);
35          return min(lmin,rmin);                    //向上传递操作
36      }
37  }
```

```
38    void UpdateOne(int root,int L,int R,int i,int x) {      //带懒标记的单点修改
39      if(L==R) {                                            //单点
40        flag[root]+=x;
41        ST[root]+=x;                                        //直接修改
42      }
43      else {                                               //非单点
44        PushDown(root);                                     //修改操作向下传递
45        int mid=(L+R)/2;
46        if(i<=mid)                                          //在左子树中修改
47          UpdateOne(2 * root+1,L,mid,i,x);
48        else                                               //在右子树中修改
49          UpdateOne(2 * root+2,mid+1,R,i,x);
50        ST[root]=min(ST[2 * root+1],ST[2 * root+2]);        //向上传递操作
51      }
52    }

53    void UpdateRange(int root,int L,int R,int i,int j,int x) {  //带懒标记的区间修改
54      if(L>=i && R<=j) {                                   //当前结点区间包含在[i,j]中
55        flag[root]+=x;                                      //x累计到当前结点中
56        ST[root]+=x;                                        //更新当前结点值
57      }
58      else {
59        PushDown(root);                                     //懒标记向下传递
60        int mid=(L+R)/2;
61        if(i<=mid)                                          //若[i,j]与左孩子区间有交集
62          UpdateRange(2 * root+1,L,mid,i,j,x);
63        if(mid<j)                                           //若[i,j]与右孩子区间有交集
64          UpdateRange(2 * root+2,mid+1,R,i,j,x);
65        ST[root]=min(ST[2 * root+1],ST[2 * root+2]);        //向上传递操作
66      }
67    }
```

上述查询和修改运算算法的时间复杂度均为 $O(\log_2 n)$。下面通过一个示例说明复杂线段树的应用。

例 12-2

(HDU1698—Just a Hook,时间限制:2000ms,空间限制:32 768KB)在 DotA 的游戏中 Pudge 的吊钩是最可怕的,该吊钩由 n 根相同长度的连续金属棒组成,金属棒的编号为从 1 到 n。Pudge 可以对吊钩做一些操作,例如将连续的金属棒(从 x 到 y 编号)改为铜棒、银棒或金棒。吊钩的总价值是 n 个金属棒价值的和。更准确地说,每种金属棒的价值如下:每个铜棒的价值为 1,每个银棒的价值为 2,每个金棒的价值为 3。Pudge 想要在执行操作后知道吊钩的总价值。可以认为初始吊钩是由铜棒组成的。

输入格式:输入包含多个测试用例,第一行是测试用例的个数,不超过 10 个测试用例。对于每个测试用例,第一行包含一个整数 $n(1\leqslant n\leqslant 100\,000)$,表示吊钩的金属棒的个数,第二行包含整数 $q(0\leqslant q\leqslant 100\,000)$,这是操作的数量。接下来的 q 行,每行包含 3 个整数 x、y $(1\leqslant x\leqslant y\leqslant n)$ 和 $z(1\leqslant z\leqslant 3)$,对应的操作是将 x 到 y 编号的金属棒改为金属 z,其中 $z=1$ 代表铜棒,$z=2$ 代表银棒,$z=3$ 代表金棒。

输出格式:对于每个测试用例,在一行中输出一个整数,表示操作后吊钩的总价值。

输入样例:

```
1
10
2
1 5 2
5 9 3
```

输出样例:

Case 1: The total value of the hook is 24.

解:由于题目中含区间修改,使用复杂线段树求解,对应的合并操作是求和。用 ST 表示结点(对应线段区间)的总价值,用 flag 作为懒标记,由于每个单点只有一种类型值(1 为铜棒,2 为银棒,3 为金棒,初始均为 1,即铜棒),所以 flag 实际上表示结点的金属棒类型。由于金属棒的编号为从 1 到 n,所以线段树对应的区间为 $[1,n]$,即根结点的层序编号为 root=1。对于一个层序编号为 i 的分支结点,其左孩子的层序编号为 $2i$,右孩子的层序编号为 $2i+1$。题目求吊钩的总价值就是求根结点值 ST[1]。

区间修改算法为 Update(int root,int L,int R,int i,int j,int x),即在根为 root、对应区间为 $[L,R]$ 的线段树中将区间 $[i,j]$ 的金属棒改为金属棒 x。

(1) 若当前结点 root 对应的区间 $[L,R]$ 完全在 $[i,j]$ 中,置 flag[root]=x,修改其总价值为 ST[root]=$x*(R-L+1)$,即新总价值为 x 与其长度 $(R-L+1)$ 的乘积。

(2) 否则先从 root 结点向其子结点传递修改,假设 root 结点的长度为 m,左孩子结点的长度为 $m-m/2$,其总价值修改为 $(m-m/2)*$ flag[root],右孩子结点的长度为 $m/2$,其总价值修改为 $(m/2)*$ flag[root]。若 $[i,j]$ 与左孩子区间有交集,递归修改左子树;若 $[i,j]$ 与右孩子区间有交集,递归修改右子树,最后执行向上传递操作。

扫一扫

源程序

12.1.4 线段树的动态开点实现

前面介绍了线段树中只有双分支结点和叶子结点两种类型的结点,若根结点的区间为 $[0,n-1]$,则恰好有 n 个叶子结点,总的结点个数为 $n_0+n_2=2n_0-1=2n-1$(n_0 和 n_2 分别为叶子结点和双分支结点的个数),这样不必为线段树定义 $4n$ 的空间,而是直接用 ST$[0..2n-1]$ 存放线段树,特别是在根结点区间范围很大而结点个数较少时可以大幅提高时空性能。但是结点 ST[root] 的左、右孩子不再是 ST[2root+1] 和 ST[2root+2],为此在结点中存放左、右孩子的地址,例如定义线段树如下。

▦ C++:

```
1    struct SNode {                              //动态开点线段树的结点类型
2        int val;                                //结点值
3        int left,right;                         //左、右孩子在 ST 中的地址
4        SNode():val(0),left(0),right(0) {}      //构造函数
5    };
6    SNode ST[2*MAXN];                           //线段树的存储结构
7    int root=0;                                 //线段树的根结点
8    int cnt=0;                                  //总结点个数
```

上述线段树仍然需要估计 MAXN,这种动态开点线段树的实现方式称为需要进行估点的数组实现。一般在初始化时确定根结点对应的区间,将 ST 的所有结点成员初始化为 0(left 和 right 指针为 0 表示无左、右孩子),并且规定根结点的地址为 1,初始时将 root 置为 0 表示尚未创建根结点。在修改中动态创建结点,即动态开点。简单地说,动态开点线段树

的开点方式类似于链表加点,即在结点上存放指向下一个结点的指针,当需要遍历下一个结点时就可以通过当前结点的指针在 $O(1)$ 的时间内找到下一个结点。使用这种方法可以轻松地将每个结点按左、右区间的顺序排列起来。例如,以前面的 RMQ 问题为例,在动态开点的线段树中实现单点修改的算法如下。

C++:

```
1   void UpdateOne(int &root, int L, int R, int i, int x) {    //单点修改:a[i]+=x
2       if(root==0) root=++cnt;   //若 root 不存在,则动态创建该结点
3       if(L==R)                                                //单点
4           ST[root]+=x;                                        //直接修改
5       else {                                                  //非单点
6           int mid=(L+R)/2;
7           if(i<=mid)                                          //在左子树中修改
8               UpdateOne(ST[root].left, L, mid, i, x);
9           else                                               //在右子树中修改
10              UpdateOne(ST[root].right, mid+1, R, i, x);
11          ST[root]=min(ST[ST[root].left].val, ST[ST[root].right].val);
                                                                //更新非叶子结点的值
12      }
13  }
```

由于在 Python 中没有提供类似 C++ 的引用类型,动态开点的实现方式有所不同,以前面的 RMQ 问题为例,初始数据序列为 $a[0..n-1]$,使用列表 ST 存放线段树(初始为空),ST[0] 作为根结点,对应的区间为 $[0, n-1]$,每次新创建的结点添加到末尾(其序号为 len(ST)-1),-1 表示空结点。这种动态开点线段树的实现方式称为无须估点的动态实现。

Python:

```
1   class SNode:                          #线段树的结点类
2       def __init__(self):
3           self.val=0
4           self.left, self.right=-1, -1

5   class SegTree:                        #线段树类
6       def __init__(self):
7           self.ST=[]                    #用列表存放线段树,下标从 0 开始
8       def Create(self, a):             #由 a 创建线段树
9           n=len(a)
10          self.ST.append(SNode())      #添加根结点
11          for i in range(0, n):        #动态插入 a[i]
12              self.UpdateOne(0, 0, n-1, i, a[i])

13      def UpdateOne(self, root, L, R, i, x):   #单点修改:a[i]+=x
14          cnode=self.ST[root]
15          if L==R: cnode.val+=x
16          else:
17              mid=(L+R)>>1
18              if i<=mid:
19                  if cnode.left==-1:   #动态开点:创建左孩子
20                      self.ST.append(SNode())
21                      cnode.left=len(self.ST)-1
22                  self.UpdateOne(cnode.left, L, mid, i, x)
23              else:
24                  if cnode.right==-1:
25                      self.ST.append(SNode())   #动态开点:创建右孩子
26                      cnode.right=len(self.ST)-1
27                  self.UpdateOne(cnode.right, mid+1, R, i, x)
28              self.ST[root].val=self.ST[self.ST[root].left].val+ \
29                  self.ST[self.ST[root].right].val
```

```
30        def QueryRange(self, root, L, R, i, j):
31            if root == -1: return 0
32            if j < L or i > R: return 0
33            cnode = self.ST[root]
34            if i <= L and j >= R: return cnode.val
35            else:
36                mid = (L + R) >> 1
37                return self.QueryRange(cnode.left, L, mid, i, j) +
38                    self.QueryRange(cnode.right, mid + 1, R, i, j)

39    a = [2, 5, 1, 4, 9, 7, 6, 10]
40    st = SegTree()
41    st.Create(a)
42    ans = st.QueryRange(0, 0, len(a) - 1, 1, 4)
43    print("ans=", ans)                    # 输出 a[1] + a[2] + a[3] + a[4] = 19
```

其他算法与前面讨论的线段树的相关算法类似,这里不再介绍。

12.1.5 离散化

对于一个数字序列,在有些情况下这些数字的绝对值的大小不重要,而相对值的大小很重要。例如,一个班的学生的成绩进行排名,此时不关心成绩的绝对值,只需要求名次,若成绩为[95, 70, 85, 48],名次为[1, 3, 2, 4]。离散化就是用数字的相对值代替它们的绝对值。离散化是一种数据处理技术,它把分布广而稀的数据转换为密集数据,从而节省空间,提高算法的时空性能。

离散化的方法有多种,这里用哈希映射实现。以上述求学生的名次为例,最高成绩为第一名(成绩越高名次越小),相同成绩的名次相同。假设学生的成绩用数组 a 存放,离散化过程如下。

(1) 先由 a 复制产生数组 b,将数组 b 递减排序(因为成绩与名次成反比,否则应该改为递增排序)。

(2) 将名次 idx 置为 0,设计一个哈希映射 hmap,hmap[k]存放成绩 k 的名次。用 x 顺序遍历 b,若 x 在 hmap 中(说明已经求出 x 成绩的名次),则跳过,否则置 hamp[x] = ++idx。这样求出每个不同成绩的名次。

(3) 建立存放 a 的名次的数组 ans,遍历 a 依次将每个成绩对应的名次存放到 ans 中,最后返回 ans。

对应的算法如下。

C++:

```
1   vector<int> Discretization(vector<int>& a) {
2       int n = a.size();
3       vector<int> b(a);
4       sort(b.begin(), b.end(), greater<int>());
5       unordered_map<int, int> hmap;
6       int idx = 0;
7       for(int x : b) {
8           if(hmap.count(x) == 0) hmap[x] = ++idx;
9       }
10      vector<int> ans(n);
11      for(int i = 0; i < n; i++) ans[i] = hmap[a[i]];
12      return ans;
13  }
```

Python：

```python
1  def Discretization(a):
2      n=len(a)
3      hmap,idx={},0
4      for x in sorted(a):
5          if x not in hmap:
6              idx+=1;hmap[x]=idx
7      ans=[None] * n
8      for i in range(0,n):
9          ans[i]=hmap[a[i]]
10     return ans;
```

当线段树需要按数据值处理而不是按数据下标处理时,若数据的范围较小,则用前面讨论的线段树十分方便、高效。若数据的范围远大于数据下标的范围,创建的线段树无法开辟那么多结点空间,此时就可以通过离散化优化空间。例如,$a=[6,8,2,100]$,其数据区间为$[2,100]$,创建的线段树较大,离散化过程是由 a 复制得到 $b=[6,8,2,100]$,将 b 递增排序得到 $b=[2,6,8,100]$,建立的哈希映射 $hmap=[2:0,6:1,8:2,100:3]$。再按区间$[0,3]$创建对应的线段树,如图 12.6 所示,该线段树远小于$[2,100]$区间对应的线段树,从而提高了算法的时空性能。

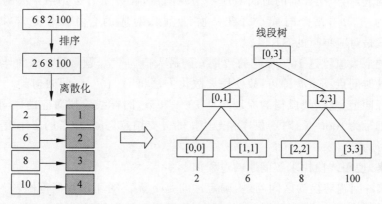

图 12.6 离散化过程

下面通过一个示例说明离散化和线段树的应用。

 例 12-3

(HDU4325—Flowers,时间限制：2000ms,空间限制：65 536KB)众所周知,不同种类的花的开花时间和持续时间各不相同。现在有一个种满鲜花的花园,园丁想知道在特定的时间里花园中会开出多少花。花园中的花太多了,请编程帮助他。

输入格式：第一行包含单个整数 $t(1\leqslant t\leqslant 10)$,表示测试用例的数量。对于每个测试用例,第一行包含两个整数 n 和 m,其中 $n(1\leqslant n\leqslant 10^5)$是花的数量,$m(1\leqslant m\leqslant 10^5)$是查询时间,接下来的 n 行,每行包含两个整数 S_i 和 $T_i(1\leqslant S_i\leqslant T_i\leqslant 10^9)$,表示第 i 朵花将在时间$[S_i,T_i]$开花,然后是 m 行,每行包含一个整数 T_i,表示第 i 次查询的时间。

输出格式：对于每个测试用例,先按输出样例输出测试用例的编号,然后输出 m 行,每行包含一个整数,表示盛开的花朵的数量。

输入样例：

```
2
1 1
5 10
4
2 3
1 4
4 8
1
4
6
```

输出样例：

```
Case #1:
0
Case #2:
1
2
1
```

解：由于题目中包含区间修改，所以用复杂线段树 ST 求解，第 i 朵花开花的时间段由两个时间点构成，第 i 次查询的时间对应一个时间点，假设所有数据中最大的时间点为 n，总时间区间为 $[1,n]$，某个时间点开花一次计为 1，对应的合并操作是求和。对于查询 $qu[i]$，答案就是对应单点的 ST 值。

扫一扫

源程序

时间点的最大值可达 10^9，而花的数量 n 的最大值为 10^5，题目只是区间计数，只要保证所有花开花的时间点不重叠即可，故使用离散化方法将 $[1,10^9]$ 区间映射到 $[1,10^5]$。离散化方法的原理同上，复杂线段树的原理参见 12.1.3 节，同样线段树对应的区间为 $[1,n]$，根结点的层序编号为 root=1，对于层序编号为 i 的分支结点，其左孩子的层序编号为 $2i$，右孩子的层序编号为 $2i+1$。

归纳起来，使用线段树求解问题的过程如下：

（1）将求解问题转换为区间问题，确定区间是下标范围还是数值范围，结点值是什么？保证大区间的解可以由小区间的解合并而来，否则无法使用线段树求解。

（2）确定求解过程涉及线段树的哪些基本运算，是单点查询还是区间查询？是单点修改还是区间修改？是否需要设计懒标记？设计哪些懒标记？

（3）数据是否需要离散化或者使用动态开点实现线段树。

（4）根据上述分析设计线段树的存储结构。

（5）设计线段树的基本运算算法。

（6）使用设计好的线段树设计求解问题的算法。

12.2 简单线段树应用的算法设计

12.2.1 LeetCode303——区域和检索（数组不可变）★

【问题描述】 给定一个整数数组 nums，计算索引 i 和 j（包含 i 和 j）之间的 nums 元素的和，其中 $i \leqslant j$。

（1）NumArray(int[] nums)：使用数组 nums 初始化对象。

（2）int sumRange(int i,int j)：返回数组 nums 中索引 i 和 j 之间的元素的和,包含 i 和 j(也就是 $nums[i]+nums[i+1]+\cdots+nums[j]$)。

示例：

```
NumArray numArray＝new NumArray([−2, 0, 3, −5, 2, −1]);
numArray.sumRange(0, 2);          //返回1,((−2)+0+3)=1
numArray.sumRange(2, 5);          //返回−1,(3+(−5)+2+(−1))=−1
numArray.sumRange(0, 5);          //返回−3,((−2)+0+3+(−5)+2+(−1))=−3
```

【限制】　$1\leqslant nums.length\leqslant10^4$,$-10^5\leqslant nums[i]\leqslant10^5$,$0\leqslant i\leqslant j<nums.length$,调用 sumRange 方法最多 10^4 次。

【解题思路】　使用简单线段树求解。由于题目中仅包含线段树的创建和下标区间的查询,对应的合并查找是求和,故使用简单线段树即可。nums 数组的下标区间为 $0\sim n-1$,线段树的根结点为 ST[0],对应区间为 $[0,n-1]$。

（1）NumArray(nums)：由区间 $[0,n-1]$ 创建线段树,置单点 [L,L] 的结点值为 nums[L]。

（2）sumRange(i,j)：该运算用于查询区间 $[i,j]$ 中元素的和,其操作过程是从根结点开始查找,假设当前结点对应的区间为 [L,R],置 mid＝(L＋R)/2,划分的两个子区间为 [L,mid] 和 [mid+1,R]。

① $i\leqslant mid$,说明子区间 [L,mid] 与查询区间 $[i,j]$ 有交集,在左子树中求出元素和 lsum。

② $j\geqslant mid+1$,说明子区间 [mid+1,R] 与查询区间 $[i,j]$ 有交集,在右子树中求出元素和 rsum。

最后返回 lsum＋rsum 即可。

扫一扫

源程序

12.2.2　LeetCode308——二维区域和检索(可改)★★★

【问题描述】　给定一个二维矩阵 matrix,处理以下类型的多个查询：

（1）更新 matrix 中单元格的值。

（2）计算由左上角 (r_1,c_1) 和右下角 (r_2,c_2) 定义的 matrix 内矩阵元素的和。

实现 NumMatrix 类：

（1）NumMatrix(int[][] matrix)：用整数矩阵 matrix 初始化对象。

（2）void update(int r,int c,int val)：更新 $matrix[r][c]$ 的值为 val。

（3）int sumRegion(int r1,int c1,int r2,int c2)：返回矩阵 matrix 中指定矩形区域元素的和,该区域由左上角 (r_1,c_1) 和右下角 (r_2,c_2) 界定。

示例：

```
NumMatrixnumMatrix＝newNumMatrix([[3,0,1,4,2],[5,6,3,2,1],[1,2,0,1,5],[4,1,0,1,7],
[1,0,3,0,5]]);                   //该矩阵为图 12.7 中的左侧矩阵
numMatrix.sumRegion(2,1,4,3);    //返回8,即为图 12.7 中的左侧浅阴影矩形的和
numMatrix.update(3,2,2);         //矩阵从图 12.7 左侧变为右侧(修改深阴影单元)
numMatrix.sumRegion(2,1,4,3);    //返回10,即为图 12.7 右侧浅阴影矩形的和
```

【限制】　$m＝matrix.length$,$n＝matrix[i].length$,$1\leqslant m,n\leqslant200$,$-10^5\leqslant matrix[i][j]\leqslant10^5$,$0\leqslant r<m$,$0\leqslant c<n$,$-10^5\leqslant val\leqslant10^5$,$0\leqslant r_1\leqslant r_2<m$,$0\leqslant c_1\leqslant c_2<n$,调用 sumRegion

和 update 方法最多 10^4 次。

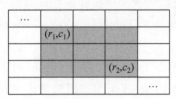

图 12.7　操作图

【解题思路】　使用简单线段树求解。对于 $m \times n$ 的矩阵 matrix,将其转换为一维空间 a,matrix$[i][j]$ 转换为 $a[k-1]$(数组 a 的下标从 0 开始,这里 k 从 1 开始),对应的关系是 $k=i*n+j+1$。设计简单线段树 ST,根结点的层序编号为 1,对应区间为 $[1,m*n]$。

(1) NumMatrix(int[][] matrix):将 matrix 转换为一维数组 a,由 a 创建线段树 ST。

(2) void update(int r,int c,int val):在线段树中执行单点修改,即 $a[pno(r,c)]=val$。

(3) int sumRegion(int r1,int c1,int r2,int c2):对应的二维子矩阵如图 12.8 所示,求阴影子矩阵中每行元素的和可以通过在线段树中执行区间查询得到,再将其

图 12.8　求 (r_1,c_1)—(r_2,c_2) 子矩阵的元素和

累加便得到答案。

对应的 NumMatrix 类如下。

C++:

```cpp
1   class SegTree {                                        //线段树类
2   public:
3       vector<int> ST;                                    //存放线段树
4       vector<int> a;
5       SegTree() {}
6       SegTree(vector<int> &a) {                           //构造函数
7           int n=a.size();
8           this->a=a;
9           ST.resize(4*n);
10          Create(1,1,n);
11      }

12      void Create(int root,int L,int R) {                 //创建线段树
13          if(L==R)
14              ST[root]=a[L-1];
15          else {
16              int mid=(L+R)>>1;
17              Create(2*root,L,mid);
18              Create(2*root+1,mid+1,R);
19              ST[root]=ST[2*root]+ST[2*root+1];
20          }
21      }

22      void UpdateOne(int root,int L,int R,int i,int x) {   //单点修改:a[i]+=x
23          if(L==R) ST[root]=x;                            //单点:直接修改
24          else {                                          //非单点
25              int mid=(L+R)>>1;
26              if(i<=mid) UpdateOne(2*root,L,mid,i,x);      //在左子树中修改
27              else UpdateOne(2*root+1,mid+1,R,i,x);        //在右子树中修改
28              ST[root]=ST[2*root]+ST[2*root+1];            //向上更新分支结点值
29          }
```

```
30            }
31        int QueryRange(int root,int L,int R,int i,int j) {    //查询区间[i,j]
32            if(L>=i && R<=j) return ST[root];         //当前结点[L,R]包含在[i,j]中
33            else {
34                int mid=(L+R)>>1;                      //其他情况
35                int lsum=0,rsum=0;
36                if(i<=mid) lsum=QueryRange(2 * root,L,mid,i,j);
37                if(mid<j) rsum=QueryRange(2 * root+1,mid+1,R,i,j);
38                return lsum+rsum;
39            }
40        }
41    };

42    class NumMatrix {
43    public:
44        int m,n;
45        SegTree st;
46        NumMatrix(vector < vector < int >> & matrix) {
47            m=matrix.size(),n=matrix[0].size();
48            vector < int > a;
49            for(int i=0;i<m;i++) {
50                for(int j=0;j<n;j++)
51                    a.emplace_back(matrix[i][j]);
52            }
53            st=SegTree(a);
54        }
55        int pno(int i,int j) {                         //将二维转换为一维
56            return i * n+j+1;
57        }
58        void update(int r,int c,int val) {
59            int i=pno(r,c);
60            st.UpdateOne(1,1,m * n,i,val);
61        }
62        int sumRegion(int r1,int c1,int r2,int c2) {
63            int ans=0;
64            for(int i=r1;i<=r2;i++)
65                ans+=st.QueryRange(1,1,m * n,pno(i,c1),pno(i,c2));
66            return ans;
67        }
68    };
```

提交运行：

结果:通过;时间:20ms;空间:13.6MB

Python：

```
1    class SegTree:                                    #线段树类
2        def __init__(self,a):
3            n=len(a)
4            self.a=a
5            self.ST=[0] * (4 * n)
6            self.Create(1,1,n)
7        def Create(self,root,L,R):                     #创建线段树
8            if L==R:self.ST[root]=self.a[L-1]
9            else:
10               mid=(L+R)>>1
11               self.Create(2 * root,L,mid)
12               self.Create(2 * root+1,mid+1,R)
```

```
13                  self.ST[root]=self.ST[2 * root]+self.ST[2 * root+1]
14          def UpdateOne(self, root, L, R, i, x):                    #单点修改:a[i]+=x
15              if L==R:self.ST[root]=x                               #单点
16              else:                                                  #非单点
17                  mid=(L+R)>>1
18                  if i<=mid:self.UpdateOne(2 * root, L, mid, i, x);    #在左子树中修改
19                  else: self.UpdateOne(2 * root+1, mid+1, R, i, x);   #在右子树中修改
20                  self.ST[root]=self.ST[2 * root]+self.ST[2 * root+1];#向上更新分支结点值
21          def QueryRange(self, root, L, R, i, j):                   #查询区间[i,j]
22              if L>=i and R<=j:return self.ST[root]                 #当前结点[L,R]包含在[i,j]中
23              else:
24                  mid=(L+R)>>1                                        #其他情况
25                  lsum, rsum=0, 0
26                  if i<=mid:                                          #若[i,j]与左孩子区间有交集
27                      lsum=self.QueryRange(2 * root, L, mid, i, j)
28                      if mid<j:                                       #若[i,j]与右孩子区间有交集
29                          rsum=self.QueryRange(2 * root+1, mid+1, R, i, j)
30                      return lsum+rsum;

31  class NumMatrix:
32      def __init__(self, matrix: List[List[int]]):
33          self.m, self.n=len(matrix), len(matrix[0])
34          a=[]
35          for i in range(0, self.m):
36              for j in range(0, self.n):
37                  a.append(matrix[i][j])
38          self.st=SegTree(a)
39      def pno(self, i, j):                                          #将二维转换为一维
40          return i * self.n+j+1
41      def update(self, r:int, c:int, val: int) -> None:
42          i=self.pno(r, c)
43          self.st.UpdateOne(1, 1, self.m * self.n, i, val)
44      def sumRegion(self, r1:int, c1:int, r2:int, c2:int) -> int:
45          ans=0
46          for i in range(r1, r2+1):
47              ans+=self.st.QueryRange(1, 1, self.m * self.n, self.pno(i, c1), self.pno(i, c2))
48          return ans
```

提交运行：

结果:通过;时间:708ms;空间:19.4MB

12.2.3 LeetCode327——区间和的个数★★★

【问题描述】 给定一个整数数组 nums 以及两个整数 lower 和 upper,求数组中值位于
[lower,upper](包含 lower 和 upper)之内的区间和的个数。区间和 $S(i,j)$ 表示在 nums 中
位置从 i 到 j 的元素的和,包含 i 和 $j(i\leqslant j)$。

例如,nums=[−2,5,−1],lower=−2,upper=2,存在 3 个区间,即[0,0]、[2,2]和
[0,2],对应的区间和分别是−2、−1 和 2,所以答案为 3。

【限制】　$1 \leqslant$ nums. length $\leqslant 10^5, -2^{31} \leqslant$ nums$[i] \leqslant 2^{31}-1, -10^5 \leqslant$ lower $\leqslant$ upper $\leqslant 10^5$，题目数据保证答案是一个 32 位的整数。

【解题思路】　使用动态开点线段树求解。设前缀和数组为 presum，其中 presum$[i]$ 表示 nums 数组中前 i 个元素的和，有 presum$[0]=0$，presum$[i]=$presum$[i-1]+$nums$[i-1](1 \leqslant i \leqslant n)$，则 presum$[j]-$presum$[i]=$nums$[i]+\cdots+$nums$[j-1](i<j)$，所以本问题等价于求所有满足条件 presum$[j]-$presum$[i] \in [$lower，upper$]$ 的下标对 (i,j)。这个条件等同于 lower $\leqslant$ presum$[j]-$presum$[i] \leqslant$ upper 或者 presum$[j]-$upper $\leqslant$ presum$[i] \leqslant$ presum$[j]-$lower，也就是说对于 presum 数组的每个下标，以 j 为右端点的下标对的数量等于 presum$[0..j-1]$ 数组中的所有整数出现在 $[$presum$[j]-$upper，presum$[j]-$lower$]$ 区间的次数，故很容易想到基于线段树的解法。

扫一扫
源程序

求出 presum$[j]-$upper 和 presum$[j]-$lower 的所有不同整数中的最小值 minv 和最大值 maxv。用 ans 存放答案（初始为 0），以 $[$minv，maxv$]$ 为区间创建一棵空的线段树（ST 中的结点值 val 均为 0），对应的查询操作是求和。由于 nums 元素的取值范围较大，故线段树使用动态开点方式，这里使用需要进行估点的数组实现。然后用 x 遍历 presum，求出 $i=x-$upper，$j=x-$lower，在线段树中查询 $[i,j]$ 区间和，将其累加到 ans 中，然后使用单点修改将 x 处的结点值增 1，最后返回 ans 即可。

例如，nums$=[-2,5,-1]$，lower$=-2$，upper$=2$，ans$=0$，求出 presum$=[0,-2,3,2]$，这里所有的不同整数为 $[-4,-2,0,1,2,3,4,5]$，求得 minv$=-4$，maxv$=5$，使用动态开点方式以 $[-4,5]$ 为区间创建一棵空的线段树。用 x 遍历 presum。

(1) $x=0$，$i=0-2=-2$，$j=0-(-2)=2$，查询 $[-2,2]$ 的结果为 0，ans$=0$，修改对应 0 的结点（ST$[4]$）的 val 值为 1。

(2) $x=-2$，$i=-2-2=-4$，$j=-2-(-2)=0$，查询 $[-4,0]$ 的结果为 1，ans$=1$，修改对应 -2 的结点（ST$[6]$）的 val 值为 1。

(3) $x=3$，$i=3-2=1$，$j=3-(-2)=5$，查询 $[1,5]$ 的结果为 0，ans$=1$，修改对应 3 的结点（ST$[9]$）的 val 值为 1。

(4) $x=2$，$i=2-2=0$，$j=2-(-2)=5$，查询 $[0,4]$ 的结果为 2，ans$=3$，修改对应 2 的结点（ST$[11]$）的 val 值为 1。

最终创建的线段树如图 12.9 所示，图中结点"$[L,R]$:val"表示对应的区间为 $[L,R]$，结点值为 val，结点旁的整数是该结点在 ST 数组中的下标，由于是使用动态开点方式创建的，结点中存放左、右孩子的下标，没有画出的结点为空结点（这些结点没有被创建）。

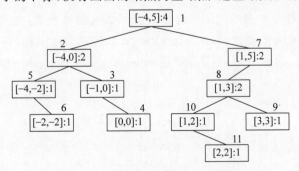

图 12.9　最终的线段树（动态开点）

12.3 复杂线段树应用的算法设计 ✳

12.3.1 LeetCode715——Range 模块 ★★★

【问题描述】 Range 模块是跟踪数字范围的模块。设计一个数据结构来跟踪表示为半开区间的范围并查询它们。半开区间 $[left, right)$ 表示所有 $left \leqslant x < right$ 的实数 x。

实现 RangeModule 类：

(1) RangeModule()：初始化数据结构的对象。

(2) void addRange(int left, int right)：添加半开区间 $[left, right)$，跟踪该区间中的每个实数。在添加与当前跟踪的数字部分重叠的区间时，应该添加在 $[left, right)$ 区间中尚未跟踪的任何数字到该区间中。

(3) boolean queryRange(int left, int right)：只有在当前正在跟踪 $[left, right)$ 区间中的每一个实数时才返回 true，否则返回 false。

(4) void removeRange(int left, int right)：停止跟踪半开区间 $[left, right)$ 中当前正在跟踪的每个实数。

示例：

```
RangeModule rangeModule = new RangeModule();
rangeModule.addRange(10,20);
rangeModule.removeRange(14,16);
rangeModule.queryRange(10,14);    //返回 true([10,14)区间中的每个数都正在被跟踪)
rangeModule.queryRange(13,15);    //返回 false(未跟踪[13,15)区间中像 14、14.03、14.17 这样的数字)
rangeModule.queryRange(16,17);    //返回 true([16,17)区间中的数字 16 仍被跟踪)
```

【限制】 $1 \leqslant left < right \leqslant 10^9$，在单个测试用例中对 addRange、queryRange 和 removeRange 的调用总数不超过 10^4 次。

【解题思路】 使用复杂线段树＋动态开点求解。在半开区间 $[left, right)$ 中，left 和 right 的取值范围是 $[1, 10^9]$，设置 $MAXN = 10^9 + 10$，以 $[0, MAXN-1]$ 为区间创建线段树，由于该数值的范围较大，而插入的整数不超过 10^4 个，为此使用动态开点的线段树，其实现方式为无须估点的动态实现。由于 left 和 right 均为整数，$[left, right)$ 区间对应的闭区间为 $[left, right-1]$，其长度为 $right - left$。每个结点值为对应区间的长度，相关原理参考 12.1.3 节中 HDU1698 示例的解析。

每次 addRange 都将范围内的区间置为 1，表示该区间被覆盖，每次 removeRange 都将区间置为 0，表示区间未被覆盖，每次 queryRange 都是查询区间和，判断是否等于 right－left，等于则表示覆盖，返回 true，不等于则返回 false。实现 RangeModule 类如下。

░ C++：

```
1   struct SNode {                              //线段树的结点类型
2       int val;                                //结点值为区间覆盖长度
3       int flag;                               //懒标记
4       int left, right;                        //左、右孩子指针
5       SNode():val(0), flag(0), left(-1), right(-1) {}
6   };
```

```
7      const int MAXN=(int)1e9+10;
8      class RangeModule {
9          vector<SNode> ST;                      //存放线段树
10             void UpdateRange(int root,int L,int R,int i,int j,int x) {
                                                  //x=1 表示覆盖,-1 表示取消覆盖
11                 int m=R-L+1;                    //区间的长度
12                 if(i<=L && R<=j) {
13                     ST[root].val=(x==1?m:0);
14                     ST[root].flag=x;
15                 }
16                 else {
17                     PushDown(root,m);
18                     int mid=(L+R)>>1;
19                     if(i<=mid) UpdateRange(ST[root].left,L,mid,i,j,x);
20                     if(j>mid) UpdateRange(ST[root].right,mid+1,R,i,j,x);
21                     ST[root].val=ST[ST[root].left].val+ST[ST[root].right].val;
22                 }
23             }
24             int QueryRange(int root,int L,int R,int i,int j) {   //区间查询
25                 if(i<=L && R<=j) return ST[root].val;
26                 else {
27                     PushDown(root,R-L+1);
28                     int mid=(L+R)>>1;
29                     int ans=0;
30                     if(i<=mid) ans=QueryRange(ST[root].left,L,mid,i,j);
31                     if(j>mid) ans+=QueryRange(ST[root].right,mid+1,R,i,j);
32                     return ans;
33                 }
34             }
35             void PushDown(int root,int m) {        //向下传递算法
36                 if(ST[root].left==-1) {            //动态开点:创建左孩子
37                     ST.push_back(SNode());
38                     ST[root].left=ST.size()-1;
39                 }
40                 if(ST[root].right==-1) {           //动态开点:创建右孩子
41                     ST.push_back(SNode());
42                     ST[root].right=ST.size()-1;
43                 }
44                 if(ST[root].flag==0) return;
45                 if(ST[root].flag==-1)
46                     ST[ST[root].left].val=ST[ST[root].right].val=0;
47                 else {
48                     ST[ST[root].left].val=m-m/2;
49                     ST[ST[root].right].val=m/2;
50                 }
51                 ST[ST[root].left].flag=ST[ST[root].right].flag=ST[root].flag;
52                 ST[root].flag=0;
53             }
54      public:
55             RangeModule() {
56                 ST.push_back(SNode());             //在线段树中添加根结点 ST[0]
57             }
58             void addRange(int left, int right) {
59                 UpdateRange(0,0,MAXN-1,left,right-1,1);
60             }
61             bool queryRange(int left, int right) {
62                 return QueryRange(0,0,MAXN-1,left,right-1)==right-left;
63             }
64             void removeRange(int left, int right) {
```

```
65              UpdateRange(0,0,MAXN−1,left,right−1,−1);
66          }
67    };
```

提交运行：

结果：通过；时间：584ms；空间：278.3MB

⊞ **Python：**

```python
1   class SNode:                              #线段树的结点类
2       def __init__(self):
3           self.val=0                        #结点值
4           self.flag=0                       #懒标记
5           self.left,self.right=−1,−1        #左、右孩子指针

6   class RangeModule:
7       MAXN=1000000005
8       def __init__(self):
9           self.ST=[]                        #用列表存放线段树,下标从 0 开始
10          self.ST.append(SNode());          #在线段树中添加根结点 ST[0]
11      def UpdateRange(self,root,L,R,i,j,x):  #区间修改
12          m=R−L+1;                          #区间的长度
13          if i<=L and R<=j:
14              if x==1:self.ST[root].val=m
15              else:self.ST[root].val=0
16              self.ST[root].flag=x
17          else:
18              self.PushDown(root,m)
19              mid=(L+R)>>1
20              if i<=mid:self.UpdateRange(self.ST[root].left,L,mid,i,j,x)
21              if j>mid:self.UpdateRange(self.ST[root].right,mid+1,R,i,j,x)
22              self.ST[root].val=self.ST[self.ST[root].left].val
23                  +self.ST[self.ST[root].right].val
24      def QueryRange(self,root,L,R,i,j):     #区间查询
25          if i<=L and R<=j:return self.ST[root].val
26          else:
27              self.PushDown(root,R−L+1)
28              mid=(L+R)>>1
29              ans=0
30              if i<=mid:ans=self.QueryRange(self.ST[root].left,L,mid,i,j);
31              if j>mid: ans+=self.QueryRange(self.ST[root].right,mid+1,R,i,j)
32              return ans
33      def PushDown(self,root,m):              #向下传递算法
34          if self.ST[root].left==−1:          #动态开点:创建左孩子
35              self.ST.append(SNode())
36              self.ST[root].left=len(self.ST)−1
37          if self.ST[root].right==−1:         #动态开点:创建右孩子
38              self.ST.append(SNode())
39              self.ST[root].right=len(self.ST)−1
40          if self.ST[root].flag==0: return
41          if self.ST[root].flag==−1:
42              self.ST[self.ST[root].left].val=self.ST[self.ST[root].right].val=0
43          else:
44              self.ST[self.ST[root].left].val=m−m//2
45              self.ST[self.ST[root].right].val=m//2
46          self.ST[self.ST[root].left].flag=self.ST[self.ST[root].right].flag
47              =self.ST[root].flag
48          self.ST[root].flag=0
49      def addRange(self, left: int, right: int) -> None:
50          self.UpdateRange(0,0,self.MAXN−1,left,right−1,1)
```

```
51      def queryRange(self, left: int, right: int) -> bool:
52          return self.QueryRange(0,0,self.MAXN-1,left,right-1)==right-left;
53      def removeRange(self, left: int, right: int) -> None:
54          self.UpdateRange(0,0,self.MAXN-1,left,right-1,-1);
```

提交运行：

结果：通过；时间：8536ms；空间：103.8MB

12.3.2 LeetCode1622——奇妙序列★★★

【问题描述】 请通过实现 append、addAll 和 multAll 三个 API 来实现奇妙序列。

实现 Fancy 类：

(1) Fancy()：初始化一个空序列对象。

(2) void append(val)：将整数 val 添加到序列的末尾。

(3) void addAll(inc)：将序列中的所有现有数值都增加 inc。

(4) void multAll(m)：将序列中的所有现有数值都乘以整数 m。

(5) int getIndex(idx)：得到下标为 idx 处的数值（下标从 0 开始），并将结果对 10^9+7 取余。如果下标大于或等于序列的长度，返回 -1。

示例：

```
Fancy fancy=new Fancy();
fancy.append(2);                    //奇妙序列：[2]
fancy.addAll(3);                    //奇妙序列：[2+3] -> [5]
fancy.append(7);                    //奇妙序列：[5, 7]
fancy.multAll(2);                   //奇妙序列：[5 * 2, 7 * 2] -> [10, 14]
fancy.getIndex(0);                  //返回 10
fancy.addAll(3);                    //奇妙序列：[10+3, 14+3] -> [13, 17]
fancy.append(10);                   //奇妙序列：[13, 17, 10]
fancy.multAll(2);                   //奇妙序列：[13 * 2, 17 * 2, 10 * 2] -> [26, 34, 20]
fancy.getIndex(0);                  //返回 26
fancy.getIndex(1);                  //返回 34
fancy.getIndex(2);                  //返回 20
```

【限制】 $1 \leqslant val, inc, m \leqslant 100, 0 \leqslant idx \leqslant 10^5$，对 append、addAll、multAll 和 getIndex 的调用最多 10^5 次。

【解题思路】 使用复杂线段树＋动态开点求解。用数组 a 存放添加的整数序列，用线段树记录 a 中每个区间的加数和乘数，与前面的 RMQ 问题类似，但这里增加了乘法运算，为此线段树 ST 中的每个结点包含 add 和 mul 两个懒标记，add 记录加数，mul 记录乘数。为了高效地利用空间，这里用动态开点的线段树，其实现方式为无须估点的动态实现。

在 addRange() 和 mulRange() 算法中将相应的加数和乘数 val 累计到懒标记 add 或者 mul 中。在 Query(i) 算法中，先求出对应的原数 $a[i]$，通过单点查询找到 i 对应的懒标记 ST[id].add 和 ST[id].mul，其结果为 $a[i] * ST[id] + ST[id].add$。getIndex(idx) 运算是通过调用 Query(idx) 实现的。实现 Fancy 类如下。

扫一扫

源程序

■ C++：

```
1   const int MAXN=100005;
2   const int MOD=1000000007;
3   struct SNode {              //线段树的结点类型
4       int add;                //增数
```

```
5        int mul;                                    //倍数
6        int left, right;
7        SNode():add(0), mul(1), left(-1), right(-1) {}
8    };

9    class Fancy {
10       vector < int > a;                           //存放添加的整数序列
11       vector < SNode > ST;                        //线段树
12       int addv(int a, int b) {                    //加法模运算
13           return (int) ((1l * a + 1l * b) % MOD);
14       }
15       void PushDown(int root) {                   //向下传递算法
16           if(ST[root].left== -1) {                //动态开点:创建左孩子
17               ST.push_back(SNode());
18               ST[root].left=ST.size()-1;
19           }
20           if(ST[root].right== -1) {               //动态开点:创建右孩子
21               ST.push_back(SNode());
22               ST[root].right=ST.size()-1;
23           }
24           if(ST[root].add==0 && ST[root].mul==1) return;
25           ST[ST[root].left].mul=mulv(ST[root].mul, ST[ST[root].left].mul);
26           ST[ST[root].right].mul=mulv(ST[root].mul, ST[ST[root].right].mul);
27           ST[ST[root].left].add=mulv(ST[root].mul, ST[ST[root].left].add);
28           ST[ST[root].right].add=mulv(ST[root].mul, ST[ST[root].right].add);
29           ST[root].mul=1;
30           ST[ST[root].left].add=addv(ST[root].add, ST[ST[root].left].add);
31           ST[ST[root].right].add=addv(ST[root].add, ST[ST[root].right].add);
32           ST[root].add=0;
33       }

34       void addRange(int root, int L, int R, int i, int j, int val) {  //区间加法的修改
35           if(i>j) return;
36           if(i<=L && R<=j)
37               ST[root].add=addv(ST[root].add, val);
38           else {
39               PushDown(root);
40               int mid=(L+R)/2;
41               if(i<=mid) addRange(ST[root].left, L, mid, i, j, val);
42               if(j>mid) addRange(ST[root].right, mid+1, R, i, j, val);
43           }
44       }
45       int mulv(int a, int b) {                    //乘法模运算
46           return (int) (1l * a * b % MOD);
47       }
48       void mulRange(int root, int L, int R, int i, int j, int val) {    //区间乘法的修改
49           if(i>j) return;
50           if(i<=L && R<=j) {
51               ST[root].add=mulv(ST[root].add, val);
52               ST[root].mul=mulv(ST[root].mul, val);
53           }
54           else {
55               PushDown(root);
56               int mid=(L+R)/2;
57               if(i<=mid) mulRange(ST[root].left, L, mid, i, j, val);
58               if(j>mid) mulRange(ST[root].right, mid+1, R, i, j, val);
59           }
60       }

61       int Query(int i) {                          //查询
62           int id=QueryOne(0, 0, MAXN-1, i);       //找到累积、累和的索引
63           return addv(mulv(a[i], ST[id].mul), ST[id].add); //原数 * 累积 + 累和
64       }
```

```
65        int QueryOne(int root, int L, int R, int i) {        //单点查询
66            if(L==R) return root;
67            else {
68                PushDown(root);
69                int mid=(L+R)/2;
70                if(i<=mid) return QueryOne(ST[root].left, L, mid, i);
71                else return QueryOne(ST[root].right, mid+1, R, i);
72            }
73        }
74    public:
75        Fancy() {
76            ST.push_back(SNode());                    //在线段树中添加根结点 ST[0]
77        }
78        void append(int val) {
79            a.push_back(val);
80        }
81        void addAll(int inc) {
82            addRange(0, 0, MAXN-1, 0, a.size()-1, inc);
83        }
84        void multAll(int m) {
85            mulRange(0, 0, MAXN-1, 0, a.size()-1, m);
86        }
87        int getIndex(int idx) {
88            if(idx>=a.size()) return -1;
89            return Query(idx);
90        }
91    };
```

提交运行：

结果:通过;时间:560ms;空间:188.5MB

⊞ **Python**：

```
1    class SNode:                                      #线段树的结点类
2        def __init__(self):
3            self.add=0                                #增数
4            self.mul=1                                #倍数
5            self.left, self.right=-1, -1             #左、右孩子指针

6    class Fancy:
7        MAXN=100005
8        MOD=1000000007
9        def __init__(self):
10           self.a=[]                                 #存放添加的整数序列
11           self.ST=[]                                #用列表存放线段树,下标从 0 开始
12           self.ST.append(SNode());                  #在线段树中添加根结点 ST[0]
13       def PushDown(self, root):                     #向下传递算法
14           cnode=self.ST[root]
15           if self.ST[root].left==-1:                #动态开点:创建左孩子
16               self.ST.append(SNode())
17               cnode.left=len(self.ST)-1
18           if cnode.right==-1:                       #动态开点:创建右孩子
19               self.ST.append(SNode())
20               cnode.right=len(self.ST)-1
21           lnode, rnode=self.ST[cnode.left], self.ST[cnode.right]
22           if cnode.add==0 and cnode.mul==1: return
23           lnode.mul=(cnode.mul * lnode.mul)%self.MOD
24           rnode.mul=(cnode.mul * rnode.mul)%self.MOD
25           lnode.add=(cnode.mul * lnode.add)%self.MOD
26           rnode.add=(cnode.mul * rnode.add)%self.MOD
27           cnode.mul=1
```

```
28          lnode. add=(cnode. add+lnode. add)%self. MOD
29          rnode. add=(cnode. add+rnode. add)%self. MOD
30          cnode. add=0

31      def addRange(self,root,L,R,i,j,val):
32          if i>j: return
33          if i<=L and R<=j:
34              self. ST[root]. add=(self. ST[root]. add+val)%self. MOD
35          else:
36              self. PushDown(root)
37              mid=(L+R)//2
38              if i<=mid:self. addRange(self. ST[root]. left,L,mid,i,j,val)
39              if j>mid:self. addRange(self. ST[root]. right,mid+1,R,i,j,val)
40      def mulRange(self,root,L,R,i,j,val):
41          if i>j: return
42          if i<=L and R<=j:
43              self. ST[root]. add=(self. ST[root]. add * val)%self. MOD
44              self. ST[root]. mul=(self. ST[root]. mul * val)%self. MOD
45          else:
46              self. PushDown(root)
47              mid=(L+R)//2
48              if i<=mid: self. mulRange(self. ST[root]. left,L,mid,i,j,val)
49              if j>mid: self. mulRange(self. ST[root]. right,mid+1,R,i,j,val)

50      def Query(self,i):                                  #查询
51          id=self. QueryOne(0,0,self. MAXN−1,i)           #找到累积、累和的索引
52          return(self. a[i] * self. ST[id]. mul+self. ST[id]. add)%self. MOD
                                                            #原数 * 累积+累和
53      def QueryOne(self,root,L,R,i):                      #单点查询
54          if L==R:return root
55          else:
56              self. PushDown(root)
57              mid=(L+R)//2
58              if i<=mid: return self. QueryOne(self. ST[root]. left,L,mid,i)
59              else: return self. QueryOne(self. ST[root]. right,mid+1,R,i)

60      def append(self, val: int) -> None:
61          self. a. append(val)
62      def addAll(self, inc: int) -> None:
63          self. addRange(0,0,self. MAXN−1,0,len(self. a)−1,inc);
64      def multAll(self, m: int) -> None:
65          self. mulRange(0,0,self. MAXN−1,0,len(self. a)−1,m);
66      def getIndex(self, idx: int) -> int:
67          if idx>=len(self. a):return −1
68          return self. Query(idx)
```

提交运行：

结果：通过；时间：3180ms；空间：64.5MB

说明：本题的区间为 a 的下标范围，由于 a 中元素的个数不超过 10^5，也可以不使用动态开点方式，设置线段树为 $ST[4 * MAXN]$（$MAXN=10^5$），每个结点包含懒标记 add 和 mul。对应的 C++算法及其提交结果请扫描二维码查看。

12.4 离散化在线段树中的应用

12.4.1 LeetCode327——区间和的个数★★★

问题描述参见 12.2.3 节。

【解题思路】 离散化＋线段树。求解思路参见 12.2.3 节,由于 nums 元素的取值范围较大,直接以元素的取值范围为区间创建线段树是不合适的,前面使用动态开点方式实现,也可以使用离散化方法。求出前缀和数组 presum,用 x 遍历 presum,得到 x、$x-$upper 和 $x-$lower 序列,将序列离散化得到 hmap。然后用 x 遍历 presum,求出 $i=$hmap$[x-$upper$]$,$j=$hmap$[x-$lower$]$,在线段树中查询 $[i,j]$ 区间和,将其累计到 ans 中,然后使用单点修改将 hmap$[x]$ 处的结点值增 1,最后返回 ans 即可。对应的算法如下。

C++:

```cpp
1   typedef long long LL;
2   class Solution {
3       vector<int> ST;
4   public:
5       void UpdateOne(int root, LL L, LL R, LL i) {          //单点修改
6           if(L==R)
7               ST[root]+=1;
8           else {
9               LL mid=(L+R)>>1;
10              if(i<=mid) UpdateOne(2*root+1, L, mid, i);
11              else UpdateOne(2*root+2, mid+1, R, i);
12              ST[root]=ST[2*root+1]+ST[2*root+2];
13          }
14      }
15      LL QueryRange(int root, LL L, LL R, LL i, LL j) {      //区间查询
16          if(i<=L && j>=R)
17              return ST[root];
18          else {
19              LL mid=(L+R)>>1;
20              LL ans=0;
21              if(i<=mid) ans+=QueryRange(2*root+1, L, mid, i, j);
22              if(j>mid) ans+=QueryRange(2*root+2, mid+1, R, i, j);
23              return ans;
24          }
25      }

26      int countRangeSum(vector<int>& nums, int lower, int upper) {
27          int n=nums.size();
28          vector<LL> presum(n+1);                            //前缀和数组
29          presum[0]=0;
30          for(int i=1; i<=n; i++)
31              presum[i]=presum[i-1]+nums[i-1];
32          set<LL> tset;                                      //排序+除重
33          for(LL x:presum) {
34              tset.insert(x);
35              tset.insert(x-lower);
36              tset.insert(x-upper);
37          }
38          unordered_map<LL,int> hmap;                        //离散化
39          int idx=0;
40          for(LL x:tset) {
41              hmap[x]=idx++;
42          }
43          ST=vector<int>(6*idx,0);
44          int ans=0;
45          for(LL x: presum) {
46              int i=hmap[x-upper], j=hmap[x-lower];
47              ans+=QueryRange(0,0,idx-1,i,j);
48              int k=hmap[x];
```

```
49              UpdateOne(0,0,idx-1,k);
50           }
51           return ans;
52        }
53    };
```

提交运行：

结果：通过；时间：1488ms；空间：326.3MB

⊞ Python：

```
1    class Solution:
2        def UpdateOne(self,root,L,R,i):                     #单点修改
3            if L==R:self.ST[root]+=1
4            else:
5                mid=(L+R)>>1
6                if i<=mid:self.UpdateOne(2 * root+1,L,mid,i)
7                else:self.UpdateOne(2 * root+2,mid+1,R,i)
8                self.ST[root]=self.ST[2 * root+1]+self.ST[2 * root+2]
9        def QueryRange(self,root,L,R,i,j):                  #区间查询
10           if i<=L and j>=R:return self.ST[root]
11           else:
12               mid=(L+R)>>1
13               ans=0
14               if i<=mid: ans+=self.QueryRange(2 * root+1,L,mid,i,j)
15               if j>mid: ans+=self.QueryRange(2 * root+2,mid+1,R,i,j)
16               return ans

17       def countRangeSum(self, nums: List[int],lower:int,upper:int)-> int:
18           n=len(nums)
19           presum=[0] * (n+1)                              #前缀和数组
20           presum[0]=0
21           for i in range(1,n+1):
22               presum[i]=presum[i-1]+nums[i-1]
23           a=[]                                            #离散化
24           for x in presum:
25               a.append(x)
26               a.append(x-lower)
27               a.append(x-upper)
28           hmap={}
29           idx=0
30           for x in sorted(a):
31               if x not in hmap:hmap[x]=idx;idx+=1
32           self.ST=[0] * (6 * idx)
33           ans=0
34           for x in presum:
35               i,j,k=hmap[x-upper],hmap[x-lower],hmap[x]
36               ans+=self.QueryRange(0,0,idx-1,i,j)
37               self.UpdateOne(0,0,idx-1,k)
38           return ans
```

提交运行：

结果：通过；时间：7108ms；空间：81.9MB

12.4.2　LeetCode315——计算右侧小于当前元素的个数★★★

【问题描述】　给定一个整数数组 nums，按要求返回一个新数组 counts，其中 counts[i]的值是 nums[i]右侧小于 nums[i]的元素的数量。

例如,nums=[5,2,6,1],5 的右侧有两个更小的元素,即 2 和 1,2 的右侧仅有一个更小的元素,即 1,6 的右侧有一个更小的元素,即 1,1 的右侧没有更小的元素,答案为[2,1,1,0]。

【限制】　$1 \leqslant$ nums.length $\leqslant 10^5$, $-10^4 \leqslant$ nums[i] $\leqslant 10^4$。

【解题思路】　离散化+线段树。先对 nums 数组进行离散化,由 nums 中的 n 个整数产生哈希映射 hmap,nums 中的整数 x 越大则 hmap[x]越大,并且 hmap[x]从 0 开始递增。再由[0,n−1]区间创建一棵空的线段树 st(所有结点值为 0),单点(即区间为[L,L])的结点值表示插入整数 L 的个数,对应的合并操作是求和。

用 ans 存放答案(初始为空),用 i 从 $n-1$ 开始反向遍历 nums,置 $x=$nums[i],求出 x 的序号 id(id=hmap[x])。

(1) 若 id=0,说明 x 是 nums 中的最小元素,其右侧没有小于它的元素,或者说右侧小于它的元素的个数为 0,将 0 添加到 ans 中。

(2) 否则在线段树中求出[0,id−1]区间的元素和 sum,显然当前线段树中包含的整数都是 x 右侧的整数,并且按[0,id−1]区间求和就是求小于 x 的整数的个数,所以 sum 就是右侧小于它的元素的个数,将 sum 添加到 ans 中。

再使用单点修改将 id 插入线段树中,即对应的结点值增 1。num 遍历完毕,将 ans 逆置并且返回即可。

例如,nums=[20,40,10,30],离散化的结果为 hmap[10]=0,hmap[20]=1,hmap[30]=2,hamp[40]=3,以[0,3]为区间创建一棵线段树如图 12.10(a)所示,用 i 从后向前遍历 nums,置答案 ans=[]。

(1) $i=3$,id=nums[30]=2,在图 12.10(a)所示的线段树中查询[0,1]的元素和,结果为 0,将其添加到 ans 中,即 ans=[0]。再使用单点修改将 2 插入线段树中,如图 12.10(b)所示。

(2) $i=2$,id=nums[10]=0,它是最小元素,直接将 0 添加到 ans 中,即 ans=[0,0]。再使用单点修改将 0 插入线段树中,如图 12.10(c)所示。

(3) $i=1$,id=nums[40]=3,在图 12.10(c)所示的线段树中查询[0,2]的元素和,结果为 2,将其添加到 ans 中,即 ans=[0,0,2]。再使用单点修改将 3 插入线段树中,如图 12.10(d)所示。

(4) $i=0$,id=nums[40]=1,在图 12.10(d)所示的线段树中查询[0,0]的元素和,结果

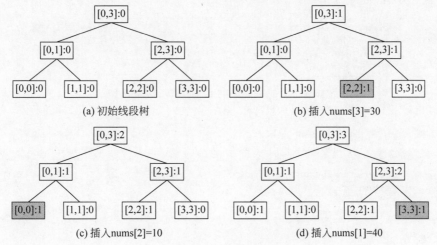

(a) 初始线段树　　　　　　　　　　(b) 插入nums[3]=30

(c) 插入nums[2]=10　　　　　　　　(d) 插入nums[1]=40

图 12.10　示例求解过程

为 1,将其添加到 ans 中,即 ans＝[0,0,2,1]。再使用单点修改将 1 插入线段树中。

将 ans 逆置得到 ans＝[1,2,0,0]。对应的算法如下。

C++:

```cpp
class SegmentTree{                                              //线段树类
    vector<int> ST;                                            //存放线段树
public:
    SegmentTree(int n) {
        ST=vector<int>(4*n,0);
    }
    int QueryRange(int root,int L,int R,int i,int j) {          //区间查询
        if(L>=i && R<=j)
            return ST[root];
        else {
            int mid=(L+R)/2;
            int lsum=0,rsum=0;
            if(i<=mid) lsum=QueryRange(2*root+1,L,mid,i,j);
            if(j>mid) rsum=QueryRange(2*root+2,mid+1,R,i,j);
            return lsum+rsum;
        }
    }
    void UpdateOne(int root,int L,int R,int i,int x) {          //单点修改
        if(L==R) ST[root]+=x;
        else {
            int mid=(L+R)/2;
            if(i<=mid) UpdateOne(2*root+1,L,mid,i,x);
            else UpdateOne(2*root+2,mid+1,R,i,x);
            ST[root]=ST[2*root+1]+ST[2*root+2];  //向上更新
        }
    }
};

class Solution {
public:
    vector<int> countSmaller(vector<int>& nums) {
        int n=nums.size();
        unordered_map<int,int> hmap;                           //离散化
        set<int> tset;
        for(int x:nums) tset.insert(x);
        int idx=0;
        for(int x:tset) hmap[x]=idx++;
        SegmentTree st(n);                                     //创建线段树对象 st
        vector<int> ans;                                      //存放答案
        for(int i=n-1;i>=0;i--) {
            int x=nums[i],id=hmap[x];
            if(id>0) {
                int sum=st.QueryRange(0,0,n-1,0,id-1);
                ans.push_back(sum);
            }
            else ans.push_back(0);
            st.UpdateOne(0,0,n-1,id,1);
        }
        reverse(ans.begin(),ans.end());
        return ans;
    }
};
```

提交运行:

结果:通过;时间:472ms;空间:124.9MB

338

⊞ **Python**：

```python
1   class SegmentTree:                              #线段树类
2       def __init__(self, n):
3           self.ST = [0] * (4 * n)                 #存放线段树
4       def QueryRange(self, root, L, R, i, j):     #区间查询
5           if L >= i and R <= j: return self.ST[root]
6           else:
7               id = (L + R) // 2
8               sum, rsum = 0, 0
9               if i <= mid: lsum = self.QueryRange(2 * root + 1, L, mid, i, j)
10              if j > mid: rsum = self.QueryRange(2 * root + 2, mid + 1, R, i, j)
11              return lsum + rsum
12      def UpdateOne(self, root, L, R, i, x):      #单点修改
13          if L == R: self.ST[root] += x
14          else:
15              mid = (L + R) // 2
16              if i <= mid: self.UpdateOne(2 * root + 1, L, mid, i, x)
17              else: self.UpdateOne(2 * root + 2, mid + 1, R, i, x)
18              self.ST[root] = self.ST[2 * root + 1] + self.ST[2 * root + 2]

19  class Solution:
20      def countSmaller(self, nums: List[int]) -> List[int]:
21          n = len(nums)
22          hmap, idx = {}, 0
23          for x in sorted(nums):
24              if x not in hmap: hmap[x] = idx; idx += 1
25          st = SegmentTree(n)                      #创建线段树对象
26          ans = []                                 #存放答案
27          for i in range(n - 1, -1, -1):
28              x = nums[i]
29              id = hmap[x]
30              if id > 0:
31                  sum = st.QueryRange(0, 0, n - 1, 0, id - 1)
32                  ans.append(sum)
33              else: ans.append(0)
34              st.UpdateOne(0, 0, n - 1, id, 1)
35          return list(reversed(ans))
```

提交运行：

结果：通过；时间：5680ms；空间：37.7MB

推荐练习题

1. LeetCode307——区域和检索（数组可修改）★★

2. LeetCode406——根据身高重建队列★★

3. LeetCode699——掉落的方块★★★

4. LeetCode729——日程安排表Ⅰ★★

5. LeetCode731——日程安排表Ⅱ★★

6. LeetCode732——日程安排表Ⅲ★★★

7. LeetCode850——矩形面积Ⅱ★★★

8. LeetCode131——数组序号的转换★

9. LeetCode2080——区间内查询数字的频率★★

10. LeetCode2276——统计区间中整数的数目★★★

第13章 树状数组

知识图谱

较大/较小元素的个数 —— LeetCode1649——通过指令创建有序数组

一维树状数组 —— 求元素的位置 —— LeetCode1409——查询带键的排列

求区间元素和 —— LeetCode683——k个关闭的灯泡

树状数组 —— 二维树状数组 —— 求子矩阵元素和 —— LeetCode308——二维区域和检索（可改）

离散化 —— 离散化求元素的个数 —— LeetCode315——计算右侧小于当前元素的个数
LeetCode327——区间和的个数

13.1 树状数组概述

13.1.1 树状数组的定义

树状数组(Binary Indexed Tree,BIT)与线段树一样用于高效地实现区间的查询和修改,其处理的问题模型抽象描述成这样的形式:定义一个数组 $a[1..n]$,并维护以下两种操作。

(1) 单点修改:给 $a[i]$ 加上一个增量 x,即 $a[i]+=x$。

(2) 前缀查询:求某个前缀 $a[1..i]$ 的元素和。

如果直接对数组 a 进行单点修改,其时间为 $O(1)$,但是对 a 进行前缀查询的时间为 $O(n)$。如果使用第 11 章中讨论的前缀和数组 presum 表示,当 a 中的元素频繁修改时就需要重新计算 presum,其时间为 $O(n)$。

P. M. Fenwick 于 1994 年提出了树状数组的概念,使用树状数组实现上述两个操作的时间均为 $O(\log_2 n)$。掌握树状数组的关键是先理解 lowbit(i) 函数,这里 i 是一个有符号十进制数,将 i 转换为二进制数,该二进制数的最后一位的权值为 $2^0=1$,倒数第 2 位的权值为 $2^1=2$,倒数第 3 位的权值为 $2^2=4$,以此类推,lowbit(i) 的结果就是 i 的二进制数中倒数第一个 1 的权值(或者说 lowbit(i) 为 i 的二进制数中最后一个 1 的权值),该权值可以通过位运算 $i\&(-i)$ 得到,即 lowbit(i)$=i\&(-i)$,其原理是使用负数的补码表示,负数的补码是原码取反加 1。例如,$i=5=[00000101]_2$,$-i=i_{补}=[11111010]_2+1=[11111011]_2$,则 $i\&(-i)=[00000101]_2\&[11111011]_2=[00000001]_2=1$。

树状数组的重点就是使用二进制的变化动态地更新树状数组,设原数组为 $a[1..n]$,对应的树状数组为 tree$[1..n]$,tree 中的每个元素并不是代表原数组 a 的值,而是包含了 a 中多个元素的值。

1. 构造树状数组 tree

设 $b=$lowbit(i),则 tree$[i]$ 为 a_i 的前 b 个元素的和(含 a_i),即 tree$[i]=a_{i-b+1}+a_{i-b+2}+\cdots+a_i$。例如,lowbit(6)$=2$,tree$[6]$ 为 a_6 的前两个元素的和,即 tree$[6]=a_5+a_6$。假设 $n=8$,由 $a[1..8]$ 构造 tree$[1..8]$ 的结果如表 13.1 所示。

表 13.1 由 $a[1..8]$ 构造 tree$[1..8]$ 的结果

i	i 的二进制	lowbit(i)	tree$[i]$
1	1	1	tree$[1]=a_1$
2	10	2	tree$[2]=a_1+a_2$
3	11	1	tree$[3]=a_3$
4	100	4	tree$[4]=a_1+a_2+a_3+a_4$
5	101	1	tree$[5]=a_5$
6	110	2	tree$[6]=a_5+a_6$
7	111	1	tree$[7]=a_7$
8	1000	8	tree$[8]=a_1+\cdots+a_8$

tree 是通过 lowbit() 从原数组 a 中计算出来的树状数组,tree$[i]$ 与 lowbit(i) 之间的关系如图 13.1 所示,图中横坐标为 tree$[i]$,每个横条中的黑色部分表示 tree$[i]$,它等于横条上的元素和。例如,lowbit(2)=2,则 tree$[2]=a_1+a_2$。

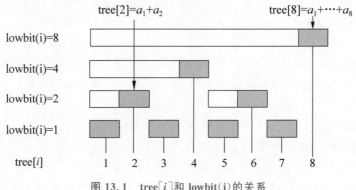

图 13.1 tree$[i]$ 和 lowbit(i) 的关系

2. 由树状数组 tree 求前缀和

可以使用树状数组 tree 方便地求 presum$[i]$。例如,$i=7$,首先 presum(7) 中一定包含 tree$[7]$,其他项的计算过程如下:

① $i=7$,从其二进制 111 中去掉最后一个 1 得 110,为十进制 6,或者求出 lowbit(7)=1,$i-$lowbit(i)$=7-1=6$,则 presum(7) 中包含 tree$[6]$。

② $i=6$,从其二进制 110 中去掉最后一个 1 得 100,为十进制 4,或者求出 lowbit(6)=2,$i-$lowbit(i)$=6-2=4$,则 presum(7) 中包含 tree$[4]$。

③ $i=4$,从其二进制 100 中去掉最后一个 1 得 000,为十进制 0,或者求出 lowbit(4)=4,$i-$lowbit(i)$=4-4=0$,而 0 超出 $1\sim n$ 的范围,结束。

因此 presum(7)=tree$[7]+$tree$[6]+$tree$[4]$。归纳起来,使用 lowbit() 求 presum$[i]$ 的过程是先包含 tree$[i]$,置 $i=i-$lowbit(i),若 $i>0$,则包含 tree$[i]$,否则结束。

假设 $n=8$,由 tree$[1..8]$ 求 presum 的结果如表 13.2 所示。presum$[i]$ 和 tree$[i]$ 之间的关系可以直观地用图 13.2 表示,该图由图 13.1 变化而来,图中横坐标改为 presum$[i]$,横条中的黑色部分仍为 tree$[i]$,presum$[i]$ 等于左上方路径上的所有 tree 元素之和,例如 presum(7)=tree$[7]+$tree$[6]+$tree$[4]$,如图中粗线表示。

表 13.2 由 tree$[1..8]$ 求 presum 的结果

i	tree$[i]$	求 presum$[i]$
1	tree$[1]=a_1$	presum$[1]=a_1=$tree$[1]$
2	tree$[2]=a_1+a_2$	presum$[2]=a_1+a_2=$tree$[2]$
3	tree$[3]=a_3$	presum$[3]=a_1+a_2+a_3=$tree$[3]+$tree$[2]$
4	tree$[4]=a_1+a_2+a_3+a_4$	presum$[4]=a_1+a_2+a_3+a_4=$tree$[4]$
5	tree$[5]=a_5$	presum$[5]=a_1+\cdots+a_5=$tree$[5]+$tree$[4]$
6	tree$[6]=a_5+a_6$	presum$[6]=a_1+\cdots+a_6=$tree$[6]+$tree$[4]$
7	tree$[7]=a_7$	presum$[7]=a_1+\cdots+a_7=$tree$[7]+$tree$[6]+$tree$[4]$
8	tree$[8]=a_1+\cdots+a_8$	presum$[8]=a_1+\cdots+a_8=$tree$[8]$

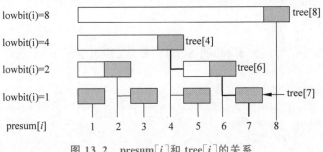

图 13.2　$presum[i]$ 和 $tree[i]$ 的关系

3. 由树状数组 tree 实现单点修改

使用树状数组 tree 是否可以方便地实现单点修改并且保证前缀查询的正确性呢？答案是肯定的。假设单点修改为 $a[i]+=x$，其修改过程是当 $i \leqslant n$ 时将 $tree[i]$ 增加 x，同时置 $i=i+lowbit(i)$，重复该过程，直到 $i>n$ 为止。当 i 取 $1 \sim n$ 的单点修改时验证前缀查询的正确性如下。

$a[1]+=x$：$tree[1]+=x$，$tree[2]+=x$，$tree[4]+=x \Rightarrow presum[1..7]$ 均增加 x。

$a[2]+=x$：$tree[2]+=x$，$tree[4]+=x \Rightarrow presum[2..7]$ 均增加 x。

$a[3]+=x$：$tree[3]+=x$，$tree[4]+=x \Rightarrow presum[3..7]$ 均增加 x。

$a[4]+=x$：$tree[4]+=x \Rightarrow presum[4..7]$ 均增加 x。

$a[5]+=x$：$tree[5]+=x$，$tree[6]+=x \Rightarrow presum[5..7]$ 均增加 x。

$a[6]+=x$：$tree[6]+=x \Rightarrow presum[6..7]$ 均增加 x。

$a[7]+=x$：$tree[7]+=x \Rightarrow presum[7..7]$ 增加 x。

13.1.2　树状数组的实现

1. 单点修改算法

根据 13.1.1 节讨论的树状数组的原理，设计单点修改算法如下。

C++：

```
1   void UpdateOne(int i, int x) {          //单点修改 a[i]+=x
2       while(i<=n) {
3           tree[i]+=x;
4           i+=lowbit(i);
5       }
6   }
```

2. 区间修改算法

假设区间修改是将原数组 a 中 $[i,j]$ 区间的元素均增加 x。使用第 11 章中的差分原理可知只需要记录两个端点的变化，对应的区间修改算法如下。

C++：

```
1   void UpdateRange(int i, int j, int x) {   //区间修改 a[i..j]+=x
2       UpdateOne(i, x);
3       UpdateOne(j+1, -x);
4   }
```

3. 求前缀和算法

求前缀和(即求 $a[1..i]$ 元素和)的 Sum(i)算法(相当于求 presum(i))如下。

C++:

```
1    int Sum(int i) {              //求 a[1..i]元素和
2        int ans=0;
3        while(i>0) {
4            ans+=tree[i];
5            i-=lowbit(i);
6        }
7        return ans;
8    }
```

4. 创建树状数组算法

如果原数组 a 中的元素是动态插入的,可以先创建一个空树状数组 tree(所有元素为 0),然后使用单点修改 UpdateOne(i,$a[i]$)添加 a 中的元素。如果由给定的 a 一次性创建 tree,可以使用以下算法实现。

C++:

```
1    void Create(int a[],int n) {              //由 a[1..n]创建树状数组 tree[1..n]
2        for(int i=1;i<=n;i++){
3            int b=lowerbit(i);
4            for(int j=i-b+1;j<=i;j++) {
5                tree[i]+=a[j];
6        }
7    }
```

上述算法的时间复杂度为 $O(n\log_2 n)$。另外,也可以使用 tree 数组元素之间的特定关系以 $O(n)$ 时间创建树状数组。

C++:

```
1    void Create(int a[],int n) {              //由 a[1..n]创建树状数组 tree[1..n]
2        for(int i=1;i<=n;i++) {
3            tree[i]+=a[i];
4            if(i+lowbit(i)<=n)
5                tree[i+lowbit(i)]+=tree[i];
6        }
7    }
```

以上讨论的均为一维树状数组,与前缀和数组一样,树状数组也可以扩展到二维甚至更高维。对于二维树状数组,最简单的方法是通过坐标变换转换为一维树状数组。同样,为了节省空间,有时需要对数据进行离散化,使用离散化后的数据创建树状数组,再设计求解算法。下面通过一个示例说明简单线段树的应用。

 例 13-1

    (HDU1166—敌兵布阵,时间限制:1000ms,空间限制:32 786KB)编写一个程序监视敌国工兵营地的活动情况,假设敌国有 N 个工兵营地,依次编号为 $1\sim N$,敌兵营地的人数经常变动,现在想知道从第 3 个营地到第 10 个营地共有多少人。

输入格式：第一行一个整数 t，表示有 T 组数据。每组数据的第一行一个正整数 $n(n\leqslant50\,000)$，表示敌人有 n 个工兵营地，接下来有 n 个正整数，第 i 个正整数 a_i 表示第 i 个工兵营地开始有 a_i 个人($1\leqslant a_i\leqslant50$)。接下来每行有一条命令，命令有 4 种形式。

(1) Add i j：其中 i 和 j 为正整数，该命令表示第 i 个营地增加 j 个人($j\leqslant30$)。

(2) Sub i j：其中 i 和 j 为正整数，该命令表示第 i 个营地减少 j 个人($j\leqslant30$)。

(3) Query i j：其中 i 和 j 为正整数($i\leqslant j$)，该命令表示询问从第 i 个到第 j 个营地的总人数。

(4) End：表示结束，该命令在每组数据的最后出现。

每组数据最多有 40 000 条命令。

输出格式：对于第 i 组数据，首先输出"Case i："和回车，对于每个 Query 询问，输出一个整数并回车，表示询问的段中的总人数。

输入样例：

```
1
10
1 2 3 4 5 6 7 8 9 10
Query 1 3
Add 3 6
Query 2 7
Sub 10 2
Add 6 3
Query 3 10
End
```

输出样例：

```
Case 1:
6
33
59
```

解：题目中的 Add 和 Sub 命令对应单点修改，Query 命令对应区间查询，所以特别适合用树状数组求解。设计树状数组类 BIT，其中 tree[1..n]为树状数组，设计创建树状数组运算 Create、单点修改运算 UpdateOne，通过调用这些运算实现题目要求的各种操作。对应的程序如下。

⊞ C++:

```cpp
1   #include <iostream>
2   #include <vector>
3   using namespace std;
4   #define lowbit(x) ((x)&-(x))
5   class BIT {                    //树状数组类
6       vector <int> tree;         //树状数组为 tree[1..n]
7       int n;
8   public:
9       BIT() {}
10      void Create(vector <int> &a) {  //由 a[1..n]创建树状数组
11          n=a.size();
12          tree.resize(n+1);
13          for(int i=1;i<=n;i++) {
14              tree[i]+=a[i];
15              if(i+lowbit(i)<=n)
16                  tree[i+lowbit(i)]+=tree[i];
```

```
17              }
18          }
19          void UpdateOne(int i,int x) {                //单点修改
20              while (i<=n) {
21                  tree[i]+=x;
22                  i+=lowbit(i);
23              }
24          }
25          int Sum(int i) {                             //求前缀和
26              int ans=0;
27              while (i>0) {
28                  ans+=tree[i];
29                  i-=lowbit(i);
30              }
31              return ans;
32          }
33      };

34      int main() {
35          char op[6];
36          int t,n,i,j;
37          cin >> t;
38          for(int cas=1;cas<=t;cas++) {
39              cin >> n;
40              vector<int> a(n+1,0);
41              for(int i=1;i<=n;i++) scanf("%d",&a[i]);
42              printf("Case %d:\n",cas);
43              BIT bit;
44              bit.Create(a);
45              while(~scanf("%s",op)) {
46                  if(op[0]=='E') break;
47                  scanf("%d%d",&i,&j);
48                  if(op[0]=='Q') printf("%d\n",bit.Sum(j)-bit.Sum(i-1));
49                  else if(op[0]=='A') bit.UpdateOne(i,j);
50                  else bit.UpdateOne(i,-j);
51              }
52          }
53          return 0;
54      }
```

上述程序提交时通过，执行时间为 234ms，内存消耗为 2196KB。

5. 树状数组和线段树的比较

用树状数组能够解决的问题一般可以用线段树来解决，并且具有相同的查询和修改时间复杂度，但是树状数组比线段树处理这类问题有以下优点。

（1）节省空间：树状数组的空间为 n，而线段树至少有 $2n$ 个结点，再加上懒标记等其他成员，其空间开销一般比树状数组大几倍。

（2）效率更高：由于线段树需要维护较多的成员，每次操作需要更多的时间。

（3）易于实现：线段树需要维护各层结点的一致性，与树状数组相比实现算法更复杂。

由于树状数组处理前缀和的特点使它可以处理区间和的查询，这是因为区间和具有"可加性"，而处理最值就无能为力了。

13.2 树状数组应用的算法设计

13.2.1 LeetCode1649——通过指令创建有序数组★★★

【问题描述】 给定一个整数数组 instructions,请根据 instructions 中的元素创建一个有序数组。一开始有一个空的数组 nums,需要从左到右遍历 instructions 中的元素,将它们依次插入 nums 数组中。每一次插入操作的代价是以下两者的较小值:

(1) nums 中严格小于 instructions[i] 的数字的数目。

(2) nums 中严格大于 instructions[i] 的数字的数目。

比方说,如果要将 3 插入 nums=[1,2,3,5],那么插入操作的代价为 min(2,1)(元素 1 和元素 2 小于 3,元素 5 大于 3),插入后 nums 变成[1,2,3,3,5]。

请返回将 instructions 中的所有元素依次插入 nums 后的最小总代价。由于答案会很大,请将它对 10^9+7 取余后返回。

例如,instructions=[1,2,3,6,5,4]。开始时 nums=[],操作如下。

(1) 插入 1,代价为 min(0,0)=0,插入后 nums=[1]。

(2) 插入 2,代价为 min(1,0)=0,插入后 nums=[1,2]。

(3) 插入 3,代价为 min(2,0)=0,插入后 nums=[1,2,3]。

(4) 插入 6,代价为 min(3,0)=0,插入后 nums=[1,2,3,6]。

(5) 插入 5,代价为 min(3,1)=1,插入后 nums=[1,2,3,5,6]。

(6) 插入 4,代价为 min(3,2)=2,插入后 nums=[1,2,3,4,5,6]。

总代价为 0+0+0+0+1+2=3。

【限制】 $1 \leqslant$ instructions. length $\leqslant 10^5$,$1 \leqslant$ instructions[i] $\leqslant 10^5$。

【解题思路】 使用一维树状数组求解。instructions 数组中元素的范围是 $1 \sim 10^5$,求出其中的最大元素 maxv,用[1,maxv]为区间(元素值区间)创建树状数组对象 bit(初始为空),以表示 nums。用 ans 表示答案(初始为0),用 j 从0开始遍历 instructions。

(1) 求出 bit. Sum(instructions[j]-1),它就是当前 nums 中小于 instructions[j] 的元素的个数。

(2) 求出 bit. Sum(instructions[j]),它就是当前 nums 中小于或等于 instructions[j] 的元素的个数,则 $j-$bit. Sum(instructions[j]) 就是当前 nums 中大于 instructions[j] 的元素的个数。

两者取最大值,将其累计到 ans 中。instructions 遍历完毕 ans 就是总代价,返回 ans 即可。对应的算法如下。

▓ C++:

```
1   #define lowbit(x) ((x)&-(x))
2   class BIT {                        //树状数组类
3       vector<int> tree;             //树状数组为 tree[1..n]
4       int n;
5   public:
6       BIT(int n):n(n),tree(n+1,0) {}
```

```
 7        void UpdateOne(int i, int x) {                        //单点修改
 8            while (i<=n) {
 9                tree[i]+=x;
10                i+=lowbit(i);
11            }
12        }
13        int Sum(int i) {                                      //求前缀和
14            int ans=0;
15            while (i>0) {
16                ans+=tree[i];
17                i-=lowbit(i);
18            }
19            return ans;
20        }
21 };

22 class Solution {
23     static const int MOD=1000000007;
24 public:
25     int createSortedArray(vector<int>& instructions) {
26         int maxv= * max_element(instructions.begin(), instructions.end());
27         BIT bit(maxv);
28         long long ans=0;
29         for(int j=0;j<instructions.size();j++) {
30             int i=instructions[j];
31             int smaller=bit.Sum(i-1);
32             int larger=j-bit.Sum(i);
33             ans+=min(smaller, larger);
34             bit.UpdateOne(i,1);
35         }
36         return ans % MOD;
37     }
38 };
```

提交运行：

结果：通过；时间：196ms；空间：113.9MB

⊞ Python：

```
 1 class BIT:                                        #树状数组类
 2     def __init__(self, n):
 3         self.n=n
 4         self.tree=[0] * (n+1)                     #树状数组为 tree[1..n]
 5     def lowbit(self, x):
 6         return x&-x
 7     def UpdateOne(self, i, x):                     #单点修改
 8         while i<=self.n:
 9             self.tree[i]+=x
10             i+=self.lowbit(i)
11     def Sum(self, i):                             #求前缀和
12         ans=0
13         while i>0:
14             ans+=self.tree[i]
15             i-=self.lowbit(i)
16         return ans

17 class Solution:
18     MOD=1000000007
19     def createSortedArray(self, instructions: List[int]) -> int:
20         maxv=max(instructions)
21         bit=BIT(maxv)
22         ans=0
```

```
23              for j in range(0,len(instructions)):
24                  i＝instructions[j]
25                  smaller＝bit.Sum(i－1)
26                  larger＝j－bit.Sum(i)
27                  ans+＝min(smaller,larger)
28                  bit.UpdateOne(i,1)
29          return ans ％ self.MOD
```

提交运行：

结果：通过；时间：1829ms；空间：28.32MB

13.2.2 LeetCode1409——查询带键的排列★★

【问题描述】 给定一个待查数组 queries，数组中的元素为 $1\sim m$ 的正整数。请根据以下规则处理所有待查项 queries$[i]$（i 从 0 到 queries.length－1）：一开始排列 P＝[1,2,3,…,m]，对于当前的 i，找出待查项 queries$[i]$ 在排列 P 中的位置（下标从 0 开始），然后将其从原位置移动到排列 P 的起始位置（即下标为 0 处）。注意，queries$[i]$ 在 P 中的位置就是 queries$[i]$ 的查询结果。请以数组形式返回待查数组 queries 的查询结果。

例如，queries＝[3,1,2,1]，$m=5$，返回的结果数组为[2,1,2,1]。

【限制】 $1\leqslant m\leqslant 10^3$，$1\leqslant$ queries.length$\leqslant m$，$1\leqslant$ queries$[i]\leqslant m$。

【解题思路】 使用一维树状数组求解。问题的关键是快速地找到查询整数 queries$[j]$ 在 P 中的位置，由于 queries 数组（其中含 n 个整数）中的元素为 $1\sim m$ 的正整数，设计树状数组用于记录各位置上是否有整数，有整数记为 1，否则记为 0，那么求出 $1\sim i$ 这一段的区间和 Sum(i)，它表示树状数组中索引为 i 的整数前面（包括自身）一共有多少个整数，则 Sum(i)－1 就是对应的位置。再将对应的整数移动到最前面，为了避免频繁地进行数组元素的移动，这里开辟了一个大小为 $n+m$ 的树状数组，初始化时把 P 中 $1\sim m$ 的 m 个整数放到树状数组的最后面，具体的初始化过程如下。

(1) 创建树状数组类 BIT 的对象 bit（树状数组为 tree[1..n+m]）。

(2) 定义数组 pos 存放 $1\sim m$ 的 m 个整数在 tree 中的位置，置 pos$[i]=n+i(1\leqslant i\leqslant m)$，在树状数组中添加 $1\sim m$ 的数，即执行 bit.UpdateOne$(n+i,1)$。

用 ans 数组存放答案（初始为空），用 j 遍历 queries 数组，操作如下。

(1) 求出 queries$[j]$ 在树状数组中的位置 $i=$pos$[$queries$[j]]$。

(2) 求出 bit.Sum(i)，将 Sum(i)－1 添加到 ans 中。

(3) 将 queries$[j]$ 移动到最前面，即执行 bit.UpdateOne$(i,-1)$ 从树状数组中的原位置删除，再执行 bit.UpdateOne$(n-j,1)$ 将其移动到新位置 $n-j$，同时需要更新映射关系，即执行 pos$[$queries$[j]]=n-j$。

例如，对于样例 queries＝[3,1,2,1]，$m=5$，这里 $n=4$，求解过程如图 13.3 所示。

对应的算法如下。

C++：

```
1   //这里 BIT 类的代码与 13.2.1 节中 C++代码的 1～21 行相同
2   class Solution {
3   public:
4       vector＜int＞ processQueries(vector＜int＞& queries, int m) {
5           int n＝queries.size();
```

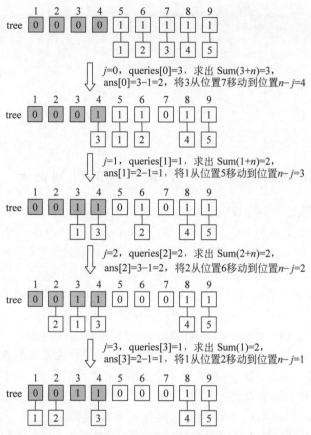

图 13.3 样例的求解过程

```
6         BIT bit(m+n);
7         vector<int> pos(m+1);
8         for (int i=1;i<=m;i++) {
9             pos[i]=n+i;                      //1~m 的数到位置的映射
10            bit.UpdateOne(n+i,1);            //在树状数组中添加 1~m 的数
11        }
12        vector<int> ans;
13        for(int j=0;j<n;j++) {
14            int i=pos[queries[j]];           //求 queries[j] 在 pos 中的索引
15            ans.push_back(bit.Sum(i)-1);     //求 queries[j] 在 P 中的位置
16            bit.UpdateOne(i,-1);             //把位置 i 的数移动到最前面
17            pos[queries[j]]=n-j;
18            bit.UpdateOne(n-j,1);
19        }
20        return ans;
21    }
22 };
```

提交运行：

结果:通过;时间:4ms;空间:8.2MB

⊞ **Python**：

```
1  #这里 BIT 类的代码与 13.2.1 节中 Python 代码的 1~16 行相同
2  class Solution:
3      def processQueries(self, queries: List[int], m: int) -> List[int]:
```

```
4          n=len(queries)
5          bit=BIT(m+n)
6          pos=[0] * (m+1)
7          for i in range(1,m+1):
8              pos[i]=n+i
9              bit.UpdateOne(n+i,1)
10         ans=[]
11         for j in range(0,n):
12             i=pos[queries[j]]
13             ans.append(bit.Sum(i)-1)
14             bit.UpdateOne(i,-1)
15             pos[queries[j]]=n-j
16             bit.UpdateOne(n-j,1)
17         return ans
```

提交运行：

结果：通过；时间：60ms；空间：15.2MB

13.2.3 LeetCode683——k 个关闭的灯泡★★★

【问题描述】 n 个灯泡排成一行，编号为从 1 到 n。最初所有灯泡都关闭，每天只打开一个灯泡，直到 n 天后所有灯泡都打开。给定一个长度为 n 的灯泡数组 bulbs，bulbs[i]=x 意味着在第 $i+1$ 天把位置 x 的灯泡打开，其中 i 从 0 开始，x 从 1 开始。给定一个整数 k，请返回恰好有两个打开的灯泡且它们之间有 k 个关闭的灯泡的最少天数，如果不存在这种情况，则返回 -1。

例如，bulbs=[1,3,2]，$k=1$。第一天 bulbs[0]=1，打开第一个灯泡[1,0,0]；第二天 bulbs[1]=3，打开第三个灯泡[1,0,1]；第三天 bulbs[2]=2，打开第二个灯泡[1,1,1]。其中，在第二天两个打开的灯泡之间恰好有一个关闭的灯泡，所以答案为 2。

【限制】 $n=$bulbs.length，$1 \leqslant n \leqslant 2 \times 10^4$，$1 \leqslant$bulbs[$i$]$\leqslant n$，bulbs 是一个由从 1 到 n 的数字构成的排列，$0 \leqslant k \leqslant 2 \times 10^4$。

【解题思路】 使用一维树状数组求解。bulbs 是由从 1 到 n 的数字构成的排列，所以灯泡的位置为 $1 \sim n$，按位置构造树状数组 tree[1..n]，tree[i]表示位置 i 的灯泡（简称为灯泡 i）是否打开（关闭时值为 0，打开时值为 1），初始时 tree[i]均为 0。

用 i 从 0 开始遍历 bulbs 数组，当前位置为 $x=$bulbs[i]，由于该天会打开灯泡 x，所以 x 位置的灯泡一定是打开的，找到距离位置 x 之间含 k 个灯泡的后面和前面两个位置，如图 13.4 所示。

(1) 找到距离位置 x 之间含 k 个灯泡的后面位置 $p=x+k+1$，若 p 位置的灯泡是打开的并且 Sum($x+1$)=Sum(p)，说明 x 和 p 之间正好有 k 个全部关闭的灯泡，返回 $i+1$（这里天的序号从 1 开始）。

(2) 找到距离位置 x 之间含 k 个灯泡的前面位置 $p=x-k-1$，若 p 位置的灯泡是打开的并且 Sum($p+1$)=Sum(x)，说明 p 和 x 之间正好有 k 个全部关闭的灯泡，返回 $i+1$。

否则置 open[x]为 true 并且在线段树中置 x 位置的结点值为 1 继续遍历。当 bulbs 数组遍历完毕返回 -1。

扫一扫

源程序

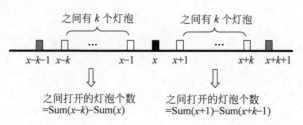

之间有 k 个灯泡　　　之间有 k 个灯泡

$x-k-1$　$x-k$　$x-1$　x　$x+1$　$x+k$　$x+k+1$

之间打开的灯泡个数
=Sum($x-k$)−Sum(x)

之间打开的灯泡个数
=Sum($x+1$)−Sum($x+k-1$)

图 13.4　距离位置 x 之间含 k 个灯泡的两个位置

13.2.4　LeetCode308——二维区域和检索（可改）★★★

问题描述参见第 12 章中的 12.2.2 节。

【解题思路】　使用二维树状数组求解。求解思路参见 12.2.2 节，由于仅包含单点修改和区间查找，可以直接用树状数组代替线段树。对于 $m \times n$ 的矩阵 matrix，将其转换为一维空间 a，由 a 创建一维树状数组 tree，在对 matrix 操作时通过 pno() 算法将二维坐标转换为一维坐标。对应的算法如下。

■■ C++：

```cpp
1  #define lowbit(x) ((x)&-(x))
2  class BIT {                              //树状数组类(含 Create())
3      vector<int> tree;                    //树状数组为 tree[1..n]
4      int n;
5  public:
6      BIT() {}
7      void Create(vector<int> &a) {        //由 a[0..n-1]创建树状数组
8          n=a.size();
9          tree.resize(n+1);
10         for(int i=1;i<=n;i++) {
11             tree[i]+=a[i-1];
12             if(i+lowbit(i)<=n)
13                 tree[i+lowbit(i)]+=tree[i];
14         }
15     }
16     void UpdateOne(int i,int x) {         //单点修改
17         while (i<=n) {
18             tree[i]+=x;
19             i+=lowbit(i);
20         }
21     }
22     int Sum(int i) {                      //求前缀和
23         int ans=0;
24         while (i) {
25             ans+=tree[i];
26             i-=lowbit(i);
27         }
28         return ans;
29     }
30 };

31 class NumMatrix {
32 public:
33     BIT bit;
34     int m,n;
35     vector<vector<int>> mat;
36     NumMatrix(vector<vector<int>> & matrix) {
```

37   m=matrix.size();
38   n=matrix[0].size();
39   vector<int> a;
40   for(int i=0;i<m;i++) {
41   for(int j=0;j<n;j++) {
42   a.emplace_back(matrix[i][j]);
43   }
44   }
45   bit.Create(a);
46   mat=matrix;
47   }
48   int pno(int i,int j) {   //将二维转换为一维
49   return i*n+j+1;
50   }
51   void update(int r, int c, int val) {
52   int i=pno(r,c);
53   bit.UpdateOne(i,val-mat[r][c]);
54   mat[r][c]=val;
55   }
56   int sumRegion(int r1,int c1,int r2,int c2) {
57   int ans=0;
58   for(int r=r1;r<=r2;r++) {
59   int i=pno(r,c1);
60   int j=pno(r,c2);
61   ans+=bit.Sum(j)-bit.Sum(i-1);
62   }
63   return ans;
64   }
65 };
```

提交运行：

结果：通过；时间：12ms；空间：12.8MB

**Python**：

```
1  class BIT:                        #树状数组类
2      def lowbit(self,x):
3          return x&-x
4      def Create(self,a):            #由a[0..n-1]创建树状数组
5          self.n=len(a)
6          self.tree=[0]*(self.n+1)   #树状数组为tree[1..n]
7          for i in range(1,self.n+1):
8              self.tree[i]+=a[i-1]
9              if i+self.lowbit(i)<=self.n:
10                 self.tree[i+self.lowbit(i)]+=self.tree[i]
11     def UpdateOne(self,i,x):       #单点修改
12         while i<=self.n:
13             self.tree[i]+=x
14             i+=self.lowbit(i)
15     def Sum(self,i):               #求前缀和
16         ans=0
17         while i>0:
18             ans+=self.tree[i]
19             i-=self.lowbit(i)
20             return ans
21 class NumMatrix:
22     def __init__(self, matrix: List[List[int]]):
23         m,self.n=len(matrix),len(matrix[0])
24         a=[]
25         for i in range(0,m):
```

353
```

```
26          for j in range(0,self.n):a.append(matrix[i][j])
27        self.bit＝BIT()
28        self.bit.Create(a)
29        self.mat＝matrix
30    def pno(self,i,j):                ♯将二维转换为一维
31        return i＊self.n＋j＋1
32    def update(self,r:int,c:int,val:int) -> None:
33        i＝self.pno(r,c)
34        self.bit.UpdateOne(i,val－self.mat[r][c])
35        self.mat[r][c]＝val
36    def sumRegion(self,r1:int,c1:int,r2:int,c2:int) -> int:
37        ans＝0
38        for r in range(r1,r2＋1):
39            i,j＝self.pno(r,c1),self.pno(r,c2)
40            ans＋＝self.bit.Sum(j)－self.bit.Sum(i－1)
41        return ans
```

提交运行：

结果：通过；时间：360ms；空间：18.1MB

13.3 离散化在树状数组中的应用

13.3.1 LeetCode327——区间和的个数★★★

问题描述参见第 12 章中的 12.2.3 节。

【解题思路】 离散化＋树状数组。求解思路参见 12.4.1 节,由于仅包含单点修改和区间查找,可以直接用树状数组代替线段树。求出 nums 的前缀和数组 presum,用 x 遍历 presum,得到 x、$x－$upper 和 $x－$lower 序列,将序列离散化得到 hmap,建立一个长度为 n 的树状数组对象 bit,然后用 x 遍历 presum,求出 $i＝$hmap$[x－$upper$]$,$j＝$hmap$[x－$lower$]$,求出 bit.Sum(j＋1)－bit.Sum(i),即$[i,j]$区间和,将其累计到 ans 中,然后使用单点修改 bit.UpdateOne(hmap$[x]＋1,1$)将 hmap$[x]＋1$ 处的结点值增 1,最后返回 ans 即可。对应的算法如下。

C++：

```
1    //这里 BIT 类的代码与 13.2.1 节中 C++代码的 1～21 行相同
2    typedef long long LL;
3    class Solution {
4    public:
5        int countRangeSum(vector<int>& nums,int lower,int upper) {
6            int n＝nums.size();
7            vector<LL> presum(n＋1);    //前缀和数组
8            presum[0]＝0;
9            for(int i=1;i<=n;i++)
10               presum[i]＝presum[i－1]＋nums[i－1];
11           set<LL> tset;              //除重
12           for(LL x:presum) {
13               tset.insert(x);
14               tset.insert(x－lower);
15               tset.insert(x－upper);
16           }
```

```
17          unordered_map<LL, int> hmap;                    //存储离散化结果
18          int idx=0;
19          for(LL x:tset) hmap[x]=idx++;
20          int ans=0;
21          BIT bit(hmap.size());
22          for(LL x: presum) {
23              int i=hmap[x-upper],j=hmap[x-lower];
24              ans+=bit.Sum(j+1)-bit.Sum(i);
25              int k=hmap[x];
26              bit.UpdateOne(k+1,1);
27          }
28          return ans;
29      }
30  };
```

提交运行：

结果：通过；时间：1208ms；空间：295.7MB

Python：

```
1  ♯这里 BIT 类的代码与 13.2.1 节中 Python 代码的第 1~16 行相同
2  class Solution:
3      def countRangeSum(self, nums:List[int], lower:int, upper:int)-> int:
4          n=len(nums)
5          presum=[0]*(n+1)                                  ♯前缀和数组
6          presum[0]=0
7          for i in range(1,n+1):
8              presum[i]=presum[i-1]+nums[i-1]
9          a=[]                                              ♯存储离散化结果
10          for x in presum:
11              a.append(x)
12              a.append(x-lower)
13              a.append(x-upper)
14          hmap={}
15          idx=0
16          for x in sorted(a):
17              if x not in hmap:hmap[x]=idx;idx+=1
18          ans=0
19          bit=BIT(len(hmap))
20          for x in presum:
21              i,j,k=hmap[x-upper],hmap[x-lower],hmap[x]
22              ans+=bit.Sum(j+1)-bit.Sum(i)
23              bit.UpdateOne(k+1,1)
24          return ans
```

提交运行：

结果：通过；时间：2944ms；空间：68.1MB

13.3.2 LeetCode315——计算右侧小于当前元素的个数★★★

问题描述参见第12章中的12.4.2节。

【解题思路】 离散化＋树状数组。求解思路参见12.4.2节，先对 nums 数组进行离散化，有序编号从 1 到 n，产生哈希映射 hmap，以$[1,n]$区间构造树状数组 tree(初始时元素均为 0)。设计 ans 数组用于存放答案，用 j 从 $n-1$ 开始反向遍历 nums，置 $i=$hmap[nums[j]]，使用单点修改将 nums[j]元素的个数增 1。

扫一扫

源程序

（1）若 $i=1$，说明 nums[j]是 nums 中的最小元素，其右侧没有小于它的元素，或者说右侧小于它的元素的个数为 0，置 ans[j]=0。

（2）否则，在树状数组中求出 Sum($i-1$)，该整数就是在 nums[j]的右侧并且小于它的元素的个数，置 ans[j]为一个整数。

nums 数组遍历完毕返回 ans 即可。

推荐练习题

1. LeetCode307——区域和检索（数组可修改）★★
2. LeetCode406——根据身高重建队列★★
3. LeetCode673——最长递增子序列的个数★★
4. LeetCode1395——统计作战单位数★★
5. LeetCode2250——统计包含每个点的矩形数目★★

第14章

字典树和后缀数组

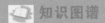 **知识图谱**

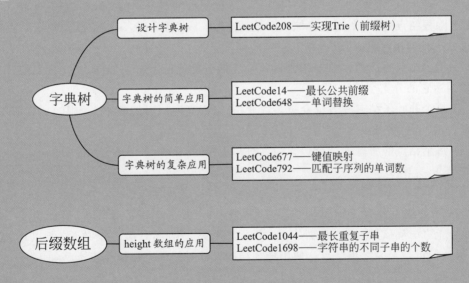

14.1.1   字典树

1. 什么是字典树

字典树又称为 Trie 树或者前缀树,它是一种树形结构,典型应用是大量字符串的统计、排序和保存,核心思想是以空间换时间,使用字符串的公共前缀来减少查询时间的开销以达到提高效率的目的。如图 14.1 所示为保存字符串集合 S={"be","bet","bus","tea","ten"}的一棵字典树。

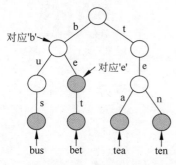

图 14.1   一棵字典树

从中看出,Trie 树是集合中各字符的前缀对应结点相互连接而成的树结构。在一个前缀的末端添加一个字符得到另一个前缀时,这两个结点将以父子关系相互连接,连接两个结点的边对应于增加的字符。Trie 树的根结点总是对应于长度为 0 的字符。每次增加深度,对应的字符串会增加一个字符。图 14.1 中带阴影的结点是终止结点(不一定是叶子结点),这些结点中的字符串就是 Trie 树表示的集合中的字符串。字典树具有以下基本特征:

(1) Trie 树的根结点是空的,不对应任何字符。

(2) 除根结点外,每个结点存储一个单词/字母。也就是说,从根结点到某一结点,路径上经过的字符连接起来,构成该结点对应的字符串。

(3) 每个结点对应的字符是指到达该结点的分支上的字符。如图 14.1 中对应'b'的结点就是到达它的分支字符为'b'。

(4) 每个非叶子结点一般都会被多次使用,以提高遍历时的效率。如图 14.1 中对应'b'的结点表示"bus"和"bet"中的'b'字符。

(5) 每个结点的所有子结点包含的字符都不相同。

2. 字典树存储结构

通常,字典树中的所有字母为小写字母,最多有 26 个小写字母,所以设计的 Trie 树中每个结点有 26 个孩子指针,另外 Trie 树中每个终止结点对应一个单词,所以增加一个 isend 成员标识是否为终止结点。使用链式结构设计对应的字典树结点类型如下。

▦ C++:

```
1   struct TNode{                    //字典树结点类型
2       TNode * ch[26];              //孩子结点指针
3       bool isend;                  //标记是否为终止结点
4       TNode() {                    //构造函数
5           isend=false;
6           memset(ch,NULL,sizeof(ch));
7       }
8   };
```

说明：字典树也可以使用静态存储结构，即使用数组存储，由于字典树一般没有删除操作，所以更适合使用静态存储结构。

3. 字典树的插入运算

假设字典树的根结点为 root，根结点并不是 NULL，只是不含字符，它的孩子指针是有效的，其 ch[c] 表示分支为 'a'+c 字符的孩子结点指针。插入运算是向 root 中插入一个字符串 s，在插入时从根结点往下遍历，遇到已存在的字符结点就往下遍历，否则建立新结点。最后标记终止结点（对应一个字符串）即可。对应的迭代算法如下。

C++：

```
1  void insert(string& s) {
2      TNode * p=root;
3      for(int k=0;k<s.length();k++) {
4          if(p->ch[s[k]-'a']==NULL) {
5              p->ch[s[k]-'a']=new TNode();//不存在对应的结点时创建
6          }
7          p=p->ch[s[k]-'a'];
8      }
9      p->isend=true;                        //标记为终止结点
10  }
```

显然，在字典树中叶结点一定是终止结点，在从根结点 root 到叶子结点的路径中，字符串 s 的每个字符依次对应一个分支结点，因此字典树的高度是字符串的长度+1（根结点是虚结点，不对应任何字符）。销毁以 root 为根结点的字典树的递归算法如下。

C++：

```
1  void destroy(TNode * root) {
2      if(root!=NULL) {
3          for(int k=0;k<26;k++)
4              destroy(root->ch[k]);
5          delete root;
6          root=NULL;
7      }
8  }
```

4. 字典树的查询

在实际中字典树的查询操作可能各种各样，这里假设字典树查询是判定字典树中是否包含前缀串 prefix。查找过程是 p 从根结点 root 开始遍历字典树，同时用 c 从头开始遍历 prefix，若 p->ch[c-'a'] 为空，说明字典树中不包含 prefix 前缀，返回 false，在 prefix 遍历完毕说明字典树中存在 prefix 前缀，返回 true。对应的迭代算法如下。

C++：

```
1  bool Find(string& prefix) {
2      TNode * p=root;
3      for(char c: prefix) {
4          if(p->ch[c-'a']==NULL) return false;
5          p=p->ch[c-'a'];
6      }
7      return true;
8  }
```

例如,在一棵空的字典树中依次插入字符串"ab"、"ac"、"bcd"、"bc"和"c"后的结果如图 14.2 所示,图中圆框中为 1 的结点是终止结点。执行 Find("a")、Find("ac")和 Find("bc")均返回 true,因为"a"、"ac"和"bc"是其中某个字符串的前缀,而 Find("ad")返回 false,因为字典树中不存在"ad"前缀。

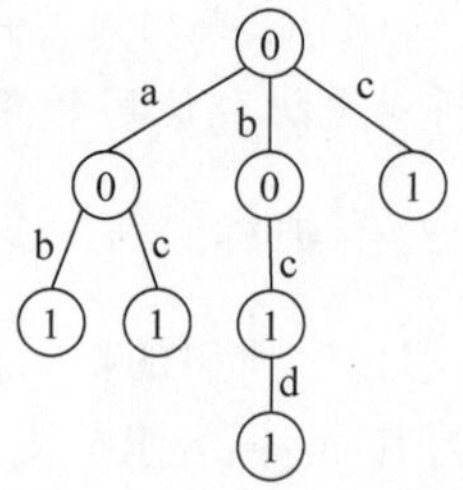

图 14.2　插入 5 个字符串后建立的字典树

14.1.2　后缀数组

1. 什么是后缀数组

后缀数组(Suffix Array,SA)是一个通过对字符串的所有后缀排序后得到的数组。此数据结构被运用于全文索引、数据压缩算法以及生物信息学。

一个字符串的后缀是指从其中某个位置到字符串结尾的子串(包括原串)。一个长度为 n 的字符串有 n 个后缀,全部后缀可以用后缀数组 sa 表示,对于字符串 $s[0..n-1]$,$sa[0..n-1]$ 保存 $0 \sim n-1$ 的某个排列,并且保证 $suffix(sa[i]) < suffix(sa[i+1])$。也就是将 s 的 n 个后缀从小到大排序之后把排好序的后缀的开头位置依次放入 sa 中。这里的排序通常按字典顺序。

每个后缀在排序后对应一个排名,n 个后缀的排名用名次数组 rank 表示,$rank[i]$ 保存的是 $suffix(i)$ 在所有后缀中从小到大排列的名次。简单地说,后缀数组是"排第几的是谁?",名次数组是"你排第几?"。

容易看出,后缀数组和名次数组为互逆运算,即 $sa[rank[i]]=i$,$rank[sa[i]]=i$,只要求得其一,就能计算出另一个。

例如,$s=$ "banana",$n=6$,求 s 的全部后缀如下:$suffix(0)=$ "banana",$suffix(1)=$ "anana",$suffix(2)=$ "nana",$suffix(3)=$ "ana",$suffix(4)=$ "na",$suffix(5)=$ "a"。

将全部后缀按字典顺序递增排序后的结果如下:

$suffix(5)=$ "a",排序后序号为 0,则 $rank[5]=0$,$sa[0]=5$;

$suffix(3)=$ "ana",排序后序号为 1,则 $rank[3]=1$,$sa[1]=3$;

$suffix(1)=$ "anana",排序后序号为 2,则 $rank[1]=2$,$sa[2]=1$;

$suffix(0)=$ "banana",排序后序号为 3,则 $rank[0]=3$,$sa[3]=0$;

$suffix(4)=$ "na",排序后序号为 4,则 $rank[4]=4$,$sa[4]=4$;

$suffix(2)=$ "nana",排序后序号为 5,则 $rank[2]=5$,$sa[5]=2$。

2. 建立后缀数组

使用后缀数组求解问题的关键是建立字符串 s 的后缀数组,建立后缀数组有多种方法,这里重点介绍倍增算法,主要思路是先比较长度为 2 的子串,再用该结果比较长度为 4 的子串,然后用结果比较长度为 8 的子串,以此类推,长度为 1 的子串不用比较,因为其自身的 ASCII 值就已经相当于比较了。

对于字符串 $s[0..n-1]$,设排序的当前长度是 len,用 $suffix(i,len)$ 表示 $suffix(i)$ 的前 len 个字符(大于 len 的部分被截断)。

(1) 先按 $len=1$ 对 $suffix(i,len)(0 \leqslant i \leqslant n-1)$ 排序。

（2）倍增长度 len，用之前排序 len/2 长度后得到的 rank 数组作为关键字，即把前 len/2 部分作为第一关键字 x，把后 len/2 部分作为第二关键字 y，对 len 长度的子串按 (x,y) 进行排序，为了提高性能，这里使用基数排序方法。

（3）当 $2^{len}>n$ 时，所得到的序列就是 rank，同样得到了 sa。

由于是倍增长度，所以最多做 $\log_2 n$ 趟排序，在使用基数排序方法时每趟的时间为 $O(n)$，所以求后缀数组的时间为 $O(n\log_2 n)$。

例如，s＝"banana"，$n＝6$，用倍增算法求 rank 数组（每一趟中相同子串的排名相同）的过程如下。

（1）考虑 s 的单个字母，即['b':0,'a':1,'n':2,'a':3,'n':4,'a':5]，排序后为['a':1,'a':3,'a':5,'b':0,'n':2,'n':4]，s[1]＝'a' 的排名为 0，即 rank[1]＝0，s[0]＝'b' 的排名为 1，即 rank[0]＝1，其他为 rank[2]＝2，rank[3]＝0，rank[4]＝2，rank[5]＝0，如图 14.3(a)所示。

（2）len＝1，将 s[i] 与 s[i＋1] 合并（$i＋1\geqslant n$ 不合并），得到 2 字母子串为["ba","an"，"na","an","na","a"]，每个子串 s[i]s[i＋1] 用 s[i] 和 s[i＋1] 的排名表示，即 (x,y)，其中 x 和 y 分别是 s[i] 和 s[i＋1] 之前的排名，如"ba"中'b'的排名为 1、'a'的排名为 0，所以表示为(1,0)，这样该 2 字母子串表示为["ba":(1,0)，"an":(0,2)，"na":(2,0)，"an":(0,2)，"na":(2,0)，"a":(0,0)]，使用两趟的基数排序过程如图 14.4 所示。

① 按 y 递增排序，得到排序结果为["a":(0,**0**)，"ba":(1,**0**)，"na":(2,**0**)，"na":(2,**0**)，"an":(0,**2**)，"an":(0,**2**)]。

② 按 x 递增排序，得到排序结果为["a":(**0**,0)，"an":(**0**,2)，"an":(**0**,2)，"ba":(**1**,0)，"na":(**2**,0)，"na":(**2**,0)]，对应的排名为 rank[0]＝2，rank[1]＝1，rank[2]＝3，rank[3]＝1，rank[4]＝3，rank[5]＝0，结果如图 14.3(b)所示。

（3）len＝2，将 s[i] 与 s[i＋2] 合并（$i＋2\geqslant n$ 不合并），得到 4 字母子串序列，同样使用基数排序得到的排名为 rank[0]＝3，rank[1]＝2，rank[2]＝5，rank[3]＝1，rank[4]＝4，rank[5]＝0，如图 14.3(c)所示。

（4）len＝4，将 s[i] 与 s[i＋4] 合并（$i＋4\geqslant n$ 不合并），得到 8 字母子串序列，同样使用基数排序得到的排名为 rank[0]＝3，rank[1]＝2，rank[2]＝5，rank[3]＝1，rank[4]＝4，rank[5]＝0，如图 14.3(d)所示。

len＝8 时结束，得到的最终排名数组为 rank＝[3,2,5,1,4,0]，相应的 sa＝[5,3,1,0,4,2]。

$rank_0$			$rank_1$			$rank_2$			$rank_4$		
0	b	1	0	ba	2	0	bana	3	0	banana	3
1	a	0	1	an	1	1	anan	2	1	anana	2
2	n	2	2	na	3	2	nana	5	2	nana	5
3	a	0	3	an	1	3	ana	1	3	ana	1
4	n	2	4	na	3	4	na	4	4	na	4
5	a	0	5	a	0	5	a	0	5	a	0
(a) 初始rank值			(b) len=1的rank值			(c) len=2的rank值			(d) len=4的rank值		

图 14.3 求 rank 数组的过程

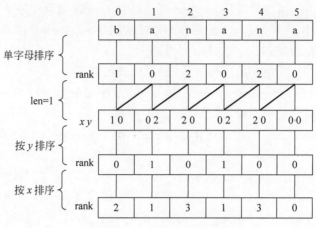

图 14.4　len＝1 的排序过程

3. 最长公共前缀

在求出字符串 s 的 sa 和 rank 数组后,进一步引入辅助工具——LCP(最长公共前缀)。设计一个 height 数组,height[0]＝0,其他元素 height[i]($1 \leq i < n$)为 suffix(sa[$i-1$])和 suffix(sa[i])的最长公共前缀的长度,也就是排名相邻的两个后缀的最长公共前缀的长度。例如,s＝"banana",sa＝[5,3,1,0,4,2],sa[0]＝5 对应的后缀为"a",sa[1]＝3 对应的后缀为"ana",两者的 LCP 为"a",所以 height[1]＝1,求 height 的过程如图 14.5 所示。

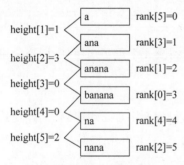

图 14.5　求 height 数组

那么对于 j 和 k,不妨设 rank[j]＜rank[k],则有这样的性质:suffix(j)和 suffix(k)的最长公共前缀为 height[rank[j]＋1]、height[rank[j]＋2]、height[rank[j]＋3]、……、height[rank[k]]中的最小值。例如,s＝"banana",求两个后缀"a"和"anana"的 LCP 的长度是多少?对照图 14.4,答案是 min(height[2],height[1])＝1。

设 $h[i]$＝height[rank[i]],则 $h[i] \geq h[i-1]-1$。证明过程是假设 $s[k..n-1]$为排在 $s[i-1..n-1]$的前一名的后缀,其 LCP 的长度为 $h[i-1]$,则 $s[k+1..n-1]$与 $s[i..n-1]$的 LCP 的长度显然大于或等于 $h[i-1]-1$。有了该性质就可以按照 $h[1]$、$h[2]$、……的顺序递推计算,不必每次都从头比较,这样使得求 height 数组的时间为 $O(n)$。

在实际中可以使用 height 数组高效、方便地解决很多问题。求字符串 $s[0..n-1]$的 sa、rank 和 height 数组的模板各种各样,下面给出一个相对容易理解的后缀数组类 SuffixA,在使用后缀数组求解问题的算法中可以直接使用该类或者稍微修改后使用。

C++:

```
1    const int MAXN=30010;              //n 的最大取值
2    class SuffixA {                    //后缀数组类
3        string s;
4        int n;
5        int cnt[MAXN];
6        int sa[MAXN];
7        int rank[MAXN];
```

```cpp
 8      int height[MAXN];
 9      int tmp[MAXN];                                  //临时空间
10  public:
11      SuffixA(string&s):s(s) {                        //构造函数
12          n=s.length();
13      }
14      void getsa() {                                  //计算后缀数组 sa
15          int maxbuk=256;                             //桶的个数
16          for(int i=0;i<maxbuk;i++) cnt[i]=0;         //桶排序
17          for(int i=0;i<n;i++) cnt[s[i]]++;
18          for(int i=1;i<maxbuk;i++) cnt[i]+=cnt[i-1];
19          for(int i=n-1;i>=0;i--) sa[--cnt[s[i]]]=i;
20          rank[sa[0]]=0;                              //初始排名为 0
21          int num=0;                                  //后面排名从 1 开始
22          for(int i=1;i<n;i++) {
23              if(s[sa[i-1]]==s[sa[i]]) rank[sa[i]]=num;
24              else rank[sa[i]]=++num;
25          }
26          for(int len=1;len<n;len*=2) {               //倍增过程
27              int* pos=tmp;                           //当前趟中按 y 排序后的 sa
28              int p=0;
29              for(int i=n-len;i<n;i++)                 //越界 y 应该排在最前面
30                  pos[p++]=i;
31              for(int i=0;i<n;i++) {
32                  if(sa[i]>=len)                       //未越界 y，对应的 x 为 sa[i]-len
33                      pos[p++]=sa[i]-len;
34              }
35              for(int i=0;i<maxbuk;i++) cnt[i]=0;      //对 x 进行桶排序
36              for(int i=0;i<n;i++) cnt[rank[pos[i]]]++;
37              for(int i=1;i<maxbuk;i++) cnt[i]+=cnt[i-1];
38              for(int i=n-1;i>=0;i--)                  //根据桶排序的结果构造后缀数组
39                  sa[--cnt[rank[pos[i]]]]=pos[i];
40              int* nrank=tmp;                          //计算新排名
41              nrank[sa[0]]=0;
42              num=1;
43              for(int i=1;i<n;i++) {
44                  if(rank[sa[i-1]]==rank[sa[i]] && max(sa[i-1],sa[i])+len<n
45                          && rank[sa[i-1]+len]==rank[sa[i]+len])
46                      nrank[sa[i]]=num-1;
47                  else
48                      nrank[sa[i]]=num++;
49              }
50              for(int i=0;i<n;i++) rank[i]=nrank[i];   //将 nrank 复制到 rank
51              if(num>=n) break;                        //排名全部确定时结束
52              maxbuk=num;                              //修改桶的个数
53          }
54      }

55      void getheight() {                              //求 height 数组
56          int k=0;
57          for(int i=0;i<n;i++) {
58              if(rank[i]==0) continue;
59              if(k>0) k--;
60              int j=sa[rank[i]-1];
61              while(j+k<n && i+k<n && s[i+k]==s[j+k]) k++;
62              height[rank[i]]=k;
63          }
64      }
65  };
```

上述算法的实现细节仍然十分复杂，一种直接使用 C++ 中 sort() 通用排序算法进行简化的后缀数组类 SuffixA1 设计如下：

```cpp
1    const int MAXN=30010;                                //n 的最大取值
2    class SuffixA1 {                                     //后缀数组类
3        string s;
4        int n;
5        vector<int> sa,rank,height;
6    public:
7        SuffixA(string&s):s(s) {                         //构造函数
8            n=s.length();
9        }
10       void getsa() {                                   //计算后缀数组 sa
11           sa=vector<int>(MAXN);
12           rank=vector<int>(MAXN);
13           vector<int> tmp=vector<int>(MAXN);
14           for(int i=0;i<n;i++) {                       //初始化排名
15               sa[i]=i;
16               rank[i]=s[i];
17           }
18           for (int len=1;len<n;len*=2) {               //倍增过程
19               auto cmp=[&](int i, int j) {             //排序比较函数
20                   if (rank[i]!=rank[j])
21                       return rank[i]<rank[j];
22                   else {
23                       int ri=i+len<n?rank[i+len]:-1;
24                       int rj=j+len<n?rank[j+len]:-1;
25                       return ri<rj;
26                   }
27               };
28               sort(sa.begin(),sa.begin()+n,cmp);       //只排序到 n,而不是整个 sa 数组
29               tmp[sa[0]]=0;                            //更新排名
30               for (int i=1;i<n;i++) {
31                   tmp[sa[i]]=tmp[sa[i-1]]+(cmp(sa[i-1],sa[i])?1:0);
32               }
33               swap(rank,tmp);
34           }
35       }
36       void getheight() { ... }                         //同前面的 getheight()
37   };
```

不过，在上述 SuffixA1 类的 getsa() 算法中直接用字符的 ASCII 值（或 Unicode 值，取决于字符串的内容）初始化 rank 数组（第 16 行），这在小字符集（如 ASCII）下可能工作正常（14.3 节的两个求解问题均属于这种情况），但在大字符集或包含特殊字符的字符串中可能会导致问题，此时需要采用前面 SuffixA 中的方法。

14.2 字典树应用的算法设计

14.2.1 LeetCode208——实现 Trie（前缀树）★★

【问题描述】 Trie 或者说前缀树是一种树形数据结构，用于高效地存储和检索字符串数据集中的键。这一数据结构有很多的应用场景，例如自动补全和拼写检查。请实现

Trie 类。

(1) Trie()：初始化前缀树对象。

(2) void insert(String word)：向前缀树中插入字符串 word。

(3) boolean search(String word)：如果字符串 word 在前缀树中,返回 true(即在检索之前已经插入),否则返回 false。

(4) boolean startsWith(String prefix)：如果之前已经插入的字符串 word 的前缀之一为 prefix,返回 true,否则返回 false。

示例：

```
Trie trie＝new Trie();
trie.insert("apple");
trie.search("apple");           //返回 true
trie.search("app");             //返回 false
trie.startsWith("app");         //返回 true
trie.insert("app");
trie.search("app");             //返回 true
```

【限制】 1≤word.length,prefix.length≤2000,word 和 prefix 仅由小写英文字母组成,insert、search 和 startsWith 的调用次数总计不超过 3×10^4 次。

【解题思路】 字典树设计。相关原理参见 14.1.1 节。字典树的根结点为 root,在 Trie 类中包含插入算法 insert(word)和查找前缀算法 searchPrefix(s),searchPrefix(s)用于在字典树中从根结点开始查找字符串 s 的最后一个字符对应的结点 p,若没有找到这样的结点,则返回 NULL,否则返回 p。

search(word)和 startsWith(prefix)两个算法通过调用 searchPrefix()算法来实现。设计 Trie 类如下。

▓ C++：

```
1    struct TNode{                  //字典树结点类型
2        TNode * ch[26];           //孩子结点指针
3        bool isend;               //标记是否为一个字符串的结束处
4        TNode() {
5            isend＝false;
6            memset(ch,NULL,sizeof(ch));
7        }
8    };
9    class Trie {                   //字典树类
10       TNode * root;             //根结点
11       TNode * searchPrefix(string s) {
12           TNode * p＝root;
13           for(char c:s) {
14               if(p->ch[c－'a']＝＝NULL) return NULL;
15               p＝p->ch[c－'a'];
16           }
17           return p;
18       }
19   public:
20       Trie() {
21           root＝new TNode();    //创建根结点
22       }
23       void insert(string word) {
24           TNode * p＝root;
```

```
25          for(int i=0;i<word.length();i++) {
26              if(p->ch[word[i]-'a']==NULL) {
27                  p->ch[word[i]-'a']=new TNode();
28              }
29              p=p->ch[word[i]-'a'];
30          }
31          p->isend=true;
32      }
33      bool search(string word) {
34          TNode * p=searchPrefix(word);
35          return p!=NULL && p->isend==true;
36      }
37      bool startsWith(string prefix) {
38          return searchPrefix(prefix)!=NULL;
39      }
40  };
```

提交运行：

结果:通过;时间:48ms;空间:43.9MB

Python:

```
1  class TNode:                    #字典树结点类型
2      def __init__(self):
3          self.ch=[None] * 26
4          self.isend=False

5  class Trie:                     #字典树类
6      def __init__(self):
7          self.root=TNode()       #根结点
8      def searchPrefix(self,s):
9          p=self.root
10         for c in s:
11             if p.ch[ord(c)-ord('a')]==None:return None
12             p=p.ch[ord(c)-ord('a')]
13         return p
14     def insert(self, word: str) -> None:
15         p=self.root
16         for c in word:
17             if p.ch[ord(c)-ord('a')]==None:
18                 p.ch[ord(c)-ord('a')]=TNode()
19             p=p.ch[ord(c)-ord('a')]
20         p.isend=True
21     def search(self, word: str) -> bool:
22         p=self.searchPrefix(word)
23         return p!=None and p.isend==True
24     def startsWith(self, prefix: str) -> bool:
25         return self.searchPrefix(prefix)!=None
```

提交运行：

结果:通过;时间:176ms;空间:34.2MB

14.2.2 LeetCode14——最长公共前缀★

【问题描述】 编写一个程序查找字符串数组 strs 中的最长公共前缀,如果不存在公共前缀,则返回空字符串""。

例如,strs=["flower","flow","flight"],答案为"fl"。

【限制】 $1 \leqslant$ strs. length $\leqslant 200, 0 \leqslant$ strs$[i]$. length $\leqslant 200$, strs$[i]$ 仅由小写英文字母组成。

【解题思路】 字典树的简单应用。先创建一棵空的字典树 tr,用 i 从 0 开始遍历 strs,将字符串 strs$[i]$ 插入 tr 中。遍历完毕再从 tr 的根结点出发求所有分支数为 1 的字符串 ans(从根结点开始所有连续单字符结点构成的子串就是最长公共前缀),最后返回 ans 即可。为了方便查找分支数为 1 的分支,在字典树结点中增加 cnt 成员表示一个结点的分支数。对应的算法如下。

C++:

```
1   struct TNode{                        //字典树结点类型
2       TNode * ch[26];                  //孩子结点指针
3       int cnt;                         //表示该结点的分支数
4       bool isend;                      //标记是否为一个字符串的结束处
5       TNode() {
6           cnt=0;
7           isend=false;
8           memset(ch, NULL, sizeof(ch));
9       }
10  };

11  class Trie {                         //字典树类
12      TNode * root;                    //根结点
13  public:
14      Trie() {
15          root=new TNode();            //创建根结点
16      }
17      void insert(string& s) {         //向字典树中插入字符串 s
18          TNode * p=root;
19          for(int i=0;i<s.length();i++) {
20              if(p->ch[s[i]-'a']==NULL) {
21                  p->ch[s[i]-'a']=new TNode();
22                  p->cnt++;
23              }
24              p=p->ch[s[i]-'a'];
25          }
26          p->isend=true;
27      }
28      string maxprefix() {             //查找最大前缀
29          string ans="";
30          TNode * p=root;
31          int k;
32          while(p->cnt==1 && p->isend==false) {
33              for(k=0;k<26;k++) {
34                  if(p->ch[k]!=NULL) {
35                      ans+=char(k+'a');
36                      break;
37                  }
38              }
39              p=p->ch[k];
40          }
41          return ans;
42      }
43  };

44  class Solution {
45  public:
```

```
46        string longestCommonPrefix(vector < string > & strs) {
47            Trie tr;                        //定义字典树对象
48            for(int i=0;i < strs.size();i++) {
49                if(strs[i].empty()) return "";
50                tr.insert(strs[i]);
51            }
52            return tr.maxprefix();
53        }
54  };
```

提交运行:

结果:通过;时间:4ms;空间:9.5MB

▦ Python:

```python
1   class TNode:                          #字典树结点类型
2       def __init__(self):
3           self.ch=[None] * 26
4           self.cnt=0                     #表示该结点代表的字母出现了多少次
5           self.isend=False

6   class Trie:                           #字典树类
7       def __init__(self):
8           self.root=TNode()             #根结点
9       def insert(self,s):               #向 root 中插入字符串 s
10          p=self.root
11          for c in s:
12              if p.ch[ord(c)−ord('a')]==None:
13                  p.ch[ord(c)−ord('a')]=TNode()
14              p.cnt+=1
15              p=p.ch[ord(c)−ord('a')]
16          p.isend=True
17      def maxprefix(self):              #查找最大前缀
18          ans=""
19          p,k=self.root,0
20          while p.cnt==1 and p.isend==False:
21              for k in range(0,26):
22                  if p.ch[k]!=None:
23                      ans+=chr(k+ord('a'))
24                      break
25              p=p.ch[k]
26          return ans

27  class Solution:
28      def longestCommonPrefix(self, strs: List[str]) -> str:
29          tr=Trie()                     #定义字典树对象
30          for s in strs:
31              if len(s)==0:return ""
32              tr.insert(s)
33          return tr.maxprefix();
```

提交运行:

结果:通过;时间:48ms;空间:15MB

14.2.3 LeetCode648——单词替换★★

【问题描述】 在英语中有一个"词根"的概念,可以在词根的后面添加其他一些词组成另一个较长的单词,称这个词为继承词。例如,词根 an 后面跟着单词 other 可以形成新的单词 another。现在给定一个由许多词根组成的词典 dictionary 和一个用空格分隔单词形成的句子 sentence,需要将句子中的所有继承词用词根替换掉,如果继承词有许多可以形成它的词根,则用最短的词根替换它,输出替换之后的句子。

例如,dictionary = ["cat","bat","rat"],sentence = "the cattle was rattled by the battery"。sentence 中的"cattle"用 cat 替换,rattled 用"rat"替换,"battery"用"bat"替换,结果为"the cat was rat by the bat"。

【限制】 $1 \leqslant$ dictionary. length $\leqslant 1000$,$1 \leqslant$ dictionary[i]. length $\leqslant 100$,dictionary[i]仅由小写字母组成。$1 \leqslant$ sentence. length $\leqslant 10^6$,sentence 仅由小写字母和空格组成。sentence 中单词的总量在 [1,1000] 范围内,每个单词的长度在 [1,1000] 范围内,单词之间由一个空格隔开。sentence 没有前导或尾随空格。

【解题思路】 字典树的简单应用。定义一个字典树 tr,将 dictionary 中的所有词根字符串插入 tr 中。用 ans 存放答案(初始为""),然后分离出 sentence 中的单词 word,在 tr 中查找第一个为 word 前缀的词根,即最短的词根 str,若没有找到这样的词根,将 word 连接到 ans 的末尾,否则将 str 连接到 ans 的末尾。所有单词处理完毕返回 ans 即可。对应的算法如下。

C++:

```cpp
struct TNode{                    //字典树结点类型
    TNode * ch[26];              //孩子结点指针
    int cnt;                     //表示该结点的分支数
    bool isend;                  //标记是否为一个字符串的结束处
    TNode() {
        isend=false;
        memset(ch,NULL,sizeof(ch));
    }
};

class Trie {                     //字典树类
    TNode * root;                //根结点
public:
    Trie() {
        root=new TNode();
    }
    void insert(string& s) {     //向字典树中插入字符串 s
        TNode * p=root;
        for(int i=0;i<s.length();i++) {
            if(p->ch[s[i]-'a']==NULL) {
                p->ch[s[i]-'a']=new TNode();
            }
            p=p->ch[s[i]-'a'];
        }
        p->isend=true;
    }
    string search(string& s) {   //查找 s 的前缀
        TNode * p=root;
        string ans="";
        for(char c:s) {
            if(p->isend) return ans;
            if (p->ch[c-'a']==NULL) return "";
            ans+=c;
```

```
33                 p=p->ch[c-'a'];
34             }
35             return ans;
36         }
37 };

38 class Solution {
39 public:
40     string replaceWords(vector<string>& dictionary, string sentence) {
41         Trie tr;                          //定义字典树对象
42         for(auto s: dictionary)
43             tr.insert(s);
44         string ans;
45         stringstream ssin(sentence);
46         string word;
47         while(ssin>>word){                //分离出单词 word
48             string str=tr.search(word);
49             if(str=="") ans+=word+' ';
50             else ans+=str+' ';
51         }
52         ans.pop_back();                   //删除末尾添加的空格
53         return ans;
54     }
55 };
```

提交运行：

结果:通过;时间:56ms;空间:71.5MB

Python：

```python
1  class TNode:                             #字典树结点类型
2      def __init__(self):
3          self.ch=[None]*26
4          self.cnt=0                        #表示该结点代表的字母出现了多少次
5          self.isend=False

6  class Trie:                              #字典树类
7      def __init__(self):
8          self.root=TNode()                #根结点
9      def insert(self,s):                  #向 root 中插入字符串 s
10         p=self.root
11         for c in s:
12             if p.ch[ord(c)-ord('a')]==None:
13                 p.ch[ord(c)-ord('a')]=TNode()
14                 p.cnt+=1
15             p=p.ch[ord(c)-ord('a')]
16         p.isend=True
17     def search(self,s):                  #查找 s 的前缀
18         p,ans=self.root,""
19         for c in s:
20             if p.isend: return ans
21             if p.ch[ord(c)-ord('a')]==None:return ""
22             ans+=c
23             p=p.ch[ord(c)-ord('a')]
24         return ans

25 class Solution:
26     def replaceWords(self, dictionary: List[str], sentence: str) -> str:
27         tr=Trie()                         #定义字典树对象
```

```
28          for s in dictionary:
29              tr.insert(s)
30          ans=""
31          words=sentence.split()
32          for word in words:                    #分离出单词 word
33              str=tr.search(word)
34              if str=="":ans+=word+' '
35              else:ans+=str+' '
36          return ans.strip()
```

提交运行:

结果:通过;时间:172ms;空间:38.7MB

▨▨ 14.2.4　LeetCode677——键值映射★★

【问题描述】　设计一个 map,即实现一个 MapSum 类。

(1) MapSum():初始化 MapSum 对象。

(2) void insert(String key,int val):插入键值对,字符串表示键 key,整数表示值 val。如果键 key 已经存在,那么原来的键值对将被替换成新的键值对。

(3) int sum(string prefix):返回所有以前缀 prefix 开头的键 key 的值的总和。

示例:

```
MapSum mapSum = new MapSum();
mapSum.insert("apple", 3);
mapSum.sum("ap");                    //返回 3(apple=3)
mapSum.insert("app", 2);
mapSum.sum("ap");                    //返回 5(apple+app=3+2=5)
```

【限制】　$1 \leqslant$ key.length,prefix.length$\leqslant 50$,key 和 prefix 仅由小写英文字母组成,$1 \leqslant$ val$\leqslant 1000$。insert 和 sum 最多调用 50 次。

【解题思路】　字典树的复杂应用。由于 sum() 是求以前缀 prefix 开头的键 key 的值的总和,所以使用字典树 tr 求解,在字典树中包含以该结点结尾的字符串及其前缀的总值 val,为了方便,设置一个哈希映射 cnt,cnt[key] 仅存放插入的 key 的值。

(1) insert(String key,int val):求出增量 delta(delta=val,若 key 在 cnt 中,置 delta−=cnt[key]),用 p 从 tr 的根结点开始访问,同时用 c 遍历 key,若 p-> ch[c−'a'] 为空,则创建存放 c 的结点 p-> ch[c−'a'],置该结点值为 p-> val+delta。

(2) sum(string prefix):用 p 从 tr 的根结点开始访问,同时用 c 遍历 prefix,若 p-> ch[c−'a'] 为空,说明字典树中不存在前缀 prefix,返回 0,当 prefix 遍历完毕返回 p-> val 即可。

例如,初始时字典树 tr 为空,执行 insert("apple",3) 后 tr 如图 14.6(a) 所示,接着执行 insert("app",2) 后 tr 如图 14.6(b) 所示,再执行 insert("appl",1) 后 tr 如图 14.6(c) 所示。此时执行 sum("app") 返回 6,执行 sum("appl") 返回 4。

设计 MapSum 类如下。

▦▦ C++:

```
1    struct TNode{                    //字典树结点类型
2        TNode * ch[26];              //孩子结点指针
3        int val;                     //结点值
```

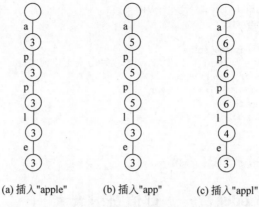

(a) 插入"apple"   (b) 插入"app"   (c) 插入"appl"

图 14.6　操作过程及其结果

```
4       TNode() {
5           val=0;
6           memset(ch,NULL,sizeof(ch));
7       }
8   };

9   class MapSum {
10      TNode * root;                               //字典树的根结点
11      unordered_map<string,int> cnt;              //计数器
12  public:
13      MapSum() {
14          root=new TNode();                       //创建根结点
15      }
16      void insert(string key,int val) {
17          int delta=val;
18          if(cnt.count(key)) delta-=cnt[key];
19          cnt[key]=val;
20          TNode * p=root;
21          for(auto c:key) {
22              if(p->ch[c-'a']==NULL) {
23                  p->ch[c-'a']=new TNode();
24              }
25              p=p->ch[c-'a'];
26              p->val+=delta;
27          }
28      }
29      int sum(string prefix) {
30          TNode * p=root;
31          for(auto c:prefix) {
32              if (p->ch[c-'a']==NULL) return 0;  //当字典树中不存在前缀 prefix 时返回 0
33              else p=p->ch[c-'a'];               //继续向下查找
34          }
35          return p->val;                          //找到后返回结点值
36      }
37  };
```

提交运行：

结果：通过；时间：4ms；空间：8MB

⊞ **Python：**

```
1   class TNode:                                   #字典树结点类型
2       def __init__(self):
```

```
3              self.ch=[None] * 26
4              self.val=0                              #值

5   class MapSum:
6       def __init__(self):
7           self.root=TNode()                      #字典树的根结点
8           self.cnt={}                            #哈希映射:计数器
9       def insert(self, key: str, val: int) -> None:
10          delta=val
11          if key in self.cnt:delta-=self.cnt[key]
12          self.cnt[key]=val
13          p=self.root
14          for c in key:
15              if p.ch[ord(c)-ord('a')]==None:
16                  p.ch[ord(c)-ord('a')]=TNode()
17              p=p.ch[ord(c)-ord('a')];
18              p.val+=delta
19      def sum(self, prefix: str) -> int:
20          p=self.root
21          for c in prefix:
22              if p.ch[ord(c)-ord('a')]==None:return 0
23              else:p=p.ch[ord(c)-ord('a')]
24          return p.val
```

提交运行:

结果:通过;时间:32ms;空间:15.1MB

14.2.5　LeetCode792——匹配子序列的单词数★★

【问题描述】　给定字符串 s 和字符串数组 words,返回 words 中是 s 的子序列的单词数。字符串的子序列是从原始字符串中生成的新字符串,可以从中删去一些字符(可以为空),而不改变其余字符的相对顺序,如"ace"是"abcde" 的子序列。

扫一扫

源程序

例如,s="abcde",words=["a","bb","acd","ace"],words 中的"a"、"acd"和"ace"是 s 的子序列,答案为3。

【限制】　$1 \leqslant$ s. length $\leqslant 5 \times 10^4$,$1 \leqslant$ words. length $\leqslant 5000$,$1 \leqslant$ words$[i]$. length $\leqslant 50$,words$[i]$和 s 都只由小写字母组成。

【解题思路】　字典树的复杂应用。创建一个字典树 tr,将 words 中的所有字符串插入tr 中,再使用深度优先搜索算法求 tr 中是 s 的子序列的个数 ans,最后返回 ans 即可。

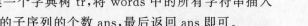

14.3　后缀数组应用的算法设计

14.3.1　LeetCode1698——字符串的不同子串的个数★★

【问题描述】　给定一个字符串 s,返回 s 的不同子串的个数。字符串的子串是由原字符串删除开头若干字符(可能是 0 个)并删除结尾若干字符(可能是 0 个)形成的字符串。

例如,s="aabbaba",不同子串的集合是["a","b","aa","bb","ab","ba","aab","abb","bab","bba","aba","aabb","abba","bbab","baba","aabba","abbab","bbaba","aabbab","abbaba","aabbaba"],答案为21。

【限制】 $1 \leqslant s.length \leqslant 500$。s 由小写英文字母组成。

【解题思路】 使用后缀数组求解。先使用后缀数组方法求出 s 的重复子串的个数,在求出对应的 height 数组后,height$[i]$($1 \leqslant i < n$)表示排名 i 的后缀与排名 $i-1$ 的后缀的最长公共前缀的长度,可以发现排名 i 的后缀与前面 $i-1$ 个后缀重复的前缀全部出现在它前面的后缀里面,重复次数是 height$[i]$,因此 s 的重复子串的个数是所有 height$[i]$之和。字符串 s 共有 $n(n+1)/2$ 个子串,因此题目的答案是 $n(n+1)/2 - \sum$ height$[i]$。 在 14.1.2 节的后缀数组类 SuffixA 中增加以下算法。

扫一扫

源程序

C++:

```
1    int solve() {
2        int ans=(1+n) * n/2;
3        for(int i=0;i<n;i++) ans-=height[i];
4        return ans;
5    }
```

设计求解算法如下。

C++:

```
1    class Solution {
2    public:
3        int countDistinct(string&s) {
4            SuffixA sf(s);
5            sf.getsa();
6            sf.getheight();
7            return sf.solve();
8        }
9    };
```

提交运行:

结果:通过;时间:4ms;空间:6.2MB

Python 算法设计采用上述相同的方式。

14.3.2 LeetCode1044——最长重复子串★★★

【问题描述】 给定一个字符串 s,考虑其所有重复子串,即 s 中出现两次或更多次的子串,这些子串之间可能存在重叠,返回任意一个可能具有最长长度的重复子串,如果 s 中不含重复子串,则答案为""。

例如,s="banana",答案为"ana";s="abcd",答案为""。

【限制】 $2 \leqslant s.length \leqslant 3 \times 10^{4}$。s 由小写英文字母组成。

【解题思路】 使用后缀数组求解。使用后缀数组方法求出对应的 height 数组。由于两个后缀的最长公共前缀的长度是 height 数组的最大值,所以答案就是 height 数组中最大元素对应的 LCP。

在 14.1.2 节的后缀数组类 SuffixA 中增加以下算法。

C++:

```
1    string solve() {              //求最长重复子串
2        int start=0;
3        int maxlen=0;
4        for(intij=0;i<n;i++){
5            if(height[i]>maxlen){
```

```
6              maxlen＝height[i];
7              start＝sa[i];
8          }
9      }
10     return s.substr(start,maxlen);
11 }
```

设计求解算法如下。

C++:

```
1 class Solution {
2 public:
3      string longestDupSubstring(string&s) {
4          SuffixA sf(s);
5          sf.getsa();
6          sf.getheight();
7          return sf.solve();
8      }
9 };
```

提交运行：

结果：通过；时间：44ms；空间：8.6MB

扫一扫

源程序

在设计本题的 Python 算法时，将 SuffixA 类中的 solve()算法改为如下，其他不变。

Python:

```
1 def solve(self):
2      start,maxlen＝0,0
3      for i in range(0,self.n):
4          if self.height[i]＞maxlen:
5              maxlen＝self.height[i]
6              start＝self.sa[i]
7      return self.s[start:start＋maxlen]
```

再设计如下求解算法。

Python:

```
1 class Solution:
2      def longestDupSubstring(self, s: str) -> str:
3          sf＝SuffixA(s)
4          sf.getsa()
5          sf.getheight()
6          return sf.solve()
```

提交运行：

结果：通过；时间：1628ms；空间：20.4MB

推荐练习题

1. LeetCode139——单词拆分★★

2. LeetCode140——单词拆分Ⅱ★★★

3. LeetCode212——单词搜索Ⅱ★★★

4. LeetCode386——字典序排数★★

5. LeetCode1062——最长重复子串★★

6. LeetCode1065——字符串的索引对★

7. LeetCode1698——字符串的不同子串的个数★★

8. LeetCode1923——最长公共子路径★★★

9. LeetCode2223——构造字符串的总得分和★★★

10. LeetCode2416——字符串的前缀分数和★★★

算法面试

下册

李春葆 李筱驰 ◎ 编著

清华大学出版社

北京

内 容 简 介

本书旨在帮助读者更好地应对算法面试,提高算法和编程能力。书中按专题精选了 LeetCode 平台上一系列的热门算法题,并详细讲解其求解思路和过程。全书分为三部分,第一部分(第 1~14 章)为数据结构及其应用,以常用数据结构为主题,深入讲解各种数据结构的应用方法和技巧;第二部分(第 15~22 章)为算法设计策略及其应用,以基本算法设计方法和算法设计策略为主题,深入讲解各种算法设计策略的应用方法和技巧;第三部分(第 23~25 章)为经典问题及其求解,以实际面试中的一些问题为主题,深入讲解这些问题的多种求解方法。

本书适合于需要进行算法面试的读者,通过阅读本书可以掌握算法面试中求解问题的方法和技巧,提升自己的算法技能和思维方式,从而在面试中脱颖而出。同时,本书可以作为"数据结构"和"算法设计与分析"课程的辅导书,也可以供各种程序设计竞赛和计算机编程爱好者研习。

版权所有,侵权必究。举报:010-62782989,beiqinquan@tup.tsinghua.edu.cn。

图书在版编目(CIP)数据

算法面试 / 李春葆,李筱驰编著. -- 北京:清华大学出版社,2024.10. -- ISBN 978-7-302-67398-9

Ⅰ. TP301.6

中国国家版本馆 CIP 数据核字第 2024E81E78 号

策划编辑:魏江江
责任编辑:王冰飞
封面设计:刘　键
责任校对:李建庄
责任印制:丛怀宇

出版发行:清华大学出版社
网　　　址:https://www.tup.com.cn,https://www.wqxuetang.com
地　　　址:北京清华大学学研大厦 A 座　　　　邮　　编:100084
社 总 机:010-83470000　　　　邮　　购:010-62786544
投稿与读者服务:010-62776969,c-service@tup.tsinghua.edu.cn
质量反馈:010-62772015,zhiliang@tup.tsinghua.edu.cn
课件下载:https://www.tup.com.cn,010-83470236

印 装 者:涿州汇美亿浓印刷有限公司
经　　销:全国新华书店
开　　本:185mm×260mm　　　印　张:49　　　　字　　数:1192 千字
版　　次:2024 年 10 月第 1 版　　　印　　次:2024 年 10 月第 1 次印刷
印　　数:1~3000
定　　价:198.00 元(全两册)

产品编号:105526-01

前言

党的二十大报告指出：教育、科技、人才是全面建设社会主义现代化国家的基础性、战略性支撑。必须坚持科技是第一生产力、人才是第一资源、创新是第一动力，深入实施科教兴国战略、人才强国战略、创新驱动发展战略，开辟发展新领域新赛道，不断塑造发展新动能新优势。高等教育与经济社会发展紧密相连，对促进就业创业、助力经济社会发展、增进人民福祉具有重要意义。

在现代社会中，算法已经广泛应用于计算机科学的各个领域，如人工智能、数据挖掘、网络安全和生物信息学等。许多成功的案例都证明了算法的重要性和实用性，如搜索引擎的优化、社交网络的推荐系统、医疗诊断的辅助决策等。算法知识和技能对于程序员来说至关重要。算法面试是许多科技公司招聘过程中必不可少的一环，它考查的是候选人的编程能力、思维逻辑、问题解决能力以及算法设计技巧。通过算法面试，候选人可以展示自己的技能和知识，提升自己在求职市场上的竞争力。

LeetCode 是一个在线刷题平台，提供了大量的算法题目供用户练习，帮助用户加深对数据结构与算法的理解和掌握。LeetCode 于 2011 年诞生于美国硅谷，2018 年 2 月由上海领扣网络引入中国并正式命名为力扣，其中文网站于同月测试上线，2018 年 10 月力扣全新改版，更加注重于学习体验。许多北美大厂（如谷歌、微软和亚马逊等）在面试中都涉及算法及其相关知识，甚至直接从 LeetCode 出题（许多北美程序员从实习到全职，再到跳槽，一路上都在刷 LeetCode）。国内大厂近几年也越来越重视对算法的考查，如腾讯、百度、华为和字节跳动等都是较看重算法面试的公司。

本书提供一系列编者精心挑选的 LeetCode 问题，覆盖不同难度级别和 C++/Python 编程语言，旨在帮助读者提高编程技能和更深入地理解数据结构与算法的原理，以应对算法面试中的挑战。

本书内容

本书共 25 章，分为三部分。

第一部分（第 1～14 章）为数据结构及其应用，以常用数据结构为主题，深入讲解各种数据结构的应用方法和技巧，包含数组、链表、栈、队列和双端队列、哈希表、二叉树、二叉搜索树、平衡二叉树、优先队列、并查集、前缀和与差分、线段树、树状数组、字典树和后缀数组等。

第二部分（第 15～22 章）为算法设计策略及其应用，以基本算法设计方法和算法设计策略为主题，深入讲解各种算法设计策略的应用方法和技巧，包含穷举法、递归、分治法、DFS、BFS 和拓扑排序、回溯法、分支限界法、A* 算法、动态规划和贪心法等。

第三部分（第 23～25 章）为经典问题及其求解，以实际面试中的一些问题为主题，深入讲解这些问题的多种求解方法，对比分析不同方法的差异，包含跳跃问题、迷宫问题和设计问题等专题。

本书特色

（1）全面覆盖：本书对算法面试中可能涉及的各种主题进行了较为全面的覆盖，包括各种基础数据结构和常用的算法设计策略。

（2）实战导向：书中精选的许多 LeetCode 题目都是国内外互联网大厂的热门算法面试题，具有很强的实战性。

（3）知识的结构化：本书以数据结构和算法策略为主线，划分为若干知识点，通过实例和问题求解将相关的知识点串起来构成知识网络，不仅可以加深读者对算法原理的理解，而且可以拓宽读者对算法应用的视野。

（4）求解方法的多维性：同一个问题采用多种算法策略实现，如迷宫问题采用回溯法、分支限界法、A^* 算法和贪心法求解等。通过对不同算法策略的比较，使读者更容易体会每种算法策略的设计特点和优缺点，以提高算法设计的效率。

（5）代码的规范化：书中代码采用 C++ 和 Python 语言编写，不仅在 LeetCode 平台上提交通过，而且进行了精心的代码组织和规范化，包括变量名称和算法策略的统一与标准化等，尽可能提高代码的可读性。

注：书中以 LeetCode 开头＋序号的题目均来自 LeetCode 平台。

配套资源获取方式

扫描封底的文泉云盘防盗码，再扫描目录上方的二维码获取。

如何刷题和使用本书

在互联网上和力扣平台上有许多关于 LeetCode 刷题经验的分享，读者可以酌情参考。编者建议读者在具备一定的数据结构和算法基础后按本书中的专题分类刷题，先刷数据结构部分后刷算法部分，先刷简单题目后刷困难题目（书中题目按难度分为 3 个级别，即★、★★和★★★，分别对应简单、中等和困难），在刷题时要注重算法思路和算法实现细节，每个环节都要清清楚楚，并能够做到举一反三，同时将自己在线提交的结果与书中的时间和空间进行对比分析（值得注意的是书中列出的时间和空间是编者提交的结果，后面因环境的变化可能有所不同）。另外，经常进行归纳总结和撰写解题报告是提高编程能力的有效手段。在没有对一道题目进行深入思考和分析之前就阅读书中的代码部分甚至是复制、粘贴代码，这种做法不可取。总之，使用良好的刷题方法并且持之以恒，一定会收获理想的效果。

致谢

本书以 LeetCode 为平台，书中所有 LeetCode 题目及其相关内容都得到领扣网络（上海）有限公司的授权。本书的编写得到清华大学出版社魏江江分社长的大力支持，王冰飞老师给予精心编辑。本书在编写过程中参考了众多博客和 LeetCode 题解评论栏目的博文，编者在此一并表示衷心的感谢。

作　者

2024 年 8 月

目录

第二部分　算法设计策略及其应用

第 15 章　穷举法 ·· 378

15.1　穷举法概述 ··· 379

15.1.1　什么是穷举法 ······································· 379

15.1.2　顺序列举设计方法 ··································· 379

15.1.3　组合列举设计方法 ··································· 381

15.1.4　排列列举设计方法 ··································· 383

15.2　顺序列举的算法设计 ····································· 384

15.2.1　LeetCode485——1 的最多连续个数★ ··············· 384

15.2.2　LeetCode1464——数组中两个元素的最大乘积★ ······ 385

15.2.3　LeetCode829——连续整数求和★★★ ··············· 386

15.2.4　LeetCode17——电话号码的字母组合★★ ············ 387

15.2.5　LeetCode845——数组中的最长山脉★★ ············· 387

15.2.6　LeetCode209——长度最小的子数组★★ ············· 389

15.2.7　LeetCode134——加油站★★ ······················· 391

15.3　组合列举的算法设计 ····································· 392

15.3.1　LeetCode78——子集★★ ·························· 392

15.3.2　LeetCode90——子集Ⅱ★★ ························ 393

15.3.3　LeetCode77——组合★★ ·························· 394

15.3.4　LeetCode1863——求出所有子集的异或总和再求和★ ·· 395

15.4　排列列举的算法设计 ····································· 397

15.4.1　LeetCode46——全排列★★ ······················· 397

15.4.2　LeetCode60——排列序列 ★★★ ·············· 398

15.4.3　LeetCode52——n 皇后Ⅱ ★★★ ·············· 398

推荐练习题 ··· 400

第 16 章　递归 ·· **402**

16.1　递归概述 ··· 403

16.1.1　递归的定义 ······································· 403

16.1.2　递归模型 ·· 403

16.1.3　递归的执行过程 ··································· 403

16.1.4　递归算法的设计 ··································· 404

16.1.5　使用递归的注意事项 ······························ 407

16.2　基于递归数据结构的递归算法设计 ···················· 408

16.2.1　LeetCode2487——从链表中移除结点 ★★ ········ 408

16.2.2　LeetCode21——合并两个有序链表 ★ ·········· 409

16.2.3　LeetCode814——二叉树的剪支 ★★ ············ 409

16.2.4　LeetCode236——二叉树的最近公共祖先 ★★ ···· 410

16.2.5　LeetCode114——将二叉树展开为链表 ★★ ······ 412

16.3　基于归纳的递归算法设计 ···························· 414

16.3.1　LeetCode17——电话号码的字母组合 ★★ ······ 414

16.3.2　LeetCode191——位 1 的个数 ★ ················ 415

16.3.3　LeetCode231——2 的幂 ★ ····················· 415

16.3.4　LeetCode394——字符串解码 ★★ ·············· 416

推荐练习题 ··· 418

第 17 章　分治法 ·· **419**

17.1　分治法概述 ·· 420

17.1.1　什么是分治法 ····································· 420

17.1.2　二分查找及其扩展算法 ··························· 422

17.2　基本分治算法设计 ······································ 428

17.2.1　LeetCode169——多数元素 ★ ·················· 428

17.2.2　LeetCode53——最大子数组和 ★★ ·············· 430

17.2.3　LeetCode241——为运算表达式设计优先级 ★★ ·· 430

17.2.4　LeetCode95——不同的二叉搜索树Ⅱ ★★ ······· 432

17.3　快速排序和二路归并排序应用的算法设计 ·············· 433

17.3.1　LeetCode912——排序数组 ★★ ················· 433

17.3.2　LeetCode215——数组中第 k 大的元素 ★★ ······ 435

17.3.3　LeetCode315——计算右侧小于当前元素的个数 ★★★ ·· 438

17.3.4　LeetCode493——翻转对 ★★★ ················· 440

17.4　二分查找应用的算法设计 ···························· 441

17.4.1　LeetCode69——x 的平方根★ ······················· 441

17.4.2　LeetCode167——有序数组中的两数之和 Ⅱ ★★ ··············· 443

17.4.3　LeetCode74——搜索二维矩阵★★ 444

17.4.4　LeetCode4——寻找两个正序数组的中位数★★★ 444

17.4.5　LeetCode744——寻找比目标字母大的最小字母★ ··········· 449

17.4.6　LeetCode153——寻找旋转排序数组中的最小值★★ ··········· 451

17.4.7　LeetCode33——搜索旋转排序数组★★ 452

17.4.8　LeetCode81——搜索旋转排序数组 Ⅱ ★★ 455

17.4.9　LeetCode315——计算右侧小于当前元素的个数★★★ ········· 456

17.4.10　LeetCode493——翻转对★★★ ······················· 457

17.4.11　LeetCode215——数组中第 k 大的元素★★ ··············· 457

17.4.12　LeetCode378——有序矩阵中第 k 小的元素★★ ············· 459

17.4.13　LeetCode410——分割数组的最大值★★★ ················· 460

17.4.14　LeetCode1011——在 D 天内送达包裹的能力★★ ··········· 461

推荐练习题 ·· 462

第 18 章　DFS、BFS 和拓扑排序 ························· 464

18.1　DFS、BFS 和拓扑排序概述 ························· 465

18.1.1　深度优先搜索 ······························· 465

18.1.2　广度优先搜索 ······························· 466

18.1.3　拓扑排序 ································· 469

18.2　深度优先遍历应用的算法设计 ······················· 470

18.2.1　LeetCode200——岛屿的数量★★ ··············· 470

18.2.2　LeetCode463——岛屿的周长★ ··············· 471

18.2.3　LeetCode130——被围绕的区域★★ 472

18.2.4　LeetCode529——扫雷游戏★★ 472

18.2.5　LeetCode365——水壶问题★★ 475

18.2.6　LeetCode332——重新安排行程★★★ 478

18.3　广度优先遍历应用的算法设计 ······················· 480

18.3.1　LeetCode200——岛屿的数量★★ ··············· 480

18.3.2　LeetCode130——被围绕的区域★★ 481

18.3.3　LeetCode529——扫雷游戏★★ ··············· 482

18.3.4　LeetCode365——水壶问题★★ 484

18.3.5　LeetCode1162——地图分析★★ 485

18.3.6　LeetCode847——访问所有结点的最短路径★★★ ········· 488

18.3.7　LeetCode2608——图中的最短环★★★ 491

18.3.8　LeetCode2204——无向图中到环的距离★★★ ········· 493

18.3.9　LeetCode127——单词接龙★★★ 493

18.3.10　LeetCode934——最短的桥★★ 497

18.4 拓扑排序应用的算法设计 ⋯⋯⋯⋯⋯⋯⋯⋯⋯⋯⋯⋯⋯⋯⋯⋯⋯⋯⋯ 498
   18.4.1 LeetCode1462——课程安排 Ⅳ ★★ ⋯⋯⋯⋯⋯⋯⋯⋯ 498
   18.4.2 LeetCode802——找到最终的安全状态 ★★ ⋯⋯⋯⋯ 500
   18.4.3 LeetCode269——火星词典 ★★★ ⋯⋯⋯⋯⋯⋯⋯⋯ 501
推荐练习题 ⋯⋯⋯⋯⋯⋯⋯⋯⋯⋯⋯⋯⋯⋯⋯⋯⋯⋯⋯⋯⋯⋯⋯⋯⋯⋯⋯ 503

第 19 章　回溯法　504

19.1 回溯法概述 ⋯⋯⋯⋯⋯⋯⋯⋯⋯⋯⋯⋯⋯⋯⋯⋯⋯⋯⋯⋯⋯⋯⋯⋯⋯ 505
   19.1.1 什么是回溯法 ⋯⋯⋯⋯⋯⋯⋯⋯⋯⋯⋯⋯⋯⋯⋯⋯⋯⋯ 505
   19.1.2 回溯法的算法设计 ⋯⋯⋯⋯⋯⋯⋯⋯⋯⋯⋯⋯⋯⋯⋯ 506
19.2 子集树的回溯算法设计 ⋯⋯⋯⋯⋯⋯⋯⋯⋯⋯⋯⋯⋯⋯⋯⋯⋯⋯⋯⋯ 512
   19.2.1 LeetCode78——子集 ★★ ⋯⋯⋯⋯⋯⋯⋯⋯⋯⋯⋯ 512
   19.2.2 LeetCode77——组合 ★★ ⋯⋯⋯⋯⋯⋯⋯⋯⋯⋯⋯ 515
   19.2.3 LeetCode40——组合总和 Ⅱ ★★ ⋯⋯⋯⋯⋯⋯⋯ 515
   19.2.4 LeetCode39——组合总和 ★★ ⋯⋯⋯⋯⋯⋯⋯⋯ 516
   19.2.5 LeetCode90——子集 Ⅱ ★★ ⋯⋯⋯⋯⋯⋯⋯⋯⋯ 518
   19.2.6 LeetCode216——组合总和 Ⅲ ★★ ⋯⋯⋯⋯⋯⋯ 520
   19.2.7 LeetCode491——递增子序列 ★★ ⋯⋯⋯⋯⋯⋯⋯ 521
   19.2.8 LeetCode131——分割回文串 ★★ ⋯⋯⋯⋯⋯⋯⋯ 523
   19.2.9 LeetCode93——复原 IP 地址 ★★ ⋯⋯⋯⋯⋯⋯ 523
   19.2.10 LeetCode282——给表达式添加运算符 ★★★ ⋯ 523
   19.2.11 LeetCode22——括号的生成 ★★ ⋯⋯⋯⋯⋯⋯ 525
   19.2.12 LeetCode301——删除无效的括号 ★★★ ⋯⋯ 526
   19.2.13 LeetCode17——电话号码的字母组合 ★★ ⋯⋯ 527
   19.2.14 LeetCode79——单词的搜索 ★★ ⋯⋯⋯⋯⋯⋯ 528
   19.2.15 LeetCode797——所有可能的路径 ★★ ⋯⋯⋯⋯ 528
   19.2.16 LeetCode332——重新安排行程 ★★★ ⋯⋯⋯⋯ 529
   19.2.17 LeetCode37——解数独 ★★★ ⋯⋯⋯⋯⋯⋯⋯ 530
   19.2.18 LeetCode679——24 点游戏 ★★★ ⋯⋯⋯⋯⋯ 532
   19.2.19 LeetCode1723——完成所有工作的最短时间 ★★★ ⋯ 534
19.3 排列树的回溯算法设计 ⋯⋯⋯⋯⋯⋯⋯⋯⋯⋯⋯⋯⋯⋯⋯⋯⋯⋯⋯⋯ 536
   19.3.1 LeetCode46——全排列 ★★ ⋯⋯⋯⋯⋯⋯⋯⋯⋯ 536
   19.3.2 LeetCode47——全排列 Ⅱ ★★ ⋯⋯⋯⋯⋯⋯⋯⋯ 538
   19.3.3 LeetCode60——排列序列 ★★★ ⋯⋯⋯⋯⋯⋯⋯ 539
   19.3.4 LeetCode51——n 皇后 ★★★ ⋯⋯⋯⋯⋯⋯⋯⋯ 539
推荐练习题 ⋯⋯⋯⋯⋯⋯⋯⋯⋯⋯⋯⋯⋯⋯⋯⋯⋯⋯⋯⋯⋯⋯⋯⋯⋯⋯⋯ 541

第 20 章　分支限界法和 A* 算法　543

20.1 分支限界法和 A* 算法概述 ⋯⋯⋯⋯⋯⋯⋯⋯⋯⋯⋯⋯⋯⋯⋯⋯⋯⋯ 544

20.1.1 分支限界法 ··· 544

20.1.2 A*算法 ··· 551

20.2 队列式分支限界法应用的算法设计 ···························· 555

20.2.1 LeetCode1376——通知所有员工所需的时间★★ ·········· 555

20.2.2 LeetCode743——网络延迟时间★★ ····················· 557

20.2.3 LeetCode787——k站中转内最便宜的航班★★ ·········· 559

20.2.4 LeetCode1293——网格中的最短路径★★★ ·············· 559

20.2.5 LeetCode1102——得分最高的路径★★ ·················· 562

20.3 优先队列式分支限界法应用的算法设计 ······················ 563

20.3.1 LeetCode743——网络延迟时间★★ ····················· 563

20.3.2 LeetCode787——k站中转内最便宜的航班★★ ·········· 565

20.3.3 LeetCode1293——网格中的最短路径★★★ ·············· 565

20.3.4 LeetCode2473——购买苹果的最低成本★★ ············· 567

20.3.5 LeetCode1102——得分最高的路径★★ ·················· 569

20.3.6 LeetCode1723——完成所有工作的最短时间★★★ ········ 570

20.4 A*算法的应用 ··· 571

20.4.1 LeetCode773——滑动谜题★★★ ······················· 571

20.4.2 LeetCode752——打开转盘锁★★ ······················· 574

20.4.3 LeetCode1091——二进制矩阵中的最短路径★★ ·········· 574

推荐练习题 ··· 578

第 21 章 动态规划 ··· 579

21.1 动态规划概述 ··· 580

21.1.1 什么是动态规划 ··· 580

21.1.2 动态规划求解问题的类型、性质和步骤 ················ 582

21.2 坐标型动态规划 ··· 583

21.2.1 什么是坐标型动态规划 ··································· 583

21.2.2 LeetCode62——不同路径★★ ···························· 585

21.2.3 LeetCode63——不同路径Ⅱ★★ ························· 587

21.2.4 LeetCode64——最小路径和★★ ························· 587

21.2.5 LeetCode1289——下降路径最小和Ⅱ★★★ ·············· 588

21.2.6 LeetCode329——矩阵中的最长递增路径★★★ ·········· 589

21.2.7 LeetCode174——地下城游戏★★★ ······················· 593

21.3 序列型动态规划 ··· 594

21.3.1 什么是序列型动态规划 ··································· 594

21.3.2 LeetCode300——最长递增子序列★★ ···················· 595

21.3.3 LeetCode674——最长连续递增子序列★ ·················· 596

21.3.4 LeetCode2393——严格递增的子数组的个数★★ ·········· 597

21.3.5　LeetCode491——递增子序列★★ ·· 597

21.3.6　LeetCode646——最长数对链★★ ·· 599

21.3.7　LeetCode1062——最长重复子串★★ ·· 599

21.3.8　LeetCode2008——出租车的最大盈利★★ ·································· 599

21.3.9　LeetCode718——最长重复子数组★★ ······································ 601

21.3.10　LeetCode1143——最长公共子序列★★ ·································· 601

21.3.11　LeetCode392——判断子序列★ ·· 603

21.3.12　LeetCode115——不同的子序列★★★ ···································· 603

21.3.13　LeetCode1537——最大得分★★★ ·· 603

21.3.14　LeetCode2361——乘坐火车的最少费用★★★ ······················ 606

21.3.15　LeetCode956——最高的广告牌★★★ ···································· 607

21.4　划分型动态规划 ·· 609

21.4.1　什么是划分型动态规划 ·· 609

21.4.2　LeetCode639——解码方法Ⅱ★★★ ······································ 611

21.4.3　LeetCode279——完全平方数★★ ·· 612

21.4.4　LeetCode343——整数的拆分★★ ·· 613

21.5　匹配型动态规划 ·· 614

21.5.1　什么是匹配型动态规划 ·· 614

21.5.2　LeetCode140——单词的拆分Ⅱ★★★ ···································· 615

21.5.3　LeetCode32——最长的有效括号子串的长度★★★ ················ 616

21.5.4　LeetCode44——通配符匹配★★★ ·· 618

21.5.5　LeetCode10——正则表达式匹配★★★ ·································· 619

21.6　背包型动态规划 ·· 621

21.6.1　什么是背包型动态规划 ·· 621

21.6.2　LeetCode416——分割等和子集★★ ······································ 626

21.6.3　LeetCode494——目标和★★ ·· 629

21.6.4　LeetCode474——一和零★★ ·· 630

21.6.5　LeetCode879——盈利计划★★★ ·· 631

21.6.6　LeetCode871——最少加油次数★★★ ···································· 633

21.6.7　LeetCode322——零钱兑换★★ ·· 634

21.6.8　LeetCode518——零钱兑换Ⅱ★★ ·· 636

21.6.9　LeetCode377——组合总和Ⅳ★★ ·· 636

21.7　树型动态规划 ·· 638

21.7.1　什么是树型动态规划 ·· 638

21.7.2　LeetCode834——树中距离之和★★★ ···································· 640

21.7.3　LeetCode124——二叉树中的最大路径和★★★ ···················· 643

21.7.4　LeetCode337——小偷一晚能够盗取的最大金额Ⅲ★★ ·········· 644

21.8　区间型动态规划 ·· 645

21.8.1　什么是区间型动态规划 ·· 645

21.8.2 LeetCode516——最长回文子序列★★ ……………………………… 648

21.8.3 LeetCode664——奇怪的打印机★★★ ……………………………… 650

21.8.4 LeetCode375——猜数字大小Ⅱ★★ ………………………………… 651

21.8.5 LeetCode312——戳气球★★★ ……………………………………… 652

21.8.6 LeetCode1000——合并石头的最低成本★★★ …………………… 653

21.9 Floyd 算法及其应用 ……………………………………………………… 655

21.9.1 Floyd 算法 …………………………………………………………… 655

21.9.2 LeetCode1462——课程安排Ⅳ★★ …………………………………… 656

21.9.3 LeetCode2608——图中的最短环★★★ ……………………………… 657

21.9.4 LeetCode847——访问所有结点的最短路径★★★ ………………… 657

推荐练习题 ………………………………………………………………………… 659

第 22 章　贪心法 ……………………………………………………………… 661

22.1 贪心法概述 ………………………………………………………………… 662

22.1.1 什么是贪心法 ……………………………………………………… 662

22.1.2 贪心法求解问题具有的性质 ……………………………………… 662

22.1.3 贪心法求解问题的一般过程及其优点 …………………………… 663

22.2 常见的贪心法求解问题 …………………………………………………… 664

22.2.1 LeetCode455——分发饼干★ …………………………………… 664

22.2.2 LeetCode881——救生船★★ …………………………………… 665

22.2.3 LeetCode871——最少加油次数★★★ ………………………… 666

22.2.4 LeetCode2895——最少处理时间★★ ………………………… 668

22.2.5 LeetCode300——最长递增子序列★★ ………………………… 670

22.2.6 LeetCode354——俄罗斯套娃信封问题★★★ ………………… 671

22.2.7 LeetCode1196——最多可以买到的苹果数量★ ……………… 672

22.2.8 LeetCode179——最大数★★ …………………………………… 673

22.2.9 LeetCode402——移掉 k 位数字★★ …………………………… 674

22.2.10 LeetCode1921——消灭怪物的最多数量★★ ………………… 674

22.2.11 LeetCode502——IPO★★★ …………………………………… 675

22.2.12 LeetCode1199——建造街区的最短时间★★★ ……………… 677

22.3 区间问题 …………………………………………………………………… 678

22.3.1 什么是区间问题 …………………………………………………… 678

22.3.2 LeetCode435——无重叠区间★★ ……………………………… 679

22.3.3 LeetCode452——用最少的箭击破气球★★ …………………… 681

22.3.4 LeetCode56——合并区间★★ ………………………………… 682

22.3.5 LeetCode1024——视频的拼接★★ …………………………… 684

22.3.6 LeetCode253——会议室Ⅱ★★ ………………………………… 685

22.4 Prim 和 Kruskal 算法及其应用 ………………………………………… 686

22.4.1 Prim 和 Kruskal 算法 …………………………………………… 686

22.4.2 LeetCode1584——连接所有点的最少费用★★ ……………… 689

22.4.3 LeetCode1168——水资源的分配优化★★★ ………………… 690

22.5 Dijkstra 算法及其应用 …………………………………………………… 693

22.5.1　Dijkstra 算法 ··· 693

22.5.2　LeetCode1631——消耗体力最少的路径★★ ·················· 695

22.5.3　LeetCode1102——得分最高的路径★★ ······················· 697

22.5.4　LeetCode2093——前往目标城市的最少费用★★ ············· 697

22.5.5　LeetCode787——k 站中转内最便宜的航班★★ ··············· 698

推荐练习题 ··· 700

第三部分　经典问题及其求解

第 23 章　跳跃问题 ··· 704

23.1　跳跃问题概述 ··· 705

23.2　跳跃问题的求解 ·· 705

23.2.1　LeetCode45——跳跃游戏Ⅱ★★ ······························ 705

23.2.2　LeetCode55——跳跃游戏★★ ································· 708

23.2.3　LeetCode1871——跳跃游戏Ⅶ★★ ··························· 711

23.2.4　LeetCode1306——跳跃游戏Ⅲ★★ ··························· 713

23.2.5　LeetCode1345——跳跃游戏Ⅳ★★★ ························· 715

23.2.6　LeetCode1654——到家的最少跳跃次数★★ ················ 716

推荐练习题 ··· 717

第 24 章　迷宫问题 ··· 718

24.1　迷宫问题概述 ··· 719

24.2　迷宫问题的求解 ·· 720

24.2.1　LeetCode490——迷宫★★ ····································· 720

24.2.2　LeetCode505——迷宫Ⅱ★★ ·································· 723

24.2.3　LeetCode499——迷宫Ⅲ★★★ ······························· 729

推荐练习题 ··· 734

第 25 章　设计问题 ··· 735

25.1　设计问题概述 ··· 736

25.2　常见设计问题的求解 ·· 738

25.2.1　LeetCode380——$O(1)$时间插入、删除和获取随机元素★★ ······· 738

25.2.2　LeetCode381——$O(1)$时间插入、删除和获取随机元素(可
重复)★★★ ··· 740

25.2.3　LeetCode432——全 $O(1)$ 的数据结构★★★ ················ 742

25.2.4　LeetCode295——数据流的中位数★★★ ···················· 743

推荐练习题 ··· 745

附录 A　LeetCode 题目及其章号索引表 ·························· 746

附录 B　《算法面试》配套 LeetCode 平台使用说明 ············· 754

第二部分

算法设计策略及其应用

第15章 穷举法

穷举法

📖 知识图谱

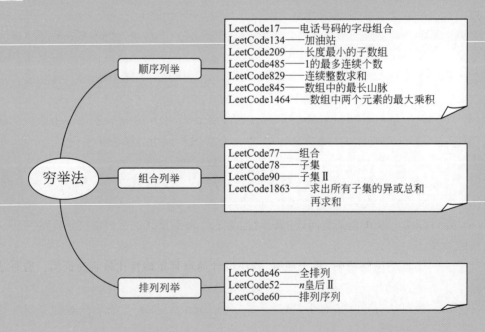

顺序列举
- LeetCode17——电话号码的字母组合
- LeetCode134——加油站
- LeetCode209——长度最小的子数组
- LeetCode485——1的最多连续个数
- LeetCode829——连续整数求和
- LeetCode845——数组中的最长山脉
- LeetCode1464——数组中两个元素的最大乘积

组合列举
- LeetCode77——组合
- LeetCode78——子集
- LeetCode90——子集Ⅱ
- LeetCode1863——求出所有子集的异或总和再求和

排列列举
- LeetCode46——全排列
- LeetCode52——n皇后Ⅱ
- LeetCode60——排列序列

15.1　穷举法概述

15.1.1　什么是穷举法

穷举法又称为枚举法或者列举法,其基本思想是先确定有哪些穷举对象和穷举对象的顺序,按穷举对象的顺序逐一列举每个穷举对象的所有情况,再根据问题提出的约束条件检验哪些是问题的解,哪些应予排除。如果全部检验后都不符合题目的约束条件,则问题无解。穷举法主要用于解决某些特定问题(如排序和查找等)以及"是否存在"和"有多少可能性"等类型的问题。使用穷举法设计的算法称为穷举算法。

穷举法的关键是如何列举所有的情况,如果遗漏了某些情况可能得不到正确的解。不同求解问题的列举方法是不同的,归纳起来常用的列举方法如下。

(1)顺序列举:指问题的解范围内的各种情况很容易与自然数对应甚至就是自然数,可以按自然数的变化顺序去列举。这是一种最简单也是最常用的列举方法。

(2)组合列举:指问题的解表现为一些元素的组合,可以通过组合列举方式枚举所有的组合情况,通常情况下组合列举是无序的。例如,在 n 个元素中选择 m 个满足条件的元素通常用组合列举,如0/1背包问题。

(3)排列列举:指问题的解表现为一组元素的排列,可以通过排列列举方式枚举所有的排列情况,针对不同的问题有些排列列举是无序的,有些是有序的。例如,在 n 个元素中选择某种满足条件的元素顺序通常用排列列举,如哈密顿回路问题。

穷举法是使用计算机运算速度快、精确度高的特点,对要解决问题的所有可能情况一个不漏地进行检验,从中找出符合要求的答案,因此穷举法是通过牺牲时间来换取答案的全面性。穷举法因为要列举问题的所有可能的答案,所以它具有以下几个特点:

(1)直接解决问题,得到的结果肯定是正确的。

(2)答案应该是离散的而不是连续的,例如,求 $1 \sim 2$ 的所有小数就无法用穷举法来实现,因为其结果是无限连续的,而求 $3 \sim 100$ 的所有整数可以用穷举法来实现。

(3)可能做了很多无用功而浪费宝贵的时间,效率低下。

(4)通常会涉及求极值(如最大、最小和最重等)。

(5)如果数据量较大,可能会造成时间超时。

(6)穷举算法可以作为某类问题的时间性能下界来衡量其他算法解决同样的问题是否有更高的效率。

穷举法的优点是思路清晰、易于理解、算法设计简单且正确性比较容易证明。穷举法的缺点是运算量比较大,解题效率不高,仅适合问题规模较小的问题的求解。

在实际中可以从穷举算法着手,通过分析归纳、简化规律、减少循环次数和重数来提高算法的性能。

15.1.2　顺序列举设计方法

在使用穷举法求解时,顺序列举适用于枚举对象和枚举范围都比较确定的问题。其基本求解步骤如下。

(1) 确定枚举对象的个数,减少枚举对象的个数可以减少循环重数。

(2) 确定枚举对象的顺序,好的顺序可以减少无用状态的遍历。

(3) 确定每个枚举对象的枚举范围,尽可能减小枚举范围,以排除不必要的遍历。

(4) 确定问题答案的约束条件,排除重复的判断。

(5) 按照枚举对象的顺序在每个枚举对象的枚举范围内进行循环,若一组枚举对象的取值满足约束条件,则得到问题的一个解。

下面通过一个经典示例进行说明。

 例 15-1

100 块砖由 100 人来搬,男人一人搬 4 块,女人一人搬 3 块,小孩 3 人抬一块,问男、女、小孩各几人?

解:设男人、女人和小孩的人数分别为 x、y 和 z,依题意答案的约束条件是 $x+y+z=100$ 且 $4x+3y+z/3=100$。

(1) 枚举对象为 x、y、z,理论上可以按任意顺序枚举,这里直接按 x、y、z 的顺序枚举。

(2) 男人数 x 的取值范围是 $0\sim100/4$,即 $0\sim25$。女人数 y 的取值范围是 $0\sim100/3$,即 $0\sim33$。小孩数 z 的取值范围是 $0\sim99$(z 不大于 100 且为 3 的倍数,$z=100$ 明显不满足要求)。

(3) 约束条件为 $x+y+z=100$、$z\%3=0$ 且 $4x+3y+z/3=100$。

对应的穷举算法如下。

C++:

```
1    void solve() {
2        for(int x=0;x<=25;x++) {
3            for(int y=0;y<=33;y++) {
4                for(int z=0;z<=99;z+=3) {
5                    if(x+y+z==100 && z%3==0 && 4*x+3*y+z/3==100)
6                        printf("男:%2d,女:%2d,小孩:%2d\n", x,y,z);
7                }
8            }
9        }
10   }
```

调用 solve() 算法的输出结果如下:

```
男:0,女:25,小孩:75
男:8,女:14,小孩:78
男:16,女:3,小孩:81
```

在上述算法中 if 语句是基本语句,其执行次数为 $26\times34\times33=29172$。如果仔细分析一下就会发现,由于有 $x+y+z=100$,那么只需要考虑 x 和 y 的取值,z 值可以通过 $100-x-y$ 求出,这样减少了枚举对象 z,由三重循环优化为两重循环,优化后的穷举算法如下。

C++:

```
1    void solve() {
2        for(int x=0;x<=25;x++) {
```

```
3               for(int y=0;y<=33;y++) {
4                   int z=100-x-y;
5                   if(z%3==0 && 4*x+3*y+z/3==100)
6                       printf("男:%2d,女:%2d,小孩:%2d\n",x,y,z);
7               }
8           }
9       }
```

上述算法的执行结果不变,但基本语句的执行次数为 $26 \times 34 = 884$,算法的时间性能得到大幅度提高。

在实际中顺序列举的穷举法的形式千变万化,很多情况下都需要进一步优化才能达到比较理想的时间性能。

15.1.3 组合列举设计方法

在使用穷举法求解时,组合列举适用于答案可以直接或者间接地表示为初始元素集的若干组合的问题。其基本求解步骤如下。

(1) 确定初始元素集,用 a 表示。

(2) 确定问题答案的约束条件,排除重复的判断。

(3) 产生 a 的所有组合。

(4) 对于 a 的每个组合,判断是否满足约束条件,如果满足,则得到问题的一个解。

组合列举的穷举算法的时间复杂度通常是指数级。下面通过一个经典示例说明组合列举的穷举算法的设计过程。

 例 15-2

给定一个整数 $n(1 \leqslant n \leqslant 10)$,求集合 $\{0,1,\cdots,n-1\}$ 的所有不重复子集(幂集),子集的顺序可以任意。例如,$n=3$ 时,答案为 $[[\ ],[0],[1],[0,1],[2],[0,2],[1,2],[0,1,2]]$。

解:以 $n=3$ 为例,初始元素集 $a=\{0,1,2\}(a_0=0,a_1=1,a_2=2)$,设 $x=\{x_2,x_1,x_0\}$ 表示 a 的一个子集,其中 $x_i=1$ 表示对应的子集包含整数 a_i (这里 $a_i=i$),$x_i=0$ 表示对应的子集不包含整数 i,例如 $x=\{1,0,1\}$ 表示对应的子集为 $\{2,0\}$。

可以从顺序列举的角度理解:枚举对象为 x_0、x_1 和 x_2,按该顺序枚举,每个 x_i 的取值范围为 0 和 1,这样求 a 的所有子集的过程如图 15.1 所示,图中每个结点的 3 个数字为 $x_2 x_1 x_0$。

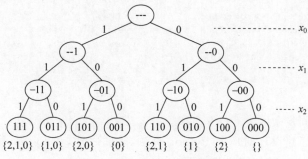

图 15.1 求 $\langle 0,1,2 \rangle$ 的所有子集

可以将 x 看成一个二进制数,将该二进制数进一步转换为十进制数,从中看出 a 的子集及其对应的十进制数如表 15.1 所示。

表 15.1　a 的子集及其对应的十进制数

子　集	x	x 对应的十进制数 y
{}	000	0
{0}	001	1
{1}	010	2
{1,0}	011	3
{2}	100	4
{2,0}	101	5
{2,1}	110	6
{2,1,0}	111	7

表 15.1 说明一个子集与二进制数 x 一一对应,一个二进制数 x 与一个十进制数一一对应,则一个子集与一个十进制数一一对应。那么给定一个合适的十进制数 y,如何求对应的子集?

位序 j	5	4	3	2	1	0
二进制位	1	0	1	1	0	1
二进制权	2^5	2^4	2^3	2^2	2^1	2^0

图 15.2　二进制数 101101 的表示

先将十进制数 y 转换为二进制数 z,然后处理 z 的每一个二进制位,若 $z_j = 1$,说明对应的子集包含 a_j;若 $z_j = 0$,说明对应的子集不包含 a_j。例如,$y = 45$,将其转换为二进制数 $z = 101101$,如图 15.2 所示,说明对应的子集为 $\{5,3,2,0\}$。可以通过位运算符判断 $z_j = 1$ 是否成立,若 $y \& (1 \ll j)) != 0$,说明有 $z_j = 1$。

当给定正整数 n 时,最大子集的十进制数为 $2^n - 1$(如 $n = 3$ 时 $x = \{1,1,1\}$,最大子集的十进制数为 $2^3 - 1 = 7$),因此求集合 $\{0,1,\cdots,n-1\}$ 的所有不重复子集的算法如下。

C++:

```
 1  bool inset(int V, int j) {             //判断下标 j 是否在 V 中
 2      return(V & (1<<j))!=0;
 3  }
 4  vector < int > subs(int n, int V) {
 5      vector < int > s;                  //存放一个子集
 6      for(int j=0;j<n;j++) {             //组合列举
 7          if(inset(V,j)) s.push_back(j);
 8      }
 9      return s;
10  }

11  vector < vector < int >> solve(int n) {    //求解算法
12      vector < vector < int >> ans;         //存放幂集
13      for(int V=0;V<(2<<(n-1));V++) {
14          ans.push_back(subs(n,V));
15      }
16      return ans;
17  }
```

上述算法的时间复杂度为 $O(n \times 2^n)$。

可以使用上述思路设计对应的 Python 算法,除此之外,在 Python 语言中还提供了组合函数 combinations(),其使用格式如下:

```
  iertools. combinations(iterable, r)
```

其功能是从可迭代对象 iterable 中选取 r 个元素进行组合,并返回一个生成元组的迭代器。使用该函数设计求集合$\{0,1,\cdots,n-1\}$的所有不重复子集的算法如下。

⊞ **Python**:

```
1  from itertools import combinations
2  def solve(n):
3      a=[i for i in range(0,n)]
4      ans=[]
5      for length in range(0,n+1):
6          for s in combinations(a,length):
7              ans. append(s)
8      return ans
```

15.1.4   排列列举设计方法

在使用穷举法求解时,排列列举适用于答案可以直接或者间接地表示为初始序列的若干排列的问题。其基本求解步骤如下。

(1) 确定初始序列,用 a 表示。

(2) 确定问题答案的约束条件,排除重复的判断。

(3) 产生 a 的所有排列,即全排列。

(4) 对于 a 的每个排列,判断是否满足约束条件,如果满足,则得到问题的一个解。

排列列举的穷举算法的时间复杂度通常是指数级。下面通过一个经典示例说明排列列举的穷举算法的设计过程。

例 15-3

给定一个带权图,使用邻接矩阵 A 存储,图中含 $n(1\leqslant n\leqslant 10)$ 个顶点,顶点的编号为 $0\sim n-1$,求起点为 0 的旅行商问题(TSP)的路径的长度,即求从顶点 0 出发经过其他所有顶点且每个顶点仅经过一次并回到起点 0 的路径的最大长度。

解:TSP 问题的路径用 x 表示,整个路径包含 n 条边,除了起点和终点均为顶点 0 外,路径中包含其他 $n-1$ 个顶点,所以设 $x=\{x_0,x_1,\cdots,x_{n-2}\}$,如图 15.3 所示。依题意,$x$恰好是顶点编号 $1\sim n-1$ 的某个排列(一条路径为初始序列 $1,2,\cdots,n-1$ 的一个排列),该路径的长度为 $A[0][x[0]]+A[x[0]][x[1]]+\cdots+A[x[n-3]][x[n-2]]+A[x[n-2]][0]$。

1~n-1的某个排列

图 15.3   TSP 路径

使用排列列举,求出 $\{1,2,\cdots,n-1\}$ 的全排列,以每个排列为路径求出其长度 curlen,则最小 curlen 为答案。

那么如何求一个序列的全排列呢?在 C++ 中提供了 next_permutation() 通用函数,它生成一个字典序更大的排列,返回值是 bool 型,如果仍然可以找到字典序更大的排列,则返回 true,并且自动变成一个新的排列;如果不能找到一个字典序更大的排列,则返回 false。

在 Python 语言中提供了排列函数 permutations(),其使用格式如下:

```
itertools. permutations(iterable, r＝None)
```

该函数按元素的位置顺序输出元素的排列,也就是说输出排列的顺序是位置的字典序。如果 r 未指定或为 None,r 默认设置为 iterable 的长度,即生成包含所有元素的全排列。

使用排列列举的穷举法求 TSP 问题的算法如下。

C++:

```cpp
 1  int TSP(vector < vector < int >> &A) {
 2      int n＝A. size();
 3      int ans＝0x3f3f3f3f;          //表示∞
 4      vector < int > x;
 5      for(int i=1;i<n;i++) x. push_back(i);
 6      do {
 7          int curlen＝A[0][x[0]];
 8          for(int i=0;i<n-2;i++)
 9              curlen+＝A[x[i]][x[i+1]];
10          curlen+＝A[x[n-2]][0];
11          ans＝min(ans, curlen);
12      } while(next_permutation(x. begin(), x. end()));
13      return ans;
14  }
```

Python:

```python
 1  from itertools import permutations
 2  def TSP(A):
 3      n＝len(A)
 4      ans＝0x3f3f3f3f
 5      x=[i for i in range(1,n)]
 6      for e in permutations(x):
 7          curlen＝A[0][e[0]]
 8          for i in range(0,n-2):
 9              curlen+＝A[e[i]][e[i+1]]
10          curlen+＝A[e[n-2]][0]
11          ans＝min(ans, curlen)
12      return ans
```

在上述算法中 x 的长度为 $n-1$,循环 $(n-1)!$ 次,每次求长度的时间为 $O(n)$,所以算法的时间复杂度为 $O(n \times (n-1)!)$,即 $O(n!)$。

15.2 顺序列举的算法设计

15.2.1 LeetCode485——1 的最多连续个数 ★

【问题描述】 给定一个二进制数组 nums,计算其中 1 的最多连续个数。

例如,nums＝[1,1,0,1,1,1],答案为 3。

【限制】 $1 \leqslant$ nums. length $\leqslant 10^5$,nums[i]不是 0 就是 1。

【解题思路】 顺序列举方法。用 i 顺序列举 nums 数组中的元素,用 cur 累计当前 1 的连续个数,将最大 cur 保存在 ans 中。遍历完毕返回 ans 即可。对应的算法如下。

C++:

```cpp
1    class Solution {
2    public:
3        int findMaxConsecutiveOnes(vector < int > & nums){
4            int ans=0,cur=0;
5            for(int i=0;i<nums.size();i++) {
6                if(nums[i]==0) cur=0;
7                else cur++;
8                if(cur>ans) ans=cur;
9            }
10           return ans;
11       }
12   };
```

提交运行:

结果:通过;时间:32ms;空间:35.3MB

Python:

```python
1    class Solution:
2        def findMaxConsecutiveOnes(self, nums: List[int]) -> int:
3            ans,cur=0,0
4            for d in nums:
5                if d==0:cur=0
6                else: cur+=1
7                if cur>ans:ans=cur
8            return ans
```

提交运行:

结果:通过;时间:36ms;空间:16.5MB

15.2.2 LeetCode1464——数组中两个元素的最大乘积★

【问题描述】 给定一个整数数组 nums,选择数组的两个不同下标 i 和 j,使($nums[i]-1$)×($nums[j]-1$)取得最大值,计算并返回该最大值。

例如,nums=[3,4,5,2],答案为 12,即($nums[1]-1$)×($nums[2]-1$)=($4-1$)×($5-1$)=$3×4=12$。

【限制】 $2\leqslant nums.length\leqslant 500,1\leqslant nums[i]\leqslant 10^3$。

【解法1】 顺序列举方法。用 ans 存放答案,由于 $nums[i](0\leqslant i<n)$ 至少为1,所以 ans 的最小值为0(因为 $nums[i]=1$ 时 $nums[i]-1=0$)。考虑乘法运算满足交换律,所以列举对象为 $i(0\leqslant i<n-1)$ 和 $j(i+1\leqslant j<n)$,即按先 i 后 j 的列举顺序求($nums[i]-1$)×($nums[j]-1$),并将最大值存放在 ans 中,最后返回 ans 即可。由于使用了两重 for 循环,所以算法的时间复杂度为 $O(n^2)$。

扫一扫

源程序

【解法2】 优化穷举算法。由于 $nums[i](0\leqslant i<n)$ 至少为1,则($nums[i]-1$)均为非负整数,容易推出答案对应的 $nums[i]$ 和 $nums[j]$ 一定是 nums 数组中最大和次大的两个元素。通过一次遍历求出 nums 中最大和次大的两个元素 max1 和 max2。nums 遍历完毕返回($max1-1$)×($max2-1$)即可。由于使用了一重 for 循环,每次循环的时间为 $O(1)$,所以算法的时间复杂度为 $O(n)$。

扫一扫

源程序

15.2.3 LeetCode829——连续整数求和★★★

【问题描述】 给定一个正整数 n，返回连续正整数满足所有数字之和为 n 的组数。

例如，$n=5$，由于有 $5=5,5=2+3$，共有两组连续整数的和为 5，答案为 2。

【限制】 $1 \leqslant n \leqslant 10^9$。

【解题思路】 优化穷举算法。假设有连续整数 $j+(j+1)+\cdots=n$，顺序列举 $j (0 \leqslant j < n)$，这样算法的时间复杂度为 $O(n^2)$，出现超时。不妨设以 x 开头的 k 个连续整数满足要求，$x+(x+1)+\cdots+(x+k-1)=n$，即 $\dfrac{k(2x+k-1)}{2}=n$。

显然 x 的最小值为 1，即 $\dfrac{k(k+1)}{2} \leqslant n$，也就是 $k(k+1) \leqslant 2n$ 成立。可以枚举每个符合 $k(k+1) \leqslant 2n$ 的 k，判断 n 是否可以表示成 k 个连续整数之和。

回到前面的 $\dfrac{k(2x+k-1)}{2}=n$，有 $x=\dfrac{n}{k}-\dfrac{k-1}{2}$，分析 k 的奇、偶两种情况。

(1) 当 k 是奇数时，$k-1$ 是偶数，因此 $2x+k-1$ 是正偶数。令 $y=\dfrac{2x+k-1}{2}$，则 y 是正整数，$ky=n$，$y=\dfrac{n}{k}$。由于 y 是正整数，所以 n 可以被 k 整除。也就是说，当 n 可以被 k 整除时，由于 $\dfrac{n}{k}$ 和 $\dfrac{k-1}{2}$ 都是整数，所以 $x=\dfrac{n}{k}-\dfrac{k-1}{2}$ 是整数，此时 n 可以表示成 k 个连续正整数之和。所以有这样的结论：当 k 是奇数时，整数 n 可以表示成 k 个连续正整数之和，当且仅当整数 n 可以被 k 整除。

(2) 当 k 是偶数时，$2x+k-1$ 是奇数。将 $\dfrac{k(2x+k-1)}{2}=n$ 写成 $\dfrac{2x+k-1}{2}=\dfrac{n}{k}$，由于 $2x+k-1$ 是奇数，所以 $\dfrac{2x+k-1}{2}$ 不是整数，n 不可以被 k 整除，又由于 $2x+k-1=\dfrac{2n}{k}$ 是整数，所以 $2n$ 可以被 k 整除。当 n 不可以被 k 整除且 $2n$ 可以被 k 整除时，$\dfrac{2n}{k}$ 一定是奇数（否则 $\dfrac{n}{k}$ 是整数，和 n 不可以被 k 整除矛盾），令 $\dfrac{2n}{k}=2z+1$，其中 z 是整数，则 $\dfrac{n}{k}=z+\dfrac{1}{2}$。此时 $x=\dfrac{n}{k}-\dfrac{k-1}{2}=z-\dfrac{k}{2}+1$，由于 $\dfrac{k}{2}$ 是整数，所以 x 是整数，因此此时 n 可以表示成 k 个连续正整数之和。所以有这样的结论：当 k 是偶数时，整数 n 可以表示成 k 个连续正整数之和，当且仅当整数 n 不可以被 k 整除而整数 $2n$ 可以被 k 整除。

对应的算法如下。

C++:

```
1   class Solution {
2   public:
3       int consecutiveNumbersSum(int n) {
4           int ans=0;
```

```
5              for(int k=1;k*(k+1)<=2*n; k++) {
6                  if(judge(n, k)) ans++;
7              }
8              return ans;
9          }
10     bool judge(int n, int k) {
11         if(k%2==1) return n%k==0;              //k 为奇数
12         else return n%k !=0 && 2*n%k==0;       //k 为偶数
13     }
14  };
```

提交运行：

结果：通过；时间：4ms；空间：5.7MB

Python：

```
1   class Solution:
2       def consecutiveNumbersSum(self, n: int) -> int:
3           ans,k=0,1
4           while k*(k+1)<=2*n:
5               if self.judge(n, k):ans+=1
6               k+=1
7           return ans
8       def judge(self,n,k):
9           if k%2==1: return n%k==0              #k 为奇数
10          else: return n%k!=0 and 2*n%k==0     #k 为偶数
```

提交运行：

结果：通过；时间：200ms；空间：15.9MB

15.2.4 LeetCode17——电话号码的字母组合★★

【问题描述】 给定一个仅包含数字 2～9 的字符串 digits,返回它能表示的所有字母组合,答案可以按任意顺序返回。数字到字母的映射与电话按键相同,如图 15.4 所示,注意'1'不对应任何字母。

例如,digits = "23",答案为 ["ad","ae","af","bd","be","bf","cd","ce","cf"]。

【限制】 $0 \leqslant digits.length \leqslant 4$,$digits[i]$是['2','9']范围内的一个数字。

【解题思路】 顺序列举方法。用哈希映射 hmap 表示电话按键上的数字与字母的映射关系,用字符串向量 ans 存放答案(初始时仅包含一个空字符串"")。对于 $digits[0..n-1]$,顺序列举 $digits[0]$、$digits[1]$、……、$digits[n-1]$,对于 $digits[i]$,其枚举范围是 $hmap[digits[i]]$中的每个字符。例如,题目中样例的解空间如图 15.5 所示,每个叶子结点为一个字母组合,将其添加到 ans 中,在遍历完毕时 ans 包含所有字母组合,最后返回 ans 即可。

图 15.4 电话按键

扫一扫

源程序

15.2.5 LeetCode845——数组中的最长山脉★★

【问题描述】 把符合下列属性的数组 arr 称为山脉数组:

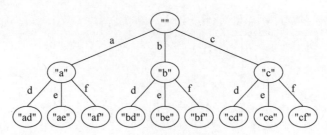

图 15.5　求解样例的解空间

(1) arr. length≥3。

(2) 存在某个下标 i($0<i<$arr. length-1),满足 arr$[0]<$arr$[1]<\cdots<$arr$[i-1]<$arr$[i]$和 arr$[i]>$arr$[i+1]>\cdots>$arr$[$arr. length$-1]$。

给定一个整数数组 arr,返回最长的山脉子数组的长度。如果不存在山脉子数组,返回 0。

例如,arr$=[2,1,4,7,3,2,5]$,最长的山脉子数组是$[1,4,7,3,2]$,长度为 5,答案为 5;arr$=[2,1,0]$,不存在山脉子数组,答案为 0;arr$=[0,1,2]$,也不存在山脉子数组,答案为 0。

【限制】　$1\leqslant$arr. length$\leqslant10^4$,$0\leqslant$arr$[i]\leqslant10^4$。

【解法 1】　顺序列举方法。用 ans 存放答案(初始为 0),i 从 1 到 $n-2$ 遍历 arr,求出 arr$[i]$左边依次递减的元素的个数 left 和 arr$[i]$右边依次递减的元素的个数 right,当 left>0 且 right>0 时表示 arr$[i]$山脉子数组的长度为 left$+$right$+1$,将最大值存放在 ans 中,否则表示不存在 arr$[i]$山脉子数组。最后返回 ans 即可。由于求 arr$[i]$的山脉子数组的长度的时间为 $O(n)$,所以算法的时间复杂度为 $O(n^2)$。对应的算法如下。

C++:

```cpp
class Solution {
public:
    int longestMountain(vector < int > & arr) {
        int n=arr. size();
        if(n<3) return 0;
        int ans=0;
        for(int i=1;i<n-1;i++) {
            int cur=center(arr,i);
            ans=max(ans,cur);
        }
        return ans;
    }

    int center(vector < int > &a,int i) {
        int left=0;
        for(int j=i-1;j>=0;j--) {
            if(a[j]<a[j+1]) left++;
            else break;
        }
        int right=0;
        for(int j=i+1;j<a. size();j++) {
            if(a[j-1]>a[j]) right++;
            else break;
        }
        if(left>0 && right>0)
            return left+right+1;
```

```
26              return 0;
27          }
28 };
```

提交运行：

结果：通过；时间：780ms；空间：18.2MB

Python：

```
1  class Solution:
2      def longestMountain(self, arr: List[int]) -> int:
3          n＝len(arr)
4          if n＜3:return 0
5          ans＝0
6          for i in range(1,n−1):
7              cur＝self.center(arr,i)
8              ans＝max(ans,cur)
9          return ans

10     def center(self,a,i):
11         left＝0
12         for j in range(i−1,−1,−1):
13             if a[j]＜a[j＋1]:left＋＝1
14             else: break
15         right＝0
16         for j in range(i＋1,len(a)):
17             if a[j−1]＞a[j]:right＋＝1
18             else: break
19         if left＞0 and right＞0:
20             return left＋right＋1
21         return 0
```

提交运行：

结果：通过；时间：8544ms；空间：17MB

【解法2】 优化穷举算法。由于求 arr[i] 和 arr[$i-1$] 山脉子数组的长度是相关的，所以设置 left 和 right 两个数组，left[i] 表示 arr[i] 左边递减的元素的个数，right[i] 表示右边递减的元素的个数。通过一次遍历求出 left 和 right 数组。用 ans 存放答案（初始为 0），用 i 遍历 arr 数组，对于 arr[i]，若 left[i]>0 且 right[i]>0，其山脉子数组的长度为 left[i]＋right[i]＋1，将最大值存放在 ans 中。最后返回 ans 即可。算法的时间复杂度为 $O(n)$。

扫一扫

源程序

15.2.6 LeetCode209——长度最小的子数组★★

【问题描述】 给定一个含有 n 个正整数的数组和一个正整数 target，找出该数组中满足其和大于或等于 target 的长度最小的连续子数组 [numsl,numsl＋1,…,numsr－1,numsr]，并返回其长度。如果不存在符合条件的子数组，则返回 0。

例如，target＝7,nums＝[2,3,1,2,4,3]，答案为 2，子数组 [4,3] 是该条件下长度最小的子数组。

【限制】 $1 \leqslant \text{target} \leqslant 10^9$, $1 \leqslant \text{nums.length} \leqslant 10^5$, $1 \leqslant \text{nums}[i] \leqslant 10^5$。

【解题思路】 优化穷举算法。用 i、j 枚举 nums 的连续子数组（其长度为 $j-i+1$），求出其元素和 curs，若 curs≥target，则比较长度将最小长度保存在 ans 中。最后返回 ans 即可。对应的算法如下。

C++:

```cpp
1   class Solution {
2   public:
3       int minSubArrayLen(int target, vector<int>& nums) {
4           int n=nums.size();
5           int ans=n+1,curs;
6           for(int i=0;i<n;i++) {
7               curs=0;
8               for(int j=i;j<n;j++) {
9                   curs+=nums[j];
10                  if(curs>=target) {
11                      if(j-i+1<ans) ans=j-i+1;
12                      break;
13                  }
14              }
15          }
16          if(ans==n+1) return 0;
17          return ans;
18      }
19  };
```

上述程序提交时出现超时,对应算法的时间复杂度为 $O(n^2)$。改为使用前缀和+滑动窗口提高性能。

设计前缀和数组 presum,其中 presum[i] 表示 nums 中前 i 个元素的和。用[low, high]作为滑动窗口:

(1)求出该滑动窗口中元素的和 presum[high+1]−presum[low],若其大于或等于 target,则找到一个满足条件的连续子数组,将最小长度保存在 ans 中,同时说明不可能有以 low 为起始位置的长度更短的适合窗口,所以将 low 增 1 后继续判定。

(2)否则说明以 low 为起始位置的窗口太短了(因为 nums 数组中的所有元素为正数),所以将 low 不变、high 增 1 后继续判定。

最后返回 ans。算法的时间复杂度为 $O(n)$。对应的算法如下。

C++:

```cpp
1   class Solution {
2   public:
3       int minSubArrayLen(int target, vector<int>& nums) {
4           int n=nums.size();
5           vector<int> presum(n+1,0);
6           presum[0]=0;
7           for(int i=1;i<=n;i++)
8               presum[i]=presum[i-1]+nums[i-1];
9           int ans=n+1;                    //答案的最大值为 n
10          int low=0,high=0;
11          while(high<n) {
12              if(presum[high+1]−presum[low]>=target) {
13                  ans=min(ans,high-low+1);
14                  low++;
15              }
16              else high++;
17          }
18          if(ans==n+1) return 0;
19          return ans;
20      }
21  };
```

提交运行：

结果：通过；时间：32ms；空间：28.4MB

⊞ **Python**：

```
1   class Solution:
2       def minSubArrayLen(self, target: int, nums: List[int]) -> int:
3           n=len(nums)
4           presum=[0] * (n+1)
5           presum[0]=0
6           for i in range(1,n+1):
7               presum[i]=presum[i-1]+nums[i-1]
8           ans=n+1                    #答案的最大值为n
9           low,high=0,0
10          while high < n:
11              if presum[high+1]-presum[low]>=target:
12                  ans=min(ans,high-low+1)
13                  low+=1
14              else: high+=1
15          if ans==n+1:return 0
16          return ans
```

提交运行：

结果：通过；时间：80ms；空间：26.9MB

15.2.7 LeetCode134——加油站 ★★

【问题描述】 在一条环形公路上有 n 个加油站，其中第 i 个加油站有汽油 gas[i] 升。某人有一辆油箱容量无限的汽车，从第 i 个加油站开往第 $i+1$ 个加油站需要消耗汽油 cost[i] 升。假设从其中的一个加油站出发，开始时油箱为空。给定两个整数数组 gas 和 cost，如果汽车可以按顺序绕环形公路行驶一周，则返回出发时加油站的编号，否则返回 -1。如果该问题存在解，则保证解是唯一的。

例如，gas=[1,2,3,4,5]，cost=[3,4,5,1,2]，答案为 3，如图 15.6 所示。5 个加油站的编号为 0～4，行驶如下：

(1) 从 3 号加油站出发，获得 4 升汽油，此时油箱中有 0+4=4 升汽油。

(2) 开往 4 号加油站，此时油箱中有 4-1+5=8 升汽油。

(3) 开往 0 号加油站，此时油箱中有 8-2+1=7 升汽油。

(4) 开往 1 号加油站，此时油箱中有 7-3+2=6 升汽油。

(5) 开往 2 号加油站，此时油箱中有 6-4+3=5 升汽油。

(6) 开往 3 号加油站，需要消耗 5 升汽油，正好足够汽车返回到 3 号加油站。

【限制】 gas. length=n，cost. length=n，$1 \leqslant n \leqslant 10^5$，$0 \leqslant$ gas[i]，cost[i]$\leqslant 10^4$。

【解题思路】 顺序列举方法。先判断所有加油站的汽油总量能否支持汽车跑完全程，即用 diffsum 累计 gas[i]-cost[i]，若 diffsum<0，则说明不能跑完全程，返回 -1。

用 ans 表示答案(初始为 0)，i 从 0 开始遍历加油站，curgas 记录当前的汽油量，若 curgas≥0，执行 $i++$ 后继续跑下去，否则

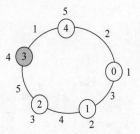

图 15.6 一个加油站问题

扫一扫

源程序

说明油箱中的汽油是负数,不可能行驶到下一个加油站,从加油站 $i+1$ 重新开始,即执行 curgas$=0$,ans$=i+1$,$i++$。最后返回 ans。

15.3　组合列举的算法设计

15.3.1　LeetCode78——子集★★

【问题描述】　给定一个整数数组 nums,数组中的元素互不相同,返回该数组的所有可能的子集(幂集)。解集中不能包含重复的子集,可以按任意顺序返回解集。

例如,nums$=[1,2,3]$,答案为$[[],[1],[2],[1,2],[3],[1,3],[2,3],[1,2,3]]$。

【限制】　$1\leqslant$nums.length$\leqslant10$,$-10\leqslant$nums$[i]\leqslant10$,nums 中的所有元素互不相同。

【解题思路】　组合列举方法。原理参见例 15-2,以 nums 数组的下标$[0..n-1]$为初始元素集,枚举每一个子集 V,由 V 产生 nums 数组的相应子集(即由$[0..n-1]$映射到 nums$[0..n-1]$),并添加到 ans 中,最后返回 ans 即可。算法的时间复杂度为 $O(n\times2^n)$。对应的算法如下。

C++:

```
1    class Solution {
2    public:
3        vector < vector < int >> subsets(vector < int > & nums) {
4            int n=nums.size();
5            vector < vector < int >> ans;
6            for(int V=0;V<(2 <<(n-1));V++) {
7                ans.push_back(subs(nums, V));
8            }
9            return ans;
10       }

11       vector < int > subs(vector < int > &nums, int V) {
12           int n=nums.size();
13           vector < int > s;
14           for(int j=0;j < n;j++) {                    //组合列举
15               if(inset(V,j)) s.push_back(nums[j]);
16           }
17           return s;
18       }
19       bool inset(int V,int j) {                        //判断下标 j 是否在 V 中
20           return(V & (1<<j))!=0;
21       }
22   };
```

提交运行:

结果:通过;时间:4ms;空间:6.9MB

Python:

```
1    class Solution:
2        def subsets(self, nums: List[int]) -> List[List[int]]:
3            n=len(nums)
4            ans=[]
5            for V in range(0,2 <<(n-1)):
```

```
6                    ans.append(self.subs(nums,V))
7                 return ans

8          def subs(self,nums,V):
9              n=len(nums)
10             s=[]
11             for j in range(0,n):              #组合列举
12                 if self.inset(V,j):s.append(nums[j])
13             return s
14         def inset(self,V,j):                  #判断下标 j 是否在 V 中
15             return(V & (1<<j))!=0
```

提交运行:

结果:通过;时间:32ms;空间:16.1MB

　　另外,也可以直接使用 Python 的 combinations()函数,按子集的长度 0~n 进行枚举,将 nums 的所有子集添加到 ans 中,最后返回 ans 即可。对应的算法如下。

▦ **Python**:

```
1    class Solution:
2        def subsets(self, nums: List[int]) -> List[List[int]]:
3            n=len(nums)
4            ans=[]
5            for length in range(0,n+1):
6                for s in combinations(nums,length):
7                    ans.append(s)
8            return ans
```

提交运行:

结果:通过;时间:32ms;空间:16MB

15.3.2　LeetCode90——子集 Ⅱ ★★

　　【问题描述】　给定一个整数数组 nums,其中可能包含重复元素,返回该数组中所有可能的子集(幂集)。解集不能包含重复的子集,在返回的解集中子集可以按任意顺序排列。

　　例如,nums=[1,2,2],答案为[[],[1],[1,2],[1,2,2],[2],[2,2]]。

　　【限制】　$1 \leqslant nums.length \leqslant 10, -10 \leqslant nums[i] \leqslant 10$。

　　【解题思路】　组合列举方法。原理参见例 15-2,以 nums 数组的下标[0..$n-1$]为初始元素集,枚举每一个子集 V(即由[0..$n-1$]映射到 nums[0..$n-1$]),由 V 产生 nums 数组的相应子集:

　　(1)由于 nums 中存在重复元素,这样产生的子集可能重复,所以使用 set<vector<int>>容器 ans,将 nums 数组的子集添加到 ans 中,以实现自动除重。

　　(2)例如 nums=[1,2,1]时会产生两个子集[1,2]和[2,1],对于 set<vector<int>>容器 ans 而言它们是不同的,而对于本题而言它们是重复的,为了避免出现这样的子集,可以先将 nums 递增排序。如 nums=[1,1,2],产生的两个子集为[1,2]和[1,2],可以通过 ans 除去后者。

　　在产生 ans 后,再遍历 ans 将全部子集添加到向量 ret 中,最后返回 ret 即可。算法的时间复杂度为 $O(n \times 2^n)$。对应的算法如下。

C++:

```
1   class Solution {
2   public:
3       vector<vector<int>> subsetsWithDup(vector<int>& nums) {
4           int n=nums.size();
5           sort(nums.begin(),nums.end());
6           set<vector<int>> ans;            //用 set 实现除重
7           for(int V=0;V<(2<<(n-1));V++) {
8               ans.insert(subs(nums,V));
9           }
10          vector<vector<int>> ret;        //将 ans 转换为 ret
11          for(auto e:ans) ret.push_back(e);
12          return ret;
13      }
14      vector<int> subs(vector<int>& nums,int V) {
15          int n=nums.size();
16          vector<int> s;
17          for(int j=0;j<n;j++) {          //组合列举
18              if(inset(V,j)) s.push_back(nums[j]);
19          }
20          return s;
21      }
22      bool inset(int V,int j) {           //判断下标 j 是否在 V 中
23          return(V & (1<<j))!=0;
24      }
25  };
```

提交运行：

结果：通过；时间：8ms；空间：8.1MB

Python:

```
1   class Solution:
2       def subsetsWithDup(self, nums: List[int]) -> List[List[int]]:
3           n=len(nums)
4           nums.sort()
5           ans=set()
6           for V in range(0,2<<(n-1)):
7               ans.add(tuple(self.subs(nums,V)))
8           ret=[]
9           for s in ans:ret.append(s)
10          return ret
11      def subs(self,nums,V):
12          n=len(nums)
13          s=[]
14          for j in range(0,n):            #组合列举
15              if self.inset(V,j):s.append(nums[j])
16          return s
17      def inset(self,V,j):                #判断下标 j 是否在 V 中
18          return(V & (1<<j))!=0
```

提交运行：

结果：通过；时间：48ms；空间：16.1MB

15.3.3　LeetCode77——组合★★

【问题描述】　给定两个整数 n 和 k，返回 $[1,n]$ 范围中所有可能的 k 个数的组合，可以

按任何顺序返回答案。

例如，$n=4$，$k=2$，答案为$[[2,4],[3,4],[2,3],[1,2],[1,3],[1,4]]$。

【限制】 $1\leqslant n\leqslant 20$，$1\leqslant k\leqslant n$。

【解题思路】 组合列举方法。原理参见例15-2，以$[0..n-1]$为初始元素集，枚举每一个子集 V，由 V 产生相应子集 s（即由$[0..n-1]$映射到$[1..n]$），当 s 的长度为 k 时将其添加到 ans 中，最后返回 ans 即可。算法的时间复杂度为$O(n\times2^n)$。对应的算法如下。

▦ C++：

```
 1   class Solution {
 2   public:
 3       vector < vector < int >> combine(int n, int k) {
 4           vector < vector < int >> ans;
 5           for(int V=0;V<(2<<(n-1));V++) {
 6               vector < int > s=subs(n, V);
 7               if(s.size()==k) ans.push_back(s);
 8           }
 9           return ans;
10       }
11
12       vector < int > subs(int n, int V) {
13           vector < int > s;
14           for(int j=0;j<n;j++) {            //组合列举
15               if(inset(V,j)) s.push_back(j+1);
16           }
17           return s;
18       }
19       bool inset(int V, int j) {            //判断下标 j 是否在 V 中
20           return(V & (1<<j))!=0;
21       }
22   };
```

提交运行：

结果：通过；时间：1132ms；空间：303.6MB

直接使用 Python 中的组合函数 combinations()求解的算法如下。

▦ Python：

```
1   class Solution:
2       def combine(self, n: int, k: int) -> List[List[int]]:
3           ans=[]
4           nums=[i for i in range(1,n+1)]
5           for s in combinations(nums,k):
6               ans.append(s)
7           return ans
```

提交运行：

结果：通过；时间：44ms；空间：17.6MB

15.3.4 LeetCode1863——求出所有子集的异或总和再求和★

【问题描述】 一个数组的异或总和定义为数组中的所有元素按位 XOR 的结果，如果数组为空，则异或总和为 0。例如，数组$[2,5,6]$的异或总和为 2 XOR 5 XOR 6＝1。

给定一个数组 nums，请求出 nums 中每个子集的异或总和，计算并返回这些值相加的和。注意，在本题中元素相同的不同子集应多次计数。数组 a 是数组 b 的一个子集的前提

条件是从 b 中删除几个(也可能不删除)元素能够得到 a。

例如,nums=[5,1,6],该数组共有 8 个子集,空子集的异或总和是 0,[5]的异或总和为 5,[1]的异或总和为 1,[6]的异或总和为 6,[5,1]的异或总和为 5 XOR 1=4,[5,6]的异或总和为 5 XOR 6=3,[1,6]的异或总和为 1 XOR 6=7,[5,1,6]的异或总和为 5 XOR 1 XOR 6=2,答案为 0+5+1+6+4+3+7+2=28。

【限制】 $1 \leqslant nums.length \leqslant 12, 1 \leqslant nums[i] \leqslant 20$。

【解题思路】 组合列举方法。原理参见例 15-2,以 nums 数组的下标[0..n−1]为初始元素集,枚举每一个子集 V,由 V 产生相应子集 s(即由[0..n−1]映射到 nums[0..n−1]),求出 s 的异或总和 curs,将其累加到 ans 中,最后返回 ans 即可。算法的时间复杂度为 $O(n \times 2^n)$。对应的算法如下。

■ C++:

```
1   class Solution {
2   public:
3       int subsetXORSum(vector < int > & nums) {
4           int n=nums.size();
5           int ans=0;
6           for(int V=0;V<=(1<<n)−1;V++) {
7               int curs=0;
8               for(int j=0;j<n;j++) {
9                   if(inset(V,j)) curs^=nums[j];
10              }
11              ans+=curs;
12          }
13          return ans;
14      }

15      bool inset(int V,int j) {      //判断下标 j 是否在 V 中
16          return(V & (1<<j))!=0;
17      }
18  };
```

提交运行:

结果:通过;时间:8ms;空间:6.9MB

■ Python:

```
1   class Solution:
2       def subsetXORSum(self, nums: List[int]) -> int:
3           n,ans=len(nums),0
4           for V in range(0,1<<n):
5               curs=0
6               for j in range(0,n):
7                   if self.inset(V,j):curs^=nums[j]
8               ans+=curs
9           return ans

10      def inset(self,V,j):         #判断下标 j 是否在 V 中
11          return(V & (1<<j))!=0
```

提交运行:

结果:通过;时间:204ms;空间:16.1MB

15.4 排列列举的算法设计

15.4.1 LeetCode46——全排列★★

【问题描述】 给定一个不含重复数字的数组 nums,返回其所有可能的全排列,可以按任意顺序返回答案。

例如,nums=[1,2,3],答案为[[1,2,3],[1,3,2],[2,1,3],[2,3,1],[3,1,2],[3,2,1]]。

【限制】 1≤nums. length≤6,−10≤nums[i]≤10,nums 中的所有整数互不相同。

【解题思路】 排列列举方法。原理参见例 15-3,以 nums[$0..n-1$]为初始序列,通过 next_permutation()或者 permutations()函数产生其所有排列,将每个排列添加到 ans 中,最后返回 ans 即可。

注意,C++中的 next_permutation()是产生下一个更大的排列,如果要产生全排列,必须让初始 nums 为最小序列,所以先将 nums 递增排序,否则可能仅产生部分排列。例如,nums=[0,−1,1](非递增有序的),通过 next_permutation()产生的排列为[[0,−1,1],[0,1,−1],[1,−1,0],[1,0,−1]],而不是全排列[[0,−1,1],[0,1,−1],[−1,0,1],[−1,1,0],[1,0,−1],[1,−1,0]]。

按上述思路设计的算法的时间复杂度为 $O(n!)$。对应的算法如下。

C++:

```
1    class Solution {
2    public:
3        vector < vector < int >> permute(vector < int > & nums) {
4            vector < vector < int >> ans;
5            sort(nums.begin(),nums.end());
6            do {
7                ans.push_back(nums);
8            } while(next_permutation(nums.begin(),nums.end()));
9            return ans;
10       }
11   };
```

提交运行:

结果:通过;时间:0ms;空间:7.3MB

Python:

```
1    class Solution:
2        def permute(self, nums: List[int]) -> List[List[int]]:
3            ans=[]
4            for e in permutations(nums):
5                ans.append(e)
6            return ans
```

提交运行:

结果:通过;时间:44ms;空间:16.1MB

15.4.2　LeetCode60——排列序列★★★

【问题描述】　一个集合$[1,2,3,\cdots,n]$的所有元素共有 $n!$ 种排列,按大小顺序列出所有排列情况,并一一标记,当 $n=3$ 时所有排列是"123"、"132"、"213"、"231"、"312"、"321"。给定 n 和 k,返回第 k 个排列。

例如,$n=3,k=3$ 时答案为"213"。

【限　制】　$1 \leqslant n \leqslant 9, 1 \leqslant k \leqslant n!$。

【解题思路】　排列列举方法。原理参见例 15-3,以 $1\sim n$ 为初始序列 x,通过 next_permutation()或者 permutations()函数依次产生下一个排列,用 cnt 累计产生的排列的个数,当执行 $k-1$ 次后 x 就是第 k 个排列,将该序列转换为字符串后返回即可。算法的时间复杂度为 $O(k \times n)$(调用 next_permutation()一次的时间为 $O(n)$)。对应的算法如下。

C++：

```
1    class Solution {
2    public:
3        string getPermutation(int n, int k) {
4            vector<int> x;
5            for(int i=1;i<=n;i++) x.push_back(i);
6            int cnt=1;
7            while(cnt<k) {
8                cnt++;
9                next_permutation(x.begin(),x.end());
10           }
11           string ret="";
12           for(int e:x) ret+=to_string(e);
13           return ret;
14       }
15   };
```

提交运行：

结果:通过;时间:120ms;空间:5.9MB

Python：

```
1    class Solution:
2        def getPermutation(self, n: int, k: int) -> str:
3            x=[i for i in range(1,n+1)]
4            cnt=0
5            for e in permutations(x):
6                cnt+=1
7                if cnt==k:break;
8            ret=""
9            for d in e:
10               ret+=str(d)
11           return ret
```

提交运行：

结果:通过;时间:468ms;空间:16MB

15.4.3　LeetCode52——n 皇后 Ⅱ ★★★

【问题描述】　n 皇后问题研究的是如何将 n 个皇后放置在 $n \times n$ 的棋盘上,并且使皇后之间不能相互攻击。给定一个整数 n，返回 n 皇后问题的不同解决方案的数量。

例如，$n=4$，答案为 2，即 4 皇后问题存在两个不同的解法，如图 15.7 所示。

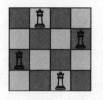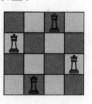

图 15.7   4 皇后问题的两个解

【限制】 $1 \leqslant n \leqslant 9$。

【解题思路】   排列列举方法。假设 n 个皇后编号为 $0 \sim n-1$，棋盘的行、列号均为 $0 \sim n-1$，每行只能放置一个皇后，所有皇后的列号不同。将皇后 0 放在第 0 行，皇后 1 放在第 1 行，……，皇后 $n-1$ 放在第 $n-1$ 行，显然它们的列号恰好是 $0 \sim n-1$ 的某个排列。用 $x=\{x_0, x_1, \cdots, x_{n-1}\}$ 表示 n 个皇后的列号序列，初始序列为 $0 \sim n-1$。

排列列举的原理参见例 15-3，以 $0 \sim n-1$ 为初始序列 x，通过 next_permutation() 或者 permutations() 函数依次产生下一个排列，只需要判断 x 中的所有皇后是否冲突，如果不冲突，说明 x 是一个解决方案，将 ans 增 1，否则说明不是一个解决方案，ans 不变。当全排列处理完毕返回 ans 即可。

现在的问题是当将皇后 i 放在位置 (i, x_i) 后，它是否与前面放置的 i 个皇后的位置 (k, x_k)（$0 \leqslant k < i$）发生冲突？

(1) 皇后 i 不能与皇后 k（$0 \leqslant i \leqslant n-1$）同列，若同列，则有 $x_k = x_i$ 成立。

(2) 皇后 i 不能与皇后 k（$0 \leqslant i \leqslant n-1$）同左、右对角线。如图 15.8 所示，若皇后 i 与皇后 k 在一条对角线上，则构成一个等腰直角三角形，即 $|x_k - x_i| = |i - k|$。

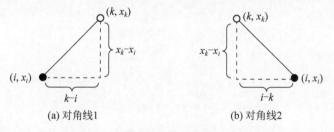

图 15.8   两个皇后构成对角线的情况

也就是说，若皇后 i 的位置 (i, x_i) 与任意一个皇后 k 的位置 (k, x_k) 满足条件 $(x_k = x_i) \| (|x_k - x_i| = |i - k|)$，说明皇后 i 与皇后 k 存在冲突。如果皇后 i 与任意一个皇后 k 均不满足上述条件，则说明皇后 i 与前面已经放置的 i 个皇后没有冲突。

检测皇后 i 是否与前面的皇后冲突的时间为 $O(n^2)$，所以整个算法的时间复杂度为 $O(n^2 \times n!)$。对应的算法如下。

C++:

```cpp
class Solution {
public:
    int totalNQueens(int n) {
        vector<int> x;
        for(int i=0;i<n;i++) x.push_back(i);
        int ans=0;
        do {
            if(isaqueen(n,x)) ans++;
        } while(next_permutation(x.begin(),x.end()));
        return ans;
    }
```

```
12        bool isaqueen(int n,vector<int>&x) {   //判断 x 是否为 n 皇后问题的一个解
13            for(int i=1;i<n;i++) {
14                if(!valid(i,x)) return false;
15            }
16            return true;
17        }
18        bool valid(int i,vector<int>&x) {      //测试(i,x[i])位置是否与前面的皇后不冲突
19            if(i==0) return true;               //皇后 0 前面没有皇后
20            int k=0;
21            while(k<i) {                        //k=0~i-1 是已经放置了皇后的行
22                if((x[k]==x[i]) || (abs(x[k]-x[i])==abs(k-i)))
23                    return false;               //(i,x[i])与皇后 k 有冲突
24                k++;
25            }
26            return true;
27        }
28    };
```

提交运行:

结果:通过;时间:32ms;空间:5.9MB

Python:

```
1    class Solution:
2        def totalNQueens(self, n: int) -> int:
3            x=[i for i in range(0,n)]
4            ans=0
5            for e in permutations(x):
6                if self.isaqueen(n,e):ans+=1
7            return ans

8        def isaqueen(self,n,x):               #判断 x 是否为 n 皇后问题的一个解
9            for i in range(1,n):
10                if not self.valid(i,x):return False
11            return True
12        def valid(self,i,x):                  #测试(i,x[i])位置是否与前面的皇后不冲突
13            if i==0:return True
14            k=0
15            while k<i:                         #k=0~i-1 是已经放置了皇后的行
16                if x[k]==x[i] or abs(x[k]-x[i])==abs(k-i):
17                    return False               #(i,x[i])与皇后 k 有冲突
18                k+=1
19            return True
```

提交运行:

结果:通过;时间:476ms;空间:15.9MB

推荐练习题

1. LeetCode1——两数之和★

2. LeetCode40——组合总和Ⅱ★★

3. LeetCode51——n 皇后★★★

4. LeetCode53——最大子数组和★★

5．LeetCode507——完美数★

6．LeetCode633——平方数之和★★

7．LeetCode1291——顺次数★★

8．LeetCode1534——统计好三元组★

9．LeetCode1995——统计特殊四元组★

10．LeetCode2427——公因子的数目★

第16章 递归

知识图谱

递归

基于递归数据结构的递归算法设计

单链表的递归算法设计
- LeetCode21——合并两个有序链表
- LeetCode2487——从链表中移除结点

二叉树的递归算法设计
- LeetCode814——二叉树的剪支
- LeetCode236——二叉树的最近公共祖先
- LeetCode114——将二叉树展开为链表
- LeetCode2487——从链表中移除结点

基于归纳的递归算法设计
- LeetCode17——电话号码的字母组合
- LeetCode191——位1的个数
- LeetCode231——2的幂
- LeetCode394——字符串解码

16.1　递归概述

16.1.1　递归的定义

在定义一个算法时出现调用本算法的成分,称为递归。递归不仅是数学中的一个重要概念,也是计算技术中重要的概念之一。

递归算法通常把一个大的复杂问题层层转换为一个或多个与原问题相似的规模较小的问题来求解,递归策略只需少量的代码就可以描述出解题过程所需的多次重复计算,大幅减少了算法的代码量。

一般来说,能够用递归解决的问题应该满足以下 3 个条件。

(1) 需要解决的问题可以转化为一个或多个子问题来求解,而这些子问题的求解方法与原问题完全相同,只是在数量规模上不同。

(2) 递归调用的次数必须是有限的。

(3) 必须有结束递归的条件来终止递归。

递归算法的优点是结构简单、清晰,易于阅读,方便证明其正确性;缺点是算法执行中占用的内存空间较多,执行效率低,不容易优化。

16.1.2　递归模型

递归模型是递归算法的抽象,它反映一个递归问题的递归结构。例如,求 $n!$ 的递归模型如下:

$$f(n) = 1 \qquad\qquad n = 1$$
$$f(n) = n \times f(n-1) \quad n > 1$$

第一个式子给出了递归的终止条件,第二个式子给出了 $f(n)$ 的值与 $f(n-1)$ 的值之间的关系,把第一个式子称为递归出口,把第二个式子称为递归体。

一般情况下,一个递归模型由递归出口和递归体两部分组成。递归出口确定递归到何时结束,即指出明确的递归结束条件。递归体确定递归求解时的递推关系。

16.1.3　递归的执行过程

假如有以下简单的递归模型:

$$f(s_1) = m_1$$
$$f(s_n) = g(f(s_{n-1}), c_{n-1})$$

其中,$f(s_n)$ 是一个大问题,$f(s_{n-1})$ 为小问题,m_1 和 c_{n-1} 是常量,g 是一个非递归函数,可以直接求值。

调用 $f(s_n)$ 分为分解和求值过程,分解体现“递”(或递去)的特性。调用 $f(s_n)$ 时的分解过程是 $f(s_n) \rightarrow f(s_{n-1}) \rightarrow \cdots \rightarrow f(s_2) \rightarrow f(s_1)$。一旦遇到递归出口,分解过程结束,开始求值过程,所以分解过程是“量变”过程,即原来的“大问题”在慢慢变小但尚未解决,遇到递归出口后发生了"质变",即原递归问题可以求解了。

求值体现"归"(或归来)的特性,也称为回退或者回溯。调用 $f(s_n)$ 的求值过程是 $f(s_1)=m_1 \rightarrow f(s_2)=g(f(s_1),c_1) \rightarrow f(s_3)=g(f(s_2),c_2) \rightarrow \cdots \rightarrow f(s_n)=g(f(s_{n-1}), c_{n-1})$。这样便计算出 $f(s_n)$。

例如,在使用前面求 $n!$ 的递归模型求 5! 时,分解过程是 $f(5) \rightarrow f(4) \rightarrow f(3) \rightarrow f(2) \rightarrow f(1)$,求值过程是 $f(1)=1 \rightarrow f(2)=2 \times f(1)=2 \rightarrow f(3)=3 \times f(2)=6 \rightarrow f(4)=4 \times f(3)=24 \rightarrow f(5)=5 \times f(4)=120$。最终答案为 $5!=120$。

因此递归的执行过程由分解和求值两部分构成,分解部分就是用递归体将大问题分解成小问题,直到递归出口为止,然后进行求值过程,即已知小问题的解求出大问题的解。

16.1.4 递归算法的设计

1. 递归算法的设计步骤

递归算法的设计必须把握以下 3 个方面。

(1)明确递归终止条件,即递归出口。递归包含有去有回,既然这样,那么必然有一个明确的出口,一旦到达了这个出口就不再继续往下递去而是开始归来。如果递归出口不正确,可能陷入死循环,最终导致内存不足引发栈溢出异常。

(2)给出递归终止时的处理办法。一般递归出口总是比较简单的状态,可以直接得到该状态下问题的解。

(3)提取重复的逻辑,缩小问题的规模。递归问题必须可以分解为若干规模较小、与原问题形式相同的子问题,这些子问题可以用相同的解题思路来解决。从算法设计角度看,需要抽象出一个干净利落的重复的逻辑,以便使用相同的方式解决子问题。

设计递归算法的基本步骤是先确定求解问题的递归模型,再转换成对应的计算机语言描述的算法。由于递归模型反映递归问题的"本质",所以前一步是关键,也是讨论的重点。

递归算法的求解过程是先将整个问题划分为若干子问题,通过分别求解子问题,最后获得整个问题的解。这是一种分而治之的思路,通常由整个问题划分的若干子问题的求解是独立的,所以求解过程对应一棵递归树。

如果在设计算法时就考虑递归树中的每一个分解/求值部分,会使问题复杂化。不妨只考虑递归树中第 1 层和第 2 层之间的关系(切勿层层展开子问题使问题变得难以理解,从而掉入递归陷阱),即"大问题"和"小问题"的关系,其他关系与之相似。由此得出构造求解问题的递归模型(以简单递归模型为例)的步骤如下。

(1)对原问题 $f(s_n)$ 进行分析,假设出合理的"小问题"$f(s_{n-1})$。

(2)假设小问题 $f(s_{n-1})$ 是可解的,在此基础上确定大问题 $f(s_n)$ 的解,即给出 $f(s_n)$ 与 $f(s_{n-1})$ 之间的关系,也就是确定递归体(与数学归纳法中假设 $i=n-1$ 时结论成立,再求证 $i=n$ 时结论成立的过程相似)。

(3)确定一个特定情况(如 $f(1)$ 或 $f(0)$)的解,由此作为递归出口(与数学归纳法中求证 $i=1$ 或 $i=0$ 时结论成立相似)。

2. 基于递归数据结构的递归算法设计方法

具有递归特性的数据结构称为递归数据结构,链表和二叉树等都是递归设计结构。递归数据结构通常是使用递归方式定义的,例如,二叉树的定义方式就是一种典型的递归定义方式。在一个递归数据结构中总会包含一个或者多个基本递归运算,可以通过基本递归运算构造出小问题,假设小问题的解已经求出,在此基础上求解大问题,这样的大、小问题解之间的关系就是递归体,最后考虑一种特殊情况的解得到递归出口。

例如,对于不带头结点的单链表 head,其基本递归运算是"-> next",设 f(head)为大问题,显然 head-> next 也是一个单链表(可以为空),则 f(head-> next)为小问题。如果 f(head)是求单链表 head 的结点的个数,则递归体为 f(head)=f(head-> next)+1,递归出口为 f(NULL)=0。

下面通过一个示例说明基于递归数据结构的递归算法的设计的一般过程。

 例 16-1

(LeetCode206——反转链表★)给定一个不带头结点的单链表 head,请反转链表,并返回反转后的链表。例如,head=[1,2,3,4,5],反转后的结果是[5,4,3,2,1]。

解:设 f(head)用于反转单链表 head 并且返回结果单链表的首结点,为大问题,显然 f(head-> next)用于反转单链表 head-> next 并且返回结果单链表的首结点,为小问题。

假设 p=f(head-> next)已经解决,它返回的结点 p 为子单链表反转结果的首结点,此时 head-> next 指向单链表 p 的尾结点,执行 head-> next-> next=head 和 head-> next=NULL 将结点 head 作为新的尾结点,这样单链表 p 就是大问题的结果,返回 p 即可。

head 只有一个结点或者为空,返回 head,将其作为递归出口。对应的递归模型如下:

f(head) = head   head 只有一个结点或者为空

f(head) = p(p=f(head-> next),且将结点 head 作为尾结点)   否则

例如,head=[1,2,3,4,5],子链表为[2,3,4,5],对应的小问题的反转结果为[5,4,3,2],将结点 1 作为其尾结点,得到大问题的结果单链表为[5,4,3,2,1],如图 16.1 所示。

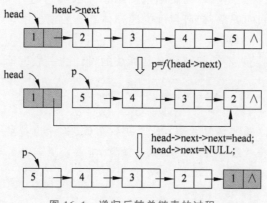

图 16.1 递归反转单链表的过程

对应的递归算法如下。

▦ **C++:**

```
1  class Solution {
2  public:
```

```
3        ListNode * reverseList(ListNode * head) {
4            if(head==NULL || head-> next==NULL)
5                return head;                        //递归出口
6            ListNode * p=reverseList(head-> next);   //反转子链表
7            head-> next-> next=head;
8            head-> next=NULL;
9            return p;
10       }
11   };
```

提交运行：

结果:通过;时间:4ms;空间:8.2MB

Python：

```
1   class Solution:
2       def reverseList(self, head: Optional[ListNode]) -> Optional[ListNode]:
3           if not head or not head.next:
4               return head;                        ♯ 递归出口
5           p=self.reverseList(head.next)            ♯ 反转子链表
6           head.next.next=head
7           head.next=None
8           return p
```

提交运行：

结果:通过;时间:44ms;空间:22MB

3. 基于归纳的递归算法设计方法

对于一个问题规模为 n 的问题 $P(n)$，归纳的思想如下。

(1) 基础步: m_1 是问题 $P(1)$ 的解。

(2) 归纳步: 对于所有的 $k(1<k<n)$，若 m_k 是问题 $P(k)$ 的解，则 $p(m_k)$ 是问题 $P(k+1)$ 的解。其中,$p(m_k)$ 是对 m_k 的某种运算或处理。

上述论断类似于数学归纳法。在使用该归纳思想求解问题时关键是对问题进行分析，确定大、小问题的解之间的关系，构造合理的递归体。一般情况下，大问题的规模为 n，小问题的规模可以是 $n-1$、$n/2$ 等。

下面通过一个示例说明基于归纳的递归算法的设计的一般过程。

例 16-2

(LeetCode344——反转字符串★)编写一个函数，其作用是将输入的字符串反转过来。输入字符串以字符数组 s 的形式给出。注意，不要给数组分配额外的空间，必须原地修改输入数组，使用 $O(1)$ 的额外空间解决这一问题。例如，s=["h","e","l","l","o"]，答案为["o","l","l","e","h"]。

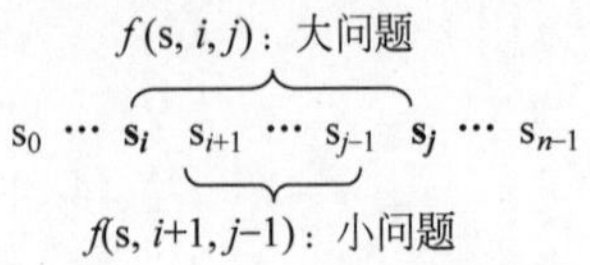

$f(s,i,j)$：大问题

$s_0 \cdots s_i \ \overbrace{s_{i+1} \cdots s_{j-1}} \ s_j \cdots s_{n-1}$

$f(s,i+1,j-1)$：小问题

图 16.2 大、小问题的表示

解：设 $f(s,i,j)$ 用于反转字符串 $s[i..j]$，为大问题，显然 $f(s,i+1,j-1)$ 用于反转字符串 $s[i+1..j-1]$，为小问题。大、小问题的表示如图 16.2 所示。

大问题处理的字符串的长度为 $j-i+1$，小问题处理的字

符串的长度为 $j-i-1$，两者相差两个字符，即 s$[i]$ 和 s$[j]$。显然，对于大问题，将 s$[i]$ 和 s$[j]$ 交换，剩下的问题就是小问题。对应的递归模型如下：

$$f(s,i,j) \equiv \text{不做任何事情} \qquad\qquad i \geqslant j$$
$$f(s,i,j) \equiv s[i] \text{ 和 } s[j] \text{ 交换；} f(s,i+1,j-1) \quad \text{其他}$$

对应的递归算法如下。

C++：

```
1   class Solution {
2   public:
3       void reverseString(vector < char > & s) {
4           rev(s,0,s.size()−1);
5       }

6       void rev(vector < char > & s,int i,int j) {
7           if(i<j) {                //至少含两个字符
8               swap(s[i],s[j]);
9               rev(s,i+1,j−1);
10          }
11      }
12  };
```

提交运行：

结果：通过；时间：16ms；空间：22.7MB

Python：

```
1   class Solution:
2       def reverseString(self, s: List[str]) -> None:
3           self.rev(s,0,len(s)−1)

4       def rev(self,s,i,j):
5           if i<j:                 #至少含两个字符
6               s[i],s[j]=s[j],s[i]
7               self.rev(s,i+1,j−1)
```

提交运行：

结果：通过；时间：64ms；空间：49.7MB

16.1.5　使用递归的注意事项

归纳起来，使用递归有以下几点注意事项。

（1）限制条件：在设计一个递归算法时必须至少有一个可以终止此递归的出口，用来结束递归调用过程，否则递归算法将陷入执行无限循环的危险之中。

（2）内存使用：在执行递归算法时每次递归调用都会开辟栈空间以保存其形参值、局部变量值和现场信息，而应用程序的栈空间是有限的，如果递归调用无限持续下去，最终会导致栈溢出的错误。

（3）效率：几乎在任何情况下都可以用迭代替代递归。使用迭代相对于使用递归而言可以提高算法的时空性能。

（4）间接递归：如果两个函数相互调用，称为间接递归，这样可能使性能变差，甚至产生无限递归。间接递归均可以转换为直接递归，在算法设计中应该尽可能避免使用间接递归。

16.2 基于递归数据结构的递归算法设计

16.2.1 LeetCode2487——从链表中移除结点★★

【问题描述】 给定一个不带头结点的单链表 head,结点类型 ListNode 参见 2.1.1 节。对于链表中的每个结点 node,如果其右侧存在一个具有严格更大值的结点,则移除 node。返回修改后的单链表 head。

例如,head=[5,2,13,3,8],移除结点操作会移除 5(右侧有 13)、2(右侧有 13)和 3(右侧有 8),结果单链表为 head=[13,8],如图 16.3 所示。

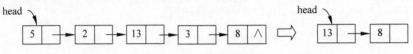

图 16.3 单链表 head 及其移除结点后的单链表

【限制】 给定单链表中的结点数目在 $[1,10^5]$ 范围内,$1 \leqslant$ Node.val $\leqslant 10^5$。

【解题思路】 单链表的递归算法设计。设 $f(head)$ 为删除 head 中所有右侧存在严格更大值的结点,返回结果单链表的首结点,显然该首结点一定是结点单链表中的最大值结点,为大问题。$f(head\text{-> next})$ 为删除 head-> next 中所有右侧存在严格更大值的结点,返回结果单链表的首结点,为小问题。对应的递归模型如下:

$f(head) = head$ head 中只有一个结点

$f(head) = p(\text{delete } head)$ $p = f(head\text{-> next})$ 且 head-> val < p-> val

$f(head) = head(head\text{-> next} = p)$ 其他

上述第 1 行为递归出口,只有一个结点的单链表移除结点后就是自己。第 2 行中 $p = f(head\text{-> next})$ 执行的结果如图 16.4 所示,结点 p 为结果单链表 p 中的最大值结点,若 head-> val < p-> val,说明结点 head 右侧存在严格更大值的结点,删除结点 head,返回 p。第 3 行中当 head-> val $\geqslant$ p-> val 时需要保留 head,置 head-> next = p,返回 head。

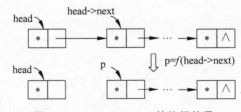

图 16.4 $f(head\text{-> next})$ 的执行结果

对应的递归算法如下。

▓ C++:

```
1  class Solution {
2  public:
3      ListNode * removeNodes(ListNode * head) {
4          if(head-> next==NULL) return head;        //只有一个结点
5          ListNode * p=removeNodes(head-> next);    //返回的链表头一定是最大的
```

```
6              if(head-> val < p-> val){
7                  delete head;
8                  return p;                    //删除 head 结点
9              }
10             else {
11                 head-> next＝p;               //保留 head 结点
12                 return head;
13             }
14         }
15    };
```

提交运行：

结果:通过;时间:336ms;空间:157.1MB

Python：

```
1    class Solution:
2        def removeNodes(self, head: Optional[ListNode]) -> Optional[ListNode]:
3            if head.next is None: return head          #只有一个结点
4            p＝self.removeNodes(head.next)              #返回的链表头一定是最大的
5            if head.val < p.val:
6                return p                                #删除 head 结点
7            else:
8                head.next＝p                            #保留 head 结点
9                return head
```

提交运行：

结果:通过;时间:908ms;空间:157.4MB

16.2.2　LeetCode21——合并两个有序链表★

问题描述参见 2.4.3 节。

【解题思路】　二路归并方法＋单链表的递归算法设计。设 $f(a,b)$ 为合并两个不带头结点的有序单链表 a 和 b 并且返回合并后单链表的首结点，为大问题。当 x 为 a 或者 a-> next，y 为 b 或者 b-> next，并且不含 x 为 a 同时 y 为 b 的情况，则 $f(x,y)$ 为合并两个不带头结点的有序单链表 x 和 y 并且返回合并后单链表的首结点，为小问题。使用二路归并的思路对应的递归模型如下：

$$\begin{cases} f(a,b)=b & a \text{ 为空} \\ f(a,b)=a & b \text{ 为空} \\ f(a,b)=a(a\text{-> next}=f(a\text{-> next},b)) & a\text{-> val} < b\text{-> val} \\ f(a,b)=b(b\text{-> next}=f(a,b\text{-> next})) & a\text{-> val} \geqslant b\text{-> val} \end{cases}$$

将其转换为对应的递归算法即可。

16.2.3　LeetCode814——二叉树的剪支★★

【问题描述】　给定二叉树的根结点 root,使用二叉链存储,结点类型 TreeNode 参见 6.1.1 节。此外,树中每个结点的值要么是 0,要么是 1。返回移除了所有不包含 1 的子树的原二叉树。结点 node 的子树为 node 本身加上所有 node 的后代。

例如,root＝[1,1,0,1,1,0,1,0],操作如图 16.5 所示,删除的两个结点均为 0 结点且均为叶子结点,结果二叉树为[1,1,0,1,1,NULL,1]。

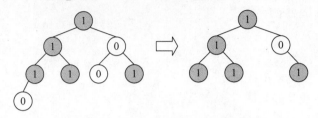

图 16.5 一棵二叉树及其剪支的结果

【限制】 树中结点的数目在[1,200]范围内,Node.val 为 0 或 1。

【解题思路】 二叉树的递归算法设计。设 $f(\text{root})$ 为移除 root 中所有不包含 1 的子树的原二叉树,返回结果二叉树的根结点,为大问题。$f(\text{root->left})$ 和 $f(\text{root->right})$ 分别为移除 root 左、右子树中所有不包含 1 的子树的原二叉树,为两个小问题。对应的递归模型如下:

$$\begin{cases} f(\text{root}) = \text{NULL} & \text{root} = \text{NULL} \\ f(\text{root}) = \text{NULL} & \text{root 的左、右子树的结果均为空且 root->val} = 0 \\ f(\text{root}) = \text{root} & \text{其他} \end{cases}$$

对应的递归算法如下。

C++:

```
1   class Solution {
2   public:
3       TreeNode * pruneTree(TreeNode * root) {
4           if(root==NULL) return NULL;
5           root->left=pruneTree(root->left);
6           root->right=pruneTree(root->right);
7           if(root->left==NULL && root->right==NULL && root->val==0)
8               return NULL;
9           else return root;
10      }
11  };
```

提交运行:

结果:通过;时间:4ms;空间:8.5MB

Python:

```
1   class Solution:
2       def pruneTree(self, root: Optional[TreeNode]) -> Optional[TreeNode]:
3           if not root: return None
4           root.left=self.pruneTree(root.left)
5           root.right=self.pruneTree(root.right)
6           if not root.left and not root.right and root.val==0: return None
7           else: return root
```

提交运行:

结果:通过;时间:28ms;空间:16.2MB

16.2.4 LeetCode236——二叉树的最近公共祖先★★

【问题描述】 给定一棵二叉树 root,找到该树中两个指定结点的最近公共祖先

（LCA）。百度百科中最近公共祖先的定义为：对于有根树 T 的两个结点 p、q，最近公共祖先表示为一个结点 x，满足 x 是 p、q 的祖先且 x 的深度尽可能大（一个结点也可以是它自己的祖先）。

例如，root＝[3,5,1,6,2,0,8,NULL,NULL,7,4]，p＝5，q＝1，对应的二叉树如图 16.6 所示，结点 5 和结点 1 的最近公共祖先是结点 3，答案为 3。

【限制】　树中结点的数目在 $[2,10^5]$ 范围内，$-10^9 \leqslant$ Node
.val $\leqslant 10^9$，所有 Node.val 互不相同，p≠q，p 和 q 均存在于给定的二叉树中。

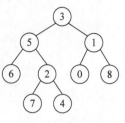

图 16.6　一棵二叉树

【解题思路】　二叉树的递归算法设计。需要注意的是，这里的祖先和一般教科书中祖先的概念稍有不同，一般祖先是指根结点到该结点的路径上除该结点外的所有结点（祖先不含自己），这里祖先指根结点到该结点的路径上的所有结点（祖先含自己）。设 f(root,p,q) 返回二叉树 root 中结点 p 和 q 的 LCA（返回 NULL，表示不存在最近公共祖先），为大问题。f(root->left,p,q) 和 f(root->right,p,q) 分别返回二叉树 root 的左、右子树中结点 p 和 q 的 LCA，为两个小问题。

(1) 若 root 为空，表示不存在 LCA，返回 NULL。

(2) 若 root 为 p 或者 root 为 q，返回 root。

(3) 在 root 的左子树中查找结果为 leftans，在 root 的右子树中查找结果为 rightans。

① 若 leftans 和 rightans 均不空，说明两个结点分别在 root 的左、右子树中，root 就是 LCA，返回 root。

② 若 leftans 不空而 rightans 为空，说明两个结点均在左子树中，返回左子树的返回值。

③ 若 leftans 为空而 rightans 不空，说明两个结点均在右子树中，返回右子树的返回值。

④ 若 leftans 和 rightans 均为空，说明没有找到 LCA，返回 NULL。

对应的递归算法如下。

C++:

```
1   class Solution {
2   public:
3       TreeNode * lowestCommonAncestor(TreeNode * root, TreeNode * p, TreeNode * q) {
4           if(root==NULL) return NULL;
5           if(root==p || root==q) return root;
6           TreeNode * leftans=lowestCommonAncestor(root->left,p,q);
7           TreeNode * rightans=lowestCommonAncestor(root->right,p,q);
8           if(leftans!=NULL && rightans!=NULL)
9               return root;
10          else if(leftans!=NULL)
11              return leftans;
12          else if(rightans!=NULL)
13              return rightans;
14          return NULL;
15      }
16  };
```

提交运行：

结果：通过；时间：12ms；空间：13.8MB

411

⊞ **Python**：

```
 1   class Solution:
 2       def lowestCommonAncestor(self, root:'TreeNode', p, q)->'TreeNode':
 3           if not root:return None
 4           if root==p or root==q:return root
 5           leftans=self.lowestCommonAncestor(root.left, p, q)
 6           rightans=self.lowestCommonAncestor(root.right, p, q)
 7           if leftans!=None and rightans!=None:
 8               return root
 9           elif leftans!=None:
10               return leftans
11           elif rightans!=None:
12               return rightans
13           return None
```

提交运行：

结果：通过；时间：128ms；空间：28.2MB

16.2.5　LeetCode114——将二叉树展开为链表★★

【问题描述】　给定二叉树的根结点 root，请将它展开为一个单链表：展开后的单链表应该同样使用 TreeNode，其中右子指针指向链表中的下一个结点，而左子指针始终为空。展开后的单链表应该与二叉树的先序遍历顺序相同。

例如，root＝[1,2,5,3,4,NULL,6]，该二叉树及其展开的链表如图 16.7 所示，答案为 [1,NULL,2,NULL,3,NULL,4,NULL,5,NULL,6]。

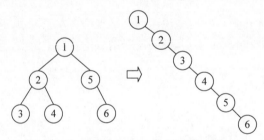

图 16.7　一棵初始二叉树及其展开的链表

【限制】　树中结点的数目在 [0,2000] 范围内，−100≤Node.val≤100。

【解题思路】　二叉树的递归算法设计。设 $f(root)$ 用于将 root 展开为一个链表，并且 root 指向结果链表的首结点。求解过程如下：

(1) 若 root 为空，直接返回。

(2) 将 root 的左子树展开为单链表 A，其首结点为 root-> left。将 root 的右子树展开为单链表 B，其首结点为 root-> right。图 16.7 中初始二叉树的左、右子树的扩展结果如图 16.8 所示。

(3) 用 tmp 临时保存单链表 B 的首结点，即执行 tmp＝root-> right。将 root 结点的右指针指向单链表 A 的首结点，即执行 root-> right＝root-> left，再将 root 结点的左指针置为空，即执行 root-> left＝NULL。

(4) 通过 root 结点沿着右指针找到单链表 A 的尾结点 p，将结点 p 的右指针改为指向单链表 B 的首结点,即执行 p-> right=tmp。

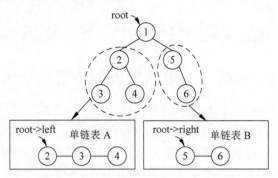

图 16.8 root 的左、右子树的扩展结果

上述过程依次将根结点 root、左子树展开的单链表 A 和右子树展开的单链表 B 链接起来,所以展开后的单链表与二叉树的先序遍历顺序相同。对应的递归算法如下。

C++:

```
1    class Solution {
2    public:
3        void flatten(TreeNode * root) {
4            if(root==NULL) return;                //若为空树,则直接返回
5            flatten(root-> left);
6            flatten(root-> right);
7            TreeNode * tmp=root-> right;          //临时存放单链表 B 的首结点
8            root-> right=root-> left;
9            root-> left=NULL;
10           TreeNode *  p=root;
11           while(p-> right!=NULL)                //找到单链表 A 的尾结点 p
12               p=p-> right;
13           p-> right=tmp;                        //链接起来
14       }
15   };
```

提交运行:

结果:通过;时间:4ms;空间:12.4MB

Python:

```
1    class Solution:
2        def flatten(self, root: Optional[TreeNode]) -> None:
3            if not root:return                    #若为空树,则直接返回
4            self.flatten(root.left)
5            self.flatten(root.right)
6            tmp=root.right                        #临时存放单链表 B 的首结点
7            root.right=root.left
8            root.left=None
9            p=root
10           while p.right!=None:                  #找到单链表 A 的尾结点 p
11               p=p.right
12           p.right=tmp                           #链接起来
```

提交运行:

结果:通过;时间:48ms;空间:16.3MB

16.3 基于归纳的递归算法设计 ※

16.3.1 LeetCode17——电话号码的字母组合 ★★

问题描述见 15.2.4 节。这里使用递归算法求解。

【解题思路】 基于归纳的递归算法设计。同样用 hmap 表示电话按键上的数字与字母的映射关系,设 $f(digits)$ 用于返回 digits[0..n-1](共 n 个数字字符)中所有字母的组合,为大问题,其求解过程如下:

(1) 若 $n=0$,返回空集。

(2) 若 $n=1$,返回 digits[0] 数字返的全部组合。

(3) 当 $n>1$ 时,求解 digits[1..n-1](共 $n-1$ 个数字字符)的字母组合,为小问题。假设求出的结果为 subs,则将 hmap[digits[0]] 的每个字母和 subs 的每个组合串再进行组合,得到大问题的解 ans。最后返回 ans 即可。

对应的递归算法如下。

C++:

```
1    class Solution {
2        unordered_map < char, string > hmap={{'2',"abc"},{'3',"def"},{'4',"ghi"},
3            {'5',"jkl"},{'6',"mno"},{'7',"pqrs"},{'8',"tuv"},{'9',"wxyz"}};   //映射表
4    public:
5        vector < string > letterCombinations(string digits) {
6            int n=digits.size();
7            if(n==0) return {};
8            vector < string > ans;
9            if(n==1) {
10               string key=hmap[digits[0]];
11               for(char c:key) {
12                   ans.push_back(string(1,c));
13               }
14               return ans;
15           }
16           vector < string > subs=letterCombinations(digits.substr(1));
17           string key=hmap[digits[0]];
18           for(string e:subs) {
19               for(char c:key)
20                   ans.push_back(string(1,c)+e);
21           }
22           return ans;
23       }
24   };
```

提交运行:

结果:通过;时间:0ms;空间:6.4MB

Python:

```
1    class Solution:
2        def letterCombinations(self, digits: str) -> List[str]:
3            n=len(digits)
```

```
4          if n==0:return []
5          hmap={'2':"abc",'3':"def",'4':"ghi",'5':"jkl",'6':"mno",'7':"pqrs",'8':"tuv",
           '9':"wxyz"}                    ♯映射表
6          ans=[]
7          if n==1:
8              key=hmap[digits[0]]
9              for c in key:ans.append(str(c))
10             return ans

11         subs=self.letterCombinations(digits[1:])
12         key=hmap[digits[0]]
13         for e in subs:
14             for c in key:
15                 ans.append(str(c)+e)
16         return ans
```

提交运行：

结果:通过;时间:44ms;空间:16.1MB

16.3.2 LeetCode191——位1的个数★

【问题描述】 编写一个函数,输入一个无符号整数(二进制串的形式),返回其二进制表达式中数字位数为'1'的个数(也被称为汉明重量)。

例如,$n=00000000000000000000000000001011$,其中有 3 个'1',答案为3。

【限制】 必须输入长度为 32 的二进制串。

【解题思路】 基于归纳的递归算法设计。设 $f(n)$ 返回 n 中'1'的个数,由于 n 为二进制串,假设其长度为 m,则 $n/2$ 的长度为 $m-1$,所以 $f(n/2)$ 为小问题。考虑 n 的最后一位：

(1) 若 $n\&0x1=1$,说明 n 的最后一位为'1',大问题的解为 $1+f(n/2)$。

(2) 否则说明 n 的最后一位为'0',大问题的解为 $f(n/2)$。

将其转换为对应的递归算法即可。

扫一扫

源程序

16.3.3 LeetCode231——2 的幂★

【问题描述】 给定一个整数 n,请判断该整数是否为 2 的幂。如果是,返回 true,否则返回 false。如果存在一个整数 x 使得 $n=2^x$,则认为 n 是 2 的幂。

例如,$n=1$,答案为 true;$n=2$,答案为 true;$n=5$,答案为 false。

【限制】 $-2^{31}\leqslant n\leqslant 2^{31}-1$。

【解题思路】 基于归纳的递归算法设计。显然 $n=1$ 或者 $n=2$ 时为 true,$n\leqslant 0$ 或者 n 为奇数时为 false。若 $n/2$ 为 2 的幂,则 n 也一定是 2 的幂;若 $n/2$ 不为 2 的幂,则 n 也一定不是 2 的幂。对应的递归算法如下。

C++:

```
1  class Solution {
2  public:
3      bool isPowerOfTwo(int n) {
4          if(n==1 || n==2) return true;
5          else if(n<=0 || n%2==1) return false;
```

```
6          else return isPowerOfTwo(n/2);
7      }
8  };
```

提交运行：

结果：通过；时间：0ms；空间：5.8MB

Python：

```
1  class Solution:
2      def isPowerOfTwo(self, n: int) -> bool:
3          if n==1 or n==2:return True
4          elif n<=0 or n%2==1:return False
5          else: return self.isPowerOfTwo(n//2)
```

提交运行：

结果：通过；时间：40ms；空间：16.1MB

16.3.4 LeetCode394——字符串解码 ★★

【问题描述】 给定一个经过编码的字符串,返回它解码后的字符串。k[encoded_string]表示方括号内部的 encoded_string 正好重复 k 次。注意,k 要保证为正整数。可以认为输入字符串总是有效的,在输入字符串中没有额外的空格,且输入的方括号总是符合格式要求。此外,可以认为原始数据不包含数字,所有的数字只表示重复的次数 k,如不会出现形如"3a"或"2[4]"的输入。

例如,s="3[a]2[bc]",答案为"aaabcbc"; s="3[a2[c]]",答案为"accaccacc"。

【限制】 $1 \leqslant s.length \leqslant 30$,s 由小写英文字母、数字和方括号'[]'组成,s 要保证是一个有效的输入,s 中所有整数的取值范围为[1,300]。

【解题思路】 基于归纳的递归算法设计。设 $f(s)$ 用于展开合法的编码字符串 s,为大问题,$s=s_1 s_2 \cdots s_m$,其中 $s_j (1 \leqslant j \leqslant m)$ 要么是不包含任何方括号的原始数据,要么形如 $k[encoded\_string]$,encoded_string 可能是原始数据或者其他合法的编码字符串,显然 $f(s_j)$ 是小问题。

(1) 递归出口为 s 仅为原始数据的情况,例如,s="ab",解码的结果为"ab"。

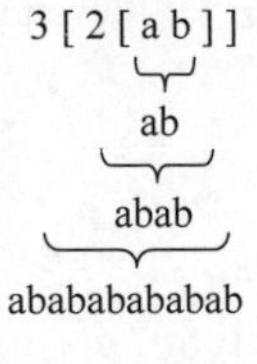

```
3[2[ab]]
   ↓
  ab
   ↓
 abab
   ↓
ababababab
```
图 16.9 s="3[2[ab]]"的展开过程

(2) 否则,设 ans 为 s 的解码结果(初始时 s=""),若遇到 s_j="k[encoded_string]"(以数字开头,以']'结尾),先提取整数 k,剥开一层方括号,则 $d=f(encoded\_string)$ 为一个子问题,其解码的结果为 d,将 d 重复 k 次得到整个 s_j 的解码结果,将该结果添加到 ans 的末尾。因此每遇到一个']'表示当前的 ans 就是前面 s_j 的解码结果,需要返回 ans。

例如,s="3[2[ab]]"的展开过程如图 16.9 所示,s 最终的解码结果为"abababababab"。在算法中用引用变量或者类变量 i 遍历字符串 s,对应的递归算法如下。

C++：

```
1  class Solution {
2  public:
```

```cpp
 3        string decodeString(string s) {
 4            int i=0;                                    //i从0开始遍历s
 5            return unfold(s,i);
 6        }

 7        string unfold(string& s,int& i) {              //递归算法
 8            int n=s.size();
 9            string ans="";                             //存放字符串解码
10            while(i<n) {                                //遍历s
11                if(isalpha(s[i])) {                     //遇到字母
12                    ans+=s[i++];                        //提取连续的字符串
13                }
14                else if(isdigit(s[i])) {                //遇到数字
15                    int k=0;
16                    while(i<n && isdigit(s[i])) {
17                        k=10*k+(s[i++]-'0');            //将连续的数字字符转换为整数k
18                    }
19                    i++;                                //跳过数字后面的'['
20                    string d=unfold(s,i);               //递归展开后续[e]中的e得到d
21                    while(k--) {                         //连接d字符串k次
22                        ans+=d;
23                    }                                   //这里并没有剥除[e]中的]
24                }
25                else {                                  //遇到']',表示前面的子问题为k[e]
26                    i++;                                //跳过']'
27                    return ans;                         //返回该子问题的解
28                }
29            }
30            return ans;
31        }
32    };
```

提交运行：

结果：通过；时间：4ms；空间：6.2MB

⊞ **Python**：

```python
 1    class Solution:
 2        def decodeString(self, s: str) -> str:         #求解算法
 3            self.i=0                                    #类变量i从0开始遍历s
 4            return self.unfold(s)

 5        def unfold(self,s):                             #递归算法
 6            ans=""
 7            while self.i<len(s):                        #遍历s
 8                if s[self.i]>='a' and s[self.i]<='z':   #遇到字母
 9                    ans+=s[self.i]; self.i+=1
10                elif s[self.i]>='0' and s[self.i]<='9': #遇到数字
11                    k=0
12                    while self.i<len(s) and s[self.i]>='0' and s[self.i]<='9':
13                        k=k*10+ord(s[self.i])-ord('0'); self.i+=1
                                                          #将连续的数字字符转换为整数k
14                    self.i+=1                            #数字字符的后面为'[',跳过该'['
15                    d=self.unfold(s)                     #递归展开后续的[e]得到d
16                    while k>0:                            #连接d字符串k次
17                        ans+=d;k-=1
18                else:                                    #遇到']',表示前面的子问题为k[e]
19                    self.i+=1                            #跳过']'
20                    return ans                           #返回该子问题的解
21            return ans;                                  #s处理完毕返回ans
```

提交运行：

结果:通过;时间:48ms;空间:16.2MB

推荐练习题

1. LeetCode24——两两交换链表中的结点★
2. LeetCode54——螺旋矩阵★★
3. LeetCode203——移除链表元素★
4. LeetCode234——回文链表★
5. LeetCode326——3 的幂★
6. LeetCode367——有效的完全平方数★
7. LeetCode439——三元表达式解析器★★
8. LeetCode655——输出二叉树★★
9. LeetCode1290——二进制链表转整数★

第17章 分治法

📖 知识图谱

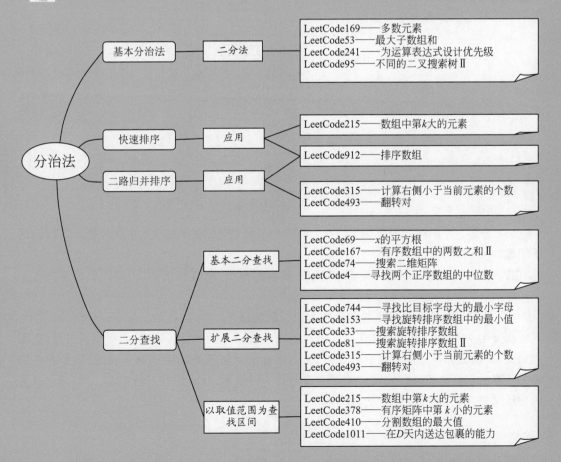

17.1　分治法概述

17.1.1　什么是分治法

从字面上讲,分治法即分而治之,就是把一个复杂的问题分成两个或更多的相同或相似的子问题,直到最后子问题可以简单地直接求解,原问题的解即子问题的解的合并。使用分治法实现的算法称为分治算法。

分治法的设计思想是将一个难以直接解决的大问题分成一些规模较小的问题,以便各个击破。

分治法所能解决的问题一般具有以下几个特征:

(1) 该问题的规模缩小到一定的程度就可以容易地解决。

(2) 该问题可以分解为若干规模较小的相似子问题,即该问题具有最优子结构性质。

(3) 使用该问题分解出的子问题的解可以合并为该问题的解。

(4) 该问题所分解出的各个子问题是相互独立的,即子问题之间不包含公共的子子问题。

分治法的策略(即分治策略)是对于一个规模为 n 的问题,若该问题可以容易地解决,则直接解决,否则将其分解为 $k(k=2$ 时称为二分法)个规模较小的子问题,这些子问题互相独立且与原问题形式相同,递归地解决这些子问题,然后将各个子问题的解合并得到原问题的解。分治法的基本步骤如图 17.1 所示。

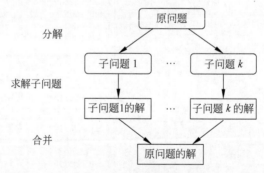

图 17.1　分治法的基本步骤

(1) 分解:将原问题分解为 $k(1 \leqslant k \leqslant n)$ 个规模较小、相互独立、与原问题形式相同的子问题。

(2) 求解子问题:若子问题的规模较小且容易解决,则直接求解,否则递归地解决各个子问题。

(3) 合并:将各个子问题的解合并为原问题的解。

由分治法产生的子问题往往是原问题的较小模式,这为使用递归技术提供了方便,正因为如此,分治法和递归像一对孪生兄弟,大多数分治算法都是使用递归实现的,但是并不能说分治算法只能使用递归实现。实际上递归是一种技术,分治法是一种策略,分治算法既可以使用递归实现,也可以使用迭代实现。

例 17-1

（LeetCode226——翻转二叉树★）给定一棵二叉树 root，使用二叉链存储，翻转这棵二叉树，并返回其根结点。

例如，root＝[4,2,7,1,3,6,9]，其翻转二叉树为[4,7,2,9,6,3,1]，如图 17.2 所示。

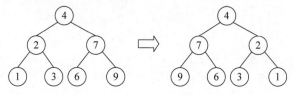

图 17.2 一棵二叉树及其翻转结果

解：使用分治法求解的步骤如下。

（1）分解：将二叉树 root 分解为左、右子树 root-> left 和 root-> right。左、右子树的翻转为两个子问题。

（2）求解子问题：递归实现左、右子树 root-> left 和 root-> right 的翻转，它们翻转后的二叉树分别为 lefts 和 rights。

（3）合并：将 root 的左指针指向 rights，右指针指向 lefts（实现左、右子树的交换）。

对应的分治算法如下。

C++：

```
1   class Solution {
2   public:
3       TreeNode * invertTree(TreeNode * root) {
4           if(root==NULL) return NULL;
5           TreeNode * lefts=invertTree(root-> left);
6           TreeNode * rights=invertTree(root-> right);
7           root-> left=rights;           //合并
8           root-> right=lefts;
9           return root;
10      }
11  };
```

提交运行：

结果：通过；时间：0ms；空间：9.4MB

Python：

```
1   class Solution:
2       def invertTree(self, root: Optional[TreeNode]) -> Optional[TreeNode]:
3           if not root:return None
4           lefts=self.invertTree(root. left)
5           rights=self.invertTree(root. right)
6           root. left, root. right=rights, lefts
7           return root
```

提交运行：

结果：通过；时间：40ms；空间：16MB

假设一个分治法将规模为 n 的问题分成 a 个规模为 n/b 的子问题，由这些子问题的解合并为原问题的解的时间为 $f(n)$。分治法的执行时间为 $T(n)$，通常有 $T(1)=1$，对应的时间递推式如下：

$$T(n)=1 \qquad\qquad n=1$$
$$T(n)=aT(n/b)+f(n) \quad n>1$$

求解该递推式可以得到分治算法的时间复杂度。如果 $a\geqslant 1, b>1, f(n)=O(n^d)$，可以使用主定理求解递推式。

(1) 若 $d<\log_b a$，则 $T(n)=\Theta(n^{\log_b a})$。

(2) 若 $d=\log_b a$，则 $T(n)=\Theta(n^d\log_2 n)$。

(3) 若 $d>\log_b a$，则 $T(n)=\Theta(n^d)$。

二分查找、快速排序和二路归并算法是几种经典的分治算法，下面重点讨论二分查找算法及其应用。

17.1.2 二分查找及其扩展算法

1. 基本二分查找算法

假设 a 是一个递增有序序列，设 $a[\text{low}..\text{high}]$ 是当前的查找区间，首先确定该区间的中点位置 $\text{mid}=\lfloor(\text{low}+\text{high})/2\rfloor$，然后将 k 和 $a[\text{mid}]$ 比较，分为 3 种情况：

(1) 若 $k=a[\text{mid}]$，则查找成功并返回该元素的下标 mid。

(2) 若 $k<a[\text{mid}]$，由表的有序性可知 k 只可能在左区间 $a[\text{low}..\text{mid}-1]$ 中，故修改新查找区间为 $a[\text{low}..\text{mid}-1]$。

(3) 若 $k>a[\text{mid}]$，由表的有序性可知 k 只可能在右区间 $a[\text{mid}+1..\text{high}]$ 中，故修改新查找区间为 $a[\text{mid}+1..\text{high}]$。

下一次针对新查找区间重复操作，直到找到为 k 的元素或者新查找区间为空，注意每次循环新查找区间一定会发生改变。

从中看出，初始从查找区间 $a[0..n-1]$ 开始，每经过一次与当前查找区间的中点位置元素的比较，即可确定查找是否成功，如果不成功，则当前的查找区间缩小一半。二分查找的递归算法如下。

C++:

```cpp
 1  int BinSearch11(vector<int> &a,int low,int high,int k) {  //递归二分查找算法
 2      if(low<=high) {                    //当前区间中存在元素时
 3          int mid=(low+high)/2;          //求查找区间的中间位置
 4          if(k==a[mid])                  //找到后返回下标 mid
 5              return mid;
 6          else if(k<a[mid])              //当 k<a[mid]时，在左区间中递归查找
 7              return BinSearch11(a,low,mid-1,k);
 8          else                           //当 k>a[mid]时，在右区间中递归查找
 9              return BinSearch11(a,mid+1,high,k);
10      }
11      return -1;                         //查找失败返回-1
12  }

13  int BinSearch1(vector<int> &a,int k) {  //二分查找算法
14      return BinSearch11(a,0,a.size()-1,k);
15  }
```

等价的二分查找迭代算法如下。

C++:

```
1   int BinSearch2(vector<int>&a,int k) {       //二分查找迭代算法
2       int low=0,high=a.size()-1;
3       while(low<=high) {                       //当前区间中存在元素时循环
4           int mid=(low+high)/2;                //求查找区间的中间位置
5           if(k==a[mid])                        //找到后返回其下标mid
6               return mid;
7           else if(k<a[mid])                    //当k<a[mid]时,在左区间中查找
8               high=mid-1;
9           else                                 //当k>a[mid]时,在右区间中查找
10              low=mid+1;
11      }
12      return -1;                               //查找失败返回-1
13  }
```

设上述二分查找算法的执行时间为 $T(n)$,则有:

$$T(1)=1$$
$$T(n)=T(n/2)+1 \qquad n>1$$

按照主定理求出 $T(n)=O(\log_2 n)$。

2. 二分查找算法的扩展

当递增有序序列 $a[0..n-1]$ 中包含相同元素时,如果按照前面的基本二分查找可以找到 k 的位置,但如果有多个 k,此时不能确定哪一个为 k 的元素序号,很多情况是查找第一个大于或等于 k 的元素序号,该序号称为 a 中 k 的插入点。例如 $a=\{1,2,2,4\}$,$n=4$,元素序号为 $0\sim3$,-1 的插入点是 0,2 的插入点是 1,3 的插入点是 3,4 的插入点是 3,5 的插入点是 4。设计一个求 k 的插入点的算法。

k 的插入点就是递增序列 a 中第一个大于或等于 k 的元素的位置。下面讨论两种解法。

1) 解法1(查找到区间为空)

基于基本二分查找思路,设 $a[low..high]$ 为当前的查找区间,当查找区间非空时求出 $mid=\lfloor(low+high)/2\rfloor$,然后将 k 和 $a[mid]$ 比较,分为3种情况:

(1) 若 $k=a[mid]$,$a[mid]$ 不一定是第一个大于或等于 k 的元素,继续在左区间查找,则新查找区间修改为 $a[low..mid-1]$。

(2) 若 $k<a[mid]$,$a[mid]$ 不一定是第一个大于或等于 k 的元素,继续在左区间查找,同样新查找区间修改为 $a[low..mid-1]$。

(3) 若 $k>a[mid]$,$a[mid]$ 一定不是第一个大于或等于 k 的元素,继续在右区间查找,则新查找区间修改为 $a[mid+1..high]$。

其中前两种情况都是置 $high=mid-1$,可以合二为一。下一次针对新查找区间重复操作,直到新查找区间为空,则 low 或者 $high+1$ 就是插入点。对应的迭代算法如下:

C++:

```
1   int insertpoint1(vector<int>&a,int k) {         //算法1
2       int n=a.size();
3       int low=0,high=n-1;
```

```
4        while(low<=high) {        //当前区间中至少有一个元素时
5            int mid=(low+high)/2;  //求查找区间的中间位置
6            if(k<=a[mid])          //k<=a[mid]
7                high=mid-1;        //在a[low..mid-1]中查找
8            else
9                low=mid+1;         //在a[mid+1..high]中查找
10       }
11       return low;                //返回low或high+1
12   }
```

Python：

```
1    def insertpoint1(a,k):          #算法1
2        low,high=0,len(a)-1
3        while low<=high:            #当前区间中至少有一个元素时
4            mid=(low+high)//2       #求查找区间的中间位置
5            if k<=a[mid]:           #k<=a[mid]
6                high=mid-1          #在a[low..mid-1]中查找
7            else:
8                low=mid+1           #在a[mid+1..high]中查找
9        return low                  #返回low或high+1
```

2) 解法 2(查找到区间中仅含一个元素)

显然 a 中 k 插入点的范围是 $0 \sim n$(当 k 小于或等于 $a[0]$ 时插入点为 0,当 k 大于 a 中的所有元素时插入点为 n),使用扩展二分查找方法,若查找区间为 $a[low..high]$(从 $a[0..n]$ 开始),求出 $mid=(low+high)/2$,元素的比较分为 3 种情况:

(1) 若 $k=a[mid]$,$a[mid]$ 不一定是第一个大于或等于 k 的元素,继续在左区间查找,但 $a[mid]$ 可能是第一个等于 k 的元素,所以左区间应该包含 $a[mid]$,则新查找区间修改为 $a[low..mid]$。

(2) 若 $k<a[mid]$,$a[mid]$ 不一定是第一个大于或等于 k 的元素,继续在左区间查找,但 $a[mid]$ 可能是第一个大于 k 的元素,所以左区间应该包含 $a[mid]$,则新查找区间修改为 $a[low..mid]$。

(3) 若 $k>a[mid]$,$a[mid]$ 一定不是第一个大于或等于 k 的元素,继续在右区间查找,则新查找区间修改为 $a[mid+1..high]$。

其中前两种情况都是置 high=mid,可以合二为一。由于新区间可能包含 $a[mid]$(不同于基本二分查找),这样带来一个问题,假设比较结果是 $k \leqslant a[mid]$,此时应该执行 high=mid,若查找区间 $a[low..high]$ 中只有一个元素(low=high),执行 $mid=(low+high)/2$ 后发现 mid、low 和 high 均相同,也就是说新查找区间没有发生改变,从而导致陷入死循环。

为此,必须要保证查找区间 $a[low..high]$ 中至少有两个元素(满足 low<high),这样就不会出现死循环。当循环结束时查找区间 $a[low..high]$ 中仅含一个元素(low=high),该元素就是第一个大于或等于 k 的元素,返回 low。有一种特殊情况是 k 大于 a 中的所有元素,在循环结束时查找区间为 $a[n..n]$,同样返回 low(此时 low=n)。对应的迭代算法如下。

C++：

```
1    int insertpoint2(vector<int> &a,int k) {    //算法2
2        int n=a.size();
3        int low=0,high=n;
```

```
4        while(low < high) {              //查找区间中至少含两个元素
5            int mid=(low+high)/2;
6            if(k<=a[mid])                //k<=a[mid]
7                high=mid;                //在左区间中查找(含 a[mid])
8            else
9                low=mid+1;               //在右区间中查找(不含 a[mid])
10       }
11       return low;                      //返回 low
12   }
```

⊞ **Python**：

```
1    def insertpoint2(a,k):               #算法 2
2        low,high=0,len(a)
3        while low < high:                #查找区间中至少含两个元素
4            mid=(low+high)//2
5            if k<=a[mid]:                #k<=a[mid]
6                high=mid                 #在左区间中查找(含 a[mid])
7            else:
8                low=mid+1                #在右区间中查找(不含 a[mid])
9        return low                       #返回 low
```

上述算法的时间复杂度均为 $O(\log_2 n)$。

说明：在实际应用中上述两种解法有多种变形，但它们的执行结果和时间性能均相同，读者掌握其中之一即可。

3. C++和 Python 中的二分查找函数

在 C++ STL 中提供了以下通用二分查找算法(包含在 algorithm 头文件中)。

(1) binary_search(beg,end,k)：用于在有序区间[beg,end)中查找值为 k 的元素，若找到 k，返回 true，否则返回 false。

(2) lower_bound(beg,end,k)：返回有序区间[beg,end)中第一个大于或者等于 k 的元素的地址。

(3) lower_bound(beg,end,k,greater<int>())：返回有序区间[beg,end)中第一个小于或者等于 k 的元素的地址。

(4) upper_bound(beg,end,k)：返回有序区间[beg,end)中第一个大于 k 的元素的地址。

(5) upper_bound(beg,end,k,greater<int>())：返回有序区间[beg,end)中第一个小于 k 的元素的地址。

⊞ **C++**：

```
1    vector<int> a={1,3,3,3,5,8};
2    printf("%d\n",binary_search(a.begin(),a.end(),2));           //输出 0
3    printf("%d\n",lower_bound(a.begin(),a.end(),3)-a.begin());   //输出 1
4    printf("%d\n",upper_bound(a.begin(),a.end(),3)-a.begin());   //输出 4
```

在 Python 中提供了以下通用二分查找算法(包含在 bisect 模块中)。

(1) bisect.bisect(a,k)：返回有序序列 a 中第一个大于 k 的元素序号(相当于 C++中的 upper_bound)。

(2) bisect.bisect_left(a,k)：返回有序序列 a 中第一个大于或者等于 k 的元素序号(相当于 C++中的 lower_bound)。

(3) bisect.bisect_right(a,k)：返回有序序列 a 中第一个大于 k 的元素序号(相当于

C++中的 upper_bound)。

对于 Python 中通用二分查找算法的几点说明如下：

（1）如果 a 中没有元素 k，那么 bisect_left(a,k)和 bisect_right(a,k)返回相同的值，该值是 k 在 a 中的插入点。

（2）如果 a 中只有一个元素等于 k，那么 bisect_left(a,k)的值是 k 在 a 中的索引，而 bisect_right(a,k)的值是 k 在 a 中的索引加 1。

（3）如果 a 中存在多个元素等于 k，那么 bisect_left(a,k)返回最左边的索引，而 bisect_right(a,k)返回最右边的索引加 1。

Python：

```
1   import bisect
2   a=[1,3,3,3,5,8]
3   print(bisect.bisect(a,1))              #输出1
4   print(bisect.bisect_left(a,3))         #输出1
5   print(bisect.bisect_right(a,3))        #输出4
```

例 17-2

（LeetCode34——在排序数组中查找元素的第一个和最后一个位置★★）给定一个按照升序排列的整数数组 nums 和一个目标值 target，找出给定目标值在数组中的开始位置和结束位置。如果数组中不存在目标值 target，返回[−1,−1]。

例如，nums=[5,7,7,8,8,10]，target=8，答案为[3,4]；nums=[5,7,7,8,8,10]，target=6，答案为[−1,−1]。

【限制】 $0 \leqslant$ nums.length $\leqslant 10^5$，$-10^9 \leqslant$ nums$[i] \leqslant 10^9$，nums 是一个非递减数组，$-10^9 \leqslant$ target $\leqslant 10^9$。

解：如果使用基本二分查找方法找到一个元素 k，再前后找相同的元素个数，最坏情况下的时间复杂度为 $O(n)$（如 nums 中所有元素为 k 的情况）。这里通过两次二分查找找到前后位置的元素 k，对应的时间复杂度为 $O(\log_2 n)$，先调用 lowerbound(nums,target)函数求出递增数组 nums 中第一个大于或等于 target 的位置 f，若 $f==n$ 或者 nums$[f] \neq$ target，说明 nums 中不存在 target，返回[−1,−1]，否则再调用 upperbound(nums,target)函数求出 nums 中第一个大于 target 的位置 e，返回[f,e−1]即可。对应的算法如下。

C++：

```
1    class Solution {
2    public:
3        vector<int> searchRange(vector<int> & nums,int target) {
4            int n=nums.size();
5            int f=lowerbound(nums,target);
6            if(f==n || nums[f]!=target)          //不存在 target 的元素的情况
7                return {−1,−1};
8            int e=upperbound(nums,target);       //存在 target 元素时
9            return {f,e−1};                      //结果为[f,e−1]
10       }

11       int lowerbound(vector<int> &nums,int k) {   //查找第一个大于或等于 k 的序号
12           int n=nums.size();
13           int low=0,high=n;                    //初始查找区间为[0,n]
14           while(low<high) {                    //查找区间中至少有两个元素时循环
15               int mid=(low+high)/2;
```

```
16              if(k<=nums[mid])
17                  high=mid;                        //在左区间(含 mid)中查找
18              else
19                  low=mid+1;                       //在右区间中查找(不含 mid)
20          }
21          return low;                              //返回 low
22      }

23      int upperbound(vector<int>&nums,int k) {      //查找第一个大于 k 的序号
24          int n=nums.size();
25          int low=0,high=n;                        //初始查找区间为[0,n]
26          while(low<high) {                        //查找区间中至少有两个元素时循环
27              int mid=(low+high)/2;
28              if(k<nums[mid])
29                  high=mid;                        //在左区间(含 mid)中查找
30              else
31                  low=mid+1;                       //k>=nums[mid],在右区间中查找
32          }
33          return low;                              //返回 low
34      }
35  };
```

提交运行：

结果:通过;时间:4ms;空间:13.3MB

Python:

```
1   class Solution:
2       def searchRange(self, nums: List[int], target: int) -> List[int]:
3           f=self.lowerbound(nums,target)
4           if f==len(nums) or nums[f]!=target:       #不存在 target 的元素情况
5               return [-1,-1]
6           e=self.upperbound(nums,target)            #存在 target 元素时
7           return [f,e-1]                            #结果为[f,e-1]

8       def lowerbound(self,nums,k):                  #查找第一个大于或等于 k 的序号
9           low,high=0,len(nums)                      #初始查找区间为[0,n]
10          while low<high:                           #查找区间中至少有两个元素时循环
11              mid=(low+high)//2
12              if k<=nums[mid]:
13                  high=mid                          #在左区间(含 mid)中查找
14              else:
15                  low=mid+1                         #在右区间中查找(不含 mid)
16          return low                                #返回 low

17      def upperbound(self,nums,k):                  #查找第一个大于 k 的序号
18          low,high=0,len(nums)                      #初始查找区间为[0,n]
19          while low<high:                           #查找区间中至少有两个元素时循环
20              mid=(low+high)//2
21              if k<nums[mid]:
22                  high=mid                          #在左区间(含 mid)中查找
23              else:
24                  low=mid+1                         #k>=nums[mid],在右区间中查找
25          return low                                #返回 low
```

提交运行：

结果:通过;时间:36ms;空间:17.7MB

另外,在 C++算法中也可以直接使用 STL 中的 lower_bound()代替上述 lowerbound()

函数,使用 upper_bound()代替上述 upperbound()函数,对应的算法如下。

C++:

```
1  class Solution {
2  public:
3      vector<int> searchRange(vector<int>& nums, int target) {
4          int n=nums.size();
5          int f=lower_bound(nums.begin(),nums.end(),target)-nums.begin();
6          if(f>=n || nums[f]!=target)         //没有找到 target 的情况
7              return {-1,-1};
8          int e=upper_bound(nums.begin(),nums.end(),target)-nums.begin();
9          return {f,e-1};
10     }
11 };
```

提交运行:

结果:通过;时间:0ms;空间:13.3MB

同样可以直接使用 Python 中的 bisect. bisect_left()代替上述 lowerbound()方法,使用 bisect. bisect_right()代替上述 upperbound()方法,对应的算法如下。

Python:

```
1  class Solution:
2      def searchRange(self, nums: List[int], target: int) -> List[int]:
3          f=bisect.bisect_left(nums,target)
4          if f>=len(nums) or nums[f]!=target:              #没有找到 target 的情况
5              return [-1,-1]
6          e=bisect.bisect_right(nums,target)
7          return [f,e-1]
```

提交运行:

结果:通过;时间:28ms;空间:17.6MB

17.2 基本分治算法设计

17.2.1 LeetCode169——多数元素★

【问题描述】 给定一个大小为 n 的数组 nums,返回其中的多数元素。多数元素指在数组中出现的次数大于 $\lfloor n/2 \rfloor$ 的元素。可以假设数组是非空的,并且给定的数组总是存在多数元素。

例如,nums=[3,2,3],答案为 3;nums=[2,2,1,1,1,2,2],答案为 2。

【限制】 $n=$ nums. length,$1 \leqslant n \leqslant 5 \times 10^9$,$-10^9 \leqslant$ nums$[i] \leqslant 10^9$。

【解题思路】 二分法。对于求多数元素区间 nums[low..high](假设非空,且一定存在多数元素),置 mid=(low+high)/2,求解过程如下。

(1)分解:分解为求区间 nums[low..mid]和 nums[mid+1..high]中的多数元素两个子问题。

(2)求解子问题:递归求出左区间的多数元素 leftmaj,求出右区间的多数元素 rightmaj。

（3）合并：如果 leftmaj＝rightmaj，说明 leftmaj 或者 rightmaj 就是 nums[low..high] 中的多数元素，返回之；否则求出 leftmaj 在 nums[low..high]中的次数 leftcnt，求出 rightmaj 在 nums[low..high]中的次数 rightcnt,谁的次数多谁就是多数元素。

对应的算法如下。

C++：

```cpp
1   class Solution {
2   public:
3       int majorityElement(vector < int > & nums) {
4           int n＝nums.size();
5           if(n＝＝1) return nums[0];
6           return majore(nums,0,n－1);
7       }

8       int majore(vector < int > &nums,int low,int high) {
9           if(low＝＝high)
10              return nums[low];
11          int mid＝(low＋high)/2;
12          int leftmaj＝majore(nums,low,mid);
13          int rightmaj＝majore(nums,mid＋1,high);
14          if(leftmaj＝＝rightmaj)
15              return leftmaj;
16          else {
17              int leftcnt＝0;
18              for(int i＝low;i＜＝high;i＋＋)
19                  if(nums[i]＝＝leftmaj) leftcnt＋＋;
20              int rightcnt＝0;
21              for(int i＝low;i＜＝high;i＋＋)
22                  if(nums[i]＝＝rightmaj) rightcnt＋＋;
23              if(leftcnt ＞ rightcnt)
24                  return leftmaj;
25              else
26                  return rightmaj;
27          }
28      }
29  };
```

提交运行：

结果:通过;时间:16ms;空间:19.1MB

Python：

```python
1   class Solution:
2       def majorityElement(self, nums: List[int]) -> int:
3           n＝len(nums)
4           if n＝＝1:return nums[0]
5           return self.majore(nums,0,n－1);

6       def majore(self,nums,low,high):
7           if low＝＝high:return nums[low]
8           mid＝(low＋high)//2
9           leftmaj＝self.majore(nums,low,mid)
10          rightmaj＝self.majore(nums,mid＋1,high)
11          if leftmaj＝＝rightmaj:
12              return leftmaj
13          else:
14              leftcnt＝0
15              for i in range(low,high＋1):
16                  if nums[i]＝＝leftmaj:leftcnt＋＝1
17              rightcnt＝0
18              for i in range(low,high＋1):
```

```
19              if nums[i]==rightmaj:rightcnt+=1
20          if leftcnt>rightcnt:return leftmaj
21          else:return rightmaj
```

提交运行：

结果：通过；时间：104ms；空间：18MB

17.2.2　LeetCode53——最大子数组和★★

【问题描述】　给定一个整数数组 nums，请找出一个具有最大和的连续子数组（子数组最少包含一个元素），返回其最大和。子数组是数组中的一个连续部分。

例如，nums=[−2,1,−3,4,−1,2,1,−5,4]，最大和的子数组为 [4,−1,2,1]，答案为 6；nums=[5,4,−1,7,8]，最大和的子数组为 [5,4,−1,7,8]，答案为 23。

【限制】　$1 \leqslant nums.length \leqslant 10^5$，$-10^4 \leqslant nums[i] \leqslant 10^4$。

【解题思路】　二分法。对非空区间 a[low..high]求至少含一个元素的最大子数组和，置 mid=(low+high)/2，求解过程如下。

（1）分解：分解为求 a[low..mid]和 a[mid+1..high]中最大子数组和两个子问题。

扫一扫

源程序

（2）求解子问题：递归求出左区间的最大子数组和 leftsum，求出右区间的最大子数组和 rightsum。

（3）合并：考虑含跨中间两个元素 a[mid]和 a[mid+1]的最大子数组，求出左段 a[i..mid]（low≤i≤mid）的最大子数组和 maxleftbordersum（至少含 a[mid]），求出右段 a[mid+1..j]（mid+1≤j≤high）的最大子数组和 maxrightbordersum（至少含 a[mid+1]），则含跨中间元素的最大子数组和为 maxleftbordersum+maxrightbordersum，返回该值和 max(leftsum,rightsum)的最大值即可。

17.2.3　LeetCode241——为运算表达式设计优先级★★

【问题描述】　给定一个由数字和运算符组成的字符串 expression，按不同优先级组合数字和运算符，计算并返回所有可能组合的结果。可以按任意顺序返回答案。生成的测试用例满足其对应输出值符合 32 位整数范围，不同结果的数量不超过 10^4。

例如，expression="2*3−4*5"，各种可能的计算结果如下：

（1）(2 * (3−(4 * 5)))=−34

（2）(2 * ((3−4) * 5))=−10

（3）((2 * 3)−(4 * 5))=−14

（4）((2 * (3−4)) * 5)=−10

（5）(((2 * 3)−4) * 5)=10

答案为所有可能组合的结果，即[−34,−10,−14,−10,10]。

【限制】　$1 \leqslant expression.length \leqslant 20$，expression 由数字和运算符'+'、'−'、'*'组成。输入表达式中的所有整数值在[0,99]范围内。

【解题思路】　二分法。对于表达式 expression，尽管'+'、'−'和'*'运算符的优先级不同，但可以通过添加括号改变运算符的优先级，且括号的优先级最高。用 ans 向量存放答案

（初始为空），遍历 expression$[0..n-1]$，当前字符 $c=$ expression$[i]$ 为'+'、'−'和'*'运算符之一。

（1）分解：分解为求 expression$[0..i-1]$（从序号 0 开始的长度为 i 的子串）和 expression$[i+1..n-1]$（从 expression$[i+1]$ 字符开始的长度为 $n-i-1$ 的子串）的所有可能组合结果两个子问题。

（2）求解子问题：递归求出左区间的所有可能组合结果为 lefts（相当于给左区间部分加上一对括号），求出右区间的所有可能组合结果为 rights（相当于给右区间部分加上一对括号）。

（3）合并：对于 lefts 和 rights 中的每个 l（$l\in$ lefts）和 r（$r\in$ rights）组合，其求值结果为 $l\,c\,r$，如图 17.3 所示，将该结果添加到 ans 中。

最后返回 ans 即可。例如，expression$=$"2*3−4*5"，其中共有 3 个运算符：

图 17.3　一种求值方式

（1）考虑第一个运算符'*'，左边的计算结果为$[2]$。右边为"3−4*5"，若先做'*'，则 $3-(4*5)=-17$，若先做'−'，则 $(3-4)*5=-5$，即右边的计算结果为$[-17,-5]$。这样考虑第一个运算符'*'的计算结果为$[2*(-17),2*(-5)]=[-34,-10]$。

（2）考虑第二个运算符'−'，左边的计算结果为$[6]$，右边的计算结果为$[20]$。这样考虑第二个运算符'−'的计算结果为$[6-20]=[-14]$。

（3）考虑第三个运算符'*'，左边为"2*3−4"，若先做'−'，则 $2*(3-4)=-2$，若先做'*'，则 $(2*3)-4=2$，即左边的计算结果为$[-2,2]$。右边的计算结果为$[5]$。这样考虑第三个运算符'*'的计算结果为$[(-2)*5,2*5]=[-10,10]$。

所有计算结果合起来为$[-34,-10,-14,-10,10]$。对应的算法如下。

C++：

```
1   class Solution {
2   public:
3       vector<int> diffWaysToCompute(string expression) {
4           vector<int> ans;
5           int n=expression.size();
6           if(n==1||n==2) {
7               ans.push_back(stoi(expression));
8               return ans;
9           }
10          for(int i=0;i<n;i++) {
11              int c=expression[i];
12              if(c=='+'||c=='-'||c=='*') {
13                  vector<int> lefts=diffWaysToCompute(expression.substr(0,i));
14                  vector<int> rights=diffWaysToCompute(expression.substr(i+1));
15                  for(auto l:lefts) {           //将组合结果通过运算符组合
16                      for(auto r:rights) {
17                          switch(c) {
18                              case '+': ans.push_back(l+r); break;
19                              case '-': ans.push_back(l-r); break;
20                              case '*': ans.push_back(l*r); break;
21                          }
22                      }
23                  }
24              }
```

```
25              }
26              return ans;                        //返回合并后的结果
27          }
28  };
```

提交运行：

结果：通过；时间：8ms；空间：11.2MB

Python：

```python
1   class Solution:
2       def diffWaysToCompute(self, expression: str) -> List[int]:
3           ans=[]
4           n=len(expression)
5           if n==1 or n==2:
6               ans.append(int(expression))
7               return ans
8           for i in range(0,n):
9               c=expression[i]
10              if c=='+' or c=='-' or c=='*':
11                  lefts=self.diffWaysToCompute(expression[0:i])
12                  rights=self.diffWaysToCompute(expression[i+1:])
13                  for l in lefts:            #将组合结果通过运算符组合
14                      for r in rights:
15                          if c=='+': ans.append(l+r)
16                          elif c=='-': ans.append(l-r)
17                          elif c=='*': ans.append(l*r)
18          return ans                             #返回合并后的结果
```

提交运行：

结果：通过；时间：48ms；空间：16.1MB

17.2.4 LeetCode95——不同的二叉搜索树 II ★★

【问题描述】 给定一个正整数 n，请生成并返回所有由 n 个结点组成且结点值从 1 到 n 互不相同的不同二叉搜索树，可以按任意顺序返回答案。二叉搜索树使用二叉链存储，结点类型参见 6.1.1 节中的 TreeNode。

例如，$n=3$，一共有 5 种不同结构的二叉搜索树，如图 17.4 所示。

【限制】 $1 \leqslant n \leqslant 8$。

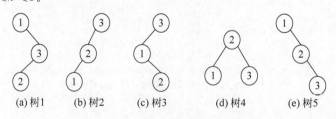

图 17.4　5 种不同结构的二叉搜索树

【解题思路】 二分法。对于非空序列 [low, high]（初始为 [1, n]），每一个元素都可以作为二叉搜索树的根结点。用 ans 向量存放答案（初始为空），用 i 遍历 [low, high]，求解过程如下。

（1）分解：分解为求 [low, $i-1$] 和 [$i+1$, high] 生成的所有二叉搜索树两个子问题。

扫一扫

源程序

（2）求解子问题：递归求出左区间生成的所有二叉搜索树为 leftbst，求出右区间生成的所有二叉搜索树为 rightbst。

（3）合并：对于 leftbst 和 rightbst 中的每棵二叉搜索树 l（$l \in$ leftbst，l 中的所有结点值小于 i）和 r（$r \in$ rightbst，r 中的所有结点值大于 i），创建一个根结点 b，置其左、右子树分别为 l 和 r，将新生成的二叉搜索树 b 添加到 ans 中。

最后返回 ans 即可。

17.3 快速排序和二路归并排序应用的算法设计

17.3.1 LeetCode912——排序数组★★

【问题描述】 给定一个整数数组 nums，请将该数组升序排列。

例如，nums=[5,2,3,1]，答案为[1,2,3,5]；nums=[5,1,1,2,0,0]，答案为[0,0,1,1,2,5]。

【限制】 $1 \leqslant$ nums.length $\leqslant 5 \times 10^4$，$-5 \times 10^4 \leqslant$ nums[i] $\leqslant 5 \times 10^4$。

【解法1】 基于快速排序。假设排序的区间为 $a[s..t]$，使用常规递增划分方法，取基准 base 为首元素 $a[s]$，一次递增划分的结果如图 17.5 所示，基准元素归位的位置是 i。

（1）分解：将原问题 $a[s..t]$ 的排序分解为两个子问题，即 $a[s..i]$ 和 $a[i+1..t]$ 的排序。

（2）求解子问题：递归求解两个子问题。

（3）合并：由于排序的结果直接存放在 a 中，所以合并步骤不做任何事情。

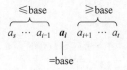

图 17.5 一次递增划分的结果

对应的算法如下。

▦ C++：

```cpp
1   class Solution {
2   public:
3       vector < int > sortArray(vector < int > & nums) {
4           quicksort(nums, 0, nums.size()-1);
5           return nums;
6       }
7
8       int partition1(vector < int > &a, int s, int t) {    //划分算法1
9           int i=s, j=t;
10          int base=a[s];                                   //序列中的首元素作为基准
11          while(i<j) {                                      //从两端交替向中间遍历，直到i=j为止
12              while(i<j && a[j]>=base) j--;                 //从右向左找小于 base 的 a[j]
13              if(i<j) {
14                  a[i]=a[j];                                //将 a[j] 前移到 a[i] 的位置
15                  i++;
16              }
17              while(i<j && a[i]<=base) i++;                 //从左向右找大于 base 的 a[i]
18              if(i<j) {
19                  a[j]=a[i];                                //将 a[i] 后移到 a[j] 的位置
20                  j--;
21              }
22          }
```

```
22          a[i]=base;                              //基准归位
23          return i;
24      }

25      void quicksort(vector<int>&a,int s,int t) {   //快速排序
26          if(s<t) {
27              int i=partition1(a,s,t);
28              quicksort(a,s,i);
29              quicksort(a,i+1,t);
30          }
31      }
32  };
```

上述程序在提交时超时,仅通过了全部 21 个测试用例中的 11 个,即使改为随机选择划分区间的元素为基准也超时,原因是存在元素个数 n 很大且全部元素相同的测试用例。

为此改进划分算法,在划分中选择 $a[s..t]$ 区间中的中间位置元素 $a[(s+t)/2]$ 为基准 base,置 $i=s,j=t,i$ 从左向右找到大于或等于 base 的元素 $a[i],j$ 从右向左找到小于或等于 base 的元素 $a[j]$,在 $i \leqslant j$ 时将 $a[i]$ 和 $a[j]$ 交换,并且置 $i++,j--$。一次改进划分的结果如图 17.6 所示。从中看出 $a[j+1] \sim a[i-1]$ 的元素均为 base,它们均已归位,后面只需要分别对 $a[s..j]$ 和 $a[i..t]$ 排序即可。

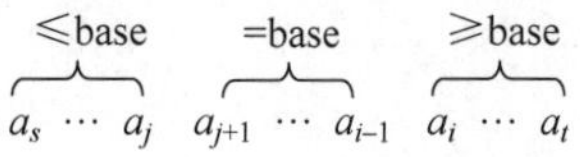

$$\underbrace{a_s \cdots a_j}_{\leqslant base} \quad \underbrace{a_{j+1} \cdots a_{i-1}}_{=base} \quad \underbrace{a_i \cdots a_t}_{\geqslant base}$$

图 17.6　一次改进划分的结果

对应的算法如下。

C++:

```
1   class Solution {
2   public:
3       vector<int> sortArray(vector<int>& nums) {
4           quicksort(nums,0,nums.size()-1);
5           return nums;
6       }

7       vector<int> partition2(vector<int>&a,int s,int t) {//划分算法2(用于递增排序)
8           int base=a[(s+t)/2];
9           int i=s,j=t;
10          while(i<=j) {
11              while(i<=j && a[i]<base) i++;          //从左向右跳过小于 base 的元素
12              while(i<=j && a[j]>base) j--;          //从右向左跳过大于 base 的元素
13              if(i<=j) {
14                  swap(a[i],a[j]);                   //a[i]和 a[j]交换
15                  i++;j--;
16              }
17          }
18          return {j,i};
19      }

20      void quicksort(vector<int>&a,int s,int t) {    //快速排序
21          if(s<t) {
22              vector<int> p=partition2(a,s,t);
23              quicksort(a,s,p[0]);
24              quicksort(a,p[1],t);
25          }
26      }
27  };
```

提交运行:

结果:通过;时间:1516ms;空间:193.4MB

Python：

```
1    class Solution:
2        def sortArray(self, nums: List[int]) -> List[int]:
3            self.quicksort(nums, 0, len(nums)−1)
4            return nums
5        def partition2(self, a, s, t):              #划分算法2(用于递增排序)
6            base=a[(s+t)//2]
7            i, j=s, t
8            while i<=j:
9                while i<=j and a[i]<base: i+=1        #从左向右跳过小于 base 的元素
10               while i<=j and a[j]>base: j−=1        #从右向左跳过大于 base 的元素
11               if i<=j:
12                   a[i], a[j]=a[j], a[i]             #a[i]和 a[j]交换
13                   i, j=i+1, j−1
14           return [j, i]
15       def quicksort(self, a, s, t):               #快速排序
16           if s < t:
17               [j, i]=self.partition2(a, s, t)
18               self.quicksort(a, s, j)
19               self.quicksort(a, i, t)
```

提交运行：

结果：超时(21 个测试用例通过了 13 个)

【解法 2】 基于二路归并排序。假设至少包含两个元素的排序区间为 $a[low..high]$，置 $mid=(low+high)/2$。

(1) 分解：将原问题 $a[low..high]$ 的排序分解为两个子问题，即 $a[s..mid]$ 和 $a[mid+1..t]$ 的排序。

(2) 求解子问题：递归求解两个子问题，使得 $a[s..mid]$ 和 $a[mid+1..t]$ 变为递增有序的。

(3) 合并：使用二路归并方法将两个有序段 $a[s..mid]$ 和 $a[mid+1..t]$ 归并为一个有序段 $a[low..high]$。

说明：在上述二路归并排序中，当产生两个有序段 $a[s..mid]$ 和 $a[mid+1..t]$ 时，它们中的元素不会出现交叉，即 $a[s..mid]$ 有序段中的元素均来自初始 $a[s..mid]$ 中的元素，$a[mid+1..t]$ 也是如此，只有在合并后才可能出现交叉。

扫一扫

源程序

17.3.2 LeetCode215——数组中第 k 大的元素★★

【问题描述】 给定整数数组 nums 和整数 k，请返回数组中第 k 大的元素。注意，需要找的是数组排序后的第 k 大的元素，而不是第 k 个不同的元素。

例如，nums=[3,2,1,5,6,4]，$k=2$，答案为 5；nums=[3,2,3,1,2,4,5,5,6]，$k=4$，答案为 4。

【限制】 $1 \leqslant k \leqslant$ nums.length $\leqslant 10^5$，$-10^4 \leqslant$ nums$[i] \leqslant 10^4$。

【解法 1】 基于快速排序。将数组 a 递减排序后 $a[k-1]$ 就是答案。使用快速排序(递减)的思路，对数组 a 进行一次常规递减划分。假设基准元素归位的位置是 i：

(1) 若 $k-1=i$，说明 $a[i]$ 就是第 k 大的元素，返回该元素。

(2) 若 $k-1<i$，说明第 k 大的元素在左区间中，返回在左区间中递归查找的结果。

（3）否则说明第 k 大的元素在右区间中,返回在右区间中递归查找的结果。

注意,由于划分中返回的 i 是整个数组 a 中的绝对位置(0 到 $n-1$),所以在左、右区间中查找时也是按绝对位置 k 查找,而不是按相对位置查找。对应的算法如下。

C++：

```
1   class Solution {
2   public:
3       int findKthLargest(vector<int>& nums,int k) {
4           int n=nums.size();
5           return quickselect(nums,0,n-1,k);
6       }
7
8       int quickselect(vector<int>&a,int s,int t,int k) {//在 a[s..t]序列中找第 k 大的元素
9           if(s<t) {                                //区间中至少存在两个元素的情况
10              int i=partition1(a,s,t);
11              if(k-1==i)
12                  return a[i];
13              else if(k-1<i)
14                  return quickselect(a,s,i-1,k);   //在左区间中递归查找
15              else
16                  return quickselect(a,i+1,t,k);   //在右区间中递归查找
17          }
18          else return a[k-1];
19      }
20
21      int partition1(vector<int>&a,int s,int t) {   //划分算法 1(用于递减排序)
22          int i=s,j=t;
23          int base=a[s];                            //序列中的首元素作为基准
24          while(i<j) {                              //从两端交替向中间遍历,直到 i=j 为止
25              while(i<j && a[j]<=base) j--;          //从右向左找大于 base 的 a[j]
26              if(i<j) {
27                  a[i]=a[j];                         //将 a[j]前移到 a[i]的位置
28                  i++;
29              }
30              while(i<j && a[i]>=base) i++;          //从左向右找小于 base 的 a[i]
31              if(i<j) {
32                  a[j]=a[i];                         //将 a[i]后移到 a[j]的位置
33                  j--;
34              }
35          }
36          a[i]=base;
37          return i;
38      }
39  };
```

提交运行：

结果:通过;时间:92ms;空间:44.3MB

Python：

```
1   class Solution:
2       def findKthLargest(self, nums: List[int], k: int) -> int:
3           return self.quickselect(nums,0,len(nums)-1,k)
4
5       def quickselect(self,a,s,t,k):                 # 在 a[s..t]序列中找第 k 大的元素
6           if s<t:                                    # 区间中至少存在两个元素的情况
7               i=self.partition1(a,s,t)
8               if k-1==i:
9                   return a[i]
10              elif k-1<i:
11                  return self.quickselect(a,s,i-1,k)  # 在左区间中递归查找
```

```
11                    else:
12                         return self.quickselect(a,i+1,t,k)    #在右区间中递归查找
13                else: return a[k-1]

14        def partition1(self,a,s,t):                            #划分算法1(用于递减排序)
15            i,j=s,t
16            base=a[s]                                          #序列中的首元素作为基准
17            while i<j:                                         #从两端交替向中间遍历,直到i=j为止
18                while i<j and a[j]<=base:j-=1                   #从右向左找大于base的a[j]
19                if i<j:
20                    a[i]=a[j]                                   #将a[j]前移到a[i]的位置
21                    i+=1
22                while i<j and a[i]>=base:i+=1                   #从左向右找小于base的a[i]
23                if i<j:
24                    a[j]=a[i]                                   #将a[i]后移到a[j]的位置
25                    j-=1
26            a[i]=base
27            return i
```

提交运行:

结果:通过;时间:716ms;空间:30.1MB

【解法2】　基于快速排序的划分算法。参见17.3.1节的解法1中的改进划分算法,将递增排序改为递减排序,对$a[s..t]$区间一次改进划分的结果如图17.7所示,其中$a[s..j]$(共$j-s+1$个元素)的所有元素不小于base,$a[i..t]$(共$t-i+1$个元素)的所有元素不大于base,$a[j+1]$是划分点(因为j后于i的移动,可以推导出$a[s..j]\leqslant a[j+1..t]$)。第$k$大的元素在$a[s..t]$中的序号为$s+k-1$,这样有以下3种情况:

(1) 若$s+k-1\leqslant j$,说明a中的第k大的元素在左区间中,则在左区间中递归查找第k大的元素。

(2) 若$s+k-1\geqslant i$,说明a中的第k大的元素在右区间中,则在右区间中递归查找第$k-(i-s)$大的元素。

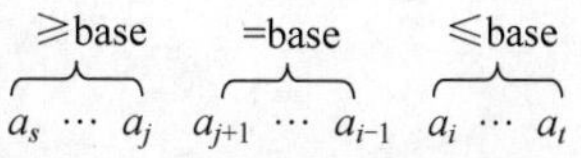

$$
\overbrace{a_s \cdots a_j}^{\geqslant \text{base}}\ \overbrace{a_{j+1} \cdots a_{i-1}}^{=\text{base}}\ \overbrace{a_i \cdots a_t}^{\leqslant \text{base}}
$$

图17.7　一次改进划分的结果

(3) 否则$a[j+1]$就是a中的第k大的元素,返回$a[j+1]$即可。

对应的算法如下。

C++:

```
1    class Solution {
2    public:
3        int findKthLargest(vector<int>& nums,int k) {
4            int n=nums.size();
5            return quickselect(nums,0,n-1,k);
6        }

7        int quickselect(vector<int>&a,int s,int t,int k) {
8            if(s>=t) return a[s];
9            int i=s, j=t;
10           int base=a[(i+j)/2];
11           while(i<=j) {
12               while(i<=j && a[i]>base) i++;       //从左向右跳过大于base的元素
13               while(i<=j && a[j]<base) j--;       //从右向左跳过小于base的元素
14               if(i<=j) {
15                   swap(a[i],a[j]);                //a[i]和a[j]交换
16                   i++; j--;
17               }
18           }
19           if(s+k-1<=j)                            //在左区间中查找第k大的元素
```

```
20              return quickselect(a,s,j,k);
21          if(s+k-1>=i)            //在右区间中查找第k-(i-s)大的元素
22              return quickselect(a,i,t,k-(i-s));
23          return a[j+1];
24      }
25  };
```

提交运行：

结果:通过;时间:60ms;空间:44.3MB

⊞ **Python**：

```
1   class Solution:
2       def findKthLargest(self, nums: List[int], k: int) -> int:
3           return self.quickselect(nums,0,len(nums)-1,k)

4       def quickselect(self,a,s,t,k):
5           if s>=t:return a[s]
6           i,j=s,t
7           base=a[(i+j)//2]
8           while i<=j:
9               while i<=j and a[i]>base:i+=1        #从左向右跳过大于base的元素
10              while i<=j and a[j]<base:j-=1        #从右向左跳过小于base的元素
11              if i<=j:
12                  a[i],a[j]=a[j],a[i]              #a[i]和a[j]交换
13                  i,j=i+1,j-1
14          if s+k-1<=j:                             #在左区间中查找第k大的元素
15              return self.quickselect(a,s,j,k)
16          if s+k-1>=i:                             #在右区间中查找第k-(i-s)大的元素
17              return self.quickselect(a,i,t,k-(i-s))
18          return a[j+1]
```

提交运行：

结果:通过;时间:124ms;空间:27.2MB

17.3.3 LeetCode315——计算右侧小于当前元素的个数★★★

问题描述参见13.3.2节。

【解题思路】 基于二路归并排序。当在归并中将排序区间 $a[low..high]$ 分为 $a[low..mid]$ 和 $a[mid+1..high]$ 两个子区间时,对 $a[low..mid]$ 和 $a[mid+1..high]$ 进行二路归并,前者称为有序段1,后者称为有序段2,归并的结果是有序段 $a[low..high]$ 。在归并中求有序段1中每个元素 a_i 的右侧小于它的元素个数(这些元素在归并中会移动到 a_i 的前面)。

(1)当 $a_i \leqslant a_j$ 时,归并 a_i (即将 a_i 添加到归并结果表 tmp 中),由于两者相等时优先归并 a_i ,所以得出这样的结论:有序段2中 a_j 前面的元素 $a[mid+1..j-1]$ 均小于 a_i 且已经归并完,它们在初始 a 中一定位于 a_i 的右侧,因此 a_i 的右侧小于它的元素个数增加 $j-mid-1$,如图17.8所示。

(2)当 $a_i > a_j$ 时,归并 a_j , a_j 属于归并段2中的元素, a_i 的右侧小于它的元素个数不变。

若有序段2归并完而有序段1没有归并完,则说明对于有序段1中剩余的元素 a_i ,有序段2的全部元素均小于 a_i ,而有序段2的长度为 high-mid 且全部元素在初始 a 中一定位于 a_i 的右侧,则 a_i 的右侧小于它的元素个数增加 high-mid。

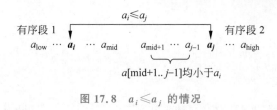

$$a[mid+1..j-1]均小于a_i$$

图 17.8 $a_i \leqslant a_j$ 的情况

由于需要按 a 的初始顺序求每个元素右侧小于它的元素个数,为此设计结构体 IDX,用 IDX 类型的数组 a 存放 nums 中的元素,idx 成员存放初始序号。若 $a[i]$ 对应的元素 $a[i].val$ 的右侧小于它的元素个数增加 x,其操作是 counts$[a[i].idx]+=x$。在二路归并排序完毕便求出了 counts 数组,返回 counts 即可。对应的算法如下。

▦ C++:

```
1    struct IDX {
2        int val;                                    //整数
3        int idx;                                    //整数在 nums 中的下标
4        IDX() {}                                    //构造函数
5        IDX(int v, int i):val(v),idx(i) {}          //重载构造函数
6    };

7    class Solution {
8        vector < int > counts;                      //存放结果的数组
9    public:
10       vector < int > countSmaller(vector < int > & nums) {
11           int n=nums.size();
12           vector < IDX > a;                        //a 存放每个元素及其索引
13           for(int i=0;i<n;i++) {
14               a.push_back(IDX(nums[i],i));        //a 保存每个元素及其下标
15               counts.push_back(0);               //初始化 counts 的所有元素为 0
16           }
17           mergesort(a,0,n−1);
18           return counts;
19       }

20       void mergesort(vector < IDX > &a, int low, int high) { //二路归并排序
21           if(low < high) {
22               int mid=(low+high)/2;
23               mergesort(a,low,mid);
24               mergesort(a,mid+1,high);
25               merge(a,low,mid,high);
26           }
27       }

28       void merge(vector < IDX > &a, int low, int mid, int high) {    //二路归并
29           int i=low,j=mid+1;
30           vector < IDX > tmp;                      //分配临时归并空间 tmp
31           while(i<=mid && j<=high) {
32               if(a[i].val<=a[j].val) {            //a[i]元素较小
33                   tmp.push_back(a[i]);            //归并 a[i]
34                   counts[a[i].idx]+=j−mid−1;      //累加 a[i]位置前移的元素个数
35                   i++;
36               }
37               else {                              //a[j]元素较小
38                   tmp.push_back(a[j]);            //归并 a[j]
39                   j++;
40               }
41           }
42           while(i<=mid) {                          //有序段 1 没有遍历完
43               tmp.push_back(a[i]);
44               counts[a[i].idx]+=high−mid;
```

```
45              i++;
46          }
47          while(j<=high) {                    //有序段2没有遍历完
48              tmp.push_back(a[j]);
49              j++;
50          }
51          for(int j=0,i=low;i<=high;j++,i++)   //将tmp复制回a中
52              a[i]=tmp[j];
53      }
54 };
```

提交运行：

结果：通过；时间：1268ms；空间：494MB

▦ **Python**：

```
 1  class Solution:
 2      def countSmaller(self, nums: List[int]) -> List[int]:
 3          n=len(nums)
 4          a=[]                              #a存放每个元素及其索引
 5          self.counts=[]
 6          for i in range(0,n):
 7              a.append([nums[i],i])         #a保存每个元素及其下标
 8              self.counts.append(0)         #初始化counts的所有元素为0
 9          self.mergesort(a,0,n-1)
10          return self.counts

11      def mergesort(self,a,low,high):       #二路归并排序
12          if low<high:
13              mid=(low+high)//2
14              self.mergesort(a,low,mid)
15              self.mergesort(a,mid+1,high)
16              self.merge(a,low,mid,high)

17      def merge(self,a,low,mid,high):       #二路归并
18          i,j=low,mid+1
19          tmp=[]                            #分配临时归并空间tmp
20          while i<=mid and j<=high:
21              if a[i][0]<=a[j][0]:          #a[i]元素较小
22                  tmp.append(a[i])          #归并a[i]
23                  self.counts[a[i][1]]+=j-mid-1   #累加a[i]位置前移的元素个数
24                  i+=1
25              else:                         #a[j]元素较小
26                  tmp.append(a[j])          #归并a[j]
27                  j+=1
28          while i<=mid:                     #有序段1没有遍历完
29              tmp.append(a[i])
30              self.counts[a[i][1]]+=high-mid
31              i+=1
32          while j<=high:                    #有序段2没有遍历完
33              tmp.append(a[j])
34              j+=1
35          a[low:high+1]=tmp[:]
```

提交运行：

结果：通过；时间：2368ms；空间：44.6MB

17.3.4　LeetCode493——翻转对★★★

【问题描述】　给定一个数组 nums，如果 $i<j$ 且 nums$[i]>2*$nums$[j]$，则将 (i,j) 称

为一个重要翻转对,请返回给定数组中的重要翻转对的数量。

例如,nums＝[1,3,2,3,1],其中(1,4)和(3,4)是重要翻转对,答案为2。

【限制】　给定数组的长度不超过50 000,输入数组中的所有数字都在32位整数的表示范围内。

【解题思路】　基于二路归并排序。当在归并中将排序区间$a[low..high]$分为$a[low..mid]$和$a[mid+1..high]$两个子区间时,对$a[low..mid]$和$a[mid+1..high]$进行二路归并,前者称为有序段1,后者称为有序段2,归并的结果是有序段$a[low..high]$,在归并中求重要翻转对的个数。

对于有序段1中的每个元素a_i,从有序段2的开头开始找到首个不满足重要翻转对条件$a_i > 2 \times a_j$的a_j,则相对a_i而言,在初始a中有序段2的$a[mid+1..j-1]$元素均在a_i的右侧,并且满足重要翻转对条件,那么重要翻转对的个数 ans 增加$j-mid-1$,如图 17.9 所示。

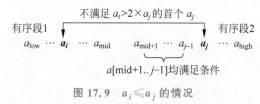

图 17.9　$a_i \leqslant a_j$ 的情况

由于$a_{i+1} \geqslant a_i$,假设a_{i+1}(a_{i+1}为有序段1中的元素)的首个不满足重要翻转对条件的元素为a_k(k为有序段2中的下标),则一定有$k \geqslant j$,同时a_{i+1}的重要翻转对的个数 ans 增加$k-mid-1$。因此在两个有序段合并之前求$a[low..mid]$中所有元素的重要翻转对的个数的过程如下:

源程序

```
1    int j＝mid+1;                        //在合并之前求翻转对
2    for(int i＝low;i<=mid;i++) {
3        for(;j<=high && (a[i]> 2 * (long long)a[j]);j++);//找 a[i]的首个不满足条件的 a[j]
4        ans＋＝(j-mid-1);                 //累计重要翻转对的个数
5    }
```

从中看出,上述过程的时间复杂度为$O(m)$($m＝high-low+1$),如果逐个分开求$a[low..mid]$中每个元素的重要翻转对个数,则时间为$O(m^2)$。另外,基本二路归并是a_i和a_j比较大小,而求重要翻转对的个数是a_i和$2a_j$比较大小,比较方式不同,所以需要分开执行,这里直接用 sort()实现合并操作。

17.4　　二分查找应用的算法设计

17.4.1　LeetCode69——x 的平方根★

【问题描述】　实现 int sqrt(int x) 函数,计算并返回 x 的平方根,其中 x 是非负整数。由于返回类型是整数,结果只保留整数的部分,小数部分将被舍去。

例如,$x＝4$ 时答案为2;$x＝8$ 时答案为2;因为 8 的平方根是 2.82842,由于返回类型是整数,小数部分将被舍去。

【限制】 $0 \leqslant x \leqslant 2^{31} - 1$。

【解题思路】 基本二分查找方法。若 $x=0$ 返回 0，若 $x<4$ 返回 1。当 $x \geqslant 4$ 时，其他 x 的整数平方根一定在整数 2 到 $x/2$ 之间，使用基本二分查找方法在有序整数区间 $[2, x/2]$ 中查找这样的 mid，它满足 $\text{mid}^2 \leqslant x < (\text{mid}+1)^2$。对应的算法如下。

▨ **C++**：

```
1   class Solution {
2   public:
3       int mySqrt(int x) {
4           if(x==0) return 0;
5           if(x<4) return 1;
6           int low=2,high=x/2;
7           while(low<=high) {
8               int mid=(low+high)/2;
9               if(x<mid*mid) high=mid-1;
10              else if(x<(mid+1)*(mid+1)) return mid;
11              else low=mid+1;
12          }
13          return 0;
14      }
15  };
```

上述程序提交后出现计算 mid×mid 上溢出的错误，一种改进方式是将 low、high 和 mid 变量定义为 long long 类型，另外一种方式是将关系比较 x<mid×mid 改为 x/mid< mid，x<(mid+1)×(mid+1) 改为 x/(mid+1)<(mid+1)，对应的算法如下。

▨ **C++**：

```
1   class Solution {
2   public:
3       int mySqrt(int x) {
4           if(x==0) return 0;
5           if(x<4) return 1;
6           int low=2,high=x/2;
7           while(low<=high) {
8               int mid=(low+high)/2;
9               if(x/mid<mid) high=mid-1;
10              else if(x/(mid+1)<(mid+1)) return mid;
11              else low=mid+1;
12          }
13          return 0;
14      }
15  };
```

提交运行：

结果：通过；时间：0ms；空间：5.7MB

▦ **Python**：

```
1   class Solution:
2       def mySqrt(self, x: int) -> int:
3           if x==0:return 0
4           if x<4:return 1
5           low,high=2,x/2
6           while low<=high:
7               mid=(low+high)//2
8               if x/mid<mid:high=mid-1
9               elif x/(mid+1)<(mid+1): return int(mid)
10              else:low=mid+1
```

提交运行：

结果：通过；时间：44ms；空间：14.8MB

17.4.2　LeetCode167——有序数组中的两数之和Ⅱ ★★

【问题描述】　给定一个下标从1开始的整数数组 numbers，该数组已按非递减顺序排列，请从数组中找出满足相加之和等于目标数 target 的两个数，如果这两个数分别是 numbers[index1] 和 numbers[index2]，则 $1 \leqslant index1 < index2 \leqslant numbers.length$。以长度为 2 的整数数组[index1,index2]的形式返回这两个整数的下标 index1 和 index2。可以假设每个输入只对应唯一的答案，而且不可以重复使用相同的元素。要求设计的解决方案必须只使用常量级的额外空间。

例如，numbers＝[2,7,11,15]，target＝9，其中 2 与 7 之和等于目标数 9，即 index1＝1，index2＝2，答案为[1,2]。

【限制】　$2 \leqslant numbers.length \leqslant 3 \times 10^4$，$-1000 \leqslant numbers[i] \leqslant 1000$，numbers 按非递减顺序排列，$-1000 \leqslant target \leqslant 1000$，仅存在一个有效答案。

【解法1】　基本二分查找方法。用 i 从 0 开始遍历 numbers 数组，然后在有序子数组 numbers[i+1..n-1] 中采用基本二分查找方法找到 mid，使得 numbers[mid]＝target－numbers[i] 成立，此时返回 $\{i+1, mid+1\}$ 即可（题目要求返回的下标是从 1 开始的）。由于测试数据保证存在唯一的答案，所以算法一定运行成功。其中二分查找的时间为 $O(\log_2 n)$，所以算法的最坏时间复杂度为 $O(n\log_2 n)$。

扫一扫

源程序

【解法2】　基本二分查找方法。设计思路同解法1，在实现时改为直接利用通用二分查找算法 lower_bound() 在 numbers[i+1..n-1] 中找第一个大于等于 target－numbers[i] 的位置 it，若 numbers[i]＋*it＝target，则返回 $\{i+1, it-numbers.begin()+1\}$，同样，算法的最坏时间复杂度为 $O(n\log_2 n)$。

扫一扫

源程序

【解法3】　二分查找方法。用 i 和 j 分别指向 numbers 数组的首元素和尾元素，求出 sum＝numbers[i]＋numbers[j]，循环最多到 $i=j$ 为止：

(1) 若 target==sum，查找成功，返回 $\{i+1, j+1\}$。

(2) 若 sum<target，说明两个元素和小了，执行 $i++$ 后继续查找。

(3) 若 sum>target，说明两个元素和大了，执行 $j--$ 后继续查找。

由于最多遍历 numbers 数组一趟，所以算法的时间复杂度为 $O(n)$。对应的算法如下。

C++：

```
1    class Solution {
2    public:
3        vector < int > twoSum(vector < int > & numbers, int target) {
4            int i=0,j=numbers.size()-1;
5            while(i<j) {
6                int sum=numbers[i]+numbers[j];
7                if(target==sum) return {i+1,j+1};
8                else if(sum < target) i++;
9                else j--;
10           }
11           return {-1,-1};
```

```
12        }
13    };
```

提交运行：

结果：通过；时间：8ms；空间：17.89MB

Python：

```
1    class Solution:
2        def twoSum(self, numbers: List[int], target: int) -> List[int]:
3            i, j = 0, len(numbers) - 1
4            while i < j:
5                sum = numbers[i] + numbers[j]
6                if target == sum: return [i+1, j+1]
7                elif sum < target: i += 1
8                else: j -= 1
9            return [-1, -1]
```

提交运行：

结果：通过；时间：47ms；空间：17.34MB

17.4.3 LeetCode74——搜索二维矩阵★★

【问题描述】 给定一个满足下述两种属性的 $m \times n$ 整数矩阵 matrix：

(1) 每行中的整数从左到右按非递减顺序排列。

(2) 每行的第一个整数大于前一行的最后一个整数。

给定一个整数 target，如果 target 在矩阵中，返回 true，否则返回 false。

1	3	5	7
10	11	16	20
23	30	34	60

图 17.10 一个矩阵

例如，matrix = [[1,3,5,7],[10,11,16,20],[23,30,34,60]]，target = 3，该矩阵如图 17.10 所示，其中包含元素 3，答案为 true。

【限制】 m = matrix.length，n = matrix[i].length，$1 \leq m, n \leq 100$，$-10^4 \leq$ matrix[i][j]，target $\leq 10^4$。

【解题思路】 二分查找方法。假设在矩阵 a 中查找 k，从矩阵的右上角 $a[0][n-1]$ 开始，用 $a[i][j]$ 表示当前矩阵元素，如图 17.11 所示。

(1) 若 $k = a[i][j]$，说明矩阵 a 中存在 k，返回 true。

(2) 若 $k < a[i][j]$，由于第 i 行、第 j 列是递增的，k 不可能在第 j 列中，则移动到第 i 行的前一个元素（即 $a[i][j-1]$）进行比较。

(3) 若 $k > a[i][j]$，由于第 i 行、第 j 列是递增的，k 不可能在第 i 行中，则移动到第 j 列的下一个元素（即 $a[i+1][j]$）进行比较。

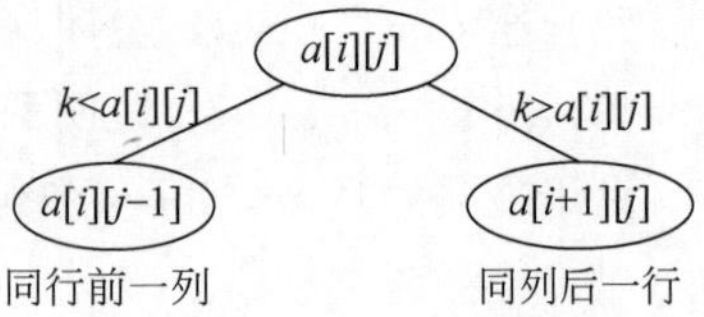

一旦新位置超界，即 $i \geq m$ 或者 $j < 0$，则说明找不到 k，返回 false。

图 17.11 二分查找过程

扫一扫

源程序

17.4.4 LeetCode4——寻找两个正序数组的中位数★★★

【问题描述】 给定两个大小分别为 m 和 n 的正序（从小到大）数组 nums1 和 nums2，

请找出并返回这两个正序数组的中位数,算法的时间复杂度应该为 $O(\log_2(m+n))$。

例如,nums1$=[1,3]$,nums2$=[2]$,合并数组$=[1,2,3]$,中位数为 2,答案为 2.00000;nums1$=[1,2]$,nums2$=[3,4]$,合并数组$=[1,2,3,4]$,中位数为$(2+3)/2=2.5$,答案为 2.50000。

【限制】 nums1.length$=m$,nums2.length$=n$,$0 \leqslant m \leqslant 1000$,$0 \leqslant n \leqslant 1000$,$1 \leqslant m+n \leqslant 2000$,$-10^6 \leqslant$nums1$[i]$,nums2$[i] \leqslant 10^6$。

【解法 1】 直接求解法。将 nums1 和 nums2 中全部元素放置到数组 c 中,将 c 递增排序,置 $k=(m+n)/2$,若$(m+n)$为偶数,返回$(c[k-1]+c[k])/2$,否则返回 $c[k]$。对应的算法如下。

C++:

```
 1  class Solution {
 2  public:
 3      double findMedianSortedArrays(vector<int>& nums1, vector<int>& nums2) {
 4          int m=nums1.size(),n=nums2.size();
 5          vector<int> c;
 6          for(int x:nums1) c.push_back(x);
 7          for(int x:nums2) c.push_back(x);
 8          sort(c.begin(),c.end());
 9          int k=(m+n)/2;
10          if((m+n)%2==0)                //总元素个数为偶数的情况
11              return(c[k-1]+c[k])/2.0;
12          else                         //总元素个数为奇数的情况
13              return c[k];
14      }
15  };
```

提交运行:

结果:通过;时间:28ms;空间:88.1MB

Python:

```
 1  class Solution:
 2      def findMedianSortedArrays(self, nums1: List[int], nums2: List[int]) -> float:
 3          m,n=len(nums1),len(nums2)
 4          c=[]
 5          for x in nums1:c.append(x)
 6          for x in nums2:c.append(x)
 7          c.sort()
 8          k=(m+n)//2
 9          if(m+n)%2==0:                #总元素个数为偶数的情况
10              return(c[k-1]+c[k])/2.0
11          else:                        #总元素个数为奇数的情况
12              return c[k]
```

提交运行:

结果:通过;时间:56ms;空间:16.4MB

【解法 2】 基本二分查找方法。解法 1 的时间复杂度为 $O((m+n)\log_2(m+n))$,使用二分查找提高性能,先设计求两个递增有序序列 a 和 b(分别含 m 和 n 个整数)中第 k($1 \leqslant$

$k \leqslant m+n$)小的整数(用 topk 表示)的算法 Findk(a,m,b,n,k)。为了方便,总是让 a 中元素的个数较少,当 b 中元素的个数较少时,交换 a、b 的位置即可,该算法的基本过程如下。

(1) 当 a 为空时,topk 就是 $b[k-1]$。

(2) 当 $k=1$ 时,topk 为 $\min(a[0],b[0])$。

(3) 当 a 和 b 中元素的个数都大于 $k/2$ 时,通过二分法将问题的规模缩小,将 a 的第 $k/2$ 个元素(即 $a[k/2-1]$)和 b 的第 $k/2$ 个元素(即 $b[k/2-1]$)进行比较,有以下 3 种情况(为了简化,这里先假设 k 为偶数,所得到的结论对于 k 是奇数也是成立的)。

① 若 $a[k/2-1]=b[k/2-1]$,则 $a[0..k/2-2]$(a 的前 $k/2-1$ 个元素)和 $b[0..k/2-2]$(b 的前 $k/2-1$ 个元素)共 $k-2$ 个元素均小于或等于 topk,再加上 $a[k/2-1]$、$b[k/2-1]$ 两个元素,说明找到了 topk,即 topk 等于 $a[k/2-1]$ 或 $b[k/2-1]$。

② 若 $a[k/2-1]<b[k/2-1]$,这意味着 $a[0..k/2-1]$ 肯定均小于或等于 topk,换句话说,$a[k/2-1]$ 也一定小于或等于 topk(可以用反证法证明,假设 $a[k/2-1]>$topk,那么 $a[k/2-1]$ 后面的元素均大于 topk,topk 不会出现在 a 中,这样 topk 一定出现在 $b[k/2-1]$ 及其后面的元素中,也就是说 $b[k/2-1]\leqslant$topk,与 $a[k/2-1]<b[k/2-1]$ 矛盾,即证)。这样 $a[0..k/2-1]$ 均小于或等于 topk 并且尚未找到第 k 个元素,因此可以舍弃 a 数组的这 $k/2$ 个元素,即在 $a[k/2..m-1]$ 和 b 中找第 $k-k/2$ 小的元素即为 topk。

③ 若 $a[k/2-1]>b[k/2-1]$,可以舍弃 b 数组的 $b[0..k/2-1]$ 共 $k/2$ 个元素,即在 a 和 $b[k/2..m-1]$ 中找第 $k-k/2$ 小的元素即为 topk。

从以上说明看出,a 和 b 中并不是必须取元素 $a[k/2-1]$ 和 $b[k/2-1]$ 进行比较,可以取任意有效元素 $a[i-1]$ 和 $b[j-1]$ 进行比较,只要满足 $i+j=k$ 即可。为此当 a 中元素的个数少于 $k/2$ 时,取其全部元素,即 $i=\min(k/2,m)$,$j=k-i$,改为将 $a[i-1]$ 和 $b[j-1]$ 进行比较。

① 若 $a[i-1]=b[j-1]$,topk 即为 $a[i-1]$ 或者 $b[j-1]$。

② 若 $a[i-1]<b[j-1]$,舍弃 a 数组的前面 i 个元素。

③ 若 $a[i-1]>b[j-1]$,舍弃 b 数组的前面 j 个元素。

在设计好 Findk(a,m,b,n,k)算法后,置 $k=(m+n)/2$,若总元素个数为偶数的情况,求出第 k 小元素 mid1 和第 $k+1$ 小元素 mid2,返回 $(mid1+mid2)/2$;若总元素个数为奇数的情况,求出第 $k+1$ 小元素 mid 直接返回。对应的算法如下。

C++:

```
1   class Solution {
2   public:
3       double findMedianSortedArrays(vector < int > & nums1, vector < int > & nums2) {
4           int m=nums1.size(),n=nums2.size();
5           if(m==0) return (nums2[(n+1)/2-1]+nums2[(n+2)/2-1])/2.0;
6           if(n==0) return (nums1[(m+1)/2-1]+nums1[(m+2)/2-1])/2.0;
7           int a[m],b[n];
8           for(int i=0;i<m;i++) a[i]=nums1[i];
9           for(int i=0;i<n;i++) b[i]=nums2[i];
10          int mid1=(m+n+1)/2;
11          int mid2=(m+n+2)/2;
12          return(Findk(a,m,b,n,mid1)+Findk(a,m,b,n,mid2))/2.0;
13      }
```

```
14       int Findk(int a[],int m,int b[],int n,int k) {   //在 a、b 升序数组中求第 k 小的元素
15           if(m>n)                                       //保证前一个数组的元素个数比较少
16               return Findk(b,n,a,m,k);
17           if(m==0)
18               return b[k-1];
19           if(k==1)
20               return((a[0]>=b[0])?b[0]:a[0]);
21           int i=min(m,k/2);                             //当数组 a 中没有 k/2 个元素时取 m
22           int j=k-i;
23           if(a[i-1]==b[j-1])
24               return a[i-1];
25           else if(a[i-1]>b[j-1])
26               return Findk(a,m,b+j,n-j,k-j);
27           else                                          //a[i-1]<b[j-1]
28             return Findk(a+i,m-i,b,n,k-i);
29       }
30   };
```

提交运行：

结果:通过;时间:16ms;空间:86.8MB

Python：

```
1    class Solution:
2        def findMedianSortedArrays(self, nums1: List[int], nums2: List[int]) -> float:
3            m,n=len(nums1),len(nums2)
4            if m==0:return (nums2[(n+1)//2-1]+nums2[(n+2)//2-1])/2.0
5            if n==0:return (nums1[(m+1)//2-1]+nums1[(m+2)//2-1])/2.0
6            mid1=(m+n+1)//2
7            mid2=(m+n+2)//2
8            return(self.Findk(nums1,m,nums2,n,mid1)+self.Findk(nums1,m,nums2,n,mid2))/2.0

9        def Findk(self,a,m,b,n,k):           # 在 a、b 升序数组中求第 k 小的元素
10           if m>n:                          # 保证前一个数组的元素个数比较少
11               return self.Findk(b,n,a,m,k)
12           if m==0:
13               return b[k-1]
14           if k==1:
15               return b[0] if a[0]>=b[0] else a[0]
16           i=min(m,k//2)                    # 当数组 a 中没有 k/2 个元素时取 m
17           j=k-i
18           if a[i-1]==b[j-1]:
19               return a[i-1]
20           elif a[i-1]>b[j-1]:
21               return self.Findk(a,m,b[j:],n-j,k-j)
22           else:                            # a[i-1]<b[j-1]
23               return self.Findk(a[i:],m-i,b,n,k-i)
```

提交运行：

结果:通过;时间:48ms;空间:16.2MB

【解法 3】　基本二分查找方法。使用二分查找迭代方法,当 $k>1$ 时循环,取 a 中第 $k/2$ 小的元素 av(若不存在这样的元素,置 av=∞),取 b 中第 $k/2$ 小的元素 bv(若不存在这样的元素,置 bv=∞),舍弃较小者中前面的 $k/2$ 个元素,每次循环 k 递减 $k/2$。循环结束后,若其中一个数组为空,则 topk 为另一个数组中第 k 小的元素;若两个数组都不为空,则 topk 为 a、b 的首元素中的较小者(此时 $k=1$)。对应的算法如下。

■ C++：

```
1  class Solution {
2  public:
3      double findMedianSortedArrays(vector < int > & nums1, vector < int > & nums2) {
4          int m=nums1.size(),n=nums2.size();
5          int k=(m+n)/2;
6          if((m+n)%2==0) {                    //总元素个数为偶数的情况
7              int mid1=Findk(nums1,nums2,k);
8              int mid2=Findk(nums1,nums2,k+1);
9              return (mid1+mid2)/2.0;
10         }
11         else return Findk(nums1,nums2,k+1);    //总元素个数为奇数的情况
12     }
13     int Findk(vector < int > & a,vector < int > & b,int k) {
                                           //在 a、b 升序数组中求第 k 小的元素
14         int m=a.size(),n=b.size();
15         int i=0,j=0;                        //i 和 j 分别遍历 a 和 b
16         while(k>1) {                        //循环,直到 k 缩小为 1
17             int av=i+k/2-1<m?a[i+k/2-1]:INT_MAX;
18             int bv=j+k/2-1<n?b[j+k/2-1]:INT_MAX;
19             if(av<bv) i+=k/2;
20             else j+=k/2;
21             k-=k/2;                         //每次循环 k 递减 k/2
22         }
23         if(i>=m) return b[j+k-1];           //若 a 为空,直接返回 b 中第 k 小的元素
24         if(j>=n) return a[i+k-1];           //若 b 为空,直接返回 a 中第 k 小的元素
25         return min(a[i], b[j]);             //两个数组均不为空(k==1),返回最小值
26     }
27 };
```

提交运行：

结果:通过;时间:32ms;空间:87.2MB

▦ Python：

```
1  class Solution:
2      def findMedianSortedArrays(self, nums1: List[int], nums2: List[int]) -> float:
3          m,n=len(nums1),len(nums2)
4          k=(m+n)//2
5          if(m+n)%2==0:                       #总元素个数为偶数
6              mid1=self.Findk(nums1,nums2,k)
7              mid2=self.Findk(nums1,nums2,k+1)
8              return (mid1+mid2)/2.0
9          else:return self.Findk(nums1,nums2,k+1)    #总元素个数为奇数
10     def Findk(self,a,b,k):                  #在 a、b 升序数组中求第 k 小的元素
11         m,n=len(a),len(b)
12         i,j=0,0                             #i 和 j 分别遍历 a 和 b
13         while k>1:                          #循环,直到 k 缩小为 1
14             av=a[i+k//2-1] if i+k//2-1<m else 1000005    #用 1000005 表示∞
15             bv=b[j+k//2-1] if j+k//2-1<n else 1000005
16             if av<bv:i+=k//2
17             else:j+=k//2
18             k-=k//2                         #每次循环 k 递减 k/2
19         if i>=m:return b[j+k-1];            #若 a 为空,直接返回 b 中第 k 小的元素
20         if j>=n:return a[i+k-1];            #若 b 为空,直接返回 a 中第 k 小的元素
21         return min(a[i],b[j]);              #两个数组均不为空(k==1),返回最小值
```

提交运行：

结果:通过;时间:52ms;空间:16.4MB

17.4.5 LeetCode744——寻找比目标字母大的最小字母★

【问题描述】 给定一个字符数组 letters 以及一个字符 target,letters 数组按非递减顺序排序,其中至少有两个不同的字符,返回 letters 中大于 target 的最小的字符。如果不存在这样的字符,则返回 letters 的第一个字符。

例如,letters=['c','f','j'],target='a',答案为'c'; letters=['x','x','y','y'],target='z',答案为'x'。

【限制】 $2 \leqslant$ letters.length$\leqslant 10^4$,letters$[i]$是一个小写字母,letters 按非递减顺序排序,letters 最少包含两个不同的字母,target 是一个小写字母。

【解题思路】 扩展二分查找方法。题目是在 letters 数组中查找第一个大于 target 的字符。使用 17.1.2 节中查找插入点的两种解法和直接使用 upper_bound()函数的 3 种算法如下。

C++:

```
1   class Solution {
2   public:
3       char nextGreatestLetter(vector<char>& letters, char target) {//查找到区间为空
4           int n=letters.size();
5           int low=0, high=n-1;
6           while(low<=high) {
7               int mid=(low+high)/2;
8               if(letters[mid]>target) high=mid-1;
9               else low=mid+1;
10          }
11          if(low>=n) return letters[0];          //未找到 target
12          else return letters[low];              //找到 target
13      }
14  };
```

提交运行:

结果:通过;时间:16ms;空间:15.3MB

C++:

```
1   class Solution {
2   public:
3       char nextGreatestLetter(vector<char>& letters, char target) {    //查找到区间中仅含一个元素
4           int n=letters.size();
5           int low=0, high=n;
6           while(low<high) {
7               int mid=(low+high)/2;
8               if(letters[mid]>target) high=mid;
9               else low=mid+1;
10          }
11          if(low>=n) return letters[0];          //未找到 target
12          else return letters[low];              //找到 target
13      }
14  };
```

提交运行:

结果:通过;时间:16ms;空间:15.7MB

采用 STL 函数求解。

C++：

```
1  class Solution {
2  public:
3      char nextGreatestLetter(vector<char>& letters, char target) {//用 STL 函数
4          int i=upper_bound(letters.begin(), letters.end(), target)-letters.begin();
5          if(i>=letters.size()) return letters[0];     //未找到 target
6          else return letters[i];                      //找到 target
7      }
8  };
```

提交运行：

结果：通过；时间：20ms；空间：15.4MB

上述各种 C++解法对应的 Python 算法如下。

Python：

```
1   class Solution:
2       def nextGreatestLetter(self, letters: List[str], target: str) -> str: #查找到区间为空
3           n=len(letters)
4           low,high=0,n-1
5           while low<=high:
6               mid=(low+high)//2
7               if letters[mid]>target:high=mid-1
8               else: low=mid+1
9           if low>=n:return letters[0]          #未找到 target
10          else:return letters[low]             #找到 target
```

提交运行：

结果：通过；时间：40ms；空间：17.6MB

Python：

```
1   class Solution:
2        def nextGreatestLetter(self, letters: List[str], target: str) -> str:   #查找到区间中仅含一
                                                                                 #个元素
3            n=len(letters)
4            low,high=0,n
5            while low<high:
6                mid=(low+high)//2
7                if letters[mid]>target:high=mid
8                else: low=mid+1
9            if low>=n:return letters[0]          #未找到 target
10           else:return letters[low]             #找到 target
```

提交运行：

结果：通过；时间：40ms；空间：17.7MB

Python：

```
1   class Solution:
2       def nextGreatestLetter(self, letters: List[str], target: str) -> str:
                #用 Python 函数
3           i=bisect.bisect_right(letters,target)
4           if i>=len(letters): return letters[0];    #未找到 target
5           else: return letters[i];                  #找到 target
```

提交运行：

结果：通过；时间：28ms；空间：17.6MB

17.4.6 LeetCode153——寻找旋转排序数组中的最小值★★

【问题描述】 已知一个长度为 n 的数组，预先按照升序排列，经由 1 到 n 次旋转后得到输入数组。例如，原数组 nums＝[0,1,2,4,5,6,7]，旋转 4 次得到[4,5,6,7,0,1,2]，旋转 7 次得到[0,1,2,4,5,6,7]。也就是说，数组[a[0],a[1],a[2],…,a[n−1]]旋转一次的结果为数组[a[n−1],a[0],a[1],a[2],…,a[n−2]]。

给定一个元素值互不相同的数组 nums，它原来是一个升序排列的数组，并按上述情形进行了多次旋转。请找出并返回数组中的最小元素。例如，nums＝[3,4,5,1,2]，该数组是原数组为[1,2,3,4,5]旋转 3 次得到的数组，答案为 1。

【限 制】 n＝nums. length，$1 \leqslant n \leqslant 5000$，$-5000 \leqslant$nums[$i$]$\leqslant 5000$，nums 中的所有整数互不相同，nums 原来是一个升序排序的数组并进行了 1 到 n 次旋转得到的。

【解题思路】 扩展二分查找方法。假设旋转排序数组为 $a[0..n−1]$，$f(a,\text{low},\text{high})$返回 $a[\text{low}..\text{high}]$中的最小元素，当查找区间中至少有两个元素时求出 mid＝(low＋high)/2。

(1) 若 $a[\text{mid}] < a[\text{high}]$，说明最小元素在 $a[\text{mid}]$的左边或者 $a[\text{mid}]$就是最小元素，如图 17.12(a)所示，向左边逼近，对应的子问题是 $f(a,\text{low},\text{mid})$。

(2) 若 $a[\text{mid}] > a[\text{high}]$，说明最小元素在 $a[\text{mid}]$的右边并且 $a[\text{mid}]$不可能是最小元素，如图 17.12(b)所示，向右边逼近，对应的子问题是 $f(a,\text{mid}+1,\text{high})$。

当查找区间中只有一个元素时，该元素一定是最小元素。

均小于 $a[\text{high}]$

$a[\text{low}] < \cdots < a[*] >$ 最小元素 $< \cdots < a[\text{mid}] < \cdots < a[\text{high}]$

(a) $a[\text{mid}] < a[\text{high}]$

均大于 $a[\text{high}]$

$a[\text{low}] < \cdots < a[\text{mid}] < a[\text{mid}+1] >$ 最小元素 $< \cdots < a[\text{high}]$

(b) $a[\text{mid}] > a[\text{high}]$

图 17.12 查找最小元素的两种情况

对应的迭代算法如下。

C++：

```cpp
class Solution {
public:
    int findMin(vector < int > & nums) {          //查找到区间中仅含一个元素
        int low=0, high=nums.size()−1;
        while(low < high) {
            int mid=(low+high)/2;
            if(nums[mid] < nums[high]) high=mid;   //向左区间逼近
            else low=mid+1;                        //在右区间中查找
        }
        return nums[low];
    }
};
```

提交运行：

结果：通过；时间：4ms；空间：9.8MB

Python：

```
1  class Solution:
2      def findMin(self, nums: List[int]) -> int:          #查找到区间中仅含一个元素
3          low, high=0, len(nums)−1
4          while low<high:
5              mid=(low+high)//2
6              if nums[mid]<nums[high]: high=mid            #向左区间逼近
7              else: low=mid+1                              #在右区间中查找
8          return nums[low]
```

提交运行：

结果：通过；时间：44ms；空间：16.4MB

17.4.7 LeetCode33——搜索旋转排序数组★★

【问题描述】 升序排列的整数数组 nums 在预先未知的某个点上进行了旋转（例如，$[0,1,2,4,5,6,7]$ 经旋转后可能变为 $[4,5,6,7,0,1,2]$），请在数组中搜索 target，如果数组中存在这个目标值，则返回它的索引，否则返回 -1。

例如，nums=$[4,5,6,7,0,1,2]$，target=0，答案为 4；nums=$[4,5,6,7,0,1,2]$，target=3，答案为-1。

【限制】 $1 \leqslant$ nums. length $\leqslant 5000$，$-10^4 \leqslant$ nums$[i] \leqslant 10^4$，nums 中的每个值都独一无二，nums 肯定会在某个点上旋转，$-10^4 \leqslant$ target $\leqslant 10^4$。

【解法 1】 扩展二分查找方法。旋转数组是由一个递增有序数组按某个基准（元素）旋转而来的，例如由 $[0,1,2,4,5,6,7]$ 旋转后得到旋转数组 $[4,5,6,7,0,1,2]$，其基准是 0，基准位置是 4。在找到基准后就可以恢复为原来的递增有序数组，然后在递增有序数组中二分查找 target。

查找基准使用 17.4.6 节中的方法，在求出基准位置 base 后，就可以将旋转数组 nums 恢复为递增有序数组 a，实际上没有必要真正求出数组 a，假设 $a[i]$ 的元素值等于 nums$[j]$，显然有 $i=(j+$base$)\%n$（旋转数组 nums 就是 a 通过循环右移 base 次得到的），通过这样的序号转换就得到了递增有序数组 a，然后在 a 中使用二分查找方法查找 target。对应的算法如下。

C++：

```
1  class Solution {
2  public:
3      int search(vector<int>& nums, int target) {     //二分查找算法
4          int n=nums.size();
5          int base=getBase(nums);                     //获取基准位置
6          int low=0, high=n−1;
7          while(low<=high) {                          //查找区间中至少有一个元素时循环
8              int mid=(low+high)/2;
9              int i=(mid+base)%n;                     //a[mid]=nums[i]
10             if(target==nums[i])
11                 return i;
12             if(target>nums[i])
```

```
13              low＝mid＋1;
14          else
15              high＝mid−1;
16      }
17      return −1;
18  }

19  int getBase(vector＜int＞& nums) {          //查找基准位置
20      int low＝0,high＝nums.size()−1;
21      while(low＜high) {
22          int mid＝(low＋high)/2;
23          if(nums[mid]＜nums[high]) high＝mid;   //向左逼近
24          else low＝mid＋1;                      //在右区间中查找
25      }
26      return low;
27  }
28 };
```

提交运行：

结果：通过；时间：4ms；空间：10.9MB

⊞ Python：

```
1  class Solution:
2      def search(self, nums: List[int], target: int) -> int:
3          n＝len(nums)
4          base＝self.getBase(nums)              ♯获取基准位置
5          low,high＝0,n−1
6          while low＜＝high:                     ♯查找区间中至少有一个元素时循环
7              mid＝(low＋high)//2
8              i＝(mid＋base)%n                   ♯a[mid]＝nums[i]
9              if target＝＝nums[i]:return i
10             if target＞nums[i]:low＝mid＋1
11             else:high＝mid−1
12         return −1

13     def getBase(self,nums):                    ♯查找基准位置
14         low,high＝0,len(nums)−1
15         while low＜high:
16             mid＝(low＋high)//2
17             if nums[mid]＜nums[high]:high＝mid  ♯向左逼近
18             else:low＝mid＋1                    ♯在右区间中查找
19         return low
```

提交运行：

结果：通过；时间：44ms；空间：16.4MB

【解法2】 扩展二分查找方法。用 a 表示 nums 数组，基准将旋转数组分为左、右两个有序段，不必先求出基准位置，直接从非空查找区间[low,high]（初始为[0,n−1]）开始查找，求中间位置 mid＝(low＋high)/2。

(1) 若 a[mid]＝target，查找成功直接返回 mid。

(2) 若 a[mid]＜a[high]，说明 a[mid]属于右有序段，分为两种子情况：

① 如果 a[mid]≤target && target≤a[high]，说明 target 在右有序段的后面部分，如图 17.13(a)所示，该部分是有序的，新查找区间改为[mid＋1,high]即可。

② 否则说明 target 在 a[mid]的前面部分，该部分不一定是有序的，但一定也是一个旋转数组，如图 17.13(b)所示，可以使用相同的查找方法查找 target，新查找区间改为[low,mid−1]即可。

$$a[\text{low}] < \cdots < a[*] > 基准 < \cdots < a[\text{mid}] < a[\text{mid}+1] < \cdots < \text{target} < \cdots < a[\text{high}]$$

(a) $a[\text{mid}] \leqslant \text{target} \&\& \text{target} \leqslant a[\text{high}]$

$$a[\text{low}] < \cdots < a[*] > 基准 < \cdots < a[\text{mid}-1] < a[\text{mid}] < \cdots < a[\text{high}]$$

(b) 否则

图 17.13 $a[\text{mid}] < a[\text{high}]$ 的两种情况

（3）若 $a[\text{mid}] > a[\text{high}]$，说明 $a[\text{mid}]$ 属于左有序段，同样分为两种子情况：

① 如果 $a[\text{low}] \leqslant \text{target} \&\& \text{target} \leqslant a[\text{mid}]$，说明 target 在左有序段的前面部分，如图 17.14(a) 所示，该部分是有序的，新查找区间改为 [low, mid−1] 即可。

② 否则说明 target 在 $a[\text{mid}]$ 的后面部分，该部分不一定是有序的，但一定也是一个旋转数组，如图 17.14(b) 所示，可以使用相同的查找方法查找 target，新查找区间改为 [mid+1, high] 即可。

$$a[\text{low}] < \cdots < \text{target} < \cdots < a[\text{mid}-1] < a[\text{mid}] < \cdots < a[*] > 基准 < \cdots < a[\text{high}]$$

(a) $a[\text{low}] \leqslant \text{target} \&\& \text{target} \leqslant a[\text{mid}]$

$$a[\text{low}] < \cdots < a[\text{mid}] < a[\text{mid}+1] < \cdots < a[*] > 基准 < \cdots < a[\text{high}]$$

(b) 否则

图 17.14 $a[\text{mid}] > a[\text{high}]$ 的两种情况

对应的算法如下。

C++：

```
1   class Solution {
2   public:
3       int search(vector<int>& nums, int target) {    //二分查找算法
4           int low=0, high=nums.size()-1;
5           while(low<=high) {                           //查找区间中至少有一个元素时循环
6               int mid=(low+high)/2;
7               if(nums[mid]==target)                    //找到后直接返回 mid
8                   return mid;
9               if(nums[mid]<nums[high]) {               //nums[mid]属于右有序段
10                  if(nums[mid]<=target && target<=nums[high])
11                      low=mid+1;                       //在右有序段的后面部分(有序)中查找
12                  else
13                      high=mid-1;                      //在 nums[low..mid-1]中查找
14              }
15              else {                                   //nums[mid]属于左有序段
16                  if(nums[low]<=target && target<=nums[mid])
17                      high=mid-1;                      //在左有序段的前面部分(有序)中查找
18                  else
19                      low=mid+1;                       //在 nums[mid+1..high]中查找
20              }
21          }
22          return -1;
23      }
24  };
```

提交运行：

> 结果：通过；时间：0ms；空间：10.8MB

Python：

```
1    class Solution:
2        def search(self, nums: List[int], target: int) -> int:
3            low, high = 0, len(nums) - 1
4            while low <= high:                    # 查找区间中至少有一个元素时循环
5                mid = (low + high) // 2
6                if nums[mid] == target:           # 找到后直接返回 mid
7                    return mid
8                if nums[mid] < nums[high]:        # nums[mid] 属于右有序段
9                    if nums[mid] <= target and target <= nums[high]:
10                       low = mid + 1              # 在右有序段的后面部分(有序)中查找
11                   else:
12                       high = mid - 1            # 在 nums[low..mid-1] 中查找
13               else:                             # nums[mid] 属于左有序段
14                   if nums[low] <= target and target <= nums[mid]:
15                       high = mid - 1            # 在左有序段的前面部分(有序)中查找
16                   else:
17                       low = mid + 1             # 在 nums[mid+1..high] 中查找
18           return -1
```

提交运行：

> 结果：通过；时间：36ms；空间：16.3MB

17.4.8 LeetCode81——搜索旋转排序数组 II ★★

【问题描述】 假设按照升序排序的数组在预先未知的某个点上进行了旋转。例如，数组 $[0,0,1,2,2,5,6]$ 可能变为 $[2,5,6,0,0,1,2]$。编写一个函数判断给定的目标值是否存在于数组中，若存在，返回 true，否则返回 false。

示例 1：输入 nums = $[2,5,6,0,0,1,2]$，target = 0，输出为 true。

示例 2：输入 nums = $[2,5,6,0,0,1,2]$，target = 3，输出为 false。

【解题思路】 扩展二分查找方法。用 a 表示 nums 数组，与 17.4.7 节中的思路类似，但这里元素可以重复。从非空查找区间 $[low, high]$(初始为 $[0, n-1]$)开始查找，求中间位置 mid = (low + high)/2。

(1) 若 $a[mid] = $ target，查找成功直接返回 mid。

(2) 若 $a[mid] < a[high]$，说明 $a[mid]$ 属于右有序段，分为两种子情况：

① 如果 $a[mid] \leqslant$ target && target $\leqslant a[high]$，说明 target 在右有序段的后面部分，该部分是有序的，查找区间改为 $[mid+1, high]$ 即可。

② 否则说明 target 在 $a[mid]$ 的前面部分，该部分不一定是有序的，但一定也是一个旋转数组，可以使用相同的查找方法查找 target，查找区间改为 $[low, mid-1]$ 即可。

(3) 若 $a[mid] > a[high]$，说明 $a[mid]$ 属于左有序段，与(2)类似。

(4) 其他情况一定满足这样的条件，$a[mid] \neq$ target 并且 $a[mid] = a[high]$(即 $a[mid..high]$ 的所有元素值相同)，可以推出 $a[high] \neq$ target，此时将查找区间的右端缩小一个位置，即新查找区间变为 $[low, high-1]$。

扫一扫

源程序

17.4.9 LeetCode315——计算右侧小于当前元素的个数★★★

问题描述参见 13.3.2 节。

【解题思路】 扩展二分查找方法。用 ans 存放答案(初始为空),定义一个有序向量 tmp(初始为空),先将 0 添加到 ans 中,nums$[n-1]$ 添加到 tmp 中(表示 nums$[n-1]$ 右侧小于它的元素个数为 0)。

用 i 从 $n-2$ 到 0 的逆序遍历 nums,在有序向量 tmp 中找到第一个大于或等于 nums$[i]$ 的位置 it,则 it$-$tmp. begin()就是 nums$[i]$ 右侧小于它的元素数量,将其添加到 ans 中,同时将 nums$[i]$ 有序插入 tmp 中。当 nums 数组遍历完毕,将 ans 逆置后返回即可。

例如,nums=[5,2,6,1],初始时 ans=[],tmp=[],将 0 添加到 ans 中,ans=[1],将 1 添加到 tmp 中,tmp[1]。

(1) $i=2$,求出 tmp 中小于 6 的元素个数为 1,将 1 添加到 ans 中,ans=[0,1],将 6 有序插入 tmp 中,tmp=[1,6],如图 17.15(a)所示。

(2) $i=1$ 的结果如图 17.15(b)所示。

(3) $i=0$ 的结果如图 17.15(c)所示。

将 ans 逆置,ans=[2,1,1,0],返回之。

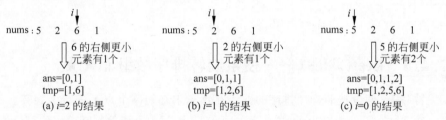

图 17.15 nums=[5,2,6,1]的求解过程

对应的算法如下。

▦ C++:

```cpp
1   class Solution {
2   public:
3       vector<int> countSmaller(vector<int>& nums) {
4           int n=nums.size();
5           vector<int> ans;
6           vector<int> tmp;
7           ans.push_back(0);
8           tmp.push_back(nums[n-1]);
9           for(int i=n-2;i>=0;i--) {
10              auto it=lower_bound(tmp.begin(),tmp.end(),nums[i]);
11              ans.push_back(it-tmp.begin());
12              tmp.insert(it,nums[i]);
13          }
14          reverse(ans.begin(),ans.end());
15          return ans;
16      }
17  };
```

提交运行:

结果:超时(66 个测试用例通过了 61 个)

上述算法在 tmp 中插入一个元素的时间为 $O(n)$,合起来算法的时间复杂度为 $O(n^2)$,所以会出现超时现象。在 Python 中提供了有序列表 SortedList,可以通过调用 SortedList. bisect_left(nums[i]) 以 $O(\log_2 n)$ 的时间求出其中小于 nums[i] 的元素个数(C++ 中没有类似的容器,可以手工设计含子树结点的平衡二叉树实现该功能),所以没有超时。对应的算法如下。

Python:

```
1   from sortedcontainers import SortedList
2   class Solution:
3       def countSmaller(self, nums: List[int]) -> List[int]:
4           n=len(nums)
5           sl=SortedList()
6           ans=[0] * n
7           for i in range(n-1,-1,-1):
8               ans[i]=sl.bisect_left(nums[i])
9               sl.add(nums[i])
10          return ans
```

提交运行:

结果:通过;时间:1092ms;空间:32.8MB

17.4.10 LeetCode493——翻转对★★★

问题描述参见 17.3.4 节。

【解题思路】 扩展二分查找方法。与 17.4.9 节类似,用 ans 存放答案(初始为 0),定义一个有序向量 tmp(初始为空),先将 $2 \times$ nums[$n-1$] 添加到 tmp 中。用 i 从 $n-2$ 到 0 的逆序遍历 nums,在有序向量 tmp 中找到第一个大于或等于 nums[i] 的位置 it,则 it$-$tmp. begin() 就是 nums[i] 的重要翻转对的个数,将其累计到 ans 中,同时将 2nums[i] 有序插入 tmp 中。当 nums 数组遍历完毕,返回 ans 即可。同样 C++ 算法出现超时现象,而 Python 算法中由于使用了 SortedList 有序列表性能良好。

扫一扫

源程序

17.4.11 LeetCode215——数组中第 k 大的元素★★

问题描述参见 17.3.2 节。

【解题思路】 以取值范围为查找区间的二分查找方法。先解决求数组 a 中第 k 小的元素的问题。假设 a 中第 k 小的元素为 x,则 a 中小于或等于 x 的元素的个数恰好为 k。

求出数组 a 中的最小和最大元素分别为 low 和 high,答案一定位于 [low,high](看成一个递增有序区间),以此为区间进行查找,置 mid=(low+high)/2,求出 a 中小于或等于 mid 的元素的个数 cnt。

(1) 若 cnt>k,说明 mid 作为第 k 小的元素大了,应减小 mid。

(2) 若 cnt<k,说明 mid 作为第 k 小的元素小了,应增大 mid。

所以该问题转换为在 [low,high] 中查找第一个满足 cnt≥k 的 mid(或者说满足 cnt≥k 的最小 mid),下面使用 17.1.2 节中查找插入点的两种解法实现该算法。求解本问题还需要注意以下两点:

(1) 本问题是求第 k 大的元素,需要转换为求第 $n-k+1$ 小的元素。

（2）一般在有序数组中使用二分查找时以下标$[0,n-1]$为查找区间，区间的上、下界值为非负整数，在求 mid＝(low＋high)/2 时，若区间中包含偶数个整数，存在两个中位数，自动取前一个中位数。这里以数组元素的取值范围$[low,high]$为区间，可能存在负整数，例如区间为$[-1,0]$，求 mid＝(low＋high)/2 的结果是 0 而不是-1，这样不能实现向左区间逼近的目的，所以改为 mid＝low＋(high－low)/2。

对应的算法如下。

C++：

```
1   class Solution {
2   public:
3       int findKthLargest(vector < int > & nums, int k) {
4           int n = nums.size();
5           if(n==1) return nums[0];
6           return smallk(nums,n-k+1);
7       }
8
9       int smallk(vector < int > &a, int k) {          //查找到区间为空
10          int low= * min_element(a.begin(),a.end());
11          int high= * max_element(a.begin(),a.end());
11          while(low <= high) {                        //区间中至少有一个元素时循环
12              int mid=low+(high-low)/2;               //保证长度为2时找左中间元素
13              int cnt=0;
14              for(int i=0;i < a.size();i++) {
15                  if(a[i] <= mid) cnt++;
16              }
17              if(cnt >= k)                             //说明 mid 大了
18                  high=mid-1;                          //在左区间中继续查找
19              else                                    //说明 mid 小了
20                  low=mid+1;                           //在右区间中继续查找
21          }
22          return low;                                 //或者 return high
23      }
24  };
```

提交运行：

结果：通过；时间：84ms；空间：44.3MB

Python：

```
1   class Solution:
2       def findKthLargest(self, nums: List[int], k: int) -> int:
3           n=len(nums)
4           if n==1:return nums[0]
5           return self.smallk(nums,n-k+1)
6
7       def smallk(self,a,k):                        #查找到区间为空
8           low,high=min(a),max(a)
8           while low <= high:                       #区间中至少有两个元素时循环
9               mid=low+(high-low)//2                #保证长度为2时找左中间元素
10              cnt=0
11              for x in a:
12                  if x <= mid:cnt+=1
13              if cnt >= k:                         #说明 mid 大了
14                  high=mid-1                       #在左区间中继续查找
15              else:                                #说明 mid 小了
16                  low=mid+1                        #在右区间中继续查找
17          return low                               #或者 return high
```

提交运行：

结果:通过;时间:228ms;空间:27MB

17.4.12　LeetCode378——有序矩阵中第 k 小的元素★★

【问题描述】　给定一个 $n \times n$ 的矩阵 matrix,其中每行和每列的元素均按升序排序,找到矩阵中第 k 小的元素。注意,它是排序后第 k 小的元素,而不是第 k 个不同的元素。

例如,matrix=[[1,5,9],[10,11,13],[12,13,15]],$k=8$,矩阵中的所有元素递增排序后为[1,5,9,10,11,12,13,13,15],第 8 小的元素是 13,答案为 13。

【限制】　$n=$ matrix. length,$n=$ matrix[i]. length,$1 \leqslant n \leqslant 300$,$-10^9 \leqslant$ matrix[i][j] $\leqslant 10^9$,题目数据保证 matrix 中的所有行和列都按非递减顺序排列,$1 \leqslant k \leqslant n^2$。

【解题思路】　以取值范围为查找区间的二分查找方法。对于满足题目要求的二维矩阵 a,显然 $a[0][0]$ 为最小值,$a[n-1][n-1]$ 为最大值,第 k 小的元素一定在 $[a[0][0]$,$a[n-1][n-1]]$ 范围内。假设 a 中小于或等于 mid 的元素的个数为 cnt,本问题就是在 $[a[0][0],a[n-1][n-1]]$(看成递增有序区间)中查找满足 cnt $\geqslant k$ 的最小 mid(详细分析参见 17.4.11 节)。另外,根据该有序矩阵的特殊性,查找矩阵中小于或等于 mid 的元素的个数(参见 17.4.3 节)。对应的算法如下。

▦ C++:

```cpp
 1  class Solution {
 2  public:
 3      int kthSmallest(vector < vector < int >> & matrix, int k) {   //查找到区间中仅含一个元素
 4          int n=matrix. size();
 5          int low=matrix[0][0];
 6          int high=matrix[n-1][n-1];
 7          while(low < high) {
 8              int mid=low+(high-low)/2;
 9              int cnt=Count(matrix, mid);
10              if(cnt >=k)                //说明 mid 大了
11                  high=mid;             //在左区间中继续查找
12              else                       //说明 mid 小了
13                  low=mid+1;            //在右区间中继续查找
14          }
15          return low;
16      }
17      int Count(vector < vector < int >> &a, int mid) {
18          int n=a. size();
19          int i=n-1,j=0;
20          int cnt=0;
21          while(i >=0 && j < n) {
22              if(a[i][j] <=mid) {
23                  cnt+=i+1;
24                  j++;
25              }
26              else i--;
27          }
28          return cnt;
29      }
30  };
```

提交运行:

结果:通过;时间:20ms;空间:12.8MB

Python：

```
1   class Solution:
2       def kthSmallest(self, matrix: List[List[int]], k: int) -> int:   # 查找到区间中仅含一个元素
3           n=len(matrix)
4           low,high=matrix[0][0],matrix[n-1][n-1]
5           while low<high:
6               mid=low+(high-low)//2
7               cnt=self.Count(matrix,mid)
8               if cnt>=k:                  # 说明 mid 大了
9                   high=mid                # 在左区间中继续查找
10              else:                       # 说明 mid 小了
11                  low=mid+1               # 在右区间中继续查找
12          return low

13      def Count(self,a,mid):
14          n=len(a)
15          i,j=n-1,0
16          cnt=0
17          while i>=0 and j<n:
18              if a[i][j]<=mid:
19                  cnt+=i+1
20                  j+=1
21              else:i-=1
22          return cnt
```

提交运行：

结果：通过；时间：48ms；空间：19.8MB

17.4.13　LeetCode410——分割数组的最大值★★★

【问题描述】　给定一个非负整数数组 nums 和一个整数 m，现在需要将这个数组分成 m 个非空的连续子数组，设计一个算法使得这 m 个子数组各自的和的最大值最小。

例如，nums=[7,2,5,10,8]，$m=2$，一共有 4 种分法：

(1) 分为[7]和[2,5,10,8]，结果为 25。

(2) 分为[7,2]和[5,10,8]，结果为 23。

(3) 分为[7,2,5]和[10,8]，结果为 18。

(4) 分为[7,2,5,10]和[8]，结果为 24。

在结果中最小值是 18，所以答案为 18。

【限制】　$1\leq$nums.length≤1000，$0\leq$nums$[i]\leq10^6$，$1\leq m\leq\min(50,$nums.length$)$。

【解题思路】　以取值范围为查找区间的二分查找方法。在本题中将 nums 分成 m 个非空的连续子数组，设 nums 中的最大元素为 low，nums 中全部元素的和为 high，显然划分的子数组的最大和在[low,high]范围内。现在在[low,high]中进行二分查找，假设划分的子数组的最大和是 mid 的时候对应的子数组的个数为 cnt，显然 mid 越大 cnt 越小，反之 mid 越小 cnt 越大：

(1) 若 cnt$<m$，划分的子数组的个数太少，说明 mid 作为子数组的最大和太大了。

(2) 若 cnt$>m$，划分的子数组的个数太多，说明 mid 作为子数组的最大和太小了。

本题求满足要求的最小的子数组的最大和，问题转换为在[low,high]中查找满足 cnt$<m$ 的最小 mid。

源程序

17.4.14　LeetCode1011——在 D 天内送达包裹的能力★★

【问题描述】　传送带上的包裹必须在 D 天内从一个港口运送到另一个港口,传送带上第 i 个包裹的重量为 weights$[i]$,每一天都会按给出重量的顺序往传送带上装载包裹,装载的重量不会超过船的最大运载重量,返回能在 D 天内将传送带上的所有包裹送达的船的最低运载能力。

例如,weights$=[1,2,3,4,5,6,7,8,9,10]$,$D=5$,答案为15,也就是说船的最低运载能力为15就能够在5天内送达所有包裹。

第1天:1,2,3,4,5

第2天:6,7

第3天:8

第4天:9

第5天:10

注意,包裹必须按照给定的顺序装载,因此使用运载能力为14的船并将包裹分成(2,3,4,5),(1,6,7),(8),(9),(10)是不允许的。

【限制】　$1\leqslant D\leqslant$ weights.length$\leqslant 5\times 10^4$,$1\leqslant$ weights$[i]\leqslant 500$。

【解题思路】　以取值范围为查找区间的二分查找方法。求解思路与17.4.13节完全相同,本题中所求的运载能力的最小值是 weights 中的最大值,这就是初始的左边界 low;最大值是 weights 的所有值的和,这就是初始的右边界 high。现在在[low,high]中进行二分查找,假设运载能力是 mid 的时候所需的天数为 cnt,显然 mid 作为运载能力值时越大需要的运送天数越少,反之越小需要的运送天数越多:

(1) 若 cnt<D,运送天数太少,说明 mid 作为运载能力值太大了,应减小 mid。

(2) 若 cnt>D,运送天数太多,说明 mid 作为运载能力值太小了,应增大 mid。

本题求满足要求的最低运载能力,问题转换为在[low,high]中查找满足 cnt<D 的最小 mid。对应的算法如下。

C++:

```
1   class Solution {
2   public:
3       int shipWithinDays(vector<int>& weights, int D) {//查找到区间中仅含一个元素
4           int maxw, sum=0;
5           maxw=weights[0];
6           for(int e:weights) {              //求 weights 中的最大值 maxw 以及元素和 sum
7               maxw=max(maxw,e);
8               sum+=e;
9           }
10          int low=maxw, high=sum;
11          while(low<high) {
12              int mid=(low+high)/2;
13              int cnt=Count(weights,mid);
14              if(cnt<D)              //说明 mid 大了
15                  high=mid;         //在左区间中继续查找
16              else                  //说明 mid 小了
17                  low=mid+1;        //在右区间中继续查找
18          }
19          return low;
```

```
20                }
21            int Count(vector<int>& weights,int mid) {
22                int cursum=0,cnt=0;
23                for(int i=0;i<weights.size();i++) {//求以 mid 为运载能力时对应的天数 cnt
24                    cursum+=weights[i];
25                    if(cursum>mid) {
26                        cnt++;
27                        cursum=weights[i];
28                    }
29                }
30                return cnt;
31            }
32        };
```

提交运行：

结果：通过；时间：64ms；空间：30.2MB

Python：

```
1    class Solution:
2        def shipWithinDays(self, weights: List[int], D: int) -> int:  #查找到区间中仅含一个元素
3            low,high=max(weights),sum(weights)
4            while low<high:
5                mid=(low+high)//2
6                cnt=self.Count(weights,mid)
7                if cnt<D:                      #说明 mid 大了
8                    high=mid                    #在左区间中继续查找
9                else:                          #说明 mid 小了
10                   low=mid+1                   #在右区间中继续查找
11               return low
12
13       def Count(self,weights,mid):
14           cursum,cnt=0,0
15           for i in range(0,len(weights)):  #求以 mid 为运载能力时对应的天数 cnt
16               cursum+=weights[i]
17               if cursum>mid:
18                   cnt+=1
19                   cursum=weights[i]
20               return cnt
```

提交运行：

结果：通过；时间：332ms；空间：20.5MB

推荐练习题

1. 剑指 Offer51——数组中的逆序对★★★

2. LeetCode136——只出现一次的数字★

3. LeetCode154——寻找旋转排序数组中的最小值Ⅱ★★★

4. LeetCode162——寻找峰值★★

5. LeetCode240——搜索二维矩阵Ⅱ★★

6. LeetCode268——丢失的数字★

7. LeetCode278——第一个错误的版本★

8. LeetCode287——寻找重复数★★

9. LeetCode327——区间和的个数★★★

10. LeetCode354——俄罗斯套娃信封问题★★★

11. LeetCode363——矩形区域不超过 k 的最大数值和★★★

12. LeetCode367——有效的完全平方数★

13. LeetCode374——猜数字大小★

14. LeetCode658——找到 k 个最接近的元素★★

15. LeetCode698——划分为 k 个相等的子集★★

16. LeetCode704——二分查找★

17. LeetCode1231——分享巧克力★★★

18. LeetCode1237——找出给定方程的正整数解★★

19. LeetCode1891——割绳子★★

20. LeetCode2426——满足不等式的数对数目★★★

第18章

DFS、BFS和拓扑排序

知识图谱

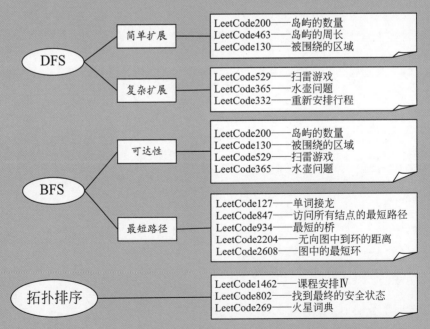

DFS
- 简单扩展
  - LeetCode200——岛屿的数量
  - LeetCode463——岛屿的周长
  - LeetCode130——被围绕的区域
- 复杂扩展
  - LeetCode529——扫雷游戏
  - LeetCode365——水壶问题
  - LeetCode332——重新安排行程

BFS
- 可达性
  - LeetCode200——岛屿的数量
  - LeetCode130——被围绕的区域
  - LeetCode529——扫雷游戏
  - LeetCode365——水壶问题
- 最短路径
  - LeetCode127——单词接龙
  - LeetCode847——访问所有结点的最短路径
  - LeetCode934——最短的桥
  - LeetCode2204——无向图中到环的距离
  - LeetCode2608——图中的最短环

拓扑排序
- LeetCode1462——课程安排IV
- LeetCode802——找到最终的安全状态
- LeetCode269——火星词典

18.1　DFS、BFS 和拓扑排序概述

18.1.1　深度优先搜索

深度优先搜索(Depth First Search,DFS)简称深搜,是一种用于图(或树)的搜索算法。图中某个顶点最多访问一次,没访问过的顶点称为"新点",访问过的顶点都标记为"旧点"。开始所有的顶点都是新点,从顶点 u 出发,能往前走到新点就走到新点(如果有多个新点可走,则随便选取一个),并且将刚走到的新点标记为旧点;如果不能走到新点,则退回到上一步的旧点,再看能否走到其他新点。从顶点 u 出发使用 DFS 遍历全部顶点得到的序列称为DFS 序列。通常设置一个访问标记数组 visited,其中 visited$[i]=0$ 表示顶点 i 没有访问过,visited$[i]=1$ 表示顶点 i 已访问,以防止在搜索中重复访问某个顶点。

例如,对于图 18.1 所示的无向图,假如先访问顶点0,从顶点 0 出发可以到达 1、2 和 3,若选择访问顶点 1,下一步只能选择新点 4 或者 5,而不能选择新点 2 和 3。从中看出这种策略能往前走一步就往前走一步,总是试图走得更远。

一个图的 DFS 序列不一定是唯一的,例如图 18.1 中 $v=0$ 的 DFS 序列有 014523、015423 等。

假设一个不带权图使用 adj 邻接表存储,adj$[u]$ 存放顶点 u 的所有邻接点,从图中某个顶点 u 出发的 DFS(u) 过程如下:

(1) 访问顶点 u。

(2) 依次从 u 的未被访问的邻接点 v 出发执行 DFS(v),直到图中和 u 有路径相通的顶点都被访问。

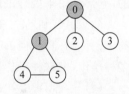

图 18.1　一个无向图

(3) 若此时图中尚有顶点未被访问,则从一个未被访问的顶点出发,重新进行深度优先遍历,直到图中所有顶点均被访问过为止。

从顶点 u 出发的 DFS 算法如下。

▦ C++:

```
1   vector < bool > visited;                              //顶点访问标记数组
2   void dfs1(vector < vector < int >> &adj, int u) {     //DFS
3       printf("%d", u);                                  //输出顶点 u
4       visited[u] = true;                                //访问顶点 u
5       for(int v:adj[u]) {                               //试探 u 的相邻点 v
6           if(!visited[v]) dfs1(adj, v);
7       }
8   }

9   void dfs(vector < vector < int >> &adj, int u) {      //求解算法
10      int n = adj.size();                               //图中顶点的个数
11      visited = vector < bool >(n, false);
12      dfs1(adj, u);
13  }
```

调用 dfs(adj, u) 的时间复杂度为 $O(n+e)$,其中 n 为图的顶点个数,e 为图的边数。

若 adj 表示的图是一个无环有向图,将 dfs1 算法改为 dfs2,即改为在访问一个顶点的所有相邻点后才输出该顶点:

C++:

```cpp
1   void dfs2(vector<vector<int>> &adj, int u) {   //DFS
2       visited[u]=true;                           //访问顶点 u
3       for(int v:adj[u]) {                         //试探 u 的相邻点 v
4           if(!visited[v]) dfs2(adj,v);
5       }
6       printf("%d",u);                            //输出顶点 u
7   }
```

如果顶点 u 是图中一个入度为 0 的顶点,并且将 dfs 改为调用 dfs2,则调用 dfs(adj, u)输出的序列(假设包含图中的所有顶点)恰好是一个逆拓扑序列。例如,对于图 18.2 所示的有向图,调用 dfs(adj,0) 的输出结果为 451230,其逆序 032154 就是一个拓扑序列。

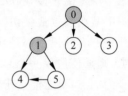

图 18.2 一个有向图

18.1.2 广度优先搜索

广度优先搜索(Breadth First Search,BFS)简称广搜,也是一种用于图(或树)的搜索算法。BFS 和 DFS 的区别如下:

(1) DFS 是按深度遍历的,在搜索到一个顶点时,立即对该顶点遍历相邻点,因此需要用先入后出的栈来实现,或者通过与栈等价的递归来实现。

(2) BFS 是按层遍历的,因此需要用先入先出的队列来实现。由于 BFS 是按层遍历的,它常被用来处理最短路径(按层最短)问题。

(3) DFS 和 BFS 都可以处理可达性或者路径问题,通常来说,DFS 适合于求所有满足约束条件的路径,而 BFS 适合于求最短路径。如果一个问题是求最小代价,每一步可能有多种操作,但每种操作的代价是相同的,在这种情况下可以使用广搜高效地求解。

(4) 尽管 DFS 和 BFS 的时间复杂度相同,但就最短路径而言,BFS 的时间性能比 DFS 好得多,同时 BFS 的空间复杂度比 DFS 大。

下面以求最短路径长度为例讨论广搜的几种方式。

1. 基本广搜

在不带权连通图 adj 中查找顶点 i 到 $j(i \neq j)$ 的最短路径长度。定义队列中元素的类型为 pair<int,int>,其中 first 分量表示顶点,second 分量表示 i 到当前顶点的路径的长度。对应的算法如下。

C++:

```cpp
1   int bfs1(vector<vector<int>> &adj, int i, int j) {   //基本 BFS
2       int n=adj.size();                               //图中顶点的个数
3       vector<bool> visited(n,false);                  //顶点访问标记数组
4       queue<pair<int,int>> qu;                        //定义一个队列
5       qu.push(pair<int,int>(i,0));
6       visited[i]=true;
7       while(!qu.empty()) {
8           auto e=qu.front();qu.pop();
9           int u=e.first;
10          int step=e.second;
11          for(int v:adj[u]) {                         //试探 u 的相邻点 v
12              if(v==j) return step+1;                 //查找成功
```

```
13                if(!visited[v]) {
14                    qu.push(pair<int,int>(v,step+1));
15                    visited[v]=true;
16                }
17            }
18        }
19    return -1;        //若没有找到j,则返回-1
20    }
```

上述算法的时间复杂度为 $O(n+e)$,其中 n 为图的顶点个数,e 为图的边数。

2. 分层次的广搜

在不带权连通图 adj 中查找顶点 i 到 $j(i \neq j)$ 的最短路径长度,实际上是求从顶点 i 一层一层扩展时找到 j 的扩展层数,在队列中仅存放顶点,用 ans 记录扩展的层数。对应的算法如下。

C++:

```
1  int bfs2(vector<vector<int>>&adj,int i,int j) {   //分层次的 BFS
2      int n=adj.size();                            //图中顶点的个数
3      vector<bool> visited(n,false);               //顶点访问标记数组
4      queue<int> qu;                               //定义一个队列
5      qu.push(i);
6      visited[i]=true;
7      int ans=0;                                    //存放扩展层数
8      while(!qu.empty()) {
9          int cnt=qu.size();
10         for(int k=0;k<cnt;k++) {                  //for循环执行一次访问一层的顶点
11             int u=qu.front();qu.pop();            //出队当前层的所有顶点
12             for(int v:adj[u]) {                   //试探 u 的相邻点 v
13                 if(v==j) return ans+1;            //查找成功
14                 if(!visited[v]) {
15                     qu.push(v);
16                     visited[v]=true;
17                 }
18             }
19         }
20         ans++;                                    //搜索的层数增1
21     }
22     return -1;                                    //若没有找到j,则返回-1
23 }
```

上述算法的时间复杂度为 $O(n+e)$,其中 n 为图的顶点个数,e 为图的边数。

3. 多起点广搜

假设求一个顶点 i 到顶点集合 $S(i$ 不包含在 S 中$)$ 中的最短路径长度,可以先将 S 中的所有顶点进队,然后使用基本广搜或者分层次广搜求到顶点 i 的最短路径长度。对应的算法如下。

C++:

```
1  int bfs3(vector<vector<int>>&adj,int i,vector<int>&S) {    //多起点分层次 BFS
2      int n=adj.size();                            //图中顶点的个数
3      vector<bool> visited(n,false);               //顶点访问标记数组
4      queue<int> qu;                               //定义一个队列
5      for(int j:S) {
```

```
6                qu.push(j);
7                visited[j]=true;
8            }
9        int ans=0;                          //存放扩展层数
10       while(!qu.empty()) {
11           int cnt=qu.size();
12           for(int k=0;k<cnt;k++) {        //for 循环执行一次访问一层的顶点
13               int u=qu.front();qu.pop();   //出队当前层的所有顶点
14               for(int v:adj[u]) {          //试探 u 的相邻点 v
15                   if(v==i) return ans+1;    //查找成功
16                   if(!visited[v]) {
17                       qu.push(v);
18                       visited[v]=true;
19                   }
20               }
21           }
22           ans++;                           //搜索的层数增 1
23       }
24       return -1;                           //若没有找到 i,则返回-1
25   }
```

上述算法的时间复杂度为 $O(n+e)$,其中 n 为图的顶点个数,e 为图的边数。

例如,对于图 18.1,$i=0$,$S=\{3,5\}$,调用 bfs3(adj,i,S)的结果为 1,因为 0 到 3 的最短路径长度为 1,0 到 5 的最短路径长度为 2,所以 0 到$\{3,5\}$的最短路径长度为 1。

4. 双向广搜

双向广搜就是从初始状态和目标状态两个方向向中间进行搜索,如图 18.3 所示。按照广搜的特性,两种方向搜索第一次相遇时肯定是最优的。原因是第一次相遇时的搜索步数一定是最小的,因为之前没有相遇过,所以一定不存在步数更少的解。

图 18.3 双向广搜的过程

假设在不带权连通图 adj 中查找顶点 i 到 $j(i\neq j)$ 的最短路径长度,在设计对应的双向广搜算法时,创建两个队列分别用于两个方向的搜索,qu1 用于从顶点 i 出发的广搜,qu2 用于从顶点 j 出发的广搜,另外创建两个哈希映射用于判断顶点是否重复搜索和记录最短路径长度,dis1 用于从顶点 i 出发的广搜,dis2 用于从顶点 j 出发的广搜。为了尽可能让两个搜索方向平均,每次从队列中取顶点进行扩展时,优先选择较小的队列进行扩展。如果在搜索(u)过程中搜索到对方搜索过的顶点(v),说明找到了最短路径,其长度为 dis1$[u]$+dis2$[v]$+1。对应的算法如下。

C++:

```
1    int dbfs(vector<vector<int>>&adj,int i,int j) { //双向 BFS
2        unordered_map<int,int> dis1,dis2;
3        queue<int> qu1,qu2;
4        qu1.push(i);
5        dis1[i]=0;
6        qu2.push(j);
7        dis2[j]=0;
8        while(qu1.size() && qu2.size()) {
9            int ans;
10           if(qu1.size()<=qu2.size())        //优先扩展顶点个数较少的层
11               ans=extend(adj,qu1,dis1,dis2);
12           else
```

```
13              ans=extend(adj,qu2,dis2,dis1);
14          if(ans!=-1) return ans;
15          }
16      return -1;
17  }

18  int extend(vector<vector<int>>&adj,queue<int>&qu,   //从(qu,dis1)向另外一方扩展
19      unordered_map<int,int>&dis1,unordered_map<int,int>&dis2) {
20      int cnt=qu.size();
21      for(int k=0;k<cnt;k++) {
22          auto u=qu.front();qu.pop();
23          for(int v:adj[u]) {
24              if(dis2.count(v))                   //找到目标,查找成功
25                  return dis1[u]+dis2[v]+1;
26              if(dis1.count(v)==1)
27                  continue;
28              dis1[v]=dis1[u]+1;
29                  qu.push(v);
30          }
31          return -1;                          //查找不成功
32      }
33  }
```

上述算法的时间复杂度为$O(n+e)$,其中n为图的顶点个数,e为图的边数。

其实双向广度优先搜索的本质依然是广度优先搜索,只是考虑到当广度优先搜索进行到后面的时候,如果搜索树相对较大,可能会有很多无用的分支,而如果知道目标状态的位置,就可以同时从两个位置进行搜索,从而降低整个搜索过程的复杂度。注意,如果想进行双向搜索,必须要有两个起始点,如果只有一个起始点,是没有办法同时搜索的。

18.1.3　拓扑排序

拓扑排序(Topological Sorting)是产生一个有向无环图的所有顶点的线性序列,且该序列必须满足下面两个条件:每个顶点出现且只出现一次,若存在一条从顶点u到顶点v的路径,那么在序列中顶点u出现在顶点v的前面。

拓扑排序的过程如下:

(1) 从有向图中选择一个没有前驱(即入度为0)的顶点并且输出它。

(2) 从图中删去该顶点,并且删去从该顶点发出的全部有向边。

(3) 重复上述两步,直到剩余的图中不再存在没有前驱的顶点为止。

拓扑排序的结果有两种:一种是图中全部顶点都被输出,即得到包含全部顶点的拓扑序列,称为成功的拓扑排序;另一种是图中顶点未被全部输出,即只能得到部分顶点的拓扑序列,称为失败的拓扑排序。

由拓扑排序过程看出,如果只得到部分顶点的拓扑序列,那么剩余的顶点均有前驱顶点,或者说至少两个顶点相互为前驱,从而构成一个有向回路。

假设图使用邻接表 adj 存储,对应的拓扑排序算法如下。

▓▓ C++:

```
1  void topsort(vector<vector<int>>&adj) {     //拓扑排序
2      int n=adj.size();                        //图中顶点的个数
3      vector<int> degree(n,0);                 //存放顶点的入度
4      for(int u=0;u<n;u++) {                   //求顶点的入度
```

```
5              for(int v:adj[u]) degree[v]++;
6          }
7          stack<int> st;
8          for(int i=0;i<n;i++) {                //入度为0的顶点进栈
9              if(degree[i]==0) st.push(i);
10         }
11         while(!st.empty()) {                  //栈不空时循环
12             int i=st.top();st.pop();          //出栈顶点i
13             printf("%d",i);                   //输出i
14             for(int j:adj[i]) {               //考虑顶点i的出边顶点j
15                 degree[j]--;                  //顶点j的入度减1
16                 if(degree[j]==0)              //入度为0时进栈
17                     st.push(j);
18             }
19         }
20     }
```

上述算法的时间复杂度为 $O(n+e)$，其中 n 为图的顶点个数，e 为图的边数。对于图 18.2，调用该算法得到的一个拓扑序列为 032154。

说明：在上述拓扑排序中，用栈暂时保存所有入度为 0 的顶点，实际上这些入度为 0 的顶点的处理顺序不影响拓扑序列的正确性，所以可以将栈改为队列。

18.2　深度优先遍历应用的算法设计

18.2.1　LeetCode200——岛屿的数量★★

问题描述参见 10.3.1 节。

【解题思路】　深度优先搜索。用 ans 表示岛屿的数量（初始为 0），用 i、j 遍历整个 grid，若 grid$[i][j]$ = '1'（陆地），从 (i,j) 位置出发进行一次深度优先遍历找到该陆地所在的岛屿，将该岛屿中所有位置的 grid 值置为 '0'，置 ans++，再找到其他 grid$[i][j]$ = '1' 的位置做相同的操作。最后返回 ans。对应的算法如下。

说明：本题相当于在一个无向图中求连通分量的个数。

 C++:

```
1   class Solution {
2       int dx[4]={0,0,1,-1};                    //水平方向上的偏移量
3       int dy[4]={1,-1,0,0};                    //垂直方向上的偏移量
4   public:
5       int numIslands(vector<vector<char>>& grid) {
6           int m=grid.size();                   //行数
7           int n=grid[0].size();                //列数
8           int ans=0;
9           for(int i=0;i<m;i++) {
10              for(int j=0;j<n;j++) {
11                  if(grid[i][j]=='1') {        //(x,y)为陆地
12                      ans++;                   //累计调用dfs的次数
13                      dfs(grid,i,j);
14                  }
15              }
16          }
17          return ans;
```

```
18          }
19          void dfs(vector<vector<char>>& grid,int i,int j){  //从(i,j)位置出发深度优先遍历
20              grid[i][j]='0';                        //访问(i,j)
21              for(int di=0;di<4;di++){                //求出 di 方位的相邻位置(x,y)
22                  int x=i+dx[di];
23                  int y=j+dy[di];
24                  if(x<0 || x>=grid.size() || y<0 || y>=grid[0].size())
25                      continue;                       //超界时跳过
26                  if(grid[x][y]=='0')
27                      continue;
28                  dfs(grid,x,y);
29              }
30          }
31      };
```

提交运行：

结果：通过；时间：28ms；空间：12MB

⊞ **Python**：

```
1   class Solution:
2       def numIslands(self, grid: List[List[str]]) -> int:
3           self.dx=[0,0,1,-1]                    #水平方向上的偏移量
4           self.dy=[1,-1,0,0]                    #垂直方向上的偏移量
5           self.m,self.n=len(grid),len(grid[0])
6           ans=0
7           for i in range(0,self.m):
8               for j in range(0,self.n):
9                   if grid[i][j]=='1':           #(x,y)为陆地
10                      ans+=1                    #累计调用 dfs 的次数
11                      self.dfs(grid,i,j)
12          return ans

13      def dfs(self,grid,i,j):                    #从(i,j)位置出发深度优先遍历
14          grid[i][j]='0'                         #访问(i,j)
15          for di in range(0,4):
16              x,y=i+self.dx[di],j+self.dy[di]    #求出 di 方位的位置(x,y)
17              if x<0 or x>=self.m or y<0 or y>=self.n:
18                  continue                       #超界时跳过
19              if grid[x][y]=='0': continue
20              self.dfs(grid,x,y)
```

提交运行：

结果：通过；时间：124ms；空间：26.6MB

18.2.2　LeetCode463——岛屿的周长 ★

【问题描述】　给定一个 $m \times n$ 的二维网格地图 grid，其中 grid$[i][j]=1$ 表示陆地，grid$[i][j]=0$ 表示水域。网格中的格子在水平和垂直方向相连（对角线方向不相连）。整个网格完全被水包围，其中恰好有一个岛屿（或者说，一个或多个表示陆地的格子相连组成的岛屿）。岛屿中没有"湖"（"湖"指水域在岛屿内部且不和岛屿周围的水相连）。格子是边长为 1 的正方形。计算这个岛屿的周长。

例如，grid=[[0,1,0,0],[1,1,1,0],[0,1,0,0],[1,1,0,0]]，构成的唯一岛屿如图 18.4 所示，其周长为 16。

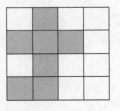

图 18.4　一个 grid

【限制】 $m = \text{grid.length}, n = \text{grid}[i].\text{length}, 1 \leqslant \text{row}, \text{col} \leqslant 100, \text{grid}[i][j]$ 为 0 或 1。

【解题思路】 深度优先搜索。用 ans 表示唯一岛屿的周长(初始化为 0)。从某个陆地出发进行深度优先搜索,对于一个陆地(x, y),搜索它四周的相邻位置(每个相邻位置对应一条边),若相邻位置超界或者为一个水域,则对应的边就是该岛屿周长上的一条边,将 ans 增 1,否则从相邻位置出发继续深度优先搜索。最后返回 ans 即可。

18.2.3　LeetCode130——被围绕的区域★★

【问题描述】 给定一个 $m \times n$ 的矩阵 board,它由若干字符'X'和'O'构成,找到所有被'X'围绕的区域,并将这些区域中所有的'O'用'X'填充。

例如,board=[['X','X','X','X'],['X','O','O','X'],['X','X','O','X'],['X','O','X','X']],如图 18.5(a)所示,执行算法后 board 变成如图 18.5(b)所示的结果。

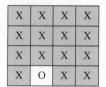

(a) 初始board　　　　　　(b) 最后的board

图 18.5　初始和最后的 board

【限制】 $m = \text{board.length}, n = \text{board}[i].\text{length}, 1 \leqslant m, n \leqslant 200, \text{board}[i][j]$ 为'X'或'O'。

【解题思路】 深度优先搜索。从矩阵最外面一圈开始逐渐向里扩展。若'O'在矩阵的最外圈,它肯定不会被'X'包围,与它相连(邻)的'O'也不可能被'X'包围,也就不会被替换。求解过程是,先找出最外圈的每个'O',再找到与最外圈的'O'相连的'O',将这些'O'均替换为'$'(它们是不会被'X'包围的),最后做替换操作,即将所有'O'替换为'X','$'替换为'O'(恢复)。也就是说,从最外面一圈的每个'O'出发进行 DFS 搜索并替换。

18.2.4　LeetCode529——扫雷游戏★★

【问题描述】 给定一个 $m \times n$ 的二维字符矩阵 board,表示扫雷游戏的盘面,其中:

(1) 'M' 代表一个未挖出的地雷。

(2) 'E' 代表一个未挖出的空方块。

(3) 'B' 代表没有相邻(上、下、左、右和 4 个对角线)地雷的已挖出的空白方块。

(4) 数字('1'到'8')表示有多少地雷与这块已挖出的方块相邻。

(5) 'X' 表示一个已挖出的地雷。

给定一个整数数组 click,click=[clickr,clickc](clickr 是行的下标,clickc 是列的下标)表示一个未挖出的方块('M'或者'E')的位置,根据以下规则,返回在该位置单击后对应的盘面。

(1) 如果挖出一个地雷('M'),游戏就结束了,把它改为'X'。

(2) 如果挖出一个没有相邻地雷的空方块('E'),修改它为('B'),则递归地挖出所有与其相邻的未挖出的方块。

(3) 如果挖出一个至少与一个地雷相邻的空方块('E'),修改它为数字('1'到'8'),表示相邻地雷的数量。

(4) 如果在此次单击中无更多的方块可以被挖出,则返回盘面。

例如,board=[["B","1","E","1","B"],["B","1","M","1","B"],["B","1","1","1","B"],["B","B","B","B","B"]],click=[1,2],答案为[["B","1","E","1","B"],["B","1","X","1","B"],["B","1","1","1","B"],["B","B","B","B","B"]],如图 18.6 所示。

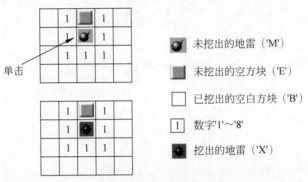

单击

- 未挖出的地雷('M')
- 未挖出的空方块('E')
- 已挖出的空白方块('B')
- 1 数字'1'~'8'
- 挖出的地雷('X')

图 18.6　样例的运行结果

【限制】　$m=board.length$,$n=board[i].length$,$1 \leqslant m,n \leqslant 50$,$board[i][j]$为'M'、'E'、'B'或数字'1'到'8'中的一个,$click.length=2$,$0 \leqslant clickr < m$,$0 \leqslant clickc < n$,$board[clickr][clickc]$为'M'或'E'。

【解题思路】　深度优先搜索。直接在 board 上修改并返回修改后的 board。对于当前位置(x,y),若 $board[x][y]=='M'$,说明挖出一个地雷,根据规则 1,把它改为'X',游戏结束,否则从(x,y)出发进行深度优先搜索。

(1) 求出与(x,y)位置相邻的'M'的个数 cnt。

(2) 若 $cnt=0$,说明(x,y)为一个空方块,根据规则 2,置 $board[x][y]='B'$,找到其相邻的非超界、非'B'的位置(nx,ny),从(nx,ny)出发继续深度优先搜索。为什么要求位置(nx,ny)为非'B'的位置呢?因为为'B'的位置要么是前面修改为'B'的,这种前面已经扩展过,要么初始为'B',表示没有相邻地雷的已挖出的空白方块,这两种情况都不需要继续扩展。

(3) 若 $cnt > 0$,说明(x,y)至少与一个地雷相邻,根据规则 3,将其改为对应的数字字符。

(4) 其他情况,根据规则 4 直接返回。

对应的算法如下。

C++:

```
1    class Solution {
2    public:
3        int dx[8]={0,1,0,-1,1,1,-1,-1};          //水平方向上的偏移量
4        int dy[8]={1,0,-1,0,1,-1,1,-1};          //垂直方向上的偏移量
5        int m,n;
6        vector<vector<char>> updateBoard(vector<vector<char>>& board,
7        vector<int>& click) {
8            m=board.size();n=board[0].size();
```

```
9           int x=click[0],y=click[1];
10          if(board[x][y]=='M')                    //规则1
11              board[x][y]='X';
12          else
13              dfs(board,x,y);
14          return board;
15      }

16      int Count(vector<vector<char>>& board,int x,int y){    //求(x,y)相邻的'M'的个数
17          int nx,ny,cnt=0;
18          for(int di=0;di<8;di++){                 //遍历8个方位
19              nx=x+dx[di];
20              ny=y+dy[di];
21              if(nx<0 || nx>=m || ny<0 || ny>=n)
22                  continue;                        //忽略超界的位置
23              if(board[nx][ny]=='M') cnt++;        //求相邻地雷的个数 cnt
24          }
25          return cnt;
26      }

27      void dfs(vector<vector<char>>& board,int x,int y){      //深度优先搜索
28          int cnt=Count(board,x,y);
29          if(cnt==0){                              //cnt=0:规则2
30              board[x][y]='B';
31              for(int di=0;di<8;di++){
32                  int nx=x+dx[di];
33                  int ny=y+dy[di];
34                  if(nx<0 || nx>=m || ny<0 || ny>=n)
35                      continue;                    //忽略超界的位置
36                  if(board[nx][ny]=='B')           //为'B'时跳过
37                      continue;                    //因为'B'表示该位置已经扩展过
38                  dfs(board,nx,ny);
39              }
40          }
41          else                                     //cnt>0:规则3
42              board[x][y]=cnt+'0';                 //转换为数字字符
43      }
44  };
```

提交运行：

结果:通过;时间:16ms;空间:11.31MB

▦ **Python**：

```
1   class Solution:
2       def updateBoard(self, board: List[List[str]], click: List[int]) -> List[List[str]]:
3           self.dx=[0,1,0,-1,1,1,-1,-1]        #水平方向上的偏移量
4           self.dy=[1,0,-1,0,1,-1,1,-1]        #垂直方向上的偏移量
5           x,y=click[0],click[1]
6           self.m,self.n=len(board),len(board[0])
7           if board[x][y]=='M':                #规则1
8               board[x][y]='X'
9           else:
10              self.dfs(board,x,y)
11          return board

12      def Count(self,board,x,y):
13          cnt=0
14          for di in range(0,8):               #求相邻地雷的个数 cnt
```

```
15              nx,ny=x+self.dx[di],y+self.dy[di]
16              if nx<0 or nx>=self.m or ny<0 or ny>=self.n:    #忽略超界的位置
17                  continue
18              if board[nx][ny]=='M':cnt+=1
19          return cnt

20      def dfs(self,board,x,y):
21          cnt=self.Count(board,x,y)
22          if cnt==0:                                   #cnt=0:规则 2
23              board[x][y]='B'
24              for di in range(0,8):
25                  nx,ny=x+self.dx[di],y+self.dy[di]
26                  if nx<0 or nx>=self.m or ny<0 or ny>=self.n:
27                      continue                        #忽略超界的位置
28                  if board[nx][ny]=='B':
29                      continue                        #跳过为'B'的位置
30                  self.dfs(board,nx,ny)
31          else:                                        #cnt>0:规则 3
32              board[x][y]=str(cnt)                     #转换为数字字符
```

提交运行：

结果：通过；时间：52ms；空间：18.61MB

18.2.5 LeetCode365——水壶问题 ★★

【问题描述】 有两个水壶,容量分别为 C1 和 C2 升,水的供应是无限的。确定是否有可能使用这两个水壶准确地得到 T 升水。如果可以得到 T 升水,请用以上水壶中的一个或两个来盛放取得的 T 升水。用户可以：

(1) 装满任意一个水壶。

(2) 清空任意一个水壶。

(3) 从一个水壶向另外一个水壶倒水,直到装满或者倒空。

例如,C1=3,C2=5,T=4,答案为 true；C1=2,C2=6,T=5,答案为 false。

【限制】 $1 \leqslant C1, C2, T \leqslant 10^6$。

【解题思路】 深度优先搜索。用(水壶 1 中的水量 cap1,水壶 2 中的水量 cap2)表示状态,初始时为(0,0),目标状态满足 cap1=T(水壶 1 盛放 T 升水)、cap2=T(水壶 2 盛放 T 升水)或者 cap1+cap2=T(两个水壶盛放 T 升水),否则依题意在(cap1,cap2)状态下可以做如下操作：

(1) 将水壶 1 装满,新状态为(C1,cap2)。

(2) 将水壶 2 装满,新状态为(cap1,C2)。

(3) 将水壶 1 清空,新状态为(0,cap2)。

(4) 将水壶 2 清空,新状态为(cap1,0)。

(5) 将水壶 1 中的水倒入水壶 2 中(前提是水壶 2 的剩余容量能够盛放水壶 1 中的水)。

(6) 将水壶 2 中的水倒入水壶 1 中(前提是水壶 1 的剩余容量能够盛放水壶 2 中的水)。

为了避免状态重复而陷入死循环,使用哈希集合 hset 存放搜索过的所有状态,其中元素类型为 pair<int,int>,为此需要自己设计哈希函数和判断两个元素相等的重载函数。

从(0,0)出发进行深度优先遍历,一旦找到目标状态,返回 true,如果搜索完所有状态都不满足目标条件,则返回 false。对应的算法如下。

C++ :

```
1   typedef pair<int,int> PII;
2        // 分别计算出内置类型的哈希值,然后对它们进行组合得到一个哈希值
3        // 一般直接通过移位加异或(XOR)得到哈希值
4   struct HashFunc {
5        size_t operator()(const PII& p) const {
6            return std::hash<int>()(p.first)^std::hash<int>()(p.second);
7        }
8   };
9        //键值比较,哈希冲突的比较,需要知道两个自定义对象是否相等
10  struct EqualKey {
11       bool operator()(const PII& p1,const PII& p2) const {
12           return p1.first==p2.first && p1.second==p2.second;
13       }
14  };

15  class Solution {
16       int C1,C2,T;
17       unordered_set<pair<int,int>,HashFunc,EqualKey> hset;    //哈希集合用于状态判重
18  public:
19       bool canMeasureWater(int C1,int C2,int T) {
20           hset.insert(PII(0,0));
21           this->C1=C1;this->C2=C2;
22           this->T=T;
23           return dfs(0,0);
24       }

25       bool dfs(int cap1,int cap2) {                     //深度优先遍历算法
26           if(cap1==T || cap2==T || cap1+cap2==T)
27               return true;                              //到达目标返回真
28           else {
29               if(hset.count(PII(C1,cap2))==0) {    //将水壶1装满
30                   hset.insert(PII(C1,cap2));
31                   if(dfs(C1,cap2)) return true;
32               }
33               if(hset.count(PII(cap1,C2))==0) {    //将水壶2装满
34                   hset.insert(PII(cap1,C2));
35                   if(dfs(cap1,C2)) return true;
36               }
37               if(hset.count(PII(0,cap2))==0) {    //将水壶1清空
38                   hset.insert(PII(0,cap2));
39                   if(dfs(0,cap2)) return true;
40               }
41               if(hset.count(PII(cap1,0))==0) {    //将水壶2清空
42                   hset.insert(PII(cap1,0));
43                   if(dfs(cap1,0)) return true;
44               }
45               int need=min(cap1,C2-cap2);         //取水壶1和水壶2剩余容量的最小值
46               if(hset.count(PII(cap1-need,cap2+need))==0) {
47                   hset.insert(PII(cap1-need,cap2+need));//将水壶1中need水倒入水壶2
48                   if(dfs(cap1-need,cap2+need)) return true;
49               }
50               need=min(cap2,C1-cap1);             //取水壶2和水壶1剩余容量的最小值
51               if(hset.count(PII(cap1+need,cap2-need))==0) {
52                   hset.insert(PII(cap1+need,cap2-need));//将水壶2中need水倒入水壶1
53                   if(dfs(cap1+need,cap2-need)) return true;
54               }
```

```
55                  }
56              return false;
57          }
58      };
```

由于测试数据量(如 C1＝104579,C2＝104593,T＝12444)时上述程序代码出现栈溢出,使用栈模拟方式将递归函数改为等价的非递归函数,对应的算法如下。

```
1    typedef pair＜int,int＞PII;
2    struct HashFunc {
3        size_t operator()(const PII&p) const {
4            return std::hash＜int＞()(p.first)^std::hash＜int＞()(p.second);
5        }
6    };
7    struct EqualKey {
8        bool operator()(const PII&p1,const PII&p2) const {
9            return p1.first==p2.first && p1.second==p2.second;
10       }
11   };
12   typedef pair＜int, int＞PII;

13   class Solution {
14   public:
15       bool canMeasureWater(int C1,int C2,int T) {
16           stack＜PII＞st;                    //定义一个栈
17           st.emplace(0,0);
18           unordered_set＜pair＜int,int＞,HashFunc,EqualKey＞hset;//哈希集合用于状态判重
19           hset.insert(PII(0,0));
20           while(!st.empty()) {              //深度优先遍历的非递归算法
21               auto [cap1,cap2]=st.top();st.pop();   //出栈一个状态
22               if(cap1==T || cap2==T || cap1+cap2==T)
23                   return true;
24               if(hset.count(PII(C1,cap2))==0) {    //将水壶1装满
25                   hset.insert(PII(C1,cap2));
26                   st.emplace(C1,cap2);
27               }
28               if(hset.count(PII(cap1,C2))==0) {    //将水壶2装满
29                   hset.insert(PII(cap1,C2));
30                   st.emplace(cap1,C2);
31               }
32               if(hset.count(PII(0,cap2))==0) {     //将水壶1清空
33                   hset.insert(PII(0,cap2));
34                   st.emplace(0,cap2);
35               }
36               if(hset.count(PII(cap1,0))==0) {     //将水壶2清空
37                   hset.insert(PII(cap1,0));
38                   st.emplace(cap1,0);
39               }
40               int need=min(cap1,C2-cap2);     //取水壶1和水壶2剩余容量的最小值
41               if(hset.count(PII(cap1-need,cap2+need))==0) {
42                   hset.insert(PII(cap1-need,cap2+need)); //将水壶1中need水倒入水壶2
43                   st.emplace(cap1-need,cap2+need);
44               }
45               need=min(cap2,C1-cap1);         //取水壶2和水壶1剩余容量的最小值
46               if(hset.count(PII(cap1+need,cap2-need))==0) {
47                   hset.insert(PII(cap1+need,cap2-need)); //将水壶2中need水倒入水壶1
48                   st.emplace(cap1+need,cap2-need);
```

```
49                    }
50                }
51            return false;
52        }
53    };
```

提交运行:

执行:通过;时间:796ms;空间:166.1MB

Python:

```
1    class Solution:
2        def canMeasureWater(self,C1:int,C2:int,T:int) -> bool:
3            hset=set((0,0))                        ♯集合用于状态判重
4
5            def dfs(cap1,cap2):                     ♯深度优先遍历算法
6                if cap1==T or cap2==T or cap1+cap2==T:
7                    return True                      ♯到达目标返回真
8                else:
9                    if(C1,cap2) not in hset:         ♯将水壶1装满
10                       hset.add((C1,cap2))
11                       if dfs(C1,cap2):return True
12                   if(cap1,C2) not in hset:         ♯将水壶2装满
13                       hset.add((cap1,C2))
14                       if dfs(cap1,C2):return True
15                   if(0,cap2) not in hset:          ♯将水壶1清空
16                       hset.add((0,cap2))
17                       if dfs(0,cap2):return True
18                   if(cap1,0) not in hset:          ♯将水壶2清空
19                       hset.add((cap1,0))
20                       if dfs(cap1,0):return True
21                   need=min(cap1,C2-cap2)  ♯取水壶1和水壶2剩余容量的最小值
22                   if(cap1-need,cap2+need) not in hset:
23                       hset.add((cap1-need,cap2+need))   ♯将水壶1中need水倒入水壶2
24                       if dfs(cap1-need,cap2+need):return True
25                   need=min(cap2,C1-cap1)  ♯取水壶2和水壶1剩余容量的最小值
26                   if(cap1+need,cap2-need) not in hset:
27                       hset.add((cap1+need,cap2-need))♯将水壶2中need水倒入水壶1
28                       if dfs(cap1+need,cap2-need):return True
29               return False
30
31           return dfs(0,0)
```

提交运行:

结果:通过;时间:2108ms;空间:684.3MB

思考题:如何使用最大公约数算法求解水壶问题以提高效率?

18.2.6 LeetCode332——重新安排行程★★★

【问题描述】 给定一份航线列表 tickets,其中 tickets[i]=[from$_i$,to$_i$]表示飞机出发和降落的机场地点,请对行程进行重新规划。所有这些机票都属于一位从 JFK(肯尼迪国际机场)出发的先生,所以该行程必须从 JFK 开始,如果存在多种有效的行程,请按字典序返回最小的行程组合,如行程有["JFK","LGA"]或者["JFK","LGB"],答案为 ["JFK","LGA"],因为它相比更小,排序更靠前。假定所有机票至少存在一种合理的行程,且所有的机票都必须用一次且只能用一次。

例如, tickets＝[["JFK","SFO"],["JFK","ATL"],["SFO","ATL"],["ATL","JFK"],["ATL","SFO"]], 如图18.7所示, 答案为["JFK","ATL","JFK","SFO","ATL","SFO"], 另一种有效的行程是["JFK","SFO","ATL","JFK","ATL","SFO"], 但是它的字典序更大、更靠后。

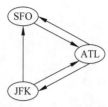

图18.7 一份航线图

【限制】 $1 \leqslant$ tickets.length $\leqslant 300$, tickets[i].length $= 2$, from$_i$.length $=$ to$_i$.length $= 3$, from$_i$ 和 to$_i$ 由大写英文字母组成, from$_i \neq$ to$_i$。

【解题思路】 深度优先搜索。将每个机场看成一个顶点, 一张机票[from$_i$, to$_i$]表示从from$_i$到to$_i$的一条有向边, 所以航线列表tickets构成一个有向图, 本题就是求从"JFK"顶点出发经过所有边并且按字典序最小的路径序列ans(找一条欧拉通路)。

先由tickets产生这样的哈希表hmap, 关键字为出发机场, 对应值为该机场直达的所有目的机场, 由于可能存在多张完全相同的机票, 同时为了找字典序最小的路径序列, 让目的机场列表是有序的, 所以将hmap设计为unordered_map < string, multiset < string >>。

从"JFK"出发进行深度优先遍历, 为了避免存在环路导致结点被重复访问, 每访问过一条边就把该边删除(或者标记该边为已访问), 同时改为遍历完一个顶点所连的相邻顶点后才将该顶点记录到ans, 最后ans的逆序就是答案。对应的算法如下。

C++:

```
1   class Solution {
2       vector < string > ans;
3   public:
4       vector < string > findItinerary(vector < vector < string >> & tickets) {
5           unordered_map < string, multiset < string >> hmap;
6           for(int i＝0;i < tickets.size();i＋＋)
7               hmap[tickets[i][0]].insert(tickets[i][1]);
8           dfs(hmap, "JFK");
9           reverse(ans.begin(), ans.end());          //逆置 ans
10          return ans;
11      }
12
13      void dfs(unordered_map < string, multiset < string >> &hmap, string f) {
14          while(!hmap[f].empty()) {
15              string t＝ * hmap[f].begin();          //找到一个航线[f,t]
16              hmap[f].erase(hmap[f].begin());        //删除 t
17              dfs(hmap, t);
18          }
19          ans.push_back(f);                          //逆序插入 f
20      }
21  };
```

提交运行:

结果:通过;时间:16ms;空间:14.1MB

Python:

```
1   class Solution:
2       def findItinerary(self, tickets: List[List[str]]) -> List[str]:
3           self.ans＝[]
4           hmap＝{}
```

```
 5              for e in tickets:
 6                  if e[0] in hmap:
 7                      hmap[e[0]].append(e[1])
 8                  else:
 9                      hmap[e[0]]=[e[1]]
10              for k in hmap.keys():
11                  val=hmap[k]
12                  hmap[k]=sorted(val,reverse=True)        #递减排序
13              self.dfs(hmap,"JFK")
14              return self.ans[::-1]                       #逆置

15          def dfs(self,hmap,f):
16              while f in hmap and len(hmap[f])>0:
17                  val=hmap[f]
18                  t=val[-1]                               #找到一个航线[f,t]
19                  val.pop()                               #删除t
20                  hmap[f]=val
21                  self.dfs(hmap,t)
22              self.ans.append(f)                          #逆序插入f
```

提交运行：

结果:通过;时间:56ms;空间:16.5MB

18.3　广度优先遍历应用的算法设计

18.3.1　LeetCode200——岛屿的数量★★

问题描述参见 10.3.1 节。

【解题思路】　广度优先搜索。与 18.2.1 节中的解法类似,仅将深度优先搜索改为广度优先搜索。对应的算法如下。

C++:

```
 1  class Solution {
 2      int dx[4]={0,0,1,-1};                              //水平方向上的偏移量
 3      int dy[4]={1,-1,0,0};                              //垂直方向上的偏移量
 4  public:
 5      int numIslands(vector<vector<char>>& grid) {
 6          int m=grid.size();                             //行数
 7          int n=grid[0].size();                          //列数
 8          if(m==0 || n==0) return 0;
 9          int ans=0;
10          for(int i=0;i<m;i++) {
11              for(int j=0;j<n;j++) {
12                  if(grid[i][j]=='1') {
13                      ans++;                             //累计调用 dfs 的次数
14                      bfs(grid,i,j);
15                  }
16              }
17          }
18          return ans;
19      }

20      void bfs(vector<vector<char>>& grid,int i,int j) { //从(i,j)位置出发广度优先遍历
21          queue<pair<int,int>> qu;                       //定义一个队列
22          grid[i][j]='0';                                //访问(i,j)
```

```
23              qu.push(pair<int,int>(i,j));          //(i,j)进队
24              while(!qu.empty()) {                  //队列不空时循环
25                  auto e=qu.front(); qu.pop();      //出队元素 e
26                  i=e.first; j=e.second;
27                  for(int di=0;di<4;di++) {         //求出 di 方位的相邻位置(x,y)
28                      int x=i+dx[di];
29                      int y=j+dy[di];
30                      if(x<0 || x>=grid.size() || y<0 || y>=grid[0].size())
31                          continue;                 //超界时跳过
32                      if(grid[x][y]=='0')
33                          continue;
34                      grid[x][y]='0';               //访问(x,y)
35                      qu.push(pair<int,int>(x,y));  //(x,y)进队
36                  }
37              }
38          }
39  };
```

提交运行：

结果：通过；时间：32ms；空间：17.7MB

🔲 **Python**：

```
1   class Solution:
2       def numIslands(self, grid: List[List[str]]) -> int:
3           self.dx=[0,0,1,-1]                        #水平方向上的偏移量
4           self.dy=[1,-1,0,0]                        #垂直方向上的偏移量
5           self.m,self.n=len(grid),len(grid[0])
6           ans=0
7           for i in range(0,self.m):
8               for j in range(0,self.n):
9                   if grid[i][j]=='1':
10                      ans+=1                        #累计调用 dfs 的次数
11                      self.bfs(grid,i,j)
12          return ans
13
14      def bfs(self,grid,i,j):                       #从(i,j)位置出发广度优先遍历
15          qu=deque()                                #定义一个队列
16          grid[i][j]='0'                            #访问(i,j)
17          qu.append([i,j])                          #(i,j)进队
18          while len(qu)>0:
19              [i,j]=qu.popleft();                   #出队元素[i,j]
20              for di in range(0,4):
21                  x,y=i+self.dx[di],j+self.dy[di]   #求出 di 方位的位置(x,y)
22                  if x<0 or x>=self.m or y<0 or y>=self.n:
23                      continue                      #超界时跳过
24                  if grid[x][y]=='0':
25                      continue
26                  grid[x][y]='0';                   #访问(x,y)
27                  qu.append([x,y])                  #(x,y)进队
```

提交运行：

结果：通过；时间：124ms；空间：25.69MB

18.3.2 LeetCode130——被围绕的区域★★

问题描述参见 18.2.3 节。

【解题思路】 广度优先遍历。与 18.2.3 节中的解法类似,仅将深度优先搜索改为多起

扫一扫

源程序

点的广度优先搜索。

18.3.3 LeetCode529——扫雷游戏★★

问题描述参见 18.2.4 节。

【解题思路】 广度优先搜索。与 18.2.4 节中的解法类似,仅将深度优先搜索改为广度优先搜索。对应的算法如下。

C++:

```
 1    class Solution {
 2        int dx[8]={0,1,0,-1,1,1,-1,-1};                    //水平方向上的偏移量
 3        int dy[8]={1,0,-1,0,1,-1,1,-1};                    //垂直方向上的偏移量
 4        int m,n;
 5    public:
 6        vector<vector<char>> updateBoard(vector<vector<char>>& board,vector<int>&
           click) {
 7            m=board.size();n=board[0].size();
 8            int x=click[0],y=click[1];
 9            if(board[x][y]=='M') {                         //规则1
10                board[x][y]='X';
11                return board;
12            }
13            int cnt=Count(board,x,y);
14            if(cnt==0) {                                   //cnt=0:规则2
15                board[x][y]='B';
16                bfs(board,x,y);
17            }
18            else                                           //cnt>0:规则3
19                board[x][y]=cnt+'0';
20            return board;
21        }

22        int Count(vector<vector<char>>& board,int x,int y) {//求(x,y)相邻的'M'数
23            int nx,ny,cnt=0;
24            for(int di=0;di<8;di++) {                      //遍历8个方位
25                nx=x+dx[di];
26                ny=y+dy[di];
27                if(nx<0 || nx>=m || ny<0 || ny>=n)         //忽略超界的位置
28                    continue;
29                if(board[nx][ny]=='M') cnt++;              //求相邻地雷的个数cnt
30            }
31            return cnt;
32        }

33        void bfs(vector<vector<char>>& board,int x,int y) { //广度优先搜索
34            int nx,ny,cnt;
35            queue<pair<int,int>> qu;                       //定义一个队列
36            qu.push(pair<int,int>(x,y));
37            while(!qu.empty()) {
38                auto e=qu.front();qu.pop();
39                int x=e.first,y=e.second;
40                for(int di=0;di<8;di++){
41                    nx=x+dx[di];
42                    ny=y+dy[di];
43                    if(nx<0 || nx>=m || ny<0 || ny>=n)     //忽略超界的位置
44                        continue;
45                    if(board[nx][ny]=='B')                 //为'B'时跳过
46                        continue;
```

```
47                    cnt=Count(board,nx,ny);         //求(nx,ny)周围的地雷数
48                    if(cnt==0) {                     //cnt=0:规则2
49                        board[nx][ny]='B';
50                        qu.push(pair<int,int>(nx,ny));
51                    }
52                    else                             //cnt>0:规则3
53                        board[nx][ny]=cnt+'0'; //转换为数字字符
54                }
55            }
56        }
57 };
```

提交运行：

结果：通过；时间：12ms；空间：11.07MB

⊞ **Python**：

```
1   class Solution:
2       def updateBoard(self, board: List[List[str]], click: List[int]) -> List[List[str]]:
3           self.dx=[0,1,0,-1,1,1,-1,-1]               #水平方向上的偏移量
4           self.dy=[1,0,-1,0,1,-1,1,-1]               #垂直方向上的偏移量
5           x,y=click[0],click[1]
6           self.m,self.n=len(board),len(board[0])
7           if board[x][y]=='M':                       #规则1
8               board[x][y]='X'
9               return board
10          cnt=self.Count(board,x,y)
11          if cnt==0:                                 #cnt=0:规则2
12              board[x][y]='B'
13              self.bfs(board,x,y)
14          else:                                      #cnt>0:规则3
15              board[x][y]=str(cnt)                   #转换为数字字符
16          return board
17
18      def Count(self,board,x,y):
19          cnt=0
20          for di in range(0,8):                      #求相邻地雷的个数cnt
21              nx,ny=x+self.dx[di],y+self.dy[di]
22              if nx<0 or nx>=self.m or ny<0 or ny>=self.n:
23                  continue                           #忽略超界的位置
24              if board[nx][ny]=='M':cnt+=1
25          return cnt
26
27      def bfs(self,board,x,y):
28          qu=deque()                                 #定义一个队列
29          qu.append([x,y])
30          while len(qu)>0:
31              [x,y]=qu.popleft();                    #出队元素[x,y]
32              for di in range(0,8):
33                  nx,ny=x+self.dx[di],y+self.dy[di]
34                  if nx<0 or nx>=self.m or ny<0 or ny>=self.n:
35                      continue                       #忽略超界的位置
36                  if board[nx][ny]=='B':             #为'B'时跳过
37                      continue;
38                  cnt=self.Count(board,nx,ny)        #求(nx,ny)周围的地雷数
39                  if cnt==0:                         #cnt=0:规则2
40                      board[nx][ny]='B'
41                      qu.append([nx,ny])
42                  else:                              #cnt>0:规则3
43                      board[nx][ny]=str(cnt)         #转换为数字字符
```

提交运行：

结果：通过；时间：36ms；空间：16.18MB

18.3.4 LeetCode365——水壶问题★★

问题描述参见 18.2.5 节。

【解题思路】 广度优先搜索。状态表示、状态的扩展和所有搜索过的状态的保存方式（hset 哈希表）与 18.2.5 节中相同，仅将深度优先搜索改为基本广度优先搜索。对应的算法如下。

C++:

```cpp
1   typedef pair < int, int > PII;
2   struct HashFunc {
3       size_t operator()(const PII& p) const {
4           return std::hash < int >()(p.first)^std::hash < int >()(p.second);
5       }
6   };
7   struct EqualKey {
8       bool operator()(const PII& p1, const PII& p2) const {
9           return p1.first==p2.first && p1.second==p2.second;
10      }
11  };

12  class Solution {
13  public:
14      bool canMeasureWater(int C1, int C2, int T) {
15          queue < PII > qu;                              //定义一个队列
16          qu.emplace(0,0);
17          unordered_set < pair < int, int >, HashFunc, EqualKey > hset;//哈希集合用于状态判重
18          hset.insert(PII(0,0));
19          while(!qu.empty()) {
20              auto [cap1,cap2]=qu.front();qu.pop();      //出队一个状态
21              if(cap1==T || cap2==T || cap1+cap2==T)
22                  return true;
23              if(hset.count(PII(C1,cap2))==0) {          //将水壶 1 装满
24                  hset.insert(PII(C1,cap2));
25                  qu.emplace(C1,cap2);
26              }
27              if(hset.count(PII(cap1,C2))==0) {          //将水壶 2 装满
28                  hset.insert(PII(cap1,C2));
29                  qu.emplace(cap1,C2);
30              }
31              if(hset.count(PII(0,cap2))==0) {           //将水壶 1 清空
32                  hset.insert(PII(0,cap2));
33                  qu.emplace(0,cap2);
34              }
35              if(hset.count(PII(cap1,0))==0) {           //将水壶 2 清空
36                  hset.insert(PII(cap1,0));
37                  qu.emplace(cap1,0);
38              }
39              int need=min(cap1,C2-cap2);                //取水壶 1 和水壶 2 剩余容量的最小值
40              if(hset.count(PII(cap1-need,cap2+need))==0) {
41                  hset.insert(PII(cap1-need,cap2+need));//将水壶 1 中 need 水倒入水壶 2
42                  qu.emplace(cap1-need,cap2+need);
43              }
44              need=min(cap2,C1-cap1);                    //取水壶 2 和水壶 1 剩余容量的最小值
```

```
45              if(hset.count(PII(cap1+need,cap2-need))==0) {
46                  hset.insert(PII(cap1+need,cap2-need));//将水壶2中need水倒入水壶1
47                  qu.emplace(cap1+need,cap2-need);
48              }
49          }
50          return false;
51      }
52  };
```

提交运行：

结果：通过；时间：852ms；空间：189.4MB

🔲 **Python**：

```
1   class Solution:
2       def canMeasureWater(self,C1:int,C2:int,T:int) -> bool:
3           qu=deque()                              #定义一个队列
4           qu.append([0,0])
5           hset=set()                              #集合用于状态判重
6           hset.add((0,0))
7           while qu:
8               [cap1,cap2]=qu.popleft()            #出队一个状态
9               if cap1==T or cap2==T or cap1+cap2==T:
10                  return True
11              if(C1,cap2) not in hset:            #将水壶1装满
12                  hset.add((C1,cap2))
13                  qu.append((C1,cap2))
14              if(cap1,C2) not in hset:            #将水壶2装满
15                  hset.add((cap1,C2))
16                  qu.append((cap1,C2))
17              if(0,cap2) not in hset:             #将水壶1清空
18                  hset.add((0,cap2))
19                  qu.append((0,cap2))
20              if(cap1,0) not in hset:             #将水壶2清空
21                  hset.add((cap1,0))
22                  qu.append((cap1,0))
23              need=min(cap1,C2-cap2)              #取水壶1和水壶2剩余容量的最小值
24              if(cap1-need,cap2+need) not in hset:
25                  hset.add((cap1-need,cap2+need)) #将水壶1中need水倒入水壶2
26                  qu.append((cap1-need,cap2+need))
27              need=min(cap2,C1-cap1)              #取水壶2和水壶1剩余容量的最小值
28              if(cap1+need,cap2-need) not in hset:
29                  hset.add((cap1+need,cap2-need)) #将水壶2中need水倒入水壶1
30                  qu.append((cap1+need,cap2-need))
31          return False
```

提交运行：

结果：通过；时间：2040ms；空间：88.5MB

18.3.5 LeetCode1162——地图分析★★

【问题描述】 有一个大小为 $n \times n$ 的网格 grid，上面的每个单元格都用 0 和 1 做了标记，其中 0 代表海洋，1 代表陆地。请找出一个海洋单元格，这个海洋单元格到离它最近的陆地单元格的距离最大，并返回该距离，如果网格上只有陆地或者只有海洋，返回 -1。这里所说的距离是曼哈顿距离（Manhattan Distance），即 (x_0,y_0) 和 (x_1,y_1) 两个单元格之间的距离是 $|x_0-x_1|+|y_0-y_1|$。

1	0	0
0	0	0
0	0	0

图 18.8　一个网格 grid

例如,grid=[[1,0,0],[0,0,0],[0,0,0]],如图 18.8 所示,答案为 4,其中海洋单元格(2,2)和所有陆地单元格之间的距离最大,最大距离为 4。

【限制】　$n=$ grid. length,$n=$ grid[i]. length,$1 \leqslant n \leqslant 100$,grid[$i$][$j$]不是 0 就是 1。

【解题思路】　广度优先搜索。最简单的思路是从每个海洋单元格出发进行广度优先搜索(单起点分层次的 BFS),求出到达第一个陆地单元格的最小距离,在所有这样的最小距离中求最大距离即可。对应的算法如下。

▦ C++:

```cpp
 1  class Solution {
 2      int dx[4]={0,0,1,-1};                            //水平方向上的偏移量
 3      int dy[4]={1,-1,0,0};                            //垂直方向上的偏移量
 4  public:
 5      int maxDistance(vector<vector<int>>& grid) {
 6          int n=grid.size();
 7          int ans=-1;
 8          for(int i=0;i<n;i++) {
 9              for(int j=0;j<n;j++) {
10                  if(grid[i][j]==0)                    //海洋单元格
11                      ans=max(ans,bfs(grid,i,j));
12              }
13          }
14          return ans;
15      }

16      int bfs(vector<vector<int>>& grid,int x,int y) {   //分层次的广度优先搜索
17          int n=grid.size();
18          queue<pair<int,int>> qu;
19          vector<vector<bool>> visited(n,vector<bool>(n,false));
20          qu.push(pair<int,int>(x,y));
21          visited[x][y]=true;
22          int step=0;
23          while(!qu.empty()) {
24              int cnt=qu.size();
25              for(int i=0;i<cnt;i++) {
26                  auto e=qu.front();qu.pop();
27                  x=e.first;y=e.second;
28                  for(int di=0;di<4;di++) {
29                      int nx=x+dx[di];
30                      int ny=y+dy[di];
31                      if(nx<0 || nx>=n || ny<0 || ny>=n)   //跳过超界的单元格
32                          continue;
33                      if(visited[nx][ny]) continue;        //跳过已访问的单元格
34                      if(grid[nx][ny]==1) return step+1;   //找到第一个陆地单元格则返回
35                      visited[nx][ny]=true;
36                      qu.push(pair<int,int>(nx,ny));
37                  }
38              }
39              step++;                                     //扩展层次增1
40          }
41          return -1;
42      }
43  };
```

提交运行:

结果:超时

上述代码之所以出现超时,是因为单次广搜的时间为 $O(n^2)$,在最坏情况下整个算法的时间复杂度为 $O(n^4)$。可以改为多起点分层次的 BFS,先将所有陆地单元格进队,队列不空时循环,向外扩展找海洋单元格,最后出队的海洋单元格的扩展层数即为答案,这样只需要进行一次 BFS,其时间复杂度为 $O(n^2)$。对应的算法如下。

思考题:能不能改为从所有海洋单元格出发扩展找陆地单元格,将最后出队的陆地单元格的扩展层数作为答案?

C++:

```cpp
class Solution {
    int dx[4]={0,0,1,-1};                              //水平方向上的偏移量
    int dy[4]={1,-1,0,0};                              //垂直方向上的偏移量
    queue<pair<int,int>> qu;
    vector<vector<bool>> visited;
public:
    int maxDistance(vector<vector<int>>& grid) {
        int n=grid.size();
        visited=vector<vector<bool>>(n,vector<bool>(n,false));
        int cnt=0;
        for(int i=0;i<n;i++) {
            for(int j=0;j<n;j++) {
                if(grid[i][j]==1) {                    //陆地单元格
                    qu.push(pair<int,int>(i,j));
                    visited[i][j]=true;
                    cnt++;
                }
            }
        }
        if(cnt==n*n) return -1;                        //全部为陆地的情况
        else return bfs(grid);
    }

    int bfs(vector<vector<int>>& grid) {               //多起点分层次的广度优先搜索
        int n=grid.size();
        int step=0;
        while(!qu.empty()) {
            int cnt=qu.size();
            for(int i=0;i<cnt;i++) {
                auto e=qu.front();qu.pop();
                int x=e.first,y=e.second;
                for(int di=0;di<4;di++) {
                    int nx=x+dx[di];
                    int ny=y+dy[di];
                    if(nx<0 || nx>=n || ny<0 || ny>=n)
                        continue;
                    if(visited[nx][ny]) continue;      //跳过已访问的单元格
                    if(grid[nx][ny]==1) continue;      //跳过陆地单元格
                    visited[nx][ny]=true;
                    qu.push(pair<int,int>(nx,ny));
                }
            }
            step++;                                    //扩展层次增1
        }
        return step-1;
    }
};
```

提交运行:

结果:通过;时间:48ms;空间:19.23MB

🔲 **Python:**

```python
 1  class Solution:
 2      def maxDistance(self, grid: List[List[int]]) -> int:
 3          self.dx=[0,0,1,-1]              #水平方向上的偏移量
 4          self.dy=[1,-1,0,0]              #垂直方向上的偏移量
 5          self.qu=deque()
 6          n=len(grid)
 7          self.visited=[[False for _ in range(0,n)] for _ in range(0,n)]
 8          cnt=0
 9          for i in range(0,n):
10              for j in range(0,n):
11                  if grid[i][j]==1:      #陆地单元格
12                      self.qu.append([i,j])
13                      self.visited[i][j]=True
14                      cnt+=1
15          if cnt==n*n:return -1          #全部为陆地的情况
16          else: return self.bfs(grid)

17      def bfs(self,grid):                #多起点分层次的广度优先搜索
18          n=len(grid)
19          step=0
20          while self.qu:
21              cnt=len(self.qu)
22              for i in range(0,cnt):
23                  [x,y]=self.qu.popleft()
24                  for di in range(0,4):
25                      nx=x+self.dx[di]
26                      ny=y+self.dy[di]
27                      if nx<0 or nx>=n or ny<0 or ny>=n:
28                          continue
29                      if self.visited[nx][ny]:continue
30                      if grid[nx][ny]==1: continue
31                      self.visited[nx][ny]=True
32                      self.qu.append([nx,ny])
33              step+=1
34          return step-1
```

提交运行:

结果:通过;时间:324ms;空间:16.73MB

18.3.6 LeetCode847——访问所有结点的最短路径★★★

【问题描述】 现在有一个由 n 个结点组成的无向连通图,图中的结点从 0 到 $n-1$ 编号。给定一个数组 graph 表示这个图,其中 graph[i] 是一个列表,由所有与结点 i 直接相连的结点组成,返回能够访问所有结点的最短路径的长度。可以在任意结点开始和停止,也可以多次重访结点,并且可以重用边。

例如,graph=[[1],[0,2,4],[1,3,4],[2],[1,2]],答案为 4,一种可能的路径为[0,1,4,2,3],如图 18.9 所示。

【限制】 $n=$ graph.length,$1 \leqslant n \leqslant 12, 0 \leqslant$ graph[i].length$<n$,graph[i] 不包含 i,如果 graph[a] 包含 b,则graph[b]也包含 a,输入的图总是连通图。

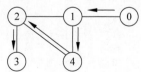

图 18.9 一个无向图及其一条最短路径

【解题思路】 多起点分层次广搜＋状态压缩。先将全部顶点建立相应结点并进队,然后一层一层地扩展,由于本问题满足广搜特性,所以第一次找到目标时返回搜索的层次即可。

问题的关键是如何记录已经访问的顶点集,由于顶点的编号是 $0 \sim n-1$,使用 15.1.3 节中十进制表示集合的方法。例如,used=11,对应的二进制数是 $[1011]_2$,其位序 0 的位值是 1 说明包含顶点 0,位序 1 的位值是 1 说明包含顶点 1,位序 3 的位值是 1 说明包含顶点 3,或者说若 used 的二进制位序 j 的位值是 1(对应十进制数 2^j)说明包含顶点 j,若 used 的位序 j 的位值是 0 说明不包含顶点 j,如图 18.10 所示,used 表示的路径上包含的顶点集合是 $\{0,1,3\}$,这种表示方式称为状态压缩。

state 的二进制位序:	3	2	1	0
state 的二进制位权:	2^3	2^2	2^1	2^0
state 的二进制位值:	1	0	1	1
state 中包含的顶点:	3		1	0

图 18.10 state＝11 表示的路径上包含的顶点集合为 $\{0,1,3\}$

在状态压缩中有以下几个基本的位操作:

(1) 置 state 包含 $0 \sim n-1$ 中的全部顶点,也就是将 state 的全部二进制位序的位值均置为 1,其操作是 state＝$(1 \ll n)-1$。例如 $n＝4$,state＝$7＝[111]_2$,表示 state 包含顶点 0, 1,2。

(2) 判断 state 中是否包含顶点 j,若 state 的二进制位序 j 的位值为 1,说明 state 中包含顶点 j,否则不包含顶点 j,使用与运算实现,其操作是若 $(state \& (1 \ll j))!＝0$,返回 true,否则返回 false。

C++:

```
1   bool inset(int state,int j) {        //判断顶点 j 是否在 state 中
2       return(state&(1<<j))!=0;
3   }
```

(3) 将顶点 j 添加到 state 中,也就是置 state 的二进制位序 j 的位值为 1(无论原来的值是 1 还是 0),使用或运算实现,其操作是 state＝state｜$(1 \ll j)$。对应的算法如下。

C++:

```
1   int addj(int state,int j) {          //在 state 中添加顶点 j
2       return state | (1<<j);
3   }
```

(4) 从 state 中删除顶点 j 得到 state1,也就是将 state 的二进制位序 j 的位值由 1 改为 0,使用异或运算实现,其操作是 state1＝state^$(1 \ll j)$。对应的算法如下。

C++:

```
1   int delj(int state,int j) {          //从 state 中删除顶点 j
2       return state^(1<<j);
3   }
```

使用上述状态压缩实现的多起点分层次广搜算法如下。

C++:

```
1   struct QNode {                       //队列结点类型
2       int vno;                         //顶点的编号
3       int state;                       //对应的顶集(状态)
4   };
```

```cpp
5   class Solution {
6   public:
7       int shortestPathLength(vector < vector < int >> & graph) {
8           int n = graph.size();                      //顶点的个数
9           int endstate = (1 << n) - 1;                //目标状态
10          int visited[n][1 << n];
11          memset(visited, 0, sizeof(visited));
12          QNode e, e1;
13          queue < QNode > qu;
14          for(int i = 0; i < n; i++) {               //所有顶点及其初始状态进队
15              e.vno = i;
16              e.state = addj(0, i);                   //添加顶点 i
17              qu.push(e);
18              visited[i][e.state] = 1;
19          }
20          int bestd = 0;                              //存放答案
21          while(!qu.empty()) {
22              int cnt = qu.size();                    //求队中元素的个数
23              for(int i = 0; i < cnt; i++) {          //处理该层的所有元素
24                  e = qu.front(); qu.pop();           //出队(u, state)
25                  int u = e.vno;
26                  int state = e.state;
27                  if(state == endstate)               //第一次找到目标状态则返回
28                      return bestd;
29                  for(int v : graph[u]) {             //找 u 的所有相邻顶点 v
30                      e1.vno = v;
31                      e1.state = addj(state, v);       //添加顶点 v
32                      if(visited[v][e1.state] == 1)    //已经访问则跳过
33                          continue;
34                      qu.push(e1);
35                      visited[v][e1.state] = 1;
36                  }
37              }
38              bestd++;                                //搜索一层,路径长度增1
39          }
40          return -1;                                  //没有找到目标状态,返回-1
41      }
42      int addj(int state, int j) {                    //在 state 中添加顶点 j
43          return state | (1 << j);
44      }
45  };
```

提交运行:

结果:通过;时间:8ms;空间:9.12MB

Python:

```python
1   class Solution:
2       def shortestPathLength(self, graph: List[List[int]]) -> int:
3           n = len(graph)                              #顶点的个数
4           endstate = (1 << n) - 1                      #目标状态
5           visited = [[0 for _ in range(1 << n)] for _ in range(n)]
6           qu = deque()
7           for i in range(n):                          #所有顶点及其初始状态进队
8               state = self.addj(0, i)
9               qu.append([i, state])
10              visited[i][state] = 1
11          bestd = 0
12          while qu:
```

```
13              cnt＝len(qu)                           #求队中元素的个数
14              for i in range(0,cnt):                 #处理该层的所有元素
15                  [u,state]＝qu.popleft()            #出队(u,state)
16                  if state＝＝endstate:              #第一次找到目标状态则返回
17                      return bestd
18                  for v in graph[u]:                 #找 u 的所有相邻顶点 v
19                      state1＝self.adjj(state,v)      #添加顶点 v
20                      if visited[v][state1]＝＝1:      #已经访问则跳过
21                          continue;
22                      qu.append([v,state1])
23                      visited[v][state1]＝1
24              bestd＋＝1                              #搜索一层,路径长度增1
25          return －1                                 #没有找到目标状态,返回－1
26      def adjj(self,state,j):                         #在 state 中添加顶点 j
27          return state │ (1＜＜j)
```

提交运行:

结果:通过;时间:180ms;空间:16.89MB

18.3.7 LeetCode2608——图中的最短环★★★

【问题描述】 现有一个含 n 个顶点的双向图,每个顶点从 0 到 $n-1$ 标记。图中的边由二维整数数组 edges 表示,其中 edges$[i]＝[u_i,v_i]$表示顶点 u_i 和 v_i 之间存在一条边。每对顶点最多通过一条边连接,并且不存在与自身相连的顶点。返回图中最短环的长度,如果不存在环,则返回－1。环指以同一结点开始和结束,并且路径中的每条边仅使用一次。

例如,$n＝7$,edges$＝[[0,1],[1,2],[2,0],[3,4],[4,5],$ $[5,6],[6,3]]$,如图 18.11 所示,答案为 3,长度最小的循环是 0→1→2→0。

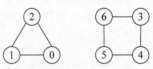

图 18.11 一个无向图

【限制】 $2≤n≤1000,1≤$edges. length$≤1000,$edges$[i]$. length$＝2,0≤u_i,v_i<n,u_i≠v_i,$不存在重复的边。

图 18.12 找到一个环

【解题思路】 删边的思路。将无向图使用邻接表 adj 存储,枚举每一条边(u,v),将该边从图中删除(并非真的删除),使用广度优先搜索求源点 u 到其他顶点的最短路径长度(这里的路径长度为路径上经过的边数),则 bfs(n,u,v)就是删除(u,v)边后顶点 u 到顶点 v 的最短路径长度,如图 18.12 所示,对应的环的长度为 bfs(n,u,v)＋1。遍历图中的所有边,取所有答案的最小值就是真正的最小环长。

对应的算法如下。

C++:

```
1   class Solution {
2       const int INF＝0x3f3f3f3f;
3       vector < vector < int >> adj;
4   public:
5       int findShortestCycle(int n,vector < vector < int >> & edges) {
6           adj＝vector < vector < int >>(n);
7           for(auto e:edges) {                         //创建邻接表 adj
8               adj[e[0]].push_back(e[1]);
9               adj[e[1]].push_back(e[0]);
10          }
```

```
11          int ans＝INF;
12          for(int u＝0;u＜n;u＋＋) {
13              for(int v:adj[u]) {                      //试探删除边(u,v)
14                  ans＝min(ans,bfs(n,u,v)＋1);
15              }
16          }
17          return ans＝＝INF?－1:ans;
18      }

19      int bfs(int n,int u,int v) {                     //从顶点 u 出发进行广度优先搜索
20          vector＜int＞dist(n,INF);
21          queue＜int＞qu;
22          qu.push(u);
23          dist[u]＝0;
24          while(!qu.empty()) {
25              int i＝qu.front(); qu.pop();
26              for(int j:adj[i]) {
27                  if(dist[j]＝＝INF) {
28                      if(i＝＝u && j＝＝v) continue;     //相当于删除边(u,v)
29                      qu.push(j);
30                      dist[j]＝dist[i]＋1;
31                  }
32              }
33          }
34          return dist[v];
35      }
36  };
```

提交运行：

结果:通过;时间:692ms;空间:192.75MB

Python：

```
1   class Solution:
2       def findShortestCycle(self, n: int, edges: List[List[int]]) -> int:
3           self.INF＝0x3f3f3f3f
4           self.adj＝defaultdict(set)                   ＃用 set 表示邻接表 adj
5           for u,v in edges:                            ＃创建邻接表 adj
6               self.adj[u].add(v)
7               self.adj[v].add(u)
8           ans＝self.INF
9           for u in range(0,n):
10              for v in self.adj[u]:
11                  ans＝min(ans,self.bfs(n,u,v)＋1)
12          return －1 if ans＝＝self.INF else ans

13      def bfs(self,n,u,v):                             ＃从顶点 u 出发进行广度优先搜索
14          dist＝[self.INF] * n
15          qu＝deque()
16          qu.append(u)
17          dist[u]＝0
18          while qu:
19              i＝qu.popleft()
20              for j in self.adj[i]:
21                  if dist[j]＝＝self.INF:
22                      if i＝＝u and j＝＝v:continue;    ＃相当于删除边(u,v)
23                      qu.append(j)
24                      dist[j]＝dist[i]＋1
25          return dist[v]
```

提交运行:

结果:通过;时间:3680ms;空间:16.25MB

18.3.8 LeetCode2204——无向图中到环的距离★★★

【问题描述】 给定一个正整数 n,表示一个连通无向图中的结点数,该图只包含一个环,结点的编号为 $0 \sim n-1$(含)。另外给定一个二维整数数组 edges,其中 edges[i]=[node1i,node2i]表示有一条双向边连接图中的 node1i 和 node2i。两个结点 a 和 b 之间的距离定义为从 a 到 b 所需的最小边。请返回一个长度为 n 的整数数组 answer,其中 answer[i]是第 i 个结点与环中任何结点之间的最小距离。

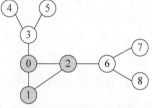

例如,$n=9$,edges=[[0,1],[1,2],[0,2],[2,6],[6,7],[6,8],[0,3],[3,4],[3,5]],如图 18.13 所示,答案为[0,0,0,1,2,2,1,2,2],其中结点 0、1 和 2 构成一个环,所以有 0 到 0 的距离是 0,1 到 1 的距离是 0,2 到 2 的距离是 0,3 到 1 的距离是 1,4 到 1 的距离是 2,5 到 1 的距离是 2,6 到 2 的距离是 1,7 到 2 的距离是 2,8 到 2 的距离是 2。

图 18.13 一个连通图

【限制】 $3 \leqslant n \leqslant 10^5$,edges.length=$n$,edges[$i$].length=2,$0 \leqslant$ node1i,node2i $\leqslant n-1$,node1i≠node2i。图是连通的,其中只有一个环,任何顶点对之间最多只有一条边。

【解题思路】 使用 DFS+BFS 求解的思路。求解过程如下:

(1) 从顶点 i 出发寻找唯一的环,用 path 数组记录搜索的路径,visited 数组记录访问过的顶点,用 u 从 i 开始深度优先遍历,pre 表示顶点 u 的前驱顶点(pre 初始置为 −1),若当前访问的顶点 u 满足 $u \neq$ pre 且 visited[u]=true,说明找到了一个环,如图 18.14 所示($u \neq$ pre 用于排除找到 $u \rightarrow v \rightarrow u$ 这样的环,visited[u]=true 保证出现回边,这样找到一

扫一扫

源程序

个至少包含 3 个顶点的环),此时 path={$i, \cdots, u, w, \cdots$, pre, u},置 last=u,在 path 中从后向前找到第一个顶点 u 后的顶点 w,置 cycle={$w, \cdots$, pre, u},它就是一个环中的全部顶点。i 从 0 到 $n-1$ 循环,一旦找到这样的 cycle 便退出循环,由于给定的图是连通的且只

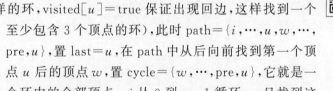

图 18.14 从顶点 i 出发寻找一个环的过程

有一个环,所有一定会找到 cycle。

(2) 从 cycle 中的全部顶点出发使用广度优先遍历(多起点分层次的广搜)求图中其他顶点到环中顶点的最小距离。

18.3.9 LeetCode127——单词接龙★★★

【问题描述】 字典 wordList 中从单词 beginWord 到 endWord 的转换序列是一个按下述规则形成的序列 beginWord→s_1→s_2→$\cdots$→s_k:

(1) 每一对相邻的单词只差一个字母。

(2) 每个 s_i($1 \leqslant i \leqslant k$)都在 wordList 中。注意,beginWord 不需要在 wordList 中。

(3) $s_k==$endWord。

给定两个单词 beginWord 和 endWord 以及一个字典 wordList,返回从 beginWord 到

endWord 的最短转换序列中的单词数目,如果不存在这样的转换序列,则返回 0。

例如,beginWord="hit",endWord="cog",wordList=["hot","dot","dog","lot","log", "cog"],答案为 5,一个最短转换序列是"hit"→"hot"→"dot"→"dog"→"cog",其长度为 5。

【限制】 $1 \leqslant$ beginWord. length $\leqslant 10$, endWord. length = beginWord. length, $1 \leqslant$ wordList. length $\leqslant 5000$, wordList[i]. length = beginWord. length, beginWord、endWord 和 wordList[i] 由小写英文字母组成, beginWord $\neq$ endWord, wordList 中的所有字符串互不相同。

【解法 1】 分层次广搜。用哈希表 dict 存放字典 wordList,用哈希表 visited 存放已访问的单词。从 beginWord 出发进行广度优先搜索,将 beginWord 进队并置访问标记,用 ans 表示答案,初始为 0(例如,当最短转换序列为"hit"→"hot"→"dot"→"dog"→"cog"时,增加 ans 的表示为"hit"(1)→"hot"(2)→"dot"(3)→"dog"(4)→"cog"(5),所以答案为 5)。在队不空时循环:置 ans++(表示当前出队层的层次),出队当前层次的每个单词 str,扩展方式是将 str 的每个字符取 'a'~'z' 得到 copystr,若 copystr 等于 endWord,则查找成功,返回 ans+1,否则若 copystr 在 dict 中没有访问过,则扩展到 copystr 并且将其进队。对应的算法如下。

▦ C++:

```cpp
1   class Solution {
2   public:
3       int ladderLength(string beginWord, string endWord, vector<string>& wordList) {
4           int n=wordList.size();
5           unordered_set<string> dict;          //字典用 dict 表示
6           unordered_set<string> visited;        //是否访问过
7           for(auto s:wordList) dict.insert(s);
8           if(!dict.count(endWord)) return 0;
9           queue<string> qu;
10          qu.push(beginWord);
11          visited.insert(beginWord);
12          int ans=0;
13          while(!qu.empty()) {
14              ans++;
15              int cnt=qu.size();
16              for(int k=0;k<cnt;k++) {
17                  string str=qu.front(); qu.pop();      //出队 str
18                  for(int i=0;i<str.size();i++) {        //对 str 的每个字符进行改变
19                      string copystr=str;
20                      for(int j=0;j<26;j++) {
21                          copystr[i]='a'+j;
22                          if(copystr==endWord)             //查找成功
23                              return ans+1;
24                          if(dict.count(copystr)==0)
25                              continue;                    //copystr 不在字典中时跳过
26                          if(visited.count(copystr))
27                              continue;                    //copystr 已访问过时跳过
28                          qu.push(copystr);
29                          visited.insert(copystr);
30                      }
31                  }
32              }
33          }
34          return 0;
35      }
36  };
```

提交运行:

结果:通过;时间:116ms;空间:16.18MB

Python:

```
1    class Solution:
2        def ladderLength(self, beginWord:str, endWord:str, wordList:List[str])-> int:
3            dict＝set()                                ＃字典用 dict 表示
4            visited＝set()                             ＃是否访问过
5            for s in wordList:dict.add(s)
6            if endWord not in dict:return 0
7            qu＝deque()
8            qu.append(beginWord)
9            visited.add(beginWord)
10           ans＝0
11           while qu:
12               ans＋＝1
13               cnt＝len(qu)
14               for k in range(0, cnt):
15                   str＝qu.popleft()                   ＃出队 str
16                   for i in range(0, len(str)):        ＃对 str 的每个字符进行改变
17                       for j in range(0, 26):
18                           tmp＝list(str)              ＃将 str 转换为列表
19                           tmp[i]＝chr(ord('a')＋j); ＃修改 tmp[i]
20                           copystr＝''.join(tmp)        ＃将 tmp 转换为字符串 copystr
21                           if copystr＝＝endWord:
22                               return ans＋1            ＃查找成功
23                           if copystr not in dict:
24                               continue                ＃copystr 不在字典中时跳过
25                           if copystr in visited:
26                               continue                ＃copystr 已访问过时跳过
27                           qu.append(copystr)
28                           visited.add(copystr)
29           return 0
```

提交运行:

结果:通过;时间:588ms;空间:17.27MB

【解法 2】 双向广搜。建立两个方向的队列 qu1 和 qu2,qu1 用于从起点开始广搜,qu2 用于从终点开始广搜。用哈希表 dis1 表示从起点到扩展点的距离,dis2 表示从终点到扩展点的距离。初始时将 beginWord 进入 qu1 队,将 endWord 进入 qu2 队,当两个队列都不为空时才能继续扩展。为了提高效率,总是优先扩展元素较少的队列。

扩展函数为 extend(qu, dis1, dis2),表示从(qu, dis1)向 dis2 方向扩展,使用分层次的 BFS,出队当前层次的一个字符串 str,通过替换一个字符得到字符串 copystr,若 copystr 在 dis2 中,说明查找成功,返回 dis1[str]＋dis2[copystr],否则若 copystr 在 dict 中并且不在 dis1 中,则置 dis1[copystr]＝dis1[str]＋1,并且将 copystr 进入 qu 队,查找不成功时返回 0。

对应的算法如下。

C++:

```
1    class Solution {
2    public:
3        unordered_set < string > dict;
```

```
 4        int ladderLength(string beginWord, string endWord, vector < string > &wordList) {
 5            for(auto s : wordList) dict.insert(s);
 6            if(!dict.count(endWord)) return 0;
 7            unordered_map < string, int > dis1, dis2;
 8            queue < string > qu1, qu2;
 9            qu1.push(beginWord);
10            dis1[beginWord] = 1;
11            qu2.push(endWord);
12            dis2[endWord] = 1;
13            while(qu1.size() && qu2.size()) {
14                int ans;
15                if(qu1.size() <= qu2.size())
16                    ans = extend(qu1, dis1, dis2);
17                else
18                    ans = extend(qu2, dis2, dis1);
19                if(ans > 0) return ans;
20            }
21            return 0;
22        }

23        int extend(queue < string > &qu, unordered_map < string, int > &dis1, unordered_map
              < string, int > &dis2) {
24            int cnt = qu.size();
25            for(int k = 0; k < cnt; k++) {
26                auto str = qu.front(); qu.pop();
27                for(int i = 0; i < str.size(); i++) {
28                    string copystr = str;
29                    for(int j = 0; j < 26; j++) {
30                        if('a' + j == str[i]) continue;
31                        copystr[i] = 'a' + j;
32                        if(dis2.count(copystr))          //查找成功
33                            return dis1[str] + dis2[copystr];
34                        if(dict.count(copystr) == 0)
35                            continue;
36                        if(dis1.count(copystr) == 1)
37                            continue;
38                        dis1[copystr] = dis1[str] + 1;
39                        qu.push(copystr);
40                    }
41                }
42            }
43            return 0;                                    //查找不成功
44        }
45    };
```

提交运行：

结果：通过；时间：24ms；空间：14.80MB

Python：

```
 1    class Solution:
 2        def ladderLength(self, beginWord: str, endWord: str, wordList: List[str]) -> int:
 3            self.dict = set()
 4            for s in wordList: self.dict.add(s)
 5            if endWord not in self.dict: return 0
 6            dis1, dis2 = {}, {}
 7            qu1 = deque()
 8            qu2 = deque()
 9            qu1.append(beginWord)
10            dis1[beginWord] = 1
```

```
11                 qu2.append(endWord)
12                 dis2[endWord]=1
13             while qu1 and qu2:
14                 ans=0
15                 if len(qu1)<=len(qu2):
16                     ans=self.extend(qu1,dis1,dis2)
17                 else:
18                     ans=self.extend(qu2,dis2,dis1)
19                 if ans>0:return ans
20             return 0

21         def extend(self,qu,dis1,dis2):
22             cnt=len(qu)
23             for k in range(0,cnt):
24                 str=qu.popleft()
25                 for i in range(0,len(str)):
26                     for j in range(0,26):
27                         tmp=list(str)               ＃将 str 转换为列表
28                         tmp[i]=chr(ord('a')+j)      ＃修改 tmp[i]
29                         copystr=''.join(tmp)        ＃将 tmp 转换为字符串 copystr
30                         if copystr in dis2:          ＃查找成功
31                             return dis1[str]+dis2[copystr]
32                         if copystr not in self.dict:
33                             continue
34                         if copystr in dis1:
35                             continue
36                         dis1[copystr]=dis1[str]+1
37                         qu.append(copystr)
38             return 0                                ＃查找不成功
```

提交运行：

结果：通过；时间：108ms；空间：17.12MB

18.3.10　LeetCode934——最短的桥★★

【问题描述】　给定一个大小为 $n \times n$ 的二元矩阵 grid，其中 1 表示陆地，0 表示水域。岛是由四面相连的 1 形成的一个最大组，即不会与非组内的任何其他 1 相连。在 grid 中恰好存在两座岛，可以将任意数量的 0 变为 1，以使两座岛连接起来，变成一座岛。请返回必须翻转的 0 的最小数目。

例如，grid=[[1,1,1,1,1],[1,0,0,0,1],[1,0,1,0,1],[1,0,0,0,1],[1,1,1,1,1]]，如图 18.15 所示，答案为 1，两座岛之间的最小距离为 1。

【限　制】　$n = \text{grid.length} = \text{grid}[i].\text{length}, 2 \leqslant n \leqslant 100$，grid$[i][j]$ 为 0 或 1，在 grid 中恰好有两座岛。

【解法 1】　分层次广搜。本题是求两个岛之间的最小距离，整个求解过程分为 3 步：

（1）在二维二进制数组 grid 中找到任意一个陆地 (i,j)，即满足 grid$[i][j]==1$。

（2）使用 DFS 方法从 (i,j) 出发访问该岛中所有的陆地 (x,y)，置 visited$[x][y]=1$，并且将 (x,y) 进 qu 队。

（3）对 qu 用分层次的 BFS 方法一层一层向外找到一个陆地为止，经过的步数即为所求（由于使用 BFS，其步数就是最小距离）。

1	1	1	1	1
1	0	0	0	1
1	0	1	0	1
1	0	0	0	1
1	1	1	1	1

图 18.15　一个矩阵 grid

扫一扫

源程序

扫一扫
源程序

在(2)和(3)的遍历中队列 qu 和 visited 是相同的,所以将它们设置为全局变量。

【解法2】 双向广搜。建立两个岛的队列 qu1(A 岛)和 qu2(B 岛),使用二维并查集通过遍历 grid 将两个岛中的陆地位置分别进 qu1 和 qu2 队中,有关并查集的原理参考第 10 章。同时设计两个哈希表 dis1(A 岛到当前位置的最短距离)和 dis2(B 岛到当前位置的最短距离)。当两个队列都不为空时才能继续扩展。为了提高效率,总是优先扩展元素较少的队列。

扩展函数为 extend(qu,dis1,dis2),表示从(qu,dis1)向 dis2 方向扩展,使用分层次的 BFS,出队当前层次的一个位置(x,y),置 cdis=dis1[pno(x,y)],试探其四周相邻位置(nx,ny),跳过超界或者已经访问过的位置,若(nx,ny)在 dis2 中,说明查找成功,返回 cdis+1+dis2[pno(nx,ny)],否则将(nx,ny)进队并且置 dis1[no]=cdis+1。其中,pno() 函数用于将二维位置转换为一维位置。

18.4 拓扑排序应用的算法设计

18.4.1 LeetCode1462——课程安排Ⅳ ★★

【问题描述】 某学生需要上 n 门课,课程的编号依次为 0 到 $n-1$。有的课会有直接的先修课程,例如,如果想上课程 0,必须先上课程 1,那么会以[1,0]数对的形式给出先修课程数对([a,b]数对表示课程 a 是课程 b 的先修课程,即 $a \to b$)。给定课程总数 n、一个直接先修课程数对列表 prereqs 和一个查询对列表 ques。对于每个查询对 ques[i],判断 ques[i][0] 是否为 ques[i][1] 的先修课程。请返回一个布尔值列表,列表中的每个元素分别对应 queries 的每个查询对的判断结果。注意,如果课程 a 是课程 b 的先修课程且课程 b 是课程 c 的先修课程,那么课程 a 也是课程 c 的先修课程。

例如,$n=2$,prereqs=[[1,0]],ques=[[0,1],[1,0]],输出为[false,true],对应的先修关系图如图 18.16(a)所示,课程 0 不是课程 1 的先修课程,但课程 1 是课程 0 的先修课程;$n=3$,prereqs=[[1,2],[1,0],[2,0]],ques=[[1,0],[1,2]],输出为[true,true],对应的先修关系图如图 18.16(b)所示,课程 1 是课程 0 的先修课程,课程 1 是课程 2 的先修课程。

(a) 先修关系图1   (b) 先修关系图2

图 18.16 两个先修关系图

【限制】 $2 \leqslant n \leqslant 100$($n$ 为课程门数),$0 \leqslant$ prereqs. length $\leqslant n(n-1)/2$,$0 \leqslant$ prereqs[i][0],prereqs[i][1]$< n$,prereqs[i][0]$\neq$prereqs[i][1]。在先修课程图中没有环,且没有重复的边。$1 \leqslant$ ques. length $\leqslant 10^4$,ques[i][0]$\neq$ques[i][1]。

【解法1】 深度优先搜索。每门课程有唯一的编号,将其看成一个顶点,先修关系用一条有向边表示。先由全部课程先修关系 prereqs 创建有向图的邻接表 adj,设置一个二维数组 path(初始时所有元素为 false),path[i][j]表示课程 i 到课程 j 是否存在路径(图中有向

扫一扫
源程序

边表示先修关系)。用 i 从 0 到 $n-1$ 遍历课程,使用 DFS 求 i 到哪些课程 j 有路径,若课程 i 到课程 j 有路径,则置 path[i][j] 为 true。在求出 path 数组后,对于任意一个查询 (queries[i][0],[queries[i][1]),若 path[queries[i][0]][queries[i][1]] 为 true,则结果为 true,否则为 false。

【解法 2】 分层次广搜。adj 和 path 与解法 1 相同,仅改为使用 BFS 求课程 i 到哪些课程有路径。从课程 i 出发进行广搜,将 i 进队,队列不空时循环:出队课程 u (说明课程 i 到课程 u 一定有路径),对于课程 u 的所有出边邻接点 v,置 path[i][v] = true。最后由 path 回答查询 queries。

扫一扫

源程序

【解法 3】 拓扑排序。adj 和 path 与解法 1 相同,仅改为使用拓扑排序求解。在拓扑排序中出栈一个课程 i 时,找到其所有出边课程 j,说明有边<i,j>,置 path[i][j] = true,同时课程 i 的所有先修课程 k 也是课程 j 的先修课程,即只要 path[k][i] 为 true,则置 path[k][j] 为 true。对应的算法如下。

C++:

```cpp
1   class Solution {
2       vector < vector < int >> adj;                              //邻接表
3       vector < vector < bool >> path;                            //path[i][j]表示i到j是否有路径
4       vector < int > degree;                                     //顶点的入度
5   public:
6       vector < bool > checkIfPrerequisite(int n, vector < vector < int >> &prereqs, vector < vector < int >> &ques) {
7           adj = vector < vector < int >>(n);
8           path = vector < vector < bool >>(n, vector < bool >(n, false));
9           degree = vector < int >(n, 0);
10          for(int i=0;i < prereqs.size();i++) {                   //由列表创建邻接表
11              int a = prereqs[i][0];                             //[a,b]表示a是b的先修课程
12              int b = prereqs[i][1];
13              adj[a].push_back(b);                               //用<a,b>表示先修a,再修b
14              degree[b]++;                                       //b的入度增1
15          }
16          topsort(n);
17          vector < bool > ans(ques.size());
18          for(int i=0;i < ques.size();i++)
19              ans[i] = path[ques[i][0]][ques[i][1]];
20          return ans;
21      }

22      void topsort(int n) {                                       //拓扑排序
23          stack < int > st;
24          for(int i=0;i < n;i++) {                                //入度为0的课程进栈
25              if(degree[i]==0) st.push(i);
26          }
27          while(!st.empty()) {                                    //栈不空时循环
28              int i=st.top();st.pop();                            //出栈课程i
29              for(int j:adj[i]) {                                 //考虑课程i的出边课程j
30                  degree[j]--;                                    //课程j的入度减1
31                  path[i][j]=true;                                //i是j的先修课程
32                  for(int k=0;k < n;k++) {                        //i的先修课程k也是j的先修课程
33                      if(path[k][i]) path[k][j]=true;
34                  }
35                  if(degree[j]==0) st.push(j);
36              }
37          }
38      }
39  };
```

提交运行：

结果：通过；时间：144ms；空间：57.96MB

▦ **Python：**

```
1   class Solution:
2       def checkIfPrerequisite(self,n:int,prereqs,ques) -> List[bool]:
3           self.adj=[[] for _ in range(0,n)]              #邻接表
4           self.path=[[False for _ in range(n)] for _ in range(n)];
5           self.degree=[0 for _ in range(0,n)]
6           for i in range(0,len(prereqs)):                #由列表创建邻接表
7               a=prereqs[i][0]                            #[a,b]表示 a 是 b 的先修课程
8               b=prereqs[i][1]
9               self.adj[a].append(b)                      #用<a,b>表示先修 a,再修 b
10              self.degree[b]+=1
11          self.topsort(n)
12          ans=[False for _ in range(0,len(ques))]  #存放答案
13          for i in range(0,len(ques)):
14              ans[i]=self.path[ques[i][0]][ques[i][1]]
15          return ans

16      def topsort(self,n):                               #拓扑排序
17          st=deque()                                     #用双端队列作为栈
18          for i in range(0,n):                           #入度为 0 的课程进栈
19              if self.degree[i]==0:st.append(i)
20          while st:                                       #栈不空时循环
21              i=st.pop()                                 #出栈课程 i
22              for j in self.adj[i]:                      #考虑课程 i 的出边课程 j
23                  self.degree[j]-=1                      #课程 j 的入度减 1
24                  self.path[i][j]=True                   #i 是 j 的先修课程
25                  for k in range(0,n):                   #i 的先修课程 k 也是 j 的先修课程
26                      if self.path[k][i]:self.path[k][j]=True
27                  if self.degree[j]==0:st.append(j)
```

提交运行：

结果：通过；时间：360ms；空间：18.44MB

18.4.2 LeetCode802——找到最终的安全状态 ★★

【问题描述】 一个有 n 个结点的有向图,结点按 0 到 $n-1$ 编号。图用一个索引从 0 开始的 2D 整数数组 graph 表示,graph[i]是与结点 i 相邻的结点的整数数组,这意味着从结点 i 到 graph[i]中的每个结点都有一条边。如果一个结点没有连出的有向边,则该结点是终端结点。如果从该结点开始的所有可能路径都通向终端结点,则该结点为安全结点。请返回一个由图中所有安全结点组成的数组,该数组中的元素按升序排列。

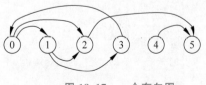

图 18.17 一个有向图

例如,graph=[[1,2],[2,3],[5],[0],[5],[],[]],如图 18.17 所示,答案为[2,4,5,6],其中结点 5 和结点 6 是终端结点,因为它们都没有出边,从结点 2、4、5 和 6 开始的所有路径都指向结点 5 或 6,它们都是安全结点。

【限制】 $n=$graph.length,$1\leqslant n\leqslant 10^4$,$0\leqslant$graph[$i$].length$\leqslant n$,$0\leqslant$graph[$i$][$j$]$\leqslant n-1$,graph[$i$]按严格递增顺序排列,图中可能包含自环,图中边的数目在$[1,4\times 10^4]$范围内。

【解法 1】 深度优先搜索。graph 本身就是存放图的邻接表,dfs(i)表示从顶点 i 出发

搜索是否都找到某个终端点(即顶点 i 是否安全)。用 visited 数组表示顶点是否被访问过(初始时所有元素为 false),safe 数组表示顶点是否为安全结点(初始时所有元素为 false)。在从顶点 i 出发的搜索中做以下处理:

(1) 若顶点 i 是安全的,返回 true。

(2) 若顶点 i 不是安全的并且已经访问过,则返回 false。

(3) 若顶点 i 是一个终点,置 safe$[i]$=true,返回 true。

(4) 若顶点 i 的每一个出边顶点 j 都是安全的顶点,则顶点 i 是安全的,置 safe$[i]$=true,返回 true,否则返回 false。

从每个顶点 i 出发搜索,将安全的顶点添加到 ans 中,最后返回 ans。

扫一扫

源程序

【解法2】 拓扑排序。所有出度为 0 的顶点为最终安全点,如果一个顶点能够到达的顶点都是最终安全点,那么这个顶点也是安全点。思路是对有向图使用反向建图,即根据给定的邻接表建立逆邻接表,那么入度为 0 的顶点就是最终安全点,按照拓扑排序的思路依次处理,剩下的顶点就是不安全的点,也就是说拓扑排序中输出的顶点就是题目所求的安全顶点。

扫一扫

源程序

18.4.3 LeetCode269——火星词典★★★

【问题描述】 现有一种使用英语字母的火星语言,这种语言的字母顺序与英语顺序不同。给定一个来自这种火星语言的词典的字符串列表 words,words 中的字符串已经按这种语言的字母顺序进行了排序。请根据该词典还原出此语言中的字母顺序,并按字母递增顺序排列。若不存在合法的字母顺序,返回""。如果有多个解决方案,返回其中任意一个。

例如,words=["wrt","wrf","er","ett","rftt"],答案为"wertf"。

【限制】 $1 \leqslant$ words.length $\leqslant 100, 1 \leqslant$ words$[i]$.length $\leqslant 100$,words$[i]$ 由小写英文字母组成。

【解题思路】 拓扑排序。遍历 words,提取出所有不同的字母存放在哈希集合 chars 中。再次遍历 words,通过相邻两个字符串 word$[i]$ 和 words$[i+1]$ 逐个字母比较提取字母之间的关系,用集合 myset 存放。例如 j 从 0 开始,若 words$[i][j] \neq$ words$[i+1][j]$,由于 word$[i]$ 在前而 words$[i+1]$ 在后,说明 words$[i][j]<$words$[i+1][j]$,则将(words$[i][j]$,words$[i+1][j]$)插入 myset 中。

这样本问题转换为求 myset 中的所有关系是否合适,即使用拓扑排序产生所有字母的一个拓扑序列 ans,若 ans 的长度等于 chars 的长度,说明拓扑排序成功,返回 ans;否则说明拓扑排序失败,返回""。

例如,words=["wrt","wrf","er","ett","rftt"],求出 chars={'f','t','e','r','w'},通过比较得到关系'e'<'r'、'r'<'t'、't'<'f'、'w'<'e',myset={<'e','r'>,<'r','t'>,<'t','f'>,<'w','e'>},由 myset 求出各字母的入度,degree('f')=1,degree('t')=1,degree('e')=1,degree('r')=1,degree('w')=0,拓扑排序后得到 ans=""wertf"。

对应的算法如下。

C++:

```
1    class Solution {
2    public:
3        string alienOrder(vector < string > & words) {
4            set < pair < char, char >> myset;
```

```cpp
5          unordered_set<char> chars;              //存放所有字母
6          vector<int> degree(256,0);              //存放入度
7          queue<char> qu;
8          for(const auto& word:words)             //提取所有不同的字母(含除重)
9              chars.insert(word.begin(),word.end());
10         for(int i=0;i<(int)words.size()-1;i++) {
11             int minlen=min(words[i].size(),words[i+1].size());
12             int j=0;
13             for(;j<minlen;j++) {
14                 if(words[i][j]!=words[i+1][j]) {
15                     myset.insert(pair<char,char>(words[i][j],words[i+1][j]));
16                     break;          //存放 words[i][j]<words[i+1][j]的关系(含除重)
17                 }
18             }
19             if(j==minlen && words[i].size()>words[i+1].size())
20                 return "";                       //提前确定关系矛盾的情况
21             }
22         for(const auto& e:myset)
23             degree[e.second]++;          //求 e.second 的入度
24         for(const auto& ch:chars) {
25             if(degree[ch]==0) qu.push(ch);
26         }
27         string ans="";
28         while(!qu.empty()) {
29             auto ch=qu.front();qu.pop();   //出队字母 ch
30             ans+=ch;                        //产生拓扑序列
31             for(const auto& e:myset) {     //用 e 遍历 myset
32                 if(e.first==ch) {
33                     degree[e.second]--;
34                     if(degree[e.second]==0)
35                         qu.push(e.second);
36                 }
37             }
38         }
39         return ans.size()==chars.size() ? ans:"";
40     }
41 };
```

提交运行：

结果:通过;时间:4ms;空间:0.02MB

Python：

```python
1  class Solution:
2      def alienOrder(self, words: List[str]) -> str:
3          myset=set()
4          chars=set()                    # 存放所有字母
5          degree=[0 for _ in range(0,256)]    # 存放入度
6          qu=deque()
7          for word in words:              # 提取所有不同的字母
8              for ch in word:
9                  chars.add(ch)
10         for i in range(0,len(words)-1):
11             minlen=min(len(words[i]),len(words[i+1]))
12             j=0
13             while j<minlen:
14                 if words[i][j]!=words[i+1][j]:
15                     myset.add(tuple([words[i][j],words[i+1][j]]))
16                     break              # 确定 words[i][j]<words[i+1][j]的关系
```

```
17                      j+=1
18                  if j==minlen and len(words[i])>len(words[i+1]):
19                      return ""                #关系矛盾
20          for e in myset:
21              degree[ord(e[1])]+=1        #求 e[1]的入度
22          for ch in chars:
23              if degree[ord(ch)]==0:qu.append(ch)
24          ans=""
25          while qu:
26              ch=qu.popleft()            #出队字母 ch
27              ans+=ch
28              for e in myset:            #用 e 遍历 myset
29                  if e[0]==ch:
30                      degree[ord(e[1])]-=1
31                      if degree[ord(e[1])]==0:
32                          qu.append(e[1])
33          return ans if len(ans)==len(chars) else ""
```

提交运行：

结果:通过;时间:44ms;空间:15.74MB

推荐练习题

1. LeetCode126——单词接龙Ⅱ★★★

2. LeetCode207——课程表★★

3. LeetCode210——课程表Ⅱ★★

4. LeetCode286——墙与门★★

5. LeetCode323——无向图中连通分量的数目★★

6. LeetCode329——矩阵中的最长递增路径★★★

7. LeetCode385——迷你语法分析器★★

8. LeetCode417——太平洋和大西洋水流问题★★

9. LeetCode542——01 矩阵★★

10. LeetCode695——岛屿的最大面积★★

11. LeetCode785——判断二分图★★

12. LeetCode815——公交路线★★★

13. LeetCode864——获取所有钥匙的最短路径★★★

14. LeetCode913——猫和老鼠★★★

15. LeetCode994——腐烂的橘子★★

16. LeetCode1091——二进制矩阵中的最短路径★★

17. LeetCode1136——并行课程★★

18. LeetCode1236——网络爬虫★★

19. LeetCode1263——推箱子★★★

20. LeetCode1730——获取食物的最短路径★★

21. LeetCode1778——未知网格中的最短路径★★

第19章 回溯法

回溯法

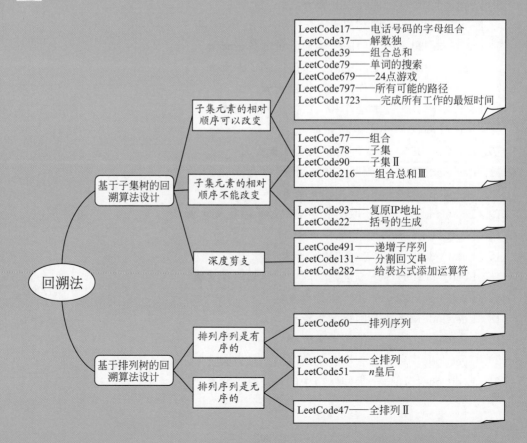

知识图谱

回溯法

基于子集树的回溯算法设计

- 子集元素的相对顺序可以改变
  - LeetCode17——电话号码的字母组合
  - LeetCode37——解数独
  - LeetCode39——组合总和
  - LeetCode79——单词的搜索
  - LeetCode679——24点游戏
  - LeetCode797——所有可能的路径
  - LeetCode1723——完成所有工作的最短时间
- 子集元素的相对顺序不能改变
  - LeetCode77——组合
  - LeetCode78——子集
  - LeetCode90——子集Ⅱ
  - LeetCode216——组合总和Ⅲ

  - LeetCode93——复原IP地址
  - LeetCode22——括号的生成
- 深度剪支
  - LeetCode491——递增子序列
  - LeetCode131——分割回文串
  - LeetCode282——给表达式添加运算符

基于排列树的回溯算法设计

- 排列序列是有序的
  - LeetCode60——排列序列
- 排列序列是无序的
  - LeetCode46——全排列
  - LeetCode51——n皇后

  - LeetCode47——全排列Ⅱ

19.1 回溯法概述

19.1.1 什么是回溯法

回溯法是一种解决问题的算法策略,通常用于在一组可能的解中寻找所需的解。它通过尝试不同的选择,然后根据每个选择的结果决定是否接着进行下一步,以达到最终目标。

回溯法与解空间树的概念密切相关,解空间树是一种用于表示问题解空间的数据结构,以树的形式展现了问题的所有可能解,并通过结点和边来表示解的生成过程。在解空间树中,每个状态用一个结点表示,树的根结点代表问题的初始状态,每个结点代表一个可能的解,从根结点开始根据特定的规则或操作生成子结点来表示问题的不同解决方案。通过遍历解空间树可以搜索问题解的空间并找到最优解或满足特定条件的解。

回溯法的基本思想是从根结点出发,按照深度优先策略遍历解空间树,搜索满足约束条件的解。当搜索至树中的任一结点时,先判断该结点对应的部分解是否满足约束条件,或者是否超出目标函数的界限,也就是判断该结点是否可能包含问题的可行解:如果肯定不包含,则跳过对以该结点为根的子树的搜索,即所谓剪支;否则进入以该结点为根的子树,继续按照深度优先策略搜索并进行判断。注意,在算法运行时并不需要构造一棵真正的解空间树结构,只需要存储从根结点到当前结点的路径。

回溯算法需要设计合适的剪支策略,尽量避免不必要的搜索。常用的剪支策略包括以下两大类。

(1) 约束函数剪支:根据约束条件,解空间树中的部分状态可能是不合法的。因此,在解空间树中以不合法状态为根的子树是不可能包含可行解的,故其子空间不需要搜索。

(2) 限界函数剪支:这种策略一般应用于最优化问题。假设搜索算法当前访问的状态为 s,且存在一个判定函数,它能判定以 s 为根的子树不可能包含最优解,因此该子树可以剪除而无须搜索。

用约束函数在扩展结点处剪除不满足约束的子树,即剪除不可行解。用限界函数剪去得不到问题解或最优解的子树。

使用回溯法的算法称为回溯算法,通常使用递归函数实现,其基本步骤如下。

(1) 针对给定的问题确定其解空间树,其中一定包含所求问题的解。

(2) 确定结点的扩展规则。

(3) 使用深度优先搜索方法搜索解空间树,并在搜索过程中尽可能使用剪支函数避免无效搜索。

回溯法通常适用于以下情况。

(1) 组合问题:需要从给定元素集合中找到所有可能的组合。

(2) 子集问题:需要找到给定元素集合的所有可能子集。

(3) 排列问题:需要找到给定元素集合的所有可能排列。

(4) 图问题:例如图的遍历和寻找路径等。

回溯法的时间复杂度通常较高,一般为指数级的,因为它涉及了大量的重复计算。在实

际应用中,可以通过剪支等方法进行优化,以减少不必要的计算。

19.1.2 回溯法的算法设计

回溯法有"通用解题法"之称,用于解决各种情况的小规模问题,归纳起来,对应的解空间树分为子集树和排列树两种类型。

1. 子集树的回溯算法设计

当所给的问题是从 n 个元素的集合 S 中找出满足某种条件的子集时,相应的解空间树称为子集树。下面通过一个示例讨论基于子集树的回溯算法设计,该示例所求子集中的元素没有顺序要求,即子集元素的相对顺序可以改变,如果有顺序要求,即子集元素的相对顺序不能改变,则需要针对具体情况做进一步处理。

 例 19-1

有一个含 n 个不同整数的数组 a,设计一个算法求其所有子集(幂集)。例如,$a=\{1, 2,3\}$,所有子集是 $\{\{1,2,3\}\{1,2\}\{1,3\}\{1\}\{2,3\}\{2\}\{3\}\{\}\}$(输出顺序可以任意)。

【解法 1】 从每个元素要么选择要么不选择的角度考虑。整数数组 $a=\{a_0,\cdots, a_i,\cdots,a_{n-1}\}$,设解向量为 $x=\{x_0,\cdots,x_i,\cdots,x_{n-1}\}$,其中 $x_i=0$ 表示不选择 $a[i]$,$x_i=1$ 表示选择 $a[i]$,这里 x 固定长度为 n。用 (i,x) 表示状态,解空间树中第 i 层结点的扩展方式为以下二选一。

(1) 选择 $a[i]$ 元素 $\Rightarrow$ 下一个状态为 $(i+1,x[i]=1)$。

(2) 不选择 $a[i]$ 元素 $\Rightarrow$ 下一个状态为 $(i+1,x[i]=0)$。

根结点的层次 $i=0$,叶子结点的层次为 $i=n$,例如求解 $a=\{1,2,3\}$ 的解空间树如图 19.1 所示,输出的幂集为 $\{1,2,3\}$,$\{1,2\}$,$\{1,3\}$,$\{1\}$,$\{2,3\}$,$\{2\}$,$\{3\}$ 和 $\{\}$,图中方框旁边的"(数字)"表示递归调用次序,从中看出结点层次 i 与当前考虑的元素 a_i(选择或者不选择 a_i)的下标是一致的。从根结点到每个叶子结点的路径对应一个解,而且每个解对应的解向量的长度相同。

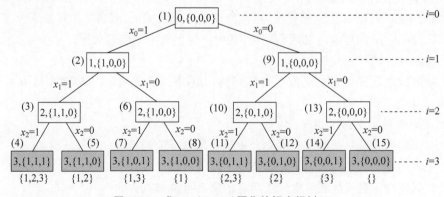

图 19.1 求 $a=\{1,2,3\}$ 幂集的解空间树(1)

对应的回溯算法如下。

C++：

```
1   vector<int> x;                          //解向量
2   void disp(vector<int> &a) {             //输出一个解
3       printf(" {");
4       for(int i=0;i<x.size();i++) {
5           if(x[i]==1) printf("%d ",a[i]);
6       }
7       printf("}");
8   }
9   void dfs(vector<int> &a,int i) {        //回溯算法
10      if(i>=a.size())                     //到达一个叶子结点
11          disp(a);                        //输出对应的解
12      else {
13          x[i]=1; dfs(a,i+1);             //选择 a[i]
14          x[i]=0; dfs(a,i+1);             //不选择 a[i]
15      }
16  }
17  void pset1(vector<int> &a) {            //求幂集算法1
18      int n=a.size();
19      x=vector<int>(n);
20      dfs(a,0);
21  }
```

pset1 算法分析：在解空间树中每个层次为 i（i 从 0 开始）的分支结点对应元素 $a[i]$ 选择和不选择两种情况，所以解空间树是一棵高度为 $n+1$ 的满二叉树，叶子结点共 2^n 个，每个叶子结点对应一个解，输出一个解的时间为 $O(n)$，所以算法的最坏时间复杂度为 $O(n \times 2^n)$。

【**解法 2**】 从依次求 $x[0]$、$x[1]$、……、$x[m-1]$ 的角度考虑。整数数组 $a=\{a_0, \cdots, a_i, \cdots, a_{n-1}\}$，设解向量 $x=\{x_0, \cdots, x_i, \cdots, x_{m-1}\}$，这里 x 直接存放 a 的一个子集（m 为 x 的长度，$0 \leq m \leq n$），例如，$n=3$，$a=\{1,2,3\}$，$x=\{1\}$ 或者 $x=\{1,3\}$ 等都是该问题的解。用 (i, j, x) 表示状态，解空间树中根结点的状态为 $(0,0,\{\})$，第 i 层结点的扩展方式是试探 $x[i]$ 的各种取值，理论上 $x[i]$ 可以取 $a[j..n-1]$ 中的任意值。

（1）$x[i]=a[j]$，下一步 $x[i+1]$ 不能再取 $a[j]$，只能取 $a[j+1..n-1]$ 中的任意值（保证 x 中的各元素不重复）。

（2）$x[i]=a[j+1]$，下一步 $x[i+1]$ 不能再取 $a[j+1]$，只能取 $a[j+2..n-1]$ 中的任意值，以此类推。

（3）$x[i]=a[n-2]$，下一步 $x[i+1]$ 不能再取 $a[n-2]$，只能取 $a[n-1]$。

（4）$x[i]=a[n-1]$，下一步 $x[i+1]$ 不能再取 $a[n-1]$，对应的取值范围为空。

也就是说，第 i 层的结点 (i, j, x) 就是为 $x_i (i \leq j)$ 选择 $\{a_j, \cdots, a_{n-1}\}$ 中的任意一个元素，即 $n-j$ 选一，如图 19.2 所示。可以用 j1 遍历 $a[j..n-1]$：置 $x[i]=a[j1]$，下一层的结点状态为 $(i+1, j1+1, x)$。

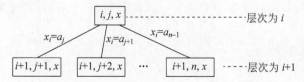

图 19.2 x_i 可以选择 $a[j..n-1]$ 的任意元素

例如，$a=\{1,2,3\}$，求其幂集的解空间树如图 19.3 所示，输出的幂集为 $\{\}$、$\{1\}$、$\{1,2\}$、$\{1,2,3\}$、$\{1,3\}$、$\{2\}$、$\{2,3\}$ 和 $\{3\}$。对应的回溯算法如下。

C++:

```cpp
1   int x[MAXN];                                  //解向量
2   void disp(int i) {                            //输出一个解
3       printf(" {");
4       for(int k=0;k<i;k++)
5           printf("%d ",x[k]);
6       printf("}");
7   }
8   void dfs(vector<int> &a,int i,int j) {        //回溯算法
9       disp(i);                                  //输出一个解 x[0..i-1]
10      for(int j1=j;j1<a.size();j1++) {
11          x[i]=a[j1];
12          dfs(a,i+1,j1+1);
13          x[i]=-1;                              //回溯
14      }
15  }
16  void pset2(vector<int> &a) {                  //求幂集算法2
17      dfs(a,0,0);
18  }
```

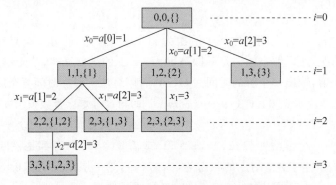

图 19.3　求 $a=\{1,2,3\}$ 幂集的解空间树（2）

解向量 x 用 vector 向量表示，由于参数 i 与解空间树对应结点的层次相同，可以省略参数 i，如图 19.4 所示，其中 i 由 x 中的元素个数隐含表示。从中看出解空间树中纵向分支是依次求 x_0、x_1、……，横向分支是 x_i 依次试探 a_j、a_{j+1}、……、a_{n-1}。

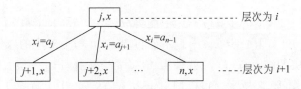

图 19.4　x_i 可以选择 $a[j..n-1]$ 中的任意元素（隐含 i）

同样，对于 $a=\{1,2,3\}$，求其幂集的解空间树如图 19.5 所示，对比图 19.3，可以看出结果的正确性。

对应的回溯算法如下。

C++:

```cpp
1   vector<int> x;                               //解向量
2   void disp(vector<int> &x) {                   //输出一个解（子集）
3       printf(" {");
4       for(int k=0;k<x.size();k++)
```

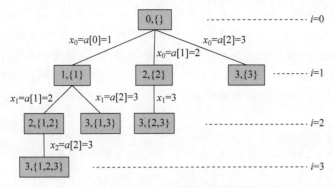

图 19.5 求 $a=\langle 1,2,3 \rangle$ 幂集的解空间树(3)

```
5          printf("%d ",x[k]);
6      printf("}");
7  }
8  void dfs(vector < int > &a,int j) {      //回溯算法
9      disp(x);                             //输出对应的解
10     for(int j1=j;j1 < a.size();j1++) {   //j1 从 j 到 n-1 循环
11         x.push_back(a[j1]);
12         dfs(a,j1+1);
13         x.pop_back();                    //回溯
14     }
15 }
16 void pset2(vector < int > &a) {          //求幂集算法 2
17     dfs(a,0);
18 }
```

pset2 算法分析：在对应的解空间树中恰好有 2^n 个结点，每个结点都是解结点，输出一个解的时间为 $O(n)$，所以算法的最坏时间复杂度为 $O(n \times 2^n)$。

说明：pset1 和 pset2 两个算法的差异如下。

(1) pset1 使用固定的二选一，结点层次 i 与当前考虑元素 a_i 的下标一致，算法简单，方便理解，而 pset2 使用多选一，算法设计相对复杂。

(2) pset1 解空间树中的结点个数几乎是 pset2 解空间树中的结点个数的 2 倍，一般来说解空间树中的结点个数越少算法的时空性能越好，所以 pset2 的性能好于 pset1。

(3) pset1 求出的全部子集是无序的，而 pset2 求出的全部子集是有序的，即除了第一个空集外，首先输出以 $a[0]$ 为首元素的所有子集，接着是以 $a[1]$ 为首元素的所有子集，以此类推，如果求解问题要求有序性，应该使用以 pset2 为基础的回溯算法。

2. 排列树的回溯算法设计

当所给的问题是确定 n 个元素满足某种性质的排列时，相应的解空间树称为排列树。下面通过一个示例讨论排列树的回溯算法设计。

例 19-2

有一个含 n 个不同整数的数组 a，设计一个算法求其所有元素的全排列。例如，$a=\{1,2,3\}$，其全排列是 $\{\{1,2,3\},\{1,3,2\},\{2,3,1\},\{2,1,3\},\{3,1,2\},\{3,2,1\}\}$(输出顺序可以任意)。

【解法1】 设 $a=\{a_0,\cdots,a_i,\cdots,a_{n-1}\}$，解向量为 $x=\{x_0,\cdots,x_i,\cdots,x_{n-1}\}$，每个解向量对应 a 的一个排列，显然 x_i 可以是 $a[0..n-1]$ 中的任意元素，即 n 选一，但所有 x_i 不能重复，为此设置一个 used 数组，used[i] 表示 a_i 是否使用过。i 的取值范围是 $0\sim n-1$，解空间树中的根结点对应 $i=0$，第 i 层结点用于确定 x_i 的值，$i\geqslant n$ 的结点为叶子结点，每个叶子结点为一个排列。对应的回溯算法如下。

C++：

```
1   vector<int> x;                          //解向量
2   vector<int> used;                       //used[i]表示 a[i]是否使用过
3   int cnt=0;                              //累计排列的个数
4   void disp() {                           //输出一个解
5       printf(" %2d {",++cnt);
6       for(int i=0;i<x.size()-1;i++)
7           printf("%d,",x[i]);
8       printf("%d}\n",x.back());
9   }
10  void dfs(vector<int> &a,int i) {        //回溯算法
11      int n=a.size();
12      if(i>=n) {                          //到达一个叶子结点
13          disp();
14      }
15      else {
16          for(int j=0;j<n;j++) {          //xi 可能的取值为 a[0]-a[n-1]
17              if(used[j]) continue;       //剪支:跳过已经使用过的 a[j]
18              x[i]=a[j];
19              used[j]=1;                  //选择 a[j]
20              dfs(a,i+1);                 //转向解空间树的下一层
21              used[j]=0;                  //回溯
22              x[i]=0;
23          }
24      }
25  }
26  void perm1(vector<int> &a) {            //求全排列算法1
27      int n=a.size();
28      x=vector<int>(n);
29      used=vector<int>(n,0);
30      dfs(a,0);
31  }
```

当 $a=\{1,2,3\}$，调用上述算法的输出为 $\{1,2,3\}$、$\{1,3,2\}$、$\{2,1,3\}$、$\{2,3,1\}$、$\{3,1,2\}$ 和 $\{3,2,1\}$。

perm1 算法分析：从表面上看，调用的 dfs 算法中每个结点是 n 选一，实际上通过剪支操作使得解空间树中的根结点层（$i=0$）有一个结点，$i=1$ 层有 n 个结点，$i=2$ 层有 $n(n-1)$ 个结点，$i=3$ 层有 $n(n-1)(n-2)$ 个结点，以此类推，最后叶子结点层有 $n!$ 个结点，对应 $n!$ 个排列。设总结点个数为 $C(n)$：

$$C(n)=1+n+n(n-1)+n(n-1)(n-2)+\cdots+n!$$
$$\approx n+n(n-1)+n(n-1)(n-2)+\cdots+n!$$
$$=n!\left(1+\frac{1}{1!}+\frac{1}{2!}+\cdots+\frac{1}{(n-1)!}\right)=n!\left(e-\frac{1}{n!}-\frac{1}{(n+1)!}-\cdots\right)$$
$$=n!\,e-1=O(n!)$$

每个叶子结点对应一个排列，共 $n!$ 个排列，所以叶子结点个数为 $n!$，也就是说 $C(n)$ 和叶子结点个数同级，而每个叶子结点对应一个解，输出一个解的时间是 $O(n)$，所以算法

的时间复杂度为 $O(n \times n!)$。

【解法2】　改进解法1,首先将 a 存放到 x 中,通过交换方式避免使用 used 数组,简单地说,设解向量为 $x=\{x_0,\cdots,x_i,\cdots,x_{n-1}\}$,当已经生成解向量的 $\{x_0,\cdots,x_{i-1}\}$ 部分后,现在产生解向量的 $\{x_i,\cdots,x_{n-1}\}$ 部分,将 x_i 与其中的每一个元素交换,目的是让 x_i 取所有可能的元素值(由于 x_0、$\cdots\cdots$、x_{i-1} 元素已经使用过,所以 x_i 不能取这些元素值),使用交换的方式也保证了 x_i 的所有元素不重复。对应的回溯算法如下。

■ C++:

```
1   vector < int > x;                              //解向量
2   int cnt=0;                                      //累计排列的个数
3   void disp() {                                   //输出一个解
4       printf(" %2d {",++cnt);
5       for(int i=0;i< x.size()−1;i++)
6           printf("%d,",x[i]);
7       printf("%d}\n",x.back());
8   }
9   void dfs(int i) {                               //回溯算法
10      int n=x.size();
11      if(i>=n) {
12          disp();
13      }
14      else {
15          for(int j=i;j< n;j++) {                 //j 从 i 到 n−1 循环
16              swap(x[i],x[j]);                    //交换 x[i]与 x[j]
17              dfs(i+1);
18              swap(x[i],x[j]);                    //回溯:交换 x[i]与 x[j]
19          }
20      }
21  }
22  void perm2(vector < int > &a) {                 //求全排列算法 2
23      int n=a.size();
24      x=vector < int >(n);
25      for(int i=0;i< n;i++)x[i]=a[i];             //置 x=a
26      dfs(0);
27  }
```

例如 $a=\{1,2,3\}$ 时,调用上述算法的输出结果与解法 1 的相同,求全排列的过程如图 19.6 所示,它就是该问题的解空间树,根结点的层次 i 为 0,对于第 i 层的结点,其子树分别对应 $x[i]$ 位置选择 $x[i]$、$x[i+1]$、$\cdots\cdots$、$x[n-1]$ 元素。树的高度为 $n+1$,叶子结点的层次是 n。

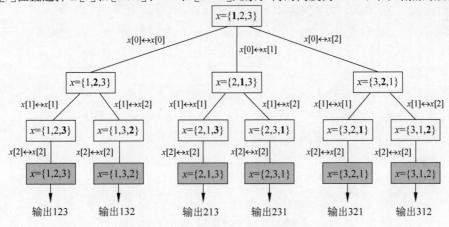

图 19.6　求 $a=\{1,2,3\}$ 的全排列的过程

perm2 算法分析：分析同 perm1 算法，该算法的时间复杂度为 $O(n \times n!)$。

说明：在产生全排列时，perm1 算法按字典序依次生成所有排列，即生成的排列序列是有序的；而 perm2 算法并非如此，即生成的排列序列不一定是有序的，例如 $a = \{1, 2, 3, 4\}$ 时，输出的全排列中 $\{3, 2, 1, 4\}$ 在前而 $\{3, 1, 2, 4\}$ 在后。

19.2　子集树的回溯算法设计

19.2.1　LeetCode78——子集★★

问题描述参见 15.3.1 节。

【解法 1】　基于例 19-1 的解法 1。用 a 表示 nums 数组，其中所有元素均不相同，设置解向量 $x = \{x_0, \cdots, x_i, \cdots, x_{n-1}\}$，其中 $x_i = 0$ 表示不选择 $a[i]$，$x_i = 1$ 表示选择 $a[i]$。解空间树中的每个叶子结点对应一个解 x，将其转换为子集 tmp 并添加到 ans 中，最后返回 ans 即可。对应的回溯算法如下。

▦ **C++**：

```cpp
1    class Solution {
2        vector<vector<int>> ans;                        //存放答案
3    public:
4        vector<vector<int>> subsets(vector<int> & nums) {
5            vector<int> x(nums.size());
6            dfs(nums, x, 0);
7            return ans;
8        }

9        void dfs(vector<int> &a, vector<int> &x, int i) {   //回溯算法
10           if(i >= a.size()) {                              //到达一个叶子结点
11               vector<int> tmp;                             //由 x 转换为子集 tmp
12               for(int j = 0; j < x.size(); j++) {
13                   if(x[j] == 1) tmp.push_back(a[j]);
14               }
15               ans.push_back(tmp);                          //将子集 tmp 添加到 ans 中
16           }
17           else {
18               x[i] = 1; dfs(a, x, i+1);                    //选择 a[i]
19               x[i] = 0; dfs(a, x, i+1);                    //不选择 a[i]
20           }
21       }
22   };
```

提交运行：

结果：通过；时间：4ms；空间：14.6MB

可以改为直接用 x 表示一个子集，即通过 x.push_back(a[i]) 添加 $a[i]$ 和通过 x.pop_back() 删除末尾的 $a[i]$ 以实现回溯，对应的回溯算法如下。

▦ **C++**：

```cpp
1    class Solution {
2        vector<vector<int>> ans;                        ＃存放答案
3    public:
4        vector<vector<int>> subsets(vector<int> & nums) {
5            vector<int> x;
```

```
6            dfs(nums,x,0);
7            return ans;
8        }

9        void dfs(vector<int>&a,vector<int>&x,int i) {    //回溯算法
10           if(i>=a.size())                              //到达一个叶子结点
11               ans.push_back(x);                        //将子集 x 添加到 ans 中
12           else {
13               x.push_back(a[i]);                       //选择 a[i]
14               dfs(a,x,i+1);
15               x.pop_back();                            //回溯
16               dfs(a,x,i+1);                            //不选择 a[i]
17           }
18       }
19   };
```

提交运行：

结果：通过；时间：0ms；空间：6.9MB

⊞ **Python**：

```
1    class Solution:
2        def subsets(self, nums: List[int]) -> List[List[int]]:
3            self.ans,x=[],[]
4            self.dfs(nums,x,0)
5            return self.ans

6        def dfs(self,a,x,i):                             #回溯算法
7            if i>=len(a):                                #到达一个叶子结点
8                self.ans.append(copy.deepcopy(x))        #将子集 x 添加到 ans 中
9            else:
10               x.append(a[i])                           #选择 a[i]
11               self.dfs(a,x,i+1)
12               x.pop()                                  #回溯
13               self.dfs(a,x,i+1)                        #不选择 a[i]
```

提交运行：

结果：通过；时间：36ms；空间：16.1MB

【解法2】　基于例 19-1 的解法 2。用 a 表示 nums 数组,其中所有元素均不相同,设置解向量 $x=\{x_0,\cdots,x_i,\cdots,x_{n-1}\}$,其中 $x_i=0$ 表示不选择 $a[i]$,$x_i=1$ 表示选择 $a[i]$。用 (i,j,x) 表示状态(其中 x 为解向量),解空间树中根结点的状态为 $(0,0,\{\})$,用 j1 遍历 $a[j..n-1]$：置 $x[i]=a[j1]$,下一层的结点状态为 $(i+1,j1+1,x)$。解空间树中的每个叶子结点对应一个解 x,将其转换为子集 tmp 并添加到 ans 中,最后返回 ans 即可。对应的回溯算法如下。

▦ **C++**：

```
1    class Solution {
2        vector<vector<int>> ans;
3    public:
4        vector<vector<int>> subsets(vector<int>& nums) {
5            vector<int> x(nums.size(),-1);
6            dfs(nums,x,0,0);
7            return ans;
8        }

9        void dfs(vector<int>&a,vector<int>&x,int i,int j) {    //回溯算法
10           vector<int> tmp;                                   //由 x 转换为子集 tmp
11           for(int k=0;k<i;k++) {
```

513

```
12                  tmp.push_back(x[k]);
13              }
14          ans.push_back(tmp);                      //将子集 tmp 添加到 ans 中
15          for(int j1=j;j1<a.size();j1++) {         //j1 从 j 到 n−1 循环
16              x[i]=a[j1];
17              dfs(a,x,i+1,j1+1);
18              x[i]=−1;                             //回溯
19          }
20      }
21  };
```

提交运行:

结果:通过;时间:4ms;空间:7.2MB

同样,解向量 x 用 vector 向量表示,由于参数 i 与解空间树中对应结点的层次相同,所以可以省略参数 i,对应的回溯算法如下。

▦ **C++**:

```
1  class Solution {
2      vector<vector<int>> ans;
3  public:
4      vector<vector<int>> subsets(vector<int>& nums) {
5          vector<int> x;
6          dfs(nums,x,0);
7          return ans;
8      }

9      void dfs(vector<int>& a,vector<int>& x,int j) {   //回溯算法
10         ans.push_back(x);                             //将子集 x 添加到 ans 中
11         for(int j1=j;j1<a.size();j1++) {              //j1 从 j 到 n−1 循环
12             x.push_back(a[j1]);
13             dfs(a,x,j1+1);
14             x.pop_back();
15         }
16     }
17 };
```

提交运行:

结果:通过;时间:0ms;空间:6.9MB

▦ **Python**:

```
1  class Solution:
2      def subsets(self, nums: List[int]) -> List[List[int]]:
3          self.ans,x=[],[]
4          self.dfs(nums,x,0)
5          return self.ans

6      def dfs(self,a,x,j):                              #回溯算法
7          self.ans.append(copy.deepcopy(x))            #将子集 x 添加到 ans 中
8          for j1 in range(j,len(a)):                   #j1 从 j 到 n−1 循环
9              x.append(a[j1])
10             self.dfs(a,x,j1+1)
11             x.pop()
```

提交运行:

结果:通过;时间:44ms;空间:16.3MB

19.2.2 LeetCode77——组合★★

【问题描述】 给定两个整数 n 和 k，返回 $[1,n]$ 范围中所有可能的 k 个数的组合，可以按任何顺序返回答案。

例如，$n=4,k=2$，答案为 $[[2,4],[3,4],[2,3],[1,2],[1,3],[1,4]]$。

【限制】 $1 \leqslant n \leqslant 20, 1 \leqslant k \leqslant n$。

【解法1】 基于例 19-1 的解法 1。组合中每个元素的取值范围是 $[1,n]$，设置解向量 x 表示一个子集，i 从 1 开始试探，扩展方式为二选一，在选择 i 时通过 x.push_back(i) 将 i 添加到 x 中，在回溯时通过 x.pop_back() 实现，用 cnt 累计选择的整数，当到达一个叶子结点时，若满足 cnt=k 条件，说明找到一个组合 x，将其添加到答案 ans 中，最后返回 ans 即可。

源程序

【解法2】 基于例 19-1 的解法 2。组合中每个元素的取值范围是 $[1,n]$，设置解向量 x 表示一个子集。解空间树中根结点的 j 值为 1，对于第 i 层的结点，用 j1 遍历 $[j,n]$：将 j1 添加到 x 中（表示置 $x[i]=$j1），下一层结点的 j 值为 j1+1。叶子结点对应 $j>n$，这里不必特别做判断。当到达一个叶子结点时如果 x 中恰好含 k 个元素，说明找到一个满足条件的组合 x，将 x 添加到答案 ans 中，最后返回 ans 即可。

源程序

19.2.3 LeetCode40——组合总和Ⅱ★★

【问题描述】 给定一个候选人编号的集合 candidates 和一个目标数 target，找出 candidates 中所有可以使数字和为 target 的组合。candidates 中的每个数字在每个组合中只能使用一次。注意，解集不能包含重复的组合。

例如，candidates=$[10,1,2,7,6,1,5]$，target=8，答案为 $[[1,1,6],[1,2,5],[1,7],[2,6]]$。

【限制】 $1 \leqslant$ candidates.length $\leqslant 100, 1 \leqslant$ candidates$[i] \leqslant 50, 1 \leqslant$ target $\leqslant 30$。

【解题思路】 基于例 19-1 的解法 2。用 a 表示 candidates 数组，这里 a 中的元素可能相同，为了方便除重，先将 a 中的元素递增排序。用 cs 累计选择的元素的和。

（1）当 cs=target 时找到一个解 x，将其添加到 ans 中。

（2）否则继续在解空间树中向下搜索，使用两种剪支方法：一是超重剪支，由于 a 中的元素为正数，若 cs+$a[i]>$target，则终止该子树的搜索；二是除重剪支，在 j1 从 j 到 $n-1$ 循环时，若 j1$>j$ 并且 $a[$j1$]=a[$j1$-1]$，说明沿着 $a[$j1$]$ 的结点搜索下去与沿着 $a[$j1$-1]$ 的结点搜索下去得到的解相同，故终止该子树的搜索。

整个解空间树遍历完毕，返回 ans 即可。对应的回溯算法如下。

▦ C++：

```
 1   class Solution {
 2       vector < vector < int >> ans;
 3   public:
 4       vector < vector < int >> combinationSum2(vector < int > & candidates, int target){
 5           vector < int > x;
 6           sort(candidates.begin(),candidates.end());        //排序，以便去重
 7           dfs(candidates,target,x,0,0);                     //cs 和 j 从 0 开始
 8           return ans;
 9       }

10       void dfs(vector < int > &a,int t,vector < int > &x,int cs,int j) {    //回溯算法
```

```
11              if(cs==t)
12                  ans.push_back(x);
13              else {
14                  for(int j1=j;j1<a.size();j1++) {        // j1 从 j 到 n−1 循环
15                      if(a[j1]+cs>t) continue;            //超重剪支
16                      if(j1>j && a[j1]==a[j1−1]) continue;       //跳过重复的元素
17                      cs+=a[j1];
18                      x.push_back(a[j1]);
19                      dfs(a,t,x,cs,j1+1);                 //每个元素只能用一次,所以j1+1
20                      cs−=a[j1];
21                      x.pop_back();                       //回溯
22                  }
23              }
24          }
25  };
```

提交运行：

结果:通过;时间:4ms;空间:10.5MB

Python:

```
1   class Solution:
2       def combinationSum2(self, candidates: List[int], target: int) -> List[List[int]]:
3           self.ans,x=[],[]
4           candidates.sort()                              #排序,以便去重
5           self.dfs(candidates,target,x,0,0);             #cs 和 j 从 0 开始
6           return self.ans

7       def dfs(self,a,t,x,cs,j):                          #回溯算法
8           if cs==t:
9               self.ans.append(copy.deepcopy(x))
10          else:
11              for j1 in range(j,len(a)):                 # j1 从 j 到 n−1 循环
12                  if a[j1]+cs>t:continue                 # 剪支
13                  if j1>j and a[j1]==a[j1−1]:continue    #跳过重复的元素
14                  cs+=a[j1]
15                  x.append(a[j1])
16                  self.dfs(a,t,x,cs,j1+1)                #每个元素只能用一次,所以j1+1
17                  cs−=a[j1]
18                  x.pop()                                #回溯
```

提交运行：

结果:通过;时间:52ms;空间:16.2MB

19.2.4 LeetCode39——组合总和★★

问题描述参见 19.2.3 节。

【解题思路】 基于例 19-1 的解法 1。用 a 表示 candidates 数组,rt 为剩余值(初始为 target),i 为考虑的元素 $a[i]$,为了让 a 中的同一个数字可以被无限制地重复选取,在结点 "rt,i"处的扩展规则改为如下。

(1) 不选择元素 $a[i]$,进入解空间树的下一层考虑下一个元素 $a[i+1]$ 的选择。

(2) 选择元素 $a[i]$ 一次,进入解空间树的下一层继续考虑下一个元素 $a[i]$ 的选择。

解空间树中处理元素 $a[i]$ 的结点的层次并不一定等于 i。例如,$a=[2,3,7]$,target$=7$, 求解过程如图 19.7 所示,根结点为"7,0",表示初始 rt$=$target$=7$,$i=0$,图中带阴影的结点

516

对应一个解,虚框结点是被剪支的结点,左分支表示不选择元素 $a[i]$,分支线用 0 表示,右分支表示选择一次元素 $a[i]$,分支线用 $a[i]$ 表示。对应的回溯算法如下。

C++:

```
1    class Solution {
2        vector < vector < int >> ans;
3    public:
4        vector < vector < int >> combinationSum(vector < int > & candidates, int target) {
5            vector < int > x;
6            dfs(candidates, target, x, 0);              //i 从 0 开始
7            return ans;
8        }

9        void dfs(vector < int > & a, int rt, vector < int > & x, int i) {    //回溯算法
10           if(i >= a.size()) {                          //到达一个叶子结点
11               if(rt == 0) ans.push_back(x);            //找到一个解
12           }
13           else {
14               dfs(a, rt, x, i+1);                      //不选择 a[i]
15               if(a[i] <= rt) {                         //不超重时选择 a[i]
16                   x.push_back(a[i]);
17                   dfs(a, rt-a[i], x, i);
18                   x.pop_back();
19               }
20           }
21       }
22   };
```

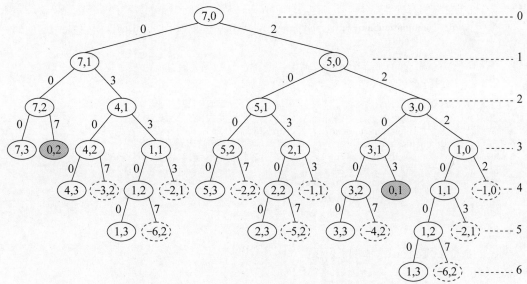

图 19.7　$a = [2, 3, 7]$, target = 7 的求解过程图

提交运行:

结果:通过;时间:4ms;空间:16.5MB

上述算法是标准的回溯算法,但存在冗余步。例如,当搜索到 $a[i]$($i < n-1$),并且 $rt = 0$ 时就是一个解,而该算法还需要执行对余下元素做不选择操作,直到 $i = n$,优化后的回溯算法如下。

■ **C++:**

```cpp
1   class Solution {
2       vector < vector < int >> ans;
3   public:
4       vector < vector < int >> combinationSum(vector < int > & candidates, int target) {
5           vector < int > x;
6           dfs(candidates, target, x, 0);              //i 从 0 开始
7           return ans;
8       }
9
9       void dfs(vector < int > &a, int rt, vector < int > & x, int i) {   //回溯算法
10          if(rt == 0) {                               //找到一个解
11              ans.push_back(x);
12          }
13          else if(i < a.size()) {                     //a 尚未遍历完毕
14              dfs(a, rt, x, i+1);                     //不选择 a[i]
15              if(a[i] <= rt) {                        //不超重时选择 a[i]
16                  x.push_back(a[i]);
17                  dfs(a, rt-a[i], x, i);
18                  x.pop_back();
19              }
20          }
21      }
22  };
```

提交运行：

结果:通过;时间:0ms;空间:16.7MB

■ **Python:**

```python
1   class Solution:
2       def combinationSum(self, candidates: List[int], target: int) -> List[List[int]]:
3           self.ans=[]
4           self.x=[]
5           self.dfs(candidates, target, 0)             #i 从 0 开始
6           return self.ans
7
7       def dfs(self, a, rt, i):                        #回溯算法
8           if rt == 0:                                 #找到一个解
9               self.ans.append(copy.deepcopy(self.x))
10          elif i < len(a):                            #a 尚未遍历完毕
11              self.dfs(a, rt, i+1)                    #不选择 a[i]
12              if a[i] <= rt:                          #不超重时选择 a[i]
13                  self.x.append(a[i])
14                  self.dfs(a, rt-a[i], i)
15                  self.x.pop()
```

提交运行：

结果:通过;时间:52ms;空间:16.2MB

19.2.5 LeetCode90——子集Ⅱ ★★

问题描述参见 15.3.2 节。

【解法 1】 基于例 19-1 的解法 1。用 a 表示 nums 数组,如果完全使用例 19-1 的解法 1,当 $a=[1,2,1]$ 时,答案为 $[[1,2,1],[1,2],[1,1],[1],[2,1],[2],[1],[]]$,其中有两个 $[1]$,另外 $[1,2]$ 和 $[2,1]$ 也是重复的,为了保证所有相同子集中元素的顺序相同,不妨先将 a 中的所有元素递增排序。例如,当 $a=[1,1,2]$ 时,答案为 $[[1,1,2],[1,1],[1,2],[1],[1,$

2],[1],[2],[]。最后使用 set 容器实现除重。对应的回溯算法如下。

C++：

```
1   class Solution {
2       set < vector < int >> s;                    //s 为 STL 集合容器,用于除重
3   public:
4       vector < vector < int >> subsetsWithDup(vector < int > & nums) {
5           sort(nums. begin(),nums. end());
6           vector < int > x;
7           dfs(nums,x,0);
8           vector < vector < int >> ans;        //将集合 s 中的元素添加到 ans 中
9           for(auto e: s)
10              ans. push_back(e);
11          return ans;
12      }
13      void dfs(vector < int > &a,vector < int > &x,int i) {   //回溯算法
14          if(i>=a. size())                      //到达一个叶子结点
15              s. insert(x);
16          else {
17              x. push_back(a[i]);               //选择 a[i]
18              dfs(a,x,i+1);
19              x. pop_back();
20              dfs(a,x,i+1);                     //不选择 a[i]
21          }
22      }
23  };
```

提交运行：

结果:通过;时间:8ms;空间:7.8MB

Python：

```
1   class Solution:
2       def subsetsWithDup(self, nums: List[int]) -> List[List[int]]:
3           nums. sort()
4           self.s,x=set(),[]                     #s 为 Python 集合类型,用于除重
5           self. dfs(nums,x,0)
6           ans=[]
7           for e in self.s:                      #将集合 s 中的元素添加到 ans 中
8               ans. append(e)
9           return ans
10      def dfs(self,a,x,i):                      #回溯算法
11          if i>=len(a):                         #到达一个叶子结点
12              self.s. add(tuple(x))
13          else:
14              x. append(a[i])                   #选择 a[i]
15              self. dfs(a,x,i+1)
16              x. pop()
17              self. dfs(a,x,i+1)                #不选择 a[i]
```

提交运行：

结果:通过;时间:36ms;空间:16.3MB

【解法 2】　基于例 19-1 的解法 2。用 a 表示 nums 数组,同时结合 19.2.3 节中的解法。为了方便除重,先将 a 中的元素递增排序,除重剪支操作是在 j1 从 j 到 $n-1$ 循环时,若 j1>j 并且 $a[j1]=a[j1-1]$,说明沿着 $a[j1]$ 的结点搜索下去与沿着 $a[j1-1]$ 的结点搜索

下去得到的解相同,故终止该子树的搜索。

整个解空间树遍历完毕,返回 ans 即可。对应的回溯算法如下。

C++:

```
1   class Solution {
2       vector < vector < int >> ans;
3   public:
4       vector < vector < int >> subsetsWithDup(vector < int > & nums) {
5           sort(nums.begin(),nums.end());
6           vector < int > x;                    //存放一个子集
7           dfs(nums,x,0);
8           return ans;
9       }
10      void dfs(vector < int > & a, vector < int > &x,int j) {   //回溯算法
11          ans.push_back(x);
12          for(int j1=j;j1 < a.size();j1++) {        // j1 从 j 到 n-1 循环
13              if(j1>j && a[j1-1]==a[j1]) continue;
14              x.push_back(a[j1]);
15              dfs(a,x,j1+1);
16              x.pop_back();
17          }
18      }
19  };
```

提交运行:

结果:通过;时间:0ms;空间:7.4MB

Python:

```
1   class Solution:
2       def subsetsWithDup(self, nums: List[int]) -> List[List[int]]:
3           nums.sort()
4           self.ans,x=[],[]                    # x 存放一个子集
5           self.dfs(nums,x,0)
6           return self.ans
7       def dfs(self,a,x,j):                    # 回溯算法
8           self.ans.append(x[:])
9           for j1 in range(j,len(a)):          # j1 从 j 到 n-1 循环
10              if j1>j and a[j1-1]==a[j1]:continue
11              x.append(a[j1])
12              self.dfs(a,x,j1+1)
13              x.pop()
```

提交运行:

结果:通过;时间:40ms;空间:16.3MB

19.2.6 LeetCode216——组合总和Ⅲ ★★

【问题描述】 找出所有相加之和为 n 的 k 个数的组合,满足只使用数字 $1\sim9$,且每个数字最多使用一次的条件。请返回所有可能的有效组合的列表,该列表不能包含相同的组合两次,组合可以以任何顺序返回。

例如,$k=3$,$n=9$,答案为$[[1,2,6],[1,3,5],[2,3,4]]$,因为有 $1+2+6=9$,$1+3+5=9$,$2+3+4=9$。

【限 制】 $2\leqslant k\leqslant9$,$1\leqslant n\leqslant60$。

【解法1】 基于例19-1的解法1。全部元素只有1~9，用 x 表示解向量，从每个元素要么选择要么不选择的角度考虑，i 从1开始试探（解空间树的根结点的层次为1，叶子结点的层次为10），用 cs 累计选择的元素的和，cnt 累计选择的元素的个数，与例19-1中解法1的思路类似，当 $i \geqslant 10$ 时到达一个叶子结点，如果满足 cs=n 且 cnt=k，则对应一个解，将对应的子集解 x 添加到答案 ans 中，最后返回 ans 即可。

扫一扫

源程序

【解法2】 基于例19-1的解法2。用 $x[0..k-1]$ 表示解向量，从依次求 $x[0]$、$x[1]$、……、$x[k-1]$ 的角度考虑，每个 $x[i]$ 的取值范围是1~9，i 从0开始试探（解空间树的根结点的层次为0，叶子结点的层次为 k），用 cs 累计选择的元素的和，cnt 累计选择的元素的个数，与例19-1中解法2的思路类似，当 $i \geqslant k$ 时到达一个叶子结点，如果满足 cs=n，则对应一个解，将对应的子集解 x 添加到答案 ans 中，最后返回 ans 即可。

扫一扫

源程序

那么如何保证在从根结点到叶子结点的路径上不取重复数字呢？可以使用一个 used[10] 数组，初始时所有元素为 false，一旦 $x[i]$ 选择了数字 j，则置 used[j]=true，仅为 $x[i]$ 选择 used 值为 false 的数字 j。但这样做不能解决重复组合问题，例如，$k=3$，$n=7$，求出的结果为[[1,2,4],[1,4,2],[2,1,4],[2,4,1],[4,1,2],[4,2,1]]，而正确的答案为[[1,2,4]]。为此规定 x 中的元素递增排列，实现方式是不必用 used 数组，而是为 $x[i]$ 跳过满足 $i>0$ && $j<=x[i-1]$ 条件的元素 j。

19.2.7 LeetCode491——递增子序列★★

【问题描述】 给定一个整数数组 nums，找出并返回该数组中所有不同的递增子序列，在递增子序列中至少有两个元素，可以按任意顺序返回答案。在数组中可能含有重复元素，如果两个整数相等，也可以视作递增序列的一种特殊情况。

例如，nums=[4,6,7,7]，答案为[[4,6],[4,6,7],[4,6,7,7],[4,7],[4,7,7],[6,7],[6,7,7],[7,7]]。

【限制】 $1 \leqslant$ nums.length$\leqslant 15$，$-100 \leqslant$ nums[i]$\leqslant 100$。

【解题思路】 基于例19-1的解法2。用 a 表示 nums 数组，用解向量 x 存储一个递增子序列，在 j1 从 j 到 $n-1$ 循环时，若 x 不空并且 $a[j1]<x$.back()，跳过 $a[j1]$（约束剪支），若 x 中含两个或两个以上的元素，说明 x 是一个满足条件的递增子序列，将其添加到 ans 中。其中可能含重复的递增子序列，例如，$a=[2,2,1,3]$，求出的答案为 ans=[[2,2],[2,3],[2,3],[2,3],[1,3]]，其中[2,3]重复。

出现重复的原因是在 j1 从 j 到 $n-1$ 循环时 $a[j1]$ 等于前面某个已经取值过的元素，由于这里 a 中元素的顺序不能改变，为了除重，在进入一层时通过哈希表 used 实现同层除重，即保证 $a[j1]$ 不取重复元素。例如，$a=[2,2,1,3]$，除重求解过程如图19.8所示，其中虚框是被剪支的结点，带阴影的结点对应一个解，答案为 ans=[[2,2],[2,2,3],[2,3],[1,3]]。

整个解空间树遍历完毕，返回 ans 即可。对应的回溯算法如下。

▌ C++：

```
1    class Solution {
2        vector < vector < int >> ans;
3    public:
4        vector < vector < int >> findSubsequences(vector < int > & nums) {
5            vector < int > x;
6            dfs(nums, x, 0);
7            return ans;
```

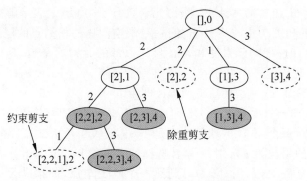

图 19.8 $a=[2,2,1,3]$ 的求解过程

图中标注：约束剪支、除重剪支

```
8          }
9      void dfs(vector<int>&a,vector<int>&x,int j){          //回溯算法
10         if(x.size()>1){
11             ans.push_back(x);
12         }
13         unordered_set<int> used;                          //实现同层除重
14         for(int j1=j;j1<a.size();j1++){                    //j1从j到n-1循环
15             if(!x.empty()&&a[j1]<x.back()) continue;       //约束剪支
16             if(used.count(a[j1])==1) continue;             //除重剪支
17             used.insert(a[j1]);
18             x.push_back(a[j1]);
19             dfs(a,x,j1+1);
20             x.pop_back();
21             //此处为什么不能包含"used.erase(a[j1]);"?
22         }
23     }
24  };
```

提交运行：

结果：通过；时间：44ms；空间：24.8MB

说明：由于 nums 数组中元素的取值范围是 $[-100,100]$，所以可以用 used[201] 数组代替哈希表 s，这样更高效。

Python：

```
1   class Solution:
2       def findSubsequences(self, nums: List[int]) -> List[List[int]]:
3           self.ans, x=[], []
4           self.dfs(nums, x, 0)
5           return self.ans

6       def dfs(self, a, x, j):                          # 回溯算法
7           if len(x)>1:
8               self.ans.append(copy.deepcopy(x))
9           used=set()                                   # 使用集合实现本层元素的除重
10          for j1 in range(j, len(a)):                  # j1 从 j 到 n-1 循环
11              if len(x)>0 and a[j1]<x[-1]:continue
12              if a[j1] in used:continue
13              x.append(a[j1])
14              used.add(a[j1])
15              self.dfs(a, x, j1+1)
16              x.pop()                                  # 回溯
```

提交运行：

结果：通过；时间：148ms；空间：22.7MB

19.2.8 LeetCode131——分割回文串★★

【问题描述】 给定一个字符串 s，请将 s 分割成一些子串，使每个子串都是回文串，返回 s 所有可能的分割方案。回文串是正着读和反着读都一样的字符串。

例如，s＝"aab"，答案为[["a","a","b"],["aa","b"]]。

【限制】 1≤s.length≤16，s 仅由小写英文字母组成。

【解题思路】 基于例 19-1 的解法 2。以 s 的每个位置作为分割点，用解向量 x 表示一个分割子串，在 j1 从 j 到 $n-1$ 循环时，取出 s[j..j1]的子串 s1，若 s1 是回文，将 s1 添加到 x 中，继续试探一个分割点。当 $j \geqslant n$ 到达叶子结点(s 分割完毕)，对应一个解，将 x 添加到答案 ans 中，最后返回 ans 即可。

扫一扫

源程序

19.2.9 LeetCode93——复原 IP 地址★★

【问题描述】 给定一个只包含数字的字符串 s，用于表示一个 IP 地址，返回所有可能从 s 获得的有效 IP 地址，可以按任何顺序返回答案。有效 IP 地址由 4 个整数(每个整数的取值范围为 0～255)组成，且不能含有前导零，整数之间用'.'分隔，如"0.1.2.201"和"192.168.1.1"是有效 IP 地址，但是"0.011.255.245"、"192.168.1.312"和"192.168@1.1"是无效 IP 地址。

例如，s＝"010010"，结果为{"0.10.0.10","0.100.1.0"}。

【限制】 1≤s.length≤20，s 仅由数字组成。

【解题思路】 深度剪支。假设 s 中含 n 个数字字符，用数组 x 存放一个 IP 地址的 4 个整数，用 i 遍历 s(初始 $i=0$ 对应解空间树中的根结点)，cnt 累计找到的有效整数的个数。对于解空间树中第 i 层的结点，考虑 s[i]的决策，剩余的字符个数为 $n-i$，若 $n-i>(4-cnt)\times 3$，说明剩余的数字个数太多了；若 $n-i<4-cnt$，说明剩余的数字个数太少了。若 cnt=4 且 $i=n$，说明找到一个解 x，将 x 转换为 IP 字符串 tmp 添加到结果 ans 中。

扫一扫

源程序

对于其他情况，若遇到 s[i]＝'0'，由于 IP 中的各个整数不能有前导零，那么这段 IP 地址只能为 0；否则扩展 s[i..i+2]的每个位置 j 作为分割点，求出对应的整数 d，若 d 有效，则作为 IP 地址的一段，从 $j+1$ 开始继续向下搜索，若 d 无效则返回。

19.2.10 LeetCode282——给表达式添加运算符★★★

【问题描述】 给定一个仅包含数字 0～9 的字符串 num 和一个目标值整数 target，在 num 的数字之间添加二元运算符(不是一元)＋、－或＊，返回能够得到 target 的所有表达式。注意，返回表达式中的操作数不应该包含前导零。

例如，num＝"232"，target＝8，答案为["2*3+2","2+3*2"]。

【限制】 1≤num.length≤10，num 中仅含数字，$-2^{31} \leqslant$ target $\leqslant 2^{31}-1$。

【解题思路】 基于例 19-1 的解法 2。用 x 表示值为 target 的表达式，用 ans 存放这样的所有表达式。在算法设计中需要注意以下两方面：

(1) 在产生的表达式中运算数可以是连续的一个或者多个数字,当分割点为 $num[i]$ 时,通过 num.substr(i,j-i+1)取出后面的数字子串 curs,对应的值为 curd(由于计算结果可能超出 int 类型的表示范围,所以改为 long long 类型),由于运算数不应该包含前导零,所以当 $j!=i$ && $num[i]==$'0'条件成立时直接返回。

(2) 当分割点 $num[i]$ 后面的运算数产生后,分割点处可以取'+'、'-'或者'*',即三选一。若当前求出的表达式的值为 cursum,分割点前面的一个运算数是 pred。

① 若取'+',执行 x+='+'+curs,cursum+=curd,prev=curd,递归处理对应的子问题,在回溯时恢复修改的参数。

② 若取'-',执行 x+='-'+curs,cursum-=curd,prev=curd,递归处理对应的子问题,在回溯时恢复修改的参数。

③ 若取'*',执行 x+='*'+curs,cursum=cursum-pred+pred*curd,prev=pred* curd。例如,1+2×3×4,假设当前在 3 和 4 之间取'*',则 cursum 应减去 2×3=6,然后加上 2×3×4=24。再递归处理对应的子问题,在回溯时恢复修改的参数。

对应的回溯算法如下。

C++:

```
1   class Solution {
2   public:
3       vector < string > ans;
4       string x;
5       vector < string > addOperators(string num, int target) {
6           dfs(num, target, 0, 0, 0);
7           return ans;
8       }

9       void dfs(string& num, int target, int i, long long cursum, long long prev) {
10          if(i==num.size()) {
11              if(cursum==target) ans.push_back(x);
12          }
13          else {
14              string oldx=x;                      //临时保存 x
15              for(int j=i; j < num.size(); j++) {
16                  if(j!=i && num[i]=='0')         //为前导零时返回
17                      return;
18                  string curs=num.substr(i, j-i+1);   //取出 num[i..j]
19                  long long curd=stoll(curs);         //将 curs 转换为整数 curd
20                  if(i==0) {
21                      x+=curs;                    //首整数前面不含运算符
22                      dfs(num, target, j+1, cursum+curd, curd);
23                      x=oldx;                     //回溯(恢复 x)
24                  }
25                  else {
26                      x+='+'+curs;                //选择'+'
27                      dfs(num, target, j+1, cursum+curd, curd);
28                      x=oldx;                     //回溯(恢复 x)
29                      x+='-'+curs;                //选择'-'
30                      dfs(num, target, j+1, cursum-curd, -curd);
31                      x=oldx;                     //回溯(恢复 x)
32                      x+='*'+curs;                //选择'*'
33                      dfs(num, target, j+1, cursum-prev+prev*curd, prev*curd);
34                      x=oldx;                     //回溯(恢复 x)
35                  }
36              }
37          }
```

```
38          }
39      };
```

提交运行：

结果：通过；时间：160ms；空间：24.5MB

Python：

```python
1    class Solution:
2        def addOperators(self, num: str, target: int) -> List[str]:
3            self.ans, self.x = [], ""
4            self.dfs(num, target, 0, 0, 0)
5            return self.ans

6        def dfs(self, num, target, i, cursum, prev):
7            if i == len(num):
8                if cursum == target:
9                    self.ans.append(str(self.x))
10           else:
11               oldx = self.x                            #临时保存 x
12               for j in range(i, len(num)):
13                   if j != i and num[i] == '0': return  #为前导零时返回
14                   curs = num[i:j+1]                     #取出 num[i..j]
15                   curd = int(curs)
16                   if i == 0:
17                       self.x += curs                    #首整数前面不含运算符
18                       self.dfs(num, target, j+1, cursum+curd, curd)
19                       self.x = copy.deepcopy(oldx)      #回溯(恢复 x)
20                   else:
21                       self.x += '+' + curs              #选择'+'
22                       self.dfs(num, target, j+1, cursum+curd, curd)
23                       self.x = oldx                     #回溯(恢复 x)
24                       self.x += '-' + curs              #选择'-'
25                       self.dfs(num, target, j+1, cursum-curd, -curd)
26                       self.x = oldx                     #回溯(恢复 x)
27                       self.x += '*' + curs              #选择'*'
28                       self.dfs(num, target, j+1, cursum-prev+prev*curd, prev*curd)
29                       self.x = oldx                     #回溯(恢复 x)
```

提交运行：

结果：通过；时间：868ms；空间：16.8MB

19.2.11　LeetCode22——括号的生成★★

【问题描述】　数字 n 代表生成括号的对数，请设计一个函数，用于生成所有可能的并且有效的括号组合。

例如，$n=3$，答案为["((()))","(()())","(())()","()(())","()()()"]。

【限制】　$1 \leq n \leq 8$。

【解题思路】　深度剪支。用 ans 存放答案，x 表示解向量，left 和 right 分别表示向 x 中添加的'('和')'的个数(初始均为 0)。扩展方式是添加'('或者')'，即二选一，剪支方式如下：

(1) 左分支为添加'('，仅扩展满足 left < n 的左分支。

(2) 右分支为添加')'，仅扩展满足 right < left 的右分支。

当 x 的长度为 $2n$ 时对应一个有效的括号组合，将 x 添加到 ans 中。最后返回 ans 即可。对应的回溯算法如下。

C++:

```
1   class Solution {
2       vector < string > ans;                    //存放所有结果串
3       string x;                                 //解向量(存放一个括号串)
4   public:
5       vector < string > generateParenthesis(int n) {
6           x="";
7           dfs(n,0,0);
8           return ans;
9       }
10      void dfs(int n,int left,int right) {      //回溯算法
11          if(x.size()==2 * n) {
12              ans.push_back(x);                 //将有效括号串添加到 ans 中
13          }
14          else {
15              if(left < n) {                    //剪支1:左括号的个数不能超过 n
16                  x.push_back('(');             //选择'('
17                  dfs(n,left+1,right);
18                  x.pop_back();                 //回溯
19              }
20              if(right < left) {                //剪支2:右括号少于左括号时才添加')'
21                  x.push_back(')');             //选择')'
22                  dfs(n,left,right+1);
23                  x.pop_back();                 //回溯
24              }
25          }
26      }
27  };
```

提交运行：

结果:通过;时间:0ms;空间:11.2MB

Python：

```
1   class Solution:
2       def generateParenthesis(self, n: int) -> List[str]:
3           self.ans,self.x=[],[]
4           self.dfs(n,0,0)
5           return self.ans
6       def dfs(self,n,left,right):              ♯回溯算法
7           if len(self.x)==2 * n:
8               self.ans.append(''.join(self.x))
9           else:
10              if left < n:
11                  self.x.append('(');          ♯选择'('
12                  self.dfs(n,left+1,right)
13                  self.x.pop()                 ♯回溯
14              if right < left:
15                  self.x.append(')')           ♯选择')'
16                  self.dfs(n,left,right+1)
17                  self.x.pop()                 ♯回溯
```

提交运行：

结果:通过;时间:48ms;空间:16.2MB

19.2.12 LeetCode301——删除无效的括号★★★

【问题描述】 给定一个由若干个括号和字母组成的字符串 s,删除最少数量的无效括

号,使得输入的字符串有效。请返回所有可能的结果,答案可以按任意顺序返回。

例如,s="(a())()",答案为["(a())()","(a()())"]。

【限制】　$1 \leqslant$ s.length$\leqslant 25$,s 由小写英文字母以及括号'('和')'组成,在 s 中最多含 20 个括号。

【解题思路】　基于例 19-1 的解法 2。先遍历 s,求出 s 中最少需要去掉的左括号的个数 left 和右括号的个数 right。使用例 19-1 中解法 2 的思路,用 j1 遍历 s[$j..n-1$]:

(1) 若 left>0 且 s[j1]='(',尝试删除左括号 s[j1],下一层结点的 j 值仍然为 j1(此时 s[j1]为删除 s[j1]之前的 s[j1+1])。

(2) 若 right>0 且 s[j1]=')',尝试删除右括号 s[j1],下一层结点的 j 值仍然为 j1(此时 s[j1]为删除 s[j1]之前的 s[j1+1])。

(3) 如果遇到连续相同的括号,只需要搜索一次即可,如果遇到的字符串为"((((()))",去掉前 4 个左括号中的任意一个,生成的字符串是一样的,均为"((())",因此在尝试搜索时只需要去掉一个左括号,不需要将前 4 个左括号都尝试一遍。所以使用的剪支操作是跳过满足 j1$>j$ 且 s[j1]=s[j1-1]的分支。

在解空间树中叶子结点为满足 left=0、right=0 并且 s 中的左右括号相匹配的结点,每遇到一个这样的结点,将对应的字符串 s 添加到 ans 中,最后返回 ans 即可。

扫一扫

源程序

19.2.13　LeetCode17——电话号码的字母组合★★

问题描述参见 15.2.4 节。

【解题思路】　基于例 19-1 的解法 1。同样用 hmap 表示电话按键上的数字与字母的映射关系。设解向量为 x,对于数字字符串 digits[$0..n-1$],在解空间树中第 i 层的结点对应 digits[i]的映射,扩展方式是取 hmap[digits[i]]中的每个字母。当 $i \geqslant n$ 时对应一个叶子结点,将其 x 添加到答案 ans 中,最后返回 ans 即可。对应的回溯算法如下。

C++:

```
1   class Solution {
2       vector<string> ans;
3       unordered_map<char,string> hmap={{'2',"abc"},{'3',"def"},{'4',"ghi"},
4           {'5',"jkl"},{'6',"mno"},{'7',"pqrs"},{'8',"tuv"},{'9',"wxyz"}};
                                                              //映射表
5   public:
6       vector<string> letterCombinations(string digits) {
7           int n=digits.size();
8           if(n==0) return {};
9           string x="";
10          dfs(digits,x,0);
11          return ans;
12      }

13      void dfs(string& digits,string& x,int i) {          //回溯算法
14          if(i>=digits.size())
15              ans.push_back(x);
16          else {
17              string key=hmap[digits[i]];                 //获取 digits[i]的映射字母串
18              for(int j=0;j<key.size();j++) {
19                  x.push_back(key[j]);
20                  dfs(digits,x,i+1);
21                  x.pop_back();                           //回溯
```

```
22                  }
23              }
24          }
25  };
```

提交运行：

结果：通过；时间：0ms；空间：6.4MB

 Python：

```
1   class Solution:
2       def letterCombinations(self, digits: str) -> List[str]:
3           n=len(digits)
4           if n==0:return []
5           self.hmap={'2':"abc",'3':"def",'4':"ghi",'5':"jkl",'6':"mno",'7':"pqrs",'8':
6               "tuv",'9':"wxyz"}                       #映射表
7           self.ans,x=[],[]
8           self.dfs(digits,x,0)
9           return self.ans

10      def dfs(self,digits,x,i):                       #回溯算法
11          if i>=len(digits):
12              self.ans.append(''.join(x))
13          else:
14              key=self.hmap[digits[i]]                #获取 digits[i]的映射字母串
15              for j in range(0,len(key)):
16                  x.append(key[j])
17                  self.dfs(digits,x,i+1)
18                  x.pop()                             #回溯
```

提交运行：

结果：通过；时间：44ms；空间：16.2MB

19.2.14　LeetCode79——单词的搜索★★

【问题描述】　给定一个 $m \times n$ 的二维字符网格 board 和一个字符串单词 word。如果 word 存在于网格中，返回 true，否则返回 false。单词必须按照字母顺序通过相邻的单元格内的字母构成，其中"相邻的"单元格是水平相邻或垂直相邻的单元格，同一个单元格内的字母不允许被重复使用。

例如，board=[["A","B","C","E"],["S","F","C","S"],["A","D","E","E"]]，word="ABCCED"，答案为 true。

【限制】　$m=$ board.length，$n=$ board[i].length，$1 \leqslant m,n \leqslant 6$，$1 \leqslant$ word.length $\leqslant 15$，board 和 word 仅由大小写英文字母组成。

【解题思路】　基于例 19-1 的解法 1。用 ans 表示是否成功（初始为 false），从 board 中与 word[0]字符相同的位置(r,c)开始搜索，i 从 1 到 word.size()-1，扩展方式是试探(r,c)位置的四周。当 $i \geqslant$ word.size()时说明匹配成功，置 ans 为 true。一旦 ans 为 true，则终止所有的其他搜索。在搜索中通过访问标记数组 visited 避免重复访问。

19.2.15　LeetCode797——所有可能的路径★★

【问题描述】　给定一个有 n 个顶点的有向无环图(DAG)，请找出所有从顶点 0 到顶点

$n-1$ 的路径并输出(不要求按特定顺序)。graph[i]是一个从顶点 i 可以访问的所有顶点的列表(即从顶点 i 到顶点 graph[i][j]存在一条有向边)。

例如,graph=[[4,3,1],[3,2,4],[3],[4],[]],如图 19.9 所示,从顶点 0 到顶点 $n-1$ 的所有路径为[[0,4],[0,3,4],[0,1,3,4],[0,1,2,3,4],[0,1,4]]。

【限制】　$n=$graph.length,$2 \leqslant n \leqslant 15$,$0 \leqslant$graph[$i$][$j$]$< n$,graph[$i$][$j$]$\neq i$(即不存在自环),graph[$i$]中的所有元素互不相同,并保证输入为有向无环图(DAG)。

【解题思路】　基于例 19-1 的解法 1。用 ans 存放从 0 到 $n-1$ 的所有路径,用解向量 x 存放一条路径($x=\{x_0, x_1, \cdots, x_m\}$),初始时将顶点 0 添加到 x 中(相当于 $x_0=0$),扩展方式是搜索 x 中末尾顶点的所有相邻点。例如,对于图 19.9,解空间树中的根结点(层次 0)对应 $x=\{0\}$,层次 1 只有一个结点,对应 $x=\{0\}$,顶点 0 可以扩展出顶点 1、3 和 4,即 x_1 可以取值 1、3 或者 4,所以层次 2 有 3 个结点,分别对应 $x=\{0,1\}$,$x=\{0,3\}$,$x=\{0,4\}$,以此类推。

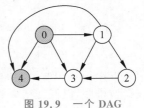

图 19.9　一个 DAG

扫一扫

源程序

由于给定的图是有向无环图,在路径中不会出现重复的顶点,所以不必使用访问标记数组 visited 检测重复性。当 x 的末尾顶点 $x_m=n-1$ 时说明找到一条满足要求的路径,将此时的 x 添加到 ans 中,最后返回 ans 即可。

19.2.16　LeetCode332——重新安排行程 ★★★

问题描述参见 18.2.6 节。

【解题思路】　基于例 19-1 的解法 1。将航线列表 tickets 使用 unordered_map<出发城市,map<到达城市,航班次数>>类型的哈希表 hmap 存储,由于可能存在多张完全相同的机票,其中"航班次数"记录重复的机票次数,map 保证了到达城市按字典顺序排列。先由 tickets 构造 hmap,共用 n 个航班,从"JFK"开始搜索经过这 n 个航班的第一条路径,在搜索中进行航班的回溯。对应的算法如下。

C++:

```
1    class Solution {
2        unordered_map < string, map < string, int >> hmap;
3        vector < string > ans;
4    public:
5        vector < string > findItinerary(vector < vector < string >> & tickets) {
6            for(auto &ft:tickets)                //构造 hmap
7                hmap[ft[0]][ft[1]]++;
8            ans.push_back("JFK");
9            int n=tickets.size();                //n 个航班(线)
10           dfs(n,0);
11           return ans;
12       }
13       bool dfs(int n, int i) {
14           if(i==n) return true;
15           else {
16               string from=ans[ans.size()-1];   //本次航班的起点是上一次航班的终点
17               for(auto &to:hmap[from]) {
18                   if(to.second>0) {            //存在< from, to >航班
19                       ans.push_back(to.first);
20                       to.second--;
21                       if(dfs(n,i+1)) return true;
```

```
22                    ans.pop_back();              //回溯
23                    to.second++;
24                }
25            }
26        }
27        return false;
28    }
29 };
```

提交运行：

结果：通过；时间：16ms；空间：13.93MB

这里 Python 算法使用与 18.2.6 节中 Python 算法相同的字典 hmap，在回溯中直接更新 hmap，所以不必判定路径是否重复，但在每次处理一个航班时需要对能够到达城市的列表递增排序，以保证结果路径是最小字典序的。对应的算法如下。

Python：

```
1  from collections import defaultdict
2  class Solution:
3      def findItinerary(self, tickets):
4          self.hmap = defaultdict(list)              #定义一个字典
5          for item in tickets:
6              self.hmap[item[0]].append(item[1])
7          self.ans = ['JFK']
8          n = len(tickets)
9          self.dfs(n, 0)
10         return self.ans

11     def dfs(self, n, i):
12         if i == n: return True                     #找到一个解
13         else:
14             f = self.ans[len(self.ans)-1]          #找到当前出发机场 f
15             self.hmap[f].sort()                    #目的城市递增排序
16             for _ in self.hmap[f]:
17                 t = self.hmap[f].pop(0)            #删除第一个目的城市 t
18                 self.ans.append(t)                 #选择第一个目的城市 t
19                 if self.dfs(n, i+1): return True
20                 self.ans.pop()                     #回溯
21                 self.hmap[f].append(t)
22         return False
```

提交运行：

结果：超时(80 / 81 个通过测试用例)

19.2.17　LeetCode37——解数独★★★

【问题描述】　编写一个程序，通过填充空格来解决数独问题。数独的解法需要遵循以下规则：

（1）数字 1～9 在每一行只能出现一次。

（2）数字 1～9 在每一列只能出现一次。

（3）数字 1～9 在每一个以粗实线分隔的 3×3 宫内只能出现一次。

在数独部分空格内已经填入了数字，空白格用'.'表示。例如，如图 19.10(a)所示的初始数独的唯一填充结果如图 19.10(b)所示。

5	3	.	.	7	.	.	.	.
6	.	.	1	9	5	.	.	.
.	9	8	.	.	.	.	6	.
8	.	.	.	6	.	.	.	3
4	.	.	8	.	3	.	.	1
7	.	.	.	2	.	.	.	6
.	6	.	.	.	.	2	8	.
.	.	.	4	1	9	.	.	5
.	.	.	.	8	.	.	7	9

5	3	4	6	7	8	9	1	2
6	7	2	1	9	5	3	4	8
1	9	8	3	4	2	5	6	7
8	5	9	7	6	1	4	2	3
4	2	6	8	5	3	7	9	1
7	1	3	9	2	4	8	5	6
9	6	1	5	3	7	2	8	4
2	8	7	4	1	9	6	3	5
3	4	5	2	8	6	1	7	9

(a) 初始数独   (b) 填充结果

图 19.10　一个数独及其填充结果

【限制】　board.length$=9$,board$[i]$.length$=9$,board$[i][j]$是一个一位数或者'.',题目数据保证输入的数独仅有一个解。

【解题思路】　基于例 19-1 的解法 1。在数独中共有 9 个九宫格(行号、列号均为 0~8),每个九宫格的大小为 3×3。从 $(0,0)$ 位置开始按行优先顺序试探,若当前位置 (i,j) 为数字,则跳过,否则在位置 (i,j) 试探'1'~'9'中的值 val,如果可行(通过 isValid() 函数进行判断),则在该位置放置 val 并继续试探。有关的设计细节如下。

(1) 按行优先顺序试探的过程:若当前位置为 (i,j),如果 $j=9$,说明当前行试探完毕,置 $i=i+1$ 进入下一行继续试探,如果 $i=9$,说明 board 全部试探完毕得到一个解。

(2) 回溯函数 dfs() 的返回值:由于数独仅有一个解,一旦找到一个解就终止其他的搜索,这样可以提高效率,为此这里将 dfs() 设计为返回 bool 值的函数。对于任何子问题,一旦其返回值为 true,则大问题直接返回 true。

(3) isValid(board,i,j,val) 函数的设计思路:由于 val 是按'1'~'9'的顺序试探的,必须保证 0~8 行的每一行、0~8 列的每一列不能含 val,同时求出位置 (i,j) 所在的九宫格的左上角位置 (starti,startj),保证对应的九宫格中的 9 个位置不能含 val,这样才能返回 true,否则返回 false。

对应的回溯算法如下。

C++:

```cpp
 1  class Solution {
 2  public:
 3      void solveSudoku(vector < vector < char >> &board) {
 4          dfs(board,0,0);
 5      }
 6      bool dfs(vector < vector < char >> &board, int i,int j) {//回溯算法
 7          if(j==9) {
 8              i=i+1;                    //一行完后进入下一行
 9              j=0;
10          }
11          if(i==9) return true;         //到达一个叶子结点
12          if(board[i][j]!='.')          //跳过非空单元格
13              return dfs(board,i,j+1);
14          for(char ch='1';ch<='9';ch++) {   //空单元格尝试'1'~'9'
15              if(isValid(board,i,j,ch)) {
16                  board[i][j]=ch;
17                  if(dfs(board,i,j+1))
18                      return true;      //若找到一个解,返回 true
19                  board[i][j]='.';      //回溯
20              }
```

```
21              }
22              return false;
23          }
24          bool isValid(vector< vector< char >> &board, int i, int j, char val) {
25              int starti=(i/3) * 3;                    //求(i,j)所在九宫格的左上角位置
26              int startj=(j/3) * 3;
27              for(int k=0;k<9;k++) {
28                  if(board[i][k]==val)                 //同一行重复,返回 false
29                      return false;
30                  if(board[k][j]==val)                 //同一列重复,返回 false
31                      return false;
32                  if(board[starti+k/3][startj+k%3]==val)
33                      return false;                    //当前九宫格中重复,返回 false
34              }
35              return true;
36          }
37      };
```

提交运行:

结果:通过;时间:20ms;空间:6.2MB

Python:

```
1   class Solution:
2       def solveSudoku(self, board: List[List[str]]) -> None:
3           self.dfs(board,0,0)

4       def dfs(self,board,i,j):                         #回溯算法
5           if j==9:
6               i=i+1                                    #一行完后进入下一行
7               j=0
8           if i==9:return True                          #到达一个叶子结点
9           if board[i][j]!='.':                         #跳过非空单元格
10              return self.dfs(board,i,j+1)
11          for k in range(1,10):                        #空单元格尝试'1'~'9'
12              ch=str(k)
13              if self.isValid(board,i,j,ch):
14                  board[i][j]=ch
15                  if self.dfs(board,i,j+1):
16                      return True                      #若找到一个解,返回 True
17                  board[i][j]='.'                      #回溯
18          return False

19      def isValid(self,board,i,j,val):
20          starti=(i//3) * 3                            #求(i,j)所在九宫格的左上角位置
21          startj=(j//3) * 3
22          for k in range(0,9):
23              if board[i][k]==val:                     #同一行重复,返回 False
24                  return False
25              if board[k][j]==val:                     #同一列重复,返回 False
26                  return False
27              if board[starti+k//3][startj+k%3]==val:
28                  return False                         #当前九宫格中重复,返回 False
29          return True
```

提交运行:

结果:通过;时间:376ms;空间:16.1MB

19.2.18   LeetCode679——24 点游戏 ★★★

【问题描述】 给定一个长度为 4 的整数数组 cards,其对应 4 张卡片,每张卡片上都包

含一个范围为[1,9]的数字。请使用运算符('+'、'-'、'*'、'/')和括号('('、')')将这些卡片上的数字排列成数学表达式,以获得值24。注意遵守以下规则:

(1) 除法运算符 '/' 表示实数除法,而不是整数除法。例如,4/(1-2/3)=4/(1/3)=12。

(2) 每个运算都在两个数字之间,不能使用'-'作为一元运算符。例如,如果 cards=[1,1,1,1],则表达式"-1 -1 -1 -1"是不允许的。

(3) 不能把数字串在一起。例如,如果 cards=[1,2,1,2],则表达式"12+12"无效。

如果可以得到这样的表达式,其计算结果为 24,则返回 true,否则返回 false。例如,cards=[4,1,8,7],由于(8-4) * (7-1)=24,答案为 true;cards=[1,2,1,2],答案为false。

【限制】　cards. length=4,1≤cards[i]≤9。

【解题思路】　基于例 19-1 的解法 1。将 cards 的所有元素添加到数组 a 中,由于除法会产生实数,所以将数组 a 设计为 double 类型。初始时 a 中有 4 个元素,取出 a 中的任意两个元素 $a[i]$ 和 $a[j]$,将剩余的其他元素添加到数组 b 中,然后在'+'、'-'、'*'、'/'中选择一个(由于可以在表达式中的任何位置加括号,所以这 4 个运算符的优先级可以看成是相同的),每次选择一个运算符 op,将 $a[i]$ op $a[j]$ 的结果添加到数组 b 中,直到 b 中仅包含一个元素 $b[0]$,若此时 $b[0]=24$(由于是实数运算,改为 $|b[0]-24|<0.0001$),则返回 true,全部搜索完毕返回 false。对应的回溯算法如下。

⊞ C++:

```
1   class Solution {
2       bool ans=false;
3   public:
4       bool judgePoint24(vector<int>& cards) {
5           vector<double> a;
6           for(int e:cards) a.push_back(e);
7           dfs(a);
8           return ans;
9       }

10      void dfs(vector<double>&a) {              //回溯算法
11          int n=a.size();
12          if(n==1 && fabs(a[0]-24)<0.0001)
13              ans=true;
14          else if(n>1 && !ans) {
15              for(int i=0;i<n;i++) {
16                  for(int j=0;j<n;j++) {
17                      if(i==j) continue;
18                      vector<double> b;
19                      for(int k=0;k<n;k++) {
20                          if(k!=i && k!=j) b.push_back(a[k]);
21                      }
22                      b.push_back(a[i]+a[j]);       //选择'+'运算符
23                      dfs(b);
24                      b.pop_back();                 //回溯
25                      b.push_back(a[i]-a[j]);       //选择'-'运算符
26                      dfs(b);
27                      b.pop_back();                 //回溯
28                      b.push_back(a[i]*a[j]);       //选择'*'运算符
28                      dfs(b);
30                      b.pop_back();                 //回溯
31                      if(a[j]!=0.0) {               //选择'/'运算符
32                          b.push_back(a[i]/a[j]);
33                          dfs(b);
```

```
34                      b.pop_back();              //回溯
35                   }
36                }
37             }
38          }
39       }
40  };
```

提交运行:

结果:通过;时间:16ms;空间:9.7MB

Python:

```
1   class Solution:
2       def judgePoint24(self, cards: List[int]) -> bool:
3           self.ans, a = False, []
4           for e in cards:a.append(e)
5           self.dfs(a)
6           return self.ans

7       def dfs(self,a):                          # 回溯算法
8           n = len(a)
9           if n == 1 and abs(a[0] - 24) < 0.0001:
10              self.ans = True
11          elif n > 1 and not self.ans:
12              for i in range(0,n):              # 由 a 生成 b
13                  for j in range(0,n):
14                      if i == j:continue;
15                      b = []
16                      for k in range(0,n):
17                          if k != i and k != j:b.append(a[k])
18                      b.append(a[i] + a[j])      # 选择'+'运算符
19                      self.dfs(b)
20                      b.pop()                    # 回溯
21                      b.append(a[i] - a[j])      # 选择'-'运算符
22                      self.dfs(b)
23                      b.pop()                    # 回溯
24                      b.append(a[i] * a[j])      # 选择'*'运算符
25                      self.dfs(b)
26                      b.pop()                    # 回溯
27                      if a[j] != 0.0:
28                          b.append(a[i] / a[j])  # 选择'/'运算符
29                          self.dfs(b)
30                          b.pop()                # 回溯
```

提交运行:

结果:通过;时间:104ms;空间:16.2MB

19.2.19 LeetCode1723——完成所有工作的最短时间★★★

【问题描述】 给定一个整数数组 jobs,其中 jobs[i]是完成第 i 项工作要花费的时间,请将这些工作分配给 k 位工人。所有工作都应该分配给工人,且每项工作只能分配给一位工人。工人的工作时间是完成分配给他们的所有工作所花费时间的总和。请设计一套最佳的工作分配方案,使工人的最大工作时间得以最小化,返回分配方案中尽可能小的最大工作时间。

例如,jobs=[1,2,4,7,8],$k=2$,答案为 11,1 号工人分配 1、2、8(工作时间为 $1+2+8=11$),2 号工人分配 4、7(工作时间为 $4+7=11$),最大工作时间是 11。

【限制】 $1 \leqslant k \leqslant \text{jobs.length} \leqslant 12, 1 \leqslant \text{jobs}[i] \leqslant 10^7$。

【解题思路】 深度剪支。用 $\text{times}[0..k-1]$ 表示所有工人所分配工作的总时间(初始时所有元素均为 0),其中 $\text{times}[j]$ 表示工人 j 工作的总时间,用 ans 存放最优解(初始为 ∞),按工作序号 i 从 0 到 $n-1$ 遍历,解空间树中的根结点对应 $i=0$,ct 表示当前的总时间,使用基于 k 选一的子集树框架求解。显然在到达一个叶子结点后,$\text{ct} = \max\limits_{0 \leqslant j \leqslant k-1} \{\text{times}[j]\}$,$\text{ans} = \min\{\text{ct}\}$。

第 i 层的结点用于为工作 i 寻找工人 j,ct 即为完成 $0 \sim i-1$ 共 i 个工作的时间。例如,jobs=\{1,2,4\},$k=2$ 的搜索空间如图 19.11 所示,图中结点为 $(\text{times}[0], \text{times}[1])$,对应的最优解 $\text{ans}=4$。

从中看出,解空间树是一棵高度为 $n+1$ 的满 k 叉树,这样搜索会超时。可以使用以下剪支方法提高性能。

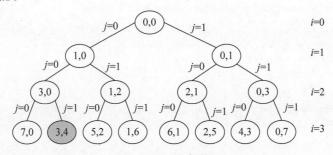

图 19.11 搜索空间

剪支 1:从图 19.11 看出,$k=2$ 时左、右子树是对称的,当 $k>2$ 时存在更多的重复子树,同时题目中规定每个工人至少分配一个工作,所以当给某个工人 j 分配工作 i 时,若他是初次分配($\text{times}[j]=0$),并且前面已有工人没有分配工作,则不必继续搜索下去,这样就剪去了 $(0,1)$ 的分支。

剪支 2:使用常规的限界函数剪支,若已经求出一个解 ans,如果将工作 i 分配给工人 j,完成 $0 \sim i$ 工作的时间和 $\text{curtime} = \max(\text{ct}, \text{times}[j])$,若 $\text{curtime} > \text{ans}$,则不必继续搜索下去。

由于使用了剪支 2,ct 会越来越小,那么满足 $\text{ct} \leqslant \text{ans}$ 的最后一个 ct 就是 ans。前面的示例使用剪支后的搜索空间如图 19.12 所示,从中看出几乎剪去了一半的结点。

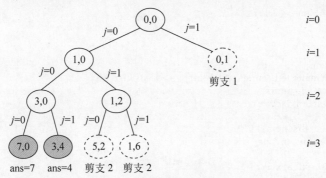

图 19.12 剪支后的搜索空间

扫一扫

源程序

19.3.1   LeetCode46——全排列★★

问题描述参见 15.4.1 节。

【解题思路 1】   基于例 19-2 的解法 1。改为用 ans 存放所有排列以及将解向量 x 改为动态添加和回溯。对应的回溯算法如下。

C++：

```
1   class Solution {
2       vector<vector<int>> ans;              //存放答案
3       vector<int> used;                     //用于判重
4   public:
5       vector<vector<int>> permute(vector<int>& nums) {
6           int n=nums.size();
7           used=vector<int>(n,0);
8           vector<int> x;
9           dfs(nums,x,0);
10          return ans;
11      }

12      void dfs(vector<int>&a,vector<int>&x,int i) {   //回溯算法
13          int n=a.size();
14          if(i>=n)
15              ans.push_back(x);
16          else {
17              for(int j=0;j<n;j++) {
18                  if(used[j]) continue;      //剪支:跳过已经使用过的 a[j]
19                  x.push_back(a[j]);
20                  used[j]=1;                 //选择 a[j]
21                  dfs(a,x,i+1);              //转向解空间树的下一层
22                  used[j]=0;                 //回溯
23                  x.pop_back();
24              }
25          }
26      }
27  };
```

提交运行：

结果:通过;时间:0ms;空间:7.7MB

Python：

```
1   class Solution:
2       def permute(self, nums: List[int]) -> List[List[int]]:
3           n=len(nums)
4           self.ans,self.used=[],[0] * n
5           x=[]
6           self.dfs(nums,x,0)
7           return self.ans

8       def dfs(self,a,x,i):                  # 回溯算法
9           n=len(a)
10          if i>=n:
11              self.ans.append(list(x))       # 加 list()等同于 x 深复制
```

```
12              else:
13                  for j in range(0,n):
14                      if self.used[j]:continue          #剪支:跳过已经使用过的 a[j]
15                      x.append(a[j])
16                      self.used[j]=1                    #选择 a[j]
17                      self.dfs(a,x,i+1)                 #转向解空间树的下一层
18                      self.used[j]=0                    #回溯
19                      x.pop()
```

提交运行:

结果:通过;时间:36ms;空间:16.2MB

【解题思路2】 基于例 19-2 的解法 2。仅改为用 ans 存放所有排列。对应的回溯算法如下。

■ C++:

```
1   class Solution {
2       vector < vector < int >> ans;          //存放答案
3   public:
4       vector < vector < int >> permute(vector < int > & nums) {
5           int n=nums.size();
6           vector < int > x=nums;
7           dfs(x,0);
8           return ans;
9       }
10
11      void dfs(vector < int > & x,int i) {     //回溯算法
12          int n=x.size();
13          if(i>=n)
14              ans.push_back(x);
15          else {
16              for(int j=i;j < n;j++) {
17                  swap(x[i],x[j]);           //交换 x[i]和 x[j]
18                  dfs(x,i+1);
19                  swap(x[i],x[j]);           //回溯:交换 x[i]和 x[j]
20              }
21          }
22      }
23  };
```

提交运行:

结果:通过;时间:0ms;空间:7.6MB

▦ Python:

```
1   class Solution:
2       def permute(self, nums: List[int]) -> List[List[int]]:
3           self.ans,x=[],nums
4           self.dfs(x,0)
5           return self.ans
6
7       def dfs(self,x,i):                        #回溯算法
8           n=len(x)
9           if i>=n:
10              self.ans.append(list(x))          #加 list()等同于 x 深复制
11          else:
12              for j in range(i,n):
13                  x[i],x[j]=x[j],x[i]           #交换 x[i]和 x[j]
14                  self.dfs(x,i+1)
15                  x[i],x[j]=x[j],x[i]           #回溯:交换 x[i]和 x[j]
```

提交运行：

结果：通过；时间：40ms；空间：16.2MB

19.3.2 LeetCode47——全排列Ⅱ ★★

【问题描述】 给定一个可包含重复数字的序列 nums，按任意顺序返回所有不重复的全排列。

例如，nums＝[1,1,2]，答案为[[1,1,2],[1,2,1],[2,1,1]]。

【限制】 $1 \leq$ nums.length ≤ 8，$-10 \leq$ nums$[i] \leq 10$。

【解题思路】 基于例 19-2 的解法 2。设解向量为 $x=(x_0, x_1, \cdots, x_n)$，每个 x 表示一个排列，x_i 表示该排列中 i 位置所取的元素，初始时 $x=$ nums。在解空间树中搜索到第 i 层的某个结点 C 时，如图 19.13 所示，C 结点的每个分支对应 x_i 的一个取值，从理论上讲，

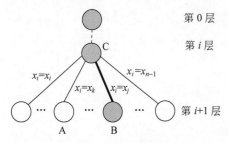

第0层
第i层

x_i 可以取 $x_i \sim x_{n-1}$ 中的每一个值，也就是说从根结点经过结点 C 到达第 $i+1$ 层的结点有 $n-1-i+1=n-i$ 条路径，在这些路径中从根结点到 C 结点都是相同的。当 x_i 取值 x_j 时（对应图中的粗分支）走到 B 结点，如果 x_j 与前面 $x_i \sim x_{j-1}$ 中的某个值 x_k 相同，当 x_i 取值 x_k 时走到 A 结点，显然根结点到 A 结点和 B 结点的路径完全相同，而且它们的层次相同，后面的操作也相同，则所有到达叶子结点产生的

第i+1层

图 19.13 x_i 的各种取值

解必然相同，属于重复的排列，需要剪去。

除去重复解的方法是：当 j 从 i 到 $n-1$ 循环时，每次循环执行 swap(x[i], x[j]) 为 i 位置选取元素 $x[j]$，如果 $x[j]$ 与 $x[i..j-1]$ 中的某个元素相同，则会出现重复的排列，跳过（称为同层去重）。也就是说，在执行 swap(x[i], x[j]) 之前先判断 $x[j]$ 是否在前面元素 $x[i..j-1]$ 中出现过，如果没有出现过，则继续做下去，否则跳过 $x[j]$ 的操作。对应的回溯算法如下。

■ C++：

```
1   class Solution {
2       vector < vector < int >> ans;              //存放 nums 的全排列
3   public:
4       vector < vector < int >> permuteUnique(vector < int > & nums) {
5           int n＝nums.size();
6           dfs(nums, n, 0);
7           return ans;
8       }

9       void dfs(vector < int > &x, int n, int i) {   //回溯算法
10          if(i>＝n)                               //到达叶子结点
11              ans.push_back(x);
12          else {                                 //没有到达叶子结点
13              for(int j＝i; j < n; j++) {          //遍历 x[i..n-1]
14                  if(judge(x, i, j)) continue;    //检测 x[j]
15                  swap(x[i], x[j]);               //i 位置选择 x[j]
16                  dfs(x, n, i+1);                 //进入下一层
17                  swap(x[i], x[j]);               //回溯
18              }
19          }
```

```
20          }
21      bool judge(vector<int>&x,int i,int j) {     //判断 x[j]是否出现在 x[i..j-1]中
22          if(j>i) {
23              for(int k=i;k<j;k++) {              //x[j]是否与 x[i..j-1]中的元素相同
24                  if(x[k]==x[j]) return true;      //若相同,返回 true
25              }
26          }
27          return false;                           //若不相同,返回 false
28      }
29  };
```

提交运行：

结果：通过；时间：8ms；空间：8.6MB

Python：

```
1   class Solution:
2       def permuteUnique(self, nums: List[int]) -> List[List[int]]:
3           self.ans=[];                        #存放 nums 的全排列
4           x=nums
5           self.dfs(x,0)
6           return self.ans

7       def dfs(self,x,i):                      #回溯算法
8           if i==len(x):
9               self.ans.append(list(x))
10          else:
11              for j in range(i,len(x)):
12                  if self.judge(x,i,j):continue   #检测 x[j]
13                  x[i],x[j]=x[j],x[i]
14                  self.dfs(x,i+1)
15                  x[i],x[j]=x[j],x[i]

16      def judge(self,x,i,j):                  #判断 x[j]是否出现在 x[i..j-1]中
17          if j>i:
18              for k in range(i,j):            #x[j]是否与 x[i..j-1]中的元素相同
19                  if x[k]==x[j]:return True    #若相同,则返回 True
20          return False                         #若不相同,则返回 False
```

提交运行：

结果：通过；时间：40ms；空间：16.2MB

19.3.3 LeetCode60——排列序列★★★

问题描述参见 15.4.2 节。

【解题思路】 基于例 19-2 的解法 1。由于例 19-2 的解法 1 是按字典序依次生成全部
排列，所以使用其思路生成 $1\sim n$ 的全排列，每产生一个排列将 cnt 增 1，当 cnt=k 时对应的
排列 x 就是答案。为此将 dfs()函数改为 bool 型函数，一旦 cnt=k 成立，则返回 true，终止
所有的路径搜索，从而提高运行效率。

19.3.4 LeetCode51——n 皇后★★★

【问题描述】 按照国际象棋的规则，皇后可以攻击与之处在同一行、同一列或同一斜线
上的棋子。n 皇后问题研究的是如何将 n 个皇后放置在 $n\times n$ 的棋盘上，并且使皇后之间不

扫一扫

源程序

能相互攻击。给定一个整数 n，返回 n 皇后问题的所有不同的解决方案。每一种解法包含

一个不同的 n 皇后问题的棋子放置方案，在该方案中
'Q'和'.'分别代表了皇后和空位。

例如，$n=4$ 的答案为[[". Q. . ",". . . Q","Q. . . ",
". . Q. "],[". . Q. ","Q. . . ",". . . Q",". Q. . "]]，对应
的两个解如图 19.14 所示。

图 19.14 4 皇后问题的两个解

【限制】 $1 \leqslant n \leqslant 9$。

【解题思路】 基于例 19-2 的解法 2。假设 n 个皇后的编号为 $0 \sim n-1$，棋盘的行号和
列号均为 $0 \sim n-1$，每行只能放置一个皇后，设解向量为 $\boldsymbol{x}=(x_0,x_1,\cdots,x_{n-1})$，其中 x_i（0
$\leqslant i \leqslant n-1$）表示皇后 i 的列号，显然 $\boldsymbol{x}$ 一定是 $0 \sim n-1$ 的某个排列，同时该排列保证 n 个
皇后之间没有冲突。有关皇后冲突的判断方法参见 15.4.3 节，用 valid(i,x) 函数表示，若
$(i,x[i])$ 位置能够放置皇后 i，则返回 true，否则返回 false。

首先置 $\boldsymbol{x}=(0,1,\cdots,n-1)$，$i$ 从 0 开始搜索皇后问题的解：

(1) 若 $i \geqslant n$，说明找到一个解 $\boldsymbol{x}$，将其转换为题目要求的字符串并添加到 ans 中。

(2) 否则 j 从 i 到 $n-1$ 循环，执行 swap(x[i],x[j])，表示将皇后 i 放置到 $(i,x[j])$ 位
置，若没有冲突，则继续，最后调用 swap(x[i],x[j]) 实现回溯。

搜索完毕，最后返回 ans 即可。对应的回溯算法如下。

C++：

```cpp
1    class Solution {
2        vector < vector < string >> ans;          //存放所有的解
3    public:
4        vector < vector < string >> solveNQueens(int n) {
5            vector < int > x;
6            for(int i=0;i<n;i++) x.push_back(i);
7            dfs(x,n,0);                             //放置 0~n-1 的皇后
8            return ans;
9        }

10       void dfs(vector < int > &x,int n,int i) {   //回溯算法
11           if(i>=n) {                              //所有皇后放置结束
12               vector < string > asolution;        //存放一个解
13               for(int j=0;j<n;j++) {
14                   string str(n,'.');              //存放一个皇后位置的字符串
15                   str[x[j]] = 'Q';
16                   asolution.push_back(str);
17               }
18               ans.push_back(asolution);           //向 ans 中添加一个解
19           }
20           else {
21               for(int j=i;j<n;j++) {
22                   swap(x[i],x[j]);                //交换 x[i]和 x[j]
23                   if(valid(i,x))                  //剪支
24                       dfs(x,n,i+1);
25                   swap(x[i],x[j]);                //回溯:交换 x[i]和 x[j]
26               }
27           }
28       }

29       bool valid(int i,vector < int > &x) {       //测试(i,x[i])位置是否与前面的皇后不冲突
30           if(i==0) return true;
31           int k=0;
32           while(k<i) {                            //k=0~i-1 是已放置了皇后的行
```

```
33              if((x[k]==x[i]) || (abs(x[k]-x[i])==abs(k-i)))
34                  return false;           //(i,x[i])与皇后 k 有冲突
35              k++;
36          }
37          return true;
38      }
39  };
```

提交运行：

结果：通过；时间：4ms；空间：7.8MB

Python：

```
1   class Solution:
2       def solveNQueens(self, n: int) -> List[List[str]]:
3           self.ans=[]                      #存放所有的解
4           x=[e for e in range(0,n)]
5           self.dfs(x,n,0)                  #放置 0~n-1 的皇后
6           return self.ans
7
8       def dfs(self,x,n,i):                 #回溯算法
9           if i>=n:                         #所有皇后放置结束
10              asolution=[]                 #存放一个解
11              for j in range(0,n):
12                  s=['.'] * n              #存放一个皇后位置的字符串
13                  s[x[j]]='Q'
14                  asolution.append(''.join(s))
15              self.ans.append(asolution)   #向 ans 中添加一个解
16          else:
17              for j in range(i,n):
18                  x[i],x[j]=x[j],x[i]      #交换 x[i]和 x[j]
19                  if self.valid(i,x):      #剪支
20                      self.dfs(x,n,i+1)
21                  x[i],x[j]=x[j],x[i]      #回溯：交换 x[i]和 x[j]
22
23      def valid(self,i,x):                 #测试(i,x[i])位置是否与前面的皇后不冲突
24          if i==0:return True
25          k=0
26          while k<i:                       #k=0~i-1 是已放置了皇后的行
27              if x[k]==x[i] or abs(x[k]-x[i])==abs(k-i):
28                  return False             #(i,x[i])与皇后 k 有冲突
                k+=1
            return True
```

提交运行：

结果：通过；时间：60ms；空间：16.6MB

推荐练习题

1. LeetCode52——n 皇后Ⅱ★★★
2. LeetCode89——格雷编码★★
3. LeetCode113——路径总和Ⅱ★★
4. LeetCode140——单词的拆分Ⅱ★★★
5. LeetCode257——二叉树的所有路径★

6. LeetCode494——目标和★★

7. LeetCode698——划分为 k 个相等的子集★★

8. LeetCode784——字母大小写全排列★★

9. LeetCode980——不同路径Ⅲ★★★

10. LeetCode1219——黄金矿工★★

11. LeetCode1240——铺瓷砖★★★

12. LeetCode1307——口算难题★★★

13. LeetCode1723——完成所有工作的最短时间★★★

14. LeetCode2596——检查骑士巡视方案★★

15. LeetCode2664——巡逻的骑士★★

第20章 分支限界法和 A*算法

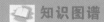 **知识图谱**

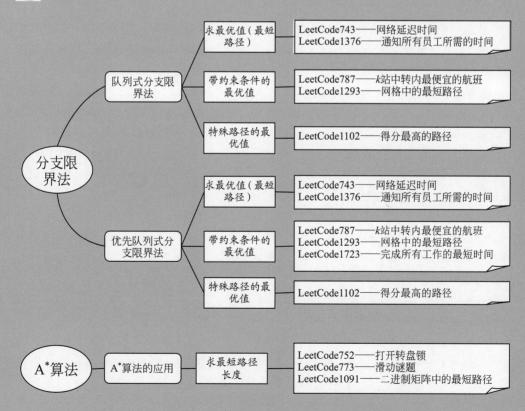

20.1 分支限界法和 A* 算法概述

20.1.1 分支限界法

1. 什么是分支限界法

分支限界法与回溯法一样,也是在解空间中搜索问题的解。回溯法的求解目标是找出解空间中满足约束条件的所有解,而分支限界法的求解目标是找出满足约束条件和目标函数的最优解,不具有回溯的特点;从搜索方式上看,回溯法使用深度优先搜索,而分支限界法使用广度优先搜索或以最小耗费(最大效益)优先的方式搜索。

在分支限界法中,每个活结点只有一次机会成为扩展结点。活结点一旦成为扩展结点,就一次性产生其所有子结点,在这些子结点中导致不可行解或导致非最优解的子结点被舍弃,其余子结点被加入活结点表中。此后从活结点表中取下一个结点成为当前扩展结点,并重复上述结点扩展过程。这个过程一直持续到找到所需的解或活结点表为空时为止。

使用分支限界法求解问题的要点如下。

1) 设计合适的限界函数

在搜索解空间时,每个活结点可能有多个子结点,有些子结点搜索下去找不到最优解,可以设计好的限界函数在扩展时删除这些不必要的子结点,从而提高搜索效率,称为限界函数剪支。

好的限界函数不仅要求计算简单,还要保证能够找到最优解,也就是不能剪去包含最优解的分支,同时尽可能早地剪去不包含最优解的分支。限界函数的设计难以找出通用的方法,需要根据具体问题来分析。

一般地,先要确定问题解的特性,假设解向量 $x=(x_0,x_1,\cdots,x_{n-1})$,如果目标函数是求最大值,则设计上界限界函数 $ub()$,$ub(x_i)$ 指沿着 x_i 取值的分支一层一层地向下搜索所有可能取得的值最大不会大于 $ub(x_i)$,若从 x_i 的分支向下搜索所得到的部分解是 $(x_0,x_1,\cdots,x_i,\cdots,x_k)$,则应该满足 $ub(x_i)\geqslant ub(x_{i+1})\geqslant\cdots\geqslant ub(x_k)$。所以根结点的 ub 值应该大于或等于最优解的 ub 值。如果从 s_i 结点扩展到 s_j 结点,应该满足 $ub(s_i)\geqslant ub(s_j)$,将所有小于 $ub(s_i)$ 的结点剪支。

同样,如果目标函数是求最小值,则设计下界限界函数 $lb()$,$lb(x_i)$ 指沿着 x_i 取值的分支一层一层地向下搜索所有可能取得的值最小不会小于 $lb(x_i)$,若从 x_i 的分支向下搜索所得到的部分解是 $(x_0,x_1,\cdots,x_i,\cdots,x_k)$,则应该满足 $lb(x_i)\leqslant lb(x_{i+1})\leqslant\cdots\leqslant lb(x_k)$。所以根结点的 lb 值应该小于或等于最优解的 lb 值。如果从 s_i 结点扩展到 s_j 结点,应该满足 $lb(s_i)\leqslant lb(s_j)$,将所有大于 $lb(s_i)$ 的结点剪支。

说明:假设问题的目标函数是求最大值,当在解空间中搜索到某个结点 node 时,好的限界函数值 ub(node) 应该是从根结点到 node 的代价+node 到该子树中叶子结点(叶子结点对应可行解)的最大代价。当已经求出一个解 ans 时,如果 ub(node)<ans,说明从 node 搜索下去找不到更优解,即终止 node 结点的扩展。实际上估计从 node 到该子树中叶子结点的最大代价是困难的,或者需要花费较多的时间,导致整个算法的性能低下,所以在设计

544

限界函数时往往仅考虑从根结点到 node 的代价,这样容易实现,但效果不是最理想的,本章的示例均是使用这种方法。

2) 组织活结点表

根据选择下一个扩展结点的方式来组织活结点表,不同的活结点表对应不同的分支搜索方式,常见队列式分支限界法和优先队列式分支限界法两种。

(1) 队列式分支限界法将活结点表组织成一个队列,并按照队列先进先出的原则选取下一个结点成为扩展结点,在扩展时使用限界函数剪支,直到找到一个解或活结点队列为空为止。从中看出除了剪支外,整个过程与广度优先搜索相同。

(2) 优先队列式分支限界法将活结点表组织成一个优先队列,并选取优先级最高的活结点(目标函数值最大或者最小)成为当前扩展结点,在扩展时使用限界函数剪支,直到找到一个解或优先队列为空为止。从中看出结点的扩展是跳跃式的,在搜索中不断调整方向,以便尽快找到问题的解。一般地,将每个结点的限界函数值存放在优先队列中。如果目标函数是求最大值,则设计大根堆的优先队列,限界函数值越大越优先出队(扩展);如果目标函数是求最小值,则设计小根堆的优先队列,限界函数值越小越优先出队(扩展)。

本质上分支限界法和回溯法都属于穷举法,当然不能指望有很好的最坏时间复杂度,在最坏情况下,时间复杂性是指数阶。分支限界法的较高效率是以付出一定代价为基础的,其工作方式也造成了算法设计的复杂性。另外,算法要维护一个活结点表(队列),并且需要在该表中快速查找取得极值的结点,这都需要较大的存储空间,在最坏情况下,分支限界法需要的空间复杂性是指数阶。

2. 队列式分支限界法框架

在解空间中搜索解时,队列式分支限界法与广度优先搜索一样都是使用队列存储活结点,从根结点开始一层一层地扩展和搜索结点,同时使用剪支以提高搜索的时间性能。一般队列式分支限界法框架如下。

```
1    void bfs() {                              //队列式分支限界法算法框架
2        定义一个队列 qu;
3        根结点进队;
4        while(队不空时循环) {
5            出队结点 e;
6            for(扩展结点 e 产生结点 e1) {
7                if(e1 满足 constraint()) {
8                    if(e1 是叶子结点)
9                        比较得到一个更优解;
10                   else {
11                       if(e1 满足 bound())        //剪支
12                           将结点 e1 进队;
13                   }
14               }
15           }
16       }
17   }
```

说明:在解空间中每个叶子结点对应一个可行解,在搜索中检测叶子结点通常有两种方法,方法 1 是在扩展时判断新扩展出的子结点是否为叶子结点(上述框架就是如此),方法 2 是在出队时判断刚出队的结点是否为叶子结点。前者可以保证叶子结点不会进队,从而节省队列空间,后者的实现更加简单。

从上述算法框架可以看出队列式分支限界法与广度优先搜索的差别,广度优先搜索通常在满足广搜特性的情况下使用,这样第一次搜索到的目标结点就对应最优解,而队列式分支限界法需要搜索所有的可行解,通过比较找到最优解。

例 20-1

设计可以求最短路径的图类(LeetCode2642★★★)。给定一个有 n 个顶点的有向带权图,顶点的编号为 $0 \sim n-1$。图中的初始边用数组 edges 表示,其中 edges[i] = [fromi, toi, edgeCosti] 表示从 fromi 到 toi 有一条代价为 edgeCosti 的边。请实现一个 Graph 类。

(1) Graph(int n, int[][] edges):初始图有 n 个顶点,并输入初始边。

(2) addEdge(int[] edge):向边集中添加一条边,其中 edge = [from, to, edgeCost]。数据要保证在添加这条边之前对应的两个顶点之间没有有向边。

(3) int shortestPath(int node1, int node2):返回从顶点 node1 到 node2 的路径的最小代价。如果路径不存在,返回 −1。一条路径的代价是路径中所有边的代价之和。

示例:

```
Graph g=new Graph(4, [[0, 2, 5], [0, 1, 2], [1, 2, 1], [3, 0, 3]]);//创建图 20.1(a)
g.shortestPath(3, 2);            //返回 6.图 20.1(a)中从 3 到 2 的最短路径长度为 6
g.shortestPath(0, 3);            //返回 −1.图 20.1(a)中没有从 0 到 3 的路径
g.addEdge([1, 3, 4]);           //添加一条边,得到图 20.1(b)
g.shortestPath(0, 3);            //返回 6.图 20.1(b)中从 0 到 3 的最短路径长度为 6
```

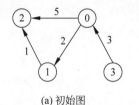

(a) 初始图　　　　　　　(b) 插入一条边

图 20.1　动态创建的有向图

【限制】 $1 \leqslant n \leqslant 100, 0 \leqslant$ edges. length $\leqslant n(n-1)$, edges[i]. length = edge. length = 3, $0 \leqslant$ fromi, toi, from, to, node1, node2 $\leqslant n-1, 1 \leqslant$ edgeCosti, edgeCost $\leqslant 10^6$,图中在任何时候都不会有重边和自环。

解:定义出边类型如下。

```
struct Edge {                          //出边类型
    int vno                            //邻接点的编号
    int wt;                            //边的权
    Edge(int v, int w):vno(v), wt(w) {}  //构造函数
};
```

使用 vector < vector < Edge >> 类型的邻接表 adj 存放有向带权图。

(1) Graph(int n, int[][] edges):遍历 edges,调用 addEdge(edges[i])添加所有的初始边。

(2) addEdge(int[] edge):对于边 edge = [a, b, w],执行 adj[a]. push_back(Edge(b,

w))插入该边。

(3) int shortestPath(int node1,int node2)：置 node1 到 node2 的路径的最小代价为 ans(初始为∞)，使用队列式分支限界法以广搜为基础求从 node1 到 node2 的最短路径长度 ans，若 ans＝∞，说明没有路径，返回－1，否则说明存在路径，返回 ans。

对应的类设计如下。

C++：

```
1    struct Edge {                                          //出边类型
2        int vno;                                           //邻接点
3        int wt;                                            //边的权
4        Edge(int v,int w):vno(v),wt(w) {}
5    };
6    class Graph {
7        const int INF=0x3f3f3f3f;
8        vector<vector<Edge>> adj;                          //图的邻接表
9    public:
10       Graph(int n,vector<vector<int>> & edges) {         //(1)
11           adj=vector<vector<Edge>>(n);
12           for(int i=0;i<edges.size();i++)                //遍历edges建立邻接表
13               addEdge(edges[i]);
14       }
15       void addEdge(vector<int> edge) {                   //(2)
16           int a=edge[0];
17           int b=edge[1];
18           int w=edge[2];                                 //<a,b>:w
19           adj[a].push_back(Edge(b,w));
20       }

21       int shortestPath(int node1,int node2) {            //(3)队列式分支限界法
22           int n=adj.size();
23           queue<int> qu;                                 //定义队列qu,结点为(vno)
24           qu.push(node1);                                //源点进队
25           vector<int> dist(n,INF);
26           dist[node1]=0;
27           int ans=INF;
28           while(!qu.empty()) {
29               int u=qu.front();qu.pop();                 //出队顶点u
30               if(u==node2) ans=min(ans,dist[u]);         //找到目标
31               for(auto edj:adj[u]) {
32                   int v=edj.vno,w=edj.wt;
33                   if(dist[u]+w<dist[v]) {                //剪支1:边松弛
34                       dist[v]=dist[u]+w;
35                       if(dist[v]<ans) qu.push(v);        //剪支2
36                   }
37               }
38           }
39           if(ans==INF) return -1;
40           return ans;
41       }
42   };
```

提交运行：

结果：通过；时间：320ms；空间：68.56MB

Python：

```
1    class Graph:
2        def __init__(self, n: int, edges: List[List[int]]):    #(1)
```

```
3          self.adj=[[] for _ in range(0,n)]              #邻接表
4          for edj in edges:
5              self.addEdge(edj)
6      def addEdge(self,edge:List[int]) -> None:          #(2)
7          a,b,w=edge[0],edge[1],edge[2]                  #<a,b>:w
8          self.adj[a].append([b,w])

9      def shortestPath(self, node1: int, node2: int):    #(3)队列式分支限界法
10         INF=0x3f3f3f3f
11         n=len(self.adj)
12         dist=[INF for _ in range(n)]
13         dist[node1]=0
14         qu=deque()                                     #定义队列 qu,结点为(vno)
15         qu.append(node1)                               #源点进队
16         ans=INF                                        #存放答案
17         while qu:                                      #队列不空时循环
18             u=qu.popleft()                             #出队顶点 u
19             if u==node2:ans=min(ans,dist[u])           #找到目标
20             for edj in self.adj[u]:                    #相邻顶点为 v
21                 v,w=edj[0],edj[1]
22                 if dist[u]+w<dist[v]:                  #剪支1:边松弛
23                     dist[v]=dist[u]+w
24                     if dist[v]<ans:qu.append(v)        #剪支2
25         if ans==INF:return -1;
26         return ans
```

提交运行:

结果:通过;时间:1976ms;空间:18.77MB

3. 优先队列式分支限界法框架

优先队列式分支限界法使用优先队列存储活结点。优先队列用 priority_queue 容器实现,根据需要设计相应的限界函数,求最大值问题设计上界函数,求最小值问题设计下界函数,在一般情况下,队中的每个结点包含限界函数值(ub/lb),优先队列通过关系比较器确定结点出队的优先级。不同于队列式分支限界法中结点一层一层地出队,在优先队列式分支限界法中结点出队(扩展结点)是跳跃式的,这样有助于快速地找到一个解,并以此为基础进行剪支,所以通常算法的时间性能更好。

在具体执行时,优先队列式分支限界法把全部可行的解空间不断分割为越来越小的子集(称为分支),并为每个子集内的解计算一个上界(或者下界),对界限超出已知可行解值的子集不再做进一步分支,这样解的许多子集(即搜索树上的许多结点)就可以不予考虑,从而缩小了搜索范围。这一过程一直进行,直到找出可行解为止,该可行解的值不大于(或者不小于)任何子集的界限。分支限界法算法是一种不可回溯的算法,但是同时也减去了不可能组成最优解的解,所以可以产生最优解。

一般优先队列式分支限界法框架如下。

C++:

```
1   void bfs() {                                          //优先队列式分支限界法框架
2       定义一个优先队列 pq;
3       根结点进队;
4       while(队不空时循环) {
5           出队结点 e;
6           for(扩展结点 e 产生结点 e1) {
```

```
7              if(e1 满足 constraint()) {
8                  if(e1 是叶子结点)
9                      比较得到一个更优解或者直接返回最优解;
10                 else if(e1 满足 bound())          //剪支
11                     将结点 e1 进队;
12             }
13         }
14     }
15 }
```

说明：在搜索中检测叶子结点有两种方法，请参考队列式分支限界法的说明。

 例 20-2

使用优先队列式分支限界法求解例 20-1。

解：求解思路与例 20-1 类似，仅将 shortestPath(int node1, int node2)算法改为使用优先队列实现，由于按路径长度越短越优先出队进行扩展，所以在剪支中可能会终止更多无效路径的搜索，从而提高了搜索的时间性能。对应的类设计如下。

C++:

```
1  struct Edge {                                    //出边类型
2      int vno;                                      //邻接点
3      int wt;                                       //边的权
4      Edge(int v, int w):vno(v), wt(w) {}
5  };
6  struct QNode {                                    //优先队列结点类型
7      int vno;                                       //顶点的编号
8      int length;                                    //路径的长度
9      bool operator <(const QNode& b) const {
10         return length > b.length;                 //length 越小越优先出队
11     }
12 };

13 class Graph {
14     const int INF=0x3f3f3f3f;
15     vector < vector < Edge >> adj;                //图的邻接表
16 public:
17     Graph(int n, vector < vector < int >> & edges) {   //(1)
18         adj=vector < vector < Edge >>(n);
19         for(int i=0;i < edges.size();i++)          //遍历 edges 建立邻接表
20             addEdge(edges[i]);
21     }
22     void addEdge(vector < int > edge) {            //(2)
23         int a=edge[0];
24         int b=edge[1];
25         int w=edge[2];                             //< a, b>:w
26         adj[a].push_back(Edge(b, w));
27     }

28     int shortestPath(int node1, int node2) {       //(3)优先队列式分支限界法
29         int n=adj.size();
30         priority_queue < QNode > qu;               //定义队列 qu
31         QNode e, e1;
32         e.vno=node1;e.length=0;
33         qu.push(e);                                //源点进队
34         vector < int > dist(n, INF);
35         dist[node1]=0;
36         int ans=INF;                               //存放答案
```

```
37              while(!qu.empty()) {
38                  e=qu.top();qu.pop();                    //出队 e
39                  int u=e.vno,length=e.length;
40                  if(u==node2) ans=min(ans,length);       //找到目标
41                  for(auto edj:adj[u]) {
42                      int v=edj.vno,w=edj.wt;
43                      if(dist[u]+w<dist[v]) {              //剪支1:边松弛
44                          dist[v]=dist[u]+w;
45                          if(dist[v]<ans) {                //剪支2
46                              e1.vno=v;e1.length=dist[v];
47                              qu.push(e1);
48                          }
49                      }
50                  }
51              }
52              if(ans==INF) return -1;
53              return ans;
54          }
55      };
```

提交运行:

结果:通过;时间:156ms;空间:74.75MB

上述算法可以这样修改:从顶点 node1 出发搜索,在第一次找到目标顶点 node2 时对应的 dist[node2]就是最短路径长度,从而提高时间性能。对应的 Python 修改算法如下。

Python:

```
1   class Graph:
2       def __init__(self, n: int, edges: List[List[int]]):    #(1)
3           self.adj=[[] for _ in range(0,n)]                    #邻接表
4           for edj in edges:
5               self.addEdge(edj)
6       def addEdge(self, edge:List[int]) -> None:               #(2)
7           a,b,w=edge[0],edge[1],edge[2]                        #<a,b>:w
8           self.adj[a].append([b,w])

9       def shortestPath(self, node1: int, node2: int):          #(3)优先队列式分支限界法
10          INF=0x3f3f3f3f
11          n=len(self.adj)
12          dist=[INF for _ in range(n)]
13          dist[node1]=0
14          pqu=[]                                                #小根堆 pqu,结点为[length,vno]
15          heapq.heappush(pqu,[0,node1])                         #源点进队
16          while pqu:                                            #队列不空时循环
17              [length,u]=heapq.heappop(pqu)                     #出队
18              if u==node2:return dist[u]                        #找到目标
19              for edj in self.adj[u]:
20                  v,w=edj[0],edj[1]                             #相邻顶点为 v
21                  if dist[u]+w<dist[v]:                         #边松弛:u到v有边且路径长度更短
22                      dist[v]=dist[u]+w
23                      heapq.heappush(pqu,[dist[v],v])           #顶点 v 进队
24          return -1
```

提交运行:

结果:通过;时间:440ms;空间:18.99MB

20.1.2 A* 算法

1. 什么是 A* 算法

A*(A-Star)算法是一种启发式搜索算法,可以高效地搜索从一个初始状态到达一个目标状态的最小代价的路径。类似于优先队列式分支限界法,当从一个结点扩展出多个子结点时,A* 算法给每个可选的子结点设置一个代价值,然后选择代价最小的子结点尝试。

A* 算法在搜索过程中设置两个表,即 OPEN 表和 CLOSED 表,OPEN 表用于保存所有已生成而未考察的结点,CLOSED 表用于记录已访问过的结点。使用 A* 算法从起点 s 搜索到目标 goal 的步骤如下:

(1) 把起点 s 放入 OPEN 表,CLOSED 表为空。

(2) 如果 OPEN 表为空,说明 s 到 goal 没有路径,则失败退出。

(3) 选择 OPEN 表的第一个结点 u,把它从 OPEN 表移入 CLOSED 表中,并在 CLOSED 表中建立 v 到 u 的双亲指针关系。

(4) 若 u=goal,则找到 s 到 goal 的一条最小代价的路径(可以使用 CLOSED 表中的双亲指针关系找到该路径),成功退出。

(5) 扩展结点 u,将 u 的所有非祖先的子结点 v 添加到 OPEN 表中,同时计算出这些子结点 v 的代价值。

(6) 按代价值递增重排 OPEN 表,转向(2)。

 例 20-3

给出一个使用 A* 算法搜索最小代价路径的例子,并说明其执行过程。

解:如图 20.2 所示为使用 A* 算法搜索从 A 到 P(s=A,goal=P)的最小代价路径的示例,图中结点旁的数字表示代价值。其具体过程如下:

(1) 初始时 OPEN={A[5]},CLOSED={}。

(2) 从 OPEN 表中取第一个结点 A[5],将其放入 CLOSED 表中,CLOSED={A}。扩展结点 A 得到 3 个子结点,求出它们的代价值并放入 OPEN 表中,OPEN={B[4],C[4],D[6]}。按代价值递增排序,OPEN={B[4],C[4],D[6]}。

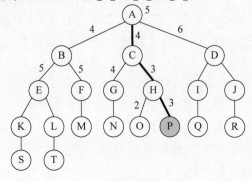

图 20.2 使用 A* 算法搜索 A 到 P 的最短路径

（3）从 OPEN 表中取第一个结点 B[4]，将其放入 CLOSED 表中，CLOSED＝{A,B}。扩展结点 B 得到两个子结点，求出它们的代价值并放入 OPEN 表中，OPEN＝{C[4],D[6],E[5],F[5]}。按代价值递增排序，OPEN＝{C[4],E[5],F[5],D[6]}。

（4）从 OPEN 表中取第一个结点 C[4]，将其放入 CLOSED 表中，CLOSED＝{A,B,C}。扩展结点 C 得到两个子结点，求出它们的代价值并放入 OPEN 表中，OPEN＝{E[5],F[5],D[6],G[4],H[3]}。按代价值递增排序，OPEN＝{H[3],G[4],E[5],F[5],D[6]}。

（5）从 OPEN 表中取第一个结点 H[3]，将其放入 CLOSED 表中，CLOSED＝{A,B,C,H}。扩展结点 H 得到两个子结点，求出它们的代价值并放入 OPEN 表中，OPEN＝{G[4],E[5],F[5],D[6],O[2],P[3]}。按代价值递增排序，OPEN＝{O[2],P[3],G[4],E[5],F[5],D[6]}。

（6）从 OPEN 表中取第一个结点 O[2]，将其放入 CLOSED 表中，CLOSED＝{A,B,C,H,O}。结点 O 没有子结点，OPEN＝{P[3],G[4],E[5],F[5],D[6]}。按代价值递增排序，OPEN＝{P[3],G[4],E[5],F[5],D[6]}。

（7）从 OPEN 表中取第一个结点 P[3]，将其放入 CLOSED 表中，CLOSED＝{A,B,C,H,O,P}。P 结点为目标 O，通过 CLOSED 找到一条最小代价路径是 A→C→H→P，成功返回。

2. 启发式函数

1）启发式函数的性质

在 A* 算法中如何计算出子结点的代价值呢？假设从起点 s 搜索到达目标 goal 的最小代价路径，当搜索到结点 n 时，有以下符号表示。

$H(n)$＝结点 n 和目标 goal 之间最小代价路径的实际代价。

$G(n)$＝从起点 s 到结点 n 的最小代价路径的代价。

那么 $F(n)＝G(n)＋H(n)$ 就是从起点 s 到目标 goal 并且经过结点 n 的最小代价路径的代价。

对于每个结点 n，设 $h(n)$ 是 $H(n)$ 的一个估计，称为启发式函数。$g(n)$ 是 A* 算法找到的从起点 s 到结点 n 的最小代价路径的代价，即用 $g(n)$ 近似 $G(n)$。在 A* 算法中用 $f＝g＋h$ 表示代价值。

由于从起点 s 到当前结点 n 是已知的，$g(n)$ 的计算相对简单，而从当前结点 n 到目标 goal 的路径是未知的，所以 $h(n)$ 的计算是关键。需要注意的是，g 和 h 应该用同样的计算方法。为了使 A* 算法能够找到最短路径，$h(n)$ 必须具有以下两个性质：

（1）对于路径上的任意结点 n，若满足 $h(n) \leqslant H(n)$，也就是估计出的从结点 n 到目标 goal 的最小代价路径的代价总是不超过实际最小代价路径的代价，称启发式函数 $h(n)$ 是可接纳的。

（2）对于路径上的任意两个结点 n_i 和 n_j，n_i 到 n_j（n_j 是 n_i 的子结点）的代价为 $c(n_i, n_j)$，若满足 $h(n_i) \leqslant c(n_i, n_j) + h(n_j)$，称启发式函数 $h(n)$ 是一致的（或单调的），如图 20.3 所示。

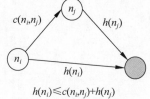

图 20.3　$h(n)$ 的一致性条件

可以证明，一致的启发式函数一定也是可接纳的。另外，

如果启发式函数 $h(n)$ 是一致的,那么总代价估值 $f(n)$ 一定是单调非递减的,这样 A* 算法最先生成的路径一定是最小代价路径,此时不再需要 CLOSED 表,只需维护一个已访问结点的 OPEN 表即可。

一般地,如果启发式函数 $h(n)$ 的值始终小于或等于结点 n 到目标 goal 的代价,即满足可接纳性,则 A* 算法保证一定能够找到最小代价路径。但是 $h(n)$ 的值越小,算法将访问的结点越多,也就导致执行速度越慢。如果启发式函数 $h(n)$ 的值完全等于结点 n 到目标 goal 的代价,则 A* 算法将找到最佳路径,并且速度很快。如果启发式函数 $h(n)$ 的值比结点 n 到目标 goal 的代价大,则 A* 算法不能保证找到最短路径,不过此时搜索范围小,执行速度快。所以 A* 算法的关键是设计优秀的启发式函数,尽可能做到接近但不超过未来实际代价,这样 A* 算法的时间性能最佳。

另外,如果取 $h(n)=0$,有 $f(n)=g(n)$(假设代价为路径上的边数),此时 A* 算法就变为普通的广度优先搜索算法。如果 $g(n)=0$,有 $f(n)=h(n)$,此时 A* 算法就变为贪心法。

2)设计启发式函数常用的距离

A* 算法常用于二维网格搜索中最小距离的路径,在启发式函数中主要使用的距离有曼哈顿距离、对角线距离和欧几里得距离等。

(1)曼哈顿距离:曼哈顿距离常用于在一个网格中上、下、左、右移动的情形。曼哈顿距离为两结点之间 y 方向上的距离加上 x 方向上的距离,即:

$$D(i,j) = \mid x_i - x_j \mid + \mid y_i - y_j \mid$$

启发式函数为

$$h(n) = d \times (\mid n.x - \text{goal}.x \mid + \mid n.y - \text{goal}.y \mid)$$

其中 d 表示从一个单元走到另一个单元的代价。一般将 d 设置为1,也可以取其他值。如果增大 d,意味着放弃最优路径而追求更快的算法;如果减小 d,意味着算法更慢而最短路径更短。

(2)对角线距离:对角线距离常用于在一个网格中可以四面八方移动的情形。其中 d_1 表示上、下、左、右移动的代价,d_2 表示斜方向移动的代价,两个单元之间的对角线距离为:

$$D(i,j) = d_1 \times (\mid x_i - x_j \mid + \mid y_i - y_j \mid) + (d_2 - 2d_1) \times \min(\mid x_i - x_j \mid, \mid y_i - y_j \mid)$$

启发式函数为:

$$h(n) = d_1 \times (\mid x_i - x_j \mid + \mid y_i - y_j \mid) + (d_2 - 2d_1) \times \min(\mid x_i - x_j \mid, \mid y_i - y_j \mid)$$

如果取 $d_1 = d_2 = 1$,则

$$D(i,j) = \max\{\mid x_i - x_j \mid, \mid y_i - y_j \mid\}$$

称为切比雪夫距离。对应的启发式函数为:

$$h(n) = \max\{\mid x_i - x_j \mid, \mid y_i - y_j \mid\}$$

(3)欧几里得距离:欧几里得距离常用于在一个网格中可以沿着任意角度移动的情形。欧几里得距离也称为直线距离,两点之间的直线距离为:

$$D(i,j) = \sqrt{(x_i - x_j)^2 + (y_i - y_j)^2}$$

假设沿直线行走和沿对角线行走的代价都为 d,则启发式函数为:

$$h(n) = d \times \sqrt{(n.x - \text{goal}.x)^2 + (n.y - \text{goal}.y)^2}$$

因为欧几里得距离比曼哈顿距离和对角线距离都短,使用欧几里得距离仍可以得到最

短路径,不过 A* 算法执行的时间更长一些。

 例 20-4

八数码问题。现在有一个 3×3 的矩阵,其中的格子填了数字 $1 \sim 8$ 和一个空白格子,空白格子用数字 0 来表示。可以将空白格子与相邻的格子进行交换,相当于移动空白格子,空白格子按左、上、右、下顺时针方向的顺序找到相邻格子进行移动,分别用 'l'、'u'、'r' 和 'd' 表示。给定初始状态 start 和目标状态 goal,设计一个算法求从 start 到 goal 的最少移动次数的序列,如果有多个这样的移动序列,求其中任意一个即可。

解:这里使用 A* 算法求解(本问题满足广搜特性,也可以直接使用 BFS 实现),为了简单,不用 CLOSED 表,将 OPEN 表用优先队列实现,优先队列的结点类型为 QNode,其中保存移动序列。设启发式函数 $f = g + h$,其中 g 为从初始状态到当前位置的最少移动次数,h 为当前棋盘状态 s(不计空白格子)与目标状态 t 对应位置上不同元素的个数,显然 $h(s)$ 一定不大于从 s 到 t 的最少移动步数,所以满足单调性。定义优先队列按 f 越小越优先出队扩展,当扩展的子结点的棋盘状态 s 与 t 相同时,返回对应的 op 即可。

例如,$s = \{\{2,8,3\},\{1,6,4\},\{7,0,5\}\}$,$t = \{\{1,2,3\},\{8,0,4\},\{7,6,5\}\}$,求解过程如图 20.4 所示,首先 $s.g = 0$,$s.h = 4$,$s.f$ 为 $0 + 4 = 4$,将其进队,步骤如下:

(1) 出队 $s = \{\{2,8,3\},\{1,6,4\},\{7,0,5\}\}$,扩展出 $a = \{\{2,8,3\},\{1,6,4\},\{0,7,5\}\}$(操作 l);$b = \{\{2,8,3\},\{1,0,4\},\{7,6,5\}\}$(操作 u);$c = \{\{2,8,3\},\{1,6,4\},\{7,5,0\}\}$(操作 r),将它们进队。

(2) 队列中 b 的 $b.f$ 为 $1 + 3 = 4$,最小,出队 b,扩展出 $d = \{\{2,8,3\},\{0,1,4\},\{7,6,5\}\}$(操作 l);$e = \{\{2,0,3\},\{1,8,4\},\{7,6,5\}\}$(操作 u);$f = \{\{2,8,3\},\{1,4,0\},\{7,6,5\}\}$(操作 r),将它们进队。

(3) 队列中 d 的 $d.f$ 为 $2 + 3 = 5$,最小,出队 d,扩展出 $g = \{\{0,8,3\},\{2,1,4\},\{7,6,5\}\}$(操作 u);$h = \{\{2,8,3\},\{7,1,4\},\{0,6,5\}\}$(操作 d),将它们进队。

(4) 队列中 e 的 $e.f$ 为 $2 + 3 = 5$,最小,出队 e,扩展出 $i = \{\{0,2,3\},\{1,8,4\},\{7,6,5\}\}$(操作 l);$j = \{\{2,3,0\},\{1,8,4\},\{7,6,5\}\}$(操作 r),将它们进队。

(5) 队列中 i 的 $i.f$ 为 $3 + 2 = 5$,最小,出队 i,扩展出 $k = \{\{1,2,3\},\{0,8,4\},\{7,6,5\}\}$(操作 l),将其进队。

(6) 队列中 k 的 $k.f$ 为 $4 + 1 = 5$,最小,出队 k,扩展出 $l = \{\{1,2,3\},\{8,0,4\},\{7,6,5\}\}$(操作 d);$m = \{\{1,2,3\},\{7,8,4\},\{0,6,5\}\}$(操作 d),将它们进队。

(7) 队列中 l 的 $l.f$ 为 $5 + 0 = 5$,最小,出队 l,$l = t$,找到目标,返回操作序列 "uuldr"。

考虑算法的实现过程,题目中的状态为 3×3 的矩阵,在搜索中需要将该状态进队,如果用数组表示,可能会占用较多的空间,为此将 3×3 的矩阵中的数字转换为数字字符并按行、列顺序连起来构成矩阵字符串,用 string 类型表示,例如 $\{\{2,8,3\},\{1,6,4\},\{7,0,5\}\}$ 对应的字符串为 "283164705"。用 unordered_set < string >类型的容器 visited 记录访问过的棋盘的状态,避免重复访问。

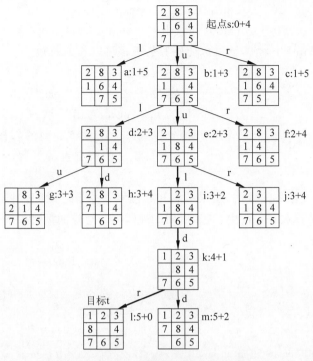

图 20.4　用 A* 算法求 s 到 t 的过程

20.2　队列式分支限界法应用的算法设计 ✳

20.2.1　LeetCode1376——通知所有员工所需的时间★★

【问题描述】　某公司有 n 名员工，每个员工的 ID 都是独一无二的，编号从 0 到 $n-1$。公司的总负责人通过 headID 进行标识。在 manager 数组中，每个员工都有一个直属负责人，其中 manager$[i]$是第 i 名员工的直属负责人，对于总负责人，manager[headID]$=-1$。题目保证从属关系可以用树结构显示。

公司的总负责人如果向公司的所有员工通告一条紧急消息，他会首先通知他的直属下属，然后由这些下属通知他们的下属，直到所有的员工都得知这条紧急消息。第 i 名员工需要 informTime$[i]$分钟通知他的所有直属下属（也就是说在 informTime$[i]$分钟以后，他的所有直属下属都可以开始传播这一消息）。请返回通知所有员工这一紧急消息所需要的分钟数。

例如，$n=6$，headID$=2$，manager$=\{2,2,-1,2,2,2\}$，informTime$=\{0,0,1,0,0,0\}$，其中 manager$[2]=-1$，也就是说 headID$=2$，从 manager 数组可以看出其他员工均是员工 2 的直属下属，informTime$[2]=1$，也就是说员工 2 到其他所有员工的通知时间均为 1，对应的一棵树如图 20.5 所示，题目就是求根结点到所有结点的总时间的最大值，本问题的答案是 1。

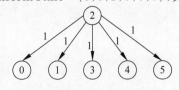

图 20.5　员工关系树

【限制】　$1 \leqslant n \leqslant 10^5, 0 \leqslant \text{headID} < n$, manager. length $= n, 0 \leqslant \text{manager}[i] < n$, manager[headID] $= -1$, informTime. length $= n, 0 \leqslant \text{informTime}[i] \leqslant 1000$, 如果员工 i 没有下属，则 informTime[i] $= 0$, 题目保证所有员工都可以收到通知。

图 20.6　员工之间的关系

【解题思路】　用队列式分支限界法求最大值。在题目中给定员工之间的关系如图 20.6 所示，总负责人 headID 的 manager[headID] $= -1$, 这样构成一棵树，使用 vector < vector < int >> 类型的邻接表 adj 存储，其中 adj[i] 表示员工 i 的所有直属下属。该树可以看成本问题的解空间树。

使用队列式分支限界法求解，从根结点开始搜索并累计总时间，对于每个叶子结点，比较总时间，将最大值存放在 ans 中，最后返回 ans 即可。对应的算法如下。

C++:

```
1  struct QNode {                                    //队列结点类型
2      int vno;                                       //员工 ID
3      int length;                                    //到达当前员工的时间
4  };
5  class Solution {
6  public:
7      int numOfMinutes(int n, int headID, vector < int > & manager, vector < int > & informTime) {
8          vector < vector < int >> adj(n);           //图的邻接表
9          for(int i=0;i<n;i++) {
10             if(manager[i]!=-1)                      //i 不是总负责人,其直属负责人为 manager[i]
11                 adj[manager[i]].push_back(i);
12         }
13         QNode e,e1;
14         queue < QNode > qu;
15         e.vno=headID;
16         e.length=informTime[headID];
17         qu.push(e);
18         int ans=0;                                 //存放答案
19         while(!qu.empty()) {
20             e=qu.front(); qu.pop();
21             int u=e.vno,length=e.length;
22             for(int v:adj[u]) {                     //找到 u 的下属 v
23                 e1.vno=v;
24                 e1.length=length+informTime[v];
25                 if(adj[e1.vno].size()==0)           //v 是叶子结点
26                     ans=max(ans,e1.length);         //求总时间的最大值
27                 else
28                     qu.push(e1);
29             }
30         }
31         return ans;
32     }
33 };
```

提交运行：

结果:通过;时间:224ms;空间:119.69MB

囲 **Python**：

```
 1   class Solution:
 2       def numOfMinutes(self, n, headID, manager, informTime)-> int:
 3           INF=0x3f3f3f3f
 4           adj=[[] for _ in range(0,n)]              #邻接表
 5           for i in range(0,n):                       #建立邻接表
 6               if manager[i]!=-1:                      #i不是总负责人
 7                   adj[manager[i]].append(i)
 8           qu=deque()                                 #定义队列,结点为(vno,length)
 9           qu.append([headID,informTime[headID]])
10           ans=0                                      #存放答案
11           while qu:
12               [u,length]=qu.popleft()                #出队
13               for v in adj[u]:                       #找到u的下属v
14                   if len(adj[v])==0:                  #v是叶子结点
15                       ans=max(ans,length+informTime[v])
                                                        #求总时间的最大值
16                   else:
17                       qu.append([v,length+informTime[v]])
18           return ans
```

提交运行：

结果：通过；时间：252ms；空间：35.64MB

20.2.2   LeetCode743——网络延迟时间★★

【问题描述】   有 n 个网络结点,标记为 1 到 n。给定一个列表 times,表示信号经过有向边的传递时间,times$[i]=(u_i,v_i,w_i)$,其中 u_i 是源点,v_i 是目标结点,w_i 是一个信号从源点传递到目标结点的时间。现在从某个结点 k 发出一个信号,求需要多久才能使所有结点都收到信号。如果不能使所有结点都收到信号,返回 -1。

例如,times$=[[2,1,1],[2,3,1],[3,4,1]]$,$n=4$,$k=2$,如图 20.7 所示,答案为 2,因为 $2\to1$ 的最短长度为 1,$2\to3$ 的最短长度为 1,$2\to3\to4$ 的最短长度为 2,所以最短长度的最大值为 2。

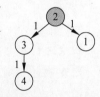

【限制】 $1\leqslant k\leqslant n\leqslant100$,$1\leqslant$times.length$\leqslant6000$,times$[i]$.length$=3$,$1\leqslant u_i,v_i\leqslant n$,$u_i\neq v_i$,$0\leqslant w_i\leqslant100$,所有 (u_i,v_i) 对互不相同(即不含重复边)。

图 20.7   一个网络

【解题思路】   用队列式分支限界法求单源最短路径长度。从结点 k 传递信号到某个结点 v 的时间就是从 k 到 v 的最短路径长度,这样该问题转换为求单源最短路径问题,在所有的最短路径长度中求最大值就是题目的答案。先由 times 建立图的邻接表 adj(adj$[u]$ 表示顶点 u 的所有出边,每条出边为 Edge 类型的元素),每个网络结点对应图中的一个顶点。为了简便,通过减 1 将顶点的编号改为 $0\sim n-1$。使用队列式分支限界法求出源点 $k-1$ 到其他所有顶点的最短路径长度数组 dist,然后在 dist 数组中求最大值 ans(初始为 ∞),若 ans$=\infty$,说明不能使所有结点收到信号,返回 -1,否则返回 ans。对应的算法如下。

囲 **C++**：

```
 1   struct Edge {                                    //出边类型
 2       int vno;                                     //邻接点
 3       int wt;                                      //边的权
```

```
4          Edge(int v,int w):vno(v),wt(w) {}
5      };
6      class Solution {
7          const int INF=0x3f3f3f3f;
8      public:
9          int networkDelayTime(vector<vector<int>>& times, int n, int k) {
10             vector<vector<Edge>> adj(n);              //邻接表
11             for(int i=0;i<times.size();i++) {          //遍历 times 建立邻接表
12                 int a=times[i][0]-1;
13                 int b=times[i][1]-1;
14                 int w=times[i][2];                    //<a,b>:w
15                 adj[a].push_back(Edge(b,w));
16             }
17             int s=k-1;                                //源点为 s
18             vector<int> dist(n,INF);
19             dist[s]=0;
20             queue<int> qu;                           //定义一个队列 qu
21             qu.push(s);                              //源点进队
22             while(!qu.empty()) {
23                 int u=qu.front(); qu.pop();          //出队顶点 u
24                 for(auto edj:adj[u]) {
25                     int v=edj.vno;                   //相邻顶点为 v
26                     int w=edj.wt;
27                     if(dist[u]+w<dist[v]) {          //边松弛:u 到 v 有边且路径长度更短
28                         dist[v]=dist[u]+w;
29                         qu.push(v);                  //顶点 v 进队
30                     }
31                 }
32             }
33             int ans=dist[0];
34             for(int i=1;i<n;i++) {
35                 if(dist[i]>ans) ans=dist[i];
36             }
37             if(ans==INF) return -1;
38             else return ans;
39         }
40     };
```

提交运行：

结果:通过;时间:96ms;空间:38.34MB

Python：

```
1      class Solution:
2          def networkDelayTime(self,times:List[List[int]],n:int,k:int) -> int:
3              INF=0x3f3f3f3f
4              adj=[[] for _ in range(0,n)]              #邻接表
5              for i in range(0,len(times)):             #遍历 times 建立邻接表
6                  a,b,w=times[i][0]-1,times[i][1]-1,times[i][2]    #<a,b>:w
7                  adj[a].append([b,w])
8              s=k-1                                     #源点为 s
9              dist=[INF for _ in range(n)]
10             dist[s]=0
11             qu=deque()                               #定义队列 qu
12             qu.append(s)                             #源点进队
13             while qu:
14                 u=qu.popleft()                       #出队顶点 u
15                 for edj in adj[u]:
16                     v,w=edj[0],edj[1]                #相邻顶点为 v
```

```
17              if dist[u]+w<dist[v]:            ♯边松弛
18                  dist[v]=dist[u]+w
19                  qu.append(v)                 ♯顶点 v 进队
20          ans=max(dist)
21          if ans==INF:return −1
22          else:return ans
```

提交运行：

结果:通过;时间:104ms;空间:17.42MB

20.2.3　LeetCode787——k 站中转内最便宜的航班★★

【问题描述】　有 n 个城市通过一些航班连接。给定一个数组 flights,其中 flights[i]= [fromi,toi,pricei],表示该航班从城市 fromi 开始以价格 pricei 抵达 toi。现在给定所有的城市和航班,以及出发城市 src 和目的地 dst,请找到一条最多经过 k 站中转的路线,使得从 src 到 dst 的价格最便宜,并返回该价格。如果不存在这样的路线,则输出−1。

例如,$n=4$,edges=[[0,1,1],[0,2,5],[1,2,1],[2,3, 1]],src=0,dst=3,$k=1$,对应的城市航班图如图 20.8 所示,答案为6,对应的路径是0→2→3(注意,将出发城市 src 的中转数 nums 看成 0,则答案路径中目的地 dst 的 nums 一定满足 nums≤ $k+1$)。

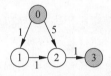

图 20.8　一个城市的航班图

【限制】　$1≤n≤100$,$0≤$flights.length$≤n(n−1)/2$,flights[i].length$=3$,$0≤$fromi, toi$<n$,fromi $≠$ toi,$1≤$pricei$≤10^4$,航班没有重复且不存在自环,$0≤$src,dst,$k<n$, src≠dst。

【解题思路1】　带约束条件的队列式分支限界法。将城市航班图看成一个带权有向图,使用邻接表 adj 存储。设 src 到 dst 的最短路径长度为 ans(初始为∞),以 src 为源点,使用广搜方式,每次找到 dst 时对应的路径长度为 length,置 ans=min(ans,length)。在搜索中由结点 e 扩展出子结点 e1,使用以下剪支:

（1）若 e1.nums$>k+1$,对应的顶点一定不是满足条件的目的地,终止该分支的扩展。

（2）e1 对应顶点 v 的路径长度为 length+w,length+$w≥$dist[v],说明存在到达顶点 v 的更短路径,终止该分支的扩展。

（3）若 dist[v]$≥$ans,说明继续下去不可能找到更短路径,终止该分支的扩展。

上述操作完毕,若 ans=∞,说明不存在 src 到 dst 的路径,返回−1,否则返回 ans。

扫一扫

源程序

【解题思路2】　分层次广搜的队列式分支限界法。这里的中转数是指广搜中扩展的层数,问题转换为求扩展层数不超过 $k+1$ 的最短路径长度。其过程是先遍历 flights 建立邻接表 adj,将 k 增加1,定义队列 qu 并将 src 顶点进队,定义所有元素为∞的 dist 数组,置 dist[src]$=0$。在队列 qu 不空时循环(循环次数不超过 k),每次循环扩展当前层次的全部顶点 u,并对顶点 u 的所有出边$<u,v>$做松弛操作。在求出 dist 数组后,若 dist[dst]$=∞$,说明不存在 src 到 dst 的路径,返回−1,否则返回 dist[dst]。

扫一扫

源程序

20.2.4　LeetCode1293——网格中的最短路径★★★

【问题描述】　给定一个 $m×n$ 的网格,其中每个单元格不是0(空)就是1(障碍物),每一步都可以在空白单元格中上、下、左、右移动。如果最多可以消除 k 个障碍物,设计方法找出从左上角 $(0,0)$ 到右下角 $(m-1,n-1)$ 的最短路径,并返回通过该路径所需要的步数,如果找不到这样的路径,则返回 -1。

例如,$k=1$,初始网格和结果路径如图 20.9 所示,答案为 6。

【限制】 grid.length$=m$,grid[0].length$=n$,$1 \leqslant m,n \leqslant 40$,$1 \leqslant k \leqslant m \times n$,grid[$i$][$j$] 是 0 或 1,grid[0][0]$=$grid[$m-1$][$n-1$]$=0$。

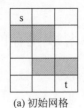
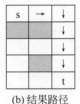

(a) 初始网格   (b) 结果路径

图 20.9　初始网格和结果路径

【解题思路】 带约束条件的队列式分支限界法。如果网格中没有障碍物,那么可以非常容易地找到最短路径,其长度为 $m+n-2$。在最坏情况下所有的方格都是障碍物(除了起始和目标位置外),此时共 $m \times n-2$ 个障碍物,可以消除其中 $m+n-2$ 个障碍物得到一条最短路径,也就是说当 $k \geqslant m+n-3$ 时一定可以找到长度为 $m+n-2$ 的最短路径。

除了上述特殊情况外,使用队列式分支限界法求解。用 ans 表示答案(初始为 ∞),从 $(0,0)$ 位置开始广搜。从队中出队结点 e,对应的位置为 (x,y),此时 cnt[x][y] 表示到达该位置遇到的最少的障碍物个数,若该位置为 $(m-1,n-1)$,则置 ans$=$max(ans,e.length),否则由结点 e 扩展到相邻位置 (nx,ny),对应路径的障碍物个数为 nnums $=$ nums $+$ grid[nx][ny]。使用的剪支如下:

(1) 仅扩展 nnums$\leqslant k$ 的分支,保证最终找到的路径中遇到的障碍物个数不超过 k。

(2) 仅扩展 nnums$<$cnt[nx][ny] 的分支,因为路径中遇到的障碍物越少则继续下去可能走的越远,更可能成为答案路径。

(3) 若当前路径长度为 length$+1$,则仅扩展 length$+1<$ans 的分支。

搜索完毕,若 ans$=\infty$,说明找不到路径,返回 -1,否则返回 ans。对应的算法如下。

C++:

```cpp
1    struct QNode {                                        //队列结点类型
2        int x,y;                                          //位置
3        int nums;                                         //障碍物的个数
4        int length;                                       //路径的长度
5    };

6    class Solution {
7        const int INF=0x3f3f3f3f;
8        int dx[4]={0,0,1,-1};                             //水平方向上的偏移量
9        int dy[4]={1,-1,0,0};                             //垂直方向上的偏移量
10   public:
11       int shortestPath(vector<vector<int>>& grid, int k) {
12           int m=grid.size(),n=grid[0].size();           //行/列数
13           if(k>=m+n-2) return m+n-2;
14           vector<vector<int>> cnt(m,vector<int>(n,INF));
15           QNode e,e1;
16           queue<QNode> qu;
17           e.x=0; e.y=0; e.length=0; e.nums=0;
```

```
18              qu.push(e);
19              cnt[0][0]=0;
20              int ans=INF;
21              while(!qu.empty()) {
22                  e=qu.front(); qu.pop();
23                  int x=e.x,y=e.y,length=e.length,nums=e.nums;
24                  if(x==m-1 && y==n-1)                    //找到目标
25                      ans=min(ans,length);                //求最短路径
26                  for(int di=0;di<4;di++) {               //在四周搜索
27                      int nx=x+dx[di],ny=y+dy[di];        //di方位的位置为(nx,ny)
28                      if(nx<0 || nx>=m || ny<0 || ny>=n) continue;
29                      int nnums=nums+grid[nx][ny];        //新位置遇到的障碍物的个数
30                      if(nnums>k) continue;               //剪支1
31                      if(nnums>=cnt[nx][ny]) continue;    //剪支2
32                      if(length+1<ans) {                  //剪支3
33                          cnt[nx][ny]=nnums;
34                          e1.x=nx; e1.y=ny;e1.length=length+1;e1.nums=cnt[nx][ny];
35                          qu.push(e1);
36                      }
37                  }
38              }
39              if(ans==INF) return -1;
40              return ans;
41          }
42  };
```

提交运行：

结果：通过；时间：8ms；空间：8.22MB

由于本问题是求最短路径，上、下、左、右每走一步的长度计为1，所以满足广搜特性，也就是说第一次找到的目标路径就是最短路径，为此进一步改进如下。

C++：

```
1   struct QNode {                                          //队列结点类型
2       int x,y;                                            //位置
3       int nums;                                           //障碍物的个数
4       int length;                                         //路径的长度
5   };

6   class Solution {
7       const int INF=0x3f3f3f3f;
8       int dx[4]={0,0,1,-1};                               //水平方向上的偏移量
9       int dy[4]={1,-1,0,0};                               //垂直方向上的偏移量
10  public:
11      int shortestPath(vector < vector < int >> & grid, int k) {
12          int m=grid.size(),n=grid[0].size();             //行/列数
13          if(k>=m+n-2) return m+n-2;
14          vector < vector < int >> cnt(m,vector < int >(n,INF));
15          QNode e,e1;
16          queue < QNode > qu;
17          e.x=0; e.y=0; e.length=0; e.nums=0;
18          qu.push(e);
19          cnt[0][0]=0;
20          while(!qu.empty()) {
21              e=qu.front(); qu.pop();
22              int x=e.x,y=e.y,length=e.length,nums=e.nums;
23              if(x==m-1 && y==n-1)                         //找到目标
24                  return length;                          //返回最短路径的长度
25              for(int di=0;di<4;di++) {                    //在四周搜索
26                  int nx=x+dx[di],ny=y+dy[di];             //di方位的位置为(nx,ny)
27                  if(nx<0 || nx>=m || ny<0 || ny>=n) continue;
```

```
28              int nnums＝nums+grid[nx][ny];            //新位置遇到的障碍物的个数
29              if(nnums＞k) continue;                    //剪支1
30              if(nnums＞＝cnt[nx][ny]) continue;        //剪支2
31              cnt[nx][ny]＝nnums;
32              e1.x＝nx; e1.y＝ny;e1.length＝length+1;e1.nums＝cnt[nx][ny];
33              qu.push(e1);
34          }
35      }
36      return −1;
37  }
38 };
```

提交运行：

结果:通过;时间:4ms;空间:8.47MB

📖 Python：

```
1  class Solution:
2      def shortestPath(self, grid: List[List[int]], k: int) -> int:
3          INF＝0x3f3f3f3f
4          dx＝[0,0,1,−1]                                    ♯水平方向上的偏移量
5          dy＝[1,−1,0,0]                                    ♯垂直方向上的偏移量
6          m,n＝len(grid),len(grid[0])                       ♯行/列数
7          if k＞＝m+n−2:return m+n−2
8          cnt＝[[INF for _ in range(0,n)] for _ in range(0,m)]
9          qu＝deque()                                       ♯定义队列,结点为[x,y,length,nums]
10         qu.append([0,0,0,0])                             ♯源点进队
11         cnt[0][0]＝0
12         ans＝INF
13         while qu:
14             [x,y,length,nums]＝qu.popleft()              ♯出队
15             if x＝＝m−1 and y＝＝n−1:                       ♯找到目标
16                 return length                           ♯返回最短路径的长度
17             for di in range(0,4):                       ♯在四周搜索
18                 nx,ny＝x+dx[di],y+dy[di]                 ♯di方位的位置为(nx,ny)
19                 if nx＜0 or nx＞＝m or ny＜0 or ny＞＝n:continue
20                 nnums＝nums+grid[nx][ny]                 ♯新位置遇到的障碍物的个数
21                 if nnums＞k:continue                      ♯剪支1
22                 if nnums＞＝cnt[nx][ny]:continue           ♯剪支2
23                 cnt[nx][ny]＝nnums
24                 qu.append([nx,ny,length+1,cnt[nx][ny]])
25         return −1
```

提交运行：

结果:通过;时间:48ms;空间:15.85MB

20.2.5 LeetCode1102——得分最高的路径★★

【问题描述】 给定一个 $m \times n$ 的整数矩阵 grid,返回从 $(0,0)$ 开始到 $(m-1,n-1)$ 在 4 个基本方向上移动的路径的最大分数。一条路径的分数是该路径上的最小值,如路径 $8 \rightarrow 4 \rightarrow 5 \rightarrow 9$ 的得分为 4。

例如,grid＝[[5,4,5],[1,2,6],[7,4,6]],答案为 4,其中得分最高的路径为图 20.10 中的阴影部分。

5	4	5
1	2	6
7	4	6

【限制】 $m =$ grid. length,$n =$ grid$[i]$. length,$1 \leqslant m,n \leqslant 100,0 \leqslant$ grid$[i][j] \leqslant 10^9$。

图 20.10 得分最高的路径

扫一扫

源程序

【解题思路】　用队列式分支限界法求特殊路径的最大长度。用 ans 表示答案(初始为 0)，从(0,0)位置开始广搜。从队中出队结点 e，对应的位置为 (x,y)，此时 $dist[x][y]$ 表示到达该位置的最大分数，若该位置为 $(m-1,n-1)$，则置 ans＝max(ans, e.length)或者 ans＝max(ans, dist$[x][y]$)，否则由结点 e 扩展到相邻位置 (nx, ny)，对应的路径分数 curlength＝min(dist$[x][y]$, grid$[nx][ny]$)，使用的剪支如下：

(1) 仅扩展 curlength＞dist$[nx][ny]$的分支。

(2) 仅扩展 curlength＞ans 的分支。

搜索完毕返回 ans 即可。

20.3　优先队列式分支限界法应用的算法设计

20.3.1　LeetCode743——网络延迟时间★★

问题描述参见 20.2.2 节。

【解题思路】　用优先队列式分支限界法求单源最短路径长度。与 20.2.2 节中的思路类似，整个网络使用邻接表 adj 存储，设计优先队列结点类型为(vno, length)，按 length 越小越优先出队，用 dist 数组记录源点 s 到其他顶点的最短路径长度，其中剪支方式是边松弛操作。由于优先队列式分支限界法在解空间中是跳跃式扩展，更快地求出最终的 dist$[v]$，从而剪去更多的分支，通常算法的时间性能好于队列式分支限界法。对应的算法如下。

C++：

```
1   struct Edge {                                    //出边类型
2       int vno;                                     //邻接点
3       int wt;                                      //边的权
4       Edge(int v, int w):vno(v),wt(w) {}
5   };
6   struct QNode {                                   //优先队列结点类型
7       int vno;                                     //顶点的编号
8       int length;                                  //路径的长度
9       bool operator <(const QNode& b) const {
10          return length > b.length;                //length 越小越优先出队
11      }
12  };

13  class Solution {
14      const int INF=0x3f3f3f3f;
15  public:
16      int networkDelayTime(vector < vector < int >> & times, int n, int k) {
17          vector < vector < Edge >> adj(n);        //邻接表
18          for(int i=0;i<times.size();i++) {        //遍历 times 建立邻接表
19              int a=times[i][0]-1;
20              int b=times[i][1]-1;
21              int w=times[i][2];                   //<a,b>:w
22              adj[a].push_back(Edge(b,w));
23          }
24          int s=k-1;                               //源点为 s
25          vector < int > dist(n,INF);
26          dist[s]=0;
27          QNode e,e1;
```

```
28          priority_queue<QNode> pqu;              //定义小根堆 pqu
29          e.vno=s;e.length=0;
30          pqu.push(e);                            //源点进队
31          while(!pqu.empty()) {
32              e=pqu.top(); pqu.pop();             //出队结点 e
33              int u=e.vno;
34              for(auto edj:adj[u]) {
35                  int v=edj.vno;                  //相邻顶点为 v
36                  if(dist[u]+edj.wt<dist[v]) {    //剪支:边松弛
37                      dist[v]=dist[u]+edj.wt;
38                      e1.vno=v;e1.length=dist[v];
39                      pqu.push(e1);               //结点 e1 进队
40                  }
41              }
42          }
43          int ans=dist[0];
44          for(int i=1;i<n;i++) {
45              if(dist[i]>ans) ans=dist[i];
46          }
47          if(ans==INF) return -1;
48          else return ans;
49      }
50  };
```

提交运行:

结果:通过;时间:80ms;空间:38.65MB

◫ **Python**:

```
1   class Solution:
2       def networkDelayTime(self,times:List[List[int]],n:int,k:int) -> int:
3           INF=0x3f3f3f3f
4           adj=[[] for _ in range(0,n)]            #邻接表
5           for i in range(0,len(times)):           #遍历 times 建立邻接表
6               a,b,w=times[i][0]-1,times[i][1]-1,times[i][2]   #<a,b>:w
7               adj[a].append([b,w])
8           s=k-1                                   #源点为 s
9           dist=[INF for _ in range(n)]
10          dist[s]=0
11          pqu=[]                                  #定义优先队列 pqu,结点类型为[length,vno]
12          heapq.heappush(pqu,[0,s])               #源点进队
13          while pqu:
14              e=heapq.heappop(pqu)                #出队结点 e
15              u=e[1]                              #出队顶点 u
16              for edj in adj[u]:
17                  v,w=edj[0],edj[1]               #相邻顶点为 v
18                  if dist[u]+w<dist[v]:           #剪支:边松弛
19                      dist[v]=dist[u]+w
20                      heapq.heappush(pqu,[dist[v],v])   #顶点 v 进队
21          ans=max(dist)
22          if ans==INF:return -1
23          else:return ans
```

提交运行:

结果:通过;时间:96ms;空间:17.49MB

20.3.2　LeetCode787——k 站中转内最便宜的航班★★

问题描述参见 20.2.3 节。

【解题思路】　带约束条件的优先队列式分支限界法。与 20.2.3 节中的思路类似,将城市航班图看成一个带权有向图,使用邻接表 adj 存储。设 src 到 dst 的最短路径长度为 ans(初始为∞),设计优先队列结点类型为(vno,length,nums),length 和 nums 分别表示到达 vno 的最短路径长度和中转次数,按 length 越小越优先出队。以 src 为源点,每次找到 dst 时对应的路径长度为 length,置 ans＝min(ans,length)。在搜索中由结点 e 扩展出子结点 e1(对应顶点 v),dist[v] 记录从 src 到达顶点 v 的最短路径长度,cnt[v] 记录从 src 到达顶点 v 的最少中转次数。使用以下剪支:

扫一扫

源程序

(1) 若 e1.nums＞k＋1,对应的顶点一定不是满足条件的目的地,终止该分支的扩展。

(2) 若 length＋w＜dist[v] 或者 e1.nums＜cnt[v],说明当前到达顶点 v 的路径更短,或者当前路径的中转次数较少,则扩展该分支。

(3) 若 dist[v]≥ans,说明继续下去不可能找到更短路径,终止该分支的扩展。

上述操作完毕,若 ans＝∞,说明不存在 src 到 dst 的路径,返回−1,否则返回 ans。

20.3.3　LeetCode1293——网格中的最短路径★★★

问题描述参见 20.2.4 节。

【解题思路】　带约束条件的优先队列式分支限界法。与 20.2.4 节中的思路类似,设(0,0)到(m−1,n−1)的最短路径长度为 ans(初始为∞),设计优先队列结点类型为(x,y,length,nums),length 和 nums 分别表示到达(x,y)的最短路径长度和遇到的障碍物个数,按 length 越小越优先出队。以(0,0)为源点,每次找到(m−1,n−1)时对应的路径长度为 length,置 ans＝min(ans,length)。在搜索中由结点 e 扩展出子结点 e1(对应位置为(nx,ny)),cnt[nx][ny] 记录从(0,0)到达位置(nx,ny)遇到的最少障碍物个数,置 nnums＝nums＋grid[nx][ny],对应的路径长度为 length＋1。使用以下剪支:

(1) 若 nnums＞k,对应的位置一定不满足条件,终止该分支的扩展。

(2) 若 nnums≥＝cnt[nx][ny],说明当前路径遇到的障碍物较少,更有可能找到满足条件的路径,则扩展该分支。

(3) 若 length＋1≥ans,说明继续下去不可能找到更短路径,终止该分支的扩展。

上述搜索执行完毕,若 ans＝∞,说明不存在从(0,0)到(m−1,n−1)满足条件的路径,返回−1,否则返回 ans。对应的算法如下。

说明:与 20.3.2 节相比,为什么本题不必设置 dist 数组?原因是这里求最短路径长度问题满足广搜特性,即使使用优先队列,其执行与使用队列的扩展过程也是类似的。

C++:

```
1   struct QNode {                            //队列结点类型
2       int x, y;                             //位置
3       int nums;                             //障碍物的个数
4       int length;                           //路径的长度
5       bool operator <(const QNode& b) const {
6           return length > b.length;         //length 越小越优先出队
```

```
7          }
8    };

9    class Solution {
10       const int INF=0x3f3f3f3f;
11       int dx[4]={0,0,1,−1};                      //水平方向上的偏移量
12       int dy[4]={1,−1,0,0};                      //垂直方向上的偏移量
13   public:
14       int shortestPath(vector<vector<int>> & grid, int k) {
15           int m=grid.size(),n=grid[0].size();        //行/列数
16           if(k>=m+n−2) return m+n−2;
17           vector<vector<int>> cnt(m,vector<int>(n,INF));
18           QNode e,e1;
19           priority_queue<QNode> qu;
20           e.x=0; e.y=0; e.length=0; e.nums=0;
21           qu.push(e);
22           cnt[0][0]=0;
23           int ans=INF;
24           while(!qu.empty()) {
25               e=qu.top(); qu.pop();
26               int x=e.x,y=e.y,length=e.length,nums=e.nums;
27               if(x==m−1 && y==n−1)                //找到目标
28                   ans=min(ans,length);            //求最短路径的长度
29               for(int di=0;di<4;di++) {            //在四周搜索
30                   int nx=x+dx[di],ny=y+dy[di];     //di方位的位置为(nx,ny)
31                   if(nx<0 || nx>=m || ny<0 || ny>=n) continue;
32                   int nnums=nums+grid[nx][ny];     //新位置遇到的障碍物的个数
33                   if(nnums>k) continue;            //剪支1
34                   if(nnums>=cnt[nx][ny]) continue; //剪支2
35                   if(length+1<ans) {               //剪支3
36                       cnt[nx][ny]=nnums;
37                       e1.x=nx; e1.y=ny;e1.length=length+1;e1.nums=cnt[nx][ny];
38                       qu.push(e1);
39                   }
40               }
41           }
42           if(ans==INF) return −1;
43           return ans;
44       }
45   };
```

提交运行：

结果:通过;时间:4ms;空间:8MB

Python：

```
1    class Solution:
2        def shortestPath(self, grid: List[List[int]], k: int) -> int:
3            INF=0x3f3f3f3f
4            dx=[0,0,1,−1]                          #水平方向上的偏移量
5            dy=[1,−1,0,0]                          #垂直方向上的偏移量
6            m,n=len(grid),len(grid[0])            #行/列数
7            if k>=m+n−2:return m+n−2
8            cnt=[[INF for _ in range(0,n)] for _ in range(0,m)]
9            cnt[0][0]=0
10           pqu=[]                                #小根堆pqu,结点为[length,x,y,nums]
11           heapq.heappush(pqu,[0,0,0,0])         #源点进队
12           ans=INF
13           while pqu:
14               e=heapq.heappop(pqu)              #出队e
15               length,x,y,nums=e[0],e[1],e[2],e[3]
```

```
16          if x==m-1 and y==n-1:              # 找到目标
17              ans=min(ans,length)            # 求最短路径的长度
18          for di in range(0,4):              # 在四周搜索
19              nx,ny=x+dx[di],y+dy[di]        # di 方位的位置为(nx,ny)
20              if nx<0 or nx>=m or ny<0 or ny>=n:continue
21              nnums=nums+grid[nx][ny]        # 新位置遇到的障碍物的个数
22              if nnums>k:continue            # 剪支 1
23              if nnums>=cnt[nx][ny]:continue # 剪支 2
24              if length+1<ans:               # 剪支 3
25                  cnt[nx][ny]=nnums
26                  heapq.heappush(pqu,[length+1,nx,ny,nnums])
27      if ans==INF:return -1
28      return ans
```

提交运行:

结果:通过;时间:56ms;空间:15.72MB

20.3.4　LeetCode2473——购买苹果的最低成本★★

【问题描述】　给定一个正整数 n,表示从 1 到 n 的 n 个城市。给定一个二维数组 roads,其中 roads$[i]$=$[a_i,b_i,\text{cost}_i]$表示在城市 a_i 和 b_i 之间有一条双向道路,其旅行成本等于 cost_i。假设可以在任何城市买到苹果,但是有些城市买苹果的费用不同。给定数组 appleCost,其中 appleCost$[i]$是从城市 i 购买一个苹果的成本。某人从某个城市出发,穿越各种道路,最终在任何一个城市买一个苹果。在买了苹果之后,必须回到出发的城市,但现在所有道路的成本将乘以一个给定的因子 k。给定整数 k,返回一个大小为 n 的数组 answer,其中 answer$[i]$是从城市 i 出发购买一个苹果的最小总成本。

例如,n=4,roads=[[1,2,4],[2,3,2],[2,4,5],[3,4,1],[1,3,4]],appleCost=[56,42,102,301],k=2,如图 20.11 所示,答案为[54,42,48,51],每个起始城市的最低费用如下:

(1) 从城市 1 开始,该人走路径 1→2,在城市 2 买一个苹果,最后走路径 2→1,总成本是 4+42+4×2=54。

(2) 从城市 2 开始,该人直接在城市 2 买一个苹果,总成本是 42。

(3) 从城市 3 开始,该人走路径 3→2,在城市 2 买一个苹果,最后走路径 2→3,总成本是 2+42+2×2=48。

(4) 从城市 4 开始,该人走路径 4→3→2,然后在城市 2 买苹果,最后走路径 2→3→4,总成本是 1+2+42+1×2+2×2=51。

【限制】　$2 \leqslant n \leqslant 1000$,$1 \leqslant$ roads.length $\leqslant 1000$,$1 \leqslant a_i, b_i \leqslant n$,$a_i \neq b_i$,$1 \leqslant \text{cost}_i \leqslant 10^5$,appleCost.length$=n$,$1 \leqslant$ appleCost$[i] \leqslant 10^5$,$1 \leqslant k \leqslant 100$,没有重复的边。

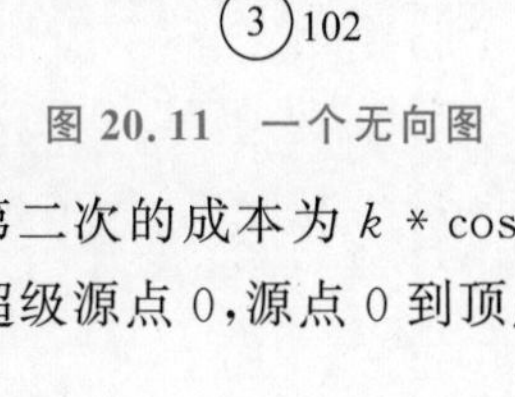

【解题思路】　用优先队列式分支限界法求单源最短路径长度。将每个城市看成一个顶点(编号从 1 开始),这个无向图使用邻接表 adj 存储。由于从顶点 i 出发到顶点 j 购买一个苹果必须原路返回,所以路径上经过的边要走两次,第一次的成本为 cost,第二次的成本为 $k*\text{cost}$,因此将边(i,j)的权直接修改为$(k+1)*$roads$[i][2]$。同时建立超级源点 0,源点 0 到顶点

图 20.11　一个无向图

i 的边的权为 appleCost$[i-1]$（相当于在顶点 i 买一个苹果）。例如，样例建立的图如图 20.12 所示。

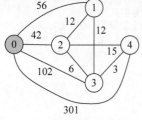

图 20.12　样例建立的图

在建立 adj 后，问题转换为求从源点 0 到每个顶点的最短路径长度，用数组 dist 表示。因为是无向图，源点 0 到顶点 u 的最短路径长度 dist$[u]$ 等于顶点 u 到顶点 0 的最短路径长度，假设该路径为 $u{\rightarrow}\cdots{\rightarrow}v{\rightarrow}0$，而 $v{\rightarrow}0$ 的权值就是在顶点 v 购买一个苹果的成本，所以 dist$[u]$ 就是从顶点 u 开始购买一个苹果的最小总成本。在求出 dist 数组后，用 ans$[0..n-1]$ 存放 dist$[1..n]$，最后返回 ans 即可。对应的算法如下。

C++:

```cpp
1   typedef long long LL;
2   struct Edge {                                      //出边类型
3       int vno;                                       //邻接点
4       LL wt;                                         //边的权
5       Edge(int v,LL w):vno(v),wt(w) {}
6   };
7   struct QNode {                                     //优先队列结点类型
8       int vno;                                       //顶点的编号
9       int length;                                    //路径的长度
10      bool operator <(const QNode& b) const {
11          return length > b.length;                  //length 越小越优先出队
12      }
13  };

14  class Solution {
15      const LL INF=0x3f3f3f3f3f3f3f3f;
16  public:
17      vector < long long > minCost(int n,vector < vector < int >> &roads,
18      vector < int > & appleCost,int k) {
19          vector < vector < Edge >> adj(n+1);        //邻接表
20          for(int i=0;i < roads.size();i++) {        //遍历 roads 建立邻接表
21              int a=roads[i][0];
22              int b=roads[i][1];
23              LL w=(k+1) * roads[i][2];               //<a,b>:w
24              adj[a].push_back(Edge(b,w));
25              adj[b].push_back(Edge(a,w));
26          }
27          for(int i=1;i<=n;i++) {                    //建立超级源点的边
28              adj[0].push_back(Edge(i,appleCost[i-1]));
29              adj[i].push_back(Edge(0,appleCost[i-1]));
30          }
31          vector < LL > dist(n+1,INF);
32          priority_queue < QNode > pqu;              //小根堆
33          QNode e,e1;
34          dist[0]=0;
35          e.vno=0; e.length=0;
36          pqu.push(e);
37          while(!pqu.empty()) {
38              int u=pqu.top().vno;pqu.pop();          //出队顶点 u
39              for(auto edj:adj[u]) {
40                  int v=edj.vno;
41                  LL w=edj.wt;
42                  if(dist[v] > dist[u]+w) {           //剪支:边松弛
43                      dist[v]=dist[u]+w;
44                      e1.vno=v;
```

```
45                    e1.length=dist[v];
46                    pqu.push(e1);
47                }
48            }
49        }
50        vector<LL> ans(n);
51        for(int i=1;i<=n;i++)
52            ans[i-1]=dist[i];
53        return ans;
54    }
55 };
```

提交运行：

结果:通过;时间:16ms;空间:13.45MB

Python:

```
1  class Solution:
2      def minCost(self,n:int,roads:List[List[int]],appleCost:List[int],k:int):
3          INF=0x3f3f3f3f3f3f3f3f
4          adj=[[] for _ in range(0,n+1)]        #邻接表
5          for i in range(0,len(roads)):         #遍历roads建立邻接表
6              a,b=roads[i][0],roads[i][1]       #<a,b>:w
7              w=(k+1) * roads[i][2]
8              adj[a].append([b,w])
9              adj[b].append([a,w])
10         for i in range(1,n+1):                #建立超级源点的边
11             adj[0].append([i,appleCost[i-1]])
12             adj[i].append([0,appleCost[i-1]])
13         dist=[INF for _ in range(0,n+1)]
14         dist[0]=0
15         pqu=[]                                #定义小根堆pqu,结点为[length,vno]
16         heapq.heappush(pqu,[0,0])             #源点进队
17         while pqu:
18             e=heapq.heappop(pqu)              #出队e
19             u=e[1]                            #出队顶点u
20             for edj in adj[u]:
21                 v,w=edj[0],edj[1]
22                 if dist[v]>dist[u]+w:         #剪支:边松弛
23                     dist[v]=dist[u]+w
24                     heapq.heappush(pqu,[dist[v],v])   #顶点v进队
25         ans=[0] * n
26         for i in range(1,n+1):
27             ans[i-1]=dist[i]
28         return ans
```

提交运行：

结果:通过;时间:68ms;空间:16.69MB

20.3.5 LeetCode1102——得分最高的路径★★

问题描述参见20.2.5节。

【解题思路】 用优先队列式分支限界法求特殊路径的最大长度。与20.2.5节中的思

路类似,仅将队列改为优先队列,并且按路径长度(得分)越大越优先出队。在出队结点 e 时,若(e.x,e.y)为目标位置,则直接返回 e.length。由于优先扩展 length 最大的结点,在做边松弛操作中会剪除更多的不可能得到最优解的路径,所以优先队列式分支限界法的时间性能更好。

扫一扫
源程序

20.3.6　LeetCode1723——完成所有工作的最短时间★★★

问题描述参见 19.2.19 节。

【解题思路】 带约束条件的优先队列式分支限界法。设计对应的优先队列结点类型如下:

```
class QNode {
    int i;              //工作 i(有效编号为 0～jobs.length−1)
    int times[];        //times[j]表示工人 j 的总时间
    int ct;             //当前的总时间:times 中的最大值
}
```

例如,jobs={1,2,4},k=2,初始时优先队列 pqu 为空,这里将(0,0:0)表示为(times[0], times[1]:ct),求解搜索空间如图 20.13 所示。其求解过程如下:

(1) 出队结点(0,0:0),将工作 0 分配给工人 0,对应的子结点为(1,0:1),将其进队。将工作 0 分配给工人 1,由于前面工人 0 是空闲的,通过剪支 1 剪去该结点。

(2) 出队结点(1,0:1),将工作 1 分配给工人 0,对应的子结点为(3,0:3),将其进队。将工作 1 分配给工人 1,对应的子结点为(1,2:2),将其进队。

扫一扫
源程序

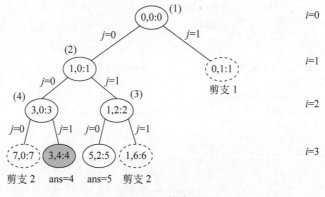

图 20.13　搜索空间

(3) 此时队中有(3,0:3)和(1,2:2)两个结点,优先出队结点(1,2:2),将工作 2 分配给工人 0,对应的子结点为(5,2:5),这是一个叶子结点,对应一个解 ans=ct=5,不进队。将工作 2 分配给工人 1,对应的子结点为(1,6:6),由于 times[1]=6>ans,通过剪支 2 剪去该结点。

(4) 出队结点(3,0:3),将工作 2 分配给工人 0,对应的子结点为(7,0:7),由于 times[0]=7>ans,通过剪支 2 剪去该结点。将工作 2 分配给工人 1,对应的子结点为(3,4:4),这是一个叶子结点,对应一个解 ans=ct=4,不进队。

此时队列为空,答案为 ans=4。

20.4　　　A*算法的应用

20.4.1　LeetCode773——滑动谜题★★★

【问题描述】　在一个 2×3 的面板上(board)有 5 个方块,用数字 1~5 来表示,以及一块空缺,用 0 来表示。一次移动定义为选择 0 与一个相邻的数字(上、下、左、右)进行交换。最终当面板 board 的结果是[[1,2,3],[4,5,0]]时谜题被解开。给出一个谜题的初始状态 board,返回最少移动多少次可以解开谜题,如果不能解开谜题,则返回−1。

例如,board=[[4,1,2],[5,0,3]],面板如图 20.14(a)所示,答案为 5,对应的移动过程如下:

(1) 交换 5 和 0,得到[[4,1,2],[0,5,3]],如图 20.14(b)所示。

(2) 交换 4 和 0,得到[[0,1,2],[4,5,3]],如图 20.14(c)所示。

(3) 交换 1 和 0,得到[[1,0,2],[4,5,3]],如图 20.14(d)所示。

(4) 交换 2 和 0,得到[[1,2,0],[4,5,3]],如图 20.14(e)所示。

(5) 交换 3 和 0,得到[[1,2,3],[4,5,0]],如图 20.14(f)所示。

【限制】　board.length=2,board[i].length=3,0≤board[i][j]≤5,board[i][j]中的每个值都不同。

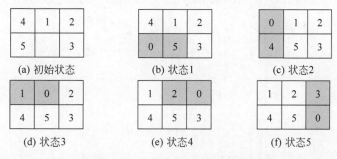

图 20.14　一个 board 及其移动过程

【解题思路】　用 A* 算法求最小步数。将 board 按行列顺序转换为字符串,例如目标状态{{1,2,3},{4,5,0}}对应的字符串 goal="123450"。使用 A* 算法。设计启发式函数为 $f=g+h$,其中 g 为从初始状态到当前位置的最少移动次数,h 为当前面板状态 s(不计 0 位置)与目标状态对应位置上不同元素的个数,该函数满足单调性。定义优先队列按 f 越小越优先出队扩展,当扩展的子结点 e1 的面板状态与 goal 相同时返回 e1.g+1。对应的算法如下。

C++:

```
1   struct QNode {                          //优先队列结点类型
2       int x,y;                            //0 的位置
3       string grid;                        //矩阵字符串
4       int f,g,h;                          //启发式函数值
5       bool operator <(const QNode &s) const {
6           return f>s.f;                   //f 越小越优先出队
```

```
 7            }
 8        };

 9        class Solution {
10            int dx[4]={0,0,1,−1};                        //水平方向上的偏移量
11            int dy[4]={1,−1,0,0};                        //垂直方向上的偏移量
12            string goal="123450";
13        public:
14            int slidingPuzzle(vector<vector<int>>& board) {
15                int m=2,n=3;
16                string s;
17                int x,y;
18                for(int i=0;i<m;i++) {                    //将 board 转换为 s 并找到 0 的位置
19                    for(int j=0;j<n;j++) {
20                        s.push_back(board[i][j]+'0');
21                        if(board[i][j]==0) x=i,y=j;
22                    }
23                }
24                if(s==goal) return 0;
25                unordered_set<string> visited;
26                priority_queue<QNode> pqu;
27                QNode e,e1;
28                e.x=x; e.y=y; e.grid=s;
29                e.g=0; e.h=geth(s);                       //或者 e.h=0
30                e.f=e.g+e.h;
31                pqu.push(e);                              //初始状态进队
32                visited.insert(e.grid);                   //标记初始状态已访问
33                while(!pqu.empty()) {
34                    e=pqu.top(); pqu.pop();
35                    x=e.x;y=e.y;s=e.grid;
36                    int p0=x*n+y;
37                    for(int di=0;di<4;di++) {
38                        int nx=x+dx[di],ny=y+dy[di];
39                        if(nx<0 || nx>=m || ny<0 || ny>=n) continue;
40                        int p1=nx*n+ny;
41                        swap(s[p0],s[p1]);                //移动一次
42                        if(goal==s) return e.g+1;         //找到目标状态
43                        if(!visited.count(s)) {           //状态不重复时
44                            visited.insert(s);
45                            e1.x=nx; e1.y=ny; e1.grid=s;
46                            e1.g=e.g+1;
47                            e1.h=geth(s);
48                            e1.f=e1.g+e1.h;
49                            pqu.push(e1);
50                        }
51                        swap(s[p0],s[p1]);                //恢复 s
52                    }
53                }
54                return −1;                                //没有找到,返回−1
55            }

56            int geth(string &s) {                         //计算启发式函数值
57                int h=0;
58                for(int i=0;i<6;i++) {
59                    if(s[i]!='0' && goal[i]!=s[i]) h++;
60                }
61                return h;
62            }
63        };
```

提交运行:

结果：通过；时间：8ms；空间：8.21MB

🔲 **Python：**

```
1    class QNode:                                    #优先队列结点类型
2        x,y＝0,0                                     #0的位置
3        grid＝""                                     #矩阵字符串
4        f,g,h＝0,0,0                                 #启发式函数值
5        def __lt__(self,other):                     #按f越小越优先出队
6            if self.f＜other.f:return True
7            else:return False

8    class Solution:
9        dx＝[0,0,1,－1]                               #水平方向上的偏移量
10       dy＝[1,－1,0,0]                               #垂直方向上的偏移量
11       goal＝"123450"
12       def slidingPuzzle(self, board: List[List[int]]) -> int:
13           m,n＝2,3
14           s＝""
15           x,y＝－1,－1
16           for i in range(0,m):                     #将board转换为str并找到0的位置
17               for j in range(0,n):
18                   s+＝str(board[i][j])
19                   if board[i][j]＝＝0:x,y＝i,j
20           if s＝＝self.goal:return 0
21           visited＝set()
22           pqu＝[]                                   #优先队列,结点为QNode
23           e＝QNode()
24           e.x,e.y＝x,y
25           e.grid＝s
26           e.g,e.h＝0,self.geth(s)                   #或者 e.h＝0
27           e.f＝e.g+e.h
28           heapq.heappush(pqu,e)                    #初始状态进队
29           visited.add(e.grid)                      #标记初始状态已访问
30           while pqu:
31               e＝heapq.heappop(pqu)                 #出队e
32               x,y,s＝e.x,e.y,e.grid
33               p0＝x*n+y
34               for di in range(0,4):
35                   nx,ny＝x+self.dx[di],y+self.dy[di]
36                   if nx＜0 or nx＞＝m or ny＜0 or ny＞＝n:continue
37                   p1＝nx*n+ny
38                   s1＝self.swap(s,p0,p1)            #交换s[p0]和s[p1]得到s1
39                   if s1＝＝self.goal:return e.g+1    #找到目标
40                   if s1 in visited:continue        #跳过重复状态
41                   visited.add(s1)
42                   e1＝QNode()
43                   e1.x,e1.y,e1.grid＝nx,ny,s1
44                   e1.g＝e.g+1
45                   e1.h＝self.geth(s1)
46                   e1.f＝e1.g+e1.h
47                   heapq.heappush(pqu,e1)
48           return －1                                #没有找到,返回－1

49       def swap(self,s,i,j):                        #返回交换s[i]和s[j]的字符串
50           tmp＝list(s)
51           tmp[i],tmp[j]＝tmp[j],tmp[i]
52           return ''.join(tmp)

53       def geth(self,s):                            #计算启发式函数值
54           h＝0
55           for i in range(0,6):
```

```
56              if s[i]!='0' and self.goal[i]!=s[i]:h+=1
57          return h
```

提交运行:

结果:通过;时间:68ms;空间:15.79MB

20.4.2 LeetCode752——打开转盘锁★★

【问题描述】 有一个带有 4 个圆形拨轮的转盘锁。每个拨轮都有 10 个数字,即 '0'~'9', 每个拨轮都可以自由旋转,例如把'9'变为'0','0'变为'9',每次旋转只能旋转一个拨轮的一位 数字。锁的初始数字为 '0000',这是一个代表 4 个拨轮的数字的字符串。在 deadends 列表 中包含了 n 个($1 \leqslant n \leqslant 500$)死亡数字,一旦拨轮的数字和列表中的一个元素相同,这个锁将 会被永久锁住,无法再被旋转。target 字符串代表可以解锁的数字。设计一个算法求出解 锁需要的最少旋转次数,如果无论如何都不能解锁,返回 -1。

例如,deadends = {"0201","0101","0102","1212","2002"},target = "0202",答案为 6,一个可能的解锁序列如下:

"0000"→"1000"→"1100"→"1200"→"1201"→"1202"→"0202"

注意,以下序列是不能解锁的,因为当拨动到"0102"时这个锁就会被锁住:

"0000"→"0001"→"0002"→"0102"→"0202"

【限制】 $1 \leqslant$ deadends.length $\leqslant 500$,deadends[i].length $= 4$,target.length $= 4$,target 不在 deadends 中,target 和 deadends[i]仅由若干个数字组成。

【解题思路】 用 A^* 算法求最少旋转次数。设计启发式函数为 $f = g + h$,其中 g 为起 始字符串"0000"到当前字符串 ns 的最少旋转次数,h 表示从 ns 到 target 的最少旋转次数, 由于存在逆时针方向和顺时针方向两种旋转,所以有:

$$h = \sum_{i=0}^{3}(ns[i] \text{ 旋转为 } target[i] \text{ 的最少旋转次数}) = \sum_{i=0}^{3}\min(dist[i], |10 - dist[i]|)$$

其中 $dist[i] = |ns[i] - target[i]|$,显然启发式函数 h 满足单调性。一旦 ns $=$ target,返回 ns.g 即可。

20.4.3 LeetCode1091——二进制矩阵中的最短路径★★

【问题描述】 给定一个 $n \times n$ 的二进制矩阵 grid,返回矩阵中最短畅通路径的长度。 如果不存在这样的路径,返回 -1。二进制矩阵中的畅通路径是一条从左上角单元格(0,0) 到右下角单元格($n-1, n-1$)的路径,该路径同时满足以下要求:

(1) 路径途经的所有单元的值都是 0。

(2) 路径中所有相邻的单元应该在 8 个方向之一上连通,即相邻两个单元之间彼此不 同且共享一条边或者一个角。

畅通路径的长度是该路径途经的单元总数。

例如,grid=[[0,0,0],[1,1,0],[1,1,0]],答案 为 4,如图 20.15 所示。

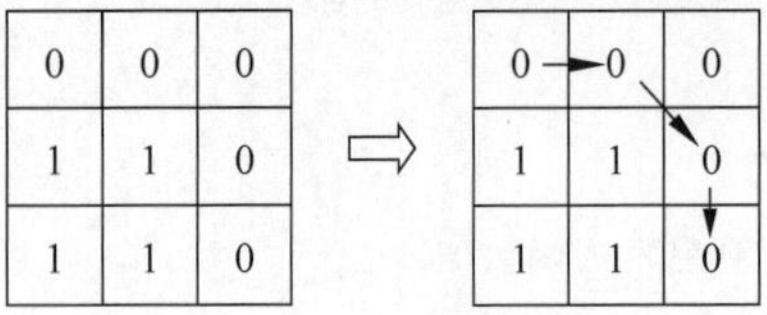

图 20.15 一条最短畅通路径

【限制】 $n =$ grid.length,$n =$ grid[i].length,

$1 \leqslant n \leqslant 100, \mathrm{grid}[i][j]$ 为 0 或 1。

【解题思路】 用 A^* 算法求最短路径长度。设计启发式函数为 $f = g + h$，其中 g 为从左上角单元 $(0,0)$ 到当前位置 (x,y) 的实际最短畅通路径的长度，h 表示从当前位置 (x,y) 到右下角单元 $(n-1, n-1)$ 的最短畅通路径长度的估值，这里使用切比雪夫距离。对应的算法如下。

C++：

```cpp
1   struct QNode {                    //优先队列结点类型
2       int x,y;                      //位置
3       int g;
4       double f,h;                   //启发式函数值
5       bool operator <(const QNode &s) const {
6           return f > s.f;           //f越小越优先出队
7       }
8   };

9   class Solution {
10      int dx[8]={0,0,-1,1,-1,1,-1,1};
11      int dy[8]={-1,1,0,0,-1,-1,1,1};
12  public:
13      int shortestPathBinaryMatrix(vector < vector < int >> & grid) {
14          int n=grid.size();
15          if(grid[0][0]==1 || grid[n-1][n-1]==1) return -1;
16          if(n==1) return 1;
17          vector < vector < bool >> visited(n,vector < bool >(n,false));
18          priority_queue < QNode > pqu;
19          QNode e,e1;
20          e.x=0;e.y=0;e.g=1;
21          e.h=geth(0,0,n-1,n-1);
22          e.f=e.g+e.h;
23          pqu.push(e);
24          visited[0][0]=true;
25          while(!pqu.empty()) {
26              e=pqu.top();pqu.pop();
27              int x=e.x,y=e.y;
28              if(x==n-1 && y==n-1) return e.g;
29              for(int di=0;di<8;di++) {
30                  int nx=x+dx[di];
31                  int ny=y+dy[di];
32                  if(nx>=0 && nx<n && ny>=0 && ny<n && grid[nx][ny]==0) {
33                      if(visited[nx][ny]) continue;
34                      e1.x=nx;e1.y=ny;
35                      e1.g=e.g+1; e1.h=geth(nx,ny,n-1,n-1);
36                      e1.f=e1.g+e1.h;
37                      pqu.push(e1);
38                      visited[nx][ny]=true;
39                  }
40              }
41          }
42          return -1;
43      }
44      double geth(int x,int y,int gx,int gy) {       //计算启发式函数值
45          return max(abs(gx-x),abs(gy-y));
46      }
47  };
```

在提交时第 70 个测试用例出错，其 grid 如下：

grid={{0,0,0,0,1,1,1,1,0},{0,1,1,0,0,0,0,1,0},{0,0,1,0,0,0,0,0,0},{1,1,0,0,1,0,0,1,1},{0,0,1,1,1,0,1,0,1},{0,1,0,1,0,0,0,0,0},{0,0,0,1,0,1,0,0,0},{0,1,0,1,1,0,0,0,0},{0,0,0,0,0,1,0,1,0}}

跟踪上述测试用例执行出错的过程如图 20.16 所示,图中标记为"$(i)g+h=f$"的单元表示出队的次序为 i,没有标记次序的单元表示未出队。最后找到的最短路径的长度为 12,正确的答案为 11。从图中深色阴影的结果路径看出,应该从"$(9)4+7=11$"单元沿着斜线方向走到"$(11)6+6=12$",之所以没有这样走,是因为"$(8)5+6=11$"单元先出队,扩展出了"$(11)6+6=12$",而这里规定单元不能重复扩展。修改的方法是将 visited 数组改为 minf 数组,minf 数组用于维护每个单元的最小 f 值,类似边松弛的思路。修改后的算法如下。

	0	1	2	3	4	5	6	7	8
0	(1)1+8 =9	(2)2+8 =10	(7)3+8 =11	(12)4+ 8=12					
1	(3)2+8 =10			(9)4+7 =11		7+7=14			
2	(10)3+ 8=11	(4)3+7 =10		(8)5+6 =11	(11)6+ 6=12	7+6=13	8+6=14		
3			(5)4+6 =10	(6)5+5 =10		(13)7+ 5=12	8+5=13		
4	6+8=14	(14)5+ 7=12				(15)8+ 4=12		10+4= 14	
5	6+8=14		(16)6+ 6=12		9+4=13	(17)9+ 3=12	(18)9+ 3=12	10+3= 13	11+3= 14
6		7+7=14	7+6=13		10+4= 14		(19)10 +2=12	(20)10 +2=12	11+2= 13
7						11+1= 12	11+2= 13	(21)11 +1=12	(22)11 +1=12
8							12+2= 14		(23)12 +0=12

图 20.16 跟踪测试用例执行出错的过程

C++:

```cpp
1  struct QNode {                              //优先队列结点类型
2      int x,y;                                //位置
3      int g;
4      int f,h;                                //启发式函数值
5      bool operator <(const QNode &s) const {
6          return f > s.f;                     //f越小越优先出队
7      }
8  };

9  class Solution {
10     int dx[8]={0,0,-1,1,-1,1,-1,1};
11     int dy[8]={-1,1,0,0,-1,-1,1,1};
12 public:
13     int shortestPathBinaryMatrix(vector < vector < int >> & grid) {
14         int n=grid.size();
15         if(grid[0][0]==1 || grid[n-1][n-1]==1) return -1;
16         if(n==1) return 1;
17         vector < vector < double >> minf(n, vector < double >(n,n * n));//用 n * n 表示∞
18         priority_queue < QNode > pqu;
19         QNode e,e1;
20         e.x=0;e.y=0;
```

```
21          e.g=1;e.h=geth(0,0,n-1,n-1);
22          e.f=e.g+e.h;
23          pqu.push(e);
24          minf[0][0]=1;
25          while(!pqu.empty()) {
26              e=pqu.top();pqu.pop();
27              int x=e.x,y=e.y;
28              if(x==n-1 && y==n-1) return e.g;
29              for(int di=0;di<8;di++) {
30                  int nx=x+dx[di];
31                  int ny=y+dy[di];
32                  if(nx>=0 && nx<n && ny>=0 && ny<n && grid[nx][ny]==0) {
33                      e1.x=nx;e1.y=ny;
34                      e1.g=e.g+1;
35                      e1.h=geth(nx,ny,n-1,n-1);
36                      e1.f=e1.g+e1.h;
37                      if(e1.f<minf[nx][ny]) {
38                          minf[nx][ny]=e1.f;
39                          pqu.push(e1);
40                      }
41                  }
42              }
43          }
44          return -1;
45      }
46      double geth(int x,int y,int gx,int gy) {      //计算启发式函数值
47          return max(abs(gx-x),abs(gy-y));
48      }
49  };
```

提交运行:

结果:通过;时间:52ms;空间:20.93MB

⊞ **Python:**

```python
1   class QNode:                              #优先队列结点类型
2       x,y=0,0
3       f,g,h=0,0,0
4       def __lt__(self,other):               #按f越小越优先出队
5           if self.f<other.f:return True
6           else:return False

7   class Solution:
8       def shortestPathBinaryMatrix(self, grid: List[List[int]]) -> int:
9           dx=[0,0,-1,1,-1,1,-1,1]
10          dy=[-1,1,0,0,-1,-1,1,1]
11          n=len(grid)
12          if grid[0][0] or grid[n-1][n-1]:return -1
13          if n==1:return 1
14          minf=[[n*n for _ in range(0,n)] for _ in range(0,n)]
15          pqu=[]
16          e=QNode()
17          e.x,e.y=0,0
18          e.g,e.h=1,self.geth(0,0,n-1,n-1)
19          e.f=e.g+e.h
20          heapq.heappush(pqu,e)
21          while pqu:
22              e=heapq.heappop(pqu)
23              x,y=e.x,e.y
24              if x==n-1 and y==n-1:return e.g
```

```
25          for di in range(0,8):
26              nx,ny=x+dx[di],y+dy[di]
27              if nx>=0 and nx<n and ny>=0 and ny<n and grid[nx][ny]==0:
28                  el=QNode()
29                  el.x,el.y=nx,ny
30                  el.g=e.g+1
31                  el.h=self.geth(nx,ny,n-1,n-1)
32                  el.f=el.g+el.h
33                  if el.f<minf[nx][ny]:
34                      minf[nx][ny]=el.f
35                      heapq.heappush(pqu,el)
36          return -1
37      def geth(self,x,y,gx,gy):            #计算启发式函数值
38          return max(abs(gx-x),abs(gy-y))
```

提交运行:

结果:通过;时间:316ms;空间:16.62MB

推荐练习题

1. LeetCode64——最小路径和★★

2. LeetCode120——三角形最短路径和★★

3. LeetCode127——单词接龙★★★

4. LeetCode568——最大休假天数★★★

5. LeetCode931——下降路径最小和★★

6. LeetCode1091——二进制矩阵中的最短路径★★

7. LeetCode1129——颜色交替的最短路径★★

8. LeetCode1514——概率最大的路径★★

9. LeetCode1631——最小体力消耗路径★★

10. LeetCode1786——从第一个结点出发到最后一个结点的受限路径数★★

11. LeetCode2045—— 到达目的地的第二短时间★★★

12. LeetCode2290——到达角落需要移除障碍物的最小数目★★★

13. LeetCode2577——在网格图中访问一个格子的最少时间★★★

第 21 章 动态规划

📖 **知识图谱**

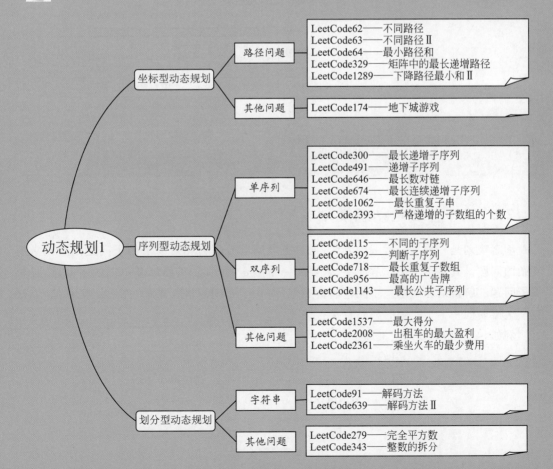

动态规划1

- 坐标型动态规划
  - 路径问题
    - LeetCode62——不同路径
    - LeetCode63——不同路径Ⅱ
    - LeetCode64——最小路径和
    - LeetCode329——矩阵中的最长递增路径
    - LeetCode1289——下降路径最小和Ⅱ
  - 其他问题
    - LeetCode174——地下城游戏

- 序列型动态规划
  - 单序列
    - LeetCode300——最长递增子序列
    - LeetCode491——递增子序列
    - LeetCode646——最长数对链
    - LeetCode674——最长连续递增子序列
    - LeetCode1062——最长重复子串
    - LeetCode2393——严格递增的子数组的个数
  - 双序列
    - LeetCode115——不同的子序列
    - LeetCode392——判断子序列
    - LeetCode718——最长重复子数组
    - LeetCode956——最高的广告牌
    - LeetCode1143——最长公共子序列
  - 其他问题
    - LeetCode1537——最大得分
    - LeetCode2008——出租车的最大盈利
    - LeetCode2361——乘坐火车的最少费用

- 划分型动态规划
  - 字符串
    - LeetCode91——解码方法
    - LeetCode639——解码方法Ⅱ
  - 其他问题
    - LeetCode279——完全平方数
    - LeetCode343——整数的拆分

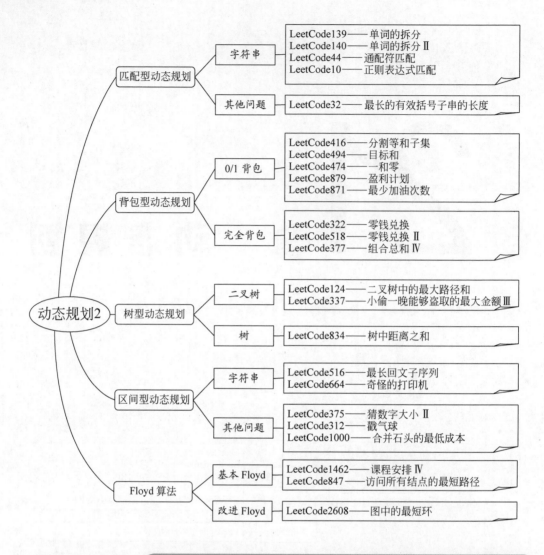

匹配型动态规划 — 字符串
LeetCode139——单词的拆分
LeetCode140——单词的拆分 II
LeetCode44——通配符匹配
LeetCode10——正则表达式匹配

其他问题
LeetCode32——最长的有效括号子串的长度

背包型动态规划 — 0/1 背包
LeetCode416——分割等和子集
LeetCode494——目标和
LeetCode474——一和零
LeetCode879——盈利计划
LeetCode871——最少加油次数

完全背包
LeetCode322——零钱兑换
LeetCode518——零钱兑换 II
LeetCode377——组合总和 IV

动态规划2

树型动态规划 — 二叉树
LeetCode124——二叉树中的最大路径和
LeetCode337——小偷一晚能够盗取的最大金额 III

树
LeetCode834——树中距离之和

区间型动态规划 — 字符串
LeetCode516——最长回文子序列
LeetCode664——奇怪的打印机

其他问题
LeetCode375——猜数字大小 II
LeetCode312——戳气球
LeetCode1000——合并石头的最低成本

Floyd 算法 — 基本 Floyd
LeetCode1462——课程安排 IV
LeetCode847——访问所有结点的最短路径

改进 Floyd
LeetCode2608——图中的最短环

21.1　　　动态规划概述

21.1.1　什么是动态规划

动态规划是一种求最优解的方法,通过把原问题分解为相对简单的子问题的方式求解复杂的问题。其基本思想非常简单,若要解一个给定的问题,需要解其不同的子问题,再根据子问题的解得出原问题。子问题非常类似,对每个子问题进行求解,然后记忆存储,以便在下次需要同一个子问题的解时直接查表。

例如,斐波那契数列定义如下:

$$\text{Fib}(n) = 1 \qquad\qquad n = 0$$
$$\text{Fib}(n) = 1 \qquad\qquad n = 1$$
$$\text{Fib}(n) = \text{Fib}(n-1) + \text{Fib}(n-2) \quad n > 1$$

对于给定的 n 求 Fib(n)。使用递归实现的算法如下：

C++:

```
1   int Fib1(int n) {                        //求斐波那契数列算法1
2       if(n==0 || n==1) return 1;
3       else return Fib1(n-2)+Fib1(n-1);
4   }
```

Fib1(n)算法的效率低下，时间复杂度为 $O(\varphi^n)$，其中 $\varphi=(1+\sqrt{5})/2$，属于指数级的算法。其包含大量重叠子问题，例如，求 Fib1(4)需要计算两次 Fib1(2)，求 Fib1(5)需要计算两次 Fib1(3)和 3 次 Fib1(2)。

设计一个数组 dp[$n+1$]，初始化所有元素为 0，一旦计算出 Fib(i)，将其存放在 dp[i]中。在求 Fib(j)时，如果 dp[j]$\neq0$，说明该子问题已经求出，返回 dp[j]即可。对应的算法如下。

C++:

```
 1   int dp[MAXN];
 2   int Fib21(int n) {
 3       if(dp[n]!=0) return dp[n];
 4       if(n==0 || n==1) dp[n]=1;
 5       else dp[n]=Fib21(n-2)+Fib21(n-1);
 6       return dp[n];
 7   }
 8   int Fib2(int n) {                       //求斐波那契数列算法2
 9       memset(dp,0,sizeof(dp));
10       return Fib21(n);
11   }
```

Fib2(n)算法称为备忘录算法。另外，也可以直接使用数组 dp，将算法由递归改为非递归，对应的非递归算法如下。

C++:

```
1   int Fib3(int n) {                       //求斐波那契数列算法3
2       int dp[MAXN];
3       dp[0]=dp[1]=1;
4       for(int i=2;i<=n;i++)
5           dp[i]=dp[i-2]+dp[i-1];
6       return dp[n];
7   }
```

Fib3(n)算法就是动态规划算法。与备忘录算法 Fib2(n)相比，Fib2(n)是递归的，使用自顶向下方式求解，而 Fib3(n)使用自底向上的方式，先解决子问题，再逐步求解原问题。在求解子问题的过程中，需要用表保存中间状态，这里表就是 dp 数组。

在 Fib3($n+1$)算法中，dp[i]仅与 dp[$i-2$]和 dp[$i-1$]相关，可以滚动使用数组元素，以节省空间，即将 dp[n]改为 dp[3]，对应的算法如下。

C++:

```
1   int Fib4(int n) {                       //求斐波那契数列算法4
2       int dp[3];
3       dp[0]=dp[1]=1;
4       for(int i=2;i<=n;i++)
5           dp[i%3]=dp[(i-1)%3]+dp[(i-2)%3];
6       return dp[n%3];
7   }
```

这样的 dp 数组称为滚动数组。实际上可以直接用 a、b、c 代替 dp[3]中的 3 个元素,对应的算法如下。

C++:

```cpp
1   int Fib5(int n) {          //求斐波那契数列算法 5
2       int a, b, c;
3       a=b=1;
4       for(int i=2;i<=n;i++) {
5           c=a+b;
6           a=b;
7           b=c;
8       }
9       return c;
10  }
```

21.1.2 动态规划求解问题的类型、性质和步骤

1. 动态规划求解问题的类型

通常使用动态规划求解以下类型的问题:

(1) 求目标函数指定的最值(最大值或最小值)。

(2) 判断某个条件是否可行。

(3) 统计满足某个条件的方案数。

2. 动态规划求解问题的性质

在一般情况下,动态规划通常需要满足以下 3 个性质。

(1) 最优子结构性质:一个问题的最优解包含其子问题的最优解,也就是说,可以通过求解子问题的最优解得到原问题的最优解。

(2) 无后效性性质:当前的决策只与之前的状态有关,不受未来决策的影响。

(3) 重叠子问题性质:不同的子问题可能会有重复的部分,可以通过记忆化搜索等方式来避免重复计算。

例如,要从一沓钞票中拿出总面额最大的 5 张钞票。如果每次都拿当前面额最大的钞票,共拿 5 次,一定可以满足要求。将每次拿当前面额最大的钞票看成子问题,显然满足最优子结构性质,如果某次不是拿当前面额最大的钞票,结果可能不正确。在拿钞票的过程中,后面拿钞票的结果不会改变或者影响前面每次拿钞票的结果,所以满足无后效性性质。

3. 动态规划求解问题的步骤

动态规划是求解优化问题的一种途径或者一种方法,不像回溯法那样具有一个标准的数学表达式和明确清晰的框架。动态规划对不同的问题有各种解题方法,不存在一种万能的动态规划算法可以解决各种优化问题。一般来说,动态规划算法的设计要经过以下几个步骤。

(1) 确定状态:动态规划状态指在多阶段决策过程中,为建立模型及便于计算,引入每个阶段的状态变量,它和问题的约束条件紧密关联。例如,在 0/1 背包问题(详细描述参见例 21-5)中,状态用 (i,r) 表示,其中 i 是当前物品的个数,r 是当前背包的容量。

（2）确定状态转移方程：每一种状态可以做出各种选择，这一步描述求解中各阶段的状态转移和指标函数的关系。在 0/1 背包问题中，若当前状态为 (i,r)，对应的最大价值为 $dp[i][r]$，考虑物品 $i-1$，有两种选择：

① 不选择物品 $i-1$，剩下的子问题是 $i-1$ 个物品、背包容量为 r，对应的状态为 $(i-1,r)$，则有 $dp[i][r]=dp[i-1][r]$。

② 选择物品 $i-1$，剩下的子问题是 $i-1$ 个物品、背包容量为 $r-w[i-1]$，对应的状态为 $(i-1,r-w[i-1])$，则有 $dp[i][r]=dp[i-1][r-w[i-1]]+v[i-1]$。

在这两种情况下取最大价值，则状态转移方程为 $dp[i][r]=\max(dp[i-1][r],dp[i-1][r-w[i-1]]+v[i-1])$。

（3）确定初始条件和边界情况：状态转移方程通常是一个递推式，初始条件通常指定递推的起点（类似递归模型中的递归出口，对应的子问题可以直接求解），在递推中需要考虑一些特殊情况，称为边界情况。在 0/1 背包问题中，初始条件是 $dp[0][r]=0(0{\leqslant}r{\leqslant}W)$，$dp[i][0]=0(0{\leqslant}i{\leqslant}n)$，表示没有物品时或者背包容量为 0 时选择的最大物品价值是 0。边界情况是考虑 $dp[i-1][r-w[i-1]]$ 数组中下标不能为负数，即保证 $r-w[i-1]{\geqslant}0$，或者说当 $r<w[i-1]$ 时表示物品 $i-1$ 放不下，此时有 $dp[i][r]=dp[i-1][r]$。

（4）确定计算顺序：也就是指定求 dp 元素的顺序，是顺序求解还是逆序求解。在 0/1 背包问题中，可以按 i 和 r 从小到大的顺序求解。

（5）消除冗余：如使用滚动数组进一步提高时空性能。在 0/1 背包问题中，可以使用滚动数组方式将二维数组 dp 降为一维数组。

实际上，当求解的问题符合最优子结构性质时就证明了状态转移方程的正确性，这样就可以从初始条件出发向后推导，使用穷举法求解状态转移方程，同时使用动态规划数组避免重叠子问题，所以简单地说"穷举＋状态覆盖＝动态规划"。

动态规划的时间复杂度为"状态的总数×求解每个状态值的时间"。在一般情况下，状态的总数是多项式级的，所以动态规划的时间复杂度通常是多项式级的（少数情况是伪多项式级的）。

常见的动态规划有坐标型动态规划、序列型动态规划、划分型动态规划、匹配型动态规划、背包型动态规划、树型动态规划和区间型动态规划。这里的分类不是绝对的，也没有涵盖所有的类型，仅是为了讨论方便而划分的，下面分别介绍上述 7 种动态规划类型的应用的算法设计。另外，Floyd（弗洛伊德）算法是一种求多源最短路径的动态规划算法，本章最后一节介绍其基本应用。

21.2　坐标型动态规划

21.2.1　什么是坐标型动态规划

顾名思义，坐标型动态规划与坐标位置有很大的关系。它的状态划分与维数有关，在一般情况下，一维坐标系用一维动态规划数组表示状态信息，二维坐标系用二维动态规划数组表示状态信息，以此类推。这里以二维坐标系为例，设计二维动态规划数组 dp，其中 $dp[i][j]$

的值代表位置(i,j)的最值或者计数,根据问题描述确定 $dp[i][j]$ 与其他元素(如 $dp[i-1][j]$ 和 $dp[i][j-1]$)之间的关系,从而得到状态转移方程。在求 dp 时,i 和 j 的枚举顺序应该与问题要求的路径或者方向一致。

下面通过一个示例说明求解坐标型动态规划问题的过程。

 例 21-1

使用最小花费爬楼梯(LeetCode746★)。给定一个整数数组 cost,其中 $cost[i]$ 是从楼梯的第 i 个台阶向上爬需要支付的费用。一旦支付此费用,即可选择向上爬一个或者两个台阶。可以选择从下标为 0 或下标为 1 的台阶开始爬楼梯。请计算并返回到达楼梯顶部的最小花费。

例如,cost=[10,15,20],答案为 15,即从下标为 1 的台阶开始,支付 15 元,向上爬两个台阶到达楼梯顶部。

【限制】 $2 \leqslant cost.length \leqslant 1000, 0 \leqslant cost[i] \leqslant 999$。

解:(1)确定状态:n 个台阶的坐标为 0 到 $n-1$,约定楼层顶部对应坐标 n,本问题是求到达坐标 n 的最小花费,所以用单个变量 n 表示状态。

(2)确定状态转移方程:由于状态变量为 n,所以设计一维动态规划数组 $dp[n+1]$ 存放状态值,其中 $dp[i]$ 表示到达台阶 i 的最小花费。现在求 $dp[i]$($2 \leqslant i \leqslant n$),到达台阶 i 有两种方法:

① 从台阶 $i-1$ 使用 $cost[i-1]$ 的花费到达台阶 i,此时花费为 $dp[i-1]+cost[i-1]$。

② 从台阶 $i-2$ 使用 $cost[i-2]$ 的花费到达台阶 i,此时花费为 $dp[i-2]+cost[i-2]$。

两种情况取最小值,所以有 $dp[i]=\min(dp[i-1]+cost[i-1], dp[i-2]+cost[i-2])$,该式即为状态转移方程。

(3)确定初始条件和边界情况:由于可以选择台阶 0 或 1 作为初始台阶,所以有 $dp[0]=dp[1]=0$,它是初始条件,这里不必考虑边界情况。

(4)确定计算顺序:这里按 i 从 2 到 n 的顺序求 dp 数组。在求出 dp 数组后,其中 $dp[n]$ 就是到达楼层顶部的最小花费,返回该元素即可。对应的算法如下。

C++:

```
1   class Solution {
2   public:
3       int minCostClimbingStairs(vector<int>& cost) {
4           int n=cost.size();
5           vector<int> dp=vector<int>(n+1);
6           dp[0]=dp[1]=0;
7           for(int i=2;i<=n;i++)
8               dp[i]=min(dp[i-1]+cost[i-1],dp[i-2]+cost[i-2]);
9           return dp[n];
10      }
11  };
```

提交运行:

结果:通过;时间:4ms;空间:13.59MB

```
1   class Solution:
2       def minCostClimbingStairs(self, cost: List[int]) -> int:
3           n=len(cost)
4           dp=[0] * (n+1)
5           dp[0]=dp[1]=0
6           for i in range(2,n+1):
7               dp[i]=min(dp[i-1]+cost[i-1],dp[i-2]+cost[i-2])
8           return dp[n]
```

提交运行：

结果：通过；时间：40ms；空间：15.73MB

（5）消除冗余：由于这里 dp[i] 仅与 dp[$i-1$] 和 dp[$i-2$] 相关，使用滚动数组方式，将 dp[$n+1$] 降为 dp[3]，即原 dp[i] 用 dp[$i\%3$] 存储。对应的算法如下。

C++：

```
1   class Solution {
2   public:
3       int minCostClimbingStairs(vector < int > & cost) {
4           int n=cost.size();
5           vector < int > dp=vector < int >(3);
6           dp[0]=dp[1]=0;
7           for(int i=2;i<=n;i++)
8               dp[i%3]=min(dp[(i-1)%3]+cost[i-1],dp[(i-2)%3]+cost[i-2]);
9           return dp[n%3];
10      }
11  };
```

提交运行：

结果：通过；时间：4ms；空间：13.35MB

Python：

```
1   class Solution:
2       def minCostClimbingStairs(self, cost: List[int]) -> int:
3           n=len(cost)
4           dp=[0] * 3
5           dp[0]=dp[1]=0
6           for i in range(2,n+1):
7               dp[i%3]=min(dp[(i-1)%3]+cost[i-1],dp[(i-2)%3]+cost[i-2])
8           return dp[n%3]
```

提交运行：

结果：通过；时间：40ms；空间：15.64MB

21.2.2　LeetCode62——不同路径★★

【问题描述】　一个机器人位于一个 $m \times n$ 网格的左上角（在网格中标记为"Start"）。机器人每次只能向下或者向右移动一步。机器人试图到达网格的右下角（在网格中标记为"Finish"）。求共有多少条不同的路径。

例如，$m=3$，$n=2$，答案为 3，对应的网格如图 21.1 所示，从左上角开始，共有 3 条路径可以到达右下角，分别是向右→向右→向下，向右→向下→向右，向下→向右→向右。

图 21.1 一个 3×2 的网格

【限制】 $1 \leqslant m, n \leqslant 100$，题目数据保证答案小于或等于 2×10^9。

【解题思路】 二维动态规划数组。设计二维动态规划数组 $dp[m][n]$，其中 $dp[i][j]$ 表示从左上角 $(0,0)$ 位置出发到达 (i, j) 位置的不同路径的条数。对于 (i,j) 位置，按题目中规定的移动方式到达该位置的路径上有两个前驱位置，如图 21.2 所示，即 $dp[i][j] = dp[i-1][j] + dp[i][j-1]$。

首先初始化 dp 的所有元素为 0。在一般情况下，到达 (i,j) 位置有两条路径，但对于第 0 行和第 0 列的位置，从 $(0,0)$ 到达这些位置只有一条路径，为此置 $dp[i][0] = 0 (0 \leqslant i < m), dp[0][j] = 0 (0 \leqslant j < n)$。

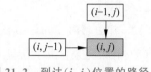

图 21.2 到达 (i,j) 位置的路径上有两个前驱位置

然后按问题的规模从小到大求解各个子问题，即 i 从 1 到 $m-1$ 循环，j 从 1 到 $n-1$ 循环。在求出 dp 数组后，$dp[m-1][n-1]$ 就是从左上角 $(0,0)$ 位置出发到达右下角位置的不同路径的条数，返回该元素即可。对应的算法如下。

C++：

```cpp
1   class Solution {
2   public:
3       int uniquePaths(int m, int n){
4           vector<vector<int>> dp = vector<vector<int>>(m, vector<int>(n, 0));
5           for(int i=0;i<m;i++) dp[i][0]=1;          //初始化第0列
6           for(int j=0;j<n;j++) dp[0][j]=1;          //初始化第0行
7           for(int i=1;i<m;i++) {
8               for(int j=1;j<n;j++)
9                   dp[i][j]=dp[i-1][j]+dp[i][j-1];
10          }
11          return dp[m-1][n-1];
12      }
13  };
```

提交运行：

结果：通过；时间：0ms；空间：6.64MB

Python：

```python
1   class Solution:
2       def uniquePaths(self, m: int, n: int) -> int:
3           dp=[[0 for _ in range(0,n)] for _ in range(0,m)]
4           for i in range(0,m): dp[i][0]=1           #初始化第0列
5           for j in range(0,n):dp[0][j]=1            #初始化第0行
6           for i in range(1,m):
7               for j in range(1,n):
8                   dp[i][j]=dp[i-1][j]+dp[i][j-1]
9           return dp[m-1][n-1]
```

提交运行：

结果：通过；时间：40ms；空间：15.54MB

21.2.3 LeetCode63——不同路径 II ★★

【问题描述】 一个机器人位于一个 $m \times n$ 网格的左上角(在网格中标记为"Start")。机器人每次只能向下或者向右移动一步。机器人试图到达网格的右下角(在网格中标记为"Finish")。求共有多少条不同的路径。现在考虑网格中有障碍物,网格中的障碍物和空位置分别用 1 和 0 来表示。

例如,obstacleGrid=[[0,0,0],[0,1,0],[0,0,0]],答案为2。这里 3×3 网格如图 21.3 所示,正中间有一个障碍物。从左上角到右下角共有两条不同的路径,分别是向右→向右→向下→向下,向下→向下→向右→向右。

扫一扫

源程序

图 21.3 一个 3×3 的网格

【限制】 $m =$ obstacleGrid. length,$n =$ obstacleGrid[i]. length,也就是给定一个 $m \times n$ 网格 obstacleGrid,$1 \leqslant m, n \leqslant 100$,obstacleGrid[i][j] 为 0 或 1。

【解题思路】 二维动态规划数组。与 21.2.2 节中的解法类似,修改如下:

(1) 从(0,0)到第 0 列中连续的空位置的路径数为 1。

(2) 从(0,0)到第 0 行中连续的空位置的路径数为 1。

(3) 其他位置仅加上 obstacleGrid[i][j]=0 的条件即跳过障碍物。

在求出 dp 数组后,返回 dp[m-1][n-1] 即可。

21.2.4 LeetCode64——最小路径和 ★★

【问题描述】 给定一个包含非负整数的 $m \times n$ 网格 grid,请找出一条从左上角到右下角的路径,使得路径上的数字总和最小。每次只能向下或者向右移动一步。

例如,grid=[[1,3,1],[1,5,1],[4,2,1]],答案为7,对应的网格如图 21.4 所示,路径 1→3→1→1→1 的总和最小。

图 21.4 一个 3×3 的网格

【限制】 $m =$ grid. length,$n =$ grid[i]. length,$1 \leqslant m, n \leqslant 200$,$0 \leqslant$ grid[i][j] $\leqslant 100$。

【解题思路】 二维动态规划数组。对于位置 (i,j),向下移动一格对应的位置是 $(i-1,j)$,向右移动一格对应的位置是 $(i,j+1)$。设置一个二维动态规划数组 dp[m][n],其中 dp[i][j] 表示到达位置 (i,j) 的路径的最小数字和,对应的状态转移方程如下:

扫一扫

源程序

dp[0][0]=grid[0][0]   起始位置:边界条件①
dp[i][0]=dp[i-1][0]+grid[i][0]   第 0 列的情况:边界条件②
dp[0][j]=dp[0][j-1]+grid[0][j]   第 0 行的情况:边界条件③
dp[i][j]=min(dp[i-1][j],dp[i][j-1])+grid[i][j] 其他行/列的情况

在求出 dp 数组后,dp[m-1][n-1] 就是到达右下角 $(m-1,n-1)$ 的路径的最小数字和。

21.2.5 LeetCode1289——下降路径最小和 II ★★★

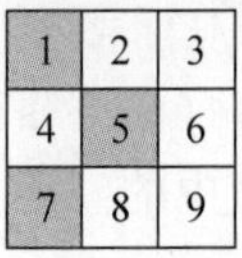

1	2	3
4	5	6
7	8	9

图 21.5 一个 grid 和一条非零
偏移下降路径

【问题描述】 给定一个 $n \times n$ 的整数矩阵 grid,请返回非零偏移下降路径数字和的最小值。非零偏移下降路径定义为从 grid 数组中的每一行选择一个数字,且按顺序选出来的数字中相邻数字不在原数组的同一列。

例如,grid=[[1,2,3],[4,5,6],[7,8,9]],如图 21.5 所示,答案为 13,所有非零偏移下降路径如下:

[1,5,9],[1,5,7],[1,6,7],[1,6,8],　　//以 1 开头
[2,4,8],[2,4,9],[2,6,7],[2,6,8],　　//以 2 开头
[3,4,8],[3,4,9],[3,5,7],[3,5,9]　　//以 3 开头

其中下降路径中数字和最小的是[1,5,7],所以答案是 $1+5+7=13$。

【限制】 $n=$ grid. length $=$ grid[i]. length, $1 \leqslant n \leqslant 200, -99 \leqslant$ grid[i][j] $\leqslant 99$。

【解题思路】 二维动态规划数组。设置二维动态规划数组 dp[n][n],其中 dp[i][j] 表示从第 0 行到达位置 (i,j) 的非零偏移下降路径数字和的最小值。初始化所有的元素为 0。

对于第 0 行的每一个位置都可能是一条非零偏移下降路径的起始位置,所以置 dp[0][j]=grid[0][j]($0 \leqslant j < n$)。

对于其他位置 (i,j),非零偏移下降路径中的前驱位置是 $(i-1,k)$,只要满足 $0 \leqslant j, k < n$ 并且 $k \neq j$ 即可,如图 21.6 所示。对应的状态转移方程如下:

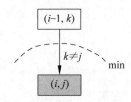

图 21.6 到达位置 (i,j)
的多条路径

dp[0][j]=grid[0][j]　　　　　　　　第 0 行:边界条件

$$dp[i][j]= \min_{0 \leqslant k < n \text{且} k \neq j} \{dp[i-1][k]\}+grid[i][j] \quad \text{其他行}$$

在求出 dp 数组后,第 $n-1$ 行中值最小的元素就是答案。

对应的算法如下。

C++:

```
1    class Solution {
2        const int INF=0x3f3f3f3f;
3    public:
4        int minFallingPathSum(vector < vector < int >> & grid) {
5            int n=grid. size();
6            vector < vector < int >> dp=vector < vector < int >>(n,vector < int >(n,0));
7            for(int j=0;j<n;j++) dp[0][j]=grid[0][j];       //第 0 行:边界条件
8            for(int i=1;i<n;i++) {                          //考虑第 i 行
9                for(int j=0;j<n;j++) {                      //考虑第 i 行的第 j 列
10                   int tmp=INF;
11                   for(int k=0;k<n;k++) {                  //考虑第 i-1 行的第 k 列
12                       if(k!=j) tmp=min(tmp,dp[i-1][k]);
13                   }
14                   dp[i][j]=grid[i][j]+tmp;
15               }
16           }
17           int ans=dp[n-1][0];                            //求 dp[n-1] 中的最小值
18           for(int j=1;j<n;j++)
```

```
19              ans＝min(ans,dp[n−1][j]);
20          return ans;
21      }
22  };
```

提交运行：

结果：通过；时间：216ms；空间：15.47MB

🖳 **Python**：

```
1  class Solution:
2      def minFallingPathSum(self, grid: List[List[int]]) -> int:
3          INF＝0x3f3f3f3f
4          n＝len(grid)
5          dp＝[[0 for _ in range(0,n)] for _ in range(0,n)]
6          for j in range(0,n): dp[0][j]＝grid[0][j]    ＃第 0 行:边界条件
7          for i in range(1,n):                         ＃考虑第 i 行
8              for j in range(0,n):                     ＃考虑第 i 行的第 j 列
9                  tmp＝INF
10                 for k in range(0,n):                 ＃考虑第 i−1 行的第 k 列
11                     if k!＝j:tmp＝min(tmp,dp[i−1][k])
12                 dp[i][j]＝grid[i][j]＋tmp
13         return min(dp[n−1])                          ＃返回 dp[n−1]中的最小值
```

提交运行：

结果：通过；时间：5192ms；空间：18.83MB

21.2.6　LeetCode329——矩阵中的最长递增路径★★★

【问题描述】　给定一个整数矩阵 matrix,找出最长递增路径的长度。对于每个单元格,可以往上、下、左、右 4 个方向移动,不能在对角线方向上移动或移动到边界外(即不允许环绕)。

例如,matrix＝[[9,9,4],[6,6,8],[2,1,1]],输出为 4,一条对应的最长递增路径为 [1,2,6,9],如图 21.7 所示。

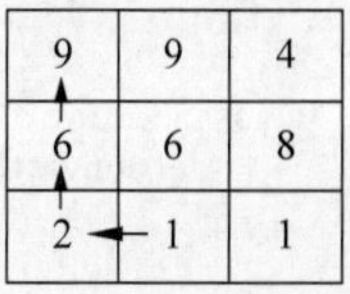

【限　制】　$m＝matrix.length, n＝matrix[i].length, 1\leqslant$
$m,n\leqslant 200, 0\leqslant matrix[i][j]\leqslant 2^{31}−1$。

9	9	4
6	6	8
2	1	1

图 21.7　一条最长递增路径

【解法 1】　备忘录(即记忆化搜索)方法(自顶向下)。用 g 表示 matrix 数组,用 $f(x,y)$ 表示从 (x,y) 出发的最长递增路径的长度,用 $N(x,y)$ 表示 (x,y)位置的有效相邻位置集,则对应的递归模型如下：

$$f(x,y)＝1$$
$$f(x,y)＝\max_{(nx,ny)\in N(x,y)}\{f(nx,ny)\}＋1$$
$$且\ g[x][y]\geqslant g[nx][ny]$$

答案 maxans 就是所有 $f(x,y)$的最大值。使用直接递归算法出现超时,使用备忘录方法,即设计二维动态规划数组 dp,用 dp[x][y]存放 $f(x,y)$的值,以避免重叠子问题的重复计算。对应的算法如下。

🖳 **C++**：

```
1  class Solution {
2      int dx[4]＝{0,0,1,−1};           //水平方向上的偏移量
3      int dy[4]＝{1,−1,0,0};           //垂直方向上的偏移量
```

```
4          vector < vector < int >> dp;
5      public:
6          int longestIncreasingPath(vector < vector < int >> & matrix) {
7              int m=matrix.size(),n=matrix[0].size();        //行/列数
8              dp=vector < vector < int >>(m,vector < int >(n,0));
9              int maxans=0;
10             for(int i=0;i < m;i++) {
11                 for(int j=0;j < n;j++) {
12                     int tmp=dfs(matrix,m,n,i,j);
13                     if(tmp > maxans) maxans=tmp;
14                 }
15             }
16             return maxans;
17         }
18         int dfs(vector < vector < int >> & matrix,int m,int n,int x,int y) {
19             if(dp[x][y]!=0) return dp[x][y];
20             dp[x][y]=1;
21             int maxlen=0;
22             for(int di=0;di < 4;di++) {
23                 int nx=x+dx[di];
24                 int ny=y+dy[di];
25                 if(nx < 0 || nx >=m || ny < 0 || ny >=n) continue;
26                 if(matrix[nx][ny]<=matrix[x][y]) continue;
27                 int tmp=dfs(matrix,m,n,nx,ny);
28                 if(tmp > maxlen) maxlen=tmp;;
29             }
30             dp[x][y]+=maxlen;
31             return dp[x][y];
32         }
33     };
```

提交运行：

结果：通过；时间：40ms；空间：15.74MB

Python：

```
1    class Solution:
2        def longestIncreasingPath(self, matrix):
3            self.dx=[0,0,1,-1]                          # 水平方向上的偏移量
4            self.dy=[1,-1,0,0]                          # 垂直方向上的偏移量
5            m,n=len(matrix),len(matrix[0])
6            self.dp=[[0 for _ in range(n)] for _ in range(m)]
7            maxans=0
8            for i in range(0,m):
9                for j in range(0,n):
10                   tmp=self.dfs(matrix,m,n,i,j)
11                   if tmp > maxans:maxans=tmp
12           return maxans

13       def dfs(self,matrix,m,n,x,y):
14           if self.dp[x][y]!=0:return self.dp[x][y]
15           self.dp[x][y]=1
16           maxlen=0
17           for di in range(0,4):
18               nx,ny=x+self.dx[di],y+self.dy[di]
19               if nx < 0 or nx >=m or ny < 0 or ny >=n:continue
20               if matrix[nx][ny]<=matrix[x][y]:continue
21               tmp=self.dfs(matrix,m,n,nx,ny)
22               if tmp > maxlen:maxlen=tmp
23           self.dp[x][y]+=maxlen
24           return self.dp[x][y]
```

提交运行：

结果：通过；时间：228ms；空间：18.61MB

【解法2】　动态规划方法（自底向上）。设计二维动态规划数组 dp，其中 dp[x][y] 为从 matrix[x][y] 出发的最长递增路径的长度，显然 matrix[x][y] 至少为 1，找到它的上、下、左、右相邻有效位置 (nx, ny)，若 matrix[nx][ny] > matrix[x][y] 并且 dp[nx][ny] ≤ dp[x][y]，则置 dp[nx][ny] = dp[x][y]+1，相当于在以 matrix[x][y] 结尾的递增路径的末尾加上 matrix[nx][ny] 构成更长的递增路径。对于每个位置，重复上述过程，直到没有 dp 元素更新为止。

在求出 dp 数组后，其中最大的元素就是答案。对应的算法如下。

C++：

```cpp
class Solution {
    int dx[4]={0,0,1,-1};                //水平方向上的偏移量
    int dy[4]={1,-1,0,0};                //垂直方向上的偏移量
public:
    int longestIncreasingPath(vector<vector<int>> & matrix) {
        int m=matrix.size(),n=matrix[0].size();
        vector<vector<int>> dp(m,vector<int>(n,1));
        int ans=1;
        bool update=true;
        while(update) {                  //循环，直到没有更新为止
            update=false;
            for(int x=0;x<m;x++) {
                for(int y=0;y<n;y++) {
                    for(int di=0;di<4;di++) {
                        int nx=x+dx[di],ny=y+dy[di];
                        if(nx<0 || nx>=m || ny<0 || ny>=n) continue;
                        if(matrix[nx][ny]<=matrix[x][y]) continue;
                        if(dp[nx][ny]>dp[x][y]) continue;
                        dp[nx][ny]=dp[x][y]+1;
                        ans=max(ans,dp[nx][ny]);
                        update=true;
                    }
                }
            }
        }
        return ans;
    }
};
```

提交运行：

结果：通过；时间：320ms；空间：15.58MB

为了提高性能，将 matrix 中的元素按元素值递增排序并且存放在 sa 数组中，然后对 sa 数组做动态规划，这样就省去了最外层的 while 循环。对应的算法如下。

C++：

```cpp
struct Point {
    int d;
    int x,y;
    Point(int d1,int x1,int y1) {
        d=d1;
        x=x1;y=y1;
    }
```

```cpp
 8          bool operator <(const Point& s) const {
 9              return d < s.d;              //用于按 d 值递增排序
10          }
11   };

12   class Solution {
13       int dx[4]={0,0,1,-1};           //水平方向上的偏移量
14       int dy[4]={1,-1,0,0};           //垂直方向上的偏移量
15   public:
16       int longestIncreasingPath(vector < vector < int >> & matrix) {
17           int m=matrix.size(),n=matrix[0].size();
18           vector < vector < int >> dp(m,vector < int >(n,1));
19           vector < Point > sa;
20           for(int i=0;i<m;i++) {
21               for(int j=0;j<n;j++)
22                   sa.push_back(Point(matrix[i][j],i,j));
23           }
24           sort(sa.begin(),sa.end());
25           int ans=1;                   //至少为 1
26           for(int i=0;i<m*n;i++) {
27               int x=sa[i].x,y=sa[i].y;
28               for(int di=0;di<4;di++){
29                   int nx=x+dx[di],ny=y+dy[di];
30                   if(nx<0 || nx>=m || ny<0 || ny>=n) continue;
31                   if(matrix[nx][ny]<=matrix[x][y]) continue;
32                   if(dp[nx][ny]>dp[x][y]) continue;
33                   dp[nx][ny]=dp[x][y]+1;
34                   ans=max(ans,dp[nx][ny]);
35               }
36           }
37           return ans;
38       }
39   };
```

提交运行:

结果:通过;时间:60ms;空间:20.66MB

Python:

```python
 1   class Solution:
 2       def longestIncreasingPath(self, matrix):
 3           dx=[0,0,1,-1]                #水平方向上的偏移量
 4           dy=[1,-1,0,0]                #垂直方向上的偏移量
 5           m,n=len(matrix),len(matrix[0])
 6           dp=[[1 for _ in range(n)] for _ in range(m)]
 7           sa=[]
 8           for i in range(0,m):
 9               for j in range(0,n):
10                   sa.append([matrix[i][j],i,j])
11           sa.sort(key=lambda x:x[0])
12           ans=1                        #至少为 1
13           for i in range(0,m*n):
14               x,y=sa[i][1],sa[i][2]
15               for di in range(0,4):
16                   nx,ny=x+dx[di],y+dy[di]
17                   if nx<0 or nx>=m or ny<0 or ny>=n:continue
18                   if matrix[nx][ny]<=matrix[x][y]:continue
19                   if dp[nx][ny]>dp[x][y]:continue
20                   dp[nx][ny]=dp[x][y]+1
21                   ans=max(ans,dp[nx][ny])
22           return ans
```

提交运行:

结果:通过;时间:212ms;空间:17.82MB

21.2.7　LeetCode174——地下城游戏★★★

【问题描述】　恶魔们抓了公主并将她关在地下城 dungeon 的右下角,地下城是由 $m \times n$ 个房间组成的二维网格。英勇的骑士最初被安置在左上角的房间里,他必须穿过地下城并通过对抗恶魔来拯救公主。骑士的初始健康点数为一个正整数,如果他的健康点数在某一时刻降至 0 或以下,他会立即死亡。有些房间由恶魔守卫,因此骑士在进入这些房间时会失去健康点数(若房间里的值为负整数,则表示骑士将损失健康点数),其他房间要么是空的(房间里的值为 0),要么包含增加骑士健康点数的魔法球(若房间里的值为正整数,则表示骑士将增加健康点数)。为了尽快解救公主,骑士决定每次只向右或向下移动一步。请返回确保骑士能够拯救到公主所需的最少初始健康点数。

注意,任何房间都可能对骑士的健康点数造成威胁,也可能增加骑士的健康点数,包括骑士进入的左上角房间以及公主被关的右下角房间。

例如,dungeon=[[-2,-3,3],[-5,-10,1],[10,30,-5]],答案为 7,对应的最佳路径是右→右→下→下,则骑士的初始健康点数至少为 7,如图 21.8 所示。

图 21.8　一条最佳路径

【限制】　$m=$ dungeon. length,$n=$ dungeon$[i]$. length,$1 \leqslant m, n \leqslant 200, -1000 \leqslant$ dungeon$[i][j] \leqslant 1000$。

扫一扫

源程序

【解题思路】　二维动态规划数组。本问题就是给定一个初始值 x,从 $(0,0)$ 出发走到 $(m-1,n-1)$(只能向右或者向下移动),在走到位置 (i,j) 时累计其 dungeon$[i][j]$ 值,用 $c_{i,j}$ 表示,求最小并且使得 $c_{i,j} \geqslant 1$ 的 x。

可以通过枚举 x 求满足条件的最小 x,但这样时间花费大。不妨改为从终点 $(m-1, n-1)$ 向出发点 $(0,0)$ 反推,路径从终点 $(m-1,n-1)$ 出来时的最小值为 1。在反推时位置 (i,j) 的两个前驱位置如图 21.9 所示。

设置二维动态规划数组 dp,其中 dp$[i][j]$ 表示从 (i,j) 到终点 $(m-1,n-1)$ 所需的最小初始值。换句话说,当到达位置 (i,j) 时,如果此时的路径和不小于 dp$[i][j]$ 就能到达终点。

对于位置 (i,j),先求出 dp$[i][j+1]$ 和 dp$[i+1][j]$ 中的最小值 minn,即置 mind$=$min(dp$[i+1][j]$,dp$[i][j+1]$),累计到达 (i,j) 位置之和 $c_{i,j}=$mind$-$dungeon$[i][j]$,这里必须保证 dp$[i][j]$ 至少为 1,所以置 dp$[i][j]=$max$(c_{i,j},1)$。

由于 dp$[m-1][n-1]$ 的初始值至少为 1,所以首先置 dp$[m][n-1]=$dp$[m-1][n]=1$。例如,题目中的样例,求出的 dp 数组如图 21.10 所示。

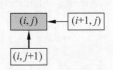

7	5	2	∞
6	11	5	∞
1	1	6	1
∞	∞	1	∞

图 21.9　到达 (i,j) 位置有两个前驱位置　　图 21.10　求出的 dp 数组及其一条最佳路径

在求出 dp 数组后,最终答案即为 dp[0][0]。

21.3　序列型动态规划

21.3.1　什么是序列型动态规划

序列型动态规划问题指给定若干固定的序列,要求求出某一个最值或者计数等。与坐标型动态规划的最大不同在于,序列型动态规划对于第 i 个位置的状态分析,它不仅需要考虑当前位置的状态,还需要考虑前面 $i-1$ 个位置的状态。如果给定一个固定的序列,称为单序列动态规划;如果给定两个固定的序列,称为双序列动态规划;以此类推。

下面通过一个示例说明求解序列型动态规划问题的过程。

 例 21-2

小美是团队的负责人,需要为团队制定工作计划来帮助团队产生最大的价值。每周团队都会有两项候选的任务,其中一项为简单任务,另一项为复杂任务,两项任务都能在一周内完成。在第 i 周,团队完成简单任务的价值为 low_i,完成复杂任务的价值为 $high_i$。由于复杂任务本身的技术难度较高,如果团队在第 i 周选择执行复杂任务,需要在 $i-1$ 周不做任何任务来专心准备。如果团队在第 i 周选择执行简单任务,不需要提前做任何准备。现在小美的团队收到了未来 n 周的候选任务列表,请帮助小美确定每周的工作安排使得团队的工作价值最大。

例如,low=[4,2,3,7],high=[3,5,6,9],答案为 17,工作安排是在第一周的时候挑选简单任务,价值为 4;在第二周做准备;第三周挑选复杂任务,价值为 4+6=10;在第四周挑选简单任务,价值为 10+7=17。

解:设计一维动态规划数组 dp[n+1],其中 dp[i] 表示安排前 i 周的任务所能获得的最大价值。初始化所有元素为 0。显然 dp[1]=low[0],因为第一周只能安排简单任务 low[0]。现在求其他 dp[i]($i>1$),对于当前第 $i-1$ 周,分为两种情况,如图 21.11 所示。

① 第 $i-1$ 周安排简单任务,则有 dp[i]=dp[i-1]+low[i-1]。

② 第 $i-1$ 周安排复杂任务,则第 $i-1$ 周不做任何任务,则有 dp[i]=dp[i-2]+high[i-1]。

合并起来,dp[i]=max(dp[i-1]+low[i-1],dp[i-2]+high[i-1])。

① dp[i]=dp[i-1]+low[i-1]

周编号　0　1　…　$i-3$　$i-2$　$i-1$

② dp[i]=dp[i-2]+high[i-1]

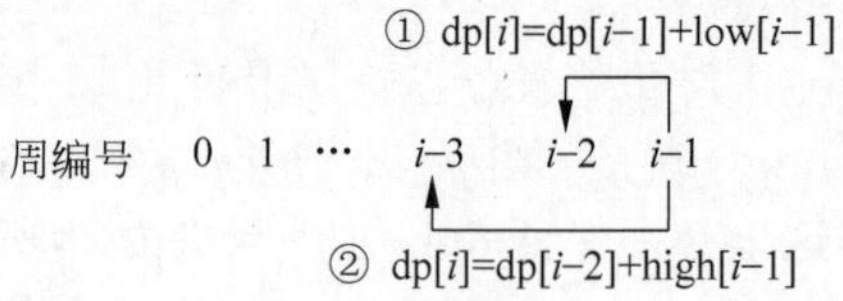

图 21.11　第 $i-1$ 周安排工作的两种情况

在求出 dp 数组后,dp[n] 就是 n 周安排的最大价值,即答案。对应的算法如下。

C++:

```cpp
1  class Solution {
2  public:
3      int workPlan(vector<int> &low, vector<int> &high) {
4          int n = low.size();
```

```
5          vector<int> dp(n+1,0);
6          dp[1]=low[0];
7          for(int i=2;i<=n;i++)
8              dp[i]=max(dp[i-1]+low[i-1],dp[i-2]+high[i-1]);
9          return dp[n];
10     }
11 };
```

21.3.2 LeetCode300——最长递增子序列★★

【问题描述】 给定一个整数数组 nums,找到其中最长递增子序列的长度。该子序列是由数组派生而来的序列,删除(或不删除)数组中的元素不改变其余元素的顺序。

例如,nums=[10,9,2,5,3,7,101,18],答案为 4,其中最长递增子序列是[2,3,7,101]。

【解题思路】 一维动态规划数组。用 a 表示 nums 数组,设计一个一维动态规划数组 $dp[n]$,其中 $dp[i]$ 表示以 $a[i]$ 结尾的最长递增子序列的长度。现在求 $dp[i]$,先置 $dp[i]=1$,表示仅包含 $a[i]$ 的最长递增子序列的长度为 1。对于 $j \in [0, i-1]$,若 $a[i] > a[j]$,则置 $dp[i]=dp[j]+1$,如图 21.12 所示,因为以 $a[j]$ 结尾的最长递增子序列加上 $a[i]$ 得到一个更长的最长递增子序列,所以有 $dp[i]=\max\limits_{0 \leqslant j < i}\{dp[j]+1\}$。

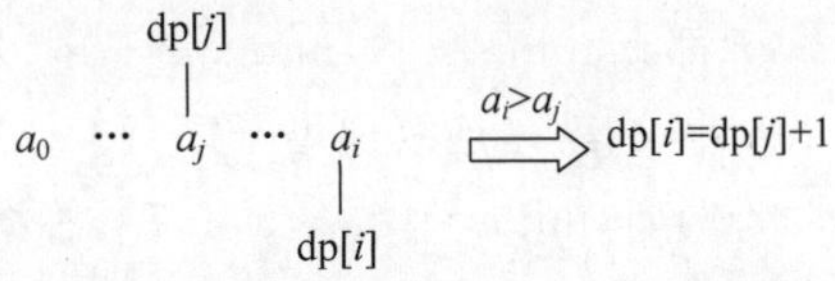

$$dp[j]$$
$$a_0 \cdots a_j \cdots a_i \quad \xrightarrow{a_i > a_j} \quad dp[i]=dp[j]+1$$
$$dp[i]$$

图 21.12 求 $dp[i]$

在求出 dp 数组后,其中最大元素即为答案。

对应的算法如下。

C++:

```cpp
1  class Solution {
2  public:
3      int lengthOfLIS(vector<int>& nums) {
4          int n=nums.size();
5          vector<int> dp=vector<int>(n);
6          int ans=0;
7          for(int i=0;i<n;i++) {
8              dp[i]=1;
9              for(int j=0;j<i;j++) {
10                 if(nums[i]>nums[j])
11                     dp[i]=max(dp[i],dp[j]+1);
12             }
13             ans=max(ans,dp[i]);
14         }
15         return ans;
16     }
17 };
```

提交运行:

结果:通过;时间:252ms;空间:10.52MB

Python:

```python
1  class Solution:
2      def lengthOfLIS(self, nums: List[int]) -> int:
3          n=len(nums)
```

```
4          dp=[0] * n
5          ans=0
6          for i in range(0,n):
7              dp[i]=1
8              for j in range(0,i):
9                  if nums[i]>nums[j]:
10                     dp[i]=max(dp[i],dp[j]+1)
11             ans=max(ans,dp[i])
12         return ans
```

提交运行：

结果：通过；时间：2592ms；空间：15.98MB

21.3.3　LeetCode674——最长连续递增子序列★

【问题描述】　给定一个未经排序的整数数组 nums，找到最长且连续递增子序列，并返回该序列的长度。连续递增子序列可以由两个下标 l 和 $r(l<r)$ 确定，如果对于每个 $l \leqslant i<r$ 都有 nums$[i]<$nums$[i+1]$，那么子序列[nums$[l]$,nums$[l+1]$,…,nums$[r-1]$,nums$[r]$]就是连续递增子序列。

例如，nums=[1,3,5,4,7]，答案为3，最长连续递增子序列是[1,3,5]。

【限制】　$1 \leqslant$ nums. length$\leqslant 10^4$，$-10^9 \leqslant$ nums$[i] \leqslant 10^9$。

【解题思路】　一维动态规划数组。与21.3.2节类似，只是要求这里的子序列是连续的。设计动态规划数组 dp$[n]$，其中 dp$[i]$ 表示以 nums$[i]$ 结尾的最长连续递增子序列的长度。现在求 dp$[i]$$(i>0)$，先置 dp$[i]=1$，表示仅包含 nums$[i]$ 的最长连续递增子序列的长度为1，若 nums$[i]>$nums$[i-1]$，则置 dp$[i]=$max(dp$[i]$,dp$[j]+1$)或者 dp$[i]=$dp$[j]+1$（因为此时一定有 dp$[j]+1>1$）。

在求出 dp 数组后，其中最大元素即为答案。对应的算法如下。

C++：

```cpp
1   class Solution {
2   public:
3       int findLengthOfLCIS(vector < int > & nums) {
4           int n=nums. size();
5           auto dp=vector < int >(n);
6           dp[0]=1;
7           int ans=dp[0];
8           for(int i=1;i < n;i++) {
9               dp[i]=1;
10              if(nums[i] > nums[i−1])
11                  dp[i]=max(dp[i],dp[i−1]+1);
12              ans=max(ans,dp[i]);
13          }
14          return ans;
15      }
16  };
```

提交运行：

结果：通过；时间：8ms；空间：10.95MB

Python：

```
1    class Solution:
2        def findLengthOfLCIS(self, nums: List[int]) -> int:
3            n=len(nums)
4            dp=[0] * n
5            dp[0]=1
6            ans=dp[0]
7            for i in range(1,n):
8                dp[i]=1
9                if nums[i]>nums[i-1]:
10                   dp[i]=max(dp[i],dp[i-1]+1)
11               ans=max(ans,dp[i])
12           return ans
```

提交运行：

结果：通过；时间：56ms；空间：16.78MB

21.3.4　LeetCode2393——严格递增的子数组的个数★★

【问题描述】　给定一个由正整数组成的数组 nums，返回严格递增的 nums 子数组的数目。子数组是数组的一部分，且是连续的。

例如，nums=[1,3,5,4,4,6]，答案为10，所有严格递增的子数组如下。

(1) 长度为 1 的子数组：[1]、[3]、[5]、[4]、[4]、[6]。

(2) 长度为 2 的子数组：[1,3]、[3,5]、[4,6]。

(3) 长度为 3 的子数组：[1,3,5]。

子数组的总数为6+3+1=10。

【限制】　$1 \leqslant$ nums.length $\leqslant 10^5$，$1 \leqslant$ nums$[i] \leqslant 10^6$。

【解题思路】　一维动态规划数组。思路与21.3.2节类似，在求出 dp 数组后，其中所有元素之和即为答案。

扫一扫

源程序

21.3.5　LeetCode491——递增子序列★★

【问题描述】　给定一个整数数组 nums，找出并返回该数组中所有不同的递增子序列，在递增子序列中至少有两个元素。可以按任意顺序返回答案。在数组中可能含有重复元素，如果出现两个整数相等，也可以视作递增序列的一种特殊情况。

例如，nums=[4,6,7,7]，答案为[[4,6],[4,6,7],[4,6,7,7],[4,7],[4,7,7],[6,7],[6,7,7],[7,7]]。

【限制】　$1 \leqslant$ nums.length $\leqslant 15$，$-100 \leqslant$ nums$[i] \leqslant 100$。

【解题思路】　一维动态规划数组。除了设计与21.3.2节相同的一维动态规划数组 dp 外，还设计一个 cnt 数组，cnt$[i]$表示以 nums$[i]$结尾的最长递增子序列的个数，在求 dp 的同时求 cnt。

在求出 dp 和 cnt 以后，求 dp 中的最大元素 maxlen，将所有 dp$[i]=$maxlen 的 cnt$[i]$累计起来得到答案 ans，过程如下：

```
1    for(int i=0;i<n;i++)
2        maxlen=max(maxlen,dp[i]);
```

```
3        ans＝0;
4        for(int i=0;i<n;i++) {
5            if(dp[i]==maxlen) ans+=cnt[i];
6        }
```

另外,也可以在求 dp 和 cnt 的同时求 ans。对应的算法如下。

C++:

```
1    class Solution {
2        set<vector<int>> hset;
3        vector<int> dp;
4    public:
5        int findNumberOfLIS(vector<int>& nums) {
6            int n=nums.size();
7            int maxlen=0,ans=0;
8            vector<int> dp=vector<int>(n,0);
9            vector<int> cnt=vector<int>(n,0);
10           for(int i=0;i<n;i++) {
11               dp[i]=1;
12               cnt[i]=1;
13               for(int j=0;j<i;j++) {
14                   if(nums[i]>nums[j]) {
15                       if(dp[j]+1>dp[i]) {      //找到更大的 dp[i]
16                           dp[i]=dp[j]+1;       //重置 dp[i]
17                           cnt[i]=cnt[j];       //重置计数
18                       }
19                       else if(dp[j]+1==dp[i])//找到相同的 dp[i]
20                           cnt[i]+=cnt[j];      //递增计数
21                   }
22               }
23               if(dp[i]>maxlen) {              //找到更大的 maxlen
24                   maxlen=dp[i];
25                   ans=cnt[i];
26               }
27               else if(dp[i]==maxlen)          //找到相同的 maxlen
28                   ans+=cnt[i];
29           }
30           return ans;
31       }
32   };
```

提交运行:

结果:通过;时间:116ms;空间:13.19MB

Python:

```
1    class Solution:
2        def findNumberOfLIS(self, nums: List[int]) -> int:
3            n=len(nums)
4            maxlen,ans=0,0
5            dp=[0] * n
6            cnt=[0] * n
7            for i in range(0,n):
8                dp[i]=1
9                cnt[i]=1
10               for j in range(0,i):
11                   if nums[i]>nums[j]:
12                       if dp[j]+1>dp[i]:        #找到更大的 dp[i]
13                           dp[i]=dp[j]+1
```

```
14                              cnt[i]＝cnt[j]                    #重置计数
15                      elif dp[j]＋1＝＝dp[i]:                  #找到相同的 dp[i]
16                              cnt[i]＋＝cnt[j]
17              if dp[i]＞maxlen:                               #找到更大的 maxlen
18                  maxlen＝dp[i]
19                  ans＝cnt[i]                                 #重置计数
20              elif dp[i]＝＝maxlen:                           #找到相同的 maxlen
21                  ans＋＝cnt[i]
22          return ans
```

提交运行：

结果:通过;时间:860ms;空间:15.77MB

21.3.6　LeetCode646——最长数对链★★

【问题描述】　给定一个由 n 个数对组成的数对数组 pairs,其中 pairs$[i]$＝$[$left$_i$, right$_i]$且 left$_i$＜right$_i$。现在定义一种跟随关系,当且仅当 b＜c 时数对 p2＝(c,d)才可以跟在 p1＝[a,b]的后面。用这种形式来构造数对链,找出并返回能够形成的最长数对链的长度。另外,不需要用到所有的数对,可以以任何顺序选择其中的一些数对来构造。

例如,pairs＝[[2,3],[3,4],[1,2]],答案为 2,最长的数对链是[1,2]→[3,4]。

【限制】　n＝pairs.length,1≤n≤1000,－1000≤left$_i$＜right$_i$≤1000。

【解题思路】　一维动态规划数组。由于可以以任何顺序选择数对来构造最长数对链,显然优先选择左边界较小的数对,为此将 pairs 按左边界递增排序,再从左向右选择数对,选择思路与 21.3.2 节相同。

扫一扫

源程序

21.3.7　LeetCode1062——最长重复子串★★

【问题描述】　给定字符串 s,求最长重复子串的长度。如果不存在重复子串,返回 0。

例如,s＝"abbaba",答案为 2,最长重复子串为"ab"和"ba",每一个出现两次。

【限制】　字符串 s 仅包含从 'a' 到 'z' 的小写英文字母,1≤s.length≤1500。

【解题思路】　二维动态规划数组。设计二维动态规划数组 dp$[n][n]$,其中 dp$[i][j]$是两个分别以 s$[i]$和 s$[j]$(i＜j)结尾的相同子串的最大长度。所有状态的值均初始化为 0。

扫一扫

源程序

(1)若 s$[i]$＝s$[j]$,显然有 dp$[i][j]$＝dp$[i-1][j-1]$＋1,其中的特殊情况是 i＝0,此时数组的下标为负数,显然在这种情况下 s$[0]$就是对应的最长重复子串,所以置 dp$[i][j]$＝1。

(2)若 s$[i]$≠s$[j]$,说明以 s$[i]$结尾和以 s$[j]$结尾的子串不会是相同子串,前面已经初始化 dp 数组的元素为 0,这里不必处理这种情况。

在求出 dp 数组后,其中的最大元素就是答案。

21.3.8　LeetCode2008——出租车的最大盈利★★

【问题描述】　某司机驾驶出租车行驶在一条有 n 个地点的路上。这 n 个地点从近到远编号为 1 到 n,司机想要从 1 开到 n,通过接乘客订单盈利。司机只能沿着编号递增的方向前进,不能改变方向。乘客信息用一个下标从 0 开始的二维数组 rides 表示,其中 rides$[i]$＝

$[start_i, end_i, tip_i]$ 表示第 i 位乘客需要从地点 $start_i$ 前往 end_i,愿意支付 tip_i 元的小费。对于选择接单的乘客 i,司机可以盈利 $end_i - start_i + tip_i$ 元。司机同时最多只能接一个订单。给定 n 和 rides,请返回在最优接单方案下司机最多能盈利多少元。注意,司机可以在一个地点放下一位乘客,并在同一个地点接上另一位乘客。

例如,$n = 20$,rides $= [[1,6,1], [3,10,2], [10,12,3], [11,12,2], [12,15,2], [13,18, 1]]$,答案为 20,可以接以下乘客的订单:

(1) 将乘客 1 从地点 3 送往地点 10,获得 $10 - 3 + 2 = 9$ 元。

(2) 将乘客 2 从地点 10 送往地点 12,获得 $12 - 10 + 3 = 5$ 元。

(3) 将乘客 5 从地点 13 送往地点 18,获得 $18 - 13 + 1 = 6$ 元。

总共获得 $9 + 5 + 6 = 20$ 元。

【限制】 $1 \leqslant n \leqslant 10^5$,$1 \leqslant rides.length \leqslant 3 \times 10^4$,$rides[i].length = 3$,$1 \leqslant start_i < end_i \leqslant n$,$1 \leqslant tip_i \leqslant 10^5$。

【解题思路】 一维动态规划数组。由于 n 个地点编号为 1 到 n,每个地点作为一个顶点,使用逆邻接表 radj 存放乘客信息(不用 radj[0] 元素,其他 radj[i] 中的元素 [s,p] 表示有位乘客从地点 s 前往地点 i 并愿意支付 p 元的小费)。设计动态规划数组 dp[n+1],其中 dp[i] 表示到达地点 i 的最大盈利。初始化 dp 数组的所有元素为 0。现在求 dp[i]($i > 0$),按地点 i 进行枚举:

(1) 若没有乘客到达地点 i,则有 dp[i] = dp[i-1]。

(2) 若有乘客到达地点 i,取最大盈利,即

$$dp[i] = \max_{[s,p] \in radj[i]} \{dp[s] + p\}$$

在求出 dp 数组后,其中的 dp[n] 即为答案。对应的算法如下。

C++:

```cpp
1   class Solution {
2   public:
3       long long maxTaxiEarnings(int n, vector<vector<int>>& rides) {
4           vector<vector<pair<int,int>>> radj(n+1);    //逆邻接表
5           for(auto r:rides) {                         //建立 radj
6               radj[r[1]].push_back({r[0], r[1]-r[0]+r[2]});
7           }
8           vector<long long> dp(n+1,0);
9           for(int i=1;i<=n;i++) {
10              dp[i]=dp[i-1];
11              for(auto [s,p]:radj[i])
12                  dp[i]=fmax(dp[i],dp[s]+p);
13          }
14          return dp[n];
15      }
16  };
```

提交运行:

结果:通过;时间:448ms;空间:155.06MB

Python:

```python
1   class Solution:
2       def maxTaxiEarnings(self, n: int, rides: List[List[int]]) -> int:
```

```
3          radj=[[] for _ in range(n+1)]                    #逆邻接表
4          for r in rides:                                  #建立 radj
5              radj[r[1]].append([r[0],r[1]-r[0]+r[2]])
6          dp=[0] * (n+1)
7          for i in range(1,n+1):
8              dp[i]=dp[i-1]
9              for [s,p] in radj[i]:
10                 dp[i]=max(dp[i],dp[s]+p)
11         return dp[n]
```

提交运行：

结果：通过；时间：476ms；空间：38.14MB

21.3.9　LeetCode718——最长重复子数组★★

【问题描述】　给定两个整数数组 nums1 和 nums2，返回两个数组中公共的、长度最长的子数组的长度。

例如，nums1=[1,2,3,2,1]，nums2=[3,2,1,4,7]，输出 3，长度最长的公共子数组是[3,2,1]。

【限制】　$1\leqslant$nums1. length，nums2. length$\leqslant 1000$，$0\leqslant$nums1$[i]$，nums2$[i]\leqslant 100$。

【解题思路】　二维动态规划数组。设计动态规划数组 dp$[m+1][n+1]$，其中 dp$[i][j]$表示以 nums$1[i-1]$结尾和以 nums2$[j-1]$结尾的两个数组的最长重复子数组的长度。初始化 dp 的所有元素为 0。现在求 dp$[i][j]$，比较两个数组末尾的元素：

（1）若 nums1$[i-1]\neq$nums2$[j-1]$，则 dp$[i][j]=0$。

（2）若 nums1$[i-1]=$nums2$[j-1]$，有 dp$[i][j]=$dp$[i-1][j-1]+1$。

在求出 dp 数组后，其中的最大元素就是答案。

扫一扫

源程序

21.3.10　LeetCode1143——最长公共子序列★★

【问题描述】　给定两个字符串 text1 和 text2，返回这两个字符串的最长公共子序列的长度。如果不存在公共子序列，返回 0。一个字符串的子序列指这样一个新的字符串，它是由原字符串在不改变字符的相对顺序的情况下删除某些字符（也可以不删除任何字符）后组成的新字符串，如"ace"是"abcde"的子序列，但"aec"不是"abcde"的子序列。两个字符串的公共子序列是这两个字符串共同拥有的子序列。

例如，text1="abcde"，text2="ace"，答案为 3，最长公共子序列是"ace"。

【限制】　$1\leqslant$text1. length，text2. length$\leqslant 1000$，text1 和 text2 仅由小写英文字母组成。

【解题思路】　二维动态规划数组。考虑最长公共子序列问题如何分解成子问题，设 $A=(a_0,a_1,\cdots,a_{m-1})$，$B=(b_0,b_1,\cdots,b_{n-1})$，设 $C=(c_0,c_1,\cdots,c_{k-1})$为它们的最长公共子序列。不难证明有以下性质：

① 如果 $a_{m-1}=b_{n-1}$，则 $c_{k-1}=a_{m-1}=b_{n-1}$，且$(c_0,c_1,\cdots,c_{k-2})$是$(a_0,a_1,\cdots,a_{m-2})$和$(b_0,b_1,\cdots,b_{n-2})$的一个最长公共子序列。

② 如果 $a_{m-1}\neq b_{n-1}$ 且 $c_{k-1}\neq a_{m-1}$，则$(c_0,c_1,\cdots,c_{k-1})$是$(a_0,a_1,\cdots,a_{m-2})$和$(b_0,b_1,\cdots,b_{n-1})$的一个最长公共子序列。

③ 如果 $a_{m-1} \neq b_{n-1}$ 且 $c_{k-1} \neq b_{n-1}$，则 $(c_0, c_1, \cdots, c_{k-1})$ 是 $(a_0, a_1, \cdots, a_{m-1})$ 和 $(b_0, b_1, \cdots, b_{n-2})$ 的一个最长公共子序列。

这样，在找 A 和 B 的公共子序列时分为以下两种情况：

① 若 $a_{m-1} = b_{n-1}$，则进一步解决一个子问题，找 $(a_0, a_1, \cdots, a_{m-2})$ 和 $(b_0, b_1, \cdots, b_{m-2})$ 的一个最长公共子序列。

② 如果 $a_{m-1} \neq b_{n-1}$，则要解决两个子问题，找出 $(a_0, a_1, \cdots, a_{m-2})$ 和 $(b_0, b_1, \cdots, b_{n-1})$ 的一个最长公共子序列，再找出 $(a_0, a_1, \cdots, a_{m-1})$ 和 $(b_0, b_1, \cdots, b_{n-2})$ 的一个最长公共子序列，取两者中的较长者作为 A 和 B 的最长公共子序列。

设计二维动态规划数组 dp，其中 dp$[i][j]$ 为 A 的前 i 个字符构成的子串 $(a_0, a_1, \cdots, a_{i-1})$ 和 B 的前 j 个字符构成的子串 $(b_0, b_1, \cdots, b_{j-1})$ 的最长公共子序列的长度。对应的状态转移方程如下：

$$\text{dp}[i][j] = 0 \qquad\qquad\qquad i = 0 \text{ 或 } j = 0 \text{（边界条件）}$$
$$\text{dp}[i][j] = \text{dp}[i-1][j-1] + 1 \qquad a[i-1] = b[j-1]$$
$$\text{dp}[i][j] = \max(\text{dp}[i][j-1], \text{dp}[i-1][j]) \qquad a[i-1] \neq b[j-1]$$

在求出 dp 数组后 dp$[m][n]$ 就是最终答案。对应的算法如下。

▦ C++：

```cpp
1   class Solution {
2   public:
3       int longestCommonSubsequence(string text1, string text2) {
4           int m = text1.length(), n = text2.length();
5           auto dp = vector < vector < int >>(m+1, vector < int >(n+1,0));
6           dp[0][0] = 0;                            //可省略
7           for(int i = 0; i <= m; i++)              //可省略
8               dp[i][0] = 0;
9           for(int j = 0; j < n; j++)               //可省略
10              dp[0][j] = 0;
11          for(int i = 1; i <= m; i++) {
12              for(int j = 1; j <= n; j++) {
13                  if(text1[i-1] == text2[j-1])
14                      dp[i][j] = dp[i-1][j-1] + 1;
15                  else
16                      dp[i][j] = max(dp[i][j-1], dp[i-1][j]);
17              }
18          }
19          return dp[m][n];
20      }
21  };
```

提交运行：

结果：通过；时间：48ms；空间：23.58MB

▦ Python：

```python
1   class Solution:
2       def longestCommonSubsequence(self, text1: str, text2: str) -> int:
3           m, n = len(text1), len(text2)
4           dp = [[0 for _ in range(n+1)] for _ in range(m+1)]
5           dp[0][0] = 0                             # 可省略
6           for i in range(0, m+1):dp[i][0] = 0      # 可省略
7           for j in range(0, n+1):dp[0][j] = 0      # 可省略
```

```
8          for i in range(1,m+1):
9              for j in range(1,n+1):
10                 if text1[i-1]==text2[j-1]:
11                     dp[i][j]=dp[i-1][j-1]+1
12                 else:
13                     dp[i][j]=max(dp[i][j-1],dp[i-1][j])
14         return dp[m][n]
```

提交运行：

结果：通过；时间：732ms；空间：40.34MB

21.3.11 LeetCode392——判断子序列★

【问题描述】 给定字符串 s 和 t,判断 s 是否为 t 的子序列。字符串的一个子序列是原始字符串删除一些(也可以不删除)字符且不改变剩余字符的相对位置形成的新字符串,如 "ace"是"abcde"的一个子序列,而"aec"不是。

例如,s="abc",t="ahbgdc",答案为 true；s="axc",t="ahbgdc",答案为 false。

【限制】 $0 \leqslant$ s.length $\leqslant 100, 0 \leqslant$ t.length $\leqslant 10^4$,两个字符串仅由小写字母组成。

【解题思路】 二维动态规划数组。若 s 是 t 的子序列,则 s 一定是 s 和 t 的最长公共子序列。使用 21.3.10 节的方法求出字符串 s 和 t 对应的 dp 数组,若两者的最长公共子序列的长度 dp[m][n]等于 m,返回 true,否则返回 false。

扫一扫

源程序

21.3.12 LeetCode115——不同的子序列★★★

【问题描述】 给定两个字符串 s 和 t,统计并返回在 s 的子序列中 t 出现的个数,结果需要对 10^9+7 取模。

例如,s="rabbbit",t="rabbit",答案为 3,3 个子序列为 **rabbbit**、**rabbbit** 和 **rabbbit**。

【限制】 $1 \leqslant$ s.length,t.length $\leqslant 1000$,s 和 t 由英文字母组成。

【解题思路】 二维动态规划数组。设计二维动态规划数组 dp,其中 dp[i][j]为在 s 的前 i 个字符构成的子串的子序列中 t 的前 j 个字符构成的子串出现的个数。

空串看成任何字符串的子序列,所以有 dp[i][0]=1($0 \leqslant i \leqslant m$)。现在求 dp[$i$][$j$],比较 s[$i-1$]和 t[$j-1$],分为两种情况。

(1) 若 s[$i-1$]=t[$j-1$],分为两种子情况：

① s[$i-1$]和 t[$j-1$]匹配,对应的个数为 dp[$i-1$][$j-1$]。

② 不用 s[$i-1$],相当于 s[0..$i-2$]和 t[0..$j-1$]求出现的个数,结果为 dp[$i-1$][j]。

合并起来为 dp[i][j]=dp[$i-1$][j]+dp[$i-1$][$j-1$]。

(2) 若 s[$i-1$]≠t[$j-1$],相当于 s[0..$i-2$]和 t[0..$j-1$]求出现的个数,为 dp[$i-1$][j]。

在求出 dp 数组后 dp[m][n]就是最终答案。

扫一扫

源程序

21.3.13 LeetCode1537——最大得分★★★

【问题描述】 给定两个有序且数组内元素互不相同的数组 nums1 和 nums2。一条合法路径定义如下：

（1）选择数组 nums1 或者 nums2 开始遍历（从下标 0 处开始）。

（2）从左到右遍历当前数组。

（3）如果遇到了 nums1 和 nums2 中都存在的值，那么可以切换路径到另一个数组对应数字处继续遍历（在合法路径中重复数字只会被统计一次）。

得分定义为合法路径中不同数字的和。请返回所有合法路径中的最大得分，由于答案可能很大，请将它对 10^9+7 取模后返回。

例如，nums1=[2,4,5,8,10]，nums2=[4,6,8,9]，答案为 30，合法路径包括[2,4,5,8,10]、[2,4,5,8,9]、[2,4,6,8,9]、[2,4,6,8,10]（从 nums1 开始遍历），以及[4,6,8,9]、[4,5,8,10]、[4,5,8,9]、[4,6,8,10]（从 nums2 开始遍历），其中最大得分的路径为[2,4,6,8,10]，如图 21.13 所示。

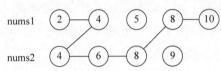

图 21.13　最大得分的路径

【限制】　$1\leqslant$nums1.length$\leqslant10^5$，$1\leqslant$nums2.length$\leqslant10^5$，$1\leqslant$nums1$[i]$，nums2$[i]\leqslant10^7$，nums1 和 nums2 都是严格递增数组。

【解题思路】　双一维动态规划数组。设计两个一维动态规划数组 dp1$[m+1]$和 dp2$[n+1]$（m 和 n 分别是数组 nums1 和 nums2 的长度），其中 dp1$[i]$和 dp2$[j]$分别表示 nums1 的前 i 个元素和 nums2 的前 j 个元素的最大得分。现在求 dp$[i]$和 dp$[j]$。

（1）如果当前遍历的两个元素满足 nums1$[i-1]\neq$nums2$[j-1]$，那么只会从相同数组的前一个元素转移而来：

$$dp1[i]=dp1[i-1]+nums1[i-1]$$
$$dp2[j]=dp2[j-1]+nums2[j-1]$$

（2）如果当前遍历的两个元素满足 nums1$[i-1]=$nums2$[j-1]$，那么可以从任意一个数组中对应位置的前一个元素转移而来，则选择其中的较大值：

$$dp1[i]=dp2[j]=\max(dp1[i-1],dp2[j-1])+nums1[i-1]$$

由于两个数组都是递增有序的，使用类似二路归并的方式求 dp1 和 dp2 数组，最终的答案即为 dp1$[m-1]$和 dp2$[n-1]$中的较大值。对应的算法如下。

C++：

```
1    typedef long long LL;
2    class Solution {
3        const int mod=1000000007;
4    public:
5        int maxSum(vector<int>& nums1,vector<int>& nums2) {
6            int m=nums1.size(),n=nums2.size();
7            vector<LL> dp1=vector<LL>(m+1,0);
8            vector<LL> dp2=vector<LL>(n+1,0);
9            int i=1,j=1;
10           while(i<=m && j<=n) {
11               if(nums1[i-1]<nums2[j-1]) {
12                   dp1[i]=dp1[i-1]+nums1[i-1];
13                   i++;
14               }
```

```
15          else if(nums1[i-1]>nums2[j-1]) {
16              dp2[j]=dp2[j-1]+nums2[j-1];
17              j++;
18          }
19          else {
20              LL cmax=max(dp1[i-1],dp2[j-1])+nums1[i-1];
21              dp1[i]=dp2[j]=cmax;
22              i++;j++;
23          }
24      }

25      while(i<=m) {
26          dp1[i]=dp1[i-1]+nums1[i-1];
27          i++;
28      }
29      while(j<=n) {
30          dp2[j]=dp2[j-1]+nums2[j-1];
31          j++;
32      }
33      return max(dp1[m],dp2[n]) % mod;
34   }
35  };
```

提交运行:

结果:通过;时间:96ms;空间:57.87MB

由于 dp1$[i]$ 仅与 dp1$[i-1]$ 相关,将 dp1 数组滚动为 dp1 单个变量,同样 dp2$[j]$ 仅与 dp2$[j-1]$ 相关,将 dp2 数组滚动为 dp2 单个变量,对应的算法如下。

C++:

```
1   typedef long long LL;
2   class Solution {
3       const int mod=1000000007;
4   public:
5       int maxSum(vector<int>& nums1,vector<int>& nums2) {
6           int m=nums1.size(),n=nums2.size();
7           LL dp1=0,dp2=0;
8           int i=1,j=1;
9           while(i<=m && j<=n) {
10              if(nums1[i-1]<nums2[j-1]) {
11                  dp1=dp1+nums1[i-1];
12                  i++;
13              }
14              else if(nums1[i-1]>nums2[j-1]) {
15                  dp2=dp2+nums2[j-1];
16                  j++;
17              }
18              else {
19                  LL cmax=max(dp1,dp2)+nums1[i-1];
20                  dp1=dp2=cmax;
21                  i++;j++;
22              }
23          }

24          while(i<=m) {
25              dp1=dp1+nums1[i-1];
26              i++;
27          }
28          while(j<=n) {
29              dp2=dp2+nums2[j-1];
```

```
30              j++;
31          }
32          return max(dp1,dp2) % mod;
33      }
34  };
```

提交运行：

结果：通过；时间：80ms；空间：53.49MB

Python：

```
1   class Solution:
2       def maxSum(self, nums1: List[int], nums2: List[int]) -> int:
3           mod=1000000007
4           m,n=len(nums1),len(nums2)
5           dp1,dp2=0,0
6           i,j=1,1
7           while i<=m and j<=n:
8               if nums1[i-1]<nums2[j-1]:
9                   dp1=dp1+nums1[i-1]
10                  i+=1
11              elif nums1[i-1]>nums2[j-1]:
12                  dp2=dp2+nums2[j-1]
13                  j+=1
14              else:
15                  cmax=max(dp1,dp2)+nums1[i-1]
16                  dp1=dp2=cmax
17                  i,j=i+1,j+1
18          while i<=m:
19              dp1=dp1+nums1[i-1]
20              i+=1
21          while j<=n:
22              dp2=dp2+nums2[j-1]
23              j+=1
24          return max(dp1,dp2) % mod
```

提交运行：

结果：通过；时间：120ms；空间：25.55MB

21.3.14 LeetCode2361——乘坐火车的最少费用★★★

【问题描述】 城市中的火车有两条路线，分别是常规路线和特快路线。两条路线经过相同的 $n+1$ 个车站，车站编号从 0 到 n。初始时，某乘客位于车站 0 的常规路线。给定两个下标从 1 开始、长度均为 n 的整数数组 regular 和 express，其中 regular[i] 表示乘坐常规路线从车站 $i-1$ 到车站 i 的费用，express[i] 表示乘坐特快路线从车站 $i-1$ 到车站 i 的费用。另外给定一个整数 expressCost，表示从常规路线转到特快路线的费用。注意：

（1）从特快路线转回常规路线没有费用。

（2）每次从常规路线转到特快路线都需要支付 expressCost 的费用。

（3）留在特快路线上没有额外费用。

请返回下标从 1 开始、长度为 n 的数组 costs，其中 costs[i] 是从车站 0 到车站 i 的最少费用。注意，每个车站都可以从任意一条路线到达。

例如，regular=[11,5,13]，express=[7,10,6]，expressCost=3，答案为[10,15,24]，如图 21.14 所示，乘坐特快路线从车站 0 到车站 1，费用是 3+7=10；乘坐常规路线从车站 1

到车站 2,费用是 5；乘坐特快路线从车站 2 到车站 3,费用是 3+6=9。总费用是 10+5+9=24。其中,在转回特快路线时需要再次支付 expressCost 的费用。

【限制】 $n=$ regular. length $=$ express. length, $1\leqslant n\leqslant 10^5$, $1\leqslant$ regular$[i]$, express$[i]$, expressCost $\leqslant 10^5$。

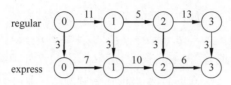

图 21.14 最少费用的路径

【解题思路】 双一维动态规划数组。设计两个一维动态规划数组 dp1$[n+1]$ 和 dp2$[n+1]$(或者用 dp$[n+1][2]$数组),其中 dp1$[i]$ 表示到达常规车站 i 时的最小花费,dp2$[i]$ 表示到达特快车站 i 时的最小花费。初始化所有元素为 ∞。

扫一扫

源程序

(1) 如果 i 是常规车站,到达该车站有两种方式:

① 从常规车站 $i-1$ 到达常规车站 i,这样走的费用为 dp1$[i-1]+$regular$[i-1]$。

② 从特快车站 $i-1$ 到达常规车站 i,走法是特快车站 $i-1$→常规车站 $i-1$→常规车站 i,其中特快车站→常规车站不需要转线费用,这样走的费用为 dp2$[i-1]+$regular$[i-1]$。

合并起来为 dp1$[i]=\min($dp1$[i-1]$,dp2$[i-1])+$regular$[i-1]$。

(2) 如果 i 是特快车站,到达该车站有两种方式:

① 从特快车站 $i-1$ 到达特快车站 i,这样走的费用为 dp2$[i-1]+$express$[i-1]$。

② 从常规车站 $i-1$ 到达特快车站 i,走法是常规车站 $i-1$→特快车站 $i-1$→特快车站 i,其中常规车站→特快车站需要转线费用 expressCost,这样走的费用为 dp1$[i-1]+$expressCost$+$express$[i-1]$。

合并起来为 dp2$[i]=\min($dp2$[i-1]$,dp1$[i-1])+$expressCost$+$express$[i-1]$。

因为初始时该乘客位于常规车站 0,所以 dp1$[0]=0$,dp2$[0]=$expressCost。求出 dp1 和 dp2 之和,cost$[i]=\min($dp1$[i-1]$,dp2$[i-1])$。

21.3.15 LeetCode956——最高的广告牌★★★

【问题描述】 某人正在安装一个广告牌,希望它高度最大。这块广告牌将有两个钢支架,两边各一个。每个钢支架的高度必须相等。假设有一堆可以焊接在一起的钢筋 rods。举个例子,如果钢筋的长度为 1、2 和 3,则可以将它们焊接在一起形成长度为 6 的支架。请返回广告牌的最大可能安装高度。如果没法安装广告牌,返回 0。

例如,rods$=[1,2,3,4,5,6]$,答案为 10,对应的两个不相交的子集为 $\{2,3,5\}$ 和 $\{4,6\}$,它们具有相同的和,sum$=10$。

【限制】 $0\leqslant$rods. length$\leqslant20$,$1\leqslant$rods$[i]\leqslant1000$,钢筋的长度总和最多为 5000。

【解题思路】 二维动态规划数组。题目的目标是使用给定钢筋序列 rods 安装两个高度相等的支架,使得该高度尽可能大,求这个最大高度。用 s 表示钢筋的长度总和,设计二维动态规划数组 dp$[n+1][s+1]$,其中 dp$[i][j]$ 表示用 rods 的前 i 个钢筋构建两个支架,高度差为 j 时两个支架的最小高度的最大值,不妨设两个支架为 A 和 B(高度分别为 a 和 b),并且 A 高、B 矮,则 dp$[i][a-b]=\min(a,b)=b$。初始化所有元素为 $-\infty$。

显然 dp[0][0]＝0。现在求 dp[i][j]，分为以下几种情况：

（1）不使用当前钢筋 rods[i−1]，两个支架的高度差不变，即有 dp[i][j]＝dp[i−1][j]。

（2）将当前钢筋 rods[i−1] 放在较高的支架上，两者的高度差变为 j＋len，广告牌的高度取决于较矮者，即有 dp[i][j＋rods[i−1]]＝dp[i−1][j]。

（3）将当前钢筋 rods[i−1] 放在较矮的支架上，设原较高支架 A 的高度为 a，原较矮支架 B 的高度为 b（b＝dp[i−1][j]），并且 a−b＝j，现在 B 增加 rods[i−1]，分为两种子情况：

① 若 j≥rods[i−1]（或者 j−rods[i−1]≥0），说明支架 B 的新高度（dp[i−1][j]＋rods[i−1]）仍然不超过较高支架 A 的高度，此时广告牌的高度取决于较矮者，为 dp[i−1][j]＋rods[i−1]，即有 dp[i][j−rods[i−1]]＝dp[i−1][j]＋rods[i−1]。

② 若 j＜rods[i−1]（或者 rods[i−1]−j≥0），说明支架 B 的新高度（dp[i−1][j]＋rods[i−1]）超过较高支架 A 的高度 a，此时广告牌的高度取决于较矮者，即等于 a，而 a＝b＋j＝dp[i−1][j]＋j，即有 dp[i][rods[i−1]−j]＝dp[i−1][j]＋j。

在所有情况下求 dp[i][j]。在求出 dp 数组后，dp[n][0] 就是答案。对应的算法如下。

C++：

```cpp
1    class Solution {
2        const int INF＝0x3f3f3f3f;
3    public:
4        int tallestBillboard(vector＜int＞& rods) {
5            int n＝rods.size();
6            int s＝0;
7            for(int e:rods) s+＝e;
8            auto dp＝vector＜vector＜int＞＞(n+1,vector＜int＞(s+1,−INF));
9            dp[0][0]＝0;
10           for(int i＝1;i<＝n;i++) {
11               for(int j＝0;j<＝s;j++) {               //枚举差值
12                   dp[i][j]＝max(dp[i][j],dp[i−1][j]); //不使用 rods[i−1]
13                   if(j+rods[i−1]<＝s)               //rods[i−1]放在较高支架上
14                       dp[i][j+rods[i−1]]＝max(dp[i][j+rods[i−1]],dp[i−1][j]);
15                   if(j>＝rods[i−1])               //rods[i−1]放在较矮支架上①
16                       dp[i][j−rods[i−1]]＝max(dp[i][j−rods[i−1]],dp[i−1][j]
17                           +rods[i−1]);
18                   else                           //rods[i−1]放在较矮支架上②
19                       dp[i][rods[i−1]−j]＝max(dp[i][rods[i−1]−j],dp[i−1][j]+j);
20               }
21           }
22           return dp[n][0];
23       }
24   };
```

提交运行：

结果：通过；时间：264ms；空间：26.79MB

由于 dp[i][*] 仅与该维元素和 dp[i−1][*] 相关，使用滚动数组 dp[2][s+1]，这里直接使用 dp[s+1] 和 ndp1[s+1] 两个数组，dp[i][j] 降为 dp[j]，dp[i−1][j] 降为 ndp[j]。在求出 dp 数组后，返回 dp[0]。对应的算法如下。

C++：

```cpp
1    class Solution {
2        const int INF＝0x3f3f3f3f;
```

```
 3    public:
 4        int tallestBillboard(vector<int>& rods) {
 5            int n=rods.size();
 6            int s=0;
 7            for(int e:rods) s+=e;
 8            vector<int> dp(s+1,-INF),ndp(s+1);
 9            dp[0]=0;
10            for(int i=1;i<=n;i++) {
11                ndp=dp;
12                for(int j=0;j<=s;j++) {
13                    if(j+rods[i-1]<=s)
14                        ndp[j+rods[i-1]]=max(dp[j]+rods[i-1],ndp[j+rods[i-1]]);
15                    if(rods[i-1]<=j)
16                        ndp[j-rods[i-1]]=max(dp[j],ndp[j-rods[i-1]]);
17                    else
18                        ndp[rods[i-1]-j]=max(ndp[rods[i-1]-j],dp[j]+rods[i-1]-j);
19                }
20                dp=ndp;
21            }
22            return dp[0];
23        }
24    };
```

提交运行：

结果：通过；时间：108ms；空间：9.97MB

Python：

```
 1    class Solution:
 2        def tallestBillboard(self,rods:List[int])-> int:
 3            INF=0x3f3f3f3f
 4            n=len(rods)
 5            s=sum(rods)
 6            dp=[-INF]*(s+1)
 7            dp[0]=0
 8            for i in range(1,n+1):
 9                ndp=copy.deepcopy(dp)
10                for j in range(0,s+1):
11                    if j+rods[i-1]<=s:
12                        ndp[j+rods[i-1]]=max(dp[j]+rods[i-1],ndp[j+rods[i-1]])
13                    if rods[i-1]<=j:
14                        ndp[j-rods[i-1]]=max(dp[j],ndp[j-rods[i-1]])
15                    else:
16                        ndp[rods[i-1]-j]=max(ndp[rods[i-1]-j],dp[j]+rods[i-1]-j)
17                dp=copy.deepcopy(ndp)
18            return dp[0]
```

提交运行：

结果：通过；时间：3152ms；空间：16.07MB

21.4　划分型动态规划

21.4.1　什么是划分型动态规划

划分型动态规划通常将给定的序列或字符串划分成若干段，段数不限，每一段满足一定的性质,求其中某个段的最值或者满足条件的计数等。划分型动态规划的状态转移方程通常不依赖相邻的位置,而是依赖满足划分添加的位置或者划分的方式。

下面通过一个示例说明求解划分型动态规划问题的过程。

 例 21-3

解码方法(LeetCode91★★)。一条包含字母 A~Z 的消息 s 通过以下映射进行了编码:

'A'→"1", 'B'→"2", ···, 'I'→"9", 'J'→"10", ···, 'T'→"20", ···, 'Z'→"26"

如果要解码已编码的消息,所有数字必须基于上述映射的方法反向映射回字母(可能有多种方法)。例如,"11106"可以映射为"AAJF"(将消息分组为[1 1 10 6])或者"KJF"(将消息分组为[11 10 6])。注意,消息不能分组为[1 11 06],因为"06"不能映射为"F",这是由于"6"和"06"在映射中并不等价。

给定一个只含数字的非空字符串 s,请计算并返回解码方法的总数。题目数据保证答案是一个 32 位的整数。

例如,s="226",答案为3,s 可以解码为"BZ"[2 26]、"VF"[22 6]或者"BBF"[2 2 6]。

【限制】 1≤s.length≤100,s 只包含数字,并且可能包含前导零。

解:设计一维动态规划数组 $dp[n+1]$,其中 $dp[i]$ 表示 s 的前 i 个字符对应的解码方法的总数。初始化所有元素为 0。

将空串的解码也看成空串,即 $dp[0]=1$。现在求 $dp[i]$($i≥1$),根据 $s[0..i-1]$ 的最后一次解码使用了其中哪些字符分为两种情况:

(1)使用了单个字符 $s[i-1]$ 进行解码,当 $s[i-1]≠'0'$ 时可以被解码成'A'~'I'中的某个字母。由于剩余的前 $i-1$ 个字符的解码方法数为 $dp[i-1]$,所以有 $dp[i]=dp[i-1]$($s[i-1]≠'0'$)。

(2)使用了 $s[i-2]$、$s[i-1]$ 两个字符进行解码。此时 $i>1$ 并且 $s[i-2]≠'0'$,同时 $s[i-2]$ 和 $s[i-1]$ 组成的整数必须小于或等于 26,这样它们才能被解码成'J'~'Z'中的某个字母。由于剩余的前 $i-2$ 个字符的解码方法数为 $dp[i-2]$,所以有 $dp[i]=dp[i]+dp[i-2]$($i>1$ 并且 $s[i-2]!='0'$,同时 $s[i-2]$ 和 $s[i-1]$ 转换的两位数≤26)。

在求出 dp 数组后,$dp[n]$ 就是 s 的解码方法数,即答案。对应的算法如下。

▦ **C++:**

```
1    class Solution {
2    public:
3        int numDecodings(string s) {
4            int n=s.size();
5            vector<int> dp(n+1,0);
6            dp[0]=1;
7            for(int i=1;i<=n;i++) {
8                if(s[i-1]!='0')
9                    dp[i]=dp[i-1];
10               if(i>1 && s[i-2]!='0' && ((s[i-2]-'0') * 10+(s[i-1]-'0')<=26))
11                   dp[i]+=dp[i-2];
12           }
13           return dp[n];
```

```
14        }
15   };
```

提交运行:

结果:通过;时间:0ms;空间:6.36MB

⊞ **Python**:

```
 1   class Solution:
 2       def numDecodings(self, s: str) -> int:
 3           n=len(s)
 4           dp=[0 for _ in range(0,n+1)]
 5           dp[0]=1
 6           for i in range(1,n+1):
 7               if s[i-1]!='0':
 8                   dp[i]=dp[i-1]
 9               if i>1 and s[i-2]!='0' and int(s[i-2])*10+int(s[i-1])<=26:
10                   dp[i]+=dp[i-2]
11           return dp[n]
```

提交运行:

结果:通过;时间:36ms;空间:15.68MB

21.4.2 LeetCode639——解码方法Ⅱ ★★★

【**问题描述**】 一条包含字母 A～Z 的消息通过以下方式进行了编码:

'A'→"1", 'B'→"2", …, 'Z'→"26"

如果要解码一条已编码的消息,所有的数字必须分组,然后按原来的编码方案反向映射回字母(可能存在多种方式)。例如,"11106" 可以映射为"AAJF"(对应分组[1 1 10 6])或者"KJF"(对应分组[11 10 6])。注意,像[1 11 06]这样的分组是无效的,因为"06"不可以映射为'F',这是由于"6"和"06"不同。

除了上面描述的数字字母映射方案,在编码消息中可能包含' * '字符,可以表示从'1'到'9'的任一数字(不包括'0')。给定一个字符串 s,它由数字和' * '字符组成,返回解码该字符串的方法的数目,由于答案数目可能非常大,返回 10^9+7 的模。

例如,编码字符串"1 * "可以表示"11"、"12"、"13"、"14"、"15"、"16"、"17"、"18"或"19"中的任意一条消息,对这些消息解码如下:

11→AA,K

12→AB,L

……

19→AI,S

每种消息都可以用两种方法解码,因此"1 * "共有 9×2=18 种解码方法,答案为18。

【**限制**】 $1 \leqslant s.length \leqslant 10^5$,$s[i]$是 0～9 中的一位数字或字符' * '。

【**解题思路**】 一维动态规划数组。设计一维动态规划数组 dp,其中 dp[i]表示 s 中前 i 位数字字符的总方案数。初始化所有元素为 0。

显然有 dp[0]=1。若 s[1]=' * ',有 9 种解码方式,若 s[1]为数字字符,只有一种解码方式,则 dp[1]=(s[0]==' * '?9:1)。

现在求 dp$[i]$($i\geqslant2$)，根据 s$[i-1]$的值分为两种情况。

（1）s$[i-1]$为数字字符，分为几种子情况（与例 21-3 类似）：

① s$[i-1]$!='0'，s$[i-1]$可以单独解码为一个数字，即 dp$[i]$+=dp$[i-1]$。当 s$[i-1]$='0'时不能解码。

② s$[i-2]$='1'，s$[i-1]$能和 s$[i-2]$解码为一个两位数，即 dp$[i]$+=dp$[i-2]$。

③ s$[i-2]$='2'并且 s$[i-1]$<'7'（s$[i-1]$小于'7'才能和 s$[i-2]$解码为两位数），即 dp$[i]$+=dp$[i-2]$。

④ s$[i-2]$='*'，如果 s$[i-1]$<'7'，则 s$[i-1]$可以和 s$[i-2]$（此时 s$[i-2]$的'*'看成'1'或者'2'）解码为一个两位数，即 dp$[i]$+=（dp$[i-2]$×2）。如果 s$[i-1]$$\geqslant$7，s$[i-1]$可以和 s$[i-2]$（此时 s$[i-2]$的'*'只能看成'1'）解码为一个两位数，即 dp$[i]$+=dp$[i-2]$。

（2）s$[i-1]$不为数字字符就是'*'，分为几种子情况：

① 无论 s$[i-2]$是什么，s$[i-1]$都可以单独解码为一个数字，即 dp$[i]$+=dp$[i-1]$×9。

② s$[i-2]$='1'，它可以和 s$[i-1]$解码为一个两位数，即 dp$[i]$+=dp$[i-2]$×9。

③ s$[i-2]$='2'，它可以和 s$[i-1]$解码为一个两位数，即 dp$[i]$+=dp$[i-2]$×6。

④ s$[i-2]$='*'，s$[i-2]$既可能是'1'也可能是'2'，即 dp$[i]$+=dp$[i-2]$×15。

在求出 dp 后返回 dp$[n]$即可。

扫一扫

源程序

21.4.3　LeetCode279——完全平方数★★

【问题描述】　给定一个整数 n，返回和为 n 的完全平方数的最少数量。完全平方数是一个整数，其值等于另一个整数的平方。换句话说，其值等于一个整数自乘的积。1、4、9 和 16 都是完全平方数，而 3 和 11 不是。

例如，$n=13,13=4+9$，答案为 2。

【限制】　$1\leqslant n\leqslant10^4$。

【解题思路】　一维动态规划数组。设计动态规划数组 dp$[n+1]$，其中 dp$[i]$表示整数 i 最少被分成几个完全平方数之和。初始化所有元素为∞，显然 dp$[0]$=0。

现在求 dp$[i]$（$i\geqslant1$），如 $13=2^2+(13-2^2)$，$(13-2^2)=9=3^2$，所以 $13=2^2+3^2$，答案为 2。所以位置 i 只依赖于 $i-j^2$ 的位置，如 $i-1^2$、$i-2^2$、$i-3^2$ 等才满足完全平方分割的条件，因此 dp$[i]$可以取的最小值为 min(dp$[i-1^2]$+1,dp$[i-2^2]$+1,dp$[i-3^2]$+1,…)，即

$$dp[i]=\min_{1\leqslant j\leqslant\sqrt{i}}(dp[i-j^2]+1)$$

在求出 dp 数组后，dp$[n]$就是答案。对应的算法如下。

C++：

```cpp
1   class Solution {
2       const int INF=0x3f3f3f3f;
3   public:
4       int numSquares(int n) {
5           vector<int> dp(n+1,INF);
6           dp[0]=0;
7           for(int i=1;i<=n;i++) {
8               for(int j=1;j*j<=i;j++)
9                   dp[i]=min(dp[i],dp[i-j*j]+1);
10          }
```

```
11          return dp[n];
12      }
13  };
```

提交运行：

结果：通过；时间：164ms；空间：9.19MB

Python：

```
1   class Solution:
2       def numSquares(self, n: int)-> int:
3           INF=0x3f3f3f3f;
4           dp=[INF for _ in range(0,n+1)]
5           dp[0]=0
6           for i in range(1,n+1):
7               j=1
8               while j * j<=i:
9                   dp[i]=min(dp[i],dp[i-j*j]+1)
10                  j+=1
11          return dp[n]
```

提交运行：

结果：通过；时间：3768ms；空间：15.61MB

21.4.4 LeetCode343——整数的拆分★★

【问题描述】 给定一个正整数 n，将其拆分为 k 个正整数的和($k \geq 2$)，并使这些正整数的乘积最大化，返回可以获得的最大乘积。

例如，$n=10$，答案为 36，$10=3+3+4$，$3\times3\times4=36$。

【限制】 $2 \leq n \leq 58$。

【解题思路】 一维动态规划数组。设计动态规划数组 dp[$n+1$]，其中 dp[i]表示将正整数 i 拆分成至少两个正整数的和之后，这些正整数的最大乘积。特别地，0 和 1 都不能拆分，因此置 dp[0]=dp[1]=0。当 $i \geq 2$ 时，假设对 i 拆分出的第一个正整数是 $j(1 \leq j < i)$，则有两种方案：

(1) 将 i 拆分成 j 和 $i-j$ 的和，且 $i-j$ 不再拆分成多个正整数，此时的乘积是 $j \times (i-j)$。

(2) 将 i 拆分成 j 和 $i-j$ 的和，且 $i-j$ 继续拆分成多个正整数，此时的乘积是 $j \times$ dp[$i-j$]。

因此，当 j 固定时有 dp[i]=max($j \times (i-j)$，$j \times$ dp[$i-j$])。由于 j 的取值范围是 1 到 $i-1$，需要遍历所有的 j 得到 dp[i]的最大值，得到状态转移方程如下：

$$dp[i] = \max_{1 \leq j < i} \{ j \times (i-j), j \times dp[i-j] \}$$

在求出 dp 数组后，dp[n]的值即为将正整数 n 拆分成至少两个正整数的和之后，这些正整数的最大乘积。对应的算法如下。

C++：

```
1   class Solution {
2   public:
3       int integerBreak(int n) {
4           vector<int> dp(n+1,0);
5           for(int i=1;i<=n;i++) {
6               for(int j=1;j<i;j++)
```

```
7              dp[i] = max(dp[i], max((i−j) * dp[j], (i−j) * j));
8          }
9          return dp[n];
10     }
11   };
```

提交运行:

结果:通过;时间:0ms;空间:6.36MB

 Python:

```
1   class Solution:
2       def integerBreak(self, n: int) -> int:
3           dp = [0] * (n+1)
4           for i in range(1, n+1):
5               for j in range(1, i):
6                   dp[i] = max(dp[i], max((i−j) * dp[j], (i−j) * j))
7           return dp[n]
```

提交运行:

结果:通过;时间:44ms;空间:15.54MB

21.5　　　　　　　　　　　　匹配型动态规划　　✳

21.5.1　什么是匹配型动态规划

匹配型动态规划与划分型动态规划类似,也是将序列或字符串划分成若干段,但主要在段中做匹配操作,求其中某个段的最值或者满足条件的计数等。下面通过一个示例说明求解匹配型动态规划问题的过程。

 例 21-4

单词的拆分(LeetCode139★★)。给定一个字符串 s 和一个字符串列表 wordDict 作为字典,请判断是否可以使用字典中出现的单词拼接出 s。注意,不要求字典中出现的单词全部都使用,并且字典中的单词可以重复使用。

例如,s = "applepenapple",wordDict = ["apple","pen"],答案为 true,因为"applepenapple"可以由"apple"、"pen"和"apple"拼接而成。

【限制】 $1 \leqslant s.length \leqslant 300$,$1 \leqslant wordDict.length \leqslant 1000$,$1 \leqslant wordDict[i].length \leqslant 20$,s 和 wordDict[i]仅由小写英文字母组成,wordDict 中的所有字符串互不相同。

解:定义一维布尔动态规划数组 dp[n+1](n 为 s 的长度),其中 dp[i]表示字符串 s 的前 i 个字符(即 s[0..i−1])是否能被拆分成字典中出现的若干个单词。初始化所有元素为false。

约定 dp[0] = true(空字符串认为是可行的)。现在求 dp[i],对应子串 s[0..i−1],考虑其中每一个位置 j,若 dp[j] = true(表示 s[0..j−1]是可行的)并且 s[j..i−1]是字典中出现的单词,则置 dp[i] = true,如图 21.15 所示。

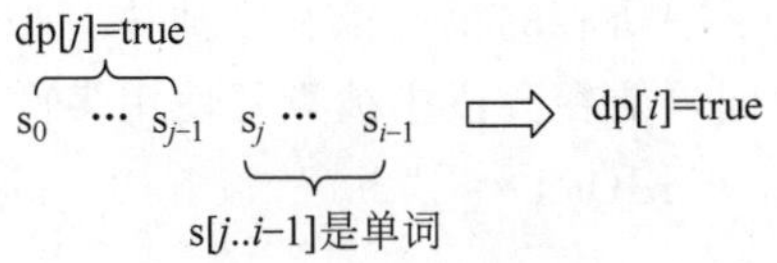

图 21.15 求 dp[i]

在求出 dp 数组后返回 dp[n]即可。对应的算法如下。

C++：

```cpp
1   class Solution {
2   public:
3       bool wordBreak(string s, vector < string > & wordDict) {
4           int n = s.size();
5           unordered_set < string > hset;                    //定义哈希集合
6           for(auto e:wordDict) hset.insert(e);
7           vector < bool > dp = vector < bool >(n+1, false);
8           dp[0] = true;
9           for(int i=1; i<=n; i++) {
10              for(int j=0; j<i; j++) {
11                  string w = s.substr(j, i-j);              //w=s[j..i-1]
12                  if(dp[j] && hset.count(w) > 0) {
13                      dp[i] = true;
14                      break;                                //只有求出 dp[i]为 true 才退出 for j 的循环
15                  }
16              }
17          }
18          return dp[n];
19      }
20  };
```

提交运行：

结果：通过；时间：20ms；空间：14.16MB

Python：

```python
1   class Solution:
2       def wordBreak(self, s: str, wordDict: List[str]) -> bool:
3           n = len(s)
4           hset = set()
5           for e in wordDict: hset.add(e)
6           dp = [False] * (n+1)
7           dp[0] = True
8           for i in range(1, n+1):
9               for j in range(0, i):
10                  w = s[j:i]
11                  if dp[j] and w in hset:
12                      dp[i] = True
13                      break
14          return dp[n]
```

提交运行：

结果：通过；时间：40ms；空间：15.61MB

21.5.2　LeetCode140——单词的拆分 Ⅱ ★★★

【问题描述】　给定一个字符串 s 和一个字符串字典 wordDict，在字符串 s 中通过增加空格来构建一个句子,使得句子中所有的单词都在字典中。以任意顺序返回所有可能的句子。注意,字典中的同一个单词可能在分段中被重复使用多次。

例如,s="catsanddog",wordDict=["cat","cats","and","sand","dog"],答案为["cats and dog","cat sand dog"]。

【限制】 $1\leqslant$ s. length $\leqslant 20,1\leqslant$ wordDict. length $\leqslant 1000,1\leqslant$ wordDict $[i]$. length $\leqslant 10$, s 和 wordDict $[i]$ 仅由小写英文字母组成,wordDict 中的所有字符串都不相同。

【解题思路】 一维动态规划数组。将例 21-4 的算法中的一维布尔数组 dp 改为向量数组 dp $[n+1]$(n 为 s 的长度),每个元素为一个 vector < int > 元素。假设 s $[0..i-1]$ 被拆分成有效的单词序列(这里有效的单词指字典中出现的单词),除最后一个单词外,其余部分为 s $[0..j-1]$,若它能够被拆分,则 dp $[i]$ 就是所有这样的 j(这里 j 表示能够被拆分的前缀长度)的列表,如图 21.16 所示。

显然 dp $[0]=\{0\}$,现在求 dp $[i]$,对应子串 s $[0..i-1]$,考虑其中每一个位置 j,若 dp $[j]$ 非空(表示 s $[0..j-1]$ 能够被拆分)并且 s $[j..i-1]$ 是字典中出现的单词,则将 j 添加到 dp $[i]$ 中,如图 21.17 所示。

扫一扫

源程序

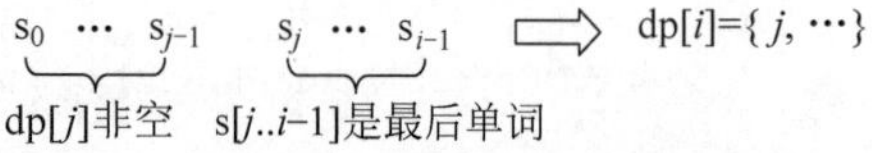

图 21.16   dp $[i]$ 的含义 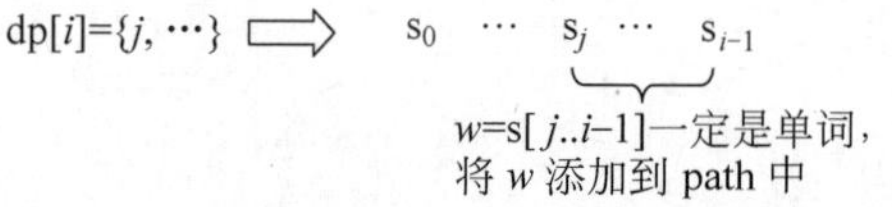   图 21.17   求 dp $[i]$

在求出 dp 数组后,使用回溯算法 dfs 从前向后求出每组单词序列 path,将其反向连接成 tmp,最后返回 ans 即可。

21.5.3   LeetCode32——最长的有效括号子串的长度★★★

【问题描述】 给定一个只包含 '(' 和 ')' 的字符串,找出最长的有效(格式正确且连续)括号子串的长度。

例如,s="(()",答案为 2,其中最长有效括号子串是"()";s=")()())",答案 4,其中最长有效括号子串是"()()"。

【限制】 $0\leqslant$ s. length $\leqslant 3\times 10^{4}$,s $[i]$ 为 '(' 或 ')'。

【解题思路】 一维动态规划数组。设计动态规划数组 dp $[n]$(n 为 s 的长度),dp $[i]$ 表示以 s $[i]$ 字符结尾的子串中最长有效子串的长度。初始时置 dp 的所有元素为 0。

现在求 dp $[i]$($i>0$),考虑字符 s $[i]$ 分为两种情况。

(1) s $[i]=$ '(':显然 s $[i]$ 无法和 s $[0..i-1]$ 的字符构成有效的括号对(因为每个 '(' 是向后匹配的),所以置 dp $[i]=0$(由于 dp 的元素均初始化为 0,可以跳过这样的情况)。

(2) s $[i]=$ ')':此时需要用前面的结果来判断是否存在有效括号对,分为两种子情况。

① 若 s $[i-1]=$ '(':按括号最近匹配原则,s $[i]$ 和 s $[i-1]$ 组成一对有效括号,有效括号的长度增 2。如果 $i<2$,置 dp $[i]=2$;如果 $i\geqslant 2$,即 $i-2\geqslant 0$,或者说 $i-2$ 是有效序号,置 dp $[i]=$ dp $[i-2]+2$。

② 若 s $[i-1]=$ ')':如果前面有和 s $[i-1]$ 组成有效括号对的字符,即 dp $[i-1]>0$,说明 s $[i-$ dp $[i-1]..i-1]$ 是一个以 s $[i-1]$ 结尾、长度为 dp $[i-1]$ 的最长有效子串,再考虑

$s[i]=')'$是否能扩大有效子串,求最大 $dp[i]$ 的过程如图 21.18 所示,最后求出 $dp[i]=dp[i]+dp[i-dp[i-1]-2]$(如果 $dp[i-dp[i-1]-2]=0$,说明以 $s[i]$ 结尾的最长有效子串是 $s[i-dp[i-1]-1..i]$)。

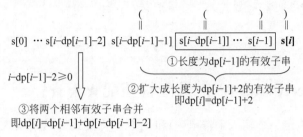

图 21.18　求 $dp[i]$ 的过程

在求出 dp 数组后,其中最大元素就是字符串 s 中最长有效括号子串的长度 ans,最后返回 ans 即可。对应的算法如下。

C++:

```cpp
class Solution {
public:
    int longestValidParentheses(string s) {
        int n=s.size();
        vector<int> dp(n,0);
        int ans=0;
        for(int i=1;i<n;i++) {
            if(s[i]==')') {
                if(s[i-1]=='(') {
                    if(i>=2) dp[i]=dp[i-2]+2;
                    else dp[i]=2;
                }
                else if(i-dp[i-1]>0 && s[i-dp[i-1]-1]=='(') {
                    if(i-dp[i-1]>=2) dp[i]=dp[i-1]+dp[i-dp[i-1]-2]+2;
                    else dp[i]=dp[i-1]+2;
                }
            }
            ans=max(ans,dp[i]);
        }
        return ans;
    }
};
```

提交运行:

结果:通过;时间:4ms;空间:7.31MB

Python:

```python
class Solution:
    def longestValidParentheses(self, s:str) -> int:
        n=len(s)
        dp=[0] * n
        ans=0
        for i in range(1,n):
            if s[i]==')':
                if s[i-1]=='(':
                    if i>=2:dp[i]=dp[i-2]+2
                    else:dp[i]=2
```

```
11              elif i−dp[i−1]>0 and s[i−dp[i−1]−1]=='(':
12                  if i−dp[i−1]>=2: dp[i]=dp[i−1]+dp[i−dp[i−1]−2]+2
13                  else: dp[i]=dp[i−1]+2
14          ans=max(ans,dp[i])
15      return ans
```

提交运行：

结果：通过；时间：60ms；空间：15.9MB

21.5.4　LeetCode44——通配符匹配★★★

【问题描述】　给定一个输入字符串(s)和一个字符模式(p)，请实现一个支持'?'和'＊'匹配规则的通配符匹配：

(1) '?'可以匹配任何单个字符。

(2) '＊'可以匹配任意字符序列(包括空字符序列)。

判定匹配成功的充要条件是字符模式必须能够完全匹配输入字符串(而不是部分匹配)。

例如，s="aa"，p="＊"，答案为 true，因为'＊'可以匹配任意字符串。

【限制】　$0 \leqslant$ s. length，p. length $\leqslant 2000$，s 仅由小写英文字母组成，p 仅由小写英文字母、'?'或'＊'组成。

【解题思路】　二维动态规划数组。设计动态规划数组 dp$[m+1][n+1]$，其中 dp$[i][j]$ 表示 s 的前 i 个字符和 p 的前 j 个字符是否匹配。首先将 dp 的所有元素初始化为 false。求 dp$[i][j]$ 分为以下两种情况。

(1) 若 p$[j-1] \neq$'＊'，又分为两种子情况：

① 如果 p$[j-1]=$'?'，可以与 s$[i-1]$ 匹配，如图 21.19(a)所示，则有 dp$[i][j]=$ dp$[i-1][j-1]$。

② 如果 s$[i-1]=$ p$[j-1]$，两个字符匹配，如图 21.19(b)所示，则有 dp$[i][j]=$ dp$[i-1][j-1]$。

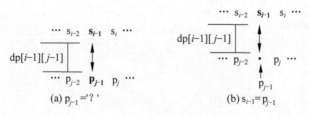

图 21.19　$p_{j-1} \neq$'＊'的两种子情况

(2) 若 p$[j-1]=$'＊'，又分为几种子情况：

① 让该'＊'匹配 0 个字符(相当于'＊'不匹配 s_{i-1})，如图 21.20(a)所示，则有 dp$[i][j]=$ dp$[i][j-1]$。

② 让该'＊'匹配一个或者多个字符，如图 21.20(b)所示，在转换的子问题中仍然包含'＊'，因为此时 s$[i-1]$ 与'＊'匹配，该'＊'可能会与 s$[i-1]$ 后面的字符匹配，所以有 dp$[i][j]=$ dp$[i-1][j]$。

合并起来有 dp$[i][j]=$ dp$[i][j-1]$ || dp$[i-1][j]$。

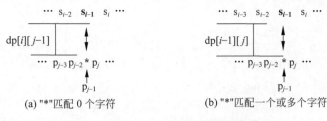

(a) "*"匹配 0 个字符　　　　　(b) "*"匹配一个或多个字符

图 21.20　$p_{j-1} = '*'$ 的两种子情况

下面考虑特殊情况:

(1) 显然 s 和 p 均为空时是匹配的,即 dp[0][0]＝true。

(2) 由于空模式 p 无法匹配非空字符串 s,所以 dp[i][0]＝false($1 \leqslant i \leqslant n$)。

(3) 当 s=""时,只有'*'才能匹配空字符串,所以当模式 p 的前 j 个字符均为'*'时 dp[0][j] 才为真,其他为假。

按照上述过程求出 dp 数组后,dp[m][n] 就是答案,返回该元素即可。

扫一扫

源程序

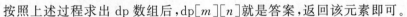

21.5.5　LeetCode10——正则表达式匹配★★★

【问题描述】　实现支持'.'和'*'的正则表达式匹配。'.'匹配任意一个字母,'*'匹配 0 个或者多个前面的元素,'*'前保证是一个非'*'元素,匹配应该覆盖整个输入字符串,而不仅仅是一部分。需要实现的函数是 isMatch(string s,string p),如:

isMatch("","*")→false　　　　　isMatch("","**")→true

isMatch("aa","a")→false　　　　isMatch("aa","aa")→true

isMatch("aaa","aa")→false　　　isMatch("aa","a*")→true

isMatch("aa",".*")→true　　　　isMatch("ab",".*")→true

【限制】　$1 \leqslant s.length \leqslant 20, 1 \leqslant p.length \leqslant 20$,s 只包含 a~z 的小写字母,p 只包含 a~z 的小写字母以及字符'.'和'*',保证每次出现字符'*'时前面都匹配到有效的字符。

【解题思路】　二维动态规划数组。设计动态规划数组 dp[m+1][n+1],其中 dp[i][j] 表示 s 的前 i 个字符和 p 的前 j 个字符是否匹配。首先将 dp 的所有元素初始化为 false。求 dp[i][j] 分为以下两种情况。

(1) 若 $p[j-1] \neq '*'$,分为两种子情况:

① $s[i-1]＝p[j-1]$,如图 21.21(a)所示,则 $s[i-1]$ 与 $p[j-1]$ 匹配,$dp[i][j]＝dp[i-1][j-1]$。

② $p[j-1]＝'.'$,如图 21.21(b)所示,$s[i-1]$ 也可以与 $p[j-1]$ 匹配,$dp[i][j]＝dp[i-1][j-1]$。

从上看出,两个字符 $s[i]$ 和 $p[j]$ 满足 $p[j]＝'.'$ 或者 $s[i]＝p[j]$ 时是匹配的,用 $match(s[i],p[j])$ 表示,进一步用 $match(s[x..y],p[j])$ 表示 $s[x..y]$ 中的每一个字符与 $p[j]$ 均是匹配的。

(2) 若 $p[j-1]＝'*'$,根据"$p[j-2]*$"的重复次数分为以下子情况:

① 重复 0 次,如图 21.22(a)所示,则 $dp[i][j]＝dp[i][j-2]$。

② 重复一次,即 $match(s[i-1],p[j-2])$ 为真,如图 21.22(b)所示,则 $dp[i][j]＝dp[i-1][j-2]$。

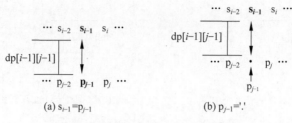

(a) $s_{i-1} = p_{j-1}$ (b) $p_{j-1} = '.'$

图 21.21 $p_{j-1} \neq '*'$ 的两种子情况

③ 重复两次，即 $\text{match}(s[i-2..i-1], p[j-2])$ 为真，如图 21.22（c）所示，则 $dp[i][j] = dp[i-2][j-2]$。

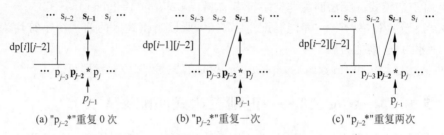

(a) "$p_{j-2}*$"重复 0 次   (b) "$p_{j-2}*$"重复一次   (c) "$p_{j-2}*$"重复两次

图 21.22 $p_{j-1} \neq '*'$ 的各种子情况

以此类推，得到以下状态转移式：

$dp[i][j] = dp[i][j-2] \,||\, (\text{match}(s[i-1], p[j-2]) \,\&\&\, dp[i-1][j-2]) \,||\, (\text{match}(s[i-2..i-1], p[j-2]) \,\&\&\, dp[i-2][j-2]) \,||\, \cdots$。注意，其中 $\text{match}(s[i-2..i-1], p[j-2])$ 为真则 $\text{match}(s[i-1], p[j-2])$ 一定为真。

那么究竟需要枚举多少次重复呢？下面简化计算。令 $i = i-1$，代入上式：

$dp[i-1][j] = dp[i-1][j-2] \,||\, (\text{match}(s[i-2], p[j-2]) \,\&\&\, dp[i-2][j-2]) \,||\, (\text{match}(s[i-3..i-2], p[j-2]) \,\&\&\, dp[i-3][j-2]) \,||\, \cdots$。

比较 $dp[i][j]$ 和 $dp[i-1][j]$，发现每项都相差 $\text{match}(s[i-1], p[j-2])$，也就是说 $dp[i-1][j]$ 和 $dp[i][j]$ 相差 $\text{match}(s[i-1], p[j-2])$，即 $dp[i][j] = \text{match}(s[i-1], p[j-2]) \,\&\&\, dp[i-1][j]$。

下面考虑特殊情况：

（1）显然 s 和 p 均为空时是匹配的，即 $dp[0][0] = \text{true}$。

（2）依题意，s=""/p="*"是不匹配的。s=""/p="**"是匹配的，即将 p 中的"**"重复 0 次。s=""/p="***"是不匹配的，因为 p 开头"**"重复 0 次，问题转换为 s=""/p="*"，它是不匹配的。简单地说，若 p 的所有字符均为 '*'，则有 $dp[0][j] = \text{true}(j = 0, 2, 4, \cdots)$，$dp[0][j] = \text{false}(j = 1, 3, 5, \cdots)$。也就是说，若 $p[j-1] = '*'$，则 $dp[0][j] = dp[0][j-2]$。

按照上述过程求出 dp 数组后，$dp[m][n]$ 就是答案，返回该元素即可。对应的算法如下。

▦ **C++**：

```
1   class Solution {
2   public:
3       bool isMatch(string &s, string &p) {
```

```cpp
4          int m=s.size(),n=p.size();
5          auto dp=vector<vector<bool>>(m+1,vector<bool>(n+1,false));
6          dp[0][0]=true;
7          for(int j=1;j<=n;j++){
8              if(p[j-1]=='*'&&j-2>=0&&dp[0][j-2])
9                  dp[0][j]=true;
10         }
11         for(int i=1;i<=m;i++){
12             for(int j=1;j<=n;j++){
13                 if(p[j-1]!='*'){
14                     if(p[j-1]=='.'||s[i-1]==p[j-1])
15                         dp[i][j]=dp[i-1][j-1];
16                 }
17                 else{                    //p[j-1]=='*'
18                     dp[i][j]=dp[i][j-2];
19                     if(p[j-2]=='.'||s[i-1]==p[j-2])
20                         dp[i][j]=dp[i][j] || dp[i-1][j];
21                 }
22             }
23         }
24         return dp[m][n];
25     }
26 };
```

提交运行：

结果:通过；时间:8ms;空间:6.81MB

Python：

```python
1  class Solution:
2      def isMatch(self, s: str, p: str) -> bool:
3          m,n=len(s),len(p)
4          dp=[[False for _ in range(n+1)] for _ in range(m+1)]
5          dp[0][0]=True
6          for j in range(1,n+1):
7              if p[j-1]=='*' and j-2>=0 and dp[0][j-2]:
8                  dp[0][j]=True
9          for i in range(1,m+1):
10             for j in range(1,n+1):
11                 if p[j-1]!='*':
12                     if p[j-1]=='.' or s[i-1]==p[j-1]:
13                         dp[i][j]=dp[i-1][j-1]
14                     else:                # p[j-1]=='*'
15                         dp[i][j]=dp[i][j-2]
16                     if p[j-2]=='.' or s[i-1]==p[j-2]:
17                         dp[i][j]=dp[i][j] or dp[i-1][j]
18         return dp[m][n]
```

提交运行：

结果:通过；时间:60ms;空间:15.55MB

21.6 背包型动态规划

21.6.1 什么是背包型动态规划

背包问题有多种变型,最常见的是 0/1 背包问题和完全背包问题,它们可以使用动态规划求解。许多其他问题可以转换为背包问题,继而使用类似的动态规划求解,称之为背包型动态规划。下面通过示例详细介绍 0/1 背包问题和完全背包问题的求解过程。

 例 21-5

0/1 背包问题。有 n 个物品(编号为 $0 \sim n-1$)和一个容量为 W 的背包,给定数组 w 表示每个物品的重量,给定数组 v 表示每个物品的价值。求最多能装入背包的物品的总价值。其中 $w[i]$、$v[i]$、n、W 均为整数,注意不能将物品进行切分,所挑选的要装入背包的物品的总重量不能超过 W,每个物品只能取一次。例如,$W=10,w=[2,3,5,7],v=[1,5,2,4]$,答案为 9,选择物品 1 和 3,其重量和为 10,价值和为 9。

解:设计二维动态规划数组 dp,其中 $dp[i][r]$ 表示给定前 i 个物品(物品 0 ~ 物品 $i-1$)并且背包容器为 r 时所选择物品的最大价值。显然 $dp[0][r]=0(0 \leqslant r \leqslant W)$,表示没有任何物品时总价值一定为 0,同时 $dp[i][0]=0(0 \leqslant i \leqslant n)$,表示背包容量为 0 时总价值一定为 0。现在求 $dp[i][r]$,考虑物品 $i-1$:

(1) 物品 $i-1$ 放不下,即 $w[i-1]>r$,则 $dp[i][r]=dp[i-1][r]$。

(2) 物品 $i-1$ 能够放下,即 $w[i-1] \leqslant r$,有以下两种情况。

① 不选择物品 $i-1$,则 $dp[i][r]=dp[i-1][r]$。

② 选择物品 $i-1$,则 $dp[i][r]=dp[i-1][r-w[i-1]]+v[i-1]$,其中 $dp[i-1][r-w[i-1]]$ 为背包容量为 $r-w[i-1]$ 时不选择物品 $i-1$ 的最大价值,那么 $dp[i-1][r-w[i-1]]+v[i-1]$ 就是选择物品 $i-1$ 得到的最大价值。

所以状态转移方程为 $dp[i][r]=\max(dp[i-1][r],dp[i-1][r-w[i-1]]+v[i-1])$。

在求出 dp 数组后,$dp[n][W]$ 就是答案。对应的算法如下。

C++:

```
1   int knap1(int W, vector < int > &w, vector < int > &v) {
2       int n=w.size();
3       vector < vector < int >> dp(n+1, vector < int >(W+1,0));
4       for(int i=0;i<=n;i++)                    //边界情况 dp[i][0]=0,可省略
5           dp[i][0]=0;
6       for(int r=0;r<=W;r++)                    //边界情况 dp[0][r]=0,可省略
7           dp[0][r]=0;
8       for(int i=1;i<=n;i++) {
9           for(int r=0;r<=W;r++) {
10              if(r < w[i-1])
11                  dp[i][r]=dp[i-1][r];
12              else
13                  dp[i][r]=max(dp[i-1][r],dp[i-1][r-w[i-1]]+v[i-1]);
14          }
15      }
16      return dp[n][W];
17  }
```

在上述算法中先执行 i 循环后执行 r 循环(即先遍历背包后遍历容量),将两重循环的顺序颠倒,结果也是正确的。

将 $dp[i][r]=\max(dp[i-1][r],dp[i-1][r-w[i-1]]+v[i-1])$ 用图 21.23 表示,可以看出 $dp[i][r]$ 是由左上方 $dp[i-1][r-w[i-1]]+v[i-1]$ 或者正上方 $dp[i-1][r]$

的数值推导出来的,如果由左上方的数值推导出来表示选择物品 $i-1$,否则表示不选择物品 $i-1$。按照该思路可以由 dp 推导出一个物品选择方案。

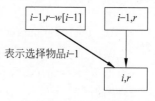

图 21.23 求 $dp[i][r]$

由于 $dp[i][*]$ 仅由 $dp[i-1][*]$ 推导出来,可以使用滚动数组,将 dp 降为一维数组,即 $dp[*][r]$ 降为 $dp[r]$,$dp[r]$ 表示背包容量为 r 时放入背包的最大物品价值。由于循环是从 $i-1$ 到 i 递进的,用 $dp[i]$($dp[i][r]$)覆盖原 $dp[i]$($dp[i-1][r]$)是没有问题的,所以状态转移方程为 $dp[r]=\max(dp[r],dp[r-w[i-1]]+v[i-1])$。

显然一维 dp 数组的初始化是将所有元素置为 0。由于这里隐含 i 的递进,所以必须先执行 i 循环后执行 r 循环,不能颠倒。i 循环是从 1 到 n,那么 r 循环是不是从 0 到 W(即从小到大)呢?

下面通过一个例子说明,假设 $n=4$,$W=10$,$w=[2,3,5,7]$,$v=[1,5,2,4]$,如果 r 从 0 到 10 循环,初始化 dp 的元素为 0,求 $i=1$ 和 $i=2$ 的过程如下。

(1) $i=1$:

$r=0$ 时物品 0 放不下

$r=1$ 时物品 0 放不下

$r=2$,$dp[2]=\max(0,dp[r-2]+1)=1$

$r=3$,$dp[3]=\max(0,dp[r-2]+1)=1$

$r=4$,$dp[4]=\max(0,dp[r-2]+1)=2$

$r=5$,$dp[5]=\max(0,dp[r-2]+1)=2$

$r=6$,$dp[6]=\max(0,dp[r-2]+1)=3$

$r=7$,$dp[7]=\max(0,dp[r-2]+1)=3$

$r=8$,$dp[8]=\max(0,dp[r-2]+1)=4$

$r=9$,$dp[9]=\max(0,dp[r-2]+1)=4$

$r=10$,$dp[10]=\max(0,dp[r-2]+1)=5$

(2) $i=2$:

$r=0$ 到 2 时物品 1 放不下

$r=3$,$dp[3]=\max(1,dp[r-3]+5)=5$

$r=4$,$dp[4]=\max(2,dp[r-3]+5)=5$

$r=5$,$dp[5]=\max(2,dp[r-3]+5)=6$

$r=6$,$dp[6]=\max(3,dp[r-3]+5)=10$

$r=7$,$dp[7]=\max(3,dp[r-3]+5)=10$

$r=8$,$dp[8]=\max(4,dp[r-3]+5)=11$

$r=9$,$dp[9]=\max(4,dp[r-3]+5)=15$

$r=10$,$dp[10]=\max(5,dp[r-3]+5)=15$

从中看出,$i=2$ 时,$r=3$,$dp[3]=dp[0]+5=5$,选择一次物品 1。$r=6$,$dp[6]=dp[3]+5=10$,又选择一次物品 1。$r=9$,$dp[9]=dp[6]+5=15$,再一次选择物品 1。最终的最大价值是 15,这显然是错误的,问题是 r 从 0 到 W 循环时可能会重复选择某个物品,若改为 r 从 W 到 0(即从大到小)循环呢?对于前面的例子,初始化 dp 的元素为 0,求解过程如下。

(1) $i=1$：

$r=10,dp[10]=\max(0,dp[r-2]+1)=1$

$r=9,dp[9]=\max(0,dp[r-2]+1)=1$

$r=8,dp[8]=\max(0,dp[r-2]+1)=1$

$r=7,dp[7]=\max(0,dp[r-2]+1)=1$

$r=6,dp[6]=\max(0,dp[r-2]+1)=1$

$r=5,dp[5]=\max(0,dp[r-2]+1)=1$

$r=4,dp[4]=\max(0,dp[r-2]+1)=1$

$r=3,dp[3]=\max(0,dp[r-2]+1)=1$

$r=2,dp[2]=\max(0,dp[r-2]+1)=1$

$r=1$ 和 0 时物品 0 放不下

(2) $i=2$：

$r=10,dp[10]=\max(1,dp[r-3]+5)=6$

$r=9,dp[9]=\max(1,dp[r-3]+5)=6$

$r=8,dp[8]=\max(1,dp[r-3]+5)=6$

$r=7,dp[7]=\max(1,dp[r-3]+5)=6$

$r=6,dp[6]=\max(1,dp[r-3]+5)=6$

$r=5,dp[5]=\max(1,dp[r-3]+5)=6$

$r=4,dp[4]=\max(1,dp[r-3]+5)=5$

$r=3,dp[3]=\max(1,dp[r-3]+5)=5$

$r=2$ 到 0 时物品 1 放不下

(3) $i=3$：

$r=10,dp[10]=\max(6,dp[r-5]+2)=8$

$r=9,dp[9]=\max(6,dp[r-5]+2)=7$

$r=8,dp[8]=\max(6,dp[r-5]+2)=7$

$r=7,dp[7]=\max(6,dp[r-5]+2)=6$

$r=6,dp[6]=\max(6,dp[r-5]+2)=6$

$r=5,dp[5]=\max(6,dp[r-5]+2)=6$

$r=4$ 到 0 时物品 2 放不下

(4) $i=4$：

$r=10,dp[10]=\max(8,dp[r-7]+4)=9$

$r=9,dp[9]=\max(7,dp[r-7]+4)=7$

$r=8,dp[8]=\max(7,dp[r-7]+4)=7$

$r=7,dp[7]=\max(6,dp[r-7]+4)=6$

$r=6$ 到 0 时物品 3 放不下

从中看出最大价值为 9，每个物品最多选择一次，所以这是正确的答案。使用滚动数组求 0/1 背包问题的算法如下。

C++：

```
1    int knap2(int W, vector<int> &w, vector<int> &v) {
2        int n=w.size();
3        vector<int> dp(W+1,0);                    //一维动态规划数组
```

```
4          for(int i=1;i<=n;i++) {
5              for(int r=W;r>=w[i-1];r--)          //r 从大到小循环(重点)
6                  dp[r]=max(dp[r],dp[r-w[i-1]]+v[i-1]);
7          }
8          return dp[W];
9      }
```

例 21-6

完全背包问题。给定 n 种物品,每种物品都有无限个。第 i 个物品的重量为 $w[i]$、价值为 $v[i]$,再给定一个容量为 W 的背包,求可以装入背包的物品的最大价值。注意,不能将一个物品分成小块,放入背包的物品的总大小不能超过 W。例如,$w=[2,3,5,7]$,$v=[1,5,2,4]$,$W=10$,答案为 15,装入 3 个物品 1。

解: 与求解 0/1 背包问题类似,使用二维动态规划数组 dp,其中 $dp[i][r]$ 表示将前 i 种物品装进容量为 r 的背包中能获取的最大价值。比较简单的转移是直接枚举第 i 种物品取 k 个,则 $dp[i][r]=\max\{dp[i-1][r-k*w[i-1]]+k*v[i-1]\}(r\geq k*w[i-1])$。

但是这样速度较慢,可以优化成 $dp[i][r]$ 直接由 $dp[i][r-w[i-1]]$ 转移,并且从小到大枚举 r,这样做的目的是在已经选择过物品 $i-1$ 之后还可以继续选择它(以实现多次选择物品 $i-1$),也就是说计算 $dp[i][r]$ 的公式为 $dp[i][r]=\max(dp[i-1][r],dp[i][r-w[i-1]]+v[i-1])$。对应的算法如下。

C++:

```
1   int compknap1(vector<int> &w, vector<int> &v, int W) {
2       int n=w.size();
3       auto dp=vector<vector<int>>(n+1,vector<int>(W+1,0));
4       for(int i=1;i<=n;i++) {
5           for(int r=1;r<=W;r++) {
6               if(r<w[i-1])                        //物品 i-1 放不下
7                   dp[i][r]=dp[i-1][r];
8               else                                //不选和多次选物品 i-1 求最大价值
9                   dp[i][r]=max(dp[i-1][r],dp[i][r-w[i-1]]+v[i-1]);
10          }
11      }
12      return dp[n][W];
13  }
```

另外,也可以使用类似 0/1 背包问题的滚动数组方法,由 knap2 算法可知将 r 改为由小到大循环即可重复选择物品,对应的算法如下。

C++:

```
1   int compknap2(vector<int> &w, vector<int> &v, int W) {
2       int n=w.size();
3       vector<int> dp(W+1,0);                      //一维动态规划数组
4       for(int i=1;i<=n;i++) {
5           for(int r=w[i-1];r<=W;r++)              //r 从小到大循环(重点)
6               dp[r]=max(dp[r],dp[r-w[i-1]]+v[i-1]);
7       }
8       return dp[W];
9   }
```

或者颠倒循环 i 和循环 r 的顺序,结果也是正确的。对应的算法如下。

```
1    int compknap3(vector<int>&w, vector<int>&v, int W) {
2        int n=w.size();
3        vector<int> dp(W+1,0);                    //一维动态规划数组
4        for(int r=0;r<=W;r++) {                    //r从小到大循环(重点)
5            for(int i=1;i<=n;i++) {
6                if(r>=w[i-1])
7                    dp[r]=max(dp[r],dp[r-w[i-1]]+v[i-1]);
8            }
9        }
10       return dp[W];
11   }
```

思考题:上述两个算法 compknap2 和 compknap3 都可以正确地计算出完全背包问题的最大价值,两者有什么不同?

21.6.2 LeetCode416——分割等和子集★★

【问题描述】 给定一个只包含正整数的非空数组 nums,问是否可以将这个数组分割成两个子集,使得两个子集的元素和相等。

例如,nums=[1,5,11,5],答案为 true,可以分割成[1,5,5]和[11];nums=[1,2,3,5],答案为 false,不能分割成两个元素和相等的子集。

【限制】 1≤nums.length≤200,1≤nums[i]≤100。

【解法1】 二维动态规划数组。求出 nums 中的元素和 s 以及最大元素 maxe,显然 s 为奇数时不能将 nums 分割为和相等的两部分。置 $W=s/2$,由于 nums 中的元素为正整数,所以若 maxe>W,则不能将 nums 分割为和相等的两部分。剩下的问题转换为这样的 0/1 背包问题:有 n 个物品,重量用 nums 数组表示,背包的容量为 W,求装入背包中的物品的最大重量(价值和重量相同)。使用例 21-5 中的 knap1 算法求出最大重量 dp$[n][W]$,若 dp$[n][W]=W$,说明可以分割成两个和相等的子集,返回 true,否则返回 false。对应的算法如下。

C++:

```
1    class Solution {
2    public:
3        bool canPartition(vector<int>& nums) {
4            int n=nums.size();
5            if(n<2) return false;                    //若元素的个数小于2,则不能分割
6            int s=0;
7            int maxe=0;
8            for(int e:nums) {                        //求所有元素和 s 以及最大元素 maxe
9                s+=e;
10               if(e>maxe) maxe=e;
11           }
12           if(s%2!=0) return false;                 //如果和是奇数,则不能分割
13           int W=s/2;                               //W 为元素和的一半
14           if(maxe>W) return false;                 //若最大元素大于 W,则不能分割
15
16           auto dp=vector<vector<int>>(n+1, vector<int>(W+1,0));
17           for(int i=1;i<=n;i++) {
18               for(int r=0;r<=W;r++) {
19                   if(r<nums[i-1])
20                       dp[i][r]=dp[i-1][r];
21                   else
```

```
21                      dp[i][r]=max(dp[i−1][r],dp[i−1][r−nums[i−1]]+nums[i−1]);
22                  }
23              }
24          return dp[n][W]==W;
25      }
26  };
```

提交运行：

结果：通过；时间：372ms；空间：91.56MB

使用滚动数组，将二维数组 dp 降为一维数组 dp，参见例 21-5 中的 knap2 算法，对应的算法如下。

▦ C++：

```
1   class Solution {
2   public:
3       bool canPartition(vector<int> & nums) {
4           int n=nums.size();
5           if(n<2) return false;                         //若元素的个数小于2,则不能分割
6           int s=0;
7           int maxe=0;
8           for(int e:nums) {                             //求所有元素和s以及最大元素maxe
9               s+=e;
10              if(e>maxe) maxe=e;
11          }
12          if(s%2!=0) return false;                      //如果和是奇数,则不能分割
13          int W=s/2;                                     //W为元素和的一半
14          if(maxe>W) return false;                      //若最大元素大于W,则不能分割

15          vector<int> dp(W+1,0);                         //一维动态规划数组
16          for(int i=1;i<=n;i++) {
17              for(int r=W;r>=nums[i−1];r−−)             //r从大到小循环(重点)
18                  dp[r]=max(dp[r],dp[r−nums[i−1]]+nums[i−1]);
19          }
20          return dp[W]==W;
21      }
22  };
```

提交运行：

结果：通过；时间：256ms；空间：10.34MB

▦ Python：

```
1   class Solution:
2       def canPartition(self, nums: List[int]) -> bool:
3           n=len(nums)
4           if n<2:return False                           #若元素的个数小于2,则不能分割
5           s,maxe=sum(nums),max(nums)
6           if s%2!=0:return False                        #如果和是奇数,则不能分割
7           W=s//2                                         #W为元素和的一半
8           if maxe>W:return False                        #若最大元素大于W,则不能分割

9           dp=[0]*(W+1)                                   #一维动态规划数组
10          for i in range(1,n+1):
11              for r in range(W,nums[i−1]−1,−1):         #r从大到小循环(重点)
12                  dp[r]=max(dp[r],dp[r−nums[i−1]]+nums[i−1])
13          return dp[W]==W
```

提交运行：

结果:通过;时间:3028ms;空间:16.12MB

【解法2】 二维动态规划数组。整体思路与解法1类似,当剩下的问题转换为0/1背包问题后,设置bool型的二维动态规划数组 $dp[n+1][W+1]$,其中 $dp[i][r]$ 表示从 nums 的前 i 个整数中能否选择和为 r 的若干整数。初始化所有元素为 false。

显然 $dp[1][nums[0]]=true$,因为选择一个整数(即 $nums[0]$),其和恰好为 $nums[0]$。同时 $dp[i][0]=true(0 \leq i \leq n)$,因为从 $nums[0..i-1]$ 中选取0个元素时其和为0。

现在求其他 $dp[i][r]$,考虑当前整数 $nums[i-1]$ 分为两种情况:

(1) 当 $r<nums[i-1]$ 时,一定不能选择 $nums[i-1]$,则有 $dp[i][r]=dp[i-1][r]$。

(2) 当 $r \geq nums[i-1]$ 时,有选择和不选择 $nums[i-1]$ 两种方式,则有 $dp[i][r]=dp[i-1][r] \mid\mid dp[i-1][r-nums[i-1]]$。

在求出 dp 数组后,$dp[n][W]$ 就是答案。对应的算法如下。

C++:

```cpp
class Solution {
public:
    bool canPartition(vector<int>& nums) {
        int n=nums.size();
        if(n<2) return false;                    //若元素的个数小于2,则不能分割
        int s=0;
        int maxe=0;
        for(int e:nums) {                        //求所有元素和s以及最大元素maxe
            s+=e;
            if(e>maxe) maxe=e;
        }
        if(s%2!=0) return false;                 //如果总和是奇数,则不能分割
        int W=s/2;                               //W为元素和的一半
        if(maxe>W) return false;                 //若最大元素大于W,则不能分割

        auto dp=vector<vector<bool>>(n+1,vector<bool>(W+1,false));
        dp[1][nums[0]]=true;
        for(int i=0;i<=n;i++)
            dp[i][0]=true;
        for(int i=1;i<=n;i++) {
            for(int j=1;j<=W;j++) {
                if(j<nums[i-1])
                    dp[i][j]=dp[i-1][j];
                else
                    dp[i][j]=dp[i-1][j] || dp[i-1][j-nums[i-1]];
            }
        }
        return dp[n][W];
    }
};
```

提交运行:

结果:通过;时间:476ms;空间:12.86MB

同样使用滚动数组,将二维数组 dp 降为一维数组 dp,参见例21-5中的 knap2 算法,对应的算法如下。

C++:

```cpp
class Solution {
public:
```

```
3          bool canPartition(vector<int>& nums) {
4              int n=nums.size();
5              if(n<2) return false;            //若元素的个数小于2,则不能分割
6              int s=0;
7              int maxe=0;
8              for(int e:nums) {                //求所有元素和s以及最大元素maxe
9                  s+=e;
10                 if(e>maxe) maxe=e;
11             }
12             if(s%2!=0) return false;         //如果和是奇数,则不能分割
13             int W=s/2;                       //W为元素和的一半
14             if(maxe>W) return false;         //若最大元素大于W,则不能分割
15             vector<bool> dp(W+1,false);      //dp[r]:是否存在子集和为r

16             dp[0]=true;
17             for(int i=1;i<=n;i++) {
18                 for(int r=W;r>=nums[i-1];r--)      //r从大到小循环(重点)
19                     dp[r]=dp[r] || dp[r-nums[i-1]];
20             }
21             return dp[W];
22         }
23     };
```

提交运行：

结果:通过;时间:380ms;空间:9.63MB

Python：

```
1    class Solution:
2        def canPartition(self, nums: List[int]) -> bool:
3            n=len(nums)
4            if n<2:return False                #若元素的个数小于2,则不能分割
5            s,maxe=sum(nums),max(nums)
6            if s%2!=0:return False             #如果和是奇数,则不能分割
7            W=s//2                             #W为元素和的一半
8            if maxe>W:return False             #若最大元素大于W,则不能分割

9            dp=[False]*(W+1)                   #dp[r]:是否存在子集和为r
10           dp[0]=True
11           for i in range(1,n+1):
12               for r in range(W,nums[i-1]-1,-1):          #r从大到小循环(重点)
13                   dp[r]=dp[r] or dp[r-nums[i-1]]
14           return dp[W]
```

提交运行：

结果:通过;时间:956ms;空间:15.75MB

21.6.3　LeetCode494——目标和★★

【问题描述】　给定一个非负整数数组 nums 和一个目标数 target,对于数组中的任意一个整数,都可以从'+'或'−'中选择一个符号添加在前面,请返回可以使最终数组的和为目标数 s 的所有方法数。

例如,nums=[1,1,1,1,1],s=3,答案为5,共有5种添加符号的方法：

$$-1+1+1+1+1=3$$

$$+1-1+1+1+1=3$$

$$+1+1-1+1+1=3$$
$$+1+1+1-1+1=3$$
$$+1+1+1+1-1=3$$

【限制】 $1 \leqslant nums.length \leqslant 20, 0 \leqslant nums[i] \leqslant 1000, 0 \leqslant sum(nums[i]) \leqslant 1000, -1000 \leqslant target \leqslant 1000$。

【解题思路】 二维动态规划数组。对于 $nums[0..n-1]$ 数组，其中所有元素为正整数（含0），现在要在每个元素的前面添加 '−' 或者 '＋' 符号，求总和为 target 的方法数。假设 nums 中加上负号的所有元素的和为 neg（一个负整数），nums 中加上正号的所有元素的和为 pos（一个正整数），求解结果满足条件：

$$pos+neg==target$$

现在求出 nums 中所有元素的和为 s，在求元素的和时不需要考虑符号，−neg 表示没有添加负号的元素的和，即

$$pos+(-neg)==s$$

上面两式相加：

$$2pos=target+s$$

即

$$pos=(target+s)/2$$

扫一扫

源程序

这样本问题转换为在 nums 数组中选取部分元素，其和为 $W=(target+s)/2$，每个解对应一个方法，最后求这样的解的个数。该问题与 0/1 背包问题非常类似，设计二维动态规划数组 $dp[n+1][W+1]$，$dp[i][r]$ 表示 nums 的前 i 个整数组成表达式时值为 r 的方法数，参考例 21-5 中的 knap1 算法求解。

21.6.4 LeetCode474——一和零 ★★

【问题描述】 给定一个二进制字符串数组 strs 以及两个整数 m 和 n，请找出并返回 strs 的最大子集的长度，在该子集中最多有 m 个 0 和 n 个 1。如果 x 的所有元素也是 y 的元素，那么集合 x 是集合 y 的子集。

例如，strs＝["10","0001","111001","1","0"]，$m＝5,n＝3$，答案为 4，最多有 5 个 0 和 3 个 1 的最大子集是 {"10","0001","1","0"}，共 4 个字符串。

【限制】 $1 \leqslant strs.length \leqslant 600, 1 \leqslant strs[i].length \leqslant 100$，strs[i] 仅由 '0' 和 '1' 组成，$1 \leqslant m, n \leqslant 100$。

扫一扫

源程序

【解题思路】 三维动态规划数组。假设数组 strs 的长度为 len，定义三维数组 $dp[len+1][m+1][n+1]$，其中 $dp[i][j][k]$ 表示在 strs 的前 i 个字符串中使用 j 个 '0' 和 k 个 '1' 的情况下最多可以得到的字符串数量。初始化所有元素为 0。现在求 $dp[i][j][k]$，计算出当前字符串 $strs[i-1]$ 中 '0' 的个数 cnt0 和 '1' 的个数 cnt1，类似于 0/1 背包问题，分为两种情况：

(1) 若 $cnt0 > j$ 或者 $cnt1 > k$，不能选择字符串 $strs[i-1]$，则有 $dp[i][j][k]=dp[i-1][j][k]$。

(2) 否则可以不选择和选择字符串 $strs[i-1]$，在两种子情况中取最大值，则有 $dp[i][j][k]=\max(dp[i-1][j][k], dp[i-1][j-cnt0][k-cnt1]+1)$。

在求出 dp 数组后，dp[len][m][n]就是答案。

21.6.5　LeetCode879——盈利计划★★★

【问题描述】　某集团有 n 名员工，他们可以通过完成各种各样的工作来创造利润。第 i 项工作会产生 profit[i] 的利润，它要求 group[i] 名员工共同参与。如果某一员工参与了其中一项工作，就不能参与另一项工作。工作的任何至少产生 minProfit 利润的子集称为盈利计划。工作的参与员工总数最多为 n。求有多少种盈利计划可以选择。因为答案很大，所以返回结果对 10^9+7 取模的值。

例如，$n=5$，minProfit$=3$，group$=[2,2]$，profit$=[2,3]$，答案为 2，至少产生 3 的利润，该集团可以完成工作 0 和工作 1，或仅完成工作 1，即有两种计划。

【限制】　$1 \leqslant n \leqslant 100$，$0 \leqslant$ minProfit$\leqslant 100$，$1 \leqslant$ group. length$\leqslant 100$，$1 \leqslant$ group[i]$\leqslant 100$，profit. length$=$group. length，$0 \leqslant$ profit[i]$\leqslant 100$。

【解题思路】　三维动态规划数组。该问题的当前状态用当前可选择的工作、已选择的小组员工数和目前状态的工作盈利下限来描述，为此设计动态规划数组 dp[$m+1$][$n+1$][minProfit$+1$]（m 为工作数），其中 dp[i][j][k]表示在前 i 项工作中选择 j 个员工，并且满足工作利润至少为 k 的情况下的盈利计划的总数目。

初始化 dp[0][0][0]$=1$。现在求 dp[i][j][k]，对于当前工作 $i-1$，根据做还是不做分为两种情况（类似于 0/1 背包中每个物品的选择和不选择）：

（1）如果不做当前工作 $i-1$，显然有 dp[i][j][k]$=$dp[$i-1$][j][k]。

（2）如果做当前工作 $i-1$（必须保证满足 $j \geqslant$ group[$i-1$]），当前小组员工数为 group[$i-1$]，工作利润为 profit[$i-1$]，则有：

dp[i][j][k]$=$dp[$i-1$][j][k]$+$dp[$i-1$][$j-$group[$i-1$]][max(0,$k-$profit[$i-1$])]

注意，上述公式中的第 3 维 max(0,$k-$profit[$i-1$])表示做任何工作的盈利至少为 0，不可能为负数。

在求出 dp 数组后，所有 dp[m][*][minProfit]元素之和即为全部工作中安排若干员工至少产生 minProfit 利润的盈利计划的总数目。对应的算法如下。

▓ C++：

```
1   class Solution {
2       const int mod=1000000007;
3   public:
4       int profitableSchemes(int n,int minProfit,vector<int>& group, vector<int>& profit) {
5           int m=group.size();
6           vector<vector<vector<int>>> dp(m+1,vector<vector<int>>(n+1,
7               vector<int>(minProfit+1)));
8           dp[0][0][0]=1;
9           for(int i=1;i<=m;i++) {
10              for(int j=0;j<=n;j++) {
11                  for(int k=0;k<=minProfit;k++) {
12                      if(j < group[i−1])
13                          dp[i][j][k]=dp[i−1][j][k];
14                      else {
15                          dp[i][j][k]=dp[i−1][j][k]+dp[i−1][j−group[i−1]][max(0,k−profit[i−1])];
16                          dp[i][j][k] %= mod;
17                      }
```

```
18                    }
19                }
20            }
21            int ans=0;
22            for(int j=0;j<=n;j++)
23                ans=(ans+dp[m][j][minProfit]) % mod;
24            return ans;
25        }
26    };
```

提交运行:

结果:通过;时间:252ms;空间:51.61MB

Python:

```
1    class Solution:
2        def profitableSchemes(self,n:int,minProfit:int,group:List[int],profit:List[int])-> int:
3            mod=1000000007
4            m=len(group)
5            dp=[[[0 for _ in range(minProfit+1)] for _ in range(n+1)] for _ in range(m+1)]
6            dp[0][0][0]=1
7            for i in range(1,m+1):
8                for j in range(0,n+1):
9                    for k in range(0,minProfit+1):
10                        if j < group[i-1]:
11                            dp[i][j][k] = dp[i-1][j][k]
12                        else:
13                            dp[i][j][k]=dp[i-1][j][k]+dp[i-1][j-group[i-1]][max(0,
                             k-profit[i-1])]
14                        dp[i][j][k] %= mod
15            ans=0
16            for j in range(0,n+1):
17                ans=(ans+dp[m][j][minProfit]) % mod
18            return ans
```

提交运行:

结果:通过;时间:2568ms;空间:47.46MB

由于dp[i][*][*]仅与dp[$i-1$][*][*]相关,使用滚动数组,将其降为dp[$m+1$][$n+1$],类似于例21-5中的knap2算法,由于每个字符串最多选择一次,所以j和k均从大到小循环。对应的算法如下。

C++:

```
1    class Solution {
2        const int mod=1000000007;
3    public:
4        int profitableSchemes(int n, int minProfit, vector < int > & group, vector < int > & profit) {
5            int m=group.size();
6            vector < vector < int >> dp(n+1, vector < int >(minProfit+1));
7            dp[0][0]=1;
8            for(int i=1;i<=m;i++) {
9                for(int j=n;j>=0;j--) {
10                    for(int k=minProfit;k>=0;k--) {
11                        if(j>=group[i-1]) {
12                            dp[j][k]+=dp[j-group[i-1]][max(0,k-profit[i-1])];
13                            dp[j][k]%=mod;
14                        }
15                    }
```

```
16                  }
17              }
18          int ans=0;
19          for(int j=0;j<=n;j++)
20              ans=(ans+dp[j][minProfit]) % mod;
21          return ans;
22      }
23  };
```

提交运行：

结果：通过；时间：136ms；空间：8.95MB

Python：

```
1   class Solution:
2       def profitableSchemes(self,n:int,minProfit:int,group:List[int],profit:List[int])-> int:
3           mod=1000000007
4           m=len(group)
5           dp=[[0 for _ in range(minProfit+1)] for _ in range(n+1)]
6           dp[0][0]=1
7           for i in range(1,m+1):
8               for j in range(n,-1,-1):
9                   for k in range(minProfit,-1,-1):
10                      if j>=group[i-1]:
11                          dp[j][k]+=dp[j-group[i-1]][max(0,k-profit[i-1])]
12                          dp[j][k]%=mod
13          ans=0
14          for j in range(0,n+1):
15              ans=(ans+dp[j][minProfit]) % mod
16          return ans
```

提交运行：

结果：通过；时间：1684ms；空间：15.93MB

21.6.6　LeetCode871——最少加油次数★★★

【问题描述】　一辆汽车从起点出发驶向目的地,该目的地位于出发位置东面 target 英里(1 英里 ≈ 1609.34 米)处。沿途有加油站,用数组 stations 表示,其中 stations[i]= [position$_i$,fuel$_i$]表示第 i 个加油站位于出发位置东面 position$_i$ 英里处,并且有 fuel$_i$ 升汽油。假设汽车油箱的容量是无限的,其中最初有 startFuel 升汽油,它每行驶 1 英里就会用掉 1 升汽油,当汽车到达加油站时,它可能停下来加油,将所有汽油从加油站转移到汽车中。为了到达目的地,汽车所必需的最少加油次数是多少？ 如果无法到达目的地,则返回-1。

注意,如果汽车到达加油站时剩余汽油为 0,它仍然可以在那里加油。如果汽车到达目的地时剩余汽油为 0,仍然认为它已经到达目的地。

例如,target=100,startFuel=10,stations=[[10,60],[20,30],[30,30],[60,40]],答案为 2。如图 21.24 所示,出发时有 10 升汽油。开车来到距起点 10 英里处的加油站,消耗 10 升汽油,加油一次,汽油为 60 升。再开到 60 英里处的加油站,消耗 50 升汽油,再加油一次,汽油为 50 升。然后开车抵达目的地,共加油两次。

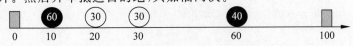

图 21.24　一个最少加油次数问题

【限制】 $1\leqslant$target,startFuel$\leqslant 10^9$,$0\leqslant$stations.length$\leqslant 500$,$1\leqslant$position$_i<$position$_{i+1}<$target,$1\leqslant$fuel$_i<10^9$。

【解题思路】 二维动态规划数组。设计动态规划数组 dp$[n+1][n+1]$,其中 dp$[i][j]$表示在前 i 个加油站中加油 j 次能够开到的最远距离。初始化所有元素为 0。

显然有 dp$[i][0]=$startFuel$(0\leqslant j\leqslant n)$,因为不在任何加油站加油只能开 startFuel 的距离。现在求 dp$[i][j]$,对于加油站 $i-1$,类似于 0/1 背包问题,有两种情况:

源程序

(1)若 dp$[i-1][j-1]<$stations$[i-1][0]$,说明无法到达加油站 $i-1$,不能在该加油站加油,则有 dp$[i][j]=$dp$[i-1][j]$。

(2)否则说明能够到达加油站 $i-1$,在该加油站有不加油和加油两种子情况,求最大值,则有 dp$[i][j]=\max($dp$[i-1][j]$,dp$[i-1][j-1]+$stations$[i-1][1])$。

在求出 dp 数组后,dp$[n][j](0\leqslant j\leqslant n)$中满足 dp$[n][j]\geqslant$target 的最小 j 就是答案。

21.6.7 LeetCode322——零钱兑换★★

【问题描述】 给定不同面额的硬币 coins 和一个总金额 amount,编写一个函数来计算可以凑成该总金额所需的最少硬币个数。如果没有任何一种硬币组合能组成该总金额,返回-1。可以认为每种硬币的数量是无限的。

例如,coins$=[1,2,5]$,amount$=11$,答案为 3,$11=5+5+1$。

【限制】 $1\leqslant$coins.length$\leqslant 12$,$1\leqslant$coins$[i]\leqslant 2^{31}-1$,$0\leqslant$amount$\leqslant 10^4$。

【解题思路】 二维动态规划数组。本问题类似于完全背包问题,设计动态规划数组 dp$[n+1][$amount$+1]$,其中 dp$[i][j]$表示用 coins$[0..i-1]$(共 i 个不同的硬币面额)中的硬币凑成 j 金额所需的最少硬币个数。由于每种不同面额的硬币可以多次选择,所以该问题与完全背包问题类似。

初始化时置 dp$[0][0]=0$,将其他元素设置为∞。i 从 1 到 n 循环,j 从 0 到 amount 循环,求 dp$[i][j]$如下:

(1)若 $j<$coins$[i-1]$,说明剩余面额 j 小于 coins$[i-1]$,则不能选择硬币 $i-1$(或者说选择硬币 $i-1$ 的个数为 0),即 dp$[i][j]=$dp$[i-1][j]$。

(2)若 $j\geqslant$coins$[i-1]$,说明剩余面额大于或等于 coins$[i-1]$,此时可以选择或者不选择硬币 $i-1$(选择硬币 $i-1$ 含多次选择),即 dp$[i][j]=\min($dp$[i-1][j]$,dp$[i][j-$coins$[i-1]]+1)$。

在求出 dp 数组后,若 dp$[n][$amount$]$为∞,说明没有任何一种硬币组合能组成 amount 金额,返回-1,否则返回 dp$[n][$amount$]$,为最少的硬币个数。对应的算法如下。

C++:

```cpp
1  class Solution {
2      const int INF = 0x3f3f3f3f;
3  public:
4      int coinChange(vector < int > & coins, int amount) {
5          int n = coins.size();
6          auto dp = vector < vector < int >>(n+1, vector < int >(amount+1, INF));
7          dp[0][0] = 0;
8          for(int i=1; i<=n; i++) {
9              for(int j=0; j<=amount; j++) {
```

```
10              if(j < coins[i-1])              //硬币 i-1 装不下,不能装入
11                  dp[i][j] = dp[i-1][j];
12              else                            //可以选择装入或不装入
13                  dp[i][j] = min(dp[i-1][j], dp[i][j-coins[i-1]]+1);
14          }
15      }
16      return dp[n][amount] == INF?-1:dp[n][amount];
17  }
18 };
```

提交运行:

结果:通过;时间:120ms;空间:47.34MB

Python:

```
1  class Solution:
2      def coinChange(self, coins: List[int], amount: int) -> int:
3          n = len(coins)
4          INF = 0x3f3f3f3f
5          dp = [[INF for _ in range(amount+1)] for _ in range(n+1)]
6          dp[0][0] = 0
7          for i in range(1, n+1):
8              for j in range(0, amount+1):
9                  if j < coins[i-1]:              #硬币 i-1 装不下,不能装入
10                     dp[i][j] = dp[i-1][j]
11                 else:                           #可以选择装入或不装入
12                     dp[i][j] = min(dp[i-1][j], dp[i][j-coins[i-1]]+1)
13         return dp[n][amount] if dp[n][amount] != INF else -1
```

提交运行:

结果:通过;时间:1540ms;空间:17.8MB

由于第 i 个阶段仅与第 $i-1$ 个阶段相关,最终结果来自最后一个阶段,所以使用滚动数组方法将 dp 改为一维数组。对应的算法如下。

C++:

```
1  class Solution {
2      const int INF = 0x3f3f3f3f;
3  public:
4      int coinChange(vector<int>& coins, int amount) {
5          int n = coins.size();
6          vector<int> dp(amount+1, INF);
7          dp[0] = 0;
8          for(int i = 1; i <= n; i++) {
9              for(int j = 0; j <= amount; j++) {
10                 if(j >= coins[i-1])              //可以选择装入或不装入
11                     dp[j] = min(dp[j], dp[j-coins[i-1]]+1);
12             }
13         }
14         return dp[amount] == INF?-1:dp[amount];
15     }
16 };
```

提交运行:

结果:通过;时间:80ms;空间:14.05MB

Python:

```
1   class Solution:
2       def coinChange(self, coins: List[int], amount: int) -> int:
3           n=len(coins)
4           INF=0x3f3f3f3f
5           dp=[INF for _ in range(amount+1)]
6           dp[0]=0
7           for i in range(1,n+1):
8               for j in range(0,amount+1):
9                   if j>=coins[i-1]:                    #可以选择装入或不装入
10                      dp[j]=min(dp[j],dp[j-coins[i-1]]+1)
11          return dp[amount] if dp[amount]!=INF else -1
```

提交运行:

结果:通过;时间:1224ms;空间:15.87MB

21.6.8 LeetCode518——零钱兑换 II ★★

【问题描述】 给定不同面额的硬币和一个总金额,编写函数来计算可以凑成总金额的硬币组合数。假设每一种面额的硬币有无限个。

例如,amount=5,coins=[1,2,5],答案为 4,有 4 种方式可以凑成总金额:

5=5
5=2+2+1
5=2+1+1+1
5=1+1+1+1+1

【限 制】 $1 \leqslant$ coins. length $\leqslant 300, 1 \leqslant$ coins$[i] \leqslant 5000$,coins 中的所有值互不相同,$0 \leqslant$ amount$\leqslant 5000$。

【解题思路】 二维动态规划数组。设计动态规划数组 dp$[n+1][$amount$+1]$,dp$[i][j]$ 表示用 coins$[0..i-1]$(共 i 个不同的硬币面额)中的硬币凑成 j 金额的硬币组合数。由于每种不同面额的硬币可以多次选择,所以该问题与完全背包问题类似。

初始化时置 dp$[0][0]=0$,将其他元素设置为∞。i 从 1 到 n 循环,j 从 0 到 amount 循环,求 dp$[i][j]$ 如下:

(1) 若 $j<$coins$[i-1]$,说明剩余面额 j 小于 coins$[i-1]$,则不能选择硬币 $i-1$(或者说选择硬币 $i-1$ 的个数为 0),即 dp$[i][j]=$dp$[i-1][j]$。

(2) 若 $j \geqslant$coins$[i-1]$,说明剩余面额大于或等于 coins$[i-1]$,此时可以选择或者不选择硬币 $i-1$(选择硬币 $i-1$ 含多次选择),即 dp$[i][j]=$dp$[i-1][j]+$dp$[i][j-$coins$[i-1]]$。

在求出 dp 数组后,dp$[n][$amount$]$就是 coins$[0..n-1]$(共 n 个不同的硬币面额)中的硬币凑成 amount 金额的硬币组合数,返回该元素即可。

扫一扫

源程序

21.6.9 LeetCode377——组合总和 IV ★★

【问题描述】 给定一个由不同整数组成的数组 nums 和一个目标整数 target,请从 nums 中找出并返回总和为 target 的元素组合的个数。题目数据保证答案符合 32 位整数范围。

例如,nums=[1,2,3],target=4,答案为7,7个可能的组合为:

[1,1,1,1]

[1,1,2]

[1,2,1]

[1,3]

[2,1,1]

[2,2]

[3,1]

注意,顺序不同的序列被视作不同的组合。

【限制】　1≤nums. length≤200,1≤nums[i]≤1000,nums中的所有元素互不相同,1≤target≤1000。

【解题思路】　二维动态规划数组。从样例看出nums中的每个整数可以多次重复选择,所以本题与21.6.8节中的LeetCode518(零钱兑换Ⅱ)问题类似,直接基于完全背包问题的解法,使用滚动数组,对应的算法如下。

▦ C++:

```
 1   class Solution {
 2   public:
 3       int combinationSum4(vector<int>& nums,int target) {
 4           vector<int> dp(target+1,0);
 5           dp[0]=1;
 6           for(int i=0;i<nums.size();i++) {
 7               for(int j=0;j<=target;j++) {
 8                   if(j>=nums[i])
 9                       dp[j]+=dp[j-nums[i]];
10               }
11           }
12           return dp[target];
13       }
14   };
```

上述算法在提交时出现执行错误,原因是求nums中可以重复选择整数并凑成target的组合数,例如,nums=[2,3],target=5时,该算法求出的组合数为1,即只有[2,3]一种方案。而对于本题有[2,3]和[3,2]两种方案,所以本题实际上是求nums中可以重复选择整数并凑成target的排列数。为此将两重for循环颠倒过来,这样针对每个j(0≤j≤target)求出用nums中的全部或者部分元素凑成j的元素排列数,用dp[j]存储,最后的dp[target]就是答案。

由于理论上nums中的每个元素可以重复任意次,这样dp[j]可能非常大,甚至大于最大的int类型整数INT_MAX,由于题目保证答案符合32位整数(int类型)范围,所以在执行dp[j]+=dp[j-nums[i-1]]后,dp[j]<INT_MAX仍然成立,因此必须保证在执行该语句前条件dp[j]<INT_MAX-dp[j-nums[i-1]]成立,对应的算法如下。

▦ C++:

```
 1   class Solution {
 2   public:
 3       int combinationSum4(vector<int>& nums,int target) {
 4           vector<int> dp(target+1,0);
```

```
5          dp[0]=1;
6          for(int j=0;j<=target;j++) {
7              for(int i=1;i<=nums.size();i++) {
8                  if(j-nums[i-1]>=0 && dp[j]<INT_MAX-dp[j-nums[i-1]])
9                      dp[j]+=dp[j-nums[i-1]];
10             }
11         }
12         return dp[target];
13     }
14 };
```

提交运行：

结果：通过；时间：4ms；空间：6.61MB

 Python：

```
1  class Solution:
2      def combinationSum4(self, nums: List[int], target: int) -> int:
3          INF=0x3f3f3f3f3f
4          dp=[0]*(target+1)
5          dp[0]=1
6          for j in range(0,target+1):
7              for i in range(1,len(nums)+1):
8                  if j-nums[i-1]>=0 and dp[j]<INF-dp[j-nums[i-1]]:
9                      dp[j]+=dp[j-nums[i-1]];
10         return dp[target]
```

提交运行：

结果：通过；时间：52ms；空间：15.72MB

说明：从本例看出，在套用完全背包问题的算法时，如果求组合数，就是外层 for 循环遍历物品，内层 for 遍历背包；如果求排列数，就是外层 for 遍历背包，内层 for 循环遍历物品。

21.7　　树型动态规划

21.7.1　什么是树型动态规划

所谓树型动态规划，指给定的数据不是序列或者数组而是一种树结构，需要在树上进行动态规划。由于树固有的递归性质，所以虽然是动态规划，但一般都是通过递归 DFS 遍历实现的。

树型动态规划将树和动态规划巧妙地结合在一起，由于树的严格分层，使动态规划的阶段自然、清晰，通常父结点与子结点的关系就是两个阶段之间的联系。在树型动态规划中使用的动态规划数组可以是单个变量、一维数组或者二维数组等。

下面通过一个示例说明求解树型动态规划问题的过程。

 例 21-7

树的直径（LeetCode1245★★）。给定一棵无向树，请计算并返回它的直径，即这棵树上最长简单路径的边数。用一个由所有边组成的数组 edges 来表示一棵无向树，其中 edges[i]=[u,v] 表示结点 u 和 v 之间的双向边。树上的结点都已经用 0～edges.length 中的数做了标记，每个结点上的标记都是独一无二的。

例如,edges=[[0,1],[1,2],[2,3],[1,4],[4,5]],如图 21.25 所示,答案为 4,这棵树上最长的路径是 3-2-1-4-5,边数为 4。

【限制】 $0 \leqslant$ edges. length $< 10^4$,edges$[i][0] \neq$ edges$[i][1]$,$0 \leqslant$ edges$[i][j] \leqslant$ edges. length,edges 会形成一棵无向树。

解:题目中的主要数据是一棵无向树,用邻接表 adj 存储该无向树,通过 edges 创建 adj。对于一个结点 i,其到某个叶子结点的边数称为结点 i 的路径长度,该值可以有多个,例如图 21.25 中顶点 1 的路径长度有 1 和 2,长度为 1 的路径有 1-0,长度为 2 的路径有 1-2-3 和 1-4-3 两条。设计两个一维动态规划数组 dp1$[n]$ 和 dp2$[n]$,其中 dp1$[i]$ 表示结点 i 的路径长度的最大值,dp2$[i]$ 表示结点 i 的路径长度的次大值(最大路径长度和次大路径长度对应两条不同的路径)。使用深度优先搜索遍历 root 求出每个结点的 dp1 和 dp2,例如图 21.25 求出的 dp1 和 dp2 如下:

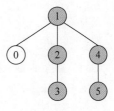

图 21.25 一棵树

$$dp1[0]=3,dp2[0]=0$$
$$dp1[1]=2,dp2[1]=2$$
$$dp1[2]=1,dp2[2]=0$$
$$dp1[3]=0,dp2[3]=0$$
$$dp1[4]=1,dp2[4]=0$$
$$dp1[5]=0,dp2[5]=0$$

对于结点 root,显然 dp1[root]+dp2[root] 是经过该结点的直径,在遍历中同时求最大直径 ans,则最终的 ans 就是答案。对应的算法如下。

C++:

```
1   class Solution {
2       vector < vector < int >> adj;
3       vector < int > dp1, dp2;
4   public:
5       int treeDiameter(vector < vector < int >> & edges) {
6           int n=edges. size()+1;
7           adj=vector < vector < int >>(n, vector < int >());
8           dp1=vector < int >(n,0);
9           dp2=vector < int >(n,0);
10          for(auto edge:edges) {
11              int a=edge[0],b=edge[1];
12              adj[a]. push_back(b);
13              adj[b]. push_back(a);
14          }
15          dfs(0,-1);                //初始时将 0 看成根,其前驱为-1
16          int ans=0;
17          for(int i=0;i<n;i++)
18              ans=max(ans,dp1[i]+dp2[i]);
19          return ans;
20      }

21      void dfs(int root,int pre) {        //树型 DP
22          for(auto &v:adj[root]) {
23              if(v==pre) continue;        //跳过 root 结点的父结点
24              dfs(v,root);
25              int d=dp1[v]+1;             //d 为 root 的路径长度
26              if(d>=dp1[root]) {          //若 d 大于原最大路径长度
```

```
27                    dp2[root]=dp1[root];    //更新 dp1[root]和 dp2[root]
28                    dp1[root]=d;
29                }
30                else if(d>dp2[root])          //若 d 大于原次大路径长度
31                    dp2[root]=d;              //更新 dp2[root]
32            }
33        }
34    };
```

提交运行：

结果：通过；时间：44ms；空间：20.77MB

▦ **Python**：

```
1    class Solution:
2        def treeDiameter(self, edges: List[List[int]]) -> int:
3            n=len(edges)+1
4            self.adj=[[] for _ in range(n)]
5            self.dp1,self.dp2=[0] * n,[0] * n
6            for edge in edges:
7                a,b=edge[0],edge[1]
8                self.adj[a].append(b)
9                self.adj[b].append(a)
10           self.dfs(0,-1)
11           ans=0
12           for i in range(0,n):
13               ans=max(ans,self.dp1[i]+self.dp2[i])
14           return ans

15       def dfs(self,root,pre):                #树型 DP
16           for v in self.adj[root]:
17               if v==pre:continue
18               self.dfs(v,root)
19               d=self.dp1[v]+1                #d 为 root 的路径长度
20               if d>=self.dp1[root]:
21                   self.dp2[root]=self.dp1[root]
22                   self.dp1[root]=d
23               elif d>self.dp2[root]:
24                   self.dp2[root]=d
```

提交运行：

结果：通过；时间：76ms；空间：19.03MB

21.7.2 LeetCode834——树中距离之和★★★

【问题描述】 给定一棵无向连通树，树中有 n 个标记为 $0\sim n-1$ 的结点以及 $n-1$ 条边。给定整数 n 和数组 edges，edges$[i]=[a_i,b_i]$ 表示树中的结点 a_i 和 b_i 之间有一条边。请返回长度为 n 的数组 answer，其中 answer$[i]$ 是树中第 i 个结点与其他所有结点之间的距离之和。

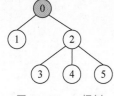

图 21.26 一棵树

例如，$n=6$，edges=$[[0,1],[0,2],[2,3],[2,4],[2,5]]$，答案为 $[8,12,6,10,10,10]$，对应的树如图 21.26 所示，可以计算出 $\text{dist}(0,1)+\text{dist}(0,2)+\text{dist}(0,3)+\text{dist}(0,4)+\text{dist}(0,5)=1+1+2+2+2=8$，因此 answer$[0]=8$，以此类推。

【限制】 $1\leqslant n\leqslant 3\times 10^4$，edges.length$=n-1$，edges$[i]$.length$=$

$2,0 \leqslant a_i, b_i < n, a_i \neq b_i$,给定的输入保证为有效的树。

【解题思路】 双一维动态规划数组。设 dp[root] 表示当前以 root 结点为根的所有子结点(root 结点的所有子结点用 childs(root) 结点集表示)到 root 的距离之和,cnt[root] 表示 root 所在子树的结点的个数(含 root 结点本身),所以

$$dp[root] = \sum_{v \in childs(root)} (dp[v] + cnt[v])$$

例如,图 21.26 中 dp 和 cnt 的求解结果如下:

$$dp[0] = 8, cnt[0] = 6$$
$$dp[1] = 0, cnt[1] = 1$$
$$dp[2] = 3, cnt[2] = 4$$
$$dp[3] = 0, cnt[3] = 1$$
$$dp[4] = 0, cnt[4] = 1$$
$$dp[5] = 0, cnt[5] = 1$$

从中看出,answer[0] = dp[0] = 8 是正确的,其他 answer[i] = dp[i] 是不成立的,也就是说对于根结点 root 才有 answer[root] = dp[root]。假设 u 的某个子结点为 v,如果要计算 answer[v],以 v 为根进行一次树型动态规划即可,但 n 个结点这样做花费的时间太多。可以使用已有的信息,考虑树的形态做一次改变,让 v 换到根的位置,u 变为其孩子结点,如图 21.27 所示,同时维护原有的 dp 信息。在这一次转变中观察到除了 u 和 v 的 dp 值,其他结点的 dp 值都不会改变,因此只要更新 dp[u] 和 dp[v] 的值即可。

那么 v 换到根的位置时怎么使用已有信息求出新的 dp[u] 和 dp[v] 的值。在换根之前,dp[u] 中包含 dp[v] + cnt[v],当 u 变为 v 的子结点时,v 不再在 u 的子结点集合 childs[u] 中,所以此时 dp[u] 需要减去 v 的贡献,即 dp[u] = dp[u] - (dp[v] + cnt[v]),同时 cnt[u] 也要相应地减去 cnt[v]。而 v

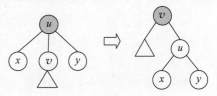

图 21.27 将根由 u 换为 v

的子结点集合中多了 u,因此 dp[v] 的值要由 u 更新上来,即 dp[v] = dp[v] + (dp[u] + cnt[u]),同时 cnt[v] 也要相应地加上 cnt[u]。

至此完成了一次换根操作,在 $O(1)$ 的时间内维护了 dp 的信息,并且此时的树结构以 v 为根。那么接下来不断地进行换根的操作,即能在 $O(n)$ 的时间内求出以每个结点为根的答案,从而优化了时间。对应的算法如下。

C++:

```cpp
1   class Solution {
2       vector < int > answer, dp, cnt;
3       vector < vector < int >> adj;
4   public:
5       vector < int > sumOfDistancesInTree(int n, vector < vector < int >> &edges) {
6           answer = vector < int >(n, 0);
7           cnt = vector < int >(n, 0);
8           dp = vector < int >(n, 0);
9           adj = vector < vector < int >>(n, vector < int >());
10          for(auto edge : edges) {
11              int a = edge[0], b = edge[1];
12              adj[a].push_back(b);
```

```
13              adj[b].push_back(a);
14          }
15          dfs(0,−1);
16          dfs2(0,−1);
17          return answer;
18      }

19      void dfs(int root, int pre) {              //使用树型 DP 求 dp 和 cnt
20          dp[root]=0;
21          cnt[root]=1;
22          for(auto v:adj[root]){
23              if(v==pre) continue;               //跳过 root 结点的父结点
24              dfs(v,root);
25              dp[root]+=dp[v]+cnt[v];
26              cnt[root]+=cnt[v];
27          }
28      }

29      void dfs2(int root, int pre) {              //换根求 answer
30          answer[root]=dp[root];
31          for(auto v:adj[root]) {
32              if(v==pre) continue;               //跳过 root 结点的父结点
33              int dpr=dp[root],dpv=dp[v];
34              int cntr=cnt[root],cntv=cnt[v];
35              dp[root]−=dp[v]+cnt[v];
36              cnt[root]−=cnt[v];
37              dp[v]+=dp[root]+cnt[root];
38              cnt[v]+=cnt[root];
39              dfs2(v,root);
40              dp[root]=dpr,dp[v]=dpv;             //恢复
41              cnt[root]=cntr,cnt[v]=cntv;
42          }
43      }
44  };
```

提交运行:

结果:通过;时间:372ms;空间:103.69MB

▦ **Python**:

```python
1   class Solution:
2       def sumOfDistancesInTree(self, n:int, edges:List[List[int]])-> List[int]:
3           self.answer=[0] * n
4           self.cnt=[0] * n
5           self.dp=[0] * n
6           self.adj=[[] for _ in range(n)]
7           for edge in edges:
8               a,b=edge[0],edge[1]
9               self.adj[a].append(b)
10              self.adj[b].append(a)
11          self.dfs(0,−1)
12          self.dfs2(0,−1)
13          return self.answer

14      def dfs(self, root, pre):                  #使用树型 DP 求 dp 和 cnt
15          self.dp[root]=0
16          self.cnt[root]=1
17          for v in self.adj[root]:
18              if v==pre:continue
19              self.dfs(v,root)
20              self.dp[root]+=self.dp[v]+self.cnt[v]
21              self.cnt[root]+=self.cnt[v]

22      def dfs2(self, root, pre):                  #换根求 answer
```

```
23          self.answer[root]=self.dp[root]
24          for v in self.adj[root]:
25              if v==pre:continue
26              dpr,dpv=self.dp[root],self.dp[v]
27              cntr,cntv=self.cnt[root],self.cnt[v]
28              self.dp[root]-=self.dp[v]+self.cnt[v]
29              self.cnt[root]-=self.cnt[v]
30              self.dp[v]+=self.dp[root]+self.cnt[root]
31              self.cnt[v]+=self.cnt[root]
32              self.dfs2(v,root)
33              self.dp[root],self.dp[v]=dpr,dpv          #恢复
34              self.cnt[root],self.cnt[v]=cntr,cntv
```

提交运行：

结果：通过；时间：352ms；空间：65.54MB

21.7.3　LeetCode124——二叉树中的最大路径和★★★

【问题描述】　二叉树中的路径被定义为一条结点序列，在结点序列中每对相邻结点之间都存在一条边。同一个结点在一条路径序列中最多出现一次。该路径至少包含一个结点，且不一定经过根结点。路径和是路径中各结点值的总和。给定一棵二叉树的根结点 root，请返回其最大路径和。

例如，对于如图 21.28 所示的二叉树，答案为 42，最优路径是 15→20→7，路径和为 15+20+7=42。

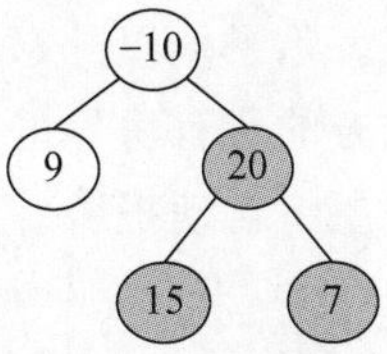

【限制】　树中结点的数目范围是 $[1, 3 \times 10^4]$，$-1000 \leqslant Node.val \leqslant 1000$。

【解题思路】　单变量（0 维动态规划数组）。用 ans 存放答案（初

图 21.28　一棵二叉树

始为 $-\infty$），对于二叉树中的每个结点 root，使用 dfs() 求从根到左子树中结点的最长路径和 leftlen，以及从根到右子树中结点的最长路径和 rightlen，这里的 leftlen 和 rightlen 至少为 0，若为负数，则置为 0，再求出 ans=max(ans,root->val+leftlen+rightlen)。遍历完毕返回 ans 即可。对应的算法如下。

C++：

```cpp
1   class Solution {
2       const int INF=0x3f3f3f3f;
3       int ans;
4   public:
5       int maxPathSum(TreeNode * root) {
6           ans=-INF;
7           dfs(root);
8           return ans;
9       }
10
11      int dfs(TreeNode * root) {                        //树型DP
12          if(root==NULL) return 0;
13          int leftlen=dfs(root->left);
14          int rightlen=dfs(root->right);
15          ans=max(ans,root->val+leftlen+rightlen);
16          return max(0,max(root->val+leftlen,root->val+rightlen));
17      }
18  };
```

提交运行:

结果:通过;时间:24ms;空间:26.7MB

Python:

```python
1  class Solution:
2      def maxPathSum(self, root: Optional[TreeNode]) -> int:
3          self.ans = -0x3f3f3f3f
4          self.dfs(root)
5          return self.ans

6      def dfs(self, root):                    ♯树型DP
7          if root == None: return 0
8          leftlen = self.dfs(root.left)
9          rightlen = self.dfs(root.right)
10         self.ans = max(self.ans, root.val + leftlen + rightlen)
11         return max(0, max(root.val + leftlen, root.val + rightlen))
```

提交运行:

结果:通过;时间:92ms;空间:23.82MB

21.7.4 LeetCode337——小偷一晚能够盗取的最大金额Ⅲ ★★

【问题描述】 一个小偷发现了一个新的可行窃的地方,这个地方只有一个入口,称之为根。除了根以外,每个房子有且只有一个父房子与之相连。一番侦察之后,小偷意识到这个地方的所有房屋的排列类似于一棵二叉树。如果两个直接相连的房子在同一天晚上被偷,房屋将自动报警。请计算在不触动警报的情况下小偷一晚能够盗取的最大金额。

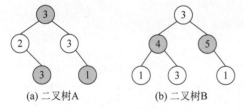

(a) 二叉树A   (b) 二叉树B

图 21.29 两棵二叉树

例如,对于如图 21.29(a)所示的二叉树,答案为 7,因为小偷一晚能够盗取的最大金额为 3+3+1=7;对于如图 21.29(b)所示的二叉树,答案为 9,因为小偷一晚能够盗取的最大金额为 4+5=9。

【限制】 树中的结点数在 $[1,10^4]$ 范围内,$0 \leqslant$ Node.val $\leqslant 10^4$。

【解法 1】 备忘录(即记忆化搜索)方法(自顶向下)。使用递归分治的思路,设 $f(root)$ 表示在以 root 为根的二叉树中能够盗取的最大金额,则有两种方案:

① 盗取 root 结点,依题意不能盗取 root 的孩子结点(root 结点与其孩子结点直接相连),即不能盗取 root-> left 和 root-> right 结点,该方案对应的盗取金额用 money1 表示,则 money1=root-> val+f(root-> left-> left)+f(root-> left-> right)+f(root-> right-> left)+f(root-> right-> right)。

② 不盗取 root 结点,那么该方案对应的盗取金额 money2=f(root-> left)+f(root-> right)。

最后返回 max(money1,money2)即可。

【解法 2】 动态规划方法(自底向上)。对于当前结点 root,有两种可能,设计一维动态规划数组 dp[2],dp[0]表示不盗取结点 root,dp[1]表示盗取结点 root,盗取左、右孩子的动态规划数组分别用 leftdp 和 rightdp 表示:

扫一扫

源程序

扫一扫

源程序

① 不盗取结点 root，则 root 的左、右子结点可以选择盗取或不盗取，以 root 为根结点的树的最大收益＝左子树的最大收益（为 max（盗取左孩子结点，不盗取左孩子结点））＋右子树的最大收益（为 max（盗取右孩子结点，不盗取右孩子结点）），即 dp[0]＝max(leftdp[0]，leftdp[1])＋max(rightdp[0]，rightdp[1])。

② 盗取结点 root，则以 root 为根结点的树的最大收益＝root-> val＋不盗取左子结点时左子树的最大收益＋不盗取右子结点时右子树的最大收益，即 dp[1]＝root-> val＋leftdp[0]＋rightdp[0]。

最后返回 max(dp[0]，dp[1]) 即可。

21.8　区间型动态规划

21.8.1　什么是区间型动态规划

区间型动态规划是一种解决区间最优化问题的方法，如求某个区间中的最值或者满足条件的解的个数等，其基本特点如下：

（1）通常用二维数组 dp 表示状态，其中 dp[i][j] 表示区间 [i,j] 的解。

（2）较大区间的结果依赖于较小区间的结果，所以通常按区间长度 length 从小到大枚举区间 [i,j]（i 从 0 到 n−length 循环，j＝i＋length−1）。

（3）对于区间 [i,j]，用 m 枚举分割点，找到由小区间 [i,m] 和 [m+1,j] 的解构建大区间 [i,j] 的解的方法，从而得到状态转移方程，它表示区间的更新过程。

（4）问题的解一般为 dp[0][n−1]，应该保证 dp[0][n−1] 是最后更新的元素。

下面通过一个示例说明求解区间型动态规划问题的过程。

例 21-8

石子归并。有一个石子归并的游戏，最开始的时候有 n 堆石子排成一列，它们的重量用整数数组 a 表示，目标是将所有的石子合并成一堆。合并规则如下：

（1）每次可以合并相邻位置的两堆石子。

（2）每次合并的代价为所合并的两堆石子的重量之和。

请求出最小的合并代价。

例如，a＝[4,1,1,4]，答案为 18，合并过程如下：

（1）合并第二堆和第三堆＝>[4,2,4]，合并代价＝2。

（2）合并前两堆＝>[6,4]，合并代价＝8。

（3）合并剩余的两堆＝>[10]，合并代价＝18。

解：设计二维动态规划数组 dp[n][n]，其中 dp[i][j]（i<j）是将 a[i..j] 的石子合并成一堆所需的最少代价。那么这个最少代价按照最后一步合并的分割点 k 可以分为 k＝i，i＋1，…，j−1，如图 21.30 所示。

对于分割点 m，总的最少代价＝合并 a[i..m] 的最少代价（即 dp[i][m]）＋合并

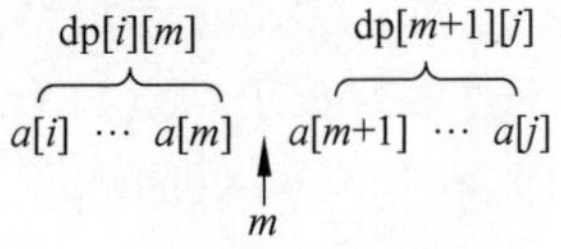

$$\underbrace{\mathrm{dp}[i][m]}_{a[i]\ \cdots\ a[m]} \quad \underbrace{\mathrm{dp}[m+1][j]}_{a[m+1]\ \cdots\ a[j]}$$

$$\uparrow \atop m$$

图 21.30　用 m 枚举分割点

$a[m+1..j]$ 的最少代价（即 $\mathrm{dp}[m+1][j]$）＋两堆中石子的重量和 $\mathrm{Sum}(a[i..j])=\mathrm{dp}[i][m]+\mathrm{dp}[m+1][j]+\mathrm{Sum}(a[i..j])$。

为了快速计算 $\mathrm{Sum}(a[i..j])$，设计前缀和数组 $\mathrm{presum}[n+1]$，其中 $\mathrm{presum}[i]$ 表示 a 中前 i 个元素的和，在求出 presum 数组后，有 $\mathrm{Sum}(a[i..j])=\mathrm{presum}[j+1]-\mathrm{presum}[i]$。

对于所有有效的分割点 m，在对应的总的最少代价中取最小值得到 $\mathrm{dp}[i][j]$，即：

$$\mathrm{dp}[i][j]=\min_{i\leqslant m<j}(\mathrm{dp}[i][m]+\mathrm{dp}[m+1][j]+\mathrm{presum}[j+1]-\mathrm{presum}[i])$$

在求出 dp 数组后，$\mathrm{dp}[0][n-1]$ 就是答案，返回该元素即可。那么如何通过枚举区间 $a[i..j]$ 正确地求 $\mathrm{dp}[0][n-1]$ 呢？应该保证 $\mathrm{dp}[0][n-1]$ 是最后更新的元素，主要有以下两种枚举方式。

（1）按斜对角线顺序枚举，例如，$a=[4,1,1,4]$，求 dp 的顺序如下：

$\mathrm{dp}[0][1]=5,\mathrm{dp}[1][2]=2,\mathrm{dp}[2][3]=5$（求长度为 2 的区间）

$\mathrm{dp}[0][2]=8,\mathrm{dp}[1][3]=8$（求长度为 3 的区间）

$\mathrm{dp}[0][3]=18$（求长度为 4 的区间）

如图 21.31 所示，最终答案为 $\mathrm{dp}[0][3]=18$。

通过区间长度变量 length 来枚举 $s[i..j]$ 区间，length 从 2 到 n、i 从 0 到 $n-$length 循环，$j=i+$ length-1。对应的算法如下。

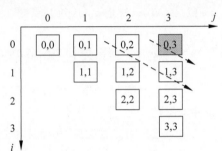

图 21.31　按斜对角线枚举

C++：

```
1    class Solution {
2        const int INF=0x3f3f3f3f;
3    public:
4        int stoneGame(vector<int> &a) {
5            int n=a.size();
6            if(n==0) return 0;
7            auto dp=vector<vector<int>>(n,vector<int>(n,0));
8            vector<int> presum(n+1,0);
9            for(int i=0;i<n;i++)                    //求前缀和
10                   presum[i+1]=presum[i]+a[i];
11           for(int length=2;length<=n;length++) {   //区间长度从2开始
12               for(int i=0;i<n-length+1;i++) {       // i枚举区间的左端点
13                   int j=i+length-1;                 //求出区间的右端点
14                   dp[i][j]=INF;
15                   for(int m=i;m<j;m++)              //枚举分割点 m
16                       dp[i][j]=min(dp[i][j],dp[i][m]+dp[m+1][j]+presum[j+1]-
                                     presum[i]);
17               }
18           }
19           return dp[0][n-1];
20       }
21   };
```

Python：

```
1    class Solution:
2        def stone_game(self, a: List[int]) -> int:
```

```
3        INF＝0x3f3f3f3f
4        n＝len(a)
5        if n==0: return 0
6        dp＝[[0 for _ in range(n)] for _ in range(n)]
7        presum＝[0] * (n＋1)
8        for i in range(0,n):
9            presum[i+1]＝presum[i]＋a[i]
10       for length in range(2,n+1):
11           for i in range(0,n－length+1):
12               j＝i+length－1
13               dp[i][j]＝INF
14               for m in range(i,j):            ♯枚举分割点 m
15                   dp[i][j]＝min(dp[i][j],dp[i][m]＋dp[m+1][j]＋presum[j+1]－
                         presum[i]);
16       return dp[0][n－1]
```

（2）按行自下而上、列从左向右的顺序枚举。$a=[4,1,1,4]$，求 dp 的顺序如下：

dp[2][3]＝5（求第 2 行的区间）

dp[1][2]＝2,dp[1][3]＝8（求第 1 行的区间）

dp[0][1]＝5,dp[0][2]＝8,dp[0][3]＝18（求第 0 行的区间）

如图 21.32 所示，最终答案为 dp[0][3]＝18。

通过 i 从 $n-1$ 到 0，j 从 $i+1$ 到 $n-1$ 来枚举 $s[i..j]$ 区间，仅处理长度大于或等于 2 的区间。对应的算法如下。

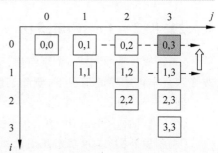

图 21.32 按行自下而上、列从左向右的顺序枚举

C++：

```cpp
1    class Solution {
2        const int INF＝0x3f3f3f3f;
3    public:
4        int stoneGame(vector < int > &a) {
5            int n＝a.size();
6            if(n==0) return 0;
7            auto dp＝vector < vector < int >>(n,vector < int >(n,0));
8            vector < int > presum(n+1,0);
9            for(int i=0;i < n;i++)
10               presum[i+1]＝presum[i]＋a[i];
11           for(int i=n－1;i >=0;i－－) {              //枚举行号
12               for(int j=i+1;j < n;j++) {           //枚举区间 a[i..j]
13                   if(j－i+1 >=2) {                  //区间长度至少为 2 的情况
14                       dp[i][j]＝INF;
15                       for(int m=i;m < j;m++)       //枚举分割点 m
16                           dp[i][j]＝min(dp[i][j],dp[i][m]＋dp[m+1][j]＋presum[j+1]
                                 －presum[i]);
17                   }
18               }
19           }
20           return dp[0][n－1];
21       }
22   };
```

Python：

```python
1    class Solution:
2        def stone_game(self, a: List[int]) -> int:
```

```
3              INF＝0x3f3f3f3f
4              n＝len(a)
5              if n＝＝0: return 0
6              dp＝[[0 for _ in range(n) for _ in range(n)]
7              presum＝[0] * (n+1)
8              for i in range(0,n):
9                  presum[i+1]＝presum[i]+a[i]
10             for i in range(n−1,−1,−1):
11                 for j in range(i+1,n):              #枚举 a[i..j]
12                     if j−i+1>＝2:                    #区间长度至少为 2 的情况
13                         dp[i][j]＝INF
14                         for m in range(i,j):          #枚举分割点 m
15                             dp[i][j]＝min(dp[i][j],dp[i][m]+dp[m+1][j]+presum[j+1]
                                 −presum[i])
16             return dp[0][n−1]
```

21.8.2 LeetCode516——最长回文子序列★★

【问题描述】 给定一个字符串 s,找出 s 中最长回文子序列的长度。子序列定义为在不改变剩余字符顺序的情况下,删除某些字符或者不删除任何字符形成的一个序列。

例如,s＝"bbab",答案为 3,一个可能的最长回文子序列为"bbb"。

【限制】 $1 \leqslant s.length \leqslant 1000$,s 仅由小写英文字母组成。

【解题思路】 二维动态规划数组。对于任意字符串,如果头、尾字符相同,那么字符串的最长子序列等于去掉头尾的字符串的最长子序列加上头尾。如果头、尾字符不同,则最长子序列等于去掉头的字符串的最长子序列和去掉尾的字符串的最长子序列的较大者。

设计动态规划数组 dp[n][n],其中 dp[i][j] 表示 $s[i..j](i \leqslant j)$ 中最长回文子序列的长度。初始化如下。

(1) 枚举长度为 1 的区间:$dp[i][i]＝1(0 \leqslant i < n)$。

(2) 枚举长度为 2 的区间:若 $s[i]＝s[i+1]$,则 $dp[i][i+1]＝2$,否则 $dp[i][i+1]＝1(0 \leqslant i < n−1)$。

(3) 对于长度大于或等于 3 的区间 $s[i..j]$,求 dp[i][j] 如下(表示大问题和小问题之间的关系):

$$dp[i][j]＝dp[i+1][j−1]+2 \qquad\qquad s[i]＝s[j]$$
$$dp[i][j]＝\max(dp[i+1][j],dp[i][j−1]) \qquad s[i] \neq s[j]$$

在求出 dp 数组以后,dp[0][n−1] 表示 $s[0..n−1]$ 中最长回文子序列的长度,返回该元素即可。那么如何正确地求 dp[0][n−1] 呢? 应该保证 dp[0][n−1] 是最后更新的元素,主要有以下两种枚举方式。

(1) 按斜对角线顺序枚举:通过区间长度变量 length 来枚举 $s[i..j]$ 区间,length 从 3 到 n、i 从 0 到 n−length 循环,j＝i+length−1。对应的算法如下。

▓▓ C++:

```
1  class Solution {
2  public:
3      int longestPalindromeSubseq(string &s) {
4          int n＝s.size();
5          if(n＝＝1) return 1;
6          auto dp＝vector<vector<int>>(n,vector<int>(n,0));
7          for(int i=0;i<n;i++) dp[i][i]＝1;      //区间长度为 1 的情况
```

```
8            for(int i=0;i<n-1;i++) {                //区间长度为2的情况
9                if(s[i]==s[i+1]) dp[i][i+1]=2;
10               else dp[i][i+1]=1;
11           }
12           for(int length=3;length<=n;length++) {  //区间长度为3、4等情况
13               for(int i=0;i<=n-length;i++) {
14                   int j=i+length-1;
15                   if(s[i]==s[j])
16                       dp[i][j]=dp[i+1][j-1]+2;
17                   else
18                       dp[i][j]=max(dp[i][j-1],dp[i+1][j]);
19               }
20           }
21           return dp[0][n-1];
22       }
23  };
```

提交运行：

结果：通过；时间：100ms；空间：69.97MB

Python：

```
1   class Solution:
2       def longestPalindromeSubseq(self, s: str) -> int:
3           n=len(s)
4           if n==1:return 1
5           dp=[[0 for _ in range(n)] for _ in range(n)]
6           for i in range(0,n):dp[i][i]=1              #区间长度为1的情况
7           for i in range(0,n-1):                      #区间长度为2的情况
8               if s[i]==s[i+1]:dp[i][i+1]=2
9               else: dp[i][i+1]=1
10          for length in range(3,n+1):                 #区间长度为3、4等情况
11              for i in range(0,n-length+1):
12                  j=i+length-1
13                  if s[i]==s[j]:
14                      dp[i][j]=dp[i+1][j-1]+2
15                  else:
16                      dp[i][j]=max(dp[i][j-1],dp[i+1][j])
17          return dp[0][n-1]
```

提交运行：

结果：通过；时间：1416ms；空间：32.17MB

（2）按行自下而上、列从左向右的顺序枚举：通过 i 从 $n-1$ 到 0、j 从 $i+1$ 到 $n-1$ 循环枚举 $s[i..j]$ 区间。对应的算法如下。

C++：

```
1   class Solution {
2   public:
3       int longestPalindromeSubseq(string &s) {
4           int n=s.size();
5           if(n==0) return 0;
6           if(n==1) return 1;
7           auto dp=vector<vector<int>>(n,vector<int>(n,0));
8           for(int i=0;i<n;i++) dp[i][i]=1;
9           for(int i=0;i<n-1;i++) {
10              if(s[i]==s[i+1]) dp[i][i+1]=2;
11              else dp[i][i+1]=1;
12          }
```

```
13              for(int i=n-1;i>=0;i--) {
14                  for(int j=i+1;j<n;j++) {              //枚举 s[i..j]
15                      if(j-i+1>=3) {                    //区间长度至少为3的情况
16                          if(s[i]==s[j])
17                              dp[i][j]=dp[i+1][j-1]+2;
18                          else
19                              dp[i][j]=max(dp[i][j-1],dp[i+1][j]);
20                      }
21                  }
22              }
23          return dp[0][n-1];
24      }
25  };
```

提交运行:

结果:通过;时间:84ms;空间:69.8MB

Python:

```
1   class Solution:
2       def longestPalindromeSubseq(self, s: str) -> int:
3           n=len(s)
4           if n==1:return 1
5           dp=[[0 for _ in range(n) for _ in range(n)]
6           for i in range(0,n):dp[i][i]=1              #区间长度为1的情况
7           for i in range(0,n-1):                       #区间长度为2的情况
8               if s[i]==s[i+1]:dp[i][i+1]=2
9               else: dp[i][i+1]=1
10          for i in range(n-1,-1,-1):
11              for j in range(i+1,n):                   #枚举 s[i..j]
12                  if j-i+1>=3:                          #区间长度至少为3的情况
13                      if s[i]==s[j]:
14                          dp[i][j]=dp[i+1][j-1]+2
15                      else:
16                          dp[i][j]=max(dp[i][j-1],dp[i+1][j])
17          return dp[0][n-1]
```

提交运行:

结果:通过;时间:1408ms;空间:32.29MB

21.8.3 LeetCode664——奇怪的打印机★★★

【问题描述】 一台奇怪的打印机有以下两个特殊要求:

(1) 打印机每次只能打印由同一个字符组成的序列。

(2) 每次可以在从起始到结束的任意位置打印新字符,并且会覆盖掉原来已有的字符。

给定一个字符串 s,请计算这个打印机打印它需要的最少打印次数。

例如,s="aba",答案为2,首先打印 "aaa",然后在第二个位置打印"b"覆盖掉原来的字符'a'.

【限制】 1≤s. length≤100,s 由小写英文字母组成。

【解题思路】 二维动态规划数组。设计动态规划数组 $dp[n][n]$,其中 $dp[i][j]$ 表示打印区间 $[i,j]$ 的最少操作数,初始化所有元素为∞。

显然有 $dp[i][i]=1(0≤i<n)$,现在求其他 $dp[i][j]$,分为两种情况:

(1) $s[i]=s[j]$,即区间两端的字符相同,则仅需要考虑打印区间 $[i,j-1]$ 的最少打印次数。其说明如下,对于区间$[i,j-1]$,可以使用第一种操作将区间$[i,j-1]$全部打印成字符 $s[i]$,然后将区间中与目标字符不一致的字符重新打印,假设与目标字符不一致的字符对应的区间是$[x,y](i<x\leqslant y<j)$,则打印区间$[i,j-1]$的最少打印次数是$1+dp[x][y]$。如果首先就使用第一种操作将区间$[i,j]$全部打印成字符 $s[i]$,由于 $s[i]=s[j]$,所以下标j处的字符已经与目标字符一致,与目标字符不一致的字符对应的区间仍然是$[x,y]$,这样打印区间$[i,j]$的最少打印次数也是$1+dp[x][y]$。因此,当 $s[i]=s[j]$ 时,$dp[i][j]=dp[i][j-1]$。例如,$s=$"aba",其最少打印次数由"ab"决定,而"ab"至少打印两次,所以"aba"的打印次数至少为 2。

扫一扫

源程序

(2) $s[i]\neq s[j]$,即区间两端的字符不同,那么需要分别完成该区间的左、右两部分的打印,用 k 进行枚举,两部分分别为区间$[i,k]$和区间$[k+1,j]$(其中 $i\leqslant k<j$),此时有 $dp[i][j]=\min\limits_{i\leqslant k<j}\{dp[i][k]+dp[k+1][j]\}$。例如,"abab"枚举的 3 种方式为"a"+"bab"(求出最少打印次数为 3)、"ab"+"ab"(求出最少打印次数为 4)、"aba"+"b"(求出最少打印次数为 3),所以答案为 3。

使用按行自下而上、列从左向右的顺序枚举求出 dp 数组,则 $dp[0][n-1]$ 就是答案。

21.8.4 LeetCode375——猜数字大小Ⅱ★★

【问题描述】 一个猜数字游戏,游戏规则如下:

(1) 甲在 1 到 n 之间选择一个数字。

(2) 乙来猜甲选了哪个数字。

(3) 如果乙猜到正确的数字,就会赢得游戏。

(4) 如果乙猜错了,那么甲会告诉乙,自己选的数字比乙猜的更大或者更小,并且乙需要继续猜数字。

(5) 每当乙猜了数字 x 并且猜错的时候都需要支付金额为 x 的现金。如果乙花光了现金,就会输掉游戏。

给定一个数字 n,请返回能够确保乙获胜的最少现金数,不管甲选择哪个数字。

例如,$n=5$ 的答案是 6,$n=8$ 的答案是 12,$n=10$ 的答案是 16,$n=20$ 的答案是 49。

【限制】 $1\leqslant n\leqslant 200$。

【解题思路】 二维动态规划数组。设计动态规划数组 $dp[n+1][n+1]$,其中 $dp[i][j]$ 表示数字区间为$[i,j]$时猜中任一数字需要的最少现金。下面看几个示例。

示例 1:当区间为$[1,1]$时,$dp[1][1]$表示猜中任一数字需要的最少现金,由于只有数字 1,只能猜数字 1,一定正确,所以赢得游戏所用的现金为 0,即 $dp[1][1]=0$。

示例 2:当区间为$[1,2]$时,$dp[1][2]$表示猜中任一数字需要的最少现金,其中有两个数字,一一枚举。

① 猜 1:若答案是 1(表示选择的数字是 1),花费 0 元;若答案是 2,花费 1 元。也就是说,如果猜 1 最多花费 1 元必定赢得游戏。

② 猜 2:若答案是 1,花费 2 元;若答案是 2,花费 0 元。也就是说,如果猜 2 最多花费 2 元必定赢得游戏。

所以 $dp[1][2]=\min\{1,2\}=1$。

示例3：当区间为[2,3]时，其中有两个数字（即2和3），一一枚举。

① 猜2：若答案是2，花费0元；若答案是3，花费2元。也就是说，如果猜2最多花费2元必定赢得游戏。

② 猜3：若答案是2，花费3元；若答案是3，花费0元。也就是说，如果猜3最多花费3元必定赢得游戏。

所以 dp[2][3]＝min{2,3}＝2。

示例4：当区间为[1,3]时，其中有3个数字（即1、2和3），一一枚举。

扫一扫

源程序

① 猜1：若答案是1，花费0元；若答案是2或者3，这时会看成区间[2,3]的猜数字问题，花费1+dp[2][3]元。也就是说，如果猜1必定赢得游戏，最多花费 max(0,1+dp[2][3])。

② 猜2：若答案是1，花费为2+dp[1][1]元；若答案是2，花费0元；若答案是3，花费2+dp[3][3]元。也就是说，如果猜2必定赢得游戏，最多花费 max(2+dp[1][1],2+dp[3][3])。

③ 猜3：若答案是1或者2，花费3+dp[1][2]；若答案是3，花费0元。如果猜3必定赢得游戏，最多花费 max(0,3+dp[1][2])。

所以对于[1,3]区间，必定赢得游戏的最少花费 dp[1][3]＝min{max(0,1+dp[2][3]), max(0,2+dp[1][1],2+dp[3][3]),max(0,3+dp[1][2])}。

首先初始化所有 dp 元素的值为0，归纳起来，对于区间[i,j]，枚举其中每个位置作为分割点 $m(i \leqslant m \leqslant j-1)$，$dp[i][j] = \min_{i \leqslant m \leqslant j-1} \{m+\max(dp[i][m-1],dp[m+1][j])\}$。

在求出 dp 数组后，dp[1][n]就是最终的答案。

21.8.5　LeetCode312——戳气球★★★

【问题描述】　有 n 个气球，编号为0到 $n-1$，在每个气球上都标有一个数字（均为正整数），这些数字用数组 nums 存放。现在要求戳破所有的气球，戳破第 i 个气球，可以获得 $nums[i-1] \times nums[i] \times nums[i+1]$ 枚硬币，这里的 $i-1$ 和 $i+1$ 代表与 i 相邻的两个气球的序号。如果 $i-1$ 或 $i+1$ 超出了数组的边界，那么将它看成一个数字为1的气球。求所能获得硬币的最大数量。

例如，nums＝[3,1,5,8]，答案为167。戳气球的过程是[3,**1**,5,8]=>[3,**5**,8]=>[**3**,8]=>[8]=>[]。对应的最大硬币数为 $3 \times 1 \times 5+3 \times 5 \times 8+1 \times 3 \times 8+1 \times 8 \times 1=167$。

【限制】　n＝nums.length，$1 \leqslant n \leqslant 500$，$0 \leqslant nums[i] \leqslant 100$。

【解题思路】　二维动态规划数组。为了简单，在 nums 数组的前后插入数字1，不影响最终结果，其中元素的个数仍然用 n 表示。设计动态规划数组 dp[n][n]，其中 dp[i][j]表示戳破区间[i,j]中的气球（不含气球 i 和气球 j）的最大收益。初始时设置 dp 中的所有元素为0。

用 length 枚举区间长度（length 从3开始递增），i 从0到 n－length 循环，置 $j＝i$+length－1。对于当前区间[i,j]（不含气球 i 和气球 j），需要戳破其中的所有气球，假设仅剩下气球 m，其前面相邻的是气球 i，后面相邻的是气球 j，如图21.33所示，此时戳破气球 m（即以 m 为分割点）的收益是两端所产生的收益与戳破气球 m 本身带

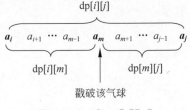

图 21.33　求 dp[i][j]

来的收益之和,也就是为 $dp[i][m]+dp[m][j]+nums[i]\times nums[m]\times nums[j]$。枚举所有有效的 m 取最大值:

$$dp[i][j]=\max_{i+1\leqslant m\leqslant j-1}\{dp[i][m]+dp[m][j]+nums[i]\times nums[m]\times nums[j]\}$$

在求出 dp 数组后,$dp[0][n-1]$ 就是最终的答案。对应的算法如下。

C++:

```
1   class Solution {
2   public:
3       int maxCoins(vector < int > & nums) {
4           nums.insert(nums.begin(),1);          //在 nums 数组的前后插入1,不影响结果
5           nums.push_back(1);
6           int n=nums.size();
7           vector < vector < int >> dp(n,vector < int >(n,0));
8           for(int length=3;length<=n;length++) {
9               for(int i=0;i<n-length+1;i++) {
10                  int j=i+length-1;            //区间[i,j]的长度为 length
11                  for(int m=i+1;m<j;m++) //枚举分割点为 m
12                      dp[i][j]=max(dp[i][j],dp[i][m]+dp[m][j]+nums[i] * nums[m] * nums[j]);
13                  }
14              }
15          return dp[0][n-1];
16      }
17  };
```

提交运行:

结果:通过;时间:392ms;空间:10.12MB

Python:

```
1   class Solution:
2       def maxCoins(self, nums: List[int]) -> int:
3           nums.insert(0,1)                        #在 nums 数组的前后插入1,不影响结果
4           nums.append(1)
5           n=len(nums)
6           dp=[[0 for _ in range(n)] for _ in range(n)]
7           for length in range(3,n+1):
8               for i in range(0,n-length+1):
9                   j=i+length-1;                   #区间[i,j]的长度为 length
10                  for m in range(i+1,j):          #枚举分割点为 m
11                      dp[i][j]=max(dp[i][j],dp[i][m]+dp[m][j]+nums[i] * nums[m] * nums[j])
12          return dp[0][n-1]
```

提交运行:

结果:通过;时间:3984ms;空间:18.4MB

21.8.6　LeetCode1000——合并石头的最低成本★★★

【问题描述】　有 N 堆石头排成一排,第 i 堆中有 stones[i] 块石头。每次移动(move)需要将连续的 K 堆石头合并为一堆,而这个移动的成本为这 K 堆石头的总数。请找出把

所有石头合并成一堆的最低成本。如果不可能,返回-1。

例如,stones=[3,5,1,2,6],$K=3$,答案为25。从[3,5,1,2,6]开始的移动过程如下:

(1) 合并[5,1,2],成本为8,剩下[3,8,6]。

(2) 合并[3,8,6],成本为17,剩下[17]。

总成本为8+17=25,这是可能的最小值。

【限制】 $1 \leqslant$ stones.length$\leqslant 30, 2 \leqslant K \leqslant 30, 1 \leqslant$ stones$[i] \leqslant 100$。

【解题思路】 三维动态规划数组。N堆石头,每次将K堆合并,每次合并减少$K-1$堆,合并x次后剩下$N-x(K-1)$堆。假设x次合并后剩下一堆,则$N-x(K-1)=1$,即$x=(N-1)/(K-1)$,显然x为整数,这样有$(N-1)\%(K-1)=0$,也就是说只有该条件成立才能合并,否则无法进行合并。同时可以推出$N=x(K-1)+1$,也就是说石堆数N是$K-1$的倍数加1时才可能合并。

考虑能够合并的情况,例如样例的合并过程如图21.34所示,stones[0..4]=[3,5,1,2,6],$K=3$,用Sum(stones$[i..j]$)表示堆i到堆j共$j-i+1$个石堆的石头总数。第一次是将stones[1..3]=[5,1,2]合并,成本为Sum(stones[1..3])=5+1+2=8,如图21.34(a)所示,图中每个叶子结点对应一个石堆,每个分支结点对应一次合并。

剩下的石堆为[3,8,6],将其做第二次合并,成本为3+Sum(stones[1..3])+6=Sum(stones[0..4])=17,如图21.34(b)所示。总成本为8+17=25。

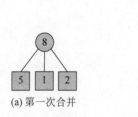
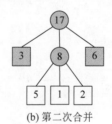

(a) 第一次合并   (b) 第二次合并

图21.34 样例的石堆合并过程

从中看出,每次合并是连续区间的若干石堆合并,而区间stones$[i..j]$合并的总成本=分支结点值+Sum(stones$[i..j]$)。使用例21-8中的前缀和数组presum,在求出该数组后有Sum(stones$[i..j]$)=presum$[j+1]$-presum$[i]$。

设计三维动态规划数组dp$[n+1][n+1][K+1]$,其中dp$[i][j][k]$表示将区间$[i,j]$的石头合并为k堆时的最小代价。

初始时dp$[i][i][1]=0(0 \leqslant i \leqslant n)$,即一个石堆合并为一个石堆的成本为0,其他位置的值均为∞。

扫一扫

源程序

现在求dp数组,用长度length枚举区间$[i,j]$,i从0到$n-$length循环,置$j=i+$length-1,k从1到K循环,用m枚举区间中的分割点$(i \leqslant m < j)$,将stones$[i..m]$合并为一堆,对应成本为dp$[i][m][1]$,再将stones$[m+1..j]$合并为$k-1$堆,对应成本为dp$[m+1][j][k-1]$,求出dp$[i][j][k]=\min($dp$[i][j][k],$dp$[i][m][1]+$dp$[m+1][j][k-1])$。最后将K堆合并为一堆,总成本dp$[i][j][1]=$dp$[i][j][K]+$presum$[j+1]-$presum$[i]$。

在求出dp数组后,dp$[0][n-1][1]$就是最终答案。

21.9 Floyd 算法及其应用

21.9.1 Floyd 算法

Floyd 算法称为多源最短路径算法,用于求图中所有的两个顶点之间的最短路径,其核心思想是动态规划。

假设带权图 G 用邻接矩阵 A 存储,设计一个三维动态规划数组 $dp[n][n][n]$,其中 $dp[k][i][j]$ 表示顶点 i 到 j 的中间顶点不大于 k 的最短路径长度,显然 $dp[k-1][i][j]=A[i][j]$(未考虑任何顶点为中间顶点时顶点 i 到 j 之间的最短路径就是它们之间的边)。当 $k \geqslant 0$ 时,顶点 i 到 j 有以下两条路径:

(1) 从顶点 i 到 j 不经过顶点 k 的路径,该路径的长度为 $dp[k-1][i][j]$。

(2) 从顶点 i 到 j 经过顶点 k 的路径,如图 21.35 所示,该路径由两部分构成,其长度为 $dp[k-1][i][k]+dp[k-1][k][j]$。

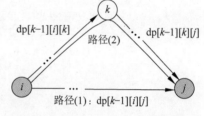

图 21.35　考虑顶点 k 时的两条路径

在两条路径中取最短长度,即 $dp[k][i][j]=\min\{dp[k-1][i][j], dp[k-1][i][k]+dp[k-1][k][j]\}$。对应的状态转移方程如下:

$$dp[k-1][i][j]=A[i][j]$$

$$dp[k][i][j]=\min\{dp[k-1][i][j], dp[k-1][i][k]+dp[k-1][k][j]\} \quad 0 \leqslant k \leqslant n-1$$

从上述方程可以推出以下关系(其中 $dp[*][k][k]=0$):

(1) $dp[k][i][k]=\min\{dp[k-1][i][k], dp[k-1][i][k]+dp[k-1][k][k]\}=dp[k-1][i][k]$,也就是考虑中间顶点 k 时顶点 i 到顶点 k 的路径长度不变。

(2) $dp[k][k][j]=\min\{dp[k-1][k][j], dp[k-1][k][k]+dp[k-1][k][j]\}=dp[k-1][k][j]$,也就是考虑中间顶点 k 时顶点 k 到顶点 j 的路径长度不变。

从中看出,在考虑顶点 k 时 $dp[k][i][j]$ 仅与 $dp[k-1][i][j]$、$dp[k-1][i][k]$ 和 $dp[k-1][k][j]$ 相关,而 $dp[k][i][k]$ 和 $dp[k][k][j]$ 分别等于前一个阶段的结果,为此将 $dp[k][i][j]$ 直接滚动为 $dp[i][j]$,从而将 dp 数组由三维降为二维。对应的算法如下。

C++:

```
1    void Floyd(vector < vector < int >> &A) {
2        int n=A.size();
3        for(int k=0;k<n;k++) {
4            for(int i=0;i<n;i++) {
5                for(int j=0;j<n;j++)
6                    A[i][j]=min(A[i][j],A[i][k]+A[k][j]);
7            }
8        }
9    }
```

Floyd 算法的时间复杂度为 $O(n^3)$。

21.9.2 LeetCode1462——课程安排Ⅳ ★★

问题描述参见 18.4.1 节。

【解题思路】 Floyd 算法。由全部课程的先修关系 prereqs 创建有向图的邻接矩阵 A，若 a 是 b 的先修课程，则置 $A[a][b] =$ true，否则置 $A[a][b] =$ false。使用 Floyd 算法求 A，仅将基本 Floyd 算法中的 $A[i][j] = \min(A[i][j], A[i][k] + A[k][j])$ 改为 $A[i][j] = A[i][j] \mid (A[i][k] \ \&\& \ A[k][j])$ 即可。在求出 A 数组后，对于每个查询 $[u, v]$，其结果为 $A[u][v]$。对应的算法如下。

C++:

```
1   class Solution {
2   public:
3       vector < bool > checkIfPrerequisite(int n, vector < vector < int >> &prereqs, vector < vector
        < int >> &ques) {
4           vector < vector < bool >> A(n, vector < bool >(n, false));
5           for(auto e: prereqs) {
6               int a=e[0], b=e[1];
7               A[a][b]=true;
8           }
9           for(int k=0;k<n;k++) {
10              for(int i=0;i<n;i++) {
11                  for(int j=0;j<n;j++) {
12                      A[i][j]=A[i][j] | (A[i][k] && A[k][j]);
13                  }
14              }
15          }

16          vector < bool > ans;
17          for(auto e:ques) {
18              int u=e[0], v=e[1];
19              ans.push_back(A[u][v]);
20          }
21          return ans;
22      }
23  };
```

提交运行：

结果:通过;时间:704ms;空间:63.69MB

Python:

```
1   class Solution:
2       def checkIfPrerequisite(self, n:int, prereqs, ques) -> List[bool]:
3           A=[[False for _ in range(n)] for _ in range(n)]
4           for e in prereqs:
5               a, b=e[0], e[1]
6               A[a][b]=True
7           for k in range(0, n):
8               for i in range(0, n):
9                   for j in range(0, n):
10                      A[i][j]=A[i][j] or (A[i][k] and A[k][j])

11          ans=[]
12          for e in ques:
13              u, v=e[0], e[1]
14              ans.append(A[u][v])
15          return ans
```

提交运行：

结果：通过；时间：1060ms；空间：18.37MB

21.9.3 LeetCode2608——图中的最短环★★★

问题描述参见 18.3.7 节。

【解题思路】 改进的 Floyd 算法。将图用邻接矩阵 M 存储，用 ans 存放最短环的长度（初始为∞），依题意，这里的环至少包含 3 个不同的顶点。使用改进的 Floyd 算法，用二维数组 A 存放顶点之间的最短路径长度。

在 Floyd 算法中枚举中间点 k 时，A 中求出的是任意两个顶点的中间顶点不超过 k 的最短路径长度，那么就可以对于任意两个顶点 i 和 j（$0 \leqslant i < k, i+1 \leqslant j < k$，保证 i、j 和 k 是 3 个不同的顶点），执行 ans $=\min($ans$, A[i][j]+M[j][k]+M[k][i])$ 求至少包含 3 个顶点的最短环的长度，如图 21.36 所示。其中，$A[i][j]$ 表示顶点 i 到顶点 j 的最短路径长度（该路径一定不包含顶点 k），$M[j][k]+M[k][i]$ 表示两条边的长度。注意，在表达式 $A[i][j]+M[j][k]+M[k][i]$ 中，3 个部分的值都有可能为∞，如果将∞用 0x3f3f3f3f 表示，可能出现上溢出，这里将∞表示为 1005（因为 n 的最大值为 1000）。在计算 ans 之后按照常规 Floyd 算法使用 $A[i][j]=\min(A[i][j], A[i][k]+A[k][j])$ 求顶点 i 到 j 的中间顶点包含 k 的最大路径长度。

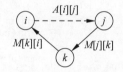

图 21.36 一个环的长度

当 k、i、j 枚举完毕，得到的 ans 就是答案。

21.9.4 LeetCode847——访问所有结点的最短路径★★★

问题描述参见 18.3.6 节。

【解题思路】 基本 Floyd 算法＋状态压缩＋动态规划。将图用邻接矩阵 A 存储，先使用 Floyd 算法求出任意两个顶点之间的最短路径长度，仍然用 A 表示。使用 18.3.6 节中的状态压缩方法，共有 n 个顶点，编号为 $0 \sim n-1$，则总的状态数 $m=2^n$。

设计二维动态规划数组 dp$[$state$][i]$（i 包含在 state 表示的顶点集中），表示经过 state 中的所有顶点到达顶点 i 的最短路径长度，初始化 dp 数组的元素为∞。显然 dp$[1 \ll i][i]=0$（状态集中只有顶点 i，而顶点 i 到 i 的最短路径长度为 0）。

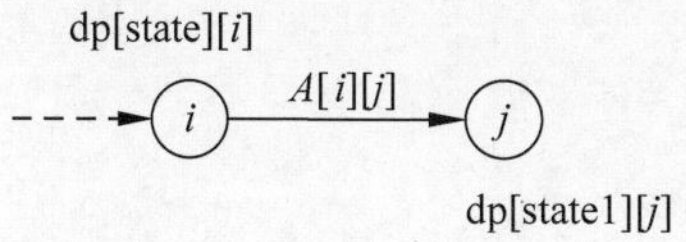

已知 dp$[$state$][*]$，对于 state 中的任意顶点 i 和不在 state 中的任意顶点 j，置 state1 $=$ state $\bigcup\{j\}$，则有 dp$[$state1$][j]=$dp$[$state$][i]+A[i][j]$，如图 21.37 所示。

图 21.37 求 dp[state1][j]

到达顶点 j（j 不属于 state）的路径可能有多条，取最小值，则有：

$$\text{dp}[\text{state1}][j] = \min_{i \in \text{state}} (\text{dp}[\text{state}][i] + A[i][j])$$

提供枚举 state（$0 \sim m-1$）、i 和 j，求出 dp 数组，那么 dp$[m-1]$ 中的最小值就是答案。对应的算法如下。

C++：

```
1   class Solution {
2       const int INF = 0x3f3f3f3f;
```

```
3          vector < vector < int >> A;
4     public:
5         int shortestPathLength(vector < vector < int >> & graph) {
6             int n = graph.size();
7             A = vector < vector < int >>(n, vector < int >(n, INF));
8             for(int i = 0;i < n;i++) {                        //建立邻接矩阵 A
9                 for(int j:graph[i]) A[i][j] = 1;
10            }
11            Floyd();
12            int m = 1 << n;                                   //总的状态数
13            vector < vector < int >> dp = vector < vector < int >>(m, vector < int >(n, INF));
14            for(int i = 0;i < n;i++) dp[1 << i][i] = 0;
15            for(int state = 0;state < m;state++) {            //枚举所有的 state
16                for(int i = 0;i < n;i++) {                    //枚举 state 中已访问过的顶点 i
17                    if(!inset(state,i)) continue;             //顶点 i 不在 state 中时跳过
18                    for(int j = 0;j < n;j++) {                //枚举 state 中尚未访问过的顶点 j
19                        if(inset(state,j)) continue;          //顶点 j 在 state 中时跳过
20                        int state1 = addj(state,j);
21                        dp[state1][j] = min(dp[state1][j], dp[state][i] + A[i][j]);
22                    }
23                }
24            }
25            int ans = INF;
26            for(int i = 0;i < n;i++)
27                ans = min(ans, dp[m - 1][i]);
28            return ans;
29        }

30        bool inset(int state,int j) {                         //判断顶点 j 是否在 state 中
31            return(state & (1 << j))! = 0;
32        }
33        int addj(int state,int j) {                           //在 state 中添加顶点 j
34            return state | (1 << j);
35        }

36        void Floyd() {
37            int n = A.size();
38            for(int k = 0;k < n;k++) {
39                for(int i = 0;i < n;i++) {
40                    for(int j = 0;j < n;j++)
41                        A[i][j] = min(A[i][j], A[i][k] + A[k][j]);
42                }
43            }
44        }
45    };
```

提交运行：

结果：通过；时间：56ms；空间：13.03MB

🔲 Python：

```
1     class Solution:
2         def shortestPathLength(self, graph: List[List[int]]) -> int:
3             INF = 0x3f3f3f3f
4             n = len(graph)
5             self.A = [[INF for _ in range(n)] for _ in range(n)]
6             for i in range(0,n):                              #建立邻接矩阵 A
7                 for j in graph[i]:self.A[i][j] = 1
8             self.Floyd()
9             m = 1 << n;                                       #总的状态数
10            dp = [[INF for _ in range(n)] for _ in range(m)]
```

```
11          for i in range(0,n):dp[1 << i][i]=0
12          for state in range(0,m):                        #枚举所有的 state
13              for i in range(0,n):                         #枚举 state 已访问过的 i
14                  if not self.inset(state,i):continue;     #i 不在 state 中时跳过
15                  for j in range(0,n):                     #枚举 state 中尚未访问过的 j
16                      if self.inset(state,j):continue      #j 在 state 中时跳过
17                      state1=self.addj(state,j)
18                      dp[state1][j]=min(dp[state1][j],dp[state][i]+self.A[i][j])
19          return min(dp[m-1])

20      def inset(self,state,j):                             #判断顶点 j 是否在 state 中
21          return(state & (1 << j))!=0
22      def addj(self,state,j):                              #在 state 中添加顶点 j
23          return state | (1 << j)

24      def Floyd(self):
25          n=len(self.A)
26          for k in range(0,n):
27              for i in range(0,n):
28                  for j in range(0,n):
29                      self.A[i][j]=min(self.A[i][j],self.A[i][k]+self.A[k][j])
```

提交运行：

结果：通过；时间：1036ms；空间：16.48MB

推荐练习题

1. LeetCode5——最长回文子串★★

2. LeetCode72——编辑距离★★★

3. LeetCode87——扰乱字符串★★★

4. LeetCode122——买卖股票的最佳时机Ⅱ★★

5. LeetCode123——买卖股票的最佳时机Ⅲ★★★

6. LeetCode132——分割回文串Ⅱ★★★

7. LeetCode127——单词接龙★★★

8. LeetCode198——小偷一晚能够盗取的最大金额★★

9. LeetCode213——小偷一晚能够盗取的最大金额Ⅱ★★

10. LeetCode241——为运算表达式设计优先级★★

11. LeetCode265——粉刷房子Ⅱ★★★

12. LeetCode310——最小高度树★★

13. LeetCode368——最大整除子集★★

14. LeetCode399——除法求值★★

15. LeetCode410——分割数组的最大值★★★

16. LeetCode583——两个字符串的删除操作★★

17. LeetCode647——回文子串★★

18. LeetCode678——有效的括号字符串★★

19. LeetCode687——最长同秩路径★★

20. LeetCode740——删除并获得点数★★

21. LeetCode787——k 站中转内最便宜的航班★★

22. LeetCode792——匹配子序列的单词数★★

23. LeetCode823——带因子的二叉树★★

24. LeetCode968——监控二叉树★★★

25. LeetCode983——最低票价★★

26. LeetCode1048——最长字符串链★★

27. LeetCode1125——最小的必要团队★★★

28. LeetCode1130——叶值的最小代价生成树★★

29. LeetCode1187——使数组严格递增★★★

30. LeetCode1334——阈值距离内邻居最少的城市★★

31. LeetCode1575——统计所有可行路径★★★

32. LetCode2246——相邻字符不同的最长路径★★★

33. LeetCode2304——网格中的最小路径代价★★

34. LeetCode2830——销售利润最大化★★

35. LeetCode2858——可以到达每个结点的最少边反转次数★★★

第22章 贪心法

📖 知识图谱

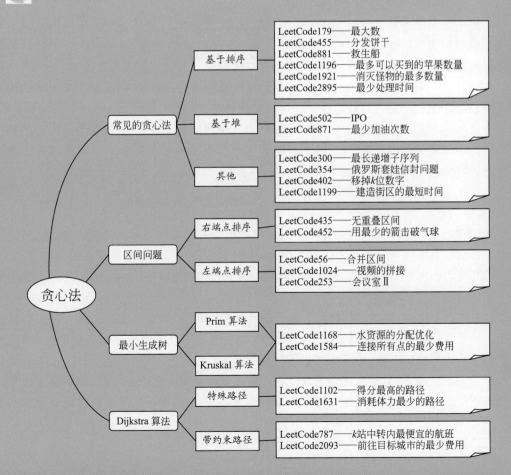

		基于排序	LeetCode179——最大数 LeetCode455——分发饼干 LeetCode881——救生船 LeetCode1196——最多可以买到的苹果数量 LeetCode1921——消灭怪物的最多数量 LeetCode2895——最少处理时间
	常见的贪心法	基于堆	LeetCode502——IPO LeetCode871——最少加油次数
		其他	LeetCode300——最长递增子序列 LeetCode354——俄罗斯套娃信封问题 LeetCode402——移掉k位数字 LeetCode1199——建造街区的最短时间
贪心法	区间问题	右端点排序	LeetCode435——无重叠区间 LeetCode452——用最少的箭击破气球
		左端点排序	LeetCode56——合并区间 LeetCode1024——视频的拼接 LeetCode253——会议室II
	最小生成树	Prim算法 Kruskal算法	LeetCode1168——水资源的分配优化 LeetCode1584——连接所有点的最少费用
	Dijkstra算法	特殊路径	LeetCode1102——得分最高的路径 LeetCode1631——消耗体力最少的路径
		带约束路径	LeetCode787——k站中转内最便宜的航班 LeetCode2093——前往目标城市的最少费用

22.1.1 什么是贪心法

贪心法是一种重要的算法设计策略,用于求解优化问题。贪心法是从问题的某一个初始状态出发,通过逐步构造最优解的方法向给定的目标前进,并期望通过这种方法产生一个全局最优解的方法。做出贪心决策的依据称为贪心准则(策略),决策一旦做出就不可以再更改。贪心与递推不同,在贪心法推进中每一步不是依据某一固定的递推式,而是做一个当时看似最佳的贪心选择,不断地将问题实例归纳为更小的相似子问题。总之,贪心法总是作出在当前看来最好的选择,这个局部最优选择仅依赖以前的决策,但不依赖以后的决策。在计算机科学中很多算法都属于贪心法。

22.1.2 贪心法求解问题具有的性质

由于贪心法一般不会测试所有可能路径,而且容易过早地做决定,因此有些问题可能不会找到最优解,能够使用贪心法求解的问题一般具有两个性质,即最优子结构性质和贪心选择性质。贪心算法一般需要证明满足这两个性质。

1. 最优子结构性质

如果一个问题的最优解包含其子问题的最优解,则称此问题具有最优子结构性质。可以简单地理解为子问题的局部最优解将导致整个问题的全局最优,也可以说一个问题的最优解只取决于其子问题的最优解,子问题的非最优解对问题的求解没有影响。

也就是说,不符合最优子结构性质的问题是无法用贪心法求解的,实际上最优子结构性质是贪心法和上一章介绍的动态规划求解的关键特征。

在证明问题是否具有最优子结构性质时,通常使用反证法来证明,先假设由问题的最优解导出的子问题的解不是最优的,然后证明在这个假设下可以构造出比原问题的最优解更好的解,从而产生矛盾。

2. 贪心选择性质

所谓贪心选择性质是指问题的整体最优解可以通过一系列局部最优选择(即贪心选择)来得到。它是贪心法可行的第一个基本要素,也是贪心算法与动态规划算法的主要区别。

(1) 在动态规划中,每一步所做的选择往往依赖于相关子问题的解,因此只有在解出相关子问题后才能做出选择。

(2) 在贪心法中,仅在当前状态下做出最好的选择,即局部最优选择。然后再去解做出这个选择后产生的相应子问题。贪心法所做的贪心选择可以依赖于以往所做的选择,但绝不依赖于将来所做的选择,也不依赖于子问题的解。

正是由于这种差别,动态规划通常以自底向上的方式解出各个子问题,而贪心法通常以自顶向下的方式进行,以迭代的方式做出相继的贪心选择,每做一次贪心选择就将所求问题简化为规模更小的子问题。

在证明问题是否具有贪心选择性质时,通常使用数学归纳法,先证明第一步贪心选择能够得到整体最优解,再通过归纳步的证明保证每一步贪心选择都能够得到问题的整体最优解。

所以一个正确的贪心算法拥有很多优点,例如时间复杂度和空间复杂度低、算法运行效率高等。贪心法的缺点主要是很难找到一个简单、可行并且保证正确的贪心策略。

22.1.3 贪心法求解问题的一般过程及其优点

贪心法求解问题的一般过程如下:

(1) 建立数学模型来描述问题。

(2) 把求解的问题分成若干子问题。

(3) 对每一个子问题求解,得到子问题的局部最优解。

(4) 把子问题的局部最优解合成原问题的最优解。

贪心算法的基本框架如下:

```
1  SolutionType greedy(SType a[], int n) {
2      SolutionType x={};            //解向量,初始时为空
3      for(int i=0;i<n;i++){         //执行 n 步操作
4          xi=Select(a);            //从输入 a 中选择一个当前最好的分量
5          if(Feasiable(xi))        //判断 xi 是否包含在当前解中
6              solution=Union(x,xi); //将 xi 分量合并形成 x
7      }
8      return x;                     //返回生成的最优解
9  }
```

贪心法的优点如下:

(1) 实现简单,算法一旦做出决定,就不需要重新检查之前计算过的值。

(2) 直观易懂,对于问题中的每个决策点,都能得到最优解。

(3) 能够逐步优化,从当前情况出发,根据某个优化测度做最优选择,省去了为找最优解要穷尽所有可能而必须耗费的大量时间。

(4) 在许多情况下能够得到较好的时间性能,对应的时间复杂度一般为多项式阶甚至是线性阶。

贪心法并非能够解决所有问题,也就是说在某些小范围内所做的最优决策未必是整个问题的最优决策。通常,能够使用贪心法解决的问题必须满足前面介绍的最优子结构性质和贪心选择性质。

 例 22-1

最小分解问题。给定一个正整数 x,找到最小的正整数 y,它的每个数字相乘之后等于 x。如果没有答案,或者答案超过了 32 位有符号整数的范围,返回 0。例如,$x=48$,答案为 68,尽管 $2 \times 2 \times 3 \times 4=48$,但 2234 不是最小的。

解:为了使 y 尽可能小,应该首选尽可能大的数字来分解 x,所以使用的贪心策略是选择当前最大的为因子 p,为此 p 从 9 到 2 依次尝试(十进制数 y 的每一位的取值范围是 0~

9,显然需要排除 0 和 1),若 p 是 x 的因子,则将其按位累计到 y 中。在返回之前需要检查是否溢出,如果 $y<0$,则表示出现溢出(如 $x=18\ 000\ 000$,求出的 $y=-1\ 739\ 411\ 407$),此时返回 0,否则返回 y。对应的算法如下。

C++:

```cpp
1   int greedy(int x) {
2       if(x<=0) return 0;
3       int y=0;                    //存放答案
4       int base=1,p=9;            //base 表示十进制数的位基数
5       while(x!=1 && p!=1) {      //p 从 9 开始枚举
6           while(x%p==0) {        //p 为 a 的因子
7               y+=base * p;
8               x/=p;
9               base *=10;
10          }
11          p--;
12      }
13      if(y<0) return 0;          //y 溢出返回 0
14      return y;
15  }
```

由于贪心策略因问题而异,这里将 LeetCode 题目归纳为常见的贪心法问题、区间问题、最小生成树和最短路径问题,下面分节讨论。

22.2　　常见的贪心法求解问题

22.2.1　LeetCode455——分发饼干★

【问题描述】　一位家长给孩子分发饼干,每个孩子最多只能给一块饼干。对于每个孩子 i,都有一个胃口值 $g[i]$,这是能让孩子满足胃口的饼干的最小尺寸。每块饼干 j 都有一个尺寸 $s[j]$。如果 $s[j]\geqslant g[i]$,则可以将饼干 j 分配给孩子 i,这个孩子会得到满足。请将饼干尽可能满足较多数量的孩子,并输出这个最大值。

例如,$g=[1,2,3]$,$s=[1,1]$,答案为 1,有两块饼干,只能让胃口值是 1 的孩子满足。

【限制】　$1\leqslant g.\text{length}\leqslant 3\times 10^4$,$0\leqslant s.\text{length}\leqslant 3\times 10^4$,$1\leqslant g[i],s[j]\leqslant 2^{31}-1$。

【解题思路】　基于排序。本题的贪心策略如下:

(1)优先让胃口值小的孩子得到满足。

(2)给胃口值为 x 的孩子分配刚好使其满足的最小尺寸的饼干。

为此将 g 和 s 数组递增排序,用 ans 表示答案(初始为 0),i 和 j 均从 0 开始遍历 g 和 s,当两个数组都没有遍历完时循环:如果 $g[i]\leqslant s[j]$,说明孩子 i 得到满足,执行 ans++,同时执行 i 增 1 和 j 增 1,否则说明孩子 i 得不到满足,仅执行 j 增 1。最后返回 ans。对应的算法如下。

C++:

```cpp
1   class Solution {
2   public:
3       int findContentChildren(vector < int > & g, vector < int > & s) {
```

```
4            sort(g.begin(),g.end());
5            sort(s.begin(),s.end());
6            int n=g.size(),m=s.size();
7            int ans=0;
8            int i=0,j=0;
9            while(i<n && j<m) {
10               if(g[i]<=s[j]) {
11                   ans++;i++;
12               }
13               j++;
14           }
15           return ans;
16       }
17   };
```

提交运行：

结果:通过;时间:8ms;空间:17.26MB

Python：

```
1    class Solution:
2        def findContentChildren(self, g: List[int], s: List[int]) -> int:
3            g.sort()
4            s.sort()
5            n,m=len(g),len(s)
6            ans=0
7            i,j=0,0
8            while i<n and j<m:
9                if g[i]<=s[j]:
10                   ans,i=ans+1,i+1
11               j+=1
12           return ans
```

提交运行：

结果:通过;时间:56ms;空间:17.35MB

22.2.2　LeetCode881——救生船★★

【问题描述】　给定数组 people,people[i]表示第 i 个人的体重。船的数量不限,每艘船可以承载的最大重量为 limit。每艘船最多可以同时载两个人,条件是这两个人的体重之和最多为 limit。请返回承载所有人所需的最少船数。

例如,people=[3,2,2,1],limit=3,答案为 3,3 艘船分别载(1,2)、(2)和(3)。

【限制】　$1 \leqslant$ people.length $\leqslant 5 \times 10^4, 1 \leqslant$ people[i] $\leqslant$ limit $\leqslant 3 \times 10^4$。

【解题思路】　基于排序。本题的贪心策略是让载两个人的船尽可能多,这样使得需要的船数尽可能少。用 ans 表示最少船数(初始为 0),考虑 people 数组中体重最轻的人:

(1)若他不能与体重最重的人同乘一艘船,那么体重最重的人无法与任何人同乘一艘船,此时应该单独分配一艘船给体重最重的人,即执行 ans++。从 people 数组中去掉体重最重的人,即将原问题缩小为问题规模为 $n-1$ 的子问题。

(2)若他能与体重最重的人同乘一艘船,则选择与体重最重的人同乘一艘船是最优的,即执行 ans++。此时原问题缩小为问题规模为 $n-2$ 的子问题。

在算法实现中将 people 数组递增排序,用 i 和 j 分别指向体重最轻的人和体重最重的人，i 从前向后、j 从后向前处理。对应的算法如下。

C++：

```cpp
class Solution {
public:
    int numRescueBoats(vector <int> & people, int limit) {
        sort(people.begin(),people.end());              //递增排序
        int i=0,j=people.size()-1;
        int ans=0;
        while(i<=j) {
            if(i==j) {                                   //特殊情况:剩下最后一个人单乘
                ans++; break;
            }
            if(people[i]+people[j]<=limit) {             //前后两个人同乘
                ans++; i++; j--;
            }
            else {                                        //第j个人单乘
                ans++; j--;
            }
        }
        return ans;
    }
};
```

提交运行：

结果:通过;时间:68ms;空间:40.37MB

Python：

```python
class Solution:
    def numRescueBoats(self, people: List[int], limit: int) -> int:
        people.sort()                                   #递增排序
        i,j=0,len(people)-1
        ans=0
        while i<=j:
            if i==j:                                     #特殊情况:剩下最后一个人单乘
                ans+=1
                break
            if people[i]+people[j]<=limit:               #前后两个人同乘
                ans+=1
                i,j=i+1,j-1
            else:                                         #第j个人单乘
                ans+=1
                j-=1
        return ans
```

提交运行：

结果:通过;时间:104ms;空间:21.32MB

22.2.3 LeetCode871——最少加油次数★★★

问题描述参见 21.6.6 节。

【解题思路】 基于大根堆。本题的贪心策略是在确保每个加油站都能到达的前提下，选择最大加油量的加油站进行加油。

使用类似于"赊账"的方式，假设每个加油站的汽油用油箱存放，在行驶中如果能够到达每个加油站，则把该加油站的油箱搬走，以备后用。如果不能够到达下一个加油站，则从搬

走的油箱中选择油量最大的进行加油。

例如,target=100,startFuel=10,stations=[[10,60],[20,30],[30,30],[60,40]],用 fuel 表示当前油量,初始状态如图 22.1(a)所示,fuel=10,依次向东行驶。

(1)$i=0$,对应[10,60],fuel$\geqslant$10,将当前加油站的 60 升汽油的油箱搬上车。

(2)$i=1$,对应[20,30],fuel$\geqslant$20 不成立,需要加油,如图 22.1(b)所示。车上只有 60 升汽油的油箱,加 60 升的汽油,fuel 为 10+60=70,如图 22.1(c)所示,并将当前加油站的 30 升汽油的油箱搬上车。

(3)$i=2$,对应[30,30],fuel$\geqslant$30,将当前加油站的 30 升汽油的油箱搬上车。

(4)$i=3$,对应[60,40],fuel$\geqslant$30,将当前加油站的 40 升汽油的油箱搬上车。

(5)stations 遍历完毕,到达 target,fuel$\geqslant$100 不成立,需要加油,如图 22.1(d)所示。车上有 30、30 和 40 升汽油的油箱,选择最大的 40 升汽油的油箱,fuel 为 70+40=110,如图 22.1(e)所示,fuel$\geqslant$target,成功到达目的地。

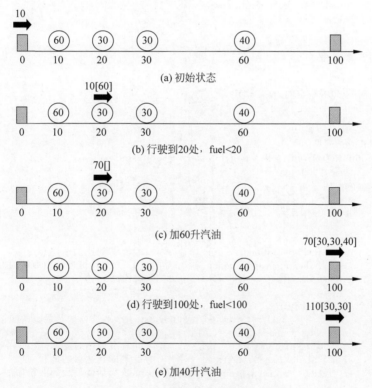

图 22.1　求解最少加油次数的过程

在算法中用大根堆存放搬走的油箱。对应的算法如下。

C++:

```
1   class Solution {
2   public:
3       int minRefuelStops(int target, int startFuel, vector<vector<int>>& stations) {
4           int n = stations.size();
5           priority_queue<int> pqu;          //大根堆
6           int ans = 0;
7           int fuel = startFuel;             //当前油量
```

```
 8            int i=0;
 9            while(i < n) {
10                if(fuel >= stations[i][0]) {          //能够到达加油站 i
11                    pqu.push(stations[i][1]);         //将当前加油站的油箱搬上车
12                    i++;                              //继续行驶
13                }
14                else {                                //不能够到达加油站 i
15                    if(!pqu.empty()) {
16                        fuel += pqu.top(); pqu.pop();  //选择油量最大的油箱加油
17                        ans++;
18                    }                                 //没有油箱时返回-1
19                    else return -1;
20                }
21            }
22            while(!pqu.empty() && fuel < target) { //不能到达目的地时
23                fuel += pqu.top(); pqu.pop();
24                ans++;
25            }
26            if(fuel >= target) return ans;
27            return -1;
28        }
29   };
```

提交运行：

结果：通过；时间：20ms；空间：15.75MB

Python：

```
 1   class Solution:
 2       def minRefuelStops(self, target:int, startFuel:int, stations:List[List[int]])-> int:
 3           n=len(stations)
 4           pqu=[]                                    #大根堆
 5           ans=0
 6           fuel=startFuel                            #当前油量
 7           i=0
 8           while i < n:
 9               if fuel >= stations[i][0]:            #能够到达加油站 i
10                   heapq.heappush(pqu, -stations[i][1])  #将当前加油站的油箱搬上车
11                   i+=1                              #继续行驶
12               else:                                 #不能到达加油站 i
13                   if pqu:
14                       fuel += -heapq.heappop(pqu)    #选择油量最大的油箱加油
15                       ans+=1
16                   else:return -1                     #没有油箱时返回-1
17           while pqu and fuel < target:              #不能到达目的地时
18               fuel += -heapq.heappop(pqu)           #选择油量最大的油箱加油
19               ans+=1
20           if fuel >= target:return ans
21           return -1
```

提交运行：

结果：通过；时间：48ms；空间：15.99MB

22.2.4　LeetCode2895——最少处理时间★★

【问题描述】　给定 n 个处理器，每个处理器都有 4 个核心。现有 n×4 个待执行任务，每个核心只执行一个任务。给定一个下标从 0 开始的整数数组 processorTime，表示每个处

理器最早空闲时间。另外给定一个下标从 0 开始的整数数组 tasks,表示执行每个任务所需的时间。请返回所有任务都执行完毕需要的最少时间。注意,每个核心独立执行任务。

例如,processorTime=[8,10],tasks=[2,2,3,1,8,7,4,5],答案为 16,最优的方案是将下标为 4、5、6、7 的任务分配给第一个处理器(最早空闲时间 time=8),下标为 0、1、2、3 的任务分配给第二个处理器(最早空闲时间 time=10)。第一个处理器执行完所有任务需要花费的时间为 $\max(8+8,8+7,8+4,8+5)=16$,第二个处理器执行完所有任务需要花费的时间为 $\max(10+2,10+2,10+3,10+1)=13$,因此可以证明执行完所有任务需要花费的最少时间是 16。

【限制】 $1 \leqslant n =$ processorTime. length $\leqslant 25\ 000, 1 \leqslant$ tasks. length $\leqslant 10^5, 0 \leqslant$ processorTime$[i] \leqslant 10^9, 1 \leqslant$ tasks$[i] \leqslant 10^9$, tasks. length $=4n$。

【解题思路】 基于排序。本题的贪心策略是让最早空闲的处理器执行最长的任务。将 n 个处理器的最早空闲时间 processorTime 递增排序,将 $4n$ 个任务所需的时间 tasks 递减排序,排序后的最优安排如下:

将 task[0]~task[3]分配给 processorTime[0],第一个处理器执行完所有任务需要花费的时间为 $\max($task$[0]+$processorTime$[0],$task$[1]+$processorTime$[0],$task$[2]+$processorTime$[0],$task$[3]+$processorTime$[0])=$task$[0]+$processorTime$[0]$。

将 task[4]~task[7]分配给 processorTime[1],第二个处理器执行完所有任务需要花费的时间为 $\max($task$[4]+$processorTime$[1],$task$[5]+$processorTime$[1],$task$[6]+$processorTime$[1],$task$[7]+$processorTime$[1])=$task$[4]+$processorTime$[1]$。

以此类推,第 i 个处理器执行完所有任务需要花费的时间为 task$[4i]+$processorTime$[i]$。在所有这样的时间中取最大值得到答案 ans。对应的算法如下。

C++:

```
1    class Solution {
2    public:
3        int minProcessingTime(vector<int>& processorTime, vector<int>& tasks) {
4            sort(processorTime.begin(), processorTime.end());          //递增排序
5            sort(tasks.begin(), tasks.end(), greater<int>());          //递减排序
6            int ans=0;
7            for(int i=0; i<processorTime.size(); i++)
8                ans=max(ans, tasks[4*i]+processorTime[i]);
9            return ans;
10       }
11   };
```

提交运行:

结果:通过;时间:20ms;空间:15.75MB

Python:

```
1    class Solution:
2        def minProcessingTime(self, processorTime:List[int], tasks:List[int])-> int:
3            processorTime.sort()                                    #递增排序
4            tasks.sort(reverse=True)                                #递减排序
5            ans=0
```

```
6          for i in range(0,len(processorTime)):
7              ans=max(ans,tasks[4 * i]+processorTime[i])
8          return ans
```

提交运行：

结果：通过；时间：124ms；空间：30.74MB

22.2.5　LeetCode300——最长递增子序列★★

问题描述参见 21.3.2 节。

【解题思路】 基于二分查找。用 ans 数组存放一个最长递增子序列，用 i 遍历 nums 序列，假设当前访问的元素为 curd=nums[i]，此时 ans=[$a_0,a_1,\cdots,a_{j-1},a_j,a_{j+1},\cdots,a_m$]（递增顺序），分为两种情况：

（1）若 curd 大于 ans 中的最大元素，则 ans 合并 curd 得到一个更长的递增子序列，于是将 curd 添加到 ans 的末尾。

（2）否则，要想 ans 尽可能长，应该让 ans 末尾的元素尽可能小，以便能够添加更多的元素，或者说在保持 ans 元素个数不变的情况下让其中的元素尽可能小。于是在 ans 中找到第一个大于或等于 curd 的元素，用 curd 替换该元素即可。例如，若 ans 中的一个大于或等于 curd 的元素是 a_j，用 curd 替换 a_j，此时 ans=[$a_0,a_1,\cdots,a_{j-1},$curd,$a_{j+1},\cdots,a_m$]，显然 ans 仍然是递增的，元素个数不变，如果该过程继续下去，ans 比替换之前的序列更有可能成为一个最长递增子序列。

当 nums 遍历完毕，ans 就是 nums 的一个最长递增子序列，返回其长度即可。

例如，nums=[0,1,0,3,2,3]，首先 ans=[]，其求解过程如下：

① 处理 0，在 ans 中没有找到大于或等于 0 的元素，将 0 添加到 ans 中，ans=[0]。

② 处理 1，在 ans 中没有找到大于或等于 1 的元素，将 1 添加到 ans 中，ans=[0,1]。

③ 处理 0，在 ans 中找到第一个大于或等于 0 的元素 0，与 0 替换 0，ans=[0,1]。

④ 处理 3，在 ans 中没有找到大于或等于 3 的元素，将 3 添加到 ans 中，ans=[0,1,3]。

⑤ 处理 2，在 ans 中找到第一个大于或等于 2 的元素 3，用 2 替换 3，ans=[0,1,2]。

⑥ 处理 3，在 ans 中没有找到大于或等于 3 的元素，将 3 添加到 ans 中，ans=[0,1,2,3]。

最后的 ans=[0,1,2,3]，返回其长度 4。对应的算法如下。

C++：

```cpp
1   class Solution {
2   public:
3       int lengthOfLIS(vector<int>& nums) {
4           int n=nums.size();
5           vector<int> ans={nums[0]};
6           for(int i=1;i<n;i++) {
7               int curd=nums[i];
8               if(curd>ans.back())        //当大于 ans 中的最大数时直接添加
9                   ans.push_back(curd);
10              else {
11                  auto it=lower_bound(ans.begin(),ans.end(),curd);
12                  * it=curd;              //替换
13              }
14          }
```

```
15              return ans.size();
16          }
17      };
```

提交运行:

结果:通过;时间:4ms;空间:10.38MB

Python:

```
1   class Solution:
2       def lengthOfLIS(self, nums: List[int]) -> int:
3           n=len(nums)
4           ans=[nums[0]]
5           for i in range(1,n):
6               curd=nums[i]
7               if curd>ans[-1]:          #当大于 ans 中的最大数时直接添加
8                   ans.append(curd)
9               else:
10                  j=bisect.bisect_left(ans,curd)
11                  ans[j]=curd           #替换
12          return len(ans)
```

提交运行:

结果:通过;时间:40ms;空间:15.98MB

22.2.6 LeetCode354——俄罗斯套娃信封问题★★★

【问题描述】 给定一个二维整数数组 envelopes,其中 envelopes$[i]=[w_i,h_i]$,表示第 i 个信封的宽度和高度。当另一个信封的宽度和高度都比这个信封大的时候,这个信封就可以放进另一个信封里,如同俄罗斯套娃一样。请计算最多有多少个信封能组成一组"俄罗斯套娃"信封(即可以把一个信封放到另一个信封里面)。注意,不允许旋转信封。

例如,envelopes=[[5,4],[6,4],[6,7],[2,3]],答案为 3,即信封的最多个数为 3,组合为[2,3]=>[5,4]=>[6,7]。

【限制】 $1\leqslant$envelopes.length$\leqslant10^5$,envelopes$[i]$.length$=2,1\leqslant w_i,h_i\leqslant10^5$。

【解题思路】 基于二分查找。对 envelopes 按宽 w 递增排序,若宽 w 相等,则按高 h 递减排序。排序的主要作用是降维,将二维数组降为一维数组,然后寻找最长上升子序列。说明如下:

① 若 w 不相等,则按 w 递增排序。由于按 w 递增排序了,那么只有 h 是上升的才能构成上升的子序列(即 w 已经可以套娃了,判断 h 是否可以套娃即可)。例如,对于[[1,1],[2,0],[3,1],[4,2]],降维之后的数组为[1,0,1,2],其最长上升子序列为[0,1,2],长度为 3。

扫一扫

源程序

② 若 w 相等,则按 h 递减排序。由于 w 相等,那么只有按 h 递减排序才不会计算重复的子序列(即 w 相等时只有按 h 递减排序才不会重复计算套娃信封)。例如,[[3,4],[4,6],[4,7]],若按 h 递增排序,降维之后的数组为[4,6,7],这样形成的可套娃的序列的长度为 3,显然是不正确的,因为只有 $w[2]>w[1]$ 并且 $h[2]>h[1]$ 同时成立才能进行套娃。若按 h 递减排序,降维之后的数组为[4,7,6],这样可以形成两个长度为 2 的可套娃的子序列[3,4]、[4,7]和[3,4]、[4,6],从而满足要求。

22.2.7 LeetCode1196——最多可以买到的苹果数量★

【问题描述】 某人有一些苹果和一个可以承载 5000 单位重量的篮子。给定一个整数数组 weight，其中 weight[i] 是第 i 个苹果的重量，请返回可以放入篮子的最多苹果数量。

例如，weight＝[100,200,150,1000]，答案为 4，这 4 个苹果都可以装进去，因为它们的重量之和为 1450。

【限制】 $1 \leqslant$ weight. length $\leqslant 10^3$, $1 \leqslant$ weight[i] $\leqslant 10^3$。

【解题思路】 基于排序。先讨论这样的零钱问题：小明是一个销售员，客人在他的地方买了东西，付给了小明一定面额的钱之后，小明需要把多余的钱退给客人。客人付给了小明 x，小明的东西的售价为 y，小明能退给客人的纸币的面额只能为 [10,5,2,1] 的组合。现在小明想要使纸币的数量之和最小，请返回这个最小值。例如，$x=50$, $y=33$，答案为 3，小明退给客人一张 10 元、一张 5 元、一张 2 元。

设 $r=x-y$，本问题就是 coins＝[10,5,2,1]、总金额为 r 的零钱兑换。使用的贪心策略是优先选择当前面额最大的纸币，如果剩余钱数小于当前最大面额，则选择当前次小的面额，直到面额为 1 为止。对应的算法如下。

C++:

```cpp
1   int coinProblem(int x, int y) {
2       vector<int> coins={10,5,2,1};     //面额递减排序
3       int r=x-y;                        //还需要找多少钱
4       int ans=0;                        //找出去的钱的张数
5       for(int i=0;i<coins.size();i++) {
6           ans+=r/coins[i];              //当前面额最大可以找多少钱
7           r%=coins[i];                  //还剩下多少钱需要找
8       }
9       return ans;
10  }
```

那么 21.6.7 节的零钱兑换问题（LeetCode322）能不能使用上述贪心法呢？在一般情况下，设 n 张不同面额的纸币按照递减排序为 coins＝$\{c_1, c_2, \cdots, c_{n-1}, c_n\}$，如果用小面额纸币所兑换钱的总面值小于其接近的大面额的面额且 $c_n=1$ 时可以使用贪心法，例如，coins＝$\{10,5,2,1\}$，使用 1 面额纸币兑换钱的总面值小于 2，使用 1 面额纸币和 2 面额纸币兑换钱的总面值小于 5，使用 1 面额纸币、2 面额纸币和 5 面额纸币兑换钱的总面值小于 10，所以可以使用贪心法求解。当 coins＝$\{5,4,1\}$ 时，使用 1 面额纸币和 4 面额纸币兑换钱的总面值小于 5 不成立，所以不能使用贪心法求解，例如，$r=8$ 时，最优解为 2，即用两张 4 面额纸币兑换，而上述算法求出的结果是 4，即用一张 5 面额纸币和 3 张 1 面额纸币兑换。LeetCode322 中的测试数据可能不满足使用贪心法求解的条件。

本问题与零钱兑换问题类似，不同点是这里求最大值并且每种面额的纸币只有一张。使用的贪心策略是优先选择当前重量最小的苹果，为此将 weight 数组递增排序，从前向后选择苹果。对应的算法如下。

C++:

```cpp
1   class Solution {
2   public:
3       int maxNumberOfApples(vector<int>& weight) {
```

```
4          int n=weight.size();
5          sort(weight.begin(),weight.end());        //递增排序
6          int ans=0;
7          int r=5000;
8          for(int i=0;i<n;i++) {
9              if(weight[i]<=r) {
10                 ans++;
11                 r-=weight[i];
12             }
13             else break;
14         }
15         return ans;
16     }
17 };
```

提交运行：

结果:通过;时间:20ms;空间:14.57MB

Python：

```
1  class Solution:
2      def maxNumberOfApples(self, weight: List[int]) -> int:
3          n=len(weight)
4          weight.sort()                          #递增排序
5          ans,r=0,5000
6          for i in range(0,n):
7              if weight[i]<=r:
8                  ans+=1
9                  r-=weight[i]
10             else: break
11         return ans
```

提交运行：

结果:通过;时间:44ms;空间:15.58MB

22.2.8　LeetCode179——最大数★★

【问题描述】　给定一组非负整数 nums,重新排列其中每个数的顺序(每个数不可拆分),使之组成一个最大整数。注意,输出结果可能非常大,所以需要返回一个字符串而不是整数。

例如,nums=[3,30,34,5,9],答案为"9534330"。

【限制】　$1 \leqslant nums.length \leqslant 100, 0 \leqslant nums[i] \leqslant 10^9$。

【解题思路】　基于排序。有人认为可以这样做:将 nums 递减排序,再依次将其中的整数转换为字符串并连接起来得到答案 ans。对于样例,使用该方法,排序后 nums=[34, 30,9,5,3],ans="3430953",结果是错误的。

先将 nums 元素转换为字符串,用 a 存放转换的结果,本题的贪心策略是优先选择在结果字符串中排在前面的元素。例如,对于样例,a=["3","30","34","5","9"],ans="9"+"5"+"34"+"3"+"30",即依次选择"9"、"5"、"34"、"3"和"30"。假设只有两个字符串 x 和 y,若 $x+y > y+x$,则优先选择 x。例如,对于"34"和"9",由于"934">"349",所以优先选择"9"。将 a 按照上述方式排序,再依次将 a 中的字符串连接起来得到 ans。若 ans[0]='0',说明全部为'0'(因为'0'是优先级最低者却排在最前面,说明其他元素均为'0'),返回"0",

扫一扫

源程序

否则返回 ans。

22.2.9　LeetCode402——移掉 k 位数字★★

【问题描述】　给定一个以字符串表示的非负整数 num 和一个整数 k,移除这个数中的 k 位数字,使得剩下的数字最小。请以字符串形式返回这个最小的数字。

例如,num="1432219",$k=3$,答案为"1219",移除的 3 个数字为 4、3 和 2,形成一个新的最小的数字 1219。

【限制】　$1 \leqslant k \leqslant$ num. length $\leqslant 10^5$,num 仅由若干数字(0~9)组成,除了 0 本身之外 num 不含任何前导零。

【解题思路】　基于有序性。为了使移除 k 个数后的结果最小,使用的贪心策略如下。

(1) 因为越靠前的数字越重要,从前向后做移除操作。

(2) 考虑两个数字 num$[i]$ 和 num$[i+1]$,有以下两种情况:

① 如果 num$[i] \leqslant$ num$[i+1]$(递增),若删除 num$[i]$,会用 num$[i+1]$ 替换 num$[i]$,这样第 i 位变大了,显然不如删除 num$[i+1]$ 好。例如,num="12",应该删除"2"。

② 如果 num$[i] >$ num$[i+1]$(递减),若删除 num$[i]$,同样会用 num$[i+1]$ 替换 num$[i]$,这样第 i 位变小了,显然比删除 num$[i+1]$ 好。例如,num="21",应该删除"2"。

为此用 i 从前向后遍历 num,一旦找到 num$[i] >$ num$[i+1]$(递减),则删除 num$[i]$,下一次从 $i-1$ 位置继续,直到删除 k 个数字为止。

扫一扫

源程序

22.2.10　LeetCode1921——消灭怪物的最多数量★★

【问题描述】　某玩家正在玩一款电子游戏,在游戏中需要保护城市免受怪物侵袭。给定一个下标从 0 开始且长度为 n 的整数数组 dist,其中 dist$[i]$ 是第 i 个怪物与城市的初始距离(单位为米)。怪物以恒定的速度走向城市,给定一个长度为 n 的整数数组 speed 表示每个怪物的速度,其中 speed$[i]$ 是第 i 个怪物的速度(单位为米/分)。怪物从第 0 分钟开始移动。玩家有一把武器,可以选择在每分钟的开始使用,包括第 0 分钟,但是无法在每一分钟的中间使用武器。这种武器的威力惊人,一次可以消灭任何一个还活着的怪物。一旦一个怪物到达城市,玩家就输掉了这场游戏。如果某个怪物恰好在某一分钟开始时到达城市,这会被视为输掉游戏,在玩家可以使用武器之前,游戏就会结束。请返回在玩家输掉游戏之前可以消灭的怪物的最大数量,如果玩家可以在所有怪物到达城市之前将它们全部消灭,返回 n。

例如,dist=[3,2,4],speed=[5,3,2],答案为 1。第 0 分钟开始时,怪物的距离是[3,2,4],玩家消灭了第一个怪物。第 1 分钟开始时,怪物的距离是[X,0,2],玩家输掉了游戏,只能消灭一个怪物。

【限制】　$n=$ dist. length $=$ speed. length,$1 \leqslant n \leqslant 10^5$,$1 \leqslant$ dist$[i]$,speed$[i] \leqslant 10^5$。

【解题思路】　基于排序。为了消灭尽可能多的怪物,玩家需要坚持尽可能长的时间,因为玩家每分钟都能消灭一个怪物。为了坚持更久,玩家需要先消灭先来的怪物。因此,使用的贪心策略是优先消灭最先到达的怪物。先计算出所有怪物到达城市的时间,用 times 数组表示,这里以分钟为单位,所以 times 为整数数组,时间=距离/速度,这里的时间使用向上取整,即 times$[i]$＝(dist$[i]$－1)/speed$[i]$＋1。

用 ans 表示消灭怪物的最多数量(初始为 0),将 times 递增排序,用 i 从 0 开始依次遍历 times,若 times$[i]$＞i,说明怪物 i 可以被消灭,执行 ans＋＋,否则说明怪物 i 不能被消灭,返回 ans。对应的算法如下。

C++：

```
1   class Solution {
2   public:
3       int eliminateMaximum(vector < int > & dist, vector < int > & speed) {
4           int n=dist.size();
5           vector < int > times(n);
6           for(int i=0;i<n;i++)
7               times[i]=(dist[i]-1)/speed[i]+1;
8           sort(times.begin(),times.end());
9           int ans=0;                    //消灭怪物的最多数量
10          for(int i=0;i<n;i++) {
11              if(times[i]>i) ans++;
12              else return ans;
13          }
14          return n;
15      }
16  };
```

提交运行：

结果:通过;时间:28ms;空间:7.96MB

Python：

```
1   class Solution:
2       def eliminateMaximum(self, dist: List[int], speed: List[int]) -> int:
3           n=len(dist)
4           times=[0] * n
5           for i in range(0,n):
6               times[i]=(dist[i]-1)//speed[i]+1
7           times.sort()
8           ans=0                      # 消灭怪物的最多数量
9           for i in range(0,n):
10              if times[i]>i:ans+=1
11              else:return ans
12          return n
```

提交运行：

结果:通过;时间:136ms;空间:29.656MB

22.2.11 LeetCode502——IPO★★★

【问题描述】 假设力扣(LeetCode)即将开始 IPO。为了以更高的价格将股票卖给风险投资公司,力扣希望在 IPO 之前开展一些项目来增加其资本。由于资源有限,力扣只能在 IPO 之前完成最多 k 个不同的项目。请帮助力扣设计完成最多 k 个不同项目后得到最大总资本的方式。给定 n 个项目,对于每个项目 i,都有一个纯利润 profits$[i]$ 和启动该项目需要的最小资本 capital$[i]$。最初的资本为 w,当完成一个项目时将获得纯利润,且利润将被添加到总资本中。总而言之,从给定项目中选择最多 k 个不同项目的列表,以最大化最终资本,并输出最终可以获得的最多资本。答案保证在 32 位有符号整数范围内。

例如，$k=2,w=0$，profits$=[1,2,3]$，capital$=[0,1,1]$，答案为 4。说明如下：由于初始资本为 0，仅可以从 0 号项目开始。在完成后将获得 1 的利润，总资本将变为 1。此时可以选择开始 1 号或 2 号项目。由于最多可以选择两个项目，所以需要完成 2 号项目以获得最大资本。因此，最后得到的最大资本为 $0+1+3=4$。

【限制】 $1\leqslant k\leqslant10^5,0\leqslant w\leqslant10^9,n=$ profits. length，$n=$ capital. length，$1\leqslant n\leqslant10^5$，$0\leqslant$ profits$[i]\leqslant10^4,0\leqslant$ capital$[i]\leqslant10^9$。

【解题思路】 基于排序和大根堆。为了获得满足题目要求的最多资本，使用的贪心策略是优先选择满足所需启动资本并且利润最多的项目。为此将 capital 和 profits 数组组合起来构成项目结构体数组 proj，设计一个按利润越大越优先出队的优先队列 pqu，同时将 proj 数组按照启动资本递增排序（所需启动资本越小的项目越排在前面）。置当前的最多资本 ans 为 w，用 i 顺序遍历 proj 数组，循环 k 次，以便最多选择 k 个项目：先依次将连续的、满足启动资本要求的项目 i 的利润进入优先队列 pqu（pqu 中的所有项目均满足所需的启动资本要求），若 pqu 不为空，出队当前最大利润（即选择当前最大利润的项目），将其累加到 ans 中，若 pqu 为空（不能选择 k 个项目），则退出整个循环。最后返回 ans 即可。对应的算法如下。

▦ C++：

```
1   struct PROJ {                                    //项目结构体
2       int cap;                                     //启动资本
3       int pro;                                     //纯利润
4       PROJ(int c,int p):cap(c),pro(p) {}
5           bool operator <(const PROJ& s) {         //用于按启动资本递增排序
6           return cap < s.cap;
7       }
8   };

9   class Solution {
10  public:
11      int findMaximizedCapital(int k,int w,vector < int > & profits,vector < int > & capital) {
12          int n=capital.size();
13          vector < PROJ > proj;                    //项目表
14          for(int i=0;i<n;i++)
15              proj.push_back(PROJ(capital[i],profits[i]));
16          priority_queue < int > pqu;              //按利润越大越优先出队
17          sort(proj.begin(),proj.end());           //排序
18          int ans=w;                               //当前的最多资本
19          int i=0;                                  //遍历 proj
20          for(int j=0;j<k;j++) {                    //最多取 k 个项目
21              while(i<n && proj[i].cap <= ans) {
22                  pqu.push(proj[i].pro);           //将所有满足启动资本要求的项目进队
23                  i++;
24              }
25              if(!pqu.empty()) {                    //选择利润最大的项目
26                  ans+=pqu.top(); pqu.pop();        //增加总资本
27              }
28              else break;
29          }
30          return ans;
31      }
32  };
```

提交运行：

结果:通过;时间:156ms;空间:78.48MB

───── 676 ─────

Python：

```python
1   class Solution:
2       def findMaximizedCapital(self, k:int, w:int, profits:List[int], capital:List[int])-> int:
3           n=len(capital)
4           proj=[]                          #项目表
5           for i in range(0, n):
6               proj.append([capital[i], profits[i]])
7           pqu=[]                           #大根堆
8           proj.sort(key=lambda x:x[0])     #按启动资本递增排序
9           ans=w                            #当前的最多资本
10          i=0                              #遍历 proj
11          for j in range(0, k):            #最多取 k 个项目
12              while i<n and proj[i][0]<=ans:
13                  heapq.heappush(pqu, -proj[i][1])     #将所有满足启动资本要求的项目进队
14                  i+=1
15              if pqu:                      #选择利润最大的项目
16                  ans+=-heapq.heappop(pqu)     #增加总资本
17              else: break
18          return ans
```

提交运行：

结果：通过；时间：284ms；空间：39.05MB

22.2.12　LeetCode1199——建造街区的最短时间★★★

【问题描述】　一个城市规划工作者，负责管辖一系列的街区。在这个街区列表中，blocks[i]=t 意味着第 i 个街区需要 t 个单位的时间来建造。一个街区只能由一个工人完成建造，所以一个工人要么再召唤一个工人（工人数增加 1），要么建造完一个街区后回家。这两个决定都需要花费一定的时间。一个工人再召唤一个工人所花费的时间由整数 split 给出。注意，如果两个工人同时召唤其他工人，那么他们的行为是并行的，所以时间花费仍然是 split。最开始只有一个工人，请输出建造完所有街区需要的最少时间。

例如，blocks=[1,2,3]，split=1，答案为 4。说明如下：将一个工人分裂为两个工人（最开始的一个工人召唤另一个工人），然后指派第一个工人去建造最后一个街区，并将第二个工人分裂为两个工人。然后用这两个未分派的工人分别去建造前两个街区。时间花费为 $1+\max(3, 1+\max(1, 2))=4$。

【限制】　$1 \leqslant$ blocks.length $\leqslant 1000$，$1 \leqslant$ blocks[i] $\leqslant 10^5$，$1 \leqslant$ split $\leqslant 100$。

【解题思路】　基于哈夫曼树。共有 n 个街区，需要 n 个工人完成，而初始只有一个工人，他必须召唤一个工人（称为一次分裂），这样有两个工人，他们可以建造街区，也可以继续分裂，直到每个街区对应一个工人。每次分裂需要 split 时间。对于样例，其示意图如图 22.2 所示，这里 $n=3$，共有 3 个叶子结点，每个叶子结点对应一个街区建造时间，每个非叶子结点对应一次分裂，从根到每个叶子有一条路径，路径长度为路径中所有结点值之和，求能够构造的二叉树中最长路径长度的最小值。

使用类似哈夫曼树的构造方式，先将所有 blocks 元素进队（小根堆），出队两个最小的元素 x 和 y，做一次

扫一扫

源程序

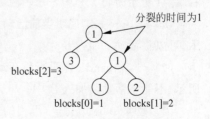

图 22.2　样例示意图

合并(对应原来的分裂),将 split+max(x,y)进队。直到队列中只有一个元素,该元素就是答案。

22.3 区间问题

22.3.1 什么是区间问题

这里的区间问题指给定 n 个区间的序列,每个区间形如$[s_i,e_i)$,其中 s_i 称为左端点,e_i 称为右端点,满足 $s_i < e_i$。如果两个区间$[s_i,e_i)$和$[s_j,e_j)$满足如图 22.3 所示的两种情况之一,则称它们为兼容区间(不相交)。然后在该区间序列上求最大兼容区间个数,进行区间合并、区间分组、区间覆盖,以及求最少资源个数等。

(a) $s_j \geqslant e_i$ (b) $s_i \geqslant e_j$

图 22.3 两个区间兼容的两种情况

说明:这里的区间是半开半闭区间,有些情况给定的区间是全闭区间,这会影响两个区间兼容性的判断。

在使用贪心法求解区间问题时常涉及按左端点排序还是按右端点排序,不同的问题选择的排序方式不同,将在本节后面的示例中进行详述。

例 22-2

活动安排问题。假设有 n 个活动 A,每个活动 i 有一个开始时间 s_i 和一个结束时间 $e_i(s_i < e_i)$,它是一个半开时间区间$[s_i,e_i)$,假设最早活动执行时间为 0。有一个资源,每个活动执行时都要占用该资源,并且该资源在任何时刻只能被一个活动所占用,一旦某个活动开始执行,则中间不能被打断,直到其执行完毕。求一种最优活动安排方案,使得安排的活动个数最多。

解:这里每个活动相当于一个区间,要使安排的活动个数最多,使用的贪心策略是每一步总是选择分配这样的活动,它能够使余下的活动的时间最大化,即余下活动中的兼容活动尽可能多,也就是优先选择结束时间早的活动。为此先按活动结束时间递增排序,再从头依次选择兼容活动(用 B 集合表示),用 preend 表示当前兼容区段(由若干兼容活动构成)的右端点(初始为 e_0),i 从 1 开始遍历其他活动,对于活动 i,有以下两种情况。

(1) $s_i \geqslant$ preend:说明当前活动 i 与前面选取的活动没有交集(兼容活动),如图 22.4(a)所示,可以将活动 i 加入 B 中。

(2) $s_i <$ preend:说明当前活动与前面选取的活动有交集(不兼容活动),如图 22.4(b)所示,不能将活动 i 加入 B 中。

当活动集 A 遍历完毕,得到的 B 就是一个包含最多兼容活动的活动集。容易证明该贪心策略满足最优子结构性质和贪心选择性质。

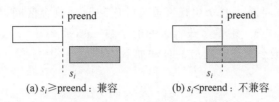

(a) $s_i \geqslant$preend：兼容   (b) $s_i <$preend：不兼容

图 22.4　两种区间位置情况示意图

用数组 $A[0..n-1]$ 存放全部活动，$A[i].s$ 存放活动起始时间，$A[i].e$ 存放活动结束时间。对应的贪心算法如下。

```
1   struct Action {                           //活动的类型
2       int s;                                //活动的起始时间
3       int e;                                //活动的结束时间
4       Action(int s, int e): s(s), e(e) {}
5       bool operator <(const Action &o) const {
6           return e <= o.e;                  //按活动结束时间递增排序
7       }
8   };

9   void greedy(vector < Action > &A) {        //求最大兼容活动子集
10      int n = A.size();
11      vector < bool > flag(n, false);        //标记选取的最多兼容活动
12      sort(A.begin(), A.end());              //将 A 按活动结束时间递增排序
13      int preend = A[0].e;                   //前一个兼容活动的结束时间
14      flag[0] = true;
15      int ans = 1;                           //选择的兼容活动的个数
16      for(int i = 1; i < n; i++) {
17          if(A[i].s >= preend) {             //A[i]与当前选取的活动兼容
18              flag[i] = true;                //选择 A[i]
19              ans++;
20              preend = A[i].e;
21          }
22      }
23      printf("求解结果\n");                   //输出求解结果
24      printf("选取的活动:");
25      for(int i = 0; i < n; i++) {
26          if(flag[i]) printf("[%d,%d) ", A[i].s, A[i].e);
27      }
28      printf("\n 最大兼容活动个数为%d\n", ans);
29  }
```

上述算法的时间主要花费在排序上，排序时间为 $O(n\log_2 n)$，所以整个算法的时间复杂度为 $O(n\log_2 n)$。

22.3.2　LeetCode435——无重叠区间★★

【问题描述】　给定一个区间的集合 intervals，其中 $intervals[i] = [start_i, end_i]$。请返回需要移除区间的最小数量，使剩余区间互不重叠。

例如，intervals $= [[1,2),[2,3),[3,4),[1,3)]$，答案为 1，移除[1,3)后，剩下的区间没有重叠。

【限制】　$1 \leqslant intervals.length \leqslant 10^5$，$intervals[i].length = 2$，$-5 \times 10^4 \leqslant start_i < end_i \leqslant 5 \times 10^4$。

【解法1】 **右端点排序。**两个相互不重叠的区间就是兼容区间,使用例 22-2 活动安排问题的贪心法求出 intervals 中最多兼容区间的个数 ans,那么 $n-$ans 就是使剩余区间互不重叠需要移除区间的最小数量。对应的算法如下。

C++:

```cpp
 1  struct Cmp {
 2      bool operator()(const vector < int > &a, const vector < int > &b) {
 3          return a[1] < b[1];                      //按右端点递增排序
 4      }
 5  };

 6  class Solution {
 7  public:
 8      int eraseOverlapIntervals(vector < vector < int >> & intervals) {
 9          int n = intervals.size();
10          if(n <= 1) return 0;
11          sort(intervals.begin(), intervals.end(), Cmp());
12          int ans = 1;                             //表示兼容区间的个数,初始为1
13          int preend = intervals[0][1];            //存放区间 0 的右端点
14          for(int i = 1; i < n; i++) {             //遍历 intervals
15              if(intervals[i][0] >= preend) {      //当前区间是兼容区间(不重叠)
16                  ans++;
17                  preend = intervals[i][1];
18              }
19          }
20          return n - ans;
21      }
22  };
```

提交运行:

结果:通过;时间:328ms;空间:86.06MB

Python:

```python
 1  class Solution:
 2      def eraseOverlapIntervals(self, intervals: List[List[int]]) -> int:
 3          n = len(intervals)
 4          if n <= 1: return 0
 5          intervals.sort(key = lambda x: x[1])
 6          ans = 1                                 #兼容区间的个数,初始为1
 7          preend = intervals[0][1]                #存放区间 0 的右端点
 8          for i in range(1, n):                   #遍历 intervals
 9              if intervals[i][0] >= preend:       #当前区间是兼容区间
10                  ans += 1
11                  preend = intervals[i][1]
12          return n - ans
```

提交运行:

结果:通过;时间:164ms;空间:48.29MB

【解法2】 **右端点排序。**直接用 ans 表示需要移除区间的最小数量(初始为 0),如果当前区间 intervals[i] 与前面以 preend 结尾的区段相交(intervals[i].start < preend),则删除之,置 ans++;如果不相交,置 preend = intervals[i].end。对应的算法如下。

C++:

```cpp
 1  struct Cmp {
 2      bool operator()(const vector < int > &a, const vector < int > &b) {
 3          return a[1] < b[1];                      //按右端点递增排序
 4      }
```

```
 5      };
 6    class Solution {
 7    public:
 8        int eraseOverlapIntervals(vector < vector < int >> &intervals) {
 9            int n=intervals.size();
10            if(n<=1) return 0;
11            sort(intervals.begin(),intervals.end(),Cmp());
12            int ans=0;                          //存放答案
13            int preend=intervals[0][1];         //存放区间 0 的右端点
14            for(int i=1;i<n;i++) {              //遍历 intervals
15                if(intervals[i][0]<preend) ans++;//当前区间不是兼容区间
16                else preend=intervals[i][1];    //当前区间是兼容区间
17            }
18            return ans;
19        }
20    };
```

提交运行:

结果:通过;时间:348ms;空间:86.02MB

Python:

```
 1    class Solution:
 2        def eraseOverlapIntervals(self, intervals: List[List[int]])-> int:
 3            n=len(intervals)
 4            if n<=1:return 0
 5            intervals.sort(key=lambda x:x[1])
 6            ans=0                          #存放答案
 7            preend=intervals[0][1]         #存放区间 0 的右端点
 8            for i in range(1,n):           #遍历 intervals
 9                if intervals[i][0]<preend: #当前区间不是兼容区间
10                    ans+=1
11                else:
12                    preend=intervals[i][1] #当前区间是兼容区间
13            return ans
```

提交运行:

结果:通过;时间:188ms;空间:48.24MB

22.3.3　LeetCode452——用最少的箭击破气球★★

【问题描述】　有一些气球被贴在一堵用 XY 平面表示的墙面上。墙面上的气球记录在整数数组 points 中,其中 points[i]=[xstart,xend]表示水平直径在 xstart 和 xend 之间的气球,但不知道气球的确切 y 坐标。一支箭可以沿着 X 轴从不同点完全垂直地射出。在坐标 x 处射出一支箭,若有一个气球的直径的开始和结束坐标满足 xstart$\leqslant x\leqslant$xend,则该气球会被击破。射出的箭的数量没有限制。箭一旦被射出,可以无限地前进。给定一个数组 points,请返回击破所有气球必须射出的最少箭数。

例如,points =[[10,16],[2,8],[1,6],[7,12]],答案为 2,在 $x=6$ 处射出一支箭击破气球[2,8]和[1,6],在 $x=11$ 处射出一支箭击破气球[10,16]和[7,12],如图 22.5 所示。

【限制】　1$\leqslant$points.length$\leqslant10^5$,points[i].length=2,$-2^{31}\leqslant$xstart$<$xend$\leqslant2^{31}-1$。

【解题思路】　右端点排序。题目中每个气球用一个区间表示(将区间和气球等同),假设一支箭击破[a,b]区间,则所有与之相交的区间(称为一个区块)都可以被该箭击破,即求

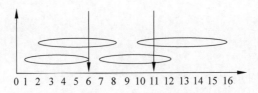

图 22.5 射气球示意图

最少区块数(或者最少资源个数),或者求使每个区块最大的区块个数。与例 22-2 类似,使用的贪心策略是优先选择右端点最小的区间,这样会剩下更多的区间与之相交。

扫一扫

源程序

将 points 数组按右端点递增排序,用 ans 表示答案(初始为 0),选择 points[0]作为第一个区块的首区间(一支箭击破它),所以有 ans＝1,并置 preend＝points[0][1]。用 i 从 1 开始遍历 points:

(1) 若 points[i][0]＞preend,说明 points[i]与当前以 preend 结尾的区间不相交,开始一个新的区块,该区块以 points[i]为首区间(另外一支箭击破它),置 ans＋＋,preend＝points[i][1]。

(2) 否则,说明 points[i]与当前以 preend 结尾的区间相交,被一起击破。

最后返回 ans 即可。

22.3.4 LeetCode56——合并区间★★

【问题描述】 以 intervals 数组表示若干区间的集合,其中单个区间为 intervals[i]＝[start$_i$,end$_i$]。请合并所有重叠的区间,并返回一个不重叠的区间数组,该数组需要恰好覆盖输入中的所有区间。

例如,intervals＝[[1,3],[2,6],[8,10],[15,18]],答案为[[1,6],[8,10],[15,18]],由于区间[1,3]和[2,6]重叠,将它们合并为[1,6]。

【限制】 $1 \leqslant$ intervals. length $\leqslant 10^4$,intervals[i]. length＝2,$0 \leqslant$ start$_i \leqslant$ end$_i \leqslant 10^4$。

【解题思路】 左端点排序。题目是合并所有重叠的区间,使合并后剩下来的区间的个数尽可能少,使用的贪心策略是优先选择最早开始的区间。用 ans 存放最终合并的结果(初始为空),先将所有区间按照左端点递增排序,并且将区间 0 添加到 ans 中,用 i 从 1 开始遍历 intervals,假设当前区间 i 为[curs,cure],而当前的合并区间为 ans 中的末尾区间,即 ans. back(),分为以下两种情况:

(1) 若 ans. back()[1]＜curs,说明当前区间 i 与当前合并区间不相交,如图 22.6(a)所示,则从当前区间 i 开始一个新的合并区间,即将区间 i 添加到 ans 中。

(2) 若 ans. back()[1]≥curs,说明当前区间 i 与当前合并区间相交,如图 22.6(b)所示,则将当前区间 i 合并到当前合并区间中,同时更新当前合并区间的右端点为最大值,即 max(ans. back()[1],cure),这样就可以合并更多的区间了,从而达到整体最优的目的。

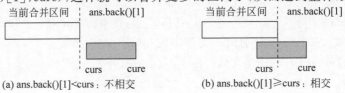

(a) ans.back()[1]＜curs:不相交   (b) ans.back()[1]≥curs:相交

图 22.6 两种区间位置情况示意图

例如,intervals=[[5,6],[8,9],[0,3],[4,7],[5,7],[9,10],[1,2]],按区间左端点递增排序后的结果为 intervals=[[0,3],[1,2],[4,7],[5,6],[5,7],[8,9],[9,10]],按上述过程得到的合并区间是[[0,3],[4,7],[9,10]],如图 22.7 所示。

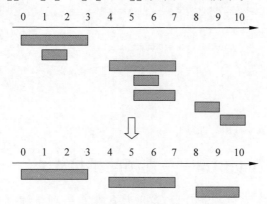

图 22.7　区间合并结果

对应的算法如下。

■ C++：

```cpp
1    struct Cmp {
2        bool operator()(const vector<int>&a, const vector<int>&b) {
3            return a[0]<b[0];                    //按左端点递增排序
4        }
5    };

6    class Solution {
7    public:
8        vector<vector<int>> merge(vector<vector<int>>& intervals) {
9            int n=intervals.size();
10           if(n<=1) return intervals;
11           sort(intervals.begin(),intervals.end(),Cmp());
12           vector<vector<int>> ans;
13           ans.push_back(intervals[0]);
14           for(int i=1;i<n;i++) {                //用i遍历 intervals
15               int curs=intervals[i][0];         //求当前区间[curs,cure)
16               int cure=intervals[i][1];
17               if(ans.back()[1]<curs)            //不相交
18                   ans.push_back({curs,cure});
19               else                              //相交:合并
20                   ans.back()[1]=max(ans.back()[1],cure);
21           }
22           return ans;
23       }
24   };
```

提交运行：

结果:通过;时间:24ms;空间:18.47MB

■ Python：

```python
1    class Solution:
2        def merge(self, intervals: List[List[int]]) -> List[List[int]]:
3            n=len(intervals)
4            if n<=1:return intervals
```

```
5            intervals.sort(key=lambda x:x[0])              #按左端点递增排序
6            ans=[]
7            ans.append(intervals[0])
8            for i in range(1,n):                           #用 i 遍历 intervals
9                curs=intervals[i][0]                       #求当前区间[curs,cure)
10               cure=intervals[i][1]
11               if ans[-1][1]<curs:                        #不相交
12                   ans.append([curs,cure])
13               else:                                      #相交:合并
14                   ans[-1][1]=max(ans[-1][1],cure)
15           return ans
```

提交运行:

结果:通过;时间:56ms;空间:19.56MB

22.3.5 LeetCode1024——视频的拼接 ★★

【问题描述】 给定一系列视频片段,这些片段来自一项持续时长为 time 秒的体育赛事。这些片段可能有所重叠,也可能长度不一。使用 clips 数组描述所有的视频片段,其中 clips[i]=[$start_i$,end_i] 表示某个视频片段开始于 $start_i$ 并于 end_i 结束。可以对这些片段自由地剪辑,例如,可以将片段[0,7]剪辑为[0,1]、[1,3]、[3,7]三部分。请将这些片段进行剪辑,并将剪辑后的内容拼接成覆盖整个运动过程的片段([0,time]),返回所需片段的最小数目,如果无法完成该任务,则返回-1。

例如,clips=[[0,2],[4,6],[8,10],[1,9],[1,5],[5,9]],time=10,答案为 3。选中 [0,2]、[8,10]、[1,9]3 个片段,然后按下面的方案重制比赛片段:将[1,9]剪辑为[1,2]、[2,8]、[8,9],现在的片段为[0,2]、[2,8]、[8,10],而这些片段覆盖了整场比赛[0,10]。

【限制】 1≤clips.length≤100,0≤$start_i$≤end_i≤100,1≤time≤100。

【解题思路】 左端点排序。将每个片段看成一个区间,题目是选择能够覆盖区间[0,time]的最少区间,使用的贪心策略是优先选择左端点最小且右端点最大的区间。

先将所有区间按照左端点递增排序,用 ans 表示选择的区间个数(初始为 0),置 preend=0(表示被覆盖的区间从 0 开始),用 i 从 0 开始遍历 clips,并且在 preend<time 时循环:找到与[*,preend]重叠且最大的右端点 next,选择该区间,若 next=preend,说明找不到与[*,preend]重叠且右端点更大的区间,此时又有 preend<time,则无法覆盖区间[0,time],返回-1,否则置 preend=next 继续循环。循环结束后返回 ans。对应的算法如下。

C++:

```
1  struct Cmp {
2      bool operator()(const vector<int>&a, const vector<int>&b) {
3          return a[0]<b[0];                              //按左端点递增排序
4      }
5  };

6  class Solution {
7  public:
8      int videoStitching(vector<vector<int>>&clips,int time) {
9          int n=clips.size();
10         sort(clips.begin(),clips.end(),Cmp());
11         int ans=0;                                     //存放答案
12         int preend=0;              //当前选择片段的右端点,初始看成虚拟区间[0,0]
13         int i=0;
```

```
14          while(preend < time) {
15              int next = preend;                        //最大的右端点
16              while(i < n && clips[i][0] <= preend) {   //找重叠并且最大的右端点
17                  next = max(next, clips[i][1]);
18                  i++;
19              }
20              ans++;                                     //选择最大右端点的片段
21              if(next == preend)                         //找不到新片段,无法合成视频
22                  return -1;
23              preend = next;
24          }
25          return ans;
26      }
27  };
```

提交运行:

结果:通过;时间:0ms;空间:7.68MB

🖳 **Python**:

```
1   class Solution:
2       def videoStitching(self, clips:List[List[int]], time:int)-> int:
3           n = len(clips)
4           clips.sort(key = lambda x:x[0])               # 按左端点递增排序
5           ans = 0                                        # 存放答案
6           preend = 0                                     # 当前片段的右端点
7           i = 0
8           while preend < time:
9               next = preend                              # 下一个片段的右端点
10              while i < n and clips[i][0] <= preend:     # 重叠
11                  next = max(next, clips[i][1])          # 取最大的右端点
12                  i += 1
13              ans += 1                                    # 选择最大右端点的片段
14              if next == preend:                          # 找不到新片段,无法合成视频
15                  return -1
16              preend = next
17          return ans
```

提交运行:

结果:通过;时间:48ms;空间:17.73MB

22.3.6 LeetCode253——会议室 Ⅱ ★★

【问题描述】 给定一个关于会议时间安排的数组 A,每个会议时间都包括开始和结束时间,表示为 $A[i] = [start_i, end_i]$,请返回所需会议室的最小数量。

例如,$A = [[0,30],[5,10],[15,20]]$,答案为 2,会议 $[0,30]$ 安排在一个会议室,会议 $[5,10]$ 和 $[15,20]$ 安排在另一个会议室。

【限制】 $0 \leqslant A.length \leqslant 10^4$,$A[i].length = 2$,$0 \leqslant start_i < end_i \leqslant 10^6$。

【解题思路】 左端点排序。每个会议时间间隔对应一个区间。使用的贪心策略是优先选择最早开始的会议,同时将尽可能多的与其兼容的会议安排在一个会议室中。先将所有会议按开始时间(左端点)递增排序,用 flag 数组标识会议是否已经安排(初始时所有元素为 false),顺序处理每个区间。对于尚未安排的最早开始的会议 i,将其后所有与会议 i 兼容并且未安排的会议 j 安排在一个会议室中,置 flag[j] 为 true。

例如,$A=[[1,2),[2,5),[2,6),[6,10)]$,按 start 递增排序的结果不变,置表示最少会议室个数的 ans 为 0:

(1) 处理[1,2),它没有分配会议室,为其安排一个会议室 1,ans++,preend=2。

① 考虑[2,5),2≥preend 成立(兼容),将其安排在会议室 1,置 preend=5。

② 考虑[2,6),2≥preend 不成立(不兼容),暂时不安排。

③ 考虑[6,10),6≥preend 成立(兼容),将其安排在会议室 1,置 preend=10。

(2) 处理[2,5),已经分配会议室。

(3) 处理[2,6),它没有分配会议室,为其安排一个会议室 2,ans++,preend=6。其后没有未分配的会议。

(4) 处理[6,10),已经分配会议室。

此时 ans=2,返回 2 即可。

22.4 Prim 和 Kruskal 算法及其应用

22.4.1 Prim 和 Kruskal 算法

Prim(普里姆)和 Kruskal(克鲁斯卡尔)算法都用于构造带权连通图 G 的最小生成树(MST),其核心思想是贪心法。

1. Prim 算法

假设 G=(V,E)是一个具有 n 个顶点的带权连通图,使用 Prim 算法由图 G 构造从起点 s 出发的最小生成树的步骤如下。

(1) 初始化 U={s},以 s 到其他顶点的所有边为候选边。

(2) 重复以下步骤 $n-1$ 次,使其他 $n-1$ 个顶点被加入 U 中。

① 从候选边中挑选权值最小的边加入 MST,设该边在 V−U 中的顶点是 k,将 k 加入 U 中。

② 考察当前 V−U 中的所有顶点 j,修改候选边:若(k,j)的权值小于原来和顶点 j 关联的候选边,则用(k,j)取代后者作为候选边。

简单地说,Prim 算法将 V 中的顶点分为 U 和 V−U 两个顶点集,初始时 U={s},每次从连接 U 和 V−U 两个顶点集的边(称为割集)中选择最小边,添加到 MST 中,将该边在 U−V 中的顶点移动到 U 中,直到选择 $n-1$ 条边为止。

设计两个辅助数组 lowcost 和 closest,顶点 $j(j∈$ V−U)到 U 可能有多条边,其中的最小边表示为$(closest[j],j)$,其权值表示为 lowcost[j],实际上 lowcost[j]和 closest[j]用于表示 V−U 的某个顶点 j 到 U 的最小边,如图 22.8 所示,所有这样的顶点 j 的最小边就是 U 和 V−U 两个顶点集的最小边。一般假设图 G 中边的权值大于 0,对于顶点 $j(j∈$ V−

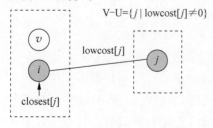

图 22.8 lowcost 和 closest 的含义

U),其 lowcost[j]$>$0,一旦顶点 j 被移动到 U 中,将其 lowcost[j]设置为 0,所以通过 lowcost[j]是否等于 0 来确定顶点 j 是否属于 V$-$U。

使用邻接矩阵 A 存放图 G 的 Prim 算法如下。

■ C++:

```
1   void Prim1(vector < vector < int >> &A, int s) {        //Prim 算法1
2       int n=A.size();
3       vector < int > lowcost(n);
4       vector < int > closest(n);
5       for(int i=0;i<n;i++) {                              //lowcost、closest 的初始化
6           lowcost[i]=A[s][i];
7           closest[i]=s;
8       }
9       for(int i=1;i<n;i++) {                              //在 V-U 中找出 n-1 个顶点
10          int mind=INF;
11          int k=-1;
12          for(int j=0;j<n;j++) {                          //在 V-U 中找出离 U 最近的顶点 k
13              if(lowcost[j]!=0 && lowcost[j]<mind) {
14                  mind=lowcost[j];
15                  k=j;                                    //用 k 记录当前最小边的顶点
16              }
17          }
18          printf("(%d,%d):%d\n",k,closest[k],lowcost[k]); //生成 MST 的一条边
19          lowcost[k]=0;                                   //标记 k 已经加入 U
20          for(int j=0;j<n;j++) {                          //对 V-U 中的顶点 j 进行调整
21              if(lowcost[j]!=0 && A[k][j]<lowcost[j]) {
22                  lowcost[j]=A[k][j];
23                  closest[j]=k;                           //修改数组 lowcost 和 closest
24              }
25          }
26      }
27  }
```

上述算法的时间复杂度为 $O(n^2)$。

当图 G 使用邻接表存放时,可以使用优先队列找当前 U 和 V$-$U 之间的最小边。设计一个 U 数组,U[i]=true 表示顶点 i 属于 U,否则表示顶点 i 属于 V$-$U。

使用邻接表 adj 存放图 G 的 Prim 算法如下,这里在优先队列 pqu(小根堆)中用 pair < int,int > 类型的结点存放一条边的终点和权值,所以在输出 MST 的边时不含边的起点,如果需要输出完整边,将 pqu 的结点类型改为(u,v,w)即可。

■ C++:

```
1   struct cmp{
2       bool operator()(const pair < int,int > s1,const pair < int,int > s2) {
3           return s1.second > s2.second;              //按 second(即边的权)越小越优先出队
4       }
5   };

6   void Prim2(int n,vector < vector < pair < int,int >>> &adj,int s) {  //Prim 算法2
7       vector < bool > U(n,false);                    //累计选择的边数
8       int k=0;
9       priority_queue < pair < int,int >,vector < pair < int,int >>,cmp > pqu;
10      U[s]=true;
11      for(auto e:adj[s]) pqu.push(e);                //将 s 的关联边进队
12      while(!pqu.empty()) {
13          int v=pqu.top().first, w=pqu.top().second;
14          pqu.pop();                                 //出队当前最小边(*,v):w
15          if(!U[v]) {                                 //顶点 v 属于 V-U 集合
```

```
16              U[v]=true;
17              printf("[＊,%d]权为%d的边\n",v,w);     //生成 MST 的一条边
18              k++;
19              if(k==n-1) return;                    //一旦生成了 n-1 条边,结束
20              for(auto e:adj[v]) pqu.push(e);       //将 v 的关联边进队
21          }
22      }
23  }
```

假设图 G 有 e 条边,上述算法的时间复杂度为 $O(e\log_2 e)$。

2. Kruskal 算法

Kruskal 算法是一种按权值递增顺序选择合适的边来构造最小生成树的方法,其构造最小生成树的步骤如下。

(1) 将图 G 中的所有边(集合 E)按权值递增排序。

(2) 依次从 E 中选取边:若选取的边未使 MST 出现回路,则将该边加入 MST,否则舍弃,直到 MST 中包含 $n-1$ 条边为止。

当从 E 中选取边 (u,v) 时,如何判断加入该边会使 MST 出现回路?使用并查集实现,一旦向 MST 中添加边 (u,v),则将 u 和 v 合并。所以在选取边 (u,v) 时,若 u 和 v 已经在同一个子集树中,则不能添加,否则可以添加。使用第 10 章中设计的并查集类如下。

■ C++:

```
1   class UFS {                                      //并查集类
2       int n;                                       //顶点的个数
3       vector < int > parent;                       //并查集存储结构
4       vector < int > rnk;                          //存储结点的秩(近似于高度)
5   public:
6       UFS(int n) {                                 //构造函数
7           this-> n=n;
8           parent=vector < int >(n);
9           rnk=vector < int >(n);
10      }
11      void Init() {                                //并查集的初始化
12          for(int i=0;i < n;i++) {
13              parent[i]=i;
14              rnk[i]=0;
15          }
16      }
17      int Find(int x) {                            //递归算法:查找 x 结点的根结点
18          if(x!=parent[x])
19              parent[x]=Find(parent[x]);           //路径压缩
20          return parent[x];
21      }
22      void Union(int rx,int ry) {                  //并查集中 rx 和 ry 两个集合的合并
23          if(rnk[rx]< rnk[ry])
24              parent[rx]=ry;                       //rx 结点作为 ry 的孩子
25          else {
26              if(rnk[rx]==rnk[ry])                 //秩相同,合并后 rx 的秩增 1
27                  rnk[rx]++;
28              parent[ry]=rx;                       //ry 结点作为 rx 的孩子
29          }
30      }
31  };
```

使用并查集设计的 Kruskal 算法如下:

```
1   struct Edge {                              //边类
2       int u,v,w;                             //边的起点、终点和权值
3       Edge(int u1,int v1,int w1):u(u1),v(v1),w(w1) {}    //构造函数
4       bool operator <(const Edge &e) const {
5           return w<e.w;                      //按 w 递增排序
6       }
7   };

8   void Kruskal(int n,vector<Edge> &E) {  //Kruskal 算法
9       UFS ufs(n);
10      sort(E.begin(),E.end());
11      ufs.Init();                            //初始化并查集
12      int k=0;                               //k 为当前构造生成树的边数
13      int j=0;                               //E 中边的下标,初值为 0
14      while(k<n-1) {                         //生成的边数小于 n-1 时循环
15          int u=E[j].u,v=E[j].v;             //取一条边的头顶点 u 和尾顶点 v
16          int sn1=ufs.Find(u);
17          int sn2=ufs.Find(v);               //分别得到两个顶点的子集树编号
18          if(sn1!=sn2) {                     //添加该边不会构成回路
19              printf("(%d,%d):%d\n",E[j].u,E[j].v,E[j].w);
20              k++;                           //生成的边数增 1
21              ufs.Union(sn1,sn2);            //将 sn1 和 sn2 两个顶点合并
22          }
23          j++;                               //遍历下一条边
24      }
25  }
```

假设图 G 有 e 条边,上述算法的时间复杂度为 $O(e\log_2 e)$。

由于最小生成树一定包含图 G 中的所有顶点,关键是选择哪些边。从本质上讲,Prim 算法和 Kruskal 算法使用相同的贪心策略,优先选取当前权值最小的边。由于两者时间复杂度的差异,Prim 算法更适合稠密图,Kruskal 算法更适合稀疏图。

22.4.2 LeetCode1584——连接所有点的最少费用★★

【问题描述】 给定一个 points 数组,表示二维平面上的一些点,其中 points$[i]=[x_i, y_i]$。连接点 $[x_i, y_i]$ 和点 $[x_j, y_j]$ 的费用为它们之间的曼哈顿距离($|x_i-x_j|+|y_i-y_j|$),其中 $|val|$ 表示 val 的绝对值。请返回将所有点连接的最少费用。注意,只有任意两点之间有且仅有一条简单路径时才认为所有点都已连接。

例如,points$=[[0,0],[2,2],[3,10],[5,2],[7,0]]$,答案为 20,points 表示的图如图 22.9 所示,连接所有点如图 22.10 所示,得到最少费用,费用为 20。注意,在任意两点之间只有唯一一条路径互相到达。

【限制】 $1\leqslant$points.length$\leqslant1000$,$-10^6\leqslant x_i,y_i\leqslant10^6$。所有点 (x_i,y_i) 互不相同。

【解法 1】 Prim 算法。将两个点之间的曼哈顿距离作为权值,本题实际上是求连接所有点的最小生成树的费用,直接使用 22.4.1 节中的 Prim1 算法求解。

【解法 2】 Kruskal 算法。直接使用 22.4.1 节中的 Kruskal 算法求最小生成树的费用。

说明:本题建模的图是一个带权完全无向图,属于稠密图,所以使用 Kruskal 算法的时

扫一扫

源程序

扫一扫

源程序

间性能较差,而使用 Prim 算法的时间性能较好。

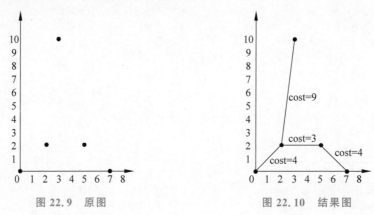

图 22.9　原图　　　　　　　　图 22.10　结果图

22.4.3　LeetCode1168——水资源的分配优化 ★★★

【问题描述】　某个村庄一共有 n 栋房子,现在需要通过建造水井和铺设管道为所有房子供水。对于每栋房子 i,有两种可选的供水方案:一种是直接在房子内建造水井,成本为 wells$[i-1]$(注意减 1,因为索引是从 0 开始的);另一种是从另一口井铺设管道引水,数组 pipes 给出了在房子间铺设管道的成本,其中每个 pipes$[j]$＝[house1$_j$,house2$_j$,cost$_j$]代表用管道将 house1$_j$ 和 house2$_j$ 连接在一起的成本,连接是双向的。请返回为所有房子供水的最低成本。

例如,n＝5,wells＝[5,7,6,1,3],pipes＝[[2,1,2],[3,2,10],[5,3,4]],对应的图如图 22.11(a)所示,答案为 15。

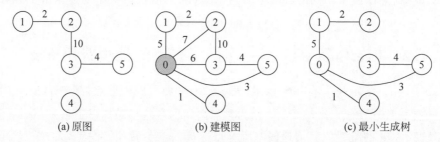

(a)原图　　　　　　(b)建模图　　　　　　(c)最小生成树

图 22.11　样例及其求解过程

【限制】　$2 \leqslant n \leqslant 10^4$, wells. length＝$n$,$0 \leqslant$ wells$[i] \leqslant 10^5$,$1 \leqslant$ pipes. length $\leqslant 10^4$, pipes$[j]$. length＝3,$1 \leqslant$ house1$_j$,house2$_j \leqslant n$,$0 \leqslant$ cost$_j \leqslant 10^5$,house1$_j \neq$ house2$_j$。

【解法 1】　Prim 算法。将每栋房子看成一个顶点,n 栋房子的顶点编号为 $1 \sim n$。有人认为应该这样求解:计算出 wells 中的最小成本 x,在该房子内建造水井,然后求出原图的最小生成树的权值和 y,答案就是 $x+y$。这种解法是错误的,对于题目中的样例,求出 x＝1,y 为 2＋10＋4＝16,结果为 17,是错误的。

对于本问题,很容易想到使用最小生成树求解,但是如何处理 wells? 使用 20.3.4 节中的处理方法,在原图中增加一个超级源点 0,为这个顶点与其他每个顶点 i 建立一条无向边,权值就是 wells$[i-1]$,然后在该图中求出最小生成树的权值和 ans,答案就是 ans。

例如,样例的建模结果如图 22.11(b)所示,对应的一棵最小生成树如图 22.11(c)所示,最小生成树的权值和 ans 为 15,从中看出需要在房子 1 和房子 4 内建造水井,也就是说本题可以建造多口水井。将建模图使用邻接表 adj 存储(含 $n+1$ 个顶点),使用 22.4.1 节中的 Prim2 算法产生最小生成树,对应的算法如下。

C++：

```
1   struct cmp{
2       bool operator()(const pair<int,int> s1,const pair<int,int> s2){
3           return s1.second>s2.second;              //按 second 越小越优先出队
4       }
5   };

6   class Solution{
7   public:
8       int minCostToSupplyWater(int n,vector<int>& wells,vector<vector<int>>& pipes){
9           if(n==1) return wells[n-1];
10          vector<vector<pair<int,int>>> adj(n+1);
11          for(auto e:pipes){
12              int a=e[0],b=e[1],w=e[2];
13              adj[a].push_back({b,w});
14              adj[b].push_back({a,w});
15          }
16          for(int i=1;i<=n;i++){                   //建立超级源点0
17              adj[0].push_back({i,wells[i-1]});
18              adj[i].push_back({0,wells[i-1]});
19          }
20          vector<bool> U(n+1,false);
21          int ans=0;                               //存放答案
22          int k=0;                                 //累计选择的边数
23          priority_queue<pair<int,int>,vector<pair<int,int>>,cmp> pqu;
24          U[0]=true;
25          for(auto e:adj[0]) pqu.push(e);
26          while(!pqu.empty()){
27              int v=pqu.top().first, w=pqu.top().second;
28              pqu.pop();
29              if(!U[v]){
30                  U[v]=true;
31                  ans+=w;                          //生成 MST 的一条边
32                  k++;
33                  if(k==n) return ans;
34                  for(auto e:adj[v]) pqu.push(e);
35              }
36          }
37          return -1;
38      }
39  };
```

提交运行：

结果:通过;时间:156ms;空间:42.26MB

Python：

```
1   class Solution:
2       def minCostToSupplyWater(self, n:int, wells:List[int], pipes:List[List[int]])-> int:
3           if n==1:return wells[n-1]
4           adj=[[] for _ in range(n+1)]
5           for e in pipes:
6               a,b,w=e[0],e[1],e[2]
```

```
 7              adj[a].append([b,w])
 8              adj[b].append([a,w])
 9          for i in range(1,n+1):              #建立超级源点0
10              adj[0].append([i,wells[i-1]])
11              adj[i].append([0,wells[i-1]])
12          U=[False for _ in range(n+1)]
13          ans=0                              #存放答案
14          k=0                                #累计选择的边数
15          pqu=[]                             #小根堆,结点类型为[w,vno]
16          U[0]=True
17          for e in adj[0]:heapq.heappush(pqu,[e[1],e[0]])
18          while pqu:
19              [w,v]=heapq.heappop(pqu)       #出队
20              if U[v]==False:
21                  U[v]=True
22                  ans+=w                     #生成MST的一条边
23                  k+=1
24                  if k==n:return ans
25                  for e in adj[v]:heapq.heappush(pqu,[e[1],e[0]])
26          return -1
```

提交运行：

结果:通过;时间:232ms;空间:24.3MB

【解法2】 Kruskal算法。其建模过程与解法1相同,由于题目给出的是边集,使用22.4.1节中的Kruskal算法求解更方便,对应的算法如下。

▦ C++:

```
 1  bool cmp(const vector<int> &s,const vector<int> &t){
 2      return s[2]<t[2];                      //按边的权递增排序
 3  }
 4  class UFS { ... }                          //同22.4.1节中的UFS类

 5  class Solution {
 6      const int INF=0x3f3f3f3f;
 7  public:
 8      int minCostToSupplyWater(int n,vector<int> &wells,vector<vector<int>> &pipes){
 9          if(n==1) return wells[n-1];
10          for(int i=1;i<=n;i++)              //建立超级源点0
11              pipes.push_back({0,i,wells[i-1]});
12          return Kruskal(n+1,pipes);
13      }

14      int Kruskal(int n,vector<vector<int>> &E){        //Kruskal算法
15          UFS ufs(n);;
16          int ans=0;;                        //存放最小生成树的长度
17          sort(E.begin(),E.end(),cmp);
18          ufs.Init();                        //初始化并查集
19          int k=0;                           //k为当前构造生成树的边数
20          int j=0;                           //E中边的下标,初值为0
21          while(k<n-1){                      //当生成的边数小于n-1时循环
22              int u1=E[j][0];
23              int v1=E[j][1];                //取一条边的头顶点u1和尾顶点v2
24              int sn1=ufs.Find(u1);
25              int sn2=ufs.Find(v1);          //分别得到两个顶点的子集树编号
26              if(sn1!=sn2){                  //添加该边不会构成回路
27                  ans+=E[j][2];             //生成最小生成树的一条边
28                  k++;                       //生成的边数增1
29                  ufs.Union(sn1,sn2);        //将sn1和sn2两个顶点合并
30              }
31              j++;                           //遍历下一条边
```

```
32            }
33          return ans;
34        }
35    };
```

▦ **Python：**

```python
1   class UFS():                                      #并查集类
2       def __init__(self, n):
3           self.n = n
4           self.parent = [0] * self.n                #并查集存储结构
5           self.rnk = [-1] * self.n                  #存储结点的秩(近似于高度)
6       def Init(self):                               #并查集的初始化
7           for i in range(0, self.n):
8               self.parent[i] = i
9               self.rnk[i] = 0
10      def Find(self, x):                            #递归算法:在并查集中查找 x 结点的根结点
11          if x != self.parent[x]:
12              self.parent[x] = self.Find(self.parent[x])   #路径压缩
13          return self.parent[x]
14      def Union(self, rx, ry):                      #并查集中 x 和 y 两个集合的合并
15          if self.rnk[rx] < self.rnk[ry]:
16              self.parent[rx] = ry                  #rx 结点作为 ry 的孩子
17          else:
18              if self.rnk[rx] == self.rnk[ry]:      #秩相同,合并后 rx 的秩增 1
19                  self.rnk[rx] += 1
20              self.parent[ry] = rx                  #ry 结点作为 rx 的孩子
21
22  class Solution:
23      def minCostToSupplyWater(self, n:int, wells:List[int], pipes:List[List[int]])-> int:
24          for i in range(1, n+1):                   #建立超级源点 0
25              pipes.append([0, i, wells[i-1]])
26          return self.Kruskal(n+1, pipes)
27
28      def Kruskal(self, n, E):                      #Kruskal 算法
29          ufs = UFS(n)
30          E.sort(key=itemgetter(2))                 #按边的权值递增排序
31          ans = 0
32          ufs.Init()                                #初始化并查集
33          k, j = 0, 0                               #k 表示当前构造生成树的边数
34          while k < n-1:                            #当生成的边数小于 n-1 时循环
35              u1, v1 = E[j][0], E[j][1]             #取一条边(u1,v1)
36              sn1, sn2 = ufs.Find(u1), ufs.Find(v1) #两个顶点所属的集合编号
37              if sn1 != sn2:                        #添加该边不会构成回路
38                  ans += E[j][2]                    #产生最小生成树的一条边
39                  k += 1                            #生成的边数增 1
40                  ufs.Union(sn1, sn2)               #将 sn1 和 sn2 两个顶点合并
41              j += 1                                #遍历下一条边
            return ans
```

提交运行：

结果：通过；时间：128ms；空间：21.49MB

22.5　　　　　　　Dijkstra 算法及其应用

22.5.1　Dijkstra 算法

Dijkstra(狄杰斯特拉)算法称为单源最短路径算法,用于求图中一个顶点到其他所有顶

点之间的最短路径,其核心思想是贪心法。

假设带权图 G 使用邻接表 adj 存储,源点为顶点 s,用 S 表示已经求出最短路径长度的顶点集,U 为其他顶点集。Dijkstra 算法的步骤如下:

(1) 初始时,S 中只包含源点,即 S＝{s},源点 s 到自己的距离为 0。U 包含除源点 s 外的其他顶点。

(2) 从 U 中选取一个顶点 u,使源点 s 到 u 的最短路径长度最小,然后把顶点 u 从 U 移动到 S 中。

(3) 以顶点 u 为新的中间点,修改源点 s 到 U 中相关顶点的最短路径长度,称为路径调整,其过程如图 22.12 所示(图中顶点之间的实线箭头表示边,虚线箭头表示路径),对于 u 的属于 U 的出边邻接点 v,在没有考虑中间点 u 时,假设求得从源点 s 到 v 的最短路径长度为 c_{sv}(如果没有这样的最短路径,$c_{sv}=\infty$),而从源点 s 到 u 的最短路径长度为 c_{su},u 到 v 的边的权值为 w_{uv}。现在考虑中间点 u,存在 s 到 u 再到 v 的另一条路径,其路径长度为 $c_{su}+w_{uv}$。取两条路径中的较短者,也就是说,将源点 s 到 v 的最短路径长度调整为 $\min\{c_{su}+w_{uv},c_{sv}\}$。这个操作可以看成边<$u,v$>的松弛操作。

(4) 重复步骤(2)和(3),直到 S 中包含所有的顶点。

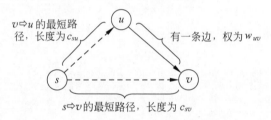

图 22.12　从源点 s 到顶点 v 的两条路径

设计一维数组 dist,其中 dist[v]表示源点 s 到顶点 v 的最短路径长度,对应的 Dijkstra 算法如下。

C++:

```
1   struct QNode {                              //优先队列结点类型
2       int vno;                                //顶点
3       int length;                             //源点 s 到 vno 的最短路径长度
4       bool operator <(const QNode& b) const {
5           return length > b.length;           //按路径长度 length 越小越优先出队
6       }
7   };

8   void Dijkstra(vector < vector < vector < int >>> &adj, int s) {
9       int n=adj.size();
10      vector < int > dist(n,INF);
11      vector < bool > S(n,false);
12      QNode e,e1;
13      priority_queue < QNode > pqu;            //定义一个优先队列
14      e.vno=s; e.length=0;
15      pqu.push(e);
16      dist[s]=0;
17      S[s]=true;
18      while(!pqu.empty()) {
19          e=pqu.top(); pqu.pop();             //出队 length 最小的顶点 u
20          int u=e.vno,len=e.length;
21          S[u]=true;
```

```
22              for(auto edj:adj[u]) {              //扩展顶点 u 的出边邻接点 v
23                  int v=edj[0],w=edj[1];
24                  if(S[v]==0) {
25                      if(dist[u]+w<dist[v]) {      //<u,v>边松弛
26                          dist[v]=dist[u]+w;
27                          e1.vno=v; e1.length=dist[v];
28                          pqu.push(e1);             //结点 e1 进队
29                      }
30                  }
31              }
32          }
33      }
```

　　上述算法的贪心策略是优先扩展当前路径长度最小的顶点,并且一旦一个顶点 v 已经扩展($S[v]$=true),其最短路径长度在后面不再修改(无后效性)。Dijkstra 算法不适合含负权的图求单源最短路径长度。该算法中优先队列最多含 n 个元素,一次进、出队操作的时间为 $O(\log_2 n)$,最坏情况下 e 条边做松弛操作,所以算法的时间复杂度为 $O(e\log_2 n)$。

22.5.2　LeetCode1631——消耗体力最少的路径★★

　　【问题描述】　某人准备参加一场远足活动。给定一个 rows×columns 的二维地图 heights,其中 heights[row][col]表示格子(row,col)的高度。一开始该人在左上角的格子 (0,0),且希望去右下角的格子(rows−1,columns−1)(注意,下标从 0 开始编号)。该人每次可以往上、下、左、右 4 个方向之一移动,请帮他找到耗费体力最少的一条路径。一条路径耗费的体力值是由路径上相邻格子之间高度差的绝对值的最大值决定的。请返回从左上角走到右下角消耗的最少体力值。

　　例如,heights=[[1,2,2],[3,8,2],[5,3,5]],答案为 2,对应的路径[1,3,5,3,5]上相邻格子的差值的绝对值最大为 2,如图 22.13 所示,比路径[1,2,2,2,5]更优,因为后者的差值的最大值为 3。

1	2	2
3	8	2
5	3	5

图 22.13　消耗体力最少的路径

　　【限制】　rows=heights.length,columns=heights[i].length,$1\leq$rows,columns≤ 100,$1\leq$heights[i][j]$\leq 10^6$。

　　【解题思路】　特殊的最短路径。使用 Dijkstra 算法求解,这里的路径长度并不是路径上的边的权值之和,而是相邻位置的高度差的绝对值,用 dist 数组存放源点为(0,0)的最短路径长度。假设当前出队结点 e,对应的位置是(x,y),其最短路径长度是 e.length,分为以下两种情况。

　　(1) 若(x,y)为右下角,说明找到目标位置,对应的 e.length 就是最小体力消耗,返回该值即可。

　　(2) 否则从(x,y)位置向四周扩展,若从(x,y)扩展到相邻位置(nx,ny),如图 22.14 所示,最短路径长度如下:

　　curlen=max(e.length,|heights[nx][ny]−heights[x][y]|)

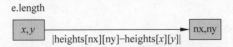

图 22.14　从(x,y)扩展到相邻位置(nx,ny)

如果 curlen＜dist[nx][ny]，说明当前路径更优，更新最短路径长度并建立相关结点后进队，否则不更新。

对应的算法如下。

C++：

```
1   struct QNode {                                //优先队列结点类型
2       int x, y;
3       int length;
4       bool operator <(const QNode& b) const {
5           return length > b.length;             //按路径长度 length 越小越优先出队
6       }
7   };

8   class Solution {
9       int dx[4] = {0,0,1,-1};                    //水平方向上的偏移量
10      int dy[4] = {1,-1,0,0};                     //垂直方向上的偏移量
11      const int INF = 0x3f3f3f3f;
12  public:
13      int minimumEffortPath(vector < vector < int >> & heights) {
14          int m = heights.size(), n = heights[0].size();
15          vector < vector < int >> dist(m, vector < int >(n, INF));
16          QNode e, e1;
17          priority_queue < QNode > pqu;           //定义优先队列
18          e1.x = 0; e1.y = 0;                     //(0,0)进队
19          e1.length = 0;
20          pqu.push(e1);
21          dist[0][0] = 0;
22          while(!pqu.empty()) {
23              e = pqu.top(); pqu.pop();
24              int x = e.x, y = e.y;
25              int length = e.length;
26              if(x == m-1 && y == n-1)            //找到终点返回
27                  return e.length;
28              for(int di = 0; di < 4; di++) {      //扩展
29                  int nx = x+dx[di]; int ny = y+dy[di];
30                  if(nx < 0 || nx >= m || ny < 0 || ny >= n) continue;
31                  int curlen = max(length, abs(heights[nx][ny] - heights[x][y]));
32                  if(curlen < dist[nx][ny]) {      //边松弛
33                      dist[nx][ny] = curlen;
34                      e1.x = nx; e1.y = ny; e1.length = curlen;
35                      pqu.push(e1);
36                  }
37              }
38          }
39          return -1;
40      }
41  };
```

提交运行：

结果:通过;时间:112ms;空间:19.44MB

Python：

```
1   class Solution:
2       def minimumEffortPath(self, heights: List[List[int]]) -> int:
3           dx = [0,0,1,-1]                         #水平方向上的偏移量
4           dy = [1,-1,0,0]                         #垂直方向上的偏移量
5           INF = 0x3f3f3f3f
6           m, n = len(heights), len(heights[0])
7           dist = [[INF for _ in range(0,n)] for _ in range(0,m)]
8           pqu = []                                #定义优先队列 pqu,结点为[length,x,y]
```

```
9         heapq. heappush(pqu, [0,0,0])           # 源点元素进队
10        dist[0][0]=0
11        while pqu:
12            e=heapq. heappop(pqu)               # 出队元素 e
13            length=e[0]
14            x,y=e[1],e[2]
15            if x==m-1 and y==n-1:               # 找到终点返回
16                return length
17            for di in range(0,4):               # 扩展
18                nx,ny=x+dx[di],y+dy[di]
19                if nx<0 or nx>=m or ny<0 or ny>=n:continue
20                curlen=max(length, abs(heights[nx][ny]-heights[x][y]))
21                if curlen<dist[nx][ny]:         # 剪支:当前路径长度更短
22                    dist[nx][ny]=curlen
23                    heapq. heappush(pqu, [dist[nx][ny],nx,ny])   # (nx,ny)进队
24        return -1
```

提交运行:

结果:通过;时间:632ms;空间:16.72MB

22.5.3 LeetCode1102——得分最高的路径★★

问题描述参见 20.2.5 节。

【解题思路】 特殊的最短路径。与 22.5.2 节类似,只是将路径长度改为路径中的最小值,所求结果改为最大路径长度。使用 Dijkstra 算法求解,用 dist 数组存放源点为 $(0,0)$ 的最大路径长度。假设当前出队结点 e,对应的位置是 (x,y),其最大路径长度是 e.length,分为以下两种情况。

(1) 若 (x,y) 为右下角,说明找到目标位置,对应的 e.length 就是最高得分,返回该值即可。

(2) 否则从 (x,y) 位置向四周扩展,若从 (x,y) 扩展到相邻位置 (nx,ny),如图 22.15 所示,最大路径长度如下:

$$curlen=min(dist[x][y],grid[nx][ny])$$

如果 curlen>dist[nx][ny],说明当前路径更优,更新最大路径长度并建立相关结点后进队,否则不更新。

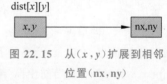

图 22.15 从 (x,y) 扩展到相邻位置 (nx,ny)

22.5.4 LeetCode2093——前往目标城市的最少费用★★

【问题描述】 一组公路连接 n 个城市,城市的编号为 $0\sim n-1$。输入包含一个二维数组 highways,其中 highways$[i]=$[city1$_i$,city2$_i$,toll$_i$]表示有一条连接城市 city1$_i$ 和 city2$_i$ 的双向公路,允许汽车缴纳值为 toll$_i$ 的费用从 city1$_i$ 前往 city2$_i$ 或者从 city2$_i$ 前往 city1$_i$。给定一个整数 discounts,表示司机最多可以使用折扣的次数。司机可以使用一次折扣使通过第 i 条公路的费用降低至 toll$_i$/2(向下取整)。最多可以使用 discounts 次折扣,且每条公路最多可以使用一次折扣。请返回从城市 0 前往城市 $n-1$ 的最少费用,如果不存在从城市 0 前往城市 $n-1$ 的路径,返回-1。

例如,$n=5$,highways=[[0,1,4],[2,1,3],[1,4,11],[3,2,3],[3,4,2]],discounts=1,答案为 9,如图 22.16 所示,从 0 前往 1,需要的费用为 4,从 1 前往 4 并使用一次折扣,需

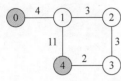

图 22.16　一个无向图

要的费用为 11/2＝5,从 0 前往 4 需要的最少费用为 4＋5＝9。

【限制】　$2 \leqslant n \leqslant 1000, 1 \leqslant$ highways. length $\leqslant 1000$, highways $[i]$. length $＝3, 0 \leqslant$ city1$_i$, city2$_i \leqslant n-1$, city1$_i \neq$ city2$_i$, $0 \leqslant$ toll$_i \leqslant 10^5, 0 \leqslant$ discounts $\leqslant 500$, 任意两个城市之间最多只有一条公路相连。

【解题思路】　带约束的最短路径。将每个城市看成一个顶点,编号为 $0 \sim n-1$,通过 highways 数组建立该无向图的邻接表 adj。以顶点 0 作为源点,使用 Dijkstra 算法求顶点 0 到顶点 $n-1$ 的最大路径长度。设计 dist 数组存放从源点出发的最短路径长度,其中 dist$[i][$disc$]$ 为从源点到达顶点 i 使用 disc 次折扣的最短路径长度。假设当前出队结点 $e＝[u, cost, disc]$(分别为当前顶点编号、源点到 u 的路径长度和该路径中使用折扣的次数),分为以下几种情况:

(1) 若 disc＞discounts,说明路径上使用折扣的次数超过规定值,忽略这种情况。

(2) 若 $u＝n-1$,说明找到目标,返回 cost 即可。

(3) 其他情况需要扩展(搜索 u 的相邻点)。如果 cost＜dist$[u][$disc$]$(说明当前路径更短),找到顶点 u 的相邻点 v(边的权值为 w),从 u 到 v 扩展两条路径(这是本解法的关键点),一条是不使用折扣的路径,对应结点 $e_1＝[v, cost＋w, disc]$,将 e_1 进队;一条是使用折扣的路径,对应结点 $e_2＝[v, cost＋w/2, disc＋1]$,将 e_2 进队。

如果队空都没有找到顶点 $n-1$,说明不存在从顶点 0 前往顶点 $n-1$ 的路径,返回 -1。

扫一扫

源程序

22.5.5　LeetCode787——k 站中转内最便宜的航班 ★★

问题描述参见 20.2.3 节。

【解题思路】　带约束的最短路径。将每个城市看成一个顶点,编号为 $0 \sim n-1$,将城市航班图看成一个带权有向图,使用邻接表 adj 存储。求从 src 到 dst 最多经过 k 站中转的最短路径长度(即最便宜的价格)。以 src 为源点,设计 dist 数组和 cnt 数组,其中 dist$[i]$ 存放从源点到顶点 i 的最短路径长度,cnt$[i]$ 存放从源点到顶点 i 的最少中转次数。使用 Dijkstra 算法,假设当前出队结点 $e＝[u, length, nums]$(分别为当前顶点编号、源点到 u 的路径长度和该路径中转的次数),分为以下几种情况:

(1) 若 $u＝$dst,说明找到目标,返回 length 即可。

(2) 若 nums＞k,说明该路径中转的次数超过规定值,忽略这种情况。

(3) 其他情况需要扩展(搜索 u 的相邻点)。找到顶点 u 的相邻点 v(边的权值为 w),分为两种子情况(这是本解法的关键点)。

① 如果 length＋w＜dist$[v]$,说明当前路径更短,扩展该路径(中转增加一次),对应结点 $e_1＝[v, length＋w, nums＋1]$,将 e_1 进队。

② 否则说明当前路径不是最短的,如果 nums＋1＜cnt$[v]$ 成立,说明尽管当前路径不是最短的,但中转次数较少,有可能成为最优路径中的一条边,所以也扩展该路径(中转增加一次),更新 dist 和 cnt,对应结点 $e_2＝[v, length＋w, nums＋1]$,将 e_2 进队。

如果队空都没有找到顶点 $n-1$,说明不存在从顶点 0 前往顶点 $n-1$ 的路径,返回 -1。对应的算法如下。

⊞ C++：

```cpp
1   struct Edge {                                    //出边类
2       int vno;                                     //邻接点
3       int wt;                                      //边的权
4       Edge(int v, int w): vno(v), wt(w) {}
5   };
6   struct QNode {                                   //优先队列结点类型
7       int vno;                                     //顶点的编号
8       int length;                                  //路径长度
9       int nums;                                    //中转的城市数
10      bool operator < (const QNode& b) const {
11          return length > b.length;                //length 越小越优先出队
12      }
13  };

14  class Solution {
15      const int INF = 0x3f3f3f3f;                  //表示∞
16  public:
17      int findCheapestPrice(int n, vector < vector < int >> &flights, int src, int dst, int k) {
18          vector < vector < Edge >> adj(n);        //邻接表
19          for(int i=0; i < flights.size(); i++) {  //遍历 flights 建立邻接表
20              int a = flights[i][0];
21              int b = flights[i][1];
22              int w = flights[i][2];               //< a, b >: w
23              adj[a].push_back(Edge(b, w));
24          }
25          vector < int > dist(n, INF);             //最短路径长度
26          vector < int > cnt(n, 0);                //最少中转次数
27          priority_queue < QNode > pqu;            //小根堆
28          QNode e, e1, e2;
29          e.vno = src; e.length = 0; e.nums = 0;
30          pqu.push(e);                             //源点元素进队
31          dist[src] = 0;
32          cnt[src] = 0;
33          while(!pqu.empty()) {
34              auto e = pqu.top(); pqu.pop();
35              int u = e.vno, length = e.length, nums = e.nums;
36              if(u == dst) return length;
37              if(nums > k) continue;               //剪支
38              for(auto edj : adj[u]) {             //扩展
39                  int v = edj.vno, w = edj.wt;
40                  if(length + w < dist[v]) {       //剪支:边松弛(合并)
41                      dist[v] = length + w;
42                      cnt[v] = nums + 1;
43                      e1.vno = v; e1.length = dist[v]; e1.nums = cnt[v];
44                      pqu.push(e1);
45                  }
46                  else if(nums + 1 < cnt[v]) {     //尽管路径长度不是最短的,但中转次数较少
47                      e2.vno = v; e1.length = length + w;
48                      e2.nums = nums + 1;
49                      pqu.push(e2);
50                  }
51              }
52          }
53          return -1;
54      }
55  };
```

提交运行：

结果:通过;时间:20ms;空间:12.94MB

🔲 **Python：**

```
1   class Solution:
2       def findCheapestPrice(self,n:int,flights:List[List[int]],src:int,dst:int, k:int)->int:
3           INF=0x3f3f3f3f
4           adj=[[] for _ in range(0,n)]                    #邻接表
5           for i in range(0,len(flights)):                 #遍历 flights 建立邻接表
6               a,b,w=flights[i][0],flights[i][1],flights[i][2]        #<a,b>:w
7               adj[a].append([b,w])
8           dist=[INF for _ in range(n)]
9           cnt=[0 for _ in range(n)]
10          dist[src]=0
11          pqu=[]                                          #定义 pqu,结点类型为[length,vno,nums]
12          heapq.heappush(pqu,[0,src,0])                   #源点进队
13          while pqu:
14              e=heapq.heappop(pqu)                        #出队结点 e
15              length,u,nums=e[0],e[1],e[2]                #出队顶点 u
16              if u==dst:return length                     #找到目标
17              if nums>k:continue;                         #剪支
18              for edj in adj[u]:
19                  v,w=edj[0],edj[1]                       #相邻顶点为 v
20                  if length+w<dist[v]:                    #剪支:边松弛
21                      dist[v]=length+w
22                      cnt[v]=nums+1
23                      heapq.heappush(pqu,[dist[v],v,cnt[v]])       #进队
24                  elif nums+1<cnt[v]:
25                      heapq.heappush(pqu,[length+w,v,nums+1])  #进队
26          return -1
```

提交运行：

结果:通过;时间:56ms;空间:17.22MB

推荐练习题

1. LeetCode135——分发糖果★★★

2. LeetCode228——汇总区间★

3. LeetCode252——会议室★

4. LeetCode406——根据身高重建队列★★

5. LeetCode743——网络延迟时间★★

6. LeetCode882——细分图中的可到达结点★★★

7. LeetCode986——区间列表的交集★★

8. LeetCode1055——形成字符串的最短路径★★

9. LeetCode1135——以最低成本连通所有城市★★

10. LeetCode1167——连接棒材的最低费用★★

11. LeetCode1288——删除被覆盖区间★★

12. LeetCode1326——灌溉花园的最少水龙头数目★★★

13. LeetCode1353——最多可以参加的会议数目★★

14. LeetCode1489——找到最小生成树中的关键边和伪关键边★★★

15. LeetCode1541——平衡括号字符串的最少插入次数★★

16. LeetCode1705——吃苹果的最大数目★★

17. LeetCode1753——移除石子的最大得分★★

18. LeetCode1833——雪糕的最大数量★★

19. LeetCode1874——两个数组的最小乘积和★★

20. LeetCode2335——装满杯子需要的最短总时长★

21. LeetCode2402——会议室Ⅲ★★★

22. LeetCode2406——将区间分为最少组数★★

23. leetCode2600——k 件物品的最大和★

24. LeetCode2642——设计可以求最短路径的图类★★★

25. LeetCode2655——寻找最大长度的未覆盖区间★★★

26. LeetCode2697——字典序最小的回文串★

第三部分

经典问题及其求解

第23章 跳跃问题

跳跃问题概述

在 LeetCode 中提供了一系列跳跃问题及其变形,基本跳跃问题是给定一个长度为 n 的非负整数数组 a,每个元素表示从该位置(下标)向前跳跃的最大长度,求能否从位置 0 跳到位置 $n-1$,以及不同的跳跃路径数或者最少跳跃次数等。

例如,$a=[2,2,1,2]$,$a[0]=2$ 表示从位置 0 可以跳到位置 1 或者位置 2,以此类推,求从位置 0 跳到位置 3 的最少跳跃次数,如图 23.1 所示。

状态用当前位置 i 表示,扩展方式是选择当前向前跳的长度,可以是 $1\sim a[i]$。a 对应的解空间如图 23.2 所示,每个分支对应一个选择,分支上的数字表示选择的向前跳的长度,从根结点到每个叶子结点对应一个跳跃路径(共有 3 条路径),路径上的边数为跳跃次数。

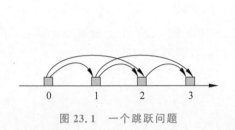

图 23.1　一个跳跃问题

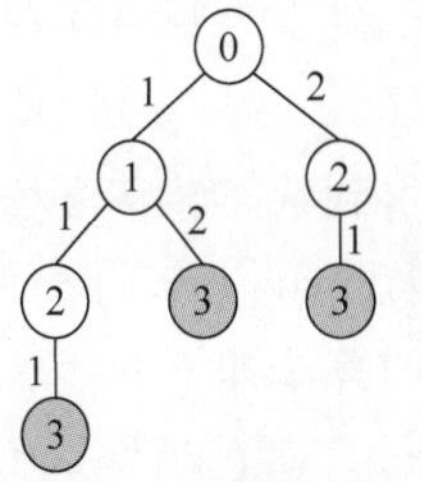

图 23.2　解空间

求最少跳跃次数(答案为 2)的方法如下。

(1) 回溯法:使用深度优先搜索方式求出所有路径及其路径长度,通过比较找到最短路径长度。由于算法的时间复杂度为指数级,一般会超时。

(2) 分支限界法:使用广度优先搜索方式求出所有路径及其路径长度,通过比较找到最短路径长度。由于算法的时间复杂度为指数级,一般会超时。

(3) 动态规划:使用自底向上方法求出所有路径及其路径长度,通过比较找到最短路径长度。

(4) 贪心法:找到正确的贪心策略,使用自顶向下沿着一条路径求出最短路径长度。贪心法是时间性能最好的方法。

实际上,求解不同的跳跃问题使用的策略可能不同,有一些跳跃问题可以使用多种策略去解。本章讨论了 6 个跳跃问题的求解方法。

跳跃问题的求解

23.2.1　LeetCode45——跳跃游戏 II ★★

【问题描述】　给定一个长度为 n 的整数数组 nums。初始位置为 0,每个元素 nums[i] 表示从索引 i 向前跳转的最大长度,换句话说,如果某人在位置 i,可以跳到任意位置 $i+j$($0\leqslant j\leqslant$nums[i],$i+j<n$)。请返回到达位置 $n-1$ 的最少跳跃次数。所有的测试用例保

证可以到达位置 $n-1$。

例如,nums$=[2,3,1,1,4]$,答案为 2,从位置 0 跳到位置 1,然后从位置 1 跳到最后一个位置。

【限制】 $1\leqslant$nums.length$\leqslant10^4$,$0\leqslant$nums$[i]\leqslant1000$。

【解法 1】 动态规划方法。设计一维动态规划数组 dp$[n]$,其中 dp$[j]$表示跳到位置 j 所需的最少次数。初始化 dp 的所有元素为∞。从位置 0 开始跳,显然有 dp$[0]=0$(从位置 0 跳到位置 0 的次数为 0)。

图 23.3　从位置 i 跳到位置 j

现在求 dp$[j]$,此时假设所有小问题 dp$[i]$($0\leqslant i<j$)均已求出。如图 23.3 所示,从位置 i 跳跃的最远位置是 $i+$nums$[i]$,如果 nums$[i]+i\geqslant j$,说明可以从位置 i 跳到位置 j,这种跳跃方式的跳跃次数为 dp$[i]+1$。对于所有这样的 i 求最小值,即

$$dp[j] = \min_{i+nums[i]\geqslant j}\{dp[i]+1\}$$

由此得到状态转移方程,使用 j 从 1 到 $n-1$、i 从 0 到 $j-1$ 的顺序计算 dp$[j]$。在求出 dp 数组后,dp$[n-1]$表示跳到位置 $n-1$ 的最少跳跃次数。

对应的算法如下。

■ C++:

```cpp
1   class Solution {
2   public:
3       int jump(vector<int>& nums) {
4           int n=nums.size();
5           if(n==1) return 0;
6           int dp[n];
7           memset(dp,0x3f,sizeof(dp));          //将所有元素初始化为∞
8           dp[0]=0;
9           for(int j=1;j<n;j++) {
10              for(int i=0;i<j;i++) {
11                  if(nums[i]+i>=j)             //从位置 i 跳到位置 j
12                      dp[j]=min(dp[j],dp[i]+1);
13              }
14          }
15          return dp[n-1];
16      }
17  };
```

提交运行:

结果:通过;时间:1124ms;空间:16.16MB

■ Python:

```python
1   class Solution:
2       def jump(self, nums: List[int]) -> int:
3           INF=0x3f3f3f3f
4           n=len(nums)
5           if n==1:return 0
6           dp=[INF] * n
7           dp[0]=0
8           for j in range(1,n):
9               for i in range(0,j):
```

```
10              if nums[i]+i>=j:              #从位置 i 跳到位置 j
11                  dp[j]=min(dp[j],dp[i]+1)
12          return dp[n-1]
```

提交运行：

结果：超时(101/109 个通过的测试用例)

【解法 2】 贪心法。若当前位置为 i，置 end=i+nums[i]，那么从位置 i 可以跳到 i+1～i+nums[i]的任何位置（不必考虑从位置 i 跳到位置 i），那么是否直接跳到最远的位置？这样跳不一定是最优的。例如，nums=[2,3,1,1,4]，第 1 步从位置 0 跳到位置 2，第 2 步从位置 2 跳到位置 3，第 3 步从位置 3 跳到位置 4，结果跳跃次数为 3，正确的答案为 2。

使用的贪心策略是从位置 i 跳到下一步能够跳到的最远的位置，即求出 maxj={j|j+nums[j]最大,j∈[i+1,end]}，则下一步从位置 i 跳到位置 maxj，如图 23.4 所示。后面继续这样跳，直到 i≥n-1。

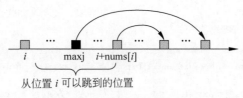

从位置 i 可以跳到的位置

图 23.4　从位置 i 跳到位置 j

例如，nums=[2,3,1,1,4]，这里 n=5，求从位置 0 跳到位置 4 的最少跳跃次数的过程如表 23.1 所示，最少跳跃次数为 2。

表 23.1　求最少跳跃次数的过程

起跳位置 i	[i+1,end]	j 的各种取值情况	maxj	steps
0	[1,2]	j=1: j+nums[j]=1+1=2 j=2: j+nums[j]=2+2=4	1	1
1	[2,4]	end≥n-1	—	2

对应的算法如下。

C++:

```
1   class Solution {
2   public:
3       int jump(vector<int>& nums) {
4           int n=nums.size();
5           if(n==1) return 0;
6           int i=0,steps=0;
7           while(i<n-1) {
8               int end=i+nums[i];
9               if(end>=n-1) {                    //表示从位置 i 可以跳到终点
10                  steps++; break;
11              }
12              int maxj=i+1;
13              for(int j=i+2;j<=end;j++) {       //j 属于[i+1,end]
14                  if(j+nums[j]>maxj+nums[maxj]) maxj=j;  //求 maxj={j|j+mum(j)最大}
15              }
16              i=maxj;                           //从位置 i 跳到位置 maxj
17              steps++;                          //跳跃次数增 1
```

```
18              }
19          return steps;
20      }
21  };
```

提交运行：

结果：通过；时间：8ms；空间：16.05MB

Python：

```
1   class Solution:
2       def jump(self, nums: List[int]) -> int:
3           INF=0x3f3f3f3f
4           n=len(nums)
5           if n==1:return 0
6           i,steps=0,0
7           while i<n-1:
8               end=i+nums[i]
9               if end>=n-1:              #从位置 i 可以跳到终点
10                  steps+=1
11                  break
12              maxj=i+1
13              for j in range(i+2,end+1): #求 maxj={j|j+nums[j]最大,j 属于[i+1,end]}
14                  if j+nums[j]>maxj+nums[maxj]:maxj=j
15              i,steps=maxj,steps+1       #从位置 i 跳到位置 maxj
16          return steps
```

提交运行：

结果：通过；时间：44ms；空间：16.45MB

23.2.2　LeetCode55——跳跃游戏★★

【问题描述】　给定一个非负整数数组 nums，某人最初位于数组的第一个下标。数组中的每个元素代表该人在该位置可以跳跃的最大长度。请判断该人是否能够到达最后一个下标。

例如，nums=[2,3,1,1,4]，答案为 true，可以先从位置 0 跳到位置 1，再从位置 1 跳到最后一个位置。若 nums=[3,2,1,0,4]，答案为 false，无论怎样总会到达位置 3，而该位置的最大跳跃长度是 0，所以永远不可能到达最后一个下标。

【限制】　$1 \leqslant nums.length \leqslant 3 \times 10^4, 0 \leqslant nums[i] \leqslant 10^5$。

【解法 1】　回溯法。设计递归函数 dfs(nums,i)，表示是否能够到达位置 i，如果能够到达，返回 true，否则返回 false。

显然当 $i=0$ 时对应起始位置，返回 true，否则试探 $0 \sim i-1$ 的每一个位置 j，若 $j+$ nums[j]$\geqslant i$，说明从位置 j 可以跳到位置 i，则继续执行子问题 dfs(nums,j)。一旦遇到子问题为 true，则返回 true，如果所有的子问题都没有返回 true，则返回 false。对应的算法如下。

C++：

```
1   class Solution {
2   public:
```

```
3        bool canJump(vector<int>& nums) {
4            return dfs(nums,nums.size()-1);
5        }

6        bool dfs(vector<int>& nums,int i) {        //回溯算法
7            if(i==0) return true;
8            else {
9                for(int j=i-1;j>=0; j--) {        //试探位置 i-1~0
10                   if(j+nums[j]>=i)              //从位置 j 可以跳到位置 i
11                       return dfs(nums,j);
12               }
13           }
14           return false;
15       }
16   };
```

提交运行：

结果:通过;时间:52s;空间:46.46MB

⊞ **Python**：

```
1   class Solution:
2       def canJump(self, nums: List[int]) -> bool:
3           return self.dfs(nums,len(nums)-1)

4       def dfs(self,nums,i):                    #回溯算法
5           if i==0:return True
6           else:
7               for j in range(i-1,-1,-1):
8                   if j+nums[j]>=i:             #从位置 j 可以跳到位置 i
9                       return self.dfs(nums,j)
10              return False
```

提交运行：

结果:通过;时间:128ms;空间:26.61MB

【解法2】 动态规划方法。设计一维动态规划数组 $dp[n]$,其中 $dp[i]$ 表示从 $[0,i]$ 中的任意一个位置出发可以跳到的最远位置。显然有 $dp[0]=nums[0]$,现在求 $dp[i]$ $(i>0)$,分为以下两种情况。

(1) 从 $0\sim i-1$ 的位置出发能够到达的最远位置是 $dp[i-1]$。

(2) 从位置 i 出发能够到达的位置是 $i+nums[i]$。

所以有 $dp[i]=\max(dp[i-1],i+nums[i])$。例如 $nums=[2,3,1,1,4]$,求 dp 数组的过程如下：

$$dp[0]=nums[0]=2$$
$$dp[1]=\max(dp[0],1+nums[1])=\max(2,4)=4$$
$$dp[2]=\max(dp[1],2+nums[2])=\max(4,3)=4$$
$$dp[3]=\max(dp[2],3+nums[3])=\max(4,4)=4$$
$$dp[4]=\max(dp[3],4+nums[4])=\max(4,8)=8$$

在按 i 从 1 到 $n-1$ 计算 dp 数组元素时要注意以下几点：

(1) 实际上没有计算 $dp[n-1]$,因为从位置 $n-1$ 出发一定可以到达位置 $n-1$。

(2) 若 $nums[0]=0$,则直接返回 false。

(3) 一旦计算出 $dp[i]\geq n-1$,说明可以从位置 i 跳到位置 $n-1$,此时不必继续计算,

直接返回 true 即可。

(4) 一旦出现 $dp[i]=i$，说明从 $[0,i]$ 中的任何位置最远只能跳到位置 i，也就是说无论如何都不能从 $[0,i]$ 再向前跳跃了，此时直接返回 false。

(5) i 遍历完毕，说明已经到达 $n-1$ 位置，返回 true。

对应的算法如下。

C++：

```
1   class Solution {
2   public：
3       bool canJump(vector < int > & nums) {
4           int n＝nums. size();
5           if(n＝＝1) return true;
6           if(nums[0]＝＝0) return false;
7           int dp[n];
8           dp[0]＝nums[0];
9           for(int i＝1;i＜n－1;i＋＋) {
10              dp[i]＝max(dp[i－1],i＋nums[i]);
11              if(dp[i]＞＝n－1) return true;
12              if(dp[i]＝＝i) return false;
13          }
14          return true;
15      }
16  };
```

提交运行：

结果：通过；时间：36ms；空间：46.62MB

在上述算法中由于 $dp[i]$ 仅与 $dp[i-1]$ 相关，使用滚动数组，将 dp 数组降为单个变量即可。对应的算法如下。

C++：

```
1   class Solution {
2   public：
3       bool canJump(vector < int > & nums) {
4           int n＝nums. size();
5           if(n＝＝1) return true;
6           if(nums[0]＝＝0) return false;
7           int dp＝nums[0];
8           for(int i＝1;i＜n－1;i＋＋) {
9               dp＝max(dp,i＋nums[i]);
10              if(dp＞＝n－1) return true;
11              if(dp＝＝i) return false;
12          }
13          return true;
14      }
15  };
```

提交运行：

结果：通过；时间：36ms；空间：46.44MB

Python：

```
1   class Solution:
2       def canJump(self, nums: List[int]) -> bool:
3           n＝len(nums)
4           if n＝＝1:return True
5           if nums[0]＝＝0:return False
```

```
6            dp=nums[0]
7            for i in range(1,n-1):
8                dp=max(dp,i+nums[i])
9                if dp>=n-1:return True
10               if dp==i:return False
11           return True
```

提交运行:

结果:通过;时间:84ms;空间:16.64MB

【解法3】 贪心法。可以证明,若本跳跃游戏存在解(能够从位置0到达最后一个位置),则使用23.2.1节中的贪心法一定可以跳到最后一个位置,如果不能跳到最后一个位置,则一定不存在解。基于23.2.1节中的贪心法,假设当前要跳到的位置是i,置 end=i+nums[i](end表示从位置i能够跳到的最远位置),修改如下:

扫一扫

源程序

(1) 如果 end=i,即 nums[i]=0,说明不能再跳跃了,返回 false。

(2) 如果 end$\geq n-1$,说明从位置i可以直接跳到终点,返回 true。

(3) nums 遍历完毕,说明从位置i可以到达位置$n-1$,返回 true。

23.2.3 LeetCode1871——跳跃游戏Ⅶ ★★

【问题描述】 给定一个下标从0开始的二进制字符串s以及两个整数 minJump 和 maxJump。一开始某人在下标0处,且该位置的值一定为'0'。当同时满足i+minJump$\leq$$j\leq\min(i+$maxJump,s.length$-1)$且$s[j]=$'0'条件时,该人可以从下标$i$处移动到下标$j$处。如果该人可以到达$s$的下标 s.length$-1$处,则返回 true,否则返回 false。

例如,$s=$"011010",minJump=2,maxJump=3,答案为 true,第1步从位置0移动到位置3,第2步从位置3移动到位置5。

【限制】 $2\leq$s.length$\leq 10^5$,$s[i]$要么是'0',要么是'1',$s[0]=$'0',$1\leq$minJump$\leq$maxJump$<$s.length。

【解法1】 动态规划。若从位置0在满足题目条件的情况下移动到位置i处,称$s[i]$是可达的,如图23.5所示。如果要判断$s[i]$是否可达,只要判断$[i-$maxJump,$i-$minJump]中的位置是否可达即可。

图 23.5 $s[i]$的可达性

为此设计一维动态规划数组 dp[n],其中 dp[i]表示位置i是否可达,若位置i是可达的,则 dp[i]=1,否则 dp[i]=0。初始化 dp 的所有元素为0,显然有 dp[0]=1(因为位置0是起点)。

现在求 dp[i]($i>0$),仅考虑$s[i]=$'0',分为以下两种情况:

(1) $[i-$maxJump,$i-$minJump]中存在某个位置j是可达的,则$s[i]$位置是可达的,即置 dp[i]=1,因为从位置j可以跳到位置i。

(2) $[i-$maxJump,$i-$minJump]中的所有位置都是不可达的,则 dp[i]=0(初始化时已经置为0)。

那么如何判断$[i-$maxJump,$i-$minJump]中存在某个位置j是可达的?为了方便,令$l=i-$maxJump,$r=i-$minJump,若 dp[l]+dp[$l+1$]+…+dp[r]≥ 1,则其中存在某个位置j是可达的。为此设计 dp 的前缀和数组 presum[$n+1$],其中 presum[i]表示 dp 的前

i 个元素的和,这样有 $dp[l]+dp[l+1]+\cdots+dp[r]=presum[r+1]-presum[l]$。

在求 dp 数组的同时求 presum 数组。在求出 dp 数组后,$dp[n-1]$ 表示最后位置 $n-1$ 的可达性,返回 $dp[n-1]$ 即可。对应的算法如下。

C++:

```cpp
1   class Solution {
2   public:
3       bool canReach(string s, int minJump, int maxJump) {
4           int n=s.size();
5           if(s[n-1]=='1') return false;
6           vector<int> dp(n,0);
7           vector<int> presum(n+1,0);
8           presum[0]=0;
9           presum[1]=1;
10          dp[0]=1;
11          for(int i=1;i<n;i++){
12              if(s[i]=='0') {
13                  int l=max(0,i-maxJump),r=i-minJump;
14                  if(r>=0 && l<=r && presum[r+1]-presum[l]>0)
15                      dp[i]=1;
16              }
17              presum[i+1]=presum[i]+dp[i];
18          }
19          return dp[n-1];
20      }
21  };
```

提交运行:

结果:通过;时间:60ms;空间:33.81MB

Python:

```python
1   class Solution:
2       def canReach(self, s:str, minJump:int, maxJump: int)-> bool:
3           n=len(s)
4           if s[n-1]=='1':return False
5           dp=[0 for _ in range(n)]
6           presum=[0 for _ in range(n+1)]
7           presum[0],presum[1]=0,1
8           dp[0]=1
9           for i in range(1,n):
10              if s[i]=='0':
11                  l,r=max(0,i-maxJump),i-minJump
12                  if r>=0 and l<=r and presum[r+1]-presum[l]>0:
13                      dp[i]=1
14              presum[i+1]=presum[i]+dp[i]
15          return True if dp[n-1]==1 else False
```

提交运行:

结果:通过;时间:476ms;空间:21.23MB

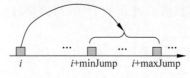

图 23.6 位置 i 可以跳到的位置

【解法 2】 优先队列式分支限界法。从位置 i 可以跳到 $[i+minJump, i+maxJump]$ 中为 '0' 的任何位置,如图 23.6 所示。从位置 0 开始搜索,若搜索到位置 $n-1$,则返回 true,在全部搜索完毕后返回 false。

在从位置 i 向前搜索时,如果 $[i+minJump, i+$

maxJump]中的所有字符为'1',则不能从位置 i 起跳。为此设计 s 的前缀和数组 presum[$n+$ 1],其中 presum[i]表示 s 的前 i 个字符中包含的'1'字符的个数,置 $l=i+$minJump,$r=$ $i+$maxJump,这样有 presum[$r+1$]−presum[l]等于[$i+$minJump,$i+$maxJump]中'1'字符的个数。使用的剪支是跳过 presum[$r+1$]−presum[l]=maxJump−minJump+1([$i+$ minJump,$i+$maxJump]中的所有字符为'1')的位置 i,这样剪支出现超时。

扫一扫

源程序

设计一个优先队列(大根堆),将所有可能跳到的位置进队,每次让位置 i 的最大者先出队。使用的剪支是若 s[$i..i+$maxJump](长度为 maxJump+1)包含 maxJump 个'1'(其中 s[i]一定为'0'),则算法结束,直接返回 false。因为从其他小于 i 的位置跳跃必然最终落入 [$i,i+$maxJump]中,以后不可以继续跳跃。s[$i+1..i+$maxJump]中全部为'1'的判断分为以下两种情况:

(1) 若 $r<n$,同时满足 presum[$r+1$]−presum[i]=maxJump。

(2) 若 $r\geqslant n-1$,同时满足 presum[n]−presum[i]=$n-i-1$(即 s[$i..n-1$]全部为'1')。

23.2.4 LeetCode1306——跳跃游戏 Ⅲ ★★

【问题描述】 给定一个非负整数数组 arr,某人一开始位于该数组的起始下标 start 处。当该人位于下标 i 处时,可以跳到 $i+$arr[i]或者 $i-$arr[i]。请判断该人是否能够跳到对应元素值为 0 的任一下标处。注意,不管是什么情况,该人都无法跳到数组之外。

例如,arr=[4,2,3,0,3,1,2],start=5,答案为 true,到达值为 0 的位置 3 有以下可能方案:

(1) 位置 5→位置 4→位置 1→位置 3。

(2) 位置 5→位置 6→位置 4→位置 1→位置 3。

【限制】 $1\leqslant$ arr. length$\leqslant 5\times 10^4$,$0\leqslant$arr[i]$<$arr. length,$0\leqslant$start$<$arr. length。

【解法1】 深度优先搜索。从位置 start 出发进行深度优先搜索,扩展方式是从当前位置 i 跳到位置 $i+$arr[i]或者 $i-$arr[i],用 visited 标记数组避免重复访问同一个位置。由于本问题是返回判断结果,只有 true 和 false 两种取值,所以将深度优先搜索函数 dfs()设计为 bool 型函数,一旦找到 0 元素,则返回 true,只有在全部解空间搜索完毕时才返回 false。对应的算法如下。

▦ C++:

```
1   class Solution {
2       vector<bool> visited;
3   public:
4       bool canReach(vector<int>& arr, int start) {
5           int n=arr. size();
6           visited=vector<bool>(n, false);
7           return dfs(arr, start);
8       }
9       bool dfs(vector<int>& arr, int i) {
10          if(i<0 || i>=arr. size())
11              return false;
12          if(visited[i]) return false;
13          if(arr[i]==0) return true;
14          visited[i]=true;
15          if(dfs(arr, i+arr[i])) return true;
```

```
16            if(dfs(arr,i−arr[i])) return true;
17            return false;
18        }
19    };
```

提交运行：

结果：通过；时间：28ms；空间：44.85MB

Python：

```
1    class Solution:
2        def canReach(self,arr:List[int],start:int)-> bool:
3            n=len(arr)
4            self.visited=[False for _ in range(n)]
5            return self.dfs(arr,start)

6        def dfs(self,arr,i):
7            if i<0 or i>=len(arr):
8                return False
9            if self.visited[i]:return False
10           if arr[i]==0:return True
11           self.visited[i]=True
12           if self.dfs(arr,i+arr[i]):return True
13           if self.dfs(arr,i−arr[i]): return True
14           return False
```

提交运行：

结果：通过；时间：76ms；空间：68.06MB

【解法2】 广度优先搜索。从位置 start 出发进行广度优先搜索，扩展方式是从当前位置 i 跳到位置 $i+arr[i]$ 或者 $i-arr[i]$，用 visited 标记数组避免重复访问同一个位置。先将 start 进队，出队位置 i，扩展出新位置 p1 和 p2，若位置 p1 或者 p2 的元素为 0，则返回 true。如果队为空，则返回 false。对应的算法如下。

C++：

```
1    class Solution {
2    public:
3        bool canReach(vector<int>& arr, int start) {
4            int n=arr.size();
5            if(arr[start]==0) return true;
6            vector<bool> visited(n,false);
7            queue<int> qu;
8            qu.push(start);
9            visited[start]=true;
10           while(!qu.empty()) {
11               int i=qu.front();qu.pop();          //出队位置i
12               int p1=i+arr[i];
13               if(p1<n && !visited[p1]) {
14                   if(arr[p1]==0) return true; //找到为0的位置返回true
15                   qu.push(p1);
16                   visited[p1]=true;
17               }
18               int p2=i−arr[i];
19               if(p2>=0 && !visited[p2]) {
20                   if(arr[p2]==0) return true; //找到为0的位置返回true
21                   qu.push(p2);
22                   visited[p2]=true;
23               }
24           }
```

```
25          return false;
26      }
27  };
```

提交运行：

结果：通过；时间：36ms；空间：30.06MB

Python：

```python
1   class Solution:
2       def canReach(self, arr:List[int], start:int)-> bool:
3           n=len(arr)
4           if arr[start]==0:return True
5           visited=[False for _ in range(n)]
6           qu=deque()
7           qu.append(start)
8           visited[start]=True
9           while qu:
10              i=qu.popleft()              #出队位置i
11              p1=i+arr[i]
12              if p1<n and not visited[p1]:
13                  if arr[p1]==0:return True
14                  qu.append(p1)
15                  visited[p1]=True
16              p2=i-arr[i]
17              if p2>=0 and not visited[p2]:
18                  if arr[p2]==0:return True
19                  qu.append(p2)
20                  visited[p2]=True
21          return False
```

提交运行：

结果：通过；时间：60ms；空间：20.8MB

23.2.5　LeetCode1345——跳跃游戏Ⅳ★★★

【问题描述】　给定一个整数数组 arr，某人一开始在数组的第一个元素处（下标为 0）。其每一步可以从下标 i 处跳到下标 $i+1$、$i-1$ 或者 j 处：

(1) $i+1$ 需要满足小于 arr.length。

(2) $i-1$ 需要满足大于或等于 0。

(3) j 需要满足 $arr[i]=arr[j]$ 且 $i \neq j$（跳到相同元素值的位置）。

请返回到达数组的最后一个元素的下标处所需的最少操作次数。注意，在任何时候都不能跳到数组的外面。

例如，arr=[100,-23,-23,404,100,23,23,23,3,404]，答案为 3，需要跳跃 3 次，依次为 0→4→3→9。

【限制】　$1 \leqslant$ arr.length $\leqslant 5 \times 10^4$，$-10^8 \leqslant arr[i] \leqslant 10^8$。

【解题思路】　广度优先搜索。题目中的扩展方式（即跳跃方式）有 3 种，尽管每一种跳跃方式跳到的位置不同，但均计为一次，而目标是求最少跳跃次数，所以满足广搜特性。跳跃方式(1)和(2)的处理十分简单,与23.2.4节中类似。为了处理跳跃方式(3),设计一个哈希表 hmap,先将所有元素值均为 v 的位置序列存放在 hmap[v]中,一旦元素值为 v 的元素访问过,则后面不可能重复访问,所以将 hmap[v]从哈希表中删除。用 visited 标记数组避免重复访问同一个位置,这里用哈希集合表示。

设计队列 qu 记录位置和对应的最少跳跃次数,首先将(0,0)进队。在队列不空时循环:出队(p,steps),若 $p=n-1$,则找到目标位置,返回 steps。否则做 3 种方式的扩展,将扩展结果进队。当队列为空时返回 -1,表示无法到达数组的最后一个元素的下标处。

23.2.6　LeetCode1654——到家的最少跳跃次数★★

【问题描述】　有一只跳蚤的家在数轴上的位置 x 处,请帮助它从位置 0 出发到达它的家。跳蚤跳跃的规则如下:

(1) 它可以往前跳恰好 a 个位置(即往右跳)。

(2) 它可以往后跳恰好 b 个位置(即往左跳)。

(3) 它不能连续往后跳两次。

(4) 它不能跳到 forbidden 数组中的任何位置。

跳蚤可以往前跳超过它的家的位置,但是不能跳到负整数的位置。给定一个整数数组 forbidden,其中 forbidden[i]是跳蚤不能跳到的位置,同时给定整数 a、b 和 x,请返回跳蚤到家的最少跳跃次数。如果没有恰好到达 x 的可行方案,请返回 -1。

例如,forbidden$=[14,4,18,1,15]$,$a=3$,$b=15$,$x=9$,答案为 3,往前跳 3 次($0 \to 3 \to 6 \to 9$),跳蚤就到家了。

【限制】　$1 \leqslant$ forbidden.length$\leqslant 1000$,$1 \leqslant a,b,x$,forbidden[i]$\leqslant 2000$,forbidden 中的所有位置互不相同,位置 x 不在 forbidden 中。

【解题思路】　分层次的广度优先搜索。这里 a、b 和 x 的最大值为 2000,如果跳蚤的位置 $p \geqslant 6000$,由于跳蚤不能连续向左跳两次,这样跳蚤不可能跳到 x 位置,即 $0 \sim 2000$ 范围内,也就是说跳蚤位置的有效范围应该为 $0 \sim 6000$,即左、右边界分别为 0 和 6000。例如,forbidden$=[1998]$,$a=1999$,$b=2000$,$x=2000$,将位置 0 进队:

(1) 出队 curx$=0$,右跳 $p_1=1999$,将其进队;左跳 $p_2=-2000$,被剪去。

(2) 出队 curx$=1999$,右跳 $p_1=3998$,将其进队,左跳 $p_2=-1$,被剪去。

(3) 出队 curx$=3998$,右跳 $p_1=5997$,将其进队,左跳 $p_2=1998$,被剪去(因为该位置包含在 forbidden 中)。

以此类推,最后求出答案为 3998,如果设计的右边界小于 5997,则找不到答案,返回 -1。这里将右边界设置为 MAXX$=6000$。

本问题与23.2.5节中的问题相同,也满足广搜特性。使用分层次的广度优先搜索,设计访问标记数组为 visited[MAXX$+1$][2],初始化所有元素为 false,visited[p][0]$=$true 表示访问到位置 p 并且没有向左跳过,visited[p][1]$=$true 表示访问到位置 p 并且向左跳过一次(同一个位置 p,向左跳过 0 次和向左跳过一次是不同的状态)。首先将 forbidden 中每个元素 e 的 visited[e][0]和 visited[e][1]置为 true,以便在搜索中不能访问这些位置。用 ans 建立搜索的层次,若出队时位置 curx 等于 x,说明找到目标,返回 ans 即可。

扫一扫

源程序

推荐练习题

1. LeetCode1340——跳跃游戏Ⅴ ★★★
2. LeetCode1696——跳跃游戏Ⅵ ★★
3. LeetCode2297——跳跃游戏Ⅷ ★★

第24章 迷宫问题

24.1 迷宫问题概述

在 LeetCode 中提供了一系列迷宫问题及其变形,基本迷宫问题是给定一个 m 行 n 列的整数数组 maze,用来表示一个迷宫,其中 1 表示障碍物单元,0 表示空单元,另外给定一个入口位置 start $=[x_1,y_1]$ 和一个出口位置 dest $=[x_2,y_2]$,在迷宫中只能上、下、左、右移动一个单元,不能移出迷宫,求从 start 到 dest 的最少移动次数和路径数等。

例如,对于如图 24.1 所示的迷宫图,入口 start $=[0,0]$,出口 dest $=[4,4]$,求从 start 到 dest 的最少移动次数(最短路径长度)。

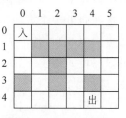

图 24.1 一个迷宫图

在该问题中,从一个单元可以移动到上、下、左、右相邻的空单元,尽管相邻单元不同,但每次移动的代价计为 1,最后求最小代价,显然满足广搜特性。使用分层次广搜(详细原理参见第 18 章)的算法的时间性能最好,对应的算法如下。

C++:

```cpp
1   int dr[4]={-1, 1, 0, 0};                                    //列方向上的偏移量
2   int dc[4]={0, 0, -1, 1};                                    //行方向上的偏移量
3   int shortest(vector<vector<int>> &maze, vector<int> &start, vector<int> &dest) {
4       int m=maze.size(),n=maze[0].size();
5       int visited[m][n];
6       memset(visited,0,sizeof(visited));
7       queue<pair<int,int>> qu;
8       pair<int,int> e,e1;
9       e=pair<int,int>(start[0],start[1]);
10      qu.push(e);
11      visited[start[0]][start[1]]=1;
12      int ans=0;                                              //存放最少移动次数
13      while(!qu.empty()) {
14          ans++;
15          int cnt=qu.size();                                 //求出队列中元素的个数
16          for(int i=0;i<cnt;i++) {
17              e=qu.front(); qu.pop();                         //扩展当前层的所有单元
18              int r=e.first,c=e.second;
19              for(int di=0;di<4;di++) {                       //试探四周
20                  int nr=r+dr[di],nc=c+dc[di];
21                  if(nr<0 || nc<0 || nr>=m || nc>=n) continue; //跳过超界的位置
22                  if(nr==dest[0] && nc==dest[1])              //找到出口直接返回
23                      return ans;
24                  if(maze[nr][nc]==1) continue;               //跳过障碍物位置
25                  if(visited[nr][nc]==1) continue;            //跳过已访问的位置
26                  visited[nr][nc]=1;
27                  e1=pair<int,int>(nr,nc);
28                  qu.push(e1);
29              }
30          }
31      }
32      return -1;                                              //不可能找到出口,返回-1
33  }
```

调用上述算法,得到图 24.1 的最小距离为 8。从本质上讲,迷宫问题是一种搜索问题,根据问题的性质可以选择深搜、广搜、回溯法、分支限界法、A* 算法和贪心法等。

24.2　迷宫问题的求解

24.2.1　LeetCode490——迷宫★★

【问题描述】　在由空地(用 0 表示)和墙壁(用 1 表示)组成的迷宫 maze 中有一个球,球可以途经空地向上、下、左、右 4 个方向滚动,且在遇到墙壁前不会停止滚动。当球停下时可以选择向下一个方向滚动。给定一个大小为 $m \times n$ 的迷宫 maze,以及球的初始位置 start 和目的地 dest,其中 start＝[startrow,startcol]且 dest＝[destrow,destcol]。请判断球是否可以在目的地停下,如果可以,返回 true,否则返回 false。假设迷宫的边缘都是墙壁。注意,球可以经过目的地,但无法在那里停留。

例如,maze＝[[0,0,1,0,0],[0,0,0,0,0],[0,0,0,1,0],[1,1,0,1,1],[0,0,0,0,0]],start＝[0,4],dest＝[4,4],答案为 true,一种可能的路径是从 start 开始向左→向下→向左→向下→向右→向下→向右,如图 24.2 所示。

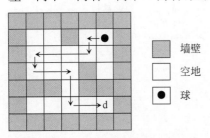

图 24.2　一个 maze 及其一条路径

墙壁
空地
● 球

【限制】　$1 \leqslant m, n \leqslant 100$,球和目的地都在空地上,且初始时它们不在同一个位置,迷宫至少包括两块空地。

【解法 1】　深度优先搜索。如果存在迷宫路径,这里仅找到一条路径后返回 true,不必回溯所有的路径,只有在搜索完所有情况都没有找到路径时才返回 false。不同于基本迷宫问题,在基本迷宫问题中每个空单元都可能是停靠点(停靠点指球可以停留的位置),这里只有靠墙的空单元才可能是停靠点。

从(r,c)位置开始深搜,若该位置等于 dest,说明找到了一条路径,返回 true。如果该位置不等于 dest,在四周试探,即 di 从 0 到 3 循环:先置相邻单元 nr＝r,nc＝c,若沿着 di 方向可走,则一直走下去,即置 nr＝nr+dr[di],nc＝nc+dc[di],直到不可走为止,最后停在(nr,nc)单元(这是唯一不同于基本迷宫问题的地方),如果该单元已经访问,则跳过,即考虑试探下一个方向的相邻位置,否则标记(nr,nc)访问过,并从该位置出发继续搜索。最后返回 false。对应的算法如下。

C++:

```
1   class Solution {
2       int dr[4]＝{0,0,-1,1};              //行方向上的偏移量
3       int dc[4]＝{-1,1,0,0};              //列方向上的偏移量
4       int m,n;
5       vector < vector < bool >> visited;
6       int sr,sc,tr,tc;
7   public:
8       bool hasPath(vector < vector < int >> & maze, vector < int > & start,
9       vector < int > & dest) {
10          m＝maze.size();n＝maze[0].size();
11          visited＝vector < vector < bool >>(m,vector < bool >(n,false));
12          sr＝start[0]; sc＝start[1];
```

```
13                 tr=dest[0]；tc=dest[1]；
14                 visited[sr][sc]=true；
15                 return dfs(maze,sr,sc)；
16         }

17         bool dfs(vector<vector<int>>& maze,int r,int c){              //DFS算法
18             if(r==tr && c==tc)
19                 return true；
20             else {
21                 for(int di=0;di<4;di++) {                            //从(r,c)扩展
22                     int nr=r,nc=c；
23                     while(nr+dr[di]>=0 && nr+dr[di]<m &&
24                         nc+dc[di]>=0 && nc+dc[di]<n &&
25                         maze[nr+dr[di]][nc+dc[di]]==0) { //一直滚下去
26                         nr+=dr[di]；nc+=dc[di]；
27                     }                                              //按 di 方向滚到(nr,nc)
28                     if(visited[nr][nc]) continue；
29                     visited[nr][nc]=true；
30                     if(dfs(maze,nr,nc)) return true；
31                 }
32                 return false；
33             }
34         }
35     };
```

提交运行：

结果:通过;时间:36ms;空间:18.63MB

🖳 **Python**：

```
1     class Solution :
2         def hasPath(self,maze:List[List[int]],start:List[int],dest:List[int])-> bool:
3             self.dr=[0,0,-1,1]                        #行方向上的偏移量
4             self.dc=[-1,1,0,0]                        #列方向上的偏移量
5             self.m,self.n=len(maze),len(maze[0])
6             self.visited=[[False] * self.n for i in range(0,self.m)]   #访问标记数组
7             sr,sc=start[0],start[1]
8             self.tr,self.tc=dest[0],dest[1]
9             self.visited[sr][sc]=True
10            return self.dfs(maze,sr,sc)

11        def dfs(self,maze,r,c):
12            if r==self.tr and c==self.tc:
13                return True
14            else:
15                for di in range(0,4):                              #从(r,c)扩展
16                    nr,nc=r,c
17                    while nr+self.dr[di]>=0 and nr+self.dr[di]<self.m and \
18                        nc+self.dc[di]>=0 and nc+self.dc[di]<self.n and \
19                        maze[nr+self.dr[di]][nc+self.dc[di]]==0:   #一直滚下去
20                        nr,nc=nr+self.dr[di],nc+self.dc[di]       #按 di 方向滚到(nr,nc)
21                    if self.visited[nr][nc]:continue
22                    self.visited[nr][nc]=True
23                    if self.dfs(maze,nr,nc):return True
24                return False
```

提交运行：

结果:通过;时间:96ms;空间:17.51MB

【解法2】 广度优先搜索。与深度优先搜索类似,仅用队列代替栈(这里的栈指深度优先递归搜索中的系统栈),同样只需要找任何一条迷宫路径,找到后返回 true,如果队空时还

没有找到任何迷宫路径,则返回 false。对应的算法如下。

C++:

```cpp
class Solution {
    int dr[4]={0,0,-1,1};                        //行方向上的偏移量
    int dc[4]={-1,1,0,0};                        //列方向上的偏移量
public:
    bool hasPath(vector<vector<int>>& maze, vector<int>& start,
    vector<int>& dest) {
        int m=maze.size(),n=maze[0].size();
        auto visited=vector<vector<bool>>(m,vector<bool>(n,false));
        queue<pair<int,int>> qu;
        pair<int,int> e,e1;
        e=pair<int,int>(start[0],start[1]);
        qu.push(e);
        visited[e.first][e.second]=true;
        while(!qu.empty()) {
            e=qu.front(); qu.pop();
            int r=e.first,c=e.second;
            if(r==dest[0] && c==dest[1])         //找到目标直接返回
                return true;
            for(int di=0;di<4;di++) {
                int nr=r,nc=c;
                while(nr+dr[di]>=0 && nr+dr[di]<m &&
                      nc+dc[di]>=0 && nc+dc[di]<n &&
                      maze[nr+dr[di]][nc+dc[di]]==0) {
                    nr+=dr[di];nc+=dc[di];       //一直滚下去
                }                                //按 di 方向滚到(nr,nc)
                if(visited[nr][nc]) continue;
                visited[nr][nc]=true;
                e1=pair<int,int>(nr,nc);
                qu.push(e1);
            }
        }
        return false;
    }
};
```

提交运行:

结果:通过;时间:28ms;空间:18.42MB

Python:

```python
class Solution:
    def hasPath(self,maze:List[List[int]],start:List[int],dest:List[int])-> bool:
        dr=[0,0,-1,1]                            #行方向上的偏移量
        dc=[-1,1,0,0]                            #列方向上的偏移量
        m,n=len(maze),len(maze[0])
        visited=[[False] * n for i in range(0,m)] #访问标记数组
        qu=deque()                               #定义队列,元素为[r,c]
        qu.append([start[0],start[1]])
        visited[start[0]][start[1]]=True
        while qu:
            [r,c]=qu.popleft()
            if r==dest[0] and c==dest[1]:        #找到目标直接返回
                return True
            for di in range(0,4):                #从(r,c)扩展
```

```
15              nr,nc=r,c
16              while nr+dr[di]>=0 and nr+dr[di]<m and \
17                  nc+dc[di]>=0 and nc+dc[di]<n and \
18                  maze[nr+dr[di]][nc+dc[di]]==0: #一直滚下去
19                  nr,nc=nr+dr[di],nc+dc[di]        #按di方向滚到(nr,nc)
20              if visited[nr][nc]:continue
21              visited[nr][nc]=True
22              qu.append([nr,nc])
23      return False
```

提交运行：

结果:通过；时间:88ms；空间:16.14MB

24.2.2　LeetCode505——迷宫Ⅱ ★★

【问题描述】　在迷宫中有一个球，迷宫由空地(表示为0)和墙壁(表示为1)组成。球可以向上、向下、向左或向右滚过空地，但直到撞上墙之前它都不会停止滚动。当球停止时，它才可以选择下一个滚动方向。给定一个 $m \times n$ 的迷宫数组 maze，以及球的起始位置 start=[startrow,startcol]和目的地 dest=[destrow,destcol]，请返回球到目的地停止的最短距离。如果球不能在目的地停止，返回-1。距离指球从起始位置(不包括)到终点(包括)所经过的空地数。假设迷宫的边界都是墙(见样例)。

例如，maze=[[0,0,1,0,0],[0,0,0,0,0],[0,0,0,1,0],[1,1,0,1,1],[0,0,0,0,0]]，start=[0,4]，dest=[4,4]，答案为12，对应的最短距离如图24.2所示。

【限制】　 $1 \leqslant m,n \leqslant 100$ ，球和目的地都在一个空地中，它们最初不会处于相同的位置，迷宫至少包含两个空地。

【解法1】　回溯法。如果使用基本的回溯法求出从 start 到 dest 的所有路径，通过比较得到最短距离，结果一定超时。这里使用边松弛操作进行剪支，以提高时间性能。设计二维数组 dist，其中 dist[r][c]表示从 start 到(r,c)单元的最短距离(初始化所有元素为∞)，从 start 出发进行深搜，当搜索到(r,c)单元时，试探其四周，即 di 从0到3循环：按 di 方向连续滚动一次到(nr,nc)，即停靠点，累计经过的空地数 delta，如图24.3所示，使用边松弛操作进行剪支，若 dist[r][c]+delta<dist[nr][nc]，则修改 dist[nr][nc]为 dist[r][c]+delta，同时从(nr,nc)位置出发继续深搜，否则终止从(r,c)到(nr,nc)的路径搜索。

扫一扫

源程序

在求出 dist 数组后，若 dist[dest[0]][dest[1]]为∞，说明球不能在目的地停止，返回-1，否则返回 dist[dest[0]][dest[1]]。

【解法2】　队列式分支限界法。设计二维数组 dist，其中 dist[r][c]表示从 start 到(r,c)单元的最短距离(初始化所有元素为∞)，定义一个队列 qu，从 start 出发进行广搜，将 start 的位置进队，队不空时循环：出队(r,c)单元，试探其四周，即 di 从0到3循环，按 di 方向滚动一次到(nr,nc)，累计经过的空地数 delta，使用解法1的边松弛操作，若 dist[r][c]+delta<dist[nr][nc]，则修改 dist[nr][nc]为 dist[r][c]+delta，同时将(nr,nc)进队。

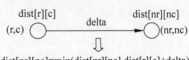

图24.3　边松弛操作

在求出 dist 数组后，若 dist[dest[0]][dest[1]]为∞，说明球不能在目的地停止，返回-1，否则返回 dist[dest[0]][dest[1]]。对应的算法如下。

C++:

```cpp
class Solution {
    const int INF = 0x3f3f3f3f;
    int dr[4] = {0, 0, -1, 1};                    //行方向上的偏移量
    int dc[4] = {-1, 1, 0, 0};                    //列方向上的偏移量
public:
    int shortestDistance(vector < vector < int >> &maze, vector < int > &start,
    vector < int > &dest) {
        int m = maze.size(), n = maze[0].size();
        queue < pair < int, int >> qu;
        pair < int, int > e, e1;
        vector < vector < int >> dist(m, vector < int >(n, INF));
        dist[start[0]][start[1]] = 0;
        e = pair < int, int >(start[0], start[1]);
        qu.push(e);
        while(!qu.empty()) {
            e = qu.front(); qu.pop();
            int r = e.first, c = e.second;
            for(int di = 0; di < 4; di++) {        //从(r,c)扩展
                int nr = r, nc = c;
                int delta = 0;
                while(nr + dr[di] >= 0 && nr + dr[di] < m && nc + dc[di] >= 0 &&
                        nc + dc[di] < n && maze[nr + dr[di]][nc + dc[di]] == 0) {
                    nr += dr[di]; nc += dc[di];   //按 di 方向滚到(nr,nc)
                    delta++;                      //走过的空地数
                }
                if(dist[r][c] + delta < dist[nr][nc]) {   //边松弛
                    dist[nr][nc] = dist[r][c] + delta;
                    e1 = pair < int, int >(nr, nc);
                    qu.push(e1);
                }
            }
        }
        if(dist[dest[0]][dest[1]] == INF) return -1;
        else return dist[dest[0]][dest[1]];
    }
};
```

提交运行：

结果：通过；时间：32ms；空间：19.57MB

Python:

```python
class Solution:
    def shortestDistance(self, maze: List[List[int]], start: List[int], dest: List[int]) -> int:
        INF = 0x3f3f3f3f
        dr = [0, 0, -1, 1]                        #行方向上的偏移量
        dc = [-1, 1, 0, 0]                        #列方向上的偏移量
        m, n = len(maze), len(maze[0])
        qu = deque()                              #定义队列，元素为[r,c]
        dist = [[INF] * n for i in range(0, m)]
        dist[start[0]][start[1]] = 0
        qu.append([start[0], start[1]])
        while qu:
            [r, c] = qu.popleft()
            for di in range(0, 4):                #从(r,c)扩展
                nr, nc = r, c
                delta = 0
```

```
16              while nr+dr[di]>=0 and nr+dr[di]<m and \
17                  nc+dc[di]>=0 and nc+dc[di]<n and \
18                  maze[nr+dr[di]][nc+dc[di]]==0:    #一直滚下去
19                  nr,nc=nr+dr[di],nc+dc[di]          #按di方向滚到(nr,nc)
20                  delta+=1
21              if dist[r][c]+delta<dist[nr][nc]:      #边松弛
22                  dist[nr][nc]=dist[r][c]+delta
23                  qu.append([nr,nc])
24      return -1 if dist[dest[0]][dest[1]]==INF else dist[dest[0]][dest[1]]
```

提交运行:

结果:通过;时间:124ms;空间:16.23MB

【解法3】 优先队列式分支限界法。与队列式分支限界法类似,这里仅将队列改为优先队列。由于在使用优先队列时保证到达同一个单元总是扩展 steps 最小的路径,而使用边松弛操作进行剪支时会剪除更多的路径,提高了时间性能,同时使进队的结点个数减少,也提高了空间性能。

扫一扫

源程序

【解法4】 A* 算法。这里求从 start 到 dest 的最小距离,可以使用 A* 算法求解,其原理参见 20.4.3 节。设计启发式函数 $f=g+h$,其中 g 为从 start 到当前位置(r,c)经过的空地数,h 表示从当前位置(r,c)到目的地 dest 的最小距离的估值,这里使用曼哈顿距离。另外设计二维数组 minf,用于维护每个单元的最小 f 值。由于这里是求从起始位置到终点最少经过的空地数,与启发式函数一致,所以第一次找到的目标即为最优解。对应的算法如下。

C++:

```
1   struct QNode {                                        //优先队列结点类型
2       int r,c;                                          //当前位置
3       int f,g,h;                                        //启发式函数的值
4       bool operator <(const QNode &s) const {
5           return f>s.f;                                 //按f越小越优先出队
6       }
7   };

8   class Solution {
9       const int INF=0x3f3f3f3f;
10      int dr[4]={0,0,-1,1};                             //行方向上的偏移量
11      int dc[4]={-1,1,0,0};                             //列方向上的偏移量
12  public:
13      int shortestDistance(vector<vector<int>> &maze,vector<int> & start,
14          vector<int> & dest) {
15          int m=maze.size(),n=maze[0].size();
16          priority_queue<QNode> pqu;
17          QNode e,e1;
18          vector<vector<int>> minf(m,vector<int>(n,INF));
19          minf[start[0]][start[1]]=0;
20          e.r=start[0];e.c=start[1];
21          e.g=0;e.h=geth(start[0],start[1],dest[0],dest[1]);
22          e.f=e.g+e.h;
23          pqu.push(e);
24          minf[start[0]][start[1]]=0;
25          while(!pqu.empty()) {
26              e=pqu.top(); pqu.pop();
27              int r=e.r,c=e.c;
28              if(r==dest[0] && c==dest[1])              //找到目标直接返回
29                  return e.g;
```

```
30              for(int di=0;di<4;di++) {
31                  int nr=r,nc=c;
32                  int delta=0;
33                  while(nr+dr[di]>=0 && nr+dr[di]<m
34                      && nc+dc[di]>=0 && nc+dc[di]<n && maze[nr+
35                      dr[di]][nc+dc[di]]==0) {
36                      nr+=dr[di];              //按 di 方向滚到(nr,nc)
37                      nc+=dc[di];
38                      delta++;                 //走过的空地数增加1
39                  }
40                  e1.r=nr;e1.c=nc;
41                  e1.g=e.g+delta;
42                  e1.h=geth(nr,nc,dest[0],dest[1]);
43                  e1.f=e1.g+e1.h;
44                  if(e1.f<minf[nr][nc]) {
45                      minf[nr][nc]=e1.f;
46                      pqu.push(e1);
47                  }
48              }
49          }
50          return -1;
51      }

52      double geth(int x,int y,int gx,int gy) {    //计算启发式函数的值
53          return abs(gx-x)+abs(gy-y);
54      }
55  };
```

提交运行：

结果：通过；时间：32ms；空间：19.27MB

▦ **Python：**

```
1   class QNode:                                    #优先队列结点类型
2       r,c=0,0
3       f,g,h=0,0,0
4       def __lt__(self,other):                     #按 f 越小越优先出队
5           if self.f<other.f:return True
6           else:return False

7   class Solution:
8       def shortestDistance(self,maze:List[List[int]],start:List[int],dest:List[int])-> int:
9           INF=0x3f3f3f3f
10          dr=[0,0,-1,1]                            #行方向上的偏移量
11          dc=[-1,1,0,0]                            #列方向上的偏移量
12          m,n=len(maze),len(maze[0])
13          pqu=[]                                   #定义小根堆,元素为 QNode 类型
14          e=QNode()
15          e.r,e.c=start[0],start[1]
16          e.g,e.h=0,self.geth(start[0],start[1],dest[0],dest[1])
17          e.f=e.g+e.h
18          heapq.heappush(pqu,e)
19          minf=[[INF for _ in range(n)] for _ in range(0,m)]
20          minf[start[0]][start[1]]=0
21          while pqu:
22              e=heapq.heappop(pqu)
23              r,c=e.r,e.c
24              if r==dest[0] and c==dest[1]:       #找到目标直接返回
25                  return e.g
26              for di in range(0,4):               #从(r,c)扩展
27                  nr,nc=r,c
```

```
28                    delta=0
29                    while nr+dr[di]>=0 and nr+dr[di]< m and \
30                          nc+dc[di]>=0 and nc+dc[di]< n and \
31                          maze[nr+dr[di]][nc+dc[di]]==0:  #一直滚下去
32                        nr,nc=nr+dr[di],nc+dc[di]           #按 di 方向滚到(nr,nc)
33                        delta+=1                            #走的空地数增加 1
34                    e1=QNode()
35                    e1.r,e1.c=nr,nc
36                    e1.g=e.g+delta
37                    e1.h=self.geth(nr,nc,dest[0],dest[1])
38                    e1.f=e1.g+e1.h
39                    if e1.f< minf[nr][nc] :
40                        minf[nr][nc]=e1.f
41                        heapq.heappush(pqu,e1)
42            return −1

43        def geth(self,x,y,gx,gy):                         #计算启发式函数的值
44            return abs(gx−x)+abs(gy−y)
```

提交运行：

结果:通过;时间:104ms;空间:16.27MB

【解法 5】　贪心法。在使用 Dijkstra 算法求解时,除了设计表示最短路径的 dist 数组外,还设计 S 数组表示一个位置是否已经求出最小距离。使用小根堆找当前距离最小的位置(r,c),一旦出队(r,c)位置,说明该位置的最短距离已经求出,置 S[r][c]=true,如果该位置为 dest,直接返回 dist[r][c]即可,否则按照 di 方向扩展出(nr,nc)位置,只有当 S[nr][nc]为 false 时才对其做边松弛操作。当队列为空时,说明球不能在目的地停止,返回−1。对应的算法如下。

C++:

```
1   struct QNode {                                    //优先队列结点类型
2       int r,c;
3       int steps;
4       QNode() {}
5       QNode(int r1,int c1,int s1):r(r1),c(c1),steps(s1) {}
6       bool operator <(const QNode& s) const {
7           return steps > s.steps;                   //按 steps 越小越优先出队
8       }
9   };

10  class Solution {
11      const int INF=0x3f3f3f3f;
12      int dr[4]={0,0,−1,1};                          //行方向上的偏移量
13      int dc[4]={−1,1,0,0};                          //列方向上的偏移量
14  public:
15      int shortestDistance(vector < vector < int >> &maze, vector < int > & start,
16          vector < int > & dest) {
17          int m=maze.size(),n=maze[0].size();
18          priority_queue < QNode > pqu;
19          QNode e,e1;
20          vector < vector < int >> dist(m,vector < int >(n,INF));
21          vector < vector < bool >> S(m,vector < bool >(n,false));
22          dist[start[0]][start[1]]=0;
23          S[start[0]][start[1]]=true;
24          e=QNode(start[0],start[1],0);
25          pqu.push(e);
26          while(!pqu.empty()) {
27              e=pqu.top(); pqu.pop();
```

```
28              int r=e.r,c=e.c,steps=e.steps;
29              S[r][c]=true;                              //将(r,c)添加到S集合中
30              if(r==dest[0] && c==dest[1])              //找到目标直接返回
31                  return dist[r][c];
32              for(int di=0;di<4;di++) {
33                  int nr=r,nc=c;
34                  int delta=0;
35                  while(nr+dr[di]>=0 && nr+dr[di]<m && nc+dc[di]>=0 && nc+
36                  dc[di]<n&& maze[nr+dr[di]][nc+dc[di]]==0) {
37                      nr+=dr[di];                        //按di方向滚到(nr,nc)
38                      nc+=dc[di];
39                      delta++;                           //走的空地数
40                  }
41                  if(S[nr][nc]) continue;                //仅修改不在S中的位置
42                  if(dist[r][c]+delta<dist[nr][nc]) {    //边松弛
43                      dist[nr][nc]=dist[r][c]+delta;
44                      e1=QNode(nr,nc,dist[nr][nc]);
45                      pqu.push(e1);
46                  }
47              }
48          }
49          return -1;
50      }
51  };
```

提交运行：

结果：通过；时间：36ms；空间：19.71MB

Python：

```python
1  class Solution:
2      def shortestDistance(self,maze:List[List[int]],start:List[int],dest:List[int])->int:
3          INF=0x3f3f3f3f
4          dr=[0,0,-1,1]                              #行方向上的偏移量
5          dc=[-1,1,0,0]                              #列方向上的偏移量
6          m,n=len(maze),len(maze[0])
7          pqu=[]                                     #定义小根堆,元素为[steps,r,c]
8          dist=[[INF]*n for i in range(0,m)]
9          S=[[False]*n for i in range(0,m)]
10         dist[start[0]][start[1]]=0
11         S[start[0]][start[1]]=True
12         heapq.heappush(pqu,[0,start[0],start[1]])
13         while pqu:
14             [steps,r,c]=heapq.heappop(pqu)
15             S[r][c]=True
16             if r==dest[0] and c==dest[1]:            #一旦找到目的地,则返回
17                 return dist[r][c]
18             for di in range(0,4):                    #从(r,c)扩展
19                 nr,nc=r,c
20                 delta=0
21                 while nr+dr[di]>=0 and nr+dr[di]<m and \
22                     nc+dc[di]>=0 and nc+dc[di]<n and \
23                     maze[nr+dr[di]][nc+dc[di]]==0:
24                     nr,nc=nr+dr[di],nc+dc[di]         #按di方向滚到(nr,nc)
25                     delta+=1
26                 if S[nr][nc]:continue;                #修改不在S中的位置
27                 if dist[r][c]+delta<dist[nr][nc]:     #边松弛
```

```
28                  dist[nr][nc]=dist[r][c]+delta
29                  heapq.heappush(pqu,[dist[nr][nc],nr,nc])
30          return -1
```

提交运行：

结果：通过；时间：92ms；空间：16.26MB

24.2.3 LeetCode499——迷宫Ⅲ ★★★

【问题描述】 在由空地和墙壁组成的迷宫中有一个球，球可以向上(u)、下(d)、左(l)、右(r)4个方向滚动，但在遇到墙壁前不会停止滚动。当球停下时，可以选择下一个方向。在迷宫中还有一个洞，当球经过洞时会掉进洞里。给定球的起始位置、目的地和迷宫，找出让球以最短距离掉进洞里的路径。距离的定义是球从起始位置(不包括)到目的地(包括)经过的空地数。通过'u'、'd'、'l'和'r'输出球的移动方向。由于可能有多条最短路径，请输出字典序最小的路径。如果球无法进洞，输出"impossible"。

迷宫用一个0和1的二维数组表示，1表示墙壁，0表示空地。假设迷宫的边缘都是墙壁。起始位置和目的地的坐标通过行号和列号给出。

例如，迷宫 maze=[[0,0,0,0,0],[1,1,0,0,1],[0,0,0,0,0],[0,1,0,0,1],[0,1,0,0,0]]，球的初始位置(rowBall,colBall)=(4,3)，洞的位置(rowHole,colHole)=(0,1)，答案为"lul"，如图24.4所示，有两条让球进洞的最短路径，第一条路径是左→上→左，记为"lul"，第二条路径是上→左，记为'ul'，两条路径都具有最短距离6，但'l'<'u'，故第一条路径的字典序更小，因此输出"lul"。

【限制】 在迷宫中只有一个球和一个目的地。球和洞都在空地上，且初始时它们不在同一个位置。给定的迷宫不包括边界，但可以假设迷宫的边缘都是墙壁。迷宫至少包括两块空地，行数和列数均不超过30。

【解法1】 回溯法。本题与24.2.2节类似，不同之处是这里求最小字典序的最短路径字符串不满足广搜特性。为了提高深度优先搜索中的剪支性能，在(r,c)扩展时总是按字典序"d"、"l"、"r"和"u"进行，如图24.5所示，所以设计方位0~3如下：

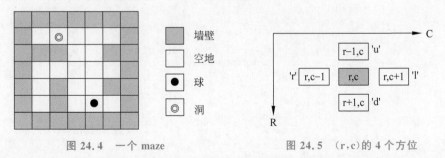

图24.4 一个maze   图24.5 (r,c)的4个方位

```
int dr[4]={1, 0, 0, -1};                    //列方向上的偏移量
int dc[4]={0, -1,1, 0};                     //行方向上的偏移量
vector<string> dirstr={"d","l","r","u"};    //按此方位顺序搜索，路径的字典序最小
```

与24.2.2节中解法1的回溯算法类似，存在以下差别：

(1) 这里需要将目的地hole看成一个停靠点(理论上hole可以是任意一个空单元)。

扫一扫

源程序

（2）除了设计 dist 数组外，还需要设计 path 数组，其中 path[r][c]表示从 ball 到当前 (r,c)单元的最小字典序的最短路径字符串。

（3）在搜索中除了使用边松弛操作找最短路径外，当路径长度相等时还需要比较路径字符串，在 path 中总是存放最小字典序路径。

从 ball 到 hole 进行深搜，找出所有的最短路径，通过比较得到最小字典序路径，存放到 path 中，搜索完毕，若 dist[hole[0]][hole[1]]＝INF，说明找不到路径，返回"impossible"，否则返回 path[hole[0]][hole[1]]即可。

说明：上述深搜是不是只能按"d"、"l"、"r"和"u"顺序进行？实际上可以按任意方位搜索，但如果按这样的最小字典序搜索，会剪除更多的无效分支，从而提高时间性能。

【解法 2】 队列式分支限界法。与 24.2.2 节中的解法 2 类似，将解法 1 中实现递归的系统栈改为队列，同样需要找从 ball 到 hole 的所有最短路径，通过比较得到最小字典序路径，存放到 path 中，搜索完毕，若 dist[hole[0]][hole[1]]＝INF，说明找不到路径，返回"impossible"，否则返回 path[hole[0]][hole[1]]即可。对应的算法如下。

■■ C++：

```cpp
1   class Solution {
2       const int INF＝0x3f3f3f3f;
3       int dr[4]＝{1, 0, 0, −1};                    //列方向上的偏移量
4       int dc[4]＝{0, −1,1, 0};                     //行方向上的偏移量
5       vector < string > dirstr＝{"d","l","r","u"};  //方位:字典序最小
6   public:
7       string findShortestWay(vector < vector < int >> &maze,vector < int > &ball,
8           vector < int > &hole) {
9           int m＝maze.size(),n＝maze[0].size();
10          vector < vector < int >> dist(m, vector < int >(n,INF));
11          vector < vector < string >> path(m, vector < string >(n,""));
12          queue < pair < int,int >> qu;
13          pair < int,int > e,e1;
14          dist[ball[0]][ball[1]]＝0;
15          e＝pair < int,int >(ball[0],ball[1]);
16          qu.push(e);
17          while(!qu.empty()) {
18              e＝qu.front(); qu.pop();
19              int r＝e.first,c＝e.second;
20              for(int di＝0;di < 4;di++) {
21                  int nr＝r,nc＝c;
22                  int delta＝0;
23                  while(nr+dr[di]>=0 && nr+dr[di]< m && nc+dc[di]>=0
24                      && nc+dc[di]< n && maze[nr+dr[di]][nc+dc[di]]==0) {
25                      nr+＝dr[di];
26                      nc+＝dc[di];
27                      delta++;                         //走的空地数增1
28                      if(nr==hole[0] && nc==hole[1])
29                          break;                       //找到洞时将其作为停靠点
30                  }
31                  int curdist＝dist[r][c]+delta;
32                  string curpath＝path[r][c]+dirstr[di];
33                  if(curdist < dist[nr][nc]) {          //通过比较求最短路径长度
34                      dist[nr][nc]＝curdist;
35                      path[nr][nc]＝curpath;
36                      e1＝pair < int,int >(nr,nc);
37                      qu.push(e1);
38                  }
```

```
39              else if(curdist==dist[nr][nc]) {   //长度相同时
40                  if(curpath<path[nr][nc]) {
41                      path[nr][nc]=curpath;
42                      e1=pair<int,int>(nr,nc);
43                      qu.push(e1);
44                  }
45              }
46          }
47      }
48      if(dist[hole[0]][hole[1]]==INF) return "impossible";
49      else return path[hole[0]][hole[1]];
50  }
51  };
```

提交运行：

结果：通过；时间：12ms；空间：13.85MB

Python：

```
1   class Solution:
2       def findShortestWay(self, maze:List[List[int]], ball:List[int], hole:List[int])-> str:
3           INF=0x3f3f3f3f
4           dr=[1,0,0,-1]                                  # 行方向上的偏移量
5           dc=[0,-1,1,0]                                  # 列方向上的偏移量
6           dirstr=["d","l","r","u"]                       # 方位:字典序最小
7           m,n=len(maze),len(maze[0])
8           qu=deque()                                     # 定义队列,元素为[r,c]
9           dist=[[INF for _ in range(n) for _ in range(m)]
10          path=[["" for _ in range(n) for _ in range(m)]
11          dist[ball[0]][ball[1]]=0
12          qu.append([ball[0],ball[1]])
13          while qu:
14              [r,c]=qu.popleft()
15              for di in range(0,4):                      # 从(r,c)扩展
16                  nr,nc=r,c
17                  delta=0
18                  while nr+dr[di]>=0 and nr+dr[di]<m and \
19                        nc+dc[di]>=0 and nc+dc[di]<n and \
20                        maze[nr+dr[di]][nc+dc[di]]==0:    # 一直滚下去
21                      nr,nc=nr+dr[di],nc+dc[di]           # 按 di 方向滚到(nr,nc)
22                      delta+=1                            # 走的空地数增1
23                      if nr==hole[0] and nc==hole[1]:
24                          break                           # 找到洞时将其作为停靠点
25                  curdist=dist[r][c]+delta
26                  curpath=path[r][c]+dirstr[di]
27                  if curdist<dist[nr][nc]:                # 通过比较求最短路径长度
28                      dist[nr][nc]=curdist
29                      path[nr][nc]=curpath
30                      qu.append([nr,nc])
31                  elif curdist==dist[nr][nc]:             # 长度相同时
32                      if curpath<path[nr][nc]:
33                          path[nr][nc]=curpath
34                          qu.append([nr,nc])
35          if dist[hole[0]][hole[1]]==INF:return "impossible"
36          else:return path[hole[0]][hole[1]]
```

提交运行：

扫一扫

源程序

结果:通过;时间:56ms;空间:15.78MB

【解法3】 优先队列式分支限界法。与解法2的队列式分支限界法类似,仅将队列改为优先队列,从而保证从 ball 出发搜索到停靠点(nr,nc)时总是走路径长度最短的路径,当有多条长度最短的路径时走最小字典序路径。在通常情况下,优先队列式分支限界法比队列式分支限界法在时间和空间性能上都会得到改善。使用 dist 数组存放最短路径长度,path 数组存放最小字典序的最短路径,搜索完毕,若 dist[hole[0]][hole[1]]=INF,说明找不到路径,返回"impossible",否则返回 path[hole[0]][hole[1]] 即可。

【解法4】 A* 算法。这里求从 ball 到 hole 的最小距离对应的最小字典序路径字符串,使用 A* 算法求解,其原理参见 20.4.3 节。设计启发式函数 $f=g+h$,其中 g 为从 ball 到当前位置(r,c)经过的空地数,h 表示从当前位置(r,c)到目的地 hole 的最小距离的估值,这里使用曼哈顿距离。另外设计二维整数数组 minf,用于维护每个单元的最小 f 值,以及二维字符串数组 path,用于维护每个单元的最小字典序路径。从 ball 到 hole 可能有多条最短路径,第一次找到的不一定是最小字典序路径,所以将 hole 作为一个停靠点,需要搜索到 hole 的所有最短路径,通过比较得到最小字典序路径,存放到 path[hole[0]][hole[1]] 中,最后返回该路径即可。对应的算法如下。

C++:

```
1   struct QNode {                                      //优先队列结点类型
2       int r,c;                                        //当前位置
3       int f,g,h;                                      //启发式函数的值
4       bool operator <(const QNode &s) const{          //重载<关系函数
5           return f>s.f;                               //按 f 越小越优先出队
6       }
7   };

8   class Solution {
9       const int INF=0x3f3f3f3f;
10      int dr[4]={1,0,0,-1};                           //列方向上的偏移量
11      int dc[4]={0,-1,1,0};                           //行方向上的偏移量
12      vector <string> dirstr={"d","l","r","u"};       //方位:字典序最小
13  public:
14      string findShortestWay(vector <vector <int>> &maze, vector <int> &ball,
15          vector <int> &hole) {
16          int m=maze.size(),n=maze[0].size();
17          priority_queue <QNode> pqu;
18          QNode e,e1;
19          vector <vector <string>> path(m,vector <string>(n,""));
20          vector <vector <int>> minf(m,vector <int>(n,INF));
21          minf[ball[0]][ball[1]]=0;
22          e.r=ball[0];e.c=ball[1];
23          e.g=0;e.h=geth(ball[0],ball[1],hole[0],hole[1]);
24          e.f=e.g+e.h;
25          pqu.push(e);
26          while(!pqu.empty()) {
27              e=pqu.top(); pqu.pop();
28              int r=e.r,c=e.c;
29              for(int di=0;di<4;di++) {
30                  int nr=r,nc=c;
31                  string curd=dirstr[di];
32                  int delta=0;
33                  while(nr+dr[di]>=0 && nr+dr[di]< m
34                      && nc+dc[di]>=0 && nc+dc[di]< n
```

```
35                  && maze[nr+dr[di]][nc+dc[di]]==0) {    //按 di 方向滚动
36                  nr+=dr[di];
37                  nc+=dc[di];
38                  delta++;                    //走的空地数增 1
39                  if(nr==hole[0] && nc==hole[1])
40                      break;                    //找到洞时将其作为停靠点
41              }
42              e1.r=nr;e1.c=nc;
43              e1.g=e.g+delta;
44              e1.h=geth(nr,nc,hole[0],hole[1]);
45              e1.f=e1.g+e1.h;
46              string curpath=path[r][c]+dirstr[di];
47              if(e1.f<minf[nr][nc]) {            //当前路径的 f 更短
48                  minf[nr][nc]=e1.f;
49                  path[nr][nc]=curpath;
50                  pqu.push(e1);
51              }
52              else if(e1.f==minf[nr][nc]) {        //f 相同时
53                  if(curpath<path[nr][nc]) {        //取字典序最小的路径
54                      path[nr][nc]=curpath;
55                      pqu.push(e1);
56                  }
57              }
58          }
59      }
60      if(path[hole[0]][hole[1]]=="") return "impossible";
61      else return path[hole[0]][hole[1]];
62  }
63
64  double geth(int x,int y,int gx,int gy) {            //计算启发式函数的值
65          return abs(gx-x)+abs(gy-y);
66  };
```

提交运行：

结果:通过;时间:12ms;空间:13.47MB

思考题：为什么这里与 24.2.2 节不同，第一次找到的目标并不一定是最优解，需要找到所有的最短路径，通过比较找到最小字典序的路径。

🔲 **Python**：

```
1   class QNode:                            #优先队列结点类型
2       r,c=0,0
3       f,g,h=0,0,0
4       def __lt__(self,other):            #按 f 越小越优先出队
5           if self.f<other.f:return True
6           else:return False
7   class Solution:
8       def findShortestWay(self, maze:List[List[int]],ball:List[int],hole:List[int])->str:
9           INF=0x3f3f3f3f
10          dr=[1,0,0,-1]                  #行方向上的偏移量
11          dc=[0,-1,1,0]                  #列方向上的偏移量
12          dirstr=["d","l","r","u"]        #方位:字典序最小
13          m,n=len(maze),len(maze[0])
14          pqu=[]                          #定义小根堆,元素为 QNode 类型
15          e=QNode()
16          e.r,e.c=ball[0],ball[1]
17          e.g,e.h=0,self.geth(ball[0],ball[1],hole[0],hole[1])
```

```
18        e.f=e.g+e.h
19        heapq.heappush(pqu,e)
20        minf=[[INF for _ in range(n)] for _ in range(0,m)]
21        path=[["" for _ in range(n)] for _ in range(0,m)]
22        minf[ball[0]][ball[1]]=0
23        while pqu:
24            e=heapq.heappop(pqu)
25            r,c=e.r,e.c
26            for di in range(0,4):                              #从(r,c)扩展
27                nr,nc=r,c
28                delta=0
29                while nr+dr[di]>=0 and nr+dr[di]<m and \
30                      nc+dc[di]>=0 and nc+dc[di]<n and \
31                      maze[nr+dr[di]][nc+dc[di]]==0:  #一直滚下去
32                    nr,nc=nr+dr[di],nc+dc[di]          #按di方向滚到(nr,nc)
33                    delta+=1                           #走的空地数增1
34                    if nr==hole[0] and nc==hole[1]:
35                        break                          #找到洞时将其作为停靠点
36                e1=QNode()
37                e1.r,e1.c=nr,nc
38                e1.g=e.g+delta
39                e1.h=self.geth(nr,nc,hole[0],hole[1])
40                e1.f=e1.g+e1.h
41                curpath=path[r][c]+dirstr[di]
42                if e1.f<minf[nr][nc]:                          #当前路径的f更短
43                    minf[nr][nc]=e1.f
44                    path[nr][nc]=curpath
45                    heapq.heappush(pqu,e1)
46                elif e1.f==minf[nr][nc]:                       #f相同时
47                    if curpath<path[nr][nc]:                   #取字典序最小的路径
48                        path[nr][nc]=curpath
49                        heapq.heappush(pqu,e1)
50        if path[hole[0]][hole[1]]=="":return "impossible"
51        else:return path[hole[0]][hole[1]]

52    def geth(self,x,y,gx,gy):                                  #计算启发式函数的值
53        return abs(gx-x)+abs(gy-y)
```

提交运行：

结果:通过;时间:72ms;空间:15.83MB

【解法5】 贪心法。使用 Dijkstra 算法求解,除了设计表示最短路径的 dist 和 path 数组外,还设计 S 数组表示一个位置是否已经求出最小距离。使用小根堆找当前距离最短的停靠点(r,c),一旦出队(r,c)单元,说明该单元的最短距离已经求出,置 S[r][c]=true,如果该单元为 hole,直接返回 dist[r][c]即可,否则按照 di 方向扩展出(nr,nc)停靠点,只有当 S[nr][nc]为 false 时才对其做边松弛操作。当队列为空时,说明球不能在目的地停止,返回-1。

扫一扫

源程序

推荐练习题

1. LeetCode576——出界的路径数★★
2. LeetCode1036——逃离大迷宫★★★
3. LeetCode1926——迷宫中离入口最近的出口★★

第 **25** 章　设计问题

所谓设计问题通常是设计一个满足题目要求的高效的设计结构,或者使用好的数据结构高效地设计要求的功能算法。在设计中常用的方法如下:

(1) 如果要求按序号查找,使用数组实现。

(2) 如果按地址删除或者插入元素,使用链表实现。

(3) 如果数据有序且按关键字查找,使用平衡二叉树实现。

(4) 如果数据无序且按关键字查找,使用哈希表实现。

(5) 多次连续地取最大或者最小元素,使用优先队列实现。

在 LeetCode 中提供了大量的相关设计题,本章仅讨论其中一小部分,读者可以通过掌握其精髓触类旁通。

 例 25-1

LRU 缓存(LeetCode146★★)。请设计和实现一个 LRU(最近最少使用)缓存机制数据结构,包含以下功能。

① LRUCache(int capacity):以正整数作为容量 capacity 初始化 LRU 缓存。

② int get(int key):如果关键字 key 存在于缓存中,则返回关键字的值,否则返回-1。

③ void put(int key,int value):如果关键字已经存在,则变更其数据值;如果关键字不存在,则插入该组<关键字,值>。当缓存容量达到上限时,它应该在写入新数据之前删除最久未使用的数据值,从而为新的数据值留出空间。

get()和 put()函数必须以 O(1)的平均时间复杂度运行。

示例:

```
LRUCache lRUCache = new LRUCache(2);
lRUCache.put(1,1);            //缓存是{1=1}
lRUCache.put(2,2);            //缓存是{1=1,2=2}
lRUCache.get(1);             //返回 1
lRUCache.put(3,3);            //该操作会使关键字 2 作废,缓存是{1=1,3=3}
lRUCache.get(2);             //返回-1(未找到)
lRUCache.put(4,4);            //该操作会使关键字 1 作废,缓存是{4=4,3=3}
lRUCache.get(1);             //返回-1(未找到)
lRUCache.get(3);             //返回 3
lRUCache.get(4);             //返回 4
```

【限制】 $1 \leqslant capacity \leqslant 3000, 0 \leqslant key \leqslant 10^4, 0 \leqslant value \leqslant 10^5$,最多调用函数 2×10^5 次。

解:设计 LRU 存储结构,用首、尾结点分别为 head 和 tail 的双链表存放所有的<key,value>,并且按最近使用时间排列,最前面的 key 最近使用,最后面的 key 最晚使用。为了提高查找性能,设置一个 unordered_map<int,Node *>哈希映射 hmap,存放每个 key 对应的结点地址。

设计以下私有成员函数。

① remove(Node * p):从双链表中删除结点 p。

② insert(Node * p):将结点 p 插入首部。

在此基础上设计 get 和 put 算法:

① get(key)的执行过程是,先在 hmap 中查找关键字 key 的结点地址 p,没有找到时返回-1,若找到结点 p,先调用 remove(p)删除结点 p,再调用 insert(p)将结点 p 插入首部,最后返回结点 p 的值。

② put(key,value)的执行过程是,先在 hmap 中查找关键字 key 的结点地址 p,若找到结点 p,将结点 p 的值修改为 value,调用 remove(p)删除结点 p,再调用 insert(p)将结点 p 插入首部;若没有找到结点 p,如果容器满了,删除尾结点,再新建结点 p 存放[key, value],将地址 p 插入 hmap,同时调用 insert(p)将结点 p 插入首部。

例如,首先初始化 LRU 存储结构的容量为 2,此时表是只有 head 和 tail 结点的空表。执行 put(1,1),再执行 put(2,2),结果如图 25.1 所示(新结点在首部插入),用{[2,2],[1, 1]}表示。执行 get(1)返回 1,结果为{[1,1],[2,2]}。在执行 put(3,3)时,容器满了,删除 [2,2],再插入[3,3],结果是{[3,3],[1,1]}。

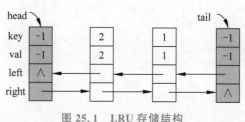

图 25.1   LRU 存储结构

设计 LRUCache 类如下。

C++:

```
1    struct Node {                                    //双链表结点类型
2        int key,val;
3        Node * left, * right;                        //结点的前后指针
4        Node(int k,int v): key(k),val(v),left(NULL),right(NULL) {}
5    };

6    class LRUCache {
7        Node * head, * tail;                         //双链表的首、尾结点
8        unordered_map < int, Node * > hmap;          //存放关键字对应的结点地址
9        int n;                                       //LRU 的容量
10   public:
11       LRUCache(int capacity) {                     //初始化
12           n = capacity;
13           head = new Node(-1,-1);tail = new Node(-1,-1);
14           head-> right = tail;tail-> left = head;  //创建空的双链表
15       }
16       int get(int key) {                           //返回关键字 key 的值
17           if(hmap.count(key) == 0) return -1;      //没有找到 key 返回-1
18           Node * p = hmap[key];                    //找到 key 的结点 p
19           remove(p);                               //删除结点 p
20           insert(p);                               //将结点 p 插入首部
21           return p-> val;                          //返回结点值
22       }
23       void put(int key, int value) {               //插入<关键字,值>
24           if(hmap.count(key)) {                    //找到 key 的情况
25               Node * p = hmap[key];                //找到 key 的结点 p
26               p-> val = value;                     //设置为新值
27               remove(p);                           //删除结点 p
28               insert(p);                           //将结点 p 插入首部
```

```
29              }
30              else {                          //没有找到 key 的情况
31                  if(hmap.size()==n) {         //上溢出
32                      Node* p=tail->left;      //找到末尾结点 p
33                      remove(p);               //删除结点 p
34                      hmap.erase(p->key);      //从 hmap 中删除 p->key
35                      delete p;                //释放结点 p 的空间
36                  }
37                  Node* p=new Node(key,value);     //新建为<key,value>的结点 p
38                  hmap[key]=p;                 //将 key 插入 hmap
39                  insert(p);                   //将结点 p 插入首部
40              }
41          }
42  private:
43      void remove(Node* p) {                   //从双链表中删除结点 p
44          p->right->left=p->left;
45          p->left->right=p->right;
46      }
47      void insert(Node* p) {                   //将结点 p 插入首部
48          p->right=head->right;
49          p->left=head;
50          head->right->left=p;
51          head->right=p;
52      }
53  };
```

提交运行：

结果:通过;时间:440ms;空间:157.81MB

25.2 常见设计问题的求解

25.2.1 LeetCode380——O(1)时间插入、删除和获取随机元素★★

【问题描述】 实现 RandomizedSet 类。

（1）RandomizedSet()：初始化 RandomizedSet 对象。

（2）bool insert(int val)：当 val 元素不存在时插入该元素并返回 true,否则返回 false。

（3）bool remove(int val)：当 val 元素存在时删除该元素并返回 true,否则返回 false。

（4）int getRandom()：随机返回现有集合中的一个元素（测试用例保证调用此方法时集合中至少存在一个元素）。每个元素应该有相同的概率被返回。

请实现类的所有函数,并满足每个函数的平均时间复杂度为 $O(1)$。

示例：

```
RandomizedSet randomizedSet = new RandomizedSet();
randomizedSet.insert(1);                //向集合中插入 1,返回 true 表示 1 被成功地插入
randomizedSet.remove(2);                //返回 false,表示集合中不存在 2
randomizedSet.insert(2);                //向集合中插入 2,返回 true,集合中现在包含[1,2]
randomizedSet.getRandom();              //getRandom()应随机返回 1 或 2
randomizedSet.remove(1);                //从集合中删除 1,返回 true,集合中现在包含[2]
randomizedSet.insert(2);                // 2 已经在集合中,所以返回 false
randomizedSet.getRandom();              //由于 2 是集合中唯一的数字,getRandom()总是返回 2
```

【限制】 $-2^{31} \leqslant val \leqslant 2^{31}-1$，最多调用 insert()、remove() 和 getRandom() 函数 2×10^5 次，在调用 getRandom() 函数时数据结构中至少存在一个元素。

【解题思路】 数组＋哈希映射。依题意，插入的整数都是唯一的，使用 nums 数组存放插入的所有整数，每个整数有唯一的索引，另外设计一个哈希映射 hmap，用于记录每个整数的索引。例如，初始时数据结构为空，如图 25.2(a)所示，执行如下操作。

(1) 插入整数 1，将 1 存放到 nums[0]中，在 hmap 中插入{1:0}。使用相同的方式依次插入整数 3、2、5，结果如图 25.2(b)所示。

(2) 删除整数 3，在 hmap 中找到整数 3 的索引($i=1$)，如图 25.2(c)所示，用 nums 中末尾的整数 5 覆盖 nums[1]，即 nums[1]＝5，如图 25.2(d)所示，再修改 hmap[5]为 1，从 hmap 中删除 hmap[3]，从 nums 中删除末尾元素，结果如图 25.2(e)所示。

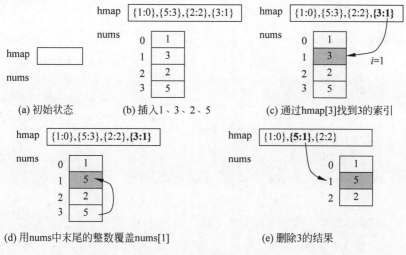

图 25.2 各操作的执行结果

由于哈希映射操作和删除向量尾元素的时间复杂度均为 $O(1)$，所以算法的时间复杂度均为 $O(1)$。

▦ C++:

```
1   class RandomizedSet{
2       vector<int> nums;                        //存放所有元素
3       unordered_map<int,int> hmap;             //<整数,索引>哈希映射
4   public:
5       RandomizedSet() { }
6       bool insert(int val) {                   //插入 val
7           if(hmap.find(val)==hmap.end()) {     //当元素不存在时插入
8               nums.push_back(val);             //在 nums 的末尾插入 val
9               hmap[val]=nums.size()-1;         //val 的索引为 n-1
10              return true;
11          }
12          return false;
13      }

14      bool remove(int val) {                   //删除 val
15          if(hmap.find(val)!=hmap.end()) {     //找到 key
16              int i=hmap[val];                 //找到 val 的索引 i
17              int lastk=nums[nums.size()-1];   //求末尾键 lastk
18              nums[i]=lastk;                   //将末尾键移到 i 索引处
19              hmap[lastk]=i;                   //重置 hmap[lastk]
```

```
20              hmap.erase(val);                      //删除 val 键
21              nums.pop_back();                      //将 nums 的末尾元素删除
22              return true;
23          }
24          return false;
25      }

26      int getRandom() {                             //随机返回一个 key
27          int j=rand()%nums.size();                 //返回 0~n-1 的随机数
28          return nums[j];
29      }
30  };
```

提交运行：

结果：通过；时间：188ms；空间：94.6MB

🔲 Python：

```
1   class RandomizedSet:
2       def __init__(self):
3           self.nums=[]                              #存放所有元素
4           self.hmap={}                              #<整数,索引>哈希表
5       def insert(self, val: int) -> bool:
6           if val not in self.hmap:                  #当元素不存在时插入
7               self.nums.append(val)                 #在 nums 的末尾插入 val
8               self.hmap[val]=len(self.nums)-1       #val 的索引为 n-1
9               return True
10          return False

11      def remove(self, val: int) -> bool:
12          if val in self.hmap:                      #找到 key
13              i=self.hmap[val]                      #找到 val 的索引 i
14              lastk=self.nums[len(self.nums)-1]     #求末尾键 lastk
15              self.nums[i]=lastk                    #将末尾键移到 i 索引处
16              self.hmap[lastk]=i                    #重置 hmap[lastk]
17              del self.hmap[val]                    #删除 val 键
18              self.nums.pop()                       #将 nums 的末尾元素删除
19              return True
20          return False

21      def getRandom(self) -> int:
22          j=random.randrange(0,len(self.nums),1)    #返回 0~n-1 的随机数
23          return self.nums[j]
```

提交运行：

结果：通过；时间：408ms；空间：50MB

25.2.2　LeetCode381——O(1)时间插入、删除和获取随机元素（可重复）★★★

【问题描述】　RandomizedCollection 是一种包含数字集合(可能是重复的)的数据结构,它应该支持插入和删除特定元素以及删除随机元素。请实现 RandomizedCollection 类。

(1) RandomizedCollection()：初始化空的 RandomizedCollection 对象。

(2) bool insert(int val)：将 val 元素插入集合中,即使该元素已经存在。如果该元素不存在,则返回 true,否则返回 false。

(3) bool remove(int val)：如果 val 元素存在,则从集合中删除 val 元素,并返回 true,

否则返回 false。注意,如果 val 元素在集合中出现多次,则只删除其中一个。

(4) int getRandom():从当前多个元素的集合中返回一个随机元素。每个元素被返回的概率与集合中包含的相同值的数量线性相关。

要求上述每个函数的平均时间复杂度为 $O(1)$。

注意,在测试用例中,只有当 RandomizedCollection 中至少有一个元素时才会调用 getRandom()。

示例:

```
RandomizedCollection collection＝new RandomizedCollection(); //初始化一个空的集合
collection.insert(1);      //返回 true,因为集合中不包含 1,插入 1
collection.insert(1);      //返回 false,因为集合中包含 1,插入另一个 1,集合为{1,1}
collection.insert(2);      //返回 true,因为集合中不包含 2,插入 2,集合为{1,1,2}
collection.getRandom();    //getRandom()应当有 2/3 的概率返回 1,1/3 的概率返回 2
collection.remove(1);      //返回 true,因为集合中包含 1,从中删除 1,集合为{1,2}
collection.getRandom();    //getRandom()应该返回 1 或 2,两者的可能性相同
```

【限制】 $-2^{31} \leqslant val \leqslant 2^{31}-1$,最多调用 insert()、remove() 和 getRandom() 函数 2×10^5 次,在调用 getRandom() 函数时数据结构中至少存在一个元素。

【解题思路】 数组＋哈希映射＋哈希集合。使用 nums 数组存放插入的所有整数(在 nums 中可能有相同的整数),每个整数有唯一的索引(两个不同的整数有不同的索引),另外设计一个哈希映射 hmap,用于记录每个整数的索引列表(例如,在 nums 中有 3 个整数 2,它们的索引为 1、4 和 7,则 hmap 中为 $[2:\{1,4,7\}]$)。

例如,初始时数据结构为空,如图 25.3(a)所示,执行如下操作。

(1) 插入整数 2,将 2 存放到 nums[0] 中,在 hmap 中插入 $[2:\{0\}]$。使用相同的方式依次插入整数 2、3、3 和 3,结果如图 25.3(b)所示。

(2) 删除整数 2,在 hmap 中找到整数 2 的索引列表,共有 3 个索引,可以任意取一个索引,假设取第一个索引($i=0$),如图 25.3(c)所示,用 nums 中末尾的整数 3(其索引为 $n-1=4$)覆盖 nums[0],即 nums[0]=3,如图 25.3(d)所示,再从 hmap[2] 的索引列表中删除 $i=0$,

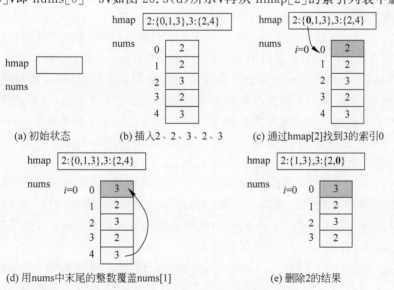

图 25.3 各操作的执行结果

从 hmap[3] 的索引列表中删除 4,将 $i=0$ 添加到 hmap[3] 的索引列表中,从 nums 中删除末尾元素,结果如图 25.3(e)所示。

由于哈希映射、哈希集合操作和删除向量尾元素的时间复杂度均为 $O(1)$,所以算法的时间复杂度均为 $O(1)$。

25.2.3 LeetCode432——全 $O(1)$ 的数据结构★★★

【问题描述】 请设计一个用于存储字符串计数的数据结构,并能够返回计数最小和最大的字符串。实现 AllOne 类。

(1) AllOne():初始化数据结构的对象。

(2) inc(String key):字符串 key 的计数增 1。如果数据结构中尚不存在 key,那么插入计数为 1 的 key。

(3) dec(String key):字符串 key 的计数减 1。如果 key 的计数在减少后为 0,那么需要将这个 key 从数据结构中删除。测试用例保证在减少计数前 key 存在于数据结构中。

(4) getMaxKey():返回任意一个计数最大的字符串。如果没有元素存在,返回一个空字符串""。

(5) getMinKey():返回任意一个计数最小的字符串。如果没有元素存在,返回一个空字符串""。

注意,每个函数都应当满足 $O(1)$ 平均时间复杂度。

示例:

```
AllOne allOne = new AllOne();
allOne.inc("hello");          //"hello"计 1 次
allOne.inc("hello");          //"hello"计 2 次
allOne.getMaxKey();           //返回"hello"
allOne.getMinKey();           //返回"hello"
allOne.inc("leet");           //"hello"计 2 次,"leet"计 1 次
allOne.getMaxKey();           //返回"hello"
allOne.getMinKey();           //返回"leet"
```

【限制】 $1 \leqslant key.length \leqslant 10$,key 由小写英文字母组成,测试用例保证在每次调用 dec() 时数据结构中总是存在 key,最多调用 inc()、dec()、getMaxKey() 和 getMinKey() 5×10^4 次。

【解题思路】 双链表+哈希集合+哈希映射。使用带头结点 head 和尾结点 tail 的双链表按次数分组存储,即一个结点存放所有具有相同次数的字符串列表,列表使用哈希集合 hset 存放,整个双链表从头到尾按次数递减排列。另外设计一个哈希映射 hmap,存放每个字符串所在双链表结点的地址(即每个字符串对应 hmap 中的一个元素)。

例如,初始时数据结构为空,如图 25.4(a)所示。

(1) 执行 inc(a):由于"a"不在 hmap 中,并且双链表为空,则新建结点 s(假设地址为 0x1),将结点 2 插入 tail 之前,将[a:0x1]插入 hmap 中,结果如图 25.4(b)所示。

(2) 执行 inc(b):由于"b"不在 hmap 中,链表不空且尾结点 cnt=1,将"b"插入尾结点中,同时将[b:0x1]插入 hmap 中,结果如图 25.4(c)所示。

(3) 执行 inc(b):由于"b"在 hmap 中,找到对应结点 p,从中删除"b",由于向前到头了,新建结点 s,其次数为 2,字符串列表为"b",在双链表中结点 p 的前面插入结点 s,重置 hmap[b],结果如图 25.4(d)所示。

（4）执行 dec(a)：找到对应的结点 p，从 hmap 中删除对应的元素，然后从结点 p 的字符串列表中删除"a"，由于次数为 1，再从双链表中删除结点 p，结果如图 25.4(e)所示。

（5）执行 dec(b)：找到对应的结点 p，从 hmap 中删除对应元素，并从结点 p 的字符串列表中删除"b"，由于后面到尾了，新建结点 s，字符串列表为"b"，将其插入尾结点之前，重置 hmap[b]，由于结点 p 中字符串列表为空，从双链表中删除结点 p，结果如图 25.4(f)所示。

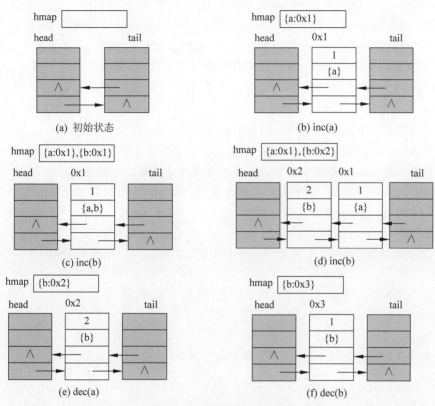

图 25.4　各操作的执行结果

由于哈希集合、哈希映射以及在双链表中插入和删除结点的时间复杂度均为 $O(1)$，上述各算法的时间复杂度均为 $O(1)$，满足题目要求。

25.2.4　LeetCode295——数据流的中位数 ★★★

【问题描述】　中位数是有序整数列表的中间值。如果列表中有偶数个元素，则列表没有中间值，中位数是两个中间值的平均值。例如，$a=[2,3,4]$ 的中位数是 3，$a=[2,3]$ 的中位数是 $(2+3)/2=2.5$。请实现 MedianFinder 类。

（1）MedianFinder()：初始化 MedianFinder 对象。

（2）void addNum(int num)：将数据流中的整数 num 添加到数据结构中。

（3）double findMedian()：返回到目前为止所有元素的中位数。与实际答案相差 10^{-5} 以内的答案将被接受。

示例：

```
MedianFinder medianFinder＝new MedianFinder();
medianFinder.addNum(1);                          //a＝[1]
medianFinder.addNum(2);                          //a＝[1,2]
medianFinder.findMedian();                       //返回 1.5((1＋2)/2)
medianFinder.addNum(3);                          // a＝[1,2,3]
medianFinder.findMedian();                       //返回 2.0
```

【限制】 $-10^5 \leqslant num \leqslant 10^5$,在调用 findMedian()之前数据结构中至少有一个元素,最多调用 addNum()和 findMedian()函数 5×10^4 次。

【解题思路】 用两个堆协同求中位数。设计小根堆 minpq 和大根堆 maxpq,用 minpq 存放最大的一半整数,用 maxpq 存放最小的一半整数。当两个堆中共有偶数个整数时,保证两个堆中整数的个数相同;当两个堆中共有奇数个整数时,保证小根堆中多一个整数(堆顶整数就是中位数),也就是说小根堆的元素个数不少于大根堆的元素个数,并且小根堆的元素个数最多比大根堆的元素个数多一个。addNum(int num)的操作过程如下:

(1)若小根堆 minpq 为空,将 num 插入 minpq 中,然后返回。

(2)若 num 大于 minpq 堆顶元素,将 num 插入其中,否则将 num 插入 maxpq 中。

(3)调整两个堆的整数个数,若 minpq 中的元素个数较少,取出 maxpq 的堆顶元素插入 minpq 中,若 minpq 比 maxpq 至少多两个元素,取出 minpq 的堆顶元素插入 maxpq 中(保证 minpq 比 maxpq 最多多一个整数)。

findMedian()的操作过程如下:

(1)若 minpq 和 maxpq 中的元素个数不相同,说明总元素个数为奇数,返回 minpq 堆顶元素即可。

(2)否则说明总元素个数为偶数,返回两个堆的堆顶元素的平均值。

对应的 MedianFinder 类如下。

▦ C++：

```
1    class MedianFinder {
2        priority_queue < int, vector < int >, greater < int >> minpq;
3        priority_queue < int > maxpq;
4    public:
5        MedianFinder() { }
6        void addNum(int num) {
7            if(minpq.empty()) {                //若小根堆为空
8                minpq.push(num);
9                return;
10           }
11           if(num > minpq.top())             //若 x 大于小根堆的堆顶元素
12               minpq.push(num);              //将 x 插入小根堆中
13           else
14               maxpq.push(num);              //否则将 x 插入大根堆中
15           if(minpq.size()< maxpq.size()) { //若小根堆的元素个数较少
16               minpq.push(maxpq.top());
17               maxpq.pop();                  //取出大根堆的堆顶元素插入小根堆中
18           }
19           if(minpq.size()－maxpq.size()>1) {   //若小根堆比大根堆至少多两个元素
20               maxpq.push(minpq.top());
21               minpq.pop();                  //取出小根堆的堆顶元素插入大根堆中
22           }
23       }

24       double findMedian() {
```

```
25          if(minpq.size()==maxpq.size())
26              return(minpq.top()+maxpq.top())/2.0;
27          else
28              return minpq.top();
29      }
30  };
```

提交运行：

结果：通过；时间：244ms；空间：114.2MB

■ Python：

为了实现大根堆 maxpq，需要在进队的整数之前加上负号，然后在出队时在出队的整数之前加上负号恢复原来的值。

```
1   import heapq
2   class MedianFinder:
3       def __init__(self):
4           self.minpq=[]              #定义一个小根堆
5           self.maxpq=[]              #定义一个大根堆
6       def addNum(self, num: int) -> None:
7           if len(self.minpq)==0:      #若小根堆为空
8               heapq.heappush(self.minpq,num)
9               return;
10          if num > self.minpq[0]:      #若 x 大于小根堆的堆顶元素
11              heapq.heappush(self.minpq,num)        #将 x 插入小根堆中
12          else:
13              heapq.heappush(self.maxpq,-num)        #否则将 x 插入大根堆中
14          if len(self.minpq)<len(self.maxpq):        #若小根堆的元素个数较少
15              heapq.heappush(self.minpq,-self.maxpq[0])  #取出大根堆的堆顶元素插入小
                                                          #根堆中
16              heapq.heappop(self.maxpq)
17          if len(self.minpq)-len(self.maxpq)>1:      #若小根堆比大根堆至少多两个元素
18              heapq.heappush(self.maxpq,-self.minpq[0])  #取出小根堆的堆顶元素插入
                                                          #大根堆中
19              heapq.heappop(self.minpq)

20      def findMedian(self) -> float:
21          if len(self.minpq)==len(self.maxpq):
22              return(self.minpq[0]-self.maxpq[0])/2.0
23          else:
24              return self.minpq[0]
```

提交运行：

结果：通过；时间：428ms；空间：35.6MB

推荐练习题 ✳

1. LeetCode355——设计推特(Twitter)★★

2. LeetCode460——LFU 缓存★★★

3. LeetCode635——设计日志存储系统★★

4. LeetCode677——键值映射★★

5. LeetCode1396——设计地铁系统★★

附录 A LeetCode 题目及其章号索引表

LeetCode 题号	题 目 名 称	难度	对应章
1	两数之和	★	5
4	寻找两个正序数组的中位数	★★★	17
10	正则表达式匹配	★★★	21
14	最长公共前缀	★	14
17	电话号码的字母组合	★★	15、16、19
20	有效的括号	★	3
21	合并两个有序链表	★	2、16
22	括号的生成	★★	19
23	合并 k 个有序链表	★★★	2、9
24	两两交换链表中的结点	★★	2
25	k 个一组翻转链表	★★★	2
26	删除有序数组中的重复项	★	1
27	移除元素	★	1
32	最长的有效括号子串的长度	★★★	3、21
33	搜索旋转排序数组	★★	17
34	在排序数组中查找元素的第一个和最后一个位置	★★	17
37	解数独	★★★	19
39	组合总和	★★	19
40	组合总和 II	★★	19
41	缺失的第一个正数	★★★	5
42	接雨水	★★★	3
44	通配符匹配	★★★	21
45	跳跃游戏 II	★★	23
46	全排列	★★	15、19
47	全排列 II	★★	19
49	字母异位词的分组	★★	5
51	n 皇后	★★★	19
52	n 皇后 II	★★★	15
53	最大子数组和	★★	11、17
55	跳跃游戏	★★	23
56	合并区间	★★	22
60	排列序列	★★★	15、19
61	旋转链表	★★	2
62	不同路径	★★	21
63	不同路径 II	★★	21
64	最小路径和	★★	21
69	x 的平方根	★	17
71	简化路径	★★	3
74	搜索二维矩阵	★★	17

LeetCode 题号	题　目　名　称	难度	对应章
75	颜色的分类	★★	1
77	组合	★★	15、19
78	子集	★★	15、19
79	单词的搜索	★★	19
80	删除有序数组中的重复项Ⅱ	★★	1
81	搜索旋转排序数组Ⅱ	★★	17
82	删除排序链表中的重复元素Ⅱ	★★	2
83	删除排序链表中的重复元素	★	2
84	柱状图中最大的矩形	★★★	3
88	合并两个有序数组	★	1
90	子集Ⅱ	★★	15、19
91	解码方法	★★	21
92	反转链表Ⅱ	★★	2
93	复原 IP 地址	★★	19
94	二叉树的中序遍历	★	6
95	不同的二叉搜索树Ⅱ	★★	17
98	验证二叉搜索树	★★	7
99	恢复二叉搜索树	★★	7
100	相同的树	★	6
102	二叉树的层次遍历	★★	6
105	由先序与中序遍历序列构造二叉树	★★	6
106	由中序与后序遍历序列构造二叉树	★★	6
108	将有序数组转换为平衡二叉树	★	8
109	将有序链表转换为平衡二叉树	★★	8
114	将二叉树展开为链表	★★	16
115	不同的子序列	★★★	21
124	二叉树中的最大路径和	★★★	21
127	单词接龙	★★★	18
128	最长连续序列	★★	5、10
130	被围绕的区域	★★	18
131	分割回文串	★★	19
134	加油站	★★	15
138	复制带随机指针的链表	★★	2
139	单词的拆分	★★	21
140	单词的拆分Ⅱ	★★★	21
141	环形链表	★	2
144	二叉树的先序遍历	★	6
145	二叉树的后序遍历	★	6
153	寻找旋转排序数组中的最小值	★★	17
155	最小栈	★	3
167	有序数组中的两数之和Ⅱ	★★	17
169	多数元素	★	17

LeetCode 题号	题 目 名 称	难度	对应章
173	二叉搜索树迭代器	★★	7
174	地下城游戏	★★★	21
179	最大数	★★	22
189	轮转数组	★★	1
191	位 1 的个数	★	16
199	二叉树的右视图	★★	6
200	岛屿的数量	★★	10、18
202	快乐数	★	5
203	移除链表元素	★	2
205	同构字符串	★	5
206	反转链表	★	2、16
208	实现 Trie(前缀树)	★★	14
209	长度最小的子数组	★★	15
215	数组中第 k 个最大的元素	★★	9、17
216	组合总和Ⅲ	★★	19
217	存在重复元素	★	5
219	存在重复元素Ⅰ	★	5
225	用队列实现栈	★	4
226	翻转二叉树	★	17
230	二叉搜索树中第 k 小的元素	★★	7
231	2 的幂	★	16
232	用栈实现队列	★	4
235	二叉搜索树的最近公共祖先	★★	7
236	二叉树的最近公共祖先	★★	16
238	除自身以外数组的乘积	★★	11
239	滑动窗口的最大值	★★★	4、9
241	为运算表达式设计优先级	★★	17
242	有效的字母异位词	★	5
249	移位字符串的分组	★★	5
253	会议室Ⅱ	★★	22
255	验证先序遍历序列二叉搜索树	★★	7
261	以图判树	★★	10
264	丑数Ⅱ	★★	1
269	火星词典	★★★	18
270	最接近的二叉搜索树值	★	7
272	最接近的二叉搜索树值Ⅱ	★★★	7
279	完全平方数	★★	21
281	锯齿迭代器	★★	4
282	给表达式添加运算符	★★★	19
283	移动 0	★	1
285	二叉搜索树中的中序后继	★★	7
295	数据流的中位数	★★★	25

LeetCode 题号	题 目 名 称	难度	对应章
297	二叉树的序列化与反序列化	★★★	6
300	最长递增子序列	★★	21、22
301	删除无效的括号	★★★	19
303	区域和检索（数组不可变）	★	12
304	二维区域和检索（矩阵不可变）	★★	11
308	二维区域和检索（可改）	★★★	12、13
312	戳气球	★★★	21
315	计算右侧小于当前元素的个数	★★★	12、13、17
316	去除重复字母	★★	3
322	零钱兑换	★★	21
323	无向图中连通分量的数目	★★	10
325	和等于 k 的最长子数组的长度	★★	11
327	区间和的个数	★★★	12、13
328	奇偶链表	★★	2
329	矩阵中的最长递增路径	★★★	21
332	重新安排行程	★★★	18、19
337	小偷一晚能够盗取的最大金额Ⅲ	★★	21
343	整数的拆分	★★	21
344	反转字符串	★	16
347	前 k 个高频元素	★★	5
349	两个数组的交集	★	1、5
350	两个数组的交集Ⅱ	★	5
354	俄罗斯套娃信封问题	★★★	22
365	水壶问题	★★	18
370	区间加法	★★	11
373	查找和最小的 k 对数字	★★	1、9
375	猜数字大小Ⅱ	★★	21
377	组合总和Ⅳ	★★	21
378	有序矩阵中第 k 小的元素	★★	17
379	电话目录管理系统	★★	5
380	$O(1)$ 时间插入、删除和获取随机元素	★★	25
381	$O(1)$ 时间插入、删除和获取随机元素（可重复）	★★★	25
383	赎金信	★	5
392	判断子序列	★	21
394	字符串解码	★★	16
399	除法求值	★★	10
402	移掉 k 位数字	★★	22
410	分割数组的最大值	★★★	17
414	第三大的数	★	8
416	分割等和子集	★★	21
432	全 $O(1)$ 的数据结构	★★★	25
435	无重叠区间	★★	22

LeetCode 题号	题 目 名 称	难度	对应章
450	删除二叉搜索树中的结点	★★	7
452	用最少的箭击破气球	★★	22
455	分发饼干	★	22
463	岛屿的周长	★	18
474	求最大子集的长度	★★	21
485	1 的最多连续个数	★	15
490	迷宫	★★	24
491	递增子序列	★★	19、21
493	翻转对	★★★	17
494	目标和	★★	21
496	下一个更大元素 I	★	3
499	迷宫 III	★★★	24
502	IPO	★★★	22
503	下一个更大元素 II	★★	3
505	迷宫 II	★★	24
506	相对名次	★	8、9
516	最长回文子序列	★★	21
518	零钱兑换 II	★★	21
523	连续子数组和	★★	11
529	扫雷游戏	★★	18
538	把二叉搜索树转换为累加树	★★	7
543	二叉树的直径	★	6
560	和为 k 的子数组	★★	11
563	二叉树的坡度	★	6
572	另一棵树的子树	★	6
622	设计循环队列	★★	4
637	二叉树的层平均值	★	6
639	解码方法 II	★★★	21
641	设计循环双端队列	★★	4
646	最长数对链	★★	21
648	单词替换	★★	14
662	二叉树的最大宽度	★★	6
664	奇怪的打印机	★★★	21
669	修剪二叉搜索树	★★	7
674	最长连续递增子序列	★★	21
677	键值映射	★★	14
679	24 点游戏	★★★	19
683	k 个关闭的灯泡	★★★	13
684	冗余连接	★★	10
695	最大岛屿的面积	★★	10
700	二叉搜索树中的搜索	★	7
701	二叉搜索树中的插入操作	★★	7

续表

LeetCode 题号	题 目 名 称	难度	对应章
703	数据流中第 k 大的元素	★	9
705	设计哈希集合	★	5
706	设计哈希映射	★	5
707	设计链表	★★	2
715	Range 模块	★★★	12
716	最大栈	★★★	3
718	最长重复子数组	★★	21
724	寻找数组的中心下标	★	11
739	每日温度	★★	3
743	网络延迟时间	★★	20
744	寻找比目标字母大的最小字母	★	17
746	使用最小花费爬楼梯	★	21
752	打开转盘锁	★★	20
773	滑动谜题	★★★	20
776	拆分二叉搜索树	★★	7
783	二叉搜索树结点的最小距离	★	7
785	判断二分图	★★	10
787	k 站中转内最便宜的航班	★★	20、22
792	匹配子序列的单词数	★★	14
797	所有可能的路径	★★	19
802	找到最终的安全状态	★★	18
814	二叉树的剪支	★★	16
829	连续整数求和	★★★	15
834	树中距离之和	★★★	21
845	数组中的最长山脉	★★	15
846	一手顺子	★★	8
847	访问所有结点的最短路径	★★★	18、21
855	考场就座	★★	8
871	最少加油次数	★★★	21、22
879	盈利计划	★★★	21
881	救生船	★★	22
912	排序数组	★★	9、17
933	最近的请求次数	★	4
934	最短的桥	★★	18
938	二叉搜索树的范围和	★	7
946	验证栈序列	★★	3
947	移除最多的同行或同列石头	★★	10
956	最高的广告牌	★★★	21
965	单值二叉树	★	6
977	有序数组的平方	★	1
981	基于时间的键值存储	★★	8
990	等式方程的可满足性	★★	10

LeetCode 题号	题 目 名 称	难度	对应章
1000	合并石头的最低成本	★★★	21
1008	先序遍历构造二叉搜索树	★★	7
1011	在 D 天内送达包裹的能力	★★	17
1024	视频的拼接	★★	22
1044	最长重复子串	★★★	14
1047	删除字符串中所有的相邻重复项	★	4
1061	按字典序排列最小的等价字符串	★★	10
1062	最长重复子串	★★	21
1074	元素和为目标值的子矩阵的数量	★★★	11
1091	二进制矩阵中的最短路径	★★	20
1102	得分最高的路径	★★	20、22
1109	航班预订统计	★★	11
1143	最长公共子序列	★★	21
1162	地图分析	★★	18
1168	水资源的分配优化	★★★	22
1196	最多可以买到的苹果数量	★	22
1199	建造街区的最短时间	★★★	22
1200	最小绝对差	★	1
1213	3 个有序数组的交集	★	1
1245	树的直径	★★	21
1249	删除无效的括号	★★	3
1254	统计封闭岛屿的数目	★★	10
1287	有序数组中出现次数超过元素总数 25% 的元素	★	1
1289	下降路径最小和 II	★★★	21
1293	网格中的最短路径	★★★	20
1306	跳跃游戏 III	★★	23
1345	跳跃游戏 IV	★★★	23
1376	通知所有员工所需的时间	★★	20
1381	设计一个支持增量操作的栈	★★	3
1382	将二叉搜索树转换为平衡二叉树	★★	8
1383	最大的团队表现值	★★★	9
1409	查询带键的排列	★★	13
1436	旅行终点站	★	5
1438	绝对差不超过限制的最长连续子数组	★★	4
1441	用栈操作构建数组	★	3
1460	通过翻转子数组使两个数组相等	★	5
1462	课程安排 IV	★★	18、21
1464	数组中两个元素的最大乘积	★	15
1470	重新排列数组	★	1
1524	和为奇数的子数组的数目	★★	11
1537	最大得分	★★★	21
1544	整理字符串	★★	3

续表

LeetCode 题号	题 目 名 称	难度	对应章
1559	在二维网格图中探测环	★★	10
1584	连接所有点的最少费用	★★	22
1602	找二叉树中最近的右侧结点	★★	6
1622	奇妙序列	★★★	12
1631	消耗体力最少的路径	★★	22
1634	求两个多项式链表的和	★★	2
1649	通过指令创建有序数组	★★★	13
1654	到家的最少跳跃次数	★★	23
1670	设计前中后队列	★★	4
1698	字符串的不同子串的个数	★★	14
1700	无法吃午餐的学生的数量	★	4
1723	完成所有工作的最短时间	★★★	19、20
1749	任意子数组和的绝对值的最大值	★★	11
1863	求出所有子集的异或总和再求和	★	15
1871	跳跃游戏Ⅶ	★★	23
1912	设计电影租借系统	★★★	8
1921	消灭怪物的最多数量	★★	22
2008	出租车的最大盈利	★★	21
2093	前往目标城市的最少费用	★★	22
2196	根据描述创建二叉树	★★	6
2204	无向图中到环的距离	★★★	18
2331	计算二叉树的布尔运算值	★	6
2353	设计食物评分系统	★★	8
2361	乘坐火车的最少费用	★★★	21
2393	严格递增的子数组的个数	★★	21
2415	反转二叉树的奇数层	★★	6
2460	对数组执行操作	★	1
2462	雇佣 k 位工人的总代价	★★	9
2471	逐层排序二叉树所需的最少操作数目	★★	6
2473	购买苹果的最低成本	★★	20
2487	从链表中移除结点	★★	16
2536	子矩阵元素加 1	★★	11
2608	图中的最短环	★★★	18、21
2642	设计可以求最短路径的图类	★★★	20
2895	最少处理时间	★★	22
面试题 17.24	最大子矩阵	★★★	11
面试题 59	队列的最大值	★★	4

共 328 题(★:73,★★:185,★★★:70)

附录 B 《算法面试》配套 LeetCode 平台使用说明

步骤 1：刮开图书封底的刮刮卡（见图 B.1），获取 LeetCode 兑换码。

兑换码仅限购买正版图书的用户使用（每个兑换码仅限一人使用），兑换码有效时间为 2024 年 10 月 30 日—2029 年 12 月 31 日。

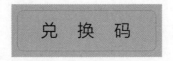

图 B.1 封底刮刮卡

步骤 2：扫描图 B.2 所示的二维码，在弹出的"力扣"页面最下方的"使用兑换码"文本框（见图 B.3）中输入兑换码。

如果没有注册过"力扣"会员的，需要先注册会员。

图 B.2 步骤 2 二维码

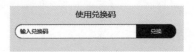

图 B.3 "使用兑换码"文本框

步骤 3：扫描图 B.4 所示的二维码，或者用计算机登录网站 https://datayi.cn/w/nomb3dr9，即可在线练习本书所有的例题（见图 B.5）。

图 B.4 步骤 3 二维码

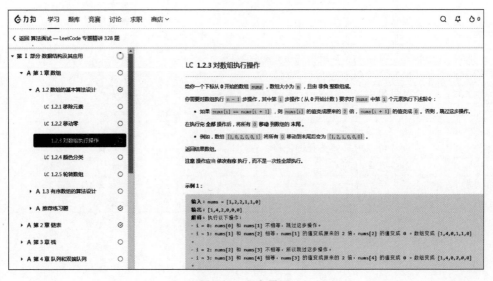

图 B.5 平台界面